THE SOURCES OF SCIENCE
Number 24

THE SOURCES OF SCIENCE

Editor-in-Chief: HARRY WOOLF

WILLIS K. SHEPARD PROFESSOR OF THE HISTORY OF SCIENCE
THE JOHNS HOPKINS UNIVERSITY

1. WALLER: Essayes of Natural Experiments
   WITH A NEW INTRODUCTION BY A. RUPERT HALL

2. BOYLE: Experiments and Considerations Touching Colours
   WITH A NEW INTRODUCTION BY MARIE BOAS HALL

3. NEWTON: The Mathematical Works of Isaac Newton, Vol. 1
   WITH A NEW INTRODUCTION BY DEREK T. WHITESIDE

4. LIEBIG: Animal Chemistry
   WITH A NEW INTRODUCTION BY FREDERIC L. HOLMES

5. KEPLER: Kepler's Conversation with Galileo's Sidereal Messenger
   TRANSLATED AND EDITED BY EDWARD ROSEN

6. FARADAY: Achievements of Michael Faraday
   WITH A NEW INTRODUCTION BY L. PEARCE WILLIAMS

7. TAYLOR: Scientific Memoirs Selected from the Transactions of Foreign Academies of Science and Learned Societies, and from Foreign Journals, 7 vols.
   WITH A NEW PREFACE BY HARRY WOOLF

8. CHINCHILLA: Anales Históricas de la Medicina en General y Biográfico-Bibliográficos de la Española en Particular, 4 vols.
   WITH A NEW INTRODUCTION BY FRANCISCO GUERRA

9. MOREJÓN: Historia Bibliográfica de la Medicina Española, 7 vols.

       WITH A NEW INTRODUCTION BY FRANCISCO GUERRA

10. BULLETTINO DI BIBLIOGRAFIA E DI STORIA DELLE SCIENZE MATEMATICHE E FISICHE, 20 vols.

       EDITED BY B. BONCOMPAGNI

11. GREW: The Anatomy of Plants

       WITH A NEW INTRODUCTION BY CONWAY ZIRKLE

12. HALLIWELL: A Collection of Letters Illustrative of the Progress of Science in England from the Reign of Queen Elizabeth to That of Charles II

       WITH A NEW INTRODUCTION BY CARL B. BOYER

13. THE WORKS OF WILLIAM HARVEY, M.D.

       TRANSLATED FROM THE LATIN WITH A LIFE OF THE AUTHOR BY ROBERT WILLIS, M.D.

14. BREWSTER: Memoirs of the Life, Writings, and Discoveries of Sir Isaac Newton

       WITH A NEW INTRODUCTION BY RICHARD S. WESTFALL

23. DELAMBRE: Histoire de l'Astronomie Ancienne, 2 vols.

       WITH A NEW PREFACE BY OTTO NEUGEBAUER

24. DELAMBRE: Histoire de l'Astronomie du Moyen Âge

       REPRINTED FROM THE PARIS, 1819, EDITION

25. DELAMBRE: Histoire de l'Astronomie Moderne

       WITH A NEW INTRODUCTION BY I. BERNARD COHEN

HISTOIRE
DE
L'ASTRONOMIE
DU MOYEN AGE.

On trouve chez Mme Ve COURCIER, Imprimeur-Libraire pour les Mathématiques, la Marine, les Sciences et les Arts, rue du Jardinet-Saint-André-des-Arcs, les Ouvrages suivans du même Auteur.

Traité complet d'Astronomie théorique et pratique, 3 vol. in-4., avec 29 planches, 1814.
—— Abrégé du même Ouvrage, ou Leçons élémentaires d'Astronomie théorique et pratique données au Collége de France, 1 vol. in-8., avec 14 planches, 1813.
Histoire de l'Astronomie ancienne, 2 vol. in-4. de 1280 pages d'impression, avec 17 pl. en taille-douce, 1817.
Tables astronomiques publiées par le Bureau des Longitudes de France, première partie; Tables du Soleil, par M. Delambre; Tables de la Lune, par M. Bürg, in-4., 1806.
Tables astronomiques publiées par le Bureau des Longitudes de France; nouvelles Tables de Jupiter et de Saturne, calculées d'après la Théorie de M. Laplace, et suivant la division décimale de l'angle droit, par M. Bouvard, in-4., 1808.
Tables astronomiques du Bureau des Longitudes; Tables écliptiques des Satellites de Jupiter d'après la Théorie de M. Laplace et la totalité des observations faites depuis 1662 jusqu'à l'an 1802, par M. Delambre, in-4., 1817.
Bases du Système métrique décimal, 3 vol. in-4. (rare).
Le tome IV, par MM. Biot et Arago, paraîtra incessamment.
Tables trigonométriques décimales, ou Tables des Logarithmes des sinus, sécantes et tangentes, suivant la division du quart de cercle en cent degrés, et précédées de la Table des Logarithmes des nombres, etc., calculées par Ch. Borda, revues, augmentées et publiées par J.-B.-J. Delambre. Paris, an IX, in-4.
Méthode analytique pour la détermination d'un arc du Méridien, in-4., an VII.

HISTOIRE

DE

L'ASTRONOMIE

DU MOYEN AGE;

Par M. DELAMBRE,

Chevalier de Saint-Michel et de la Légion-d'Honneur, Secrétaire perpétuel de l'Académie royale des Sciences pour les Mathématiques, Professeur d'Astronomie au Collége royal de France, Membre du Bureau des Longitudes, des Sociétés royales de Londres, d'Upsal et de Copenhague, des Académies de Saint-Pétersbourg, de Berlin, de Suède et de Philadelphie, etc., etc.

PARIS,

M.me V.e COURCIER, IMPRIMEUR-LIBRAIRE POUR LES SCIENCES.

1819.

THE SOURCES OF SCIENCE, NO. 24

JOHNSON REPRINT CORPORATION

New York and London

1965

Reprinted from a copy in the collections of
The New York Public Library

First reprinting, 1965, Johnson Reprint Corporation
Library of Congress Catalog Card Number: 65-26130
Printed in the United States of America

DISCOURS PRÉLIMINAIRE.

Nous avons annoncé l'Histoire de l'Astronomie, d'après les monumens encore existans. Les monumens d'une science mathématique ne peuvent guère exister que dans des traités composés tout exprès par des géomètres. Or nous n'avons aucun livre des Chaldéens ni des Égyptiens. Les notions astronomiques qu'on est en droit de supposer à ces peuples ont été apportées en Grèce par quelques philosophes voyageurs; elles sont disséminées dans les écrits des Grecs, et nous avons dit à quoi elles se réduisent. Chez les Grecs, au contraire, nous trouvons d'abord des ouvrages qui, aux notions vagues arrivées de l'orient, ajoutent quelques considérations géométriques fort élémentaires. C'est le premier commencement de la science; mais ce commencement est encore bien faible. Autolycus, Aristarque, Eratosthène et Théodose étaient géomètres, mais incapables de calculer ou de prédire le moindre phénomène astronomique. Hipparque créa la science; Ptolémée y fit quelques additions heureuses et d'autres qui l'étaient moins. Il n'eut point de successeur chez les Grecs. Ses théories furent adoptées religieusement par les Arabes, les Persans et les Tartares, par lesquels il y a quelque apparence qu'elles furent transmises aux Chinois et aux Indiens, qui les défigurèrent parce qu'ils n'étaient pas assez géomètres pour les comprendre; et qui, quoique uniquement occupés des éclipses, objets de leur terreur, n'eurent jamais de la parallaxe que des idées trop incomplètes pour avoir su calculer correctement une éclipse de Soleil. Étrangers à toute idée de Géométrie et de Trigonométrie, excepté peut-être à quelques théorèmes élémentaires, qu'on ne voit chez eux qu'à des époques bien postérieures aux travaux des Grecs, les Indiens, moins ignorans encore de beaucoup que les Chinois, altérèrent la théorie des excentriques et des épicycles. Possesseurs, on ne sait à quelle époque, d'une Arithmétique bien plus commode et plus complète que celle des Grecs, ils n'en sentent qu'imparfaitement les avantages et lui donnent pour auxiliaire l'Arithmétique sexagésimale des Grecs; sans aucun besoin réel ils mêlent ce calcul étranger à leur propre calcul dans toutes leurs opérations; et les Arabes, qui leur avaient communiqué ces connaissances et ces méthodes, en reçoivent en échange ce systême parfait d'Arithmétique, vrai titre de gloire du peuple Indien, et le transmettent bientôt à l'Europe.

Les Chaldéens, les Chinois et les Indiens, sont donc étrangers à l'Astronomie mathématique. Loin de nous l'avoir enseignée, ils n'ont jamais su la comprendre suffisamment. Nous ne possédons aucun monument un peu ancien de leurs connaissances. Tout se borne, pour les Chinois et les Indiens, à des ouvrages assez modernes; et quant aux Chaldéens et aux Egyptiens, on ne cite en leur faveur que quelques témoignages vagues et insignifians d'écrivains, qui ne sont pas juges bien compétens en ces matières. Le romancier Achille Tatius nous dit que les Chaldéens et les Égyptiens ont mesuré le Ciel et la Terre. Le poëte Appollonius de Rhodes, au livre IV de ses Argonautiques, vers 272, nous dit que les Égyptiens ont conquis l'Europe et l'Asie; qu'ils ont fondé nombre de colonies, et que dans la Colchide, l'une de ces colonies, on conservait précieusement les cartes de ces expéditions; que sur ces cartes on *voyait les routes et les limites des terres et des mers pour l'usage de ceux qui voudraient recommencer ces voyages*. Le Scholiaste donne au conquérant égyptien le nom de Sesonchosis; il renvoie à Hérodote, Théopompe et Dicéarque; mais Hérodote, qui parle des conquêtes de Sésostris, des monumens qu'il a élevés pour perpétuer la mémoire de ses expéditions, et de l'origine égyptienne des habitans de la Colchide, ne fait aucune mention des cartes géographiques. Admettons cependant sans restriction ce témoignage du poëte et du Scholiaste; il en résultera ce que nous n'avons aucune envie de révoquer en doute. Les Égyptiens ont tracé des itinéraires, tels à peu près qu'il nous en reste des Romains, dont personne jamais n'a vanté les connaissances astronomiques; ils ont consigné les distances qu'ils avaient trouvées entre les villes de l'Europe et de l'Asie, ils ont mesuré des routes et non le Globe. Apollonius ne dit rien du ciel. Si les Égyptiens l'eussent en effet mesuré comme la Terre, s'ils connaissaient la valeur d'un degré du méridien, concevra-t-on que jamais ils ne s'en soient vantés? L'égyptien qui disait à Platon que les Grecs n'étaient que des enfans, aurait-il négligé de parler de ces grands travaux, dans l'énumération de ce qui prouvait la supériorité de l'Egypte sur la Grèce? Mais admettons encore qu'ils aient réellement mesuré le Ciel et la Terre, et qu'ils aient déterminé la valeur du degré: quelle précision accorderons-nous à ces mesures? Nous ignorons absolument de quel instrument ils ont pu se servir; nous ne leur en connaissons d'aucune espèce.

Se seront-ils servis du gnomon ? Les ombres solstitiales auront-elles pu leur donner le degré avec l'exactitude d'une minute, c'est-à-dire de deux mille mètres environ ? Augmentez l'arc pour atténuer les erreurs des deux observations, vous ajouterez à la difficulté d'avoir cet arc dans un même méridien et dans un même niveau. C'est beaucoup si vous pouvez de cette manière arriver, autrement que par un grand hasard, à une précision de trois ou quatre cents toises. Supposerez-vous, sans aucune preuve, qu'ils aient été géomètres autant que Snellius et Norwood, et qu'ils aient eu d'aussi bons instrumens ? voulez-vous que comme Albategnius, ils aient eu de grandes règles parallactiques capables de leur donner, à une minute près, la hauteur de Soleil ? vous n'en aurez pas plus de garantie contre les erreurs de mille toises ? Snellius n'a-t-il pas fait son degré trop faible de près de deux mille ? Norwood n'a-t-il pas fait le sien trop fort de quatre cents ? Lemonnier, en voulant corriger le degré de Picard, ne l'a-t-il pas fait trop grand de plus de cent toises en 1756 ? Les savans qui ne sont pas géomètres, et qui n'ont jamais mesuré de degré, qui n'ont par conséquent aucune idée bien précise ni de la difficulté, ni des moyens délicats et précis qui sont indispensables pour la lever en partie, admettent un peu légèrement la possibilité que les anciens aient réussi dans ces grandes opérations. Otez-nous les lunettes, en nous laissant d'ailleurs toutes les connaissances modernes, dont on ne voit aucun vestige dans toute l'antiquité, qui de nous voudra répondre de deux cents toises dans l'évaluation du degré ? Nombre d'astronomes, avec des lunettes, n'y ont-ils pas fait des erreurs très sensibles ? La Caille ne voulait répondre que de quinze toises sur ses degrés; son degré du midi avait à peine cette précision ; et des astronomes inconnus, morts il y a plus de 3000 ans, sans lunettes, sans microscopes, et par conséquent sans instrumens assez exactement divisés, auraient été plus habiles que Lemonnier ! Que conclure de quelques rapprochemens ingénieux dans lesquels on voit une grande conformité entre des distances anciennes et celles de la Géographie moderne, si ce n'est quelques hasards heureux, comme celui de Fernel ? et quand ces hasards auraient eu lieu réellement, où serait la certitude ? Quelle confiance pourrait-on prendre en ces mesures anciennes, si elles ne se trouvaient confirmées par les travaux des modernes ?

Voilà pourquoi nous avons laissé de côté toutes les mesures géographiques ; nous les croyons étrangères à l'Astronomie ; nous n'avons aucune idée des méthodes ni des moyens qui pourraient en avoir assuré l'exactitude. Les lunettes, les microscopes, les verniers, les pendules, sont incontestablement des inventions modernes, sans lesquelles les plus grands génies n'auraient pu atteindre à la moindre précision. Nous a-t-on expliqué comment un astronome, dépourvu de lunettes et de pendule, pourrait déterminer les différences des méridiens mieux qu'à quelques degrés près? Nous verrons plus loin qu'Ebn Jounis propose de retrancher sept ou huit minutes du moment assigné pour le commencement d'une éclipse. Cette correction est trop arbitraire pour inspirer la moindre confiance. L'idée d'Ebn Jounis ne prouve que l'incertitude de l'observation, dont on ne peut répondre à plusieurs minutes près; à cette incertitude ajoutez celle du tems vrai, qu'on n'a jamais mieux connu qu'à un quart d'heure près. Les éclipses ne sont-elles pas marquées le plus souvent en heures, sans aucune fraction? Qui nous garantira des erreurs de dix ou douze degrés? Comment, sans pendule, sans instrumens et sans Trigonométrie, pouvait-on être sûr de l'heure d'un phénomène? Il n'existe donc aucun moyen de se faire une idée précise de la science des anciens. Si cette science a existé, les preuves en sont perdues, et nous ne pouvons y croire sur les preuves alléguées jusqu'à ce jour; elles nous ont paru trop incertaines pour être admises dans un ouvrage où nous ne voulons rien que de parfaitement démontré; mais en refusant d'y croire nous n'avons jamais prétendu en nier la possibilité absolue. Nous voulons bien que des anciens, dont tout est perdu jusqu'au nom, aient eu nos instrumens et notre Géométrie, mais pour admettre comme un fait certain une prétention aussi invraisemblable, ce n'est pas se montrer trop exigeant que de demander quelques témoignages clairs et précis, trouvés dans des écrivains suffisamment instruits et dignes de foi.

Quoique bien convaincu de l'impossibilité de retrouver ou d'entendre les écrits des Chaldéens et des Égyptiens, et même bien persuadé que jamais ces peuples n'ont eu de traité d'Astronomie tels que nous les concevons, nous n'en sommes pas moins attentif à recueillir les preuves qui auraient pu échapper à nos premières recherches, et à voir si nous n'avons pas été trop incrédule ou trop sévère. Nous n'avons pas dit un seul mot des zodiaques d'Esné et de Dendérah, d'abord parce que nous croyons qu'un bas-relief ne peut rendre les observations mêmes qu'on a pu faire à l'œil nu; nous savions d'ailleurs que des antiquaires très célèbres étaient partagés d'opinion sur ces monumens. Malgré ces préventions, assez bien fondées, nous avons desiré connaître les nouveaux écrits sur l'Égypte. Nous aurions souhaité donner une idée des Mémoires de M. Fourier sur les zodiaques égyptiens. Ses recherches ne sont pas encore terminées, et son opinion ne nous a pas paru définitivement arrêtée.

MM. Jollois et de Villiers ont bien voulu nous montrer, dans le plus grand détail, tout ce qu'ils ont rapporté de leur voyage. Nous tenons de leur libéralité leurs différens écrits, et les planches magnifiques où ils ont représenté les zodiaques d'Esné et de Dendérah. Nous avons lu avec avidité leurs Mémoires instructifs; nous avons admiré avec eux les grandes conceptions de l'Architecture gigantesque des Égyptiens; le fini précieux de leurs sculptures; la beauté de ces bas-reliefs qui, suivant le point de vue sous lequel on les examine, attestent à la fois et la perfection et l'enfance de l'art. Mais quelque idée avantageuse qu'on se fasse de ces compositions, on n'y peut rien apercevoir qui indique une Astronomie même élémentaire. Ces monumens, qui prouvent invinciblement que, dans des tems fort anciens, la civilisation était fort avancée en Égypte, que les Beaux-Arts y étaient portés, à certains égards, à une perfection vraiment étonnante, ne prouvent rien absolument en faveur des connaissances mathématiques de ce peuple riche et puissant. Les monumens d'Athènes, au tems de Périclès, n'ont à la vérité rien de comparable à ceux d'Égypte, sous les rapports de la grandeur et de la richesse, mais ils attestent un goût plus épuré et une exécution tout aussi précieuse; et cependant quelle était à Athènes la science astronomique au tems les plus brillans de cette république? quelles étaient les connaissances d'Anaxagore et de ses contemporains? La Grèce qui comptait plusieurs grands poètes, avait-elle un seul géomètre? Nous pouvons donc, sans rien rabattre de l'idée avantageuse qu'on doit avoir des Égyptiens, leur refuser des connaissances que rien ne prouve, et qui ne suivent que d'assez loin les progrès de la poésie, de l'éloquence et des Beaux-Arts. Personne ne parle des poètes, des orateurs ni des historiens de l'Égypte; nous ne connaissons ni leurs philosophes ni leurs astronomes, si toutefois l'Égypte a jamais produit un seul astronome. J'avais lu autrefois un passage de Clément d'Alexandrie, qui parlait de leurs livres. L'idée qui m'en était restée me dispensait de le chercher de nouveau pour en enrichir mon histoire. Le nom d'Alexandrin me rendait suspect le témoignage d'un auteur qui vivait dans le deuxième siècle de notre ère, et qui, pour vanter son pays, ne trouve à citer que des choses vagues ou peu importantes. Je retrouve ce passage à la page 72 de la description générale de Thèbes par MM. Jollois et Devilliers.

Clément commence par réclamer pour les Égyptiens, plusieurs opinions des philosophes grecs, et particulièrement la *métempsycose*. Il appuie sa réclamation sur les cérémonies religieuses des Égyptiens. Il fait paraître dans ces pompes un chanteur, portant un livre d'hymnes en l'honneur des Dieux, et un autre qui traite de l'étiquette du palais des rois, ou, si l'on veut, de la manière de vivre des rois. ἐκλογισμὸν Βασιλικοῦ βίου. Ce chanteur est suivi de l'*Horoscope*, qui porte en mains une horloge et une palme, φοίνικα, symbole de l'Astrologie; il doit toujours avoir à la bouche les quatre livres d'Hermès sur l'*Astrologie*. *Le premier de ces livres parle de l'ordre et de la disposition de l'univers et des cinq planètes.* Tout cela peut être vrai. Personne ne révoque en doute que les Égyptiens ne fussent astrologues. Achille Tatius nous dit dans quel ordre ils rangeaient les planètes; cet ordre a été imaginé d'après la durée de leurs révolutions. Rien de tout cela ne passe la mesure des connaissances que nous leur avons accordées dans notre histoire. Nous regrettons sincèrement qu'on n'ait jamais traduit ni probablement publié ces quatre livres d'Hermès, que l'horoscope devait savoir par cœur; la question serait décidée. Il est fâcheux que Clément ne nous ait rien dit de la construction de l'horloge; il est probable que ce n'est pas sa faute; il ne l'avait sans doute jamais vue.

Le second livre d'Hermès parlait *des conjonctions de la Lune et du Soleil, ou de la source de leur lumière*. On a de tout tems raisonné et déraisonné sur ces deux points. Remarquez qu'il n'est pas explicitement question des éclipses.

Les deux autres livres traitaient des levers.

L'hiérogrammate ou le scribe des sacrifices, tient en sa main un livre, une règle, un encrier et le jonc dont il se servait pour écrire. *Il doit être instruit des hiéroglyphes qui servent à la Cosmographie, à la Géographie, à la représentation de l'ordre du Soleil, de la Lune et des cinq planètes, à la description de l'Égypte et du Nil.* Clément ne nous apprend rien de nouveau, sinon que la science des hiéroglyphes n'était pas dès-lors très répandue. Tout cela peut être encore aujourd'hui dans les sculptures et les peintures des palais et des temples, de Thèbes et des autres villes; mais personne depuis long-tems n'a su lire ces caractères, et je ne crois pas qu'on y ait perdu une instruction bien étendue ni bien solide.

Plus loin Clément nous parle de dix livres où l'on avait renfermé tout ce qui concernait les sacrifices; et enfin de quarante-deux livres, dont trente-six exposent toute la philosophie des Égyptiens, et les six autres tout ce qui avait rapport à la Médecine.

Voilà le passage le plus long et le plus détaillé qui nous soit parvenu sur la littérature égyptienne. Ce passage nous donne, sur l'astronomie de ces prêtres, beaucoup moins de renseignemens que les phrases où Hérodote, Diodore et Sénèque nous attestent que les Égyptiens, ainsi que les Chaldéens, étaient en état de prédire les éclipses, les comètes, les tremblemens de Terre et les épidémies. Les notions Astrologiques de ces deux peuples nous sont parvenues, pourquoi n'en serait-il pas de même de leur Astronomie, s'ils en avaient une? et comme nous ne voyons aucune trace de Trigonométrie dans leur Astrologie, n'est-il pas très vraisemblable qu'il n'y en avait pas davantage dans ce qu'on veut bien appeler leur Astronomie. Mais c'est perdre trop de tems à combattre des fantômes; revenons à la réalité.

La réalité consiste, 1°. dans les obélisques nombreux qu'on trouve encore en Égypte, malgré tout ce qui en a été enlevé. D'après celui dont nous parle Pline, on pourrait penser qu'ils étaient destinés à des observations d'ombres; mais MM. Jollois et Devilliers ont prouvé clairement le contraire, par la manière dont ces obélisques étaient adossés aux murs des temples et des palais; et leur forme suffisait pour dissiper ce soupçon. Placés d'une manière isolée, ils auraient donné des ombres qui auraient pu être utiles, si on avait pu en marquer exactement les deux termes; mais le pied était renfermé dans la base; il était difficile de le déterminer rigoureusement. Le sommet était d'une forme si peu favorable, qu'à Rome on avait été obligé d'y placer une boule, pour avoir une ombre à peu près ronde; en sorte que les deux termes étaient également incertains. D'ailleurs personne n'a parlé jamais des gnomons d'Égypte, non plus que de ceux des Chaldéens.

Ce qu'il y a de plus réel, ce sont les bas-reliefs et les plafonds qui offrent des zodiaques.

Ces zodiaques sont véritablement très curieux. On y reconnaît de la manière la moins équivoque, les douze signes de l'écliptique. Le Bélier, le Taureau, les Gémeaux, le Cancer, le Lion, la Vierge, la *Balance*, le Scorpion, le Sagittaire, le Capricorne, le Verseau et les Poissons, s'y montrent à fort peu près tels qu'on les peint aujourd'hui; ils prouvent l'antiquité du signe de la Balance qui, suivant Ptolémée, était aussi dans le zodiaque chaldéen. Manethon nous ferait croire cependant que les *Serres* devaient être plus anciennes, puisque *des hommes sacrés en ont changé la dénomination en celle de Balance;* mais Manethon, en cela, pourrait bien s'être trompé, et son autorité ne nous paraît pas d'un grand poids.

Quant aux constellations extra-zodiacales, elles sont moins reconnaissables, tant par leur figure que par leurs positions; les douze signes sont du moins placés par ordre, et leur forme suffirait pour les faire reconnaître; pour distinguer les autres, les formes ne suffisent pas à beaucoup près. Les auteurs s'aident avec sagacité, mais avec circonspection, des idées *paranatellontiques*. On appelle *paranatellons* les constellations qui se lèvent, ou plus généralement, qui paraissent à l'horizon à côté les unes des autres, soit à l'orient, soit à l'occident, et à toute sorte d'azimuts. Il est incontestable que les Égyptiens ont observé des levers héliaques; ils ont pu les observer pendant une longue suite de siècles; ils ont pu consigner dans leurs peintures et leurs sculptures des observations faites à de longs intervalles; ils ont donc pu s'apercevoir que ces apparences changent progressivement; ils ont pu avoir quelque idée confuse du déplacement des points solstitiaux et équinoxiaux, ou si l'on veut du mouvement progressif des étoiles en longitude. Le lever héliaque de Sirius, en différens siècles, s'était observé à des distances différentes du jour équinoxial ou solstitial le plus voisin; les amplitudes ortives qui ont servi à orienter les pyramides, donnaient à peu près les jours des équinoxes et des solstices; ils ne se trompaient guère plus sur le lever héliaque de l'étoile. S'ils ont réfléchi, ils ont dû conclure ou que la route du Soleil n'était pas un cercle fixe dans le ciel, ou que les étoiles s'avançaient le long de ce cercle; mais les amplitudes ortives et occases n'ont pas de variétés sensibles, même dans une assez longue suite de siècles; ils en auront conclu que l'écliptique était fixe, et que les étoiles avaient un mouvement selon l'ordre des signes. La longueur des ombres méridiennes, si différentes en hiver et en été, les différences si notables des amplitudes aux deux solstices, les ont conduits nécessairement à l'inclinaison de l'écliptique par rapport à l'équateur. Mais cette inclinaison l'ont-ils mesurée, l'ont-ils estimée à peu près? Rien ne le prouve bien clairement. Les Chinois prétendent l'avoir observée pendant 2000 ans, et l'ont toujours crue de 24° chinois, qui ne font pas 23°40'; les Indiens la supposent de 24° constamment; les Grecs, avant qu'ils eussent des astronomes, la supposaient aussi de 24°. Eratosthène est le premier auteur d'une mesure moins vague. Il trouva 23°51'20"; c'est-à-dire qu'il s'y trompa de 7 à 8', dont il la faisait trop forte; Hipparque n'y trouva rien à changer. On sait que ses observations n'étaient pas sûres à 10′ près. Ptolémée, qui n'observait pas, quoiqu'il en dise, n'avait garde de rien changer à ce nombre. La première mesure un peu exacte est d'Albategnius, et il ne s'embarrassait guère d'une minute. Croirons-nous que les Égyptiens aient été plus adroits, plus attentifs ou plus heureux? Quels étaient leurs moyens? Personne n'en parle. Quel fut leur résultat? Même silence. Rien n'autorise donc à supposer aux Égyptiens une connaissance même approchée de cet élément si facile à déterminer, à quelques minutes près. S'ils n'ont pas mieux réussi pour l'obliquité de l'écliptique, peut-on supposer qu'ils aient pu faire la moindre tentative pour déterminer la précession annuelle ou même séculaire? Pour s'élever à cette connaissance, ils n'auraient eu que les changemens observés dans les levers héliaques; or, ce calcul exige une opération trigonométrique très compliquée; il suppose des observations précises, et elles sont très incertaines; enfin, les Égyptiens n'avaient aucune idée du calcul trigonométrique. Nous ne sommes pas en droit de leur accorder une notion quelconque des longitudes et des latitudes des planètes. Supposons cependant qu'ils aient pu s'élever à l'idée qu'au jour du lever héliaque de Sirius, la différence de longitude entre le Soleil et l'étoile devait être toujours la même; si l'étoile est immobile elle reparaîtra toujours au même jour de l'année; si l'étoile avance d'un degré, il faudra que le Soleil avance d'un degré de son côté pour que la distance reste la même, et que l'étoile devienne visible; ainsi, tous les 71 ans, le lever retardera d'un jour. En 2500 ans ils auront observé que le lever avait retardé de 35 jours; ils auront dit l'étoile s'est avancée de 35°, ce qui ferait en effet environ 50″ par an. Mais est-on sûr de chacun des levers, à deux jours près? Ne supposons qu'un jour sur chacun; l'erreur peut être de deux jours sur trente-cinq, c'est environ un 18°. On n'aura donc la précession qu'à 2 ou 3″; ce sera déjà beaucoup. Mais n'avons-nous pas trop accordé? Par des moyens bien moins incertains, Hipparque a trouvé des quantités entre 40 et 60″; il n'a osé rien décider sinon que la précession n'était pas au-dessous de 36″. Les Égyptiens auraient trouvé moins bien encore quand on leur supposerait un intervalle dix fois et vingt fois plus grand que celui de Timocharis à Hipparque. J'ai cependant accordé comme possible absolument, que les Indiens aient trouvé de cette manière leur précession de 54″, qu'ils n'ont connue que dans le XIIe siècle, et qui est celle qu'Albategni avait trouvée dans le Xe. J'accorderai la même chose aux Chinois, aux Égyptiens mêmes si l'on veut; mais je dirai toujours que rien ne le démontre. De ce qu'ils ont pu faire tout ce que nous avons exposé ci-dessus, ils ne s'ensuit nullement qu'ils l'aient fait. Tout ce qui paraît avéré, c'est qu'ils ont connu l'année de 365 jours $\frac{1}{4}$; mais pendant long-tems ils ne l'ont connue que de 365 jours ; le cercle d'Osymandias était divisé en 365 parties sans fraction. Rien n'atteste qu'ils aient mesuré des ombres solstitiales, qui leur eussent donné l'année tropique ; s'ils n'ont observé que des levers héliaques, ils n'ont pu trouver que l'année sidérale. De l'une ou de l'autre manière, ils se sont trompés de 10 à 11′ ; leur période sothiaque de 1461 années vagues, qui forment 1460 années Juliennes, prouve que c'est l'année tropique qu'ils supposaient de 365 jours $\frac{1}{4}$. On ne leur attribue rien qui ressemble à une idée nette de la précession qui produit la différence de l'année sidérale à l'année tropique ; rien ne dit qu'ils aient bien connu l'obliquité de l'écliptique ; ils ont su probablement que la route du Soleil était un cercle, c'est ce que suppose le cercle d'Osymandias. L'un de leurs zodiaques cependant la représente par deux bandes rectilignes, et l'autre par une espèce de spirale.

Ces zodiaques ne nous donnent aucune lumière sur les constellations vraiment astronomiques, c'est-à-dire sur le nombre d'étoiles dont ces constellations sont composées, ni sur la situation respective de ces étoiles. Pour ces détails nous sommes obligés de recourir aux Grecs. Mais qui nous dira si les Grecs, en adoptant les noms et les figures des constellations soit chaldéennes soit égyptiennes, en déterminant moins inexactement la position de ces étoiles, n'en ont pas augmenté le nombre et déplacé par conséquent les limites des constellations ? En plaçant ces étoiles sur un globe, comme j'ai accordé que les anciens avaient pu le faire, en plaçant par des moyens semblables le lieu du Soleil aux différens jours de l'année, on aura reconnu facilement que l'écliptique passait à égale distance, à peu près entre la luisante du Bélier et α de la Baleine, entre Aldébaran et les Pléiades, entre les deux cornes du Taureau, entre les genoux ε et ζ des Gémeaux ; sur l'Ane austral de l'Écrevisse, un peu au-dessous de Régulus, de ρ du Lion, de β de la Vierge ; à plus de 2° au-dessus de l'Épi, près de α de la Balance, sur une étoile au front du Scorpion, 5° au-dessus d'Antarès, entre les deux étoiles boréales de l'arc du Sagittaire, 5° au-dessous de β du Capricorne, à distances à peu près égales entre les étoiles de l'Urne et les trois ψ du Verseau ; sur ζ des Poissons, ainsi que l'ont remarqué les Indiens ; entre les étoiles o et π des Poissons ; après quoi nous nous retrouvons dans le

Bélier. Les anciens ont pu arriver jusque-là. Y sont-ils venus en effet? qui nous le dira? Nous avons désigné les étoiles les plus remarquables qui avoisinent la route du Soleil; ces étoiles entraient probablement dans les douze constellations égyptiennes. Les Indiens n'en désignent qu'un très petit nombre; les Égyptiens en ont-ils marqué davantage? on n'en sait absolument rien, et de là combien d'incertitudes! La manière la plus simple de reconnaître ces constellations, la seule qui nous soit indiquée par Aratus, c'est la circonstance qui les place en présence l'une de l'autre à l'horizon; mais pour obtenir quelque précision, il faut connaître à très peu près la latitude du lieu et l'époque des observations. Les auteurs du Mémoire ont supposé, avec beaucoup de vraisemblance, que les zodiaques d'Esné et de Dendérah représentent l'état du ciel à Thèbes, dont ces deux villes sont peu éloignées, l'une au nord et l'autre au sud. On peut donc supposer que la latitude était de 25 à 26°. Pour vérifier ces levers j'ai donc monté le globe à la latitude de 25° $\frac{3}{4}$. Thèbes était à 25°43'. La différence doit être fort peu sensible.

Dans le zodiaque de Dendérah, le Lion marche à la tête des douze signes; les auteurs en concluent, qu'au tems où commençait l'année agricole, le Soleil entrait dans le signe du Lion; l'époque du zodiaque d'Esné est celle où la Vierge était le premier signe, parce que le solstice, dans sa rétrogradation, n'avait pas encore atteint le centre de la figure du Lion, et qu'il était déjà hors de la Vierge. Ces suppositions n'ont rien d'impossible, ni même d'invraisemblable, et j'ai fait mouvoir les pôles de mon globe de manière à m'y conformer. Les auteurs ont prouvé, autant que la chose était possible, que les levers décrits par Ératosthène, ou par l'auteur pseudonyme du troisième Commentaire sur Aratus, étaient venus d'Égypte, et avaient dû être observés sur le parallèle d'Esné ou aux environs. En effet, cette supposition se vérifie en grande partie, mais non pas toujours d'une manière bien précise. Ici se présente une question très importante et malheureusement insoluble.

Quand on dit que l'Écrevisse est à l'horizon, pour vérifier les paranatellons, faut-il mettre à l'horizon le milieu de la constellation? c'est-à-dire la nébuleuse du Cancer ou l'Ane austral. Faut-il que la constellation paraisse toute entière? L'incertitude est encore bien plus grande pour le Lion. Si c'est ce signe qui se lève, faut-il entendre Régulus ou le milieu du quadrilatère? Faut-il que tout soit visible, depuis l'étoile ξ de la patte jusqu'à l'étoile β de la queue? Les auteurs mêmes ont remarqué que pour la Vierge les indications seraient mieux satisfaites si l'on mettait la tête à l'horizon au lieu d'y mettre l'Épi ; mais la tête est peu visible. L'étoile β de l'aile, qui en est peu éloignée, est d'autant plus remarquable qu'elle est la première d'une équerre très aisée à distinguer, et qui est formée des étoiles $\beta, \eta, \gamma, \delta, \epsilon$, toutes de troisième grandeur, et dont la dernière, ϵ, est connue sous le nom de Προτρυγητήρ ou *Vendemiatrix*.

Ces levers sont-ils instantanés, et ne doit-on pas chercher à l'horizon toutes les constellations qui s'y montrent successivement pendant tout le tems que le signe principal emploie à se lever, depuis la première jusqu'à la dernière étoile? C'est ce qu'un bas-relief ne saurait exprimer, c'est ce qu'on marquerait dans un livre; c'est ce que le faux Ératosthène n'a pas distingué; c'est enfin ce qu'on ne trouve que dans le Commentaire seul d'Hipparque. On peut donc admettre, malgré quelques inexactitudes, que ces levers du faux Ératosthène sont un ouvrage égyptien; mais un ouvrage qui ne suppose que des yeux, et qu'on aurait pu faire baaucoup meilleur sans connaître aucun instrument. Il n'est donc pas étonnant qu'on ne puisse accorder toujours deux ouvrages, dont l'un est écrit avec trop de négligence, et l'autre n'est, par sa nature, susceptible ni de clarté, ni de précision. L'ouvrage grec indique beaucoup moins que je ne suis disposé à accorder aux Égyptiens. En ce cas, que peut-on attendre des zodiaques? Il ne faut donc y chercher que ce qu'ont cherché les sages auteurs du Mémoire. Ils ont voulu prouver que les Égyptiens connaissaient les douze signes du zodiaque; rien n'est mieux démontré; que malgré les incertitudes et la confusion produites par tant de figures équivoques, on pouvait cependant reconnaître sûrement un nombre de constellations extra-zodiacales, et je crois encore ce point suffisamment établi. Eux-mêmes nous avertissent de ne pas nous égarer dans ce labyrinthe, de ne pas nous livrer à la manie des conjectures. Ils ont très bien prouvé que l'Égypte a été un empire riche et puissant, dans lequel l'Architecture et la Sculpture, quoique dans un système qui n'est certainement pas le meilleur, ont su s'élever à un degré très imposant de perfection; ils nous ont donné des descriptions fidèles et intéressantes des monumens de ce peuple singulier; mais ils n'ont pas prétendu que ces monumens renfermassent des preuves d'une Astronomie perfectionnée; ils n'y ont vu qu'une Astronomie très ancienne, qui est celle que nous accordons sans la moindre difficulté à tous les peuples qui ont existé assez long-tems; aux Indiens, aux Chinois, aux Chaldéens comme aux Égyptiens; nous pensons même qu'il est impos-

PRÉLIMINAIRE.

sible que ces monumens renferment toute la science égyptienne, quoique nous la supposions très bornée.

Tous ces peuples ont eu des yeux, ils ont profité des avantages de leurs climats bien plus favorables aux premières remarques astronomiques que nos contrées plus septentrionales. Ils sont nos aînés, mais ils se sont arrêtés après les premiers pas; ils n'avaient rien de ce qui leur eût été nécessaire pour des progrès ultérieurs; et si nous leur devons les premières notions, ils n'ont jamais été dignes d'être nos écoliers.

Quand j'ai dit que les Grecs ont créé la *science astronomique*, j'ai eu grand soin de m'expliquer; j'ai défini ce que j'entends par ce mot. Avant Hipparque on avait fait quelques *remarques*, on avait déterminé à peu près la longueur de l'année, celle du mois lunaire, l'inclinaison de l'écliptique; on avait fait des globes célestes, observé des levers, noté des paranatellons; on avait trouvé la mesure du tems et les heures antiques ou inégales; mais tout cela sans art, sans calcul et sans science; on avait recueilli quelques *faits*. Hipparque, le premier, a *mesuré* et *calculé par des méthodes certaines*. J'ai cherché partout les méthodes égyptiennes et chaldéennes, et je n'en ai pas trouvé le moindre vestige, ni la plus simple mention.

Les deux zodiaques égyptiens ont une origine un peu différente; ils n'appartiennent donc pas à la même époque; cela paraît très vraisemblable. Quel est l'intervalle entre ces deux époques? Il m'est impossible de le déterminer. Quelle est l'époque précise de la construction de l'un et de l'autre? c'est ce qui est encore bien plus difficile à décider. Par quel degré de ces constellations passait le colure? On n'en sait rien. Les Égyptiens donnaient-ils 30° à toutes leurs constellations, comme les Chaldéens donnaient 30° à chacune des divisions de l'équateur, ou les supposaient-ils aussi inégales qu'elles le sont dans le Catalogue d'Hipparque? C'est ce qu'on ignore. Dans le premier zodiaque, le Lion est le premier signe; dans l'autre c'est la Vierge; ce qu'on en conclurait de plus naturel, c'est que dans l'intervalle la précession a été de 30°, ce qui supposerait plus de 2000 ans d'intervalle. Ces zodiaques ont-ils été sculptés dans l'année qui a suivi l'observation? Personne n'oserait en répondre. On n'a donc rien de certain sur le tems de la construction des édifices, non plus que sur le tems des observations.

Les Égyptiens ont regardé le ciel, ils ont divisé la route annuelle du Soleil en douze parties. Leurs observations, leurs constructions, sont d'une haute antiquité. Voilà tout ce que je vois de certain. N'a-t-on pas même nié que leurs douze figures fussent des constellations, et prétendu qu'elles n'étaient que des symboles allégoriques des opérations de l'agriculture pendant les douze mois de l'année. Dans ce cas, elles seraient tout-à-fait étrangères à l'Astronomie, à laquelle, dans la première hypothèse, elles ne sont que parfaitement inutiles; car à quoi servent les constellations depuis que la science existe? A rien absolument. Les étoiles en particulier, leurs positions bien observées, sont les fondemens de toute Astronomie; on n'en voit aucune sur ces zodiaques. La division mathématique de l'écliptique en degrés est celle des astronomes; la division du zodiaque en signes ou en maisons, est celle des astrologues. Les Chaldéens et les Égyptiens ont été des astrologues; ils ont employé quelques faits, quelques termes qui ont dû passer dans l'Astronomie; les faits sont essentiels, mais il ne fallait que des yeux et du tems pour les découvrir; pour les termes on s'en serait bien passé; ils n'y ont produit que la confusion et de fréquentes équivoques. L'Astrologie paraît pour le présent passée de mode entièrement. La science réelle et la science chimérique sont absolument distinctes, elles ont été long-tems confondues. Il serait tems de bannir de l'Astronomie et de son histoire toutes ces conjectures, tous ces systèmes auxquels on a consacré tant de veilles infructueuses.

On distingue soigneusement les tems mythologiques des tems vraiment historiques. Laissons à la première époque tous les travaux des Indiens, des Chinois, des Chaldéens et des Égyptiens; reléguons Maya, Thot, Hermès, Osiris avec Hercule, Bacchus, Atlas et Chiron, et convenons enfin que l'histoire commence à Hipparque, ou, si l'on veut, à Timocharis et Ératosthène.

Après nos extraits de Planude, du Lilawati, du Bija Ganita et de l'Ayeen Akbery, nous avions cru pouvoir dire un dernier adieu aux Indiens; mais depuis la publication de notre Histoire de l'Astronomie ancienne, M. Colebrooke, cité plusieurs fois dans notre chapitre des Indiens, vient de faire paraître à Londres l'ouvrage dont voici le titre :

Algebra, with Arithmetic and mensuration, from the sanscrit of Brahma Gupta and Bhascara, translated by Henry Thomas Colebrooke, esq. F. R. S. London, 1817.

Nous ne connaissons cet ouvrage que par le compte qu'en a rendu l'*Edinburg review* 1817, n° LVII. Mais ce compte est extrêmement détaillé. L'auteur anonyme de l'article y a joint tant de réflexions sur l'idée

PRÉLIMINAIRE.   xix

que l'on doit se former de la science des Indiens, que, *pour notre objet,* son extrait est de beaucoup préférable à l'ouvrage même.

« L'ouvrage traduit par M. Colebrooke renferme quatre traités différens, en vers sanscrits, sur l'Arithmétique, l'Algèbre et la Géométrie de l'Indostan. Ce sont le Lilawati, le Bija Ganita, ouvrages de Bhascara Acharia ; les deux autres, encore plus anciens, ont été composés par Brahma Gupta ; ils font partie d'un système d'Astronomie. Les deux premiers servent d'introduction au *Siddhanta Siromani* de Bhascara, et les deux autres sont les douzième et dix-huitième chapitres du *Brahma Siddanta,* ouvrage astronomique de Brahma Gupta.

» L'âge de Bhascara est fixé, avec une grande précision, à l'an 1150 de notre ère ; l'âge de Brahma Gupta est bien antérieur ; ses ouvrages sont extrêmement rares. Plusieurs circonstances, et particulièrement la position qu'il donne aux points solstitiaux, paraissent indiquer le VIe siècle ou le commencement du VIIe. Ainsi les ouvrages de Brahma Gupta sont bien antérieurs aux premiers essais des Arabes. »

Nous admettons ces faits et même ces conjectures sans la moindre objection. Mais de ces faits mêmes, il résulte au moins que ces écrits sont moins anciens de beaucoup que tout ce qui nous reste des géomètres et des astronomes grecs.

» Ganesa, le plus distingué des commentateurs de Bhascara, cite un passage d'Arya Bhatta sur l'Algèbre, qui offre une solution très fine des problèmes indéterminés, laquelle est connue sous le nom de *cuttaca.* Arya Bhatta est en effet regardé par les Indiens, comme l'écrivain *non inspiré,* le plus ancien qui ait traité de l'Astronomie. M. Colebrooke établit d'une manière *très probable,* que cet auteur vivait dans le Ve siècle de notre ère, et *peut-être* plus anciennement. *Il serait donc presque aussi ancien que Diophante, qui vivait vers l'an* 360. En les *supposant* également anciens, il faut avouer que l'Indien était bien plus avancé, puisqu'il *paraît* avoir été en possession de la résolution des équations à plusieurs inconnues, ce qu'on ne peut présumer de Diophante ; il possédait en outre une méthode pour les problèmes indéterminés du premier degré, que ne possédait pas l'auteur grec. »

Remarquons d'abord que nous retombons ici dans les simples conjectures. Voilà un commentateur du XVIe siècle, qui nous parle d'un écrivain qui est du Ve, *à ce que l'on présume,* et qui *paraît* auteur d'une théorie que ne connaissait pas Diophante qui est du IVe.

Nous n'avons que les six premiers livres de Diophante. Est-il juste de supposer qu'il ne connaissait que ce qu'il a exposé dans ces premiers livres? n'est-il pas plus naturel de croire que les sept autres, qui sont perdus, étaient pleins d'une doctrine plus relevée? Le succès de Diophante n'a-t-il pas pu engager quelque grec, à peu près du même âge, à perfectionner l'Algèbre de son contemporain; et, dans l'espace d'un siècle écoulé entre Diophante et Arya Bhatta, cette nouvelle doctrine n'a-t-elle pu arriver jusque dans l'Inde? Pouvons-nous avoir une confiance entière en ce que nous dit Ganesa? Est-il si rare de voir dans l'Inde des auteurs qui, pour vanter l'antiquité de leur nation, parlent avec exagération des connaissances de leurs ancêtres? Mais il n'entre pas dans notre plan de discuter longuement de simples conjectures aussi étrangères à l'Astronomie.

C'est ici que M. Colebrooke s'était arrêté. L'auteur anonyme de l'article que nous extrayons, conjecture que la science a dû exister long-tems auparavant, et qu'elle a dû parcourir différens degrés pour arriver au point où elle se trouve dans Arya Bhatta; que Diophante ne peut être l'auteur de toutes les méthodes qu'il nous a transmises; et qu'Arya Bhatta doit être encore moins le seul inventeur d'un système plus parfait que celui de Diophante. (Pour discuter ce point nous attendrons qu'on ait retrouvé les sept livres de Diophante; retrouvé et traduit l'ouvrage d'Arya Bhatta.)

« En effet, continue l'anonyme, avant qu'un auteur pense à introduire un traité d'Algèbre dans un cours d'Astronomie, la science dont il fait une telle application, doit avoir été dans un état d'avancement qui atteste les efforts de plusieurs âges. »

On pourrait répondre que quand un auteur vient de créer une science nouvelle, chez un peuple où la civilisation est fort avancée, de bons esprits ne tardent pas à s'emparer de ces idées nouvelles pour les étendre et en multiplier les applications. Ainsi, chez les Grecs, Archimède a succédé à Conon, et Apollonius à Archimède, en moins de 60 ans. Newton et Leibnitz vivaient encore quand les Bernoulli ont fait, dans l'Analyse, des progrès si marqués.

« Le plus ancien commentateur dont l'âge soit avéré, a dû écrire vers 1420; le second vers 1538 et 1541. Ganesa est de 1545. Un commentaire du Vija Ganita, portant la date de 1602, contient des explications et des démonstrations qui sont tout-à-fait dans la manière de Ganesa. Un dernier Scholiaste vivait en 1621. »

Il faut avouer que toutes ces autorités sont un peu modernes, et la

PRÉLIMINAIRE.

grande antiquité de l'Algèbre indienne ne semblera peut-être pas suffisamment constatée. L'époque la moins incertaine reste encore celle de Brahma Gupta, c'est-à-dire le commencement du VIIe siècle. Enfin, puisque Arya Bhatta, le plus ancien auteur *non inspiré* qui ait parlé d'Astronomie chez les Indiens, est du cinquième siècle, l'Astronomie indienne est postérieure de près de 600 ans à Hipparque, et de plus de 200 ans à Ptolémée. Bailly aurait donc eu tort de nous dire si affirmativement qu'Hipparque avait emprunté pour les défigurer les théories des Indiens. L'Astronomie indienne ne remonte donc tout au plus qu'au cinquième siècle ? Qui sait d'ailleurs si Arya Bhatta était plus astronome qu'Autolycus ? Brahma Gupta était du VIIe siècle ; c'est à peu près la date des tables de Siam.

M. Colebrooke met en parallèle l'Algèbre des Grecs, celle des Arabes et celle des Indiens, dans les tems les plus anciens dont il existe des monumens.

« Les symboles algébriques des Indiens sont les lettres initiales des mots. »

C'est une méthode fort naturelle et fort claire, à laquelle je me conforme autant que je puis dans mes ouvrages; mais je n'emploie pour chaque mot qu'une seule initiale ; les Indiens en mettaient deux ou trois. Ce n'est pas là tout-à-fait une notation algébrique, c'est une manière abrégée d'écrire.

« Un trait au-dessus d'un symbole indique une quantité négative ; le signe $+$, pour l'addition, est inconnu ; il en est de même des signes $=$, $>$ et $<$; la multiplication est indiquée quelquefois par un trait entre deux nombres ; les deux membres d'une équation sont posés l'un au-dessous de l'autre ; les inconnues sont exprimées par les lettres initiales des différentes couleurs ; la première inconnue est marquée par la lettre initiale du mot *quantité;* les puissances sont de même indiquées par leurs initiales. Les Arabes n'avaient de symbole d'aucun genre.

» Ce qui caractérise principalement le Lilawati, c'est que le style oriental est partout mêlé avec le style sévère de l'Arithmétique ; il en résulte que l'énoncé du problème est par fois si obscur, qu'on a besoin de la règle pour en deviner le sens. »

Rien de tout cela n'annonce une science bien avancée.

« Les règles des combinaisons sont les mêmes que la loi des coefficiens du binome. »

Cette identité est dans la nature de la chose, et n'a rien de remarquable.

« *Nulle part on n'aperçoit la route qui a pu conduire à la solution. Ainsi, un voile mystérieux couvre toujours la science mathématique des Orientaux; il est bien à craindre que ce voile ne puisse jamais être levé.* »

Cet aveu est précieux. Il est certain au contraire que les Grecs mettaient un soin extrême à tout démontrer. Les Indiens ne démontrant rien, on peut douter qu'ils eussent la pleine intelligence de leurs méthodes.

« Le *pulvériseur* est un procédé qui se rencontre souvent dans l'Algèbre et dans l'Arithmétique des astronomes indiens. C'est une règle générale pour les problèmes indéterminés du premier degré. Il est à remarquer qu'avant Bachet de Méziriac, en 1624, on n'avait rien de comparable en Europe, et que la règle de Bachet est virtuellement la même que celle de l'Algèbre d'Euler (vol. II, chap. I). Si l'on demande par exemple que $\frac{17x+5}{15}$ soit un nombre entier, x sera ce qu'on appelle *pulvériseur*, ou bien le pulvériseur sera la méthode qui fait trouver x; car il est difficile de déterminer le véritable sens de ce mot. La règle est donnée d'une manière trop concise et avec trop peu de précision. »

Voici un exemple de cette règle dont nous avons déjà parlé tome I, p. 551, où elle est désignée par le nom de *cutuka fixé*. Nous n'avions pas eu le courage de l'analyser; mais puisqu'elle peut avoir quelque importance, pour l'idée que nous devons nous faire de la science indienne, il la faut examiner à fond.

« Supposons que dans une période *inconnue* d'années, une planète ait fait un nombre de révolutions ou de cercles, *plus un certain nombre de signes, de degrés, de minutes et de secondes*, plus une fraction donnée de seconde; que ces nombres soient perdus excepté la fraction, on demande le quotient tout entier. »

Il est certain d'abord que l'énoncé est piquant; qu'il promet une méthode curieuse. Quant à l'utilité, elle n'est pas très évidente, et si les Indiens en font un fréquent usage en Astronomie, ne serait-ce pas que n'ayant pas encore d'Astronomie véritable, ils s'amusaient en attendant à des subtilités de calcul numérique, plus étrangères encore à la science astronomique que les théorèmes métaphysiques des Autolycus et des Théodose. Jamais, depuis les Grecs jusqu'à nos jours, les problèmes

PRÉLIMINAIRE. xxiij

indéterminés de ce genre n'ont attiré un seul instant l'attention des calculateurs.

Dans l'exemple cité, la fraction de seconde est $\frac{10''}{13}$; nous prendrons 13 pour diviseur. Soit a le chemin de la planète, le quotient demandé sera $\frac{a}{13}$. L'auteur parle de signes et de degrés. Pour simplifier un peu le calcul, nous emploierons les doubles signes, ou les signes de 60°, à l'exemple de Théon et des Alphonsins. Tout cercle vaut donc six hexécostades ou soixantaines de degré.

Si a était divisible par 13, il n'y aurait pas de fraction. Nous ferons $\frac{a}{13} = \frac{13x+b}{13} = x + \frac{b}{13}$, et $x = \frac{a-b}{13}$; $\frac{b}{13}$ sera une fraction; multiplions-la par 60, pour la changer en degrés; x sera la première partie du quotient, ou les hexécostades, il restera $\frac{60b}{13} = \frac{13x'+c}{13} = x' + \frac{c}{13}$; x' sera le nombre de degrés du quotient.

De même $\frac{60c}{13} = \frac{13x''+d}{13} = x'' + \frac{d}{13}$, $x'' = \frac{60c-d}{13}$; x'' sera le nombre de minutes du quotient.

Enfin, $\frac{60d}{13} = \frac{13x'''+e}{13} = x''' + \frac{e}{13}$, et $x''' = \frac{60d-e}{13}$; x''' sera le nombre de secondes du quotient.

$e = 10''$ dans notre exemple; le quotient sera $x + x' + x'' + x''' + \frac{10}{13}$.

Soit $a = 22$ cercles $= 264$ signes $= 132$ hexécostades ou doubles signes; nous verrons plus loin que c'est la supposition de l'auteur ou celle du traducteur.

$\frac{a}{13} = \frac{132^h}{13} = \frac{13.10^h + 2^h}{13} = 10^h + \frac{2}{13}$, $x = 10^h$, $\frac{a-b}{13} = \frac{13.10-2}{13}$, $b = 2$,

$\frac{60b}{13} = \frac{120°}{13} = \frac{117° + 3°}{13} = \frac{13.9° + 3°}{13}$, $x' = 9°$, et $c = 3°$,

$\frac{60c}{13} = \frac{60.3°}{13} = \frac{180'}{13} = \frac{169' + 11'}{13} = \frac{13.13' + 11'}{13} = 13' + \frac{11}{13}$, $x'' = 13$ et $d = 11$,

$\frac{60d}{13} = \frac{60.11'}{13} = \frac{640''}{13} = \frac{650'' + 10''}{13} = \frac{13.50'' + 10''}{13} = 50'' + \frac{10}{13}$,

$x''' = 50''$, et $e = 10''$.

Le quotient

$x + x' + x'' + x''' + \frac{10}{13} = 10^h 9° 13' 50'' \frac{10}{13} = 20^s 9° 13' 50'' \frac{10}{13} = 1^c 8^s 9° 13' 50'' \frac{10}{13}$.

C'est le quotient de l'auteur. Il est à remarquer que le dividende est un nombre entier de cercles, ce qui tient au système suivi par les Indiens dans toutes leurs Tables astronomiques, où ils supposent que toute planète fait un nombre donné de révolutions entières en un nombre donné de jours, supposition qui décèle l'enfance de l'art. Cette remarque nous fait voir encore que dans l'énoncé du problème les mots, *un nombre de cercles, plus un certain nombre de signes, de degrés, de minutes et de secondes,* doivent s'entendre du quotient et non du dividende.

Voilà de l'Algèbre sans doute, mais elle n'exige pas un grand effort de génie. Voyons maintenant comment de la fraction $\frac{10}{13}$ nous pourrons remonter à nos quotiens partiels x''', x'', x' et x. Il suffira de reprendre en ordre inverse les opérations exposées ci-dessus.

$$x''' = \frac{60d}{13} - \frac{10}{13} = \frac{60d - 10''}{13''}.$$

On voit que x''' est un nombre plus petit que 60, et que pour le trouver il faut chercher parmi les multiples de 60, celui qui, diminué de 10″, deviendra divisible par 13.

Or, sans recourir aux règles de l'Algèbre indéterminée, nous savons que les Indiens, comme les Grecs, avaient la table de multiplication sexagésimale, que nous avons rapportée tome II, page 32. Dans cette table prenons la colonne de notre diviseur 13; cherchons-y un nombre qui, augmenté de 10″, fasse un nombre exact de minutes; à la ligne 50 nous trouverons $10' 50'' = 13.50'' = 60d - 10'' = 11' - 10''$.

Nous en conclurons $x''' = 50''$, et $d = 11$. Alors, en remontant successivement aux ordres supérieurs, nous aurons

$$x'' = \frac{60c - d}{13} = \frac{60.c - 11'}{13} = \frac{2° 49'}{13} = \frac{3° - 11'}{13} = \frac{169'}{13} = \frac{13.13'}{13} = 13';$$

d'où $x'' = 13'$, et $c = 5°$.

$$x' = \frac{60b - c}{13} = \frac{60b - 3°}{13} = \frac{60.2° - 3°}{13} = \frac{120° - 3°}{13} = \frac{117}{13} = 9°, \text{ et } b = 2,$$

$$x = \frac{60a - b}{13} = \frac{a^h - 2^h}{13}.$$

Pour faire des cercles il faut que a^h soit multiple de 6, il faut que ce multiple de 6, diminué de 2, devienne divisible par 13. En parcourant la colonne 13, je trouve aussitôt $52 = 13.4 = 54 - 2 = 9.6 - 2$; ainsi $x = 4$, et notre quotient entier est

$$4^h 9° 13' 50'' \tfrac{10}{13} = 8^s 9° 13' 50'' \tfrac{10}{13}.$$

Mais on demande au moins un cercle entier. $52 = 13.4$ est donc trop petit. En continuant de descendre dans la colonne 13 de la table, nous trouvons à la ligne 10, $2^s\,10° = 130' = 13.10$, lequel, augmenté de 2, donne 132. C'est le dividende choisi ci-dessus. Nous ferons donc $x = 10$, et le quotient sera

$$10^h\,9°\,13'\,50''\,\tfrac{10}{13} = 20^s\,9°\,13'\,50''\,\tfrac{10}{13} = 1^c\,8^s\,9°\,13'\,50''\,\tfrac{10}{13}.$$

En continuant de descendre de six lignes dans la colonne, nous aurions pour les valeurs successives de a,

4^h, 10^h, 16^h, 22^h, 28^h, 34^h, 40^h, 46^h, 52^h, et 58^h, ou 0^c, 1^c, 2^c, 3^c, 4^c, etc.;

ce qui ne changerait rien aux degrés, aux minutes, ni aux secondes, puisque les quantités que nous ajoutons ont toutes des cercles entiers.

Les équations qui donnent successivement x''', x'', x' et x, sont l'expression algébrique des règles que l'auteur donne sans démonstration, elles se résolvent par le plus simple des calculs algébriques, et la table dispense même de ces calculs si faciles. Il a suffi, pour trouver ces règles, d'exécuter numériquement la division de $\frac{132}{13}$ ou généralement de $\frac{X}{Y}$; de remarquer les développemens de la division, et d'exprimer par une règle particulière, chacune des opérations successives; enfin, de reprendre successivement toutes ces règles en ordre inverse. On avait, de cette manière,

$$x''' = \frac{60d - e}{13},\ x'' = \frac{60c - d}{13},\ x' = \frac{60b - c}{13},\ x = \frac{60a - b}{13} = \frac{a^h - b^h}{13}.$$

Rien de plus régulier ni de plus simple que cette marche. Il ne faut donc pas donner ce *cutuka fixé* comme une preuve d'un grand savoir. La méthode est assurément curieuse; elle ne pouvait être trouvée que par un bon arithméticien, qui eût les premières notions d'une Algèbre quelconque. Si cette méthode était inconnue en Europe, c'est qu'elle y était encore plus inutile que dans l'Inde. L'anonyme, qui peut-être n'a pas pris la peine de la développer, dit qu'elle ne se présente pas d'abord, et que l'auteur indien a dû se féliciter de l'avoir trouvée. Mais s'il y est parvenu comme nous venons de le faire, il n'avait pas tant de raison de s'en applaudir. Il a vu sans doute que sa remarque lui fournissait l'occasion de proposer un problème tout-à-fait neuf et tout-à-fait singulier; il aura donc supprimé l'échafaudage, pour donner l'air d'une merveille à une chose fort simple et fort inutile, qui d'ailleurs ressemble à ces tours de science amusante, qui font l'étonnement des spectateurs, parce que ces spectateurs sont loin de soupçonner la facilité des moyens qui rendent le succès infaillible.

On peut même résoudre encore d'une manière plus simple ce singulier problème. Il est évident que tout nombre entier de la forme $13a^h + 13.b° + 13c' + 13d'' + 10''$, satisfera à la condition de donner $\frac{10}{13}$ pour reste, quand il sera divisé par 13; le quotient sera $a^h + b° + c' + d'' + \frac{10}{13}$; les nombres a, b, c, d, sont entièrement arbitraires; on peut leur donner toutes les valeurs depuis 0 jusqu'à l'infini. Le problème est donc du genre le plus indéterminé. Pour *fixer le cutuka*, il faut donc s'imposer quelque condition.

Demandons d'abord que $13d'' + 10''$ fasse un nombre de minutes; nous aurons
$$13d'' + 10'' = n.60'';$$
et notre table nous donnera aussitôt
$$13.50'' + 10'' = 10'.50'' + 10'' = 11';$$
l'équation deviendra
$$N = 13a^h + 13b° + 13c' + 11'.$$

Demandons maintenant que $13.c' + 11 = n.1° = n.60'$; nous aurons par la table
$$13.13' + 11' = 2°49' + 11' = 3°;$$
$$N = 13a^h + 13b° + 3°.$$

Faisons encore
$$13b° + 3° = 13.9° + 3° = 117° + 3° = 120° = 2^h;$$
nous aurons
$$N = 13a^h + 2^h = 130^h + 2^h = 13.10^h + 2^h,$$
$$a^h = 10^h,$$
et
$$Q = 10^h\,9°\,13'\,6''\,\tfrac{10}{13}.$$

Au lieu de 10^h nous pourrions mettre 16^h, 22^h, 28^h, 34^h, 40^h, etc., en augmentant toujours de $6^h = 1$ cercle.

Tout ce que prouve une pareille méthode appliquée à l'Astronomie, c'est que les Indiens avaient une espèce de notation algébrique, une Arithmétique sexagésimale, une table de multiplication, et qu'ils supposaient que les planètes décrivaient toutes un nombre donné de cercles en un nombre donné de jours. Or, nous savions tout cela, et nous l'avons exposé dans notre premier volume.

Ces réflexions, et l'inutilité absolue de ce problème singulier diminuent considérablement le mérite de la méthode. Ce sont les bâtons flottant sur l'onde, de La Fontaine, de Phèdre ou d'Ésope;

De loin c'est quelque chose et de près ce n'est rien.

PRÉLIMINAIRE.

On nous dit que, *dans une période inconnue,* la planète décrit un certain nombre de cercles; mais si la période est inconnue, comment a-t-on pu connaître le diviseur 13? Il faut lire apparemment *période connue*. Mais en voilà trop sur un sujet assez futile, qui n'a d'autre mérite que la singularité.

Pour les questions indéterminées du second degré, M. Colebrooke nous apprend qu'un problème de Bhascara est résolu par cet indien, par un procédé qui est le même que Brouncker a trouvé pour résoudre une question que Fermat avait proposée, par forme de défi, à Wallis, en 1657. Ce problème se trouve, avec la solution de Brouncker et celle de Wallis, au tome II des œuvres de ce dernier, page 768. On peut y voir ce que pense Wallis de ces sortes de défis, où le proposant a saisi tout ses avantages; et en général de ces sortes de questions qui ne sont que les jeux d'un esprit méditatif qui abuse de son tems et de ses moyens.

« Étant donné un nombre entier quelconque non carré, on peut trouver un nombre infini de carrés, qui, multipliés par ce nombre, et le produit étant augmenté de l'unité, donnent autant de carrés. »

Soit n le nombre donné, on aura

$$nxx + 1 = yy.$$

Soient par exemple

$$n = 3, \quad x = 1, \quad nxx + 1 = 3 + 1 = 4 = 2^2,$$
$$n = 3, \quad x = 4, \quad nxx + 1 = 3.16 + 1 = 49 = 7^2.$$

Solution.

$$yy = \frac{4x^2 n}{(x^2 - n)^2} + 1 = \frac{4x^2 n + (x^2 - n)^2}{(x^2 - n)^2} = \frac{4x^2 n + x^4 - 2x^2 n + n^2}{(x^2 - n)^2} = \frac{x^4 + 2x^2 n + n^2}{(x^2 - n)^2}$$
$$= \left(\frac{x^2 + n}{x^2 - n}\right)^2, \quad \text{et} \quad y = \frac{x^2 + n}{x^2 - n};$$

n étant donné, on peut prendre pour x un nombre entier quelconque.

Le problème est certainement curieux. Je remercie M. Colebrooke de nous avoir appris qu'il a été connu des Indiens; mais que fait ce problème à l'Astronomie? La quadrature de la parabole par Archimède, n'empêche pas que l'Astronomie ne fût alors au berceau chez les Grecs. Voyons quelle conséquence l'anonyme pourra déduire de cette formule.

« C'est un fait, dit-il, qui ne peut être contesté, et qu'on ne peut trop fortement recommander à l'attention des mathématiciens, qui ne voient rien d'original, ni de recommandable dans la science de l'Orient. »

Je n'ai jamais prétendu nier cette science ni son originalité; j'en ai seulement demandé des preuves. En voilà pour l'analyse indéterminée au VIIe siècle. Qu'on m'en fournisse de pareilles pour l'Astronomie au tems d'Aristarque, d'Apollonius, et j'admettrai que les Indiens ont en effet possédé une Astronomie qui leur appartenait.

« La solution de Bhascara n'est pas générale, Lagrange l'a prouvé en 1767. Euler n'a pu écarter toutes les restrictions. Brahma Gupta a donné une règle tout-à-fait sans exception; M. Colebrooke la regarde comme telle. »

L'anonyme n'a pas eu le loisir de s'en assurer. Je n'ai aucune connaissance de la règle de Brahma Gupta, mais j'admets tout. Qu'en résultera-t-il pour l'Astronomie des Indiens? Supposons que dans une branche particulière de l'Algèbre, les Indiens aient été plus loin que nos géomètres, il ne s'ensuivra nullement que leurs astronomes aient surpassé ou devancé ceux de la Grèce. Je crois avoir démontré que la Trigonométrie est une invention d'Hipparque. Si l'on voulait me prouver que cette invention est plus ancienne, serait-on reçu à en donner la preuve que voici? Archimède a trouvé la quadrature de la parabole, la surface du cercle, celle de la sphère et son volume, la théorie des sphéroïdes, des conoïdes, des hélices, etc.; ces inventions étaient bien plus difficiles que celle de la Trigonométrie; donc, à plus forte raison Archimède, auteur de ces connaissances profondes, possédait la Trigonométrie. Je répondrais : elles sont plus difficiles, elles exigeaient plus de génie, je le veux bien; mais, quoique moins utiles, Archimède s'en est occupé de préférence; il n'a pas songé à la Trigonométrie, dont il n'a senti le besoin que très rarement, et dont il n'avait aucune idée. Hipparque, qui ne pouvait s'en passer, en a fait l'objet de ses méditations; il a complètement résolu ce problème important : Quand de deux théories, la plus difficile suppose la plus aisée, on ne peut s'empêcher de croire que la plus facile soit aussi la plus ancienne. Mais dans des sujets indépendans l'un de l'autre, on peut arriver à une découverte difficile sans avoir connu la plus aisée, qui ne se trouvait pas sur le même chemin. Il en est de même de l'Algèbre indienne. Elle s'occupe principalement de questions numériques sur lesquelles l'Algèbre proprement dite n'a que fort peu de prise. La difficulté principale est de les mettre en équation; c'est ce qu'a remarqué M. Lagrange, quand il s'est occupé d'analyse indéterminée, et des théorèmes de Fermat. Quand nos géomètres envisagent une de ces questions, ils cherchent à la ramener à l'espèce d'analyse qui leur est familière. L'indien, qui n'a dans ce genre que les notions les plus élémentaires, et n'a nullement l'habitude de combiner des équations, prend une route très différente ; il calcule moins et raisonne autrement ; comme Fermat, il donne des règles et des résultats, sans nous indiquer la route qu'il a suivie. Cette route a pu être longue, tortueuse ; pour nous la faire bien connaître, il faudrait des explications longues et difficiles à rendre claires. Il se met à son aise en supprimant toute démonstration. N'ayant aucune notion des théories indiennes, nous sommes portés à les croire plus savantes, plus sûres et plus générales qu'elles ne l'étaient sans doute. Ces questions numériques, qui souvent n'ont aucun but, aucune utilité réelle, pouvaient, par leur singularité, piquer l'analyste indien, qui avait de la patience et du tems, au lieu que nos grands géomètres n'y ont donné qu'une attention passagère, ou bien, s'ils en ont fait l'objet d'une longue méditation, leur but a été non d'enseigner à résoudre des questions oiseuses, mais de reculer les bornes de l'analyse ; ils n'attachent d'importance qu'à la doctrine, aux démonstrations ; le problème en lui-même n'a d'autre mérite à leurs yeux que celui d'avoir fourni l'occasion de savantes recherches et de découvertes difficiles. L'indien indolent redoute le travail des observations, il n'a aucun intérêt à imaginer des hypothèses propres à représenter des mouvemens qu'il n'a pas exactement mesurés. L'Astronomie mathématique sera venue tard dans l'Inde ; elle n'y aura fait que peu de progrès ; elle se sera aidée des théories étrangères qu'elle aura défigurées au lieu de les perfectionner ; les progrès de cette espèce d'Algèbre ont pu être plus marqués, plus rapides que ceux de l'Astronomie ; enfin, vous prouvez l'existence de l'Algèbre indienne, par des monumens antérieurs aux écrits des Arabes ; prouvez de même, par des monumens existans, que l'Astronomie indienne est plus ancienne que celle des Arabes. Pour plus ancienne que celle des Grecs, je crois la chose impossible ; mais je suis loin de rien affirmer.

« La règle de Brama Gupta n'est précédée d'aucun raisonnement, en sorte que *nous ignorons si la découverte est le résultat d'une analyse régulière, ou si elle a été trouvée par induction. Nous penchons pour ce dernier sentiment, quoiqu'il ne soit pas sans quelque difficulté.* »

En attendant qu'on nous expose cette analyse régulière, d'après un ouvrage indien de cette date, nous adopterons provisoirement l'opinion pour laquelle penche l'anonyme. En effet, n'est-il pas très possible qu'un indien ait été amené par hazard à l'expression fort simple

$$\left(\frac{x^2+n}{x^2-n}\right)^2 = \frac{x^4+2nx^2+n^2}{x^4-2nx^2+n^2} = \frac{x^4-2nx^2+n^2+4nx^2}{x^4-2nx^2+n^2} = 1 + \frac{4nx^2}{(x^2-n)^2}$$

$$= \left(\frac{2x}{x^2-n}\right)\left(\frac{2x}{x^2-n}\right)n + 1;$$

d'où il aura conclu, sans être extrêmement habile, que tout nombre de la forme $n\left(\frac{2x}{x^2-n}\cdot\frac{2x}{x^2-n}\right)+1$, est nécessairement un carré. Cette marche n'offre aucune difficulté; mais le problème proposé par Fermat, $nx^2+1=y^2$, quoique le même au fond, offre une difficulté réelle; et si l'on veut résoudre directement l'équation $x^2=\frac{y^2-1}{n}$, on pourra s'y trouver embarrassé; et c'est en ce sens, ce me semble, que Lagrange a dit : qu'*on peut risquer de ne jamais parvenir à la solution*. (Algèbre d'Euler, tome II, page 637). Prenez x pour donnée, vous aurez un nombre infini de solutions; cherchez x par l'analyse indéterminée, vous aurez une opération longue, toujours difficile et par fois impossible.

L'auteur indien donne, sans démonstration, la formule de Brouncker; mais la donne-t-il pour résoudre la question de Fermat, ou simplement pour avoir autant de valeurs qu'on voudra de y, pour un même nombre n? C'est-là ce que je ne vois pas bien clairement. Je ne puis donc avoir une idée bien précise de la science indienne; mais dans l'hypothèse la plus favorable, je ne vois pas ce qui peut en résulter pour l'existence *réelle* de l'Astronomie indienne. On dira *il est très possible* que des analystes de cette force aient aussi inventé l'Astronomie; j'en conviendrai volontiers; mais on ne pourra pas dire positivement *ils l'ont inventée*.

« Le docteur Hutton a parlé de la démonstration indienne du carré de l'hypoténuse. »

Je demanderai s'il est prouvé qu'elle soit plus ancienne que celle d'Euclide?

« Brahma Gupta donne le théorème des deux côtés et des segmens de la base. »

L'anonyme ne se souvient pas de l'avoir vu chez les Grecs. Il le trouvera dans mon extrait de Ptolémée, qui l'emploie sans nous dire qu'il en soit l'auteur; on le trouve dans mon extrait de Théon, qui en donne une démonstration fort simple.

« Bhrama Gupta donne la règle de l'aire du triangle en fonction de la

PRÉLIMINAIRE.

demi-somme des côtés, et de cette demi-somme diminuée successivement de chacun des trois côtés. On ne s'attendait pas à la trouver dans un livre indien. »

Je le confesse, mais tout cela n'est encore que du septième siècle; et ce théorème très curieux n'est que d'une utilité fort médiocre en Astronomie. Je ne cherche pas ici la valeur intrinsèque des connaissances, je cherche les preuves du savoir astronomique des Indiens.

« La construction de la table des sinus indique de grandes connaissances de Géométrie élémentaire. *Malheureusement nous n'avons pas la démonstration originale.* »

C'est ce que j'ai dit; et quand nous aurions cette démonstration, il nous manquerait peut-être encore la date certaine. Cette construction même, du moins la seconde, qui suppose une formule inconnue aux Grecs et aux Arabes, est si nouvelle pour nous, que j'ai cru, pendant plus de dix ans, en être le premier auteur; cette construction, à d'autres égards, est accompagnée d'une théorie très incomplète, qui a fait que la table indienne ne procède que de $3° \frac{3}{4}$ en $3° \frac{3}{4}$. Si les Indiens avaient bien compris leur méthode différentielle, ne s'en seraient-ils pas servis pour avoir une table complète ou du moins de degré en degré? Ils n'ont donc pas bien senti l'importance de la méthode? Ils n'ont pas su l'appliquer; et j'ai montré comment ils avaient pu la trouver, par le fait, après avoir construit la table par les théorèmes des Grecs. Nous verrons, ci-après, page 283, qu'Arzachel, vers l'an 1100, s'était arrêté de même au sinus de 3°45′; mais il ajoutait que par des moyens semblables, on arriverait aux arcs les plus petits.

« La démonstration indienne de l'aire du cercle est singulièrement curieuse, quoi qu'elle ne soit peut-être pas bien rigoureusement géométrique. Partagez le cercle en deux parties égales par un diamètre, divisez chacune des deux moitiés de ce cercle en un nombre égal et considérable de secteurs, développez les deux demi-circonférences en lignes droites; les secteurs se sépareront (se déformeront), et présenteront dans les deux moitiés, un nombre égal de petits triangles isoscèles, qui formeront deux espèces de scies; faites entrer ces deux scies l'une dans l'autre, vous aurez un parallélogramme dont la base sera la demi-circonférence, et la hauteur sera égale au rayon.

» On ne voit pas comment ils ont su que la surface de la sphère est quadruple de celle d'un de ses grands cercles. »

Il n'est pas difficile que le théorème d'Archimède ait pénétré dans l'Inde sans la démonstration. Les Indiens n'ont aucun livre authentique qui remonte à l'époque du géomètre grec.

« Ils avaient trouvé la solidité en divisant la sphère en pyramides. » Même remarque.

« Ce qu'il y a de singulièrement remarquable, c'est que l'*Algèbre a subsisté* 1200 *ans chez les Indiens, sans faire aucun progrès marqué*. Les Scholiastes ont fait preuve de finesse, de sagacité, d'esprit et de jugement; mais ils n'ont pas passé la ligne tracée par leurs prédécesseurs. Dans l'Inde, tout paraît stationnaire; la vérité et l'erreur y sont assurées de la même permanence; l'énergie qui les a portés jusqu'à un certain degré de savoir et de civilisation, a-t-elle cessé d'agir? ou serait-ce que les connaissances des Indiens sont un héritage qu'ils ont reçu d'un peuple plus ancien, dont le souvenir s'est perdu? »

Ne serait-il pas encore plus naturel de penser que ces connaissances ont pénétré dans l'Inde, vers le V° ou VI° siècle; que les Indiens les ont reçues sans y rien changer, parce que peut-être ils ne les comprenaient pas; il les ont adoptées avec confiance, et les ont conservées sans y rien ajouter. M. Taylor, qui le premier nous a donné des extraits du Bija Ganita, ne voit autour de l'Inde aucun peuple assez instruit pour avoir enseigné les Indiens. Ce que Bailly a conjecturé du Thibet lui paraît absolument dépourvu de vraisemblance.

« Quelle que soit l'opinion qu'on se forme à cet égard, nous sommes persuadés que le nouveau jour sous lequel M. Colebrooke nous a montré la science analytique des Indiens, devra modifier les opinions qu'on s'est formées de l'ancienneté de leur Astronomie. »

Il est à remarquer que M. Taylor avance tout au contraire, que la lecture de leurs livres d'Algèbre et de Géométrie pourra bien rendre un peu douteuses les prétentions des Indiens au titre d'inventeurs et d'auteurs originaux.

« Les avis sont maintenant fort partagés. Quand les tables astronomiques des Indiens ont été apportées en Europe, elles firent une grande impression; on s'appliqua avec ardeur à une étude qui réunissait les attraits des recherches scientifiques et des discussions historiques. L'empressement avec lequel on a commencé cette étude, la nouveauté des objets, et la surprise qu'ils excitaient ont peut-être conduit un peu trop loin ceux qui se sont laissé *fasciner*. Nous citerons l'illustre historien de l'Astronomie, que ses talens, ses vertus et ses malheurs ont contribué à immortaliser; Bailly, dans ses recherches sur l'*Astronomie orientale*, s'est trouvé continuellement arrêté par l'impossibilité de dissiper l'obscurité qui enveloppe les antiquités de ce coin de l'univers. Il espérait que les lumières qui commençaient à sortir de l'Orient, éclaireraient les ténèbres et découvriraient les secrets enfermés dans l'ancienne histoire de la plus ancienne des sciences. Dans l'exposition qu'il a faite des principes de cette Astronomie, dans les preuves qu'il a données de son exactitude, il a déployé les ressources extraordinaires de sa science, de son esprit et de son éloquence. »

L'éloge est magnifique; ne serait-il pas un peu exagéré? J'ai dit les mêmes choses à peu près, mais avec plus de mesure et avec quelques restrictions (*Voyez* t. I, pages 400 et xix). Dans la réalité, la science que Bailly a mise dans son histoire, a été de rechercher tous les passages obscurs qui pouvaient s'adapter à ses hypothèses; de retrancher de ces passages ce qu'il y trouvait de contraire, de changer ainsi le sens des textes qu'il citait. (*Voyez* tome I de mon Histoire, pages, 423, 439, 440, 443). Son esprit a été de combiner adroitement ses preuves équivoques de manière à établir la probabilité de ses explications. Son éloquence, je lui ai suffisamment rendu justice.

« Un examen plus scrupuleux, fait par nos compatriotes sur le lieu même, les a portés à douter des prétentions à une haute antiquité, qu'ils trouvèrent dans les livres indiens. Il les a mis en état de découvrir les *erreurs* dans lesquelles était tombé l'astronome français, quelquefois faute de renseignemens suffisans, plus souvent par trop de confiance dans les ouvrages où il puisait ses notions, et *sans doute aussi par cet esprit de système dont les hommes d'un grand talent ont tant de peine à se défendre*. Le flux de l'opinion commence à prendre une direction contraire; mais la nouveauté, l'inexactitude des tables indiennes, ne sont pas affirmées avec moins de vivacité, et le sont par des raisonnemens *plus sujets à objection* que ceux qu'on avait apportés en faveur de leur ancienneté. »

Il suffit de jeter un coup-d'œil sur les tables pour voir combien elles sont incomplètes et inexactes; à cet égard, on ne peut élever le moindre doute; leur antiquité est un point qui ne mérite guère tant de recherches, de travaux et de disputes; et d'ailleurs nous avons déjà vu que le premier traité d'Astronomie indienne est du VIIe siècle.

« Parmi ceux qui ont tout nouvellement traité cette question, l'un des plus savans et des plus habiles astronomes de l'Europe, M. D., s'est particulièrement distingué dans un ouvrage qui vient de paraître; il a employé beaucoup de travail à attaquer les faits, les raisonnemens, et les calculs de l'*Astronomie orientale,* et il en a traité l'auteur avec *une vivacité et une sévérité à laquelle la mémoire de Bailly n'aurait pas dû être exposée de la part d'un confrère académicien.* » Cette dernière ligne étrangère au fond de la question, me met dans la nécessité d'y faire une réponse.

J'ai été environ deux ans le confrère de Bailly à l'Académie des Sciences; mais je n'y ai jamais siégé avec lui. Depuis qu'il était Maire de Paris, il n'avait plus le loisir d'assister à nos séances. Je n'ai jamais eu avec lui qu'une conversation qui n'a duré qu'une minute; c'était à l'époque où il venait de quitter la Mairie. Il avait repris au Louvre son modeste appartement. J'allai le féliciter de son retour à une vie moins agitée. L'affluence était grande; le sallon ne pouvait y suffire et l'on n'y entrait qu'avec peine et pour un instant. Je doute qu'il m'ait jamais connu autrement que de nom. J'estimais sa personne, ses qualités morales, et j'ai été profondément affligé de sa fin tragique, qui m'a toujours paru l'une des injustices les plus atroces de la révolution; quant à son talent, je crois en avoir parlé dans plusieurs endroits et notamment dans mon discours préliminaire, de manière à contenter les amis et les partisans les plus décidés de mon respectable et infortuné confrère. Pour ce qui est de ses opinions paradoxales, de l'esprit de système qui a présidé à la composition de tous ses écrits, depuis ses lettres sur l'*Atlantide* jusqu'à son Histoire de l'Astronomie indienne, j'ai cru que, trente ans après la publication du dernier de ces ouvrages et plus de vingt ans après la mort de l'auteur, il était permis, même à un ancien confrère, d'en dire franchement ce qu'il pensait. Si Bailly eût vécu, j'aurais dû sans doute supprimer mon chapitre II tout entier, pour commencer l'Histoire de l'Astronomie indienne au premier volume des Mémoires de Calcutta. Mais le talent, la réputation et les calculs de Bailly avaient accrédité des erreurs; il avait séduit de très bons esprits, qui ne s'étaient pas donné la peine de vérifier ses citations, de remonter aux sources, ni de refaire ses calculs; il avait immolé à ses Indiens les auteurs de la véritable Astronomie; il avait cherché à établir des idées diamétralement opposées à celles que j'avais à démontrer; fallait-il supprimer mon ouvrage pour respecter des erreurs qu'il s'était plu à revêtir des charmes de son style ? A tant de qualités précieuses, de vertus et de talent, il joignait une faiblesse qui a causé tous ses malheurs. Il était trop sensible à la vaine gloire. Ce n'était pas pour les savans qu'il écrivait; il aspirait à une réputation plus étendue. Il céda au plaisir d'entrer en lice avec Voltaire ; il ressuscita le vieux roman de l'*Atlantide*; il eut beaucoup de lecteurs, et c'est ce qui le perdit. Le succès d'un premier paradoxe lui en fit créer d'autres. Il imagina son *Peuple perdu*, son *Astronomie perfectionnée dans les tems mythologiques;* il rapporta tout à cette idée favorite, et ne fut pas assez sévère dans le choix des moyens qu'il employa pour la colorer. Ses succès populaires le portèrent à l'Assemblée constituante, à la Mairie, et le forcèrent à cette proclamation de la loi martiale, qui anima contre lui la rage des révolutionnaires. Durant sa vie, j'aurais supprimé scrupuleusement tout ce qui aurait pu lui être désagréable; long-tems après sa mort je ne dois plus rien qu'à la vérité. Il a consacré 600 pages à établir des erreurs, j'en ai employé 40 à les réfuter. Ce que je devais à sa mémoire était de déduire les raisons que j'avais pour être d'un avis différent; j'ai dû le suivre pied à pied, et tout démontrer si je voulais être cru. Je viens de relire plusieurs fois le chapitre où je le combats, je n'y trouve pas un mot à retrancher. Dans la vivacité de la discussion j'ai pu laisser échapper des remarques un peu sévères, que je ne me serais pas permises avec un auteur vivant, mais qui ne sont que justes, et qui m'étaient arrachées par l'impatience de voir un homme de ce mérite employer des moyens si peu dignes de son talent et de son caractère; mais sans ces moyens, il eût été forcé de renoncer lui-même à sa thèse. Je dis à regret pour ma défense, ce que j'avais supprimé ou adouci par respect pour le talent et le malheur. Mes réflexions, au reste, n'ont fait aucun tort à Bailly; il lui restera toujours son talent, son beau caractère, l'intérêt qu'ont inspiré les traitemens si peu mérités qu'il a supportés avec un calme si héroïque. Quant à ses opinions paradoxales, dans les trois académies dont il était membre, à Paris, je n'ai pas connu un seul de ses confrères qui les eût adoptées. On en a toujours pensé ce que j'ai dit à une époque où j'étais obligé de parler, et où il n'existait plus aucun motif pour dissimuler ce qui était universellement reconnu, du moins par les Savans français. J'aurais pu faire des chapitres tout pareils sur son *Astronomie ancienne* et sur son *Astronomie moderne;* je n'aurais eu qu'à copier les notes dont j'ai chargé, dans le tems, toutes les marges de ses trois volumes; mais je ne connaissais personne qui se fût laissé fasciner par ses preuves d'un Peuple perdu, d'une Astronomie perfectionnée, et d'anciennes mesures de la Terre, qui rivalisent d'exactitude avec les mesures modernes. J'ai supprimé des réfutations superflues. Retournons à l'anonyme. Voici ce qu'il dit de mes preuves :

« Son grand argument est tiré de ce fait, que *les données ne sont citées nulle part, qu'on ignore absolument sur quel fondement les Tables indiennes ont été calculées; qu'on n'a nul souvenir, aucune tradition même, d'aucune observation régulière faite par les Indiens. La vérité de cette assertion, du moins quant à présent, ne saurait être niée, et il est difficile de se prêter à la supposition que l'Astronomie indienne soit aussi originale et aussi ancienne qu'on avait dit. Mais pour l'originalité, il y a encore beaucoup à dire, et les raisons qu'on pourrait donner, auraient d'autant plus de poids, que l'originalité de leur Algèbre ne paraît plus devoir être contestée.* »

Je puis assurer que je n'ai nul besoin et nulle envie de la contester; mais rien ne prouve encore que cette Algèbre remonte au déluge. Cette Algèbre n'est pas de l'Astronomie; j'accorderai que ceux qui ont pu inventer l'une auraient pu inventer l'autre; j'ai toujours admis la possibilité que les Indiens eussent une Astronomie aussi ancienne et plus ancienne que celle des Grecs; j'ai dit seulement qu'on n'en avait encore aucune preuve; j'ai répété en vingt endroits, que je demandais uniquement la permission de douter.

« Cette analyse ne peut venir de la Grèce. »

Cette impossibilité ne me paraît pas encore suffisamment démontrée; mais je n'insisterai pas.

« A une époque déjà fort ancienne, les Indiens étaient en possession de découvertes qui n'ont pas encore été surpassées par les Européens. »

J'y consens encore. Dans une branche d'analyse plus curieuse qu'utile, les Indiens sont au-dessus des Européens; vous ne voudrez pas sans doute en conclure que les Indiens aient des analystes supérieurs à Newton, Euler et Lagrange?

« Si cette analyse n'est pas une production indienne, ne faudrait-il pas en conclure qu'*elle est un fragment d'un système qui est perdu, un faible reste d'une lumière plus répandue autrefois, à une époque où la langue sanscrite était encore vivante?* Si cette conclusion, à laquelle nous sommes *irrésistiblement* conduits, est adoptée, elle servira à expliquer l'histoire de l'Astronomie orientale, comme un débris qui a survécu à la mémoire de ses auteurs, de ceux qui ont fait les observations sur lesquelles elle est fondée, et qui peut-être, à force de patience, de tems et de soins, ont suppléé à l'imperfection des instrumens qu'ils employaient. »

PRÉLIMINAIRE. xxxvij

Voilà sans doute ce qu'aujourd'hui Bailly aurait à dire, pour ne pas renoncer trop formellement à son système.

Je conçois qu'à force de tems et de patience on parvienne à déterminer la longueur de l'année, celle du mois lunaire, les mouvemens moyens du Soleil et des planètes; mais pour leurs excentricités, leurs aphélies, un bon catalogue d'étoiles, de bonnes tables, une connaissance exacte de la précession, de la diminution séculaire de l'obliquité, et ce qui constituerait véritablement une Astronomie perfectionnée, j'avoue ne pas le concevoir.

« Ceux qui, comme M. D., sont disposés à penser peu favorablement de l'Algèbre et de l'Arithmétique indienne, ne voudront peut-être pas admettre la probabilité de ce résultat. »

J'en conviens encore, cette probabilité me paraît inadmissible, quoique je ne nie pas la possibilité absolue; mais quel besoin de croire sans preuve? à quoi cela peut-il conduire?

« Cependant ce mathématicien, quand il a traité ce sujet, ne connaissait que le Lilawati, et probablement en voyant le Bija Ganita et les traités de Bhrama Gupta, dans la traduction de M. Colebrooke, il changera un peu d'opinion, et reconnaîtra que l'Inde possède *une grande portion de science mathématique,* qu'elle n'a tirée ni de Grèce, ni d'Arabie. »

En disant que je ne voulais admettre comme certain que ce qui m'était démontré, j'ai toujours été disposé à recevoir les preuves nouvelles qu'on pourrait me fournir. On me montre que les Indiens savaient résoudre quelques problèmes d'analyse indéterminée, auxquels l'Arithmétique et la patience peuvent conduire, et qu'on généralise par induction. J'admets avec plaisir ces notions nouvelles. Qu'on fasse quelque chose de semblable pour l'Astronomie; qu'on traduise des traités authentiques, et je les étudierai; mais j'aurai toujours plus de confiance aux livres que je pourrai lire moi-même. Quand je lis Hipparque, Apollonius, Archimède, Ptolémée ou Théon, je me crois sûr de les entendre, et de ne point exagérer les connaissances réelles d'auteurs qui démontrent tout. Ces géomètres n'avaient garde de mettre leur doctrine en vers. Ils ne mêlaient pas le langage oriental au style sévère de la Géométrie. Mais quand on traduit un auteur qui écrit dans ce style mélangé, un auteur qui ne rend raison de rien, qui s'explique en termes énigmatiques, je crains toujours que le traducteur, malgré toute sa bonne foi, ne m'induise en quelque erreur; quelques mots qu'on ajoute pour être plus clair,

e

peuvent changer l'état de la question. J'ai dit ailleurs que plus on voit de traductions plus on apprend à se méfier des traducteurs. En m'exprimant ainsi, je ne songeais pas encore aux Indiens ni à leur style figuré.

La question que j'ai traitée se réduit à un point bien simple. J'ai dit en plus d'un endroit, qu'il m'importe fort peu que les Chaldéens, les Égyptiens, les Chinois et les Indiens, aient été de grands géomètres et de grands astronomes; que nous ont-ils appris? que peuvent-ils nous apprendre? Voilà ce que je cherche depuis long-tems sans avoir encore rien trouvé.

Bailly, et tous ceux qui aiment à se livrer à leurs conjectures, s'épuisent sur des sujets plus curieux que vraiment utiles. C'est assurément une occupation fort innocente, et qui ne manque pas d'attraits; mais ce n'est pas mon goût. Quand on a irrévocablement embrassé une opinion, il en coûte souvent trop pour la défendre; on ne se sent pas le courage d'y renoncer, et l'on est forcé d'employer des moyens qui seraient trop pénibles pour un homme droit et de bonne foi, si l'on ne parvenait à se faire illusion jusqu'à un certain point; mais quoiqu'on fasse, la conviction ne saurait être intime, et cette incertitude me tourmenterait. Je dis: voilà ce que je crois aujourd'hui, et voilà mes motifs; donnez-moi des lumières nouvelles, et elles modifieront ma persuasion. Depuis que j'ai exposé mes opinions, je cherche avec soin tout ce qui pourrait m'engager à les rectifier; et voilà pourquoi je viens de parler des zodiaques égyptiens et de l'Algèbre indienne; car au fond, cette Algèbre sur-tout est fort étrangère à mon sujet. Je ne cherche point à disputer, mais à m'instruire, et je crois en donner une preuve nouvelle en rapportant avec fidélité toutes les objections du savant estimable dont je viens d'analyser l'extrait. Quoiqu'en beaucoup de points il paraisse s'être rapproché considérablement de ma manière de voir, cependant, par une suite d'impressions anciennes, il s'en éloigne encore très sensiblement sur quelques articles fondamentaux. Il paraît que son goût le porte également vers les recherches mathématiques et les discussions historiques, qui ne peuvent jamais offrir la même certitude. Pour moi, je n'ai de confiance en mes assertions que quand je m'appuie sur des preuves mathématiques. Je trouve tout naturel qu'il admette des preuves de divers genres, et leur donne à peu près la même confiance; il me pardonnera de ne pas prendre une simple possibilité pour une probabilité, ni une probabilité pour une certitude. Il termine en exprimant le vœu qu'on nous traduise tous les traités d'Astronomie indiens. J'ai plusieurs fois témoigné le même désir.

En attendant les renseignemens nouveaux que pourront nous procurer ces traductions, suivons notre marche, et voyons quels ont été les progrès de la science dans le moyen âge; c'est-à-dire depuis les tems où les Grecs ont cessé d'écrire, et à compter de l'époque où ils ont été remplacés par les Arabes, les Persans et les Tartares; enfin, par les premiers auteurs qui ont introduit l'Astronomie en Europe.

L'observation, trop négligée par les successeurs d'Hipparque, paraît au contraire avoir été d'abord l'objet principal de l'attention des Arabes. Ils étaient devenus possesseurs de tous les écrits des Grecs, que leurs princes avaient recueillis avec soin, et dont leurs savans leur avaient fourni les traductions; il était assez naturel qu'ils voulussent reconnaître par eux-mêmes l'exactitude de ces tables, qui devaient servir à tous leurs calculs astronomiques et astrologiques; car, s'ils avaient adopté les théories mathématiques des Grecs, ils n'avaient pas accueilli avec moins de confiance les rêveries chaldéennes sur les influences des astres, non-seulement en ce qui concernait les variations de l'atmosphère, mais en ce qui déterminait les évènemens de tout genre, et la destinée des hommes. Dépourvus de Trigonométrie, les Chaldéens ne purent tirer leurs horoscopes, diviser le ciel en maisons, y placer les étoiles et les planètes, les *significateurs* et les *promisseurs,* que très grossièrement, et sans doute à l'aide d'un globe céleste. Les Arabes appliquèrent leur Trigonométrie à ces problèmes. Ptolémée lui-même avait à cet égard observé le silence le plus singulier. Les Arabes paraissent les premiers auteurs des différens systèmes pour la division du ciel; ils donnèrent une forme plus régulière et plus géométrique à la doctrine des *directions* et des *profections,* si même ils n'en sont les véritables inventeurs. C'est aux Arabes que l'on doit ces différentes méthodes, développées encore avec plus de science et de clarté par Régiomontan et Magini. Mais quoique l'Astrologie, comme l'a dit Képler, soit la mère de l'Astronomie, on sent qu'elle ne doit fournir qu'un épisode à notre Histoire; et voilà pourquoi nous commençons ici par elle, pour n'y plus revenir, et passer en revue, sans distraction, les progrès de l'Astronomie véritable.

Si l'on compte à peine deux ou trois observateurs parmi les Grecs, on en voit au contraire un nombre assez considérable chez les Arabes. Les instrumens y sont bien plus grands; il sont construits et divisés avec plus de soin; on remarque, dès le tems d'Almamoun, des déterminations nouvelles et plus exactes de l'obliquité de l'écliptique, de la position de quelques belles étoiles, de la précession, de la grandeur de l'année et de l'excentricité du Soleil. A ces points fondamentaux ils ajoutent de nombreuses observations d'éclipses et de conjonctions; ils cherchent les erreurs des tables de Ptolémée ; ils sentent la nécessité de marquer avec plus de soin l'instant de chaque phénomène; chez eux, le commencement et la fin de l'éclipse sont accompagnés le plus souvent de la hauteur d'un astre, qui leur sert à calculer l'angle horaire, et le tems vrai. On ne voit chez les Grecs aucune mention d'une pratique si bonne et si facile; et, parmi tous les problèmes d'Astronomie sphérique résolus par Ptolémée, il est singulièrement remarquable qu'on n'en voie aucun qui conduise directement à ce but. Pour les cas qui exigeaient une moins grande précision, les Arabes se contentaient de leurs clepsydres, la nuit; et pour le jour, de cadrans solaires auxquels ils donnaient une attention particulière. Ce n'est pas qu'ils aient fait aucun changement notable à la Gnomonique des Grecs, mais nous voyons, dans Aboul-Hhasan, une multitude de détails, et la description de divers cadrans dont les noms, tout au plus, se trouvent dans Vitruve, et ne sont mentionnés par aucun géomètre grec. Avec ces moyens et d'après de nombreuses observations, Ebn Jounis et quelques astronomes plus anciens, avaient cherché à corriger les tables de la Lune et celles des planètes; mais ces améliorations, que nous ne connaissons pas même très parfaitement, et sur lesquelles nous n'avons aucun détail positif, sont nécessairement trop imparfaites pour mériter d'être discutées. Ce qui est parfaitement sûr, c'est que les Arabes ont admis, sans le moindre changement, toutes les hypothèses de Ptolémée, qui n'ont été renversées que par Képler. Mais si à cet égard les Arabes ont montré pour ces suppositions inexactes un respect timide et superstitieux, ils se sont du moins attachés à perfectionner les méthodes de calcul, comme ils avaient plus scrupuleusement soigné les observations. Albategni rendit à la Trigonométrie le service le plus signalé, en substituant les sinus aux cordes; changement de la plus grande importance, dont il avait pris l'idée dans l'Analemme de Ptolémée, et dont il est inconcevable que l'astronome d'Alexandrie ait laissé échapper l'occasion; par cette innovation heureuse, Albategni put bannir de l'Astronomie cette règle des six quantités, si incommode dans sa généralité, dont les Grecs eux-mêmes n'ont jamais fait usage sous cette forme, et que, par des combinaisons qu'ils étaient obligés de renouveler pour chaque problème, ils réduisaient

PRÉLIMINAIRE.

toujours à ne plus renfermer que trois variables. Cette simplification si facile, négligée par Ptolémée, a du moins été faite par Albategni ; par lui, la solution de tous les triangles sphériques rectangles a été réduite à quatre formules générales, dont les Grecs avaient l'équivalent beaucoup moins commode. Il restait, pour arriver toujours au but par la voie la plus courte, à découvrir deux théorèmes généraux ; Geber trouva le premier, qui paraît avoir été entrevu mais négligé par Ebn Jounis ; le deuxième n'a été trouvé que par Viète. Pour les triangles obliquangles, Albategni paraît encore l'auteur d'une règle fort remarquable, parfaitement identique à l'une de nos formules modernes, et qui sert à résoudre deux des problèmes les plus usuels : Trouver le troisième côté par les deux autres et l'angle compris, et trouver un angle par les trois côtés. C'est ce dernier problème qui donne l'angle horaire d'après une observation de hauteur. Pour ce dernier cas, Albategni donne une autre solution, où il emploie, au lieu des cosinus, les sinus verses, qu'il a le premier introduits dans la pratique de la Trigonométrie sphérique. Toutes les recherches d'Albategni n'ont pas été également heureuses ; car à côté de ces méthodes qui montrent un bon géomètre, un calculateur scrupuleux, on trouve deux pratiques également vicieuses, et que nous ne pouvons croire être d'Albategni même ; la fausseté de l'une est si évidente qu'elle ne peut échapper à l'attention d'aucun lecteur ; l'autre, moins inexacte, est tellement compliquée qu'il est fort difficile d'y rien comprendre, sur-tout dans la traduction barbare d'un auteur qui n'a aucune connaissance mathématique. Cette règle nous a long-tems occupés, trop long-tems sans doute ; nous l'avons interprétée de toutes les manières sans pouvoir en tirer rien de raisonnable. Régiomontan, sans entrer dans aucun détail, a dit en deux mots qu'elle ne pouvait être bonne que dans un cas unique, qui fait disparaître le facteur qui nous avait principalement embarrassés. Ce qui nous a fait perdre tant de tems sur cette règle étrange, c'est sa singularité même et l'espoir que nous y trouverions quelque méthode particulière et tout-à-fait éloignée de nos idées actuelles.

Ebn Jounis n'a pas rendu de service aussi important à la Trigonométrie ; mais par une étude approfondie de l'Analemme, il a pu démontrer nombre de pratiques nouvelles, résoudre un grand nombre de problèmes, les uns vraiment utiles et d'autres qui ne sont guère que de fantaisie. Dans les transformations nombreuses qu'il fait subir à ses règles, nous avons eu lieu de soupçonner souvent un usage assez adroit des tangentes et des sécantes, dont nous n'avions vu encore aucune mention dans son livre. Comme il ne démontre rien, nous avons cherché long-tems, mais vainement, par quelle autre voie il avait pu parvenir à tant de transformations singulières. Les différens chapitres nouvellement traduits par M. Sédillot, ne nous ayant été remis que successivement à mesure que nos extraits, nos remarques et nos démonstrations devaient être imprimées, c'est dans le dernier de ces chapitres que nous avons trouvé le mot de ces énigmes. Non-seulement Ebn Jounis connaissait les tangentes et les sécantes, mais il en faisait un usage adroit pour simplifier une opération, pour réduire une expression binome compliquée, à un terme unique et beaucoup plus simple; déjà il savait employer ces arcs subsidiaires, aujourd'hui si fréquens dans le calcul astronomique, et dont l'exemple le plus ancien, en Europe, ne remonte guère plus haut que le milieu du XVIIIe siècle.

L'idée des tangentes et des sécantes n'était pas nouvelle en Arabie; Albategni en donne les formules, il en fait usage dans la Gnomonique, mais jamais il n'eut l'idée si simple de les introduire dans la Trigonométrie.

Cette idée n'est pas venue à Ebn Jounis, quoiqu'il en paraisse plus près qu'Albategni; on dirait même que les Arabes se faisaient une loi de n'employer aucun cosinus. Ainsi, pour éviter l'emploi du théorème de Géber, $\cos A' = \sin A \cos C'$, les Arabes inventèrent leurs déclinaisons prime et seconde; non-seulement ils changeaient l'arc connu C' en son complément, mais au lieu de l'angle inconnu A', ils allaient chercher à 90° de là une déclinaison seconde, qui était le complément de cet angle A'; et par ce moyen ils ne faisaient entrer véritablement que des sinus dans leurs calculs; et leurs tables, en effet, sont disposées en une seule série, depuis 0° jusqu'à 90°. Mais il était impossible que ce scrupule mal entendu durât toujours. Géber le brava en donnant des règles qui employaient les cosinus. Il n'alla pas plus loin; mais le dernier pas fut fait par Aboul-Wéfa, contemporain d'Ebn Jounis. Cet astronome, dans son Almageste, introduisit formellement les tangentes; il donna même une idée complète des sécantes; mais il les jugea trop peu utiles pour en calculer les tables; il en fit pour les tangentes, en prenant, comme pour les sinus, un rayon de 60^p 0′ 0″, au lieu que ses prédécesseurs avaient calculé leurs tables d'ombres (c'est ainsi qu'ils nommaient les tangentes) pour un rayon de douze doigts, qui leur servait de style droit dans tous leurs cadrans, et qui était encore une imitation des

Grecs. La différence de rayon rendait ces ombres entièrement inutiles à la Trigonométrie. Aboul-Wéfa fit disparaître cet obstacle, et simplifia les solutions connues des triangles rectangles. C'était indirectement rendre le même service pour les obliquangles, que toujours on avait divisés en deux rectangles, en abaissant une perpendiculaire de l'un des angles sur le côté opposé. Nous ignorons si le même auteur imagina quelqu'autre simplification pour le calcul des obliquangles; il n'en est aucune mention dans son Almageste; au lieu qu'Ebn Jounis nous a laissé le détail le plus circonstancié des procédés qu'il suivait, lorsque, se bornant aux seuls sinus, outre les segmens de l'angle vertical et de la base, il était obligé de calculer l'arc perpendiculaire; obligation dont Maurolycus d'abord et puis Viète sont parvenus à nous affranchir.

Nous venons de voir en abrégé ce que les Arabes ont fait pour les tables et les calculs astronomiques. Les Arabes n'ont pas été plus loin. Les Persans et les Tartares n'ont rien fait de nouveau pour les théories ni astronomiques ni trigonométriques; on leur doit quelques tables, et ce qui est plus rare, un catalogue tout nouveau d'étoiles.

Si l'on en croit les Arabes, le catalogue d'Hipparque avait été copié d'abord par Millæus ou Ménélaüs, qui s'était contenté d'ajouter 2° 15′ à toutes les longitudes, en supposant une précession de 36″ par an, soit qu'il l'eût déterminée lui-même par l'observation de quelques étoiles principales, soit qu'il eût adopté sans examen la limite inférieure qu'Hipparque avait assignée à ce mouvement. Ptolémée, toujours selon les Arabes, eut tant de confiance en ce Millæus, qu'il se contenta d'ajouter de nouveau 25′ à toutes les longitudes, ce qui porte à 2° 40′ la correction totale; mais Ptolémée nous dit expressément que par ses observations, il a trouvé environ 2° 40′ de différence entre ses longitudes et celles d'Hipparque, nous donnant à entendre qu'il a tout observé de nouveau. Nous avons témoigné plus d'une fois combien peu cette assertion nous paraissait mériter de confiance; mais nous ne savons pas mieux si nous pouvons ajouter une foi implicite au témoignage de quelques Arabes, qui, dans d'autres circonstances, nous paraissent assez mal instruits de ce qui concerne les Grecs. Nous n'en citerons pour exemple que l'histoire de la trépidation, sur laquelle ils sont si peu d'accord avec Théon, qui devait connaître beaucoup mieux qu'eux tous ce qui concerne l'histoire de l'École d'Alexandrie. Cette idée malheureuse de la trépidation, accréditée sur-tout par Thébith, était un pas rétrograde dont nous nous sommes bien gardé de faire mention dans le tableau des progrès dus aux Arabes. Nous n'avons pas non plus compté la mauvaise détermination de l'apogée par Arzachel, venu plus tard pour faire beaucoup moins bien que ses prédécesseurs. Il fut aussi l'un des plus décidés partisans de la trépidation, établie, nous dit-on, principalement sur les observations d'un Hermès, qui vivait 1985 ans avant Ptolémée. Cet Hermès nous est connu presque uniquement par ce qu'Abraham Zachut nous dit d'un Isac Hazan, principal rédacteur des Tables Alphonsines, et seul auteur de ces périodes sabatiques de 7000 et 49000 ans qui réglaient cette trépidation. Nous avouons bien volontiers que nous n'avons pas plus de foi à ces prétendues observations d'Hermès, qu'aux deux périodes juives; et le silence absolu de Ptolémée et sur la trépidation et sur les étoiles d'Hermès, nous paraît une raison assez forte pour rejeter ces fictions écloses du cerveau d'un juif peu scrupuleux qui, d'ailleurs, est venu bien tard pour avoir des renseignemens assez certains sur des tems si éloignés. Quoi qu'il en soit de ces contes apocryphes et d'Hermès et de Millxus, c'est un fait qui paraît bien certain, que l'Astronomie ancienne ne nous a donné qu'un catalogue unique, c'est celui d'Hipparque; que celle du moyen âge n'en fournit également qu'un seul, celui du prince tartare Ulugh-Beig, après un intervalle de 1600 ans. Abdérahman Suphi, astronome arabe, à qui quelques auteurs attribuaient un autre catalogue, n'avait rien fait que d'observer de nouveau les grandeurs des étoiles consignées dans le catalogue de la *Syntaxe mathématique;* il avait conservé toutes les latitudes, et quant aux longitudes, il s'était contenté d'ajouter partout 12° 42', pour les réduire à l'époque de l'an 964, au premier octobre.

Cette circonstance même nous avait paru curieuse, en ce qu'elle nous promettait une copie exacte du catalogue de Ptolémée; et nous avions espéré qu'elle nous servirait à rectifier les deux textes grecs que nous avons de ce catalogue, et les deux traductions latines que nous en avons dans les éditions de Venise et de Bâle. Dans cet espoir, nous avons commencé par copier en entier le catalogue de Ptolémée, en ajoutant 12° 42' à toutes les longitudes. Pour les comparer ensuite aux positions d'Abdérahman Suphi, nous nous sommes servi de la traduction faite par M. Sédillot, collationnée par lui sur trois manuscrits différens; mais ce travail n'a pas eu le succès que nous en attendions. Les variantes les plus remarquables que nous y avons trouvées sont des fautes manifestes dans les degrés et même dans les signes; les autres sont beaucoup moins considérables, et le plus souvent elles ne feraient qu'augmenter les différences entre les positions de Ptolémée et celles qui résultent des observations modernes. La plupart de ces variantes nous étaient même déjà connues par la première traduction latine de la Syntaxe. En effet, cette version a été faite sur l'arabe, et il est à croire que le manuscrit arabe, qui a servi à cette traduction, pouvait avoir une grande ressemblance avec le manuscrit arabe aussi sur lequel Abderrahman avait fait ses réductions; en sorte que cette comparaison ne pouvait plus guère avoir d'autre intérêt qu'en ce qui concerne les grandeurs des étoiles. Or, on sait que, même aujourd'hui, quoique nous ayons des moyens moins imparfaits pour estimer les grandeurs, on trouve à cet égard des différences fréquentes entre les catalogues les plus estimés. Pour que la comparaison des grandeurs méritât quelque confiance, il faudrait peut-être qu'elle eût été faite dans le même climat, par deux observateurs d'une vue excellente, et dans des circonstances entièrement semblables. Ces raisons nous ont fait penser que l'impression du catalogue d'Abderrahman ne serait que d'une utilité fort médiocre, dans une histoire où généralement nous n'avons donné aucune attention à ces diverses grandeurs, qui ne font rien à l'Astronomie proprement dite; la seule connaissance un peu importante qu'on en pourrait déduire, serait celle des changemens progressifs de grandeur dans quelques étoiles; mais pour obtenir en ce genre quelque faible probabilité, il faudrait que les différences entre Ptolémée et Abderrahman d'une part, et de l'autre entre Abderrahman et les modernes, fussent proportionnelles à peu près aux divers intervalles, sans quoi il ne resterait qu'une idée vague de ces changemens périodiques d'éclat qu'on a remarqués dans un assez grand nombre d'étoiles. Le travail de M. Sédillot ne sera pourtant pas perdu; il trouvera sa place dans l'ouvrage que ce savant nous prépare sur l'Astronomie des Orientaux; l'Auteur pourra même donner à sa notice des développemens que le défaut d'espace nous aurait interdits; il y joindra ses remarques sur les noms Arabes des étoiles, sans parler encore des réflexions critiques, historiques et philologiques que l'on peut attendre d'un auteur consommé dans la connaissance des langues orientales. Tout ce que nous pouvons dire ici, sur la foi d'Ulugh-Beig, c'est que la hauteur du pôle, à Samarcande, l'a empêché d'observer 27 étoiles trop australes pour son horizon. Il a donc été réduit à les prendre dans le catalogue d'Abderrahman, en y ajoutant la précession convenable à l'an 1437, époque de son nouveau catalogue.

Ulugh-Beig nous avertit encore, dans sa préface, qu'il y a dans Ptolémée huit étoiles qu'il n'a pû retrouver dans le ciel. Bailly remarque, au tome Ier de son Astronomie moderne, page 611, qu'après une comparaison des deux catalogues, il en a trouvé onze de moins dans celui d'Ulug-Beig, dont trois de cinquième grandeur, quatre de quatrième, et quatre de troisième; et que les six informes du Poisson austral, dont quatre sont de troisième grandeur, ne se retrouvent plus dans aucun catalogue. La Caille cependant en a composé sa constellation du microscope; il est vrai qu'il ne les fait que de cinquième et sixième grandeur.

Après avoir exposé ce que nous avons pû recueillir des Arabes, des Persans et des Tartares, nous parlons, d'après Verbiest, de l'état de l'Astronomie à la Chine, sous la direction des Jésuites; et nous revenons un instant sur les Indiens pour extraire les Institutes de l'empereur Akber, traduites en 1800, par Francis Gladwin. Ce n'est pas que cet ouvrage, qui nous était entièrement inconnu, ait beaucoup ajouté à nos connaissances sur l'Inde; mais nous avons voulu montrer que nous ne négligeons aucune occasion de nous instruire et de réparer nos omissions et nos injustices, si par hasard nous en avions commises; mais jusqu'ici nous pouvons assurer que rien encore ne nous a donné la moindre inquiétude sur aucune des opinions que nous avons émises.

Tous ces divers matériaux ne nous ont fourni que 240 pages; mais le règne de l'Astronomie grecque n'est pas encore fini; les Arabes, qui l'ont portée en Perse et en Tartarie, l'ont aussi fondée en Espagne, d'où elle s'est répandue dans les divers états de l'Europe. Les premiers astronomes que nous y rencontrons n'ont guère été que des traducteurs ou des compilateurs; et cela ne pouvait être autrement. Il serait trop long de tout recommencer sans aucun secours. Il était donc tout simple que les savans et les professeurs de ce tems étudiassent d'abord et fissent connaître à leurs disciples ce qu'avaient écrit les Grecs et surtout les Arabes, puisque les ouvrages de Ptolémée n'avaient pas encore été traduits, et que le texte grec n'était pas encore parvenu en Europe. C'est au commencement du XIIIe siècle seulement que les premières notions d'Astronomie purent y pénétrer. Les Arabes à cette époque ne comptaient plus aucun astronome véritable; il n'y en avait encore aucun en Europe. Alphonse, roi de Castille, rassembla tous les mathématiciens de différentes nations et de diverses croyances, qui se trouvaient dans ses états. Il n'épargna ni soins ni dépenses pour qu'ils lui composassent des tables qui pussent remplacer les tables des Arabes. Ces astronomes n'étaient ni assez habiles ni d'assez bonne foi pour répondre dignement à sa confiance. Ils infectèrent ses tables de ces mouvemens d'accès et de recès imaginés par Thébith et refondus par le juif Isac Hazan, dont nous avons déjà parlé. On dit que le livre d'Albategni lui ouvrit les yeux sur la fausseté de ce système, et qu'il corrigea en conséquence son catalogue d'étoiles; mais ce remède était insuffisant. On ne tarda pas long-tems à s'en apercevoir. Cependant ces tables jouirent d'une assez longue faveur, parce qu'elles étaient presque les seules que l'on connût. Régiomontan en parle souvent avec un assez grand mépris; il avait l'intention de les corriger; une mort prématurée lui épargna des tentatives probablement inutiles. Ce dont on manquait sur-tout, c'étaient de bonnes observations. Regiomontanus en commença une série à Nuremberg, avec Walthérus; mais appelé à Rome pour la réformation du calendrier, il y mourut presque aussitôt. L'Europe perdit le seul astronome dont elle pût se glorifier. Imitateur des Arabes, s'il n'a rien fait d'important pour la correction des tables, comme eux aussi, il s'est occupé particulièrement de la Trigonométrie. Son livre des triangles, publié long-tems après sa mort, est le tableau fidèle des inventions de Régiomontan, et des connaissances de cette époque. Commentateur d'Albategnius, il n'alla guère plus loin que son auteur. Il a résolu un plus grand nombre de problèmes, mais il eut des idées moins neuves et moins fécondes. Il n'a rien qui soit comparable, ni pour l'utilité ni pour la généralité, aux deux règles d'Albategni, qui expriment la relation entre un angle et les trois côtés du triangle. On lui a faussement fait honneur de l'invention des tangentes, qu'il avait trouvée dans Albategnius; il en fit beaucoup moins d'usage qu'Ebn Jounis, et toute sa Trigonométrie est fondée uniquement sur les sinus, dont il avait calculé la table pour toutes les minutes, et pour un rayon de 60000. Il paraît avoir attaché une grande importance à la solution qu'il avait imaginée pour le cas insolite où l'on cherche un des côtés par les trois angles, et cette solution est aujourd'hui complètement oubliée, non qu'elle fût à dédaigner, mais on en a de plus simples et de plus commodes en assez grand nombre. Il faisait mystère de ses inventions, et, en proposant divers problèmes à ses contemporains, il déguisait ses propres solutions pour leur indiquer des méthodes grecques, dans lesquelles il renouvelait l'usage de la règle des six quantités proscrite depuis long-tems par Albategnius. Il fut un homme savant et habile, mais qui ne donna guère que des espérances. Il était astrologue autant qu'astronome, et ce qu'il trouvait de plus fâcheux dans les graves erreurs qu'il remarquait dans les tables Alphonsines, c'étaient les incertitudes qui devaient en résulter, dans la composition des génitures ou des horoscopes.

Mais comme il brillait seul à cette époque, nous avons mis un soin particulier à bien exposer ses méthodes, quand elles offraient quelque chose de remarquable, ou à résoudre autrement ses problèmes, quand il n'employait que des principes vulgaires qui ne lui fournissaient que des solutions longues et embarrassées. Partout on sent le tort qu'il s'est fait à lui-même en ne se servant jamais des tangentes dont réellement il n'avait pas bien conçu les avantages.

La révolution qu'il ne sut pas faire, s'opéra progressivement par les écrits de Reinhold et de Maurolycus, qui publièrent, l'un la table des tangentes, et l'autre celle des sécantes. On ignore par qui fut complétée cette dernière, que Maurolycus n'avait calculée que pour les degrés; nous la trouvons étendue à toutes les minutes dans un ouvrage de Viète qui, le premier, présenta le système complet de la Trigonométrie moderne, par la publication d'une table où l'on vit enfin réunis les sinus, les cosinus, les tangentes, les cotangentes, les sécantes et les cosécantes; mais dans cet ouvrage, il n'enseignait encore que les méthodes purement astronomiques, qui partagent le triangle en deux rectangles, qu'il résout de la manière que nous suivons encore actuellement; dans un ouvrage postérieur, il donna les quatre formules analytiques générales, qui suffiraient, et dont toutes les autres ne sont que des simplifications pour des cas particuliers. De ces quatre formules deux étaient déjà connues des Arabes; la première même se trouvait chez les Grecs, quoique jamais ils ne l'aient énoncée bien expressément; les deux autres sont la propriété incontestable de Viète. Ce n'est pas tout encore, il traita d'une manière neuve et profonde la théorie des sections angulaires; il donna les expressions des cordes de l'arc multiple en fonctions de la corde de l'arc simple, expressions qu'il est si facile de modifier de manière qu'elles s'appliquent aux sinus; il donna, mais sans en avertir, et peut-être sans le voir lui-même, des expressions d'où l'on tire les différences premières et secondes des sinus, et qui fournissent un moyen simple et commode pour former la table entière par des additions successives; il est vrai qu'on peut lire plusieurs fois ces expressions sans se douter de ce qu'elles contiennent; et c'est ce qui nous est arrivé à nous-même, quoique nous ayons depuis long-tems trouvé, par des voies plus simples et plus directes, les expressions de ces différences, et celles de tous les ordres suivans ; ce qui nous fait penser que l'auteur n'a pas su apprécier lui-même cet usage de ses formules, c'est qu'il n'en fait plus aucune mention quand il donne son plan pour la construction d'une table; cependant il avait cherché les moyens de faire une chose à peu près semblable pour les tangentes et les sécantes, c'est-à-dire les moyens d'avoir ces lignes par de simples additions ou de simples soustractions, pour toute une moitié du quart de cercle, quand on a celles de l'autre moitié ; on lui doit encore un théorème à peu près analogue pour les sinus; c'est la formule $\sin A = \sin(60° + A) - \sin(60° - A)$.

De tous les auteurs qui ont écrit sur la Trigonométrie, depuis Hipparque, Viète est sans contredit celui qui a montré le plus de génie, qui a fait les choses les plus difficiles, et en même tems les plus utiles. Peu de personnes savent, et nous avons ignoré long-tems nous-même, les services éminens qu'il a rendus à la Trigonométrie; la faute en est sans doute à l'auteur lui-même, qui paraît avoir cherché à s'entourer partout de ténèbres profondes, à étonner plus qu'à instruire, et qui rebute à chaque instant le lecteur par la bizarrerie et la pédanterie de ses expressions. Lui-même paraît avoir considéré ses recherches mathématiques comme des objets de simple curiosité, puisque dans la pratique il donne une préférence entière aux méthodes que nous désignons par le nom d'*astronomiques*. Magini lui emprunta quelques-unes de ses expressions analytiques, et montra plusieurs manières de les calculer. La Trigonométrie et la construction des tables de Briggs, reposent entièrement sur les expressions de Viète, de qui il a emprunté ses méthodes de trisection et de quintisection, les seules en effet dont il fût possible de tirer quelque parti, et qui ne fournissent même que des moyens un peu indirects et sur-tout fort pénibles. Les formules pour les différences premières et secondes en fournissaient de bien plus expéditifs; mais si Briggs ne les a pas nettement aperçus, on peut dire encore que c'est parce que l'auteur n'en avait pas lui-même une idée assez claire, et qu'il n'a pas su les présenter d'une manière intelligilble. Ajoutons que presque partout il a négligé de donner les démonstrations.

L'intervalle entre Albategnius et Viète est ce que nous appelons le moyen âge de l'Astronomie; cet espace est d'environ cinq cents ans; il a été illustré par les travaux des astronomes et des géomètres dont nous avons fait une mention particulière dans ce Discours. Nous aurions pu y joindre le nom de Nonius, non pour sa division de l'astrolabe en quarante-quatre circonférences de divers rayons, mais pour quelques idées de *maximum* et de *minimum*, et sur-tout pour sa solution trigonométrique du plus court crépuscule, plus ingénieuse et sur-tout plus complète que celles de Bernoulli et de d'Alembert, qui même ne résolvent pas véritablement le problème.

Nos extraits ne se bornent pas aux ouvrages de ces auteurs, mais tous les autres que nous avons encore analysés sont de simples commentateurs qu'on aurait pu entièrement omettre sans que l'Histoire de l'Astronomie en fût moins entière ou moins instructive.

Si nous avons cru devoir y faire entrer la partie trigonométrique de l'Astrologie judiciaire, heureusement tombée en désuétude, nous nous croyons à bien plus forte raison obligé de tracer l'histoire de la Gnomonique pendant cet âge; car la Gnomonique, qui n'est plus qu'une application curieuse de l'Astronomie, en faisait alors une partie intégrante, puisqu'elle donnait le seul moyen un peu praticable de savoir l'heure pendant le jour, et celui de régler les clepsydres pour la nuit. Après l'hémisphère de Bérose et les cadrans horizontaux et verticaux des Grecs, l'invention la plus remarquable, et celle qui pouvait être d'une utilité plus générale, est sans contredit l'analemme rectiligne universel ou particulier dont nous donnons une théorie simple et générale, à l'article Régiomontan, par qui seul nous connaissons cette découverte, dont cependant nous ne le croyons pas le véritable auteur; nous serions plus tenté de l'attribuer aux Arabes; mais nous avouons n'en avoir pas trouvé le moindre vestige, même dans Aboul-Hhasan, qui s'est amusé à décrire des choses bien moins intéressantes. La Gnomonique qui, sans faire de progrès bien avérés chez les Arabes, avait du moins reçu d'eux des développemens assez curieux, en passant en Europe au XVIe siècle, se trouve entièrement changée de face; elle abandonne presque entièrement les heures temporaires, auxquelles elle substitue les heures équinoxiales, soit astronomiques, soit italiques. Aboul-Hhasan avait donné la première idée de ce changement; mais il paraît avoir fait peu de prosélytes, et il ne donne à cette idée que très peu de développemens. Cette innovation devait produire une doctrine nouvelle; nous la trouvons toute établie dans Munster, le plus ancien des gnomonistes européens qui nous soit parvenu; il ne s'en déclare pas l'auteur, au contraire, il la suppose comme une chose déjà très répandue. Nous avons les noms de quelques auteurs plus anciens, mais dont les ouvrages n'ont pas été publiés. Schoner, venu trente ans après Munster, ne démontre rien non plus que son devancier; il ne donne que des pratiques, sûres à la vérité, mais qu'il paraît s'être étudié à rendre inintelligibles; aussi Clavius, auteur d'une longue Gnomonique, avoue n'avoir presque jamais réussi à l'entendre. Pour débrouiller les énigmes de Schoner, et nous rendre raison de tous ses procédés, il nous a paru nécessaire d'établir une théorie générale, où par des formules analytiques nous avons exprimé tout ce qu'on rencontre dans les gnomonistes anciens et modernes, et beaucoup d'autres procédés qui n'ont encore été indiqués par personne. De cette manière, non-seulement nous parvenons à entendre Schoner, mais à reconnaître toutes les peines qu'il s'était données pour n'être pas compris, et nous trouvons les démonstrations que n'avait pu deviner Clavius.

Nous avons donc consacré un livre tout entier à la Gnomonique, et nous le commençons, comme il était juste, par ce qui nous reste des travaux des Arabes. On y remarquera une manière neuve et particulière de décrire les arcs des signes, uniquement fondée sur les propriétés des sections coniques. Cette méthode n'avait cependant ni la simplicité ni la généralité qu'on pouvait lui donner; nous la refondons en entier, en donnant l'équation générale des sections coniques appliquée spécialement à la Gnomonique, et dans laquelle n'entrent que la hauteur du pôle sur le plan, et la déclinaison du Soleil; en sorte que ces arcs des signes peuvent se tracer indépendamment des lignes et des angles horaires, et qu'une fois tracés pour une hauteur du pôle, ils se placeront naturellement sur les cadrans de toute espèce qui auront la même hauteur du pôle sur le plan. Cette méthode a encore cet avantage, qu'elle l'emporte en simplicité sur toutes celles qu'on peut tirer de la Trigonométrie sphérique, ce qui vient de ce que les parallèles sont de petits cercles qui, comme on sait, ne sont pas l'objet de cette Trigonométrie, qui ne peut les représenter que par des moyens détournés.

Après nos formules générales, qui renferment toute la théorie des lignes, des angles horaires, des centres et des rayons diviseurs de chaque ligne, après les applications que nous en avons faites aux logographes de Schoner, il ne nous reste rien de curieux ou de neuf à extraire des auteurs qui ont suivi. Nous analysons cependant encore quelques ouvrages pour éclaircir ce qu'on trouve sur les heures italiques et babyloniques, et l'on peut alors considérer cette partie comme terminée. Nous nous réservons cependant d'y revenir par occasion, dans l'*Histoire de l'Astronomie moderne,* si nous trouvons dans quelque auteur plus récent, quelque remarque ou quelque pratique utile dont nous n'ayons pas encore parlé.

NOTE SUR LE DISCOURS PRÉLIMINAIRE.

Des Paranatellons.

Il n'est pas besoin d'indiquer aux astronomes les raisons qui s'opposent à l'exactitude qu'on pourrait supposer à ce genre d'observations; il suffirait de la réfraction pour les rendre essentiellement vicieuses. Quand on aperçoit au même instant deux étoiles à l'horizon astronomique, elles sont toutes deux abaissées de 34 à 35′ au-dessous de cet horizon, qui d'ailleurs est masqué le plus souvent ou défiguré par les aspérités du globe terrestre. Ce dernier inconvénient n'aurait pas lieu sur mer, mais l'élévation de l'œil au-dessus du niveau, produirait une autre erreur, dont on n'est pas plus exempt sur terre et moins encore au haut d'une tour.

Pour observer des paranatellons véritables, il faudrait avoir un instrument composé d'un axe bien vertical et d'une lunette qui ferait sur cet axe un angle de $89°31'$ environ. Cette lunette, en tournant azimutalement, servirait à observer le passage des étoiles par l'almicantarat qui est de 29′ au-dessus de l'horizon astronomique. Ce passage apparent a lieu toujours au moment du passage réel par le plan de l'horizon. On éluderait ainsi la réfraction astronomique moyenne. On n'aurait plus à craindre que la réfraction terrestre, qui peut aller à 2 ou 3′ environ.

Or, les anciens n'avaient aucune idée de ces réfractions; ils n'avaient pas de lunettes, il n'est pas même dit qu'ils se servissent de cercle ni d'alidade, pour viser à l'étoile qui se levait ou se couchait. Ils regardaient l'horizon de leur observatoire, sans s'inquiéter ni de ses irrégularités, ni de la hauteur de l'œil; ils attendaient que l'astre parût, mais ils ne pouvaient en saisir bien exactement la première apparition. Il est très probable que toutes leurs observations se faisaient trop tard. Il aurait fallu plusieurs observateurs pour des levers ou couchers vraiment simultanés. Ce ne serait pas une objection, les prêtres de Bélus auraient pu se réunir en nombre suffisant, mais tous ces observateurs auraient veillé long-tems sans obtenir une seule paire d'observations vraiment simultanées.

Il est à la vérité très facile que deux étoiles, par la révolution diurne, arrivent au même instant à un même horizon. Par deux étoiles quelconques, on peut toujours concevoir un grand cercle; on peut considérer ce cercle comme un horizon; mais, sans un hasard extrêmement rare, cet horizon ne sera pas celui de nos observateurs.

Les observations de levers simultanés pour un horizon donné, doivent donc être bien peu communes; il n'est donc pas étonnant qu'on n'en trouve aucun exemple dans les écrits des anciens qui, n'en ayant jamais aperçu, n'y ont peut-être jamais songé.

Mais ce qui est infiniment rare pour deux étoiles, qui ne sont que des points lumineux, est au contraire très facile, et se voit à chaque instant pour deux constellations qui ont une étendue de 20 à 30 ou même $40°$. Toutes les fois qu'une constellation paraît à l'horizon, on est sûr d'en apercevoir au même intant plusieurs autres. Chacune de ces constellations a l'un de ses points à l'horizon véritable, et par conséquent à 29′ de hauteur apparente; chacune a donc un point qui est le paranatellon d'une ou

NOTE SUR LE DISCOURS PRÉLIMINAIRE.

plusieurs autres ; mais ces points varient à chaque instant, le plus souvent ils n'ont point d'étoiles ; il est donc impossible de les observer ; on n'est certain que d'une chose, c'est que plusieurs constellations sont coupées en même tems par l'horizon en parties plus ou moins inégales. Tout ce qu'on peut observer à peu près, c'est que depuis le lever de la première étoile un peu remarquable, jusqu'à celui de la dernière, on a vu paraître ou disparaître successivement un certain nombre d'étoiles qui appartiennent à d'autres constellations. Pour faire en ce genre des remarques dont il fût possible de tirer quelque parti, il faudrait une excellente pendule, pour marquer l'instant de chaque passage au fil horizontal de la lunette ; mais les calculs seraient immenses. Hipparque est le seul qui nous ait laissé quelque chose de semblable à peu près. Mais il n'avait ni pendule ni lunette, ni même aucun instrument peut-être. Le plus souvent au lieu de comparer deux levers, il compare les levers aux passages par le méridien ; il nous dit à peu près combien de tems une constellation emploie à se lever toute entière, et quelles étoiles remarquables passent en même tems au méridien. De ses observations mêmes, il nous a été impossible de rien tirer qui fût un peu précis. Les observations plus anciennes étaient bien autrement défectueuses. Les paranatellons pouvaient donner le tems à une demi-heure près ; c'était beaucoup alors ; on n'imaginait encore rien de mieux. Ils pouvaient servir à l'Astrologie, et c'est dans cette vue peut-être qu'on les observait en Asie. Les anciens ne nous ont donc laissé aucun paranatellon d'étoiles ; ils n'ont même transmis que d'une manière fort vague leurs paranatellons de constellations. Il n'y a aucun moyen d'établir le moindre calcul.

Cependant, quelque grossières que fussent ces observations, en les répétant pendant une longue suite de siècles, on pouvait à la fin y entrevoir quelques changemens.

Les mouvemens de précession, les variations de l'obliquité, celles des longitudes et des latitudes de toutes les étoiles, ajoutent encore à la complication du problème et à l'impossibilité de le résoudre même à peu près. En négligeant ces dernières variations, peu considérables en comparaison de la première, et qui disparaissent parmi toutes les incertitudes de l'observation, j'ai voulu voir ce qu'on pourrait tirer du lever simultané de deux étoiles, si par hasard on en pouvait découvrir une observation sur laquelle on pût un peu compter. J'ai vu qu'on en déduirait à peu près l'époque, si l'on connaissait le lieu de l'observation, ou le lieu de l'observation, si l'on connaissait bien l'époque ; et qu'en réunissant deux couples d'observations partielles, on obtiendrait sans beaucoup de peine le lieu et l'époque qui les accorderaient. Les deux méthodes que j'applique à ce problème, n'emploient ni ascensions droites, ni déclinaisons ; elles n'ont été mentionnées par aucun astronome, c'est ce qui m'engage à les placer ici.

Soit (fig. 170) ♈AL l'écliptique qui coupe en A l'horizon inconnu OAR. De tous les points de l'écliptique, comme E, F, on peut mener à l'horizon des cercles de latitude EH, FG ; les étoiles G et H seront ensemble à l'horizon vrai, et paraîtront élevées de 29′ à fort peu près. Ces étoiles, si elles ont pu être observées, seront de 1re, 2e, 3e grandeur, et si l'on veut de quatrième. Elles seront dans les catalogues ; on en connaîtra les latitudes, que nous supposerons constantes. On en connaîtra les longitudes, ou du moins les différences de longitude EF qui sont invariables, puisque la précession est la même pour toutes les étoiles.

Pour donner plus de généralité à nos formules, nous supposerons les latitudes boliv NOTE

réales positives ; nous aurons

$$\tan\lambda = \tan EH = \tan A \sin AE = \tan A \sin(\Upsilon E - \Upsilon A),$$
$$\tan\lambda' = \tan FG = \tan A \sin AF = \tan A \sin(\Upsilon F - \Upsilon A),$$
$$\tan\lambda' : \tan\lambda :: \sin(\Upsilon F - \Upsilon A) : \sin(\Upsilon E - \Upsilon A),$$
$$\tan\lambda' + \tan\lambda : \tan\lambda' - \tan\lambda :: \sin(\Upsilon F - \Upsilon A) + \sin(\Upsilon E - \Upsilon A) : \sin(\Upsilon F - \Upsilon A) - \sin(\Upsilon E - \Upsilon A),$$
$$\sin(\lambda' + \lambda) : \sin(\lambda' - \lambda) :: \tan\tfrac{1}{2}(\Upsilon F - \Upsilon A + \Upsilon E - \Upsilon A) : \tan\tfrac{1}{2}(\Upsilon F - \Upsilon A - \Upsilon E + \Upsilon A)$$
$$:: \tan\left(\frac{\Upsilon F + \Upsilon E}{2} - \Upsilon A\right) : \tan\tfrac{1}{2}(\Upsilon F - \Upsilon E)$$
$$:: \tan\left(\frac{L' + L}{2} - L''\right) : \tan\tfrac{1}{2}(L' - L),$$
$$\tan\left(\frac{L' + L}{2} - L''\right) = \frac{\sin(\lambda' + \lambda)}{\sin(\lambda' - \lambda)} \tan\tfrac{1}{2}(L' - L)\ldots\ldots(1).$$

Tout est connu dans le second membre, tout y est constant ; on connaîtra donc $\left(\frac{L'+L}{2} - L''\right)$ et $L'' = \Upsilon A$. Il est vrai que $\left(\frac{L'+L}{2}\right)$ augmente de 50″ par an; mais L'' augmente de même. On pourra donc prendre L' et L dans un catalogue quelconque, on aura L'' pour la même époque; il n'y aurait d'erreurs que celles qui viendraient des petites variations que nous sommes convenus de négliger.

Nous aurons ensuite

$$\tan A = \frac{\tan\lambda}{\sin(L - L'')} = \frac{\tan\lambda'}{\sin(L' - L'')}\ldots\ldots(2).$$

Soit ΥQ l'équateur, le triangle ΥQA donne
$$\cos\Upsilon QA = \cos\Upsilon A \sin\Upsilon \sin A - \cos\Upsilon \cos A = \cos L'' \sin\omega \sin A - \cos\omega \cos A = \cos(90° - H)\ldots(3).$$

Si ΥQA est obtus, nous aurons $H = \Upsilon QA - 90°$;
Si ΥQA est aigu, nous aurons $H = 90° - \Upsilon QA$.

Si vous connaissez l'époque de l'observation, vous saurez la précession que vous devez appliquer à la longitude L'' pour la réduire de l'époque du catalogue à celle de l'observation; vous aurez donc H ou la hauteur du pôle pour le lieu où l'observation aura été possible.

Si vous connaissez le lieu, vous aurez

$$\cos L'' = \frac{\cos\omega\cos A - \sin H}{\sin\omega\sin A} = \cot\omega\cot A - \sin H \csc\omega \csc A.$$

Cette valeur de L'', comparée à celle qu'aura donnée l'équation (1), vous donnera l'époque de l'observation. Soit L''_1 la seconde valeur, $(L''_1 - L'')$ sera la précession qui rendra l'observation possible sur le parallèle choisi; car L'' se rapporte à l'époque du catalogue où vous avez pris L et L'.

Pour exemple prenons α du Taureau et α de la grande Ourse.

SUR LE DISCOURS PRÉLIMINAIRE.

Suivant le catalogue de Berlin pour 1800 $\alpha\, \forall = L = 2^s\ 6°59'\ 40''$
$$\lambda = -\ 5°29'\ 0''$$
$$\lambda' = +\ 49.40.10$$
$$\alpha\ \text{Ourse} = L' = 4.12.23.\ 0$$
$$\lambda' + \lambda = 44.11.10 \qquad L' - L = 2.\ 5.23.20$$
$$\lambda' - \lambda = 55.\ 9.10 \qquad L' + L = 6.19.22.40$$
$$\tfrac{1}{2}(L' - L) = 1.\ 2.41.40$$
$$\tfrac{1}{2}(L' + L) = 3.\ 9.41.20$$

$$\frac{\sin(\lambda' + \lambda)\tan\tfrac{1}{2}(L' - L)}{\sin(\lambda' - \lambda)} = \tan\left(\frac{L' + L}{2} - L''\right) = 28.35.44$$

$$\tfrac{1}{2}(L' + L) - \left(\frac{L' + L}{2} - L\right)\ L'' = 2.11.\ 5.36$$
$$L = 2.\ 6.59.40$$
$$L - L'' = -\ 4.\ 5.56$$
$$L' - L = 2.\ 1.17.24$$

$\cos \Upsilon QA = \cos L'' \sin \omega \sin A - \cos \omega \cos A = -\ 0.444336 = \cos 116.22.51$

ôtez............................ 90

il restera............... H = 26.22.51;

ainsi en l'an 1800, l'observation aurait été possible sur le parallèle   26°22'51"
ce qui n'est pas bien éloigné du parallèle de Thèbes, qui est par   25.43. 0

La différence n'est que de.............................. 39.51.

Cherchons maintenant en quelle année l'observation aura été possible à Thèbes, et supposons H = 25°43'; nous aurons $\cos L'' = \cos 2.\ 9.\ 6.22 = L''$
$$2.11.\ 5.36 = L''_1$$

Précession $= L'' - L''_1 =$ 1.59.14.

Il fallait que L'' fût plus petite de 1°59'14", qui valent environ $142\tfrac{1}{2}$ ans

à ôter de.. 1800

époque................................... $1657\tfrac{1}{2}$;

il fallait donc que L'', L' et L fussent moins avancées ; ainsi l'époque cherchée est l'an 1657. L'observation n'aurait donc pu être faite dans l'ancienne Égypte, elle ne pourrait se trouver sur les bas-reliefs d'Esné.

Par un calcul tout semblable, j'ai reconnu que $\alpha\,\forall$ et β du Cocher, se sont trouvés en 1800 ensemble à l'horizon sur le parallèle 26°22'51", et s'y trouveront en 1922 sur le parallèle de Thèbes. En me servant d'un globe de Messier d'un pied de diamètre, composé pour 1800, j'avais ainsi trouvé plusieurs couples d'étoiles qui se montraient ensemble à un horizon sur lequel le pôle était élevé de 26° environ.

Ainsi, en 1657, on aurait pu voir $\alpha\,\forall$ et α de la grande Ourse se lever simultanément; en 1922, sur le même parallèle, on verrait $\alpha\,\forall$ se lever avec β du Cocher; on en pourrait conclure quelque changement dans les positions des étoiles ; mais il y a grande apparence que ce calcul aurait passé la portée des anciens Égyptiens. Ce changement ne donne aucun indice bien clair du mouvement de précession. On a donc pu remarquer quelque changement dans les paranatellons, mais il a dû être impossible d'en déterminer ni les lois ni la cause.

NOTE

On peut envisager et résoudre le problème d'une autre manière.

Soit (fig. 171) AB un arc de grand cercle mené par deux étoiles connues A et B, p le pôle de l'écliptique; si l'on suppose les latitudes invariables, les distances polaires pA, pB, seront constantes, ainsi que la différence ApB des longitudes; les trois côtés et les trois angles seront constans, ainsi que la perpendiculaire pR. Que AB soit l'horizon d'un lieu, nous aurons pR, hauteur du pôle de l'écliptique sur cet horizon, à l'instant du lever des deux étoiles.

Continuez pA, pR et pB jusqu'à 90° en a, r, b, l'arc de grand cercle braO, décrit du pôle p, sera l'écliptique; O sera le point ascendant; ROr = Rr = 90° — pR = hauteur du nonagésime = angle de l'écliptique Ob avec l'horizon OAB. Nous aurons

$$\tan\tfrac{1}{2}(A+B) = \frac{\cot\tfrac{1}{2}ApB \cos\tfrac{1}{2}(pB-pA)}{\cos\tfrac{1}{2}(pB+pA)}, \quad \tan\tfrac{1}{2}(A-B) = \frac{\cot\tfrac{1}{2}ApB \sin\tfrac{1}{2}(pB-pA)}{\sin\tfrac{1}{2}(pB-pA)};$$

$\cos \mathrm{RO}r = \sin p\mathrm{R} = \sin A \sin pA = \sin B \sin pB$, $\cot Ap\mathrm{R} = \tan A \cos pA$,
$\cot Bp\mathrm{R} = \tan B \cos pB$, $Ap\mathrm{R} + \mathrm{R}p\mathrm{B} = Ap\mathrm{B}$.
longit. de R = longit. A + ApR = long. B — BpR.
longit. de O = longit. de R — 90° = longit. de l'ascendant = L″.
O sera le pôle de pr; OpR = ORp = ORr = Orp = 90°;
$\sin \mathrm{OF} \tan g \mathrm{O} = \tan g \mathrm{DF}$ = latit. du point D de l'horiz. pour un point quelconque F de l'éclipt.

Toutes ces longitudes seront pour l'époque du catalogue où l'on aura pris celles de A et de B. Il reste à trouver le pôle de l'équateur, qui décrit d'un mouvement rétrograde le petit cercle InSm, sur lequel il fait 50″,2 par an. Sa longitude est constamment de 90°, car le colure des solstices passe par les pôles p et P de l'écliptique et de l'équateur. On connaît par ce qui précède la longitude du point I. La différence de cette longitude à 90° sera l'arc IP. Si cet arc est = 0, le pôle sera en I, à sa plus petite hauteur possible sur AB considéré comme un horizon.

Nous avons l'angle ROr, et nous savons que c'est l'angle que l'écliptique fait avec l'horizon; nous aurons

$$\cos(90 + \mathrm{H}) = \cos \mathrm{L}'' \sin \omega \sin \mathrm{RO}r - \cos \omega \cos \mathrm{RO}r;$$

nous aurons donc H comme dans le problème précédent par L″, ou nous aurons L″ par H.

En appliquant ces formules à l'exemple précédent, j'ai retrouvé à la seconde les mêmes longitudes et les mêmes angles. Le calcul seulement est un peu plus long.

Nous pourrions ainsi déterminer les époques des anciennes observations ou les latitudes sous lesquelles elles auraient été faites, et nous aurions, par un petit nombre d'essais, l'époque et la hauteur du pôle, si nous trouvions seulement deux couples d'étoiles ainsi observées à une même époque. Mais, après avoir disposé et vérifié les méthodes l'une par l'autre, je n'ai pu trouver, dans toute l'antiquité, un seul exemple auquel il me fût permis de les appliquer. Si j'en eusse rencontré, on ne doutera pas de l'empressement que j'aurais mis à les calculer. Mais je n'ai rien découvert qui me convînt; ceux qui ne calculent rien, se montrent moins difficiles.

SUR LE DISCOURS PRÉLIMINAIRE.
Bas-reliefs d'Esné et de Dendérah.

Je les ai comparés à un globe monté à la latitude de $25°\frac{3}{4}$, et dont les pôles mobiles avaient été avancés à la position qu'ils devaient avoir à l'époque présumée des observations. J'ai trouvé des choses qu'il était possible de faire accorder avec les levers du faux Ératosthène, et d'autres qu'il m'a paru impossible de concilier. MM. Jollois et de Villiers, avec des globes construits avec beaucoup plus de soin, ont reconnu des erreurs palpables dans l'auteur grec. Les globes à pôles mobiles ne sont pas communs, et le plus souvent ils sont assez grossièrement construits. Le calcul n'est pas aussi long qu'on pourrait le penser, il donnerait beaucoup plus de certitude et de précision; on aurait vérifié tout Ératosthène en beaucoup moins de tems qu'il n'en faudrait à l'artiste pour ébaucher son globe.

Pour abréger autant qu'il était possible, j'avais écrit une table où je trouvais pour tous les siècles, depuis l'an —2300 jusqu'à l'an 1800, l'obliquité de l'écliptique, en supposant la variation séculaire de 48"; les observations m'ont donné de 42" à 48" et jamais davantage. A côté de l'obliquité, j'avais mis la précession pour chaque siècle, en supposant la variation de 50",2 par année.

Cela posé, voulez-vous vérifier les levers du faux Ératosthène, en leur assignant une époque quelconque, par exemple —2300 ? il suffira de chercher la précession pour l'intervalle; ainsi pour α du Taureau

$$
\begin{aligned}
&\text{Longitude en 1800} \ldots\ldots\ldots\ldots\ L_1 = 2^s\ 6°59'\ 40'' \\
&\text{Précession pour } -2300 \ldots\ldots\ldots = 1.27.10.20 \\
&\text{Longitude en } -2300 \ldots\ldots\ldots\ \ L = 9.49.20 \\
&\qquad\qquad \lambda = -5°29', \quad \omega = 24°0'44'';
\end{aligned}
$$

cette obliquité se trouve par hasard celle qui nous vient des traditions les plus anciennes, c'est-à-dire des plus mauvaises observations qu'on ait jamais faites, si tant est qu'on observât à cette époque.

$$\tan \text{Æ} = \cos \omega \tan L - \frac{\sin \omega \tan \lambda}{\cos L} = \qquad 11°11'17''$$

$$\sin D = \sin L \sin \omega \cos \lambda + \cos \omega \sin \lambda = - \qquad 1.\ 2.32$$

$$\sin d\text{Æ} = \sin \text{différ. ascensionnelle} = \tan D \tan H = - \qquad 0.30.\ 7$$

$$\text{ascension oblique} = \text{Æ} - d\text{Æ} = \qquad 11.41.24$$

$$\text{milieu du ciel} = \text{ascension obliq.} -3^s = \qquad 9.11.41.24 = M$$

$$\cot \text{nonagésime} = \cot n = \cos \omega \tan M + \frac{\sin \omega \tan H}{\cos M} = \qquad 9.16.10.30$$

$$\text{ajoutez } 3^s,\ \text{ascendant} = \qquad 0.16.10.30$$

$$\cos O = \cos \text{haut. nonagés.} = \cos \omega \sin H - \sin \omega \cos H \sin M = \cos 40°56'30''$$

$$\text{Pour vérification, } \tan \lambda \cot O = \sin dL = \qquad 6°21'10''$$

$$L = 9.49.20$$

$$\text{comme ci-dessus, ascendant} \ldots\ldots\ldots = 16.10.30$$

dL se retrancherait pour une étoile boréale, ou bien dL s'ajoute à l'ascendant pour une étoile boréale, et l'on retrouve la longitude.

Ces préparatifs paraîtront un peu longs, mais ils sont très faciles. De cette manière, vous n'aurez besoin que des longitudes et des latitudes des étoiles, pour reconnaître celles qui sont visibles d'avec celles qui sont sous l'horizon. Mais le catalogue ne donnerait ces longitudes que pour 1800, et nous avons l'ascendant pour l'an — 2300. Pour abréger, et puisqu'il ne s'agit que de longitudes relatives, et non de longitudes absolues, nous ajouterons la précession $1^s 27° 10' 50''$ à l'ascendant $0^s 16° 10' 30''$; il deviendra $2^s 13° 21' 20''$, et nous pourrons employer le catalogue pour 1800.

Ératosthène nous dit que Persée paraît tout entier, quand le Taureau se lève. Prenons le pied ζ.

$$\text{Ascendant} \ldots = O = 2.13.21.20$$
$$\zeta \text{ Persée} \ldots = L = 2.0.20.0 \ldots \lambda = + 11°18'$$
$$(\text{fig. 172}) \ (O - L) = \overline{13.1.20.}$$

Soit O l'ascendant, AB l'écliptique, l'angle $O = 40° 56' 30''$ ci-dessus.
$$\tan BC = \tan O \sin OB = \tan O \sin (O - L) = 11° 3' 8''$$
$$\lambda = B\zeta = 11.18$$
$$C\zeta = \overline{22.21.8};$$

il était évident sans calcul que le point ζ était fort élevé, puisque la longitude B de ζ est moindre que celle de l'ascendant, et que de plus la latitude est boréale. Mais voulez-vous la hauteur ζa?

$$\cos C = \cos OB \sin O = \cos (O - L) \sin O, \quad \sin \zeta a = \sin C \sin C\zeta = 17° 1' 13'';$$

l'étoile la plus basse de Persée était donc élevée de 17° sur l'horizon. Ératosthène ajoute le pied gauche du Cocher, ce serait pour nous β du Taureau. Par un calcul tout semblable, si ce n'est que β est plus avancé en longitude que l'ascendant O (ce qui prouve que β serait couché sans la latitude boréale $b\beta$), je trouve

$$bc = 5° 4' 10''$$
$$b\beta = 5.22$$
$$c\beta = \overline{0.17.50} \quad \text{et} \quad \beta d = 0° 13' 31''.$$

Ceci pourrait passer pour un lever et pour une bonne observation, s'il n'y avait pas un peu de hasard, et si ce qui suit ne prouvait clairement qu'il s'agit du pied droit, plus élevé de quelques degrés. En effet, l'auteur appelle *main gauche* celle qui soutient la Chèvre avec les Chevreaux. Le pied gauche est donc celui qui est du côté de la main gauche. Or, si ce pied est élevé de quelques degrés, les Chevreaux et sur-tout la Chèvre, le seront bien davantage. L'auteur ajoute la *crête et la queue de la Baleine*. Je trouve que β de la Baleine est élevé de $18°39'$, α presque autant; toute la Baleine doit être visible. Ce ne sont pas là des observations.

Enfin Ératosthène nous dit que l'Arctophylax se couche avec la première *partie* du Bélier. Cela devrait signifier qu'il se couche quand le premier degré du Bélier se lève. Il est évident que le Bélier qui est au-dessus de la Baleine, est fort élevé; laissons donc là le Bélier, et voyons Arcturus.

Je trouve Arcturus $3°2'$ au-dessous de l'horizon, mais on voit la cuisse, la ceinture, les épaules et la tête.

SUR LE DISCOURS PRÉLIMINAIRE.

Voilà tout ce qui concerne le Taureau. Des indications si vagues conviennent également à plusieurs climats et à plusieurs époques. Au reste, on voit qu'il suffirait d'une page de calcul pour chaque signe.

Quand les Gémeaux se lèvent, on voit lever l'*Eridan*, la *Baleine* (que nous avons vue déjà levée toute entière), *Orion* qui en effet montre les épaules, *Ophiuchus se couche jusqu'aux genoux*. Ce dernier point conviendrait mieux au lever d'Aldébaran. Tout calcul est inutile.

Quand le Bélier se lève, on voit lever la tête et les épaules de Persée (indication passable), la partie gauche d'Andromède (mais Andromède est au-dessus du Bélier, elle est donc sensiblement élevée et visible toute entière), l'Autel se couche (ce qui pourrait être assez vrai), aussi bien que le Bouvier (pour cette constellation elle est toute entière au-dessus de l'horizon. Il veut dire apparemment qu'elle est vers le couchant) : rien dans tout cela qui vaille le moindre calcul.

Pour le Cancer, au lieu de mettre à l'horizon la Nébuleuse, je mets δ ou l'Ane austral qui n'en diffère que de peu de chose, et qui est plus aisé à voir. Le grec dit qu'Orion se lève tout entier; le calcul en effet montre que le pied (Rigel) est élevé de plusieurs degrés, qu'on voit Orion tout entier avec une grande partie de l'Eridan; que ζ de la Couronne est visible, mais que la plus grande partie est déjà couchée; que Fomalhaut est encore visible à l'occident, ainsi que le grand Poisson presque tout entier; enfin que la tête du Bouvier est encore visible. Tout va bien jusqu'ici, mais le grec nous dit que le cou du Serpent est sur l'horizon, tandis qu'on ne voit tout au plus que le bout de la queue. Ophiuchus est caché en entier, quoique le grec nous en montre les épaules et la tête; il y a donc de la justesse en quelques points et plusieurs choses incohérentes, car les premières étant admises, les autres deviennent impossibles. Ces fautes n'ont pu être commises que par un compilateur; un observateur n'aurait pu tomber dans de pareilles méprises, pour peu qu'il eût quelque connaissance des constellations.

Régulus étant à l'horizon, la tête de l'Hydre est élevée de $9°\frac{1}{2}$; ainsi la Licorne et Procyon tout entier sont autant ou plus élevés. Il est vrai de dire que le reste du Bouvier se couche, quoique lentement. Ces dernières étoiles du Bouvier ne seront plus élevées que de quelques degrés. La Couronne ne se couche pas, elle est entièrement couchée. Ophiuchus et le Serpent l'étaient déjà au lever du Cancer. Les Poissons sont fort élevés; il est à croire que l'auteur parle du grand Poisson. Il y a méprise, quand il dit que la Baleine est toute entière sur l'horizon. La cuisse d'Hercule est encore élevée de près de 5°.

On voit donc des choses qui vont aussi bien qu'on puisse le désirer et d'autres qui paraissent contradictoires; il est à croire que l'auteur a voulu nous indiquer les constellations qui sont visibles, non quand Régulus est à l'horizon, mais quand les différentes parties du Lion se lèvent, et à cet égard il n'est entré dans aucun détail, en sorte qu'on ne peut obtenir que quelques aperçus et nulle conséquence un peu rigoureuse.

Les auteurs du Mémoire avaient mis d'abord l'Épi de la Vierge à l'horizon; ils ont cru voir qu'on ferait mieux d'y mettre la tête. Or, entre la tête et l'Épi, il y a presque 30° de différence en longitude. Ce seraient donc deux signes différens, et rien ne peut lever bien sûrement une équivoque de cette importance. Ne faudrait-il pas mettre à l'horizon γ qui est à l'angle d'une équerre qui m'a toujours paru faire une partie très remarquable de la constellation et même de tout le zodiaque. Cette équerre est formée des étoiles β, η, γ, δ et ε, ou προτρυγητήρ.

En y mettant γ à l'horizon, le milieu de la Coupe se trouve à près de 6° de hauteur, ainsi la Coupe est bien visible. Les pieds de derrière du grand Chien sont à plus de 20° de hauteur; pour les rapprocher de l'horizon, il faudrait y mettre la tête de la Vierge; la poupe est bien visible, on apercevrait presque Canobus.

Pour faire coucher la Lyre, il ne suffirait pas encore de mettre la tête à l'horizon, la Lyre est à 10° au-dessous; le Dauphin et la Flèche sont bien plus enfoncés, et ne figurent là que par méprise. La queue du Cygne est sous l'horizon et ne saurait s'y ramener, sans substituer la tête à γ. Pour l'Eridan, on le voit presque tout entier. On ne sait pas précisément où Eratosthène le bornait. Il n'y a donc ni objection, ni certitude sur ce point. Pour le cou du Cheval, il faudrait amener à l'horizon la tête de la Vierge et celle du Cheval serait encore couchée.

Il faut encore en revenir à croire, ce qui est fort vraisemblable, qu'Eratosthène a nommé toutes les constellations qui paraissent ou disparaissent depuis que la queue du Lion a paru, jusqu'à ce que l'Epi vienne à son tour.

Les Serres sont un des signes les plus détaillés. *Le Bouvier paraît tout entier;* en effet il est étendu parallèlement à l'horizon. *La Couronne* (elle est au-dessous du Bouvier); *le Navire tout entier* (en effet Canobus est visible); *l'Hydre, le Loup, le Corbeau* (la queue même est élevée de plusieurs degrés); *la jambe droite d'Hercule* (on la voit toute entière); *le bout de la queue du Centaure* (les pieds de derrière sont même élevés sur l'horizon). Παρεῖται κρατήρ, Κόραξ, il a omis la Coupe et le Corbeau. (Il faut savoir que l'auteur grec s'est proposé principalement de réparer les omissions d'Aratus; ainsi, quand il vient d'ajouter le nom de quelques constellations omises, il en avertit par le mot παρεῖται.) *Le reste du Cheval se couche ainsi que la queue du grand Oiseau* (tout cela est couché depuis long-tems); *la tête d'Andromède* (elle est déjà bien enfoncée); *la Baleine jusqu'à la crête* (voilà ce qu'il y a de plus juste); *la tête, les épaules et les mains de Céphée* (ceci est encore juste. D'après cet examen fait avec le globe, il serait bien inutile d'entreprendre aucun calcul).

Avec le Scorpion, on voit lever *la dernière moitié de la Couronne.* Elle était déjà sur l'horizon avec les Serres. *La queue de l'Hydre.* Même remarque. *Le corps et la tête du Centaure.* Les pieds de devant sont déjà visibles. *Le Loup.* On le voit tout entier près de l'horizon.

La tête et la main d'Ophiuchus. On voit la main, la tête va paraître; ces levers ne sont pas simultanés. *Hercule tout entier, sauf la tête et la main gauche.* La tête est visible, mais non la main, si nous maintenons Antarès à l'horizon. *Le Fleuve se couche en entier.* Cela est juste. *Orion à peu près.* Il paraît tout entier étendu sur l'horizon. Le grec veut dire peut-être qu'il est prêt à disparaître. *La crête de la Baleine.* Elle est enfoncée bien avant. *Andromède et le Triangle.* On est bien étonné de les voir ici mentionnés. *Cassiépée.* On voit son marche-pied. *Céphée de la tête à la ceinture.* Cela est exact.

Avec le Sagittaire, on voit lever *le corps d'Ophiuchus et le reste du Serpent.* Ces derniers mots suffisaient. *La tête et la main gauche d'Hercule* (voyez le Scorpion). *La Lyre.* Elle est visible en entier. *Céphée.* Pas tout entier. *Le Chien se couche en entier.* Cela est vrai, mais ne peut être instantané. *Orion et le Lièvre.* Ils sont déjà bien en-

SUR LE DISCOURS PRÉLIMINAIRE. lxj

foncés. *Le Cocher, sauf la jambe gauche et la main sur laquelle est la Chèvre.* On ne voit que l'épaule droite et la tête. *Persée, sauf le pied droit.* Tout est couché depuis long-tems. *La proue d'Argo.* On en voit encore partie. *Procyon.* Il est visible tout entier. Mais faites lever le reste du Sagittaire, et vous aurez ce que vous voudrez. Nous avons mis l'arc un peu au-dessus de l'horizon.

Avec le Capricorne, *on voit lever l'Aigle tout entier.* Il est déjà levé. *La Flèche et l'Autel et le Dauphin.* Même remarque. *On voit encore le reste du Cocher.* Il est bien enfoncé sous l'horizon. *Argo en entier.* De même. *L'Hydre jusqu'à la Coupe.* Il faut pour cela amener à l'horizon les étoiles de la queue. *Les pieds de derrière du Cocher.* Ceci est exact.

Avec le Verseau, on voit lever *la tête et les pieds de devant du Cheval.* Cela est exact. *Cassiépée est omise par Aratus.* C'est qu'elle a disparu. *Les parties de derrière du Centaure se couchent.* Ce qui est assez juste. *L'Hydre, la Coupe jusqu'au Corbeau.* C'est un peu trop dire. Pour faire coucher le Corbeau, il faut faire lever le Verseau tout entier. Tout prouve que ces paranatellons ne sont pas instantanés, et par conséquent ne signifient rien.

Avec les Poissons, on voit lever *le grand Poisson austral non tout entier.* Cela dépend de la partie qu'on met à l'horizon. *La partie droite d'Andromède.* A peu près juste. *Le Centaure entier se couche.* Il faut pour cela que les deux Poissons soient levés. *L'Hydre, le Corbeau et la Coupe.* C'est selon le point qu'on met à l'horizon.

Avec le Bélier, on voit lever *la tête et les épaules de Persée.* A peu près jusqu'à la ceinture. *Le côté gauche d'Andromède.* Elle est toute entière assez élevée sur l'horizon. *Le triangle omis.* Il est entre le Bélier et Andromède. *L'Autel se couche.* Cela est exact. *Le Bouvier aussi.* Il est encore tout entier fort élevé sur l'horizon, et ne commencera pas encore de sitôt à se coucher.

Usage du globe moderne pour ces vérifications.

Quand on a trouvé par le calcul que deux étoiles sont à très peu près dans l'horizon, ou bien quand on a une étoile et l'ascendant sur l'écliptique de 1800, on peut se servir du globe moderne pour voir d'un coup-d'œil la situation du ciel tout entier. Ainsi pour α du Taureau, nous voyons que cette étoile et β de la même constellation, se trouvent ensemble à l'horizon à quelques minutes près, et qu'Arcturus est enfoncé seulement de 3°. Mettez Aldébaran à l'horizon du globe moderne, élevez le pôle de manière que β soit élevé de $\frac{1}{5}$ de degré, et Arcturus caché par l'épaisseur de l'horizon, et sans vous inquiéter de la position de l'équateur, ni de son pôle, toutes les étoiles seront placées par rapport à l'horizon, et vous pourrez vérifier l'ensemble des phénomènes décrits par l'auteur grec. Ainsi, en plaçant à l'horizon γ des Gémeaux, nous avons trouvé qu'Orion montrait les épaules; nous pouvons donc mettre à l'horizon γ des Gémeaux avec α d'Orion, et nous aurons à fort peu près la position relative de l'horizon et de l'écliptique. Il suffira encore du point orient et de l'angle que l'écliptique y fait avec l'horizon. Prenez le point nonagésime qui est toujours de 90° moins avancé que le point orient, et à l'aide du vertical mobile du globe, élevez le nonagésime d'un angle égal à celui de l'orient; l'écliptique sera placée, et vous connaîtrez toute la partie visible du ciel.

Ainsi pour le Cancer, le point orient est $4^s 5° 55'$, ou $4^s 6°$, et la hauteur du nonagésime 52° 53′ ou 53° environ. Elevez le point 1ˢ 6° de l'écliptique de 53°, et le globe sera placé. C'est de cette manière que j'ai vérifié sur un globe d'un pied de diamètre pour 1800, les résultats de mes calculs trigonométriques, et que j'ai complété ces résultats que j'avais d'abord comparés aux positions données par un globe à pôles mobiles de neuf pouces seulement de diamètre et beaucoup moins bien exécuté.

Au zéro de l'écliptique de 1800, ajoutez la précession pour l'intervalle écoulé depuis une année ancienne quelconque, vous aurez l'ancien point équinoxial. A ce point, faites l'angle égal à l'obliquité de ce tems ancien, et vous aurez la position de l'équateur. Un arc de 90° élevé perpendiculairement sur un point quelconque de l'équateur, vous en donnera le pôle.

Ou plus simplement encore : pour vérifier les auteurs anciens, mettez à l'horizon deux des points que ces auteurs vous indiquent, et vous verrez d'un coup-d'œil, si leurs autres indications sont compatibles avec les premières. Ainsi l'on pourra se convaincre sans travail et sans frais que toutes ces anciennes traditions, recueillies par des amateurs qui n'étaient nullement astronomes et qui copiaient tout indifféremment sans examen et sans critique, ne méritent guère la peine qu'on prendrait à les étudier. Voilà pourquoi je n'avais pas cru devoir entreprendre une recherche dont je n'attendais aucune utilité ; j'y suis revenu pour convaincre les lecteurs que si je parle peu avantageusement de quelques ouvrages anciens, ce n'est pas sans de bonnes raisons. Il eût été sans doute plus agréable pour moi d'avoir à les vanter ; on s'affectionne toujours plus ou moins aux auteurs qu'on a étudiés ; il est triste d'avouer qu'on a perdu son tems et sa peine.

Voulez-vous une ample collection des anciens paranatellons, voulez-vous avoir la certitude qu'ils étaient des inventions purement astrologiques, *voyez* Dupuis dans son Traité de la Sphère, tome III de son Origine des Cultes, depuis la page 191 jusqu'à la page 246 ; vous y trouverez les paranatellons de chacun des décans et même de leurs monomœries, et vous serez tenté de croire que ces monomœries sont des degrés, puisqu'il y en a 30 dans chaque signe. Mais consultez Firmicus, et vous y verrez dans le plus grand détail cette division de chaque signe en 30 parties. Voici par exemple celle du Bélier.

Parties 1 et 2 dans les cornes ; 3, 4 et 5 à la tête ; 6 et 7 sur la face ; 9 et 10 *in ore*; 11 et 12 à la poitrine ; 13, 14, et 15 le long du col ; 16 et 17 au cœur ; 18 et 19 épaule droite ; 20, 21 et 22, épaule gauche ; 23, 24 et 25, au ventre ; 26 et 27 aux pieds de derrière ; 28 et 29, aux reins ; enfin 30 à la queue. Firmicus, liv 8, ch. III.

On voit que cet ordre n'est ni celui des longitudes, ni celui des levers, et qu'ainsi ces 30 parties ne sont pas des degrés ; et cette division vous paraîtra l'ouvrage de charlatans qui n'avaient jamais regardé le ciel, et qui n'avaient aucune idée des constellations véritables.

ADDITIONS ET CORRECTIONS

POUR LES DEUX VOLUMES

DE L'HISTOIRE DE L'ASTRONOMIE ANCIENNE.

TOME PREMIER.

Disc. Prél., pag. xj. C'est d'après Weidler que j'avais rapporté l'anecdote de Thalès. Voici le passage original de Diogène Laërce :

Τὰς τε ὥρας τοῦ ἐνιαυτοῦ φασὶν αὐτὸν εὑρεῖν, καὶ εἰς τριακοσίας ἑξήκοντα πέντε ἡμέρας διελεῖν. Οὐδεὶς ὅτε αὐτοῦ καθηγήσατο, πλὴν ὅτ' εἰς Αἴγυπτον ἐλθὼν τοῖς ἱερεῦσι συνδιέτριψεν. Ὁ δὲ Ἱερώνυμος καὶ ἐκμετρῆσαι φησὶν αὐτὸν τὰς πυραμίδας ἐκ τῆς σκιᾶς παρατηρήσαντα ὅτε ἡμῖν ἰσομεγέθεις εἰσί.

« Thalès trouva les saisons de l'année, et la partagea, dit-on, en 365 jours. Il n'eut point de maître, si ce n'est que pendant son voyage d'Egypte, il eut des relations avec les prêtres. Hiéronyme ajoute qu'il mesura les pyramides, en observant l'instant où les ombres sont égales aux corps. »

Dans la réalité, ce passage ne nous dit rien de positif sur la science des prêtres d'Egypte. Thalès eut avec eux des entretiens, mais quelle instruction en reçut-il ? Il partagea, dit-on, l'année en 365 jours. On peut croire avec beaucoup de vraisemblance qu'il trouva cette année établie en Egypte, et qu'à son retour, il voulut se faire honneur d'une découverte qu'il n'avait pas faite. S'il ne rapporta que l'année de 365 jours, il en résultera que c'était l'opinion répandue en Egypte, et rien ne nous assurera que les prêtres fussent mieux instruits.

Il mesura les pyramides à l'instant ou leur ombre était égale à leur hauteur. Il ignorait probablement le théorème des triangles semblables qui lui aurait donné cette hauteur par la mesure d'un ombre quelconque. Rien ne nous dira si les prêtres étaient plus ou moins habiles. Hiéronyme paraît regarder Thalès comme l'auteur de la méthode, les prêtres n'y sont pour rien ; le passage ne nous donne aucun renseignement sur les connaissances égyptiennes ; il est à penser que Weidler l'aura cité de mémoire.

Page ix. La distinction que j'établis entre *la science astronomique* et *l'Astronomie des yeux*, n'est pas nouvelle. Elle est de Platon dans son Epinomis, p. 704, édit. de 1590. « Ignorez-vous que le *véritable astronome* est nécessairement un homme fort sage. Je dis le *véritable astronome* et non pas celui qui *astronomise* à la manière d'Hésiode et de tous ceux qui observent des levers et des couchers. » Μὴ τόν γ' καθ' Ἡσίοδον ἀστρονομοῦντα, καὶ πάντας τοὺς τοιούτους, οἷον δυσμάς τε καὶ ἀνατολὰς ἐπεσκεμμένον. Platon exige que l'astronome connaisse toutes les sphères et leurs mouvemens. Je ne demande que deux choses de plus ; qu'il sache mesurer et calculer ces mouvemens. Platon ne pouvait encore porter aussi haut ses prétentions, les méthodes n'étaient pas créées.

Page xiij. Après la citation d'Isidore d'Hispalis (Séville), ajoutez : *voyez* aussi les *Antiscia* de Manilius et de Ptolémée, dans les notes de Scaliger sur Manilius, livre II.

ADDITIONS ET CORRECTIONS.

Vous y trouverez deux figures, l'une suivant la division que j'attribue à Hipparque, et dont Euclide avait déjà fait mention, laquelle place les points cardinaux au commencement des signes; l'autre suivant la division que j'attribue à Eudoxe, et qui, suivant Scaliger, est celle de Manilius et des anciens, ce qui revient au même, puisque Manilius a copié Eudoxe.

Scaliger ajoute : *putabant enim illi veteres signa centrica nullam αὐξομείωσιν habere, puta dies in toto signo Cancri æquales esse, neque crescere neque decrescere. Undè Manilius veteres illos sequutus, cum de diebus Capricorni loquitur, ait : Statque uno natura loco, paulumque quiescit, adeo longas ἐποχὰς in illis signis ponebant. Sicque per totum Arietem aut Libram dies semper æquales. Propterea non ab uno gradu illorum signorum, sed à totis signis æqualiter distantia signa notabant.* En opposant ainsi le Capricorne tout entier au Cancer tout entier, et le Bélier à la Balance, ils opposaient nécessairement le milieu du signe au milieu du signe, et les colures occupaient ce milieu. Il est donc certain que cette division était celle des anciens; elle a dû être celle d'Eudoxe. *Voyez* aussi Firmicus, p. 16 et 18, et sur-tout 24, où les aspects sont marqués du milieu d'un signe au milieu du signe correspondant. Mais, p. 39, il décrit les Antisciens selon la doctrine des Grecs.

Page xviij, ligne 10 bas, pour les auteurs, *lisez* pour des auteurs

xl. Appollonius, *lisez* Apollonius

ὀχεῖσται *lisez* ὀχεῖσθαι

125, ligne 5 bas, *Dodécatémories*, ajoutez : mais selon lui c'était la même chose. Même remarque à la page 135, ligne 11.

Page 129, ligne 5 bas, le point solstitial ♎, *lisez* équinoxial

141, ligne 22, latitude, *ajoutez* πλάτος largeur

187, *ajoutez* distance polaire de la queue de la petite Ourse, 12° 40'. Ptolémée, Géog. I, 7.

Page 192, ligne 14, astres en syzygie, *ajoutez* ou astres conjugués

207, ligne 4, ces 10° 40', *ajoutez* : M. Burckhardt pense que la période les donnait tout naturellement. En effet $18 \times 365\frac{1}{4} = 6574,5$

Mais la période est de.......... 6585,33

Excès...................... 10,83;

or, en 10 jours et $\frac{8}{10}$, le mouvement du Soleil est à peu près de 10° 40'. La chose est donc expliquée *en gros*, comme les Grecs auraient pu le faire avec une année de $365\frac{1}{4}$. Ils ignoraient encore la précession, ainsi la remarque que les restitutions de ces cercles étaient rapportées aux fixes, leur était impossible. Elle doit être d'Hipparque, après qu'il eut découvert la précession. Il la supposait au moins de 36″ qui devaient lui donner 14′ 36″ pour l'excès de l'année sidérale sur l'année tropique.

Il faisait celle-ci de $365^j 5^h 55′ 12″$, l'année sidérale était donc de $365^j 6^h 9′ 48″$. L'excès de la période sur 18 années sidérales, était de $10^j \frac{3}{4}$ environ; le mouvement moyen 10° 36′.

Au reste, comme il n'est pas nécessaire de connaître bien exactement le mouvement du Soleil, pour savoir qu'en 18 ans $10^j \frac{2}{3}$, le nombre de cercles a dû être de 18 plus $10° \frac{2}{3}$, les Chaldéens pourraient absolument être les auteurs de la période, quoique per-

ADDITIONS ET CORRECTIONS.

sonne ne le dise bien expressément. C'est par une simple conjecture qu'on a établi que cette période devait être l'une des trois périodes chaldéennes. On l'a nommée *chaldéenne* par abréviation. Rien n'assure que les Chaldéens aient en effet connu le retour périodique des éclipses. Loin d'avoir été trop sévère pour les Chaldéens, les Chinois et les Indiens, plus j'examine et plus je crains d'avoir été trop confiant en de vaines traditions. Voyez l'*Astronomie* de Lalande, art. 1572.

Page 209, lignes 2 et 3. On aura sans doute trouvé singulier que j'aie laissé le doute entre Hipparque et la Lune, pour la conversion des cercles en degrés. Le fait est que Géminus ne parle que de la Lune. Διαπορευομένη.... καὶ προσεπιλαμβανοῦσα.... ἀνελύσατο. Ces deux participes féminins ne peuvent se rapporter à Hipparque.

Page 214, ligne 8. *Ce passage n'offre aucun sens*, refondez comme il suit tout ce qui suit ces cinq mots :

Il fallait au moins dire la course du Soleil en 12 heures. J'ai pensé qu'il parlait du diamètre. Une heure équinoxiale répond à 15°. La 30ᵉ partie est un demi-degré, c'est à peu près le diamètre du Soleil, c'est à peu près aussi son chemin en 12 heures, car ce chemin est de 29′34″. Ils disent encore qu'un homme, ni vieux ni enfant, sans se presser, et sans aller trop lentement, ferait comme le Soleil *trente stades purs*, c'est-à-dire 30′. Le degré sera donc de soixante stades purs, le stade pur ou la minute sera de 950 toises sur le méridien terrestre. Bailly en conclut qu'ils connaissaient assez bien la circonférence du globe terrestre. Le degré moyen est de 57000ᵗ et peu de chose, les 30 stades purs feront 28500, un peu plus de 14 lieues de 2000 toises. C'est le chemin qu'un homme qui marche bien fait en moins de 12 heures. La circonférence du méridien sera de 21600 stades purs. Supposons le stade pur de dix stades communs; la circonférence du méridien sera de............................ 216000 stades.
   Eratosthène le faisait de.................... 252000
   Posidonius de............................ 240000
   Ptolémée et Marin de Tyr................ 180000.

La remarque est curieuse, mais c'est une mesure bien vague que le chemin d'un homme en 12 heures; d'ailleurs Achille Tatius, écrivant en l'an 300 de notre ère, est-il assez instruit des travaux des Chaldéens? Les Chaldéens répandus dans tout l'Empire pour dresser des horoscopes et dire la bonne aventure, n'ont-ils pu recueillir les idées des Grecs, et s'en emparer pour les attribuer à leurs ancêtres? A défaut d'un ouvrage chaldéen dont l'antiquité fût bien avérée, j'avoue que je désirerais un témoignage moins moderne que celui de Tatius.

Page 215, ligne 11 bas, *ajoutez* : on pardonnerait cette erreur à Tatius, s'il eût été plus ancien qu'Hipparque, mais 180 ans après Ptolémée!

Page 219, ligne 2, c'est peut-être, etc., *lisez* c'est de lui peut-être que Tatius a pris la comparaison de la fourmi.

Page 235, ligne 5 bas, le lever et le coucher, *lisez* le coucher et le lever

245, ligne 6 bas. J'avais omis la démonstration de Ménélaüs, assez longue et assez obscure, et qui d'ailleurs renvoie à plusieurs autres propositions. J'ai vu depuis qu'en simplifiant la figure, on pouvait abréger et cependant se rendre plus clair. D'ailleurs cette proposition est assez difficile à déduire de nos formules modernes. La démonstration suivante est tout-à-fait dans le style grec.

ADDITIONS ET CORRECTIONS.

Prolongez ED en Z (fig. 173), en sorte que ED = DZ et EZ = 2.ED.

DZ = ED, DA = BD, l'angle D est égal dans les triangles BDE et ADZ; ces deux triangles sont donc parfaitement égaux; donc AZ = BE = EG = ½ BG. Donc

$$DAZ = DBE, \quad DZA = DEB, \quad \text{ou} \quad BAZ = ABE \quad \text{et} \quad EZA = AEB.$$

Menez les arcs AE et BZ, ces arcs seront égaux; car DZ = ED, DA = BD, l'angle D est encore égal; donc les triangles BDZ et ADE sont parfaitement égaux et AE = BZ.

Les triangles BDE et ADZ sont égaux, ainsi que les triangles ADE et BDZ; donc le triangle ABE = triangles BDE + ADE = triangles ADZ + BDZ = triangle ABZ; donc les triangles ABE et ABZ sont parfaitement égaux. L'angle ABZ = BAE, l'angle BAZ = ABE, EAZ = EAB + BAZ = ABE + EAB > GEA angle extérieur au triangle BEA.

Dans les triangles EGA et EAZ, on a AE = AE, GE = AZ; mais l'angle compris GEA est plus petit que l'angle compris EAZ; donc le troisième côté GA < que le troisième côté EZ, GA < 2.ED, ½ GA < ED. Ce qu'il fallait démontrer.

En effet

$$\cos EZ = \cos EAZ \sin EA . \sin AZ + \cos EA \cos AZ = \cos(EA - AZ) - 2\sin^2 \tfrac{1}{2} EAZ \sin EA \sin AZ,$$
$$\cos AG = \cos GEA \sin EA \sin GE + \cos EA \cos GE = \cos(EA - EG) - 2\sin^2 \tfrac{1}{2} EGA \sin EA \sin GE,$$
$$\cos AG - \cos EZ = 2\sin^2 \tfrac{1}{2} EAZ \sin EA \sin GE - 2\sin^2 \tfrac{1}{2} EGA \sin EA \sin GE$$
$$= 2\sin EA \sin GE (\sin^2 \tfrac{1}{2} EAZ - \sin^2 \tfrac{1}{2} EGA) = 2\sin \tfrac{1}{2}(EZ - AG)\sin \tfrac{1}{2}(EZ + AG)$$
$$= 2\sin EA \sin GE \sin \tfrac{1}{2}(EAZ - EGA)\sin \tfrac{1}{2}(EAZ + EGA),$$

rien de négatif dans cette expression; donc ½ EZ > ½ AG.

Page 256, ligne 21, 5000 toises, *lisez* 5000 stades

285, ligne 16, *ajoutez* : Copernic a donné depuis la même explication, mais en astronome et en termes plus précis.

Page 293, ligne 7 bas, *lisez* 252000 stades

305, ligne 1 et 3 bas, Ératosthène, *lisez* Thalès

347, ligne 13, éclipses, *ajoutez* qui nous soient parvenues

401, ligne 6 bas. De la semaine, *ajoutez* : il est probable que l'année fictive de 364 jours n'a été imaginée que comme une année composée de 52 semaines sans aucun reste.

Page 404, ligne 8, 305^j, *lisez* 365^j

405, ligne 2, la même, *lisez* le même

423, ligne 21, 30°, *lisez* 30'

24, 1° 40', *lisez* 2°

26, 100', *lisez* 120' à celui de la Lune; au contraire il suppose ces diamètres égaux, et inscrits dans un même cône, à l'instant de l'éclipse totale.

Page 426, ligne 7 bas, et qu'il, *lisez* ou qu'il

430, ligne 6, inexact, *ajoutez* : c'est celle des Persans et de quelques Arabes.

467, ligne 17, la réfraction, *ajoutez* : l'inégalité du mouvement en déclinaison.

476, ligne 10 bas, *lisez* 714404082947

509, ligne 7, la longueur, *ajoutez* : de l'ombre

ADDITIONS ET CORRECTIONS.

Page 513, après $M = 8^s 25°59'36''$, ajoutez : le Gentil trouve $8^s 25°59'24''$

$$H = 11.55.42$$
$$\text{d'où } - 46'35'' \sin H = - 9.37.8$$
$$- 20.44 \cos H = - 20.14.3$$
$$\overline{- 29.52.1}$$

Page 549, ligne 20, la quantité de grain, *lisez* la qualité du grain

TOME II.

Page 31, ligne 9, étudier, *lisez* éluder

109, *Remarque sur les équinoxes et le solstice de Ptolémée.*

En recommençant les calculs de M. Marcot, j'ai fait une réduction à la date du second équinoxe, pour changer le tems civil en tems astronomique, suivant la manière de Ptolémée. Je n'ai fait aucune correction aux deux autres observations, parce qu'ayant été faites après le passage du Soleil au méridien, elles n'offrent aucune équivoque.

Je n'ai fait aucune correction aux trois observations anciennes, parce que rien ne m'indiquait suivant quel style elles nous étaient données. Il en est résulté que dans le second équinoxe, je me trouve d'accord avec Ptolémée et en opposition avec M. M. Le contraire a lieu dans les deux autres comparaisons. Si nous appliquons la réduction au tems astronomique, à toutes les observations faites le matin, nous mettrons Ptolémée d'accord avec lui-même ; ainsi tout dépend du système qu'il aura suivi, en nous donnant ces six dates.

Ptolémée nous dit lui-même qu'il commence le jour à l'instant où le Soleil passe au méridien ; il compte alors 0^h. Il doit compter 6 heures au coucher du Soleil, 12 heures à minuit et 18 heures au lever qui suit le passage au méridien. Toutes les observations qu'il a dû faire entre les deux passages doivent porter la même date que le premier de ces passages. C'est ce qu'on pratique dans tous les Observatoires modernes. Ainsi, quand Ptolémée nous dit qu'il a observé un équinoxe le 9 athyr, une heure après le lever du Soleil, on devrait entendre le 9 athyr à 19^h. C'est ce qu'a supposé M. M. Mais de cette manière, il trouve tantôt un jour de plus et tantôt un jour de moins que Ptolémée ; il y a donc grande apparence qu'il n'a pas saisi le vrai sens des expressions de Ptolémée.

Le peuple ne comptait ni de midi, comme faisait Ptolémée, ni de minuit, comme faisait Hipparque. Il comptait 0^h au lever, 6^h à midi et 12^h au coucher ; et ces trois instans appartenaient au même jour du mois. La question est de savoir si Ptolémée a compté comme le peuple, en écrivant son observation, ou comme il compte lui-même quand il calcule. C'est ce que va nous montrer l'opération faite dans les deux suppositions.

Supposons d'abord qu'il ait fait comme nous ferions aujourd'hui.

L'équinoxe du 27 méchir au lever du Soleil, sera le 27 à 18^h, ou .... $177^j 18^h$
Celui du 7 pachon, à 1^h, ne peut jamais être que le 7, ou.......... 247. 1

L'intervalle, suivant ce système, qui est celui de M. M., ne sera que de.. 69. 7

Ptolémée dit expressément $70^j 7^h 12'$; c'est que Ptolémée aura transformé le lever du 27 en 18^h du 26 ; il aura daté comme le peuple, et corrigé sa date pour calculer.

lxviij ADDITIONS ET CORRECTIONS.

L'équinoxe du minuit du 3 au 4 des épagomènes, est bien du trois à 12^h	$363^j\ 12^h$
Celui du 9 athyr, une heure après le lever, suivant M. M., donnera...	434.19
Et l'intervalle sera trop fort d'un jour, ou................	71.7
Au lieu que Ptolémée, changeant le 9 athyr en 19^h du huit, ne trouve comme ci-dessus que...........	70.7
Le solstice du 21 phamenoth au lever, suivant M. M., donne.........	201.18
Celui du 11 mesori, 2^h après minuit, ne peut donner que...........	341.14
L'intervalle, suivant M. M., ne serait donc que de.............	139.20

et Ptolémée dit formellement $140\frac{1}{2}\frac{1}{3} = 140^j\ 20^h$. Le 21 phamenoth au lever du Soleil est donc la date vulgaire, qui, pour les astronomes, devient le 20 à 18^h.

Ptolémée aura donc parfaitement bien calculé, si nous supposons toutes ses dates en tems civil, et que nous fassions la correction toutes les fois qu'elle est vraiment nécessaire, ce qui arrive trois fois seulement sur six, et une fois seulement pour chaque comparaison.

Dans le système de M. M., Ptolémée se serait trompé deux fois d'un jour en plus et une fois d'un jour en moins, ce qui n'est nullement vraisemblable. Le système de M. M. paraissait pourtant le plus naturel. Il regardait Ptolémée comme un observateur assidu, qui tous les jours marquait le passage du Soleil au méridien, et mettait dans son registre, à la même date, toutes les observations qu'il faisait dans les vingt-quatre heures qui suivaient chaque passage. Mais les anciens, Ptolémée notamment, étaient loin d'observer assidûment, et de tenir des registres dans la forme que nous suivons maintenant. Ils ne faisaient que des observations rares et isolées, et les écrivaient en tems civil. Si au lieu de dire *une heure après le lever, deux heures après minuit*, il eût marqué le jour et l'heure astronomiques depuis 0^h jusqu'à 24^h, nous n'aurions pas cette incertitude.

Si Ptolémée a cherché le tems de l'équinoxe ou du solstice par les tables d'Hipparque (auxquelles il n'avait fait d'autre changement que celui de 12^h pour les époques), il aura trouvé que l'équinoxe devait arriver le 8 athyr à 19^h, et il en aura fait le 9 athyr, une heure après le lever du Soleil. C'est ce que je suis fort tenté de croire. Cette observation faite le matin, est la seconde des siennes, où le jour civil et le jour astronomique diffèrent d'une unité; le 7 pachon, 1^h après midi, ne peut être que le 7 à 1^h; le 11 mesori, deux heures après minuit, ne peut être que le 11 à 14^h. Mais comment a-t-il conclu ce solstice à 14^h? Il fallait que le 11, le Soleil fût encore à $0°33'22''$ du colure, avec une déclinaison de $23°51'15'',7$; il fallait que le 12, il eût passé le colure de $0°23'51''$, et que la déclinaison fût de $23°51'15'',0$. Comment a-t-il aperçu cette différence de $0'',7$? Avec des déclinaisons si près d'être égales, il a dû avoir la même hauteur le 11 et le 12, et placer le solstice à minuit. Deux ou trois jours avant comme après le solstice, les déclinaisons correspondantes devaient différer de très peu de secondes; elles devaient toutes lui indiquer le 11 à 12^h, et non à 14^h. Pourquoi a-t-il pris 14^h, si ce n'est pour avoir un intervalle qui s'accordât avec les tables, et lui donnât des cercles entiers sans fraction?

Calculons par les tables de Ptolémée le moyen mouvement pour 285 ans $70^j\ 7^h\ 12'$; nous trouverons ce mouvement de $0^s\ 0°\ 0'\ 0''$. Calculons pour $284^a\ 70^j\ 7^h\ 12'$, nous aurons

ADDITIONS ET CORRECTIONS.

$0^s\ 14'\ 34''\ 20'''$. Il y aura erreur d'un quart de jour; et voilà pourquoi M. M., se défiant de cet intervalle, a trouvé qu'en effet il devait être de 285 ans. Calculons de même pour 571 ans $140^j\ 20^h$, nous trouverons $11^s\ 29°\ 59'\ 13''$; mais ajoutons $19'\ 12''$ à l'intervalle, nous aurons $0^s\ 0°\ 0'\ 0''$, et Ptolémée dit en gros $140^j\ \frac{1}{2}\frac{1}{3}$. On peut donc soupçonner que Ptolémée n'y a pas fait plus de façon; qu'il aura cherché en combien de jours et d'heures, suivant les tables, les équinoxes et les solstices devaient revenir, et qu'il aura ajouté ce nombre de jours et d'heures aux équinoxes d'Hipparque et aux solstices de Méton; de cette manière, il aura trouvé pour le solstice $140^j\ 20^h\ 19'\ 12''$, dont il aura fait 20^h en nombre rond, puisqu'il a supprimé partout les minutes. Ne peut-on pas demander comment avec des observations d'équinoxes qui n'étaient pas sûres à quelques heures, et avec des solstices qui n'étaient pas sûrs à un jour près, il trouve si invariablement ce nombre d'heures qui lui donne des cercles entiers. Mais en supposant un calcul, cet accord est rigoureusement nécessaire.

De ces remarques, il résulte que Ptolémée ne s'est pas trompé dans ses intervalles; qu'il a très bien calculé l'instant où l'équinoxe et le solstice devaient revenir. Au contraire, s'il a observé, il l'a fait avec maladresse, car ses équinoxes supposés vrais, donnent une année beaucoup plus courte, tandis que les équinoxes d'Hipparque la donnent parfaitement exacte. De toute manière, notre conclusion subsiste; il convient de regarder comme non avenues des observations qui probablement n'ont pas été faites, et dont, en tout cas, on ne peut rien tirer. Il est donc assez indifférent de discuter la correction d'un an que M. M. fait au second intervalle. Ptolémée d'ailleurs dit que les observations ont été faites dans les mêmes années. L'intervalle doit donc être le même, c'est-à-dire de $285^{ans}\ 70^j\ 7^h\ 12'$.

Page 115, ligne 8 bas, l'axe EZK, *lisez* l'angle EZK.

181, ligne 7, qu'une minute d'incertitude sur le lieu de la Lune, *ajoutez :* si l'on calcule le lieu de la conjonction par les tables du Soleil, en supposant, etc.

Page 193, lignes 17 et 19, $49'\ 11''$, *lisez* $49'\ 41''$

197, ligne 7, sin DEB, *lisez* sin DBE

255, ligne 12 bas, $1°\ \frac{4}{5}$, *lisez* $0°\ \frac{4}{5}$

266, ligne 5, que l'on y remarque, *après ces mots, ajoutez :* il est vrai qu'à la tête de l'édition de Flamsteed on lit : *è græco sermone in latinum redditus, et collatione factâ cum mss. Oxoniensi, additisque versionibus Trapezuntii, Gaurici, Copernici et Clavii et cum ipsis cœlis, pluribus in locis, emendatus.* Voilà bien les autorités de Flamsteed, mais on n'en voit pas davantage où il a pris telle variante en particulier. Il ne faut compter ni l'édition d'Oxford, ni celles de Trapezuntius ou de Gauricus, que nous avons consultées nous-même; il ne resterait donc que celles de Copernic et de Clavius, qui ne sont pas ici des autorités. Quand une variante nous a paru nouvelle, nous avons dû croire qu'elle était de Copernic, de Clavius, ou tirée des observations de Flamsteed.

Page 272, étoile *e* de la Pléiade, *lisez* petite et extérieure au nord de la Pléiade

455, après la troisième ligne, *ajoutez :* ne serait-il pas possible, dit M. Burckhardt, que le traducteur ou le copiste arabe eût exprès attribué à Ptolémée l'ouvrage d'Hipparque sur les projections. Car un ouvrage du divin Ptolémée devait se vendre mieux qu'un ouvrage du παμπάλαιος Hipparque. Cette sorte de supercherie était très fréquente

ADDITIONS ET CORRECTIONS.

au moins à Alexandrie. La dédicace à Syrus aurait été ajoutée pour inspirer plus de confiance.

TOME III, ou ASTRONOMIE DU MOYEN AGE.

Page 2 dernières lignes, Joseph fils de Maire, *lisez* Alhaser fils de Joseph, etc. Sevius, Snellius dit Serigus.

Page 15, ligne 1, donna, *lisez* donne

25, on pourrait soupçonner qu'on a mis 85 au lieu de 58; ce ne serait qu'une transposition de chiffres.

Page 19, ligne 14, *on peut ajouter* : c'est la règle de Ptolémée.

21, *on peut ajouter* : c'est le Dayer.

27, ligne 12, dont le numérateur, *lisez* donc le numérateur

31, ligne 8, (D — ☊), *lisez* (D + ☊)

33, ligne 7, cot λ, *lisez* cos λ

37, ligne 11 bas, *ajoutez* : voyez Aboul-Wéfa, ci-après p. 167.

54, dernières lignes, ce mouvement annuel est celui de l'année lunaire arabe

58, ligne 8 bas, *lisez* $\sin Z = \dfrac{\sin P \cos D}{\sin ZM}$

64, ligne 16, Néoménic, *lisez* Néoménie

66, ligne 4, mille de 4 coudées, *lisez* de 4000 coudées

75, titre de la table, multiples de 30 jours, *lisez* de 30 ans

84, ligne 22, 14°, *lisez* 148° qui font $9^h 52'$, heures inégales

97, *lisez* Alméuroudi et Albathari

99, ligne 13, *ajoutez* : ces Persans des tems intermédiaires sont probablement les auteurs de l'inclinaison lunaire $4°\frac{1}{2}$ qu'on retrouve dans l'Inde.

Page 103, ligne 5 bas, *ajoutez* : nous avons trouvé ci-dessus, dans Albategni, p. 21, l'expression $\sin C \cos BC = \cos \omega$, qui est le théorème de Géber; mais rien ne prouve bien clairement qu'Albategnius en ait vu la généralité; ou les Arabes n'ont pas remarqué ce théorème, qu'ils ont plus d'une fois rencontré, ou ils l'ont négligé par système, et pour n'employer jamais que des sinus dans leurs calculs.

Page 105, ligne 6, *ajoutez* : fig. 16, et ligne 10, sin EPB, *lisez* sin EBP

112, ligne 3, *lisez* $\dfrac{NR}{\cos D}$ sera la partie écoulée et MN le sinus verse de l'angle horaire.

Page 119, ligne 23, ZB, *lisez* ZQ

132, ligne 4, cot OB, *lisez* cot AB

157, ligne 6 bas, partie, *lisez* parties

162, ligne 5, *ajoutez* : remarquez que les deux triangles ♈BC et ♈TQ, suffisent pour démontrer les quatre derniers théorèmes à l'aide des deux premiers, et que le troisième triangle complémentaire ajouté par les modernes, était complètement inutile.

Page 163, ligne 1, *lisez* $\dfrac{\cos \omega \sin \odot}{\cos D}$.

165, ligne 5, tang Hissah =, *effacez* tangente, et *lisez* Hissah

168, première colonne de la table, ♀, *lisez* ☿

176, Tables tolédanes, *ajoutez* : les deux manuscrits de la Bibliothèque de l'Arsenal ne portent aucun nom; il y manque même le discours d'Arzachel.

ADDITIONS ET CORRECTIONS.

Page 181. Il est visible que le calcul différentiel apporté en preuve de la proposition de Géber, ne peut être de cet auteur, puisque ce calcul est une invention moderne.

Page 225. On peut remarquer que l'auteur persan, pour tracer l'origine et les progrès de l'Astronomie, commence par citer les travaux d'Archimède, d'Aristarque, d'Hipparque et de Ptolémée, d'où il passe aux Arabes, aux Persans et aux Tartares. Voilà l'Astronomie historique.

Venant alors aux Indiens, il parle d'une science révélée par Brahma, par le Soleil, la Lune ou Jupiter. Il nomme ensuite quelques traités qui nous sont inconnus, dont il ne donne point la date, et qui sont très probablement plus modernes que ceux des Grecs, sans quoi il les eût indubitablement nommés les premiers. Voilà l'Astronomie fabuleuse.

Ce passage suffirait pour nous indiquer ce qu'on doit penser de l'Astronomie indienne, formée de quelques notions passées des Arabes et des Persans aux savans de l'Inde, qui leur auront donné une forme nouvelle, adaptée aux habitudes et aux connaissances plus bornées de leurs compatriotes.

Page 244, ligne 16, AP, *lisez* AB

245, ligne 1, AK et KK, *lisez* Ak et Kk; ligne 2, KK, *lisez* Kk
    avant dernière, AN, *lisez* aN

275, ligne 7 bas, $= m' - m$, *lisez* $m' - m + 2e \sin z \sin A$

287, ligne 2, NFB ou AFC, *lisez* ADB ou ADC

288, ligne 18, entre le Soleil, Mars et, *lisez* entre le Soleil et Mars

303, ligne 8, AF $= 2r$, *lisez* AE $= 2r$

306, ligne 3 bas, ADA, *lisez* ADB

308, ligne 7, *ajoutez* : on en trouve plusieurs dans Geber.
    18, 180°, *lisez* 90°

316, ligne 10, $= (A' + A)$, *lisez* $(A' - A)$

322, ligne 10, $\tan \frac{1}{2} (A''a + Aa')$, *lisez* $\tan \frac{1}{2} (A''a' + Aa')$
    20, au dénominateur $\sin S$, *lisez* $\sin^2 S$

323, ligne 1, plus curieuses que vraiment utiles, *ajoutez le paragraphe suivant:* ces formules peuvent se démontrer d'une manière assez simple (fig. 174).

Sur le milieu des trois côtés, élevez des arcs perpendiculaires MO, NO, PO; ils se réuniront tous en un même point O. Car si vous menez les arcs AO, BO, CO, les triangles isocèles AOC, AOB, BOC donneront AO $=$ CO $=$ BO.

$$\cos AO = \cos AM \cos MO = \cos CM \cos MO = \cos CO' = \cos CN \cos NO' = \cos BN \cos NO'$$
$$= \cos BO' = \cos PB \cos PO'' = \cos AP \cos PO'',$$

les angles à la base seront égaux dans chacun des triangles isocèles $y = y$, $z = z$, $x = x$; aux sommets on aura $O = O$, $O' = O'$, $O'' = O''$, $2O + 2O' + 2O'' = 360°$ et $O + O' + O'' = 180°$

$$A - B = y + z - z - x = y - x, \quad A + B = y + z + z + x = x + y + 2z,$$
$$A - C = y + z - y - x = z - x, \quad A + C = y + z + y + x = x + z + 2y,$$
$$B - C = z + x - x - y = z - y, \quad B + C = z + x + x + y = z + y + 2x,$$
$$2z = A + B - (x + y) = A + B - C, \quad z = \tfrac{1}{2}A + \tfrac{1}{2}B - \tfrac{1}{2}C = \tfrac{1}{2}A + \tfrac{1}{2}B + \tfrac{1}{2}C - C = T - C = T - A'',$$
$$2y = A + C - (x + z) = A + C - B, \quad y = \tfrac{1}{2}A + \tfrac{1}{2}C - \tfrac{1}{2}B = \tfrac{1}{2}A + \tfrac{1}{2}B + \tfrac{1}{2}C - B = T - B = T - A',$$
$$2x = B + C - (z + y) = B + C - A, \quad x = \tfrac{1}{2}B + \tfrac{1}{2}C - \tfrac{1}{2}A = \tfrac{1}{2}B + \tfrac{1}{2}C + \tfrac{1}{2}A - A = T - A = T - A.$$

ADDITIONS ET CORRECTIONS.

$$\cot O = \cos CO \tan y, \quad \cot O' = \cos CO \tan x, \quad \cot O'' = \cos CO \tan z;$$

mais

$$\cot O'' = \cot(180° - O - O') = -\cot(O+O') = -\frac{1}{\tan(O+O')} = \frac{-\cot O \cot O' + 1}{\cot O' + \cot O},$$

ou

$$\cos O \tan C = \frac{-\cos^2 CO \tan x \tan y + 1}{\cos CO \tan x + \cos CO \tan y},$$

$$\tan z = \frac{-\cos^2 CO \tan x \tan y + 1}{\cos^2 CO (\tan x + \tan y)} = \frac{\sec^2 O - \tan x \tan y}{\tan x + \tan y},$$

$$\tan x \tan z + \tan y \tan z = \sec^2 CO - \tan x \tan y,$$

$$\tan x \tan y + \tan x \tan z + \tan y \tan z = \sec^2 CO = 1 + \tan^2 CO,$$

et

$$\tan^2 CO = \tan(T-A)\tan(T-A') + \tan(T-A)\tan(T-A'')$$
$$+ \tan(T-A')\tan(T-A'') = 1 = \tan^2 \Delta = \tan^2 \text{dist. pol. du cercle circonsc.};$$

on tire delà

$$\cos^2 \Delta = \frac{1}{\tan(T-A)\tan(T-A') + \tan(T-A)\tan(T-A'') + \tan(T-A')\tan(T-A'')},$$

$$\sin^2 \Delta = 1 - \cos^2 \Delta$$

$$= \frac{\tan(T-A)\tan(T-A') + \tan(T-A)\tan(T-A'') + \tan(T-A')\tan(T-A'') - 1}{\tan(T-A)\tan(T-A'') + \tan(T-A)\tan(T-A') + \tan(T-A')\tan(T-A'')},$$

$$\tan^2 \Delta = \frac{\tan x(\tan y + \tan z) + \tan y \tan z - 1}{1} = \frac{\tan x \sin(y+z) + \sin y \sin z - \cos y \cos z}{\cos y \cos z}$$

$$= \frac{\tan x \sin(y+z) - \cos(y+z)}{\cos y \cos z} = \frac{\sin x \sin(y+z) - \cos x \cos(y+z)}{\cos x \cos y \cos z}$$

$$= \frac{-\cos(x+y+z)}{\cos x \cos y \cos z} = \frac{-\cos T}{\cos(T-A)\cos(T-A')\cos(T-A'')}.$$

Car il est visible que $x + y + z = \frac{1}{2}$ somme des angles.

$$\tan ON = \sin \tfrac{1}{2} C \tan(T-A), \quad \tan OM = \sin \tfrac{1}{2} C' \tan(T-A'),$$
$$\tan OP = \sin \tfrac{1}{2} C'' \tan(T-A'');$$

mais

$$\tan CO = \frac{\tan CM}{\cos y}, \quad \text{ou} \quad \tan \Delta = \frac{\tan \tfrac{1}{2} C'}{\cos y},$$

et

$$\tan^2 \Delta' = \frac{\tan^2 \tfrac{1}{2} C'}{\cos^2(T-A')} = \frac{-\cos T}{\cos(T-A)\cos(T-A')\cos(T-A'')},$$

et

$$\tan^2 \tfrac{1}{2} C' = \frac{-\cos T \cos(T-A')}{\cos(T-A)\cos(T-A'')}.$$

Pour la distance polaire du cercle inscrit, menez des trois sommets des arcs CO (fig. 175) qui partagent en deux également chacun des trois angles. Ces arcs se rencontreront en un même point O; les arcs perpendiculaires OM, ON, OP seront égaux, et seront la distance polaire du cercle inscrit; car

$$\sin OM = \sin CO \sin \tfrac{1}{2} C = \sin ON = \sin BO' \sin \tfrac{1}{2} B = \sin OP.$$

ADDITIONS ET CORRECTIONS. lxxiij

On aura

$$CM=CN,\ AM=AP,\ BP=BN,\ 2CM+2AM+2BP=C+C'+C'',$$
$$CM+AM+BP=\tfrac{1}{2}(C+C'+C'')=S,\ AM=S-(CM+BP)=S-(CN+BN)=(S-C),$$
$$BP=S-(AM+CN)=(S-C'),\ CM=S-(AM+BP)=(S-C''),$$

$$\tang O = \frac{\tang AM}{\sin OM} = \frac{\tang AM}{\sin \Delta},\ \tang O' = \frac{\tang BP}{\sin O'P} = \frac{\tang BP}{\sin \Delta},$$

$$\tang O'' = \frac{\tang CM}{\sin OM} = \frac{\tang CM}{\sin \Delta},$$

$$\tang O'' = \tang(180 - O - O') = -\tang(O+O') = -\frac{\tang O + \tang O'}{1-\tang O\,\tang O'}$$
$$= \frac{\tang O + \tang O'}{\tang O\,\tang O' - 1},$$

$$\frac{\tang CM}{\sin \Delta} = \frac{\dfrac{\tang AM}{\sin \Delta}+\dfrac{\tang BP}{\sin \Delta}}{\dfrac{\tang AM\cdot\tang PB}{\sin \Delta}-1},\ \tang CM = \frac{(\tang AM+\tang BP)\sin^2\Delta}{\tang AM\cdot\tang BP-\sin^2\Delta},$$

$$\tang AM\cdot\tang CM\cdot\tang BP - \tang CM\sin^2\Delta = (\tang AM+\tang BP)\sin^2\Delta,$$
$$\tang AM\cdot\tang CM\cdot\tang BP = (\tang AM+\tang CM+\tang BP)\sin^2\Delta,$$

$$\sin^2\Delta = \frac{\tang AM\cdot\tang CM\cdot\tang BP}{\tang AM+\tang CM+\tang BP} = \frac{\tang(S-C)\tang(S-C')\tang(S-C'')}{\tang(S-C)+\tang(S-C')+\tang(S-C'')}$$
$$= \frac{1}{\cot(S-C')\cot(S-C'')+\cot(S-C)\cot(S-C'')+\cot(S-C)\cot(S-C')},$$

$$\cos^2\Delta = 1 - \sin^2\Delta$$
$$= \frac{\tang(S-C)+\tang(S-C')+\tang(S-C'')-\tang(S-C)\tang(S-C')\tang(S-C'')}{\tang(S-C)+\tang(S-C')+\tang(S-C'')},$$

$$\cot^2\Delta = \frac{\cos^2\Delta}{\sin^2\Delta}$$
$$= \frac{\tang(S-C)+\tang(S-C')+\tang(S-C'')-\tang(S-C)\tang(S-C')\tang(S-C'')}{\tang(S-C)\tang(S-C')\tang(S-C'')}$$
$$= \cot(S-C')\cot(S-C'')+\cot(S-C)\cot(S-C'')+\cot(S-C)\cot(S-C')-1$$
$$= \cot BP\cot CM+\cot AM\cot CM+\cot AM\cot BP-1$$
$$= \cot CM(\cot AM+\cot BP)+\cot AM\cot BP-1$$
$$= \frac{\cot CM\sin(AM+BP)+\cos AM\cos BP-\sin AM\sin BP}{\sin AM\sin BP}$$
$$= \frac{\cot CM\sin(AM+BP)+\cos(AM+BP)}{\sin AM\sin BP}$$
$$= \frac{\cos CM\sin(AM+BP)+\sin CM\cos(AM+BP)}{\sin AM\sin CM\sin BP}$$
$$= \frac{\sin(AM+CM+BP)}{\sin AM\sin CM\sin BP} = \frac{\sin S}{\sin(S-C)\sin(S-C')\sin(S-C'')},$$

$$\tang^2\Delta = \frac{\sin(S-C)\sin(S-C')\sin(S-C'')}{\sin S}.$$

Si le triangle est rectiligne, mettez les côtés au lieu des sinus, et Δ sera le rayon du cercle inscrit.

ADDITIONS ET CORRECTIONS.

Ces démonstrations n'emploient que les expressions les plus vulgaires de la Trigonométrie.

Page 329, ligne 24, seront entre elles, *lisez* feront entre elles

336, ligne 17, *lisez* Progymnasmes

372, ligne 1, (AN + NB), *lisez* (AN + AB)

377, Chapitre VI, *lisez* V.

390, ligne 23, *orétiques*, ligne *crétiques*

396, ligne 26, le sinus CF, *lisez* le sinus BF

32, de A en B, *lisez* de B vers A

412, ligne 7, sin = (P' — P), *lisez* sin (P' — P)

430, à la fin, *ajoutez* voyez Monatl. Corresp.

458, ligne 6 bas, $\frac{BC}{AC}$, *lisez* $\frac{BC}{AB}$

476, ligne 12, 23° 30′ 40″, *lisez* 23° 32′ 40″

478, ligne 9, à l'idée d'un, *lisez* à l'idée du

487, ligne 13, TAP, *lisez* ZBP

488, ligne 8, sin ∆Æ =, *lisez* sin ∆Æ′ =

498, ligne 19, la parallèle, *lisez* le parallèle

498, ligne 5, cos EBO, *lisez* cot EBO

509, ligne 7, cant, lisez cent

543, formules usuelles, *ajoutez :* distance du sommet à l'équinoxiale $= \frac{\sin D \sec H}{\cos(H+D)}$.

545, ligne 20, l'hyperbole conjuguée, *lisez* opposée

546, ligne 3, *ajoutez* fig. 138

556 formule (46), cos I sin D cos H, *lisez* cos I cos D cos H

557, lignes 9, 10 et 14, cos h, *lisez* sin h

563, ligne 11, inclinans, *lisez* déclinans

564, formule (46), — 0,33120, *lisez* — 0,33820

Les pages qui devaient être numérotées 593, 594, 595, 596, 597, 598, 599 et 600, ont été numérotées 597, 598, 599, 600, 601, 602, 603 et 604.

Page 592, ligne 19, pour construction, *lisez* par construction

596 ou 600, avant dernière ligne, *ajoutez :* $z = x$ séc ι', les deux côtés du triangle $f H f'$ sont donc $(m+x)$ séc $\iota' + m$ et $(m+x)$ séc $\iota' — m$,

ou   CP séc ι' + CA = CX′ + CA″ = A″X,

et   CP séc ι' — CA = CX′ — CA′ = A′X ;

ainsi pour avoir deux points H et H′ de l'hyperbole, prenez sur les asymptotes CX=CX′, menez la ligne occulte XPX′, puis du foyer f comme centre avec le rayon A′X, marquez sur la ligne occulte les deux intersections H et H′, ce seront les deux points de l'hyperbole qui correspondent aux points X et X′ des asymptotes et au point P de l'axe. Cette construction dispense de marquer le foyer f'.

Page 603 ou 599, ligne 13, du centre C, *lisez* du centre P

620, ligne 1 bas, *ajoutez*, fig. 162 ; et p. 621, fig. 163, *lisez* P = (A — n. 15°).

622, 18 heures 0,6652, *lisez* 0,6879

20 heures 85°, *lisez* 83°

TABLE DES MATIÈRES.

A

Aboul-Hhasan, 185. Son catalogue d'étoiles, 186; degré, parasange, poste, 189; ses méthodes graphiques pour la déclinaison du Soleil, 189; pour la hauteur du Soleil, 190.
Sa Gnomonique, 516. Sa méthode pour les arcs des signes par les sections coniques, 533. Il parle le premier de ce principe, qu'un cadran plan quelconque peut être considéré comme horizontal pour un lieu qu'on peut déterminer, 189.

Aboul-Wéfa, 125, 156. Sa théorie des tangentes et des sécantes, 157; des obliquités et déclinaisons première et seconde, 159. Il détermine l'obliquité et sa latitude par des observations solstitiales, 156; il trouve ainsi 33°25′ pour Bagdad; Beauchamp, de nos jours, n'a trouvé que 33° 19′ 40″.

Abraham, auteur d'un Traité sur la Sphère, en hébreu, 211.

Aladami, 83; Albirumi, 5; Albumasar, 6; Alhazen, 6; Albohazam ou Albouhassin, *de judiciis*, 7; Averroès, passage de Mercure, 6.

Alastharlabi, 77, 97; Albathari, 97; Alfarabi, 5.

Albategnius, 1, 4; observe l'apogée 4; le trouve de 11° 20′ plus avancé que selon Ptolémée, et n'en conclut pas de mouvement annuel. Il détermine plus exactement qu'aucun auteur ancien l'excentricité du Soleil; ses motifs pour corriger les positions des étoiles 10; il trouve la précession de 54″; son calcul des cordes auxquelles il substitue les sinus et les sinus verses, 12 et 13; son observation de l'obliquité et de la latitude, 13; sa Géographie, 15; formules des tangentes, cotangentes et sécantes, 16; méthodes pour tracer une méridienne, 18; pour connaître le dayer et l'angle horaire, 19; pour trouver la longitude par l'ascension droite et la déclinaison, 21; pour trouver l'heure par les étoiles, 22. Règle inexacte pour avoir la longitude et la latitude par l'ascension droite et la déclinaison, 24. Autre règle plus inexacte, 33. Longueur de l'année, 34. Excentricité du Soleil, 35. Apogée, 36. Épicycles des planètes, 37. Théorie de la Lune et des parallaxes, 37. Calculs d'éclipses, 38. Détails sur divers calendriers, 40. Règles pour le calcul des maisons, 47. Parallaxe de Mercure, 48. Apogée des planètes, 50; distances et grosseur des planètes, 50; — des étoiles, 52. Histoire de la trépidation, 53. Gnomonique, 56. Moyen pour placer le zénit de la Mecque sur un cadran, 57. Correction de ses tables, 61. Il est cité p. 147 et 167.

Alfragan, auteur d'élémens, d'un traité des horloges solaires, et d'une description de l'astrolabe, 3, 63. Mesure de la Terre, 66. Étoiles fixes, 67. Grosseurs des étoiles, 68.

Algèbre des Indiens, Disc. prélim., xviij.

Almerouroudi, 97; Alnairisi, 95; Alturki, 95; Azophi, 5; Aven Esra, 388.

Alpétrage, 7, 171, 381.

Alphonse, roi de Castille, ses tables, 248.

TABLE DES MATIÈRES.

Angles subsidiaires pour abréger un calcul, 110, 127. Exemple remarquable, 151.

Année des Chaldéens suivant Albategius, 34; — sidérale de Purbach, 266.

Apian. Son nom est Bienwitz. Liste de ses ouvrages, 390. Extrait de son *Astronomicum Cæsareum*, 390. Comètes, 392. Queue des comètes, 393. *Torquetum*, 393. Première mention des verres de couleurs, pour observer le Soleil, 394. Instrument du premier mobile, 391. Cercles de sinus, 395. Cadrant universel et Horoscope, 395.

Apogée. Son mouvement peut se conclure des observations d'Albategnius qui pourtant n'en a point fait la remarque, 36. Ebn-Jounis le fait de 1° en 70 ans.

Arabes. Abdalla, 4, 77, 97; Abulpharage, 1; Abuhamed, 5; Abougiafar, Aboulmansor, 93; Almansor, 1, 4, 6; Almamoun fait mesurer deux degrés, 2, 3; Béthem, 4; Isaac ben Honain traduit Ptolémée, 2, 81; Habash de Bagdad, 3, 139; Mohammed ebn Musa, 3; Omar, son Traité des Nativités, 4.

Les Arabes paraîtraient avoir mesuré les intervalles de tems par les oscillations d'un pendule 8; — n'ont rien changé aux théories des Grecs, 9; — ont substitué les sinus aux cordes, et introduit les tangentes dans le calcul trigonométrique, 9; — n'ont pas connu l'usage des équations, 16; — ils avaient des tables de tangentes, 16; — avaient la formule fondamentale qui exprime la relation d'un angle et des trois côtés d'un triangle sphérique, 17; — ils étaient observateurs et calculateurs, 95; — ils s'appliquent à reconnaître les erreurs des tables, 95. Résumé général de leur Trigonométrie, 163. Ils ont observé beaucoup plus et mieux que les Grecs, 170.

Arcs des signes. Méthode d'Aboul-Hhasan, 533; — de Munster, 581. Autre méthode, 585. Méthode nouvelle, 590. La même méthode sert pour avoir toutes les lignes horaires du cadran sans centre, et même des cadrans babyloniques et italiques. Méthodes graphiques, 570, 596; de La Hire, 632.

Arithmétique indienne. Elle est connue d'Ebn-Jounis, 149; noms indiens des dix-huit premiers ordres de ses nombres, 240.

Arzachel, 6, 172, 174, 175, 176, 286.

Ashle, 187.

Ashre, 187.

Awel, 143.

Ayen Akbery, 224.

B

Baad, 117, 118, 188.

Balance, cadran arabe, 521.

Balance du zodiaque égyptien, Disc. prélim. p. xj.

Bénédict. Sa Gnomonique, 616. Critique qu'il fait d'une assertion de Nonius sur un cas douteux de Trigonométrie. Solution de ce problème et moyen pour lever ce doute, 617. Problème d'Ebn-Jounis, 620.

Bianchini, 251, 259.

Bressius. Métrique astronomique, 449.

C

Cadran plan quelconque, peut être considéré comme un cadran horizontal d'un lieu qu'on peut déterminer. Cette idée, qu'on croyait moderne, nous vient des Arabes, 281.

TABLE DES MATIÈRES.

Cadrans italique et babylonique. Méthode de Bénédict, 620. Méthode plus simple et plus générale, 620. Autre méthode aussi générale et bien plus courte, 640.

Calendriers divers, 40, 70, 76, 192.

Capuanus, commentateur de Purbach, 265.

Carré horaire, 322.

Cas douteux remarquable. Difficulté qui n'a été levée ni par Nonius, ni par Bénédict, 614 et 617.

Chaldéens. Almamoun, qui régnait à Bagdad et qui cherchait avec soin tous les livres d'Astronomie, n'en trouve aucun des Chaldéens, et fait traduire ceux des Grecs, 3. Leur année, suivant Albategnius, 34. Disc. prélimin., v, vj.

Chinois. Voyez Verbiest.

Chrysococca, 191 et suiv.

Clavius commente Sacrobosco, 241.

Cloches abattues, forcent à recourir aux cadrans solaires, 625.

Colebrooke, Disc. prélim., xviij.

Conjonction qui devait être suivie des plus grands malheurs, et n'en produisit aucun, 7.

Conjonctions observées par les Arabes, 80, 90.

Coudée astronomique ou dra, 88.

Crépuscule. Voyez Nonius. Formules générales et nouvelles, 421. Tables pour Paris, 428.

Cuttuca fixé, Disc. prélim. Solution conforme à la règle indienne, xxiij. Solution plus facile, xxvj.

D

Dayer. Partie du jour écoulée depuis le lever du Soleil, 111, 118, 187.

Dee et Digges. Leurs méthodes pour les parallaxes, 366. Excentricité du rayon astronomique, 371. Idée des transversales, due à Chansler, anglais du 16ᵉ siècle, 372.

Degré du méridien. Aboul-Hhasan le fait de 66 $\frac{2}{3}$ milles, 188; c'est aussi le sentiment de Pancton, 2.

Direction. Diriger, 291, 489.

Doigts écliptiques, quinzième du diamètre, 49.

E

Ebn Jounis, 1, 9, 76. Ombre de la Terre, 77; instrumens, 77; mesure de la Terre, 78; critique de la table vérifiée, 78; sa manière de calculer l'heure d'un phénomène, 79; conjonctions des planètes, 80; observations des planètes, 83; éclipses, 84; équinoxes et solstices, 85; chapitres nouvellement retrouvés, 95 et 125; équation du tems, 98; mouvemens des apogées et des nœuds, 98; cordes et sinus, 99; astronomie sphérique, 101 et suiv.; latitude du Caire, 102; a-t-il connu le théorème de Géber? 104; emploi qu'il fait des tangentes, 108; sa méthode pour les triangles sphériques obliquangles, 116; ses tables, 121; changemens qu'il fait aux tables de la Lune, 123; solution remarquable d'un problème de Trigonométrie, 127; méthode pour tracer la méridienne, 128; Gnomonique, 129; chapitres perdus, 132; inclinaison de l'orbite lunaire, 139; calcul de la longitude par la latitude et la déclinaison, 146; distance du Soleil à la Terre, 149. Emploi des angles subsidiaires pour abréger un calcul, 151, 153; il a connu l'Arithmétique indienne, 149. Précession, 98.

Eclipses de Soleil, 38, 89. Manière de les observer, 84, 283, 394.

Egyptiens, Disc. prélim., de v à xviij.

Elija oriental. Son Arithmétique, 211.

Elie Vinet. Gnomonique élémentaire, 625.

Equation du tems, 98, 210, 249.

Equinoxes et solstices, 85.

Eres. Leurs intervalles, 66, 96, 228, 249. Ère de Mélixa, 192; — de différens peuples, 226, 307.

Etoiles, 67, 87. Catalogue de Chrysococca, 195; catalogue d'Ulugh Beig, 267; catalogue d'Abderahman, 205 et Disc. prélim., xliv; — de Mohammed, 208.

F

Fernel, 382. Sa mesure du degré d'Amiens, 383. Planéthode, πλανήτων ὁδός, route des planètes, 385.

Fracastor, 385. Ses homocentriques, 386. Idée sur les montagnes et le déplacement des mers, 386. *Circiteurs* et *circonduisans*, 387. Remarque sur les lunettes faussement interprétée dans la Biographie universelle, 388. Comètes, 389; direction de la queue opposée au lieu du Soleil. Il a publié cette remarque avant Apian, 390.

G

Gauricus, astrologue autant et plus qu'astronome, 435.

Géber, 6, 179; critique sévèrement Ptolémée, 180, 182, 184. Son théorème, 109. Age de Géber, 185.

Gemma Frison, 432. Passage curieux sur les montres portatives qu'il veut faire servir au problème des longitudes, 433.

Globe. Moyen pour employer les globes ordinaires à pôles immobiles à vérifier les levers et les couchers des étoiles à une époque quelconque, lxj.

Gnomon donne l'ombre du bord supérieur du Soleil, 102.

Gnomonique, 129, 513, 515. Kaphir, cadran arabe, 516; cadran cylindrique, 517; jambe de sauterelle, cadran qui paraît le type de celui qui est connu sous le nom de *jambon*, 520; Balance, Khorarie, 521; autres cadrans, 522 et suiv.; arcs des signes par les sections coniques, 525; équation générale des sections coniques, adaptée à la Gnomonique, 528; méthodes d'Aboul-Hhasan, 533; méthodes plus générales, 538 et 543; ce que la Gnomonique doit aux Arabes, 544; note sur les arcs des signes, 545; principes généraux de la Gnomonique en une soixantaine de formules qui renferment tout ce qu'on trouve dans les Gnomoniques avec beaucoup de choses qui ne se trouvent nulle part, 546; problème général, 627; nouvelles formules pour les arcs des signes, 591, 596, 635; théorème remarquable, 633.

H

Hali ebn Rhodoan, 6; Humenus, 6.

Halley. Ses remarques sur Albategnius, 61.

Hauteurs d'un astre, employées par les Arabes pour trouver l'instant d'un phénomène, 78.

TABLE DES MATIÈRES.

Hauteurs correspondantes. La première idée est de Régiomontan, 342. La première idée de la correction est due à Schoner, 615.

Hégyre, 41.

Hermès a traité des ombres, 101, 173, 174, 175, 381; Disc. prélim., x.

Heures temporaires et équinoxiales, voyez *Aboul-Hhasan*, et la page 375.

Hilcarnaïm, 41, 64, 69.

Hindous, 225. Rapport du diamètre à la circonférence, 282; Disc. prélim., xviij.

I

Inclinaison de l'orbite lunaire de $4°\frac{1}{2}$, selon les Persans et quelques Arabes, 139, 219. Aly ben Amajour la trouve variable et souvent plus forte que selon Hipparque, 139.

Inhiraf, 117, 118, 143, 188.

Jambe de la sauterelle, cadran arabe, 520.

Jean de Padoue, 626.

Jordanus, 432, 438.

Juifs. Abraham, 211.

Junctinus, commentateur de Sacrobosco, 242.

K

Khaphir, cadran arabe qui paraît être le même que le disque des anciens, 516.

L

La Hire, 527 et suiv.

M

Magini, 483. Tables du premier mobile, 484; méthodes astrologiques, 486; Problèmes astronomiques. 491; tables de direction, 495; calcul des douze maisons dans divers systèmes, 497; carré qui les représente, 499, incertitude qui résulte de la différence de ces systèmes, 501; théorie de la profection, 506; tables des seconds mobiles, 507; Théoriques, 509.

Maisons, 45. Calcul dans les différens systèmes, 496.

Maria croit à un mouvement des pôles de la Terre, qui a fait diminuer les latitudes, 307.

Marque ou lettre dominicale, 41.

Mashalla, 3.

Maurolycus, 437. Sa table des sécantes pour tous les degrés, 438. Rhéticus l'a étendue d'abord à toutes les minutes; et c'est ainsi que Finckius l'a reproduite en 1583 en citant Rhéticus mort en 1574. Viète l'adopte en 1579 d'après des *Rhapsodes* qu'il ne nomme point, 456.

Mecque (la), manière d'en placer le zénit sur les cadrans, 57.

Méragah, (observatoire de) 190.

Méridienne. Manière de la tracer, 102, 128, 129.

Méridienne du tems moyen. Méthode exacte et nouvelle, 637.

Mesure de la terre, 60, 70, 97.

Mesures, 84.

Mois arabes, 40, 63; romains, 40, 64; persans, 40, 41, 64; des Grecs alkept, 41; syriens 64; égyptiens, 64; coptes, 64.

TABLE DES MATIÈRES.

Montres. Première mention, 432; elles datent du commencement du seizième siècle.

Munster. Sa Gnomonique, 573. Méthode pour diviser une ligne droite en parties égales, 599.

N

Nassireddin, 199, 206.

Nonius commente Purbach, 274; ses problèmes astronomiques, 398; ses 44 circonférences pour diviser l'astrolabe, 399, 402, 403, 404, 405; loxodromie, 400; crépuscules, 401, 407; largeur décroissante des climats, 429. Il a tiré de Régiomontan l'idée d'un de ses problèmes les plus curieux, 287.

O

Obélisques égyptiens, Disc. préliminaire, xj.

Obliquité, 13, 100, 202; Disc. prélim., xij.

Ombres droites et verses, 16, 17. Table des ombres ou tangentes, 16. Ombre sexagésimale; c'est la tangente pour le rayon 60°.

Oronce Finée. Ses erreurs, 400; sa méthode pour les longitudes, 401; sphère du monde, 434.

Oxford. La Bibliothèque Mertonienne possède plus de 400 manuscrits arabes.

Ozanam. Sa Gnomonique, 634.

P

Parallaxes suivant les Arabes, 48, 166, 167.

Paranatellons, Disc. prélim., xij.

Persans, 139, 191. Epoques de Chrysococca, 193; catalogue d'étoiles, 195; Schahcholgius, 196; Alikushgius, 198, 204, Nassireddin, 199; Observatoire de Méragah, 198.

Peucer, 431.

Pini (Valentin). Sa Gnomonique, 626.

Planètes, conjonctions, 91.

Plato Tiburtinus, traducteur d'Albategius, 10.

Promisseur 489.

Prostapherèses, 112, 164.

Ptolémée, 14, 36, 53, 61, 98, 381. Calcul de ses équinoxes et de son solstice, Additions, lxvij.

Prugner, 259.

Purbach. Ses théoriques, 252; sinus, 282; Gnomonique, 283.

R

Régiomontan. Son abrégé de Ptolémée, 285; solution du problème d'Hipparque, 286; plus grande réduction, 288; tables de directions, 288; table féconde, 289; sa doctrine astrologique, 290; extrait de son livre des triangles, 292; *quadratum horarium,* 323; démonstration, 326; observations, 335, 337; son opinion sur les Tables Alphonsines, 339; parallaxes des comètes, 340; première idée des hauteurs correspondantes, 342; lettres inédites contenant divers problèmes, 344; il trouve à Venise le manuscrit de Diophante, 353; trisection de l'angle, 356; ascendant commun, 359; résumé, 365.

TABLE DES MATIÈRES. lxxxj

Reinhold. Commentateur de Purbach, 272; méthode pour observer les éclipses de Soleil, 283, 289.
Ricius, 377.
Roger Bacon, 257.
Royas. Projections qu'on lui attribue faussement, 433.

S

Sacrobosco. Traité de la sphère, 241; comput, quadrant, 245.
Santbech, 283.
Schoner (Jean), 337, 462.
Schoner (André), 454, 572. Sa Gnomonique, 601; son obscurité et ses réticences, 605, 606, 609; il a eu le premier l'idée de corriger les hauteurs correspondantes, 615.
Sécantes. Leur usage n'était pas inconnu à Ebn Jounis, 128, 151. Voyez *Maurolycus*.
Sections coniques. Elles offrent divers moyens pour calculer les arcs des signes; équation générale appliquée à la Gnomonique, 528, 541; formule générale du paramètre qui est toujours le même quelle que soit la section, 542; formules usuelles pour l'hyperbole, 543, 545, 596.
Sédillot s'occupe d'un grand travail sur l'Astronomie des Orientaux, 95; il traduit les chapitres d'Ebn Jounis omis par M. Caussin; il en a retrouvé 28 dans un manuscrit d'Ebn Schatir, 95, 165; il a traduit Aboul-Hhasan, 185 et Ulugh Beig, 209; Disc. prélimin., xliv. et suiv. *Voyez* aussi p. 190.
Significateur, 489.
Sinus et sinus verses, 12, 13, 97; sinus fadhal, 187.
Stoffler, 373. Son astrolabe, 374; sa mort, 376.

T

Tables. Les Arabes les appellent *Zig*. Tables hakimiques ou d'Ebn Jounis, 76, 121; — de trépidation, par Thébith, 75; — vérifiée, 76; — tolétanes, 176; — d'Ulugh Beig, 208; — d'Alphonse, 248; — de Bianchini, 259; — de trépidation, 281; — des directions de Régiomontan, 288; — féconde, 289; — bienfaisante, 440; — des crépuscules, 448; — de Stadt, 447; — de Régiomontan, 289; — de Reinhold, 446.
Erreur des tables. Les Arabes ont donné les premiers l'exemple de chercher ces erreurs, en comparant les tables aux observations, 95.
Tangentes. Première notion, 16; premier usage, 120. Ebn Jounis en avait une table dont il n'a fait presque aucun usage, 131; il s'en sert comme moyen auxiliaire, 151.
Thébith ben Korah, 2, 5, 55; son système de trépidation, 73; ses tables 75.
Transversales imaginées par Chansler, 372.
Trigonométrie. Le théorème fondamental se trouve dans Albategnius, 17, 19, 20, 116, 147. Sinus verse, p. 20. Voyez *Ebn Jounis*, *Aboul-Wéfa*, *Régiomontan*.
Tycho. Ses dernières observations et sa mort, 335 et 336.

U

Ulugh Beig, 204. Son catalogue d'étoiles, 207; tables astronomiques 208.

V

Verbiest. Son livre de l'Astronomie à la Chine sous Cam-Hy ; dispute entre les astronomes chinois et les astronomes européens, 214 ; adresse des jésuites, 222 ; liste des ouvrages chinois des missionnaires, 223.

Verres de couleur pour le Soleil, 394.

Viète. Canon mathematicus, 455 ; table de triangles rationnels, 456 ; générales inspections, 457 ; formules des tangentes, 458 ; — des triangles sphériques rectangles, 461 ; — des triangles obliquangles, 463 ; réponses mathématiques ; système complet de Trigonométrie, 465 ; triangle réciproque, 474, 478. Quoiqu'il soit auteur des formules trigonométriques qu'on appelle spécialement *analytiques,* il n'en fait aucun usage dans la pratique, et se sert des méthodes astronomiques. Ses *anapléroses,* 476 ; fonctions angulaires, 481 ; résumé des obligations que lui a la science trigonométrique, 483, xlix.

W

Wahan, 5.
Waltherus, 335, 337.

Z

Zahel, 4.
Zénit et Nadir. Étymologie, 22, 186.
Zodiaques d'Esné et de Dendérah., Disc. prélim., xj.
Zohre, 188.

TABLE DES CHAPITRES.

LIVRE PREMIER.

Chapitre I.	Notions générales................ pag.	1
II.	Albategnius......................	10
III.	Alfragan........................	63
	Thébith.........................	73
IV.	Ebn Jounis......................	76
	Aboul-Wéfa.....................	156
V.	Alpétrage.......................	171
	Arzachel........................	175
	Géber...........................	179
	Aboul-Hhasan...................	185
VI.	Persans.........................	191
VII.	Ulugh-Beig......................	204
	Abraham........................	211
	Verbiest........................	213
	Ayeen Akbery...................	224

LIVRE II.

I.	Sacrobosco et ses Commentateurs......	241
II.	Alphonse........................	248
	Bianchini.......................	259
III.	Purbach et ses Commentateurs........	262
	Régiomontan....................	288
IV.	Digges, Dee et Stoffler,.............	366
V.	(VI par une faute d'impression) Ricius, Fernel, Fracastor et Apian.............	377
VI.	Nonius..........................	398

TABLE DES CHAPITRES.

CHAPITRE VII. Peucer, Gemma-Frison, Royas, Oronce Finée, Gauricus, Maurolycus, Jordanus, Stadt, Bressius et Schoner............ pag. 431
VIII. Viète et Magini..................... 455

LIVRE III.

Gnomonique....................... 513
I. Arabes, Aboul-Hhasan.............. *Ibid.*
II. Principes généraux de Gnomonique..... 546
III. Stoffler et Munster.................. 572
IV. Schoner, pag. 597 (marquée 601)
V. Bénédict, Elie Vinet, Jean de Padoue, Valentin-Pini, La Hire, Ozanam..... 612

HISTOIRE
DE
L'ASTRONOMIE DU MOYEN AGE.

LIVRE PREMIER.

ASTRONOMIE DES ARABES.

CHAPITRE PREMIER.

Notions générales.

Nous connaissons très imparfaitement les ouvrages d'Astronomie composés par les Arabes. En attendant des secours plus amples que ceux dont nous pouvons disposer pour le moment, recueillons au moins les notions éparses des tems qui ont précédé ceux d'Albategnius et d'Ibn-Jounis, qui sont, à ce qu'il paraît, de tous les auteurs de cette nation, ceux qui ont le plus avancé la science. Abulpharage, dans son *Histoire des Dynasties*, rend aux Arabes ce témoignage, qu'ils étaient naturellement portés vers l'érudition, les lettres, la poésie et l'éloquence ; qu'ils connaissaient les levers et les couchers simultanés des étoiles, et qu'ils s'étaient appliqués à tirer de ces phénomènes, tous les pronostics qu'ils croyaient propres à indiquer les changemens de tems.

On nous dit encore que le calife Abougiafar Almansor, au VIIIe siècle, avait fait une étude du Droit, de la Philosophie, et de l'Astronomie principalement ; que son petit fils, Abdalla Almamoun, fils d'Haron al Raschid, qui régnait à Bagdad en 814, avait été plus loin encore; qu'il avait eu pour précepteur le persan Kessai, qui lui avait donné les premières connaissances en Astronomie. Ce prince fit rechercher les livres hébreux, syriaques et grecs, et les fit traduire en arabe. En accordant la paix à Michel III, empereur des Grecs, il y mit pour condition la faculté de recueillir en Grèce tous les écrits des philosophes, pour les faire traduire; on ajoute qu'il engagea ses sujets à étudier ces traductions, et qu'il assistait aux conférences de ses savans. Il avait lu dans la Géographie de Ptolémée, que le degré d'un grand cercle de la terre est de 500 stades. Il chargea ses mathématiciens de vérifier ce résultat si important, et dans le fait si peu sûr. Pour obéir à cet ordre, ils se réunirent dans les plaines de Singiar, y prirent les hauteurs du pôle, on ne dit pas comment, se séparèrent en deux troupes, allant les uns au nord, les autres au midi, mesurant le chemin qu'ils faisaient, et ils marchèrent dans cette direction, jusqu'à ce que la hauteur du pôle eût varié d'un degré. Ils trouvèrent ainsi pour le degré $56 \frac{2}{3}$ milles de 4000 coudées chacun. (Paucton prétend qu'il faut lire $66 \frac{2}{3}$, mais Paucton avait un système à défendre.) Ce résultat fut, dit-on, exactement conforme à celui de Ptolémée, d'où l'on pourrait induire qu'ils n'opérèrent pas bien sérieusement, et que pour se tirer d'embarras, ils se contentèrent de déclarer que Ptolémée avait raison. Une notice extraite d'un manuscrit de la Bibliothèque du Roi, ajoute que le prince ne voulut pas les en croire, et qu'il eut le bon esprit de les envoyer ailleurs recommencer l'opération; mais comme ils n'avaient probablement que les mêmes instrumens, et qu'ils n'avaient acquis aucune connaissance nouvelle, ils n'eurent pas non plus une confiance bien ferme dans la nouvelle mesure, qu'ils trouvèrent ou prétendirent exactement conforme à la première. L'auteur arabe que nous extrayons ne se montre pas aussi incrédule que nous; il n'élève aucun doute sur la bonté de l'opération; mais quand il serait vrai qu'elle eût été bien faite, il s'ensuivrait seulement que $56 \frac{2}{3}$ de ces milles peu connus, vaudraient exactement 500 des stades de Ptolémée que nous ne connaissons pas mieux.

Isaac ben Honain, en 817, traduisit la Syntaxe mathématique de Ptolémée. Thabet ben Korah, d'autres le nomment Thebith, revit et corrigea cette traduction. Suivant un manuscrit de Peiresc, cité par Weidler, page 205, les auteurs de cette traduction furent Joseph, fils de Maire, arithméticien, et un chrétien nommé Sévius, fils d'Elbe. Scaliger a trouvé ces deux noms sur un vieil exemplaire latin de la Syntaxe qui, dès ce tems, a pris le nom arabe d'*Almageste*, ou la très grande Composition, μεγίστη Σύνταξις. Alfragan dit qu'Almamoun mesura l'obliquité de 23°33'. Suivant nos tables, elle devait être de 23°36'34". L'erreur est moindre que celle de Ptolémée, d'Hipparque, et même que celle d'Ératosthène, en supposant que l'obliquité adoptée par les Grecs soit, comme on doit le croire, celle du plus ancien de ces trois astronomes. Cette observation suppose des instrumens, et l'on dit en effet qu'Almamoun en fit placer à Shémasie dans la province de Bagdad et sur le mont Casius près de Damas. Babylone était sous la domination d'Almamoun; s'il y restait quelques monumens de la science des Chaldéens, Almamoun, plus que personne, pouvait recueillir ces restes précieux; mais la préférence qu'il donna aux écrits des Grecs, suivant la remarque judicieuse de Weidler, est une assez bonne preuve que les Chaldéens n'avaient rien laissé qui pût entrer en comparaison avec les écrits de Ptolémée et d'Hipparque.

Parmi les astronomes que les bienfaits d'Almamoun avaient fait éclore, on cite : Habash de Bagdad, qui avait composé trois livres de tables astronomiques. Le premier contenait les règles et les préceptes, le second les observations, le troisième les *petites tables* sous le titre d'*Alshah*.

Ahmed ou Muhammed ebn Cothair ou Ketir, de Forgana, ville de Sogdiane, ce qui lui fit donner le nom de Forgani; il est plus connu sous le nom d'Alfragan. Nous donnerons bientôt la notice de ses Élémens d'Astronomie, qui ne sont guère qu'un extrait fort abrégé des ouvrages de Ptolémée. Il composa aussi un Traité des Horloges solaires et une description de l'Astrolabe. On a disputé sur le tems précis où il vivait, quoiqu'il l'ait lui-même fixé dans son livre, ainsi que nous le verrons plus loin. Il passait pour fort habile dans les calculs, et fut en conséquence surnommé le *calculateur*.

Muhammed ebn Musa donna, sous le titre d'*Alsendhend*, des tables qui jouirent long-tems d'une assez belle réputation.

Le juif Mashalla vivait aussi du tems d'Almansor et d'Almamoun. Il composa un livre des élémens et des orbes célestes, imprimé à Nuremberg, en 1549. D'après le court extrait qu'en donne Weidler, il paraît qu'il n'y avait rien de neuf. On croit que ce peut être le même que le Messalah dont nous avons un opuscule à la suite du Firmicus imprimé à Bâle en 1551. Ce serait l'occasion d'extraire cet opuscule, ainsi que plusieurs autres qui n'offrent pas plus d'intérêt, et que renferme le même volume. Mais que dire du *Centiloquium*, ou des cent maximes d'un vieil

Hermès ; de celui de l'arabe Bethem ; des 150 propositions de l'astrologue Almansor, adressées au roi des Sarrazins ; des heures des planètes de Bethem ; des élections de Zahel ; de la raison et des effets, du cercle et des étoiles de Messahallach ; enfin des nativités d'Omar, sinon qu'on n'y voit que des rêveries astrologiques et pas un détail curieux ? Il en résulte que les Arabes ont eu des astrologues avant qu'on puisse citer parmi eux un astronome, et que les premiers qui se sont vraiment occupés de la science, étaient plutôt des compilateurs que des auteurs originaux.

Il ne nous reste rien d'Abdallah ebn Sahel Nubacht, ni de Jahya ebn Abit Mansour, habitant de la Mecque. On nous dit seulement qu'ils avaient beaucoup d'érudition astronomique ; mais nous arrivons au tems de Muhammed ben Geber Albatani. Batan est une ville de Mésopotamie où cet astronome avait reçu la naissance. Il est plus connu sous le nom d'Albategnius ; c'était un prince de Syrie dont la résidence était à Aracte ou Racha en Mésopotamie ; il fit une partie de ses observations à Antioche. Trouvant que les Tables de Ptolémée avaient besoin de quelques corrections, il en composa de nouvelles ; elles furent long-tems en honneur chez les Arabes, qui les regardaient comme très précises. Elles ne différaient pourtant guère de celles de Ptolémée, ni pour le fond, ni même pour la forme. Ces Tables n'ont pas été publiées ; on dit qu'elles sont en manuscrit à la bibliothèque de l'Escurial. Le livre *des nombres et des mouvemens des étoiles* n'est dans le fait qu'une simple introduction et une explication de l'usage des Tables ; et comme on ne connaît pas les Tables, que la traduction barbare de Plato Tiburtinus a conservé nombre de locutions arabes que l'auteur n'a pas su traduire, parce qu'il ne les entendait pas, la lecture en est pénible et peu satisfaisante, malgré quelques notes ajoutées par Régiomontan. Albategni est principalement connu par l'observation du *mouvement* de l'apogée du soleil et la quantité de la précession. En comparant ses observations à celles de Ptolémée ou de Ménélaüs, il trouve $11°50'$ de précession en 783 ans ; mais comme les longitudes de Ptolémée sont trop faibles de $1°1'16''$, le mouvement sera de $12°51'16''$ en 783 ans, c'est-à-dire de $59'',1$, ce qui ferait un degré en 61 ans, au lieu que suivant Albategni, il faut 66 ans pour $1°$; Weidler dit 70 ans ; je ne sais sur quoi il se fonde. Albategni ajouta $11°50'$ aux longitudes de Ptolémée, pour les réduire à son tems ; Weidler dit $11°30'$, mais c'est une inadvertance ; la traduction latine dit... $11° \frac{1}{2} \frac{1}{3} = 11°50'$; Weidler a omis $\frac{1}{3}$. Suivant Weidler, Albategni avait

NOTIONS GÉNÉRALES.

trouvé la 1re du Bélier en............ 0^s 18° 2′
Ptolémée la place en................. 0. 6.40
la précession ne serait que de......... 11.22

Nous verrons plus attentivement ce qu'a dit Albategni, quand nous extrairons son ouvrage.

On dispute sur le tems où a vécu Thebith ben Korah. Les uns le placent dans le VIIIe siècle, les autres vers 1140 ou 1145; Vossius en 1300, d'autres en 1198 ou 1287. Tout cela est assez indifférent, car Thebith n'est connu par aucune découverte réelle, mais seulement par un mouvement de trépidation qu'il donnait aux étoiles, et par lequel les points équinoxiaux tournaient dans un petit cercle autour de leur lieu moyen, ce qui donnait une espèce d'équation du centre aux longitudes de toutes les étoiles. Cette inégalité était de 4° 18′ 43″; elle devait changer la position de l'écliptique et les déclinaisons du soleil; cette hypothèse est bizarre, aussi tous les astronomes se sont-ils réunis pour la réfuter. Thebith mesura de son tems l'obliquité qu'il trouva, dit-on, de 23° 33′. Albategni avait trouvé 35′; ce qui indiquerait plus de 200 ans de distance entre les deux astronomes, si l'on pouvait compter sur leurs observations. On dit qu'il a fait un livre de la résolution des triangles sphériques.

On rapporte à l'an 936 le tems où vivait Azophi ou ebn Zophi, astronome de Bagdad, auteur d'un livre intitulé *Theorica Astronomica*, et de Tables persanes; il donna des cartes célestes; il est en ce genre le plus ancien entre les Arabes.

On ne sait rien d'Abunasra Alfarabi, sinon qu'il cultiva l'Astronomie et l'Astrologie; rien d'Abidalla Ebnel Blassan Abulcasem; peu de chose d'Ahmet ebn Mohammed Alsugan Abuhamed, qui avait un observatoire où il suivit les sept planètes. Ces observations ne nous sont point parvenues, et on peut les regretter, car il avait exposé les méthodes et les moyens qu'il avait employés. On entrevoit que les Arabes faisaient des recueils d'observations. Ce soin a été trop négligé par les Grecs ou du moins par Ptolémée.

Wahan avait observé des solstices et des équinoxes, et composé quelques ouvrages; le tout est perdu ou ignoré.

Mohammed ebn Yahya Ebnel Wapha Albuziani avait fait, dit-on, un Almageste et commenté les livres de Diophante.

Abal Rihan Mohammed ebn Ahmet Albiruni était profondément instruit dans la Philosophie des Grecs et des Indiens, parmi lesquels il avait long-temps demeuré. Peut-être est-ce par lui que l'Arithmétique des Indiens a été transmise aux Arabes qui nous l'ont fait connaître.

Riccioli rapporte qu'un Albumasar, qui vivait dans le IXe siècle, avait observé une planète au-dessus de Vénus.

Haly Aben Rhodoan avait fait exactement le thême d'une comète, et l'on dit que Cardan admirait comment il avait pu si bien réussir sans le secours d'une éphéméride; mais on croit que les Arabes avaient de ces éphémérides qui leur abrégeaient les calculs. Au reste, on ne voit pas ce qu'il y a d'admirable dans ce thême, quand on possède des Tables astronomiques. Le calcul est un peu long, mais il n'a rien que de très aisé et de très ordinaire.

Arzachel vivait en Espagne vers 1180; il se distingua par ses observations. Il trouva l'obliquité 23°34', et cette observation s'accorde avec nos tables à moins d'une minute. On le croit l'auteur des Tables de Tolède. Mais la réputation des Tables d'Albategnius paraissait si bien établie, qu'on n'eut pas grande confiance en celles d'Arzachel. Pour expliquer la différence entre l'excentricité qu'il trouvait au soleil et celle d'Albategni, il imagina de faire tourner le centre de l'excentrique dans un petit cercle. Nous avons de lui un traité de l'Astrolabe sous le titre de *Saphea*. Il est en manuscrit en latin à la Bibliothèque du Roi, 7195; nous y reviendrons.

Alhazen composa son Optique dans le même siècle; nous en avons parlé à l'occasion de celle de Ptolémée.

Geber d'Hispala commenta la Syntaxe mathématique, et son livre n'a été inutile ni à Purbach ni à Regiomontan, qui ont analysé l'ouvrage de Ptolémée. Nous en donnerons l'extrait.

Le médecin Averroes crut apercevoir un point noir sur le Soleil, un jour où le calcul lui indiquait un passage de Mercure. Il avait aussi commenté Ptolémée.

Dans le XIIe siècle, Almansor trouva l'obliquité 23°33'30"; ceci nous prouve que si les Arabes avaient peu ajouté aux théories des Grecs, ils savaient du moins observer beaucoup mieux. Almansor fit aussi des Tables astronomiques dont le manuscrit est à la Bibliothèque Bodleyenne. La publication n'en serait pas bien utile; mais il serait à désirer qu'on en donnât la formule et les constantes. C'est lui qui est l'auteur des 150 Propositions astrologiques que nous avons mentionnées ci-dessus.

L'égyptien Humenus fit aussi de nouvelles Tables astronomiques en arabe.

Alpetrage de Maroc, qui vivait vers le milieu du XIIe siècle, a fait une théorie physique de l'Astronomie, traduite de l'hébreu en latin par Calo Calonymos de Parthenope (Naples); il donne aux planètes un mouvement spiral d'orient en occident, mais plus lent que le mouvement diurne; ainsi il n'a fait que commenter et développer une idée réfutée dès long-tems par Ptolémée. De son côté, il s'efforce de réfuter les hypothèses de Ptolémée; mais comme on ne trouve dans son livre ni observations ni calculs, il ne mérite pas que nous nous y arrètions davantage. Je possède cet ouvrage, je l'ai lu presque en entier, et j'aurais regretté le tems que j'y ai donné, sans quelques détails sur les mouvemens des étoiles, que nous extrairons quand l'ordre des tems nous y aura conduit.

C'est vers ce tems que tous les astrologues chrétiens, juifs, sarrazins et orientaux s'étaient comme donné le mot pour annoncer les malheurs épouvantables qui devaient résulter d'une conjonction de toutes les planètes, précédée six mois auparavant d'une éclipse de Soleil. Cette folle prédiction répandit une consternation générale; mais Rigord, qui survécut de plusieurs années au terme marqué pour la fatale conjonction, en prend occasion pour s'élever avec force contre la vanité de la prétendue science astrologique.

Vers l'an 1250, Albohazen ou Albuassin composa un traité des lieux et des mouvemens des étoiles; il a été traduit en espagnol par Rabbi Juda. Il confirmait l'opinion d'Albategni; et le roi Alphonse, à qui le livre était dédié, adopta le mouvement d'Albategni, et corrigea ses Tables en conséquence; *voyez* Riccioli, *Chron., p.* 29. Il est encore auteur du livre dont voici le titre :

Abohazen Haly filii Aben Ragel libri de judiciis astrorum, latinitati donati per Antonium Stupam Rhœtum Prœgalliensem. Bâle, 1578.

Cet ouvrage avait d'abord été traduit de l'arabe en espagnol, par l'ordre d'Alphonse, et puis de l'espagnol en latin par Ægydius de Tebaldis, aidé de Pierre de Regio. Ces traducteurs avaient laissé subsister un grand nombre de mots arabes et espagnols. Stupa le mit en meilleur latin. Son épître dédicatoire est de 1551; la première traduction avait paru à Venise en 1520. L'auteur original vivait dans le XIIIe siècle ou vers 1260; il avait aussi fait un livre sur le mouvement des étoiles fixes, dont nous ne connaissons aucune édition ni aucun manuscrit. Il est à croire que nous n'y trouverions rien que nous n'ayons vu dans Théon,

Thebith et Riccius. Nous aurions pourtant préféré de beaucoup cet ouvrage inédit à son livre d'Astrologie judiciaire, plusieurs fois réimprimé. Au reste, ce traité est l'un des plus clairs, des plus méthodiques et des plus complets que nous ayons. C'est une compilation de tout ce que les *sages* de différens pays et de différens siècles avaient écrit sur ce sujet futile. L'auteur paraît profondément persuadé de la vérité et de l'utilité de la science qu'il nous expose; il était cependant chrétien, comme il paraît par une prière à J. C. qui commence la huitième partie, et par un passage où il parle de baptiser un enfant. Du reste, il a négligé totalement la partie mathématique; et tout ce qu'il nous apprend en ce genre, c'est que Ptolémée, pour calculer les maisons, commençait à retrancher 5° de l'ascendant (p. 147); Albohazen ne nous donne pas la raison de cette pratique singulière.

A la suite de cette traduction, on a fait relier un commentaire très superficiel de Conrad Dasypodius sur le Tétrabible de Ptolémée. Voilà tout ce que nous dirons de ce volume, que nous avons parcouru dans l'espoir de trouver quelque fait, quelque notion au moins historique. Cet espoir au reste était bien faible, et nous ne pouvons pas dire que nous ayons été trompé dans notre attente.

Esseriph Essachuli, Ismael Abulfeda, Aledrisi, travaillèrent avec quelques succès à rectifier les longitudes et les latitudes géographiques.

De tous les auteurs que nous venons de citer d'après Weidler, il y en a bien peu dont les ouvrages nous soient connus; mais, pour prouver avec quelle ardeur les Arabes s'adonnaient à l'Astronomie, il ajoute que dans la seule Bibliothèque Mertonienne d'Oxford, on conservait plus de quatre cents manuscrits arabes, tout remplis de doctrines et d'observations astronomiques; il est à regretter qu'aucun des savans d'Oxford n'ait cru cette collection digne de ses soins, et qu'il n'en ait été publié aucun extrait; mais il faudrait que, parmi ces savans, il se trouvât un amateur d'Astronomie, et les deux études sont rarement réunies chez le même individu. Edouard Bernard, dont Weidler cite ici le témoignage, ajoute ces mots assez remarquables, mais qui ne sont peut-être pas exempts de quelque exagération : *Quid verò Astronomi Arabum in Ptolemæo, magno constructore artis cœlestis, injuriâ nullâ reprehenderint; quam illi sollicitè temporis minutias per aquarum guttulas, immanibus sciotheris, imo, mirabere, fili penduli vibrationibus, jampridem distinxerint et mensuraverint, quam etiam peritè et accuratè versaverint in magno molimine ingenii humani de ambitu intervalloque binorum luminarium et nostri orbis, una epistola narrare non debet.* On peut retrancher quelque chose de cette annonce magnifique; mais il paraît assez difficile de n'y pas voir positivement affirmé l'usage de mesurer les intervalles de tems par les vibrations d'un pendule. Cependant il ne serait pas inutile de discuter le texte arabe. Plus on voit de traductions, plus on apprend à se méfier des traducteurs, sur-tout quand ils parlent de ce qu'ils n'entendent pas parfaitement, ou qu'ils citent des auteurs à qui l'on pourrait faire le même reproche.

Ici Weidler fait une longue énumération des Tables astronomiques des Arabes; ces tables portent le titre commun de Zig, qui est la traduction du mot grec κάνων; on en trouve jusqu'à 21. Les plus célèbres sont celles d'Ibn-Iounis, composées vers l'an 1000; on les désigne par le surnom de *Tables Hakimiques*, du nom d'un roi ou calife d'Égypte auquel elles sont dédiées. Nous avons l'espérance de les connaître bientôt.

Sans être en état de décider du vrai mérite de ces tables ou de ces différens traités si nombreux chez les Arabes, nous pourrons au moins juger des connaissances qu'ils ont transmises à l'Europe. On y remarquera quelques déterminations plus précises de points fondamentaux, tels que l'obliquité de l'écliptique et le mouvement de précession, l'apogée et l'excentricité du Soleil; mais aucun changement dans les hypothèses ni dans le fond de la doctrine. Les Arabes continuent de diviser le rayon en sexagésimales; ils ont conservé l'arithmétique des Grecs; mais ils ont substitué l'usage des sinus à celui des cordes; ils y ont ajouté les tangentes; ils ont par là simplifié beaucoup de calculs: voilà les obligations que nous avons aux Arabes; voilà du moins ce qui a transpiré parmi nous. Si les Arabes ont fait plus, si quelques connaissances ultérieures sont renfermées dans leurs manuscrits, elles y sont enfouies, et elles y sont demeurées comme non avenues. Examinons donc les ouvrages dont nous avons les traductions, pour y reconnaître les pas faits par les Arabes; un examen semblable des premiers ouvrages composés depuis par des Européens qui les avaient étudiés, nous indiquera ce qu'ils auront reçu et ce qu'ils auront perfectionné.

CHAPITRE II.

Albategnius.

Nous commencerons nos extraits par celui du livre d'Albategnius, parce que cet ouvrage est à la fois le plus substanciel et celui dont la date est le mieux assurée.

L'édition que je suis porte pour titre : *Mahometis Albatenii de Scientia Stellarum liber cum aliquot additionibus Joannis Regiomontani ex Bibliothecâ Vaticanâ transcriptus.* Lalande, à qui cet exemplaire appartenait, a ajouté de sa main *Bononiæ*, 1645; on lit ensuite

Liber Mahometi filii Geber, filii Crueni, qui vocatur Albategni in *numeris stellarum et* in *locis motuum earum experimenti ratione conceptorum.* Au lieu de *in*, on aurait dû mettre *de*, comme au frontispice; mais nous trouverons partout cet usage de la proposition *in.*

Ce prince arabe vivait vers l'an 880 de notre ère; c'est en 879 qu'il s'occupait de déterminer les positions des étoiles à Aracte (ou Racah), dont la latitude est de 36° et la longitude 10°, ou 0^h 40′ à l'orient d'Alexandrie. Après avoir étudié la Syntaxe de Ptolémée, et s'être mis bien au fait des méthodes des Grecs, il crut reconnaître plusieurs erreurs dans la position des étoiles, soit qu'elles eussent été mal déterminées dans le principe, soit que le mouvement de précession, mal connu, eût fait perdre quelque chose de sa précision au catalogue de Ptolémée, soit enfin que l'erreur vînt originairement de la hauteur mal déterminée du cercle équinoxial. Quoi qu'il en pût être, Albategni sentit la nécessité d'ajouter aux observations de Ptolémée, comme Ptolémée lui-même avait ajouté aux observations d'Abrachis (Hipparque); car il n'est pas donné à l'homme d'atteindre à la perfection. Tels sont les motifs qui ont engagé Albategni à composer son livre. C'est là ce qu'on entrevoit dans le latin barbare de Plato Tiburtinus, à qui nous avons l'obligation de ce livre précieux, dont l'original n'existe plus, à moins qu'il ne se trouve à la Bibliothèque de l'Escurial (on croit qu'il en existe encore un exemplaire à la Bibliothèque Ambrosienne de Milan). Dans une préface dont on vient de lire l'extrait, il est parlé de la longueur de l'année et de l'*hictisal* (conjonction) des luminaires qui est connu par le tems des éclipses; ajoutons qu'Albategni promet de suivre les traces de Ptolémée, et qu'il divise comme lui le cercle en 360°, parce que ce nombre diffère peu de celui des jours de l'année. Il partage le cercle en 12^s, auxquels il conserve leurs anciens noms, quoique les constellations qui les occupaient autrefois s'en soient éloignées par le laps de tems. Le degré se divise en minutes, la minute en secondes, en tierces et ainsi de suite, jusque aux dixièmes et ordres suivans *in decenas et sequentes*.

Albategni donne ensuite des préceptes et des Tables pour connaître l'ordre des fractions sexagésimales qui résulte de la multiplication ou de la division d'un nombre sexagésimal par un nombre sexagésimal d'un ordre quelconque.

A l'exemple de Ptolémée, il divise le diamètre en 120 parties, le rayon en 60^p. Il détermine la corde de 120°, la corde du supplément d'un arc quelconque dont la corde est déjà connue; les cordes de 90°, de 36 et de 72°. Si l'on a les cordes de deux arcs, on aura aussi celles de leur somme et de leur différence. Si l'on connaît la corde d'un arc, on aura aussi celle de sa moitié; si les arcs sont petits, leurs cordes seront entre elles à très peu près comme les arcs. Tous ces théorèmes sont empruntés de Ptolémée.

Regiomontanus ajoute ici une démonstration fort simple et cependant assez obscure par la rédaction, du moyen qui sert à trouver la corde de la moitié de l'arc.

Soit donnée (fig. 1) la corde AB de l'arc ACB; on demande la corde de sa moitié AC. Menez le diamètre ATG, le diamètre CTE et la corde GFH = AB. Vous aurez $\overline{BG}^2 = \overline{AG}^2 - \overline{AB}^2 = \overline{DF}^2$; vous aurez donc DF = corde de 180° — ACB, puis DT = $\frac{1}{2}$ DF, puis CD = TC — TD; enfin $\overline{AC}^2 = \overline{AD}^2 + \overline{CD}^2$.

Il serait bien plus simple de dire corde AC = $2 \sin \frac{1}{2}$ AC;....... CD = AB $\sin \frac{1}{2}$ CB = $2 \sin \frac{1}{2}$ AC $\sin \frac{1}{2}$ AC = $2 \sin^2 \frac{1}{2}$ AC, et AD = AC $\cos \frac{1}{2}$ BC, et sin AC = $2 \sin \frac{1}{2}$ AC $\cos \frac{1}{2}$ AC, TD = $\cos$ AC = rayon — $2 \sin^2 \frac{1}{2}$ AC.

Jusqu'ici Albategni n'a fait que copier Ptolémée en l'abrégeant; mais ce qui suit est un changement bien remarquable et bien important.

« Le diamètre EC qui divise en deux arcs égaux l'arc AB, divise pa-
» reillement la corde AB en deux parties égales AD et DB, qui sont les
» moitiés de la corde de l'arc double AB. Or la corde est au demi-
» diamètre, comme la demi-corde est au rayon. Ainsi, quand on a
» un arc AC, au lieu de le doubler pour en chercher la corde AB, on

» peut s'en tenir à l'arc simple AC, et considérer la demi-corde AD ou
» DB qui sont de part et d'autre du diamètre. C'est de ces demi-cordes que
» nous entendons nous servir dans nos calculs, où il est bien inutile de
» doubler les arcs. Ptolémée ne se servait des cordes entières que pour
» la facilité des démonstrations; mais *nous*, nous avons pris ces moitiés
» des cordes des arcs doubles dans toute l'étendue du quart de cercle,
» et nous avons écrit ces demi-cordes directement à côté de chacun des
» arcs, depuis 0° jusqu'à 90°, de demi-degré en demi-degré; ainsi la
» moitié de la corde de 60° se trouve vis-à-vis l'arc de 30°; la moitié
» de la corde de 120° vis-à-vis l'arc de 60°, et la moitié de la corde de
» 180° ou le rayon, vis-à-vis l'arc de 90°, et ainsi des autres; en sorte
» que quand nous parlerons de corde dans tout ce traité, il faudra en-
» tendre la demi-corde de l'arc double, à moins que le contraire ne soit
» expressément déclaré; et nous faisons cette remarque une fois pour
» toutes. »

Ainsi Albategni paraît être l'auteur de cette substitution importante et si naturelle, que nous avons eu lieu de nous étonner plusieurs fois, en lisant Ptolémée, qu'une idée si simple lui eût échappé, à lui sur-tout, qui, dans son Analemme, substitue partout ces demi-cordes aux cordes entières, ou, plus exactement, qui ne fait jamais usage que de ces demi-cordes. Il est vrai que c'est pour une opération graphique, mais le principe est le même, la remarque était faite; il s'agissait de l'introduire dans le calcul numérique; la table des cordes était calculée; il n'y avait qu'à prendre les moitiés de toutes les cordes, et l'on avait la table des sinus; c'est ainsi qu'on a nommé ces demi-cordes. Des auteurs qui n'avaient aucune connaissance de l'arabe, ont donné à ce mot *sinus* une origine plus spécieuse que véritable. La corde, en latin, s'appelle *inscripta*; sa moitié, *semis inscriptæ*, ou *s. ins.* par abréviation, et plus simplement encore *sins*, et enfin *sinus*, pour rendre l'abréviation déclinable. D'autres ont donné des étymologies qui paraissent moins naturelles et ne sont pas plus sûres. Le mot arabe est *gib* ou *dgib*, qui signifie un pli, c'est la corde pliée en deux. Le pli d'une robe, en latin, se dit *sinus*.

Nodo que sinus collecta fluentes. VIRG.

Les traducteurs latins des Arabes ont remplacé *gib* par le mot sinus, adopté depuis par tous les astronomes et par tous les géomètres.

Albategni se met ici en opposition avec Ptolémée.

Ptolémée se servait des cordes entières, mais nous en avons pris les moitiés.

ALBATEGNIUS.

Ici devait se trouver la table des *sinus*; l'éditeur la supprime parce qu'elle se trouve dans les ouvrages de Régiomontan, Rhéticus, Finkius, Maginus, Lansberg, Pitiscus, Schooten, Cavalleri, et autres; mais tous ces auteurs, à l'exception de Regiomontanus, donnent les sinus en parties du rayon, au lieu qu'Albategni, copiant Ptolémée, avait formé sa table en divisant tous les nombres par 2; mais si on la veut en sexagésimales, on la trouvera étendue à toutes les minutes, du quart de cercle, dans Régiomontan et dans la *Métrique astronomique* de Bressius. Paris, 1581. La 1ere édition d'Albategni était de 1537.

L'auteur expose ensuite assez longuement la manière de trouver les sinus des arcs qui ont des minutes et des secondes, en outre du degré ou demi-degré, et ensuite celle de trouver l'arc auquel appartient exactement un sinus donné.

Pour trouver le sinus verse, qu'il appelle corde verse, il dit : Retranchez l'arc donné de 90° ou prenez-en le complément à 90°; prenez le sinus du reste, ainsi qu'il est dit ci-dessus; retranchez ce sinus de $60^p\,0'\,0''$ ou du rayon, le reste sera le sinus verse.

Si l'arc donné surpasse 90° retranchez 90°; cherchez le sinus du reste, et ajoutez-y $60^p\,0'\,0''$, vous aurez le sinus verse de l'arc plus grand que 90°. Il ajoute les préceptes pour trouver l'arc auquel appartient un sinus verse. Ayant les sinus on peut avoir les cordes.

Ici Regiomontanus prouve dans une note, que, $\sin^2 A = \sin 30° \sin \text{verse} 2A = \frac{1}{2} 2\sin^2 A = \sin^2 A$.

Le chapitre IV, qui vient immédiatement après, est encore fort intéressant. On y voit une détermination de l'obliquité de l'écliptique, mais détaillée et complète, telle qu'on n'en trouve aucune dans Ptolémée, ni dans aucun auteur ancien dont les ouvrages nous soient parvenus. Voici le passage :

« Ptolémée, dans son livre, en citant Hipparque, insinue que l'intervalle entre les tropiques est de 47° 42′ 40″; mais *nous*, avec une alidade et un côté, tel qu'il est décrit dans l'Almageste (la Syntaxe), c'est-à-dire par les règles parallactiques, après avoir exécuté une division la plus parfaite qu'il nous a été possible, et avoir vérifié l'instrument, nous avons observé la plus petite distance au *zénit de la tête* (point vertical) de 12° 26′, et la plus grande de 59° 36′; d'où résulte que l'arc entre les tropiques est de 47° 10′, que l'obliquité n'est que de 23° 35′, et la hauteur du pôle à Aracte de 36°. »

Lalande ajoute 44″ pour la réfraction, et retranche 3″ pour la parallaxe, ce qui lui donne 23° 35′ 41″ pour l'obliquité, en 879. La correction est juste; mais les observations ont-elles cette précision? Il paraît que l'alidade d'Albategni donnait les minutes au moins par estime. Nous voyons d'une part 26′, et de l'autre 36′; ce dernier nombre pourrait indiquer une division en dix parties, l'observation aurait donné 59°,6; mais $12°26' = 12°24' + 2' = 12°\frac{4}{10} + \frac{1}{30}$; les 2′ ou le tiers d'un espace de 6′ serait la fraction estimée.

On peut aussi supposer l'instrument divisé de 2 en 2′, et alors on aurait lu sans rien estimer. Nous aurions moins d'incertitude si Albategni eût donné la longueur précise de son alidade et la division de son arc. De cette observation, comparée à celles que nous avons faites en 1800, nous déduirons une diminution de $\frac{7'45''}{921}$ ou de $\frac{465''}{921} = 0'',505$ par année.

Voilà donc la plus curieuse des observations anciennes, et la plus sûre sans contredit; et cependant on ne peut pas dire qu'elle soit exacte à la minute. Albategni lui-même ne le croyait pas. En effet, la hauteur du pôle devait être, selon lui, de $\frac{12°26' + 59°36'}{2} = \frac{72°2'}{2} = 36°1'$; et il la conclut de 36° seulement.

Cette observation donne lieu à la réflexion suivante : voilà Albategni qui se sert, pour l'obliquité de l'écliptique, de l'instrument imaginé par Ptolémée pour les parallaxes. Comment Ptolémée, qui n'a imaginé, nous dit-il, ses règles parallactiques que pour avoir un rayon beaucoup plus grand et une division du degré plus étendue que par tous les instrumens en usage à Alexandrie, n'a-t-il pas employé cet instrument pour mesurer les hauteurs solstitiales du Soleil, comme il a fait pour la Lune dans ses deux limites? comment n'a-t-il pas profité d'un instrument nouveau et plus parfait, pour vérifier les deux points fondamentaux de l'Astronomie? comment, avec cet instrument, a-t-il fait d'aussi mauvaises observations de parallaxe? comment ne voit-on pas une autre mention de cet instrument, ni de ses usages? Ne serait-ce pas que cet instrument n'a jamais existé à Alexandrie, et qu'il en est des règles parallactiques comme du quart de cercle sur une brique, avec lequel il prétend avoir observé les distances solstitiales, et mesuré un degré, sans entrer dans aucune autre explication. J'avoue que je ne vois dans Ptolémée qu'un théoricien, un calculateur, et bien rarement ou jamais, un observateur; enfin, un calculateur qui suppose des observations pour se procurer les données de ses calculs.

Pour calculer en tout tems la déclinaison du Soleil, Albategni donna la règle $\sin D = \sin \omega \sin \odot$, qui est identique à celle de Ptolémée, et celle dont nous nous servons encore.

Pour l'ascension droite, son précepte est encore celui de Ptolémée, en y substituant les sinus aux cordes, $\dfrac{\cos \omega \sin \odot}{\cos \odot} = \dfrac{\sin A}{\cos A}$ et $\sin A = \dfrac{\cos \omega \sin \omega \sin \odot \cos A}{\sin \omega \cos \odot} = \dfrac{\cos \omega \sin D}{\sin \omega \cos D} = \cot \omega \tang D$. On peut arriver à la règle d'Albategni par notre formule $\tang A = \cos \omega \tang \odot$, ou par la formule $\tang D = \sin A \tang \omega$. Albategni donne sa règle sans démonstration; il ne fait, en cet endroit, aucun usage des tangentes dont il parlera plus loin, et dont il ne sentait pas encore toute l'utilité. Il a cette ressemblance avec Ptolémée, qui n'a pas senti de quelle commodité seraient pour les calculs les sinus et sinus verses dont il se sert uniquement dans son Analemme.

Il parle ensuite de la sphère droite; il avoue qu'aucun voyageur n'a pénétré jusqu'à l'équateur; il cite seulement les régions Sanahaban et Algiemen, qui en sont très voisines. Il traite des climats de jours et de mois, et des différentes obliquités de la sphère, en termes très obscurs, peut-être par la faute du traducteur; on n'y entrevoit rien qui ne soit ailleurs exposé beaucoup plus clairement.

Viennent ensuite des détails assez longs et presque inintelligibles sur la position et l'étendue des mers, et sur leurs îles; les distances y sont données en milles. Nous n'en citerons que cette ligne : *le degré est de 85 des milles dont ont vient de parler, c'est à peu près le chemin de deux jours.* S'il n'y a faute d'impression, ces milles diffèrent étrangement de ceux des astronomes d'Almamoun.

Les longitudes ont été déterminées par les tems des éclipses de Lune, et les latitudes par les hauteurs méridiennes du Soleil. Il parle enfin d'un traité de Géographie, dans lequel, à l'imitation de Ptolémée, il a marqué les positions moyennes de quatre-vingt-quatorze régions.

Il passe aux amplitudes, et voici son précepte : Prenez l'excès du plus long jour sur 12^h, vous en tirerez la moitié que vous multiplierez par 15, pour la convertir en degrés; vous y ajouterez 90°, ce sera l'arc semi-diurne du jour le plus long; vous la retrancherez de 90° pour avoir l'arc semi-diurne le plus court. Soit P cet arc semi-diurne, grand ou petit, $\cos \omega \sin P = \cos$ amplitude solstitiale. Au lieu de ω mettez une déclinaison quelconque, avec l'arc semi-diurne qui lui convient, vous aurez l'amplitude. Il ne dit pas comment on aura l'arc semi-diurne qui convient à la déclinaison.

Si vous connaissez la latitude H, vous aurez sin amplitude $= \frac{\sin D}{\cos H}$. Ces règles sont encore les nôtres ; il ne les démontre pas.

Pour trouver la latitude par le plus long jour, vous ferez comme ci-dessus, $\cos \omega \sin P = \cos$ amplitude, et $\frac{\cos \omega}{\sin \text{amplitude}} = \cos H$.

Pour trouver le plus long jour par la hauteur du pôle, il fait comme les Grecs $\cos P = \frac{\sin \omega}{\cos \omega} \cdot \frac{\sin H}{\cos H} = \tang \omega \tang H$; mais il n'emploie pas encore les tangentes.

Pour avoir la longueur de l'ombre ; soit v la hauteur du gnomon, h la hauteur du Soleil ; ombre $= \left(\frac{\cos h}{\sin h}\right) v = v \cot h = v \tang N$; on supposait $v = 12$ parties ; on aurait pu de même choisir tout autre nombre, et principalement 60. Albategni ne se sert pas encore des tangentes.

De l'ombre observée, voulez-vous conclure la hauteur? multipliez l'ombre par elle-même, vous aurez $\sigma^2 = v^2 \frac{\cos^2 h}{\sin^2 h}$; $v^2 + \sigma^2 = v^2 + \frac{v^2 \cos^2 h}{\sin^2 h} = \frac{v^2 \sin^2 h + v^2 \cos^2 h}{\sin^2 h} = \frac{v^2}{\sin^2 h}$; $\sigma = \frac{v}{\sin h}$ et $\sin h = \frac{v}{\sigma}$; $v^2 + \sigma^2 =$ (hypoténuse)^2 ; $\sin h = \frac{v}{\text{hypot.}}$; $\cos h = \frac{\sigma}{\text{hypot.}}$. Ainsi voilà trois règles pour obtenir la hauteur par la longueur de l'ombre.

Afin d'abréger, nous mettons en équations les préceptes d'Albategni ; mais les Arabes n'ont pas connu l'usage des équations ; à cet égard ils ne sont pas plus avancés que les Grecs.

L'ombre *debout* (*umbra stans*) s'appelle aujourd'hui ombre verse ; c'est l'ombre du complément de hauteur, c'est le contraire de l'ombre *étendue?* car elle est la plus longue à midi, et la plus courte à l'horizon ; elle a pour expression $\sigma' = \frac{v \sin h}{\cos h} = v \tang h = v \cot N$; retournez la formule, et vous aurez la hauteur par l'ombre verse. En imitant ce qui précède, on aurait la hauteur par son sinus et son cosinus, aussi bien que par les tangentes.

« Voulez-vous connaître l'ombre par la table des ombres *étendues?*
» cherchez la hauteur dans la table, vous trouverez, à la suite de cette
» hauteur, l'ombre qui lui convient. »

Les Arabes avaient donc, au tems d'Albategni, des tables des quantités, ombre $= \sigma = \nu \, \dfrac{\cos h}{\sin h} = 12 \cot h = 12 \tang \mathrm{N}$, et par conséquent des tables de tangentes, mais calculées pour le rayon 12, tandis que les sinus étaient calculés pour le rayon 60; mais en multipliant ces tangentes par 5, ou $\frac{10}{2}$, on aurait eu les tangentes pour le rayon 60.

» Voulez-vous avoir la hauteur par l'ombre étendue? cherchez l'ombre
» dans la table, et vous trouverez sur la même ligne la hauteur à laquelle
» elle répond. Si cette ombre ne se trouve pas exactement dans la table,
» vous prendrez la plus voisine, et vous calculerez la partie propor-
» tionnelle.

» Voulez-vous connaître l'ombre *debout* ou verse par la hauteur?
» prenez le complément de cette hauteur, avec laquelle vous trouverez
» l'ombre demandée; si vous voulez connaître la hauteur par l'ombre,
» vous entrerez dans la table avec les *doigts* de l'ombre; vous trouverez
» à côté le complément de la hauteur, d'où vous conclurez la hauteur
» même. »

Voilà bien la première idée des tangentes; voilà des tables qui donnent les tangentes de tous les arcs, et par lesquelles tout arc peut être connu d'après sa tangente. Le malheur est ce choix du rayon de douze parties, qui était encore une imitation d'une pratique grecque. Albategni ne sentit pas l'utilité de ces tangentes pour les calculs trigonométriques, et la preuve, c'est qu'il n'a pas changé le rayon. Les Arabes ont depuis reconnu, du moins à quelques égards, l'utilité de ces lignes pour abréger les calculs.

Pour connaître le *zénit de la hauteur* (c'est-à-dire l'amplitude mesurée sur l'horizon) en un lieu quelconque de la Terre, et à une heure quelconque (*semt* est le mot Arabe que nous écrivons *zénit*, il signifie *point*), cherchez $\sin \mathrm{D}$ et $\cos \mathrm{D}$, $\sin \mathrm{H}$ et $\cos \mathrm{H}$, $\sin h$ et $\cos h$, vous aurez

$$\sin \text{zénit de hauteur} = \dfrac{\left(\dfrac{\sin \mathrm{D}}{\cos \mathrm{H}} - \dfrac{\sin h \sin \mathrm{H}}{\cos \mathrm{H}}\right)}{\cos h} = \dfrac{\sin \mathrm{D} - \sin h \sin \mathrm{H}}{\cos h \cos \mathrm{H}} = \cos \text{azimut}$$

$= \sin$ amplitude; c'est la formule moderne: les Grecs ne l'ont jamais connue. Voilà encore un pas dans le calcul trigonométrique. La formule générale donne le moyen de trouver un angle par le moyen des trois côtés connus.

Voilà donc notre formule fondamentale,

$$\cos \text{azimut} \cos h \cos \mathrm{H} + \sin h \sin \mathrm{H} = \sin \mathrm{D};$$

il est vrai qu'elle était dans l'Analemme de Ptolémée, qui ne l'a pas vue; elle est dans l'opération d'Albategni, dont nous avons rassemblé les différentes parties pour en composer notre formule.

Albategni enseigne ensuite à décrire la méridienne et la ligne est-ouest, par deux ombres égales, en avertissant que l'opération sera d'autant plus juste, que le Soleil approchera plus du solstice.

Si vous connaissez le lieu du Soleil, vous pourrez trouver la position de la ligne est-ouest, *et par suite la méridienne*, par une seule ombre observée. Il suffira de calculer l'amplitude par la formule précédente. La longueur de l'ombre donnera h, par ce qui précède; vous connaissez D et H, ainsi tout sera connu. Il eût été curieux de voir la démonstration d'Albategni; Regiomontanus y a suppléé; mais rien ne nous assure qu'il ait deviné la manière de l'auteur. On peut arriver au même point par bien des routes différentes; il nous suffit que la méthode soit identique à notre formule moderne. Contentons-nous de trouver une pratique commode et sûre, qui était absolument inconnue aux Grecs, qui pourtant avaient dans l'Analemme plus qu'il n'en fallait pour l'apercevoir et la démontrer.

Le lever et le coucher de l'équinoxe donneront, sans aucun calcul, la ligne est-ouest et la méridienne. Je crois en effet que c'est par cette ligne est-ouest, des levers et couchers solstitiaux, qu'on a tracé les premières méridiennes. La hauteur méridienne équinoxiale sera la hauteur de l'équateur. Vous pourrez connaître la ligne est-ouest par le passage du Soleil au premier vertical, ce qui n'est praticable que dans les tems où la déclinaison du Soleil est de même dénomination que la latitude. Pour cela, il faut connaître la longitude du Soleil, sa déclinaison, la hauteur du pôle, d'où vous déduirez la hauteur méridienne, au jour que vous aurez choisi.

Soit BF la hauteur méridienne (fig. 2), FA son complément, HK la hauteur du Soleil au méridien inférieur; menez la droite FMCH, qui sera le diamètre du parallèle du Soleil; EC sera le sinus de l'amplitude ortive, FG le sinus de la hauteur méridienne.

$$EM = DL = \text{sin. haut.} \odot \text{ au premier vertical.}$$

Le triangle ECM donne tout de suite,

$$\sin BD = DL = EM = EC \tang C = \sin a . \cot H = \frac{\sin D}{\cos H} \cot H = \frac{\sin D}{\sin H},$$

équation que donnerait également la Trigonométrie sphérique. Au lieu de ce moyen si simple, Albategni prend un détour assez long, que voici :

Le triangle FGC est semblable au triangle MEC,

$$GC : EC :: FG : EM$$

$$EM = \frac{EC \cdot FG}{GC} = EC \cdot \left(\frac{FG}{GE+EC}\right) = \frac{\sin D}{\cos H}\left(\frac{\sin(H-D)}{\cos(H-D)+\frac{\sin D}{\cos H}}\right),$$

équation fort incommode et très inutilement compliquée. Heureusement, contre son habitude, Albategni donne la démonstration, sans laquelle la traduction était inintelligible.

Pour trouver le sinus de la différence ascensionnelle, il donne deux règles dont l'une est inexacte; la première est $\sin d\text{Æ} = \frac{\sin H \sin D}{\cos D}$, au lieu de $\frac{\sin H}{\cos H} \cdot \frac{\sin D}{\cos D}$; la seconde est $\sin d\text{Æ} = \sin \text{Æ} \cos P = \tang H \tang \omega \sin \text{Æ} = \sin \text{Æ} \tang (\Delta \text{Æ})$, $\Delta \text{Æ}$ étant la différence ascensionnelle solsticiale, ou la plus grande de toutes; on voit que $\cos P$ est le cosinus de l'arc semi-diurne du solstice.

Il donne ensuite, pour la conversion des heures temporaires en équinoxiales ou réciproquement, les mêmes préceptes que Ptolémée.

Il expose comment, par la hauteur méridienne du Soleil, on peut trouver la hauteur du pôle.

Dans le problème suivant, chapitre XVI, il se propose de déterminer, par une observation d'ombre ou de hauteur du Soleil, la partie écoulée du jour depuis le lever du Soleil.

Il suffit, pour cela, de connaître l'arc semi-diurne, et de calculer l'angle au pôle par les trois côtés. Dans ce dernier calcul, on peut employer la formule donnée ci-dessus pour le cas tout pareil où il s'agissait de trouver l'angle au zénit par les trois côtés du même triangle. On peut soupçonner qu'Albategni n'avait pas vu la généralité du théorème, car il cherche ici une solution nouvelle, au lieu qu'il suffisait d'échanger les côtés. Voici cette autre solution :

Cherchez la hauteur méridienne du Soleil pour le jour de l'observation.

Cherchez l'arc semi-diurne; enfin, observez une hauteur du Soleil avec le quart de cercle, ou par la mesure de l'ombre.

Cherchez le sinus verse de l'arc semi-diurne.

Soit A l'arc semi-diurne; $\cos A = -\tang D \tang H$;

$$1-\cos A = \sin v. A = 1 + \tang D \tang H = \frac{\cos D \cos H + \sin D \sin H}{\cos D \cos H} = \frac{\cos(H-D)}{\cos H \cos D};$$

$(H - D) = 90°$ — hauteur méridienne du Soleil.

Soit h la hauteur observée; faites $\sin h \sin \text{verse } A = \frac{\sin h \cos(H-D)}{\cos D \cos H}$; divisez ce produit par le sinus de la hauteur méridienne $= \cos(H-D)$; vous aurez

$$\frac{\sin h \sin \text{verse } A}{\cos(H-D)} = \frac{\sin h}{\cos D \cos H},$$

retranchez cette quantité du sin verse de A, vous aurez

$$\frac{\cos(H-D)}{\cos H \cos D} - \frac{\sin h}{\cos H \cos D} = \sin \text{verse } B,$$

B étant un arc qu'il faut mettre à part, pour le retrancher du demi-arc diurne, si l'observation a été faite le matin, et qu'il faut ajouter à l'arc semi-diurne, si l'observation a été faite le soir; divisez par 15 l'arc ainsi trouvé ou faite $\left(\frac{90 \mp B}{15}\right)$, vous aurez les heures équinoxiales écoulées, et vous pourrez ensuite les convertir en heures temporaires; notre formule serait

$$\cos P = \frac{\sin h - \sin D \sin H}{\cos D \cos H};$$

$$1 - \cos P = 2\sin^2 \tfrac{1}{2} P = \sin v. P = \frac{\cos D \sin H - \sin h + \sin D \cos H}{\cos H \cos D} = \frac{\cos(H-D) - \sin h}{\cos D \cos H},$$

c'est la règle qu'Albategni donne en deux parties; mais on ne voit pas dans son livre comment il a pu arriver à ces pratiques, qu'il ne démontre pas.

On voit du moins que la Trigonométrie a subi de grands changemens par la substitution des sinus aux cordes, et par l'introduction des sinus verses. Voilà déjà deux solutions du problème qui fait trouver un angle par les trois côtés. Il emploie l'une pour l'azimut, et l'autre pour l'angle horaire; il en aurait peut-être cherché une troisième pour l'angle au centre de l'astre.

L'angle horaire trouvé, on aura l'ascension droite du milieu du ciel, et les points de l'équateur et de l'écliptique qui sont à l'horizon.

On voit enfin que l'usage des heures temporaires durait encore chez les Arabes, vers l'an 900.

Le tems étant donné, on peut demander la hauteur du Soleil; convertissez les heures données en degrés; retranchez-les de l'arc semi-diurne, si c'est avant midi, il vous restera l'angle horaire; si c'est après midi, retranchez l'arc semi-diurne de l'arc trouvé, le reste sera l'angle horaire. Vous en chercherez le sinus verse $= 2\sin^2\frac{1}{2}P$; retranchez ce sinus verse de celui de A, ou de $2\sin^2\frac{1}{2}A$; vous aurez par ce qui précède

$$2\sin^2\tfrac{1}{2}A - 2\sin^2\tfrac{1}{2}P = \left(\frac{\cos(H-D)}{\cos H \cos D} - \sin^2\tfrac{1}{2}P\right);$$

multipliez par $\cos(H-D) = \sin$ hauteur méridienne, vous aurez

$$(2\sin^2\tfrac{1}{2}A - 2\sin^2\tfrac{1}{2}P)\cos(H-D) = \left(\frac{\cos(H-D)}{\cos H \cos D} - \sin^2\tfrac{1}{2}P\right)\cos(H-D);$$

divisez par sin verse $A = \frac{\cos(H-D)}{\cos H \cos D}$, vous aurez

$$\frac{2\sin^2\tfrac{1}{2}A - 2\sin^2\tfrac{1}{2}P}{\sin\text{ verse }A} = \left(\frac{\cos(H-D)}{\cos H \cos D} - 2\sin^2\tfrac{1}{2}P\right)\frac{\cos(H-D)\cos H \cos D}{\cos(H-D)},$$

ou $\dfrac{\sin v. A - \sin v. P}{\sin \text{ verse } A} = \cos(H-D) - 2\sin^2\tfrac{1}{2}P \cos H \cos D$

$$= \cos H \cos D + \sin H \sin D - \cos H \cos D \cdot 2\sin^2\tfrac{1}{2}P$$
$$= \sin H \sin D + \cos H \cos D \cos P = \sin h;$$

le précepte est juste, il est identique à notre formule fondamentale; mais ce précepte est inutilement compliqué.

Dans le chapitre XVIII il enseigne à trouver les lieux des étoiles par rapport à l'équateur, quand on les connaît par rapport à l'écliptique; c'est-à-dire les ascensions droites et les déclinaisons par les longitudes et les latitudes.

Si l'étoile A (fig. 3) a une latitude AB, ajoutez cette latitude à celle du point de l'équateur, qui a même longitude que l'étoile; prolongez la latitude AB jusqu'à l'équateur en C, abaissez les perpendiculaires AD et BE; AD sera la déclinaison de l'étoile, et

$$\sin AD = \sin AC \sin C = \frac{\sin AC \sin \omega \sin \Upsilon B}{\sin BC} = \frac{\sin AC \sin \omega \tang BC \cot \omega}{\sin BC} = \frac{\sin AC \cos \omega}{\cos BC};$$

c'est la règle indiquée par l'auteur : elle équivaut à $\frac{\sin(\lambda + \lambda')\cos\omega}{\cos\lambda}$; cherchez $\cos AC$ et $\cos \Upsilon B$, vous aurez $\cos AD \cos CD = \cos AC$, ou....

$$\cos CD = \frac{\cos AC}{\cos AD}, \quad \text{puis } \cancel{R} = \Upsilon D = \Upsilon C - CD;$$

nous ferions $\quad\quad\quad\quad \tang CD = \tang AC \cos C,$

ou $\quad\quad \dfrac{\sin CD}{\cos CD} = \left(\dfrac{\sin AC}{\cos AC}\right)\cos C = \dfrac{\sin AC}{\cos AD \cos CD}\sin \omega \cos \Upsilon B,$

et $\quad\quad \sin CD = \dfrac{\sin AC \sin \omega \cos \Upsilon B}{\cos AD} = \dfrac{\sin(\lambda + \lambda')\sin \omega \cos L}{\cos D}.$

On voit que la méthode d'Albategni est la même au fond que la méthode perfectionnée depuis par Tycho, dans ses Progymnasmes. Tycho doit à l'usage des tangentes, ce que son calcul a d'avantage en simplicité. Il fait $\tang BC = \sin \Upsilon B \tang \omega$; $\tang \Upsilon C = \dfrac{\tang \Upsilon B}{\cos \omega}$; $\cos C = \sin \omega \cos B \Upsilon$.

Il trouve ces trois quantités dans les tables de l'écliptique ; il fait ensuite $\tang CD = \cos C \tang AC$, et $\sin AD = \sin C \sin AC$, et $\Upsilon D = \Upsilon C - CD$.

On voit que les Arabes connaissaient les formules sin arc perp. = sin hypoténuse . sin angle à la base ; cos hypoténuse = cos base . cos côté perpendiculaire. Albategni réduit habilement le calcul à celui des sinus ; il eût été mieux encore d'introduire les tangentes dans le calcul des triangles rectangles.

Dans le chapitre XIX on trouve la formule exacte du sinus de la différence ascensionnelle $= \tang D \tang H = \dfrac{\sin D}{\cos D} \cdot \dfrac{\sin H}{\cos H}$, l'erreur remarquée ci-dessus est sans doute une faute de copie.

Ce qui rend ce chapitre obscur, ainsi que beaucoup d'autres, ce sont les dénominations auxquelles nous ne sommes pas habitués ; ainsi, la *déclinaison* est appelée *longitude de l'étoile comptée de l'équinoxial;* c'est-à-dire probablement *distance à l'équateur.*

Dans le chapitre XX, on retrouve la théorie de Ptolémée pour les ascensions obliques. On y voit le mot *nadahir* dont nous avons fait *nadir*, c'est-à-dire le point diamétralement opposé à un point quelconque qu'on appelle *zénit*. Le *zénit de la tête* (point vertical), est le point du ciel où arriverait une droite menée par les pieds et la tête. Zénit du Soleil ou d'un astre quelconque est le point du ciel auquel on rapporte cet astre. Nous avons restreint la signification de zénit et de nadir.

Le chapitre XXI enseigne à trouver l'heure de la nuit par les étoiles.

Cherchez le point culminant avec l'étoile, la déclinaison de cette étoile, sa hauteur méridienne et son arc semi-diurne.

Soit MEO (fig. 4) le parallèle de l'étoile, ou plutôt la projection orthographique de ce parallèle. $MI = \sin A = \sin$ hauteur méridienne, $EN = \sin h = \sin$ hauteur observée de l'étoile.

$$\text{MI:EN :: MO:EO, ou } \sin A : \sin h :: \text{MO:EO} = \frac{\text{MO} \sin h}{\sin A},$$

$$\sin A : (\sin A - \sin h) :: \text{MO:MO} - \text{EO} = \text{ME} = \frac{\text{MO}(\sin A - \sin h)}{\sin A},$$

$$\text{MO} = \cos D + \cos D \cos \text{arc semi-diurne} = \cos D (1 + \cos P)$$
$$= 2 \cos D \cos^2 \tfrac{1}{2} P = \cos D \sin v. P,$$

$$\text{ME} = \text{MO} - \text{EO} = \cos D \sin v. P - \frac{\cos D \sin v. P \sin h}{\sin A}$$

$$= \frac{\cos D \sin v. P \sin A - \cos D \sin v. P \sin h}{\sin A} = \cos D \sin v. P \left(\frac{\sin A - \sin h}{\sin A} \right)$$

$$= \cos D \sin v. P \left(\frac{\cos (H - D) - \sin h}{\cos (H - D)} \right),$$

$$\frac{\text{ME}}{\cos D} = \frac{\sin v. P [\cos (H - D) - \sin h]}{\cos (H - D)} = \sin v. \text{ angle horaire de l'étoile.}$$

Cet arc retranché de l'arc semi-diurne, ou ajouté si l'étoile est à l'occident, vous donnera le tems sidéral écoulé depuis le lever de l'étoile.

Prenez ensuite le degré de l'équateur qui monte avec l'étoile, ajoutez-y le mouvement du ciel, vous aurez le point de l'équateur qui monte à l'horizon; vous en conclurez le point qui est au méridien et celui qui est à l'horizon occidental; comparez un de ces points avec le Soleil, vous aurez l'angle horaire du Soleil et l'heure équinoxiale.

Renversez cette solution, vous aurez la hauteur de l'étoile par le tems.

Pour trouver l'amplitude de l'étoile ou son amplitude à une hauteur donnée, vous suivrez le même précepte que pour le Soleil, en substituant la déclinaison de l'étoile à celle du Soleil. Vous aurez ainsi fort exactement l'amplitude, *si Dieu le veut*. Cette formule pieuse revient à chaque instant chez Albategni.

Chapitre XXIV. $\frac{\sin D}{\cos H} = \sin$ amplitude; deux choses connues dans cette équation, vous aurez la troisième.

Chapitre XXV. Trouver la longitude et la latitude de l'étoile par l'ascension droite et la déclinaison, ou par la déclinaison et par le point qui culmine avec l'étoile.

Ce problème est au fond le même qui nous a donné ci-dessus l'ascension droite et la déclinaison par la longitude et la latitude; ainsi il suffirait de renverser les formules. La solution de l'auteur est fort obscure.

Pour tâcher de la comprendre, ramenons d'abord aux sinus les solutions modernes qui emploient des tangentes. Nous aurons (fig. 5)

$$\sin\lambda = \sin CD = \sin BC \sin B = \sin(D-\delta)\frac{\sin \Upsilon A}{\sin \Upsilon B} = \frac{\sin(D-\delta)\sin \mathcal{R}}{\sin L'}\dots(1);$$

$\text{tang} BD = \text{tang} BC \cos B$, ou $\text{tang} BD = \text{tang}(D-\delta)\sin\omega\cos\mathcal{R}$

$$= \frac{\sin(D-\delta)\sin\omega\cos\mathcal{R}}{\cos(D-\delta)} = \frac{\sin(D-\delta)\sin\omega\cos\mathcal{R}}{\cos BD \cos\lambda},$$

et

$$\sin BD = \frac{\sin(D-\delta)\sin\omega\cos\mathcal{R}}{\cos\lambda}\dots\dots\dots\dots(2);$$

cette dernière équation se tire directement du triangle EBC, qui donne

$$\sin EC : \sin EBC :: \sin BC : \sin BEC,$$

ou

$$\cos\lambda : \cos CBD :: \sin(D-\delta) : \sin BD = \frac{\sin(D-\delta)\cos B}{\cos\lambda} = \frac{\sin(D-\delta)\sin\omega\cos\mathcal{R}}{\cos\lambda};$$

les Arabes pouvaient faire $\sin B = \frac{\sin \Upsilon A}{\sin \Upsilon B}$. Cette formule était connue des Grecs. Plus tard ils auraient pu faire $\cos B = \sin\omega\cos\mathcal{R}$, formule trouvée par Géber.

Voilà donc le problème ramené aux sinus. La formule (2) dépend de λ, qui se trouve par la formule (1). On avait des tables qui, pour chaque degré de l'écliptique, donnaient l'ascension droite et la déclinaison $AB = \delta$. Ainsi, en cherchant à quelle longitude ΥB répondait l'ascension droite connue $\Upsilon A = \mathcal{R}$, on avait en même tems la déclinaison δ du point culminant B.

Ces formules sont les plus simples qu'on puisse trouver, mais elles ressemblent très imparfaitement aux formules d'Albategni.

Le triangle ΥDF donne $\cos F = \cos \Upsilon D \sin D \Upsilon F = \cos L \sin\omega$,

$$\cos\omega = \cos DF \sin F, \text{ d'où } \sin F = \frac{\cos\omega}{\cos DF} = \frac{\cos\omega}{\cos\lambda'}.$$

Le triangle CAF donne $\sin D = \sin AC = \sin F \sin FC$, et

$$\sin FC = \frac{\sin AC}{\sin F} = \frac{\sin D \cos DF}{\cos\omega} = \frac{\sin D \cos\lambda'}{\cos\omega} = \sin\varphi\dots(3);$$
$$\text{tang} DF = \sin D\Upsilon \text{tang}\omega \quad \text{ou} \quad \text{tang}\lambda' = \text{tang}\omega \sin L,$$
$$CD = CF - DF \quad \text{ou} \quad \lambda = \varphi - \lambda'\dots\dots(4).$$

On ne voit pas trop d'abord à quoi peuvent nous servir ces formules, qui dépendent de la longitude. La table de l'écliptique donnera λ', comme elle a donné δ, en prenant L pour une ascension droite; mais il faudrait avoir L ou la longitude. C'est pourtant par la latitude λ' et par $\varphi = \lambda + \lambda'$, qu'Albategni détermine la latitude.

$$\tang BD = \frac{\sin BD}{\cos BD} = \frac{\sin(D-\delta)}{\cos(D-\delta)} \sin \omega \cos \mathcal{R} = m,$$

$$\frac{\sin^2 BD}{\cos^2 BD} = \frac{\sin^2 BD}{1 - \sin^2 BD} = m^2,$$

$$\sin^2 BD = m^2 - m^2 \sin^2 BD, \quad \sin^2 BD + m^2 \sin^2 BD = m^2,$$

$$\sin^2 BD = \frac{m^2}{1+m^2}, \quad \sin BD = \frac{m}{(1+m^2)^{\frac{1}{2}}},$$

ou

$$\sin BD = \frac{\sin \omega \tang(D-\delta) \cos \mathcal{R}}{[1 + \sin^2 \omega \tang^2(D-\delta) \cos^2 \mathcal{R}]^{\frac{1}{2}}}.$$

Albategni aurait pu calculer cette formule par sa table de sinus, en mettant

$$\frac{\sin(D-\delta)}{\cos(D-\delta)}, \text{ au lieu de } \tang(D-\delta);$$

connaissant ainsi $BD = L - L'$, il avait $L = L' + BD$, et il pouvait calculer λ', φ et λ.

Pour comparer ces diverses formules à la solution d'Albategni, soient $\mathcal{R} = \Upsilon A = 40°$ $AC = D = 30°$; on demande BD et CD; $\omega = 23°35$.

C. $\cos \omega$...	0.03788	$\tang \omega$...	9.64003
$\tang \mathcal{R}$...	9.92381	$\sin \mathcal{R}$...	9.80807
$\tang \Upsilon B = 42°28'33''$...	9.96169	$\tang AB = 15°40'28''$...	9.44810
		$D = AC = 30$	
		$\sin(D-\delta) = BC = 14.19.32$...	9.39345
		$\sin B$...	9.97858
		$\sin \lambda = \sin CD = 12.37.20$...	9.37203
		$\sin \omega$...	9.60215
		$\cos \mathcal{R}$...	9.88425
		$\sin \omega \cos \mathcal{R} = \cos B = 72.\ 9.10$...	9.48640
		$\tang BC$...	9.40717
		$\tang BD = 4.28.31$...	8.89357
		$\Upsilon B = 42.28.33$	
		$\Upsilon D = L = 46.57.\ 4$	

voilà la solution entière sans supposer aucune table auxiliaire:

ASTRONOMIE DU MOYEN AGE.

$$\begin{array}{rl} \sin BC\ldots & 9.39345 \\ \sin \mathcal{R}\ldots & 9.80807 \\ C.\sin \Upsilon B\ldots & 0.17052 \\ \hline \sin CD = 13°37'20''\ldots & 9.37204 \\ CD = \lambda\ldots & \end{array} \qquad \begin{array}{rl} & 9.39345 \\ C.\cos CD\ldots & 0.01239 \\ \sin \omega\ldots & 9.60215 \\ \cos \Upsilon A\ldots & 9.88425 \\ \hline \sin BD\ldots & 8.89224 \\ BD = 4°28'31''; & \end{array}$$

voilà la solution qu'aurait dû donner Albategni. Il pouvait encore faire, en mettant $\frac{\sin \lambda}{\cos \lambda} \cdot \frac{\sin \omega}{\cos \omega}$, pour $\tang \lambda \tang \omega$, $\sin BD = \tang \lambda \cot B$
$$= \tang \lambda \tang \omega \cos \Upsilon C,$$

$$\begin{array}{rl} \tang \omega\ldots & 9.64003 \\ \tang \lambda\ldots & 9.38442 \\ \cos \Upsilon B\ldots & 9.86779 \\ \hline \sin BD = 4°28'31''\ldots & 8.89224 \end{array}$$

Supposons $L = L' + BD$, connu par ce qui précède; Albategni aurait eu λ' par sa Table de l'écliptique. Nous le calculerons par notre formule.

$$\begin{array}{rl} \sin L\ldots & 9.86378 \\ \tang \omega\ldots & 9.64003 \\ \hline \tang \lambda' = 17°41'37''\ldots & 9.50381 \\ \lambda = 13.37.20\ldots \\ CF = \overline{31.18.57} = DF + CD \end{array} \qquad \begin{array}{rl} \sin D = 30°\ldots & 9.69897 \\ \cos \lambda'\ldots & 9.97896 \\ C.\cos \omega\ldots & 0.03788 \\ \hline \sin CF = \varphi = 31°19'0''\ldots & 9.71581 \\ \lambda' = 17.41.37 \\ \lambda = \overline{13.37.23.} \end{array}$$

Cette dernière formule est celle d'Albategni, pour trouver la latitude; on ne voit pas aussi clairement comment il a pu trouver λ', qui lui est absolument indispensable. Autant que je puis comprendre le langage du traducteur, les règles à suivre pour la différence en longitude, sont renfermées dans la formule

$$\sin BD = [\sin (D - \delta) \sin \omega \cos \mathcal{R}] \left(\frac{2 - \sin \mathcal{R}}{2 - \sin L'}\right);$$

la véritable est

$$\sin BD = \frac{\sin (D - \delta) \sin \omega \cos \mathcal{R}}{\cos \lambda};$$

en sorte que le facteur encore inconnu $\frac{1}{\cos \lambda}$ se trouve remplacé par le facteur assez étrange $\frac{2-\sin \cancel{R}}{2-\sin L'}$, ou soit $\varphi=90°-\cancel{R}$ et $\psi=90°-L'$; car Albategni compte ces deux arcs du colure voisin; son facteur sera $\frac{2-\cos\varphi}{2-\cos\psi} = \frac{1+1-\cos\varphi}{1+1-\cos\psi} = \frac{1+2\sin^2\frac{1}{2}\varphi}{1+2\sin^2\frac{1}{2}\psi}$; $\frac{1}{\cos\lambda} = \sec\lambda > 1$; on voit bien que $\frac{2-\sin\cancel{R}}{2-\sin L'} > 1$; car

$$\sin\cancel{R} : \sin L' :: \sin B : \sin A :: \sin B : 1;$$

or $\sin B < 1$; donc $\sin\cancel{R} < \sin L'$; donc $\frac{2-\sin\cancel{R}}{2-\sin L'} > 1$, mais cela ne suffit pas.

$$\sin\cancel{R} = \tang\delta\cot\omega, \quad \sin L' = \sin\delta\cot\omega;$$

on a donc

$$\frac{2-\sin\cancel{R}}{2-\sin L'} = \frac{2-\tang\delta\cot\omega}{2-\sin\delta\cosec\omega} = \frac{2\sin\omega-\tang\delta\cos\omega}{2\sin\omega-\sin\delta} = \frac{2\sin\omega-\sin\delta\frac{\cos\omega}{\cos\delta}}{2\sin\omega-\sin\delta}$$

$$= \frac{2\sin\omega-\sin\delta\frac{\sec\delta}{\sec\omega}}{2\sin\omega-\sin\delta};$$

or $\sec\delta < \sec\omega$, dont le numérateur est plus petit que le dénominateur; mais si l'on avait $\delta = 0$, le facteur serait $\frac{2\sin\omega}{2\sin\omega} = 1$, d'où il ne s'ensuivrait pas que $\frac{1}{\cos\lambda}$ fût $= 1$, ou $\lambda = 0$.

$$\sin\cancel{R} = 0.64279, \quad \sin L' = 0.67527$$
$$2-\sin\cancel{R} = 1.35721, \quad 2-\sin L' = 1.32473$$

$$\begin{aligned}
\sin(D-\delta) = \sin BC &\ldots 9.39345\\
\sin\omega &\ldots 9.60215\\
\cos\cancel{R} &\ldots 9.88425\\
\hline
\sin 4°\,20'\,57'' &\ldots 8.87985\\
2-\sin\cancel{R} &\ldots 0.13265\\
C.(2-\sin L') &\ldots 9.87787\\
\hline
\sin BD = 4°\,27'\,21'' \quad & 8.89037\\
\text{vrai } BD = 4.28.31 &\\
\hline
\text{différence } = 1.10 &\\
\text{sans le facteur } BD = 4.20.57 &\\
\hline
\text{erreur}\ldots 7.34. &
\end{aligned}$$

On voit donc que ce facteur diminue considérablement l'erreur, mais qu'il ne l'anéantit pas ; L' ne dépend que de l'ascension droite et nullement de la déclinaison ; mais Æ et L' restant les mêmes, λ peut avoir une infinité de valeurs différentes ; $\frac{1}{\cos \lambda} = \sec \lambda$ peut être une quantité considérablement plus grande que le facteur $\left(\frac{2-\sin Æ}{2-\sin L'}\right)$; mais supposé que je me sois trompé sur les deux arcs, quels peuvent être ceux qui rendraient le rapport égal à $\frac{1}{\cos \lambda}$ ou $\frac{2-\cos \varphi}{2-\cos \psi} = \frac{1}{\cos \lambda}$?

Pour remplacer $\frac{1}{\cos \lambda}$, il n'a pu mettre $\frac{2-\cos D}{2-\cos \delta} = \frac{2-\cos D}{2-\frac{\cos L'}{\cos Æ}} =$ $\frac{2\cos Æ - \cos D \cos Æ}{2\cos Æ - \cos L'}$; car $\cos D$ peut être plus grand comme plus petit que $\cos \delta$, alors le facteur pourrait être ou plus grand ou plus petit que l'unité ; il ne pourrait donc remplacer $\frac{1}{\cos \lambda}$, qui est toujours plus grand. Il en serait de même de $\frac{2-\sin \delta}{2-\sin D}$.

Il n'a pu prendre les distances de C et de B au colure, car......
$\frac{2-\sin CG}{2-\sin DK} = \frac{2-\cos Æ \cos D}{2-\cos L'} = \frac{2-\cos Æ \cos D}{2-\cos Æ \cos \delta}$ pourrait encore être tantôt > 1 et < 1, selon que $D < \delta$ ou $D > \delta$;
$\sin CG$ est toujours $< \sin DK$; car $\sin CG = \cos L \cos \lambda = \cos Æ \cos D$,
et $\sin DK = \cos L$,
$\frac{2-\sin CG}{2-\cos L} = \frac{2-\cos L \cos \lambda}{2-\cos L} = \frac{2\sec L - \cos \lambda}{2\sec L - 1} = \frac{2\sec L - 1 + 2\sin^2 \frac{1}{2}\lambda}{2\sec L - 1} = 1 + \frac{2\sin^2 \frac{1}{2}\lambda}{2\sec L - 1}$,
$\frac{1}{\cos \lambda} = \sec \lambda = 1 + \tang \lambda \tang \frac{1}{2}\lambda = 1 + \frac{2\tang^2 \frac{1}{2}\lambda}{1 - \tang^2 \frac{1}{2}\lambda} = 1 + \frac{2\tang^2 \frac{1}{2}\lambda \cos^2 \frac{1}{2}\lambda}{\cos^2 \frac{1}{2}\lambda - \sin^2 \frac{1}{2}\lambda}$
$= 1 + \frac{2\sin^2 \frac{1}{2}\lambda}{1 - 2\sin^2 \frac{1}{2}\lambda}$;

mais $2\sec L - 1 > 1$ et $1 - 2\sin^2 \frac{1}{2}\lambda < 1$; donc les deux expressions ne sont pas égales, et d'ailleurs L est inconnue. Il faut donc en conclure que l'expression d'Albategni est inexacte.

Après ces préliminaires un peu longs, examinons le texte latin de Plato Tiburtinus.

Partis declinationem cum quâ stella cœlum mediaverit ejusque longitudinem ab æquidiei circulo sume, ce qui doit signifier : prenez le point de l'écliptique qui culmine avec l'étoile et la déclinaison de ce point. Mais le traducteur paraît confondre ces deux arcs en ce qu'il appelle la déclinaison, *longitude du cercle équinoxial*, ou *distance au cercle équinoxial*,

ALBATEGNIUS.

ce qui se conçoit encore; mais alors il faudra que *déclinaison* signifie la longitude du point culminant. Il ajoute: *retranchez la plus grande de la plus petite*, c'est-à-dire sans doute faites (D — ☉) = différence de la déclinaison de l'étoile à celle du point de l'écliptique, le reste sera *la longitude égalée*, c'est-à-dire *la distance égalée*; ceci ne peut faire aucun doute.

Prenez-en le sinus et le sinus de ce qui lui manque pour valoir 90°; voilà donc sin (D — ☉) et cos (D — ☉). Cherchez ensuite le sinus *de la déclinaison totale et le sinus de son complément à* 90°; voilà sin ω et cos ω, car la déclinaison totale est l'obliquité de l'écliptique, puisque l'obliquité de l'écliptique est la plus grande des déclinaisons du Soleil.

De hinc cordam perfectionis declinationis ex 120 *minue et quod remanserit erit corda longior.* 120^p sont le diamètre, qui, suivant nous, = 2. Vous aurez donc

corde plus longue = 120^p — cos déclinaison = 2 — cos déclinaison;

mais quelle est cette déclinaison? aurons-nous 2 — cos ω, 2 — cos D, 2 — cos ☉, 2 — cos Æ, ou enfin 2 — cos L'? On ne sait lequel, et l'on ne voit pas un autre arc qu'il puisse appeler déclinaison.

Prenez le sinus du complément de la déclinaison de la partie qui a médié avec l'étoile, et retranchez-la de 120^p; ce sera *la corde augmentée*; vous aurez donc

corde augmentée = 2 — cos ☉, ou 2 — cos L'.

Ici, nous n'avons que le choix entre ☉ et L'.

Deinde totam declinationem in diametri medium multiplica, multipliez la déclinaison totale par le rayon. Il a voulu dire sans doute le sinus de la déclinaison; il fait donc 60^p sin ω; nous ferons simplement sin ω; *divisez par le cosinus de la partie qui médie avec l'étoile; ce qui en proviendra sera la corde de la déclinaison égalée*. Voilà sin décl. égalée = $\frac{\sin \omega}{\cos Æ}$, ou $\frac{\sin \omega}{\cos L'}$; cherchez-en le cosinus. Il nous dit de *remarquer quelle est sa partie et son nom*, ce qui ne peut signifier que *remarquez si elle est boréale ou australe*. Il s'agit donc d'une déclinaison. Mais quelle pourrait être cette déclinaison dont le sinus à pour expression $\frac{\sin \omega}{\cos Æ}$, ou $\frac{\sin \omega}{\cos L'}$; c'est ce qui ne paraît pas facile à deviner.

Multipliez le sinus de la déclinaison égalée par le sinus de la longitude égalée. Vous aurez donc $\frac{\sin\omega \sin(D-\delta)}{\cos \text{Æ}}$, ce qui pourrait bien être..... $\sin\omega \sin(D-\delta)\cos \text{Æ}$ de notre formule (2); au lieu de *diviser*, il faudrait donc *multiplier*, et la *déclinaison* serait l'ascension droite.

Multipliez par la corde augmentée et divisez par la corde plus longue. Nous aurions donc $\sin\omega \sin(D-\delta)\cos\text{Æ}\left(\frac{2-\cos x}{2-\cos y}\right)$, en mettant x et y pour les deux arcs douteux; mais la véritable expression est, suivant la formule (2),

$$\sin BD = \sin(L-L') = \frac{\sin\omega \sin(D-\delta)\cos\text{Æ}}{\cos\lambda} = \frac{\sin\omega \sin(D-\delta)\cos L}{\cos D}.$$

Ce n'est pas tout encore: *multipliez le produit par le sinus de la longitude du degré avec lequel l'étoile a médié, comptée du colure voisin, par les ascensions du cercle direct,* c'est-à-dire par $\cos\text{Æ}$. Ainsi, en rassemblant les préceptes du traducteur,

$$\sin\omega\sin(D-\delta)\cos\text{Æ}\left(\frac{1}{\cos L'}\right)\left(\frac{2-\cos x}{2-\cos y}\right) = \sin\text{différence} = \sin(L-L'),$$

au lieu de $\frac{\sin\omega \sin(D-\delta)\cos\text{Æ}}{\cos\lambda}$.

Dans les préceptes qu'il donne pour savoir si cette différence de longitude est additive ou soustractive, on voit que dans les signes descendans et lorsque la déclinaison de l'étoile (la distance au cercle équinoxial, *la longitude du cercle équinoxial*) est boréale, la différence est soustractive de la longitude du point culminant, ce qui est vrai. Si l'étoile est australe, la différence est additive, ce qui est encore vrai.

Dans les signes ascendans, au contraire, et si l'étoile est boréale, la différence est additive; elle est soustractive pour une étoile australe. Ainsi l'on aura le degré de l'étoile *parmi les degrés des signes*. Tous ces préceptes sont clairs.

Jusqu'ici il a supposé la déclinaison de l'étoile plus grande que la déclinaison du point culminant, c'est-à-dire $D > \delta$ et de même signe ou dénomination; si le contraire a lieu, on fera $(D+\delta) = $ *longit. égalée*. Il est bien clair qu'il parle de la somme ou de la différence des déclinaisons, qu'il appelle des longitudes, c'est-à-dire des distances à l'équateur.

Le précepte qu'il va donner pour cette seconde supposition devrait

ALBATEGNIUS.

être le même que pour la première; il n'y aura que $(D + \delta)$ au lieu de $(D - \delta)$. Écoutons Plato Tiburtinus.

Multipliez le sinus de la déclinaison (Il met ici le sinus et non l'arc; la correction que nous avons faite ci-dessus est donc bonne.) *par le sinus de la distance à l'équateur;* (Il met toujours *longitude* pour distance.) *multipliez par le cosinus de la longitude égalée, divisez par le demi-diamètre du cercle, et vous aurez le sinus de la déclinaison égalée.* Nous aurons donc

$$\sin \text{déclin. égalée} = \frac{\sin \omega \cos(D - \delta)}{\text{rayon}}, \text{ au lieu de } \frac{\text{rayon} \sin \omega}{\cos L'}.$$

Les expressions sont très différentes et toutes deux inexactes.

Multipliez par le sinus de la distance de l'étoile à l'équateur; divisez par le cosinus de la distance à l'équateur; multipliez par la corde augmentée et divisez par la corde plus longue; multipliez par le cosinus de la déclinaison égalée, divisez par le cosinus de la déclinaison totale, multipliez par le sinus de la longitude de la partie avec laquelle l'étoile a médié, comptée du colure voisin; divisez par le rayon et vous aurez la différence, que vous emploierez comme il a été dit.

Ainsi
$$\sin \text{décl. égalée} = \frac{\sin \omega \cos(D + \delta)}{1},$$

$$\sin \text{différence} = \frac{\sin D (2 - \cos x) \cos \text{déclin. égalée} \cos \cancel{R}}{\cos D (2 - \cos y) \cos \omega \text{ rayon}}$$

$$= \frac{\sin D}{\cos D} \cdot \left(\frac{2 - \cos x}{2 - \cos y}\right) \left(\frac{\cos \cancel{R}}{\cos \omega}\right) [1 - \sin \omega \cos(D + \delta)]^{\frac{1}{2}},$$

au lieu de
$$\sin \omega \sin(D + \delta) \cos \cancel{R} \left(\frac{1}{\cos L'}\right) \left(\frac{2 \cos - x}{2 \cos - y}\right),$$

ou de
$$\frac{\sin \omega \sin(D + \delta) \cos \cancel{R}}{\cos \lambda} = \frac{\sin \omega \sin(D + \delta) \cos L}{\cos D}.$$

Les deux expressions exactes renferment une inconnue; les deux expressions du traducteur sont inintelligibles et diffèrent entre elles; elles ont besoin de corrections, mais ces corrections seraient trop arbitraires; il n'y a que le facteur inintelligible $\left(\frac{2 - \cos x}{2 - \cos y}\right)$ qui se retrouve le même dans les deux leçons. L'auteur, qui pouvait commencer par déterminer la latitude par la formule (1), va nous donner en place un précepte bien plus compliqué et presque aussi impraticable.

Quand vous voudrez connaître la latitude et la partie (ou la dénomination) de cette latitude, multipliez le sinus de la distance à l'équateur par le sinus de la déclinaison du degré dans lequel vous avez trouvé l'étoile; divisez par le cosinus de la déclinaison totale, vous aurez le sinus d'un arc. Ainsi

$$\sin \text{arc} = \frac{\sin D \cos \text{Æ}}{\cos \omega};$$

mais par *déclinaison du degré dans lequel vous avez trouvé l'étoile*, j'entends la latitude DF, point de l'équateur qui se trouve dans le cercle de latitude de l'étoile; alors l'expression devient

$$\sin \text{arc} = \frac{\sin D \cos \lambda'}{\cos \omega} = \sin \varphi,$$

et ce sera ma formule (3); la longitude ♈D étant trouvée, on la considérera comme une ascension droite, et l'on aura, par la table de l'écliptique, le point culminant fictif F, sa déclinaison fictive DF $=\lambda'$, qui est la latitude de ce point de l'équateur; on pourra donc calculer l'arc $\varphi = $ CF.

Si l'arc trouvé (φ) *est plus grand que la déclinaison de la partie dans laquelle vous avez trouvé l'étoile, retranchez-en la déclinaison de ce degré*, c'est-à-dire si $\varphi > \lambda'$, faites $\varphi - \lambda' = \lambda$; c'est ma formule (4); s'il est plus petit, retranchez-le de cette déclinaison; d'une ou d'autre manière, vous avez la latitude, c'est-à-dire que $\lambda = \varphi - \lambda'$, ou $\lambda' - \varphi$, ce qui est juste.

Il n'y a donc aucune incertitude sur cette dernière partie du problème; on peut être étonné seulement que l'auteur ne soit pas entré dans plus de détails sur la manière de trouver l'arc subsidiaire φ; mais celle que j'ai indiquée est sûrement la véritable.

Quant à la première partie, ou l'expression de $\sin (L - L')$, il paraît encore certain que l'auteur a dû suivre à peu près la marche qui m'a conduit à ma formule (2); mais comment a-t-il éliminé $\cos \lambda$? c'est ce qu'il m'a été impossible de deviner. L'auteur termine ce chapitre en disant : *Scito hoc si Deus voluerit*, malheureusement, Dieu n'a pas voulu.

Le précepte pour la latitude est bon; mais il suppose la longitude bien déterminée, et nous n'avons pas la preuve qu'Albategnius y ait parfaitement réussi. Mais comme ce problème servait principalement pour les planètes, $\cos \lambda$ différait assez peu de l'unité, et nous avons vu que pour une étoile dont la latitude serait de 13° 37′, l'erreur de la formule, qui me paraît être celle de l'auteur, n'est guère que d'une minute.

Ce qui peut nous confirmer dans l'idée que la solution précédente est inexacte en elle-même, du moins pour ce qui regarde la longitude, indépendamment des bévues du traducteur, c'est que la suivante est déci-

ALBATEGNIUS.

dément mauvaise, sans aucune ambiguité. Il s'agit, comme ici, d'un problème déjà résolu, celui de trouver le troisième côté par les deux premiers et l'angle compris. En effet, pour trouver les longitudes et les latitudes par les ascensions droites et les déclinaisons, on a les deux côtés ω et $(90 - D)$ avec l'angle compris $(90° + \text{Æ}R)$; on devrait donc avoir $(90° - \lambda)$ par le cosinus ou sinus-verse, à volonté; après quoi

$$\cos L = \frac{\cos \text{Æ}R \cos D}{\cot \lambda}, \text{ par la règle des quatre sinus.}$$

Soit BA (fig. 6) un arc de l'écliptique, GE un arc de parallèle, FA et FB les deux cercles de latitude, ABGEA une espèce de quadrilatère formé par trois arcs de grand cercle et un arc de petit cercle.

Il est démontré, dit notre auteur, que dans les quadrilatères inscrits au cercle, la somme des produits des deux côtés opposés est égale au produit des deux diagonales. Il ajoute que dans un quadrilatère sphérique dont deux côtés sont parallèles, comme AB et EG, et les deux autres côtés égaux se réunissent au pôle de AB, les deux diamètres seront égaux et que leur produit $GA \times BE = AB.GE + AE.GB$; $AF = 90° = BF$; ce sont les cercles de latitude. Qu'une des deux étoiles soit en A sur l'écliptique, et l'autre en G; on aurait tout simplement $\cos AG = \cos AB \cos BG$; on ne voit pas l'utilité d'une autre solution.

Menez FMC sur le milieu M du parallèle (Cet arc passera par l'intersection I des deux diagonales), $FG = FM = FE$, $GB = MC = EA$, $GM = \frac{1}{2} GE$.

Les triangles FBC et FGM seront semblables. (Jamais on n'a fait ce rapprochement d'un arc de grand cercle avec un arc de son parallèle.)

GM : BC :: FG : FB; cela serait vrai des rayons de ces cercles, en mettant les sinus à la place des arcs FG et FB. L'auteur suppose AB = 60°, BG = 30°; nous ferions

$$\cos AG = \cos AB \cos BG = \cos 60° \sin \cos 30° = \sin 30° \cos 30° = \frac{1}{2} \sin 60°$$
$$= \cos 64° \, 20' \, 27''.$$

Albategni le trouve de 54° 19', trop faible de 10° 1' 27".

Regiomontanus, qui n'a fait aucune remarque sur le chapitre XXVI, qu'il a sans doute trouvé impossible à comprendre et à réformer, dit de ce dernier moyen, qu'il est *intricatus et modicæ reputationis, utitur enim lineis curvis tanquam rectis*. Il se contente de mieux démontrer que le quadrilatère ABGE est réellement inscriptible à un cercle. Albategni, en terminant ce chapitre, dit qu'il sert, comme le précédent, pour les nativités; en ce cas, ils sont tous deux assez bons; on peut seulement leur reprocher la longueur des opérations, qui demandent plus de tems et de travail, pour ne donner que des résultats erronés. Pour la gloire d'Albategni, il faut croire ces deux derniers chapitres interpolés par quelque astrologue ignorant et charlatan, qui aura voulu donner un air de mystère à des opérations qui seraient fort simples si l'on ne s'était attaché à les rendre obscures et difficiles.

Dans le chapitre XXVII, il cherche la longueur de l'année, et nous dit que les Egyptiens et les anciens Babyloniens la faisaient de $365^j \, 15' \, 27' \, 30''$ ou de $365^j \, 6^h \, 11' \, 0''$. Personne, que je sache, ne l'avait dit avant Albategni. Nous ne savions rien de semblable des Chaldéens. Quant aux Égyptiens, nous ne leur connaissions que l'année de $365^j \frac{1}{4}$ et l'année commune de 365^j. Si les uns ou les autres ont trouvé cette autre année par les levers héliaques, elle ne peut être que sidérale, et par conséquent trop forte de $20' \, 20''$; l'année tropique sera de $365^j \, 5^h \, 50' \, 40''$; l'erreur des Babyloniens aurait été moindre que celle des Grecs. Notre auteur ajoute que Ptolémée avait déjà remarqué que cette année devait être sidérale; peut-être en jugeait-il ainsi d'après sa longueur; avec sa précession de $36''$, qui ne font que $14' \, 38''$ de tems solaire, il devait en conclure une année de $365^j \, 5^h \, 56' \, 22''$. Ptolémée, à l'exemple d'Hipparque, la fait de $365^j \, 5^h \, 55' \, 12''$. La différence n'eût été que de $70''$, et Ptolémée disserte longuement pour démontrer qu'il faut retrancher $\frac{1}{300}$ du quart de jour qui excède les 365 jours. Comment aurait-il négligé une confirmation si importante de son hypothèse? Mais Ptolémée ne dit rien de semblable; je n'ai pu trouver le passage qu'Albategnius avait en vue. Ptolémée articule au contraire très expressément qu'avant Hipparque l'opinion générale des mathématiciens faisait l'année de $365^j \frac{1}{4}$; il n'en cite aucune autre; rien ne nous atteste d'ailleurs la science des Chaldéens. Ils auraient pu, à force de répéter les observations des levers héliaques, déterminer passablement l'année sidérale, sans pour cela se douter le moins du monde que cette année n'était pas celle qui ramène exactement les saisons. Rien ne dit qu'ils aient observé les ombres solsticiales du gnomon, et ils auraient pu très bien s'y tromper de $20'$ sur la vraie longueur de l'année tropique. Il ne paraît pas que Ptolémée ait eu la moindre connaissance de cette année chaldéenne ou égyptienne; il serait sûr au moins qu'il n'en aurait pas fait le moindre cas.

ALBATEGNIUS.

Albategni montre plus de confiance aux équinoxes qu'aux solstices; il préfère même l'équinoxe d'automne à celui du printems, parce que l'air est plus pur. Il compare un de ses propres équinoxes à un équinoxe de Ptolémée. Cet équinoxe est de l'an 1191 d'Hilcarnain, ou 1206 après la mort d'Alexandre; avant le lever du Soleil, le 19 du mois elul des Romains, c'est-à-dire le 8 pachon du mois d'alkept, $4^h 45'$ avant le lever du Soleil; or le méridien d'Aracte est de $\frac{2}{3}$ d'heure plus oriental que celui d'Alexandrie, de sorte que l'intervalle des tems est 743 années égyptiennes, et $178\frac{3}{4} - \frac{2}{5}$ d'heure au lieu de $185\frac{3}{4}$, qui auraient eu lieu si l'année était de $365^j \frac{1}{4}$; la différence $7^j 0^h 24'$ divisée par 743, donne 0.0094434; en sorte que l'année sera $365,2405566 = 365^j 5^h 46' 24''$, trop faible de $2' 26''$, et plus exacte de beaucoup que celle de Ptolémée; mais s'il y a erreur d'un jour sur les équinoxes de Ptolémée, on pourra ajouter $\frac{1}{7}$ ou $2'$ environ, en sorte que l'année eût été fort bien. Observons pourtant que ce résultat n'est fondé que sur une comparaison unique; qu'Albategni paraît avoir négligé une minute sur la hauteur du pôle; que son armille devait être en erreur d'une minute, et l'équinoxe en erreur d'une heure; que l'erreur de l'observation plus ancienne est probablement beaucoup plus forte, et que les connaissances astronomiques sont aujourd'hui trop avancées pour être améliorées par de pareilles observations : il serait donc assez inutile de recommencer le calcul, pour y apporter les attentions négligées par Albategni.

Il en résulte que le mouvement diurne est de $59' 8'' 20''' 46^{IV} 54^V 14^{VI}$, et que pour une année égyptienne de 365^j, il est de $359° 45' 46'' 25''' 31^{IV} 2^V 31^{VI}$. C'est d'après ces nombres qu'il a formé ses tables de mouvemens moyens. Ici Halley trouve 32^{IV} au lieu de 31.

Pour déterminer l'inégalité, il se sert de la méthode d'Hipparque, suivie aussi par Ptolémée; de l'équinoxe d'automne à celui du printemps il a trouvé (chap. XXVIII)............ $178^j 14^h 30'$
de cet équinoxe au suivant............. 186.14.45 presque,
ce qui ne fait cependant que............ 365. 5.15 erreur, 43 ou 44′;
du dernier équinoxe au solstice suivant... 93.14. 0
en $186^j 14^h 45'$ le mouvement est........ 183° 56′ 12″
en 93.14............................... 92.14.10
excès du premier arc sur 180°........... 3.56.12
moitié................................. 1.58. 6
second arc — moitié de l'excès.......... 90.16. 4

ôtez 90° il restera............ 0° 16' 4"
sin 16' 4"................... 7.66965
C. sin 1° 58.6................. 1.46421
                    tang 7° 44' 55" 9.13376
          apogée...... 2ˢ 22.15. 5
Ptolémée ne trouve que... 2. 5.35. 5
différence................ 16.40. 0
je trouve l'apogée en....... 2ˢ 22° 15' 5",   Albategni dit 2ˢ 22° 17'.

          sin 1° 58' 6"........... 8.53589
          C. cos 7.44 55 .... 8.00399
double excentricité = 0.034664......... 0.53988
excentricité....... 0.017332...C. sin 1" 5.31443
                    1° 59' 10" 5.85431

plus grande équation, 1° 59' 10". Halley trouve de même ;
Albategni trouve... 1.58, et la double excentricité 0.0346528, puisqu'il
la fait de $\frac{2° 4' 45''}{60.0. 0}$.

Ces quantités sont un peu fortes peut-être ; mais beaucoup plus exactes
que celles d'Hipparque, quoique Ptolémée prétende avoir trouvé les mêmes ;
mais je crois ses équinoxes et ses solstices des calculs faits sur les tables.
Albategni trouve l'apogée en 82° 17', et ne songe pas à le comparer à celui
de Ptolémée, qui était en 2ˢ 5° 30' ; le mouvement serait donc de 16° 47' ;
ce qui donnerait environ 79" par an, et ferait un mouvement propre de
29", ou de 25 en supposant 54" de précession avec Albategni. Ce mouvement n'est pas de 12" ; ainsi les observations ne sont pas assez exactes ;
mais si Ptolémée n'a point observé, cet apogée appartiendrait à Hipparque. Il faut diminuer les 16° 40' de 1° 1', que Ptolémée aurait dû
ajouter à son apogée, déduit des observations d'Hipparque ; le mouvement total serait de 75" par an, et celui de l'apogée 25", trop fort de 17" ;
mais enfin, il en résulterait que l'apogée a un mouvement. Quoique
Albategni n'ait pas exprimé cette découverte, on peut dire qu'elle lui est
due en grande partie. Bailli la lui attribue sans réserve ; il lui prête un
calcul qu'il n'a point fait ; et, sur la foi de Riccioli, il suppose qu'Albategni avait établi le mouvement de l'apogée de 59" 4‴ par an.

Pour calculer l'équation du centre, il suit exactement les mêmes méthodes que Ptolémée ; ainsi, en faisant de nouvelles tables, il n'a changé

que les élémens et rien à la forme. Nous verrons plus loin (pag. 44) qu'il ne donne à l'apogée d'autre mouvement que celui de précession; il dit en passant que c'est par les mêmes moyens qu'on peut déterminer l'équation simple de la Lune ; il donne de même, et sans autre éclaircissement, le tableau suivant du rayon de l'épicycle pour les différentes planètes.

☉	☾	♄	♃	♂	♀	☿
2°4′41″;	5°15′;	6°29′2″;	11°30′5″;	39°55′22″;	44°9′5″;	22°30′30″.

Dans le chapitre XXIX, on trouve en abrégé les idées de Ptolémée, pour la différence du tems vrai au tems moyen.

Dans le chapitre XXX, on voit de même exposé brièvement la théorie lunaire de Ptolémée. Albategni assure qu'il a vérifié la première inégalité de 5° 1′ par les éclipses, et l'évection 2° 39′ par les quadratures ; il n'a fait aux tables lunaires d'autre changement, que celui qui provient du mouvement du Soleil qu'il a trouvé plus rapide, puisqu'il a diminué la durée de l'année ; il a aussi diminué l'argument de la latitude à raison de 27′ pour le tems écoulé depuis Ptolémée.

Suivant lui, l'ombre de la Terre s'étend jusque par delà l'orbite de Mercure, ce qui n'est pas exact à beaucoup près ; mais c'est une suite nécessaire de la position qu'il suppose à cette orbite, quand il dit que la plus grande parallaxe de Mercure est la même que la plus petite parallaxe de la Lune ; d'où il suivrait que les deux orbites se toucheraient sans se pénétrer. Il ajoute que si Mercure ne souffre jamais d'éclipse, c'est qu'il ne se trouve jamais en opposition avec le Soleil. Il est vrai que Mercure ne se trouve jamais en opposition, mais on serait en droit de demander à Albategnius sur quel fondement il attribue à Mercure une parallaxe si considérable.

Il remarque, comme une chose singulière, que Ptolémée n'a donné aucun exemple d'éclipse de Soleil. *Nous ignorons ce qui l'en a empêché.* Pour moi je soupçonne que ce peut être l'incertitude de ses parallaxes ; mais cette raison n'a pas retenu Théon, ce qui nous fait suspecter la réalité de son observation.

Pour lui, il établit sa doctrine sur deux éclipses qu'il a observées lui-même. Dans la première, le Soleil et la Lune étaient apogées ; dans l'autre, le Soleil était périgée, et la Lune dans ses moyennes distances.

Le milieu de la première arriva l'an 1202 d'Hilcarnain, c'est-à-dire l'an 1214 depuis la mort d'Alexandre, ou 1638 de Nabonassar, au milieu du premier jour du mois ab, dans la ville d'Aracte. L'éclipse dura une heure temporaire. La quantité fut de plus de $\frac{2}{3}$ *autant qu'on put voir*. Suivant le calcul de l'auteur, le Soleil était, par son mouvement égal, en $4^s\ 20°\ 54'$, et son lieu vrai en $4^s\ 19°\ 14'$; la Lune moyenne en $4^s\ 17°50'$ (Halley dit 56'); la Lune vraie, comme le Soleil. Le lieu vrai, sur l'épicycle, $332°\ 57'$; longitude moyenne, $174°\ 43'$; la vraie, $176°\ 11'$ (Halley dit 51'); la conjonction vraie avait précédé de $\frac{1}{8}$ d'heure la conjonction apparente. L'argument de la latitude était $177°\ 11'$ (Halley dit $176°\ 55'$); la latitude observée au méridien $0°\ 6'$; la latitude vraie $0°\ 16'$ boréale; tandis que, suivant les Tables de Ptolémée, la quantité de l'éclipse devait être de plus de $\frac{3}{4}$, et le milieu précédait d'une heure le milieu observé.

La seconde éclipse, observée de même par Albategni, le fut à Antioche, l'an 1205 d'Hilcarnain (Halley 1212), ce qui fait l'an 1217 (Halley 1224) d'Alexandre, et 1636 de Nabonassar, $5^h\ \frac{2}{3}$ équinoxiales avant midi du 23 du second mois huni (Halley canun). La quantité de l'éclipse parut d'un peu plus que la moitié du Soleil. Le tems du milieu réduit à Aracte était $3^h\ \frac{1}{2}$ un peu moins avant midi; la partie éclipsée parut donc moindre que de $\frac{2}{3}$ (il vient de dire un peu plus que moitié, ou que $\frac{3}{6}, \frac{2}{3} = \frac{4}{6}$; on peut supposer $\frac{7}{12}$); le lieu moyen du Soleil fut en conjonction $10^s\ 7°\ 9'$; le lieu vrai, $8°\ 35'$; le lieu moyen de la Lune, $10^s\ 12°\ 49'$; le lieu vrai, celui du Soleil; l'anomalie sur l'épicycle, $156°55'$ (Halley $126°\ 35'$); l'argument moyen de la latitude, $173°\ 55'$ (Halley 25'); l'argument vrai, $169°\ 41'$ (Halley 11'); le milieu observé précédait la conjonction vraie d'une demi-heure équinoxiale; la latitude apparente, $0°\ 10'$ presque; la latitude vraie, $59'$ presque; l'argument de latitude, $168°\ 45'$. Suivant les Tables de Ptolémée, l'éclipse devait être totale, et le milieu suivre de deux heures le milieu observé. De pareilles erreurs ne pouvaient se négliger, il fallait corriger les tables.

Il rapporte ensuite deux éclipses de Lune. La première est de l'année 1194 d'Hilcarnain, ou 1206 de la mort d'Alexandre, 1630 de Nabonassar, le 53 du mois zémur (Halley tamuz); le milieu à Aracte, un peu plus de 8 heures équinoxiales après midi; la quantité un peu plus que la moitié et un tiers, ou $\frac{5}{6}$ de la Lune; le Soleil moyen était en $4^s\ 5°\ 51'$ (Halley 21'); le lieu vrai, $4^s\ 4°\ 5'$ (Halley 1'); le lieu moyen de la Lune, $10^s\ 8°\ 45'$; le lieu vrai, $180° + \odot$ vrai; l'anomalie sur l'épicycle, $93°$ (Halley $113°\ 8'$); l'anomalie vraie, $94°\ 10'$ (Halley $3^s\ 24°\ 10'$); l'argument moyen de latitude, $190°\ 49'$; l'argument vrai, $186°\ 5'$; la lati-

ALBATEGNIUS.

tude à midi, 0°38′ presque. Suivant Ptolémée, l'éclipse aurait dû être $\frac{1}{2}\frac{1}{3}\frac{1}{30}$, et le milieu $\frac{3}{4}$ d'heure plutôt qu'il n'a été observé. Nous verrons plus loin les remarques de Halley sur ces observations et ces calculs.

La seconde éclipse est de l'an 1212 d'Hilcarnain, ou 1224 d'Alexandre, 1648 de Nabonassar. Le milieu, 15 $\frac{1}{3}$ heure, après le midi du second jour, à Antioche; à Aracte, 15 $\frac{1}{2}\frac{1}{4}$; après midi, l'éclipse fut presque totale, et le Soleil était en 4^s 16° 10′; le lieu vrai, 4^s 14° 36′; le lieu moyen de la Lune, 10^s 19° 54′ (Halley 24′); le lieu vrai, 180° + ☉; l'anomalie sur l'épicycle, 110° 7′; l'anomalie vraie, 91° 5′ (Halley 3^s 21° 5′); l'argument moyen de latitude, 109° 10′ (Halley 6^s 10° 10′); l'argument vrai, 185° 51′ (Halley 21′); la latitude au milieu de l'éclipse, 0° 28′ presque. Suivant les Tables de Ptolémée, l'éclipse devait être $\frac{1}{2}\frac{1}{3}$, et le milieu devait précéder de $\frac{1}{2}\frac{1}{3}$ d'heure équinoxiale le milieu observé.

Ainsi la quantité et le lieu de l'éclipse différaient des tables, et c'est ce que *nous avons trouvé plus ou moins* dans toutes les éclipses que nous avons observées. Mais nous nous sommes contenté de ces deux éclipses de Lune, dans lesquelles le Soleil était apogée, et la Lune presque au même lieu moyen; la différence n'étant guère que $\frac{1}{2}$ degré, et la latitude dans la même partie; cependant, entre la première et la deuxième latitude il y avait 3′ 50″ de différence; de la différente quantité des deux éclipses, il résulte que le diamètre de la Lune est de 33′ 20″; et comme la proportion du diamètre de l'ombre au diamètre lunaire, est la même qui avait été établie par Ptolémée, c'est-à-dire 2 $\frac{3}{5}$, on aura 43′ 30″ presque, pour le rayon de l'ombre. Ce qui suit est peu intelligible, malgré une note de Regiomontanus qui commente ici le passage de Ptolémée; mais après cette note, on voit clairement exprimé que le diamètre de la Lune est de 29′ 30″ à l'apogée, et de 38′ 30″ au périgée. Ptolémée le faisait toujours au moins de 31′ 20″; d'où il résultait qu'aucune éclipse ne pouvait être annulaire. Ainsi voilà encore une remarque importante qui est due à Albategni, qui ne parle pas expressément de ces éclipses; mais il en suppose la possibilité, quand, à propos de la distance, où le diamètre est de 31′ 20″, il ajoute : *et alors elle pourra cacher le Soleil tout entier.* De ces calculs, il cherche à déduire les distances du Soleil, qu'il trouve de 1156 demi-diamètres de la Terre, et 1108 pour la moyenne. D'où il pouvait conclure les parallaxes, 2′ 58″ pour la distance apogée, et 3′ 6″ pour la moyenne distance. Ces calculs, fondés sur une fausse théorie, ne méritent pas d'être refaits.

On trouve ensuite l'explication des phases de la Lune, puis une idée très succincte de la théorie des planètes. Les rétrogradations arrivent lorsque le mouvement sur l'épicycle est égal ou contraire au mouvement du centre de l'épicycle; ce qui a lieu, dit-il, quand la planète est dans le rayon visuel tangent à l'épicycle, ce qui n'est pas exact, car alors le mouvement dans l'épicycle est nul, et il reste le mouvement du centre sans aucune compensation; c'est une inadvertance. Il n'a pas trouvé que ses observations fussent entièrement conformes aux Tables de Ptolémée, et la chose pouvait se prévoir aisément, en voyant le petit nombre et souvent le mauvais choix des observations employées par Ptolémée. En conséquence, il a calculé de nouvelles tables de station et de rétrogradation, en divisant par l'intervalle écoulé l'erreur qu'il avait aperçue; car, ajoute-t-il, nous n'avons rien omis de ce qui nous a paru propre à corriger quelque erreur et à perfectionner les tables. Il n'a presque rien changé aux latitudes des trois planètes supérieures. Les différences étaient plus fortes pour Mercure et Vénus; mais en corrigeant Ptolémée il n'ose pas assurer si les fautes étaient de lui ou de son traducteur. Ainsi il ne connaissait que la version arabe de la Syntaxe.

Les mois arabes sont almuartham, saphar, rabeth 1er, rabeth 2e, gumedi 1er, gumedi 2e, rageb, scaben, ramadan, scauhel, dulcada et dulhega. Les mois des Romains, suivant la manière de compter des Grecs et des Égyptiens, sont elul, zersin 1er, zersin 2e, kemni 1er, kemni 2e. Subhat est de 28 jours trois ans de suite, et de 29 la quatrième année (on voit que ce doit être février), et alors l'année est bissextile; les six autres sont har, trisan, hiar, hontan, themur et ab, qui doit être août. Les mois persans sont efrosomeh, asdias, demed, chordecinech, tirmeh, mirdeemeh, scharumeh, mabramech, dont le 16e jour est almahregen, abamneh, dont le 26e est alaffrudh, euge, ensuite dix jours, dont cinq sont le reste d'abamneh; les cinq autres n'appartiennent à aucun mois et se nomment adrameh, oimeh, bahmemmeh, sfindar et memmeh. (Je ne réponds pas de la fidélité de la traduction.) Chaque mois est de 30 jours et l'année de 365. Les mois alkept sont zut, bena, aceur, kahiac, zona, amseir, boronhor, barmuhda, bascens, bona, abhib, mufre, chacun de 30 jours. On ajoute cinq jours lagnahic. L'année alkept est de 365 jours. L'époque d'où commencent les Romains (et les) Alkepts, est la mort d'Alexandre macédonien; les Égyptiens romains commencent de l'ère de Hilcarnain, *et il y a entre eux* 12 *années égyptiennes.*

ALBATEGNIUS.

Lorsque vous voudrez connaître les années alhegera (l'hégire) et le commencement de chacun des mois arabes, prenez les années complètes d'alhegera, multipliez-les par $355 \frac{1}{5}$ et $\frac{1}{6} = \frac{11}{30}$; si le produit offre une fraction moindre que $\frac{1}{2}$ négligez-la; si elle passe $\frac{1}{2}$, prenez-la pour un jour et ajoutez-la; la somme sera le nombre de jours écoulés depuis le commencement d'alhegera; c'est la racine, conservez-la; ajoutez-y cinq jours et retranchez-en tous les 7, le reste moindre que 7 sera la marque de l'année entrante. *De quâ à die dominica unicuique decimo projecto dies in quâ terminabitur erit prima dies almuharam illius anni in quo fueris;* comptez-le depuis le dimanche, et le jour où il se terminera sera le premier jour d'almuharam de l'année commençante. Si vous voulez passer à un autre mois, ajoutez alternativement 2 et 1 à la *marque* de l'année, ou bien 3 jours pour deux mois; mais si un seul mois reste qui doit avoir un nombre pair, ôtez-en deux jours (je crois qu'il faut : donnez-lui deux jours) et retranchez 7, comptez le reste, à partir du dimanche, et le jour où il se terminera sera le premier du mois cherché.

Si vous voulez trouver le commencement des mois romains par le nombre entier d'années d'Hilcarnain, prenez ce nombre, ajoutez-y un quart; la fraction, s'il y en a une, négligez-la toujours, ôtez-en tous les 7, comptez le reste à partir de dimanche, et le jour où il finira sera le premier elul de l'année commençante; si la *fraction moitié est un tout*, l'année commençante sera bissextile; si *elle est plus ou moins,* l'année sera commune. (Je copie fidèlement sans rien garantir).

Si vous voulez un mois autre qu'elul, ajoutez 2 jours pour chaque mois de 30 et 3 pour ceux de 31. Vous n'ajouterez rien pour subat, à moins que l'année ne soit bissextile; alors ajoutez un jour.

Tous ces préceptes reviennent à faire usage de la *marque*, qui est un chiffre dominical; ou en général du jour de la semaine, pour trouver le commencement de l'année et celui de chaque mois.

Si vous voulez le commencement des mois persans par leurs années, prenez les années entières d'Iardagir, fils de Kisre; ajoutez 3 à ce nombre et rejetez tous les 7, comptez le reste depuis le dimanche et vous arriverez au premier jour d'efrosdmeh; ce jour est *eneirur.* Pour avoir les mois, ajoutez 2 jours pour chaque mois, excepté abramah, à qui il ne faut rien ajouter; rejetez les 7, comptez le reste depuis le dimanche et vous arriverez au commencement du mois. Les Egyptiens précèdent les Grecs alkept de trois jours pour le premier elul; à chaque année quatrième, *inaccaric,* ils les précèdent d'un jour. Pour connaître les commencemens des mois alkept, prenez les années entières hilcarnain, ajoutez-y 5 jours et rejetez tous les 7; comptez le reste du dimanche et vous aurez le premier jour de l'année. Pour les autres mois, ajoutez 2 jours pour chacun, rejetez les 7 et suivez le reste du précepte ordinaire. Si les jours épagomènes sont passés, ajoutez-les pour compléter l'année; ce sont les lagnahir.

Si vous voulez le taric des Romains par le taric d'alhegera, pour connaître le jour du mois romain où vous êtes, il faut savoir d'abord les années d'hilcarnain qui sont passées; prenez la racine arabe conservée (ci-dessus), ajoutez-y 317 jours, ajoutez à la somme les jours écoulés des mois et jours arabes; divisez le tout par $365\frac{1}{4}$, le quotient sera le nombre d'années entières, ajoutez 933 ans, la somme sera le nombre d'années d'hilcarnain. Conservez ce nombre, distribuez les jours restans entre les mois, à commencer d'elul, vous aurez les mois. S'il reste des jours, ce seront ceux des mois. S'il y a (*une fraction*) négligez-la. Si la fraction est une moitié, l'année non achevée sera bissextile, dans laquelle vous prendrez 28 pour le mois subat (29 apparemment.)

Voulez-vous connaître le taric alkept par le taric romain? prenez les années d'Hilcarnain avec l'année donnée. Si vous êtes au premier jour d'elul, retranchez-en 387 jours; prenez le quart en négligeant la fraction. S'il n'y en a pas, l'année sera bissextile. S'il n'y a pas de fraction, rejetez un jour jusqu'à ce que subat soit passé; s'il est passé, ajoutez toujours les trois jours; ce sont ceux que les Alkepts comptent de plus que les Grecs, au premier elul, qui est *tut*. A ce que vous aurez ainsi trouvé ajoutez les mois écoulés depuis le commencement d'elul; rejetez 365 de la somme, si cela est possible, et ajoutez un an. Si l'année est bissextile et subat déjà passé, donnez-lui 28 jours, retranchez 366, ce qui restera sera le nombre de jours écoulés de cette année alkept. Comptez 30 jours pour chaque mois, à commencer d'atar, vous aurez les mois entiers; ce qui restera sera le nombre des jours du mois.

Ce taric sert à trouver les mouvemens des astres par les Tables de Théon, après avoir ajouté 15 au nombre des années, parce qu'elles sont pour la mort d'Alexandre de Macédoine; on ne met point au nombre des mois le premier mois de ces tables.

Si vous voulez le taric des Persans par le taric d'alhegera, prenez la racine arabe conservée; distribuez ce qui est passé de l'année en mois de 30 et 29 jours alternativement, ajoutez la partie écoulée du mois où vous êtes; ce qui viendra sera le nombre de jours écoulés depuis le commencement d'alhegera jusqu'au jour où vous êtes. Otez-en 3655 jours qui sont entre alhegera et les années jedagird; divisez le reste par 365, le quotient sera le nombre d'années entières écoulées depuis la mort d'Jarddagird, fils de Kisre. Le reste sera moindre que 365; vous le distribuerez entre les mois, en donnant à chacun le nombre de jours qui lui appartiennent, en commençant par effrosdimeh, et le jour qui terminera l'opération sera celui du mois persan désiré. Si vous avez compté le mois abrameh, mettez de plus 35 jours; le jour qui suivra celui où se termine l'année des Persans sera le jour *enneirur* des mois persans. (Je copie fidèlement sans hasarder de correction).

Voulez-vous le taric alhegera par le taric des Romains, selon les Egyptiens? ôtez 935 ans des années d'Hilcarnain; multipliez le reste par $365\frac{1}{4}$; gardez la fraction, s'il y en a une; du nombre des jours retranchez 317; au reste ajoutez les jours écoulés depuis le commencement d'elul, vous aurez ce qui s'est passé depuis le commencement d'alhegera; divisez ce nombre par $365\frac{1}{5}$ et $\frac{1}{6}$, le quotient sera le nombre d'années depuis le commencement d'alhegera. S'il y a une fraction, négligez-la quand elle sera au-dessous de $\frac{1}{2}$; comptez-la pour un, quand elle sera plus grande. Distribuez ensuite les jours entre les mois, par 30 et 29 alternativement, depuis almuarham, vous aurez les mois entiers; ce qui restera de jours sera le quantième du mois arabe suivant.

Voulez-vous le taric alhegera par le taric des Persans? prenez les années entières d'Jarddagird; multipliez-les par 365; ajoutez-y ce qui s'est écoulé depuis le commencement d'effrosdmec jusqu'au jour cherché; à la somme joignez 3655 jours, vous aurez les jours depuis alhegera; faites-en des années arabes, comme nous avons dit.

Si voulez connaître le taric persan par celui des Romains, prenez les années complètes d'Hilcarnain; ôtez-en 975, ce seront les années que vous demandez. Gardez-les; prenez-en le quart; s'il y a une fraction, n'en tenez compte; à ce quart (ajoutez) 77 jours et de plus ce qui s'est écoulé depuis le commencement d'elul. Rejetez 365, s'il y a lieu, et conservant les années, ajoutez-y un an; ce qui reste de jours se distribuera entre les mois, en commençant par effrosdmec. Si la fraction des quarts contient $\frac{3}{4}$, l'année sera bissextile; donnez 29 jours à subat.

Si vous désirez savoir quel jour sera enneirur de l'année entrante, *prenez toujours* 3 *fois* 77 *quotient du quart*, retranchez-le de 366, comptez le reste, à chaque mois, depuis le premier d'elul, et le jour du mois romain où se terminera l'opération sera le jour *enneirur* ou le commencement de l'année persane. Quant aux jours qui suivront enneirur, vous en ferez l'usage que nous avons dit. (Le passage en italiques est plus que suspect.)

Voulez-vous le taric des Romains par le taric persan? prenez les années complètes persanes, multipliez-les par 365; ajoutez au produit ce qui s'est écoulé depuis le commencement d'effrosdmec; divisez la somme par $365\frac{1}{4}$, le quotient donnera les années complètes; vous y ajouterez 953 ans, et vous aurez les années complètes d'Hilcarnain; ce qui restera de jours, vous le distribuerez à chaque mois, et vous négligerez les fractions; s'il n'y en a point l'année sera bissextile, subat aura 29 jours.

Voulez-vous le taric des Romains par le taric alkept? prenez les années alkept, qui sont des années complètes égyptiennes d'Hilcarnain; ôtez-en 387 jours, prenez le quart du reste, retranchez-le des jours écoulés de l'année alkept, du reste ôtez 30, comptez le reste en partant du commencement d'elul, et où se terminera l'opération, là sera le quantième du mois romain.

Si les jours du quart surpassent le nombre des jours d'atar, diminuez le nombre des années égyptiennes et ajoutez 365 jours; ôtez de la somme les jours du quart, comptez le reste en partant d'elul; s'il y a une fraction, n'en tenez compte, et si vous ajoutez 15 aux années complètes alkept, vous aurez les années depuis la mort d'Alexandre. Ajoutez 535 années égyptiennes, vous aurez les années suivant lesquelles sont construites les Tables de Ptolémée, c'est-à-dire les années de Nabucodonosor Ier.

Tous ces détails de correspondance entre les divers calendriers sont minutieux et fatigans. Pour faciliter les conversions, Albategni avait fait des tables. A l'aide de ce qu'on vient de lire, on pourrait refaire les tables. C'est une entreprise que nous n'avons pas tentée. Nous trouverons des tables de ce genre dans les auteurs du moyen âge.

Au moyen de ces tables ou de ces règles, on pourra faire servir les Tables d'Albategni à tous les calendriers.

Dans l'explication de ses Tables du Soleil, il donne la longitude de l'apogée 85° 15' pour l'an 1191 d'Hilcarnain, le premier du mois adhar. Il prescrit d'y ajouter 1° pour 66 ans d'intervalle; c'est la précession qu'il suppose; il ne donne donc pas de mouvement propre à l'apogée; il n'a fait que corriger Ptolémée, en ce point comme dans quelques autres.

Pour l'usage de ses tables, il faut convertir les heures civiles qui sont temporaires, en heures astronomiques qui sont équinoxiales. Il faut avoir égard à la différence des méridiens; il en donne les préceptes.

ALBATEGNIUS

Pour entendre le chapitre suivant, il faut savoir ce que sont les 12 maisons.

Soit (fig. 7) HQO l'horizon, ♈EQ l'équateur, P le pôle; par les points H et O de l'horizon et du méridien, menez les cercles HAO, HA′O, etc., qui coupent l'équateur de 30 en 30°, depuis 0 jusqu'à 360°; ces arcs couperont l'écliptique aux points β, B, B′, C, etc., qu'on appelle *cuspides domorum*, les pointes des maisons. Le problème est donc de connaître β pointe de la 10ᵉ maison, B pointe de la 11ᵉ, B′ pointe de la 12ᵉ, C pointe de la première ou l'ascendant de l'horoscope. La 1ʳᵉ maison est sous l'horizon, elle est terminée par le cercle de position HA″O, les autres sont à la suite. Soit ♈E = M = ascension droite du milieu du ciel, EA = φ l'arc de l'équateur, φ sera 30, 60, 90, 120, 150, 180, 210, 240, 270, 300, 330, et 360 ou 0 successivement; le triangle EAH rectangle en E donne

$$\tang A = \frac{\tang HE}{\sin EA} = \frac{\cot H}{\sin \varphi} \quad \text{et} \quad \cot A = \sin \varphi \tang H = \tang H';$$

mais le triangle obliquangle ♈AB donne

$$\cot \text{♈B} = \cot \text{♈A} \cos \omega + \frac{\sin \omega \cot \text{♈AB}}{\sin \text{♈A}} = \cos \omega \cot \text{♈A} - \frac{\sin \omega \cot EAH}{\sin \text{♈A}},$$

ou

$$\cot \text{♈B} = \cos \omega \cot (M + \varphi) - \left(\frac{\sin \omega}{\sin (M + \varphi)}\right) \sin \varphi \tang H$$
$$= \cos \omega \cot (M + \varphi) - \frac{\sin \omega \tang H'}{\sin (M + \varphi)},$$

équation générale dans laquelle il faudra mettre pour φ sa valeur, et il suffira de six de ces valeurs; car les 12 maisons, comme les 12 cercles de positions, prises deux à deux, diffèrent de 180°.

La solution est bien simple, si l'on fait les divisions de l'équateur de 30 en 30° qui valent deux heures équinoxiales. Mais au lieu de 2 heures équinoxiales, on peut prendre 2 heures temporaires; alors les divisions du jour ne sont plus égales à celles de la nuit; mais 2ʰ de jour + 2ʰ de nuit = 4 heures équinoxiales. Le calcul est moins uniforme, il est un peu plus long. On dispute pour savoir si Ptolémée employait les heures équinoxiales ou les heures temporaires; mais peu nous importe; il en résulte seulement que Ptolémée n'a pas donné les préceptes de l'opération, car on y verrait bien quelles heures il employait

On a proposé un autre mode de tirer les cercles de position. Campanus et Gazulus prétendent que c'est le premier vertical et non l'équateur qu'il faut diviser en 12 parties égales; par ce moyen, les douze maisons seraient égales, et formeraient chacune un fuseau dont l'angle serait de 30°. Cette méthode paraîtrait plus raisonnable; alors $\varphi = EA$ n'est plus une quantité connue; ce sont (fig. 8) les angles EHA, EHA', EHQ, qui sont de 30, 60, 90 etc. $= \psi$,

$$\cos EAH = \sin\psi \cos HE = \sin\psi \sin H = \sin H'; \quad \tang\varphi = \tang EA = \cos H \tang \psi,$$

$$\cot \Upsilon B = \cos\omega \cot(M+\varphi) - \frac{\sin\omega \tang H'}{\sin(M+\varphi)};$$

le calcul est un peu plus long, mais non plus difficile.

Il était plus embarrassant pour les anciens, qui n'avaient pas de tangentes; ils pouvaient résoudre le problème par leurs tables des climats qui, pour chaque degré de l'écliptique, donnaient l'ascension oblique ou le point de l'équateur avec lequel se levait ce point de l'écliptique; mais il aurait fallu calculer le climat.

Par le point A de l'équateur et du cercle de position HAO (fig. 9), menez le cercle horaire PAR, PA sera de 90°, et fera des angles droits avec l'équateur, PAO = HAR = 90° — EAH; abaissez l'arc perpendiculaire Px, cet arc sera la mesure de l'angle PAx = PAO = HAR = hauteur du pôle sur le cercle de position; donc

$$\tang HAR = \tang H' = \cot EAH = \sin \varphi \tang H,$$

et

$$\cot \Upsilon B = \cos\omega \cot(M+\varphi) - \frac{\sin\omega \sin\varphi \tang H}{\sin(M+\varphi)} = \cos\omega \cos(M+\varphi) - \frac{\sin\omega \tang H'}{\sin(M+\varphi)};$$

ce qui jusqu'ici ne change rien à notre formule, que l'on pourrait réduire en tables, en prenant H' pour constante; ce qui se peut, puisque $\tang H' = \sin \varphi \tang H$, et que φ est connu. On aurait ainsi des tables de climats qui ne seraient pas tout-à-fait celles des anciens.

Mais le cercle de position HAO est l'horizon du lieu, dont la latitude est Px = 90° — A; quand le point A se lèvera pour cet horizon, le point B de l'écliptique se lèvera en même tems. $\Upsilon A = (M+\varphi)$ sera l'ascension oblique de B pour ce climat; cherchez cette ascension oblique dans la table du climat H' = Px, vous trouverez à quel degré de l'écliptique répond cette ascension oblique; vous connaîtrez ΥB ou la pointe de la maison, c'est-à-dire la longitude de cette pointe, ou l'ascendant de la maison, et le problème sera résolu; mais ce sera un hasard si vous avez une table du climat Px; il s'en faudra toujours de quelque chose que Px ne soit un climat dont la table est calculée; il faudra prendre des parties proportionnelles, et la solution ne sera pas d'une grande précision, mais les astrologues n'y regardaient pas de si près.

Cela posé, écoutons Albategnius. Voulez-vous connaître l'ascendant des 12 maisons, par les heures écoulées du jour ou de la nuit? pour le jour, comptez ces heures du lever du Soleil; pour la nuit, du coucher du Soleil; si ce sont des heures égales, multipliez-les par 15 (la traduction dit 5, c'est une faute); si elles sont temporaires, multipliez-les, pour le jour, par leurs valeurs en degrés, et pour la nuit, par les valeurs qu'elles auront pendant la nuit; ajoutez le nombre des degrés qui en viendra à l'ascension oblique du Soleil pour le climat, vous aurez le point de l'équateur qui sera à l'horizon; si c'est la nuit, ajoutez le nombre des degrés à l'ascension oblique du nadir du Soleil, vous aurez de même le point orient de l'équateur; avec ce point, cherchez dans la Table du climat le lieu de l'écliptique qui y répondra, vous aurez l'ascendant; vous le porterez dans la Table des ascensions de la sphère droite, et vous aurez le point de l'équateur avec lequel il culmine.

Connaissant l'ascendant, vous aurez l'occident qui en est le nadir. L'opposé du milieu du ciel sera l'*angle de la terre*.

Si vous voulez connaître l'ascendant par les heures depuis midi, multipliez-les par 15 ou par leur valeur temporaire, et ajoutez le produit à l'ascension droite du ☉, vous aurez le milieu du ciel, et vous trouverez l'ascendant par les moyens indiqués. Il y a ici une transposition de quelques mots dans la traduction.

Si vous voulez connaître les onze autres maisons, prenez les heures de degré ascendant dans le climat, doublez-les (car deux heures font une maison), ajoutez-les aux heures qui vous ont donné l'ascendant et le milieu du ciel, vous aurez le point orient et le milieu du ciel avec lequel, dans la table des ascensions droites, vous trouverez le point culminant, qui sera le commencement de la 11e maison.

En prescrivant de doubler les tems des heures du climat, il paraît qu'Albategni emploie les heures temporaires. Ajoutez les tems, c'est-à-dire les degrés de ces deux heures temporaires, à ceux qui vous ont donné l'ascendant, vous aurez les points de l'équateur au méridien et à l'horizon du lieu pour deux heures temporaires plus tard; vous aurez le point de l'équateur qui passera au méridien deux heures plus tard; cherchez ce point dans la table des ascensions droites, vous aurez le point culminant qui sera, dit Albategni, la pointe ou le commencement de la 11ᵉ maison; c'est là ce qu'il appelle *commencement de la 11ᵉ maison*, et le précepte est aisé; c'est aussi celui de Magin. On partage les arcs de l'équateur suivant ces angles horaires; on en déduit le point de l'écliptique, et c'est par ce point de l'écliptique qu'on fait passer les cercles de position.

Albategni ajoute: retranchez de 60° l'arc de deux heures de jour, vous aurez l'arc de 2 heures de nuit; ce sera ce qu'il faudra désormais ajouter. On l'ajoutera d'abord à la première ascension oblique qui a donné l'ascendant, le point culminant correspondant sera le commencement de la 11ᵉ maison.

Il est bien clair qu'Albategni emploie les heures temporaires; et comme il ne dit pas qu'il ait changé la méthode, on pourrait en induire que telle était en effet la méthode de Ptolémée, et il paraît que cela s'écartait moins des idées du tems.

Dans le précepte pour trouver le lieu de la Lune et de son nœud, on ne voit rien qui indique le moindre changement dans les tables.

Dans le chapitre des parallaxes, on retrouve les méthodes de Ptolémée; mais ce que l'auteur grec n'avait pas dit, c'est que la plus grande parallaxe de Mercure est égale à la plus petite de la Lune. Ptolémée avait dit au contraire que la parallaxe des planètes était insensible.

A l'article des distances de la Lune, il dit que si le demi-diamètre est d'une partie, la plus petite distance de la Lune sera de 33ᵖ 33′; le sinus de la parallaxe sera donc

$$\frac{1''}{33^p\,33'} = \frac{1'}{33'\,33''} = \frac{60}{2013} = \sin 1°42'30'',$$

la plus petite parallaxe

$$\frac{1'}{64'\,10''} = \frac{60}{3850} = \frac{6}{385} = \sin 53'34'';$$

ainsi il n'a point amélioré les parallaxes de Ptolémée, qui s'était trompé de 40′ sur la plus grande.

Pour calculer les parallaxes de longitude par les tables qu'il avait construites, et qui n'ont pas été publiées, il donne les préceptes suivans : cherchez le milieu du ciel, le point culminant, le point orient de l'écliptique, l'arc de l'écliptique entre l'horizon et le méridien, l'arc entre la Lune et l'ascendant, la hauteur du point culminant;

$$\sin O = \frac{\sin BC}{\sin OC} \text{ (fig. 10)}, \quad \sin LD = \sin O \sin OL = \frac{\sin BC \sin OL}{\sin OC}, \quad (90° - LD)$$

est, dans la table, l'argument de la parallaxe; si la Lune est à 90° du point orient, la parallaxe sera toute en latitude; prenez la distance de la Lune au nonagésime, et cherchez-en le sinus et le cosinus (vous aurez (fig. 10) $\tang LD = \cos L \tang OL$ et $\cos L = \frac{\sin LD \cos OL}{\cos LD \sin OL}$; vous aurez ainsi le complément de l'angle L du cercle vertical avec l'écliptique), c'est à cela que revient le précepte d'Albategni; si ce n'est que, dans la règle, pour avoir cos L, le traducteur paraît avoir omis sin OL au dénominateur. Ce qu'il dit ensuite pour le cas où la hauteur serait dans la partie septentrionale, paraît inintelligible, ainsi que ce qu'il ajoute sur l'usage de neuf tables que nous n'avons pas, où l'on prend la parallaxe qui convient à la situation de la Lune, et la parallaxe de hauteur, d'où l'on déduit les parallaxes de longitude et de latitude; tout ce qu'on y entrevoit, c'est que les procédés n'ont rien de neuf ni d'intéressant. Il veut prouver ensuite qu'on aurait les mêmes choses par les Tables de Théon, *qui avait calculé pour sept climats différens, de demi-heure en demi-heure du plus long jour, les parallaxes de longitude et de latitude,* par les procédés indiqués par Ptolémée. Ces préceptes au reste sont si longs, si obscurs, qu'on aurait plutôt fait de calculer les parallaxes par nos formules modernes, que de lire seulement les préceptes d'Albategni, dont l'opération serait ensuite plus longue que nos calculs. On croit voir ensuite qu'il veut enseigner comment on peut observer la parallaxe de latitude au nonagésime, parce qu'alors elle est la même que celle de hauteur.

Il parle ensuite des moyens de trouver, par observation, les tems des nouvelles Lunes; il a éprouvé qu'on pouvait voir la Lune à 10° 50' de distance au Soleil, et à 13° $\frac{1}{2}$ selon les circonstances. Il parle ensuite des phases de la Lune et d'un moyen graphique de les déterminer. Le texte fort obscur est accompagné de figures auxquelles plusieurs lettres manquent; en sorte que le tout paraît une énigme dont le mot n'est pas bien intéressant, et n'existe peut-être pas.

Le chapitre XLII parle des conjonctions et oppositions moyennes de la Lune, des moyens pour conclure le tems des syzygies vraies, la quantité et la durée de l'éclipse; et ce qu'on y voit d'extraordinaire, c'est que le disque de la Lune se partage en 15 parties qu'on appelle *doigts*. Il traite brièvement des points de l'horizon vers lesquels se dirigent les cornes de l'éclipse. Le reste des préceptes est d'une excessive prolixité, et n'apprend rien. En général, cette explication de l'usage des tables paraît rédigée pour un calculateur qui ne comprendrait rien à l'opération qu'il aurait à faire, et à qui on se croit obligé de tout dire plusieurs fois.

S'il s'agit d'une éclipse de Soleil, il faut chercher de combien la parallaxe de longitude avance ou retarde la conjonction apparente. Le diamètre du Soleil se partage en 15 doigts, comme celui de la Lune. Les préceptes d'Albategni sont ceux de l'opération trigonométrique qui donne les demi-durées par la règle du carré de l'hypoténuse. Rien par conséquent que de très connu; et comme il emploie les Tables de Théon, nous pouvons renvoyer à ce que nous en avons dit, en extrayant le commentaire sur la Syntaxe.

Les chapitres sur les planètes sont très courts et n'offrent rien à extraire.

Les apogées des planètes, dans leurs épicycles en l'an 1161 d'Hilcarnain (p. c. 1191), étaient les suivans : ♄ 114°58′, ♃ 164°58′, ♂ 156°18′, Vénus comme le Soleil 85°14′, Mercure 501°58′ (erreur), et ces longitudes augmentent d'un degré en 66 ans. L'apogée de Saturne était aussi *sa latitude*.

Saturne, Jupiter et Mars sont visibles, quand ils sont à 20° du Soleil; on entrevoit quelque chose de semblable pour Mercure et Vénus; puis il est dit *que la quantité de l'arc visible* est de 14° pour ♄, 12°40′ pour Jupiter, 14$\frac{1}{2}$ pour Mars, 2°40′ pour Vénus, 11$\frac{1}{2}$ pour Mercure. Il traite ensuite des configurations des planètes avec le Soleil, et les désigne en général par le mot *maneriæ*.

Pour le Soleil et la Lune, Albategni admet les distances données par Ptolémée, et qu'il a vérifiées lui-même par les éclipses qu'il a observées. Pour les autres planètes, il va dire ce qu'ont pensé les sages venus après Ptolémée. Si *le diamètre de la Terre est d'une partie* (je crois qu'il faut dire *demi-diamètre*), la distance périgée de Mercure sera de 64^{p}10′, *c'est ce qui est prouvé*, il ne dit pas comment; et voilà pourquoi il a dit ci-dessus que la plus grande parallaxe de Mercure est égale à la plus petite parallaxe de la Lune. Les cercles de Mercure et de Vénus sont entre la Lune et le point où le Soleil est périgée. Il est encore prouvé que la Lune périgée est distante de 18^{p}38′; il a dit ci-dessus 33^{p}33′. Ce qui tourne au-dessus s'apelle *alacir*; c'est la région ou la course des planètes. La distance de cet alacir à la Terre, est de 18^{p}38′, comme il vient d'être dit; il ajoute, le *demi-diamètre* de la Terre étant pris pour unité; les élémens ne s'étendent pas plus loin. Ce qui vient après s'appelle *essence cinquième*. Elle est dépourvue de légèreté et de gravité, c'est ce que signifie le mot alacir, *quod est alacir*. C'est de cette *manière, hujus maneriei*, qu'est composé le ciel de Mercure, qui vient après la Lune. Sa distance la plus petite est de 64^{p}10′; la plus grande, de 166 demi-

ALBATEGNIUS.

diamètres de la Terre. Le milieu entre ces deux distances serait $115^p 5'$; il dit 112. Son diamètre est $\frac{1}{12}$ du diamètre solaire, $\frac{112}{12} = 9\frac{4}{12} = 9\frac{1}{3}$; Albategni dit $7\frac{2}{3}$. Le diamètre du Soleil est cinq fois et demie celui de la Terre ; si la distance moyenne du Soleil est de 1108 parties, ainsi que nous l'avons prouvé, $\frac{1108}{5.5} = \frac{2216}{11} = 201\frac{11}{16}$, Albategni dit $201\frac{1}{2}$; si l'on compare les $7^p \frac{2}{3}$ de Mercure à $201\frac{1}{2}$, on aura $1^p 36'\frac{1}{4}$ presque ; et parce que le diamètre de la Terre est le sinus de $1° 17'$ d'un cercle céleste, le diamètre de Mercure sera de $4'\frac{2}{3}$ et 4 secondes de minutes, et le volume de Mercure d'une partie dont la Terre a 19000.

Ces assertions et ces calculs paraissent aujourd'hui fort étranges.

La grandeur apparente de Vénus varie de 2 à 13, ou $1 : 6\frac{1}{2}$; la plus petite distance est 166, comme la plus grande de Mercure ; la plus grande sera 1070 ; ce sera aussi la plus petite distance du Soleil ; la distance moyenne 618.

Le diamètre de Vénus est de $\frac{1}{10}$ de celui du Soleil ; le 10° de 618 est $61\frac{4}{5}$; divisé par $201\frac{1}{2}$, il donnera $\frac{1}{4}$ de diamètre de la Terre pour celui de Vénus, qui sera de $32' 27''$, et le volume sera $\frac{1}{36}$ de la Terre.

Mercure s'écartera du Soleil de 26°, Vénus de 16, ce qui donne, pour les angles d'élongation, 21 et 41, dans les plus grandes distances. Le diamètre de l'épicycle de Mercure sera donc le sinus de 17 parties, et celui de Vénus de 87.

La plus grande distance de Mars est sextuple de la plus petite ; sa plus petite distance est la plus grande du Soleil, c'est-à-dire de 1176 ; la plus grande de 8022 ; la moyenne 4284 ; et son diamètre sera $1^p 20'$ du diamètre du Soleil. Divisez la distance moyenne par 20, vous trouverez $229\frac{1}{5}$; divisez le quotient par $201\frac{1}{2}$, le diamètre de Mars sera $1\frac{1}{9}$ du diamètre de la Terre, et par conséquent de $2^p 1' 37''$ d'un cercle céleste ; le volume de Mars sera $1\frac{1}{3}$ celui de la Terre ; ses rétrogradations sont de 5 à 6 mois ; le diamètre de l'épicycle est de $62° 28'$.

Il est fâcheux d'avoir une pareille doctrine à extraire d'un ouvrage d'Albategni ; mais il n'est ici qu'historien. Il paraît qu'il n'avait rien fait lui-même pour la théorie des planètes.

La grandeur de Jupiter varie de 23 à 37, ou de 1 à $1\frac{1}{2}\frac{1}{9}$; multipliez par le rapport la plus grande distance de Mars 8222, vous aurez, pour celle de Jupiter, 12420 ; la distance moyenne 10423, *et l'on n'en doute pas.* Dans ses distances moyennes son diamètre est $\frac{1}{12}$ de celui du Soleil ; ce diamètre sera donc $872\frac{1}{2}\frac{1}{4}$; son diamètre sera quatre fois $\frac{1}{3}$ celui de la Terre, le volume 81, et son diamètre, le sinus de 9° 18′; son épicycle aura pour rayon le sinus de 22°.

Saturne varie de 1 à 1 $\frac{2}{5}$ ou 5 à 7. Multipliez par 1.4 la plus grande distance de Jupiter, vous aurez 18094, pour la plus grande, et 12209 pour la moyenne; son diamètre $\frac{1}{15}$ du diamètre du ☉; il sera donc de 861 $\frac{1}{2}\frac{1}{8}$, ou 4 $\frac{1}{6}$ celui de la Terre, et le volume, 79; son diamètre est le sinus de 7° 39′; le rayon de son épicycle est le sinus de 12° 26′; celui du Soleil, le sinus de 49° 48′.

Il y a douze étoiles de première grandeur, dont les distances sont de 19000 demi-diamètres de la Terre; leurs diamètres sont $\frac{1}{20}$ de celui du Soleil; ils sont de 920^p ou quatre fois $\frac{2}{3}$, et $\frac{1}{20}$ celui de la Terre; le volume, 102.

Les étoiles fixes sont divisées en six ordres. Une étoile de sixième grandeur est seize fois le diamètre de la Terre; les autres à proportion. Le Soleil est donc le plus grand des corps créés. Viennent ensuite les étoiles de première grandeur; puis Jupiter, Saturne; les autres fixes, Mars, la Terre, Vénus, la Lune, et, en dernier lieu, Mercure.

Si quelqu'un veut vérifier ces quantités, qu'il prenne une alidade, avec deux pinnules percées; la pinnule oculaire doit être percée d'un trou plus petit; l'autre, d'un trou capable de recevoir le diamètre de la planète, ni plus ni moins; faites-en autant pour le Soleil, vous aurez les rapports des diamètres. Il faut faire les observations vers la même partie de l'horizon.

Le chapitre LI traite des étoiles fixes. Suivant une observation de Ménélaüs, rapportée par Ptolémée, l'an 842 de Nabucodonosor, l'étoile septentrionale, entre les deux yeux du Scorpion, était alors en 7^s 2° 22′ (Halley 5° 55′); la même année, le cœur du Lion était en 4^s 2° 10′, et *Leumia* en 2^s 17°. Nous avons fréquemment observé ces mêmes étoiles, et l'une de nos observations, celle en laquelle nous avons le plus de confiance, est de l'an 1191 d'Hilcarnain. Après avoir observé la Lune et les *passages des étoiles par le milieu du ciel*, leur longitude du cercle équinoxial (leurs déclinaisons sans doute), les signes et les degrés qui culminaient en même tems, nous en avons déduit leurs longitudes et leurs latitudes, et par là nous avons trouvé l'étoile entre les deux yeux, en 7^s 17° 20′ (Halley 50′); mouvement, 14° 58′; le cœur du Lion en 4^s 14°, mouvement 11° 50′; en divisant ces 11° 50′ par 783, car notre observation est de l'an 1627 de Nabucodonosor, nous avons trouvé 1° pour 66 ans.

ALBATEGNIUS.

Ajoutant donc ces 11° 50' aux longitudes de Ptolémée, nous avons eu les lieux pour l'an 1191 d'Hilcarnain. Nous n'avons remarqué aucun changement notable dans les latitudes. Les étoiles de Ptolémée sont au nombre de 1022, outre les trois étoiles Adeneba, Alfardi et Almuren.

Les constellations australes sont au nombre de 12, sans compter les 6 de la partie australe du zodiaque; dans la partie septentrionale on en compte 18, outre les 6 du zodiaque.

La constellation du Bélier a 13 étoiles, entre lesquelles sont les deux, *Sart*, sur les cornes du côté d'*Ortham*; sur sa queue est *Hassart*.

Le Taureau a 33 étoiles, et sur son dos est *Achoria*; à la racine d'une des cornes est Aldebaram.

Les Gémeaux ont 18 étoiles, parmi lesquelles Alhata et Anuaham.

Le Cancer a 9 étoiles, entre lesquelles est placée *Natra*.

Le Lion 27 étoiles, desquelles *Areneba, Atarf, Algeba,* qui est le cœur du Lion; Azobra et Azarfa.

La Vierge a 26 étoiles, dont Alhaire, Azimet et Alazel.

La Balance 18 étoiles, entre lesquelles Algafra.

Le Scorpion 21, entre lesquelles, les dards, Arona, le cœur et les *scaulæ*.

Le Sagittaire 11, dont Annaira et Belda.

Le Capricorne 31 étoiles, dont Saradhebeh et Sadhudha.

Le Verseau 24, dont Satasand; c'est-à-dire fortune des fortunes; Sathalcabia, fortune des papillons.

Les Poissons 24, dont Arfar, Ahemnus, Redema, Almulcar et Ventum. Total, 1022; total du zodiaque, 346; étoiles septentrionales, 360; méridionales, 316; 12 de première grandeur, 42 de deuxième, 208 de troisième, 414 de quatrième, 217 de cinquième, 49 de sixième, 5 nébuleuses et 9 obscures, auxquelles on ajoute Adheneba, Alfardu et Almuren.

Ptolémée a manifestement déclaré dans son livre, que, suivant l'opinion de quelques astronomes, les étoiles avaient, en quatre-vingts ans, une altération de 1° dans leur mouvement. (Je n'ai rien trouvé de semblable dans aucun ouvrage de Ptolémée, malgré toutes les recherches que j'aie pu faire; mais Théon en parle à peu près dans ces mêmes termes, dans son Discours sur l'usage des Tables manuelles. Il est possible qu'Albategni le répète sur la foi de Théon; il est également possible, il est même assez probable, que Ptolémée, après avoir composé ses Tables manuelles, aura mis en tête une explication, dans laquelle, en s'adressant aux astrologues, qu'il avait principalement en vue, il aura cru devoir les prémunir contre une vision dont il n'avait pas daigné parler dans la Syntaxe mathématique qu'il avait composée pour les vrais savans. Albategnius attribue cette vision aux astronomes plus anciens que Ptolémée; Théon l'attribue aux astrologues; mais il est possible que Plato Tiburtinus ne sentît pas la différence de ces deux dénominations.) Quoi qu'il en soit, ce mouvement était d'abord direct, et pouvait aller jusqu'à 8°, mais ensuite il devenait rétrograde. Le mouvement en avant s'était complété 128 ans avant le règne d'Auguste, ou l'an 666 d'Alexandre; ainsi, dans les années suivantes, on comptait 1° autant de fois qu'il s'était écoulé de fois 84 ans depuis l'année 166; si la somme n'excédait pas 8° on la retranchait de 8, le reste était ce qu'il fallait ajouter *au mouvement égalé de l'étoile;* au contraire, si la somme surpassait 8°, on en retranchait 8, et le reste s'ajoutait *au mouvement égalé.* (Remarquons d'abord qu'ici Albategnius fait le mouvement d'un degré en 84 ans, et que plus haut il a dit 80 ans; ensuite, il est à remarquer que Théon nous avait laissé dans le doute si les auteurs qui croyaient au mouvement alternatif, admettaient pareillement un mouvement uniforme et constant, au lieu que l'auteur arabe nous dit que ce mouvement se combinait avec le mouvement uniforme de précession. C'est même la raison pour laquelle il le rejette; car dans la moitié du tems, les deux mouvemens se faisaient dans des sens contraires. Or, Albategnius déclare positivement qu'un corps unique ne peut avoir en même tems deux mouvemens opposés. Ptolémée s'était borné à dire que ce mouvement était parfaitement inutile, puisque, sans y avoir recours, on pouvait satisfaire aux observations.) Ces astronomes, ou plutôt ces astrologues supposaient une année de 365^j 6^h $\frac{1}{5}$ presque (c'est, à fort peu près, l'année que ci-dessus il attribue aux Égyptiens ou aux anciens Babyloniens, et dont aucun auteur ancien ne nous a conservé la mémoire). En conséquence, le mouvement du Soleil en une année égyptienne est de 329° 45' 48". (Il paraît qu'il y a erreur sur ce nombre, car en 365 jours, le mouvement du Soleil est de 359° 45' 24", suivant Ptolémée, qui cependant supposait l'année plus longue.) Abrachar, leur successeur, réduisit l'année à 365^j $\frac{1}{4}$, et le mouvement pour une année égyptienne fut de 329° 42' 33"'. (C'est toujours la même erreur, car ce mouvement serait bien plutôt celui de 355^j.) 282 ans après Abrachar, Ptolémée, par ses propres observations, trouva l'année de 365^j $\frac{1}{4}$ − $\frac{1}{300}$. (Cet Abrachar ne peut être qu'Hipparque, que d'autres Arabes appellent Abrachis; mais Albategnius n'est pas bien informé, c'est Hipparque qui a corrigé l'année des mathématiciens grecs, en retranchant $\frac{1}{300}$ de jour. Ptolémée en convient lui-même et borne ses prétentions à prouver qu'Hipparque avait eu raison de faire ce retranchement. Il résulterait encore de ce passage, qu'avant Hipparque, on connaissait au moins l'existence du mouvement uniforme et continuel de précession, auquel on en ajoutait un autre qui était de 1° en 84 ans, tantôt en avant et tantôt en arrière; mais il est clair, par le texte de Ptolémée, qu'avant Hipparque, on supposait les étoiles immobiles; au reste, toute la difficulté consiste dans le sens que nous donnons aux mots *mouvement égalé de l'étoile*. On ne nous dit pas de combien était ce mouvement en un an. Nous avons vu, dans la traduction de Plato Tiburtinus, des exemples nombreux de dénominations auxquelles il assigne tantôt un sens et tantôt un autre, et presque toujours un sens tout-à-fait différent de celui qu'on y attache communément; nous avons vu que ce traducteur confond tout parce qu'il n'entend rien. Albategnius ne connaissait Ptolémée que par les traductions arabes, qui peut-être n'étaient pas de la dernière exactitude. Il nous dit que Ptolémée nous apprend, dans son livre, *manifeste in suo libro declarat,* il ne nomme pas ce livre, on a dû penser que ce devait être la *Syntaxe mathématique;* mais nous possédons cet ouvrage. Nous n'avons aucune raison d'y supposer la moindre lacune. Ptolémée disserte longuement sur la précession; il y revient à chaque instant, pour nous prouver qu'elle est de 36″ par an; il serait bien surprenant qu'en aucun endroit il n'eût rappelé l'idée des astrologues, ne fût-ce que pour la réfuter. Si jamais il a parlé de ce mouvement, ce ne peut être que dans l'introduction des *Tables manuelles;* mais cette introduction ne pouvait-elle pas avoir été altérée? n'était-elle pas pseudonyme comme celle qu'on trouve sous son nom dans un manuscrit de la Bibliothèque du Roi, quoiqu'elle ait été écrite longtems après lui, et peut être même après Théon? Pour éclaircir ces doutes, il faudrait avoir le texte arabe d'Albategnius, et personne ne le connaît. Il nous est donc impossible d'adopter un récit dans lequel l'auteur paraît si mal informé, et si fort en contradiction avec tous les textes grecs qui nous sont parvenus.

Thébith, dans son livre du Mouvement de la Sphère, fait un récit qui s'accorde beaucoup mieux avec ce que nous connaissons. Voyez ci-après l'article de Thébith. Nous regarderons donc comme non avenu, tout le commencement de ce chapitre, et nous n'en conserverons que ce qui concerne les observations qu'Albategnius nous dit avoir faites lui-même.)

Mais nous, observant 743 ans après Ptolomée, nous avons trouvé 365^j ¼ moins trois parties et ⅖ d'une partie de 360. Le mouvement a donc été de 329° 12′ 16″. Tous ces mouvemens augmentent depuis Nabucodonosor. Ainsi, tout ce que nous avons dit de ce mouvement alternatif est anéanti.

Il n'y a ni avance ni retard. Ptolémée ajoute 1 jour en 300 ans au-dessus d'Abrachar. Nous avons ajouté 4 ¼ jours en 624, outre ce que Ptolémée avait ajouté déjà; mais si nos prédécesseurs ont été trompés par leurs instrumens, nous pouvons avoir été trompés par les nôtres. Il faut que chacun observe de son mieux et corrige ses prédécesseurs. Ptolémée trouvait un mouvement de précession d'un degré en 100 ans.

Le chapitre LIV n'intéressait que les Arabes, dont le calendrier n'était pas réglé sur les années solaires. Il s'agit de trouver, deux années d'Hilcarnain étant données, avec les mois et les jours écoulés dans chacune, à quel instant de la dernière année le Soleil sera revenu exactement au même point du ciel qu'il était au jour donné de la première année. Par exemple, votre fils est né tel jour, de telle année, vous voulez savoir quand il aura 15 ans révolus; les années étant des années moyennes, il faut trouver quand le Soleil, par son mouvement moyen, aura décrit un certain nombre de cercles. Pour cela, il faut calculer les équations du Soleil, en tenant compte du mouvement de l'apogée qui aura changé l'équation.

Le chapitre LIV traite des conjonctions, des étoiles, des aspects et des radiations des signes les uns sur les autres, et cela n'intéresse que les astrologues. Il en est de même du chapitre LV, de l'ascension des signes; l'auteur dit que Ptolémée en parle dans son livre IV.

Le chapitre LVI montre la manière de tracer sur un plan l'horloge des heures temporaires. Prenez un marbre ou une planche de cuivre d'une grandeur arbitraire; mais il convient que la largeur soit ⅔ de la longueur; au milieu de la longueur, et aux deux tiers de la largeur, marquez un point, qui sera le centre d'un cercle que vous décrirez d'un rayon arbitraire; vous y tracerez deux diamètres à angles droits; vous diviserez un des quarts de ce cercle en ses 90°, ou en autant qu'il en sera susceptible, comme 2 à 2, 3 à 3, etc.; marquez-y ensuite les ombres de la tête du Cancer et du Capricorne, pour chacune des six heures inégales; marquez de même les points d'ombre sur l'équinoxiale.

Prenez ensuite une règle, divisée suivant la longueur en parties égales, mais d'une longueur au moins égale à l'ombre de la tête du Capricorne;

avec cette règle, marquez, sur le marbre ou le cuivre, le sommet de l'ombre, dans les directions calculées d'avance, et à l'aide du cercle divisé. Vous en ferez autant pour chaque heure; vous aurez ainsi tout l'arc du Capricorne; vous en ferez autant pour le signe du Cancer; par les points correspondans de ces deux arcs menez des lignes droites, ce seront des lignes horaires. Ceci n'est vrai qu'à peu près; mais il est évident que Montucla n'avait pas plus consulté Albategni que l'Analemme. Prenez ensuite un gnomon cylindrique, dont le sommet soit aigu, que vous fixerez au centre du cercle; la hauteur de ce gnomon sera de douze parties de la règle qui aura servi à la mesure des ombres; placez ce marbre dans un lieu découvert, en sorte que la ligne méridienne soit dirigée comme la méridienne du lieu; faites que la surface du cadran soit bien horizontale. La description d'un cadran vertical méridional ne diffère pas au fond; vous le placerez verticalement sur la ligne est et ouest.

Vous pouvez *orienter* votre cadran d'une autre manière. Le traducteur dit construire, ce qui n'est pas exact, car le procédé qu'on va lire suppose le cadran déjà décrit. Calculez *la hauteur dont le zénit n'a pas de déclinaison*, c'est-à-dire sans doute l'ombre méridienne. Observez ensuite le Soleil jusqu'à ce qu'il arrive à cette hauteur; à l'instant où il y sera parvenu, tournez votre marbre jusqu'à ce que l'ombre tombe sur la méridienne du cadran. Arrêtez votre marbre dans cette position, de manière qu'il n'ait aucune inclinaison d'aucun côté, c'est-à-dire qu'il soit parfaitement horizontal, votre cadran sera orienté.

Vous pourrez aussi calculer la hauteur et l'ombre de 1^h, 2^h, etc., comme vous voudrez; observez le Soleil, et quand il sera parvenu à cette hauteur, tournez votre marbre jusqu'à ce que l'ombre atteigne la ligne de l'heure; arrêtez-le de même bien horizontalement, et il sera orienté.

Ces deux procédés sont bien moins exacts que le premier. Il est plus simple de décrire la méridienne et la ligne est-ouest, et de placer le cadran sur ces deux lignes.

Voulez-vous placer sur ce cadran le zénit et la direction à la ville de la Mecque? cherchez la différence des méridiens et les deux latitudes terrestres et la position relative; prenez, à partir de la ligne du premier vertical, un arc égal à la différence des latitudes, et à partir de la méridienne, un arc égal à la différence de longitude; par ces points ainsi trouvés, menez des cordes parallèles aux deux diamètres, leur intersection donnera le zénit de la Mecque, et le rayon mené du centre par ce point d'intersection, donnera la ligne de direction; l'arc intercepté du cercle décrit autour du gnomon, sera l'azimut de la Mecque.

Si vous voulez trouver cet angle par le calcul, soit a la distance du centre au zénit de la Mecque, dL la différence de longitude, dH la différence de latitude, vous aurez

$$a^2 = \sin^2 dL + \sin^2 dH, \quad \text{puis} \quad \frac{\sin dH}{a} = \sin \text{azimut}.$$

Voilà une de ces pratiques religieuses dont on voit plus d'un exemple dans les gnomoniques arabes; les Grecs ne mettaient rien de semblable; c'est ce qui nous porte à croire que le cadran de Délos, dont nous avons parlé à l'article de l'Analemme, tome II de notre Histoire de l'Astronomie ancienne, doit être l'ouvrage des Grecs.

Tout ce chapitre est clair et passablement traduit; on a pu y reconnaître la Gnomonique de Ptolémée, sans aucun changement. Mais, comme l'auteur ne démontre rien, sans cette connaissance de la Gnomonique ancienne, on trouverait peut-être un peu plus d'obscurité dans les préceptes d'Albategni. Quant à sa manière de déterminer le lieu de la Mecque, pour la bien comprendre, il ne sera pas mal de faire les remarques suivantes :

Soit P, fig. 11, le pôle élevé de 36° à Aracte, Z le zénit de cette ville, M le zénit de la Mecque;

$\cos ZM = \cos PM \cos PZ + \sin PM \sin PZ \cos P = \cos PM \cos PZ + \sin PM \sin PZ$
$- 2\sin^2 \tfrac{1}{2} P \sin PM \sin PZ = \cos(PM - PZ) - 2\sin^2 \tfrac{1}{2} P \sin PM \sin PZ$,
$1 - \cos ZM = 2\sin^2 \tfrac{1}{2} ZM = 2\sin^2 \tfrac{1}{2}(PM - PZ) + 2\sin^2 \tfrac{1}{2} P \sin PM \sin PZ$,
$\sin^2 \tfrac{1}{2} ZM = \sin^2 \tfrac{1}{2}(PM - PZ) + \sin^2 \tfrac{1}{2} P \sin PM \sin PZ$; ou faisant $Zm = \tfrac{1}{2} ZM$,
$\sin^2 Zm = \sin^2 \tfrac{1}{2} mn + \sin^2 \tfrac{1}{2} P \sin^2 Pm$,

$$\sin ZM : \sin P :: \sin PM : \sin Z = \frac{\sin P \cos H}{\sin ZM},$$

et sans erreur bien sensible (fig 12)

$$ZM^2 = (PM - PZ)^2 + \overline{MN}^2.$$

La latitude de la Mecque n'est pas tout-à-fait de 22°; il y a donc un jour de l'année où le Soleil se trouve à midi au zénit de la Mecque. Ce jour-là, la distance zénitale du Soleil à midi tems de la Mecque, est $a \tan ZM$, a étant la hauteur du gnomon.

$$MN = a \tan ZM \sin Z, \quad ZN = a \tan ZM \cos Z,$$

ALBATEGNIUS.

$a^2 \tang^2 ZM$ ou $a^2 \tang^2 ZM = a^2 \tang^2 ZM \sin^2 Z + a^2 \tang^2 ZN \cos^2 Z$
$= a^2 \tang^2 ZM (\sin^2 Z + \cos^2 Z) = a^2 \tang^2 ZM.$

On voit qu'Albategni suppose que sur le plan du cadran ZMN est un triangle rectiligne, projection du triangle sphérique ZMN; il est sûr que sur le plan $ZM = a \tang ZM$ du triangle sphérique, ZN sur le même plan est à fort peu près $a \tang (PM - PZ)$, ou la différence de latitude.

On voit que la Mecque est à l'orient et au midi d'Aracte.

On aurait un peu plus de précision par les formules que nous avons données; mais le procédé d'Albategni est suffisamment exact pour la Gnomonique, sur-tout si les différences de latitude et de longitude sont peu de chose, et si les latitudes sont petites.

Cette idée de connaître la direction de la Mecque pour se tourner vers ce point, dans les prières qu'ils font, règne encore aujourd'hui chez les dévots musulmans; *voyez* Montucla, *Récréations Mathématiques*, tome III, p. 62.

Albategni donne ensuite deux cadrans horizontaux pour les latitudes de 36 et 38°; mais il ne donne pas l'équinoxiale, qui en effet n'est pas nécessaire; il n'a calculé que les arcs du Cancer et du Capricorne. Pour vérifier les nombres d'Albategni et l'exactitude de ses calculs, servons-nous des formules données ci-dessus pour les cadrans d'Athènes (tom. II).

Sin amplit. ortive solstitiale $= \dfrac{\sin 23°35'}{\cos 36°} = \sin 29°38'20''$; c'est l'angle de l'ombre avec la ligne est et ouest; mais Albategni ne met pas cette direction; quant à la longueur de l'ombre horizontale, elle est infinie.

Pour trouver l'angle de l'ombre avec cette même ligne, on fera

$$\tang \text{ angle} = \frac{\tang \omega \cos H}{\sin P} - \sin H \cot P,$$

$\cos \text{dist. } z. = \sin H \sin \omega + \cos \omega \cos H \cos P = \cos N$, et l'ombre $= a \tang N$,

a étant la hauteur du style.

Par ces formules, je trouve

	ÉTÉ ♋.			HIVER, CAPRICORNE.		
H.	P.	Amplitude.	Ombre.	P.	Amplitude.	Ombre.
0	108° 29′ 30″	+ 29° 38′ 20″	Infinie.	71° 30′ 30″	29° 38′ 20″	Infinie.
1	90. 24. 35	19. 40. 0	48° 27′	59. 35. 25	37. 2. 30	84° 47′
2	72. 19. 40	10. 23. 40	23. 9	47. 40. 20	45. 22. 20	43. 49
3	54. 14. 45	0. 41. 13	13. 22	35. 45. 15	54. 56. 30	30. 27
4	36. 9. 50	11. 40. 44	7. 57	23. 50. 10	65. 37. 30	24. 17
5	18. 4. 55	33. 29. 30	4. 22	11. 55. 5	77. 27. 30	21. 20
6	0. 0. 0	90. 0. 0	2. 39	0. 0. 0	90. 0. 0	20. 26

Table d'Albategni.

1		20° 37′	49° 41′		36° 45′	84° 0′
2		10. 21	22. 53		43. 45	45. 0
3		0. 38	13. 21		54. 45	30. 18
4		11. 40	7. 52		65. 13	24. 6
5		33. 29	4. 17		77. 4	21. 8
6		90. 0	2. 35		90. 0	20. 12

Albategni ne donne aucun détail. Il ne donne pas les angles horaires; il n'a pas mis dans sa Table l'ombre du lever qui, à vrai dire, est inutile. Malgré quelques différences qui peuvent venir de ce qu'Albategni n'a pas toujours mis assez de scrupule dans son calcul, il est évident que ses résultats sont suffisamment exacts. Mais comme il ne nous a pas dit ses méthodes, ce chapitre ne nous apprend rien.

Le chapitre LVII contient une description succincte du quart de cercle de Ptolémée; il conseille de le faire en cuivre, en pierre ou en bois. Ptolémée n'avait pas parlé de cuivre.

Enfin, dans le dernier chapitre, il donne la description des règles parallactiques de Ptolémée; et ce qu'il y a de singulier, c'est que dans ces deux chapitres, Ptolémée, qui se donne pour l'inventeur de ces deux instrumens, n'est pas nommé une seule fois.

Ici finit l'ouvrage d'Albategni, qui n'est guère qu'une explication de l'usage de ses Tables; cette explication est prolixe, obscure et souvent inintelligible, en partie parce qu'on n'a pas les Tables, et en partie par les embarras de la rédaction et le mauvais style du traducteur, qui probablement n'entendait rien à l'Astronomie. Nous avons noté ce que l'on doit à Albategni. On ne voit, dans tout son livre, aucune mention de l'Arithmétique arabe ou indienne. On n'y voit aucun nombre qui ne pût s'écrire commodément par les chiffres grecs; ainsi nous n'avons que des preuves négatives. Albategni ne nous dit pas qu'il connût l'Arithmétique indienne. Il n'en parle nulle part; mais nous voyons qu'il se sert des heures temporaires dans sa Gnomonique et dans son Astrologie. Il y a apparence qu'en tout cela il a suivi Ptolémée.

Halley, dans le n° 204 des *Transactions philosophiques*, p. 913, a fait quelques notes et donné quelques corrections pour l'ouvrage d'Albategni, mais uniquement pour ce qui concerne les observations et les tables.

Il rappelle d'abord qu'on ne rencontre aucune observation des anciens que dans l'ouvrage de Ptolémée, qui n'a donné que celles qui servent à fonder ses théories, et qu'*au grand dommage de la science, il avait supprimé toutes celles de Timocharis et d'Hipparque et autres astronomes*. C'est ce qui l'a porté à corriger les observations d'Albategni de toutes les erreurs commises par le traducteur ou par l'imprimeur.

« Cet auteur, d'une sagacité remarquable pour son siècle, aurait restauré l'Astronomie, s'il se fût un peu plus écarté des traces de Ptolémée, et s'il eût coupé l'excentricité en deux. On n'a plus l'original de son livre. Un nommé Plato Tiburtinus, qui *n'était ni astronome ni assez instruit dans les langues*, le traduisit de l'arabe en latin, il y a quelques siècles. J'ai vu, dit Halley, deux éditions de sa version, l'une imprimée à Nuremberg en 1537, et l'autre à Bologne en 1645; mais copiée de la première, au point qu'elle en a conservé toutes les fautes d'impression. Quoi qu'il en soit, les deux éditions fourmillent de fautes, sur-tout dans les nombres, et toutes deux manquent des tables qu'elles devraient expliquer. »

« Albategni a perdu ses peines à corriger les hypothèses de Ptolémée pour la Lune et les planètes; mais ses observations sont les seules que nous ayons depuis Ptolémée jusqu'à Régiomontan. On doit donc conserver un dépôt si précieux, qui sera utile pour réformer la longueur de l'année. » C'est à la sollicitation de la Société royale de Londres que Halley a entrepris cette correction, et la reconstruction des tables.

A propos de l'année d'Albategni, qui est évidemment trop courte, il en donne pour raison qu'*il a préféré de s'attacher à Ptolémée plutôt qu'à Hipparque, quoiqu'il n'y eût aucune comparaison à faire entre ces deux astronomes, du côté de l'habileté et de l'industrie, pour ne pas dire de la bonne foi. Il est reconnu que les équinoxes de Ptolémée ne peuvent se concilier avec les observations d'aucun astronome, et qu'il faut les abandonner comme supposés et non véritablement observés.*

Il approuve les calculs de l'auteur et donne les époques suivantes :

Années arabes.	Ap. ☉.	m. m. du ☉.	
881	2ˢ 22° 15′ 5″	9ˢ 14° 24′ 42″	log pour l'équat. du ☉,
882	2.22.17. 0	9.14.18.28	9.969888
883	2.22.17.55	9.13.56.14	ou log 0.933014
891	2.22.25.12	9.14. 0.42	
901	2.22.34.19	9.14.35.52	

Il donne ensuite 18 corrections faciles à reconnaître, et que j'ai portées en marge de mon exemplaire et mises entre parenthèses dans mon extrait.

Après quelques autres corrections, il donne la table suivante pour la Lune.

Années de J.C.	m. m. ☾.	Ap. ☾.	☊ ☾.
881	7ˢ 27° 59′	3ˢ 1° 33′	5ˢ 17° 25′
882	0. 6.53	4.12.12½	4.28. 5
883	4.16.16	5.22.52½	4. 8.45
891	3.27.42	4.18.25	11. 4. 1
901	0.11. 4	6. 5.23	4.20.36

Dhilcarnajin propriè dicitur bicornis *undè conjectura est hanc æram inchoasse à bipartito orientis imperio inter Antigonum et Ptolomæum, quod sub Persis ac Alexandro diù indivisum manserat.*

Dhilcarnajin signifie proprement *qui a deux cornes,* ce qui porte à conjecturer que cette ère commence au tems où Antigone et Ptolémée se partagèrent l'empire d'Orient, qui avait été long-tems indivis sous les Perses et sous Alexandre.

Halley n'a fait aucune observation sur la Trigonométrie d'Albategni. Une partie considérable de ses corrections porte sur les calculs faits par Albategni sur les Tables de Ptolémée, et que Halley avait pris la peine de refaire sur ces mêmes tables.

CHAPITRE III.

Alfragan et Thébith.

M*UHAMEDIS Alfragani Arabis chronologica et astronomica Elementa, è Palatinæ Bibliothecæ veteribus libris versa, expleta et scholiis exposita. Autore Christmanno, Academiæ Hildeburgensis professore. Francofurti,* 1590.

Christmann, dans sa première note, page 4, cherche à prouver qu'Alfragan vivait vers l'an 950. D'abord parce qu'il nous dit lui-même que de son tems l'obliquité était 23°35′; que l'équinoxe était arrivé un 16 adar ou mars; et enfin que l'étoile Canobus était au dernier degré des Gémeaux. La question pourrait avoir quelque importance, si son ouvrage renfermait quelque idée neuve, mais son commentateur nous dit qu'il n'a fait que copier Ptolémée et Albategnius. Il est vrai qu'il n'a pas cité ce dernier; mais il lui a pris son premier chapitre tout entier, sans compter quelques autres emprunts. Son livre avait été traduit en latin l'an 1142, par Jean d'Hispala. Cette traduction, fort imparfaite, n'a jamais paru; celle que publie Christmann est de Frédéric, moine de Ratisbonne, qui l'a finie en 1447.

Chapitre I, des années des Arabes, des Syriens, des Latins, des Perses et des Égyptiens; de leurs mois, de leurs jours, et des différences qu'on y remarque.

Les mois des Arabes sont: muharam, safar, rabie I, rabie II, gumadhi I et II, regab, schaban, ramadham, schewal, dkilkadde, dhilhaga, vulgairement zilhitsche. Les mois sont de 30 et 29; l'année de 354 jours, ou plus exactement $354 \frac{1}{5} \cdot \frac{1}{6}$.

Si chaque lunaison a 793 scrupules horaires $\frac{1}{5} + \frac{1}{6} = 8^h$ et 864 scrupules, l'année ou on les recueille a sept mois pleins et cinq mois caves. Les mois, suivant Ptolémée, commencent à la nouvelle Lune moyenne; mais le vrai mois commence un jour plus tard, à la séparation des luminaires.

Le mois auquel on fait l'intercalation est toujours de 30 jours. On appelle *intercalaire* l'année qui ajoute un jour au mois dhilhaga, ainsi qu'on sait.

Les jours des Arabes sont au nombre de sept, et se nomment 1, 2, 3, 4, 5, *le jour de l'Assemblée* ou *de la Réunion* et *le jour du sabbath*. Le jour commence au coucher du Soleil, parce qu'on a voulu compter de l'apparition de la Lune. Les autres peuples commencent le jour au lever du Soleil.

Les mois syriens sont : tisrin I, de 31 jours; tisrin II, de 30; canun I, de 31 ; la 25ᵉ nuit s'appelle *la Nativité;* canun II, de 31 aussi; sabat a 28 jours trois années de suite, et 29 à la quatrième; adar, 31 ; nisan, 30; isar, 31 ; haziran, 30; tamuz, 31 ; ab, 31 ; elul, 30.

L'année commune est de 365^j, la quatrième de 366, parce que la longueur véritable est $365^j\frac{1}{4}$.

Les mois romains sont semblables à ceux des Syriens, si ce n'est qu'ils commencent par janvier, puis février de 28 ou 29^j, mars, etc.; janvier répond donc à canun II des Syriens.

Les mois des Perses sont : afrurdinmeh qui commence l'année, et qu'ils appellent *néomenic;* ardihaschtmeh, cardimeh, thirmeh, merdedmeh, schaharirmeh, meharmeh, dont le 16ᵉ jour est almedgen; abenmeh, dont le 25ᵉ est le 1ᵉʳ des 10 jours qu'on appelle *alfrurgen*, et dont les cinq derniers sont ajoutés à abenmeh comme un appendice, afin qu'ils n'appartiennent pas *au nombre des mois;* adarmeh, dont le 1ᵉʳ jour est reselaltoseg, dimeh, behenmeh, affirermeh.

Il semble que la finale meh signifie *mois*. Je ne sais si Alfragan a pris ceci à Albategni, mais il l'a du moins rendu plus clair. Ces notions appartiennent à tous, et les avoir mieux rendues, n'est pas un indice bien sûr qu'on soit venu le dernier.

Ainsi l'année des Perses est de 365 jours, car chaque mois est de 30, sauf abenmeh qui est de 35.

Les mois des Égyptiens répondent aux mois des Perses; thoth à dimeh, etc., et le dernier jour des Égyptiens répond au dernier jour d'adarmeh.

Les mois coptes, employés maintenant en Égypte, ajoute Alfragan, diffèrent en cela qu'on ajoute à l'année $\frac{1}{4}$ de jour; ainsi leurs mois diffèrent des mois des Perses, selon la manière des Syriens et des Romains, et le nombre total des jours est le même que celui des Romains.

Le 1ᵉʳ jour de l'année copte est le 1ᵉʳ thoth qui tombe au 29ᵉ ab.

Le *caractère* des années persanes du règne de Jesdajer, fils de Scharod, fils de Cosre, est le 3ᵉ jour.

ALFRAGAN.

Le caractère des années arabes de la fuite de Mahomet de Mecha à la ville nommée *Jetrib*, est le 5ᵉ jour.

Le caractère des années romaines et syriennes, de la mort d'Alexandre, est le 2ᵉ jour.

Le caractère des années égyptiennes, dans le livre de l'Almageste du règne de Nabukadnazar le babylonien, est le 4ᵉ jour.

Le caractère des années de Philippe, père d'Alexandre, selon Ptolémée, dans son livre du *Canon*, est le premier jour; c'est-à-dire dans ses Tables manuelles.

L'intervalle entre Nabukadnazar et Jesdajer est de 1379 années persanes et trois mois.

L'intervalle entre Philippe et Jesdajer, est de 955 années persanes et trois mois.

L'intervalle entre Alexandre et Jesdajer, est de 942 années romaines et 259 jours.

L'intervalle entre les Arabes et Jesdajer, est de 3624 jours.

Chapitre II. Le ciel est sphérique. Alcheti est la constellation que les Romains nomment Hercule; Alfarkatan indique les deux brillantes de la petite Ourse; Beneth As ou les filles du Chariot, sont les étoiles de la grande Ourse.

Chapitre III. La Terre et l'Eau forment un globe.

Chapitre IV. La Terre est le centre de l'Univers, et n'est qu'un point par rapport au ciel.

Chapitre V. Le Soleil, la Lune et les autres *étoiles* sont des globes.

Chapitre VI. Des deux mouvemens du Ciel. Suivant Almamon, l'obliquité est de 23° 35′. Si Dieu le permet, nous donnerons, dans un traité particulier, les moyens d'observer cette obliquité. On ne voit encore rien ici qui marque l'âge d'Alfragan; seulement il est postérieur à celui d'Almanon.

Chapitre VII. Du quart habitable de la Terre. Parallèles. Variations des jours et des nuits. La longueur de l'est à l'ouest est de 180°; la dernière habitation est à 66° de l'équateur. L'horizon partage le ciel en deux parties égales; car la rondeur de la Terre n'est pas assez grande pour nous ôter quelque chose de la *capacité* du ciel.

Chapitre VIII. Propriétés spéciales ou parties habitables de la Terre.

Chapitre IX. Des autres lieux du quart qui ne peuvent être habités. Le premier climat de mois à 67° $\frac{1}{4}$, c'est le terme de la partie habitable; du moins il n'est pas probable qu'il puisse être plus éloigné;

à 69 $\frac{3}{4}$ le jour peut être de deux mois ; à 73° $\frac{1}{2}$, de trois mois ; à 78° $\frac{1}{2}$, de quatre mois ; à 84°, de cinq ; à 90°, de six.

Chapitre X. Mesure de la circonférence de la Terre, divisée en sept climats. Le degré est de 56 milles $\frac{2}{3}$, le mille est de 4 coudées moyennes, la coudée de 6 palmes ; c'est l'avis d'Almamon et de plusieurs sages (ainsi la chose n'est pas bien certaine). Les 360 degrés sont donc de 20400 milles ; et si l'on divise la circonférence par $\frac{1}{3}$ et $\frac{1}{7}$, on aura le diamètre 6500 milles, ou peu s'en faut.

Christman ajoute : la plus petite mesure est un travers de doigt, qui vaut 6 grains d'orge ; suivant Albilfedea Ismaël, dans sa Géographie arabe, la coudée est de 24 doigts ; ainsi, la palme est de 4 doigts ; la parasange était de 3 milles ou 30 stades ; le schoene est de 30 stades. Hérodote s'est trompé en le faisant de 60. Abilfedea dit que les mathématiciens d'Almamon ne trouvèrent que 56 milles, sans fraction pour le degré, et que quelquefois il faut de plus $\frac{1}{3}$ de mille, ou 1333 $\frac{1}{3}$ coudées. Abraham, fils de Chaia, dans sa Sphère, chapitre IX, dit 56 $\frac{2}{3}$, suivant les expériences des mathématiciens de Maimon, et d'autres Magnats, en grand nombre. 6 grains d'orge s'appellent *polle* ; 4 *polles*, une palme ; 4 palmes, une coudée.

Chapitre XI. Des noms des régions et villes les plus remarquables. Christman dit que la longitude de la Mecque est 67° ou 67 $\frac{1}{2}$, latitude 21° $\frac{1}{2}$ ou $\frac{2}{3}$.

Chapitre XII. Douze signes, ni plus ni moins, le premier est le Bélier.

Chapitre XIII. Des ascensions des signes dans la sphère droite et oblique. Tous les cercles qui passent par les pôles de l'équateur sont des horizons de la sphère droite, et peuvent être considérés comme des méridiens ; il n'en est pas ainsi des horizons obliques.

Chapitre XIV. De la durée des jours et des nuits ; des heures égales et des heures temporaires. Christman, dans une note, dit que Thébith ben Chora faisait l'année sydérale de 365^j 6^h $\frac{1}{9}$ $\frac{11}{12}$ de minute. (Scrup. $\frac{1}{9} \cdot \frac{11}{12}$; cette notation n'est pas bien claire.)

Chapitre XV. Du nombre des orbes célestes. Hypothèses des planètes, et leurs distances. Sept orbes de planètes, le huitième est celui des étoiles fixes, suivant Ptolémée.

Chapitre XVI. Du mouvement du Soleil, de la Lune et des étoiles, en longitude, 1° en 100 ans ; il en résulte que les Auges et les Genzohar ont un mouvement selon l'ordre des signes.

Il ne fait aucune mention du degré en 66 ans, d'Albategni ; on en

ALFRAGAN.

pourrait conclure qu'il est plus ancien. Explication assez claire de la théorie lunaire de Ptolémée.

Chapitre XVII. Mouvement des planètes en longitude.

Chapitre XVIII. Raison des rétrogradations.

Chapitre XIX. Amplitude des épicycles; distances des centres; excentricités.

Chapitre XX. Révolutions périodiques des planètes dans leurs orbes et dans le zodiaque.

Chapitre XXI. Mouvement des étoiles vers le nord ou le midi, qu'on appelle mouvement de latitude.

Chapitre XXII. Nombre des étoiles fixes; différentes grandeurs; quinze plus remarquables. Ces étoiles sont : une dans le signe du Bélier, près de l'extrémité du fleuve, Acharnahar, non loin de *Sohel*; l'étoile rouge du Taureau, qui s'appelle l'Œil et Aldébaran; l'étoile rouge, dans les Gémeaux, qui s'appelle Hajok, c'est-à-dire la Chèvre; l'étoile qui est *dans le pied droit des Gémeaux*, et *Aschehre Aljemanija*, *c'est-à-dire le Chien droit ou Sirius*; l'étoile qui est dans l'épaule droite du *Cocher* et s'appelle Jed Algeuze, c'est-à-dire *main d'Orion*; l'étoile à *l'épaule gauche du Cocher* et s'appelle Rigel Algeuze, c'est-à-dire *pied d'Orion*; Sohel, c'est-à-dire Canobus, au timon du Navire; Ascherhe Assemalija, Chien gauche, qui est dans le Cancer, et médie avec Sohel. Dans le Lion, le cœur du Lion, qui est près de l'écliptique; la queue du Lion, qui est dans le signe de la Vierge; l'étoile qui est dans la Balance, et se nomme Alramech, c'est-à-dire Arcturus; l'étoile à la main gauche de la Vierge se nomme Alahzel ou Asimech, épi de la Vierge; l'étoile qui est à la sommité du pied droit du Centaure, et qui n'est pas loin de Sohel; l'étoile qui est dans le Sagittaire, et qui s'appelle Vautour tombant ou la Lyre; l'étoile à la bouche du Poisson austral, sous le Verseau. Dans les variantes de ce chapitre, on trouve Alsamech Alramech *id est deferens lanceam sive Bootes*; *deferens caput Algol id est Perseus*; *Domina sellæ id est Cassiopea*; *fœmina quæ non est experta virum id est Andromeda*; le Dauphin ou le Lion marin; Azalange ou le Serpentaire; Algibbar *hoc est Orion*; Alnahar *id est Fluvius*; le grand Chien ou Cheleb Alechber; Aschahere Aljemalija ou Cheleb Alasgar, *Canis minor septentrionalis*; Alsephina *id est Navis*; Alsigahh *id est Hydra*; Algorah, *Corvus*; Alsabahh, *fera sive Lupus*; Alachil Algenubi, *Corona australis*. Alfragan fait ensuite l'énumération des 28 maisons de la Lune, dont il donne les noms arabes; mais Christman se plaint que ces noms sont corrompus, et qu'on ne peut les rétablir sans le manuscrit arabe.

Chapitre XXIII. Distances des étoiles fixes et des planètes. Ptolémée a donné celles du Soleil et de la Lune; mais il ne s'est pas expliqué sur les distances des autres. L'orbe de la Lune touche celui de Mercure, celui de Mercure va jusqu'à celui de Vénus, et celui-ci jusqu'à l'orbe du Soleil; en sorte qu'il n'y a aucun intervalle entre ces divers orbes. Nous suivrons le même arrangement pour les planètes supérieures et les étoiles; en conséquence, il donne toutes les distances en milles; nous ne rapporterons que la dernière. Le cercle des étoiles est de 410818571 milles, et chacun de ses degrés 1141162.

Voilà des nombres assez grands : nous ne savons pas comment Alfragan les notait, si c'était avec l'Arithmétique arabe ou indienne, ce qui est moins probable.

Chapitre XXIV. Grosseur des étoiles, par rapport à la Terre.

La Lune apogée a un diamètre apparent égal à celui du Soleil (Albategni assure le contraire; il serait donc plus moderne), ou de $31' \frac{2}{3}$; le diamètre de la Lune a $\frac{1}{2}$ de celui de la Terre $+ \frac{2}{5}$ d'une de ces parties; le diamètre du Soleil est de $2\frac{1}{2}$ diamètres de la Terre; la Lune est donc $\frac{1}{39}$ de la Terre; le Soleil est 166 fois plus grand que la Terre. Tout cela est de Ptolémée, dit Alfragan; et il ajoute : le diamètre de Mercure est $\frac{1}{15}$ de celui du Soleil, *comme cela est suffisamment prouvé*. Albategni a dit $\frac{1}{12}$, ce qui n'est pas mieux démontré; le diamètre de Vénus $\frac{1}{10}$ du Soleil, celui de Mars $\frac{1}{30}$, celui de Jupiter $\frac{1}{12}$, celui de Saturne $\frac{1}{18}$; chacune des 15 étoiles de première grandeur $\frac{1}{20}$; le diamètre de Mercure $\frac{1}{28}$ de celui de la Terre; celui de Mars est semblable au diamètre de la Terre, plus $\frac{1}{6}$; le diamètre de Vénus $\frac{1}{3}$ et $\frac{1}{3}$ de tiers; celui de Jupiter $4\frac{1}{2}\frac{1}{18}$; celui de Saturne est *contenu quatre fois et demie dans celui de la Terre*; les étoiles de première grandeur ont $4\frac{1}{2}\frac{1}{4}$ le diamètre de la Terre; le volume de Mercure $\frac{1}{22000}$ de la Terre; Vénus $\frac{1}{39}$; Mars $1\frac{1}{2}\frac{1}{8}$; Jupiter 95, Saturne 91; chacune des étoiles fixes 107; chacune des étoiles de seconde grandeur 90; de troisième, 72; de quatrième, 54; de cinquième, 36; de sixième, les plus petites qu'on ait pu observer, 18. D'où il est manifeste que le Soleil est le plus grand corps du monde; viennent ensuite les étoiles de première grandeur, puis Jupiter, puis Saturne; les étoiles suivant leur ordre, Mars, la Terre, Vénus, la Lune et Mercure. Comparez ce chapitre à celui d'Albategni, et tâchez de démêler lequel des deux est le copiste, si vous mettez quelque importance à cette question.

Chapitre XXV. Levers, couchers, médiations des étoiles. Degrés de profection et de longitude des étoiles, c'est-à-dire ascensions droites et longitudes.

Chapitre XXVI. Ascension et descension. Occultation dans les rayons solaires.

Chapitre XXVII. Lever de la nouvelle Lune; phases. La Lune se dégage plutôt des rayons solaires, quand elle a une latitude boréale considérable; c'est le contraire si la latitude est australe.

Chapitre XXVIII. Émersion des autres planètes.

La plus grande latitude de Vénus est de 6° $\frac{1}{3}$, suivant Ptolémée; alors elle n'est cachée que deux jours par le Soleil, si elle est dans les Poissons. Ceci est pour le quatrième climat. Dans la Vierge, elle est cachée pendant 16 jours; Saturne est visible à 15° du Soleil, Jupiter à 11°, Mars à 17°, Vénus à 7, et Mercure à 13°. Dans des circonstances plus favorables, ces distances se réduisent à 11° pour ♄, 10° pour ♃, 11 $\frac{1}{2}$ pour Mars, 5 pour Vénus, et 10 pour Mercure.

Chapitre XXIX. Diversité d'aspect ou parallaxe, bien expliquée quoique brièvement. La parallaxe du Soleil ne peut s'observer; on ne peut que la calculer d'après sa distance; elle n'est que de 3'. Les limites de la parallaxe lunaire sont 44' et 54'; dans les éclipses, la plus grande est de 1° 4'. Comment Alfragan accorde-t-il tout cela?

Si le zodiaque passe par le zénit, toute la parallaxe est en longitude; si c'est le cercle de latitude qui passe par le zénit, la parallaxe est toute en latitude. Dans les situations intermédiaires, la parallaxe agit en longitude et en latitude. Voilà qui est clair et précis, mais superficiel.

Chapitre XXX. Éclipses de Lune.

Chapitre XXXI. Éclipses de Soleil. Considérations générales; rien de nouveau.

Chapitre XXXII. Quel est le plus petit intervalle entre deux éclipses? cinq, six et sept mois.

Ici finit le livre d'Alfragan. Son interprète hébreu, Rabbi Jacob, ajoute un appendice de la diversité des jours, dans les lieux habitables; il y rétablit les longueurs des centres en différens climats, qu'il avait supprimées du chapitre X. *Desinit totus hic liber laus Deo.* C'est ici que Christman veut fixer l'âge d'Alfragan, qui a placé l'équinoxe au 16 mars. L'ère d'Alexandre d'Hilcarnain *Bicornis* est celle de Seleucus Nicanor.

Christman développe ensuite, dans un long commentaire, ce qui n'est qu'indiqué dans le premier chapitre d'Alfragan. Il commence par le calendrier romain.

Année de Romulus.	Année de Numa.	Année de Jules-César.
Mars 31^j	Janvier 29^j	Janvier 31^j
Avril 30	Février 28	Février 28
Mai 31	Mars 31	Mars 31
Juin 30	Avril 29	Avril 30
Quintilis 31	Mai 31	Mai 31
Sextilis 30	Juin 29	Juin 30
Septembre 30	Quintilis 31	Quintilis 31
Octobre 31	Sextilis 29	Sextilis 31
Novembre 30	Septembre 29	Septembre 30
Décembre 30	Octobre 31	Octobre 31
Total... 304	Novembre 29	Novembre 30
	Décembre 29	Décembre 31
	Total... 355	Total... 365

De quatre en quatre ans l'année Julienne était bissextile, et février avait 29 jours. Pour corriger les errreurs accumulées, César avait intercalé deux mois de 67 jours en tout, entre Novembre et Décembre; il avait intercalé 23 jours en Février. Total 90 jours, ajoutés à 355, ce qui fait une année de 445 jours. Après cette année de confusion a commencé le calendrier régulier de Jules.

Une année Julienne étant donnée, il est facile d'avoir les années depuis la fondation de Rome, et les olympiades. Pour les années de la fondation ajoutez 708; ajoutez 731, vous aurez les années depuis la 1re olympiade.

Pour avoir les années de Nabonassar, ajoutez 703 jusqu'à ce que vous arriviez à l'an Julien 985, qui a eu deux mois thoth; en sorte qu'après 986, il faut ajouter 704, car c'est en 986 que tombe le commencement de l'an 1690 de Nabonassar.

Les prêtres avaient intercalé aux années 3, 6, 9, 12, 15, 18, 21, 24, 27, 30, 33 et 36, 12 fois au lieu de 9 en 36 ans. Auguste ordonna que toutes les années fussent communes, depuis 37 jusques et compris 48, ce qui réduisit les intercalations à 12 en 48 ans. On ne tient aucun compte aujourd'hui de cette bévue des prêtres, et on suppose que le calendrier a été correctement suivi; on le prolonge même en remontant au-dessus de l'an 1, et faisant 0, — 1, — 2, —3, —4, etc., tant qu'on veut.

ALFRAGAN.

CALENDRIER DES ÉGYPTIENS.

Noms vrais des mois.	Traducteur hébreu d'Alfragan.	Régiomontan.
Thoth.	Thuth.	Thus.
Phaophi.	Baba.	Baba.
Athyr.	Hathur.	Athyr ou Athus.
Chœac.	Chihac.	Signach ou Tagut.
Tybi.	Tube.	Tobi, Toe ou Tuni.
Mecheir, ou Mechur.	Emsir.	Mezir, Mesir ou Meser.
Phamenoth.	Barmahith.	Chamaut.
Pharmouti.	Barmude.	Bromadi, Formiche, Fosmuth.
Pachon.	Basnes.	Machir ou Machur.
Payni.	Bauna.	Ben, Tegui, Tegus.
Epiphi.	Abib.	Achita, Achit, Athica.
Mesori.	Mesori.	Mesre.

Cinq jours épagomènes. Le 1er jour de thoth de l'an 1 de Nabonassar, était un mercredi. En effet, par ma règle générale, je trouve que l'an —746 la lettre dominicale était 4 ou mercredi; que le mercredi était encore le 29, le 36, le 43, le 50, le 57, ou le 26 février; l'ère égyptienne commençait donc par un mercredi, qui était le jour de thoth ou de Mercure. Christman ne doute pas que la semaine ne fût connue des Égyptiens, qui l'avaient reçue des Chaldéens; il ajoute que les Juifs ont employé cette division en 7 jours, depuis le commencement du monde.

L'an 425 de Nabonassar est l'an —323, 12 novembre; or, 323 doit avoir commencé un dimanche; le 31 décembre était dimanche, ainsi que le 3, le 26 novembre, le 19 et le 12; l'ère d'Alexandre a donc commencé un dimanche.

L'année de Nabonassar est de $365 = 52.7 + 1$; l'année finit toujours par le jour où elle a commencé.

L'an 1 commence et finit par un mercredi.
 2 .... jeudi.
 3 .... vendredi.
 4 .... samedi.
 5 .... dimanche.
 6 .... lundi.
 7 .... mardi.

ASTRONOMIE DU MOYEN AGE.

Toutes les années de la forme $7n+1$ commencent par un mercredi; celles de la forme $7n+0$, par un mardi.

Ainsi, pour avoir le jour de semaine, pour le premier d'une année quelconque de Nabonassar, divisez-en le nombre par 7; si le reste est 0, elle commencera par mardi; s'il est 1, par un mercredi, etc.

Ainsi, le reste de la division donnera le nombre des jours après mardi; ainsi 425 est de la forme $7n+5$; comptez 5, en commençant après mardi, vous aurez mercredi, jeudi, vendredi, samedi, dimanche; l'année com-
$\quad\quad\quad\quad\quad$ 1 $\quad\quad$ 2 $\quad\quad$ 3 $\quad\quad\quad$ 4 $\quad\quad\quad$ 5
mence donc par un dimanche.

L'an 437 étant de la forme $7n+3$, commence par un vendredi. L'année d'Hilcarnain commence le vendredi. Il paraît que ces deux ères différent d'un nombre entier d'années.

L'année 719 de Nabonassar est de la forme $7n+5$; elle a commencé par un dimanche.

L'année 704 est de la forme $7n+4$; elle commence par un samedi.

L'année $748 = 742 + 6$ est de la forme $7n+6$; elle commence par un lundi; c'est ce que dit Christman; mais il dit que c'est aussi l'an 45 du calendrier Julien. La lettre dominicale de l'an 45 est 3 ou C; le dimanche sera le 3, le vendredi sera le 1er janvier, le 6 août et le 13 août; le 12 sera jeudi; l'an 45, 12 août, est l'an 743 et non 748; il y a 5 ans de différence; en effet, suivant ma Table, l'an 748 répond à l'an 0.

L'an 781 de Nabonassar commence le 15 août de l'an $+33$; Christman dit 78, ce qui fait 45 ans de plus; c'est qu'il compte les années de Jules-César.

L'an 886, qui, selon Ptolémée et Censorinus, tombe en l'an 2 d'Antonin le Pieux, est de la forme $7n+4$; il commence par un samedi; c'est ce que dit Christman.

L'an 986, qui, suivant Censorinus, répond à l'an 283, a commencé le lundi.

L'an $986 = 700 + 286 = 700 + 280 + 6$; il doit commencer le lundi.

L'an $1380 = 700 + 680 = 700 + 630 + 50 = 700 + 630 + 49 + 1$, commence par un mercredi; c'est en cette année qu'a commencé l'ère des Perses, par un mercredi.

L'an 2330, qui tombe dans l'année Julienne 1626, est de la forme $2100 + 230 = 2100 + 210 + 20 = 2100 + 210 + 14 + 6$, commence le lundi 24 juillet 1581, dit Joseph Scaliger.

Mais suivant ma Table, l'an 986 de Nabonassar commence au 25 juin

238; c'est 45 de moins que ne disent Censorinus et Christman, qui comptent les années romaines de Jules-César.

L'année vague de Nabonassar est peu propre à faire connaître les saisons, mais elle est plus commode pour trouver les jours de la semaine.

Commencement des mois pour l'an 1 de Nabonassar.

Toth le .... 4ᵉ j.	Tybi, le ...... 5ᵉ j.	Pachon, le ...... 6ᵉ j.
Phaophi le 6	Mechir, le 7	Pagni, le 1
Athyr, le 1	Phamouth, le .. 2	Épiphi, le 3
Choeac, le 3	Pharmouthi, le 4	Mesori, le 4

Quand on veut connaître les caractères d'un mois donné, d'une année quelconque de Nabonassar, on cherche le caractère de l'année, on le compare au caractère de l'an 1, qui est 4. La différence, entre les deux jours de thoth, est la même pour tous les mois. Si, par exemple, le caractère de l'année est 2, on aura 4 — 2 = 2; il faudra donc retrancher 2 des caractères de chaque mois; 6 deviendra 4, 1 ou 8 deviendra 6, 3 deviendra 1, et ainsi des autres.

Nous bornerons ici nos extraits et nos remarques, et, pour le reste, nous renverrons au Commentaire de Christman.

Thébith ben Chorath.

Tout ce qu'on sait et ce qu'on peut dire de cet arabe, c'est qu'il a été le Ronsard de l'Astronomie.

> Réglant tout, brouilla tout, fit un art à sa mode;
> Et toutefois long-temps eut un heureux destin.

Son malheureux système de la trépidation infecta les tables astronomiques jusqu'à Tycho, qui, le premier, sut les en purger. Ce long succès n'a point empêché que son livre ne soit resté inédit; mais j'en ai trouvé un exemplaire latin manuscrit, à la Bibliothèque du Roi, n° 7195. Ce traité a pour titre *Thebith ben Chorath de motu octavæ Spheræ*.

Le style en est pénible, plein de redondances et de circonlocutions. On ne peut dire si le traducteur en a bien compris le sens, mais il est parvenu à le rendre à peu près inintelligible. Nous allons en extraire ce qu'il peut contenir de curieux.

Il imagine une écliptique fixe, qui coupe l'équateur fixe dans les deux points équinoxiaux, sous un angle de 23° 53′, et une écliptique mobile, attachée par deux points diamétralement opposés à deux petits cercles, qui ont pour centres les deux points équinoxiaux de l'écliptique fixe, et dont le rayon est de 4° 18′ 43″. Ces points de l'écliptique tournent sur la circonférence des deux petits cercles opposés; l'écliptique mobile s'élève donc et s'abaisse alternativement sur l'écliptique fixe; les points équinoxiaux avancent ou rétrogradent d'une quantité qui peut aller à 10° 45′. Ce mouvement est commun à tous les astres; ce mouvement est celui de la huitième sphère, et il s'appelle mouvement d'accès ou de recès. Le lieu de la plus grande déclinaison du Soleil change donc continuellement, puisqu'il est toujours à 90° de l'une et l'autre intersections de l'écliptique mobile avec l'équateur fixe. La plus grande déclinaison est donc tantôt dans les Gémeaux et tantôt dans le Cancer.

La plus grande déclinaison est de 24°, suivant ce qu'on nous a rapporté des Indiens; elle n'est que de 23° 51′ suivant Ptolémée, et les observateurs de Maimon ne l'ont trouvée que de 23° 33′; mais Thébith n'en conclut pas formellement une variation dans l'obliquité, quoique cette variation soit une conséquence nécessaire de son hypothèse; il n'en dit mot, et peut être n'en a-t-il pas eu la moindre idée; il n'a vu que le mouvement alternatif des points équinoxiaux et solstitiaux, et l'inégalité de ce mouvement. Suivant la position du point mobile, sur le petit cercle, le mouvement d'accès ou de recès sera plus lent ou plus rapide. Il était fort sensible du tems de Ptolémée, et c'est ce qui lui a fait croire que les étoiles avançaient d'un degré en cent ans; en quoi il a suivi l'idée d'Hipparque. Il a cru ce mouvement continu et toujours selon l'ordre des signes. Depuis le tems de Ptolémée, d'autres observateurs crurent que ce mouvement était d'un degré en 66 ans; le mouvement s'était accéléré. C'est ce qui a causé l'incertitude d'Albategni, qui, ne trouvant aucune régularité dans ce mouvement, n'a pas osé affirmer qu'il existât. Nous l'ignorons et nous le comprenons peu, nous a-t-il dit, mais, s'il existe, ceux qui viendront après nous l'examineront et en jugeront.

C'est ce que nous avons fait avec la bénédiction de Dieu, et l'on pourra juger si notre opinion est juste, et si nous avons fait faire quelque progrès à la science.

Il entreprend ensuite d'expliquer les différentes circonstances de ce mouvement. Il trace une figure dont les lettres ne sont pas bien d'accord avec celles du texte, et qui, en tout, est aussi obscure que ses raisonnemens. Mais heureusement son explication est suivie de tables dont il montre l'usage, et qui contiennent toute cette doctrine, que nous retrouverons mieux détaillée dans Purbach et ses commentateurs.

Ces tables sont pour les années et l'époque des Arabes.

ALFRANGAN ET THÉBITH.

Années et époque des Arabes.	Mouvemens pour les multiples de 30".	Années simples.	Mouvemens.	Degrés sur le petit cercle.	Équation des équinoxes.	Latitude du point mobile.
Epoque.	0ˢ 1°34′ 2″	1	0° 5′ 9″	5	0° 55′ 52″	0° 22′ 4″
30	0. 4. 9. 0	2	0.10.20	10	1.50.36	0.44.41
60	0. 6.43.58	3	0.15.29	15	2.45.16	1. 6.45
90	0. 9.18.56	4	0.20.39	20	3.39.23	1.27.20
120	0.11.53.54	5	0.25.49	25	4.31.12	1.48. 4
150	0.14.28.52	6	0.30.59	30	5.22.30	2. 9.21
180	0.17. 3.50	7	0.36.10	35	6. 9. 6	2.28. 6
210	0.19.38.48	8	0.41.19	40	6.53.12	2.45.55
240	0.22.14.46	9	0.46.29	45	7.36.35	3. 2.38
270	0.24.48.44	10	0.51.39	50	8.14. 0	3.17.54
300	0.27.23.42	11	0.56.49	55	8.47.48	3.31.40
330	0.29.58.41	12	1. 1.59	60	9.17.44	3.44.46
360	1. 2.33.39	13	1. 7. 9	65	9.40.53	3.54.19
390	1. 5. 8.37	14	1.12.19	70	10. 5.30	4. 2.48
420	1. 7.43.35	15	1.17.29	75	10.22.47	4. 9. 8
450	1.10.18.33	16	1.22.39	80	10.35. 1	4.14.28
480	1.12.53.31	17	1.27.49	85	10.42.13	4.17.20
510	1.15.28.29	18	1.32.59	90	10.45. 0	4.18.43
540	1.18. 3.27	19	1.38. 9			
570	1.20.38.25	20	1.43.18			
600	1.23.13.23	21	1.48.28			
630	1.25.48.22	22	1.53.38			
660	1.28.23.20	23	1.58.48			
690	2. 0.58.18	24	2. 3.58			
720	2. 3.33.16	25	2. 9. 8			
750	2. 6. 8.14	26	2.14.18			
780	2. 8.43.12	27	2.19.28			
810	2.11.18.10	28	2.24.38			
840	2.13.53. 8	29	2.29.48			
870	2.16.28. 6	30	2.34.58			
		60	5. 9.56			
		120	10.19.52			
Le mouvement pour les mois peut se négliger. La période est environ de 4171 ½ ans.		240	20.39.44			
		360	30.59.36			
		600	51.39.20			
		4200	361.35.20			
		—18	1.32.59			
		4172	360. 2.21			

Avec les années on trouve la longitude du point mobile sur le petit cercle.

Avec cette longitude, on trouve l'équation des équinoxes. Cette équation est additive quand la latitude est septentrionale, soustractive quand elle est australe.

Avec le même argument, on trouve l'élévation du point mobile sur l'écliptique fixe; elle est boréale dans le 2ᵉ et le 3ᵉ quarts, austr. dans le 4ᵉ et le 1ᵉʳ.

Ces Tables paraissent calculées sur la formule
10° 45′ sin longitude,
4° 18′ 43″ sin longitude.
Elles ne sont exactes qu'à 1 ou 2′ près.

Nous donnerons, à l'article Purbach, des tables plus complètes. *Voyez* aussi le chapitre suivant. Dans le même manuscrit, on trouve deux autres Traités fort courts, du même auteur. Le premier est intitulé *de rectà magnitudine sphæræ*, l'autre parle des notions générales dont on a besoin avant d'entreprendre la lecture de Ptolémée. On ne trouve dans l'un comme dans l'autre que des idées très communes.

CHAPITRE IV.

Ebn Jounis et Aboul Wefa.

L'ouvrage d'Ebn Jounis a long-tems excité la curiosité des astronomes. On n'en connaissait que quelques observations qui étaient favorables à l'idée de l'accélération du moyen mouvement de la Lune. Mais on doutait si c'étaient des observations réelles ou simplement des lieux calculés sur les tables de cet auteur. On désira connaître l'ouvrage; la Bibliothèque du Roi n'en possédait que des fragmens où les observations n'étaient pas rapportées. On savait que la Bibliothèque de Leyde en possédait un manuscrit moins incomplet; le gouvernement français le demanda. L'ambassadeur de Hollande le remit à la Classe des Sciences mathématiques et physiques, en demandant qu'il fût nommé des commissaires pour le recevoir, en donner acte, et en rester personnellement responsables. M. Laplace et moi fûmes nommés; nous remîmes le manuscrit à M. Caussin, qui en fit un extrait qui a paru dans le tome VII des Notices des manuscrits en l'an 12 (1804). La Bibliothèque du Roi en fit faire une copie qui fut collationnée avec soin. J'offris alors à l'Université de Leyde de lui rendre le dépôt dont j'étais chargé. Le recteur de cette Université, qui était pour lors à Paris, m'avait promis de le reprendre, et de me remettre une décharge convenable. Mais, forcé de partir plutôt qu'il ne s'y attendait, il quitta Paris sans me voir, et je n'ai plus entendu parler de l'Université de Leyde. Depuis ce tems, M. Sedillot entreprit un grand travail, tant sur ce manuscrit que sur les fragmens de Paris et d'autres manuscrits orientaux; comme il n'a rien publié encore, nous allons d'abord extraire la traduction et les notes de M. Caussin. Le titre de l'ouvrage est

Le livre de la grande Table Hakémite, observée par le sheikh, l'Imam, le docte, le savant Aboulhassan Ali ebn Abderahman, ebn Ahmed, ebn Jounis, ebn Abdalaala, ebn Mousa, ebn Maïsara, ebn Afes, ebn Hiyan.

Le calife Hakem, auquel ces Tables sont dédiées, régnait de 996 à 1021 de notre ère. La dernière des observations sur lesquelles les tables sont fondées, est du 7 novembre 1007. L'auteur mourut 7 mois environ après cette observation, c'est-à-dire le 31 mai 1008.

Ebn Jounis était d'une famille noble et distinguée. Ce fut le calife Aziz, père de Hakem, qui engagea notre auteur à se livrer à l'Astronomie. Il observa beaucoup; il est regardé comme un des plus habiles entre les astronomes arabes. Son ouvrage est annoncé comme formant 4 ou 2 volumes; M. Caussin pense que le manuscrit de Leyde en contient environ la moitié.

Ebn Jounis suppose qu'on ait lu Ptolémée; son but a été de réunir tout ce qui est relatif à la pratique des observations, aux calculs et à l'usage des tables; de corriger celles dont on faisait usage, et d'en montrer les erreurs. C'est dans ce dessein, qu'il a rassemblé un grand nombre d'observations faites par lui et d'après lesquelles ses tables sont construites.

La partie qui traite des ères et de la chronologie occupe le quart du volume.

On lit dans l'avant-propos qu'en 829—30 de l'ère vulgaire, les astronomes d'Almamon déterminèrent à Bagdad l'obliquité de 23° 33'; la plus grande équation du Soleil, 1° 59'; son apogée en $2^s\,22°\,39'$; son mouvement dans une année persane, de $359°\,45'\,44''\,14'''\,24^{\text{iv}}$; trois ans après ils trouvèrent l'obliquité, 23° 33' 52''; l'équation, 1° 59' 51''; l'apogée, $2^s\,22°\,1'\,37''$; son mouvement, $359°\,45'\,46''\,33'''\,50^{\text{iv}}\,43^{\text{v}}$.

Ces résultats ne sont pas encore de la dernière précision; mais on voit déjà qu'en suivant les traces des Grecs, en adoptant leurs théories, en mettant plus de soin dans la construction des instrumens, les Arabes avaient sensiblement amélioré les constantes des tables.

On lit ensuite que Ahmed ebn Abdallah, le calculateur, avait seul déterminé les mouvemens des cinq planètes, et que les autres auteurs *de la Table vérifiée* ne s'étaient occupés que du Soleil et de la Lune. On remarqua que ces tables étaient encore assez loin de la perfection. Les auteurs avaient déterminé les mouvemens par la comparaison de leurs propres observations avec celles de Ptolémée. Outre les fautes sur les élémens, Ebn Jounis en relève plusieurs qui ne sont que de calcul.

Ali ebn Isa Alastharlabi (le faiseur d'astrolabes), avait divisé le quart de cercle dont on s'était servi pour les observations. Ali raconte que l'armille d'Jahia ebn Aboumansor était divisée de 10 en 10'; il est probable que celles des Grecs donnaient moins encore.

Ebn Jounis dit plus loin qu'il a calculé la différence entre les valeurs extrêmes du rayon de l'ombre de la Terre; il l'a trouvée de 10' 17''; l'excentricité du Soleil n'y entre que pour 1' au plus.

Il a commencé par s'assurer de la bonté de ses instrumens; il les avait fait construire et diviser avec tout le soin possible; il les a comparés pour être plus sûr de leur justesse. Il a fait usage principalement des circonstances où les deux astres en conjonction étaient fort voisins l'un de l'autre; et c'est ainsi qu'il a déterminé les lieux des planètes observées par ses devanciers, pour les comparer avec ses tables, ou ses propres observations. Jusqu'ici l'auteur ne nous instruit guère; et la table des chapitres qui vient ensuite, quoiqu'assez complète, ne nous apprend encore rien. Dans le chapitre II, il est question des précautions prises par les astronomes d'Almamon, pour la mesure du degré; les deux troupes trouvèrent l'une 57 milles et l'autre $56\frac{1}{4}$; le milieu serait $56\frac{5}{8}$. Pour ne pas s'écarter de la méridienne, on commençait à la tracer au lieu du départ; on prenait deux cordeaux d'environ 50 coudées chacun; on plaçait l'un sur la méridienne, on plaçait le bout du second sur le milieu du premier; on enlevait le premier dont on posait le bout sur le milieu du second, et ainsi de suite. On peut, au lieu de deux cordeaux, employer trois piquets qu'on aligne. On transporte le premier qui devient le troisième, et ainsi de suite; ce qu'il y a de plus curieux dans ce passage, c'est que les deux degrés mesurés différaient de $\frac{3}{4}$ de mille, ou de... $\frac{3}{4 \cdot 57} = \frac{1}{19 \cdot 4} = \frac{1}{76}$ de degré, ce qui n'est pas une preuve de grande exactitude. Ensuite comment a-t-on pu tracer une méridienne de 57 milles, soit par les cordeaux en partie superposés, soit par les piquets alignés. Il faut, pour cela, être dans les déserts de l'Asie.

Dans la critique qu'il fait de la Table vérifiée, on voit que les Arabes se servaient d'armilles, ce qui était connu d'ailleurs et pouvait se supposer.

Une éclipse de Lune, l'an 198 d'Izdjerd, comparée aux Tables de Ptolémée et des Arabes, prouva que le calcul de Ptolémée était le plus juste, en supposant 50' pour la différence des méridiens; selon Beauchamp elle serait de 57'.

Cette éclipse est du 20 janvier 829.

Il parle d'une éclipse de Soleil observée à Bagdad, le 30 novembre 829 de l'ère vulgaire. Quant à l'éclipse de Soleil arrivée le dernier du ramadhan de la même année, tous les calculs en furent faux. Hauteur du Soleil au commencement 7°, à la fin, 24°, sur les trois heures du jour environ.

Voilà qui prouve bien l'imperfection des tables à cette époque. Voilà peut-être le premier exemple de l'instant d'un phénomène déterminé par des hauteurs; mais ces hauteurs ne sont marquées qu'en degrés. La précision n'est pas grande.

Il y eut éclipse de Lune, dit le Mahani, la 7ᵉ férie, 15 de ramadhan, l'an 239 de l'hégire (16 février 854), commencement à $10^h 3'$ après midi de la 6ᵉ férie. On n'observa pas la fin; la partie non éclipsée excédait $\frac{1}{10}$; l'erreur du calcul fut d'environ un doigt. Le Mahani pense qu'elle provenait du rayon de l'ombre de la Terre qu'il aurait fallu diminuer de $2'\frac{1}{2}$; rien n'est moins sûr; il était difficile que les Arabes pussent répondre de la latitude de la Lune à 3′ près. Le commencement prouve que l'erreur du calcul sur le lieu de la Lune était de 10′ en excès, « ce qui nous conduit à deux conséquences, dit Ebn Jounis; il faut retrancher ces 10′ des moyens mouvemens, ou les ajouter à l'équation qui était soustractive. Si la même chose se trouve dans un grand nombre d'éclipses, l'erreur sera dans les mouvemens; s'il y a variété, la cause sera dans l'équation. L'examen d'un grand nombre d'éclipses nous l'apprendra. Il se peut aussi qu'il y ait erreur dans le nœud. » Voilà des réflexions sages.

Il y eut éclipse de Lune, dit encore le Mahani, la 1ʳᵉ férie, 14 rabi Iᵉʳ, l'an 240 de l'hégire. Au commencement, hauteur d'Aldébaran 45° 30′ à l'orient. On n'observa rien que le commencement, qui est exact et précis (12 août 854).

Ebn Jounis ajoute qu'ayant calculé le tems d'après la hauteur d'Aldébaran, au moyen de l'astrolabe, il a trouvé l'angle horaire de 44° après minuit. Le commencement retardait de 8° (32′ de tems).

Il y eut, dit le Mahani, éclipse de Lune la 2ᵉ férie, 15 safar, l'an 242 de l'hégire, 2 de khordad, jour de Bahmen, l'an 225 d'Izdjerd (22 juin 856).

Au commencement, hauteur d'Aldébaran 9° 30′ à l'orient; angle horaire, 50°.

La partie non éclipsée fut plus grande que $\frac{1}{4}$, et moindre que $\frac{1}{3}$, plus grande que ne l'indiquait le calcul d'un peu moins d'un doigt. Le tems du commencement retarda sur le calcul d'environ une demi-heure.

On voit encore que l'on se contentait de l'astrolabe pour trouver le tems, au lieu de faire le calcul dont Albategni a depuis donné les règles. Les tables ne donnaient le tems de l'éclipse qu'à une demi-heure près, dont le calcul avançait le commencement.

La grandeur de l'éclipse fut trouvée une fois plus petite et une fois plus grande d'un doigt que par le calcul. La latitude était australe, la Lune allait vers le nœud ascendant, quand l'éclipse fut plus grande;

quand elle fut plus petite, la Lune avait passé par son nœud descendant ;
il en résulte qu'il faut ôter un degré du lieu du nœud.

Ptolémée avait donné des exemples de calculs semblables.

Il y eut, dit le Mahani, éclipse de ☉ la 1re férie, 28 de joumadi, 1er de l'an 252 de l'hégire, 29 d'ardbéshesht de l'an 235 d'Izdjerd. L'éclipse devait commencer à $6^h 3'$ d'heures inégales ; milieu à $7^h 10'$; fin, $8^h 16'$; durée, $2^h 16'$; quantité, $9\frac{1}{12}$ doigts, ou 8 doigts de la surface. Lieu apparent du Soleil au milieu de l'éclipse, $2^s 23° 29'$; lieu de la Lune au même instant, $2^s 28' 47''$ (16 juin 866).

Le commencement retarde de plus de $\frac{1}{3}$ d'heure ; le milieu, selon notre estime, fut à $7^h 26'$; la fin à $8^h 30'$. Le retard fut donc de $\frac{1}{4}$ à $\frac{1}{3}$ d'heure ; la latitude était australe, la partie éclipsée plus que de 7° et moindre que de 8°.

Il devait y avoir, dit le Mahani, éclipse de ☾ la 3e férie, 15 de doulcanda de l'an 252 de l'hégire ; 2 d'aban, jour de khem, l'an 235 d'Izdjerd. L'opposition à $9^h 35'$ tems inégal. ☉ en $8° 31'$ ♓, nœud en $2^s 19° 50'$; latitude $59'$ A ; grandeur $(\frac{1}{2} + \frac{1}{3})$ doigts de la surface, ou $1\frac{1}{2}$ de diamètre. Commencement à $8^h 55'$; fin, $10^h 7' 30''$; durée, $1^h 12'$ heures inégales (26 nov. 866).

L'éclipse n'eut pas lieu. L'éclat de la Lune diminua du côté septentrional, mais la Lune demeura entière ; le milieu du phénomène retarda sur le calcul, ce qui indique qu'il faut diminuer de la circonférence de l'ombre, ou augmenter la latitude de la Lune, et qu'il y a quelque erreur dans le nœud.

Conjonction de ♄ et ♀. Bagdad, 28 août 858. Le 15 joumadi 1er de l'an 244 de l'hégire, Vénus avait encore $\frac{2}{5}$ de degré à parcourir ; elle a dû atteindre Saturne à midi de la 2e férie ; sa vitesse était de plus de 1° par jour. ♀ un peu au nord de ♄, et ♄ éloigné de Régulus de $\frac{2}{3}$ de degré, et un peu au nord. (Mahani.)

Conjonction de ♀ et ♃. Bagdad, 22 septembre 858, 5e férie, 10 de joumadi 2e, 244 de l'hégire, Vénus était éloignée de ♃ de plus d'un degré. Ils semblaient décrire ensemble une ligne presque parallèle au zodiaque. Leur vitesse fut la même pendant ce jour.

Conjonction de ♂ et ♀, 13 février 864. ♀ et ♂ paraissaient à la vue se toucher au commencement de la nuit, avant la 2e férie, 2 de moherran, an 250 de l'hégire.

EBN JOUNIS.

Lettre de Thabet ebn Corah à Cassem ebn Obeïdallah.

Thabet ou Thébith était astronome du calife Motaded ; il naquit en 835 et mourut en 900 de notre ère ; il est célèbre par beaucoup d'ouvrages d'Astronomie et de Médecine, de commentaires et de traductions d'auteurs grecs. (Les auteurs ne sont pas bien d'accord sur cette date. *Voyez* ce que nous avons dit ci-dessus, pag. 73).

« L'entreprise du calcul vérifié n'est pas achevée, ni près de l'être,
» parce que nous n'avons pas assez d'observations. Les choses qui ont
» besoin d'une grande précision, comme les éclipses et les *apparitions*
» *des nouvelles Lunes,* je les calcule d'après mes observations précé-
» dentes. Pour les éphémérides, je me contente des élémens dont se
» servait Aboujafar ebn Moussa ebn Shaker. » (C'était son maître en Astronomie.)

On voit donc qu'on calculait des éphémérides, et qu'on mettait grande importance à l'apparition de la nouvelle Lune. Aujourd'hui ces apparitions n'intéressent plus personne. La Lune ne sert plus guère qu'à éclairer nos nuits ; elle joue un rôle tout-à-fait secondaire dans le calendrier civil.

Extrait du livre de Thabet ebn Corah à Isach ebn Honaïn. Cet Isach était fils d'Honaïn, médecin chrétien du calife Motavekel et auteur de la traduction arabe de l'Almageste. Il s'appliqua, comme son père, à la traduction des ouvrages grecs.

La différence entre la Table de Ptolémée et la Table vérifiée, est commune à tous les corps célestes ; cette uniformité n'a rien d'étonnant ; le lieu du Soleil entre nécessairement dans toutes les déterminations des planètes et des étoiles. (La précession est commune à tous les astres.)

La cause de cette erreur est obscure ; quelques astrologues, cités par Théon (*voyez* tome II de notre Histoire de l'Astronomie ancienne, page 625), ont pensé que le zodiaque avait un mouvement par lequel il s'avançait de 8°, et ensuite rétrogradait de la même quantité à raison d'un degré en 80 ans. Ils ont fait sur cela un calcul, d'où l'on conclut quelquefois 4° de plus ou de moins. Il faudra, si la chose est comme ils le supposent, que les étoiles fixes paraissent tantôt immobiles et tantôt rétrogrades.

Nous ne sommes pas en état maintenant de décider une pareille question ; il faudrait pour cela une observation du Soleil, faite dans l'intervalle de Ptolémée à nous, et assez éloignée de notre tems. Si vous en trouvez une dans les auteurs grecs, qui soit indubitablement postérieure à Ptolémée, je vous prie de me la faire connaître.

Si ce point eût été décidé, j'en aurais traité ici, mais il est encore obscur et ressemble beaucoup à une simple conjecture ; or, je ne veux rien adopter qui ne soit hors de doute. Ce que j'ai dit des quantités, que j'ajoute au calcul de Ptolémée, je ne l'ai communiqué à qui que ce soit, parce que ces quantités ne sont pas appuyées sur des bases solides, mais ont pour objet de représenter l'état actuel des choses jusqu'à ce qu'un nouveau lui succède.

M. Caussin nous avertit ici, que les deux passages de Thabet, qu'on vient de lire, sont difficiles à déchiffrer ; de sorte qu'obligé de deviner presque toujours, il a pu même se tromper quelquefois, et c'est dommage, car ce passage paraîtrait disculper Thabet d'un reproche qu'on lui a fait, d'avoir introduit en Astronomie ce malheureux mouvement de trépidation qui a défiguré les Tables d'Alphonse, et même celles de Copernic ; mais on lui attribue généralement ce livre *du Mouvement de la huitième sphère*. Weidler dit expressément, que Thébit donnait à cette sphère deux mouvemens ; l'un est le mouvement diurne, l'autre celui de *trépidation*, qui se fait dans de petits cercles autour des points de ♈ et ♎, et dont les rayons étaient de $4°18'43''$. Il supposait aussi deux écliptiques ; l'une fixe, dans la neuvième sphère, l'autre, mobile dans la huitième. Par cette combinaison, les étoiles paraissent tantôt directes et tantôt rétrogrades, et par conséquent quelquefois stationnaires. Nous donnerons plus de détail sur ce système à l'article Nonius. Remarquons que Thébit ne dit pas que ce mouvement soit faux, il se contente de dire qu'il n'a l'air que d'une conjecture ; cependant, *il ajoute au calcul de Ptolémée, pour représenter l'état actuel des choses* ; il demande des observations pour se décider ; il tient la chose secrète en attendant des preuves ; or, puisqu'il a publié son livre, il faut donc qu'il se soit décidé, qu'il ait pris un parti ; et ce parti a été sans doute d'imaginer ces deux petits cercles et ces deux écliptiques. Ce qui prouve que cette détermination est postérieure à sa lettre, c'est qu'il ne parlait d'abord que de $4°$ en gros, et que dans son traité il dit $4°18'43''$, ce qui annonce un travail plus soigné.

Ce que Thébit rapporte, d'après le témoignage de Théon, Albategni l'attribue à Ptolémée lui-même. Il se pourrait que Théon l'eût pris dans Ptolémée. Thébit ne serait donc pas l'auteur de l'idée fondamentale ; il aurait simplement imaginé les cercles nécessaires pour expliquer et calculer les mouvemens inégaux des étoiles ; mais Albategni, ou plus ancien ou contemporain de Thébit, qui le cite, a rejeté cette inégalité, après s'en être ouvertement moqué. Thébit n'aurait pas dû être si irrésolu, il aurait dû faire comme Albategni. Il envoie ses idées à Ishac, confidentiellement; Ishac aurait-il trahi le secret? est-ce Thébit lui-même qui l'a révélé, quand il a cru avoir des preuves suffisantes? C'est ce qui paraît assez difficile à décider, et ce qui heureusement est fort indifférent.

Aboul Abbas Alfaldl ebn Hatem Alnaïrizi dit avoir trouvé, dans le calcul des syzygies écliptiques, une erreur d'environ une demi-heure, *soit que ce soit le calcul qui avance ou bien l'observation; mais le plus souvent c'est le calcul qui avance.* Le mouvement serait donc trop rapide; ce qui ne va guère avec l'accélération. Il dit encore que les auteurs de la Table vérifiée ont trouvé l'obliquité 23° 35′, et que l'observation a été bien faite, à cause de la bonté et de la grandeur de l'instrument, et du peu de difficulté de l'observation, avec un pareil secours. Cet auteur vivait vers la fin du IXe siècle.

Aboulhassan abi ebn Amajour al Turki, observa Jupiter et Mars, du 13 juillet au 10 septembre 918; ♃ était rétrograde et paraissait sans cesse moins avancé d'environ 1° que dans les éphémérides; la latitude au contraire était plus grande que selon le calcul; le mouvement diurne était plus petit dans l'éphéméride; Mars était direct.

Il observa aussi la Lune, du 13 juin au 12 août 918; à diverses époques du mois lunaire arabe; elle était moins avancée que dans les éphémérides de $\frac{1}{4}$ ou $\frac{1}{3}$ de degré; quant à la latitude, l'observation donnait le plus souvent plus que les éphémérides, calculées sur les Tables de Ptolémée; les erreurs en latitude ne présentaient rien d'uniforme.

Le 24 décembre 918, il compara Vénus à Antarès, qui était alors en 24° 31′ ♏; Vénus était en 7^s 29°; la Table vérifiée de Habash donnait 8^s 0° 46′.

Mercure, comparé de même à Antarès, était en 8^s 14° 20′; la hauteur d'Antarès, 24°; le lieu de la Table vérifiée, 8^s 16° 29′. Voilà des erreurs de deux degrés.

Le 1er janvier 919, Mars, comparé à Procyon, était en 2^s 5° 12; Procyon en 3^s 11° 1′; la Table vérifiée donnait 8^s 6° 9′. L'erreur est encore de 1° environ, comme ci-dessus.

Ebn Aladami dit, dans sa table, qu'ayant observé pendant 30 ans, il avait toujours trouvé des erreurs dans les tables des planètes, et que les erreurs de la Lune n'allaient qu'à 16′ en longitude. Ci-dessus on disait de 15 à 20′.

Le 1ᵉʳ juin 923. La Lune se leva déjà éclipsée de trois doigts linéaires ou plus; la grandeur fut de plus de neuf doigts; le milieu environ à 1ʰ 40′ égales de la nuit; la fin à 3ʰ; hauteur de l'étoile fixe, près la queue du Cygne, 29° 30′ à l'orient. Le calcul était bon pour les tems, mais la quantité était trop faible de près d'un doigt. Observée par Alturki à Bagdad.

Le 11 novembre 920. Hauteur du Soleil, au milieu de l'éclipse, 8° orientale; fin, 2ʰ 12′, en tems inégal; la hauteur alors était de 20°; la grandeur fut de $\frac{1}{2}$ et $\frac{1}{4}$ du diamètre; l'intervalle entre le milieu et la fin, 1ʰ 22′ inégales. La différence entre la table d'Habash était 31′ d'heure égale; et pour la fin de 44′, dont le calcul avançait sur l'observation. Bagdad.

Le 11 avril 925. Éclipse totale de Lune; au commencement, hauteur d'Arcturus, 11° à l'orient; hauteur de la Lyre à la fin, 24°; ainsi le commencement à 0ʰ 55′, tems inégal de la nuit. Le retard des Tables d'Hasbash, 23′ d'heure inégale; la fin, 4ʰ 36′; retard sur le calcul, 17′ d'heure inégale. Bagdad.

Le 14 septembre 927. Éclipse de Lune, de 2ᵈ 55′ linéaires, ou deux doigs de surface ou égalés; commencement, 10ʰ 14′ de la nuit; milieu, à 11ʰ 21′; la fin, à 9′ du jour suivant; le tout en heures inégales. Ce calcul est en excès sur l'observation de 14′ d'heure inégale; hauteur de Sirius, au commencement, 31° à l'orient; révolution de la sphère, depuis le coucher du Soleil jusqu'au commencement de l'éclipse, déterminée avec l'astrolabe, 14° environ, qui font 9ᵈ 55′ heures égales, ou 10ʰ inégales; grandeur de l'éclipse, plus que $\frac{1}{4}$ et moins que de $\frac{1}{3}$, environ 3ᵈ $\frac{1}{3}$. L'éclipse avance sur le calcul.

Le 18 août 928. Le Soleil se leva éclipsé d'un peu moins de $\frac{1}{4}$ de sa surface, et l'éclipse alla jusqu'au quart. On observa le Soleil *dans l'eau, d'une manière sûre et distincte*. Quand le Soleil parut entier dans l'eau, la hauteur était 12° — $\frac{1}{3}$ d'une division, le degré étant divisé en trois parties. A Bagdad, la grandeur s'accordait avec le calcul.

Voilà donc des degrés divisés en tiers; nous en avons vu qui étaient divisés en sixièmes. On trouvera ci-après une armille divisée en minutes.

Le 27 janvier 929, on observa le commencement; Arcturus était élevé de 18° à l'orient; tems écoulé, depuis le commencement de la nuit, 5 heures inégales, comme l'indiquait le calcul vérifié, sans aucune différence.

Le 5 novembre 933. Lorsque la Lune commença à s'obscurcir, Arcturus était élevé de 15° à l'orient; le tems écoulé depuis le commencement de la nuit était de $9^h 56'$, tems inégal; le calcul donnait, pour le commencement, $9^h 41'$, c'est-à-dire 15' de moins.

Ces observations sont à peu près comme celles des Grecs, à la réserve que l'heure doit être un peu plus exacte. Cependant on n'observait la hauteur qu'avec un petit quart de cercle, dont le limbe n'était divisé qu'en degrés; on se servait de l'astrolabe pour éviter le calcul. Albategni avait cependant donné ses méthodes; mais on se contentait d'une exactitude de quelques minutes.

Après avoir rapporté toutes ces observations pour démontrer l'erreur de la Table vérifiée, Ebn Jounis compare ses propres tables à d'anciennes observations tirées de Ptolémée. Il rapporte ensuite quelques observations plus modernes.

Équinoxe d'automne observé à Damas (ou à Bagdad), le 19 septembre 830.

Le Soleil entra dans la Balance le 25 de mordadmah, de l'an 199 d'Izdjerd, à 20" de jour (8' après midi.)

Le même équinoxe à Bagdad. Il arriva l'an 215 de l'hégire, à 7 heures du jour.

Équinoxe du printems. Bagdad. 17 mars 831, l'an 199 d'Izdjerd, 216 de l'hégire, le 18 de bahmenmah, deux heures environ après le milieu de la nuit d'avant le 19.

Équinoxe d'automne. Bagdad. 19 septembre 831, l'an 216 de l'hégire, 200 d'Izdjerd, 1 heure de la nuit, avant le 26 de mordamah.

Équinoxe du printems. Bagdad. Le 17 mars 832, l'an 200 d'Izdjerd, le 19 Bahmenmah, 2 heures du jour.

Solstice d'été. Bagdad. 17 juin 832, l'an 217 de l'hégire, 201 d'Izdjerd, le 22 d'ardbehneshtmah, minuit d'avant le 23.

Équinoxe d'automne. Bagdad. 19 septembre 831, 216 de l'hégire, 201 d'Izdjerd, 1 heure de la nuit, avant le 26 de mordamah.

Équinoxe du printems. Bagdag. 17 mars 832, 200 d'Izdjerd, 19 bahmenmah, 2 heures de jour.

Solstice d'été. Bagdad. 17 juin 832, 217 de l'hégire, 201 d'Izdjerd, le 22 d'ardbbeheshtmah, à minuit d'avant le 23.

Équinoxe d'automne. Damas. 18 septembre 832, 201 d'Izdjerd, 25 de mordadmah, à 28' 15" de jour, après midi.

Équinoxe d'automne. Bagdad. 18 septembre 844, 28 mordadmah, 23' 25" de jour, après midi, l'an 213 d'Izdjerd. 23' 25" de jour font $9^h 22'$, tems égal.

Équinoxe d'automne. Nisabour. 18 septembre 831, avec une armille divisée en minutes; midi de la 7ᵉ férie, dernier de mordadmah, 220 d'Izdjerd, 18 de eloul, an 1162 d'Alexandre, 28 de rabi I, 237 de l'hégire. Observation d'Albategni.

Tout ce qu'on vient de lire est du chapitre IV; ce qui suit est du chapitre V.

Les fils de Moussa ebn Shaker, qui suivirent immédiatement les auteurs de la Table vérifiée, font le mouvement moyen du Soleil, dans l'année persane, de 11° 29° 45′ 39″ 58‴ 2^{iv}; l'équation, 2° 0′ 50″; l'apogée, au tems d'Izdjerd, 2ˢ 20° 44′ 19″, et son mouvement de 1° en 66 années persanes.

    Leur frère Aboulcasem
Abmeth, fait.......... 11ˢ 29° 45′ 40″;   2° 0′ 8″; 2ˢ 24° 33′ (en 851-852)
    Les fils d'Almajour,
dans leur table Albadin... 11.27.45.39.45‴; 2.0.50.; 2.23.35.
    Moflish ebn Joussef.. 11.29.45.39.46; 2.0.20.; 2.24. 5.
    Mohammed ebn Ahmed
Alsamarcandi.......... 11.29.25.39.58;
    Albattani.......... 11.29.45.46;   1.59.10; 2.22.14.
    Aboulcasem Ali ebn
Alaalam.............. 11.29.45.40. 20.
    Aboul Hossaïn Assoufi
Abdarrahman ebn Omar, 11.29.45.40; 2.

Tous ces auteurs ont comparé leurs observations à celles d'Hipparque. Il résulte encore de ces comparaisons, que l'erreur d'Hipparque, sur l'équation du Soleil, avait été bien diminuée par les auteurs de la Table vérifiée.

        En 1800, j'ai trouvé..... 1° 55′ 23″
        Variation pour 900 ans... 2.54.6
        Pour le tems d'Albategni, 1.58. 0.5

Il restait encore une erreur de 1′ 10″ environ.

Entre l'observation de Ptolémée et celles des auteurs du calcul éprouvé, on ne connaît d'autre observation que celle d'Ahmed Alnewahendi, le calculateur. En 803, époque de la fin malheureuse de Barmecide, dans sa Table almoshtainal, il fait le mouvement ☉ 11ˢ 29° 45′ 40″ 40‴; on trouverait 5″ de plus en se servant de l'observation de Ptolémée. Par l'observation d'Hipparque et celle de Jahia ebn Abenmansour, Ebn Jounis trouve 11^s 29° 45′ 39″ 54‴; par Hipparque et ses propres observations, 11^s 29° 45′ 40″ 3‴ 44^{IV}; il en conclut qu'il vaut mieux suivre Hipparque que Ptolémée. C'est aujourd'hui une chose universellement reconnue.

Observations de Régulus. Ahmed Habash,

en 829—830, a trouvé....................	4^s 13° 0′	lat. 15′ B.
Thabet ebn Corah donne la même chose; le même Habash.............................	4.13. 9	
A Damas, on avait trouvé, trois ans plus tard,	4.13.15	
Abenmanshour Jésafar ebn Mohammed Albaskhi, trois ans auparavant................	4.13.30	
Les fils de Moussa, en l'an 850—851.......	4.13.27	
Les fils de Moussa, en 840—841..........	4.13.49.40″	
Les mêmes, en 847—848................	4.13.50.15	
Le Mahani, en 861—862................	4.14. 6	
Khaled ebn Abdelmalek Almarouroudi, en 832—833..............................	4.13.42.10	lat. 10′ B.
Mohammed.... Alsamarcandi, en 865—866,	4.13.40	
Les fils d'Amajour, en 918—919..........	4.14.32	
Saïd ebn Khatif Alsamarcandi, l'an 304 de l'hégire..............................	4.14.17	
Ebn Alaalam, en 975—976..............	4.15. 6	

Ebn Jounis a voulu, par ces citations, faire voir la difficulté de ces observations; si elles n'ont pas toute la précision désirable, elles prouvent du moins l'émulation qui régnait, à cette époque, parmi les astronomes arabes.

Des planètes. Le 5 juin 829, il y a eu une conjonction de...., et puis Vénus, le 25 janvier 831, était en 8^s 22° 42′.

Jupiter et Régulus. Bagdad, 6 septembre 864. Jupiter un peu au nord. Le calcul plaçait Jupiter en 4^s 14° 18′, et cette longitude était trop forte de 47′.

♀ et ♂. Bagdad, 10 octobre 864; les deux planètes paraissaient n'en faire qu'une.

Occultation de Régulus par Vénus, le 9 septembre 885. Une heure avant le lever du Soleil, chacun des deux jours précédens, le mouvement de Vénus avait été de plus de 1°.

♀ et ♂, 23 octobre 896. Quatre doigts un peu moins entre les deux planètes, Vénus au nord.

♀ et ♃, 4 octobre 901. A Shiraz, dans le tems de l'aurore. L'intervalle un fetr, environ une demi-coudée; c'est l'espace entre les extrémités du pouce et du petit doigt.

Une coudée peut valoir 2°, le shebr 1°, le fetr 40′, le doigt 5′. Ces évaluations sont fondées sur les observations suivantes: entre β et φ du Cygne, 1 dra; entre β et η, 5 dras ou coudées; entre η et γ plus de 3 dras; entre γ et α, 3 dras; entre γ et δ, 5 dras; entre δ et θ, 1 ½ dra (je crois qu'il faut lire 2 ½); entre ε et λ, 1 dra.

Ces distances, prises sur un globe moderne, ont donné les quantités suivantes :

Étoiles.	Distance.	Nombre des dras.	Valeur du dra.
β φ	2.50	1	2° 50′
β η	9. 0	5	1.48
η γ	7. 0	3 +	2.20 envir.
α γ	5.40	3	1.53
γ δ	8. 0	5	1.36
θ δ	5.20	2 ½	2. 8
ε λ	2.10	1	2.10
Somme	40. 0	20 ½ 2 —	14.45 2. 6

Le dra serait donc à très peu près 2°. En prenant ces distances sur le grand atlas de Bode, j'ai trouvé par un milieu 2° 6′; ainsi le milieu entre les deux résultats, est 2°. J'avais commencé à calculer ces distances d'après les longitudes et les latitudes des Tables de Berlin, premier volume, ce qui m'a fait apercevoir une erreur d'un signe sur α du Cygne, dont la longitude doit être $9^s 28°$, et non $10^s 28′$. Cette erreur m'a dégoûté de continuer ces calculs; cependant, en la corrigeant, j'ai trouvé 2° 53′, au lieu de 2° 50′. En revanche, sur l'étoile suivante, j'ai trouvé 8° 58′, au lieu de 9°, ce qui se compense à très peu près. J'ai pensé que nos globes modernes pouvaient au moins valoir les estimes des Arabes; et, vu l'incertitude de ces évaluations, je m'en suis tenu aux deux résultats ci-dessus. Il est très vraisemblable en effet que les Arabes ont pris un nombre rond de degrés pour en faire leur dra, et cette valeur peut nous éclairer sur la coudée astronomique des Grecs.

EBN JOUNIS.

À l'article ☽☾, j'ai lu 2½ dras et non 1½ qui donneraient au dra la valeur très inexacte 3°33′, laquelle augmenterait de 18′ le résultat moyen.

Ces renseignemens sur les différentes mesures employées par les astronomes arabes, sont tirées d'une note de M. Caussin. Il ne nous dit pas quels sont les auteurs des observations, ni avec quel instrument ces distances ont été prises. Il ne serait pas impossible qu'elles eussent été, comme le reste, de simples estimes dans lesquelles on aurait comparé les distances de quelques étoiles au diamètre de la Lune. Il est pourtant possible qu'on les ait déduites des Catalogues des étoiles, et en effet elles se trouvent toutes dans le Catalogue de Ptolémée.

♀ et ☿, 19 mai 902. Il y avait entre eux un shebr.

♄ et ♂, 28 février 903. Il y avait entre eux ½ diamètre ☾ à l'horizon, Mars au midi.

♂ et α☊, 19 septembre 909. Intervalle, un doigt; hauteur, 60°.

Les observations qui suivent sont d'Ebn Jounis.

Éclipse ☉ au Caire, 12 décembre 977. Elle parut sensible à la vue, lorsque la hauteur ☉ était entre 15 et 16°. Grandeur, environ 8^d du diamètre, ou 7^d de la surface. A la fin, hauteur ☉, 33°20′ le matin.

M. Caussin dit dans une note, que Costard n'avait aucune idée des doigts de surface. Il n'aurait donc pas lu Ptolémée, ce qui serait assez singulier pour un auteur qui a fait l'Histoire de l'Astronomie.

Éclipse de ☉, le 8 juin 978, au Caire. Grandeur estimée 5^{d}½ du diamètre, ou 4^{d}10′ de la surface. Hauteur ☉, 56° environ, quand l'éclipse devint sensible aux yeux. Hauteur à la fin, 26° environ.

Éclipse ☾. Caire, 14 mai 979. La Lune se leva éclipsée. Grandeur; plus de 8^d du diamètre, et moins de 9. La fin de l'éclipse à 1^{h}12′ de la nuit. Heures égales.

Éclipse ☉. Caire, 28 mai 979, après midi. Commencement haut. ☉, 6°30′; grandeur 5^{d}½ du diamètre, environ 4^{d}10′ de surface. Le Soleil se coucha éclipsé. La grandeur de cette éclipse fut la même que celle de l'année précédente.

Éclipse ☾. Caire, 7 novembre 979. Grandeur, 10^d de surface. Hauteur au commencement, 64°30′ à l'orient. Hauteur à la fin, 65° à l'occident.

Éclipse totale de ☾. Caire, 3 mai 980. Hauteur ☾ au commencement, 47°40′. Fin à 36′ environ d'heure égale avant la fin de la nuit.

Éclipse ☾. Caire, 22 avril 981. Hauteur ☾ au commencement, 21° environ. Grand., ¼ de diam. environ, ¼ d'heure environ avant le lever du ☉.

Éclipse ☾. Caire, 15 octobre 981. Grandeur, 5^d environ du diamètre.

Hauteur de la Lune, 24° au contact du commencement. Le calcul retarda sur l'observation de 24′ d'heure égale.

Éclipse totale ☾. Caire, 1ᵉʳ mars 983. Hauteur au commencement, 66°. Hauteur à la fin, 35° 50′. Durée, 1ʰ environ. Le calcul était en retard de 40′ environ.

Éclipse ☉. Caire, 20 juillet 985, après midi. Haut. au commencement, 25° environ; 6° à la fin. Grandeur, $\frac{1}{4}$ de diamètre.

Éclipse ☾. Caire, 19 décembre 986. Hauteur au commencement, 24° occident. Grandeur, 10ᵈ du diamètre. La Lune se coucha éclipsée; hauteur au moment de l'attouchement, 50° 30′.

Éclipse ☾. Caire, 12 avril 990. Grandeur, $7^d\frac{1}{2}$ du diamètre. La fin au lever du premier degré du Verseau. Hauteur de la Lune au premier contact, 38°.

Éclipse ☉. Caire, 20 août 993. Hauteur au commencement, 27° orient. Au milieu, 45° orient. A la fin, 60°. Grandeur, $\frac{2}{3}$ de la surface.

Éclipse ☾. Caire, 5 septembre 1001. J'ai vu, avant la fin de l'éclipse, la Lune qui paraissait comme le croissant. La fin, à 2ʰ inégales après le commencement de la nuit.

Éclipse totale ☾. Caire, 1ᵉʳ mars 1002. Hauteur d'Arcturus au commencement, 12° orientale. Hauteur d'Aldébaran, 14° occidentale. Hauteur d'Arcturus à la fin, 35°. (Selon M. Sédillot).

Éclipse ☉. Caire, 24 janvier 1004. Grandeur, 11 doigts. Hauteur au commencement, 16° 30′ occidentale. Hauteur quand l'éclipse était de $\frac{1}{4}$, 15°; quand elle fut de moitié, 10°; au milieu, 5°.

Conjonctions. ♃ ♂. Caire, 10 mai 983. Commencement de la nuit. Différence de latitude, 1° environ. Mars au nord. Le calcul était en retard.

☿ et ♀. Caire, 22 juin 985. Différence en latitude, 1° environ. ☿ au midi.

♀ et α ♌. Caire, 17 juin 987. Au couchant, 8ʰ égales.

♃ et ♂. Caire, 10 octobre 987. A 7ʰ égales après midi.

♄ et ♀. Caire, 20 janvier 988. Une demi-heure avant le lever du ☉, différence latitude, 1 doigt. Vénus au nord. ♃ précédait d'environ 1°.

♃ et ♂. Caire, 15 décembre 989. J'estime qu'il a été éclipsé à midi, le 27 d'adermah, 358 d'Izdjerd.

♂ et α ♌. Caire, 18 septembre 988. La conjonction avait dû avoir lieu à minuit.

♀ et α ♌. Caire, 22 juin 990. 1ʰ avant le coucher du ☉, Vénus au nord. 1° de différence en latitude.

♂ et α♌. Caire, 30 août 990. 20′ avant le lever du ☉, ♂ au midi. différence latitude, 40′ environ.

♄ et ♂. Caire, 1ᵉʳ novembre 991.

♄ et ♀. Caire, 22 décembre 991. 6ʰ environ après midi. 1° de différence en latitude. ♄ au nord. Distance, un shebr et deux nœuds (peut-être deux articulations de doigt).

♀ et α♌. Caire, 16 septembre 992. Une heure égale avant le lever ☉. Vénus avait déjà dépassé l'étoile de $\frac{1}{3}$ de degré environ. Elle était au midi. Différence latitude, 30′ environ.

♄ et ♂. Caire, 19 octobre 993. Commencement de la nuit. Les deux planètes étaient dans le même vertical, environ $\frac{1}{2}$ degré de différence en latitude. Mars au midi. Le calcul indiquait la conjonction 13 jours auparavant ; ce qui est une erreur grossière, dit Ebn Jounis.

♃ et ♂. Caire, 31 mai 994. Conjonction à midi suivant, 5ᵉ férie, 18 de rabi II, 384 de l'hégire.

♃ et ♂. Caire, 1ᵉʳ juin 994. La conjonction eut lieu la 6ᵉ férie, 19 rabi II, 384 de l'hégire.

♀ et ☿. Caire, 3 janvier 995. ☿ dut éclipser ♀ le 28 de doulcaada, 384 de l'hégire.

♃ et ♀. Caire, 11 juin 995. 7ʰ après midi, heures égales. Vénus au nord de 40′ environ; dans le même vertical.

♄ et ♂. Caire, 11 juin 995. La nuit d'avant la 3ᵉ férie, 10 joumadi I, 385 de l'hégire. Différ. latit., un doigt. Hauteur, 6° en conjonction.

♀ et α♌. Caire, 18 juin 995. 7ʰ 40′ environ. Heures égales après midi de la 3ᵉ férie, 7 joumadi I, 385 de l'hégire. Vénus au nord. Distance en latitude, 40 ou 45′.

♃ et ♀. Caire, 11 juin 995. La nuit d'avant la 3ᵉ férie, 10 joumadi I, 385 de l'hégire. ♃ au midi. Distance en latitude, 40′.

♃ et ♀. Caire, 8 août 996. $\frac{1}{2}$ heure après le coucher du ☉. Vénus au nord de Jupiter, qu'elle touchait presque. Dist. en lat., 5′.

♀ et ♄. Caire, 24 mai 997. Vénus éclipsa Saturne d'une manière non douteuse, $\frac{2}{3}$ d'heure égale avant le lever du ☉.

♂ et α♌. Caire, 14 juin 998. ♂ au nord. Diff. latit., 1° environ.

♀ et α♌. Caire, 23 juin 998. 1ʰ après le coucher du ☉, Vénus au nord. Différence de latitude, 1° environ.

♂ et ♀. Caire, 4 juin 998. Au commencement de la nuit. Distance, environ un doigt. ♀ au nord et plus élevée sur l'horizon. Elle avait passé Mars de $\frac{1}{4}$ de degré ou de 15′.

♀ et ♂. 9 avril 999. Sur la fin de la nuit, ♀ était avec ♂ à l'orient, et le précédait d'environ 1°. Leur hauteur était peu considérable.

♀ et ☿. Caire, 19 mai 1000. A l'occident, après le coucher du ☉: ☿ au nord. Différ. latit., 20'. Différence en longitude, selon la Table vérifiée, 4°30'.

♀ et α♌. Caire, 16 septembre 1000. A l'orient. ♀ au sud. Distance en latitude, 40'. ♀ un peu plus élevée, ce qui montrait qu'elle n'avait pas encore atteint l'étoile.

♀ et ☿. Caire, 2 juin 1001. 1^h après le coucher du ☉. ♀ au nord de ☿; un peu au-dessous de lui; ☿ difficile à apercevoir. La conjonction eut lieu à minuit.

♀ et α♌. 7 juillet 1001. 1^h environ après le coucher du ☉. ♀ au nord. Différ. latit., 1°. Il restait à ♀ un léger intervalle à parcourir pour atteindre α♌.

♄ et ♂. Caire, 19 juillet 1001. A midi, diff. 1° en latitude.

♂ et α♌. Caire, 14 mars 1002. Au commencement de la nuit, ♂ précédait α de 2° environ.

♂ et α♌. Caire, 21 mars 1002. A l'occident. ♂ au nord. Diff. lat., 30°; (30' probablement.)

♃ et ♀. Caire, 18 avril 1002. $1^h\frac{1}{2}$ avant le lever du ☉. ♀ encore éloignée de ♃ de 12'. Elle décrivait la même route, et allait directement sur lui. La conjonction a dû avoir lieu 2^h avant midi. La conjonction a dû avoir lieu en longitude et en latitude.

♀ et ♄. Caire, 14 juillet 1002. A l'orient, 8^h après midi.

♀ et ♂. Caire, 7 janvier 1003. A l'occident. Différ. latit., 30'. ♀ au midi et un peu plus élevée. J'estimai qu'elle l'avait passé de 30'; je déterminai la conjonction à 12^h après midi, 5e férie de Rabi Ier.

♃ et ♀. Caire, 18 février 1003. A l'occident, 20' après le coucher du ☉. ♃ précédait ♀ de 20'; il était un peu au nord. La conjonction ne dut pas être écliptique; elle dut avoir lieu à 14^h après midi.

♀ et α♌. Caire, 18 juin 1003. A l'occident, après le coucher du ☉, différence en latitude, 15'. ♀ au nord. Il restait à Vénus peu de chemin à parcourir. Conjonction à 14^h après midi, 6e férie, 15 de Shaaban.

♄ et ♃. Caire, 7 novembre 1007. A l'orient pendant l'aurore. ♃ au sud. Différ. latit., 40' à vue. Conjonction estimée à midi suivant. J'évaluai à 24' le chemin que Jupiter avait à faire pour atteindre Saturne.

Ici finit le chapitre V. Le VI donne les élémens des Tables vérifiées et ceux des Tables d'Ebn Jounis.

EBN JOUNIS.

199 d'Izdjer.

Aboulmansor ⎧ ☉ 11ˢ 29° 45′ 45″ 14‴   1° 59′   2ˢ 22° 39′ en 215 de l'hég.
Ebn Jounis.. ⎨   11.29.45.40. 3.44   2. 0.30   2.26.10   372 d'Izdjer.

☾ .... ⎧ 4. 9.23. 5.51
            ⎨ 4. 9.23. 1.58.50.34

Mouv. propre ⎧ 2.28.43. 7.28.41ⁱᵛ ⎧ M. Caussin dit le même, moin-
             ⎨ 2.28.23   ⎨ dre de 20′ seulement.

☊ .... ⎧ 19.19.33.40   5°
            ⎨ 19.19.44.21.48   4.48.

On ne voit pas qu'Ebn Jounis ait beaucoup amélioré ces deux théories.

♄   12ˢ 13° 39′ 33″   6° 31′   6° 13′ Comme Ptolémée,
    12.13.36   6.31   6.13

Apog. 8. 4.30   l'an 199
      8:10   372

♃   1. 0.20.38.12   5.15   11. 3   Ap. 5ˢ 22° 32′ | 199
    1. 0.20.33. 0   5.15   11. 3   5.23.35 | 372

♂   6.11.17.17.27   11.25   41. 9   3. 3.33 | 199
    6.11.17. 9.46.2   11.25   41. 9   4. 5.36 | 372

♀   7.15. 2. 0. 2   1.59   45.59   Ap. ☉
    7.15. 2.24.20   2. 0.30 46.25

☿   1.23.56.42.33   3. 2   22. 2   6.21
    1.23.56.50   4. 2   22.24   6.22. 3

On voit qu'Ebn Jounis n'a guère réformé que les moyens mouvemens et l'équation de ☿; que l'Astronomie des Arabes n'était que celle des Grecs; la manière d'observer très peu différente; que les observations étaient un peu plus soignées, et que le principal avantage des Arabes consiste en ce qu'ils sont venus 7 à 800 ans plus tard.

Le chapitre VI renferme encore les quantités suivantes, tirées des Tables de l'auteur.

Obliquité de l'écliptique, 23° 35′ en l'an 1000.

Mouvement de l'apogée pour 365 jours, 51″ 14‴ 43ⁱᵛ 59ᵛ, 1° en 70 années.

Longit. m. ☉ 30 nov. 1000... 8ˢ 14° 45′ 57″ 6‴
Apogée.................... 2.26. 8. 2.27
Longit. m. ☾............. 9. 0.41.12.25
Anom...................... 11. 9.51.23.12
Longit. m. ☊............. 11.21.27. 3.33
Longit. m. ♄............. 2. 6. 1. 2.19
♃............. 10. 0.41.52.29
♂............. 9.10.43.18.29
Mouv. pr. (anomalie) ♀...... 9.22.36. 8.22
☿............. 10. 7.45.23.18

Observations d'Abousahel, tirées d'un manuscrit rapporté d'Égypte, par M. Reiche.

♀ tout près de α☊, le matin du 16 shahrimah, 334 d'Izdjerd.

♀ et ☿ sont près l'un de l'autre, 12 shahrirmah, 322 d'Izdjerd, 45′ après le commencement de la nuit.

Le 13 du mois de bahman, 322 d'Izdjerd, ☿ près l'extrémité méridionale du croissant, et comme y étant suspendu; 12 heures égales après le commencement de la nuit.

Le 30 du mois de khordad, l'an 328 d'Izdjerd, ☿ et ♃ à l'occident, ne forment qu'une seule planète.

Solstice d'été. Bagdad. 27 safour, 378 de l'hégire; obliquité, 23°51′.

Équinoxes d'automne. Bagdad. 4 soumadi II, 378 de l'hégire, 4 heures après le commencement du jour.

Ces deux dernières observations sont tirées du Catalogue des Manuscrits arabes de la Bibliothèque de l'Escurial.

Dans les chapitres qui restent à extraire, on ne peut guère espérer quelque chose de neuf que dans le chapitre X des sinus, et de la manière d'en dresser les tables.

Chapitre XI. De l'obliquité, et des tables des ombres.

XXV. Du calcul des hauteurs correspondantes.

XXVII. Trouver la hauteur des heures marquées sur le cadran.

XXXV. Trouver la latitude du lieu, et la longueur du mekyas des heures simples, quand ce mekyas est perdu, et la latitude inconnue. C'est apparemment le style du cadran. Voyez ci-après.

LXX. Du diamètre de l'ombre.

LXXI. Du mouvement horaire vrai du ☉.

LXXII. Mouvement horaire vrai de la Lune.

LXXIV. Éclipses de ☾.

LXXV. Éclipses de ☉.

Le reste pourrait fournir quelques lumières sur les méthodes trigonotriques de ce tems. Quelques chapitres sont purement astrologiques.

Il ne reste aucun indice que Ptolémée, ou aucun grec après lui, ait cherché les erreurs des Tables du Soleil, de la Lune et des planètes. Ce que les Grecs n'ont point fait, parce qu'ils étaient plus discoureurs que calculateurs, et plus théoriciens qu'observateurs, on le voit pour la première fois pratiqué par les Arabes. Tous leurs astronomes, à l'envi, cherchent à mieux déterminer ce qui n'avait été qu'ébauché par les Grecs; mais ils ne paraissent pas même avoir soupçonné le besoin de rien changer aux théories. On ne voit, à cet égard, aucune tentative, même de la part des plus distingués d'entre eux, tels qu'Albategnius, et Ebn Jounis. On les voit tous observateurs assidus et calculateurs infatigables. Leur principal avantage sur les Grecs, c'est que l'Astronomie étant encouragée spécialement, et même cultivée par leurs princes, ils purent avoir des instrumens plus grands, plus chers et mieux divisés; mais ils ne changèrent rien à la forme de ces instrumens, ni à la manière d'observer. Rien ne nous dit quelles avaient été les ressources d'Hipparque. Elles étaient probablement celles d'un simple particulier. Pour Ptolémée, il n'eut pas besoin de dépenser beaucoup pour ses instrumens, puisqu'il est très probable qu'il s'est contenté de les imaginer, et d'en donner la description. S'il est vrai (comme on l'a vu *Histoire de l'Astron. anc.*, tome II, p. 431) qu'il soit demeuré quarante ans enfermé dans les Ptères de Canobe, il y aura sans doute été réduit à ses moyens personnels. Les Arabes ne pouvaient calculer si assidûment, sans trouver quelques abréviations, quelques méthodes nouvelles; Ptolémée leur a maladroitement laissé à faire la substitution des sinus à ces cordes si peu commodes; ce changement en a amené d'autres dans la Trigonométrie. Nous en avons déjà remarqué plusieurs, nous en ferons encore voir quelques autres, mais ils n'auront pas tous la même importance.

L'extrait qu'on vient de lire était livré à l'impression, quand M. Sédillot, qui s'occupe d'un immense travail sur l'Astronomie des peuples orientaux, a bien voulu nous communiquer sa traduction de quarante-sept chapitres d'Ebn Jounis, qui n'ont point été publiés par M. Caussin, et dont vingt-huit ne se trouvent pas dans le manuscrit de Leyde. M. Caussin s'est attaché principalement à nous faire connaître ce qui concerne les observations; ce que l'on va lire se rapporte plus particulièrement à la doctrine, aux méthodes et à l'histoire de la science. Nous aurons interverti l'ordre des chapitres; mais nous les aurons rangés en deux classes qui nous offriront un arrangement plus méthodique et plus conforme à notre plan; et nous n'en aurions peut-être pas pris un autre, quand nous aurions eu tout-à-la-fois les matériaux divers que nous avons employés, et dont nous remercions sincèrement les deux savans à qui nous en sommes redevable.

Le chapitre I traite des différentes ères; on y voit que l'*hégire*, ou la fuite de Mahomet, qui est le premier jour de la première année de cette ère, était un jeudi, selon les astronomes. Les années et les mois sont lunaires; le mois lunaire est celui qu'Hipparque *a déduit des observations des Chaldéens*; c'est-à-dire de $29^s 31' 50'' 8''' 9^{iv} 24^v$; 12 mois lunaires font $354^s 22' 1'' 37''' 52^{iv} 48^v$.

On voit qu'Ebn Jounis a pensé, comme nous, que les Chaldéens étaient simplement observateurs, et qu'ils avaient négligé de tirer de leurs observations les conséquences les plus immédiates et les plus faciles, ou du moins que s'ils l'avaient entrepris, ils y avaient bien moins réussi qu'Hipparque. Ils étaient astrologues et non astronomes.

Le règne d'Alexandre a commencé un lundi. Les Grecs comptaient les jours du lever du Soleil, et les années de cette ère sont juliennes.

Le règne de Dioclétien a commencé un vendredi; les mois sont égyptiens, avec cinq jours épagomènes. L'année de cette ère est celle des Coptes, ou l'année Alkept d'Albategnius. Le premier jour se nomme *neirouz, nouveau jour*. Le traducteur d'Albategni a écrit *enneirur*; c'est le premier jour de thoth ou du premier mois.

Le règne d'Jezdegerd a commencé un mardi. Les mois sont égyptiens avec cinq jours épagomènes. Ebn Jounis ajoute que, suivant quelques auteurs, les Persans intercalaient autrefois un mois tous les 120 ans.

La Table suivante montre la correspondance entre ces différentes ères:

Ères.	Premier jour de l'ère.	Distance en jours.	Années de 365 jours.	
Jezdegerd.....	3 Mardi.....	0	0	0
Hégire........	5 Jeudi.....	3624	9	339
Dioclétien ou des Coptes......	6 Vendredi..	127033	348	13
Auguste.......	5 Jeudi.....	241287	661	16
Alexandre.....	2 Lundi.....	344324	943	129
Philippe......	1 Dimanche..	348665	955	90
Bakhnaser.....	4 Mercredi..	503425	1379	90
Déluge........	5 Jeudi.....	1363598	3735	323

Cette table pourra servir à mieux entendre ou même à rectifier les préceptes d'Albategnius, pour passer d'un Calendrier à un autre.

Chapitre II. Positions géographiques.

Les longitudes se déterminent par les éclipses de Lune. Il faut avoir des instrumens éprouvés, et s'être préalablement exercé aux observations; il faut savoir d'avance en quel point du disque doit commencer l'éclipse. L'auteur en a donné les moyens dans un autre ouvrage. On estime toujours le commencement trop tard, et l'on a pensé que le retard pouvait être de $7'\frac{1}{4}$ environ. Pour déterminer le tems, on observait la hauteur d'une étoile. C'est la première fois que cette attention est mentionnée, et l'on en a vu des exemples dans quelques-unes des éclipses rapportées ci-dessus.

Ce même chapitre contient l'histoire de la mesure du degré par les Arabes.

Send ben Ali rapporte, *dans un Discours qui lui est attribué,* qu'Almamoun lui ordonna, ainsi qu'à Khaled ben Abdalmaleck Almezouroudi, de mesurer le degré d'un arc de grand cercle. Le khalife donna le même ordre à Ali ben Isa al Astharlabi et à Ali ebn Albahtazi, qui se rendirent dans un autre lieu. Les premiers allèrent entre Waset et Tadmor, et trouvèrent le degré de 57 milles. Les deux autres trouvèrent la même chose, et les deux rapports arrivèrent des deux endroits, tous deux en même tems, et ils donnaient la même grandeur au degré.

Cette parfaite conformité pourrait rendre le récit un peu suspect; nous aimerions mieux y voir quelque petite différence. Si les deux troupes se sont contentées des milles sans fraction, l'accord parfait des deux mesures sera moins étonnant, mais les mesures n'en seraient pas meilleures.

Ahmed ben Abdallah rapporte qu'on s'avança dans la plaine de Sinjiar, jusqu'à ce que la différence dans la hauteur méridienne, *observée au même jour,* fût d'un degré; il ajoute que le chemin mesuré fut de $56\frac{1}{4}$ milles, chaque mille étant de 4000 coudées noires. Voilà donc deux évaluations, l'une de $56\frac{1}{4}$, et l'autre de 57; le milieu est à très peu près $56\frac{2}{3}$, ainsi qu'il est rapporté ci-dessus.

Ebn Jounis explique ensuite la manière dont on doit procéder dans cette mesure; nous en avons déjà rendu compte. Il exige que les instrumens donnent les minutes; il veut que la règle dont on se sert soit de cuivre jaune ou rouge, d'argent ou d'or; que l'épaisseur soit égale à la largeur, et que la longueur soit un multiple exact de la largeur, tel que 20, 24 ou tel autre; que le poids de la règle soit exactement déterminé, pour se convaincre qu'elle n'a souffert aucune altération pendant la mesure. Toutes ces précautions sont fort bonnes, mais on ne dit pas bien précisément si elles ont été observées.

Chapitre III. Du tems moyen et du tems vrai. Les uns commencent le jour au lever du Soleil, les autres à la première apparition de l'aurore. L'auteur pense qu'il vaut mieux commencer à minuit ou à midi. Il compte cinq méthodes différentes pour calculer l'équation du tems.

La première est celle de Ptolémée. Théon nous l'a expliquée de façon à ne rien laisser à désirer. La seconde est celle des auteurs des Tables qui commencent par le point de l'écliptique où l'équation est nulle. Suivant la troisième, on commence par le point où l'équation est soustractive (et sans doute la plus grande); dans la quatrième, on commence la Table au point où l'équation est additive; enfin, dans la cinquieme, on commence au point équinoxial du printems. Toutes ces méthodes au fond n'en sont qu'une, et Ebn Jounis nous apprend moins de choses que Théon. On pourrait penser que les Arabes ne connaissaient pas les Tables manuelles où l'équation était toujours additive.

Les chapitres IV, V et VI ont été traduits par M. Caussin; *voyez* ci-dessus, p. 78.

Chapitre VII. La Table des longitudes géographiques est pour le méridien du Caire, à 55° du point le plus occidental, ou 125 du point le plus oriental. Nous ne dirons rien de ces longitudes; les Arabes pouvaient les avoir rendues moins défectueuses, mais ils n'avaient encore aucun moyen pour les rendre un peu passables.

Chapitre VIII. Mouvement des apogées et des nœuds. L'auteur ne donne aux apogées et aux nœuds que le mouvement commun de précession d'un degré en 70 ans, ou plus exactement de $51'' 14''' 43'''' 59'''''$ en 365 jours. On avait cru l'apogée du Soleil parfaitement immobile par la raison que Ptolémée lui donnait la même longitude qu'Hipparque avait trouvée 263 ans plutôt. Si Ptolémée n'eût pas changé l'idée d'Hipparque, qui donnait aux points équinoxiaux un mouvement rétrograde, il aurait vu que les apogées devaient paraître avancer en longitude comme les étoiles; mais, pour trouver l'apogée avancé, il aurait fallu changer les données de l'observation, et Ptolémée a trouvé plus simple de copier le calcul fait par Hipparque, et de le donner pour le résultat de nouvelles observations.

Ebn Jounis l'excuse par la difficulté qu'on éprouve à déterminer cet apogée, qu'on déduit de la comparaison de deux arcs très petits; il aurait pu ajouter, et très incertains. Il partage l'erreur entre Hipparque et Ptolémée; il retranche 2° de l'apogée d'Hipparque, et les ajoute à celui de Ptolémée, supposant ainsi environ 4° de précession entre Hipparque et Ptolémée; c'est un peu trop, même dans la supposition de 54″ de précession annuelle; mais plus de précision eût été bien illusoire.

La Table vérifiée ne donnait que 2°4′35″ d'équation au Soleil; d'autres auteurs avaient trouvé 2°5′32″; Albategni a depuis trouvé mieux encore; on avait considérablement diminué l'erreur d'Hipparque; Albategni, par ses propres observations, a eu l'avantage d'approcher plus près de la vérité.

Aboul Cassem Ahmed ben Mousa ben Schaker avait trouvé l'apogée en 2ˢ 24° 33′ en l'année 220 d'Izdgerd; Ebn Jounis nous dit qu'il l'a observé lui-même avec un très grand soin, et qu'il a trouvé 2ˢ 26° 10′, et c'est ainsi qu'il l'a mis dans ses Tables. Dans des tems intermédiaires, des Persans avaient eu 2ˢ 17° 55′ et 2ˢ 20°. Environ 200 ans après cette dernière observation, les auteurs de la Table vérifiée trouvèrent 2° 40′ de plus, ou 2ˢ 22° 40′; deux autres déterminations ont suivi celle de la Table vérifiée, et toujours l'apogée a paru plus avancé. Ebn Jounis en conclut que l'apogée a le même mouvement que les fixes. Ainsi il n'avait aucune idée d'un mouvement propre. Il donne, pour les divers apogées, les quantités suivantes, qui se rapportent à l'an 372 d'Izdgerd:

☉ ♄ ♃ ♂ ♀ ☿
2ˢ 26° 10′, 8ˢ 10° 0′, 5ˢ 25° 0′, 0ˢ 0° 10′, 2ˢ 26° 10′, 6ˢ 23° 30′.

Chap. IX. Calcul des lieux du Soleil, de la Lune et des planètes. Rien de nouveau, puisque la forme des tables n'a point changé.

Stations et rétrogradations. Il énonce, comme Albategni, que la rétrogradation commence lorsque la planète se meut suivant la tangente à l'orbite. Si ce n'est pas une erreur positive, c'est au moins une expression bien impropre. Ptolémée s'était exprimé avec beaucoup plus de justesse.

Chapitre X. Des cordes et des sinus. Les cordes primitives sont au nombre de 7. Ce sont celles de 60° et de 120°, de 90, de 36 et de 144°, de 72 et de 108°. Il enseigne à trouver les cordes des arcs doubles et des arcs sous-doubles et la corde de $(A \pm B)$. Il applique ces formules au calcul des sinus. Il suppose 120 parties au diamètre; d'autres lui en ont donné 300; d'autres 10 seulement. Il donne les motifs du choix qu'il a fait d'après les Grecs.

Du sinus de 18°, il descend à ceux de 9°, 4°30′, 2°15′, 1°7′30″ = 1°⅛ = ⅑ de degré; il en retranche ⅑, et conclut pour le sinus de 1° 1ᵖ 2′ 49″ 40‴ 4ⁱᵛ.

Du sinus de 15° il descend à ceux de 7°30′, 3°45′, 1°52′30″, 0°56′15″ = 15/16 de degré; il y ajoute 1/15, et il a pour le sinus de 1°..................... 1.2.49.45.10

La différence est................... 5. 6

L'un est trop faible et l'autre trop fort; il partage la différence en trois parties, le tiers est 1′42″; il ajoute au premier sinus, deux de ces tiers, ou.............. 3.24

il a pour le sinus plus approché........ 1.2.49.43.28
Il retranche du second sinus le tiers de la différence, ou 1.42
il a de même pour le sinus approché............. 1.2.49.43.28

C'est par ces moyens qu'il a calculé les sinus pour toute l'étendue du quart de cercle de 10 en 10′; il pousse l'exactitude jusqu'aux tierces.

Le sinus de 10′ se déduit des sinus de 7′30″ et de 15′.

Les sinus conclus par de simples parties proportionnelles, sont toujours trop faibles.

Pour corriger l'erreur, Ebn Jounis la détermine, comme on vient de voir, pour les sinus qui sont dans sa Table. Il appelle cette erreur, *élément de correction* = E; pour en conclure la correction pour un nombre m de minutes, il fait la correction $= E.m(60-m) = Em.60 - Em^2$, ce qui revient à peu près à ce que donnerait la formule différentielle......
$\Delta'' \sin A = (\Delta . A)^2 \sin A$. On voit qu'il ne connaissait pas la formule de la seconde différence que nous avons trouvée chez les Indiens, à une époque fort incertaine qui paraît postérieure au tems d'Ebn Jounis.

Chapitre XI. De l'obliquité de l'écliptique. Il rapporte en commençant l'obliquité d'Eratosthène, d'Hipparque et de Ptolémée, c'est-à-dire 23°51′20″.

Après les Grecs, on ne connaît d'autre obliquité que celle qui fut observée entre les années 160 et 170 de l'hégire, laquelle était de 23°31′, et paraît un peu trop faible. Les astronomes d'Almamoun trouvèrent, en l'an 201 d'Izdgerd..................... 23°33′ et 23°33′32″
en l'an 237, on trouva les haut. solsticiales 33° 5′
et................... 80.15
  différence................... 47.10   obliquité 23.35
          113.20
          56.40
latitude de Bagdad................... 33.20

Ahmed ben Abdallah Habash donne.................... 23° 33′
                                            et...... 23. 35

en 243, on trouva, hauteurs......... 79° 24′
et............................... 32.13
                                   ─────
                                   47.11   23.35.30
                                  111.37
                                   55.48.30
latitude de Sermanrai................ 34.11.30
Thébith ben Corrah............................... 23.35
Alfâdel.. 23.34. 2
Aboulhassan.................................... 23.33.45

   Ebn Jounis, d'après ses propres observations, et en réduisant à 2′ la parallaxe du Soleil, nous donne........... 23.35.

   Mais la parallaxe du Soleil est réellement si peu de chose, qu'il valait mieux la négliger tout-à-fait, comme on négligeait forcément la réfraction, dont on n'avait aucune idée. Il a confirmé cette détermination par des observations d'azimut et de hauteur; mais ces moyens sont moins directs et moins certains. Il assure qu'il a toujours trouvé les mêmes résultats. D'après les détails qu'il nous donne de ses observations de latitude au Caire, et d'après l'anneau astronomique qu'il dit avoir employé, il est à croire que ses observations ne pouvaient être exactes à la minute ; mais l'accord entre tant d'observateurs différens, doit faire penser que le résultat moyen entre tous, ne doit pas s'écarter sensiblement de la vérité. Il nous avertit d'ailleurs que si l'arc de 90° n'est pas exactement le quart d'une circonférence, l'obliquité sera affectée d'une erreur proportionnelle et de signe contraire.

   Parmi les vérifications qu'il mentionne, il cite des hauteurs sans azimut, c'est-à-dire observées au premier vertical. Car il appelle azimut l'angle que fait le cercle de hauteur avec le premier vertical, et il réserve le mot amplitude pour l'arc de l'horizon qu'on appelle aujourd'hui *amplitude ortive* ou *occase*.

   Pour ces dernières observations, il commence par tracer la ligne est-ouest par des ombres égales. Il remarque expressément que le gnomon donne toujours la hauteur du bord supérieur du Soleil. Il nous apprend qu'Hermès et quelques autres ont traité des ombres *ex professo*.

   Il nous enseigne l'usage des formules

$$\sin D = \sin \omega \sin \odot, \quad \sin \odot = \frac{\sin D}{\sin \omega}, \quad \sin \omega = \frac{\sin D}{\sin \odot}.$$

Tout cela était connu depuis Hipparque. La Table des déclinaisons d'Ebn Jounis est calculée de 10 en 10′ de longitude.

Dans un discours sur l'ombre, il démontre géométriquement que l'ombre du gnomon est celle du bord supérieur ; il ne dit rien de la pénombre.

Il recommande sur-tout de bien vérifier le niveau du plan sur lequel on pose le gnomon. Ce plan doit être d'un marbre blanc ; quand il est bien nivelé, on le scelle en plâtre. Il faut bien vérifier la perpendicularité du gnomon ; l'auteur en donne plusieurs moyens : le plus remarquable est de retourner l'instrument, et de faire des observations dans les deux situations opposées. C'est la première mention que je trouve de cette pratique aujourd'hui très répandue. Il décrit une armille mobile et l'anneau dont nous avons déjà dit un mot. Cet anneau avait à son zénit un anneau beaucoup plus petit qui servait à le suspendre. Cet instrument serait plutôt celui d'un amateur que celui d'un astronome de profession. C'est pourtant avec cet anneau qu'il a vérifié la latitude du Caire, où il demeurait. On était persuadé que cette latitude ne passait pas 29° ; par les ombres, avec un astrolabe plan, et par les hauteurs observées au premier vertical, il nous dit avoir toujours trouvé 30° à fort peu près. Ce résultat n'étant pas conforme à l'opinion commune, il répéta l'observation avec divers savans qui doutaient de sa détermination. Ils furent obligés de se ranger à son avis ; mais il est à regretter qu'il ait employé des moyens si peu susceptibles de précision.

Il donne ensuite une table d'ombres, c'est-à-dire des tangentes ; il la calcule pour le rayon 60 et de 10 en 10′, comme les tables de sinus, ce qui donne l'espoir qu'il va l'introduire dans les calculs trigonométriques ; il en calcule une autre de degré en degré seulement pour le rayon 12^p ; il enseigne à réduire au rayon 12 les ombres calculées pour 60, et réciproquement ; il donne les formules

$$\text{ombre} = \text{gnomon} \frac{\cos \text{hauteur}}{\sin \text{hauteur}} ; \quad \text{gnomon} = \text{ombre mesurée} \frac{\sin \text{hauteur}}{\cos \text{hauteur}}.$$

Ces formules se trouvent déjà dans le livre d'Albategnius.

Chapitre XII. Détermination des latitudes. Il recommande la correction due à la parallaxe du Soleil ; le précepte était juste, mais prématuré. On ne la connaissait pas assez bien ; il était plus sûr de la négliger. Il appelle *cercle indien*, le cercle qu'on trace autour du pied du gnomon, pour déterminer la méridienne par des ombres égales.

Chapitre XIII. Des ascensions droites. Son précepte est celui de Pto-

EBN JOUNIS.

lémée et celui d'Albategni. Il en diversifie le calcul de plusieurs manières, mais elles n'ont rien de neuf, et prouvent toutes qu'il n'avait pas senti toute l'utilité de la Table des tangentes qu'il avait calculée avec tant de soin et tant d'étendue. Il calcule séparément $\frac{\sin \omega}{\cos \omega} \cdot \frac{\sin D}{\cos D}$, et multiplie l'un des quotiens par l'autre. Il fait $\sin \text{Æ} = \frac{\sin D}{\cos D} \cdot \frac{\cos \omega}{\sin \omega}$, au lieu de faire... $\sin \text{Æ} = \tang D \cot \omega$. Cette inadvertance est véritablement singulière.

Pour calculer la longitude par l'ascension droite, au lieu de faire $\tang \odot = \frac{\tang \text{Æ}}{\cos \omega}$, il donne un moyen qui est au moins très curieux.

Dans la figure 14, il a d'abord $\sin B : \sin \text{Æ} :: 1 : \sin \odot = \frac{\sin \text{Æ}}{\sin B}$.

Pour connaître B, prenez $AC = 90$, et menez BC qui sera de 90°, C sera le pôle de AB. CBA sera de 90°; prenez encore $BE = 90°$, et menez CE, dont B sera le pôle, les angles en E seront droits.

$$C\triangleq = 180° - \Upsilon C = 180° - CA - A\Upsilon = 180 - 90° - \text{Æ} = 90° - \text{Æ}$$
$$E\triangleq = 180° - E\Upsilon = 180° - EB - B\Upsilon = 180° - 90° - \odot = 90° - \odot$$
$$CE = EBC = 180° - CB\Upsilon = 180° - CBA - AB\Upsilon = 180 - 90° - B = 90° - B,$$

$\cos C\triangleq = \cos CE \cos E\triangleq = \cos CE \sin L$, et $\sin \odot = \frac{\cos C\triangleq}{\cos CE} = \frac{\sin \text{Æ}}{\cos CE}$.

Pour avoir CE, faites $\sin CE = \sin \omega \sin C\triangleq = \sin \omega \cos \text{Æ}$.

Soit donc $\sin CE = \sin \omega \cos \text{Æ}$, et vous aurez $\sin \odot = \frac{\sin \text{Æ}}{\cos CE}$.

Tel est le précepte que l'auteur nous donne sans démonstration.

Cette construction nous démontre une chose aujourd'hui bien connue. *L'angle de l'écliptique avec le cercle de déclinaison est le complément de la déclinaison d'un point de l'écliptique dont la longitude serait* $= 90° - \text{Æ}$.

Elle nous prouve encore ce théorème dont Géber, long-tems après, s'est déclaré le premier inventeur, $\cos B = \sin \omega \cos \text{Æ}$, ou cos angle oblique = cos côté opposé sin autre angle oblique.

Ebn Jounis a-t-il remarqué ce théorème, en a-t-il connu la généralité? Il est incontestable qu'il l'emploie; mais Ptolémée l'avait déjà calculé sans le remarquer.

Je ne puis répondre que la construction que je viens de donner ait été connue d'Ebn Jounis. En voici une autre qui est plus encore dans le style grec, et dont on voit plus d'un exemple dans la Syntaxe mathématique.

Prolongez BA en sorte que $Ba = 90°$ (fig. 15),
BƔ en sorte que $Bb = 90$.

Menez abC qui aille rencontrer l'équateur en C.

B est le pôle de abC; les angles Bab, Bba, BCa seront droits; les arcs Ca, CA, CB seront de 90°; ba = ƔBA = B.

$$cb = CBb = 90° - B,\quad CƔ = 90° - Æ,\quad bƔ = 90° - \odot,$$
$$\sin Cb = \cos B = \sin \omega \sin CƔ = \sin \omega \cos Æ.$$

Cette construction a été employée par Ptolémée;. Ptolémée n'a pas vu le théorème; si l'on veut en faire honneur à Ebn Jounis, qui n'en parle en aucun endroit, et qui ne l'emploie ici que comme moyen subsidiaire, je serai fort tenté de le réclamer pour Ptolémée, qui a pris le même détour, parce qu'il ignorait aussi le théorème énoncé par Géber.

Si Ebn Jounis le connaissait, il a dû dire, faites $\cos B = \sin \omega \cos Æ$, et vous aurez $\sin L = \dfrac{\sin Æ}{\sin B}$; qu'était-il besoin d'aller chercher cette déclinaison que l'on calcule avec une longitude $= 90° - Æ$? Pour quoi compliquer et obscurcir inutilement l'énoncé du précepte? Si l'auteur arabe a employé ce langage détourné et peu naturel, c'est qu'il ignorait cette propriété générale des triangles rectangles.

Il est à remarquer que parmi une foule de problèmes d'Astronomie sphérique, souvent assez inutiles et de pure fantaisie, jamais du moins jusqu'ici Ebn Jounis ne nous parle du moyen pour calculer les angles de position des points de l'écliptique. Ce silence peut-il se concevoir, si l'on suppose qu'il connaissait le théorème de Géber.

Il en est de ce théorème comme de l'usage des tangentes, qu'il a méconnu, après avoir calculé une Table des tangentes. Ce théorème est resté enfoui dans les écrits de Ptolémée et des Arabes, qui ont été souvent tout près de l'apercevoir. Géber, qui se l'attribue, aime un peu trop à se vanter; tout son ouvrage le prouve; mais enfin, avant lui, personne n'en avait parlé; c'est par lui que nous le connaissons; je ne vois pas de raison suffisante pour l'en dépouiller. Au reste, je ne propose que des doutes, je suis loin de rien affirmer.

Ebn Jounis donne ensuite une règle bien moins simple et bien moins facile à calculer; elle se déduit facilement de l'équation primitive.

$$\sin \odot = \frac{\sin Æ}{\sin B} = \frac{\sin Æ}{(1 - \cos^2 B)^{\frac{1}{2}}} = \frac{\sin Æ}{(1 - \sin^2 \omega \cos^2 Æ)^{\frac{1}{2}}}$$
$$= \frac{\sin Æ}{(\sin^2 \omega + \cos^2 \omega - \sin^2 \omega \cos^2 Æ)^{\frac{1}{2}}} = \frac{\sin Æ}{(\cos^2 \omega + \sin^2 \omega \sin^2 Æ)^{\frac{1}{2}}}$$

EBN JOUNIS.

Tel est le précepte qu'il nous donne, sans nous dire comment il a changé $\sin B$ en $(\cos^2 \omega + \sin^2 \omega \sin^2 \text{Æ})^{\frac{1}{2}}$, qui est une hypoténuse. A-t-il fait ces substitutions? la chose n'est pas absolument impossible, mais on peut la croire peu vraisemblable.

Voici un autre moyen extrêmement simple, et par lequel Ebn Jounis aurait pu arriver au théorème.

Par le point B, menez au pôle de l'écliptique E le cercle de latitude BE, ϒBE sera un angle droit. ϒBA=B=180°−ϒBP=180°−EBϒ−EBP =180−90°−EPB =90°−EBP; donc EBP=90°−B,

$$\sin EB : \sin EPB :: \sin EP : \sin EPB = \cos B = \frac{\sin EP \sin EPB}{\sin EB}$$
$$= \frac{\sin \omega \sin(90° + \text{Æ})}{\sin 90°} = \sin \omega \cos \text{Æ}.$$

Cette démonstration n'a rien qui ne fût très connu des Grecs ou des Arabes, mais cela n'est pas suffisant pour établir qu'ils aient en effet connu ce théorème.

Voici encore un calcul qu'ils ont fait plus d'une fois. Ils avaient la formule

$$\frac{\sin \odot}{\cos \odot} = \frac{\sin \text{Æ}}{\cos \text{Æ} \cos \omega};$$

pour calculer les formules de cette espèce, ils étaient obligés de les élever au carré. Ils faisaient donc, ainsi qu'on peut le voir à la page 55 du tome II de l'*Astron. ancienne*,

$$\frac{\sin^2 \odot}{1 - \sin^2 \odot} = \frac{\sin^2 \text{Æ}}{\cos^2 \omega \cos^2 \text{Æ}}, \text{ d'où } \sin^2 \odot = \frac{\sin^2 \text{Æ}}{\cos^2 \omega \cos^2 \text{Æ}} - \frac{\sin^2 \text{Æ} \sin^2 \odot}{\cos^2 \omega \cos^2 \text{Æ}},$$

et

$$\sin^2 \odot + \frac{\sin^2 \text{Æ}}{\cos^2 \omega \cos^2 \text{Æ}} \sin^2 \odot = \frac{\sin^2 \text{Æ}}{\cos^2 \omega \cos^2 \text{Æ}},$$

$$\sin^2 \odot = \frac{\left(\frac{\sin^2 \text{Æ}}{\cos^2 \omega \cos^2 \text{Æ}}\right)}{\left(1 + \frac{\sin^2 \text{Æ}}{\cos^2 \omega \cos^2 \text{Æ}}\right)} = \frac{\sin^2 \text{Æ}}{\cos^2 \omega \cos^2 \text{Æ} + \sin^2 \text{Æ}} = \frac{\sin^2 \text{Æ}}{\sin^2 \text{Æ} + \cos^2 \text{Æ} - \sin^2 \omega \cos^2 \text{Æ}},$$

$$= \left(\frac{\sin^2 \text{Æ}}{1 - \sin^2 \omega \cos^2 \text{Æ}}\right), \text{ et } \sin \odot = \frac{\sin \text{Æ}}{(1 - \sin^2 \omega \cos^2 \text{Æ})^{\frac{1}{2}}} = \frac{\sin \text{Æ}}{(1 - \sin^2 \varphi)^{\frac{1}{2}}} = \frac{\sin \text{Æ}}{\cos \varphi}.$$

Calculez donc $\sin \varphi = \sin \omega \cos \text{Æ}$, et vous aurez $\sin \odot = \frac{\sin \text{Æ}}{\cos \varphi} = \frac{\sin \text{Æ}}{\sin B}$; donc $\cos \varphi = \sin B$, ou $B = 90° - \varphi = 90° - \arcsin = \sin \omega \cos \text{Æ}$, ou $\cos B = \sin \omega \cos \text{Æ}$.

Ebn Jounis aura donc pu très bien voir que pour trouver $\odot$ par $\mathcal{R}$, il fallait calculer $\sin D' = \sin \omega \cos \mathcal{R}$, et qu'on avait $\sin \odot = \dfrac{\sin \mathcal{R}}{\cos D'}$, sans remarquer pourtant que $D' = 90° - B$, et sans apercevoir le théorème général.

Mais on objectera que pour suivre cette voie, il fallait une suite de transformations; je répondrai qu'il a fallu très probablement des transformations du même genre pour arriver à cette autre formule d'Ebn Jounis.

$$\sin \odot = \dfrac{\sin \mathcal{R}}{(\cos^2 \omega + \sin^2 \omega \sin^2 \mathcal{R})^{\frac{1}{2}}}, \text{ d'où l'on tire } \dfrac{\sin \mathcal{R}}{\cos \omega (1 + \tang^2 \omega \sin^2 \mathcal{R})^{\frac{1}{2}}}$$
$$= \dfrac{\sin \mathcal{R}}{\cos \omega (1 + \tang^2 D)^{\frac{1}{2}}} = \dfrac{\sin \mathcal{R} \cos D}{\cos \omega (\cos^2 D + \sin^2 D)} = \dfrac{\sin \mathcal{R} \cos D}{\cos \omega},$$

et

$$\cos \omega = \dfrac{\sin \mathcal{R} \cos D}{\sin \odot}, \text{ ou } \cos \text{ angle oblique} = \dfrac{\cos \text{ côté opposé} \sin \text{ côté adjacent}}{\sin \text{ hypoténuse}}.$$

Autre théorème général des triangles sphériques rectangles. Il est peu connu, parce qu'on a cette autre formule plus commode

$$\tang \text{ angle oblique} = \dfrac{\tang \text{ côté opposé}}{\sin \text{ côté adjacent}}.$$

Dans la formule $\cos \text{ angle oblique} = \cos \text{ côté opposé} \left(\dfrac{\sin \text{ autre côté}}{\sin \text{ hypoténuse}} \right)$. Substituez $\dfrac{\sin \text{ autre angle}}{\sin 90°} = \sin$ autre angle, vous aurez

$$\cos \text{ angle oblique} = \cos \text{ côté opposé} \sin \text{ autre angle oblique},$$

ce qui est le théorème de Géber. Nous trouverons plus loin une autre formule générale qui n'est pas plus connue, et qui n'est pas moins exacte.

On peut arriver à cette expression de deux autres manières.

Les Grecs connaissaient la formule

$$\dfrac{\sin B}{\cos B} = \dfrac{\sin \mathcal{R}}{\cos \mathcal{R} \sin D}, \text{ ou } \dfrac{\cos B}{\sin B} = \dfrac{\cos \mathcal{R} \sin D}{\sin \mathcal{R}},$$

d'où $\quad \cos B = \dfrac{\cos \mathcal{R} \sin D \sin B}{\sin \mathcal{R}} = \cos \mathcal{R} \sin \omega,$

route bien simple pour arriver au théorème sans aucune construction.

Ptolémée sait encore $\cos B = \dfrac{\sin D . \cos \odot}{\cos D \sin \odot}$; d'où

$$\cos B = \dfrac{\sin \odot \sin \omega \cos \odot}{\cos D \sin \odot} = \dfrac{\sin \omega \cos \mathcal{R} \cos D}{\cos D} = \sin \omega \cos \mathcal{R},$$

manière tout aussi simple que la précédente.

Il n'est pas difficile de construire par l'Analemme la formule......
$(\cos^2 \omega + \sin^2 \omega \sin^2 \mathcal{R})^{\frac{1}{2}}$, et d'en faire l'hypoténuse d'un triangle rectiligne rectangle ; l'embarras est seulement de démontrer que cette hypoténuse est le sinus de l'angle B, ce qui est démontré par le calcul analytique. En voilà trop sur ce petit problème, passons à un autre.

Pour déterminer l'obliquité par une longitude et une ascension droite, on avait les deux formules

$$\cos \mathcal{R} \cos D = \cos L, \quad \text{d'où} \quad \cos D = \frac{\cos L}{\cos \mathcal{R}},$$

$$\sin D = \sin \omega \sin L, \quad \text{d'où} \quad \sin \omega = \frac{\sin D}{\sin L}.$$

c'est à cela que revient le procédé d'Ebn Jounis, qui ne suppose ici rien qui ne fût connu depuis long-tems. Il fait encore $\frac{\sin \mathcal{R} \cos L}{\sin L} \cdot \frac{1}{\cos \mathcal{R}}$, ce qui revient à $\tang \mathcal{R} \cot L = \cos \omega$, d'où $\tang \mathcal{R} = \cos \omega \tang L$, formule que les Grecs et les Arabes évitaient, parce qu'elle était pour eux du second degré.

S'il avait connu le théorème du cosinus, il aurait pu faire........
$\cos B = \sin \omega \cos \mathcal{R}$, $\cos D = \frac{\cos L}{\cos \mathcal{R}}$, et $\cos \omega = \cos D \sin B = \left(\frac{\cos L}{\cos \mathcal{R}}\right) \sin B$;
il eût deux fois de suite employé ce théorème.

Ce problème, au reste, n'est que de fantaisie ; on ne peut observer à la fois $\mathcal{R}$ et L, sans un instrument qui, comme l'astrolabe, suppose l'obliquité connue.

Chapitre XIV. Demi-augmentation ou diminution du jour, c'est-à-dire complément de l'arc semi-diurne ; sin verse de l'arc semi-diurne et ascensions obliques. Soit A l'arc semi-diurne ;

$$\sin A = \cos P = \frac{\sin H}{\cos H} \cdot \frac{\sin D}{\cos D},$$

c'est la formule de Ptolémée ; elle revient à $\cos P = \tang H \tang D$.

$\sin v. P = 1 \pm \sin A$. A ces formules l'auteur ajoute

$$\cos P = \left(\frac{\sin D}{\cos D}\right) \frac{\text{ombre équinoxiale}}{\text{longueur du gnomon}},$$

ce qui revient évidemment à $\tang D \tang H$.

Ainsi même en employant une ombre, il méconnaît l'utilité des tangentes, puisqu'il calcule encore $\frac{\sin D}{\cos D}$; il fait

$$\left(\frac{\text{ombre équinox., ombre du complém. de déclin.}}{\text{rayon}}\right) = \tang H \tang D = \sin A = \cos P;$$

puis

$$\frac{\sin D}{\cos D} \cdot \frac{\sin \text{amplitude ortive}}{\sin \text{haut. au } 1^{er} \text{ vertic.}} = \frac{\sin D}{\cos D} \cdot \frac{\left(\frac{\sin D}{\cos H}\right)}{\left(\frac{\sin D}{\sin H}\right)} = \frac{\sin D}{\cos D} \cdot \frac{\sin H}{\cos H} = \tang D \tang H.$$

Il retourne de toutes les manières ses tangentes pour les naturaliser dans le calcul trigonométrique, sans trouver cette notion simple et générale, qu'on pouvait substituer partout l'ombre au rapport $\frac{\text{sinus}}{\text{cosinus}}$. Était-il si difficile de dire : toutes les fois que nous trouverons ce rapport, nous y substituerons l'ombre qui en est l'expression, et dont nous avons calculé la Table dans cette vue. Par là nous simplifierons les règles trigonométriques, et nous éviterons les extractions de racines qu'exigent les méthodes ordinaires.

$$\frac{\sin \text{Æ} \sin \frac{1}{2} \text{excès du plus long jour}}{\sin \text{total}} = \sin \text{Æ} \cos P = \sin \text{Æ} \tang H \tang \omega$$
$$= \sin \tfrac{1}{2} \text{ excès du jour proposé}.$$

C'est encore une règle de Ptolémée.

La même formule, en changeant le signe, donne la demi-diminution du jour le plus court.

Dans une continuation du même sujet, il nous dit : faites......
$\frac{\cos (H - D) + \cos (H + D)}{2}$, et vous aurez

$$\sin \text{verse arc semi-diurne} = \frac{\cos (H - D)}{\frac{1}{2}[\cos(H-D) + \cos(H+D)]},$$
$$\sin v. \text{ arc semi-diurne} = \sin v. P = 2 \sin^2 \tfrac{1}{2} P = \frac{\cos(H-D)}{\cos H \cos D}$$
$$= \frac{\cos H \cos D + \sin H \sin D}{\cos H \cos D} = 1 + \tang H \tang D.$$

Ebn Jounis ne donne pas ces développemens, mais ils prouvent que sa règle est identique à la nôtre. Il emploie ensuite l'amplitude ortive A, dont le sinus est $\frac{\sin D}{\cos H}$, et il fait

$$\sin v. P = \frac{\sin(H-D) + \frac{\sin D}{\cos H}}{\sin H \cos D} = \frac{\sin H \cos D - \cos H \sin D + \frac{\sin D}{\cos H}}{\sin H \cos D}$$
$$= \frac{\sin H \cos H \cos D - \cos^2 H \sin D + \sin D}{\sin H \cos H \cos D} = \frac{\sin H \cos H \cos D + \sin D \sin^2 H}{\sin H \cos H \cos D}$$
$$= 1 + \tang H \tang D;$$

c'est donc toujours la même valeur présentée sous des formes différentes.

$$\frac{\sin v. P}{\cos(H-D)} = \frac{1}{\cos H \cos D}, \text{ ou } \cos H \cos D = \frac{\cos(H-D)}{\sin v. \text{ arc semi-diurne}};$$

de $\cos P = \tan H \tan D$, on tire $\tan H = \cos P \cot D$, formule qui sert à trouver la hauteur du pôle par l'arc semi-diurne et la déclinaison, ou pour éviter la tangente de l'arc inconnu,

$$\sin H = \frac{\cos P \cos D \cos H}{\sin D} = \frac{\cos P \cos D}{\sin \text{amplit.}} = \frac{\cos P \cos D}{\sin A},$$

expression qui n'emploie que des sinus, mais elle exige de plus la connaissance de l'amplitude ortive. Il donne encore $\cos H = \frac{\sin D}{\sin A}$, et.....
$\cos A = \cos D \sin P$: toutes ces formules étaient connues. A ces expressions de H, il en ajoute une plus compliquée qu'il est aisé de vérifier.

$$\sin H = \frac{\cos P \cos D}{\sin A} = \frac{\cos P \cos D}{(1-\cos^2 A)^{\frac{1}{2}}} = \frac{\cos P \cos D}{(1-\cos^2 D \sin^2 P)^{\frac{1}{2}}} = \frac{\cos P \cos D}{(1-\cos^2 D + \cos^2 D \cos^2 P)^{\frac{1}{2}}}$$

$$= \frac{\cos P \cos D}{(\sin^2 D + \cos^2 D \cos^2 P)^{\frac{1}{2}}} = \frac{\cos P}{\left(\frac{\sin^2 D}{\cos^2 D} + \cos^2 P\right)^{\frac{1}{2}}} = \frac{\cos P \cos D}{(\sin^2 D + \cos^2 D \tan^2 D \tan^2 H)^{\frac{1}{2}}}$$

$$= \frac{\cos P \cos D}{(\sin^2 D + \sin^2 D \tan^2 H)^{\frac{1}{2}}} = \frac{\cos P \cos D}{(\sin^2 D \sec^2 H)^{\frac{1}{2}}} = \frac{\cos P \cos D}{\sin D \sec H} = \cos P \cot D \cos H$$

$$= \tan H \tan D \cot D \cos H = \sin H.$$

Par ces transformations dont il ne dit rien, on voit qu'il a pu trouver H par la déclinaison et l'arc semi-diurne en faisant

$$\sin H = \frac{\cos P}{\left(\frac{\sin^2 D}{\cos^2 D} + \cos^2 P\right)^{\frac{1}{2}}},$$

expression qui n'emploie que des sinus et n'exige que l'arc semi-diurne avec la déclinaison

$$\sin D = \cos H \sin A = \frac{\cos H}{\csc A} = \frac{\cos H}{(1+\cot^2 A)^{\frac{1}{2}}} = \frac{\cos H}{(1+\sin^2 H \tan^2 P)^{\frac{1}{2}}}$$

$$= \frac{1}{(\sec^2 H + \tan^2 H \tan^2 P)^{\frac{1}{2}}} = \frac{1}{(1+\tan^2 H + \tan^2 H \tan^2 P)^{\frac{1}{2}}}$$

$$= \frac{1}{(1+\tan^2 H \sec^2 P)^{\frac{1}{2}}} = \frac{\cos P}{(\cos^2 P + \tan^2 H)^{\frac{1}{2}}}$$

$$= \frac{\cos P}{\left(\cos^2 P + \frac{\sin^2 H}{\cos^2 H}\right)^{\frac{1}{2}}}.$$

Cette expression de la déclinaison est analogue à la précédente pour la latitude; elle offre les mêmes avantages, mais toutes deux sont assez inutilement compliquées. Il serait assez difficile de trouver des démonstrations directes de toutes les formules transformées qu'il présente successivement; on est donc reduit à penser que ces transformations lui étaient familières, et qu'elles ont pu le conduire à ses deux préceptes différens pour la longitude.

Voici encore un exemple de ces transformations :

$$\cos P = \tang D \tang H, \text{ on en déduit } \tang D = \cos P \cot H, \frac{\sin D}{\cos D} = \frac{\sin D}{(1-\sin^2 D)^{\frac{1}{2}}} = \cos P \cot H,$$

$$\sin^2 D = \cos^2 P \cot^2 H - \sin^2 D \cos^2 P \cot^2 H,$$
$$\sin^2 D + \sin^2 D \cos^2 P \cot^2 H = \cos^2 P \cot^2 H,$$

$$\sin^2 D = \frac{\cos^2 P \cot^2 H}{1+\cos^2 P \cot^2 H}, \text{ et } \sin D = \frac{\cos P \cot H}{(1+\cos^2 P \cot^2 H)^{\frac{1}{2}}} = \frac{\cos P \frac{\cos H}{\sin H}}{\left(1+\cos^2 P \frac{\cos^2 H}{\sin^2 H}\right)^{\frac{1}{2}}}$$

$$= \frac{\cos P \cos H}{(\sin^2 H + \cos^2 P \cos^2 H)^{\frac{1}{2}}} = \frac{\cos P \cos H}{(\sin^2 H + \cos^2 H - \cot^2 H \sin^2 P)^{\frac{1}{2}}} = \frac{\cos P \cos H}{(1-\cos^2 H \sin^2 P)^{\frac{1}{2}}},$$

solution qui est tout-à-fait dans le style de Ptolémée. Sin D étant ainsi trouvé, Ebn Jounis en conclut $\sin \omega = \frac{\sin D}{\sin \odot}$; ces préceptes lui servent à trouver l'obliquité par la hauteur du pôle et l'arc semi-diurne.

Ces divers problèmes ne peuvent être considérés que comme des exercices de calcul. Il est à regretter que l'auteur n'ait pas dit par quelle voie il était parvenu à les résoudre.

Il nous dit ensuite de faire $\sin P \cos H = \sin \varphi$. Cette expression est celle de l'angle ZSP dans le triangle rectilatère ZSP (fig. 17). Cet angle est le complément de PSL dans le triangle rectangle PLS; faites ensuite

$$\sin D = \frac{\cos P \cos H}{\sin S = \cos \varphi}, \text{ ou } \cos PS = \frac{\cos P \cos H}{\sin S},$$

ou

$$\cos \text{hypoténuse} = \frac{\cos \text{angle oblique} . \cos \text{côté opposé à l'autre oblique}}{\sin \text{autre oblique}};$$

en effet cette formule est exacte et générale, ainsi qu'une autre qui est démontrée ci-dessus. On aura donc le sinus de la déclinaison par les deux règles de l'auteur, ou

$$\cos \text{hypoténuse} = \left(\frac{\text{côté oblique}}{\sin \text{angle opposé}}\right) \cos \text{autre oblique};$$

on a généralement $\cos C'' = \cos C \cos C'$; mais $\cos A' = \cos C' \sin A$, et $\cos C' = \frac{\cos A'}{\sin A}$; donc $\cos C'' = \left(\frac{\cos C}{\sin A}\right) \cos A'$, formule peu usitée, parce qu'on a $\cos C'' = \cot A \cot A'$, qui est plus simple.

La formule de l'auteur suppose donc implicitement le théorème de Géber; car il est visible que son arc subsidiaire φ est le complément de l'angle PSL; mais pourquoi, au lieu de cet angle auxiliaire, ne parlait-il pas de l'angle PSL qui appartient au triangle? Ne valait-il pas mieux dire faites $\sin P \cos H = \cos S$ et $\sin D = \frac{\cos P \cos H}{\sin S}$?

Autre méthode. Soit P' l'arc semi-diurne solstitial, P celui d'un autre jour;

$$\cos P' = \tang H \tang \omega, \quad \cos P = \tang H \tang D,$$
$$\frac{\cos P}{\cos P'} = \frac{\tang H \tang D}{\tang H \tang \omega} = \tang D \cot \omega = \sin \mathcal{R} = \frac{\sin D}{\cos D} \cdot \frac{\cos \omega}{\sin \omega},$$

avec $\mathcal{R}$, vous trouverez, dans les Tables de l'écliptique, la déclinaison qui lui convient, ou vous ferez $\sin \mathcal{R} \tang \omega = (\tang D \cot \omega) \tang \omega = \tang D$; vous aurez donc D et $\sin \odot = \frac{\sin D}{\sin \omega}$, ou bien, ce qui serait plus court, avec les Tables de l'écliptique, vous trouverez la longitude $\odot$ qui répond à $\mathcal{R}$.

Troisième méthode. $\sin$ *du rapport.* $= \sin R = \cos P \cot H = \tang D$.

$$\sin^2 R + 1 = \tang^2 D + 1 = \sec^2 D = \frac{1}{\cos^2 D},$$
$$\sin \odot = \frac{\sin R}{(1+\sin^2 R)^{\frac{1}{2}} \sin \omega} = \frac{\tang D}{\sec D \sin \omega} = \frac{\tang D \cos D}{\sin \omega} = \frac{\sin D}{\sin \omega};$$

n'était-il pas beaucoup plus simple de chercher $\tang D$ dans la Table des ombres?

Chapitre XV. Arcs diurne et nocturne; dayer de l'arc diurne. Le *dayer* est la partie déjà écoulée du jour.

Si le Soleil est dans l'équateur. Soit $MA = \cos H$ le sinus de la hauteur méridienne (fig. 18), $NB = \sin h = \sin$ hauteur observée; NQ sera la partie écoulée du jour,

$$NQ = \frac{NB}{\cos H} = \frac{\sin h}{\cos H} = \cos P = \sin \text{ partie écoulée du jour.}$$

Si le Soleil est au nord, $NB = \sin h$ (fig. 19),

$$NR = \frac{NB}{\cos H} = \frac{\sin h}{\cos H}, \text{ et en réduisant à l'équateur, } \frac{NR}{\cos D} = \frac{\sin h}{\cos H \cos D};$$

$\frac{NR}{\cos D}$ sera le sinus verse de la partie, MN le cosinus verse.

Au lieu de $\frac{\sin h}{\cos H \cos D}$, l'auteur met $\frac{\sin h}{\frac{1}{2}[\cos(H-D)+\cos(H+D)]}$, ce qui pouvait être plus commode pour le calcul numérique, et ressemble à ce qu'on a depuis nommé prostaphérèse.

$$MA : NB :: MR : NR,$$
sin haut. mérid. : sin haut. observée :: sin v. arc semi-diurne : NR.

Cette méthode est dans l'ouvrage d'Albategni.

$$\sin \text{angle horaire} = \frac{\cos \text{haut. observée} \sin \text{azimut}}{\cos \text{déclinaison}};$$

c'est la règle des quatre sinus dans le triangle sphérique.

Pour trouver sin hauteur par le dayer, il renverse les formules précédentes, en dégageant $\sin h$, qu'il prend pour inconnue.

Le problème suivant sert à trouver la hauteur h et l'angle Z au zénit (fig. 25).

$$\sin P \cos D = \sin pS = \cos SQ = \cos baad, \quad \cos pP = \frac{\cos PS}{\cos pS} = \frac{\sin D}{\sin baad},$$
$$pZ = ZQS = \text{inhiraf} = pP - pZ = pP - (90° - H),$$
$$\sin h = \sin SM = \sin SQ \sin SQM = \sin baad \cos SQZ$$
$$= \sin baad \cdot \cos \text{inhiraf},$$
$$\cos Z = \sin SZQ = \frac{\sin Sn}{\sin ZS} = \frac{\sin SQ \sin SQn}{\cos h} = \frac{\sin baad \cdot \sin \text{inhiraf}}{\cos \text{hauteur}};$$

Le baad est la distance de l'astre au point est de l'horizon; l'inhiraf est l'angle de cette distance avec le premier vertical.

Chapitre XVI. Durée du crépuscule. Abaissement 18°; rien de neuf.

Chapitre XVII. Douze maisons. Point de formules, et rien de bien clair.

Chapitre XVIII. De l'amplitude ortive.

Quand le Soleil est dans l'équateur MQ (fig. 20), $MA \tang H = AQ$, ou

et
$$\cos(H-D)\tang H = MB = \sin(H-D) = \sin H$$
$$\tang H = \tang(H-D) = \tang H, \text{ puisque } D = 0;$$

si la déclinaison est boréale,

$$M'A' \tang H = A'C = A'Q + QC = \sin(H-D) + \sin A;$$

donc $\cos(H-D)\tang H = \sin(H-D) + \sin A$

et $\sin A = \cos(H-D)\tang H - \sin(H-D)$,

$$\sin A = \frac{\cos(H-D)\sin H - \sin(H-D)\cos H}{\cos H} = \frac{\sin(H-H-D)}{\cos H} = \frac{\sin D}{\cos H} = \sin \text{amplit.};$$

changez le signe de D, et vous aurez l'amplitude du côté du sud, ce qui nous dispense de démontrer la seconde règle de l'auteur. Vous aurez donc l'amplitude par la hauteur méridienne et la latitude; mais si vous avez la hauteur méridienne et la latitude, vous aurez la déclinaison, et il sera plus simple de faire $\sin A = \frac{\sin D}{\cos H}$; ces formules, fort justes d'ailleurs, sont parfaitement inutiles.

$$\sin A = \frac{\cos P \cos D}{\sin H} = \frac{\tang H \tang D \cos D}{\sin H} = \frac{\sin D}{\cos H};$$

on aura donc l'amplitude par l'arc semi-diurne, la déclinaison et la latitude; il suffit de la déclinaison et de la latitude : cette formule est donc encore inutile. Faites

$$\cos \text{amplit. ortive} = \sin P \cos D;$$

d'où

$$\sin \text{amplit.} = (1 - \sin^2 P \cos^2 D)^{\frac{1}{2}} = (1 - \cos^2 D + \cos^2 D \cos^2 P)^{\frac{1}{2}}$$
$$= (\sin^2 D + \cos^2 D \cos^2 P)^{\frac{1}{2}} = (\sin^2 D + \cos^2 D \tang^2 D \tang^2 H)^{\frac{1}{2}}$$
$$= (\sin^2 D + \sin^2 D \tang^2 H)^{\frac{1}{2}} = (\sin^2 D \sec^2 H)^{\frac{1}{2}} = \frac{\sin D}{\cos H};$$

en général,

$$\sin \text{ampl.} = \frac{\sin D}{\cos H}, \quad \text{l'amplitude solstitiale} = \frac{\sin \omega}{\cos H} = \sin A',$$

$$\sin A : \sin A' :: \sin D : \sin \omega, \quad \sin A = \frac{\sin A' \sin D}{\sin \omega}.$$

Pour trouver la latitude par l'amplitude, on aura

$$\cos H = \frac{\sin D}{\sin A} = \frac{\sin \omega \sin \odot}{\sin A},$$

$$\sin H = \tang(P - 90°) \cot \text{amplit.} = \cot P \cot \text{amplit.};$$

il ne dit pas comment il calcule cette équation, ni s'il y emploie sa Table des ombres.

Sin amplit. $\cos H = \sin D = \sin \omega \sin \odot$, $\sin \odot = \dfrac{\sin A \cos H}{\sin \omega}$, formule connue.

Sur la hauteur sans azimut. Soit h cette hauteur (fig. 21);

$$\sin h = \cos ZN = \dfrac{\sin D}{\sin H} = \dfrac{\sin \omega \sin \odot}{\sin H} = \dfrac{\sin \text{amplit. ortive} \cos H}{\sin H}$$
$$= \dfrac{\sin \text{amplit. ort.} \cos(H-D)}{\cos(H-D) + \sin \text{amplit. ort.}}$$

Cette dernière expression revient à $(AB+BC):MA :: BC:BN$ (fig. 21);

$\sin h = \cos(H-D) - \sin(H-D)\dfrac{\cos H}{\sin H} = NB = AF = MA - FN \tang MNF$;

$\sin h = \dfrac{\sin \omega \sin \odot}{\sin H}$; soit $\odot = 90°$, $\sin h' = \dfrac{\sin \omega}{\sin H}$ sera la hauteur sans azimut au jour du solstice; donc $\sin h = \sin h' \sin \odot$,

$\sin \odot = \dfrac{\sin h \sin H}{\sin \omega}$, $\sin D = \sin h \sin H$,

$$\sin H = \dfrac{\sin A}{(\sin^2 A + \sin^2 h)^{\frac{1}{2}}} = \dfrac{\sin A}{\sin A\left(1 + \dfrac{\sin^2 h}{\sin^2 A}\right)^{\frac{1}{2}}} = \dfrac{1}{\left(1 + \dfrac{\sin^2 h}{\sin^2 A}\right)^{\frac{1}{2}}} = \left(\dfrac{1}{1+\cot^2 H}\right)^{\frac{1}{2}}$$
$$= \dfrac{1}{\cosec H} = \sin H,$$

$$\cos H = \dfrac{\sin h}{(\sin^2 A + \sin^2 h)^{\frac{1}{2}}} = \dfrac{\sin h}{\sin h\left(1+\dfrac{\sin^2 A}{\sin^2 h}\right)^{\frac{1}{2}}} = \dfrac{1}{(1+\tang^2 H)^{\frac{1}{2}}} = \dfrac{1}{\sec H} = \cos H,$$

$\sin D = \cos H \sin A$.

Toutes ces formules sont évidentes, ou se vérifient avec facilité. Il n'y a rien de bien particulier, que l'équation, aujourd'hui bien inutile,

$$\sin h = \cos(H-D) - \sin(H-D)\tang H.$$

Chapitre XIX. Différence à l'horizon (fig 22).

Diff. hor. $= A'C = M'A \tang M' = \sin h \tang H = \sin h\left(\dfrac{BC}{BM''}\right)$
$$= \sin h\left(\dfrac{\sin h \sin \text{ampl. ortive}}{\sin \text{haut. sans azimut}}\right),$$

ou $\qquad A'C = M'E + \sin A = \cos Z \cos h + \sin A$,

ou $\qquad A'C = \left(\dfrac{AB+BC}{MA}\right) MA' = \left(\dfrac{\sin(H-D)+\sin A}{\cos(H-D)}\right)\sin h$,

et enfin $\quad A'C = M'A \tang M' = \sin h \tang H = \sin H\left(\dfrac{\sin h}{\cos H}\right)$
$$= \sin H\left(\dfrac{\cos H - x}{\cos H}\right) = \sin H\left(1 - \dfrac{x}{\cos H}\right) = \sin H - \dfrac{x \sin H}{\cos H};$$

l'exactitude de ces substitutions est évidente.

L'auteur fait $\cos H - x = \sin h$ ou $x = \cos H - \sin h$.

Si x était négative, on aurait pour la différence à l'horizon

$$A'C = \sin H + \frac{x \sin H}{\cos H}.$$

Cette formule pouvait être plus commode pour le calcul d'une table. Le même calcul donnait deux termes de la table, au moyen du double signe de x.

Il fait encore $A'C = M'C \sin H = \sin$ dayer . sin latitude.

Ces formules servent à calculer l'azimut.

Chapitre XX. Calcul de l'azimut. Supposons d'abord le Soleil à l'équateur (fig. 23);

$$BQ = NB \tang N = \sin h \tang H \text{ et } \cos MZN = \frac{\sin h \tang H}{\cos h} = \tang h \tang H,$$

$$NQ \sin H = NO, \frac{NO}{\cos h} = \sin QZN = \frac{NQ}{\cos h} = \frac{\sin \text{dayer} \sin H}{\cos h},$$

$$\sin NQ : \sin NZQ :: \sin ZN : \sin ZQN, \sin NZQ = \frac{\sin NQ \sin ZQN}{\sin ZN},$$

ou $\qquad \cos MZN = \dfrac{\sin \text{dayer} \sin H}{\cos h},$

$$\cos MZN = \tang h \tang H = \tang \text{ haut. observée cot haut. méridienne}$$
$$= \cot \text{ dist. z. observée } \tang \text{ dist. z. méridienne}$$
$$= \frac{\tang \text{ dist. z. mérid.}}{\tang \text{ dist. z. observ.}} = \frac{\text{ombre mérid.}}{\text{ombre observ.}}.$$

Le triangle MZN rectangle en M donne

$$\cos MZN = \tang ZM \cot ZN = \frac{\tang \text{ dist. z. mérid.}}{\tang \text{ dist. observée}};$$

voilà un des cas d'un triangle sphérique rectangle, calculé par les ombres; mais ces ombres sont mesurées; on ne les cherche pas dans la Table; on les multiplie l'une par l'autre, et leur produit est un cosinus. Cet exemple ne prouve donc pas tout-à-fait que les ombres soient introduites dans le calcul, comme le sont aujourd'hui les tangentes. Ebn Jounis donne cette formule sans démonstration et sans aucune réflexion, à son ordinaire.

Supposons maintenant le Soleil boréal (fig. 24);

$$(\sin \text{ haut. mérid.} - \sin \text{ haut.}) \tang H = \varphi,$$
ou $\qquad (MA - NB) \tang M = NO = [\cos(H-D) - \sin h] \tang H,$

et
$$\left(\frac{\sin(H-D)-\varphi}{\cos h}\right) = \frac{OR-NO}{\cos h} = \frac{NR}{\cos h};$$

$$\cos Z = \frac{\sin(H-D)-[\cos(H-D)-\sin h]\tan H}{\cos h}$$
$$= \frac{\sin(H-D)\cos H - \cos(H-D)\sin H + \sin h \sin H}{\cos h \cos H} = \frac{-\sin(H-H+D)+\sin h \sin H}{\cos h \cos H}$$
$$= \frac{-\sin D + \sin h \sin H}{\cos h \cos H} = -\frac{\sin D - \sin h \sin H}{\cos h \cos H}.$$

C'est notre formule fondamentale $\cos Z \cos h \cos H + \sin h \sin H = \sin D$; la figure supposait Z obtus; pour l'avoir aigu, il faut changer le signe.

Ebn Jounis avait donc déjà l'équivalent de notre formule fondamentale; nous avons montré comme elle était dans l'Analemme et dans le livre d'Albategnius.

Il fait encore

$$\cos Z = \frac{\sin A - \text{dist. à l'horizon}}{\cos h} = \frac{\frac{\sin D}{\cos H} - \frac{\sin h \sin H}{\cos H}}{\cos h} = \frac{\sin D - \sin h \sin H}{\cos h \cos H}.$$

C'est encore un équivalent plus voisin de notre formule.

$$\cos Z = \left(\frac{\sin A - \sin h}{\cos h}\right)\tan H = \frac{\left(\frac{\sin D}{\cos H} - \sin h\right)\frac{\sin H}{\cos H}}{\cos h} = \frac{\sin D - \sin h \sin H}{\cos h \cos H},$$

$$\frac{\sin A - \sin h \tan H}{\cos h} = \frac{\frac{\sin D}{\cos H} - \frac{\sin h \sin H}{\cos H}}{\cos h} = \frac{\sin D - \sin h \sin H}{\cos h \cos H}.$$

C'est encore notre formule sous une forme différente.

L'angle du point orient de l'écliptique est le complément de la hauteur du pôle de l'écliptique.

Soit S le Soleil et O l'angle du point orient (fig. 25);

$$\sin ZOS : \sin ZS :: \sin OZS : \sin OS,$$
$$\sin OZS = \frac{\sin OS \sin ZOS}{\sin ZS} = \frac{\sin OS \cdot \cos SOM}{\cos h} = \frac{\cos O \sin OS}{\cos h},$$
$$QO = QZO = \text{amplitude du point orient},$$
$$QZS = OZS - OZQ = PZS - 90°.$$

Il suppose connu l'angle O et son amplitude QO, la longitude O et celle du Soleil S.

$$\cos OZS = \frac{\cos OS - \cos ZS \cos ZO}{\sin ZS \sin ZO} = \frac{\cos OS}{\sin ZS} = \frac{\cos OS}{\cos h};$$

aucun principe nouveau. Ebn Jounis donne simplement et sans démonstration

$$\sin OZS = \frac{\cos O \sin OS}{\cos h} \quad \text{et} \quad \cos OZS = \frac{\cos OS}{\cos h}.$$

Le problème suivant est remarquable. L'auteur se propose de déterminer la hauteur et l'azimut par le triangle PSZ (fig. 25), dans lequel il connaît PS, PZ et P.

Il fait d'abord $\sin pS = \sin P \sin PS = \sin P \cos D$; mais au lieu de prendre PS, il en prend le complément SQ = distance du Soleil au point est de l'horizon; car il est visible que l'arc perpendiculaire pS étant prolongé, passera par le pôle du méridien qui est le point est.

Cette distance SQ, l'auteur la nomme *baad*.

Cette distance fait, avec le premier vertical, un angle SQZ qu'il appelle *inhiraf*. Pour le connaître, le triangle SpP rectangle en p lui donne $\cos pS \cos pP = \cos PS = \sin D$, ou

$$\cos pP = \frac{\sin D}{\cos pS} = \frac{\sin D}{\sin SQ} = \frac{\sin D}{\sin \text{baad}};$$

il a donc pP et $pZ = Pp - PZ = pP - 90° + H$; or pZ est évidemment la mesure de l'inhiraf SQZ; il a donc

$$\cos ZS = \sin h = \cos pS \cos pZ = \sin SQ \cos SQZ = \sin \text{baad} \cdot \cos \text{inhiraf},$$

ou bien

$$\sin h = \sin SM = \sin SQ \sin SQM = \sin \text{baad} \cos \text{inhiraf};$$

il pourrait faire

$$\sin Z = \frac{\sin pS}{\sin ZS} = \frac{\cos \text{baad}}{\cos h} = \sin pZS = \cos SZQ;$$

il fait

$$\cos Z = \sin SZQ = \frac{\sin Sn}{\sin ZS} = \frac{\sin SQ \sin SQZ}{\sin ZS} = \frac{\sin \text{baad} \cdot \sin \text{inhiraf}}{\cos h};$$

on aurait plus directement $\tang pS = \tang Z \sin pZ = \tang P \sin Pp$,

ou $$\tang Z = \frac{\tang P \sin Pp}{\sin pZ} = \frac{\tang P \sin \text{équation de latitude}}{\sin \text{inhiraf}};$$

car l'arc Pp, il l'appelle correction de latitude. Mais cette formule, plus directe, emploierait les tangentes, et l'auteur les évite avec soin.

Nous ferions $\tang Pp = \cos P \tang PS = \cos P \cot D$,

puis
$$\cos Pp : \cos pZ :: \cos PS : \cos ZS = \sin h = \frac{\cos pZ \cos PS}{\cos Pp} = \frac{\sin \text{inhiraf} \sin D}{\left(\frac{\sin D}{\sin \text{baad}}\right)}$$
$$= \cos \text{inhiraf} \sin \text{baad};$$

ce précepte est plus simple que celui de nos quatre cosinus.

Sa formule
$$\cos Z = \frac{\sin \text{baad} \sin \text{inhiraf}}{\cos h} = \frac{\sin SQ \sin SQZ}{\sin ZS} = \frac{\cos pS \sin pZ}{\sin ZS}$$

ou $\quad \cos \text{angle oblique} = \dfrac{\cos \text{côté opposé} \cdot \sin \text{côté adjacent}}{\sin \text{hypoténuse}}$;

c'est la formule générale que nous avons trouvée ci-dessus, page 106.

Ce n'est pas tout ce que cette solution a de remarquable. Pour connaître P, ou l'angle horaire, il nous dit de retrancher le dayer de l'arc semi-diurne; c'est-à-dire de retrancher du demi-jour la partie déjà écoulée depuis le lever du Soleil. Cette pratique tenait à l'usage des heures temporaires qui commencent nécessairement au lever du Soleil. Le demi-jour était toujours de 6^h. On faisait cette analogie

6^h : partie écoulée du jour :: arc semi-diurne : dayer :: MC : NC (fig. 24);

on avait donc ainsi le dayer; on le retranchait de l'arc semi-diurne, et le reste était évidemment l'angle horaire; le reste serait aussi MN, mais MN serait un arc du parallèle et non de l'équateur; mais il répondrait au même nombre de degrés.

Faisons encore quelques remarques sur le baad et l'inhiraf, qui varient à chaque instant du jour.

Au lever du Soleil, le baad, ou la distance au point est, se confond évidemment avec l'amplit. ortive QC (fig. 24), $\sin \text{baad} = \sin \text{ampl. ortive}$.

La hauteur du baad est nulle et l'inhiraf $CQZ = 90°$.

Au cercle de 6^h équinoxiales, le baad TQ est la déclinaison; $\sin \text{baad} = \sin D$, l'angle TQZ ou l'inhiraf $= 90° - H$. La hauteur $TS = \sin D \sin H = QT \sin PQE$.

Au premier vertical, le baad devient QV et $\sin \text{baad} = \sin \text{hauteur}$ sans azimut, l'inhiraf $= 0$, et la hauteur de l'extrémité du baad $= QV = \sin \text{haut. sans azimut}$. Après le passage au premier vertical, nous venons de voir que l'inhiraf avait passé par zéro; qu'il avait changé de position, et par conséquent de signe.

Au méridien enfin, le baad, qui a toujours été en augmentant, depuis le cercle de 6^h, est enfin de 90°; c'est le *maximum* (le *minimum* est D), l'inhiraf est (H — D), et sa hauteur 90° — (H — D).

Après le passage au méridien, le dayer surpasse l'arc semi-diurne, et P = partie écoulée — arc semi-diurne = dayer — arc semi-diurne; les mêmes valeurs du baad, de l'inhiraf, de la hauteur et de l'azimut, reviennent en ordre inverse.

Nous n'avons rien dit de l'azimut; mais l'expression.............
$\cos Z = \frac{\sin \text{baad} \sin \text{inhiraf}}{\cos \text{hauteur}}$ nous montre que l'azimut devient obtus, quand sin inhiraf a changé de signe et qu'il est devenu négatif; $\frac{\sin \text{baad}}{\cos h}$ est une quantité toujours positive.

Pour avoir l'azimut dans toutes les positions que nous avons détaillées, il suffira de substituer, pour les trois facteurs, les valeurs que nous avons indiquées.

Cette partie de la Trigonométrie des Arabes nous a paru assez curieuse, pour faire excuser l'étendue que nous avons donnée à cet article.

Soit P la partie écoulée du jour;

$\sin \frac{1}{2} P \cos D = \sin MA = \sin MB = \sin \frac{1}{2} AB$ (fig. 26),

$\cos AB = \cos BC \cos AC, \frac{\cos AB}{\cos BC} = \frac{\cos AB}{\cos h} = \cos AC,$

$AC — AQ = CQ$; et par l'Analemme,

$\sin h \tang H =$ différence à l'horizon $= CQ + QA,$

$\cos Z \sin ZB = \sin BZQ \cos h =$ ashle $= \sin BE = ME$ (fig. 27);

l'ashle est la perpendiculaire abaissée du lieu du Soleil sur le rayon vertical ZB de la projection,

$BC = \frac{\sin D}{\cos H} = \sin$ amplitude.

Chap. XXI. si l'on a les hauteurs de deux points opposés de l'écliptique, l'un de ces points sera boréal et l'autre austral (fig. 28); que les deux hauteurs soient égales, en sorte que $MA = \sin h = NB$, et que l'on connaisse les deux azimuts QA et BQ, on aura

$Bb = NB \tang H = Aa, \frac{QA}{\cos h} = \sin QZM,$

$BQ = Bb +$ amplit. $Qb,$

$QA =$ amplit. $— Aa =$ amplit. $— Bb, QA = \sin Z \cos h,$

$BQ + QA = 2$ amplit. ortive, $\frac{1}{2}(BQ + QA) =$ amplit. ortive,

$BQ — QA = 2Bb = 2 \sin h \tang H; \frac{\frac{1}{2}(BQ — QA)}{\sin h} = \tang H,$

$$\frac{\sin D}{\cos H} = \sin A \quad \text{et} \quad \sin D = \sin A \cos H;$$

on aura donc l'amplitude ortive, la hauteur du pôle et la déclinaison.

Si ce problème n'est pas très utile, il est au moins curieux; on voit, dans tout ceci, combien les Arabes avaient étudié cet Analemme, aujourd'hui si négligé.

Si les deux amplitudes sont méridionales, QA sera négatif; il n'y aura qu'un changement de signe, et les pratiques seront les mêmes. L'auteur les détaille pour les deux cas différens.

Il cherche la latitude et la déclinaison par une hauteur observée et par la hauteur sans azimut. Il faut de plus connaître l'azimut de la hauteur observée

$$\sin D = \cos Z \cos h' \cos H + \sin h' \sin H,$$
$$\sin D = \qquad\qquad\qquad \sin h \sin H,$$
$$\sin h \sin H = \cos Z \cos h' \cos H + \sin h' \sin H,$$
$$\sin h = \cos Z \cos h' \cot H + \sin h',$$
$$\sin h' - \sin h = - \cos Z \cos h' \cot H,$$
$$\cot H = \frac{\sin h' - \sin h}{\cos Z \cos h'}, \quad \sin D = \sin h \sin H.$$

Ebn Jounis fait $\cos Z \cos h' = Q'$, c'est le dénominateur; il fait ensuite $(\sin h' - \sin h) = Q''$,

$$(Q'^2 + Q''^2)^{\frac{1}{2}} = R; \quad \frac{Q'}{R} = \sin H, \quad \sin D = \sin H \sin h;$$

il extrait cette racine carrée, pour éliminer le cosinus de H, nouvelle preuve qu'il n'a pas su profiter de sa Table des ombres.

Si l'on connaît la hauteur méridienne $MA = \cos(H - D)$ et l'azimut Z, on aura (fig. 24)

$$\cos h \cos Z = BQ, \quad AB = AQ - BQ = \sin(H - D) - \cos h \cos Z,$$
$$AC = \cos(H - D) \tang H, \quad AB = AC - BC = \cos(H - D) \tang H$$
$$- \sin h \tang H,$$
$$AB = \tang H [\cos(H - D) - \sin h] = \sin(H - D) - \cos h \cos Z,$$
$$\tang H = \frac{\sin(H - D) - \cos h \cos Z}{\cos(H - D) - \sin h}, \quad H - (H - D) = D.$$

L'auteur extrait encore ici une racine pour éviter la tangente; mais il finit par prendre le résultat de la division pour une ombre; il la cherche dans sa Table, et trouve la latitude. C'est encore un essai de la méthode des tangentes, mais il n'y paraît pas bien familiarisé, ou il a peur que ses lecteurs ne le soient pas assez ; mais, en ce cas, il devrait en expliquer l'usage, et calculer les exemples des deux manières, pour gagner la confiance de ceux qui se seraient montrés incrédules.

Il fait encore (fig. 30)

$$\cos Z = \frac{\left(\frac{MO + \sin A}{MA}\right)\sin h - \sin A}{\cos h} = \frac{\left(\frac{AQ + QC}{MA}\right)NB - QC}{\cos h} = \frac{\left(\frac{AC \cdot NB}{MA}\right) - QC}{\cos h}$$
$$= \frac{BC - QC}{\cos h} = \frac{BQ}{\cos h};$$

il lui faut une hauteur observée h, la hauteur méridienne, dont le sinus est MA et le cosinus MO, et l'amplitude ortive, pour en conclure l'azimut. Tang $H = \frac{BC}{\sin h} = \frac{BQ + QC}{\sin h}$; il aura donc la latitude ; $\sin D = \sin A \sin H$ lui donnera la déclinaison.

Chapitre XXII. Trouver la hauteur du pôle par l'amplitude ortive et la hauteur au premier vertical.

$$(\sin^2 A + \sin^2 h)^{\frac{1}{2}} = \left(\frac{\sin^2 D}{\cos^2 H} + \frac{\sin^2 D}{\sin^2 H}\right)^{\frac{1}{2}} = (\overline{RQ}^2 + \overline{QC}^2)^{\frac{1}{2}} = RC ;$$

$$\frac{QC}{RC} = \sin H, \quad QR \sin H = \sin D = QC \cos H = QF \text{ (fig. 31.)}$$

Ici se termine le manuscrit de Leyde.

Idée des Tables contenues dans ce manuscrit.

Table des sinus de 10 en 10' du quadrans, calculée jusqu'aux tierces. J'ai comparé cette Table à celle de Bressius, qui ne va que jusqu'aux secondes ; j'ai pris les différences les plus remarquables entre les deux Tables ; et faisant le calcul sur les sinus de Pitiscus, je me suis assuré que la Table d'Ebn Jounis est exacte à une tierce près et celle de Bressius à 1″.

Table des déclinaisons des points de l'écliptique de 10 en 10' pour l'obliquité de 23°35′0″, suivie d'une Table de différences ou de parties proportionnelles pour le commencement de chaque degré de longitude, et pour 1′, 2′, 3′, 4′ et 5′ ; il était inutile de les donner pour 6, 7, 8 et 9, parce qu'on peut prendre les parties pour —4, —3, —2 et —1.

Table des 60 premiers multiples du sinus de l'obliquité.. 23° 35′ ou du sinus 0ᵖ 24′ 0″ 17‴ 42ⁱᵛ
et du cosinus de............ 23.35 ou de..... 0.54.59.19.18.

Ces deux Tables de multiplication devaient être d'un grand secours dans les calculs de l'Astronomie sphérique où ces sinus reviennent si souvent. Lambert, de nos jours, a donné des tables de 9 multiples de tous les sinus de degré en degré, pour faciliter les calculs en sinus naturels.

La Table suivante est celle des cotangentes de la hauteur, ou des distances zénitales, c'est-à-dire des ombres. Cette table est assez exacte jusqu'à 70° de distance zénitale ; mais elle était difficile à calculer avec des sinus en tierces, aussi les erreurs, qui ne sont encore que de 1′ 24″ à 86°, vont-elles en croissant, et sont de plus de 5′ à 89°. Ebn Jounis a fait la même faute que Rhéticus a depuis commise, mais elle n'était pas si dangereuse pour les ombres ; les valeurs en étaient plus exactes qu'il ne fallait.

La Table donne donc les cotangentes et non les tangentes. Cette circonstance a pu contribuer à l'embarras d'Ebn Jounis, pour les introduire dans le calcul trigonométrique.

Après cette Table, on en trouve une pour le rayon 12, les nombres y sont le cinquième de ceux de la grande Table.

Table des ascensions droites, comptées du point équinoxial.

Autre Table pour les ascensions droites, comptées du colure.

Table des sinus de ces ascensions droites.

Table des sinus des déclinaisons de degré en degré de la longitude.

Table des tangentes des déclinaisons de degré en degré de longitude ; il ne restera plus qu'à multiplier par $\tang H$ pour avoir le demi-excès du jour, ou $\cos P$.

Deux Tables de l'excès du demi-jour ou de la différence ascensionnelle. Elles dépendent de la longitude du Soleil. Il y avait de l'obscurité dans le texte ; en calculant les formules $\sin\omega \sin\odot = \sin D$; $\cos P = \tang D \tang H$, j'ai trouvé que la première était pour Alexandrie, et l'autre pour le Caire. Pour remplacer ces Tables, l'auteur parle d'y substituer une Table des azimuts des points de l'équateur ; il suffirait que cette Table fût calculée jusqu'à 24° de hauteur.

Quand la déclinaison est nulle, $\cos Z = \tang H \tang h$. En effet, fig. 23, le triangle ZMN donne

$$\tang ZM = \cos Z \tang ZN \quad \text{et} \quad \cos Z = \tang ZM \cot ZN = \tang H \tang h,$$

formule toute semblable à $\cos P = \tang H \tang D$; la Table $\cos Z = \tang H \tang h$ étant assujétie à l'argument h, prenez pour h la déclinaison du jour, vous

EBN JOUNIS.

aurez $\tan g\, H \tan g\, h = \tan g\, H \tan g\, D = \cos P = \cos Z$; ainsi l'azimut trouvé de cette manière sera le demi-excès du jour proposé.

La Table suivante est celle des degrés des heures temporaires pour la latitude du Caire. Elle a pour argument la longitude du Soleil. La première partie est pour les signes septentrionaux, l'autre pour les signes méridionaux.

Table des sinus de l'amplitude ortive à 30° de latitude pour tous les degrés de l'écliptique ; une autre pour 29° 15′ ; une troisième pour 52° 40′ ; une quatrième pour Bagdad.......................... 33° 25′

On trouve aujourd'hui que Bagdad est par........... 33.19.40.

Table de la hauteur sans amplitude pour le Caire ; la plus forte, celle du solstice, est de 53° 8′ 43″, dont le sinus $= \frac{\sin D}{\sin H} = 2 \sin D$ pour le Caire.

Table du hissah de l'azimut, ou différence à l'horizon pour la latit. 30°. Cette Table est calculée sur la formule $\sin h \tan g\, H$. Au Caire, h ne peut passer 53° 10′, mais l'auteur a étendu les hauteurs jusqu'à 90°, afin que la Table puisse servir aux étoiles mêmes qui passent par le zénit.

Enfin Table de l'amplitude, quand la hauteur est de 30°, pour la latitude de 30°. La formule générale est $\cos Z = \frac{\sin D}{\cos H \cos h} - \tan g\, H \tan g\, h$; mais pour $H = 30° = h$, on a $\sin a = \frac{\sin \omega \sin \odot}{\cos^2 30} - \frac{1}{3} = \frac{4}{3} \sin \omega \sin \odot - \frac{1}{3}$; c'est par cette formule que j'ai vérifié la Table pour le Caire.

Pour une latitude quelconque on aura

$$(\sin \omega \sec H \sec h) \sin \odot - (\tan g\, H \tan g\, h),$$

il n'y aura toujours de variable que sin longitude du point de l'écliptique, Z sera 0 quand

$$\sin \odot = \frac{\sin H \sin h}{\sin \omega} = \sin^2 30 = \tfrac{1}{4} \operatorname{coséc} \omega = \sin 38° 40′ 22″,$$

ce qui a lieu en effet. On voit ensuite une table pareille qui suppose $H = 35°$, et dont le zéro doit se trouver à 45° 47′ 35″, ce qui a lieu pareillement.

Table des positions géographiques. Outre les incertitudes inhérentes à ce genre de détermination, on remarque des négligences et des erreurs qu'on ne peut attribuer qu'aux copistes.

TABLES ASTRONOMIQUES.

An 372 d'Iezdegerd, méridien du Caire à 36′′′ 48ⁱᵛ d'Alexandrie.

Soleil.
Époque...... 3ˢ 15° 24′ 12″ 56‴
Apogée...... 2.26.10
M. de 30 jours 0.29.34. 9.52
Équation..... 0. 2. 0.29

Lune.
Époque.
Apogée.
Nœud.
M. de 30 jours 1ˢ 5° 17′ 30″ 9‴
M. propre.... 1. 1.58.18. 9
Nœud 30 jours 0. 1.35.19.16
Équat. d'anom. 0.13. 9
Équation du c. ....
Évection...... ....
Inclinaison..... 5. 3

Saturne.
Époque...... 3.26.31.55.26
Apogée...... 8. 6. 0
M. de 30 jours 1. 0.17.45
Équation..... 6.31
Inclinaison.... ....

Jupiter.
Époque...... 11. 1.51.48.53
Apogée...... 5.24. 0
M. de 30 jours 0. 2.29.38. 3
Équation..... 0. 5.15
Inclinaison... ....

Mars.
Époque.
Apogée...... 0. 4.10
M. de 30 jours 0.15.43.19.42
Équation..... 0.11.25
Inclinaison... ....

Vénus.
Époque...... 1.13.48.39.45
Apogée...... 2.26.10
M. de 30 jours 1.18.29.47.12
Équation..... 0. 2. 0
Inclinaison... ....

Mercure.
Époque...... 2ˢ 11° 50′ 39″ 23‴
Apogée...... 6.23.30
M. de 30 jours 3. 3.12. 4. 7
Équation..... 0. 3.54
Inclinaison ... .

Ces Tables sont pour les années arabes qui sont lunaires, et c'est pour éviter une conversion incertaine que nous avons donné les mouvemens pour 30 jours, au lieu des mouvemens annuels. Voy. d'ailleurs pag. 93.

On voit que les changemens faits à la théorie de Ptolémée étaient de bien peu d'importance. Ils portent principalement sur les époques et les moyens mouvemens, qu'Ebn Jounis a sans doute assujétis aux observations qu'il avait recueillies, et dont nous avons ci-dessus donné la notice. On voit qu'il avait conservé l'équation de 13°9' que Ptolémée donne à l'anomalie, en raison de ce qu'il appelle *prosneuse*. Ebn Jounis, qui ne rapporte que des éclipses, ne devait y trouver aucun secours pour le calcul de l'évection. Son équation du Soleil paraît trop forte et moins exacte que celle d'Albategni, à laquelle il a ajouté, tandis que dans l'intervalle elle aurait dû plutôt diminuer.

Ebn Jounis nous paraît devoir sa réputation principalement aux calculs qu'il a faits pour la correction des Tables. Comme observateur, Albategnius doit peut-être nous inspirer plus de confiance. Il paraît du moins avoir eu des instrumens beaucoup plus grands; ceux d'Ebn Jounis étaient fort médiocres. Il nous dit que de son tems, on croyait la latitude du Caire de 29° tout au plus, et qu'il l'a trouvée constamment de 30°; il ne donne pas de minutes, ce qui est déjà suspect; mais, suivant la Connaissance des Tems, cette latitude serait de 30°2'21"; il s'y serait donc trompé de 2'21". Aboul Wéfa trouvait Bagdad par 33°25'; Beauchamp a trouvé 33°19'40"; l'erreur d'Aboul Wéfa serait donc de 5'20", et par conséquent plus que double; ci-dessus page 100, par deux observations solsticiales nous avons eu 33° 20', comme Beauchamp à 20" près. On voit qu'on ne peut compter sur ces observations qu'à quelques minutes près. Les Arabes avaient une fausse idée des parallaxes et n'en avaient aucune des réfractions. Il nous est bien plus facile d'apprécier la Trigonométrie des Grecs et des Arabes, que la bonté de leurs observations, dont nous ne pouvons guère juger que par le plus ou moins d'accord avec les connaissances actuelles.

Nous avons dit que le manuscrit de Leyde se termine au chapitre XXII. Les chapitres suivans sont extraits d'un abrégé attribué à Ebn Schathir; ce précieux manuscrit, dont M. Sédillot nous a communiqué la traduction, appartient à la Bibliothèque du Roi; il est inscrit au Catalogue imprimé, sous le n° 1112 des manuscrits arabes.

Ebn Jounis se propose de trouver l'azimut, quand on a mesuré deux hauteurs h' et h'' avec la différence des deux azimuts, c'est-à-dire l'angle formé par les deux ombres aux instans des deux observations de hauteur. L'auteur nous annonce une méthode *dont personne n'avait encore parlé,* et en effet elle est digne de remarque. Pour la mieux comprendre, commençons par résoudre le problème par nos formules modernes (fig 33).

Le triangle ZPB donne, $\frac{\sin D}{\cos H} = \cos Z' \cos h' + \tang H \sin h'$,

le triangle ZPA donne $\frac{\sin D}{\cos H} = \cos Z'' \cos h'' + \tang H \sin h''$,

$\tang H (\sin h' - \sin h'') = \cos Z'' \cos h'' - \cos Z' \cos h'$.

On suppose que l'intervalle entre les deux observations est d'une heure environ, la déclinaison n'a pu varier que d'une minute au plus; on peut la faire constante.

$$Z' = Z'' + \delta, \quad \cos Z' = \cos Z'' \sin \delta - \sin Z'' \sin \delta;$$

donc

$\tang H (\sin h' - \sin h'') = \cos Z'' \cos h'' - \cos h' (\cos Z'' \cos \delta - \sin Z'' \sin \delta)$
$= \cos Z'' \cos h'' - \cos Z'' \cos \delta \cos h' + \sin Z'' \sin \delta \cos h'$
$= \cos Z'' (\cos h'' - \cos \delta \cos h') + \sin Z'' \sin \delta \cos h'$,

$\tang H \left(\frac{\sin h' - \sin h''}{\cos h'' - \cos \delta \cos h'}\right) = \cos Z'' + \left(\frac{\sin \delta \cos h'}{\cos h'' - \cos \delta \cos h'}\right) \sin Z''$

$= \cos Z'' + \tang \varphi \sin Z''$

$= \frac{\cos Z'' \cos \varphi + \sin \varphi \sin Z''}{\cos \varphi} = \frac{\cos(Z'' - \varphi)}{\cos \varphi}$,

$\cos \varphi \tang H \left(\frac{\sin h' - \sin h''}{\cos h'' - \cos \delta \cos h'}\right) = \cos(Z'' - \varphi);$

on aura donc

$\tang \varphi = \frac{\sin \delta \cos h'}{\cos h'' - \cos \delta \cos h'} \quad \cot \varphi = \frac{\cos h''}{\sin \delta \cos h'} - \cot \delta;$

$\cos(Z'' - \varphi) = \cos \varphi \tang H \left(\frac{\sin h' - \sin h''}{\cos h'' - \cos \delta \cos h'}\right)$ et $Z'' = (Z'' - \varphi) + \varphi$.

Nous avons employé les azimuts $PZB = Z'$, $PZA = Z''$; les Arabes y substituaient les amplitudes $A' = Z' - 90°$, $A'' = Z'' - 90°$,....
$\delta = (Z' - 90°) - (Z'' - 90°) = Z' - Z'' = (A' - A'')$.

Ebn Jounis cherche d'abord $\sin \delta \cos h'$, quantité que nous désignerons par la lettre Q', puis $\cos h'' - \cos \delta \cos h''$, quantité que nous nommerons Q''; il fait

$$D = (Q'^2 + Q''^2)^{\frac{1}{2}} = Q''\left(1 + \frac{Q'^2}{Q''^2}\right)^{\frac{1}{2}} = Q''(1 + \tang^2 \varphi)^{\frac{1}{2}} = Q'' \sec \varphi = \frac{Q''}{\cos \varphi};$$

il fait

$$\sin x = \tang H \left(\frac{\sin h' - \sin h''}{D}\right) = \tang H \left(\frac{\sin h' - \sin h''}{\cos h'' - \cos \delta \cos h'}\right) \cos \varphi;$$

sin x est donc notre $\cos(Z'' - \varphi) = \cos(90° + A'' - \varphi) = \sin(\varphi - A'')$; il fait

$$\sin a = \frac{Q'}{D} = \frac{Q' \cos \varphi}{Q''} = \tang \varphi \cos \varphi = \sin \varphi.$$

Son angle a est donc notre angle subsidiaire φ.

Il appelle *al amoun* ou *commun* son arc a, qui ne dépend point de la latitude, et *al khassous* ou *particulier*, l'arc x qui dépend de la latitude H.

Il fait enfin $a - x = \varphi - (\varphi - A'') = A''$; il a donc l'amplitude pour la hauteur h''; après quoi l'autre amplitude se trouve, en ajoutant ou retranchant δ, selon les cas.

Comment Ebn Jounis a-t-il pu arriver à cette solution parfaitement identique à la nôtre? Il n'avait pas de tangente; il ne connaissait pas cet usage moderne des angles subsidiaires, qui simplifie les formules; il ne connaissait pas l'usage des équations; il n'avait même précisément aucune formule. Nous n'imaginerons donc pas qu'il ait posé nos deux formules primitives, pour leur faire subir des modifications du même genre que les nôtres. Voici une marche qui lui était familière :

$AO = MA \tang AMO = \tang H \sin h'$ (fig 34),
$BO = NB \tang BNO = \tang H \sin h''$,
$AO - BO = AB = \tang H (\sin h' - \sin h'')$
$AB = AQ - BQ = A' - A'' = MR - Nq = \cos Z' \cos h' - \cos Z'' \cos h''$
$\quad = \sin A' \cos h' - \sin A'' \cos h'' = \tang H (\sin h' - \sin h'')$;

mais
$$A' = A'' + \delta, \quad \sin A' = \sin A'' \cos \delta + \cos A'' \sin \delta;$$

donc

$\tang H (\sin h' - \sin h'') = \cos h' (\sin A'' \cos \delta + \cos A'' \sin \delta) - \sin A'' \cos h''$
$\quad = \sin A'' \cos \delta \cos h' + \cos A'' \sin \delta \cos h' - \sin A'' \cos h''$
$\quad = \cos A'' \sin \delta \cos h' - (\cos h'' - \cos \delta \cos h') \sin A'',$

$\tang H \left(\dfrac{\sin h' - \sin h''}{\cos h'' - \cos \delta \cos h'} \right) = \left(\dfrac{\sin \delta \cos h'}{\cos h'' - \cos \delta \cos h'} \right) \cos A'' - \sin A'',$

$\dfrac{\sin H}{\cos H} \left(\dfrac{\sin h' - \sin h''}{Q''} \right) = \dfrac{Q'}{Q''} \cos A'' - \sin A''.$

Telle a pu et dû être l'équation finale d'Ebn Jounis, ou du moins telle est l'expression moderne de la règle qu'il a trouvée; mais elle renferme l'inconnue A'' sous deux formes différentes.

Soit

$$\frac{Q'}{Q''} = \frac{\sin y}{\cos y} = \frac{\sin y}{(1-\sin^2 y)^{\frac{1}{2}}} \quad \text{et} \quad Q'(1-\sin^2 y)^{\frac{1}{2}} = Q'' \sin y,$$

$$Q'^2(1-\sin^2 y) = Q''^2 \sin^2 y, \quad Q'^2 - Q'^2 \sin^2 y = Q''^2 \sin^2 y,$$

$$Q'^2 = Q'^2 \sin^2 y + Q''^2 \sin^2 y = \sin^2 y (Q'^2 + Q''^2),$$

$$\sin^2 y = \frac{Q'^2}{Q'^2 + Q''^2} \quad \text{et} \quad \sin y = \frac{Q'}{(Q'^2 + Q''^2)^{\frac{1}{2}}} = \frac{Q}{D} = \sin a.$$

Cette méthode, pour changer la valeur de $\frac{\sin y}{\cos y}$ en celle de $\sin y$ n'était pas inconnue aux Grecs.

Par ce moyen, qu'Ebn Jounis emploie souvent, nous arrivons à son précepte $\sin a = \frac{Q'}{D} = \sin \varphi$; il trouve l'arc subsidiaire a par son sinus; nous l'obtenons plus facilement par sa tangente.

Nous avons donc $\frac{Q'}{Q''} = \frac{\sin a}{\cos a}$, et par conséquent

$$\left(\frac{\sin H}{\cos H}\right)\left(\frac{\sin h'-\sin h''}{Q''}\right) = \left(\frac{\sin a}{\cos a}\right)\cos A'' - \sin A'' = \frac{\sin a \cos A'' - \sin A'' \cos a}{\cos a} = \frac{\sin(a-A'')}{\cos a}.$$

Il n'y a plus qu'une inconnue, elle est dégagée; elle devient connue; on aura $a - (a - A'') = A''$ et $A' = \delta + A''$.

Ainsi, par des voies bien connues aux Arabes, nous arrivons à une solution conforme en tous points aux préceptes d'Ebn Jounis; il n'est donc pas douteux que nous avons retrouvé la démonstration qu'il a supprimée; elle nous prouve que les Arabes devaient avoir, sinon une notation algébrique, du moins quelques abréviations dont, à la vérité, il ne reste aucun vestige, mais qui leur étaient indispensables pour arriver à dégager une inconnue aussi embarrassée.

Ce problème nous paraît, sinon un des plus utiles, au moins un des plus curieux que nous ayons rencontrés dans les auteurs arabes, et l'un des plus propres à nous donner une idée très favorable de leur habileté dans le calcul.

Dans le chapitre XXIV, l'auteur enseigne à trouver la méridienne d'après la hauteur dont l'azimut est de 30° (fig. 35).

L'azimut est toujours compté du point est de l'horizon. Soit donc EOC = 30°, OC l'ombre observée à l'instant où l'on sait par le calcul et par une bonne horloge, que l'amplitude sera de 30°; la distance à la méridienne sera de 60°. D'un rayon arbitraire Oa, décrivez un arc de cercle amD; sur cet arc, portez de a vers D le rayon Oa = corde de 60°, et vous aurez le point m de la méridienne OM.

L'auteur ajoute qu'on peut trouver la méridienne *par d'autres hauteurs dont les azimuts pourront être déterminés;* il dit de plus qu'ils sont au nombre de dix.

Avec une table des cordes, on peut les déterminer tous, et le problème a une infinité de solutions; mais si l'on se borne aux cordes primitives qui servaient à calculer toutes les autres, on aura les cordes de 36°, de 45°, de 60°, de 72° et celle de 90°, ce qui ne fait que cinq; on peut y ajouter les cordes supplémentaires de 108, 120, 135, 144 et 180°, on en aura dix; mais on ne peut employer à cet usage que celles qui sont au-dessous de 120°, du moins à la latitude du Caire. Il n'en resterait que cinq; mais chacune peut s'employer de deux manières. Ainsi supposez EOC = 60°, COM sera de 30°; portez la corde de 60° de a en D, l'arc Dm moitié de l'arc aD = 60°, sera de 30°, et vous aurez le point m. Supposez EOC = 45°, vous prendrez aD de 90°, EOC = 54°, COM = 36°, et aD = 72°; EOC = 72°, COM = 18° et aD = 36°.

Je ne sais si c'est là le sens de l'auteur, mais son problème ne mérite pas un plus long commentaire; peut-être a-t-il voulu dire qu'il y avait cinq azimuts pour le matin et cinq pour le soir, ce qui ferait dix.

Le chapitre XXV manque dans le manuscrit. Il devait traiter des hauteurs correspondantes, pour servir à trouver la méridienne.

Les Indiens prenaient les ombres correspondantes, en traçant sur le sable un cercle autour du pied du gnomon. Il paraît qu'Ebn Jounis traçait le sien sur un marbre blanc très poli, afin d'avoir des ombres plus distinctes et mieux terminées. On appelait encore *cercle indien* une espèce d'astrolabe plan dont M. Sédillot nous fait espérer la description, et qui probablement servait à observer la hauteur du Soleil.

Chapitre XXVI. Déterminer la longueur de l'ombre et son azimut sur le cadran oriental. Ce titre est assez équivoque; les formules de l'auteur en fixeront le vrai sens. Faites (fig. 36)

$$\sin h = \sin \text{haut. sur le plan} = \sin \text{angle hor. sin déclin.} = \sin P \cos D.$$

Soit EZP le plan du méridien, qui est aussi celui du cadran oriental; PS le cercle de déclinaison du Soleil; il est clair que $\sin \text{SM} = \sin P \cos D$; ainsi la hauteur du Soleil sur le plan est l'arc perpendiculaire abaissé du centre du Soleil sur le plan.

Le triangle rectangle SMP donne encore $\cos PS = \cos SM \cdot \cos MP$,

d'où $\quad\quad\quad \dfrac{\cos PS}{\cos SM} = \cos MP = \dfrac{\sin D}{\cos h} = \sin K :$

c'est la seconde formule de l'auteur; ainsi

$\sin K = \cos PM = \cos(PZ + ZM) = \cos(90 - H + ZM) = \sin(H - ZM)$
$\quad\quad\quad\quad\quad\quad\quad\quad\quad\quad\quad\quad\quad\quad\quad\quad\quad\quad = \sin ME,$
$ME = H - ZM \quad \text{et} \quad ZM = H - ME = H - K,$
$MR = \sin ZM = AQ,$

sera l'amplitude mesurée sur la ligne horizontale OAQ du cadran.

Si la déclinaison était australe, $\sin K = \dfrac{\sin D}{\cos h}$ changerait de signe comme $\sin D$.

Si K se trouve plus grand que H, il est évident que $ZM = H - K$ changerait de signe, et que l'amplitude ou l'azimut AQ, suivant le langage de l'auteur, serait entre le premier vertical et le nord.

Ces remarques sont l'abrégé des préceptes que l'auteur donne pour les différens cas qui peuvent se rencontrer. Il nous dit que personne n'avait encore parlé de la solution qu'on vient de voir. Elle n'était ni d'une grande importance, ni d'une grande difficulté. Il ajoute que si le Soleil est dans l'équateur, l'ombre décrira une ligne droite, dont l'inclinaison avec l'horizontale sera 90°—H; ce qui est évident, car la projection de l'équateur est le diamètre QE. Cette inclinaison, l'auteur la nomme *azimut*; et pour ce cas, il nous dit que l'ombre sera $\cot P$, c'est-à-dire $\dfrac{\cos P}{\sin P}$; mais il nous avertit que cette ombre est celle du centre du Soleil.

Si le Soleil était dans l'équateur en S', l'arc S'E serait en même tems la mesure de l'angle horaire et le complément du dayer ou de la partie écoulée du jour. Alors aussi l'ombre de 3^h après le lever, serait égale au module ou à la hauteur du style; car $\cot P$ serait $\cot 45° = \dfrac{\cos 45°}{\sin 45°} = 1,$
ce qui servirait à retrouver le style, s'il était perdu. Nous avons fait usage de ce moyen et de beaucoup d'autres, pour retrouver le style des cadrans d'Athènes (*voyez* le tome II de notre *Hist. de l'Astr. anc.*).

Soit EM la déclinaison du Soleil; M sera le point où se trouvera le Soleil à midi; MSQ sera le rayon solaire dirigé au pied du style, l'ombre sera sur le prolongement de MQ.

Au lever du Soleil, l'ombre est la tangente de l'amplitude QB. Mais, pour avoir la longueur exacte de cette ombre, il prescrit d'ajouter à l'amplitude le demi-diamètre du Soleil. Ces notions sont aujourd'hui très vulgaires; ce chapitre nous prouve qu'Ebn Jounis en était en pleine possession; mais comme elles étaient alors, ou tout-à-fait nouvelles, ou peu répandues, il croit utile d'éclaircir tous ses préceptes par des exemples que nous nous dispenserons de rapporter.

SM étant la hauteur du Soleil sur le plan, QS sera la distance du Soleil au zénit de ce plan, l'ombre sera

$$\tang QS = \cot MS = \frac{\cos MS}{\sin MS} = \frac{\cos h}{\sin h}.$$

Remarquez qu'Ebn Jounis ne fait ici aucun usage de sa Table des tangentes.

Quand QS sera de 45°, l'ombre sera égale au style. J'ignore si les Musulmans avaient quelque devoir religieux à remplir quand l'ombre était égale au style, c'est-à-dire vers le quart du jour; mais on voit plusieurs vestiges de l'importance qu'ils attachaient à cette égalité, que les gnomonistes modernes négligent entièrement.

Si QS = 45°, on aura $\cos h = \sin h = \sin P \cos D = \sin 45°$ et $\sin P = \frac{\sin 45°}{\cos D}$;

ainsi, pour un jour quelconque, ou pour une longitude quelconque du Soleil, on aurait $\sin D = \sin \omega \sin \odot$; $\sin P = \frac{\sin 45°}{\cos D}$ donnerait l'heure où l'ombre serait égale au style;

$$\sin EM = \frac{\sin D}{\sin 45°} = \frac{\sin \omega \sin \odot}{\sin 45°} = \left(\frac{\sin 23° 35'}{\sin 45°}\right) \sin \odot.$$

L'auteur, dont nous resserrons ici les préceptes, a calculé une table de EM pour tous les degrés de longitude de l'écliptique. J'en ai vérifié une douzaine de termes, d'après cette formule, et je les ai trouvés fort exacts. On y trouve donc pour tous les jours de l'année l'angle de l'ombre avec le rayon équatorial QE, à l'instant où la longueur du style est égale à celle de l'ombre; cet angle est désigné sous le nom générique d'*azimut*.

A ces préceptes, qui conviennent exclusivement au cadran oriental ou occidental, il ajoute les règles suivantes pour tout cadran vertical dont la déclinaison sera connue (fig. 37).

Lorsque le centre du Soleil est à l'horizon en A, sa hauteur sur le plan déclinant ZB est égale à AB = QB — QA = déclin. du plan — amplitude ortive = δ. Soit O le pôle du plan, BO = 90°; AO est la distance du Soleil levant au pôle du plan; l'ombre sera

$$\tan OA = \cot OB = \cot \delta = \frac{\cos \delta}{\sin \delta}.$$

Quand le Soleil aura une hauteur CS = h' sur l'horizon, sa distance au plan sera Sx et $\sin Sx = \sin ZS \sin SZx = \cos h' \sin \delta' = \sin h$; et pour ce moment, la longueur de l'ombre sera $\tan SO = \cot Sx = \cot h = \frac{\cos h}{\sin h}$.

Si l'on a mesuré cette ombre, on connaîtra Sx, et l'on aura

$$\frac{\sin Sx}{\sin ZS} = \frac{\sin h}{\cos h'} = \sin SZx = \sin \delta' = \sin (CZQ + QZB),$$

δ' étant la différence entre l'azimut du moment et le plan du cadran, ou la somme de la déclinaison du cadran et de l'azimut actuel, compté du point est.

C'est ainsi qu'il faut interpréter cette partie équivoque du chapitre, pour lui donner un sens raisonnable.

Telle est, nous dit Ebn Jounis, la méthode des anciens; elle est exacte pour l'azimut, mais pour l'ombre, il faudra avoir égard au demi-diamètre du Soleil, comme il est dit au chapitre du cadran horizontal.

Les chapitres XXVII, XXVIII, XXIX et XXX manquent dans le manuscrit d'Ebn Schathir.

Chapitre XXXI. Trouver l'ascendant sans le secours de l'ascension oblique (fig. 38).

$$\sin \Upsilon OQ : \sin \Upsilon Q :: \sin \Upsilon QO : \sin \Upsilon O = \sin \text{ascend.} = \frac{\sin (90 + M) \cos H}{\sin O}$$

$$= \frac{\cos \text{asc. dr. milieu du ciel} \cdot \cos \text{haut. du pôle}}{\sin \text{angle de l'écliptique avec l'horizon}},$$

règle connue depuis Hipparque;

$$\sin ZO : \sin ZCO :: \sin ZC : \sin ZOC = \cos COR = \frac{\sin ZC \sin ZCO}{\sin ZO},$$

$$\cos \text{angle de l'éclipt. et de l'horizon} = \frac{\cos \text{haut. point culminant} \cdot \cos \text{obliquité}}{\cos \text{déclin. du point culminant}},$$

puis
$$\sin OC = \frac{\sin RC}{\sin ROC},$$
ou

$$\sin \text{arc de l'éclipt. compris entre le mér. et l'hor.} = \frac{\sin \text{haut. du point culminant}}{\sin \text{angle de l'éclipt. et de l'hor.}}$$

et enfin

ascendant $= \Upsilon O = \Upsilon C + CO$

$\qquad$ = longit. point culm. + arc compris entre le mérid. et l'horizon.

Ces règles, connues depuis Hipparque, ont cela de remarquable que le triangle ZOC dispensait de connaître $\cos O = \cos RC \sin C$ que donnerait le triangle RCO.

De même le triangle $P\Upsilon C$ donne $\sin PC : \sin P\Upsilon C :: \sin P\Upsilon : \sin C$,

ou $\qquad \cos D : \cos \omega :: 1 : \sin C = \dfrac{\cos \omega}{\cos D}.$

Il eût été plus court de dire $\cos O = \cos RC \sin C$,

$\cos \omega = \cos D \sin C$, d'où $\sin C = \dfrac{\cos \omega}{\cos D}$, et $\cos O = \dfrac{\cos RC \cos \omega}{\cos D}.$

Rien ne nous dit quelle voie a prise Ebn Jounis; mais pour suivre la seconde, il aurait fallu connaître et appliquer deux fois le théorème de Géber; il est donc plus probable qu'Ebn Jounis a suivi la première.

Dans la première expression $\sin \Upsilon O = \dfrac{\cos M \cos H}{\sin O}$, mettons $\dfrac{\cos \Upsilon C}{\cos D}$ pour $\cos M$, et $\cos H'$ pour $\sin O$, nous aurons

$$\sin \Upsilon O = \dfrac{\cos \Upsilon C \cos H}{\cos MC \cos H'},$$

dernière expression d'Ebn Jounis. Rien de tout cela n'est nouveau.

Les chapitres XXXII et XXXIII manquent.

L'un enseignait à trouver le milieu du ciel par les ascensions de l'ascendant, lorsqu'on n'a pas les ascensions droites.

Ce titre est un de ceux qu'on ne peut entendre qu'après la lecture du chapitre. Si par *ascension de l'ascendant* il entend son ascension oblique, il n'y a véritablement pas de problème; car l'ascension oblique diminuée de 90°, est l'ascension droite du milieu du ciel; d'où l'on conclut la longitude du point culminant, qu'il appelle le *milieu du ciel*.

S'il entend la *différence ascensionnelle*, on en conclura la déclinaison; pourvu que l'on connaisse la hauteur du pôle, on aura l'ascension droite et le reste : ce n'est pas encore véritablement un problème.

S'il entend par ascension le *coascendant*, tel qu'il le définit chapitre XXXIV, ce qui reviendrait à dire, si l'on connaît le tems écoulé depuis le lever, la solution du problème se trouvera par des formules déjà données, et semblables à celles que nous allons retrouver.

L'autre chapitre enseignait à trouver l'arc de révolution de la sphère entre deux hauteurs données, lorsque la latitude du lieu et le lieu du Soleil sont *inconnus*.

Le problème ainsi présenté paraît insoluble. En effet, soient h et h' les deux hauteurs

$$\sin h = \cos P \cos H \cos D + \sin H \sin D,$$
$$\sin h' = \cos P' \cos H \cos D + \sin H \sin D,$$
$$\sin h - \sin h' = \cos H \cos D (\cos P - \cos P')$$
$$= 2 \cos H \cos D (\sin^2 \tfrac{1}{2} P' - \sin^2 \tfrac{1}{2} P)$$
$$= 2 \cos H \cos D \sin \tfrac{1}{2}(P'-P) \sin \tfrac{1}{2}(P'+P),$$

et

$$\sin \tfrac{1}{2}(P'-P) = \frac{\sin h - \sin h'}{2 \cos H \cos D \sin \tfrac{1}{2}(P'+P)}.$$

$P' - P$ serait l'arc de révolution de la sphère, mais il dépend de trois inconnues H, D et $(P'+P)$; on trouverait la même chose par l'Analemme,

$$MA : NB :: \sin h : \sin h' :: MO : NO \text{ (fig. 39)},$$
$$\sin h - \sin h' : \sin h :: MO - NO : MO :: MN : MO,$$
$$MN = \left(\frac{\sin h - \sin h'}{\sin h}\right) MO\,;$$

or $\quad MA = \sin h = MO \cos H \quad$ et $\quad MO = \dfrac{\sin h}{\cos H};$

donc $\quad MN = \left(\dfrac{\sin h - \sin h'}{\sin h}\right) \dfrac{\sin h}{\cos H} = \left(\dfrac{\sin h - \sin h'}{\cos H}\right),$

et $\quad ab = \dfrac{MN}{\cos D} = \dfrac{\sin h - \sin h'}{\cos H \cos D} = \cos P' - \cos P.$

La même difficulté subsiste. Mais supposez H et D *connus* et non pas *inconnus*, vous pourrez calculer P et P' par les trois côtés ; vous aurez l'angle $P' - P$ qui mesurera la révolution cherchée. Je crois donc qu'il y a quelques mots omis dans le manuscrit où M. Caussin a pris ce titre.

Chapitre XXXIV. Déterminer l'*ascension* (ou le coascendant de l'azim.).

L'*ascension*, ou *coascendant de l'azimut*, est l'arc de l'équateur qui traverse l'horizon pendant le tems que le centre du Soleil emploie à passer de l'horizon à un azimut donné. Voilà ce qu'on ne pouvait deviner ; car cette définition ne se trouve dans aucun traité moderne. Pour comprendre la solution arabe, il ne sera pas inutile de la chercher d'abord par nos méthodes.

Souvenons-nous que l'azimut pour les Arabes, était ce que nous nommons *amplitude*.

Mettant donc $A = 90° - Z$ dans nos formules, nous aurons

$$\sin D = \sin A \cos H \cos h + \sin H \sin h.$$

Nous avons vu (page 126) comment Ebn Jounis résout les équations de ce genre, où l'inconnue est représentée par son sinus et son cosinus.

Il nous prescrit de chercher la hauteur h qui convient à l'amplitude donnée ; il suppose la déclinaison connue ; la hauteur étant déterminée, on a

$$\cos D : \cos A :: \cos h : \sin \text{ angle hor.} = \frac{\cos A \cos h}{\cos D} = \sin C ;$$

c'est la formule de l'auteur.

A présent, pour connaître l'ascension ou l'arc de révolution de la sphère, depuis le lever, nous chercherions

$$\cos \text{ arc semi-diurne} = -\tan H \tan D.$$

C'est encore un précepte d'Ebn Jounis. Nous aurons donc

$$\text{arc semi-diurne} - C = \text{arc de révolution} = \text{ascension.}$$

Le problème n'est pas aussi simple qu'il le paraît. L'angle horaire C se trouve par son sinus ; il peut être obtus aussi bien qu'aigu, du moins à certaines heures de la journée, dans les signes septentrionaux. Les tables donneront dans ce cas $C' = 180° - C$.

La formule, dans ce cas, devient

$$\text{arc semi-diurne} - (180° - C') = \text{arc sem.} + C' - 180°.$$

Il faut connaître si l'angle est aigu ou obtus. C'est à 6^h que l'angle est droit ; en conséquence, l'auteur cherche la hauteur du Soleil à l'instant où l'angle C est droit, c'est-à-dire quand le Soleil est dans le cercle de 6^h. Il ne donne pas la règle, mais elle est bien simple. Soit AB cette hauteur ;

$$AB = \sin h' = QA \sin PQO = \sin D \sin H \text{ (fig. 40)}.$$

C'est le dernier terme de $\sin h = \cos P \cos H \cos D + \sin D \sin H$.

$\sin h' = \sin D \sin H$, parce que $\cos P = 0$. Aboul Hassan, dans sa Gnomonique, fait un usage fréquent de cette hauteur.

Avant ce moment, la hauteur h ou EF sera moindre que h' ; dans ce cas, c'est-à-dire

si $h < h'$, il est évident que EPO (qu'il appelle *asc.*)=arc semi-d.+C'−180°,
si $h = h'$, C=90°, l'angle APO = arc semi-d. — 90° = différence ascens.,
si $h > h'$, l'angle horaire ZPG sera aigu, tel que le donnent les tables, et

$$OPG = \text{ascension} = \text{arc semi-diurne} - C;$$

voilà pour le matin. Pour le soir, l'ascension sera = arc semi-d. + C, tant que $h > h'$;
si $h = h'$, l'angle horaire est de 90°, ascension = arc semi-diurne+90°,
si $h < h'$, l'angle est obtus, asc. = arc semi-diurne + 180°—C;
voilà les six règles de l'auteur pour les signes septentrionaux; elles se simplifient à l'équateur où D=0. Tang$h$=sinAcosH et sinC=cosAcos$h$; et comme l'arc semi-diurne est de 90°, la formule devient asc.=90°∓C.

Ce sont encore les préceptes de l'auteur.

Pour les arcs méridionaux, C est toujours aigu; ainsi

$$\text{ascension} = \text{arc semi-diurne} \mp C.$$

La solution de l'auteur est donc identique à la nôtre. Son moyen pour savoir si l'angle est obtus ou aigu, est fort simple. Nous pourrions calculer C par sa cotangente avec l'azimut, la hauteur et la latitude du lieu, mais ce moyen serait plus long.

Chapitre XXXV. Le gnomon d'un cadran horizontal étant perdu, et la latitude du lieu inconnue, déterminer cette latitude et retrouver la hauteur du gnomon.

Ce titre nous promet des renseignemens sur la Gnomonique des Arabes.

Décrivez autour du centre du gnomon (du pied du style) un cercle que vous diviserez en ses 360°. L'auteur dit un cercle égal à l'un des cercles divisés qui sont sur le *destour*; c'est sans doute une espèce de *rapporteur*, et rappelez-vous qu'à toute latitude, l'arc diurne équinoxial et de 180°, et chaque heure de 15°.

De l'extrémité de l'ombre d'une heure quelconque de l'équinoxial, menez une droite occulte au centre du gnomon; marquez le point où cette ligne coupe le cercle; posez sur cette marque une des pointes du compas et l'autre pointe à l'intersection de la ligne méridienne et du cercle; puis conservant la même ouverture de compas, transportez-la sur le *destour*, et notez le nombre de degrés compris entre les deux points, ce sera la valeur en degrés de l'angle compris entre l'ombre et la méridienne (c'est-à-dire l'azimut de cette ombre). Soit d cet azimut, C le complément de l'angle horaire compté du lever, ou l'angle horaire compté de midi;

$$\frac{\sin C}{\sin d} = \cos h, \quad \text{puis} \quad \frac{\sin h}{\cos C} = \cos H,$$

EBN JOUNIS.

la hauteur du pôle étant connue, vous déterminerez la hauteur h' pour une heure quelconque et la longueur du gnomon.

Pour entendre cette construction, cherchons-la par nos formules.

Sur le cadran horizontal, les angles des ombres avec la méridienne sont les angles azimutaux du Soleil. Soit O le pied du style, EQ l'équinoxiale, OQ une ligne horaire quelconque, ou l'ombre de cette heure ;

$$\frac{EQ}{OQ} = \sin O \ (\text{fig. 41}).$$

Connaissant l'azimut O, vous aurez

$\sin Z : \sin P :: \cos D : \cos h = \frac{\sin P \cos D}{\sin Z} = \frac{\sin P}{\sin Z} = \frac{\sin P}{\sin O} = \left(\frac{OQ}{EQ}\right) \sin P$; vous pouvez mesurer EQ et OQ, vous connaissez $\sin P$ par le choix de l'heure ; vous aurez donc $\cos h$; mais $OQ = \frac{G \cos h}{\sin h} = G \cot h$, G étant le gnomon perdu ; donc $G = OQ \left(\frac{\sin h}{\cos h}\right)$; enfin à l'équateur, $\sin h = \cos P \cos H$ et $\cos H = \frac{\sin h}{\cos P}$. Le problème est donc résolu.

Au lieu de faire $\frac{EQ}{OQ} = \sin Z = \sin O$, l'auteur cherche sur un rapporteur l'angle O ou eq. Cela revient au même. Pour trouver la hauteur h, il fait comme nous $\cos h = \frac{\sin P}{\sin Z}$, puisque son angle C, complément de l'angle horaire compté du lever équinoxial, est encore notre angle P. Il fait comme nous $\cos H = \frac{\sin h}{\cos P}$, et nous dit simplement que la hauteur du gnomon se déduira de la longueur de l'ombre ; c'est dire assez qu'il fait encore comme nous, $G = OQ \tan h$.

Il résulte de ce chapitre, que les Arabes faisaient marquer à leurs cadrans les heures temporaires, ce que nous savions d'ailleurs, et que ces cadrans n'avaient qu'un simple style droit au lieu d'axe, ce que nous savions également. On trouve un autre problème de gnomonique dans le chapitre XXVIII ; il s'agit de marquer sur le cadran le zénit de la Mecque ; il se trouve dans Albategni. Le problème du chapitre XXVII s'y trouve pareillement.

Le chapitre XXXVI est intitulé : étant donnés deux points de l'écliptique dont la hauteur est égale, déterminer cette hauteur, si l'on connait la hauteur du pôle.

Si ces deux points ont même hauteur, ils sont à distance égale du nonagésime; le nonagésime sera donc connu, puisqu'il sera le milieu de l'arc qui va de l'un à l'autre point.

Le complément de la hauteur demandée sera l'hypoténuse d'un triangle rectangle dont la base sera $\frac{1}{2}(L-L')$, et l'autre côté sera 90° — angle de l'écliptique et de l'horizon, ou distance zénitale nonagésime; ainsi $\sin h = \cos\frac{1}{2}(L-L')\sin O$; il restera donc à trouver $\sin O = \sin$ angle de l'écliptique avec l'horizon.

Le nonagésime sera $\qquad L' + \frac{1}{2}L - \frac{1}{2}L' = \frac{1}{2}(L+L')$,
le point orient $\qquad \frac{1}{2}(L+L') + 90° = \frac{1}{2}(L+L'+180°) = $ ascend.
Soit A la longitude de l'ascendant

$\cos A \sin\omega \sin O - \cos\omega \cos O = -\cos H$ ou $\cos H = \cos O \cos\omega - \sin\omega \sin O \cos A$;

on aura donc l'angle O et par conséquent h. Mais O est dans le cas ambigu, l'équation est du second degré, et le calcul sera long; d'ailleurs les Arabes n'avaient pas cette formule qui sert à trouver le troisième angle.

Soit (fig. 42) ΥQR l'équateur, ΥAO l'écliptique, N le nonagésime;
$\Upsilon N = \frac{1}{2}(L+L')$, $\Upsilon O = \frac{1}{2}(L+L') + 90°$, $ZA = ZB = 90° - h$,
$\sin h = \cos ZA = \cos ZN \cos NA = \cos\frac{1}{2}(L-L')\cos ZN = \cos\frac{1}{2}(L-L')\sin O$,
$\sin OR = \sin\omega \sin\Upsilon O$, $\sin QR = -\tang H \tang OR$,
$\tang \Upsilon R = \cos\omega \tang \Upsilon O$, $\Upsilon Q = \Upsilon R - QR$,
$\sin \Upsilon O : \cos H :: \sin \Upsilon Q : \sin \Upsilon OQ$;

toutes ces formules étaient bien connues des Arabes et même des Grecs; ainsi ce problème n'annonce rien de nouveau en Trigonométrie; mais il est possible que l'auteur ait trouvé des moyens qui ne fussent qu'à lui.

Chapitre XXXVII. Trouver le degré du zodiaque qui passe au zénit à certaines latitudes. Ce problème se trouve dans Ptolémée.

Chapitre XXXVIII. Des latitudes. Il n'y est question que de la latitude de la Lune. Ce chapitre est principalement historique. La définition que donne l'auteur de la plus grande latitude ou de l'inclinaison de la Lune est la même que celle de Ptolémée, ce qui est tout simple, puisqu'il n'avait rien changé à cette théorie; il ajoute que les anciens diffèrent entre eux sur cette latitude; qu'Hipparque et Ptolémée la faisaient de 5°, et que les Persans ne la disaient que de 4°30′. Il est à remarquer que Chrysococca et Schahcholgius ont également omis de nous parler de l'inclinaison de l'orbite lunaire. En nommant les Persans après Hipparque et Ptolémée, Ebn Jounis nous autorise à les croire plus modernes. Nous avons remarqué (tome I, p. 230) que les Indiens ont toujours supposé 4° 30′ ; mais nous ignorons l'époque de cette mauvaise détermination. L'ont-ils reçue des Persans ou la leur ont-ils communiquée ? c'est ce qui paraît assez indifférent.

Aboul-Abbas al Fadhl ben Hâtem al Tebrizy (de Tauris) dit que l'ayant calculée d'après les observations de Ahmed et Mohammed, fils de Mousa ben Schaker, il avait trouvé 4° 45′ ; ce qui se rapproche beaucoup de ce que donne Ahmed ben Abdalla, surnommé Habash, d'après les auteurs de la Table vérifiée. Albategni rapporte que l'ayant mesurée, il avait trouvé 5° comme Hipparque et Ptolémée.

Aboul Hassan Aly ben Amajour dit qu'il l'a mesurée un grand nombre de fois, et qu'elle lui a paru souvent plus considérable que celle d'Hipparque ; et il ajoute qu'*il y a trouvé des différences très sensibles.*

Voilà un passage digne de remarque ; d'après les connaissances modernes, il est certain que la latitude varie de 5° à 5° $\frac{1}{3}$ à fort peu près. Ainsi Aboul Hassan Aly ben Amajour paraît avoir suivi ces observations avec plus de soin et de succès que tous ses prédécesseurs sans aucune exception. Il est possible qu'Albategni, ayant retrouvé par hasard une latitude très peu différente de celle d'Hipparque, ait cru trop facilement cet élément bien constaté, quoique la quantité qu'il lui assigne soit un *minimum.*

Quant à moi, dit Ebn Jounis, je l'ai mesurée moi-même plusieurs fois, et je l'ai trouvée de 5° 3′. Il est singulier qu'il n'ait pas mieux profité de la remarque de Ben Amajour, et qu'il n'ait pas cherché à démêler ces *différences très sensibles.* Il est à croire qu'il aura toujours observé dans les mêmes circonstances, car s'il eût suivi la Lune un peu assidûment, il eût été comme impossible qu'il n'eût jamais aperçu une variation qui est de plus de 8′ tant en plus qu'en moins. On voit par la suite de son récit que l'assertion de Ben Abdallah Habash, sur la détermination des auteurs de la Table vérifiée, est infirmée par Aboul-Thyb send ben Aly, qui a été présent aux deux observations faites à Bagdad et à Damas. Ses tables portent 5° ; et si, par l'observation, il eût trouvé 4° 46′, ou que ceux qui observaient en sa présence, eussent trouvé cette même latitude, il s'ensuivrait qu'il ne l'aurait pas insérée dans ses tables telle qu'elle aurait été observée, quoiqu'il y eût donné les moyens mouvemens déterminés par les auteurs de la Table. Mais, sur ces moyens mouvemens, il est d'accord avec Yahia ben Abi Mansour; on peut donc, dit encore Ebn Jounis, adopter la latitude qu'il nous donne.

D'ailleurs Aboul Abbas al Fadhl ben Hâtem al Tebrizy n'a-t-il pas donné, dans ses Tables astronomiques, deux tables particulières de la latitude de la Lune ? l'une, selon Hipparque et Ptolémée; l'autre, selon ce que dit Habash. S'il avait eu confiance en ce qu'on disait des auteurs de cette table, il n'aurait donné que la latitude qu'ils avaient trouvée, ainsi qu'il a fait pour les moyens mouvemens. Enfin, conclut Ebn Jounis, j'ai moi-même plus de confiance en mes propres observations.

En effet, Ebn Jounis trouvant à très peu près la même latitude qu'Hipparque, Ptolémée et Albategni, pouvait s'arrêter à ce résultat; de ce qu'il n'a point remarqué les différences indiquées par Ben Amajour, on serait tenté de conclure qu'il a moins bien observé; mais il faut songer que cette latitude doit être affectée des erreurs que l'on commettait sur la parallaxe; c'est ce qui fait l'incertitude de cet élément, et disculpe un peu les Arabes. Ajoutons encore que l'équation de 8′ de Tycho pouvait aisément se perdre dans les erreurs des observations, lorsque cette équation était un peu loin de ses deux limites.

Après cette notice historique, que nous avons rapportée textuellement, malgré sa longueur, Ebn Jounis enseigne à calculer la latitude pour tous les points de l'orbite. Il fait L = inclinaison de l'orbite et

$$\sin\lambda = \frac{\sin L \sin(\mathbb{C} - \Omega)}{\text{rayon}} ; \text{ ou soit } \frac{\sin \text{total}}{\sin(\mathbb{C} - \Omega)} = \varphi, \text{ on aura } \sin\lambda = \frac{\sin L}{\varphi};$$

c'est une division à faire au lieu d'une multiplication; il semble qu'il eût été plus simple de faire $\left(\frac{\sin L}{\text{rayon}}\right) = \varphi$ et $\sin\lambda = \varphi \sin(\mathbb{C} - \Omega)$; mais c'est une vérification.

De cette équation, il tire

$$\sin(\mathbb{C} - \Omega) = \frac{\sin\lambda}{\sin L} \quad \text{et} \quad \sin L = \frac{\sin\lambda}{\sin(\mathbb{C} - \Omega)},$$

équations qui, selon les circonstances, font trouver la distance au nœud ou la plus grande latitude; mais il ne nous dit pas de quelle méthode il s'est servi pour trouver son inclinaison de 5° 3′.

Ce chapitre est terminé par une Table de la latitude, calculée de 10 en 10′ de distance au nœud, pour L = 5° 3′, et accompagnée d'une Table des différences pour 1, 2, 3, 4 et 5′.

Le nœud ascendant s'appelle *mégiaz al schumâl*, passage du nord; le nœud descendant s'appelle *mégias al génoub*, passage du sud; ce sont des expressions analogues à l'*anabibazon* et au *catabibazon* des Grecs.

EBN JOUNIS.

Chapitre XXXIX. Déterminer la distance d'une étoile à l'équateur, quand elle a une latitude.

Pour avoir la déclinaison des étoiles ou des planètes, soit D cette déclinaison, d la déclinaison du point L de l'écliptique qui a même longitude, ω l'obliquité, λ la latitude de l'étoile; faites

$$\sin d \cos \lambda = \sin A \quad \text{et} \quad \sin \lambda \cos \omega = \sin B, \quad \sin D = \sin A + \sin B.$$

La formule moderne est $\sin D = \sin \omega \sin L \cos \lambda + \cos \omega \sin \lambda$; mais $\sin d = \sin \omega \sin L$; la méthode est donc identique à la nôtre; elle se déduit du théorème fondamental par une substitution bien simple qui suppose la longitude connue, sans quoi le problème serait indéterminé; aucun triangle n'a pu donner directement $\sin d \cos \lambda$, ni $\sin \lambda \cos \omega$. Cet exemple seul démontrerait que les Arabes avaient le théorème qui donne le troisième côté par les deux autres et par l'angle compris; mais nous en avons bien d'autres preuves.

L'auteur donne, pour les différens cas des déclinaisons d et D boréales ou australes, des préceptes que notre règle des signes rend inutiles.

Autre méthode. Prenez la distance à l'équinoxe le plus voisin. Soit L cette distance et 90°—L son complément; cherchez les déclinaisons d et d' qui conviennent à ces deux arcs.

Nous avons trouvé ci-dessus, page 24, l'équation (3), de laquelle, par un simple renversement, on déduit

$$\sin D = \frac{\sin \varphi \cos \omega}{\cos \lambda'} = \frac{\sin (\lambda + \lambda') \cos \omega}{\cos \lambda'};$$

λ est la latitude de l'astre et λ' la latitude du point de l'équateur qui a la même longitude que l'astre; cette formule est la règle de l'auteur. Pour trouver λ', que nous aurions en faisant $\sin L \tang \omega = \tang \lambda'$, l'auteur, qui ne fait aucun usage des tangentes, est réduit à rejeter cette équation qui lui est bien connue; il fait $\sin \lambda' = \frac{\sin d}{\cos d'}$ par un théorème que nous avons démontré au chapitre XIII, et que nous retrouverons à l'article d'Aboul Wéfa. d' est la déclinaison qui a lieu à 90° de L, et voilà pourquoi l'auteur prescrit d'abord de chercher les déclinaisons d et d' des arcs L et 90°—L dans les Tables de l'écliptique.

Il enseigne à se servir de ces tables, en changeant l'argument, c'est-à-dire en considérant la longitude donnée comme une ascension droite; avec cette ascension fictive, il apprend à trouver la longitude qui y correspond ; quand on a la longitude fictive, qui répond à l'ascension droite fictive, on prend, dans la table, la déclinaison qui lui convient, et cette déclinaison est la latitude du point de l'équateur qui a la même longitude que l'astre; cette même latitude est celle que nous appelons λ'. Cet exemple, qui enseigne à prendre une longitude pour une ascension droite, est le plus ancien que je me souvienne d'avoir vu. Il est assez rare chez les modernes, et je ne connais guère que Mayer qui, pour s'épargner une table des angles de l'écliptique et du méridien, ait donné des préceptes de ce genre, pour trouver ces angles par la table des déclinaisons. Ici de même, l'auteur ayant besoin d'un angle, cherche la déclinaison à 90° de là; le complément de cette déclinaison est l'angle dont il a besoin.

Cet usage des tables est ce que l'auteur donne comme une troisième méthode. Au fond, elle est identique à la seconde.

Chapitre XL. Déterminer la hauteur méridienne des étoiles.

Le précepte est fort ancien. Cette hauteur est 90°—(H—D)=90+D—H; il suffit donc de connaître la déclinaison de l'étoile, et l'auteur vient d'en indiquer les moyens dans le chapitre précédent.

Autre méthode. Faites $h'=90°-D=$ hauteur de l'étoile dans la sphère droite; alors, si la déclinaison est boréale, $h'+H=h''$; H est la hauteur du pôle dans le lieu de l'observation, h'' la hauteur cherchée.

L'auteur détaille, à son ordinaire, tous les cas qui peuvent se présenter, et il nous apprend que personne encore n'avait parlé de cette méthode. On voit qu'Ebn Jounis ne veut rien perdre.

Il donne un exemple pour *al Hâdi*, c'est-à-dire pour α du Taureau ou Aldébaran.

Chapitre XLI. Déterminer la latitude du lieu par la hauteur méridienne. C'est l'inverse du problème précédent; il suffit de retourner les formules.

Chapitre XLII. Déterminer l'arc diurne ou l'arc nocturne d'une étoile et le sinus verse de son demi-arc au-dessus de l'horizon.

Les Grecs savaient déjà que l'arc semi-diurne P se calcule par la formule

$$\cos P = -\tan H \tan D = -\frac{\sin H}{\cos H} \cdot \frac{\sin D}{\cos D};$$

ainsi

$$2\sin^2 \tfrac{1}{2} P = \sin\text{ verse } P = 1 + \tan H \tan D ;$$

pour l'arc semi-nocturne, il suffit de changer le signe de tang D, qui change aussi quand la déclinaison est australe.

EBN JOUNIS.

Chapitre XLIII. Déterminer le degré qui culmine avec une étoile.

Si l'étoile n'a pas de latitude, elle culmine avec le point qu'elle occupe dans l'écliptique; quelle que soit sa latitude, si elle a 90° ou 270° de longitude, elle culmine avec l'un ou l'autre de ces points. Dans tout autre cas, l'étoile ne culmine pas avec le point auquel elle correspond sur l'écliptique; et pour déterminer le point culminant, il faut d'abord passer par l'ascension droite. Soit λ la latitude de l'étoile, λ' celle du point de l'équateur qui a la même longitude que l'étoile; nous aurions (fig. 43)

$$\tang AB = \tang (\lambda + \lambda') \cos B = \tang (\lambda + \lambda') \sin \omega \cos L,$$
$$\tang \Upsilon B = \frac{\tang L}{\cos \omega} \quad \text{et} \quad \Upsilon A = (\Upsilon B - AB).$$

Les Arabes connaissaient tous ces moyens, ou du moins ils en avaient l'équivalent; mais le défaut de tangentes les rendait fort incommodes.

Ebn Jounis fait

$$\cos L \cos \lambda = \cos \Upsilon C, \quad \frac{\sin \lambda}{\sin \Upsilon C} = \sin C\Upsilon \alpha, \quad C\Upsilon A = \omega + C\Upsilon \alpha,$$
$$\sin D = \sin \Upsilon C \sin (\omega + C\Upsilon \alpha),$$

et enfin

$$\sin \Upsilon A = \sin \Upsilon C \sin C = \frac{\sin \Upsilon C \cos (\omega + C\Upsilon \alpha)}{\cos D} = \frac{\cos \text{awel} \cos \text{inhiraf}}{\cos D};$$

il nomme *awel* le complément de l'hypoténuse ΥC, et *inhiraf*, l'angle $C\Upsilon A$; inhiraf paraît indiquer toujours un angle ou une inclinaison.

Deuxième méthode. Quand vous avez calculé D comme ci-dessus, vous pouvez faire $\cos \mathbb{R} = \frac{\cos L \cos \lambda}{\cos D}$, et cette méthode n'aurait pas l'ambiguité du sinus; mais Ebn Jounis ne pouvait sentir cet avantage, et dans l'une comme dans l'autre méthode, il détaille tous les cas qui peuvent se rencontrer dans la pratique. Notre méthode par les tangentes serait plus simple et plus expéditive, et n'aurait aucune incertitude.

Pour entendre la troisième méthode de l'auteur, reprenons notre formule

$$\tang AB = \tang (\lambda + \lambda') \sin \omega \cos L = \frac{\sin (\lambda + \lambda') \sin \omega \sin (90° - L)}{\cos (\lambda + \lambda')}.$$

Cherchez la déclinaison D' dont le sinus $D' = \sin \omega \sin (90° - L)$, et mettez pour $\cos (\lambda + \lambda')$ la valeur $\cos AC \cos AB$; vous aurez

$$\tang AB = \frac{\sin (\lambda + \lambda') \sin D'}{\cos AC \cos AB},$$

et $\qquad \sin AB = \dfrac{\sin(\lambda+\lambda')\sin D'}{\cos D} = \dfrac{\sin(Ca+aB)\sin D'}{\cos AC}.$

Les Tables de l'écliptique vous donneront la longitude fictive ⊤B qui répond à la longitude ⊤a, prise pour une ascension droite; elles vous donneront en même tems la déclinaison aB de ce point. Vous aurez $(aB + aC) = (\lambda + \lambda')$; vous avez D', vous avez la déclinaison D par ce qui précède; vous aurez donc AB et ⊤A $= (⊤B - AB)$, d'où la longitude ⊤R du point culminant.

Mais, en cet endroit, le texte paraît altéré, car l'auteur fait $\dfrac{\sin \omega \sin L'}{\cos \omega}$, ou $\tang \omega \sin L' = \sin A'$; il ferait donc un sinus de ce qui est une tangente, ce qui pourrait être corrigé par la suite du calcul; mais il donne aussitôt $\sin AB = A' \left(\dfrac{\sin D}{\cos D}\right)$, ce qui n'a pas de sens; je lis $\dfrac{\sin(Ca+aB)\sin D'}{\cos D} = \dfrac{\sin(Ca+aB)\sin \omega \cos L}{\cos D}$, et j'efface $\cos \omega$ qui est au dénominateur; alors $\sin \omega \cos L = \sin A'$ sera le sinus de ma déclinaison D'.

Chapitre XLIV. Trouver le point de l'écliptique qui se lève ou se couche avec une étoile donnée. Ce problème a été résolu pour la première fois par Hipparque, dont la solution ne laissait à désirer qu'un peu plus de facilité et de brièveté.

Si l'étoile a une latitude, Ebn Jounis prescrit de chercher d'abord l'ascension droite du degré qui passe au méridien avec elle, par le problème précédent. Ajoutez 90°, vous aurez le point de l'équateur à l'horizon pour le moment où l'étoile est au méridien. De cette ascension droite, retranchez l'arc semi-diurne, le reste sera l'ascension droite du point de l'écliptique qui se lève avec l'étoile; avec cette ascension droite, vous aurez le point de l'écliptique.

Pour abréger ces opérations, à l'ascension droite du point qui médie avec l'étoile, il ajoute ou retranche la différence ascensionnelle, ce qui lui donne l'ascension oblique qui lui fait trouver dans les tables le point cherché de l'écliptique.

Pour connaître le point de l'écliptique qui se couche avec l'étoile, à l'ascension droite du point de l'équateur qui se lève avec elle, ajoutez l'arc diurne de l'étoile, la somme sera l'ascension droite du nadhir (ou point opposé) du point de coucher. Avec ce nadhir, cherchez, dans la table, le point de l'écliptique qui se lève; prenez-en le nadhir (c'est-à-dire ajoutez 180°), vous aurez le point qui se couche.

EBN JOUNIS.

Cette méthode était déjà fort ancienne ; en voici une autre :
Soit Æ' le point de l'équateur qui passe au méridien avec l'étoile ;
   A l'arc semi-diurne de l'étoile :
   Æ″ = Æ' — A sera le degré qui culminera au moment du lever
      de l'étoile ;
   Æ″ + 90° le point qui se lèvera avec l'étoile, alors la Table des
      ascensions obliques vous donnera le point de l'écliptique ;
   Æ' + A = Æ‴ sera le point qui médie au coucher de l'étoile ;
   Æ‴ + 90° sera le point de l'équateur qui se trouve à l'horizon
      au même moment.

Avec ce dernier point, la Table des ascensions obliques du lieu vous donnera le point de l'écliptique qui se lève ; vous y ajouterez 180° pour avoir le point qui se couche avec l'étoile.

Ces tables et cette doctrine sont en entier des inventions d'Hipparque.

Le chapitre XLV manque ; il paraît une suite du précédent, puisqu'il traite du lever des étoiles, pour savoir si elles se lèvent de jour ou de nuit. A tout ce qu'on vient de lire il suffit d'ajouter la connaissance du lieu du Soleil pour l'instant du calcul.

Chapitre XLVI. Déterminer l'ascendant par la hauteur d'une étoile fixe. Nous avons vu, dans les chapitres précédens, comment les Arabes calculent l'angle horaire de l'étoile et le dayer (ou la partie écoulée du jour), par la hauteur de l'étoile ; on connaîtra donc l'ascension droite du milieu du ciel et le point ascendant de l'écliptique. Hipparque avait résolu ce problème, mais les Arabes en ont abrégé le calcul par leurs nouvelles règles trigonométriques et par l'usage qu'ils ont fait du théorème fondamental de notre Trigonométrie moderne.

Deuxième méthode. Déterminez d'abord le dayer, ajoutez-le à l'ascension oblique du nadhir du Soleil dans le lieu donné, vous aurez l'ascension oblique de l'ascendant, et, avec cette ascension, les Tables vous donneront l'ascendant.

Aujourd'hui la hauteur nous donne l'angle horaire ; en le comparant à l'ascension droite de l'étoile, on aurait celle du milieu du ciel, d'où l'on conclurait aussitôt l'ascendant par une seule règle. L'embarras, pour les Grecs et les Arabes, était de réduire le problème en tables pour le mettre à la portée des astrologues. Aujourd'hui que nos tangentes et nos logarithmes ont simplifié le calcul, il est devenu totalement inutile, puisque heureusement il n'y a plus d'astrologues ; mais on peut se consoler de ce qu'ils ont été autrefois en si grand nombre. Sans eux l'Astronomie serait née beaucoup plus tard, puisqu'il paraît constant que les premiers astronomes n'ont guère été que des astrologues, et qu'ils ont fourni des matériaux précieux à Hipparque.

Chapitre XLVII. Déterminer le dayer d'une étoile d'après la hauteur, et réciproquement.

Ce chapitre ne contient que des applications et des exemples numériques des règles données ci-dessus au chapitre XLII. L'auteur continue de se servir d'Al Thaïr, qui lui a fourni ses exemples précédens.

Chapitre XLVIII. Calculer la longitude d'une étoile d'après sa latitude et sa déclinaison.

L'équation moderne serait $\sin D = \sin \omega \cos \lambda \sin L + \cos \omega \sin \lambda$,

d'où
$$\frac{\sin D}{\sin \omega} - \sin \lambda \cot \omega = \cos \lambda \sin L,$$

et
$$\frac{\frac{\sin D}{\sin \omega} - \sin \lambda \cot \omega}{\cos \lambda} = \sin L = \frac{\sin D - \sin \lambda \cos \omega}{\sin \omega \cos \lambda}.$$

L'auteur fait

$$\sin I' = \frac{\sin D}{\sin \omega}, \quad \sin I'' = \sin \lambda \cot \omega, \quad \text{et} \quad \sin L = \frac{\sin I' \pm \sin I''}{\cos \lambda};$$

nouvelle preuve de l'emploi très fréquent du théorème fondamental de la Trigonométrie moderne.

Il explique tous les cas en détail, ce qui lui est d'autant plus nécessaire, que $\sin L$ trouvé par ses moyens, peut appartenir aux quatre quarts différens du cercle; mais on voit que, malgré toutes ses règles, $\sin L$ peut appartenir à un arc de plus ou de moins de 90°; il ajoute donc que l'on connaîtra la longitude, si l'on sait d'avance en quel quart elle se trouve; mais avec notre règle des signes, il suffit de savoir en quelle moitié elle se trouve.

La seconde méthode, qui est la même au fond, se présente sous une forme plus extraordinaire.

L'auteur fait $\sin I' = \sin(\omega \mp D)$, et $\sin I'' = \cos(\omega \mp D)$;
puis
$$Q = (\sin I' + \sin \lambda) \cot \omega = [\sin(\omega \mp D) + \sin \lambda] \cot \omega$$
$$= (\sin \omega \cos D \mp \cos \omega \sin D + \sin \lambda) \cot \omega$$
$$= \cos \omega \cos D \mp \cos \omega \cot \omega \sin D + \sin \lambda \cot \omega;$$
ensuite

$$\sin L = \frac{\sin l'' - Q}{\cos \lambda} = \frac{\cos(\omega \mp D) - \cos\omega\cos D \pm \cos\omega\cot\omega\sin D - \sin\lambda\cot\omega}{\cos\lambda}$$

$$= \frac{\cos\omega\cos D \pm \sin\omega\sin D - \cos\omega\cos D \pm \cos\omega\cot\omega\sin D - \sin\lambda\cot\omega}{\cos\lambda}$$

$$= \frac{\pm\sin\omega\sin D \pm \cos\omega\cot\omega\sin D - \sin\lambda\cot\omega}{\cos\lambda}$$

$$= \frac{\pm\sin^2\omega\sin D \pm \cos^2\omega\sin D - \sin\lambda\cos\omega}{\sin\omega\cos\lambda} = \frac{\pm\sin D - \sin\lambda\cos\omega}{\sin\omega\cos\lambda},$$

ce qui est encore notre formule et la règle donnée par Albategni (p. 20), pour un autre problème. Ebn Jounis supprime tous les développemens; mais il est certain que son calcul est identique au nôtre, quoiqu'il en diffère un peu par la forme. J'aurais pu rejeter le double signe, et supposer la déclinaison boréale aussi bien que la latitude, sauf à changer le signe de sin D pour une déclinaison australe, et celui de sin λ pour une latitude australe. Par là nous serons dispensés de suivre l'auteur dans l'énumération des divers cas qui peuvent se présenter. Tantôt il considère ω comme une déclinaison boréale, et tantôt comme une déclinaison australe; il distingue aussi les cas où ω est plus petit ou plus grand que D. Nous aurions L avec moins d'embarras; mais comme c'est par son sinus qu'on le trouve, il nous restera toujours l'incertitude entre L et (180° — L), mais nous saurons du moins dans quelle moitié de l'écliptique se trouvera l'étoile.

L'auteur calcule deux exemples, l'un pour Al Hâdi, Adébaran, dont la latitude est australe, et l'autre pour Al Thaïr, l'Aigle, dont la latitude est boréale. Les deux déclinaisons sont boréales; la première est dans les signes septentrionaux, la seconde dans les signes méridionaux : ces deux étoiles reviennent souvent.

Chapitre XLIX. Calculer la longitude d'une étoile par sa déclinaison et par le point de l'écliptique qui culmine avec elle.

C'est le problème dont Albategni nous a donné une solution si étrange dans son chapitre XXV; *voyez* ci-dessus, p. 23.

Cherchez la déclinaison δ du point culminant; faites, suivant les cas, la somme ou la différence $(D \mp \delta)$ des deux déclinaisons. [Nous mettrons en général $(D - \delta)$]; cherchons $\sin(D - \delta)$ et $\cos(D - \delta)$; nous aurons (fig. 5 et page 24)

$$\sin\lambda = \sin(D - \delta)\sin B = \sin(D - \delta)\frac{\sin \cancel{R}}{\sin L'} = \sin(D - \delta)\frac{\cos\omega}{\cos\delta};$$

tout est connu dans ces deux dernières expressions, fréquentes chez les Arabes. Ayant ainsi la latitude, la déclinaison et l'ascension droite, qui est la même que celle du point culminant, on aura la longitude par le chapitre précédent, ou plus simplement par la formule $\cos L = \frac{\cos \text{Æ} \cos D}{\cos \lambda}$.

C'est la seconde méthode de l'auteur, qui, suivant son usage, change $\cos L$ et $\cos \text{Æ}$ en $\sin(90°-L)$ et $\sin(90°-\text{Æ})$, et compte ainsi les ascensions droites et les longitudes du colure voisin, au lieu de les compter de l'équinoxe; ce qui fait croire que les Arabes aimaient à chercher l'inconnue par son sinus plutôt que par son cosinus, parce qu'ils n'avaient qu'une périphrase pour exprimer le cosinus.

Chapitre L. Déterminer l'amplitude ortive ou occase d'un astre.

Nous avons déjà vu bien des fois la formule $\sin A = \frac{\sin D}{\cos H}$. Ce chapitre ne contient pas autre chose.

Chapitre LI. Déterminer l'azimut d'un astre.

Soit h la hauteur de cet astre et A l'amplitude; faites

$$\sin \Delta = \sin h \left(\frac{\sin H}{\cos H}\right) = \sin h \tang H,$$

$$\sin \Delta' = \sin \Delta - \sin A \quad \text{et} \quad \sin \text{azimut} = \frac{\sin \Delta'}{\cos h} = \cos Z.$$

Il faut se souvenir que les Arabes comptent l'azimut du point est.

On voit que si $A > \Delta$, Δ' sera négatif et l'astre sera entre le premier vertical et le méridien nord.

A changera de signe, si la déclinaison est australe.

$\sin \Delta$ est la ligne AC, $\sin A = BC$, $AB = AC - BC$ (fig. 27).

Les chapitres LII et LIII manquent. Les titres sont:

Trouver la hauteur d'un astre par son azimut.

Trouver la hauteur d'une étoile à l'instant ou elle n'a pas d'azimut.

Ces deux problèmes sont extrêmement faciles, et les deux chapitres peu à regretter.

Chapitre LIV. Déterminer la hauteur du pôle de l'écliptique.

On sait que cette hauteur est égale à la distance zénitale du nonagésime, et qu'elle a pour complément l'angle de l'écliptique avec l'horizon, qui s'appelle aussi *hauteur du nonagésime*. Nous aurons donc (fig. 25)

$$\sin H' = \sin ZN = \sin ZC \sin C = \frac{\sin ZC \cos \omega}{\cos \delta}$$

$$= \frac{\sin \text{dist. zén du point culminant} \cos \text{obliquité}}{\cos \text{déclin. du point culminant}}.$$

On serait bien tenté de croire, d'après cette expression, qu'Ebn Jounis connaissait le théorème de Géber; nous avons vu qu'il connaissait....

$\sin C = \frac{\sin \Upsilon E}{\sin \Upsilon C}$, et $\frac{\sin \Upsilon E}{\sin \Upsilon C} = \frac{\cos \omega}{\cos \delta}$; *voyez* page 106.

Soit $L' = CO$; le triangle rectangle MCO donnera

$\sin CO : \sin T :: \sin TC : \sin COT = \cos H' = \frac{\sin \text{haut. du point culminant}}{\sin L'}$.

L'auteur distingue assez inutilement les cas où CO surpasse 90°.

Chapitre LV. Déterminer la distance du Soleil au centre de la Terre.

Soit A l'anomalie moyenne, e = excentricité = CT (fig. 44),

$ST = (\overline{SP}^2 + \overline{TP}^2)^{\frac{1}{2}} = (\overline{SC + CP}^2 + \overline{TP}^2)^{\frac{1}{2}} = (1 + 2e\cos A + e^2 \cos^2 A + e^2 \sin^2 A)^{\frac{1}{2}}$
$= (1 + 2e \cos A + e^2)^{\frac{1}{2}}$.

L'auteur s'en tient à l'avant-dernière expression, et nous avertit des cas où cos A est négatif. Ces formules supposent la moyenne distance = 1; l'auteur nous prescrit de les multiplier par $1765^p\,39'\,28''' = 1765,65777$, alors elles donneront la distance en demi-diamètres de la Terre......

$\frac{1}{1765,65777} = \sin 1'\,56''\,51'''$; telle sera la parallaxe du Soleil pour la distance moyenne. Voilà pourquoi Ebn Jounis nous a dit ci-dessus que la parallaxe du Soleil n'est que de deux minutes. Il ne nous donne pas les fondemens de sa nouvelle détermination; mais le calcul de sa formule $(1 + 2e \cos A + e^2 \cos^2 A + e^2 \sin^2 A)$ en quartes le conduit au nombre $49.361.893.761^{\text{IV}}$, nombre qu'il exprime en *chiffres indiens*. Ainsi nous acquérons la certitude qu'à l'époque où Ebn Jounis écrivait, l'Arithmétique indienne était introduite chez les Arabes; ce qui s'accorde avec ce que nous avons rapporté tome I, p. lv, d'après le témoignage d'Averroès, qui nous dit que cette introduction s'est faite vers l'an 1000. Cette notation était sans doute beaucoup plus ancienne dans l'Inde, mais on pourrait penser qu'elle n'y existait pas encore à l'époque où ce pays fut visité par les philosophes grecs, ou conquis par Alexandre.

Ebn Jounis ajoute qu'au lieu de 1765,65777, on aurait, suivant Ptolémée $1169^p\,1'\,47''$; Ptolémée nous dit cependant que cette distance est 1210, et même en refaisant son calcul, j'ai trouvé 1217,42.

L'auteur n'a pas vu que sa formule développée devenait $(1 + 2e\cos A + e^2)^{\frac{1}{2}}$ qui était plus facile à calculer, et que pour abréger les opérations, il aurait pu la mettre en une table unique. Il a calculé la table de $e \sin A$, qui peut aussi servir à trouver $e\cos A$; mais il reste toujours à élever au carré les deux parties de la formule, et à extraire la racine de la somme. Rien n'empêchait de faire de la distance une table dépendante de l'argument A. Sa table est calculée sur la formule $2°6'10''\sin A = e\,60^p.\sin A$; c'est qu'il suppose de 60^p la distance moyenne que nous prenons pour unité.

Le triangle SCT donne encore

$$\sin T : \sin C :: SC : ST = \frac{\sin \text{anomalie moyenne}}{\sin \text{anomalie vraie}};$$

il fait ensuite le sinus l'équation du centre $2^p 6' 10'' \sin$ anom. vraie, ce qui donne pour *maximum* $2° 0' 30''$.

Chapitre LVI. Déterminer la distance de la Lune au centre de la Terre.

Soit

$$Q' = e\sin 2(☾ - ☉),\quad Q'' = e\cos 2(☾ - ☉),$$
$$e = 10^p 19',\ \rho = 49^p 41',\ R = (\rho^2 - Q'^2)^{\frac{1}{2}} = \overline{(\rho+Q')(\rho-Q')}^{\frac{1}{2}},$$
$$V' = R + Q'' = \text{distance cherchée.}$$

Il remarque que Q'' devient négatif avec cosinus $2(☾-☉)$; ce calcul est pareil à celui qu'il a fait pour le Soleil, à la réserve du signe de Q''; on voit qu'il connaissait la formule générale $A^2 - B^2 = (A+B)(A-B)$. Les valeurs $10^p 19'$ et $49^p 41'$ sont celles de Ptolémée.

V' est la distance du centre de l'épicycle au centre de la Terre. Pour avoir la distance des centres de la Lune et de la Terre, il suit un procédé tout semblable. ρ' est le rayon de l'épicycle $= 5^p 1' 14'' 23'''$;

$$Q''' = \rho' \sin \text{anom. corrigée},\quad Q^{\text{iv}} = \rho' \cos \text{anom. corr.},$$
$$V'' = [(V' + Q^{\text{iv}})^2 + Q'''^2]^{\frac{1}{2}};$$

Q^{iv} devient négatif avec le cosinus; V'' sera la distance des centres de la Lune et de la Terre; $V''\left(\frac{59}{60}\right)$ la distance évaluée en demi-diamètres de la Terre.

$$V''\left(\frac{59}{60}\right) = V''\left(\frac{60-1}{60}\right) = V'' - \frac{V''}{60}.$$

Il ajoute que cette distance est celle qui sert à calculer les parallaxes; il suit en cela l'exemple de Ptolémée, qui prend 59 pour distance moyenne.

Nous voyons au reste qu'Ebn Jounis ne fait d'ailleurs aucun changement à la théorie de Ptolémée, d'où il résulte que ses parallaxes et ses diamètres apparens auront l'inexactitude que Copernic a reconnue le premier.

Seconde méthode pour le centre de l'épicycle.

Faites $\sin K' = \frac{Q}{\varrho}$, et $K = \rho \cos K'$; alors $V' = K + Q''$; Q'' change de signe avec le cosinus; *voyez* nos formules, tome II, p. 197.

Dans ce calcul, on voit encore un nombre de 11 chiffres écrit en caractères indiens; et comme probablement on était alors peu familiarisé avec cette Arithmétique, Ebn Jounis prend le soin de nommer successivement tous les chiffres qui composent ce grand nombre, en commençant par les unités.

Troisième méthode, dite de l'*ombre sexagésimale* (c'est-à-dire de la tangente.)

Faites $Q^v = V' + Q^{iv}$ et $\frac{Q^v}{Q'''} = \tang h$. Cherchez l'arc h dans la Table des ombres sexagésimales; alors $V'' = \frac{Q'''}{\cos h}$ et $V = V'' \left(\frac{59}{60}\right)$. En effet

$$V'' = [(V' + Q^{iv})^2 + Q'''^2]^{\frac{1}{2}} = Q''' \left[\left(\frac{V' + Q^{iv}}{Q'''}\right)^2 + 1\right]^{\frac{1}{2}} = Q'''(1 + \tang^2 h)^{\frac{1}{2}}$$
$$= Q''' \séc h = \frac{Q'''}{\cos h}.$$

Nous ne ferions pas autrement aujourd'hui. Voilà donc un arc subsidiaire trouvé par sa tangente, et un binome converti en une sécante, et puis en un cosinus. C'est le premier exemple que je trouve d'un artifice de calcul si curieux. *Voyez* cependant pag. 111, 114 et 126, des formules auxquelles il n'a pu arriver que par ce même moyen.

L'auteur expose ensuite la construction et l'usage des tables qu'il a calculées pour faciliter ces diverses opérations. La première est celle de $10^p 19' \sin$ argument, qui donne également $10^p 19' \cos$ argument.

La seconde a pour formule $49' 41'' \sin$ argument.

Nous avons eu ci-dessus

$$R = (\rho^2 - Q'^2)^{\frac{1}{2}} = \rho \left(1 - \frac{Q'^2}{\varrho^2}\right)^{\frac{1}{2}} = \rho(1 - \sin^2 \varphi)^{\frac{1}{2}} = \rho \cos \varphi = \rho \sin(90 - \varphi),$$

$\frac{Q'}{\varrho} = \sin \varphi$; d'où $Q' = \rho \sin \varphi = 49^p 41' \sin \varphi$.

Cherchez, dans la table, à quel arc φ répond la quantité Q', qui ne peut jamais passer $10^p 19'$; prenez-en le complément $(90° - \varphi)$, lequel vous servira à trouver dans la même table $R = \rho \sin(90 - \varphi)$.

Cet artifice de calcul est tout au moins aussi adroit que le précédent. Je n'en connais aucun autre exemple ni ancien ni moderne. Nulle part je n'ai vu une table servir à trouver la quantité qui doit ensuite lui servir d'argument.

La troisième table donne les valeurs $\rho' \sin$ argument et $\rho' \cos$ argum., c'est-à-dire Q''' et Q^{IV}; après quoi

$$V'' = [(V' + Q^{IV})^2 + Q'''^2]^{\frac{1}{2}} = Q'''\left[\left(\frac{V' + Q^{IV}}{Q'''}\right)^2 + 1\right]^{\frac{1}{2}} = Q'''(1 + \tan^2 \psi)^{\frac{1}{2}}$$
$$= Q''' \sec \psi = \frac{Q'''}{\cos \psi};$$

c'est ce qu'il a nommé ci-dessus *méthode de l'ombre sexagésimale*.

Les méthodes suivantes ont été ajoutées dans le manuscrit; elles sont d'une autre main, ce qui ne prouve pas qu'elles soient d'un auteur différent.

Quatrième méthode. Prenez l'équation de la Lune, que vous ajouterez ou retrancherez, suivant les cas, pour avoir le lieu vrai *dans l'orbite inclinée*.

Faites $\sin$ équation $= \sin I'$, et $\rho' \sin G = \sin I''$; G est le *mouvement propre égalé*, c'est-à-dire l'anomalie vraie; puis $V'' = \frac{\sin I'}{\sin I''}$.

Dans la théorie de Ptolémée, l'équation du centre due à l'épicycle est d'autant plus grande, que la distance V'' est plus petite; en sorte que $V'' \sin$ équation vraie $= \sin$ équat. moyenne; d'où

$$V'' = \frac{\sin \text{équation moyenne}}{\sin \text{équation vraie}};$$

telle est, autant que j'ai pu voir, cette méthode, dont je ne garantirais pas la parfaite exactitude.

Cinquième méthode. Soit $A = 2(\mathbb{C} - \odot), e = 10^p 19', \rho = 49^p 41'$,
$$\sin E = \frac{e \sin A}{\rho}, \quad A' = A - E,$$

$V' = \frac{\rho \sin A'}{\sin A} =$ dist. des centres de l'excentrique et de la Terre,

$E' =$ équation de la Lune, $Q' = \rho \cos E', Q'' = \rho \sin E'',$

$R = (\rho^2 - Q''^2)^{\frac{1}{2}}, \quad V'' = R + Q', \quad$ et $\quad V = \left(\frac{59}{60}\right) V'';$

ces deux méthodes n'ont rien de bien curieux; *voyez* nos formules, tome II, p. 197.

EBN JOUNIS. 153

Sixième méthode pour les tems des conjonctions et des oppositions.

Divisez le mouvement horaire vrai de la Lune par $32'33''31'''32^{\text{iv}}$, le quotient sera la distance cherchée; mais on nous prévient qu'elle ne sera pas d'une grande précision.

Septième méthode par les observations.

Soit p la parallaxe de hauteur, $\sin p = \frac{\cos h}{V''}$, et $V'' = \frac{\cos h}{\sin p}$.

Chapitre LVII. Déterminer la hauteur d'un astre qui a une latitude, sans introduire la déclinaison de l'astre dans le calcul.

Soit H' la hauteur du pôle de l'écliptique, L la distance de l'astre au point orient ou couchant de l'écliptique; faites

$$\sin I' = \sin L \cos H', \quad \text{puis} \quad \sin I'' = \cos L \cos H',$$

$$\sin A = \frac{\sin L \cos H'}{\cos I''} = \frac{\sin L \cos H'}{(1 - \cos^2 L \cos^2 H')^{\frac{1}{2}}} = \frac{\sin L \cos H'}{(1 - \cos^2 H' + \sin^2 L \cos^2 H')^{\frac{1}{2}}}$$

$$= \frac{\sin L \cos H'}{(\sin^2 H' + \sin^2 L \cos^2 H')^{\frac{1}{2}}} = \frac{\sin L \cot H'}{(1 + \sin^2 L \cot^2 H')^{\frac{1}{2}}} = \frac{\tang \varphi}{(1 + \tang^2 \varphi)^{\frac{1}{2}}}$$

$$= \frac{\tang \varphi}{\séc \varphi} = \tang \varphi \cos \varphi = \sin \varphi \; (\text{fig. } 38);$$

A est donc un angle auxiliaire. Le reste du chapitre manque, et l'on ne voit pas ce que l'auteur faisait de A. Mais $\sin L \cot H' = \tang \varphi = \tang$ latitude du point de l'horizon qui a même longitude que l'astre;... $\sin I' = \sin L \cos H'$ serait le sinus de la hauteur du point de l'écliptique qui a même longitude que l'astre. La latitude φ du point de l'horizon pourrait s'ajouter à la latitude de l'astre; $(\varphi + \lambda)$ serait alors la somme des deux latitudes, en supposant que λ est boréal.

L'angle que $(\varphi + \lambda)$ ferait avec l'horizon, se trouverait en faisant $\cos L \cos H' = \cos B$, et l'on aurait $\sin h = \sin(\varphi + \lambda) \sin B$; l'angle A de l'auteur serait donc notre φ, I'' serait $(90° - B)$.

Les préceptes que l'auteur donne pour former $(\varphi \pm \lambda)$, suivant les cas, nous portent à croire que nous avons rétabli ce qui manque à la solution.

Le chapitre LVIII manque. Le titre était: Trouver la différence azimutale entre l'ascendant et un astre qui a une latitude. Ce problème n'a rien de difficile.

Le chapitre LIX manque de même. Il traitait du calcul de la conjonction et de l'opposition, matière qui ne promet rien de neuf.

Chapitre LX. Parallaxe de hauteur du Soleil et de la Lune.

20

Il est douteux que ce chapitre soit d'Ebn Jounis, car il y est dit que la parallaxe ☉ est de 2′51″; on n'y voit d'ailleurs que des formules vulgaires qui même y sont défigurées.

L'auteur nous dit qu'il a retranché la parallaxe de la hauteur calculée de la Lune, pour en conclure la hauteur apparente, qu'il a trouvée parfaitement conforme à l'observation qu'il en avait faite avec un instrument bien vérifié. Cette conformité n'était due sûrement qu'à un grand hasard, puisque ses parallaxes et ses demi-diamètres étaient le plus souvent d'une grande inexactitude.

On trouve ensuite une multitude de règles de parallaxes qui n'apprennent rien, qui ne pourraient servir que rarement, et seulement dans la zone torride : nous n'en ferons aucune mention; et enfin cette règle peu rigoureuse, parallaxe égalée $= \dfrac{\text{parallaxe. vitesse diurne de la Lune}}{12° 6'}$.

Les chapitres suivants manquent dans le manuscrit, depuis LXI jusqu'à LXXVI inclusivement; en voici les titres, suivant M. Caussin.

LXI. De l'angle de la longitude et de la latitude.

Ebn Jounis a déjà résolu ces problèmes. Ce chapitre ne pouvait guère être qu'une application des théories précédentes.

LXII. Des angles de l'écliptique avec le méridien.

Ce chapitre nous aurait appris si l'auteur connaissait le Théorème de Géber.

LXIII. De la parallaxe et du lieu apparent du Soleil.

Dans le chapitre LV, l'auteur nous a donné ses parallaxes et ses règles de calcul; ici probablement il nous aurait appris ce qui l'avait porté à donner 1′ 57″ de parallaxe au Soleil.

LXIV. Des diamètres du Soleil, de la Lune et de l'ombre. Nous n'avons aucune idée des valeurs que l'auteur assignait à ces diamètres; nous savons seulement qu'il avait conservé le rapport établi par Ptolémée entre le diamètre de la Lune et celui de l'ombre.

LXV. Déterminer la distance de l'extrémité de l'ombre au centre de la Terre.

La solution de ce problème dépend des quantités qui se trouvaient dans le chapitre précédent; elle dépendait aussi des distances que nous connaissons par le chapitre LV.

LXVI. Trouver le demi-diamètre de l'ombre par les distances de la Lune et de l'extrémité de l'ombre au centre de la Terre.

Suite des chapitres précédens.

LXVII. De la différence en demi-diamètres de la Terre, entre la plus grande et la plus petite distance du Soleil.

Nous pourrions refaire ce chapitre d'après ce que nous avons lu plus haut, mais ce serait un soin bien inutile.

LXVIII. Du diamètre du Soleil dans toutes ses distances.

Pour refaire ce chapitre, il nous manque la connaissance du diamètre à la distance moyenne.

LXIX. Du diamètre de la Lune. } Même remarque.
LXX. Du diamètre de l'ombre.

LXXI. Du mouvement inégal du Soleil dans une heure égale.

LXXII. Du mouvement inégal de la Lune dans une heure égale.

L'auteur n'avait probablement que les règles de Ptolémée pour ce calcul; la théorie était trop peu avancée, trop conforme à celle des Grecs, pour que ce chapitre nous cause beaucoup de regrets.

LXXIII. Trouver, par les tables, les diamètres du Soleil et de la Lune, et le demi-diamètre de l'ombre.

Ce chapitre aurait pu nous consoler de la perte des tables.

LXXIV. Des éclipses de Lune.

LXXV. Des éclipses de Soleil.

Il y a toute apparence que la doctrine de l'auteur était celle de Ptolémée.

LXXVI. De l'apparition et de la disparition des étoiles.

Ptolémée avait dit là-dessus tout ce qu'on pouvait dire.

Chapitre LXXVII. Du point d'incidence des radiations des astres, selon l'opinion la plus générale.

Un astre peut être dans un des quatre pivots ou points cardinaux; en ce cas, la distance de l'astre à ce pivot est nulle.

Ou bien il peut être entre deux pivots à une certaine distance de l'un et de l'autre, ce qui comprend quatre cas.

1er cas. Lorsque l'astre est entre la dixième maison et l'ascendant.

2e cas................ entre l'ascendant et la quatrième maison.

3e cas................ entre la quatrième maison et la septième.

4e cas................ entre la septième maison et la dixième.

Chapitre LXXVIII. Il se divise en plusieurs sections.

Sect. 1re. On y détermine d'abord les distances respectives en ascension droite.

Sect. 2e. On calcul l'arc semi-diurne de l'astre.

Sect. 3e. Les heures qui leur correspondent; ce sont les heures temporaires, qui sont toujours des sixièmes de l'arc semi-diurne.

Sect. 4º. On détermine les points d'incidence à droite ou à gauche, pour les divers aspects, trine, quadrat ou sextile.

Nous trouverons, dans les astronomes du XV² siècle, cette doctrine peu importante. Tout ce que nous pourrions regretter, ce seraient quelques règles de calculs qui auraient pu nous donner quelques lumières nouvelles sur la science trigonométrique des Arabes.

Chapitre LXXIX. Trouver les incidences des radiations des planètes, suivant une autre opinion.

Ce chapitre est encore moins intéressant de beaucoup que le précédent.

La fin de ce chapitre manque, ainsi que le commencement du chapitre LXXX, qui a pour titre : des profections.

Ce chapitre est long et obscur. Le problème des profections est l'un des plus compliqués de l'Astrologie ; il ne pourrait nous intéresser que sous le rapport trigonométrique. L'auteur ne démontre rien; partout il faut deviner les moyens qui ont pu le conduire aux règles souvent très compliquées sur lesquelles il établit ses calculs. Quand ces règles sont fidèlement transcrites, on peut trouver le mot de l'énigme; mais si ces règles sont incomplètes, si le copiste les a défigurées, on se trouve dans l'embarras que nous avons éprouvé au chapitre XXV d'Albategnius. Nous avons perdu tout espoir de tirer de ce chapitre rien qui puisse avoir la moindre utilité, ou la moindre certitude.

Le chapitre LXXXI et dernier traite des révolutions des années du monde et des nativités, sujet encore plus futile, et qui présente les mêmes difficultés.

Aboul Wéfa al Buzgiani.

Cet auteur, dans le premier livre de son Almageste, avait exposé les principes généraux par lesquels commencent tous les traités sans exception. Nous passerons d'autant plus volontiers ce qu'il répète après tant d'autres, qu'il nous fournira des choses intéressantes qu'on n'avait pas encore dites, du moins aussi complètement ni aussi clairement.

Aboul Wéfa demeurait à Bagdad, la ville de la paix; il nous raconte qu'il avait mesuré les hauteurs solstitiales suivantes, en l'an 987 :

$$
\begin{aligned}
&80°\ 10' \\
&33.\ \ 0 \\
\hline
&47.10\ \ldots\ldots\ \ldots\ \text{obliquité}\ldots\ 23°35' \\
&113.10\ \ldots\ 56°35'\ \text{latitude}\ldots\ 33.25.
\end{aligned}
$$

On voit qu'Aboul Wéfa était contemporain d'Ebn Jounis.

Au chapitre VI, après avoir exposé la théorie des sinus, il définit d'autres lignes trigonométriques qu'il emploiera dans son ouvrage, c'est-à-dire les ombres sexagésimales ou tangentes, *pour les faire servir à la solution* des différens problèmes de l'Astronomie sphérique.

L'ombre d'un arc est une ligne menée de l'extrémité de cet arc parallèlement au sinus, dans l'intervalle compris entre cette extrémité de l'arc et une ligne menée du centre du cercle par l'autre extrémité du même arc.

Ainsi l'ombre est la moitié de la tangente du double de l'arc, comprise entre les deux lignes (ou sécantes), *menées du centre du cercle à l'une et à l'autre extrémités de l'arc double.*

On nomme cette ombre, *ombre prime, ombre verse,* et l'on appelle *diamètre de l'ombre,* la ligne menée du centre à l'extrémité de l'ombre.

L'ombre droite est l'ombre du complément de l'arc.

Le module est égal au demi-diamètre du cercle.

Il suit de là, 1°. que le rapport des ombres verses au module ou mékias, est égal au rapport des sinus et des cosinus des mêmes arcs.

2°. Que le rapport des ombres droites au module est celui des cosinus aux sinus.

3°. Que par *ombre absolue*, sans autre désignation, il faut entendre l'ombre verse, et que le rapport de cette ombre à son diamètre est celui du sinus au rayon.

4°. Que le rapport de l'ombre droite au module, est égal au rapport du module à l'ombre verse.

C'est ce que l'auteur démontre, comme on le fait encore aujourd'hui, par les triangles semblables:

$$\tang = \frac{\sinus}{\cosinus}, \quad \cotang = \frac{\cosinus}{\sinus};$$

ces formules sont dans Albategni, mais il n'en a pas senti l'importance.

Nous nous servons, par anticipation, du mot cotangente, pour éviter les périphrases; du reste, nous donnons la traduction littérale des définitions de l'auteur.

Divisez le sinus par le cosinus, vous aurez l'ombre exprimée en partie du rayon $= 1$.

Pour exemple, il donne pour 30°,

$$\tang = 0^p\,34^p\,38'\,27''\,39'''\,38^{\text{iv}} \quad \text{et} \quad \cot 1.43^p\,55'\,22''\,58''';$$

Bressius a donné long-tems après

$$0.34.38.27\ldots\ldots\ldots\ldots 1.43.55.21.$$

Pour avoir les diamètres (où les sécantes), nous ajoutons le carré du module au carré de l'ombre; la racine carrée de la somme est le diamètre cherché.

Ainsi pour le *diamètre* de 30°, on prendra $\sqrt{1+3} = 2 = $ coséc de 30°,

ou bien $\frac{1}{\sin \text{arc}} = $ coséc de l'arc $= \frac{\text{cotang}}{\text{cosin}}$.

Il y a ici une lacune; il est aisé de la remplir par la formule...
séc $= \sqrt{1 + \tan g^2}$,

$\frac{\tan g}{\sin us} = \frac{1}{\cos in} = $ diamètre ombre verse; $\frac{1}{\sin} = $ diam. ombre droite,

$\tan g = (\text{séc}^2 - 1)^{\frac{1}{2}}$, $\cot = (\text{coséc}^2 - 1)^{\frac{1}{2}}$, $\tan g = \frac{\text{séc}}{\text{coséc}}$, $\cot = \frac{\text{coséc}}{\text{séc}}$;

personne ne croyait ces formules aussi anciennes.

L'auteur ajoute qu'il a calculé les ombres pour les arcs de 15 en 15′, et qu'il en a fait une table en quatre colonnes. Dans la première se trouvaient les tangentes, depuis 15′ jusqu'à 89° 45′; dans la seconde, étaient les cotangentes de 89°45′ à 0° 15′.

Dans la troisième colonne étaient les ombres pour un rayon de 60ᵖ, *selon ce qui convient à la plus grande facilité des calculs*; et dans le cas où l'ombre surpasse 60, il suppose des unités d'un ordre supérieur. Ce sont les soixantaines d'unité, ou les sexagènes déjà employées par Théon.

Enfin, dans la quatrième colonne, se trouvaient les soixantièmes des différences d'ombre, d'une ligne à la suivante; en supposant, ce qui est suffisamment exact, que de 15 en 15′ on peut interpoler par de simples parties proportionnelles.

On voit que l'auteur s'était contenté de donner l'expression des sécantes, et qu'il n'a pas jugé qu'il valût la peine de les calculer.

On n'a point cette Table des tangentes d'Aboul Wéfa; mais, ce qui nous importait, était d'avoir la date certaine de leur introduction dans le calcul trigonométrique.

Livre II, chapitre III. Détermination de l'obliquité première, c'est-à-dire de la déclinaison des points de l'écliptique.

$$\sin D : \sin D' :: \sin \omega \sin \odot : \sin \omega \sin \odot' :: \sin \odot : \sin \odot';$$

l'auteur ajoute

$$\sin \odot : \sin \odot' :: \sin \mathcal{S} : \sin \mathcal{S}' :: \sin \mathcal{R} : \sin \mathcal{R}';$$

il suppose apparemment

$$\sin \delta = \sin \omega \sin \odot = \sin \omega \sin \text{Æ}, \quad \sin \delta' = \sin \omega \sin \odot' = \sin \omega \sin \text{Æ}';$$

mais on aurait

$$\tan \odot : \tan \odot' :: \cos \omega \tan \odot : \cos \omega \tan \odot' = \tan \text{Æ} : \tan \text{Æ}'.$$

Après des applications qu'on trouve partout, il détermine l'entrée du Soleil aux différens signes de l'écliptique, par des déclinaisons observées aux jours voisins, et par des parties proportionnelles. Cette méthode donnerait trop peu de précision dans le calcul du vrai moment du solstice; il y substitue le calcul de deux instans où les déclinaisons auront été égales et par conséquent à même distance du solstice; mais il ne faut pas qu'il y ait un intervalle considérable, de peur que l'inégalité du mouvement n'affecte le résultat. Cette réflexion est juste; mais si l'intervalle et peu considérable, on retombe dans l'inconvénient de la lenteur du mouvement en déclinaison, qui exigerait des observations plus précises qu'on ne savait encore les faire.

Livre I, chapitre IV. De la déclinaison seconde. C'est celle qui se calcule par la formule

$$\tan D = \tan \omega \sin \text{Æ}, \quad \text{et qui donne} \quad \tan D : \tan D' :: \sin \text{Æ} : \sin \text{Æ}',$$

ou celle qui s'obtient en faisant

$$\tan \delta = \tan \omega \sin \odot, \quad \text{qui donne} \quad \tan \delta : \tan \delta' :: \sin \odot : \sin \odot';$$

pour exemple il suppose $\odot = 10°$, et trouve

$$\sin 10° \tan 23°35' = 4^p 32' 53'' 51''' = \tan 4° 20' 50'' 48''';$$

il fait aussi
$$\sin \odot = \frac{\tan \delta}{\tan \omega}.$$

Voilà enfin les tangentes naturalisées. On a

$$\sin D = \sin \omega \sin \odot, \quad \text{et} \quad \tan \delta = \tan \omega \sin \odot,$$

$$\sin D : \tan \delta :: \sin \omega \sin \odot : \tan \omega \sin \odot :: \sin \omega \sin \odot : \frac{\sin \omega}{\cos \omega} . \sin \odot :: \cos \omega : 1,$$

et
$$\tan \delta = \frac{\sin D}{\cos \omega}, \quad \text{et} \quad \sin D = \tan \delta \cos \omega.$$

Il donne et démontre de même des formules analogues pour l'équateur, et les calcule réellement par sa Table des ombres.

L'auteur nous donne ensuite cette analogie qui suppose les quantités

$\sin D' = \sin \omega \sin \odot$, $\tang D'' = \tang \omega \sin \odot$ et $\sin d' = \sin \omega \cos \odot$,
$\sin D'' : \sin D' :: 1 : \cos d'$.

Il la démontre synthétiquement, mais sa démonstration m'a paru passablement obscure; voici ce que je trouve en complétant la figure.

Soient (fig. 45) deux demi-cercles PTP', PAP, qui s'entrecoupent en P et P', pôles du grand cercle RT♈AC.

Soit un arc incliné Q♈B de 90°, en sorte que Q♈ + ♈B = 90°; des pôles E et E' de QB, menez les demi-cercles E'QE, E'BE, en sorte que E' et E soient les pôles de Q♈B,

l'arc AB perpendicul. sur ♈A sera la déclin. prime de ♈B, AB=D';
QT perpendicul. sur ♈T sera la déclin. prime de ♈Q, QT=d';
BC perpendicul. sur ♈B sera la déclin. seconde de ♈B, BC=D'';
RQ perpendicul. sur ♈Q sera la déclin. seconde de ♈Q, RQ=d'';
QB étant de 90° et perpend. sur E'BE, le point Q sera le pôle de EBE';
BQ étant de 90° et perpend. sur E'QE, le point B sera le pôle de EQE';

♈BA=QBF=QF=90°−FE=90°−ABC=90°−RQ
=90°−d''; donc ABC=RQ=d'',
BC♈=BCT=F'T=90°−♈CQ=90°−QT=90°−d'=90°−F'P',
TQ♈=F'QB=F'B=90°−BC=90°−D''=90°−RQT=90°−E'QF'
=90°−E'F'; ainsi BC=RQT=D''=90°−TQ♈,
QRT=QR♈=FA=90°−AB=90°−D'=90°−PF,
QC=90°, T=90°; donc CT=90°, C est le pôle de P'QP;
BQ=90°, BQR=90°, RB=90°, A=90°; donc AR=90°=CT;

donc RT=AC; R est le pôle de P'AP.

On voit donc, sans aucun calcul, que $D' = 90°-$QR♈, $D' = $RQT, $d' = 90°-$BCA, et $d'' = $ABC $= 90°-$♈BA; chacune des quatre déclinaisons est équivalente à un angle placé de l'autre côté de la figure; chacune de ces déclinaisons est le complément d'un angle de position, placé à 90° de cette déclinaison. $a'=90°-d''$; $A'=90°-D''$; $a''=90°-d'$; $A''=90°-D'$.

Les triangles rectangles QT♈ et BAC donnent

$\cos a' = \sin d'' = \sin ♈ \sin ♈R = \sin \omega \cos \aries R$, théorème de Géber,
$\sin BC : \sin BA :: 1 : \sin a''$
$\sin D'' : \sin D' :: 1 : \cos d'$, théorème d'Aboul Wéfa,

Le triangle BPQ donne $\quad \sin B : \sin QP :: \sin Q : \sin BP$,
$$\sin B : \cos TQ :: \sin TQ\Upsilon : \cos BA,$$
$$\cos d'' : \cos d' :: \cos D'' : \cos D',$$
ou $\quad \dfrac{\cos d''}{\cos d'} = \dfrac{\cos D''}{\cos D'}$, ou $\dfrac{\cos RT \cos TQ}{\cos TQ} = \dfrac{\cos AB \cos AC}{\cos AB}$,

et $\quad \cos RT = \cos AC$, ou $\quad RT = AC$.

$\tang RT = \tang AC = \sin AB \tang ABC = \sin \Upsilon \sin \Upsilon B \cot \Upsilon BA$
$\quad = \sin \Upsilon \sin \Upsilon B \cos \Upsilon B \tang \Upsilon = \sin \omega \tang \omega \sin L \cos L$,

$\cos RT = \cos AC = \dfrac{\cos D''}{\cos D'} = \dfrac{\cos d''}{\cos d'}\quad$ et $\quad \dfrac{\sin A'}{\sin A''} = \dfrac{\sin a'}{\sin a''}$,

$\sin RT = \sin AC = \dfrac{\sin D' \sin d''}{\cos d'} = \dfrac{\sin d' \sin D''}{\cos D'}$.

$\sin AB = \sin BC \sin C$, ou $\sin D' = \sin D'' \cos d'$,
$\sin TQ = \sin RQ \sin R$, ou $\sin d' = \sin d'' \cos D'$,

$\dfrac{\sin AB}{\sin TQ} = \dfrac{\sin D'}{\sin d'} = \dfrac{\sin D'' \cos d'}{\sin d'' \cos D'}$, ou $\sin D' \cos D' \sin d'' = \sin d' \cos d' \sin D''$,

ou $\quad \dfrac{\sin 2 D'}{\sin 2 d'} = \dfrac{\sin D''}{\sin d''}$,

$\sin AB . \sin TQ$, ou $\sin D' \sin d' = \sin D'' \sin d'' \cos d' \cos D'$,
ou $\quad \tang D' \tang d' = \sin D'' \sin d''$.

Aboul Wéfa n'a pas donné ces théorèmes.

Résumé de cette doctrine des déclinaisons.

La construction générale des Grecs, simplifiée par la supposition des angles droits et des côtés complémens les uns des autres, avait fait trouver isolément les quatre théorèmes qui composaient alors toute la doctrine des triangles rectangles. Ces théorèmes étaient

$\sin C = \sin A \sin C''$, $\tang C = \tang A \sin C'$, $\cos C' = \cos C \cos C'$,
$\tang C' = \cos A \tang C''$. (Tome II, p. 51.)

Cette construction, ainsi simplifiée, offrait deux triangles, complémentaires l'un de l'autre; les deux premiers théorèmes transportés d'un triangle à l'autre, donnaient les théorèmes 3e et 4e; mais cette construction était insuffisante pour trouver le 5e et le 6e. Ils étaient dans une autre construction de Ptolémée, qui ne les a point aperçus. (Tome II, p. 64.)

La figure d'Aboul Wéfa nous offre trois triangles enchaînés l'un à l'autre, dont deux sont réciproquement complémentaires; le 3e n'a point son correspondant; ma figure 45 offre quatre triangles qui sont complémentaires deux à deux. La figure est ainsi plus complète et plus symétrique ; mais les trois triangles d'Aboul Wéfa suffisaient, avec les deux premiers théorèmes grecs, pour découvrir et démontrer les quatre autres théorèmes, et de plus le théorème aujourd'hui parfaitement inutile d'Aboul Wéfa.

Le triangle ΥTQ donne $\sin QT = \sin \Upsilon \sin \Upsilon Q$.... 1er théorème,
d'où triangle ΥBC....... $\cos C = \cos a'' = \sin \Upsilon \cos \Upsilon B$;
c'est le théorème de Géber.

ΥTQ donne $\tang QT = \tang \Upsilon \sin \Upsilon T$.... 2e théorèm.,
d'où triangle ΥBC....... $\cot C = \cot a'' = \tang \Upsilon \cos \Upsilon C$;
ce théorème n'a été connu ni des Grecs ni des Arabes.

Le triangle ΥBC donne $\sin \Upsilon B = \sin a'' \sin \Upsilon C$.... 1er théorèm.,
d'où........ ΥTQ..... $\cos \Upsilon Q = \cos QT \cos \Upsilon T$,
théorème connu des Grecs et des Arabes.

ΥBC....... $\tang \Upsilon B = \sin BC \tang a''$... 2e théorèm.,
ΥTQ..... $\cot \Upsilon Q = \cos A' \cot QT$,
ou..................... $\tang QT = \cos A' \tang \Upsilon Q$,
théorème connu des Grecs et des Arabes.

Triangle ABC....... $\sin D' = \sin D'' \sin a''$.... 1er théoreme,
ou.................... $\dfrac{\sin D'}{\sin D''} = \cos d'$, ou $\dfrac{\sin AB}{\sin BC} = \cos QT$,

théorème d'Aboul Wéfa. Cette construction était donc riche et féconde. L'auteur n'en a pas senti tous les avantages. S'il n'a pas énoncé formellement le théorème de Géber, souvent entrevu par lui et par Ebn Jounis, la cause en est peut-être la répugnance des Arabes à chercher une inconnue par son cosinus, par la raison que leur table ne donnait que des sinus ; voilà pourquoi ils changeaient $\cos a''$ en $\sin QT$ ou $\sin d'$. S'ils avaient cette aversion pour les cosinus, ils étaient encore moins familiarisés avec les cotangentes ; on concevra donc qu'ils n'aient point aperçu $\cot A' = \cos C'' \tang A$, et cependant la table d'Aboul Wéfa lui donnait, sur la même ligne, la tangente et la cotangente.

Dans le chapitre V, il démontre la formule $\sin \cancel{R} \cos D = \cos \omega \sin \odot$, dont on ne voit pas bien l'utilité, quand on a la formule $\tang \cancel{R} = \cos \omega \tang \odot$, qu'on pourrait écrire $\dfrac{\sin \cancel{R}}{\cos \cancel{R}} = \cos \omega \dfrac{\sin \odot}{\cos \odot}$, d'où $\dfrac{\sin \cancel{R} \cos \odot}{\cos \cancel{R}} = \cos \omega \sin \odot$, ou $\dfrac{\sin \cancel{R} \cos \cancel{R} \cos D}{\cos \cancel{R}} = \sin \cancel{R} \cos D = \cos \omega \sin \odot$; il s'en sert pour trouver

$\sin \mathbb{R} = \frac{\cos \omega \sin \odot}{\sin D}$, c'est-à-dire l'ascension droite par l'obliquité, la longitude et la déclinaison. Il fait encore

$$\cos \mathbb{R} = \frac{\cos \odot}{\cos D}, \quad \sin \mathbb{R} = \tang D \cot \omega,$$

$$\sin \mathbb{R} = \sin \odot \sin \text{angl. de position} = \sin \odot \cos d'', \text{ enfin } \cot \mathbb{R} = \frac{\cot \odot}{\cos \omega}.$$

Le chapitre VI est intitulé : Méthode inverse des ascensions droites, c'est-à-dire calcul de la longitude par l'ascension droite. Voici ses formules :

$$\sin \odot = \frac{\sin \mathbb{R} \sin D''}{\sin D'} = \frac{\sin \mathbb{R}}{\cos d'} = \frac{\sin D}{\sin \omega}, \text{ et enfin } \cot \odot = \cos \omega \cot \mathbb{R}.$$

Cette dernière, qu'il calculait par sa Table des tangentes, était bien plus sûre dans la pratique; elle était aussi beaucoup plus simple, et rendait les premières tout-à-fait inutiles.

Dans le chapitre VII, il calcule l'amplitude ortive par les formules

$$\sin A = \frac{\sin D}{\cos H} = \frac{\sin \omega \sin \odot}{\cos H} = \sin A' \sin \odot,$$

en faisant $\sin A' = \sin$ amplitude solstitiale $= \frac{\sin \omega}{\cos H}$.

Nous avons trouvé ces mêmes formules dans l'ouvrage d'Ebn Jounis son contemporain; il est à croire qu'elles étaient plus anciennes, puisque deux astronomes qui habitaient des lieux différens, et n'avaient entre eux aucune correspondance, les donnent tous deux simultanément, sans dire qu'ils en soient les auteurs.

Résumé de la Trigonométrie des Arabes.

Voilà tout ce que nous avons pu recueillir de la Trigonométrie des Arabes. Voyons en quoi elle diffère de celle des Grecs et de celle des modernes.

Albategnius a substitué les sinus aux cordes, et ce changement, qui simplifiait toutes les méthodes des Grecs, a été généralement adopté par les Arabes, qui d'ailleurs ont conservé tous les théorèmes démontrés par Ptolémée.

Albategnius paraît avoir considéré les triangles sphériques dans leur projection sur le plan d'un grand cercle. L'Analemme de Ptolémée, qui lui avait fourni l'idée des sinus et des sinus verses, paraît aussi lui avoir facilité la solution des problèmes les plus usuels. Ainsi il a donné des règles équivalentes à notre formule fondamentale

$$\cos C'' = \cos A'' \sin C \sin C' + \cos C \cos C',$$
ou $\sin h = \cos P \cos H \cos D + \sin H \sin D.$ (*Voyez* p. 21 ci-dessus.)

Il a modifié cette solution pour trouver, soit l'angle horaire, soit la hauteur de l'astre, quand on connaît les heures temporaires écoulées depuis le lever (p. 25).

Pour trouver l'angle horaire, il aurait pu dégager l'inconnue P, et faire

$$\cos P = \frac{\sin h - \sin H \sin D}{\cos H \cos D};$$

il a transporté cette formule à l'azimut (p. 17); mais, pour l'angle horaire, il a fait (p. 20)

$$\sin^2 \tfrac{1}{2} P = \frac{\cos (H - D) - \sin h}{\cos H \cos D};$$

cette transformation heureuse lui épargnait une multiplication. Ebn Jounis a changé depuis $\cos H \cos D$ en $\tfrac{1}{2} [\cos (H - D) + \cos (H + D)]$, et c'est le premier exemple qu'on trouve de cette pratique connue sous le nom de *prostaphérèse*. (*Voy.* p. 112.)

Pour trouver l'ascension droite et la déclinaison par la longitude et la latitude, Albategnius a modifié de nouveau la solution générale du cas où l'on connaît deux côtés et l'angle compris; sa méthode n'emploie que des sinus, et elle est identique à celle que Tycho a simplifiée par l'introduction des tangentes. Il a été moins heureux dans deux problèmes dont la solution dépendait de formules qui lui étaient familières, et qu'il suffisait de retourner; mais nous aimons à croire que ses chapitres XXV et XXVI ne sont pas de lui.

Il a connu les formules des tangentes et des cotangentes; il en annonce des tables, mais il n'a su en tirer qu'un parti très médiocre; il paraît avoir eu quelque idée des sécantes et des cosécantes. (*Voyez* p. 16.)

Ebn Jounis, venu cent ans plus tard, a fait quelques pas et s'est arrêté avant d'atteindre le but. Il a fait des tables des tangentes; il leur a donné le rayon 60^p comme aux sinus; rien ne s'opposait plus à l'introduction de ces lignes dans le calcul des triangles. Ebn Jounis a manqué cette découverte, qui se faisait de son tems à Bagdad.

Aboul Wéfa a donné les formules des tangentes et des cotangentes, et même celles des sécantes et des cosécantes, dont personne encore

ABOUL WÉFA.

n'avait parlé. Il a calculé des tables de tangentes et cotangentes seulement; il s'en est servi pour simplifier le calcul des formules connues, mais il n'a point trouvé les formules qui manquaient à la Trigonométrie des Grecs et des Arabes. Il nous a fait connaître une théorie plus curieuse qu'utile des déclinaisons prime et seconde que son idée des tangentes rendait superflue, et il a laissé passer sans les voir les deux théorèmes des angles de position des points de l'écliptique, dont l'un fut découvert cent ans plus tard par l'arabe Géber.

Aboul Wéfa paraît avoir fait peu d'usage de la projection orthographique; il considère les triangles eux-mêmes.

Ebn Jounis, à l'imitation d'Albategnius, a principalement étudié cette projection. Il en a tiré des formules commodes et curieuses; il a employé un arc de l'horizon qu'il appelle *hissah de l'azimut,* c'est-à-dire différence entre l'azimut actuel de l'astre et l'azimut de son lever. Il en détermine la projection par la formule très simple tang hissah $=$ sin haut. de l'astre $\times$ tang haut. du pôle; il combine cet arc avec l'amplit. ortive, et en tire la solution de divers problèmes que la Trigonométrie moderne ne résout pas toujours avec la même facilité. Il nous fait connaître une solution toute nouvelle du problème qui cherche la hauteur et l'azimut par l'angle horaire, la déclinaison et la hauteur du pôle (p. 117); cette solution est la plus simple qu'on puisse imaginer, quand on ne sait pas employer les tangentes.

Enfin, ce qui nous paraît sur-tout remarquable, c'est l'usage qu'il a fait le premier des tangentes, des sécantes et des sinus, pour déterminer des arcs subsidiaires qui simplifient les formules et dispensent de ces extractions de racines carrées qui rendaient les méthodes si pénibles. Ces artifices de calcul, aujourd'hui si communs, sont restés long-tems inconnus en Europe, et ce n'est que 700 ans plus tard qu'on en trouve quelques exemples dans les ouvrages de Simpson. (*Voy.* p. 151.)

Il résulte de ces comparaisons, que les Arabes connaissaient, comme les Grecs, le théorème des quatre sinus; qu'ils ont trouvé l'une des quatre formules analytiques des triangles obliquangles; qu'ils n'ont pas connu les deux autres; qu'ils y ont suppléé avec beaucoup d'adresse, et que Géber seul a vu, mais pour les triangles rectangles seulement, la troisième de nos formules actuelles. Nous verrons plus loin que Viète le premier a complété la solution analytique du triangle sphérique obliquangle.

C'est à M. Sédillot que nous devons ces notions curieuses que nous avons extraites de sa traduction d'Ebn Jounis, complétée d'après le manuscrit d'Ebn Schathir, et de celle d'Aboul Wéfa qu'il a faite d'après le manuscrit arabe 1138 de la Bibliothèque du Roi. Il est le premier qui nous ait fait connaître les tables des ombres ou des tangentes, dont les Arabes ont fait un si fréquent usage dans leur Gnomonique; enfin il vient de fixer d'une manière certaine l'auteur et la date de leur introduction dans le calcul trigonométrique. On pensait assez généralement que cette innovation si utile était due à Regiomontanus, mais elle n'a eu lieu, du moins en Europe, qu'après la mort de cet astronome, et près de 600 ans plus tard que chez les Arabes, dont malheureusement les ouvrages n'ont pas été assez répandus. Ils existaient pourtant dans les bibliothèques, mais personne ne s'était donné la peine de les lire, ou d'en donner des extraits. Nous avons cité, p. 5, d'après un passage de Weidler, un Mohamed Ebn Yahya Ebnol Wapha Albuziani, comme auteur d'un *Almageste,* ou d'un *Système astronomique.* Ce titre, le nom de l'auteur, l'âge où il a vécu, tout prouve que cet Almageste est le livre où se trouvaient consignées les tables et les formules des tangentes. Weidler, à la page 222, ajoute que ce même Aboul Wéfa Albuzgiani est encore auteur du Zig Alshamel; qu'*il avait osé examiner et corriger les observations faites du tems d'Almamon,* et que ses tables avaient été commentées par Seid Ali Alkushi et son fils. Il serait bien à désirer qu'on nous fît connaître la composition et les élémens de ces tables. On ne peut douter que l'auteur ne fut un observateur soigneux et un calculateur intelligent. M. Sédillot se propose de donner des notices plus complètes de l'Almageste d'Aboul Wéfa, du manuscrit d'Ebn Schathir, de celui de Leyde et de tous ceux qu'il pourra se procurer. De ce qu'il a traduit jusqu'à ce jour, nous nous sommes contenté de tirer ce qui convenait à notre plan, qui était de faire connaître les méthodes des Arabes, leurs instrumens et les découvertes qu'ils ont faites dans la science du calcul astronomique.

Nous avons ci-dessus exprimé nos regrets de la perte des chapitres où Ebn Jounis avait donné ses parallaxes et peut-être aussi les fondemens sur lesquels il les avait établies. Nous avons (p. 48) témoigné quelque surprise de ce qu'Albategnius donnait à Mercure périgée une parallaxe égale à celle de la Lune apogée; ce qui fait assez entendre que, dans ses idées, toutes les orbites planétaires devaient se suivre de près, sans jamais s'entrecouper, parce que, suivant la doctrine d'Aristote, chaque planète est enchâssée dans une sphère solide qui lui donne le mouvement que nous observons. Il y a grande apparence que ces idées péripatéticiennes avaient été adoptées sans beaucoup d'examen par les Arabes. Cependant, en nous avertissant que les distances de la Terre aux centres des épicycles de Vénus et de Mercure étaient arbitraires, Ptolémée y avait mis cette restriction, que ces distances devaient pourtant être assez grandes pour que les parallaxes de ces deux planètes fussent insensibles. Mais il ne paraît pas que Ptolémée ait attaché lui-même à cette condition assez d'importance pour la soumettre à l'épreuve du calcul, et pour s'assurer si elle était compatible avec la solidité des sphères d'Aristote. Le fait est qu'en aucun endroit il n'a fait mention de la parallaxe de ces deux planètes, quoique, dans son système, cette parallaxe dût surpasser celle de 3′ qu'il donnait au Soleil, dont il tient compte dans ses calculs, et dont il a donné des tables.

Albategnius, grand admirateur de Ptolémée, n'a pu, sans de fortes raisons, s'écarter d'une manière si étrange des idées de son modèle, en ce qui concerne la parallaxe de Mercure; il m'a semblé que son motif avait dû être le principe de la solidité des sphères, combinée avec les élongations de Mercure et de Vénus en digression; j'ai pensé que la même raison pouvait avoir contraint Ebn Jounis à augmenter la distance du Soleil dans la proportion de 3 à 2, ce qui réduisait la parallaxe du Soleil à deux minutes environ; car d'ailleurs il serait assez difficile d'imaginer par quel moyen, par quelles observations, Ebn Jounis aurait pu prouver directement que la parallaxe du Soleil doit être diminuée d'une minute. Pour éclaircir ce soupçon, le moyen est facile.

Ptolémée fait la parallaxe de la Lune apogée de 53′34″. Pour laisser un petit intervalle entre la sphère de la Lune et celle de Mercure, réduisons cette parallaxe à 53′ pour Mercure. La distance périgée sera
$$P = \frac{1}{\sin 53'} = \operatorname{coséc} 53' = 64{,}858,$$ en prenant pour unité le demi-diamètre du globe terrestre.

Soit r le rayon de l'épicycle de Mercure; $(P+r)$ sera la dist. moyenne, et $(P+2r)$ la distance apogée.

Soit E l'élongation la plus grande ou la digression à la distance moyenne; nous aurons $(P+r)\sin E = r$, $P \sin E = r - r \sin E$,

$$r = \frac{P \sin E}{1 - \sin E} = \frac{P}{\operatorname{coséc} E - 1} = \frac{P}{\sec(90 - E) - 1}$$
$$= \frac{P}{1 + \operatorname{tang}(90°-E)\operatorname{tang}(45°-\tfrac{1}{2}E) - 1} = P \operatorname{tang} E \operatorname{tang}(45° + \tfrac{1}{2}E).$$

Pour Mercure, $E = 22°46'$, $45° + \tfrac{1}{2}E = 56°23'$; donc $r = 40{,}948$,

P $+ r =$ 105,804, P $+ 2r =$ 146,752. Afin de laisser un peu d'intervalle entre les orbites, supposons que la distance périgée de Vénus soit P' $=$ 148°. E $=$ 46° 20', 45° $+ \frac{1}{2}$E $=$ 68° 10', r' $=$ 387, P' $+ r' =$ 535, P' $+ 2r' =$ 922.

Ptolémée fait la distance du Soleil 1210 ; il resterait donc, entre les sphères de Vénus et du Soleil, un intervalle de 288 qui aura paru nécessaire pour que Vénus en conjonction supérieure, ne fût pas brûlée par les rayons du Soleil. D'ailleurs nous avons négligé, dans notre calcul, les excentricités de Mercure, de Vénus et du Soleil, qui diminueraient considérablement cet excédant 288. Voilà donc la supposition d'Albategni expliquée, et nous voyons ce qui l'a forcé à donner à Mercure une parallaxe si énorme, et dont cependant on ne voit pas que les Arabes aient tenu compte dans la rectification des élémens de cette planète.

Une parallaxe de 53' pour Mercure est réellement inadmissible ; Ebn Jounis l'aura senti sans doute ; pour la diminuer, il paraît qu'il s'est vu obligé d'éloigner le Soleil ; il a réduit à moins de 2' la parallaxe du Soleil ; il m'a paru curieux de calculer celle qu'il donnait à Mercure. C'est ainsi que j'ai formé la table suivante d'après la formule

$$r = \text{P tang E tang} (45° + \tfrac{1}{2} \text{E}).$$

Table des parallaxes et des distances des planètes inférieures.

Parall. de ♀ périg.	P	r	P $+r$	P $+ 2r$	P'	r'	P' $+ r'$	P' $+ 2r'$	Parall. de ♀ périg.	Parall. de ♀ apog.
53'	64.858	40.948	105.804	146.752	148	387.0	535	922	23' 14"	3' 44"
50	69	43.557	112.557	156.114	158	413.2	571.2	984.2	21.45	3.30
45	77	48.607	125.607	174.214	176	460.2	636.2	1096.4	19.32	3. 9
40	87	54.92	141.92	196.84	199	520.4	719.4	1239.7	17.16	2.46
30	115	72.6	187.6	260.2	261	682.5	743.5	1626.0	13.10	2. 7
20	173	109.2	282.2	391.4	393	1027.7	1420.7	2448.4	8.45	1.24

La première colonne offre les suppositions que j'ai faites successivement pour la parallaxe de Mercure périgée. La seconde, sous le titre P, donne la distance périgée qui résulte de la parallaxe de la première colonne ; la troisième, sous le titre r, montre le rayon de l'épicycle pour la même supposition ; la quatrième, (P$+r$), est la distance moyenne ou la distance du centre de l'épicycle ; (P $+ 2r$) est la distance apogée de Mercure; P′, qui diffère peu de $(P + 2r)$, est la distance périgée de Vénus dans chaque hypothèse; $(P' + r')$, la distance du centre de l'épicycle; $P' + 2r'$, la distance apogée de Vénus.

On voit déjà qu'en réduisant à 40′ la parallaxe périgée de Mercure, la distance apogée de Vénus 1239.7, surpasse la distance du Soleil, que Ptolémée fait de 1210; ainsi, dans l'hypothèse de Ptolémée, Mercure périgée devait avoir un peu plus de 40′ de parallaxe.

Supposons qu'Ebn Jounis, effrayé de cette parallaxe, ait voulu la réduire à 30′; il a dû trouver pour la distance de Vénus périgée 1626 demi-diamètres de la Terre; il aura en conséquence donné au Soleil une distance de.. 1766

ce qui laisse entre les sphères de Vénus et du Soleil un intervalle de 140 qui ne paraîtra pas trop considérable, d'après les raisons rapportées ci-dessus.

Réduisons la parallaxe à 29′; P sera 118.45, $r = 74.843$, $P + r = 193.293$, $P + 2r = 268.136$, $P' = 269$, $r' = 703.41$, $P' + r' = 972.41$, $P' + 2r' = 1675.82$ distance du ☉.. 1766

il ne restera plus qu'un intervalle de.......................... 90.18

Si nous réduisons la parallaxe à 28′, nous aurons $P = 122.78$, $r = 77.507$, $P + r = 200.287$, $P + 2r = 277.794$, $P' = 279$, $r' = 729.56$, $P' + r' = 1008.56$, $P' + 2r' = 1838.1$, qui surpassera de 72 la distance qu'il assigne au Soleil. Il est donc très probable qu'il a donné de 29 à 30′ de parallaxe à Mercure périgée, et certainement plus que 28′.

Les deux dernières colonnes de la table donnent les parallaxes de Vénus périgée et apogée; dans l'hypothèse de 30′ pour Mercure périgée, ces parallaxes sont 13′ 10″ et 2′ 7″, d'où résulterait environ 8′ de parallaxe pour Vénus en digression.

La parallaxe de Mercure apogée diffère peu de celle de Vénus périgée; ainsi, dans ce système, les parallaxes extrêmes de Mercure seraient 30′ et 13′, d'où résultent environ 22′ de parallaxe pour Mercure en digression.

En négligeant la parallaxe des planètes inférieures, comme il paraît que l'ont fait les Arabes, il s'ensuivrait qu'ils ont cru Ptolémée, lorsqu'il a dit que les parallaxes étaient insensibles, sans s'inquiéter de l'obstacle de la solidité des sphères.

Albategnius et Ebn Jounis auront rappelé cette solidité; le premier l'aura admise avec toutes ses conséquences, et il a donné 53′ de parallaxe à Mercure; Ebn Jounis aura cherché à diminuer cette parallaxe autant que possible; et en la réduisant à 30′, il aura senti la nécessité de réduire à moins de 2′ la parallaxe du Soleil. Il n'a rien ajouté sur les parallaxes de Mercure et de Vénus. Il n'en faut pas conclure qu'il ait regardé comme insensibles ou peu importantes des parallaxes de 8′ et de 22′; mais il ne s'est point occupé de la rectification des Tables des planètes.

Halley a reproché à Albategnius son trop de respect et de confiance pour Ptolémée. Il y a quelque apparence que ce reproche doit s'étendre à toute l'école arabe. Ce respect superstitieux pour tout ce qui venait des anciens, a produit le malheureux système de la trépidation. On pourrait conclure de tout ce que nous avons rapporté, que les Arabes, observateurs assidus et scrupuleux, calculateurs habiles et intelligens, ont été, en fait de théorie, trop timides et trop confians. Alpétrage et Géber seuls ont montré plus d'indépendance; mais on ne voit de ces deux auteurs ni observations ni calculs. Ebn Jounis a rassemblé des éclipses de Lune, pour en déduire les erreurs des Tables de Ptolémée. Il a assigné trois causes à ces erreurs; mais il n'a dit nulle part comment il a combiné ces trois causes, pour en conclure les corrections qu'il a faites aux tables; on voit que ces corrections sont peu de chose. Admettons qu'il soit parvenu à diminuer les erreurs, ce qui n'est pas bien prouvé; il n'en résulterait pas encore bien clairement que ses tables nous donnent les mouvemens de la Lune, tels qu'ils étaient de son tems, ni même tels qu'ils ont dû être quelques siècles auparavant. Il paraît qu'il a regardé comme exactes les époques de Ptolémée; il aurait fallu tout recommencer. L'a-t-il fait et comment l'a-t-il fait? C'est ce que nous ignorons. Il nous parle d'une correction de 7 à 8′ à faire aux commencemens des éclipses qu'on aperçoit toujours trop tard. Cette quantité n'est-elle pas un peu arbitraire? La fin observée à la vue simple n'aurait-elle pas aussi besoin d'une correction un peu plus petite et qui serait additive? A-t-il fait cette correction aux éclipses qu'il rapporte? Les donne-t-il telles qu'elles ont été réellement observées? Voilà malheureusement bien des causes d'incertitude.

CHAPITRE V.

Alpétrage, Arzachel, Géber et Aboul Hhasan.

Alpetragii arabi Planetarum theorica physicis rationibus probata, nuperrime latinis litteris mandata à Calo Calonymos Hebræo Neapolitano.

Les motifs qui ont engagé l'auteur à composer cet ouvrage, sont exprimés avec force (à la feuille 4 recto); on y voit qu'à la première lecture de Ptolémée, il fut révolté de cette complication d'excentriques et d'épicycles tournant autour de centres vides et mobiles eux-mêmes. *Quâ propter fui quodam temporis spatio involutus ac admiratus, desistens quidem procedere amplius in reliquo libro incumbendo, quasi attonitus et cogitabundus. Itaque excitavit me Deus omnipotens suo divino influxu ab alio quidem non tributo et experrectus sum à somno stupefactionis et illuminavit oculos cordis mei ex perturbationibus suis in eo quod nunquam ab aliquo cogitatum fuit, et ad id non perveni ex speculatione et discursu ingenii humani, sed ex eo quod placuit Deo ostendere sua miracula, et patefacere secretum occultum in theorica suorum orbium et notificare veritatem essentiæ eorum et rectitudinem qualitatis motús.* On concevra sans peine cette répugnance pour des hypothèses si peu naturelles; on doutera peut-être de cette inspiration divine, qui a tiré Alpétrage de sa stupeur, et a terminé ses perplexités en lui révélant le secret des mouvemens véritables. Son nouveau système est tombé dans un oubli profond, dont nous n'essayerons pas de le tirer.

Il rappelle ensuite que l'excellent juge (astrologue) Avobacher avait trouvé le moyen de se passer de tous ces excentriques et de tous ces épicycles, et qu'il avait promis de faire un livre où sa théorie serait expliquée. Nous verrons plus loin que Fracastor, d'après les idées de Turius, a conçu un pareil projet, et l'a exécuté dans son livre des homocentriques : Alpétrage avait déjà fait de même. Réfléchissant sur les idées d'Avobacher, il se mit à rechercher ce que les anciens avaient écrit sur cette matière, et il commence par commenter la métaphysique d'Aristote sur les mouvemens; il établit qu'un moteur ne peut imprimer qu'un mouvement unique; il rappelle cette idée du *sage*, que chaque étoile est enchâssée solidement dans une sphère qui lui donne le mouvement. On ne comptait que huit sphères. Des astronomes plus nouveaux en imaginèrent une neuvième dont la réalité fut démontrée par les observations. Ptolémée donna deux mouvemens aux planètes; il fit tourner la huitième sphère autour des pôles de l'écliptique en 36000 ans. Mais son successeur, le docteur Avoashac-Alzarcala, dans son livre de l'*accès* et du *recès*, fit voir que Ptolémée s'était trompé en disant que ce mouvement avait lieu toujours selon l'ordre des signes; et il affirma que les observations de Ptolémée lui-même, comparées à celles de ses prédécesseurs, prouvaient que ce mouvement était tantôt direct et tantôt rétrograde, et il assigna à ce mouvement certaines *positions* et certaines *racines* à peu près comme celles que Ptolémée avait assignées aux planètes, et qui n'étaient pas plus réelles. Les astronomes adoptèrent d'abord les idées d'Alzarcala; mais ceux qui vinrent ensuite s'aperçurent qu'elles étaient fausses, n'en parlèrent plus; et de leur silence, il est résulté une controverse sur les lieux des étoiles fixes (feuillet 6 verso). Pour lui, il reconnaît la nécessité d'une neuvième sphère; c'est ce qui est prouvé par les divers mouvemens des étoiles; mais son intention n'est pas de donner les mesures ni les particularités de ces mouvemens, il lui faudrait pour cela et plus de tems et des observations nouvelles.

La neuvième sphère n'a qu'un seul mouvement, et il est le plus rapide de tous; c'est le mouvement diurne.

La huitième en a deux. Le premier est celui de longitude qui s'accomplit suivant l'ordre des signes; le second est celui de latitude du septentrion au midi.

Des astronomes plus modernes ont dit que le mouvement de longitude n'était pas uniforme; qu'il était tantôt plus rapide et tantôt plus lent, selon les tems. C'était l'opinion ancienne que ce mouvement était tantôt direct et tantôt rétrograde; on l'appelait d'*accès* et de *recès*; ce mouvement alternatif, successivement admis et abandonné, est resté douteux. Mais le docteur Avoashac-Alzarcala avait composé son ouvrage d'après lequel des modernes ont composé des Tables d'accès et de recès et des mouvemens de déclinaison qui en résultent pour le Soleil; mais, faute d'un assez long-tems, ils ne purent donner à cette théorie le dernier degré de précision.

Alpétrage conçoit que ce mouvement peut résulter de deux petits cercles parallèles à l'équateur sur lesquels il fait mouvoir les deux pôles. La distance polaire de ces cercles est égale à la plus grande inégalité de la déclinaison. Il serait bien superflu d'entrer ici dans le détail de son explication.

Il répète ensuite (feuille 11 verso), que les sentimens des savans sont partagés; *car les prédécesseurs, tels qu'Hermès et ceux qui après lui se sont occupés des constellations, ont dit que ces étoiles ont un mouvement tantôt direct et tantôt rétrograde, et ils ont émis cette opinion comme une chose qu'ils avaient trouvée d'eux-mêmes ou reçue de la tradition. Des astronomes plus modernes, comme les Chaldéens et ceux qui ont trouvé ce mouvement des étoiles avant l'âge de Bactanzar, ayant voulu démontrer la vérité de cette découverte des anciens, ne la trouvèrent pas fondée; ils abandonnèrent ce mouvement affirmé par les plus anciens, et ils établirent l'immobilité des points équinoxiaux.* (*Et eorum opinio erat quod orbis stellarum fixarum est ille qui movet motu diurno et orbis signorum qui est circulus declinationis Solis intersecat circulum æquinoctialem in duobus punctis quorum unus appellatur punctus æquinoctii vernalis, alius vero æquinoctii autumnalis, et sunt capita Arietis et Libræ et semper servant hanc intersectionem. Et postea succedentes eis, neque multo tempore antè Alexandrum, ut posuit Yparchus ex observatione Timocratis et Aristolis anno 450 ab Bactanzare et deinde ex observatione Milii geometræ anno 845 ab Bactanzare atque demum ex observatione ipsius Yparchi post obitum Alexandri fere 400 annis et observatione eorum qui fuerunt illo tempore dixerunt se invenisse quod stellæ istæ moveantur secundum ordinem signorum, et subtiliter se gesserunt in motibus earum et constituerunt esse motum hujus orbis secundum ordinem signorum tantum.*)

Ce passage étant passablement entortillé, nous avons cru devoir rapporter le texte latin. On y entrevoit qu'Hipparque, par les observations de *Timocrate* et d'*Aristole*, avait trouvé un mouvement de précession en longitude; que des auteurs plus modernes, en comparant les observations d'Hipparque à celles de Milius, avaient trouvé la même chose, et n'admettaient qu'un mouvement uniforme de précession.

Ptolémée venant 266 ans après Hipparque, adopta son explication et la quantité d'un degré en 100 ans. Mais les successeurs de Ptolémée ayant de nouveau observé les étoiles, trouvèrent qu'elles ne s'accordaient pas avec ce calcul; ils donnèrent la préférence aux observations plus anciennes. (*Maximè admirati sunt illas observationes priores et non adhæserunt illi motui et opinatus est quidam post Ptolomæum, et est Taun*

Alexandrinus, quod stellæ fixæ habeant motum accessus et motum recessus, et quilibet eorum constat ex octo gradibus et habeat etiam cum hoc motum secundum ordinem signorum, singulis centum annis uno gradu, quem quidem motum posteriores rejecerunt invenientes loca earum secundum observationem in locis præter loca in quibus erant situatæ in locatione suâ priori, nam aliquandò addunt et aliquando diminuunt juxta tempora determinata. Eis ulterius Albategnius declaravit quod stellæ fixæ currunt ex puncto æquinoctii vernalis temporibus æqualibus cursu directo et ideo prætermisit hunc motum.)

D'après ce passage, Théon d'Alexandrie aurait réuni les deux hypothèses, et combiné le mouvement d'accès et de recès avec le mouvement d'un degré en 100 ans; on aurait ensuite abandonné l'idée de Théon, pour en revenir simplement au mouvement alternatif, et Albategni aurait de nouveau repris l'idée d'Hipparque et de Ptolémée.

Et puisque Avoashac-Alzarcala, reprend Alpétrage, a réuni les deux espèces de mouvemens, et qu'il a composé un livre où il donne aux pôles de l'équateur un mouvement dans deux petits cercles parallèles à l'équateur, c'est ce qui nous a donné l'occasion d'imaginer un mouvement auquel personne n'a songé. Ainsi a été vérifié le mouvement trouvé par Alzarcala, c'est-à-dire qu'il existe un mouvement apparent d'accès et de recès, quoique dans le fait, ce soit le contraire; car chez eux l'accès est un mouvement contre le mouvement de l'univers, et le recès est un mouvement qui se fait dans le sens du mouvement général; et avec cela subsiste aussi le mouvement vers l'orient, comme l'a supposé Ptolémée. Mais, au lieu des deux cercles parallèles d'Alzarcala, il emploie des cercles inclinés à l'équinoxial, et le mouvement des étoiles se fera, non parallèlement à l'écliptique, mais parallèlement à un cercle incliné. Nous n'en dirons pas davantage sur cette théorie, dont il paraît que personne jusqu'ici n'a tenu compte. Nous omettrons également tout ce qu'il imagine pour expliquer les mouvemens des planètes. Nous dirons seulement qu'il place Vénus au-dessus du Soleil et au-dessous de Mars. Il croit que Vénus et Mercure ont une lumière propre, puisque jamais on ne les voit en croissant comme la Lune. Il ne pense pas non plus comme Avoashac Mahamad Giavar fils d'Aflah, que quant à la lumière, le Soleil et la Lune soient *d'une manière* et les planètes d'une autre manière.

Au verso du feuillet 20, il revient sur les planètes inférieures; les sentimens sont très partagés sur ces planètes. *Les anciens sages, comme Hermès, les Babyloniens et les Indiens*, et autres (on voit d'abord qu'il ne croit pas qu'Hermès soit indien, et ce mot en effet ne paraît pas indien) *ont placé l'orbe du Soleil au milieu des planètes, et les orbes de Vénus et de Mercure entre ceux de la Lune et du Soleil, Mercure étant au-dessous de Vénus, et personne n'a donné de raison valable de cet arrangement. Quelques-uns cependant ont donné pour preuve, que Vénus et Mercure ne paraissent jamais sur le Soleil. Ptolémée n'a pas été frappé de cette raison; il dit que ces planètes ne se trouvent jamais dans la direction de notre rayon visuel, en quoi il se trompe, ainsi que l'a prouvé Avomahamad Giafar, fils d'Aflah, qui s'écarte de l'ordre établi par Ptolémée. Alpétrage entreprend ensuite de prouver que, dans son système, il faut absolument que Vénus soit au-dessus du Soleil et Mercure entre le Soleil et Vénus.*

L'ouvrage est terminé par cette phrase du traducteur.

Et hic finis imponitur sermoni judicis eximii Avoashac filii Alpetragii in theoricâ planetarum cum laude Dei à quo omne bonum provenit. Quod quidem opusculum ad latinos nuperrimè ab hebreo idiomate translatum est à Calo Calonymos hebræo Neapolitano. Venetiis, anno 1528.

Venetiis, in œdibus Luce Antonii Junte Florentini, anno Domini 1531, mense januario.

On peut comparer cette histoire de la trépidation avec le passage d'Ebn Jounis, où il rapporte une lettre de Thabet ben Corah à Ishac eb Honaïn. Suivant Thabet, Théon ne serait qu'historien et non inventeur. Alpétrage le déclare inventeur; il reste à savoir si Alpétrage écrivant si long-tems après Thébit, était bien informé. On ne connaît guère cet Avoashac-Alzarcala (à moins que ce ne soit Arzachel); on ne sait à quelle époque il vivait; s'il était plus ancien que Thabet, et s'il faut lui attribuer la première idée de la trépidation établie avec plus de détail par Thébit, qui pourtant paraît ne pas y croire. Théon, dans son commentaire, ne dit pas un mot de cette trépidation, que, dans son exposition des Tables manuelles, il paraît attribuer aux anciens astrologues; la question est fort obscure; heureusement elle est peu importante.

Arzachel.

On sait que dès le 8e siècle, les Arabes avaient apporté leur Astronomie en Espagne, et plusieurs auteurs de cette nation s'y rendirent célèbres par leurs écrits ou par leurs observations; mais le plus connu de tous est Arzachel, qui vivait vers l'an 1080 de notre ère. Il passe pour l'auteur des Tables *Tolétanes*, ou de Tolède, parce qu'il les a calculées pour le méridien de cette ville, qui probablement était le lieu de sa résidence.

Ces Tables n'inspirèrent cependant pas une grande confiance; il paraît même qu'on leur préféra toujours celles d'Albategni. La position qu'Arzachel donnait à l'apogée du Soleil, a fait penser qu'il n'était qu'un observateur malhabile. Cependant Abenesra le met au-dessus de tous les astronomes de son tems. Pour accorder ses observations à celles d'Albategni, et rendre raison de la diminution qu'il remarquait dans l'excentricité du Soleil, Arzachel faisait tourner, dans un petit cercle, le centre de l'excentrique, ainsi que Ptolémée en avait donné l'exemple pour la Lune.

Je ne connais aucune édition des Tables de Tolède; la Bibliothèque du Roi en possède plusieurs manuscrits; j'ai eu entre les mains ceux qui sont numérotés 7336 et 7431 ; aucun des deux ne dit précisément qu'Arzachel soit l'auteur des Tables. Son nom n'est pas au titre ; elles finissent par ces mots : *expliciunt Tabulæ Astronomicæ urbis Toletanæ*. Mais il n'y a nul doute pour le Discours préliminaire, qui, dans les deux manuscrits, est terminé par ces mots : *expliciunt canones Arzachelis super Tabulas Toletanas*. On croit, au surplus, que ces Tables n'ont pas été inutiles aux astronomes alphonsins, qui n'ont eu en vue que de les rendre un peu plus exactes.

Après quelques tables destinées à montrer la relation du calendrier arabe au calendrier persan, on trouve une table qui a pour titre *Équations du sinus et de la déclinaison*. La première partie donne les sinus pour tous les degrés du quart de cercle et pour un rayon de 150 minutes, sans qu'on voie en aucun endroit ce qui a fait choisir ce nouveau rayon. Les sinus sont ainsi exprimés en minutes, secondes et tierces. L'autre partie donne les déclinaisons de tous les points de l'écliptique de degré en degré. Elle paraît supposer une obliquité de 23° 51'; mais on y trouve plusieurs fautes de copie ou de calcul. Plus loin est une autre table de la *déclinaison vérifiée* pour une obliquité de 23° 33' 30", d'après Almeon, fils d'Albumazar.

Dans une autre Table de sinus, le rayon est, à l'ordinaire, divisé en 60^p 0' 0". Elle porte le double titre de *sinus* et de *moitié de cordes*, et elle est calculée de demi-degré en demi-degré.

Elle est suivie des ascensions des arcs de l'écliptique de degré en degré, de l'équation des jours, c'est-à-dire du nombre de degrés qui composent l'angle de l'heure temporaire; d'une Table des ombres pour un gnomon

ARZACHEL.

de 12ᵖ 0′ 0″; de la Table des différences ascensionnelles de degré en degré; des Tables d'ascensions pour sept climats différens et pour quelques villes principales, et entre autres, pour Tolède; enfin d'une Table des 12 maisons.

Élémens des Tables.

Mouvement moyen ☉ en une année arabe.... 11ˢ 18° 54′ 19″
Apogée... 2.17.50
Équation.. 1.59.10
Mouvement diurne ☾......................... 13.10.34. 9
Mouvement d'anomalie...................... 13. 3.54
Mouvement du nœud en 19 ans............ 11.26.48.33.

La théorie de la Lune est celle de Ptolémée; l'*équation du centre* (il appelle ainsi la *prosneuse*), 13° 9′, comme dans l'auteur grec.

	Auge.	Genzahar.	Mouv. en 30 ans.	Équat.	Équat. 2ᵉ.
Saturne.	8ˢ 0° 5′	3ˢ 13° 12′	11ˢ 25° 40′ 31″	6° 3′	6° 13′
Jupiter.	5.14.30	2.22. 1	5.13.20.19	5.15	11. 3
Mars.	4. 1.50	0.21.54	5.21. 3. 1	11.24	41. 9
Vénus.	2.17.50	1.29.27	2.14.16.48	1.59	45.59
Mercure.	6.17.30	0.21.10	8.27.21. 1	3. 2	22. 2

Tables écliptiques.
Catalogue de 35 étoiles.
Table géographique.
Apparitions et disparitions des planètes.
Tables d'accès et de recès.

Traité du *quadrant* commun. Nous le retrouverons dans Sacrobosco, qui l'avait emprunté des Arabes. Le reste du volume contient divers traités d'Astrologie, et l'astrolabe de Messalah. On n'y voit rien sur la *saphée,* ou astrolabe universel d'Arzachel.

Le discours préliminaire, composé par Arzachel, est fort succinct, et ne contient que des notions très superficielles. Ce que j'y vois de remarquable est son précepte pour trouver l'heure par la hauteur du Soleil; comme le passage est assez obscur, en voici la copie exacte.

Si autem volueris scire horas diei transactas per altitudinem Solis ac-

ceptam, ipsius attitudinis invenies sinum, quem multiplicabis in 150 et summam indè provenientem divides per sinum altitudinis mediæ ejusdem diei et qui indè proveniet sinus (per hunc) invenies circuli portionem, quam si diviseris per 15, habebis quot horæ æquales transierint de die, si fuerit observatio tua antè meridiem. Si verò post meridiem, tot horæ æquales restant ad perficiendum diem; adime eas de horis æqualibus ejusdem diei integri et remanebunt horæ æquales de die transactæ.

Vous multiplierez par 150 le sinus de la hauteur observée, et vous le diviserez par le sinus de la hauteur moyenne, ce qui revient à cette analogie,

sin hauteur moy. : sin hauteur observée :: le rayon : sin x,

$$\sin x = \frac{150 \sin \text{haut. observée}}{\sin \text{haut. moyenne}}.$$

Dans la phrase suivante, il paraît manquer quelques mots, dans l'un comme dans l'autre manuscrit; je les ai remplacés par les mots (*per hunc*). Ce sinus vous fera trouver l'arc du parallèle que le Soleil aura décrit depuis son lever; vous le diviserez par 15, et vous aurez les heures écoulées. L'auteur ne définit pas ce qu'il entend par hauteur moyenne. Je suppose que c'est la hauteur de l'équateur qui est en effet la moyenne entre les hauteurs méridiennes du Soleil. Mais, en ce cas, il ne fallait pas dire hauteur moyenne de ce *jour*, mais moyenne de ce *lieu*. Ensuite le quatrième terme de la proportion n'est pas véritablement un sinus, mais la somme de deux sinus inégaux, celui de l'arc parcouru depuis six heures, plus ou moins le sinus de l'arc parcouru entre six heures et le lever. Avec ces attentions, on rendrait le précepte exact. En effet, soit MD*m* le parallèle du Soleil, SA le sinus de la hauteur observée;

(fig. 46) $$SB = \frac{SA}{\cos ASB} = \frac{SA}{\sin ABS} = \frac{\sin \text{hauteur observée}}{\sin \text{haut. de l'équat.}};$$

sur M*m* comme diamètre, décrivez le demi-cercle MPR*m*, qui représentera le parallèle du Soleil; par les points S et B élevez les perpendiculaires SP, BR, l'arc PR sera l'arc parcouru depuis le lever, et cet arc divisé par 15, donnera les heures écoulées depuis le lever. L'arc TR donnera les heures écoulées depuis le lever jusqu'à 6^h du matin, et l'arc TP les heures écoulées depuis 6^h. Le procédé ne peut donc être juste que s'il est graphique; car le calcul ne donne pas l'inégalité des deux sinus SD et DB, à moins qu'on ne connaisse l'arc semi-diurne du jour; la différence à 6^h donnerait TR et DB; on aurait donc SB.

De la formule moderne
$$\sin h = \cos P \cos H \cos D + \sin H \sin D,$$
on tire
$$\sin h = \cos H \cos D + \sin H \sin D - 2\sin^2\tfrac{1}{2}P \cos H \cos D = \cos(H-D) - 2\sin^2\tfrac{1}{2}P,$$
et
$$\sin v. P = \frac{\cos(H-D) - \sin h}{\cos H \cos D} = \frac{\sin MO - \sin h}{\cos H \cos D} = \frac{\sin M - \sin h}{\cos H \cos D}$$
$$= \frac{2\sin\tfrac{1}{2}(M-h)\cos\tfrac{1}{2}(M+h)}{\cos H \cos D} = MS . \cos D,$$
et
$$\sin v. P \cos D = \frac{\sin M - \sin h}{\cos H} = MS;$$

il est évident que le précepte ainsi entendu donne SB, que SB donne PR et les heures depuis le lever, ou les heures jusqu'au coucher.

A l'usage que fait l'auteur de sa Table des ombres, on voit qu'il ne sent pas les avantages de cette Table. Pour trouver la hauteur du Soleil par la longueur de l'ombre, il fait une somme des carrés de l'ombre et du gnomon; la racine de la somme est une hypoténuse qu'il appelle *podisme*; la hauteur du gnomon, divisée par ce podisme, lui donne le sinus de la hauteur. Il suffisait de diviser la hauteur du gnomon par la longueur de l'ombre, pour avoir la tangente de la hauteur. Sa Table des ombres lui donnait directement la solution de son problème.

Gebri filii Affla Hispalensis, de Astronomiâ libri IX, in quibus Ptolemæum, alioqui doctissimum emendavit, alicubi industriâ superavit. Omnibus Astronomiæ studiosis hund dubiè utilissimi futuri. Per magistrum Girardum Cremonensem, in latinum versi. Norimbergæ, 1533 et 1534, industriâ P. Apiani. Norimbergæ, 1534 (Lalande dit 1533.)

On ne sait rien de cet astronome arabe, sinon qu'il vécut après Arzachel, qu'il cite dans son livre. Il nous dit dans sa préface que la lecture de Ptolémée est difficile, par la prolixité des détails dans lesquels il est entré, et parce qu'il emploie dans ses démonstrations un secteur (il nomme ainsi la figure où deux arcs viennent se croiser dans l'angle formé par deux arcs de grands cercles, et qui sert de base à toute la Trigonométrie); enfin il suppose des théorèmes de Théodose et de Mileus (Ménélaüs), auteurs fort difficiles à entendre, et c'est ce qui effraie les lecteurs dès les premiers pas.

Ptolémée est, d'un autre côté, trop concis en quelques endroits ; ses traducteurs ont encore ajouté à l'obscurité de l'original ; Géber l'a médité assidûment, et il se propose d'en faciliter l'intelligence. Il a trouvé des propositions courtes et faciles qui dispensent de rien emprunter à Ménélaüs ou à Théodose. Il n'emploiera que la règle de trois pour déterminer l'inconnue, au lieu d'y employer six nombres différens, comme Ménélaüs et Ptolémée. Il substituera les sinus en place des cordes des arcs doubles. (Albategni l'avait fait long-tems auparavant.) Ptolémée s'est servi de quatre instrumens divers dans lesquels entraient nécessairement huit armilles. Géber n'emploiera qu'un seul instrument composé d'un cercle, d'un quart de cercle et d'une règle.

Ptolémée a posé, sans pouvoir le démontrer, que l'excentricité des planètes supérieures est coupée en deux parties égales ; Géber en promet une démonstration évidente ; il expliquera Ptolémée, quand il est obscur, et démontrera ce qu'il a donné sans preuve.

Ptolémée s'est trompé sur les tems des révolutions de la Lune, et dans le chapitre X du 5ᵉ livre il s'est trompé sur les limites des éclipses solaires ; dans le calcul des éclipses de Soleil et de Lune, il s'est trompé sur le tems et la quantité, sur la parallaxe de latitude ; il s'est trompé, en plaçant Mercure et Vénus au-dessous du Soleil ; car ses élémens mêmes prouvent que ces deux planètes sont supérieures au Soleil. Il s'est trompé, en disant que jamais elles ne se trouvent dans le rayon visuel qui passe par le Soleil ; il s'est trompé sur les distances apogées des deux planètes, parce qu'il n'a pas compris ce que les anciens entendaient par *les longitudes opposées à celles de ces deux planètes*. Il s'est trompé sur les points de station et les arcs de rétrogradation. Il s'est trompé encore en plusieurs endroits qui seront corrigés dans le commentaire.

Après ce préambule, Géber donne quelques définitions ; il démontre quelques-unes des propositions les plus faciles de Théodose ; il donne des règles pour connaître l'espèce de l'inconnue dans les triangles rectangles. Ainsi l'angle et le côté opposé sont toujours de même espèce, c'est ce que prouve notre formule tang $C =$ sin C' tang A.

Si deux triangles rectangles ont l'angle A commun, on aura (fig. 48)

$$\sin AB : \sin BC :: \sin AD : \sin DE ;$$

dans tout triangle, on a

$$\sin A : \sin C :: \sin A' : \sin C' :: \sin A'' : \sin C'',$$

proportion dont jamais Ptolémée ne fait usage d'une manière bien positive, quoiqu'elle existât réellement dans sa Trigonométrie.

Dans tout triangle rectangle ABC,

1 : sin A :: cos AC : cos B. Ce théorème manquait aux Grecs.
1 : cos AC :: cos BC : cos AB. Les Grecs avaient cette analogie.

De ces trois analogies, la seconde seule appartient véritablement à Géber. Les deux autres étaient en usage chez les Grecs. Voici sa démonstration de la 2ᵉ (fig. 47).

$$\sin A = \frac{\sin DZ}{\sin AD} = \frac{\sin GB}{\sin AG} = \frac{\cos G}{\cos AB} ; \text{ et } \cos G = \sin A \cos AB,$$

ou cos de l'angle oblique = cos côté opposé . sin autre angle oblique.

Il démontre que la sphère est le solide qui, avec la même surface, a la plus grande capacité.

Il démontre que les accroissemens de la déclinaison sont de moins en moins sensibles, à mesure que la longitude augmente (dans le premier quart). Il dit que Ptolémée n'en a pas donné la preuve. Elle n'y est pas explicitement, elle se trouve par le fait dans la Table des déclinaisons.

$$\sin D = \sin \omega \sin L, \quad dD \cos D = dL \sin \omega \cos L,$$
$$dD = \frac{dL \sin \omega \cos L}{\cos D} = \frac{dL \sin \omega \cos \cancel{R} \cos D}{\cos D} = dL \sin \omega \cos \cancel{R};$$

$\frac{dD}{dL} = \sin \omega \cos \cancel{R}$ diminue donc quand l'ascension droite augmente, et par conséquent lorsque la longitude augmente.

Il montre quel est le point de la plus grande différence entre la longitude et l'ascension droite. Régiomontan lui a emprunté cette solution ; nous la discuterons à l'article Régiomontan.

C'est au moyen de ces théorèmes qu'il n'aura plus besoin de renvoyer aux ouvrages de Théodose et de Ménélaüs. Il expose brièvement la construction des cordes d'après Ptolémée ; il donne quelques règles connues pour la solution des triangles rectilignes ; mais sa Trigonométrie est fort incomplète.

Il extrait tout ce que Ptolémée dit de la Terre et de son immobilité, sans y rien objecter. A l'article de la déclinaison du Soleil, qui se connaît par sa hauteur méridienne, il enseigne à tracer la méridienne par des ombres égales. Cette lacune du livre de Ptolémée avait été remplie déjà par Proclus. Il dit qu'Arcusianus et Abrachis ont trouvé l'obliquité de 23° 51′ 20″; on voit qu'il parle d'Eratosthène et d'Hipparque. A l'article gnomon, p. 38, il dit que la méridienne est une tangente du cercle décrit du sommet du gnomon, comme centre, avec un rayon égal à la hauteur de ce gnomon; mais il ne paraît faire aucun usage des tangentes; il n'indique il est vrai aucun calcul. Il en est de même dans tous les problèmes de Ptolémée sur les angles de l'écliptique avec l'horizon ou le vertical. Il n'emploie que des sinus; il abrège en cela les opérations numériques; mais ne donnant aucun exemple de calcul, et sa rédaction n'étant pas très claire, il est tout aussi obscur au moins que Ptolémée.

Le livre III traite du Soleil. Géber retranche tous les calculs, ne change rien aux méthodes, qu'il ne fait qu'indiquer, en sorte qu'il a rendu tout ce livre bien plus difficile à entendre que dans Ptolémée, et qu'il n'y a rien mis du sien. C'est la même chose dans le livre IV, qui traite de la Lune, et je n'y ai rien vu qui méritât un extrait. Je n'ai pas cru devoir discuter quelques reproches peu importans qu'il fait à Ptolémée.

Dans le livre V, après avoir décrit les règles parallactiques, il passe à la construction de l'instrument qu'il a inventé, lequel n'est composé que d'un cercle, d'un quart de cercle et d'une alidade. Ce cercle a six palmes de diamètre; il est divisé en 360 parties, et chaque partie en autant d'autres qu'il sera possible. Sur le limbe, il prend un point A pour le commencement du Cancer, et le point opposé B pour celui du Capricorne. Au centre du cercle est un trou rond dans lequel tourne à frottement un cylindre. A la partie supérieure du cylindre est une pièce ronde, de quatre doigts de grosseur, au centre de laquelle tourne à frottement une alidade fixée sur une autre pièce ronde égale à la première. Les deux pièces rondes sont jointes par un boulon qui passe par les deux centres. L'alidade portera deux pinnules percées d'un trou central. Le reste de la description est peu intelligible; cinq figures dont elle est accompagnée, sont assez équivoques, et les lettres qu'on y voit ne répondent qu'imparfaitement à celles du texte, défaut assez général dans tout l'ouvrage.

Mais ce qu'on voit au moins assez clairement, c'est que son armille unique, par les différens supports qu'on peut lui donner, peut se placer dans le méridien, et devenir solstitiale; dans le plan de l'équateur, et devenir équatoriale; enfin qu'on peut l'incliner à l'équateur comme l'écliptique; alors elle donnera les longitudes comme l'astrolabe et de la même manière. Quant aux latitudes, elle n'en donnera que les cordes, qu'il sera facile de convertir en arcs.

On ne peut obtenir les minutes sur un limbe que dans le cas où le diamètre est au moins de 12 palmes. Un si grand diamètre aurait trop d'inconvéniens. Quand on a divisé le limbe en autant de parties qu'il est possible, on prolonge un des rayons; de ce rayon prolongé, on décrit un quart de cercle qu'on divise au moyen du limbe déjà divisé, en étendant du centre aux deux arcs un fil qui passe successivement sur tous les points du premier arc. Le second arc étant ainsi divisé en un certain nombre de parties, pourra facilement se sous-diviser en un plus grand nombre; alors il servira à sous-diviser le premier, en faisant passer de même le fil sur tous les points du grand arc. Le petit sera ainsi divisé en autant de parties que le grand. Ce quart de cercle subsidiaire ne reparaît plus, et ne sert nullement aux observations

Cet instrument, dont ne parle aucun auteur, pourrait fort bien n'avoir jamais été exécuté, et les avantages en paraissent au moins douteux. Il valait certainement mieux avoir deux armilles, l'une pour les solstices, et l'autre pour les équinoxes. Quant aux observations de longitude et de latitude, le plus sûr était encore d'avoir un astrolabe.

En rapportant les observations de parallaxe de Ptolémée, il ne fait aucune réflexion critique; il paraît en général ne vouloir attaquer Ptolémée que sur des calculs. Il semble que Géber était moins observateur encore de beaucoup que Ptolémée.

Il calcule la parallaxe de latitude avec un peu plus de soin, mais sans employer aucune formule nouvelle. Il réforme quelques négligences de Ptolémée dans le calcul des limites écliptiques, mais il néglige comme lui l'inclinaison. Selon lui, la limite pour les éclipses de Lune est de 15° 13'. Il reprend encore Ptolémée, qui n'a pas distingué la plus courte distance de la distance à la conjonction; il le reprend d'avoir dit que si le milieu de l'éclipse arrivait à midi, les deux parties de la durée seraient égales. Ces fautes étaient aisées à corriger, et Géber paraît un peu sévère et même injuste envers Ptolémée, quand il attribue ces négligences *à sa faiblesse et à son ignorance en Géométrie: de debilitate ejus in Geometriâ et ipsius ignorantiâ in eâ.* Ptolémée a fait preuve de connaissances supérieures à ce qu'il en fallait pour éviter ces fautes ou pour les corriger; mais Ptolémée lui-même avait montré presque autant de sévérité pour Hipparque dans des minuties pareilles.

Ce que nous avons dit dans notre commentaire de la Syntaxe, nous dispense d'examiner les corrections de Géber, qui auraient elles-mêmes besoin d'être rectifiées.

Dans le livre VI, où il parle des fixes, on voit qu'Aristille et Timocharis sont pour lui Arsatilis et Timonialis; plus loin ou trouve *Timocaris*. Plus loin encore Agrinus est pour Agrippa, et Bithynia pour Athènes. Il ne change rien à la précession de Ptolémée, et ne dit mot de la trépidation.

Livre VII. Géber réprimande vertement Ptolémée d'avoir placé Vénus et Mercure au-dessous du Soleil, et d'avoir dit ensuite que ces planètes n'ont pas de parallaxe sensible. En ce cas, dit Géber, elles sont au-dessus du Soleil, car le Soleil a 3′ de parallaxe; Vénus doit en avoir une plus forte et de 16′ environ, Mercure une de 7′. Géber a raison à peu près, mais il oublie que Vénus ne pouvait s'observer en conjonction inférieure; que sa parallaxe en digression ne doit pas surpasser beaucoup celle du Soleil; que cette parallaxe ne pouvait se déterminer par les observations d'alors, et que la parallaxe du Soleil n'avait été déterminée que d'après celle de la Lune et le rapport des distances établi par Aristarque. Géber est donc inattentif et injuste; sa critique porte entièrement à faux, et le système qu'il embrasse pour les deux planètes est aussi faux que celui de Ptolémée; il a raison seulement quand il soutient, contre l'assertion de Ptolémée, que Vénus peut se trouver sur le rayon visuel mené de la Terre au Soleil. (*Voyez* ci-dessus pag. 167 et suiv.)

Nous croyons bien inutile d'examiner ses objections contre la manière dont Ptolémée établit sa théorie de Vénus et de Mercure. Ce qu'il met en place ne vaut guère mieux, et il n'a opéré aucun changement dans cette partie de l'Astronomie qui était si imparfaite.

Dans la théorie des planètes supérieures, il compare Ptolémée à un homme dont la vue est faible, qui chancelle dans des forêts épaisses où il n'y a aucune route tracée; il s'égare à droite, à gauche, en avant, en arrière, sans pouvoir trouver d'issue, p. 121. Géber se flatte d'avoir trouvé la route. Il commence par déterminer la position des apsides par la considération des mouvemens; alors il est en état de déterminer des distances réciproques des trois centres, et de prouver la bissection de l'excentricité que Ptolémée a supposée, sans pouvoir la démontrer. Il est vrai que Ptolémée ne la prouve point *à priori*, mais il la déduit du calcul, et en montrant que cette supposition satisfait aux observations.

Dans le livre VIII, il trouve des erreurs de 1^j, $1\frac{1}{2}$, 2^j, dans les stations et rétrogradations de Ptolémée, et il dit : *et ego miror de illo viro...., et illud in quo non dubito est quià non fuit ei studium cum sollicitudine in scientiâ geometriæ.* Les fautes de Ptolémée, les corrections de Géber, tout cela nous est fort indifférent; il n'y a de curieux dans cette théorie que le théorème d'Apollonius, identique au théorème moderne.

Dans le livre IX, il ne change rien à la théorie de Ptolémée pour les latitudes, non plus qu'à sa théorie des disparitions et réapparitions des planètes; en sorte que tout considéré, ce qu'on doit à Géber se réduit au théorème $\cos A'' = \cos C'' \sin A$ des triangles rectangles. C'est quelque chose encore; combien d'auteurs à qui on ne doit rien absolument, quoiqu'ils aient pu être des hommes estimables en leur tems, de bons professeurs qui ont pu répandre les connaissances acquises sans y rien ajouter.

Nous avons dit, d'après Weidler, que Géber cite Arzachel; le fait est qu'il ne cite que des noms grecs qu'il a trouvés dans Ptolémée, et qu'il paraît étranger à tout ce qui s'est fait en Astronomie, depuis l'école d'Alexandrie, si ce n'est pourtant à la substitution des sinus aux cordes, opérée par Albategni qu'il ne nomme pas; et, comme il ne s'attribue pas cette idée, il faut qu'elle soit plus ancienne que lui. Il a donc vécu après Albategni; mais en quel tems précisément? c'est ce qu'il n'est pas possible de décider.

Aboul Hhasan Ali Ebn Omar, de Maroc.

On sait peu de chose de cet auteur, sinon qu'il écrivait vers le commencement du XIIIe siècle; qu'il avait composé un traité sur la manière d'observer la nouvelle Lune, et un autre sur les sections coniques. Il voyagea pour perfectionner la Géographie, parcourut le midi de l'Espagne et une partie de l'Afrique septentrionale, de l'est à l'ouest, dans une étendue de 900 lieues, et détermina lui-même la latitude de 41 villes. Montucla, qui le nomme Abul-Hazem, n'ose rien dire de ses ouvrages, d'après les *maigres citations* qu'il en a pu recueillir; mais nous avons eu l'avantage, grâce à la traduction faite par M. Sédillot, de lire la plus considérable et sans contredit la plus curieuse des productions de cet auteur, celle à qui il a donné le titre *des Principes et des Résultats*, ou, plus littéralement, *Ouvrage qui réunit les commencemens et les fins*. Cette traduction forme un volume in-folio de 700 pages, avec un nombre considérable de planches. Nous y puiserons ce qu'elle renferme de plus intéressant et de plus neuf.

La première partie traite des *calculs;* elle consiste en 87 chapitres. Le premier est consacré aux définitions. Nous ne citerons que celles du zénit et du nadir, qu'il désigne sous les noms de *semt-al-rás*, et de *semt-al-rigel*; *direction de la tête* et *direction des pieds*. Le mot rigel est resté dans l'Astronomie moderne, pour désigner l'étoile du *pied* d'Orion.

Aboul Hhasan fait l'année arabe de $354^j \frac{22}{60}$; les mois de l'année syriaque sont de 28, 30 et 31 jours. Pour retenir ces nombres divers, les Arabes ont composé une phrase technique dont le sens est *heureux l'homme qui a fait le pèlerinage de la Mekke*. C'est ainsi que les Indiens ont composé des vers techniques qui leur indiquent le nombre des étoiles qui composent leurs constellations (*voyez* tome I, p. 449).

Au chapitre X, on voit que les Arabes ont deux noms différens pour indiquer le cosinus, selon que l'arc est plus petit ou plus grand que 90°. Nous n'avons qu'un seul nom, mais nous donnons à ces cosinus des signes différens, ce qui est beaucoup plus avantageux.

Outre la Table des sinus dont l'argument est l'arc, Aboul Hhasan donne une table inverse dont le sinus est l'argument, et qui sert à trouver les arcs.

Il fait la précession moyenne de 54" comme Albategni; il admet la trépidation, comme Arzachel, à qui il paraît avoir emprunté sa théorie du Soleil toute entière.

Il nous donne un catalogue de 240 étoiles, pour le commencement de l'hégire, c'est-à-dire pour le 15 juillet 622. Nous l'avons réduit à l'époque actuelle; il nous a paru trop inexact pour être reproduit ici; les erreurs les plus ordinaires passent un degré. On y voit quelques étoiles australes qui ne sont point dans le catalogue de Ptolémée.

Sa théorie des ombres commence comme celle d'Albategni. Sa Table des ombres ou des cotangentes est calculée de 15 en 15', comme celle d'Aboul Wéfa; mais elle est pour un rayon de 12 parties, ce qui prouve qu'elle est exclusivement destinée à la Gnomonique. Une seconde Table donne les arcs qui répondent aux ombres; une troisième Table donne les ombres verticales, c'est-à-dire les tangentes, pour tous les degrés, depuis 1 jusqu'à 60°, pour un rayon de 60^p. Elle est trop peu étendue pour être d'une grande utilité.

L'obliquité de l'écliptique oscille entre les limites 23° 53' et 23° 33'. Copernic a fait pour son tems quelque chose de semblable.

Il a emprunté d'Aboul Wéfa les notions des déclinaisons prime et seconde, et l'un de ses théorèmes.

Il donne les déclinaisons de 180 étoiles, pour le commencement de l'hégire, sans nous dire comment ces déclinaisons ont été observées. On peut croire qu'elles sont tirées des ouvrages d'Arzachel.

Il y joint une Table des latitudes de 135 lieux terrestres. Il avait marqué d'une couleur particulière celles qu'il avait observées lui-même.

Il appelle sinus *fadhal* l'ombre verticale, c'est-à-dire la tangente de la déclinaison calculée pour un rayon de cinq parties.

Il cherche, comme Régiomontan a fait depuis, le sinus de la différence ascensionnelle par la multiplication de deux tangentes.

Il nomme *degrés égaux* les degrés de l'écliptique, par opposition aux degrés d'ascension droite qui en effet sont inégaux, si l'on appelle *degré de l'équateur* l'arc qui correspond à un degré de l'écliptique. Pour désigner les ascensions droites, il se sert, comme tous les Arabes, du mot *coascendant*, qui est la traduction du mot συναναφορά des Grecs. A l'exemple de Théon, il compte les *coascendans* du colure voisin.

On appelle *ashle* le produit $\cos H \cos D$, l'un des facteurs de la formule de hauteur $\sin h = \cos P (\cos H \cos D) + (\sin H \sin D)$. L'autre terme $(\sin H \sin D)$ se montre aussi fort souvent dans ses calculs comme dans ceux d'Ebn Jounis; c'est le sinus de la hauteur d'un astre quelconque, quand l'angle horaire est de 6^h ou $90°$; c'est la hauteur du centre du parallèle au-dessus du centre de l'horizon.

$\cos H \cos D$ est l'ashle d'un astre quelconque dont la déclinaison est D; c'est celui d'un point de l'écliptique qui a cette même déclinaison.

Sin hauteur méridienne $= \cos H \cos D + \sin H \sin D = \cos (H - D)$.

Ainsi ashle $=$ sin hauteur méridienne $-$ sinus hauteur au cercle de 6 heures égales.

Les règles de l'auteur, pour trouver le dayer et son augment, sont celles d'Ebn Jounis. On a vu que le dayer est la partie du jour écoulée depuis le lever; son augment est l'excès de l'arc semi-diurne sur le dayer, pour les heures du matin, ou l'excès du dayer sur l'arc semi-diurne, pour les heures du soir.

Dans les problèmes d'Astronomie sphérique, résolus par Aboul Hhasan, on voit, à chaque instant, reparaître la formule fondamentale.....
$\cos C'' = \cos A'' \sin C \sin C' + \cos C \cos C'$, qui était aussi le principal fondement de la Trigonométrie des Arabes.

L'*ashre* est un tems du soir qui commence à l'instant où l'ombre horizontale devient égale à l'ombre horizontale de midi, augmentée du rayon ou de la longueur du gnomon; ainsi à l'instant où l'ashre commence, on a

$$\cot \text{haut.} \odot = \text{ombre } \odot = \tan (H - D) + 1.$$

L'auteur donne une Table de ces hauteurs pour toutes les hauteurs méridiennes de 5 en 5°, depuis 5° jusqu'à 90°. J'ai vérifié cette Table, dont le calcul est extrêmement facile.

L'*ashre* finit à l'instant où l'on a

$$\text{cot haut. } \odot = \text{omb. } \odot = \text{tang}(H-D) + 2 \text{ fois la haut. du gnomon.}$$

Le zhore est le tems qui est compris entre le midi vrai et le commencement de l'ashre, c'est-à-dire tout le tems où la tangente de l'ombre surpasse $\text{tang}(H-D)$, et n'est pas encore $\text{tang}(H-D)+1$.

Le zhore et l'ashre sont des parties du jour où les bons musulmans doivent accomplir certaines pratiques religieuses auxquelles ils paraissent attacher beaucoup d'importance, et sur lesquelles Aboul Hhasan ne nous donne aucun détail.

Il a pris la peine de calculer, pour 210 étoiles principales, le point de l'écliptique avec lequel elles culminent. C'est ce que les Indiens appellent *fausse longitude*. Nous avons vu dans Ebn Jounis la manière de calculer ce point culminant.

A l'article du crépuscule on ne trouve rien de nouveau, sinon que l'auteur suppose 20° d'abaissement pour le commencement du crépuscule du matin, et 16° seulement pour la fin du crépuscule du soir. Ce dernier se nomme crépuscule *rouge*, celui du matin, crépuscule *blanc*.

Il désigne le nonagésime par les mots *milieu du ciel de l'écliptique*. Il calcule l'amplitude ortive par la formule

$$\text{tang amplit. ort.} = \frac{\text{tang différ. ascensionnelle}}{\sin \text{ haut. du pôle}};$$

pour l'amplitude à une certaine hauteur h ou $\sin A'$, il fait

$$\sin A' = \frac{\frac{\sin D}{\cos H} - \sin h \tan H}{\cos h} = \frac{\sin \text{ amplit. ort.} - \text{hissah de l'azimut}}{\cos \text{ hauteur}};$$

nous avons vu cette formule dans Albategni; mais Albategni calcule $\frac{\sin h \sin H}{\cos H}$, au lieu de $\sin h \tan H$.

Il calcule, comme Ebn Jounis, la hauteur et l'azimut par l'angle horaire, la déclinaison et la hauteur du pôle. Il emploie les termes baad et inhiraf, dont le premier signifie toujours une distance, et l'autre l'angle que cette distance fait avec un cercle fixe.

Au chap. LXX, il suppose le degré d'un arc de grand cercle de $66\frac{2}{3}$ milles.

Prenez le tiers de l'arc exprimé en milles, et vous l'aurez exprimé en parasanges. Prenez le douzième de l'arc exprimé en milles, ou le quart de l'arc exprimé en parasanges, et vous aurez le même arc exprimé en postes.

Il définit l'inclinaison d'un plan, la distance de ce plan au zénit, ou le complément de l'angle que ce plan fait avec l'horizon.

Azimut d'un vertical, l'angle qu'il fait avec le premier vertical.

Il considère un plan incliné quelconque comme l'horizon d'un lieu, et il donne la règle connue, pour trouver la hauteur du pôle sur ce plan. C'est la première fois que je rencontre cette notion dont Sgravesande passait pour le premier auteur, au moins en matière de Gnomonique.

Les Grecs et les Arabes supposaient toujours le gnomon perpendiculaire au plan qui reçoit les ombres. Aboul Hhasan emploie souvent un gnomon oblique au plan et parallèle à l'horizon.

Ce premier livre est terminé par un tableau dans lequel l'auteur présente, sous la forme d'analogies, toutes les règles dont il s'est servi dans les calculs précédens.

Il paraît, par cet extrait, qu'en fait d'Astronomie, Aboul Hhasan n'a rien inventé; il a simplement recueilli, dans un ordre assez méthodique, ce qu'il avait lu dans Albategnius, Ebn Jounis et Aboul Wéfa.

La seconde partie de son livre est intitulée des *constructions;* elle est géométrique beaucoup plus qu'astronomique. On y trouve quatre moyens graphiques différens pour déterminer la déclinaison d'un point de l'écliptique. Nous rapporterons les deux plus faciles. Soit EC (fig. 49) la projection orthographique de l'écliptique, QKV celle de l'équateur, ♈A l'arc égal à celui dont on demande la déclinaison. Abaissez la perpendiculaire AM sur EC et Ma sur QV, et menez MS parallèle à QV.

$$M a = KM \sin K = \sin ♈A \sin \omega = \sin D = S b = \sin QS.$$

Soit (fig. 50) QLV l'écliptique; du rayon KM $= \sin \omega$, décrivez autour de K un petit cercle MAB. Soit QO l'arc dont on veut la déclinaison; menez le rayon ONK, la perpendiculaire Na, et vous aurez

$$N a = NK \sin K = \sin \omega \sin QO = \sin D = S b = \sin QS:$$

par les quatre méthodes de l'auteur on serait conduit à croire que les Arabes ne connaissaient pas ce que les gnomonistes européens ont nommé *trigone des signes.*

Pour trouver l'ombre d'un arc, il donne cette construction, qui est remarquable.

Soit ABC un cercle vertical (fig. 51); on demande l'ombre de la hauteur AB, c'est-à-dire celle du complément BC. Menez le diamètre BKE, puis prenez KO égal au gnomon, et menez la perpendiculaire OE, ce sera l'ombre cherchée. On voit que les ombres d'Aboul Hhasan n'étaient pas tout-à-fait des tangentes; Aboul Wéfa prend pour rayon de son cercle le gnomon FK, et alors l'ombre FD est réellement une tangente et GH la cotangente. La construction d'Aboul Wéfa est plus simple et mieux entendue.

Pour trouver par une construction graphique les hauteurs du Soleil à toutes les heures temporaires, il donne une construction qui revient à ceci, mais qui est moins facile à comprendre.

Soit HO l'horizon, l'équateur (fig. 52) PA le parallèle; élevez la perpendiculaire ab, bP sera l'arc semi-diurne; divisez cet arc en six arcs égaux. Par tous les points de division de l'arc, abaissez des perpendiculaires sur PA; par les pieds de ces perpendiculaires, menez des parallèles à l'horizon HO. Elles détermineront sur PH les hauteurs des six heures, tant du matin que du soir.

Le reste du premier volume est un traité complet de Gnomonique arabe; nous en donnerons l'extrait ci-après, en traitant de la Gnomonique du moyen âge.

Nous dirons en finissant, qu'à l'exemple d'Ebn Jounis, Aboul Hhasan ne démontre aucune de ses règles de calculs, non plus qu'aucune de ses constructions.

La traduction d'Aboul Hhasan avait concouru pour l'un des prix décennaux, et le jury lui avait adjugé ce prix; nous ne connaissions alors ni les ouvrages d'Ebn Jounis ni ceux d'Aboul Wéfa. Plusieurs choses rapportées par Aboul Hhasan nous parurent entièrement neuves. Nous venons de les restituer à leurs premiers auteurs. M. Sédillot, par ses nouvelles recherches, a lui-même un peu diminué l'importance des premières. Nous lui souhaitons le même bonheur dans ses recherches futures; mais en attendant ce qu'elles pourront lui faire découvrir, nous verrons dans la Gnomonique d'Aboul Hhasan, des choses curieuses et qui seront toutes nouvelles pour nous.

CHAPITRE VI.

Persans.

Synopsis Tabularum Astronomicarum Persicarum, ex Syntaxi Persarum Georgii medici Chrysococcæ, quæ in Bibliothecá Regis christianissimi græcè manuscripta adservatur. Excepta et nunc primum in lucem edita opera et studio Ismaelis Bullialdi, 1645. ΓΕΩΡΓΙΟΥ ΤΟΥ ΙΑΤΡΟΥ ΤΟΥ ΧΡΥΣΟΚΟΚΚΗ ἐξήγησις εἰς τὴν Σύταξιν τῶν Περςῶν ἐκτεθεῖσα πρὸς τὸν αὐτοῦ ἀδελφὸν Ἰωάννην τὸν Χαρτιανίτην.

L'auteur commence par nous dire qu'il va exposer méthodiquement les résultats des conférences qu'il a eues avec le prêtre Manuel. Il faut savoir d'abord comment cette Syntaxe a été apportée de Perse et traduite en langue grecque.

Manuel racontait qu'un certain Chionade, élevé à Constantinople, et fort instruit dans toutes les parties des Mathématiques, voulant s'instruire de même dans les langues qui pourraient faciliter ses progrès dans la sagesse et la science médicale, avait entendu dire que le seul moyen était d'aller en Perse, et qu'il n'avait eu rien de plus pressé que d'entreprendre ce voyage. Il se rendit d'abord à Trébizonde où il demeura quelque tems auprès du grand Comnène, qui lui témoigna le plus vif intérêt, et lui fournit les moyens de se rendre en Perse; là il s'instruisit dans les sciences persanes, et fut admis dans la familiarité du roi. Mais, quand il voulut étudier l'Astronomie, on lui opposa une loi du pays qui permettait de communiquer toute sorte de connaissances aux étrangers, mais qui réservait aux seuls Persans celle de l'Astronomie. Cette restriction était fondée sur une idée accréditée en Perse depuis long-tems, qui était que leur empire serait détruit par les Romains, qui se serviraient contre eux de l'Astronomie qu'ils auraient apprise à leur école. Pour vaincre cet obstacle, il ne trouva d'autre moyen que de s'attacher au service du roi, qui rendit une ordonnance spéciale pour qu'il pût rassembler les professeurs d'Astronomie, et profiter de leurs leçons. Chionáde, honoré par le roi, amassa de grands biens, acheta beaucoup d'esclaves, et s'en revint à Trébizonde, rapportant un grand nombre de livres d'Astronomie; et les ayant traduits en grec, suivant ses idées, il en fit un ouvrage de marque.

Il traduisit également en grec plusieurs autres traités persans qui contenaient les époques; mais le meilleur de tous, le plus exact, celui qu'il a mis en grec, d'après les conversations qu'il avait eues avec les Persans, est l'ouvrage suivant, qui s'appelle ἡ Πρόχειρος (Σύνταξις). La Syntaxe *facile*, *abrégée* ou *manuelle*.

Bouillaud pense que le Comnène dont il est question, est Alexis, premier roi de Trébizonde, après la prise de Constantinople par les Latins, en 1204.

Τὸ ζῆσι (zig), ou cette Syntaxe, a été dressée pour la longitude de 72° et pour le lieu nommé *Tibène en Chazarie*. L'étendue totale en longitude du couchant au levant, ou depuis une mer jusqu'à l'autre, est de 180°.

L'an des Perses commence aux jours sariar d'Jasdakerde, 3ᵉ jour de la semaine, jour auquel Jasdakerde monta sur le trône. Cette année est de deux sortes; l'une est *basita*, c'est-à-dire non bissextile, et composée de 365 jours. Chaque mois est de 30 jours; mais à la fin du mois alphanitar, on ajoute cinq jours *furtifs* κλοπιμαίας. L'autre sorte, pour la permanence des saisons, est bissextile, et le nombre des jours *furtifs* est de six. Cette année s'appelle *kapisa*. Au bout de 120 ans, ces jours intercalés font un mois de 30 jours; l'excès des années solaires sur les années lunaires, est de 30 jours environ. En 1460 ans, ces jours forment une année, et le premier mois, pharbadin, se retrouve à sa place; le Soleil entre au Bélier le premier jour de l'an.

Veut-on connaître l'année courante, on n'a qu'à retrancher 6139 des années depuis le commencement du monde, le reste est l'année cherchée, comptée du 1ᵉʳ octobre, jour de la création.

Il y a une autre année qui est celle du sultan Mélixa, qui ordonna que l'on compterait de son règne, en commençant à l'entrée du Soleil au Bélier. Ainsi de mois en mois le Soleil passe dans un autre signe. Pour avoir l'année de Mélixa, on retranche 6586 du nombre des années de la création.

Bouillaud remarque quelques erreurs grossières dans ce préambule; il est faux qu'au bout de 1460 ans, l'entrée du Soleil au Bélier se retrouve au 1ᵉʳ jour de l'année. Il s'en faut de 10 jours. Il n'y a pas plus d'exactitude dans l'excès des années solaires sur les années lunaires.

PERSANS.

Époques des Tables pour l'an 1ᵉʳ d'Jasdagird, l'an 631 de J.-C., 16 juin à midi.

	Corrigée par Bouillaud.	Suivant le manuscrit.
Apogée ☉.............	2ˢ 17° 49′ 13″	2ˢ 17° 49′ 13″
Depuis l'apogée........	0. 7. 29. 12	0. 7. 45. 6
Nœud ☊ de la Lune......	9. 25. 16. 5	10. 14. 35. 37
☾ lieu moyen depuis l'équinoxe..	11. 26. 26. 33	7. 17. 3. 32
Anomalie de l'épicycle.......	9. 23. 46. 10	6. 25. 3. 0
Double (☾ — ☉).........	6. 13. 32. 26	9. 24. 19. 25
Apog. de ♄, Ύψωμα......	8. 0. 5. 56	8. 0. 18. 1
L. moy. depuis l'apogée, Κεντρον	11. 14. 19. 19	11. 2. 6. 54
Anomalie de l'épicycle Ἰδία....	7. 5. 33. 23	7. 18. 10. 18
Ap. ♃ Ύψωμα.........	5. 19. 6. 51	5. 19. 6. 0
Κεντρον...........	3. 0. 40. 0	1. 29. 38. 0
Ἰδία.............	6. 0. 37. 0	7. 1. 21. 0
♂ Ύψωμα.........	4. 5. 55. 0	4. 5. 55. 0
Κεντρον...........	5. 22. 31. 19	11. 11. 30. 12
Ἰδία.............	4. 27. 32. 25	11. 9. 40. 0
♀ Ύψωμα.........	2. 9. 4. 51	2. 9. 5. 0
Κεντρον...........	0. 16. 24. 0	0. 16. 30. 0
Ἰδία κίνησις.........	4. 2. 25. 0	8. 17. 20. 0
☿ Ύψωμα.........	6. 22. 28. 0	6. 22. 27. 0
Κεντρον...........	8. 1. 1. 0	8. 1. 5. 0
Τὸ ἴδιον...........	6. 2. 12. 14	4. 8. 25. 0

Bouillaud avertit que l'erreur du manuscrit n'était pas la faute du copiste, mais bien celle du calculateur. Il explique comment il s'est aperçu de l'erreur, et comme il l'a corrigée.

Ces époques sont diminuées de la plus grande équation, dans la vue de rendre toutes les équations additives.

Ainsi il faudrait ajouter à l'anom. moy. 2° 0′ 30″ pour l'équat. du soleil.

Bouillaud trouve qu'il faudrait en outre diminuer l'apogée de 4′ 4″; mais il y a du doute, et partout une incertitude de 4′ sur le mouvement du ☉.

			Équation des Tables.
Pour Saturne, il faudrait ajouter	5°30′ et 7°0′ = 12°30′	♄ 6°32′.... 6°13′
Pour Jupiter..........	4.27 et 12.0 = 16.27	♃ 5.15.... 11. 3
Pour Mars...........	9.49..................	♂ 11.25.... 42.12
Pour Vénus..........	1.56..................	♀ 1.59.... 45.59
Pour Mercure.........	3.48..................	☿ 4. 0.... 22. 1
Pour la Lune, équat. de prosn.	13. 8..................	☾ 5. 1 et 7.40 dans les quadratures.

Bouillaud donne ensuite les époques de Mélixa qui sont pour 448 d'Jasdagird, 18 jours, ou l'an 1079, 14 mars, 5^h au méridien de Tybène, plus oriental de 2° 42′ qu'Uranibourg.

	Table des Perses.	Tabl. de Bouillaud
Longit. moyenne ☉.	11.27.17.43	11.27.22.43
Apogée..........	2.24.12.33	2.27.20.47
♄............	10. 3.24.19	10. 4.23.21
Apogée.........	8. 6.41.11	8. 9.26.36
Nœud.........	3.29.11.11	3.16.45.19
♃............	5. 8. 7.13	5. 7.13.20
	5.25.30. 1	5.25. 6.30
	4. 2.57. 1	3. 5. 3.11
♂............	4.22.10. 0	4.25.12.17
	4.12.18. 1	4.17.34.28
	1.12.18. 1	1. 9.49. 4
♀ apog. et ☊....	♒.15.28. 1 ⚹	9.28. 1
Anom. épic.....	9.11. 8.20	9. 8.22.35
De l'équateur...	9. 8.26. 3	9. 5.45.18
☿ apog. et ☊....	♎.28.52. 1 ♈	♏.26.31.31
Anom. épic.....	7.29.56.18	7.15.24.59
De l'équin.....	7.27.14. 1	7.12.47.42
☊ ☾.........	9.24.28.20	9.24.17. 7
☾ de l'équin....	3.12.42.15	3.12.53.36
Anomalie.......	7.16.17.10	7.17.36.51
2 (☾ − ☉)....	7. 0.49. 1	7. 1. 1.46
Argum. de latit...	5.18.13.55	5.18.13.55
Latitude ♄.....	3° 3′ B....	3° 5′ A
♃.....	2. 4.......	2. 7
♂.....	2.52.......	3.29
♀ Inclinaison....	6.18.......	6.18
Obliquation...	2.40 déviation	2.20
☿ Inclinaison....	4. 4.......	4. 4
Obliquation...	2. 0 déviation	3.30

Bouillaud remarque que ces tables diffèrent peu des tables anciennes.

PERSANS.

que les équations et les latitudes sont presque les mêmes que celles de Ptolémée.

L'obliquité 23° 35′ est celle d'Albategnius et d'Ebn Jounis.

Les Tables de parallaxes sont celles de Ptolémée. On ne voit pas comment les Perses faisaient un si grand secret de leur Astronomie, à moins que ce ne fût pour laisser croire qu'ils en avaient une qui leur appartenait.

Après ces élémens des Tables persanes, on trouve un petit catalogue des étoiles pour l'an 509 de l'hégire, c'est-à-dire pour le 27 mai 1115. On suppose la précession 1° en 68 ans.

Bouillaud n'a pu deviner ce que peut être la tête du Cheval de deuxième grandeur.

Ce catalogue est suivi d'une Table des longitudes et des latitudes de 53 villes.

Noms des Étoiles.		Longitude.	Latitude.	Gr.
Ἄυλαξ........	Dernière de l'Éridan...	0ˢ 15° 10′	13° 20′ A	1
Χεὶρ βεβαμμένη....	Luisante de Cassiépée. .	0.22.50	51.40. B	3
Κεφαλὴ ἵππου.....	. . . .	1.14.40	43. 0. B	2
Πλευρὰ Περσέως...	Côté droit de Persée...	1.19.50	30. 0. B	2
Ὄμμα Βοός.....	Œil du ♉........	1.27. 0	5. 0. A	1
Ἄιουχ.........	La Chèvre........	2.10. 0	22.30. B	1
Ποὺς Διδύμων....	P. gauche d'Orion....	2. 4.50	31.50. A	1
Ὦμος Διδ......	Épaule gauche.....	2.17. 0	17. 0. A	1
Σοαὶλ Ἰαμανή.....	Canobus.........	2. 2.10	75. 0. A	1
Σιαὴρ Ἰαμανή.....	Sirius...........	3. 2.40	39.10. A	1
Σιαὴρ σιαμή.....	Procyon.........	3.14.10	16.10. A	1
Καρδία λέοντος....	Cœur du ♌.......	4.17.30	0.10. B	1
Μικρὸς κονταράτος..	L'Épi...........	6.11.40	2. 0. A	1
Κονταράτος.......	Arcturus.........	6.12. 0	31. 1. B	1
Ποὺς Κενταύρου....	P. dr. Centaure.....	6.23.20	41.10. A	1
Καρδία σκορπίου...	Antarès.........	7.27.40	4. 0. A	2
πινάκιν κεκλασμένον.	α Couronne......	6.29.40	44. 3. B	2
Γὺψ καθειμενος....	Lyre...........	9. 2.20	62. 0. B	2
Γὺψ πετόμενος....	Aigle..........	9.18.50	29.10. B	2
Στόμα ἰχθυος μέσον.	Fomalhaut.......	10.22. 0	23. 0. A	2
Οὐρὰ ὄρνιθος.....	α Cygne........	10.24.10	60. 0. B	2
Ὀμφάλος ἵππου...	Markab........	11.11.40	19.40. B	2
Οὐρὰ τοῦ Κήτου...	Queue Baleine.....	11.19.20	19.40. B	2
Πήγασος........	Aile de Pégase.....	11.27.10	12.30. B	2
Ὦμος ἵππου.....	Épaule du Cheval...	11.17.10	31. 0. B	2

Bailly, en parlant des tables, dit, d'après Bouillaud, qu'il faut que les Persans aient observé bien long-tems, pour que leurs tables, à l'exception de celles de Mercure, soient si exactes. Mais cette exactitude en l'an 1115, sur-tout quand il vient de dire que ces tables ne différaient presque pas de celles de Ptolémée, devait moins l'étonner. Ils les ont tirées des Grecs et des Arabes, à qui ils ont pris l'équation du Soleil.

Delisle avait déduit de ces tables l'année de $365^j 5^h 49' 3''5$ (Bailly, p. 606); cela diffère peu de l'année des Arabes.

Holagu Ilecan, petit fils de Gengiskan, rassembla des astronomes, pour faire de nouvelles Tables astronomiques.

Nassireddin dirigea ce travail, pour lequel il avait demandé 30 ans; il n'en put obtenir que 12, et l'ouvrage fut terminé en 1269. A la réserve des moyens mouvemens corrigés par Nassireddin, d'après ses propres observations, le reste fut copié de Ptolémée.

Ces tables, nommés *ilékaniques*, ne valent pas les anciennes tables, dit Bailly; mais, puisque les unes et les autres étaient copiées de Ptolémée, on ne voit pas d'où viendrait la différence. Bailly en infère qu'on recommençait pour faire moins bien, *ce qui prouve un état primitif détruit. Hipparque et Ptolémée ont établi des déterminations inférieures à celles qui les avaient précédées. Nassireddin les imita et les copia, pour former des tables moins bonnes.* Bailly a de nouveau enchéri sur cette idée, dans son Astronomie indienne; il accuse Hipparque et Ptolémée d'avoir tout gâté, et d'avoir été cause que l'Astronomie avait été long-tems dans un état languissant; tandis que, dans le fait, c'est à eux qu'on doit tout.

Shah Cholgius, né dans la Bactriane, fit, vers 1448, un Commentaire sur les Tables ilékaniques. Les Persans ont 49 constellations comme Hipparque, ce qui n'est pas bien étonnant, puisqu'ils ont tout pris chez les Grecs et les Arabes.

Astronomica quædam ex traditione Shah Cholgii Persæ, una cum hypothesibus planetarum; studio et opera, J. Gravii nunc primum publicata. Londini, 1642.

Le traducteur, dans sa préface, se plaint de ce nombre de mots arabes et souvent mal définis, qu'on a introduits dans le langage astronomique; il cite entre autres *zénit* et *nadir*, qui sont restés; *juzahar* et *buth*, qui sont un peu oubliés. Il nous apprend que *aux* signifie apogée, en arabe, c'est le mot que plusieurs traducteurs ont rendu par *longitudo longior*. Si l'on ne peut bannir ces mots, il faut au moins les expliquer, et c'est dans

PERSANS.

cette vue que l'éditeur a fait paraître son *Shah Cholgius*. On y remarquera que les hypothèses célestes des Arabes, des Perses et des Indiens sont les mêmes que celles de Ptolémée, adaptées aux mouvemens moyens de Nassir-Eddin, qui observait à Maragà. L'auteur vivait vers l'an 660 de l'hégire (1260); c'est à cette époque qu'il donna son Commentaire *lumineux* sur les tables qu'il dédia à Iléchan, tatare. On ignore s'il a composé d'autres ouvrages.

Les Arabes appellent *zig* les tables astronomiques. Ce mot est tiré de *zik*, fil.

Rasad est l'observation des corps célestes, au moyen des instrumens.

Les *zig* servaient à calculer des éphémérides des lieux des astres, de leurs conjonctions, de leurs éclipses, de leurs apparitions et disparitions. Ces éphémérides s'appelaient *tacvim*; on y voyait sur-tout les lieux des planètes à midi.

Nous omettons toutes les notions que nous avons déjà données ou qui sont trop vulgaires.

Les Arabes appellent *mantakah* ou *ceinture*, tout cercle également éloigné de ses deux pôles.

La neuvième sphère s'appelait *sphère des sphères* ou *crystalline*.

Les observations faites à Maragà prouvent que la précession est d'un degré en 70 ans.

L'auteur suppose les sphères solides. La convexité de l'orbite de Saturne touche la concavité de celle des fixes, et la *concavité* de Saturne touche la convexité de l'orbe de Jupiter. J'ignore si la traduction est juste; mais il serait plus juste de dire que toutes ces sphères se touchent extérieurement sans interstices et sans pénétration.

Saturne est comme enchâssé dans son épicycle.

Le nadir de l'Auge s'appelle *hadhid*. Tous ces mots techniques sont communs aux Arabes et aux Persans.

Mouv. annuel de Saturne,	12°12'48",	mouv. dans l'épic. par mois,	28°33'52",
♃ en une année persane,	30.19.43.14,	mouv. relatif en un an...	10ˢ29.25. 5.14‴,
Mars en une année...	6ˢ11.16.19.25,	mouvement relatif.....	5.18.28.29.13,
Soleil en un mois....	29.34. 5.38,		
Vénus..........		mouv. rel. en une année,	7.15. 1.46.38,
Mercure.........		....	3. 3.12.11. 4,
☾, mouv. an. du nœud,	19°19'43" 2	☊ se nomme juzahar, lieu vénéneux,
Épicycle en un jour...	13. 3. 53.56		
Inclinaison...	manque		
Obliquité, 23°30'.....			

Buth est le mouvement d'une planète pour un intervalle de tems donné.

Le subec de la Lune est son mouvement synodique ou relatif.

L'équation du jour d'une planète, ou d'un point de l'écliptique, est sa différence ascensionnelle.

La déclinaison seconde d'un point du zodiaque est la latitude du point de l'équateur, qui a même longitude que ce point. (*Voyez* Ebn Jounis.)

Le zénit d'un lieu comme la Mecque est l'azimut de ce lieu sur un horizon donné.

Le daïr est la distance d'un astre à l'horizon, comptée sur son parallèle.

L'excès aldaïr est la distance de l'astre au méridien, prise sur le même parallèle.

Fragment d'Ali Kushgius.

Le grand cercle de la Terre est de 8000 parasanges, la parasange est de 3 milles, le mille contient 3000 aunes, l'aune 32 doigts, le doigt a de largeur 6 grains d'orge, le grain d'orge est de 6 poils de la queue d'un cheval, le diamètre de la Terre est de 2545 parasanges, la surface entière de la Terre 20363636 parasanges, la surface de la Terre habitable 4376940 parasanges. Je copie fidèlement les nombres sans les garantir.

La partie inférieure de l'orbe de la Lune est à 41936 parasanges du centre de la Terre.

La supérieure ou l'inférieure de ☿........ 85303
La supér. de Mercure et l'infér. de ♀........ 275380
♀ partie supérieure et ☉ inférieure........ 1848382
☉ partie supérieure et ♂ inférieure........ 2027934
♂ partie supérieure et ♃ inférieure........ 14770370
♃ partie supérieure et ♄ inférieur.......... 2399250 (erreur)
♄ partie supérieure et les étoiles inférieures 33509180
Concavité de la neuvième sphère.......... 33524309

Pour sa convexité, Dieu seul la connaît.

Voilà tout ce que contient cet ouvrage assez superficiel. Cependant il nous complète la preuve de notre assertion, qu'il n'y a qu'une seule Astronomie, celle des Grecs.

Observatoire de Meragâh.

Ce qu'on va lire a été extrait d'un manuscrit arabe, par M. Jourdain.

Nous avons rapporté soigneusement tout ce que Ptolémée, Théon et Proclus ont écrit sur les instrumens des Grecs, et nous avons plus d'une fois regretté de trouver ces auteurs si sobres de détails. Albategni et Ebn Jounis ne sont guère plus instructifs. Les Grecs ne nous ont conservé le nom d'aucun constructeur d'instrument; si nous avons appris celui de Léonce, le mécanicien, c'est parce qu'il ne s'est pas borné à construire des sphères, et parce que nous avons de lui un petit écrit sur la sphère d'Aratus; nous ignorons même si jamais il a fait un seul instrument véritablement astronomique. Dans un pays où les observatoires étaient si rares, et les observateurs plus rares encore, il est à croire qu'un mécanicien qui se serait borné à la fabrication des armilles, des dioptres, des astrolabes et des règles parallactiques, n'aurait su, bien souvent, comment s'en défaire, et qu'il n'aurait pas fait une grande fortune; mais parmi les Arabes, chez qui l'émulation était plus réelle et plus générale, cette profession devait être plus honorée et plus profitable. Nous voyons des mécaniciens cités avec éloge, et des astronomes porter le surnom d'*Alasterlaby* ou de *fabricateurs d'astrolabes*. L'écrit que nous allons analyser est d'un ami et d'un collaborateur de Nassir-Eddin, qui avait construit lui-même tous les instrumens dont il nous parle, et s'en était servi de concert avec l'astronome, son ami.

Nassir-Eddin, traité injustement par le gouvernement de Couchestan, s'était réfugié chez les Molaheds. Sa réputation s'était répandue au loin; Mingou Càan l'attira à sa cour. Il s'y lia particulièrement avec Holagou, frère du monarque, à qui il persuada de fonder un observatoire. Avec les fonds qu'il en obtint, il fit construire des instrumens, recueillit tous les livres répandus dans le Khorassan, en Syrie, à Bagdad et à Mousoul, et rassembla les plus célèbres astronomes. Il y a quelque apparence que dans son zèle il ménageait trop peu l'argent du Prince; car Houlagou, effrayé des devis qui lui furent présentés, fut fortement tenté de renoncer à son projet; mais Nassir-Eddin étant venu à bout de le raffermir, en lui prouvant la grande utilité de l'Astronomie, on fit choix d'une montagne située au couchant et près de la ville de Meragâh. L'édifice fut disposé de manière que les rayons du Soleil, pénétrant par une ouverture pratiquée au haut du dôme, se projetaient sur le mur, en sorte, dit l'auteur arabe, que l'on pouvait connaître les degrés et les minutes du mouvement du Soleil, les hauteurs solstitiales et équinoxiales, et les heures de la journée. Ce qui probablement se réduit à un grand cadran solaire, qui montrait l'heure et la hauteur méridienne du Soleil. On avait rassemblé dans cet édifice, des sphères et des globes de toute espèce, les instrumens décrits par Ptolémée, et d'autres instrumens imaginés par Nassir-Eddin ou par son ami, et dont ils commencèrent à faire usage avant l'an 660 de l'hégire (1261 de notre ère).

Pour tracer la méridienne, l'auteur recommande particulièrement le *cercle indien*. C'est un marbre bien plan et bien horizontal, sur lequel on décrit plusieurs cercles concentriques; au centre commun est planté un stile droit ou *mékias* de cuivre, terminé en pointe, et dont la hauteur doit être d'un quart du rayon du plus grand cercle, pour l'hiver, et du tiers pour l'été.

Le premier instrument était le quart de cercle, ou mural de Ptolémée. Il était construit de bois de sadge; le limbe et les règles avaient de largeur un quart de coudée, et les règles avaient cinq coudées de longueur; le limbe véritable était de cuivre, large de trois doigts, sur lequel les degrés étaient marqués de 5 en 5; au centre était un cylindre d'acier autour duquel tournait une alidade garnie de deux dioptres; l'alidade était terminée en pointe, pour marquer plus exactement la hauteur de l'astre, et se mouvait au moyen d'une corde et d'une poulie attachée au haut du mur.

Voilà bien les dimensions principales de l'instrument. La coudée était de 36 doigts, la coudée noire était de 27 pouces et valait $19^p\ 5^{li}$. Supposons le rayon de 125^p ou $12^{pi}\ \frac{1}{4}$, deux toises environ; on sera surpris de ne voir annoncée qu'une division de 5 en 5 degrés. L'auteur arabe paraissait avoir négligé précisément ce qui importait le plus, mais cette omission sera réparée à l'article suivant.

Le second était une sphère armillaire, composée de cinq cercles; le zodiaque, le colure, le grand cercle de latitude, le méridien et le petit cercle de latitude, dont la partie convexe touchait la concavité des deux premiers; le zodiaque, le méridien et le petit cercle de latitude étaient divisés, et l'on ajoute même que les cercles de l'auteur donnaient les minutes. On ignore les procédés employés pour cette division. Tout ce qu'on sait, c'est que par deux diamètres on partageait les cercles en quatre arcs de 90°. On s'assurait, avec un compas, que les arcs de 5° étaient égaux; mais pour avoir toutes les minutes, il restait à partager tous les arcs en 300 parties bien égales.

La distance des pôles de l'écliptique et de l'équateur était de 23° 30', ce qui paraît un peu faible pour l'an 1260.

Le petit cercle de latitude était traversé diamétralement par une alidade, qui servait à viser à l'étoile, et dispensait du sixième cercle de Ptolémée.

L'auteur recommande spécialement l'usage d'un tube placé entre les deux dioptres, et dont l'ouverture oculaire est garnie d'une plaque concave pour protéger l'œil.

Ptolémée ne parle en aucun endroit de ce tube; il ne paraît pas qu'il ait été jamais employé par les Grecs. On voit que cette sphère armillaire n'est autre que l'astrolabe construit avec plus de soin peut-être, et dans des dimensions beaucoup plus considérables.

Des moyens que l'auteur dit avoir employés pour polir ses cercles et en rendre les courbures régulières, il résulterait que les Arabes auraient ignoré le tour, ou du moins qu'ils n'auraient pas su l'employer à d'aussi grandes machines.

Le troisième est une armille solstitiale ou méridienne, de cinq coudées de diamètre, garnie d'une alidade, destinée principalement à déterminer les hauteurs méridiennes pour l'obliquité de l'écliptique et pour la hauteur du pôle, par le moyen des étoiles qui ne se couchent point.

Le quatrième était une armille équatoriale pour observer les équinoxes. Elle était enchâssée dans un méridien, pour plus de solidité.

Le cinquième s'appelait instrument à pinnules mouvantes; il était destiné à mesurer le diamètre de la Lune, soit dans les éclipses, soit dans toute autre occasion. C'était une dioptre à deux pinnules, dont l'alidade avait $4\frac{1}{3}$ de coudée de longueur. La pinnule oculaire était percée d'un petit trou rond; la pinnule objective était percée d'un trou plus grand; elle était mobile; on l'approchait ou on l'éloignait de manière que le diamètre de la Lune parût emplir exactement l'ouverture de la pinnule objective.

Les divisions tracées sur la règle indiquaient la distance des deux pinnules, et l'on en concluait les diamètres. La plus grande distance n'excédait jamais 130 des parties de l'alidade. Pour se servir de cet instrument, on avait deux disques; le diamètre de l'un était $2\frac{3}{5}$ de fois le diamètre de la plus petite ouverture du trou de la pinnule mouvante, et le diamètre de l'autre disque était le même que celui de cette ouverture. L'alidade était divisée en 220 parties égales à ce même diamètre. Le point de départ était à la pinnule fixe; chacune de ces parties était subvisée en douze autres, qui étaient les doigts de la division du diamètre du petit disque.

L'instrument était porté sur un pied.

Pour connaître la quantité d'une éclipse solaire, on employait le petit disque, avec lequel on couvrait la pinnule oculaire de la quantité précise de l'éclipse.

Pour une éclipse de Lune, c'était la pinnule objective qu'on couvrait avec le grand disque, d'une quantité égale à celle de l'éclipse.

Le grand disque était divisé en 31 $\frac{3}{5}$ parties égales à celles du petit.

L'auteur arabe dit que Ptolémée s'est contenté de nommer cette dioptre sans la décrire; mais, d'après ce que Théon nous en a transmis, on n'y voit rien de semblable à ces deux disques, et rien ne nous assure que les ouvertures des pinnules eussent ces proportions.

Les instrumens qui vont suivre sont ceux que l'auteur arabe a inventés lui-même.

Le premier s'appelait l'*instrument aux deux piliers* ou *colonnes*.

Ces piliers étaient en pierre; leur partie supérieure portait une traverse fixe, au milieu de laquelle était adapté un cylindre ou axe, autour duquel tournait une règle de bois de sadje, de 5 $\frac{1}{4}$ coudées de long sur un quart de coudée de largeur, qu'on appelait demi-diamètre, parce que, dans son mouvement autour de l'axe, l'une de ses extrémités décrit un cercle. A 5 coudées de cette extrémité on marque un point, qui est le centre du cercle. Pour mieux saisir cette construction et l'usage de l'instrument, soit A (fig. 53) l'axe autour duquel tourne le demi-diamètre de 5 coudées. Nous supprimons les deux piliers, mais nous conserverons la traverse qui porte l'axe.

Soit TAR la traverse; LA le demi-diamètre élevé à la hauteur du Soleil, ce qui se voit à ce que l'ombre de la pinnule b tombe exactement sur la pinnule a, et que le rayon lumineux traverse deux petits trous percés aux centres des pinnules. Pour mesurer cette hauteur, imaginez le rayon perpendiculaire AP; en P est un autre axe autour duquel tourne une autre règle de 7 $\frac{1}{2}$ coudées PQ. Par des poulies vous élèverez la règle PQ de manière qu'elle vienne toucher en L le demi-diamètre. PL sera la corde de l'angle PAL = distance du Soleil au zénith; le triangle isoscèle PAL, donne

$$PL = 2AL \sin \tfrac{1}{2} A = 120 \sin \tfrac{1}{2} A.$$

Soit $\quad$ A = 90°, la corde = 120 sin 45° = 84.85287.

Il faudrait donc que la règle PQ fût de 85 parties environ, pour que cette règle pût mesurer un angle de 90°, le demi-diamètre AL étant de 60.

$$60^p : 5^c :: 85 : PQ = \frac{85 \cdot 10}{120} = \frac{850}{120} = \frac{85}{12} = 7 \tfrac{1}{12}.$$

PERSANS.

Il faudrait donc que la règle PQ fût de $7\frac{1}{12}$ coudées; on la fait de $7\frac{1}{2}$, et l'on y marque les cordes depuis o jusqu'à 85; 60ᵖ étant la corde de 60° et 84ᵖ 51′ 10″, 12 étant celle de 90°.

On voit donc que cet instrument était une modification des règles parallactiques de Ptolémée. Chacune des parties était divisée en 60′. Sur la ligne PQ on avait inscrit, à côté de chaque corde, l'arc auquel elle appartient. Chaque minute était de 0,0014545, ce qui fait presque $\frac{1}{3}$ de ligne. Ainsi, en supposant l'instrument d'une exécution parfaite, on aurait pu estimer les minutes assez juste; mais il était encore plus simple et plus sûr de faire glisser l'alidade sur un quart de cercle gradué.

Le second instrument était celui des cercles mobiles.

Imaginez un grand cercle azimutal, posé horizontalement sur une colonne et traversé par deux diamètres qui se dirigeraient aux quatre points cardinaux. Au centre, imaginez un cylindre, autour duquel tournent deux quarts de cercle verticaux; avec ces deux quarts de cercles, garnis de leurs alidades, on pouvait prendre, au même instant, les hauteurs de deux étoiles et leurs azimuts, et l'on pouvait en conclure leur distance. Il reste à savoir s'il n'y avait pas quelque excentricité, et si les deux alidades ne se gênaient pas un peu l'une l'autre, quand les deux hauteurs étaient peu différentes.

Le troisième instrument est un cercle azimutal semblable au précédent; mais au lieu de quart de cercle vertical, on y voyait deux règles formant un compas, glissant dans une rainure, et soutenues par d'autres règles perpendiculaires, à l'aide desquelles, au lieu d'observer la hauteur on en voyait le sinus. Il s'appelait pour cette raison instrument des sinus et des azimuts.

Un quatrième donnait les sinus et les flèches ou sinus verses.

Le cinquième était une modification de l'instrument aux deux piliers, qui devenait azimutal au lieu d'être fixe dans le méridien. Tous ces instrumens en bois étaient compliqués et promettaient bien peu d'exactitude. Ils n'ont pas été imités, et ils ne méritaient guère de l'être.

CHAPITRE VII.

Ulugh Beigh.

Tabulæ longitudinis ac latitudinis Stellarum fixarum, ex observatione ULUGH BEIGHI, Tamerlani magni nepotis, regionum ultra citra que Gjihun (Oxum) *principis potentissimi.*

Ex tribus invicem collatis MSS. Persicis jamprimum luce ac latio donavit et commentariis illustravit Thomas Hyde, A. M. e coll. Reginæ Oxon. in calce libri accesserunt Mohammedis Tizini Tabulæ declinationum et rectarum ascensionum. Additur demum Elenchus nominum Stellarum. Oxonii, 1665.

L'auteur de ces tables était fils de Shahrûch et petit-fils de Timur.

Les Mogols ont un cycle de 12 ans. Les noms des douze années qui le composent sont Mus, Bos, Pardus, Lepus, Crocodilus, Serpens, Equus, Ovis, Simia, Gallina, Canis et Porcus. Timûr-Lèngh, dont on a fait Tamerlan signifie Timur le boiteux. On prétend que Timur était d'une naissance obscure, et qu'il avait été percé d'une flèche par un berger à qui il voulait voler une brebis; d'autres disent que ce fut dans une bataille qu'il reçut la blessure qui le rendit boiteux.

Mohammed Taragâi, surnommé Ulugh Beigh, naquit l'an 796 de l'hégire; il gouvernait sous son père dès l'an 810; il s'appliqua à l'étude des Mathématiques, dans le dessein qu'à son nom de prince on pût ajouter celui de savant, et dans l'espoir que les monumens qu'il laisserait pourraient le recommander à la postérité. Il attira auprès de lui nombre de mathématiciens. Il fit construire à Samarcande un gymnase qui passa pour une des merveilles du monde. Il eut d'abord pour coopérateur Gijath Eddin Gjimschid, qui mourut avant que les observations ne fussent achevées, et fut enterré non loin de l'observatoire. Ce savant fut remplacé par Cadizade-Rumœus, qui mourut de même sans terminer l'ouvrage. Alâ-Eddin al Kushi ou Alkushgji le remplaça et travailla principalement aux Tables astronomiques qui portent le nom d'Ulugh Beigh, dont on se servit long-tems, et qui furent même préférées par plusieurs astronomes, aux Tables ilchaniques de Nassir Eddin. Ce prince venait de terminer ses Tables, l'an 853 de l'hégire, ou 1449 de J.-C., lorsque, sur quelques rapports qu'on lui avait faits sur son fils aîné, Abdallatif, il tira l'horoscope de ce fils, reconnut qu'il avait tout à craindre de cet aîné, et commença à lui préférer son second fils Abdalaziz. A cette nouvelle, le fils aîné se révolta ouvertement. Ulugh Beigh marcha à sa rencontre avec des troupes nombreuses; après trois mois de guerre, il se vit abandonné d'un de ses généraux, qui alla mettre le siége devant Samarcande. Ulugh Beigh courut vers sa capitale, en fit lever le siége, y rentra, en nomma gouverneur son second fils, et retourna au devant de l'aîné. Vaincu et mis en fuite, il se vit fermer les portes par un homme qu'il avait élevé; il se sauva dans le Turkestan; mais, changeant de dessein, il revint à Samarcande, dans l'espoir que son fils n'oserait se porter à aucune violence contre lui. Abdallatif le reçut d'abord assez bien; mais peu de tems après, il le fit assassiner par derrière, comme il se promenait sur les bords du fleuve. Trois jours après, il fit de même tuer son frère Abdalaziz, et ne jouit que sept mois du fruit de ses crimes.

Jean Gravius (Greaves) traduisit le livre *des Époques des Nations orientales* d'Ulugh Beigh et sa *Table géographique* qu'il publia à Oxford. Il promettait une édition exacte de la *Table des étoiles*; mais la mort l'en ayant empêché, Th. Hyde se chargea de ce travail, traduisit en latin ce catalogue, compara les manuscrits, et ne négligea rien pour rendre son édition correcte.

Ces Tables ont été faites à Samarcande, longit. 99° 16′, latit. 39° 37′, suivant Ulugh Beigh lui-même. L'époque des tables est le commencement de l'an 841 de l'hégire, ou 1437 de J.-C. Les étoiles furent observées avec un très grand quart de cercle; mais il est difficile d'ajouter foi à Gravius, quand il dit que le rayon de cet instrument égalait la hauteur de Sainte-Sophie à Constantinople. Il tenait cette particularité de Turcs qu'il crut dignes de foi.

Les Tables sont imprimées en latin et en persan; à la suite des longitudes et des latitudes, on trouve les noms arabes des principales étoiles. Les grandeurs avaient été déterminées par Abdurrahmân Sùphi; enfin on y trouve les variantes des divers manuscrits.

Les commentateurs d'Ulugh Beigh sont Sei'gid Ali, Abdurrahmân Sàlehi Shamensis, Ali ibn Mohammed Kushdji. Trois auteurs célèbres en orient ont encore fait des catalogues d'étoiles: ce sont d'abord Abdurrahmân Sùphi, né en l'an 291 de l'hégire, ou 903 de J.-C., mort en 986. Cet auteur a donné les distances réciproques des étoiles en coudées, et son catalogue est accompagné de doubles figures, les unes pour les cartes et les autres pour les globes.

Le second est Nassir Eddin Tusæus qui vivait en l'an 660 de l'hégire, ou 1261 de J.-C.; ses Tables sont appelées *ilchaniques*, parce qu'elles sont dédiées à Ilchan, prince des Tatares. Il fut aidé, dans ses observations, par Muwai yed Eddin al Pharadi et Jabi ibn al Megrebi ou Muhaiyi Eddin al Megrebi. Ses Tables ont été commentées par Shâh Cholgius.

Les anciens ignoraient le mouvement des étoiles en longitude; Ptolémée fit ce mouvement d'un degré en cent ans. Les astronomes de Maimon le firent d'un degré en 66 ans 8 mois; mais, par les observations de Nassir Eddin, à Marâga, l'une des principales villes d'Aderbigjan, ce mouvement n'est que d'un degré en 70 ans, ou de 51″ 26‴ par an.

Le troisième est Ulugh Beigh, le plus célèbre de tous; il a fait en outre des institutions astronomiques et astrologiques, enfin une histoire des princes Gagatéens d'Alus, dans le Turkestan.

Ne pouvant ici copier ce catalogue, qu'on trouve d'ailleurs dans l'Histoire céleste de Flamsteed, nous allons au moins en donner la préface.

Avant Ptolémée, on avait observé les 1022 étoiles que cet astronome a comprises dans son catalogue. (On dirait qu'Ulugh Beigh n'est pas bien persuadé que Ptolémée les ait observées lui-même). On les divise en six ordres de grandeur, depuis la 1re jusqu'à la 6e. Dans chaque grandeur on compte encore trois ordres, grande, moyenne et petite. On a imaginé 48 constellations, dont 21 sont au nord du zodiaque, 12 dans le zodiaque même, 15 dans la partie australe. De ces étoiles, les unes sont dans les figures mêmes, les unes aux bords, les autres sont hors des constellations.

Abdurrahmân Sûphi a écrit un livre *de la connaissance des Fixes*, qui est fort estimé des savans. Avant de commencer un nouveau catalogue, nous avons examiné les positions déterminées par cet auteur, et nous avons trouvé que ces positions n'étaient pas parfaitement exactes; ainsi nous les avons observées nous-mêmes, et après plusieurs vérifications, nous nous sommes arrêtés aux résultats trouvés par nous-mêmes.

Nous avons observé toutes les étoiles visibles pour nous. Nous avons été forcés d'en omettre 27 qui ne se lèvent pas sur l'horizon de Samarcande. Ce sont les 7 de l'Autel, 8 du Navire, depuis la 36e jusqu'à 41; la 44e et la 45e. Les 11 dernières du Centaure, la 10e de l'animal (du Loup), et nous les avons prises dans Abdurrahmân, en tenant compte

ULUGH BEIGH.

de la différence des époques. Il y en a 8 indiquées par Ptolémée et qu'Abdurahman et nous avons inutilement cherchées. Malgré nos soins, il nous a été impossible de rien voir aux places indiquées. Ces étoiles sont une du Cocher, la onzième du Loup, et six étoiles informes auprès du Poisson austral.

L'époque des longitudes est le commencement de l'année 841 de l'hégire, et le mouvement d'un degré en 70 ans.

Les longitudes et les latitudes sont marquées en minutes, ce qui annonce déjà une précision et des instrumens supérieurs à ceux des Grecs.

De l'an 1437 à 1800, l'intervalle est 363 ans, pendant lesquels la précession a dû être de 5° 4' à très peu près.

Extrait du Catalogue.

Queue de la petite Ourse,	2.20.19	
	5. 4	
α 1800	2.25.23	66.27
Tables de Berlin	2.25.45	66. 4
	2.22.25	
	5. 4	
δ	2.27.29	70. 0
	2.28.24	69.54
	3. 0.55	
	5. 4	
	3. 5.59	73.45
ε	3. 6.23	73.52
	3.17.13	
	5. 4	
ζ	3.22.17	75.36
	3.24.40	75. 7
	3.24.15	
	5. 4	
η	3.29.19	78. 0
	27.50	77.46
	4. 5.25	
	5. 4	
	4.10.29	73
β	4.10.26	72.58

```
                            4.13.55    75. 9
                               5. 4
    γ ..................    4.18.59
                            4.18.42    75.13
                            4. 0.55    71.45
                               5. 4
                            4. 5.59
    a ..................    4. 5.33    71.25.
```

Ces comparaisons peuvent faire penser que nous n'avons aujourd'hui rien de bien important à tirer de ce catalogue.

Le commentaire qui le suit a pour objet principal les noms arabes des étoiles. M. Ideler a donné, sur ce sujet, un traité complet, auquel nous sommes forcés de renvoyer. Nous recueillerons seulement de ce commentaire les notions historiques qu'il pourra contenir. Ainsi, page 2, nous voyons que, suivant les Orientaux, toutes les étoiles tombantes sont envoyées contre les démons et pour les chasser.

Les Juifs ont cité rarement d'autres constellations que celles du zodiaque; le rabbin Jochai dit qu'il y a au firmament cent fenêtres par lesquelles on aperçoit autant d'étoiles rouges ou vertes.

Le volume finit par un catalogue de 302 étoiles, par ascensions droites et déclinaisons; il est l'ouvrage de Mohammed, fils de Mohammed, fils d'Abibecre, Altizini, chargé d'annoncer les heures des prières dans la cathédrale des Ummiades, à Damas. L'époque de ce catalogue est la fin de l'an 940 de la très pure hégire, c'est-à-dire l'an 1533. On ne nous dit pas comment ce catalogue a été construit; les ascensions droites sont comptées du tropique du Capricorne. A cela près, on nous dit que les positions s'accordent avec les globes tychoniciens.

Outre son catalogue d'étoiles, Ulugh Beigh avait aussi fait construire des Tables astronomiques qui n'ont pas encore été publiées. Beauchamp en avait rapporté un bel exemplaire, qu'il céda à Lalande, et dont M. Burckhardt a donné un extrait dans les Éph. de M. Zach pour 1799, page 179.

Ce manuscrit contient les époques pour les calendriers grec, arabe et persan; des Tables de sinus, des crépuscules, de la longueur des ombres, des déclinaisons, des ascensions droites et obliques, des différences ascensionnelles pour Samarkand. On y voit que la hauteur du pôle, dans l'observatoire d'Ulugh Beigh, était de 39° 37′ 23″, et la longitude comptée de l'Ile de Fer, 82°½; des ascensions obliques pour les latitudes depuis 0° jusqu'à 50°; les arcs semi-diurnes pour Samarkand; une Table des longitudes et latitudes de différentes villes; elle a été publiée à Londres, en 1652, par Gravius; des Tables du Soleil, de la Lune et des éclipses; des Tables de Saturne, Jupiter, Mars, Vénus et Mercure; les stations et les rétrogradations, les levers des étoiles; le catalogue d'étoiles dont nous avons déjà parlé (*).

M. Burckhardt s'est attaché à déchiffrer les Tables du Soleil; il y a remarqué des Tables de sinus de minute en minute, pour tout le quart de cercle, et des tangentes jusqu'à 45°; la Table des époques de l'anomalie moyenne et de l'apogée, de l'an 841 à 872 de l'hégire; l'an 841 répond au 4 juillet 1433; les mouvemens moyens de 30 en 30 années lunaires; les déclinaisons du Soleil de 3 en 3 minutes, jusqu'aux tierces. L'obliquité est de 23° 30′ 17″. On voit ensuite des Tables des mouvemens pour le commencement de chaque mois. Le mouvement est 0 pour le premier jour de l'année. La Table pour les heures va jusqu'à 60. La Table 7 donne la correction de l'anomalie moyenne pour la différence du tems vrai au tems moyen; l'argument est l'anomalie moyenne. L'équation du centre est calculée jusqu'aux tierces de 6 en 6′ d'anomalie. Toutes les quantités sont rendues additives. La plus grande équation est de 1° 55′ 53″,2; le mouvement de l'apogée est de 51″ 26‴, comme celui des étoiles.

La Table 9 sert à convertir le tems sidéral en tems moyen. La Table des rayons vecteurs du Soleil suppose 60° 0′ 0″ pour la moyenne distance; la distance apogée est 62° 1′ 20″; la distance périgée, 57° 58′ 40″.

La Table 12 est celle de l'équation du tems, dont nous allons donner un extrait pour qu'on puisse la comparer à celle de Ptolémée.

(*) Cet extrait était rédigé depuis long-tems, lorsque M. Sédillot nous confia la traduction qu'il a faite des Tables d'Ulugh Beigh, et du discours qui leur sert d'introduction. On y voit que la Trigonométrie des Tartares est la même que celle des Arabes, et que leurs théories astronomiques sont celles de Ptolémée, avec quelques améliorations dans les constantes. En conséquence, nous n'avons rien changé à notre rédaction.

ASTRONOMIE DU MOYEN AGE.

0ᵖ.	0	7' 16" 54'''	VIᵖ.	0	23' 0" 11'''
	10	10.54.46		10	26.12.27
	20	14. 5.40		20	28.49.50
I.	0	16.49.35	VII.	0	30.33.21
	10	18.49.12		10	31. 7.34
	20	19.51.54		20	30.22.25
II.	0	19.51.56	VIII.	0	28.15.28
	10	18.52.27		10	24.53.42
	20	17. 6.10		20	20.34.14
III.	0	14.54.21	IX.	0	15.42.49
	10	12.53.16		10	10.50.42
	20	10.59.10		20	6.28.59
IV.	0	10. 3.14	X.	0	3. 3.38
	10	10. 8. 7		10	0.51.51
	20	11.16.46		20	0. 0.43
V.	0	13.23.18	XI.	0	0.28. 0
	10	16.14.27		10	2. 3.52
	20	19.33.55		20	4.33. 5
VI.	0	23. 0.15	XII.	0	7.16.54

M. Burckhardt suppose que la constante ajoutée est 15' 17".
Époque du ☉, 841 de l'hégire, selon Ulugh Beigh et nous.

Anom.	Apogée.	Mouvem. ann.	M. ap.
3ˢ 20° 52' 37"	3ˢ 2° 36' 37"	11ˢ 29° 45' 39" 22'''	51" 26'''
3.20.52.19	3. 3.13.37	11.29.45.40.30	62. 0

Mouvemens annuels d'Ulugh Beigh, comparés aux Tables modernes.

☾	4ˢ 9° 23' 5"97	4ˢ 9° 23' 5"17	Mayer, Mason.
Anom.	2.28.43. 6,0	2.28.43.14,7	
Nœud.	0.19.19.43,0	0.19.19.43,2	
♄	0.12.13.39,3	0.12.13.36,8	Delambre.
♃	1. 0.20.34,7	1. 0.20.31,7	Delambre.
♂	6.11.17.15,0	6.11.17.10,0	Lalande.
♀	7.14.17.32,0	7.14.17.30,0	Lalande.
☿	1.23.43.13,5	1.23.43. 3,4	Lalande.

L'exactitude des Tables du Soleil prouve qu'Ulugh Beigh avait de bonnes observations. Gravius assure qu'elles avaient été faites à un grand gnomon. En conséquence du mouvement qu'il donnait au Soleil, son année était de 27″ plus longue, ou de 365^j 5° 49′ 15″.

M. Burckhardt s'étonne qu'Ulugh Beigh connût l'usage des constantes, pour rendre toutes les équations additives; nous voyons, par les Tables manuelles, que cet usage venait des Grecs.

Sphère du rabbin Abraham, et Arithmétique du rabbin Elija Oriental.

A la suite des Arabes et des Persans, nous pouvons placer deux ouvrages traduits de l'hébreu, par Schreckenfuchs, parce que ces deux ouvrages ne nous apprennent rien de nouveau, et que l'époque en est incertaine. Le traducteur qui les a publiés en 1546, pense qu'ils ont au moins cent ans de date, ce qui les placerait au milieu du XV® siècle. Weidler les fait bien plus anciens, puisqu'il fait vivre l'auteur en 1105.

Voici les titres de ces ouvrages : *Sphæra mundi authore rabbi Abrahamo Hispano, filio R. Haijæ; Arithmetica secundum omnes species suas authore rabbi Elija Orientali, quos libros Oswaldus Schreckenfuchsius vertit in linguam latinam, Sebastianus vero Munsterus illustravit annotationibus. Basileæ, per Henricum Petrum*, 1546, in-4°, hébreu et latin.

Le traducteur dit lui-même qu'on ne trouvera dans ces ouvrages rien qui ne soit peut-être exposé ailleurs plus complètement; mais, comme il était professeur d'hébreu, et que les ouvrages en cette langue sont extrêmement rares, il a cru faire une chose utile en imprimant ces traités pour l'usage de ses élèves.

L'auteur paraît extraire Ptolémée; il ne cite nommément qu'Hipparque et Ptolémée, et l'on ne voit rien qui indique en quelle année il écrivait; mais il paraît qu'il est postérieur à Albategni ou Alméon, puisqu'il cite l'obliquité, qui est de 23° 35′, d'après les Ismaélites : ce sont les Arabes qu'il désigne par ce nom.

On ne trouvera donc rien dans son livre qui ne soit dans les auteurs que nous avons extraits. Mais, en parlant de l'ombre de la Terre, il dit qu'elle s'étend par delà l'orbe de Mercure, et qu'elle n'atteint pas celui de Vénus. Si Mercure n'est jamais éclipsé, c'est que jamais nous ne le voyons en opposition. Ceci paraît copié d'Albategnius.

On se trompe, nous dit-il encore, si l'on croit voir le ciel; on ne voit que notre atmosphère qui nous environne, et dont les particules nous renvoient la lumière du Soleil. La huitième sphère ne brille pas d'une lumière uniforme; elle a des taches denses et fortes; et quand le Soleil, dans son cours, vient à les éclairer, il y répand sa lumière et alors elles ont l'éclat que nous leur voyons; elles sont ce qu'on appelle étoiles fixes. Il faut en dire autant des planètes; on en peut juger par la Lune, quoiqu'on n'ait pas pour tous ces astres les mêmes preuves que pour la Lune, puisqu'ils n'ont pas de phases et ne s'éclipsent pas. La parallaxe du Soleil est de 2 ou 3' au plus.

La latitude de la Lune est de 5°, suivant Ptolémée, ou de $4°\frac{1}{2}$, suivant les Ismaélites. *Voyez* ci-dessus, p. 136.

Les étoiles se meuvent sur des cercles parallèles à l'écliptique. Les Indiens et leurs sectateurs (ceux de leur société) refusent tout mouvement aux étoiles: mais quelle que soit l'opinion qu'on préfère, toujours les latitudes des étoiles seront constantes.

Voilà ce qu'on remarque de plus saillant dans ce traité très superficiel. Les notes de Munsterus ne nous apprennent rien davantage, sinon que le texte est corrompu en beaucoup d'endroits, et qu'on ne peut se fier aux nombres de l'auteur pour les distances et les volumes des astres.

Passons au *Compendium Arithmetices decerptum ex libro arithmeticarum institutionum magistri Heliæ Orientalis piæ memoriæ.*

L'Arithmétique, dit cet auteur, est comme un *pont* au moyen duquel nos pensées passent des choses corporelles et sensibles à celles qui sont purement intellectuelles; il faut d'abord connaître les caractères soit *indiens*, soit *hébreux*, par lesquels on représente les nombres. Mais depuis que les *caractères indiens* ont été répandus dans tout l'Occident et dans une bonne partie de l'Orient, nous leur devons la préférence. Il donne cependant aussi les caractères hébraïques; il explique la valeur de *quantité* et la valeur de *position*. Le dixième caractère ne signifie rien par lui-même; on l'appelle en latin *nullum*; il est dérivé d'un mot hébreu qui signifie la même chose; en grec, on l'appelle οὐδέν. En langue ismaélite, il s'appelle *ziphra*; il ne signifie aucune quantité, mais il est la cause de la quantité. Il donne des exemples d'addition, de multiplication, de soustraction et de division avec la preuve par 9, pour les trois premières, et de plus la preuve de 7 pour la première. Celle-ci est plus compliquée et plus longue. L'auteur doit être plus moderne qu'Ebn Jounis.

Dans la seconde partie, il applique l'Arithmétique à l'Astronomie. Il montre l'addition, la multiplication et la division des fractions sexagésimales. Il enseigne à réduire les fractions ordinaires au même dénominateur, pour les ajouter ou les retrancher. Pour avoir la racine carrée plus exactement, il prescrit d'ajouter un nombre pair de zéros; et quand l'extraction est achevée, on retranche de la racine un nombre de chiffres moitié de celui des zéros ajoutés; mais il ne dit pas qu'on peut conserver ces figures comme fraction décimale.

Pour extraire la racine carrée d'une fraction, il commence par la multiplier par son dénominateur, afin que l'un des deux termes au moins soit un carré.

Dans l'extraction des racines cubiques des sexagésimales, il les marque d'un point de trois en trois, ce qui revient à les diviser par tranches de trois chiffres. Pour les fractions ordinaires, il rend le dénominateur un cube parfait, en le multipliant deux fois par lui-même.

Cet ouvrage est un des premiers où il soit question de l'extraction de la racine cubique. Baschara en parle aussi dans le Lilawati.

Astronomia Europæa sub imperatore Tartaro Sinico Cam Hy appellato, ex umbra in lucem revocata à Ferdinando Verbiest, Flandro-Belga è Societate Jesu, Academiæ astronomicæ in regia Pekinensi Præfecto. Dillingæ, 1687.

On voit, par la préface, que l'objet principal de l'auteur est de montrer comment la religion chrétienne a repris faveur à la Chine, et comment l'Astronomie a su l'y faire pénétrer et s'y maintenir, malgré les oppositions les plus fortes et même les persécutions les plus violentes. Il parle avec amertume du plus déterminé de ses adversaires, un Yang-Quang, astronome chinois, qui voulait, en renversant la religion chrétienne, ce qui n'était pas difficile, faire bannir en même tems l'Astronomie européenne, ce qui n'était pas à beaucoup près aussi aisé, parce que l'empereur s'était déclaré hautement en sa faveur, et que depuis vingt ans et plus elle était reçue par toute la Chine. Ainsi nous allons voir aux prises d'une part des missionnaires étrangers qui, à l'aide des Mathématiques, de l'Astronomie et de la Mécanique européenne, cherchent à propager, chez les Chinois, un culte qui sert de prétexte au tartare, pour faire proscrire une Astronomie dont il est jaloux, parce qu'elle met en lumière son ignorance, et le dépouille de la considération qu'il avait usurpée. Mais, de cette lutte, nous ne devons attendre rien de bien important pour la science, qui ne sert que de prétexte. C'était aussi là le plus fort argument d'Yang-Qang; il avait fort bien pénétré l'intention des jésuites, et il était parvenu à faire condamner à mort le président Adam Schall, et ses compagnons au fouet et à l'exil. Verbiest

convient qu'en effet, sous le nom d'Adam Schall, les autres mission‑
naires ouvraient partout des temples chrétiens; de nouveaux mission‑
naires arrivaient, et Verbiest en compte quatorze qui étaient entrés en
même tems que lui. Les jésuites furent assez adroits pour conjurer l'orage;
vingt-quatre missionnaires exilés à Canton furent rappelés et rouvrirent
leurs temples. Le président recommandait ses compagnons aux préfets
des diverses provinces; enfin, dit notre auteur, *la religion, comme une
belle reine, put paraître en public appuyée sur le bras de l'Astronomie;*
il va exposer par quels services l'Astronomie européenne a pu jouir de
ce crédit.

L'empereur Camhi, nouvellement appelé au trône, apprenant qu'il
avait dans sa cour des astronomes européens, leur envoya quatre colaos
ou mandarins, pour leur demander si les éphémérides calculées d'après
l'Astronomie chinoise, pour l'année présente et l'année d'après, ne con‑
tenaient pas quelque erreur notable. Le président en indiqua plusieurs,
dont la plus importante était que les Chinois avaient fait intercalaire, et
par conséquent de 13 mois, une année qui, d'après l'état du ciel, n'en
devait avoir que douze. L'empereur, étonné d'une faute si grossière,
convoqua le tribunal des mathématiques. Les jésuites furent introduits
et firent leurs démonstrations en présence de deux colaos, l'un tartare
et l'autre chinois, qui était précisément leur ennemi le plus déchaîné.
Les commissaires des deux parties parurent devant l'empereur; on con‑
vint, comme je l'ai raconté tome I, p. 360, de calculer pour le lendemain
la longueur de l'ombre méridienne pour différens gnomons, épreuve qui
tourna à la confusion des Chinois. Dans l'observatoire de Pékin, qui est
placé à l'orient de la ville, est une colonne d'airain de 8 pieds géomé‑
triques et trois doigts de hauteur, placée sur une table aussi d'airain,
longue de 18 pieds, large de deux, épaisse d'un doigt. La longueur est
divisée en pieds, doigts et décimales. Autour règne un canal d'un demi‑
doigt de profondeur, creusé dans l'airain, et qu'on remplit d'eau pour
s'assurer que la Table est bien horizontale; cette colonne était origi‑
nairement destinée à mesurer chaque jour l'ombre méridienne. Mais, par
le laps du tems, la colonne était sensiblement inclinée. On prépara un
style de 8 pieds 41 doigts et 9 dixièmes. Verbiest plaça une planche hori‑
zontale en avant de la colonne, détermina le point d'où l'ombre devait
être comptée, et mena à la méridienne une ligne qui la traversait per‑
pendiculairement au point où l'ombre devait arriver le lendemain. La
longueur calculée était 16^{pi} 6 doigts et 65 centièmes, ce que l'observation

confirma de manière à frapper d'étonnement tous les spectateurs. L'empereur fit répéter l'épreuve le jour suivant avec un style de deux pieds et deux doigts, dont l'ombre devait être de $4^{pi} 3^{d},45$. Quelques instans avant midi, l'ombre qui tombait à côté de la table parut excéder de beaucoup la longueur calculée, et l'envieux chinois riait déjà d'un rire sardonique; mais, le Soleil approchant du méridien, l'ombre monta sur la table, se raccourcit, et passa au point marqué. Le mandarin tartare ne put retenir une exclamation qui prouvait sa surprise et son ignorance. Il confessa que Verbiest *était un grand maître*. Pour ne rien décider à la légère, l'empereur ordonna une troisième expérience. On revint à la table d'airain, on y plaça un style de $8^{pi} 0^{d},55$; l'ombre devait être de $15^{pi} 8^{d},3$.

L'auteur nous avoue qu'ayant tenté plusieurs fois en particulier des épreuves pareilles, jamais l'ombre ne s'était trouvée si bien d'accord avec le calcul; mais, dans ces trois observations publiques, la réussite fut complète, et il ne doute pas que Dieu n'ait fait un miracle qui devait tourner à l'avantage de la religion. Dans le fait, le président ne devait pas être tout-à-fait tranquille; l'expression de l'ombre est.........
$G \tang(H - D - \delta - r + p)$; H étant la hauteur du pôle, D la déclinaison, δ le demi-diamètre, r la réfraction et p la parallaxe de hauteur, G est le gnomon. Chacune de ces quantités pouvait avoir sa petite erreur; la différentielle de l'ombre est $\dfrac{G \sin d (H - D - \delta - r + p)}{\cos^2 (H - D - \delta - r + p)}$.

On ne nous donne pas les élémens du calcul; mais nous voyons que l'ombre est presque double du gnomon; ainsi la distance apparente au zénit devait être de $63°26'$ environ. Supposons $G = 8,5$ à peu près comme dans la première expérience, et 2,5 à peu près comme dans la seconde. En supposant $1'$ d'erreur sur la distance zénitale, l'erreur de l'ombre eût été.................... $0^p 01236$ et 0.0036357, pour le demi-diamètre du Soleil, supposé de $15'$, 0.18543 et 0.0054535. Il y a donc toute apparence que Verbiest a tenu compte de ce demi-diamètre, puisque ses ombres se sont trouvées si justes; mais, pour $1'$ dont il lui était difficile de répondre, l'erreur $\frac{1}{80}$ de pieds ou une demi-ligne environ, devait être presque insensible, sur-tout à l'observation faite en présence de l'empereur; et les ennemis des jésuites étaient bien maladroits, s'ils ont pu s'opposer au choix d'un gnomon si petit, et qu'ils ne s'en soient pas avisés. Au reste, la pénombre aurait pu fournir une excuse spécieuse.

L'un des deux commissaires, qui était mahométan, avait quelque usage des tables des Arabes ses ancêtres; il avait entrepris la réforme du calendrier chinois, d'après un ordre de l'empereur, auquel il avait présenté deux livres, dont l'un montrait les mois lunaires, les momens des syzygies et des quadratures, les entrées du Soleil dans les signes et demi-signes du zodiaque, suivant l'ancien usage de la Chine; dans l'autre, il avait mis, pour chaque jour, le lieu des planètes, à peu près comme faisait Argolus en Europe dans le même tems; l'empereur chargea Verbiest d'examiner ces deux livres. Il en recommença les calculs; il y découvrit des erreurs considérables; l'auteur y avait mêlé les notions arabes avec les usages chinois.

Le jésuite fit son rapport dans une pétition adressée à l'empereur. Camhi, qui était jeune, et qui ne gouvernait pas encore par lui-même; qui se lassait de son conseil de régence, et qui voulait casser quelques-uns des actes de ce conseil, saisit l'occasion; il assembla tous les grands de l'état, et les principaux magistrats, qui, d'une voix unanime, déclarèrent la chose assez importante pour qu'on discutât publiquement à l'observatoire les objections que le missionnaire faisait au nouveau calendrier.

Pour démontrer la bonté de ses calculs, Verbiest disposa d'avance les instrumens, et détailla la position que les astres devaient avoir, ainsi que les distances de la Lune et des planètes à différentes étoiles; les mandarins vinrent en grand nombre aux jours marqués, et furent témoins de l'exactitude de toutes les prédictions; il fut clair que le Soleil n'entrait pas au signe des Poissons au jour qui aurait nécessité le mois intercalaire; ce mois devait être effacé du Calendrier de l'année; les distances se trouvèrent conformes à la disposition qu'on avait donnée aux instrumens plusieurs jours d'avance; les mandarins firent un rapport de ce qu'ils avaient eux-mêmes vérifié. L'empereur assembla son conseil général; les membres de la régence y assistèrent; ils étaient contraires aux jésuites, et voulaient retenir l'autorité qu'ils voyaient près de leur échapper. Ils avaient beaucoup de partisans; ils représentaient que c'était une honte pour un peuple qui l'emportait en sagesse sur tous les peuples connus, d'avoir recours à des étrangers, et de décrier lui-même la science nationale. Ils n'avaient pas tort en tout. Les Chinois, de tems immémorial, divisaient le degré en cent parties; il en était de même des minutes, des heures. Verbiest voulait changer cette division, qui cadrait mal avec ses instrumens et ses livres d'Astronomie. Yang-Quang prédisait au contraire que ce changement serait fatal à la dynastie régnante;

il s'emporta tellement, qu'il excita l'indignation des Tartares présens, et que l'empereur l'envoya en prison les mains liées derrière le dos, avec son compagnon mahométan; le calendrier fut confié aux soins de Verbiest, comme président du tribunal. A ce titre, l'empereur joignit d'autres noms de dignités que le missionnaire voulut inutilement faire révoquer; il ne put y parvenir, quoiqu'il eût présenté publiquement à l'empereur quatre requêtes dans cette vue.

Après avoir réformé le calendrier, le nouveau président s'occupa des autres objets qui concernent le tribunal mathématique. L'Astronomie a trois *tribunaux* principaux, l'un situé à la partie orientale de la ville, c'est là qu'est l'observatoire; l'autre est à l'occident, et voisin de la maison des jésuites, et c'est là qu'on enseigne les théories et les calculs astronomiques; le troisième est au milieu de la ville, et non loin du palais de l'empereur : on y expédie *les affaires principales et publiques des Mathématiques.* Les classes mathématiques, qui étaient autrefois au nombre de quatre, ne sont plus que de trois. La quatrième était mahométane, et publiait chaque année ses calculs. Elle existait depuis plusieurs siècles, ce qui paraîtrait prouver que les Chinois étaient bien peu habiles, puisqu'ils avaient habituellement recours aux étrangers.

La première classe est chargée de la composition des éphémérides et du calcul des éclipses; il paraît chaque année trois volumes d'éphémérides en langue chinoise et trois en langue tartare. Le moins considérable est un calendrier vulgaire, où l'on trouve les mois lunaires, l'âge de la Lune, le lever et le coucher du Soleil, la longueur des jours et des nuits de six en six jours pour les différentes provinces; l'heure et la minute des quatre quartiers de la Lune; enfin, l'heure et la minute de l'entrée du Soleil dans chaque signe et demi-signe, car les Chinois, de tems immémorial, partagent le zodiaque en 24 demi-signes, qui ont chacun leur nom particulier.

Ils font commencer l'année et le premier mois à la nouvelle Lune, qui approche le plus du 15e degré du Verseau; c'est aussi le commencement du printems. L'été commence au 15e du Taureau, l'automne au 15e du Lion, enfin l'hiver au 15e du Scorpion.

On présente à l'empereur un exemplaire du calendrier de l'année suivante, dès le premier jour du second mois; et le premier du quatrième mois, les magistrats les envoient dans chaque province, où on les fait imprimer, en sorte qu'ils puissent être distribués le premier jour du dixième mois. Au frontispice est imprimé en rouge le cachet du tribunal; il est défendu, sous peine de la vie, d'imprimer des calendriers privés : on appelle ainsi ceux qui ne seraient pas munis du sceau du tribunal astronomique.

L'autre volume d'éphémérides s'appelle le *Calendrier des Planètes*; il est calculé dans la même forme que celui d'Argolus; on y ajoute de plus, pour le premier de chaque mois, la distance de la planète à la première étoile de l'une des 28 constellations, et en outre l'heure et la minute où la Lune ou la planète entre dans un nouveau signe. On y joint encore différens aspects.

Le troisième volume ne s'imprime pas; on le présente manuscrit à l'empereur. On y marque toutes les conjonctions de la Lune avec les planètes et les appulses aux étoiles dont la Lune ne doit pas se trouver éloignée de plus d'un degré de latitude. On y tient compte de la parallaxe. On y annonce encore les conjonctions des planètes entre elles et les appulses à la distance d'un degré; il faut y mettre d'autant plus d'exactitude, que des mandarins doivent observer tous ces phénomènes sous peine d'être privés de leur emploi; et toutes les fois que la Lune doit se trouver en conjonction, soit avec une planète, soit avec une étoile de première grandeur ou avec la première étoile d'une constellation, le président du tribunal doit en avertir l'empereur par une requête dans laquelle il mentionne l'observation et l'erreur du calcul, comme pour les éclipses de Soleil et de Lune; on sait combien grandes et combien fréquentes sont ces erreurs dans les calculs des astronomes européens, et l'auteur attribue à la miséricorde divine que jamais il n'est arrivé en ce genre rien qui fût assez sensible pour nuire aux astronomes et à la religion.

Le premier jour du dixième mois, les calendriers se distribuent avec solennité à tous les mandarins de la cour. Les mandarins du tribunal astronomique vont, en grand costume, les présenter, bien reliés, dorés et enveloppés dans une étoffe de soie jaune, brodée d'or. Ils sont mis dans une grande litière aussi dorée, portée par quarante hommes. Cette litière est suivie de dix autres plus petites, également dorées, mais dont les rideaux sont rouges, qui renferment les exemplaires destinés aux princes du sang; ces exemplaires sont enveloppés dans une étoffe de soie rouge, mêlée de fils d'argent. Ensuite on voit venir plusieurs tables sur lesquelles sont les exemplaires pour les magistrats, les généraux et les tribunaux, chacun suivant son rang. Le cortége est accompagné de musiciens, de cimbaliers et de trompettes. Toutes les portes sont ouvertes à deux battans pour les recevoir. Arrivés au palais, les mandarins astronomes prennent les calendriers de l'empereur et des reines; et à genoux et la tête baissée jusqu'à terre, ils les remettent aux officiers du palais. Ceux des reines sont remis aux eunuques. Après cette partie de la cérémonie, les mandarins astronomes achèvent leurs distributions, qui sont reçues à genoux par les officiers des princes. Les généraux et les autres mandarins reçoivent à genoux l'exemplaire qui leur est présenté par les astronomes. Alors chacun se tournant vers la porte du palais intérieur, tous se mettent à genoux de nouveau et baissent trois fois la tête jusqu'à terre; ainsi après trois génuflexions et neuf inclinaisons de tête, en remerciment de la faveur qui vient de leur être accordée, tous retournent chez eux. Ces cérémonies sont imitées, dans les provinces, par les vice-rois ou les gouverneurs. Le calendrier est en tel honneur chez la nation chinoise et les rois voisins, qu'admettre le calendrier d'un état, c'est se reconnaître pour son tributaire. Voilà pourquoi Yang-Quang Senius insistait avec tant de force sur l'indécence de la préférence donnée au calendrier de l'Europe.

Mais ce qui est bien plus difficile et plus embarrassant pour le chef du tribunal, c'est que tous les quarante-cinq jours, il est obligé de dresser une figure céleste qui doit annoncer la disposition du ciel et les changemens de température, ainsi que toutes les conséquences qui peuvent en résulter, comme peste, maladies, cherté de vivres; il faut même annoncer les jours de vents, de tonnerre, de pluie, de neige. On voit quelle circonspection exige une pareille commission, avec des hommes *aussi ignorans en Astronomie qu'ils sont intelligens et habiles pour toute autre chose.*

L'empire est divisé en 17 provinces; il faut donc que les éclipses soient calculées pour autant de méridiens et de parallèles différens. Nous avons rapporté, tome I, le cérémonial observé dans les éclipses. Mailla se trouve en ce point conforme avec Verbiest, qu'il a peut-être copié; mais celui-ci ajoute : « Plus ceux qui observent ainsi l'éclipse » sont ignorans en Astronomie, plus il faut redoubler de scrupule; car » l'ignorance et la stupeur, qui ne sent pas la difficulté de ces calculs, » s'attend à trouver une conformité parfaite entre l'éclipse et la figure » qui en a été tracée d'avance; et devant ces gros ventres et cette mul- » titude ignare, il est plus honteux pour un astronome de se tromper » d'un demi-quart d'heure, que d'être en erreur d'une demi-heure ne » le serait aux yeux des astronomes les plus célèbres ». Heureusement les Chinois n'ont aucun moyen de savoir l'heure exactement, et les missionnaires étaient assez adroits pour leur donner le change dans l'occasion.

C'est la première classe du tribunal astronomique qui est chargée de ces calculs.

La seconde a le soin de l'observatoire, et elle y observe tous les phénomènes annoncés par la première.

La troisième s'occupe des travaux publics, des édifices et des sépultures. Ses membres portent partout avec eux une boussole et quelque horloge. Quand le tems d'une éclipse approche, on prépare une grande clepsydre composée de plusieurs vases d'airain, et qu'on vérifie les jours précédens. Tour à tour ils veillent au palais, pour dire l'heure à l'empereur quand il la demande. D'autres veillent chaque nuit, pour donner l'heure aux hommes qui l'annoncent à toute la ville en frappant une grande cloche.

L'empereur avait appris que les tables des missionnaires n'étaient calculées que pour un certain nombre d'années; il lui prit fantaisie qu'elles fussent étendues à deux mille ans. Verbiest les fit aussitôt continuer; il fit calculer les éclipses de Lune et de Soleil pour le même tems, et y ajouta des moyens d'en continuer la liste. Cet ouvrage était en 32 livres, et l'empereur fit les frais de l'impression. Verbiest lui donna pour titre l'*Astronomie perpétuelle de l'empereur Cam-Hy*. En récompense, l'empereur lui conféra le titre de tum chim et tum fum la fou seu chim tam (grand homme qu'un décret impérial a ordonné de célébrer partout): d'autres diplômes étendirent cette distinction à sa mère, à son père et à son aïeule.

Dans le chapitre suivant, Verbiest représente par des figures les observations qui avaient fait triompher l'Astronomie européenne de l'Astronomie chinoise (ces figures manquent dans l'exemplaire que j'ai sous les yeux). L'empereur consentit à ce qu'on substituât des instrumens à la manière de l'Europe, aux instrumens qui, depuis 300 ans, meublaient l'observatoire de Pékin. Dans l'espace de quatre ans, Verbiest fit construire pour une somme de 19 mille impériaux, six instrumens de genres différens; il en expliqua la construction et l'usage en 16 livres en langue chinoise. Il y ajouta d'autres instrumens pour servir en voyage. Il nous apprend qu'il est occupé maintenant à composer un livre de dialectique et de philosophie, qu'*il veut introduire sous le manteau chinois à la faveur de l'Astronomie, et dans la réalité pour démontrer plus clairement l'évidence de la religion chrétienne.* Il est à croire qu'il aura mis dans la composition et la publication de ces livres, la même circonspection qui lui semblait si nécessaire dans les prédictions de pluie ou de beau tems.

Une planche particulière représente l'observatoire de Pékin qui, par son élévation, domine toute la ville, et jouit d'un horizon parfaitement libre.

On y voit un globe céleste, des armilles zodiacales et équatoriales, un cercle azimutal surmonté d'un triangle, un quart de cercle mobile, une girouette placée au haut d'un grand mât, un sextant qu'on peut diriger à tous les points du ciel, enfin un observatoire particulier placé sur la plate-forme, où quatre mandarins veillent sans cesse pour les observations météorologiques. Chaque matin, on porte au président les observations du jour et de la nuit qui viennent de s'écouler. Au milieu est un trou où l'on allume du charbon dans les tems froids; enfin une chambre offre aux observateurs un abri dans les mauvais tems. L'école astronomique est composée de 160 mandarins et 200 élèves de divers ordres, qui reçoivent à certains jours les leçons du président.

Le diamètre des armilles est de six pieds; le cercle azimutal a six pieds de diamètre, et son limbe est divisé, comme ceux des armilles, en *degrés, minutes et quarts de minutes*, par des transversales. Le rayon du quart de cercle est de 6 pieds géométriques. Le limbe est divisé de 10 en 10'; le rayon du sextant excède 6 pieds. La division va jusqu'aux quarts de minutes; le globe a six pieds de diamètre.

Les ignorans qui viennent inspecter les observations, quand ils aperçoivent quelque différence avec les calculs, se gardent bien de les attribuer à l'erreur des instrumens, dont ils n'ont aucune idée, mais bien plutôt à l'astronome ou à l'*Astronomie européenne qui ne convient pas à leur climat.*

L'empereur eut la fantaisie de se faire expliquer tous les livres d'Astronomie que les jésuites avaient composés en Chine, au nombre de 120 environ. Pour cela, il faisait venir Verbiest de grand matin, et le gardait souvent jusqu'à 3 ou 4 heures après midi. Mais avant de le congédier, il avait du moins le soin de le faire bien dîner, en lui envoyant de sa table des mets différens, dans des vases d'or. Ces attentions étaient d'autant plus flatteuses, qu'un empereur chinois ne se laisse guère approcher, sur-tout des étrangers. L'étiquette générale est de garder devant lui un silence absolu, et de ne répondre qu'à genoux.

Il se fit de même expliquer les six premiers livres d'Euclide; et non content de les avoir lus et compris d'un bout à l'autre en chinois, il voulut les avoir traduits en langue tartare, qui lui était encore plus familière. Après Euclide, Camhi étudia la Trigonométrie rectiligne et sphérique, la Géométrie pratique, la Géodésie, la Chorographie. Il avait étudié déjà la théorie des éclipses ; il fit construire des règles, des compas de proportion et autres, des rayons astronomiques, des cartes géométriques, des pantomètres, etc. Il savait l'extraction des racines carrée et cubique, quelques théorèmes des progressions arithmétiques et géométriques. Il était ravi de voir avec quelle précision ses calculs trigonométriques s'accordaient avec les mesures qu'il prenait ensuite lui-même sur le terrain. Cette épreuve lui fit sentir comment on pouvait calculer la distance des astres. Il connaissait les constellations et les noms des étoiles.

L'adroit missionnaire ne manquait pas de profiter d'occasions si belles et si fréquentes, pour hasarder quelques mots de sa religion. L'empereur l'interrogeait avec bienveillance sur Dieu, sur la transmigration des âmes, sur leur immortalité, les peines et les récompenses éternelles, sur le Décalogue, la passion de J.-C., la virginité et les vœux religieux. Quelquefois il poussait la bonté jusqu'à faire asseoir le président des mathématiques, recevait de lui sa *boisson tartare*, et lui donnait d'autres marques de bienveillance.

Toutes les autres parties des mathématiques entrèrent au palais à la suite de l'Astronomie. Chaque année Verbiest offrait à l'empereur une nouvelle horloge solaire. La première était une sphère transparente où l'on voyait l'ombre d'un style parcourir chaque jour le parallèle, et montrer la longueur des jours. L'année suivante c'était une horloge par réfraction ; le vase était de porcelaine de la Chine ; les lignes horaires et les arcs des signes étaient d'une couleur olivâtre, et transformées en figures de poissons qui nageaient à la surface de l'eau, portant sur le dos la ligne horaire et le parallèle du jour.

Une autre horloge indiquait, par son ombre, l'étoile qui était pour le moment au méridien. Une autre indiquait l'étoile qui devait culminer 12 heures plus tard.

Un polyèdre portait les cadrans horizontal, vertical, déclinant, incliné, recliné, qui montraient tous à la fois la même heure ; une autre marquait les heures des diverses provinces de l'empire. Il donna des cadrans solaires et stellaires sur des éventails. J'omets les cadrans de forme plus ordinaire. J'omets de même le succès avec lequel il sut remettre en état une vieille artillerie qui paraissait hors de service, et en fit fondre une nouvelle. Le grand nivellement exécuté pour amener des eaux dans un canal, une grande lanterne magique, une chambre obscure, des anamorphoses, des perspectives, des pompes, des clepsydres plus exactes et à siphon, des automates qui jouaient et chantaient des airs chinois, un orgue, un clavecin, des horloges à roues et à carillon, des thermomètres, des hygromètres, etc. Avec ces instrumens, qu'ils exposaient dans leurs églises, ils avaient la satisfaction de voir les gentils fléchir le genou devant l'image du Christ. On conçoit au reste que tant de merveilles inouïes ne pouvaient manquer de valoir aux missionnaires une considération toute extraordinaire.

Le livre finit par la liste des missionnaires qui ont composé quelque ouvrage. Nous ne citerons que les livres astronomiques, qui forment le plus petit nombre.

Riccius. La traduction des six premiers livres d'Euclide et onze volumes d'Arithmétique pratique, Géométrie pratique, description du Ciel et de la Terre, sphère céleste et terrestre, grande carte géographique elliptique.

Sabatinus de Ursis. Planisphère, Gnomonique et Analemme.

Emmanuel Diaz. De la sphère.

Terentius. Abrégé de l'une et l'autre sphères. Des éclipses et de la Trigonométrie.

Fr. Furtado. Du ciel et du monde, 6 volumes.

Adam Schall. Sphères céleste et terrestre, examen des éclipses, théorie des éclipses, cartes célestes en huit feuilles. Théorie des fixes, 4 vol., Tables de leurs mouvemens, Tables de sinus, de tangentes et de sécantes; lever et coucher des étoiles, abrégé de la sphère. Moyen simple pour calculer les éclipses, observations, Trigonométrie, différence entre l'Astronomie chinoise et l'Astronomie européenne.

Jacques Rhe. Table des planètes, théorie du Soleil et de la Lune, zodiaque, Arithmétique népérienne, introduction à l'Astronomie, division du jour et de la nuit en quarts et minutes.

Martin Martini. Atlas chinois.

Nic. Sinogoleksky. Mappemonde elliptique.

Ferdinand Verbiest. Astronomie perpétuelle de Cam-Hy, observations, mappemonde en deux hémisphères, cartes célestes.

On conçoit encore que la plupart de ces livres, bons pour des Chinois, n'auraient pas eu beaucoup de succès en Europe, et que les missionnaires n'ont pas été fort empressés de nous les envoyer; mais la comparaison des deux Astronomies, par le père Schall, aurait pu piquer notre curiosité.

Ces détails n'appartiennent véritablement pas à l'Astronomie européenne; parfaitement inutiles à cette dernière, ils ne servent qu'à confirmer la nullité de l'autre. Nous les avons placés ici pour dire un dernier adieu aux Chinois; une raison pareille nous engage à donner ici un livre indien dont la traduction anglaise a paru en 1800. Ce livre ne nous apprend rien de bien curieux; l'original est à peu près du tems où nous sommes arrivés. Après ce dernier épisode, nous suivrons sans distraction l'Histoire de l'Astronomie européenne, qui, comme toutes les autres, est d'origine grecque.

Ayeen AKBERY or the institutes of the emperor Akber; translated from the original persian, by Francis Gladwin, in two volumes. London, 1800.

L'empereur Silaleddeen Mahommed Akber était le sixième depuis Timur ou Tamerlan. Il monta sur le trône en 1556, et mourut en 1615.

Le titre de cet ouvrage n'annonce rien qui puisse avoir un rapport bien direct avec l'Astronomie. L'empereur avait un dégoût marqué pour se nourrir de la chair des animaux; pour se défaire peu à peu de cette habitude, il avait marqué certains jours où il s'en abstiendrait, et dans le nombre, il avait fait entrer les jours d'éclipses de Soleil ou de Lune. S'il avait eu connaissance des Satellites de Jupiter, il aurait pu ajouter considérablement à sa liste.

Parmi les livres dont il avait ordonné la traduction, l'historien compte:

Les nouvelles Tables astronomiques d'Ulugh Begh, traduites du persan en hindou.

Parmi les ouvrages indiens traduits en persan, il cite le Leelawotee (Lilawaty), le meilleur traité indien d'Arithmétique. Le Tajok, traité d'Astronomie.

Le Moasemul-Boldan, ouvrage curieux de Géographie, traduit de l'arabe en persan.

Les sciences sont enseignées dans l'ordre suivant:

La Morale, l'Arithmétique, les Comptes, l'Agriculture, la Géométrie, la Longimétrie, l'Astronomie, la Géomancie, l'Économie, l'Art du Gouvernement, la Physique, la Logique, la Philosophie naturelle, les Mathématiques abstraites, la Théologie et l'Histoire.

La section des revenus de l'état commence par une notice sur les différentes ères qui sont en usage dans les transactions publiques.

La multiplicité des ères y causait de la confusion ; l'empereur les abrogea toutes, et les remplaça par une ère nouvelle.

Les efforts réunis des anciens philosophes ayant fait élever de grands observatoires, fournis d'instrumens astronomiques, on détermina les mouvemens des corps célestes, les longitudes et les latitudes des lieux ; on fit d'autres découvertes importantes. Les principaux observatoires furent ceux d'Archimède, d'Arastarcus et Aberkhus en Égypte (Aristarque et Hipparque), il y a 1769 ans ; celui de Ptolémée à Alexandrie, il y a 1410 ans ; celui du khalife Almamoon, à Bagdad, il y a 798 ans ; celui de Syed ben Ali et de Khaled ben Abdulmalek, à Damas, il y a 764 ans ; celui de Nebatee (Albatani), à Raca, il y a 654 ans ; celui de Nassereddeen Tousee, à Maragha, il y a 362 ans ; celui de Mirza Ulugh Begh, à Sumerkand, qui est estimé le meilleur de tous, il y a 156 ans. 156+1444=1600 ; telle est donc la date de l'ouvrage à fort peu près.

Le nombre des tables astronomiques monte à plus de 200. L'almanach indique les positions des corps célestes dans le cours de l'année. On y voit la marche des planètes ; les Hindous donnent à l'almanach le nom de *puttereh*.

Les sages de l'Hindostan disent que la science astronomique a été révélée, et que tous les points de cette révélation divine sont consignés dans un livre nommé Sedhant (Siddhanta) ; ils en ont aujourd'hui neuf.

1er Brahma Sedhant, dicté par Brahma ; 2e Soorej Sedhant, dicté par le Soleil ; 3e Soam Sedhant, dicté par la Lune ; 4e Berisput Sedhant, dicté par Jupiter. Ces différentes révélations se sont succédé à de très longs intervalles. Les cinq autres peuvent être réputés l'ouvrage des hommes. 5e Gurg Sedhant, 6e Narud Sedhant, 7e Puraser Sedhant, 8e Poolust Sedhant, 9e Beeshishteh Sedhant.

L'auteur nous avertit qu'il écrit les noms indiens de manière qu'un anglais, en les lisant, puisse approcher le plus près de la prononciation indienne. On peut comparer ces noms à ceux que nous ont transmis les savans de Calcutta.

Toutes les nations comptent par jours et nuits. Le jour naturel, dans le Taran et dans l'Europe, se compte d'un midi à l'autre. En Chine et dans la Tartarie chinoise, de minuit à minuit ; mais l'usage le plus répandu, est de compter du coucher du Soleil au coucher suivant. Dans le Jumkote, qu'ils font l'extrémité orientale du globe, on compte du lever du Soleil. En Roomak, extrémité occidentale, de coucher en coucher. Au Lunka, extrémité sud, de minuit à minuit. On compte de même dans le Dehly; en Suddapoor, extrémité nord, de midi à midi. Pour la facilité du calcul, on compte par jours artificiels qu'on divise en parties égales. Dans les Tables astronomiques de Nebatee, la différence entre le jour naturel et le jour artificiel est de $55'8''8'''46^{iv}$; les Tables ilkhaniques la font de $55'8''19'''44^{iv}2^v37^{vi}$; Ulugh Begh et Nassereddeen, $55'8''9'''47^{iv}43^v$; Ptolémée dit $17'0''12^v31^{vi}$. Ce peu d'accord doit s'attribuer aux divers degrés d'adresse et aux défauts des instrumens.

Le tems que le Soleil demeure dans un signe s'appelle un *mois solaire*; le tems que la Lune emploie à se rejoindre au Soleil, s'appelle *mois lunaire*. Douze mois solaires font l'année solaire; douze mois lunaires font l'année lunaire; ces deux années sont artificielles.

Les astronomes hindous partagent l'année en quatre parties, dont les destinations sont différentes; l'époque des Hindous est la création de Brama. Chacun de ses jours est le commencement d'une nouvelle ère. Chacun de ces jours est composé de 14 munoos, ou enfans de sa volonté, qui sont ses aides dans les œuvres de la création. Chaque munoo comprend 70 kulebs dont chacun contient quatre yowgs de 43 lacks et 20000 ans. Dans ce dernier, qui est le premier jour de la 51e année de l'âge de Brahma, il y a eu six munoos, et du 7e munoo, il s'est écoulé 27 kulebs et trois yowgs du 28e kuleb et 4700 ans du 4e yowg.

Au commencement du présent yowg, qui est le 4e, le Rajah Joodishter avait la monarchie universelle, et le 1er jour de son règne fut l'époque d'une ère dont la 4696e année est la 50e du règne présent. Après ce prince, Bickermaject compta de son avènement au trône et régna 135 ans; de cette ère il s'est écoulé 1652 ans. On dit qu'un jeune homme nommé Salbatin lui déclara la guerre, et l'ayant fait prisonnier, il lui dit de lui faire une requête. Bickermaject répondit que son seul désir était qu'on ne cessât point de dater les actes de son ère. Salbatin le promit, mais en même tems il commença une nouvelle ère, dont il s'est écoulé 1517 ans. Les Hindous croient que cette ère durera 18000 ans, après quoi le Rajah Bidjeeubundun en commencera une nouvelle qui durera 10000 ans. Alors Nake Arjen montera sur le trône, et établira une ère qui durera quatre lacks d'années. Enfin Kalkec Otar établira une ère qui durera 821 ans. Les six ères que nous venons de mentionner, excepté celle de Bickermaject, sont métaphoriques; on les désigne par le nom de *saka*, et elles sont en grande vénération. Il y en a nombre d'autres qu'on nomme *sumbout*. A l'expiration de ces ères, le sat yowg commencera et donnera naissance à une nouvelle ère.

Les astronomes hindous ont des mois de quatre sortes.

1ᵉʳ Sormass; c'est le tems que le Soleil passe dans un signe du zodiaque. L'année est de 365ʲ 15 ghurries, 30 puls, 22 bepuls et demi.

2ᵉ Chundermass, qui est compté de purwa à amavus. L'année qui en résulte est de 354 jours 22 ghurries et un pul. L'année commence à l'entrée du Soleil dans le signe d'Aries. Ce mois est composé de 30 tit'hs qui contiennent chacun 12 degrés du circuit de la Lune, depuis sa conjonction avec le Soleil. Les tit'hs sont de différentes longueur, en raison du mouvement plus lent ou plus rapide de la Lune. Aucun tit'h n'a plus de 65 ghurries, ni moins de 54. Le 1ᵉʳ tit'h s'appelle purwa, le 2ᵉ dooj, le 3ᵉ teej, le 4ᵉ chowt'h, le 5ᵉ punchomee, le 6ᵉ chut'h, le 7ᵉ sutmeen, le 8ᵉ ashtomeen, le 9ᵉ nowmeen, le 10ᵉ dusmeen, le 11ᵉ ekadussy, le 12ᵉ duadussy, le 13ᵉ terodussy, le 14ᵉ chowdy, le 15ᵉ pooran massee (ou pleine Lune), du 16ᵉ au 29ᵉ les mêmes noms reviennent, excepté pour le 30ᵉ, qui est amavus. La première moitié du mois s'appelle *shookulputch* et la dernière *kishenputch*. Ils commencent le mois de kishenputch. Dans la plupart de leurs almanachs, l'année est solaire et le mois est lunaire.

L'année lunaire artificielle est plus courte que l'année solaire de 10ʲ 53 ghurries 29 puls et 2½ bepuls, et cette différence en 2 années solaires 8 mois et 15 jours, produit un mois. Suivant le calcul des éphémérides, cette différence arrive en 3 ans et 2 ans et un mois.

D'après la première méthode de calcul, tous les 12 mois il y a un excédant, et quand cet excès forme un mois, on compte ce mois deux fois. Dans la seconde manière, le mois solaire dans lequel se rencontrent deux conjonctions du Soleil et de la Lune, se compte deux fois, et ce double mois n'arrive jamais que de chyte à kenwer ou assin. Ce mois intercalaire est nommé *adhick mass* par les astronomes, et *lound* par le vulgaire.

La 3ᵉ espèce de mois est appelée *sawon mass*. Ils le commencent au jour qu'il leur plaît; ces mois sont de 30 jours, et l'année est de 360.

La 4ᵉ espèce est nochutter mass, et se compte de l'instant où la Lune quitte un de ses domicile, jusqu'à ce qu'elle revienne au même point. Ce mois est de 27 jours, et l'année de 324 jours.

Les Hindous comptent six saisons, qu'ils appellent *riffoo*. La 1ʳᵉ est bussunt; c'est le tems où le Soleil est dans les signes des Poissons et d'Aries : c'est la saison tempérée. La 2ᵉ gereykhum ; le Soleil est au ♉ et ♊ : c'est la chaude saison. La 3ᵉ est beekha ; le Soleil est en ♋ et ♌ : c'est la saison pluvieuse. La 4ᵉ est surd ; le Soleil est en ♍ et ♎ : c'est la fin des pluies et le commencement de l'hiver. La 5ᵉ est keymunt ; le Soleil est en ♏ et ♐ : c'est l'hiver. La 6ᵉ est shishra ; le Soleil est en ♓ et ♒ : c'est la saison qui sépare l'hiver du printems.

Ils partagent encore l'année en trois parties, qu'ils nomment *kall* ; elles commencent au moins phagun. Les quatre mois les plus chauds s'appellent *dhopkall* ; les quatre mois de pluies, *berkhakall* ; les quatre mois les plus froids, *seetkall* ; et dans tout l'Hindostan, on ne compte que trois saisons dans l'année. ♓, ♈, ♉, ♊, sont l'été ; ♋, ♊, ♍, ♎, les pluies ; ♏, ♐, ♓, ♒, l'hiver.

Ils divisent encore l'année solaire en deux parties. Dans la première, le Soleil parcourt les signes septentrionaux ; elle s'appelle *ootergole* ; l'autre est nommée *decangole* ; le Soleil est dans les signes méridionaux.

Ils ont encore ooterayin, qui répond aux signes ascendans, et dutchenayin, qui répond aux signes descendans. Ils attribuent à cette division des qualités particulières. Ainsi mourir dans la première, leur paraît une chose très heureuse.

Ils divisent le jour et la nuit en soixante parties égales, qu'ils appellent *ghuttee* et plus communément *ghurries*. Chaque ghurrie est divisé en 60 puls et chaque pul en 60 narys, qu'on nomme aussi quelquefois *bepuls*. Le nari contient six respirations d'un homme d'un tempérament modéré, en repos et en parfaite santé. Un tel homme, suivant eux, respire 360 fois dans l'espace d'un ghurrie, et 21600 fois dans un jour entier. Le souffle respiré, ils l'appellent *sowass*, et celui qui est inspiré *pursowass* ; les deux réunis s'appellent *purran*. Six purrans font un pul ; 60 puls font un ghurrie astronomique ou un sat (heure), qui est la vingt-quatrième partie du jour et de la nuit. Un de ces ghurries vaut $2\frac{1}{2}$ des ghurries vulgaires.

Ils partagent encore le jour-nuit en quatre parties qu'ils appellent *p'hars*.

Ere du Cathai. Ces peuples comptent de la création du monde, depuis laquelle ils comptent 8884 vuns et 60 ans. Un vun est un espace de 10,000 ; ils croient que le monde durera 300,000 vuns. Leur année est solaire et leurs mois lunaires. Cette année commence quand le Soleil arrive au 15ᵉ degré du Verseau. Mais Mohyeddeen Meghreby dit qu'ils comptent du 16ᵉ degré, d'autres disent du 18ᵉ. Ils divisent le jour-nuit en 12 chaghs, qui se sous-divisent chacun en 8 khos, qui ont tous des noms différens. Ils divisent encore le jour en 10,000 fenks.

Ils ont trois cycles pour les mois et les années; ils les nomment *shangvun*, *joongvun* et *khavun*; ils sont de 60 ans chacun. Ils font aussi usage des cycles de 10 et de 12. Le premier s'applique aux ans et aux jours, et l'autre aux mois et aux sous-divisions des jours. De la composition de ces cycles, après une multiplicité de calculs, ils forment un cycle de 60 ans.

Ère des Turcs ou ighuree. Elle ressemble à celle du Cathai, excepté que le cycle est de 12. Ils comptent les ans et les jours de la même manière. On voit dans quelques tables astronomiques, que le cycle de 10 ne leur est pas inconnu. On ne sait à quel tems ils fixent l'origine de leur ère. Abu Rihan dit que les Turcs ajoutent neuf ans à l'ère syromacédonienne, et qu'en divisant la somme par 12, le reste est l'année de leur cycle, en commençant par la *souris* (mouse). Cependant en examinant la chose plus attentivement, on trouve que la règle est en erreur d'un an, et qu'il faudrait compter de l'année du bœuf (ox). Quoique nous ignorions le commencement de leur ère, nous en savons assez pour la comparer à l'ère syromacédonienne; et si l'on ajoute 7 ans aux années communes de l'ère de Mulliky, le quotient par 12 sera le nombre de l'année, en partant de la souris.

Voici les noms des années de ce cycle: *sitchkan*, la souris; *oud*, le bœuf; *pars*, le tigre; *tevishkan*, le lièvre; *lowey*, le crocodile; *ilan*, le serpent; *yoont*, le cheval; *ku*, la brebis; *beeteh*, le singe; *tekhaka*, le coq; *eyt*, le chien; *tunkooz*, le cochon. A chacun de ces noms, ils ajoutent le mot *il*, année.

Ère astrologique. Les astrologues comptent du commencement du monde. Toutes les planètes étaient alors en conjonction au premier point d'Aries. L'année est solaire; et suivant leur calcul, 104,696 ans sont déjà écoulés.

Ère d'Adam. Elle commence à la création. Les années sont solaires et les mois lunaires. Selon les Ilkhaniens et d'autres tables, il s'est écoulé 5353 années solaires. Quelques historiens disent 6346, d'autres 6938, d'autres enfin 6920. Suivant quelques chrétiens, il n'y en aurait que 6793.

Ère des Juifs. Elle commence à la création. Les années sont solaires et les mois lunaires artificiels. Ils comptent les mois et les jours comme les Arabes. L'année est de deux genres; simple, dans laquelle il n'y a point d'intercalation, c'est-à-dire d'abur. Comme les Hindous, ils intercalent un mois tous les trois ans.

Ère du déluge. Les années sont solaires et les mois lunaires artificiels. Les années commencent quand le Soleil entre au signe d'Aries. Abul Masher de Balkh ayant calculé la *regression* des planètes, a trouvé que depuis le commencement de cette ère, il s'est écoulé 4696 ans.

Ère de Bukhtnasser ou Nebuchadnezzar. L'année est solaire artificielle de 365 jours. Les 12 mois sont de 30 jours chacun, et forment 360 jours avec cinq épagomènes à la fin. Suivant les Tables de Ptolémée, il s'en est écoulé 2341 ans.

Ère d'Alexandre. Elle commence à la mort de ce monarque. L'année et les mois sont solaires artificiels. Suivant Tawoon (Théon) d'Alexandrie et Ptolémée, il s'en est écoulé 1917 ans.

Ère Copte. Elle commence à la création. Nabbaty dit que c'est une année solaire artificielle de 365 jours. On lit dans le Zeetch Sultany, que les ans et les mois ressemblent à ceux des Syromacédoniens, avec cette seule différence, que les cinq épagomènes des Égyptiens sont placés six mois plutôt que ceux des Syromacédoniens.

Ère syromacédonienne. Les ans et les mois sont solaires artificiels de 365 jours 6 heures. Quelques tables font l'excès un peu moindre que 6^h. Ptolémée la diminue de $14'\,48''$; Ilkhan dit $14'\,32''\,30'''$. Suivant les calculs des Cathayans, ce seraient $14'\,36''\,55'''$; Ulugh Begh dit $14'\,33''$; Mohyeddeen Meghreby dit $12'$; Nabatty $13'\,36''$; Mohyeddeen ajoute que, suivant quelques Syromacédoniens, ce serait un peu plus; d'autres disent 6^h moins quelque chose; d'autres disent que l'excès est de 6^h juste. Il paraît qu'on peut s'arrêter à 6^h. C'est donc une année solaire naturelle, quoique Mulla Aly Kowshekee dise que l'excès n'est pas tout-à-fait de 6^h. Cette ère commence à la mort d'Alexandre, quoique elle n'ait été réellement en usage que 12 ans après. D'autres disent qu'il établit cette ère dans la septième année de son règne, quand il quitta la Macédoine pour faire ses conquêtes. Mais, suivant Moyeddeen Meghreby, cette ère commence au règne de Scleucus, qui fonda la ville d'Antioche. Les Juifs et les Syriens suivent cette ère. Ils disent que quand Alexandre, fils de Philippe, marchait contre la Perse, il passa par Jérusalem, et qu'y assemblant les principaux Juifs de Syrie, il leur commanda d'abandonner l'ère mosaïque, et de compter du commencement de son règne. Ils lui répondirent que jamais leurs ancêtres n'avaient continué la même ère plus de 1000 ans, et que l'année courante étant la millième, ils suivraient son ordre dès l'année suivante; ce qu'ils exécutèrent. Alexandre avait alors 29 ans. D'autres disent que l'année syromacédonienne était naturellement hébraïque. Gowshecar, dans ses Tables astronomiques, dit que l'année syromacédonienne est la même que l'année syrienne, sauf les noms des mois. L'année syrienne commence au premier jour du mois teshreen-ul-ewwel, qui d'abord coïncidait avec l'entrée du Soleil au quatrième degré du signe de la Balance, et qui maintenant tombe au seizième. L'année syromacédonienne commence au premier de kanoon-ul-sany, lorsque le Soleil est près du vingtième degré du ♑. Nabatty dit que cette ère commence sous le règne de Philippe, mais qu'il lui donna le nom de son fils pour le rendre plus célèbre; et calculant le mouvement des planètes, il trouve qu'il s'en est écoulé 1905 ans.

Ère d'Auguste, premier des Césars. J.-C. naquit sous son règne. L'ère commence à son avènement au trône. L'année est syromacédonienne, et les mois ceux des Coptes. Le dernier mois a 31 jours dans les années communes, et trente-*cinq* dans les années bissextiles; il s'est écoulé 1623 ans de cette ère.

Ère chrétienne. Elle commence à la naissance de J.-C. L'année est de 365 jours 5 heures. Comme les Syromacédoniens, ils ajoutent un jour à la fin des quatre années; ils comptent de minuit. Comme les Arabes, ils ont différens noms pour les jours de la semaines, qu'ils commencent au dimanche. Leur année commence à l'entrée au signe du ♑, et suivant d'autres au 7e degré.

Ère d'Antonin de Rome. Elle commence à son avènement. Les années sont celles des Syromacédoniens, et les mois semblables à ceux des Égyptiens; suivant les Tables de Ptolémée, il s'en est écoulé 1457 ans.

Ère de Constantin. Elle commence avec son règne. Les années sont syromacédoniennes et les mois égyptiens. Nous sommes à l'an 1410e de cette ère.

Ère de l'Hijéra. Avant Mahomet, les Arabes avaient différentes ères, telles que la construction de la Caaba et le commencement du règne d'Omar ben Rebeyaa en Hejaz, lorsqu'il introduisit l'idolâtrie. Cette ère fut suivie jusqu'à l'année des éléphans. Cet incident en fit naître une autre. Chaque tribu arabe avait son ère particulière, qui datait de quelque évènement qui lui était propre. Au tems du prophète, on mettait peu d'importance aux dates; mais depuis l'Hijéra, chaque année eut un nom différent. Ainsi l'année de la fuite de la Mecque à Médine fut appelée *amul izun*, l'année de la permission (d'aller de la Mecque à Médine). La seconde année, *amul emr*, l'année du commandement (de combattre les infidèles). Quand Omar monta sur le trône du khalifat, Abu Musa

Asheree, gouverneur de l'Yémen, fit la représentation suivante : « J'ai reçu votre commandement, écrit dans le mois shaban, mais je n'ai pu découvrir la date de l'année. » Le khalif assembla les savans de toutes les nations pour les consulter sur ce sujet. Les Juifs recommandèrent leur ère, les mages exposèrent la méthode de calcul appelée *mahroze*; mais, comme les uns et les autres employaient des intercalations dont l'usage parut difficile, l'ère de l'Hijéra fut adoptée de préférence. Le mois se compte d'une nouvelle Lune à la suivante. Il n'a jamais plus de 30 jours, ni moins de 29. Il arrive par fois que quatre mois successifs sont de 30 jours, et les trois suivans sont de 29 chacun. Les astronomes ont trois manières de calculer le mois lunaire. La première est la naturelle, c'est le tems que la Lune emploie à revenir au point duquel elle est parti, comme d'une conjonction ou d'une opposition. Le mouvement n'étant pas toujours le même, et le calcul offrant des difficultés, ils comptent une Lune artificielle, et c'est la deuxième manière. Selon les Tables d'Ulugh Begh, la lunaison artificielle est de $29^j 12^h 44'$. La troisième est celle des éphémérides; la règle est que si l'excès est de plus d'un demi-jour, ils comptent un jour de plus. Ainsi, dans les années communes, ils donnent 30 jours au mois moherram, le mois suivant n'en a que 29, et ainsi de suite. L'année lunaire artificielle est de $354^j 8^h 48'$; elle est plus courte que l'année solaire de $10^j 20^h$ et $12'$. Mirza Ulugh Begh, dans ses nouvelles Tables astronomiques, fait un calcul d'où il résulte que 1002 ans sont écoulés depuis cette époque jusqu'au moment présent.

Ère de Yerdijurd, fils de Sheviur, fils d'Hormuz, fils de Noorshiryan. Elle commence à l'avènement de Gemsheed au trône de Perse. Chacun de ses successeurs donna son nom à cette ère; ainsi Yerdijurd n'a fait que suivre l'exemple de ses prédécesseurs. Les années sont syromacédoniennes; mais on n'intercale qu'une fois tous les 120 ans; alors l'année est de 13 mois. La première intercalation fut celle du mois ferverdeen, qui fut compté deux fois sous le même nom. La seconde fut du mois ardebehest, et ainsi de suite. A peine Yezdijurd eût-il donné son nom à l'ère, qu'il fut détrôné et les intercalations entièrement négligées.

Ère de Mullik Ashah; on la nomme aussi Jilalee. Avant ce tems, ils suivaient l'ère persane; mais ayant négligé les intercalations, le commencement de l'année était déplacé. Par l'ordre du sultan Jilaleddeen Mullik Shah Siljukee, les efforts d'Omar Kheyam et d'autres savans, formèrent cette ère, et firent commencer l'année au premier point d'Aries. D'abord les ans et les mois étaient naturels; maintenant le mois est artificiel et de 30 jours; et à la fin d'iffendiar, ils ajoutent cinq ou six jours : 550 ans de cette ère sont écoulés.

Ère Khanéene. Elle commence au règne de Ghazen Khan, et elle est fondée sur les Tables d'Ilkhan. Les années et les mois sont solaires et naturels. Avant ce tems, ils dataient tous les actes publics de l'Hijéra; mais l'année lunaire était vulgairement suivie. Cette méthode de calcul fut la source de mille vexations, car 31 années lunaires font 30 années solaires. Les taxes étaient exigées pour les années lunaires, mais les moissons ne pouvaient suivre que l'année solaire, ce qui était une perte grave pour le cultivateur. Ghazan Khan immortalisa son règne par un acte de justice; il abolit cet usage, en introduisant cette ère. Les noms des mois sont les mêmes que dans l'ère turque; au bout du nom de chaque mois on ajoute la finale khanee : 293 ans de cette période sont écoulés.

Ère de l'empereur Akber, appelée *Ilahee*. Sa majesté avait désiré longtems d'établir une ère nouvelle dans l'Hindostan, pour éviter tous les embarras que cause inévitablement la diversité des dates. Le mot hijéra (fuite) lui déplaisait; mais il craignait de choquer les ignorans, qui s'imaginent superstitieusement que cette ère et la foi musulmane sont inséparables, quoiqu'il soit évident, pour toute personne instruite, que les dates ne servent que pour des transactions mondaines, et qu'elles n'ont rien de commun avec la religion. Le nombre des ignorans est le plus considérable, le nombre des sages est beaucoup moindre; il différa donc l'exécution de son projet jusqu'en l'an 992 de l'hégire, quand sa lumière eut frappé le genre humain, et perfectionné l'intelligence de ses peuples; il saisit une occasion favorable. L'illustre Emir Futtah Ullah Sheerazy corrigea le calendrier d'après les Tables d'Ulugh Begh, et fit commencer la nouvelle ère avec le règne de l'empereur; et d'après le caractère du monarque, il la nomma *tarikh ilahee* (la puissante ère). Les ans et les mois sont solaires, naturels et sans intercalation. Les noms des mois sont ceux du calendrier persan; les mois sont de 29 et 30 jours chacun. Le mois persan n'a pas de semaine, chaque jour du mois a son nom. Dans les mois qui ont 32 jours, les deux derniers sont nommés *rozò shab* (jour et nuit); et pour les distinguer l'un de l'autre, on ajoute premier ou second.

Mois hindous.	Mois de Khatay.	Mois sghurriens.	Mois juifs.	Mois égyptiens.	Mois syromacédoniens.	Mois chrétiens.	Mois arabes.	Mois persans.
Cheyte. Bysukh. Jeyte.	Chunweh. Zhezheweh. Samweh.	Aram Iy. Ikundy Iy. Oseng Iy.	Tisry. Maschesvan. Caslen.	Toos. Farfi. Asore.	Teshreen I. Teshreen II. Kanoon I.	Janvier. Février. Mars.	Moherrem. Sefer. Reby I.	Terverdeen. Ardebehesht. Khordad.
Assarh. Sanwon. Rhadun.	Huzweh. Ooweh. Looweh.	Dirweny Iy. Pissuny Iy. Bermakretch Iy.	Tebes. Shebat. Azar.	Khoac. Tuba. Mekheer.	Kanoon II. Shebat. Azar.	Avril. Mai. Juin.	Reby II. Jemad I. Jemad II.	Teer. Amerdud. Sheriyur.
Kunwar. Katik. Aghun.	Cheweh. Baweh. Kheweh.	Oowetch Iy. Tokseetch Iy. Sukseetch Iy.	Nisan. Iiyer. Sivan.	Famenoos. Farmusee. Fakhoon.	Nisan. Iyer. Hezeron.	Juillet. Août. Septembre.	Reseb. Shaban. Ramzan.	Mehr. Aban. Azer.
Poos. Mangh. Phagun.	Shubweh. Shyeweh. Sirweh.	Bitseetch Iy. Alseetch Iy. Hoksabet Iy.	Temuz. Ab. Elul.	Faveny. Epicfee. Mesooree.	Temuz. Ab. Elul.	Octobre. Novembre. Décembre.	Shewal. Zulkaad. Zulheej.	Diy. Behmen. Isfendiar.

Le second volume renferme quelques notions astronomiques avec des notes de M. Reuben Burrow; nous en extrairons ce qui peut avoir un intérêt de curiosité; car, pour des choses qui puissent être véritablement utiles, on doit être maintenant bien convaincu que ce n'est pas dans les écrits des Hindous qu'il faudrait les chercher.

La distance des lieux et la différence des langues ont long-tems empêché toute communication entre les savans de l'Inde et ceux des pays plus septentrionaux. Cependant l'indien Tamtum entreprit le voyage de Grèce, dans la vue de converser avec Platon; et ayant, dans ce voyage, obtenu la grande panacée, il s'en servit pour guérir les âmes aussi bien que les corps.

Ce voyage est le pendant de celui de Pythagore dans l'Inde. Les résultats n'en sont ni plus importans ni mieux connus.

D'un autre côté, Abul Maashar de Balkh, épris de l'amour de la science, quitta son pays natal, voyagea dans le Khorasan et dans l'Hindostan; il acquit à Bénarès des connaissances variées, et rapporta ce précieux trésor dans son pays. Nous ne sommes pas mieux informés des obligations que nous pouvons avoir à cet Abul Maashar.

Quoique les Indiens tiennent les images en vénération, ils n'adorent réellement qu'un seul Dieu. Dans toutes leurs prières, ils implorent les bénédictions du Soleil. Ils pensent que l'univers n'a point eu de commencement; quelques-uns seulement pensent qu'il ne durera pas toujours.

L'antiquité du Soorej Sudhant est de plusieurs centaines de mille ans.

Mydeyit en est l'auteur. Il s'était adressé au Soleil pour être instruit des mystères de la nature. Le Soleil lui avait promis qu'un génie lui apparaîtrait. Les questions de Mydeyit et les réponses du génie forment le livre qu'on nomme Soorej Sudhant; c'est le traité fondamental des Hindous.

La création commença par le Soleil; Dieu forma une sphère d'or creuse, composée de deux parties; il y fit tomber un rayon de sa propre lumière et le Soleil fut créé. Le Soleil produisit les douze signes célestes, qui à leur tour produisirent les quatre Bèdes. C'est alors que furent créés la Lune, l'akass, l'air, le feu, l'eau et la terre. L'akass produisit la planète Jupiter; l'air produisit Saturne; le feu, Mars; l'eau, Vénus; la terre, Mercure; les autres créatures sortirent des dix portes humaines, c'est-à-dire des deux yeux, des deux oreilles, du nez, de la bouche, *the navel, the fore end, the hind vent*, et l'ouverture de la couronne de la tête qui, dans les saints hommes, s'ouvre à l'instant de leur mort. A ces ouvertures, sa majesté a joint les deux ouvertures de la poitrine, ce qui complète le nombre de douze.

Les élémens sont de forme circulaire; ils sont au nombre de quatre; l'akass est le cinquième.

Signes du zodiaque.

Meykh......	Aries.	Tola......	Libra.
Brikh.......	Taurus.	Britchuck..	Scorpio.
Mit-hun....	Gemini.	D'hun.....	Sagittarius.
Kirkh.......	Cancer.	Mucker...	Capricornus.
Singh.......	Leo.	Kooub....	Aquarius.
Kunnyan...	Virgo.	Meen.....	Pisces.

Les philosophes hindous pensent que les étoiles fixes et les planètes sont formées d'eau congelée comme la grêle, et qu'elles empruntent leur lumière du Soleil. D'autres disent qu'elles la tirent de la Lune; d'autres pensent que les étoiles sont les âmes des hommes qui, par leurs vertus, ont mérité d'être ainsi métamorphosés.

Jours de la semaine.

Additee....... Dimanche.
Soom......... Lundi.
Mungul....... Mardi.
Boodh........ Mercredi.
Beerhusput.... Jeudi.
Shookur...... Vendredi.
Sheneescher... Samedi.

A ces noms des jours de la semaine, on ajoute la finale *war, jour*.

Nous avons rapporté ci-dessus la définition du ghurry; voici comme ils le mesurent.

Ils prennent un vaisseau de cuivre ou d'autre métal, qui a la forme d'une coupe, c'est-à-dire plus étroit par le fond, et percé dans la partie inférieure d'un trou qui peut donner passage à une aiguille d'or qui pèse un mashah, et qui est longue de cinq travers de doigts. Le diamètre de la coupe est de 12 doigts. On la place dans un bassin d'eau pure, dans un lieu où elle est à l'abri du vent et de tout choc. Quand la coupe s'est remplie d'eau, un ghurry est écoulé; et pour en avertir ceux qui sont loin ou près, on donne un coup sur le ghurryal; pour deux ghurrys, on frappe deux coups, et ainsi de suite. Quand un pehr est écoulé, c'est la quatrième partie du jour, après avoir frappé le nombre de coups des ghurrys, on frappe de même le nombre qui marque celui des pehrs.

Ordre des élémens. Le premier est la terre, l'eau la couvre en partie; au-dessus de l'eau est le feu, au-dessus du feu est l'air; mais il est concave et non sphérique.

Il y a huit sortes d'aires. La première s'étend jusqu'à 48 cos de la surface de la terre; la seconde s'étend de là jusqu'à la Lune; la troisième va jusqu'à Vénus; la quatrième jusqu'au Soleil; la cinquième jusqu'à Mars; la sixième jusqu'à Jupiter; la septième jusqu'à Saturne; la huitième remplit l'espace entre Saturne et les fixes.

Cette huitième produit le mouvement diurne, par sa révolution de l'est à l'ouest; les sept autres vents ont leurs mouvemens de l'ouest à l'est.

L'akass est au-dessus de tout, et il n'a pas de bornes.

Le mouvement de toutes les planètes est égal et de 11838 jowjens et 3 cos en 24 heures; la différence des périodes tient à la grandeur des orbites.

Les étoiles zodiacales avancent de 54''' en longitude en un an. Les étoiles extra-zodiacales, après s'être avancées depuis le 10ᵉ degré d'Aries jusqu'au 27ᵉ, ou jusqu'au 24ᵉ, selon d'autres, ont un mouvement rétrograde jusqu'au 28ᵉ degré des Poissons, après quoi elles redeviennent directes et ainsi de suite. La constellation de la grande Ourse, qu'ils nomment *Sappatrigh*, a une précession annuelle de 17'' 47''' de l'ouest à l'est, ou d'un degré en 206 ans et demi.

Ici Reuben Burrow, dans une note, dit que l'auteur est mal informé; que la précession de 54''' est commune à toutes les étoiles, sauf celles qui peuvent avoir des mouvemens particuliers dont la cause est inconnue, et que le mouvement rétrograde de quelques-unes d'entre elles est un

AYEEN AKBERY.

mouvement d'ascension droite qui se fait en sens contraire, quand l'angle de position est obtus. Nous abrégeons son explication, qui nous paraît un peu arbitraire et convenir mal aux étoiles de la grande Ourse.

Les anciens philosophes de la Grèce ignoraient le mouvement de précession; il faut excepter pourtant Aristote et Hipparque, qui en avaient quelque idée, mais qui n'en connaissaient pas la quantité précise.

Orbites des planètes suivant les Hindous.

	Jowjens.	Cos.	
La Lune..	324.000	0	3 graines de moutarde font 1 grain de barley.
Mercure..	1.043.207	3	8 de barley......... 1 pouce.
Vénus...	2.664.636	2 +	24 pouces.......... 1 coudée.
Soleil...	4.331.500	0 +	4 coudées......... 1 duddun.
Mars...	8.146.960	3	2000 duddun......... 1 cos.
Jupiter..	11.375.764	1	cos.............. 1 jowjen.
Saturne..	127.658.255	1 +	
Étoile fixe	259.890.012	0.	

Nombre des étoiles des 27 mansions de la Lune.

1... 3	10... 5	19... 11
2... 3	11... 2	20... 4
3... 6	12... 2	21... 3
4... 5	13... 5	22... 3
5... 3	14... 1	23... 4
6... 1	15... 1	24... 100
7... 4	16... 4	25... 2
8... 3	17... 4	26... 2
9... 5	18... 3	27... 32

Nous supprimons les noms indiens. Le nombre total des étoiles est de 221. Nous avons vu ailleurs ce qu'ils appellent *abehjit*.

L'auteur ajoute que les Grecs partageaient le zodiaque en 28 mansions qui, au total, contenaient 66 ou 67 étoiles.

En voici la liste, en supprimant pareillement les noms indiens; il aurait bien dû nous donner en même tems les noms grecs, car nulle part nous n'avons trouvé le moindre vestige de cette division.

		Grand.			Grandeur.			Tacheroude.
1	2	3	11	2	2 et 3	21		
2	3	5	12	1	1	22	2	3
3	6	5	13	5	3	23	2	3.4
4	1	1	14	1	1	24	2.3	3.5
5	3	0	15	3	4	25	4	3
6	4	6	16	2	2	26	2	2
7	2	4	17	3	4	27	2	2
8	2	4	18	1	2	28	1	3
9	2	4	19	2	2			
10	4	0	20	4	3			

La première colonne est le numéro de la mansion, la seconde donne le nombre d'étoiles et la troisième leurs grandeurs.

Suivant Abdalrahman ben Omar al Soofee, il y a

37 étoiles de seconde grandeur,
200 de troisième,
421 de quatrième,
267 de cinquième,
70 de sixième,
4 étoiles obscures.

Diamètres des étoiles.

Grand.	Diamètr.
1	7 minutes.
2	6
3	5
4	4
5	3
6	2
7	1

Il ne donne pas le nombre des étoiles de première grandeur, il nous dit seulement que les Grecs en comptaient 15.

Nous ferons grâce à nos lecteurs de la Géographie des Indiens. $(\frac{3927}{1250})$ diamètre $=$ circonférence.

Les Hindous connaissant le rapport d'Archimède $(\frac{22}{7})$ diam. $=$ circonf., les Hindous en ont déduit diamètre $=(\frac{7}{22})$ circonférence.

Les Grecs, dit l'auteur, *ignoraient cette dernière règle, puisqu'ils n'en ont pas fait mention.* Voilà un juge bien compétent de la science géométrique des Grecs. Il ajoute :

Il est surprenant que ces deux peuples soient les seuls qui connaissent le rapport du diamètre à la circonférence. En cela il pourrait bien avoir raison; mais il serait également possible que cette connaissance eût été portée de la Grèce dans l'Inde.

Il dit que les anciens Grecs avaient trouvé le degré du méridien de 22 parasanges et deux tisswas, c'est-à-dire $66 \frac{2}{3}$.

Que les Arabes, en allant des plaines de Sinjiard vers le nord, avaient trouvé $56 \frac{2}{3}$, et vers le sud 56 juste. Burrow observe que la différence devait être en ce sens, mais qu'elles est ici beaucoup trop forte.

Mamoon demanda la distance de la Mecque à Bagdad; ses astronomes s'accordèrent à trouver 12° 44' qui, multipliés par $56 \frac{1}{3}$, faisaient environ 720 cos. Le khalif fit mesurer réellement cette distance, et elle se trouva juste.

Les Hindous font le degré 14 jowjens, 436 dunds, 2 coudées, 4 pouces. Voici le moyen qu'ils emploient pour le mesurer.

Dans une plaine bien unie, ils observent le lever du Soleil avec un sektajunter, espèce d'ampoulette, mais qui coule pendant soixante ghurrys. Alors, tenant cet instrument entre leurs mains, ils marchent vers l'est, et quand ils ont fait 84 jowjens et un peu plus, un ghurry s'est écoulé et le jour a avancé d'autant. Ils multiplient la distance par 60, ce qui leur donne la circonférence de la Terre.

Reuben Burrow croit que l'auteur s'est mal expliqué; qu'il est question de la mesure d'un degré de longitude, et que cette opération est celle que nous ferions avec nos garde-tems. Dans les mémoires de Calcutta, il a voulu nous prouver que les Indiens connaissaient le binome de Newton.

Ils déterminent les différences de longitude par les éclipses de Lune; mais ils les comptent de l'est : c'est le contraire de ce que faisaient les Grecs.

Ces notices sont suivies d'une Table géographique où l'on trouve les longitudes et les latitudes de près de 600 lieux différens. Le nombre en est même plus considérable; mais le reste n'offre ni longitudes ni latitudes, et l'on s'y borne aux noms. Mais ces noms sont indiens, et l'on n'y trouve peut-être pas une position qu'on puisse comparer avec quelque certitude à nos tables européennes.

Les Brahmines, dans leur Arithmétique, ont 18 ordres de nombres ; en voici les noms :

Ekhun............	10^0.	Abuj............	10^9.
Deshem..........	10^1.	Kehrub..........	10^{10}.
Shut............	10^2.	Hikhrub.........	10^{11}.
Sehsir...........	10^3.	Mahopuddum.....	10^{12}.
Jyoot............	10^4.	Sunkh...........	10^{13}.
Luksh ou Lack...	10^5.	Jeldeh...........	10^{14}.
Purboot..........	10^6.	Untee............	10^{15}.
Kote ou Krore....	10^7.	Mooddeh.........	10^{16}.
Arbud...........	10^8.	Berardeh.........	10^{17}.

Ils s'étaient arrêtés à ces nombres qui devaient toujours leur suffire ; ils avaient jugé inutile de donner des noms à des nombres dont ils n'avaient jamais eu l'occasion de se servir.

Voilà tout ce que j'ai pu trouver qui concernât l'Astronomie de près ou de loin. On ne peut guère juger de l'état des sciences dans un pays sur ce qu'en écrit un historien ou un homme d'état qui n'en a point fait une étude particulière. Mais nous avons lu les extraits des livres astronomiques ; nous connaissons l'Arithmétique, l'Algèbre et la Géométrie des Indiens. L'Ayeen Akbery n'ajoute rien à l'idée que nous avons pu nous former des Indiens. Nous sommes persuadés qu'ils n'ont jamais été aussi avancés qu'Hipparque ; que tout ce qu'ils ont pu savoir imparfaitement, ils l'ont emprunté des Arabes et des Persans ; mais quand nous serions dans l'erreur, un point qui ne peut être douteux, c'est que leurs connaissances, si tant est qu'ils en eussent, nous ont été parfaitement inutiles, et qu'ils ne peuvent ni n'ont jamais pu rien nous apprendre en Astronomie ; mais nous leur devons notre Arithmétique.

LIVRE SECOND.

CHAPITRE PREMIER.

Sacrobosco et ses Commentateurs.

Le plus ancien ouvrage d'Astronomie que l'Europe ait produit, ou qui nous soit parvenu, est la Sphère de Sacrobosco, livre qui long-tems a été le seul classique, et qui n'en est pas moins médiocre. Le Planisphère de Jordanus paraît plus ancien de quelques années, mais il ne concerne qu'indirectement l'Astronomie. Nous en parlerons plus loin, après l'article de Maurolycus, qui a écrit sur le même sujet.

Jean Halifax, plus connu sous le nom de *Joannes de Sacro Bosco* ou *de Sacro Busto*, était un moine anglais, célèbre dans son tems pour ses connaissances philosophiques et mathématiques; il vivait vers l'an 1220. L'étude de l'Astronomie était presque entièrement tombée, par la difficulté de se procurer et d'entendre les ouvrages des anciens astronomes. Sacrobosco, pour ressusciter un peu cette étude, composa un abrégé où il se contenta d'extraire ce qu'il y avait de notions plus élémentaires dans les écrits de Ptolémée, d'Alfragan et d'Albategnius. Il n'y mit rien de lui-même; il n'avait jamais pratiqué l'Astronomie; il prétendit seulement composer une espèce d'introduction aux ouvrages plus savans. Cet extrait superficiel eut long-tems une grande réputation; mais, comme les notions qu'il expose n'ont pas même les développemens nécessaires pour être bien comprises, il eut l'honneur d'être commenté.

Clavius s'attacha à remplir les lacunes, et ses notes sont quelquefois des dissertations assez longues. Il y a joint différentes tables; en sorte que le commentaire est plus long que l'ouvrage original, et que sans beaucoup plus de peine, Clavius aurait pu donner un ouvrage tout nouveau, dans lequel il n'aurait pas conservé une ligne du texte; mais ses commentaires mêmes prouvent que si Clavius était plus savant et plus mathématicien que le moine anglais, il n'était pas plus réellement astronome; il n'a fait aucune observation, aucune recherche théorique. Il a traité, par occasion, plusieurs points de Trigonométrie et d'Astronomie sphérique; mais on n'y rencontre rien qui ne soit ailleurs, au moins implicitement. En sorte que ce traité, avec ses commentaires, a pu servir à l'instruction publique, sans pouvoir être rangé parmi ceux à qui la science a dû quelques progrès.

La première édition du Commentaire de Clavius est de 1570; huit ans après, F. Junctinus Florentin fit paraître à Lyon un autre commentaire non moins prolixe sur la Sphère de Sacrobosco, dont il a de même conservé tout le texte. On y remarque (p. 72 de l'édition de Lyon) quelques détails sur l'étoile de 1572, sur laquelle Tycho a depuis composé un traité tout exprès; et p. 79, une démonstration par laquelle il veut prouver que le Soleil est plus éloigné de la Terre que la Lune. La raison qu'il en donne, c'est que la Lune, à même distance zénitale que le Soleil, jette des ombres plus longues. Ces distances au zénit avaient apparemment été calculées sans avoir égard à la parallaxe qui abaisse la Lune, augmente les distances au zénit, et allonge les ombres. Nous verrons plus loin, dans Oronce Finée, la confirmation de cette conjecture.

A la page 127, on trouve un extrait du voyage de Corsalius de Florence, qui, le premier, aperçut la Croix du sud. Junctinus ignorait donc que ces étoiles étaient connues des Grecs, qui les avaient placées à l'une des jambes du Centaure. Ce navigateur remarqua de plus les deux nuages entre lesquels se trouve le pôle austral (*voy.* Lacaille, Mém. de 1755).

Plus loin se trouve une longue dissertation sur cette question, si l'on voit la moitié du ciel, et sur les antipodes. Page 190, des figures par lesquelles il éclaircit les argumens dont Ptolémée se sert pour prouver que la terre est nécessairement au centre du monde. Les raisons les plus fortes, au jugement du commentateur, sont celles qui se tirent des passages de l'écriture. Page 208, on trouve des estimations fort défectueuses des volumes et des distances des planètes. Page 223, on voit que si les stades d'Eratosthène et de Ptolémée sont différens, c'est que les arcs qu'ils ont mesurés n'avaient pas la même courbure. En conséquence, il est impossible de donner une mesure exacte de la Terre, puisqu'elle n'est pas d'une forme bien régulière. Méthode de Maurolycus pour trouver la circonférence du globe par l'abaissement de l'horizon de la mer. A la page 315, il parle de la trépidation des étoiles, imaginée par Thébith. Il donne, tome II, p. 46, une figure pour rendre sensibles les levers et couchers de toutes les espèces.

Ce commentaire est généralement prolixe, et la quantité de dissertations qu'il renferme, ne fait que rendre plus sensible le défaut d'ordre qui se remarque dans l'ouvrage original. En un volume beaucoup moindre, on aurait pu donner, dans un meilleur ordre, un traité bien moins incomplet. On ne conçoit plus guère ce qui a pu engager tant d'auteurs à commenter si longuement une production si médiocre. On ne peut en chercher la cause que dans la vogue dont jouissait un livre élémentaire qui laisse tant à désirer. Mais en le complétant, ils ont de beaucoup passé les bornes; il paraît qu'à l'aide du nom de *Sacrobosco*, ils ont espéré faire mieux vendre leur bavardage scientifique.

Sacrobosco est encore auteur d'un livre sur le Comput ecclésiastique, *Computus*; d'un Traité d'Arithmétique; *Algorithmus*, et d'un petit ouvrage intitulé *De Compositione quadrantis simplicis et compositi et utilitatibus utriusque*. Tous ces ouvrages sont réunis dans le manuscrit 7196 de la Bibliothèque du Roi; ce manuscrit, relié en bois, a appartenu à Charles IX. On trouve aussi cet opuscule dans le manuscrit 7195 de la même Bibliothèque, et même avec une figure bien faite de son quadrant, qui manque dans l'autre manuscrit, quoiqu'elle ne soit rien moins qu'inutile pour l'intelligence du texte; ce que ce quadrant offre de plus remarquable, est la description des heures horaires inégales, et la manière d'employer l'instrument à déterminer l'heure par une observation du Soleil. C'est ici la première fois que nous rencontrons cette figure, qu'on a depuis répétée sur le dos de tous les astrolabes anciens, et qu'on a supprimée depuis, parce qu'elle ne peut être qu'une approximation souvent trop grossière. Probablement elle est due aux Arabes, auxquels Sacrobosco a beaucoup emprunté (*voy.* ci-dessus l'article Arzachel). Voici au reste quelle est cette méthode (fig. 54).

Sur une lame de cuivre ou d'une autre matière, décrivez du centre A le quart de cercle BC que vous diviserez en ses 90°. Sur le rayon AC, vous attacherez perpendiculairement deux pinnules percées chacune d'un trou rond par lequel vous ferez passer la lumière du Soleil, ou par lequel vous viserez à l'astre dont la hauteur sera marquée par un fil-à-plomb; ce fil couvrira la ligne de foi AB, quand le Soleil sera à l'horizon; il s'écartera de B vers C, à mesure que le Soleil montera. Si le Soleil descend, le fil-à-plomb se rapprochera de B, et toujours l'angle entre le fil et la ligne de foi sera la hauteur du Soleil; l'angle entre le même fil et le rayon AC sera la distance au zénit.

Le long de ce fil glissera une perle percée qui tiendra à frottement au point où vous l'aurez fixée d'après la hauteur méridienne du Soleil, ainsi qu'on le verra plus loin.

D'un rayon arbitraire AF, qu'il convient de faire égal aux deux tiers de AB, décrivez le quart de cercle FG, que vous diviserez en six parties égales qui seront par conséquent de 15° chacune. Marquez ces points de division des sept lettres F, H, I, K, L, M et N.

Sur AG comme diamètre, décrivez le demi-cercle ATN qui sera la ligne de midi, ou la sixième heure; sur le diamètre AG cherchez un point m également éloigné de A et de M, et de ce point m, comme centre, décrivez l'arc de cercle qui passera par les points A et M : ce sera la ligne de V heures.

Des centres l, k, i, h décrivez pareillement les arcs AL, AK, AI, AH, qui seront les lignes de IV, III, II et I heures; la ligne AP ou la ligne de foi indiquera l'heure O ou le lever du Soleil.

Pour l'observation du soir, les lignes O, I, II, III, IV, V et VI, deviendront................ XII, XI, X, IX, VIII, VII, VI ; les arcs AH, AI, AK, AL, AM, AN auront tous pour corde le rayon AF du quart de cercle intérieur.

La manière de trouver les centres m, l, k, i, h est fort simple. Soit AF = 1 = AN = corde commune; le rayon du cercle ATN = $\frac{1}{2}$ AN = 0.5.

Sur le milieu de AM élevez la perpendiculaire pm; vous aurez $mA = mM$, m sera le centre cherché (fig. 55).

$$Am = Ap \sec pAm = \tfrac{1}{2} AM \sec MAN = \frac{1}{2\cos MN} = \frac{1}{2\cos 15°} = \tfrac{1}{2} \sec 15°$$
$$= 0.5176381;$$

vous aurez de même

$$Al = \frac{1}{2\cos 30°} = \tfrac{1}{2} \sec 30° = 0.5773502,$$

$$Ak = \frac{1}{2\cos 45°} = \tfrac{1}{2} \sec 45° = 0.7071068,$$

$$Ai = \frac{1}{2\cos 60°} = \tfrac{1}{2} \sec 60° = 1.0000000,$$

$$Ah = \frac{1}{2\cos 75°} = \tfrac{1}{2} \sec 75° = 1.9318516;$$

On aurait de même la perpendiculaire = $\tfrac{1}{2}$ tangente de l'angle en A.

SACROBOSCO.

On voit que AK est le sinus ou le cosinus de $45° =$ AR $=$ RK $=$ KK ; menez la diagonale AK; divisez RK et KK chacun en douze parties égales, par des lignes qui se dirigent en A; vous aurez les lignes des ombres verses et des ombres droites qu'on trouve aux dos de tous les astrolabes.

Il reste à décrire le curseur; c'est un limbe dont l'arc est égal à la double obliquité de l'écliptique. Sur ce limbe, marquez les déclinaisons pour tous les degrés de l'écliptique par des lignes qui se dirigent toutes au centre A; à côté de chaque déclinaison, mettez le signe et le degré auquel la déclinaison appartient. Aux signes, joignez les mois, et aux degrés les jours de l'année auxquels ces longitudes correspondent, et le curseur sera décrit.

Ce curseur doit glisser à frottement dans la concavité que vous aurez ménagée entre les arcs BC et FG; faites que le zéro du curseur, ou le point équatorial, réponde sur le limbe BC au point qui marque la hauteur de l'équateur, et arrêtez le curseur en cet endroit; l'instrument sera préparé pour l'observation. Cette position est constante et perpétuelle pour un lieu donné. Il ne reste qu'à placer la perle au point convenable, qui change chaque jour.

Pour trouver ce point, amenez le fil-à-plomb sur le point du limbe BC dont le nombre $=$ hauteur de l'équat. $+$ déclin. $=$ (E $+$ D), si la déclinaison est boréale, ou (E $-$ D), si elle est australe. Dans cette situation, le fil indiquera la hauteur méridienne du Soleil. Faites glisser la perle jusqu'à ce qu'elle soit coupée en deux par le demi-cercle ATN qui est la ligne de midi ou de 6^h temporaires.

Alors, pour observer l'heure, dirigez au Soleil le rayon CA, en sorte que l'image du Soleil, après avoir passé par la pinnule A, vienne couvrir le trou correspondant de la pinnule C; la position de la perle entre les lignes horaires vous indiquera combien d'heures se sont écoulées depuis le lever du Soleil.

Ce procédé est bien simple, voyons s'il est aussi juste.

Soit AM (fig 55) la position du fil-à-plomb à midi ou sur l'arc (E $+$ D); la perle sera en a; Aa $=$ cos (H $-$ D) $=$ sin (E $+$ D) sera le rayon du cercle que décrira la perle pendant la journée; soit BAP la hauteur du Soleil, AN sera la distance observée du Soleil au zénit.

La corde cos (H $-$ D) devient la corde d'un cercle horaire dont le rayon $= \dfrac{\frac{1}{2}\cos(H-D)}{\cos N}$ par la construction, N étant la distance zénitale

$$= \dfrac{\frac{1}{2}\cos(H-D)}{\cos(H-D)-2\sin^2\frac{1}{2}P\cos H\cos D} = \dfrac{\frac{1}{2}\cos(H-D)}{\cos P\cos H\cos D+\sin H\sin D}.$$

Si la perle au moment de l'observation tombe sur une des lignes horaires, cela est évident; si elle tombe entre deux cercles, on peut concevoir le cercle horaire, quoiqu'il ne soit pas décrit sur le cadran.

Les lignes horaires sont tracées pour des divisions de l'arc de 90° ou l'arc de 6^h équatoriales; chaque cercle horaire a pour rayon $\dfrac{1}{2\cos P'}$; P' contient un nombre de degrés dont 15 font une heure équatoriale.

P de la formule précédente est composé de ces mêmes degrés. Pour que la ligne horaire indiquée par la perle fût celle de l'heure vraie, il faudrait que l'on eût $P=P'$,

$$\dfrac{\frac{1}{2}\cos(H-D)}{\cos(H-D)-2\sin^2\frac{1}{2}P\cos H\cos D} = \dfrac{\frac{1}{2}}{\cos P'} = \dfrac{\frac{1}{2}}{1-2\sin^2\frac{1}{2}P'};$$

d'où

$$\cos(H-D)-\cos(H-D)\cdot 2\sin^2\tfrac{1}{2}P' = \cos(H-D)-2\cos(H-D)\sin^2\tfrac{1}{2}P\cos H\cos D$$

et $\qquad \sin^2\frac{1}{2}P'\cos(H-D) = \sin^2\frac{1}{2}P\cos H\cos D,$

ou $\qquad \cos H\cos D = \cos(H-D) = \cos H\cos D+\sin H\sin D,$

ce qui ne peut avoir lieu qu'aux jours de l'équinoxe.

Il faudrait au moins que

$$\sin^2\tfrac{1}{2}P' = \sin^2\tfrac{1}{2}P\cdot \dfrac{\cos H\cos D}{\cos H\cos D+\sin H\sin D} = \dfrac{\sin^2\frac{1}{2}P}{1+\tang H\tang D}.$$

La ligne horaire est donc variable avec la déclinaison; mais, par la construction, les lignes horaires sont constantes; elles ne sont donc justes que quand $D=0$: l'erreur augmente avec la déclinaison.

Le procédé est donc inexact, ainsi qu'on pouvait le prévoir, en considérant que les six arcs avaient été décrits selon la division en six parties de l'arc de 90°, qui n'est l'arc diurne qu'à l'équinoxe. Mais si ces lignes ne sont pas convenablement espacées, elles vont du moins en se resserrant à mesure qu'elles sont plus voisines du méridien; elles doivent donner l'heure avec une exactitude dont on se contentait.

Les lignes des heures inégales étaient supposées des arcs de grands cercles dans la sphère; elles étaient donc des cercles sur l'astrolabe qui se fait suivant la projection stéréographique. Ces lignes supposées peuvent donc se placer et se plaçaient en effet sur l'astrolabe, mais on se contentait d'en déterminer trois points par lesquels on faisait passer un cercle. Le problème d'un cadran universel a depuis été résolu. Nous le trouverons à l'article de Régiomontan; et ce qu'il y a de remarquable, les lignes horaires y sont des droites parallèles, mais le point de suspension est mobile.

Ici au contraire le point de suspension est constant, ainsi que les divisions F, H, I, K, L, M et N des lignes horaires. Ce procédé, qui n'est rien moins que géométrique, pouvait fournir une approximation passable en Arabie, où les heures temporaires différaient très peu des heures équinoxiales. Sacrobosco n'a pas vu qu'en le transportant en Europe, il le rendait d'autant plus inexact, que la latitude était plus élevée. Sacrobosco nous décrit cette construction sans aucune réflexion, et nous donne ainsi la mesure de ses connaissances mathématiques. Si elle vient des Arabes, on peut dire qu'elle n'est guère digne d'eux; aussi n'en voyons-nous aucune mention, ni dans Ebn Jounis, ni dans Albategnius. au reste ce procédé revient en dernière analyse à faire

$$\sin \text{haut.} \odot = \cos P \cos (H - D),$$

au lieu que la formule véritable est

$$\sin \text{haut.} \odot = \cos P \cos H \cos D + \sin H \sin D$$
$$= \cos P [\cos (H - D) - \sin H \sin D] + \sin H \sin D$$
$$= \cos P \cos (H - D) + 2 \sin^2 \tfrac{1}{2} P \sin H \sin D;$$

on néglige donc le terme $2 \sin^2 \tfrac{1}{2} P \sin H \sin D$, qui est toujours nul, quand $H = 0$, quel que soit D, et quand $D = 0$, quelque soit H.

CHAPITRE II.

Alphonse et Bianchini.

Alphonsi regis auspiciis Tabulæ astronomicæ, 1252.

Sacrobosco, par son livre de la Sphère, ne prétendait qu'à guider les premiers pas de ceux qui auraient envie de se préparer à la lecture de Ptolémée ou d'Albategnius. Alphonse, roi de Castille, conçut un projet plus grand, celui de réformer les tables de ces astronomes, qui ne s'accordaient plus assez bien avec les observations. Même avant que de monter sur le trône, il avait attiré à Tolède les astronomes les plus célèbres de son tems, chrétiens, juifs et maures, Abn Ragel, Alcabit, Aben Musius, Mohammed, Abuphali, Abuma et plusieurs autres qui réunirent leurs efforts pour produire les Tables connues sous le nom d'*Alphonsines*; elles parurent en 1252, le 3 des calendes de juin, le jour même où Alphonse succéda à son père. On croit qu'elles sont principalement l'ouvrage du rabbin Isaac Aben Sid, surnommé *Hazan*, inspecteur de la synagogue de Tolède. Mais on est persuadé que ce rabbin ne répondit pas dignement à la confiance que lui témoignait le prince; qu'il employa mal les secours de toute espèce qui lui étaient prodigués, et que ces tables ne valaient pas à beaucoup près les 40,000 ducats qu'elles coutèrent. Nous reviendrons sur les reproches encourus par Aben Sid.

Alphonse mourut âgé de 58 ans, en 1284, après un règne très malheureux; on a cité souvent de lui ce mot, que *si Dieu l'eût consulté au moment de la création, il lui eût donné de bons avis*. On a cru voir une marque d'impiété dans cette plaisanterie, qui porte principalement sur la complication et l'incohérence du système de Ptolémée. Il paraîtrait cependant qu'Alphonse croyait à la réalité de ce système, puisqu'il n'a pas donné à ses astronomes, pour réformer les tables, les conseils qu'il aurait voulu donner à Dieu. Il est même à remarquer qu'on ajouta encore aux embarras de ce système, celui du mouvement de trépidation, qui était une rêverie accréditée principalement par l'astronome arabe Thébith ben Chora. Les Tables Alphonsines furent imprimées en 1483, à Venise, sous ce titre:

ALPHONSE.

Alphonsi regis Castellæ, cœlestium motuum Tabulæ, nec non Stellarum fixarum longitudines ac latitudines Alphonsi tempore ad motús veritatem reductæ, præmissis Joannis Saxoniensis in has Tabulas Canonibus. Il y a encore des éditions de 1488, 1492, 1517; Gauricus en donna une nouvelle en 1524, avec quelques notes; il dit dans sa préface qu'il y travailla *sept jours*. Mais la plus estimée de toutes est celle que donna *Paschasius Hamellius*, professeur au collége royal, Paris 1545 et 1553. Je vais suivre cette dernière, qui porte pour titre:

Divi Alphonsi Romanorum et Hispaniarum regis, astronomicæ Tabulæ in propriam integritatem restitutæ, ad calcem adjectis Tabulis quæ in postremâ editione deerant, cum plurimorum locorum correctione, et accessione variarum tabellarum ex diversis auctoribus huic operi insertarum cum in usus ubertatem tum difficultatis subsidium. Paris, Wechel, 1553.

Malgré ce titre un peu fastueux, ces éclaircissemens se réduisent à peu de chose, et nous verrons plus loin que les auteurs avaient négligé de faire connaître, ou affecté de ne pas exposer les fondemens de leurs tables.

Hammel a conservé l'épître dédicatoire de Gauricus, qui fait l'éloge le plus pompeux de l'Astronomie, c'est-à-dire de l'Astrologie. On trouve, immédiatement après le titre des articles, la Table des différentes ères; en voici un extrait:

Du déluge à Alphonse......	4353^{ans}	105^j,
De J.-C. à Alphonse......	1251	52,
De Philippe à Alphonse...	1574	202,
D'Alexandre-le-Grand......	1562	243,
De Dioclétien............	967	277,
De César................	1289	152,
De Nabuchodonosor........	1998	96.

Les Tables Alphonsines sont pour le méridien de Tolède qui, suivant Ptolémée, est à 11° de longitude.

Nous allons donner les titres de ces Tables avec quelques remarques.

Table pour la conversion des heures, minutes et secondes, jours et sexagésimales de jours en degrés.

Table de l'équation des jours pour tous les degrés de la longitude du Soleil. Elle est toujours soustractive du tems vrai pour avoir le tems moyen. La plus forte équation est de 32′52″ à 7^s 7°$\frac{1}{2}$; elle est nulle à 10^s 24°. Le *maximum* ne serait aujourd'hui que de 30′53″; la différence vient de ce que nous faisons aujourd'hui l'excentricité et l'obliquité moins grandes.

Table pour réduire les années en sexagènes ou soixantaines de divers ordres. Ainsi 100 années juliennes de 365^j,25, ou 36525^j = 10^{ss} 8^s 45^j.

Table du mouvement moyen des étoiles et des auges. C'est le mouvement moyen de précession.

Dans toutes ces tables, les jours sont indiqués par cette note 1̈, qui signifie soixantaine du 1er ordre, parce que le jour est composé de 60 minutes. Les soixantaines ou sexagènes de jour, par la note 2̈, ou sexagènes du second ordre.

Le mouvement des fixes pour un jour,
est de.......................... 4$^{'''}$ 20^{IV} 41^{V} 17^{VI} 12^{VII} 27^{VIII};
Ce nombre ajouté à lui-même 59 fois,
donne pour 60^j................. 4$^{''}$ 20$^{'''}$ 41^{IV} 17^{V} 12^{VI} 27^{VII}.

On entre dans la table avec les sexagènes de différens ordres, puis avec les sexagésimales, en commençant par l'ordre le plus élevé; on fait la somme des diverses quantités qu'on y prend. L'avantage est qu'une table de soixante lignes suffit pour l'intervalle le plus long et le plus composé; l'inconvénient est la nécessité des conversions préparatoires, et le grand nombre des mouvemens à prendre et additionner. On pourrait dire qu'à la rigueur, il suffirait de 10 lignes pour les nombres décimaux; mais plus la table sera courte et plus les calculs seront longs.

En divisant 360° par 49000 ans, j'ai trouvé pour un an

26$''$44897.95918.36734.69387.75510....,

ce qui fait par jour 4$^{'''}$ 20^{IV} 41^{V} 17^{VI} 8^{VII} 25^{VIII} 14^{IX} 2^{X};
c'est le mouvement annuel de la table, la différence n'est que de 14^{VII} 2^{VIII}.

Cette précession n'est guère que la moitié de la véritable. La période en est de 49000 ans juste; on ne voit pas sur quoi cette détermination peut être fondée. Reinhold nous expliquera ce mystère dans ses commentaires sur Purbach.

Cette précession est la moyenne; elle est sujette à une inégalité, d'après la théorie de Thébith et des Alphonsins. La période de l'inégalité est de 7000 ans, c'est-à-dire $\frac{1}{7}$ juste de la grande période de 49000 ans. L'argument de l'inégalité doit donc avoir un mouvement 7 fois aussi grand que la précession; ainsi, d'après nos calculs, le mouvement pour 1 jour serait... 30$^{'''}$ 24^{IV} 48^{V} 59^{VI} 58^{VII} 56^{VIII} 38^{IX} 14^{X},

ALPHONSE.

le mouvem. pour 60 jours..   30″ 24‴ 48ⁱᵛ 59ᵛ 58ᵛⁱ 51ᵛⁱⁱ 38ᵛⁱⁱⁱ 14ⁱˣ,
la table donne...........   30″ 24‴ 49ⁱᵛ 0ᵛ.

On calcule les moyens mouvemens pour un tems quelconque, on y ajoute l'époque de J.-C. $5^{ss} 59° 12' 34'' 0'''$, et l'on a l'argument; soit A cet argument, l'équation $= E$; $\sin E = + \sin 9° \sin A$.

On applique cette équation à la précession moyenne, et l'on a la précession vraie, qu'il faut ajouter au lieu d'une étoile ou d'une apside quelconque, pour avoir la longitude actuelle de l'étoile ou de l'apside pour l'instant du calcul.

L'époque de l'auge du Soleil et de Vénus est	$1^{ss}\ 11°\ 25'\ 23''\ 0'''$
Celle de Mercure......................	3. 10.39.33. 4
Mars.........................	1. 55.12.13. 4
Jupiter.......................	2. 33.37. 0. 4
Saturne.......................	3. 53.23.42. 4
à chacune de ces auges, ajoutez l'auge commune...	0. 19.32.45.24
et vous aurez l'auge particulière de chaque planète, ⊙................................	1. 11.25.23. 0
ainsi auge du ⊙.......................	1. 20.58. 8.24.

Bianchini a donné une forme plus commode à ces tables de précession moyenne et vraie ; mais c'est la même théorie, ce sont les mêmes résultats.

Exemple de l'usage des Tables Alphonsines. On demande le lieu d'une planète pour le 20 sept. 1476 ? Il faut d'abord convertir ce nombre d'années en sexagènes de jours.

On aura donc pour	1000........	$1^4 41^3 27^2 30^1$
	400........	40.55. 0
	60........	6. 5.15
	16......	1.37.24
	1476 ans =	2.29.45. 9
Août complet........		4. 3
20 septembre.........		20
1476, 20 septembre...... =		2.29.49.32.

Ensuite pour trouver le lieu du Soleil,

à l'époque, ou racine..................   4^{ss} 38° 21′ 0″ 30‴ 28^{iv}
                    ajoutez pour 2^4.... 16. 39.14.38.27.52
                            pour 29^3.... 35. 1.29. 2.17.44
                                 49^2.... 48. 17.48. 1.28.42
                                 32^1.... 31.32.26.27.54
                                 15^h....   14.47. 4.54
                                 4^r....   3.56.33

Longitude moyenne........................ 3. 8.40. 0.14. 7
Retranchez l'auge propre du ☉ ci-dessus... 1. 30.58. 8.24
Anomalie moyenne........................   1. 37.41.51.50
Équation................................ − 2. 9.24.50
Longitude vraie du Soleil...............   3. 6.30.35.24.

La longitude moyenne d'Alphonse est de 4′ moindre que celle de nos tables; l'équation est plus forte de 12′, en sorte que la longitude différerait ici de 16′; mais elle ne différerait que de 8′ dans le point opposé.

Il fait le mouvement de 365^j de 5^s 59° 45′ 39″ 22‴ 1^{iv} 59^v 46^{vi}.

On voit que les tables sont en doubles signes ou sexagènes de degré, et voilà pourquoi on trouve les nombres de sexagènes 16^{ss} 35^{ss} 48^{ss} qui auraient dû se réduire à 4^{ss} 5^{ss} et 0. Mais ces sexagènes deviennent successivement des degrés, des minutes et des secondes, quand on entre dans la table avec des quantités d'un ordre inférieur; il fallait donc conserver les cercles entiers dans la table générale; on en est quitte pour rejeter dans l'addition tous les multiples, c'est-à-dire les cercles entiers.

Vous formerez, d'après les mêmes règles, la longitude moyenne de la Lune; vous aurez ainsi pour le même instant 5^{ss} 44° 26′ 46″ 18‴ 54^{iv}
La longitude moyenne du Soleil..........   3. 8.40. 0.14. 7
                        (☾ − ☉) =   2. 35.46.46. 4.47
Centre moyen de la Lune 2(☾ − ☉) =   5. 11.33.32. 9.34;

avec cette double distance, vous prenez l'équation de l'anomalie comme dans les Tables de Ptolémée. Cette équation, dans les Tables Alphonsines, est de 13° 9′ à 1^{ss} 54° ou 3^s 24°; dans la table que j'ai calculée sur la théorie de Ptolémée, le *maximum* est 13° 8′ 18″; la différence est insensible.

ALPHONSE.

Dans la Table des moy. mouv. de
la ☾, le mouv. pour 60^j est....... 2^s 10° 35′ 1″ 15‴ 11^{IV} 4^V 35^{VI} 0^{VII}
Dans nos tables, il est......... 2. 10. 35. 1. 42
                                             ―――――――
                                             26. 49

Le mouv. d'anomalie pour 60^j est 2. 3. 53. 57. 30. 21. 4. 13
Dans nos tables, c'est......... 2. 3. 53. 57. 30

Dans l'exemple commencé, l'anomalie moyenne est.............. 1^{ss} 31° 14′ 12″ 3‴ 9^{IV}
La correction d'anomalie....... — 7. 1. 58. 10. 35

Anomalie corrigée de l'épicycle, 1. 24. 12. 13. 52. 34
avec cette anomalie, vous trouvez
l'équation.................... 2. 30. 12. 13. 53.

Alphonse désigne cette équation par les mots *diversitas diametri circuli brevis*, et elle va jusqu'à 2° 40′; il est visible que c'est la double évection.

Avec la double distance 2(☾—☉), en prenant la première équation — 7° 1′ 58″, etc., vous avez pris les minutes proportionnelles 8′ ou $\frac{8}{60}$ qui serviront à multiplier l'évection, qui deviendra   20′ 1″ 37‴ 51^{IV}

L'équation du cercle sera pour l'apogée..... 4° 51. 4. 51. 4
L'équation entière.................... — 5. 11. 6. 28. 55
Le lieu moyen...................... 5. 44. 26. 46. 18. 54

Le lieu vrai de la Lune.................. 5. 39. 15. 39. 49. 59.

Il y avait ici une faute dans le calcul de l'évection, et l'on avait ensuite omis entièrement l'évection réduite. Ces erreurs, jointes à la brièveté des explications, m'avaient d'abord inquiété. J'avais cependant fait le calcul exactement, et les corrections que j'avais trouvées, je les ai vues depuis consignées à la main sur l'exemplaire de la Bibliothèque de Sainte-Geneviève.

Il reste donc prouvé que la théorie Alphonsine ne diffère de celle de Ptolémée que par quelques corrections légères faites aux moyens mouvemens, aux époques et aux constantes; ainsi l'équation du centre que Ptolémée fait de 5°, n'est, dans les Alphonsines, que de 4° 56′.

Le mouv. du nœud est de 3° 10′ 38″ 7‴ 14^{IV} 49^V 10^{VI} pour 60 jours;
dans nos tables, il est de... 3. 10. 38. 18;
la plus grande latitude est de 5° comme dans Ptolémée.

Ces exemples sont les seuls qu'on trouve dans l'ouvrage; ou nous avertit seulement qu'un exemple serait inutile, si nous avons bien compris ce que nous avons vu sur la Lune; il en résulte que la forme des tables est pareille, et que l'usage en est le même. En effet, il y a deux équations à prendre pour les planètes comme pour la Lune, quoique les fondemens des équations ne soient pas les mêmes.

Vénus. Mouv. pour 60ʲ	36.59.27.23.59.31	pl. gr. éq.	2° 10′
☉	59. 8.19.37.19.14	digress....	45.39
Mouvement propre....	3° 6′ 7″ 47‴ 1.18.45	(±)......	1.52
Suivant Lalande.......	3. 6. 7.48		1.52
Époque de J.-C.......	2ˢˢ 9° 22′ 2″ 36‴ 0ⁱᵛ.		

Au reste, avec une théorie aussi défectueuse de la précession, leurs époques ne signifient rien pour nous; passables pour le tems, elles ne pouvaient être long-tems exactes.

Mercure. Ep. de J.-C.	0ˢˢ 45° 25′ 58″ 0‴ 0ⁱᵛ		
60 jours...	3. 6.24. 7.42.40.52	équat...	3° 2′
	0.59. 8.19.37.19.14	digress..	22. 2
8ˢ ou	4ˢˢ 5.32.27.20. 0. 6 ±	.....	3.12
Lalande.....	8. 5.32.33		2. 1
Mars. Ep. de J.-C.	0ˢˢ 41.25.29.43	équat....	11.24
60 jours....	31′ 26″ 58‴ 40ⁱᵛ 5ᵛ 0ᵛⁱ	par. ann..	41.10
Lalande....	31. 26.39	±......	8. 3
			5.38
Jupiter. Ep. de J.-C.	3ˢˢ 0° 37′ 20″ 44‴	équat....	5.57
	4.59.15.27,7	par. ann..	11. 3
Suivant nos tables,	4.59.16	±......	30
			33
Saturne. Ep. de J.-C.	1. 14. 5.20.12	équat....	6.31
	2. 0.35.17.40.21	par. ann..	6.13
	2. 0.35.36	±......	21
			25

Jusqu'ici il n'est pas question des latitudes, mais on les trouvera par les tables qui portent le titre général de *Passions des Planètes*. Elles donnent des moyens pour calculer les levers et couchers héliaques, les *stations*, les *rétrogradations*, et les *directions*, qui sont les momens où la planète redevient directe. Nous n'avons rien à extraire pour ces divers phénomènes. La théorie des latitudes est encore celle de Ptolémée. Voici les *maxima* pour les tems des levers et des couchers.

Déclinaison ou latitude première.	Réflex. ou 2ᵉ lat.
♀ 1° 2′ *maximum*. . . .	1° 57′
7.12.	2. 3
☿ 1.45 matin	2.20
4. 5 soir.	2.27
♂ 4.21 lever du matin.	
7.30 coucher du soir.	
♃ 2. 8	
♄ 3. 2	
3. 5	

Préceptes pour l'horoscope et les maisons par les heures temporaires.

Tables pour différens climats.

Tables pour trouver l'entrée du Soleil dans les signes divers.

Tables des équinoxes et de leur anticipation, en supposant l'année de 365ʲ 5ʰ 49′ 16″.

On voit que la longueur de l'année est plus exacte qu'on ne l'a supposée depuis. *Voyez* Reinhold et la réformation du calendrier.

Si l'auteur de ces tables est un juif, il est sûr que certains préceptes ont été refondus; on en peut juger par l'article de la célébration de la Pâque, où les juifs sont désignés par les mots *recutiti sabbatarii*; on les y traite aussi d'*obstinés*.

Table des conjonctions vraies de la Lune pascale, depuis les années 1524 jusqu'à 1585.

Des nombres d'or, des indictions, du cycle solaire et de la lettre dominicale.

Pour trouver le jour de la semaine.

Calendrier, retours ou conversions annuelles, équations des jours ou du tems.

Des trois espèces de *profections*.

Des conjonctions des planètes.

Conversion des syzygies moyennes en syzygies vraies.

Mouvemens de la Lune en diverses fractions de jours.

Termes écliptiques, parallaxes, commencement, fin, durée, quantité et couleurs des éclipses.

De une minute à 10 minutes de latitude, l'éclipse sera très noire, de 10 à 20′, d'un noir verdâtre; de 20 à 30′, noire rougeâtre; de 30 à 40′, noire pâle; de 40 à 50′, pâle grise; de 50 à 60′, gris blanc. Autrement, suivant l'idée de Jean *de Lineriis*, si la distance à l'apogée est de 3^{ss}, l'éclipse sera très noire; 2^{ss}′30 ou 3^s 30°, noire verdâtre; 2 ou 4, noire rougeâtre; 1½ ou 4½, noire pâle; 1 ou 5, grise; 30° et 5^{ss}30′, gris blanc. Suivant les uns, ces règles sont générales pour toutes les éclipses, d'autres les restreignent aux éclipses de Lune.

Table des parallaxes de longitude et de latitude, des diamètres du Soleil, de la Lune et de l'ombre.

$$\text{Demi-diamètre} \odot \text{ de } 15'\,40'' \text{ à } 16'\,55''$$
$$\mathbb{C} \ldots\ 14.30 \text{ à } 18.\ 4$$
$$\text{Ombre} \ldots\ldots\ 37.42 \text{ à } 46.57.$$

Gauricus ajoute d'autres tables pour trouver les syzygies, et une table des éclipses calculées pour Rome, de 1525 à 1573. Il dit ensuite qu'il a calculé pour la fin de l'an 1500 les étoiles de Ptolémée, observées par les anciens, les Chaldéens ou Babyloniens, ensuite par Hipparque, Ptolémée et Alphonse. Comme ces astronomes, il en distingue de six grandeurs différentes: il assimile au pape et aux cardinaux celles de la première grandeur; aux empereurs, celles de la seconde; aux rois, celles de troisième; aux ducs et aux princes, celles de quatrième; aux patriciens et officiers municipaux, celles de cinquième; enfin à la populace, celles de sixième.

Alphonse avait choisi l'époque de 1256. Pour réduire le nouveau catalogue à l'époque d'Alphonse, il faut retrancher 2° 32′ des longitudes, ce qui fait presque 37″,4 par an; apparemment il y aura fait entrer la trépidation. Il nous avertit ensuite que le retranchement de 2° 32′, rendra les longitudes pour le dernier jour de mai 1251, ce qui me ferait croire que plus haut il faut lire 1252 au lieu de 1256.

On retrouve ensuite des tables qu'on avait regretté de ne pas avoir dans l'édition précédente, et qu'il avait paru convenable de rétablir avec les préceptes qui en expliquent les usages. Ces tables servent à convertir les tems d'une ère en ceux d'une autre ère, ou à ramener à une autre ère les époques des tables astronomiques.

Des tables des climats et des arcs semi-diurnes, enfin les différences entre la nuit et le jour pour tous les degrés de la longitude du Soleil,

Ici se termine l'ouvrage. Ces tables ont remplacé avec avantage celles de Ptolémée; elles ont joui d'une grande réputation. Tout le mérite qu'elles peuvent avoir paraît cependant se borner à la correction de quelques époques, à une amélioration sensible des mouvemens du Soleil et de la longueur de l'année; c'était déjà quelque chose. On eût mieux fait, si l'on n'avait pas compliqué les calculs par un système de précession qui n'avait aucun fondement réel, et dont les périodes avaient été fixées d'après des idées superstitieuses, très étrangères à l'Astronomie. Mais on peut, jusqu'à un certain point, excuser les Alphonsins, par ce qu'a fait depuis Copernic, qui a conservé un système à peu près semblable pour la précession; mais son but était d'accorder entre elles les observations des astronomes de tous les âges. Il y avait donc moins d'arbitraire que dans les périodes sabbatiques des Juifs; mais si le prétexte était plus plausible, l'inconvénient n'en était pas moins tout semblable.

Les Tables Alphonsines avaient été construites dans le système qui pouvait les réduire au moindre volume, ce qui pouvait être, à quelques égards, un avantage avant la découverte de l'imprimerie. Il était plus aisé d'en multiplier les copies, et chaque astronome ou calculateur pouvait ensuite les étendre à son gré, tant pour les époques que pour les équations. C'est ce qui fut exécuté 200 ans après par l'italien Bianchini de Bologne, qui, sans avoir été observateur, sans avoir rien découvert ni perfectionné, voulut du moins se rendre utile à l'Astronomie, qu'il professait, en donnant aux tables toute l'étendue nécessaire pour que le calculateur y prît à vue le plus souvent les quantités qu'il cherchait. Il est assez remarquable qu'après le grand succès des Tables Alphonsines, deux cents ans se soient écoulés sans qu'on vît paraître un livre digne de la moindre attention.

Roger Bacon, qui vivait en 1255, composa un ouvrage sur l'utilité de l'Astrologie, les lieux des étoiles, les rayons solaires et les aspects de la Lune. Il avait dit, dans son Traité manuscrit de la Perspective, que J. César se disposant à passer en Angleterre, en avait examiné les côtes, des rivages de France, au moyen d'un tube optique. On pense même que Bacon avait construit un de ces tubes qui le fit passer pour sorcier; mais on ne dit pas sur quelle autorité il avait prêté cette observation à J. César. On ne dit pas si ce tube avait des verres; enfin on ne cite de lui aucune remarque nouvelle, aucune découverte; et sur des fondemens aussi vagues, on ne peut mettre Bacon au rang des promoteurs de l'Astronomie.

Guido Bonatus de Fréjus vivait en 1284; il composa dix traités d'Astronomie ou plutôt d'Astrologie, qu'il avait compilés d'après les astrologues arabes.

Vers 1290, Henri Baten fit un livre des erreurs des Tables Alphonsines, mais il ne donna pas le moyen de corriger ces erreurs. C'était du moins un avertissement qui pouvait être utile, et dont on ne profita point.

Petrus de Apono est auteur d'un Traité de l'Astrolabe plan; il se montre grand argumentateur, nous dit Weidler, dans un ouvrage intitulé *Lucidator Astronomiæ*; il exposa une idée singulière dans son Traité du mouvement de la 8ᵉ Sphère.

Cichus Asculanus, vers 1322, commenta la Sphère de Sacrobosco, et fut brûlé à Florence comme nécromant et hérétique.

Nous avons parlé de Barlaam qui vivait vers 1330 (tome I, p. 319).

Robert Holkoth fit un livre des mouvemens et des effets des étoiles.

Gérard de Crémone traduisit en latin la Syntaxe de Ptolémée et le livre de Géber.

George Chrysococca nous a fait connaître l'Astronomie des Perses. On dit que la bibliothèque de Madrid possède un manuscrit de son Traité de la construction de l'Astrolabe.

Nicephoras est auteur d'une lettre contre les détracteurs de l'Astronomie, et d'un Traité de l'Astrolabe.

Cabasillas commenta Ptolémée.

Nicolaus Linnensis donna des règles pour l'usage des tables, la révolution du monde, l'astrolabe et l'éclipse de ⊙.

Marcus Beneventanus commenta le système de Thébith.

Joannes de Saxonia expliqua les Tables Alphonsines et les Tables écliptiques; il commenta l'Introduction à l'Astrologie d'Alchabit.

Joannes de Lineriis fit quelques observations qu'on trouve dans les œuvres de Gassendi, tome VI, p. 502.

Joannes de Gmunden avait rédigé, pour le méridien de Vienne, des Tables des planètes et des éclipses, et composé une éphéméride pour plusieurs années; il composa plusieurs tables pour abréger le calcul des parties proportionnelles. Il fut un professeur célèbre, forma plusieurs élèves. Voilà tout ce que nous trouvons entre Alphonse et Bianchini ou Purbach, qui ne furent guère eux-mêmes que des professeurs et des commentateurs. Nous commencerons par Bianchini, parce qu'il est impossible de séparer Purbach de son disciple et collaborateur Régiomontan.

BIANCHINI.

Bianchini.

Joannes Blanchinus était contemporain de Purbach, dont nous parlerons dans l'article suivant, et professait l'Astronomie à Ferrare, en 1548; il y composa de nouvelles Tables des mouvemens célestes, qui parurent à Venise en 1495. L. Gauricus en donna une nouvelle édition en 1526. L'édition que j'ai sous les yeux est de 1553; elle appartient à la Bibliothèque de l'Institut. En voici le titre :

Luminarium atque Planetarum Tabulæ octoginta quinque omnium ex his quæ Alphonsum sequuntur quam faciles. Auctoribus Joanne Blanchino, Nicolao Prugnero, Georgio Purbachio. Nunc primum collectæ, auctæ et emendatæ. Basileæ, per Joannem Hervagium. La dédicace à Othon Palatin du Rhin, est de Preugner, et porte la date de 1553. On y voit une courte histoire de l'Astronomie, où ce que je trouve de plus remarquable c'est que les Égyptiens nommaient les signes du zodiaque *dieux conseillers*, θεοὺς βουλαίους, et les planètes ραβδοφορους, *porte-baguettes*, ou *porte-sceptres*. En parlant de ces tables, il assure qu'elles sont les plus faciles qui aient encore été publiées. Il a consulté un manuscrit qui avait été entre les mains de Stoefler, et qui était en si mauvais état, qu'il a été obligé de calculer de nouveau tous les mouvemens moyens. Il les a adaptés au climat moyen de l'Allemagne, c'est-à-dire à la hauteur du pôle de 49° et 29° de longitude. Il en a retranché les Tables des conjonctions et des oppositions, pour y substituer la Table des éclipses de Purbach.

A la vignette du discours préliminaire on voit les portraits de Blanchinus et de Prugnerus. Le premier ne paraît pas flatté. Les époques sont pour la première année de notre ère, ou pour la naissance de J.-C. Ce discours préliminaire enseigne l'usage des tables, et l'on n'y apprend rien autre chose.

Bianchini suivait les idées de Thébith et des Alphonsins pour les mouvemens des étoiles, et nous avons vu déjà que l'éditeur des Tables Alphonsines avait adopté, à cet égard, celles de Bianchini de préférence à celles d'Alphonse. Les premières tables du recueil sont celles des mouvemens communs des *auges*; elles sont étendues à une période entière, c'est-à-dire à 49000 ans, mais de 60 en 60 seulement.

Prugner y a joint les époques de l'auge commune de 4 en 4 ans pour 2000 ans.

Auges particulières.

♄   3ˢ 53° 23″ 43′
♃   2.33.37. 0
♂   1.55.12.13
☉ ♀ 1.11.25.23
☿   3.10.29.34.

On voit, par cet échantillon, que les signes sont des soixantaines de degrés, comme dans les Tables Alphonsines. Bianchini donne ensuite pour toutes les années, de 4 en 4, le jour, l'heure et la minute où le Soleil est dans son auge, avec sa longitude pour le même instant.

Quand on a le lieu actuel de l'auge du Soleil, il ne reste qu'une constante à ajouter, pour avoir l'auge de chaque planète, et pour Vénus, cette constante est 0.

La Table de l'auge du Soleil est ensuite étendue par Prugner à toutes les années, depuis 1400 jusqu'à 1693, avec un soin que Tycho a rendu à moitié inutile, en renversant toute cette doctrine astrologique.

On trouve ensuite le mouvement vrai du Soleil, depuis le jour où il était dans l'auge, pour tous les jours de l'année, à commencer du 15 juin, tems de l'apogée, et une table fort étendue du mouvement horaire vrai du Soleil. On voit que ces tables sont d'une forme toute particulière, et dispensent du calcul de l'équation du centre. Elles sont dans le même genre à peu près que celles des Chinois.

La Table des déclinaisons du Soleil est calculée pour une obliquité de 23° 30′.

Tables de la Lune.

Époques de 40 en 40 ans, à partir de 1400. A côté de chaque année est un nombre de jours, d'heures et de minutes; car ces époques ne sont pas pour le premier jour de l'an. On y trouve le centre, le lieu de la Lune et son argument. Elle va jusqu'à 2400.

Table pour les années. Table très étendue des mouvemens de la Lune pour tous les jours de son mois périodique, où l'on trouve l'équation, le mouvement horaire et l'argument de latitude.

La Table des latitudes suppose l'inclinaison 5° 0′ 0″.

Table des mouvemens du nœud.

Les Tables des planètes ne sont pas moins extraordinaires.

Saturne. Mouvemens vrais de 10 en 10°, pour une révolution synodique toute entière, en supposant que l'opposition a eu lieu en différens points du zodiaque de 10 en 10°. A côté de la longitude, on trouve l'équation, le mouvement diurne et horaire, la latitude et une équation.

A la suite de ces Tables, on trouve celles des mouvemens moyens.

Pour Jupiter, pour Mars, Vénus et Mercure, c'est la même disposition; elle pouvait être plus commode pour le calculateur d'éphémérides, qui ne cherche que les minutes; mais elle n'admet pas la même précision, et il faudrait les décomposer pour en reconnaître les élémens. Ce serait aujourd'hui un travail bien inutile.

Ces Tables étendues du Soleil, de la Lune et des planètes, occupent déjà 476 pages in-folio.

L'éditeur nous donne ensuite les Tables écliptiques de Purbach.

Les Tables de Purbach commencent par une table de multiplication sexagésimale qui va jusqu'à $64 \times 60'$, et qu'il appelle *Table manuelle*.

La seconde est une table de la première conjonction moyenne de chaque quarantième année de 1400 à 3040; on y trouve pour le moment de la syzygie le mouvement moyen de la Lune, son argument moyen et son argument de latitude; elle est ensuite étendue aux mois et aux jours.

La table pour convertir une syzygie moyenne en une syzygie vraie.

Les Tables des mouvemens moyens de la Lune.

Table d'équation du tems composé, dont le *maximum* est 32′ 48″ à $7^s 10°$ et le zéro à $10^s 21'$.

Table d'équation du ☉ pour toutes les minutes de l'argument; *maximum*, 2° 10′.

Équations de la Lune et latitude de 10 en 10′ des argumens.

Mouvemens vrais du ☉ et de la ☾, pour les heures et les minutes.

Tables du nonagésime pour divers climats.

Latitudes de la Lune dans les éclipses.

Table des durées des éclipses de Lune pour chaque minute de la latitude de la Lune, pour le Soleil apogée et périgée.

Table des demi-diamètres du ☉ et de la ☾ et de l'ombre.

Les demi-diamètres $\left\{ \begin{array}{c} ☉ \\ ☾ \\ \text{ombre} \end{array} \right\}$ vont de $\left\{ \begin{array}{c} 15.40 \\ 14.30 \\ 37.42 \end{array} \right\}$ à $\left\{ \begin{array}{c} 16.55 \\ 18.\ 4 \\ 46.57 \end{array} \right\}$.

Ces Tables écliptiques occupent 186 pages. Comme le reste du recueil, elles n'ont de mérite que leur étendue, qui diminue le travail du calculateur.

CHAPITRE III.

Purbach et Régiomontan.

Georges Purbach ou Beurbach, ainsi nommé d'une petite ville d'Autriche où il était né en 1423, se fit un nom principalement comme professeur; il construisit quelques instrumens, publia plusieurs tables trigonométriques et entre autres des tables de sinus de 10′ en 10′, pour un rayon de 6000000 parties, étendues depuis à toutes les minutes du quart de cercle, par son disciple Regiomontanus; il est connu sur-tout par ses Théoriques des Planètes, qu'il publia en 1460, un peu avant sa mort.

Cet ouvrage n'était encore qu'une espèce d'introduction pour préparer à la lecture de Ptolémée; il eut le même sort à peu près que celui de Sacrobosco, dont il était en quelque sorte la continuation il fut souvent reproduit et commenté. L'édition que je vais suivre est de Paris, 1515; elle porte ce titre :

Theoricæ novæ Planetarum, Georgii Purbachii, ac in eas Francisci Capuani de Manfredoniâ, sublimis expositio in luculentissimum scriptum.

Si l'ouvrage eût été si lumineux, tant de commentaires auraient été fort superflus; mais le fait est qu'il est trop court pour être toujours bien facile à comprendre.

D'abord, pour ce qui concerne le Soleil, il n'offre absolument rien de nouveau, sinon qu'il enchâsse le Soleil dans un orbe qui tourne entre deux autres, comme entre deux murs, et qu'il annonce un mouvement propre à la huitième sphère, sur lequel il promet de revenir.

Selon lui, la Lune a quatre orbes et une petite sphère; deux excentriques, qu'on appelle les *déférens* de l'auge et de l'excentrique; un troisième excentrique placé entre les deux premiers, et qui s'appelle le *déférent* de l'épicycle. Apparemment que pour assurer la constance des mouvemens inégaux de la Lune, il a cru nécessaire de l'enfermer entre deux surfaces sphériques et solides, entre lesquelles elle serait obligée de circuler, ressuscitant ainsi les cieux solides des anciens, sur lesquels Ptolémée n'avait pas jugé à propos de s'expliquer. La Lune a ensuite un orbe concentrique au monde, et qui enferme les précédens; c'est le déférent de la tête du Dragon ou du nœud ascendant ; enfin, elle a une petite sphère ou sphérule, *sphærulam,* qui s'appelle l'*épicycle,* et qui est plongée dans l'épaisseur de la troisième sphère ; le corps de la Lune est attaché à cet épicycle. Ainsi, c'est la *sphérule* de l'épicycle, qui est enfermée entre deux murs dont la distance est partout égale au diamètre de l'épicycle. Ces enceintes ne changent rien à la théorie mathématique, qui finit toujours par calculer des lignes. Or, Purbach n'a rien ajouté ni retranché à la théorie de la Lune et du Soleil, et c'est uniquement pour soulager l'imagination des commençans et suppléer aux causes physiques, qu'il a rétabli toutes ces sphères ; de même, sur les planètes, il n'a donné que des considérations générales qui, pour Mercure, sont exposées assez longuement ; mais tout cela est renfermé dans les tables et dans les formules que nous avons données en analysant Ptolémée.

Ce qu'on ne trouve pas dans Ptolémée, ce sont des définitions scholastiques telles que les suivantes : on dit que les planètes sont *augmentées de nombre, aucti numero,* quand leur équation est additive ; *diminuées,* quand elle est soustractive ; *augmentées de lumière,* quand elles commencent à s'éloigner du Soleil, ou que le Soleil s'en éloigne ; *diminuées,* quand la distance angulaire commence à diminuer ; *orientales* ou *matutinales,* lorsqu'elles se lèvent avant le Soleil ; *occidentales* ou *vespertines,* quand elles se couchent après lui. Ces dernières dénominations viennent pourtant des Grecs.

Il parle des causes qui font que la nouvelle Lune s'aperçoit plutôt ou plus tard, et ensuite des aspects et des parallaxes.

Le diamètre du Soleil, dans l'auge de son excentrique, est de 31′ ; dans le point opposé, il est de 34′ ; ainsi, il avait égard à l'excentricité de l'orbite solaire, négligée à cet égard par les anciens ; mais il fait ces diamètres trop grands. Selon lui, le mouvement horaire du Soleil est toujours à son diamètre :: 5 : 66 ou :: 1 : 13. On sent qu'avec de tels diamètres et une telle excentricité, ce rapport doit être défectueux en tout sens.

Le diamètre de la lune, dans l'auge de son excentrique et de son épicycle, est de 29′, mais dans l'auge de l'excentrique, et dans le point opposé de l'épicycle, il est de 36′ ; le mouvement apparent de la Lune est à son diamètre :: 48 : 47 ; d'où il conclut qu'il peut y avoir des éclipses *universelles* de Soleil, mais la parallaxe empêche qu'elles ne soient *universelles* pour toute la Terre.

Quand le Soleil est dans l'auge de son excentrique, le diamètre de l'ombre, dans la région de la Lune, est au diamètre apparent dans la raison de 13:5; la différence du diamètre du Soleil lorsqu'il est dans l'auge et lorsqu'il est dans un autre point de son épicycle, est décuple de la différence des mouvemens horaires du Soleil dans l'auge et dans un autre point. On sent que toutes ces règles ne sont que des aperçus grossiers.

Il passe aux déclinaisons et aux latitudes. En parlant des latitudes de Vénus et de Mercure, qui sont triples ou composées de trois parties, tandis que celles des autres planètes n'en ont que deux, il ajoute: d'après ces déviations il faut supposer un *autre monde concentrique au monde*, et renfermant tous les orbes dont il vient d'être fait mention. Ce monde a un mouvement de trépidation duquel se rapprochent les variations dont il vient de parler. Tout ce qu'il dit à ce sujet est long et obscur, et ce n'est guère la peine de chercher à pénétrer ce qui est peut-être inintelligible, et ce qui ne peut être que faux, puisque ces théories n'ont été imaginées que pour concilier de mauvaises observations.

La huitième sphère, qui produit ces changemens dans les orbes qui portent les auges, a trois mouvemens. Le premier, qui est le mouvement diurne, vient du premier mobile. Nous savons aujourd'hui qu'il n'est qu'une apparence causée par la rotation de la Terre.

Dans la note qui suit ce passage, Capuan remarque qu'en outre de ce mouvement diurne, Ptolémée donne à la huitième sphère un mouvement d'un degré en cent ans. Albategni fit ensuite ce mouvement d'un degré en soixante ans et quatre mois; et ne supposant qu'un seul mouvement, outre le premier, il donna le nom de premier mobile à une neuvième sphère.

D'autres astronomes, voyant aux étoiles un mouvement tantôt direct et tantôt rétrograde, et comparant les tems avec ces mouvemens, en conclurent que la huitième sphère avait un mouvement direct de 7° en neuf cents ans, et ensuite un mouvement égal et rétrograde dans le même tems. Ils admirent de même une neuvième sphère, et ne crurent pas avoir besoin d'en imaginer davantage.

Mais Thébith voulut que les fixes et la huitième sphère n'eussent qu'un mouvement unique, outre le mouvement diurne. Ce mouvement se faisait dans de petits cercles placés aux points équinoxiaux; il appelle ce mouvement *accès* et *recès*, et, selon lui, la neuvième sphère était le premier mobile.

D'autres qui vinrent ensuite, comme Alphonse et Regiomontanus, comparant les observations anciennes et modernes, remarquèrent que les étoiles allaient tantôt à l'orient et tantôt à l'occident, au septentrion ou au midi, mais plus vite vers l'orient que vers l'occident; plus vite au midi qu'au septentrion; et ne pouvant représenter ces variétés par un mouvement unique, ils en imaginèrent deux dans la huitième sphère. Le premier très lent en longitude, suivant l'ordre des signes, de 1°28′ en deux cents ans; l'autre qui se fait dans deux petits cercles dont les centres sont en 0 ♈ et 0 ♎. Cette combinaison explique tout, suivant Capuanus; car, lorsque dans ces petits cercles la huitième sphère se meut suivant l'ordre des signes, ce mouvement s'ajoute au mouvement lent et direct, et le rend plus rapide; mais quand le mouvement est dans l'autre partie des cercles, et contre l'ordre des signes, le mouvement est à l'occident et il est moins rapide, parce qu'il en faut retrancher le mouvement lent, qui est toujours direct. Cette explication est encore un peu vague; mais retournons à Purbach.

La neuvième sphère, nommée aussi second mobile, qui va toujours selon l'ordre des signes, tourne autour des pôles du zodiaque régulier, de manière qu'en deux cents ans elle fait toujours 1°28′, ou peu s'en faut; c'est ce qu'on appelle dans les tables, mouvement des auges ou des étoiles, et c'est l'arc du zodiaque du premier mobile entre la tête d'Ariès du premier mobile et la tête d'Ariès de la neuvième sphère; car *la surface de l'écliptique de la neuvième sphère est toujours dans la surface de l'écliptique du premier mobile.*

Suivant Capuanus, la neuvième sphère avançant de 1° 28′ en deux cents ans, fait son cercle en 49000 ans, et le mouvement diurne, suivant les tables, est de 0^s 0° 0′ 0″ 4^{IV} 20^V 41^{VI} 17^{VII} 12^{VIII} 27^{IX}
en 60 jours ou soixantaine 1re, en 60 jours, 0. 0. 0. 4.20.41.17.12.27
3600 jours, ou soixantaine 2e...... 0. 0. 4.20.41.17.12.27
216000 jours, ou soixantaine 3e..... 0. 4.20.41.17.12.27
12960000 jours, ou en une soixantaine 4e.. 4.20.41.17.12.27

En divisant 360° par 49000 ans, je trouve

26,″4489795918367346938775510204081632653061 2,4489 etc.;

la fraction périodique est de 41 chiffres; en divisant ce nombre par 365,25, j'ai trouvé, pour un jour, 4^{VII} 1^{VIII} 45^{IX} 58^X de moins que le nombre ci-dessus, qui est tiré des Tables Alphonsines, pour un jour. Suivons Purbach. Le troisième mouvement est propre à l'écliptique du premier mobile; on l'appelle *d'accès* et de *recès* de la huitième sphère, et il a lieu sur deux petits cercles dans la concavité de la neuvième sphère; ces cercles sont égaux, et placés sur les commencemens d'Ariès et de Libra de cette sphère; ils sont décrits de manière que les points 0° et 180° en parcourent régulièrement les circonférences, et que l'écliptique de la huitième sphère coupe toujours l'écliptique de la neuvième, du moins dans les têtes diamétralement opposées du Cancer et du Capricorne de la neuvième sphère; l'écliptique de la huitième coupe toujours celle de la neuvième en parties égales, et elle retranchera des parties *alternément* égales des deux petits cercles. Voici la vitesse de ce mouvement : chacun des points mobiles parcourt la circonférence en 7000 ans juste; et quoique par ce mouvement Ariès et Libra décrivent des cercles, aucun autre point n'en décrit; mais les têtes du Cancer et du Capricorne de la huitième sphère ayant des figures pour ainsi dire conoïdales, il faut qu'elles décrivent des lignes courbes de part et d'autre des têtes de ♋ et ♑ de la neuvième, tantôt les précédant et tantôt les suivant; elles sont en conjonction quand ♈ et ♎ de la huitième sont dans leur plus grande *latitude,* par rapport à l'écliptique de la neuvième; les pôles de l'écliptique de la huitième, qu'on appelle improprement des pôles, s'approchent et s'éloignent alternativement des pôles de l'écliptique de la neuvième; mais leur mouvement est toujours dans un grand cercle, qui passe par les pôles du zodiaque de la neuvième et les centres des petits cercles.

On peut remarquer d'abord que le point mobile, décrivant son cercle en 7000 ans, le parcourt sept fois exactement pendant la grande période qui est de 49000 ans. Le mouvement angulaire du rayon vecteur de ce point sera de sept fois.... $4'''20^{\text{iv}}41^{\text{v}}17^{\text{vi}}8^{\text{vii}}25^{\text{viii}}14^{\text{ix}}2^{\text{x}}$
ou de.... 30.24.48.59.58.56.38.14
la Table d'Alphonse donne.. 30.24.49. 0

et néglige. . . . 0. 0. 0. 0. 1. 3. 21. 46.

Il nous reste encore à connaître le rayon vecteur de ce point, ou le rayon du petit cercle.

Purbach se contente partout d'énoncer des propositions; il n'y ajoute aucune démonstration, aucune figure; Capuan y supplée souvent. Ici ses figures sont sur un plan : il avoue qu'elles ne sauraient être exactes; il a voulu représenter trop de choses. On serait plus intelligible en employant des triangles sphériques; mais il faudrait plusieurs figures. *Les petits cercles sont perpendiculaires au plan de l'écliptique.* Nous verrons un commentaire plus clair dans Nonius.

Purbach dit encore que dans ses positions successives, l'écliptique de la huitième sphère coupe en différentes parties successivement l'équateur du premier mobile; que cette intersection est tantôt en avant et tantôt en arrière de celle de la neuvième, et que ce mouvement se fait alternativement selon et contre l'ordre des signes.

Les plus grandes déclinaisons du zodiaque sont variables, et, en effet, Ptolémée les trouve plus grandes qu'Alméon, ce qui ne peut guère s'expliquer que par ce mouvement de trépidation. On voit que le professeur Purbach se réserve une ample matière pour ses leçons orales.

Capuan nous dit que cela ne peut être autrement, puisque le Soleil est toujours dans l'écliptique : il aurait dû dire laquelle; c'est sans doute l'écliptique mobile.

Purbach ajoute, que les équinoxes et les solstices changent par la même raison; les orbes qui entraînent l'auge du Soleil, se meuvent autour des pôles de la huitième sphère, et l'orbe qui porte le Soleil, tourne sur le même axe.

Soit DD' l'écliptique fixe (fig. 56), EQ l'équateur, A le point équinoxial, PAP' le colure des équinoxes, P,P' les pôles de l'écliptique fixe; mais si le point équinoxial au lieu de rester fixe en A, décrit un petit cercle, et qu'il soit arrivé en a, de ce point, abaissez les perpendiculaires aK et aK'; prenez Kd = Kd' = 90°, d et d' seront les points solstitiaux, qui auparavant étaient D et D'; prenez K'p = KP = 90°, et menez le demi-cercle pap', p et p' seront les pôles de l'écliptique mobile; dad' sera l'écliptique mobile qui coupera l'équateur en L et non plus en A; L sera l'obliquité apparente, aL et AL les équations des points équinoxiaux; les pôles auront un mouvement d'oscillation le long du colure PP'; les points solstitiaux oscilleront sur DD'. Tous les triangles de cette figure seront faciles à calculer, si l'on connaît le mouvement A'a sur le petit cercle et le rayon Aa de ce cercle; mais il paraît qu'on ne se donnait pas souvent la peine de faire les calculs; on cherchait seulement en gros ce qui devait résulter de ces suppositions, du moins c'est ce que fait ici Purbach.

Il résulte de cette théorie, que le Soleil est toujours dans l'écliptique de la huitième sphère (dad'); mais cette écliptique est presque toujours hors de l'écliptique du premier mobile (DAD'); les solstices varient (de D en d) par une suite nécessaire. Ce n'est pas quand le Soleil est dans Ariès de l'écliptique fixe qu'il est sans déclinaison; ce n'est pas dans le Cancer de l'écliptique fixe qu'il a la déclinaison la plus grande. (Il eût été plus juste de dire que le Soleil, se mouvant sur l'écliptique mobile, ne passe jamais ni par les points équinoxiaux, ni par les points solstitiaux de cette écliptique; qu'il est sans déclinaison au point L et au point diamétralement opposé; qu'il a la plus grande déclinaison au point vers d ou d').

Ces divers mouvemens se combinent de manière à accélérer ou retarder successivement le mouvement en longitude. La résultante est quelquefois positive quelquefois négative; elle est nulle et la longitude stationnaire dans le passage. Il a été fort difficile de déterminer ces mouvemens. Les uns disaient que pendant neuf cents ans, les auges et les étoiles allaient vers l'orient, et cela jusqu'à 7°, et qu'ensuite elles rétrogradaient de 7° en neuf cents ans, et toujours de même. Albategni prétendait qu'elles allaient continuellement vers l'orient d'un degré en soixante ans et quatre mois; il se moque même de l'hypothèse précédente, et il avait grandement raison. Alfragan pensait qu'elles allaient vers l'orient de 1° en cent ans; l'*accès* et le *recès* moyen de la huitième sphère est l'arc du petit cercle, compté du point le plus boréal (A′) du petit cercle, et selon l'ordre des signes; l'équation de la huitième sphère est l'arc de l'écliptique de la neuvième, compris entre le centre du petit cercle et le grand cercle ou cercle de latitude, mené des pôles de l'écliptique de la neuvième sphère et le point mobile (ce serait donc l'auge APa, en sorte que $\sin PK' : \sin AK' :: \tang PAa : \tang APa = \frac{\tang PAa \sin AK'}{\cos AK'} =$ $\tang PAa \tang AK' = \tang PAa . \tang Aa \cos PAa = \tang Aa \sin PAa$; cependant la Table Alphonsine fait $\sin APa = \sin PAa \sin Aa$, ce qui est la valeur de $\sin aK'$ ou de l'auge Apa : la différence est légère); cette équation est additive dans la première moitié de l'argument; elle s'applique au lieu moyen de A. Cette hypothèse est donc celle d'Alphonse, elle n'est pas tout-à-fait celle de Thébith.

Thébith ne donnait à la huitième sphère que deux mouvemens, l'un qui lui était communiqué par le premier mobile ou la neuvième sphère : c'est le mouvement diurne. Un second qui lui est propre, et qui est celui de trépidation dans les deux petits cercles; il admet aussi deux écliptiques, l'une fixe, dans la neuvième sphère, l'autre mobile, dans la huitième; les petits cercles sont éloignés de 4° 18′ 43″ de leurs pôles, c'est-à-dire des points ♈ et ♎ de l'écliptique fixe. Le mouvement sur les petits cercles se fait de la manière suivante : quand le point mobile est dans l'intersection occidentale du petit cercle et de l'équateur, il s'élèvera au nord, et le point opposé ♎ s'abaissera au sud ; quand il sera dans la section orientale avec l'équateur il s'abaissera au sud, et le point opposé sera remonté vers le nord ; quand le point mobile traversera l'écliptique, les deux écliptiques seront dans le même plan. Dans tous les autres points du petit cercle, l'écliptique mobile coupera l'écliptique fixe aux points mobiles du ♋ et du ♑, car ces points n'abandonnent jamais l'écliptique fixe ; mais ils avancent et rétrogradent alternativement de quantités qui vont à peu près à 4° 18′ 43″ ; ils sont toujours à 90° des points mobiles ♈ et ♎ ; mais si les points mobiles et fixes du ♋ et ♑ coïncident deux fois à chaque révolution, il n'en est pas de même des points mobiles et fixes de ♈ et ♎, qui sont toujours à même distance, puisque les uns sont sur la circonférence et les autres au centre de leur petit cercle ; seulement il arrivera qu'ils seront deux fois en conjonction, l'une dans le point supérieur et l'autre dans le point inférieur.

L'écliptique fixe coupe toujours aux mêmes points et sous le même angle, l'équateur fixe ; cet angle est de 23° 33′ 30″ ; mais l'écliptique mobile coupe l'équateur fixe dans des points toujours différens, sur un arc de 21° 30′ ou de 10° 45′ de part et d'autre des points équinoxiaux fixes.

L'obliquité est aussi variable, quelquefois plus grande et quelquefois moindre que l'obliquité fixe ; la plus grande a lieu dans les contacts supérieurs et inférieurs de l'écliptique mobile avec le petit cercle ; la plus petite a lieu quand le point mobile traverse l'équateur, car alors l'intersection des deux écliptiques sera dans le point le plus déclinant de l'écliptique mobile, et ce point décline moins que les points fixes ♋ et ♑.

Cette raison prouve bien que l'obliquité doit être beaucoup moindre que dans beaucoup d'autres points, mais non qu'elle soit un *minimum* absolu ; et en effet, la table que nous donnerons bientôt, place le *minimum* un peu au-dessous de l'équateur ; mais la différence d'obliquité n'est que de 4 à 5′.

L'équation de la huitième sphère est l'arc de l'écliptique mobile entre le point mobile et l'intersection de l'écliptique mobile avec l'équateur fixe ; le mouvement d'*accès* et de *recès* est l'arc du petit cercle entre le point mobile, *et la section du petit cercle dans la partie septentrionale*, c'est l'arc A′a du petit cercle entre le point mobile *et le colure fixe*.

Par ce mouvement, il arrive que les étoiles paraissent aller tantôt vers l'orient et tantôt vers l'occident, tantôt vite et tantôt lentement ; lentement vers les points de contact, parce qu'alors l'équation croît lentement; par la raison contraire, le mouvement est le plus rapide vers les intersections avec l'équateur.

Ainsi Thébith réduisait la précession à une simple oscillation.

Ptolémée trouva que le mouvement des fixes était de 1° en cent ans, parce que le point mobile était éloigné du point vernal d'égalité et s'en rapprochait; il jugea donc que le mouvement était suivant l'ordre des signes; parce que l'équation était décroissante, il prit la diminution d'une équation soustractive pour un mouvement positif; ceux qui vinrent après lui, trouvèrent un degré en soixante-cinq ans, parce que le point mobile s'était rapproché davantage de l'équateur. En 1260 le point mobile était devenu boréal de près de 66° du petit cercle; car il était à 9° 48′ de l'écliptique. La plus grande équation a lieu dans le diamètre perpendiculaire à l'équateur, et elle est de 10° 45′; ainsi, tout point situé depuis 19° 15′ des Poissons, jusqu'à 10° 45′ ♈, peut être à son tour le point vernal.

Toutes les sphères inférieures suivent ce mouvement, de sorte que, relativement à cette écliptique mobile, les auges de leurs déférens et leurs déclinaisons sont toujours invariables.

Ici finit le livre de Purbach, et ce dernier chapitre est le seul de l'ouvrage qui ait un intérêt au moins de curiosité.

A la suite du commentaire de Capuan, on en trouve un autre de F. Silvestre *de Prierio*, de l'ordre des Prêcheurs; ce nouveau commentaire est moins long, moins détaillé. Celui de Capuan ne nous apprend rien qu'on ne voie presque aussi bien dans le texte. Il est remarquable que ni Purbach, ni ses commentateurs, n'aient parlé des moyens de calculer les équations qui résultaient de ces hypothèses. Dans les Tables Alphonsines on ne trouve même que l'équation qu'on appelle d'*accès* et de *recès*, et qu'on calcule suivant cette formule :

$$\sin \text{équation} = \sin 9° \sin \text{mouvement d'accès}.$$

Laissant là la huitième et la neuvième sphère, qui ne servent qu'à embrouiller les idées sans faciliter en rien les calculs, voyons ce qui résulte des différentes théories.

Ptolémée établit un mouvement continu de 36″ par an, qui est beaucoup trop faible, et moindre de beaucoup que celui qui résulte des observations d'Hipparque, d'Aristylle et Timocharis.

Albategni trouve que ce mouvement est de 54″; il le fait un peu trop fort, parce que Ptolémée avait donné des longitudes trop faibles à ses étoiles.

Il paraît que d'autres astronomes, entre Ptolémée et Albategni, comparant les observations plus ou moins grossières des Grecs et des Arabes, avaient cru voir aux étoiles un mouvement tantôt direct et tantôt rétrograde, qu'ils imaginèrent pour concilier des observations inexactes. Albategni se moque de leur hypothèse, qui se bornait à supposer aux étoiles un mouvement direct de 8° en 672 ans, puis un mouvement retrograde semblable pendant 672 autres années, ce qui faisait un degré en 84 ans, et toujours de même alternativement.

Si cette hypothèse était peu fondée, elle était du moins bien simple ; elle consistait en une prostaphérèse proportionnelle au tems.

Je ne trouve jusqu'ici aucun vestige de ces observations d'Hermès, faites 1985 ans avant Ptolémée, et dont Bailly, dans ses idées romanesques, fait usage pour motiver la trépidation de Thébith ou celle d'Alphonse.

Le système d'Alphonse est le plus simple des deux; il établit une précession annuelle de $26'',44897.95918.36734.69387.751$ avec une prostaphérèse dont la constante est $\sin 9°$, et l'argument............... $185'',14285.71428.57162.85714.257\ t$, t étant le nombre d'années écoulées depuis l'époque. Ainsi la première année, celle où l'accroissement est le plus fort, le mouvement devait être le plus fort; le mouvement était $26'',45 + 28'',96 = 55'',41$; c'est le mouvement le plus fort qu'admette cette hypothèse.

Mais si l'équation devenait soustractive, le mouvement devenait rétrograde et de $-28'',96 + 26'',45 = -2'',51$. Ce mouvement rétrograde est le plus fort qu'il puisse y avoir en un an.

Le mouvement annuel pouvait donc varier de $+55,41$ à $-2,51$ environ $57'',92$. La partie variable était $28'',96 \cos A$, le mouvement total $26,45 + 28'',96 \cos A$. Au moyen de cette équation, quand on connaissait le mouvement annuel $m = 28,96 \cos A + 26,45$, on en déduisait $\cos A = \frac{m - 26.45}{28.96}$; ainsi Ptolémée ayant trouvé

$$m = 36'', \cos A = \frac{36 - 26.45}{28.96} = \frac{9.55}{28.96} = \cos 70° 42' 20'' \text{ ou } 289° 17' 40'',$$

dans cette hypothèse, l'argument était donc de $70° 42'$ ou $289° 18'$; car le même cosinus répond à deux arcs, l'un A et l'autre $(360° - A)$; ainsi quand on connaît la période et les coefficiens, rien de plus facile que de déterminer A par le mouvement observé à une époque quelconque.

Supposons qu'on ait obs. le plus gr. mouv. $x+y \sin A = x+y = m$
et le mouvement le plus petit............ $x-y \sin A = x-y = n$;

on en conclut................ $2y = m-n$, $\qquad y = \dfrac{m-n}{2}$,

$\qquad\qquad\qquad\qquad\qquad\qquad 2x = m+n$, $\qquad x = \dfrac{m+n}{2}$;

mais, entre $x+y \sin A = x+y$ et $x-y$, il a dû s'écouler 24500 ans; on n'a donc pu déterminer x, y et la période que par tâtonnement; et Capuan nous dit que Thébith, en imaginant son hypothèse, avait eu pour but principalement d'expliquer les variations de latitude.

Le livre de Purbach a été de nouveau commenté par un astronome connu. Voici le titre de l'édition qu'il en a donnée.

Theoricæ novæ Planetarum Georgii Purbachii Germani, ab Erasmo Reinholdo Salveldensi pluribus figuris auctæ et illustratæ scholiis, quibus studiosi præparentur ac invitentur ad lectionem ipsius Ptolemæi; recens editæ et auctæ novis scholiis in theoriâ Solis. Ab ipso inserta item methodica tractatio de illuminatione Lunæ. Parisiis, 1558. Nous avons préféré cette édition comme plus complète; la première était de 1542. Celle de Paris est en jolis caractères, beau papier, les figures sur-tout sont curieuses et font le principal mérite de l'ouvrage; il est fâcheux que, dans sa dédicace, l'auteur se montre si infatué de l'Astrologie judiciaire, et qu'il se donne la peine de rassembler tout ce qu'il peut d'évènemens qui tendent à faire croire que les éclipses de Soleil sont toujours l'annonce des plus grandes calamités.

Ses figures peignent fidèlement ces murs composés de surfaces circulaires excentriques entre lesquels il n'y a de vide que l'espace nécessaire à l'astre qui doit s'y mouvoir. Ces murs peuvent aider l'intelligence, mais il faut les supposer transparens; et s'ils contiennent l'astre pour lequel ils sont imaginés, ils s'opposeraient au mouvement des comètes; on a donc été obligé d'y renoncer, et dans notre Physique moderne, ils sont parfaitement inutiles; ils seraient bien plutôt nuisibles, puisqu'ils s'opposeraient aux petites irrégularités que l'attraction produit dans les mouvemens planétaires, et que les observations décèlent. Ces murs transparens devaient être dépourvus de toute densité, sans quoi la lumière n'aurait pu les traverser sans des réfractions qui auraient singulièrement compliqué les phénomènes.

Reinhold démontre avec clarté et beaucoup de détail la théorie des excentriques et des épicycles; mais ses démonstrations paraîtraient bien prolixes aujourd'hui, que nous avons renfermé cette théorie dans quelques formules générales. Il avait refait cette partie pour une seconde édition; mais la mort vint l'interrompre, et Gaspard Peucerus lui succéda pour la terminer.

Dans le chapitre de la Lune, on remarque sur-tout la figure où il a tracé l'orbite ovale ou lenticulaire qui résulte de la théorie de Ptolémée, et celle où il explique la théorie des parties proportionnelles de la Lune. Il en donne ensuite une semblable pour Mercure, dont il représente aussi l'orbite qui a beaucoup d'analogie avec celle de la Lune; mais ce qu'il y a de plus remarquable, c'est la note sur la trépidation des étoiles.

Voici ce qu'il dit de cette période de 49000 ans, fruit de l'imagination de quelques juifs superstitieux.

J'ai été fort long-tems à comprendre pourquoi les Alphonsins avaient choisi des périodes aussi longues que 7000 et 49000 ans; pourquoi ces périodes des mouvemens de la huitième et de la neuvième sphère, étaient dans un rapport si simple et si remarquable. Je voyais encore que le mouvement annuel de la neuvième, était précisément le même que le mouvement moyen du Soleil dans l'espace de tems qu'ils ont retranché des six heures qui ont produit l'intercalation julienne. En effet, ils supposent l'année de $365\frac{1}{4} - 10'\ 44''$, ce qui est un peu plus que $\frac{1}{6}$ d'heure. Pendant ce tems, suivant les tables, le mouvement du Soleil est de $26''\ 26'''\ 54^{\text{iv}}$, etc.; c'est le mouvement annuel de leur neuvième sphère.

Je n'étais pas moins étonné qu'ils n'eussent exposé, dans aucun écrit, les fondemens de leurs hypothèses. Tout cela semble fort suspect. Je trouvai enfin, dans l'ouvrage d'Augustin Riccius, que cette idée n'est qu'un délire né d'une interprétation superstitieuse de la loi mosaïque. Moyse a voulu que la septième année fût une année de repos, et que la cinquantième fut jubilée. Les juifs ont appliqué ce précepte aux mouvemens célestes. Alors j'ai compris pourquoi ils avaient donné leurs tables sans aucune explication. Je soupçonne encore que ces auteurs n'ont appuyé sur aucune observation, la longueur qu'ils donnent à l'année; mais que, guidés par leurs idées superstitieuses, ils ont choisi le nombre qui cadrait le mieux avec leur système.

Il reproche encore aux Alphonsins de n'assigner aucun point certain aux centres de leurs petits cercles, de manière que l'obliquité étant de 23°, par exemple, l'obliquité apparente pourrait être de 32° ou de 14°.

seulement. Ils sont donc ineptes et ridicules, quand ils disent que cette recherche serait fort oiseuse.

Beneventanus pensait que la tête d'Ariès de la neuvième sphère, en 1519, était en 28° 8′ des Poissons; mais Pighius soutient l'opinion commune, qui est qu'en l'an de l'incarnation, les centres des cercles étaient près des sections vernales, comme suivant les tables, la tête d'Ariès était 16 ans plus tard au point le plus boréal du petit cercle.

On peut consulter, si l'on veut, les différentes figures par lesquelles il explique la variation; mais le commentaire de Nonius est plus géométrique, et il donne la facilité de réduire en équations toute cette théorie qui n'en vaut guère la peine.

Au total, le commentaire de Reinhold pourrait n'être pas inutile pour l'intelligence de plusieurs passages de la Syntaxe, et il supplée en partie aux réticences de Purbach.

Pour terminer tout ce qui concerne la trépidation, voyons, sans consulter l'ordre des tems, le commentaire de Nonius.

Cet opuscule porte pour titre :

In theoricas G. Purbachii annotationes aliquot, per Petrum Nonium salaciensem. Son objet est d'éclaircir ce qui lui paraîtra douteux ou obscur dans Purbach, et de montrer en quoi les Tables de Ptolémée et d'Alphonse s'écartent des observations.

Il prend, dans la Table de Pitatus, l'intervalle de tems entre le solstice et les deux équinoxes; il en conclut l'excentricité à la manière d'Hipparque, en n'employant que les sinus. Il trouve l'excentricité 0.03781 et 91° 28′ pour l'apogée; en recommençant ses calculs, je trouve 0,037807 et 91° 30′. Ce n'est pas tout-à-fait l'apogée de Pitatus; il y a donc quelque incohérence dans les calculs des Alphonsins.

L'auge en 1552 était en 91° 28′ suivant les Alphonsins,
1420 ans auparavant en 65.30 suivant Ptolémée,

Mouvemens en 1420 ans 25.58.

Nonius dit environ 26°, et ce mouvement n'a pu être celui de la huitième sphère, ni selon Ptolémée, ni selon les Alphonsins, ni selon Albategni.

Si vous préférez les observations d'Albategnius auxquelles Alphonse a dû avoir égard pour établir son mouvement de la huitième sphère, vous aurez, d'après Alphonse, 88.40
suivant Albategni. 82.17

mouvement en 377 ans. 6.23,

PURBACH ET NONIUS.

et vous trouverez à la huitième sphère un mouvement plus lent, soit que vous suiviez le calcul d'Alphonse, ou les observations d'Albategni.

Si vous comparez les étoiles d'Alphonse à celles d'Albategni, vous ne trouverez que 5° 38' et non 6° 23'. Ainsi les Alphonsins ne pourront expliquer pourquoi ils donnent à l'auge du Soleil le même mouvement qu'à la huitième sphère.

Il n'est pas moins étonnant qu'Alphonse ait placé l'auge du Soleil en 72° au tems de J.-C., tandis que Ptolémée, 132 ans plus tard, ne l'a mise qu'en 65° 30'.

Vous trouverez aussi peu d'accord entre Arzachel et Albategni; car celui-ci plaçait l'auge en 82°, et Arzachel, venu après, la plaçait en 77°.

Ce peu d'accord, dit Nonius, peut venir de la difficulté de déterminer le moment du solstice; il est plus sûr de déterminer l'auge par l'équinoxe.

On voit, par ces détails, et c'est ce qui nous les a fait transcrire, quelle incertitude régnait alors dans un des points fondamentaux de la science, et le peu de fonds qu'on peut faire sur les théories de ce tems.

Nonius nous dit ensuite que si le mouvement vrai a paru égal au mouvement moyen entre deux observations, on en peut conclure que le mouvement moyen aura eu lieu dans le milieu de l'intervalle. En effet, dans les théories d'alors

$$\left.\begin{array}{l} v = m + e\sin A \\ v' = m' + e\sin A' \end{array}\right\} v' - v = m' - m + 2e\sin\tfrac{1}{2}(A' - A)\cos\tfrac{1}{2}(A' + A).$$

Mais si $v - v' = m' - m$, on en conclut $2\sin\tfrac{1}{2}(A' - A)\cos\tfrac{1}{2}(A' + A) = 0$, ou $\sin\tfrac{1}{2}(A' - A)$ ne peut être 0; donc $\cos\tfrac{1}{2}(A' + A) = 0$; donc $\tfrac{1}{2}(A' + A) = 90°$, ce qui est le lieu du moyen mouvement.

Il résulte de là que si vous prenez deux longitudes quelconques également éloignées de 90°, que l'une soit $(90 - x)$, et l'autre $(90° + x)$, vous aurez, en désignant l'apogée par la lettre A,

$$\left.\begin{array}{l} 90 - x = m + e\sin(90 - x - A) \\ 90 + x = m' + e\sin(90 + x - A) \end{array}\right\} 2x = m' - m + 2e\sin\tfrac{1}{2}(90 + x - 90° + x)\cos\tfrac{1}{2}(180 - 2A)$$
$$= m' - m - 2e\sin\tfrac{1}{2}(2x)\cos\tfrac{1}{2}(180 - 2A) = m' - m.$$

Nonius démontre ces remarques curieuses d'une manière synthétique un peu longue.

A l'article de la Lune, il appelle *équation du centre* l'arc de l'épicycle entre l'auge vraie et l'auge moyenne. Il détermine le point où cette équation est la plus grande; nous avons, dans nos remarques sur Ptolémée, donné la formule de cette équation.

Nonius ne donne qu'une solution graphique dont la démonstration est fort longue; le tout revient au procédé et aux formules suivantes :

Soit F le centre du zodiaque (fig. 57) et le lieu de la Terre; E le centre de l'excentrique CRV, AEC la ligne de l'apogée, R le centre de l'épicycle, G le centre de direction; GR sera la ligne de l'apogée moyen de l'épicycle, FR la ligne de l'apogée apparent, FRG l'angle de correction d'anomalie. Par les points FGR, décrivez un cercle dont le centre sera nécessairement sur la ligne TK perpendiculaire sur le milieu de FG; si K est le centre du cercle, vous aurez KG=KF=KR; puisque ce sont trois rayons du même cercle. FRG$=\frac{1}{2}$arc FG$=\frac{1}{2}$FKG=FKT; je dis que dans ce cas, FRG sera un *maximum*, ou le plus grand possible.

FE=FG=e=sin ε, ER=1, FT=$\frac{1}{2}e$, soit KF=r et TK=y,
$\overline{KF}^2 = \overline{KT}^2 + \overline{FT}^2$, $r^2 = y^2 + \frac{1}{4}e^2$, $y^2 = r^2 - \frac{1}{4}e^2 = (r+\frac{1}{2}e)(r-\frac{1}{2}e)$,
$\overline{KE}^2 = \overline{ET}^2 + \overline{KT}^2 = (\frac{3}{2}e)^2 + y^2 = y^2 + \frac{9}{4}e^2 = r^2 - \frac{1}{4}e^2 + \frac{9}{4}e^2 = r^2 + \frac{8}{4}e^2 = r^2 + 2e^2$;
mais

EK=ER−KR=ER−r=(1−r); donc $\overline{KE}^2 = 1 - 2r + r^2 = r^2 + 2e^2$;
donc $\qquad 1-2r = 2e^2$, $2r = 1 - 2e^2$,

$r = \frac{1}{2} - e^2 = \sin^2 45 - \sin^2 \varepsilon = \sin(45-\varepsilon)\sin(45+\varepsilon) = \sin(45-\varepsilon)\cos(45-\varepsilon)$
$= \frac{1}{2}\sin(90°-2\varepsilon) = \frac{1}{2}\cos 2\varepsilon = \sin 27°11'10'' = 0.456882$,

$\sin \text{FKT} = \sin R = \frac{FT}{KF} = \frac{\frac{1}{2}\sin \varepsilon}{\frac{1}{2}\cos 2\varepsilon} = \frac{\sin \varepsilon}{\cos 2\varepsilon} = \sin 13° 8' 6''$,

c'est le *maximum*; AFK = 103° 8' 6''.

EK = 1 − r = sin 90° − sin r = 2 sin $\frac{1}{2}$(90−r) cos $\frac{1}{2}$(90+r)
= 2sin(45−$\frac{1}{2}r$)sin(45−$\frac{1}{2}r$) = 2sin²(45−$\frac{1}{2}r$) = 2sin²(45°−13°35'35'')
= 2sin² 31°24'25'' = 0.54312,

EK : cos R :: 2e : sin EKG = $\frac{2e\cos R}{EK} = \frac{2\sin \varepsilon \cos 13° 8' 6''}{2\sin^2 31°24'25''} = \sin 48° 7' 36''$

$\qquad\qquad\qquad$ = KRG + KGR = 2KGR, KGR = 24° 3' 48"
$\qquad\qquad\qquad\qquad\qquad\qquad\qquad$ FRG = 13. 8. 6
$\qquad\qquad\qquad\qquad\qquad$ KFR = ERF = 10.55.42
$\qquad\qquad\qquad\qquad\qquad\qquad\qquad$ KFG = 76.51.54
$\qquad\qquad\qquad\qquad\qquad\qquad\qquad$ RFG = 65.56.12
$\qquad\qquad\qquad\qquad\qquad\qquad\qquad$ AFR = 114. 3.48

AFR $= 114°\,3'\,48''$ est le lieu du *maximum*, qui répond ainsi à......
$2(☾ - ☉) = 114°\,3'\,48''$, ou à $(☾ - ☉) = 57°\,1'\,54''$,
ce qui s'accorde parfaitement avec la table que j'ai calculée dans mon extrait de Ptolémée, tom. II, pag. 204.

La solution de Nonius est donc démontrée par le fait.

Supposez une valeur plus grande à y, EK augmentera ainsi que KG; EK + KG sera > ER; le cercle coupera donc l'excentrique en deux points. Le rayon KG étant augmenté et la corde FG demeurant la même, l'arc FG sera diminué; l'angle à la circonférence FRG qui s'appuie sur cette corde, et qui a pour mesure la moitié de l'arc FG, sera donc diminué pour l'un comme pour l'autre des deux points d'intersection R. Les deux angles en R seront égaux, puisqu'ils sont tous deux à la circonférence, et s'appuient sur la même corde; mais ces angles seront plus petits que l'angle qui a lieu, lorsque les points d'intersection se réunissent en un seul. Ce point unique est donc celui du *maximum* pour l'angle FRG.

Plus on augmentera y, plus l'angle FRG diminuera. D'une autre part, on ne peut diminuer y, car alors le cercle mené par les deux points F et G n'atteindrait plus l'excentrique.

La solution de Nonius occupe onze pages in-folio. Nos quatre formules sont renfermées implicitement dans sa construction, et rendent tout le reste inutile. Le problème n'a plus d'objet aujourd'hui; nous n'avons plus aucun intérêt à déterminer le point de la circonférence qui voit sous le plus grand angle une portion donnée d'un diamètre. Mais, comme question de *maximum*, il est d'autant plus curieux que le Calcul différentiel ne peut s'y appliquer d'une manière commode, vu la quantité de variables qui entrent dans l'expression de tang FRG.

Nonius avait commencé par réfuter une idée de *Jean Baptiste*, ancien commentateur de Ptolémée; cet auteur nous est inconnu. Ptolémée s'était contenté de dire que le *maximum* était un peu au-dessus de la perpendiculaire, et sa table rendait à cet égard toute explication inutile.

Nonius passe ensuite aux planètes supérieures; il fait quelques remarques sur les axes des excentriques et de l'écliptique qui s'entrecoupent pour Mars seulement et nullement pour les autres planètes. Cette remarque ne peut concerner que les commentateurs, car Ptolémée ne statue rien sur les distances.

Plus loin, il démontre une erreur de Purbach sur le point pour lequel sont calculées les équations du centre, et auquel répond le zéro des parties proportionnelles. Il fait voir que dans l'hypothèse de Vénus, le centre de l'épicycle n'est pas toujours exactement dans la même ligne que le lieu moyen du Soleil; mais la différence est légère et on la néglige.

A propos des déclinaisons et des latitudes des étoiles, il renvoie au chapitre IV de son livre des observations et des instrumens, où il parle aussi de la trépidation.

Après ce que nous avons dit sur cet article, il ne nous reste qu'à donner les formules qui résultent de sa construction, à laquelle nous n'avons fait que de légers changemens.

Soit (fig. 56) ♋ ♈ ♑ l'écliptique fixe, E♈Q l'équateur, A le point équinoxial moyen, a le point équinoxial mobile qui parcourt son petit cercle d'un mouvement continu, de A' en a, a'; de sorte que jamais il ne se trouve dans l'équateur, si ce n'est dans les points opposés x et y, dad' l'écliptique mobile.

Supposons que ce point ait parcouru l'arc A'$a = m$; le colure aura pris la position pap', l'écliptique coupera l'équateur au point L, et l'angle en L sera l'obliquité apparente.

Le triangle rectangle a♈K donne

$$\sin a\text{K} = \sin d = \sin \text{A}a \sin ab = \sin r \cos m \dots \dots \dots \dots (1);$$
$$\tang \text{AK} = \tang \text{A}a \cos ab = \tang r \sin m \dots \dots \dots \dots \dots (2),$$
$$\cot \text{A}a\text{K} = \cos \text{A}a \tang ab = \cos r \cot m \text{ ou } \tang \text{A}a\text{L} = \cos r \cot m \dots (3).$$

Le triangle ♈Ld' donne

$$\cos \text{♈L}d' = \cos \text{♈}d' \sin d' \sin d'\text{♈L} - \cos d' \cos d\text{♈L},$$

ou

$$\cos \text{L} = \cos d' \cos d'\text{♈L} - \sin d' \sin d'\text{♈L} \cos \text{♈}d' = \cos d \cos \omega - \sin d \sin \omega \sin \text{AK} (4),$$
$$\sin \text{L} : \sin \text{♈}d' :: \sin d : \sin \text{♈L} = \frac{\sin d \cos \text{AK}}{\sin \text{L}} = \sin \text{AL} \dots \dots \dots \dots (5),$$
$$\sin \text{L} : \cos \text{AK} :: \sin d' \text{AL} : \sin d'\text{L} = \cos a\text{L} = \frac{\cos \text{AK} \sin \omega}{\sin \text{L}} \dots \dots \dots (6),$$

mais aL étant un petit arc, le cosinus ne donnera pas assez de précision.

Le triangle LAa donne

$$\sin \text{L} : \sin \text{A}a :: \sin \text{LA}a : \sin a\text{L} = \frac{\sin r \sin (90° - \omega + m)}{\sin \text{L}} = \frac{\sin r \cos (\omega - m)}{\sin \text{L}} (7);$$

nous aurions de même

$$\sin \text{L} : \sin r :: \sin a : \sin \text{AL} = \frac{\sin r \sin \text{A}a\text{L}}{\sin \text{L}} \dots \dots \dots \dots \dots (8),$$
$$\cot \text{AL} = \cot r \cos (90 - \omega + m) + \frac{\cot \text{A}a\text{L} \sin (90 - \omega + m)}{\sin r}$$
$$= \cot r \sin (\omega - m) + \frac{\cot \text{A}a\text{L} \cos (\omega - m)}{\sin r} \dots \dots \dots (9);$$

ainsi le problème est complètement résolu de la manière la plus générale.

Nous connaîtrons $aK = d =$ latitude du point mobile sur l'écliptique fixe (formule 1).

$AK = Dd$, correction des points solstitiaux et équinoxiaux sur l'écliptique fixe (formule 2).

$AaL =$ angle de Aa avec l'écliptique mobile (formule 3).

$L =$ obliquité apparente de l'écliptique (formule 4).

$AL =$ arc de l'équateur entre l'équinoxe moyen et l'équinoxe apparent (8 et 9).

$aL =$ dist. du point mobile à l'équinoxe apparent sur l'écliptique mobile (form. 6 et 7).

La table suivante suppose le zéro à la partie supérieure du petit cercle, à la conjonction de la tête d'Ariès de l'écliptique mobile avec celle de l'écliptique. Le point a est pour lors à son plus grand éloignement en latitude au-dessus de l'écliptique fixe. Cette déclinaison va ensuite en diminuant, devient australe à 90° jusqu'à 270°, puis redevient boréale croissante.

AK qui vient ensuite, est l'éloignement ou l'arc de l'écliptique entre le point A et le point mobile. Cette équation des points équinoxiaux et solstitiaux sur l'écliptique fixe, est additive dans la première moitié, soustractive dans la seconde.

L'angle du rayon Aa avec l'écliptique, est compté suivant l'ordre des signes; il commence par être droit, et va devenir obtus; quand $m = 90°$, cet angle $= 180°$. Il diminue ensuite, et il est toujours ouvert du côté de l'écliptique fixe, d'abord en dessous, puis en dessus. A 180° de m, il redevient droit ou de 90°, aigu et enfin 0 à 270°, puis aigu; mais toujours ouvert vers les points suivans ἑπόμενα de l'écliptique fixe.

Ces trois colonnes au reste n'ont d'autre utilité que de servir au calcul des colonnes suivantes. La dernière donne l'obliquité apparente L qui commence par différer peu du *maximum*. Elle augmente jusque vers 23° ½, diminue jusqu'à 113° 40′, augmente jusqu'à 205.40, diminue jusqu'à 215° 40′, d'où elle va augmentant jusqu'à la fin.

Nous avons supposé 23° 40′ pour l'obliquité moyenne. Peu importe; il s'agit seulement de voir la marche de ces quantités.

aL ou la distance du point mobile à l'équinoxe apparent sur l'écliptique mobile, va d'abord en augmentant jusqu'à 23° 40′, diminue jusqu'à 113° 40′, où cette équation = o. Elle change de signe et va croissant jusqu'à 203°40′, diminuant jusqu'à 293° 40′, où elle est o'; puis change de signe.

AL, ou la distance des deux équinoxes sur l'équateur, suit une marche différente, va décroissant jusqu'à 90°, où cette équation = o; va en augmentant jusqu'à 180°, où elle est de nouveau au *maximum;* va diminuant jusqu'à 270°, où elle est zéro; change de signe, et va croissant jusqu'à 360°.

Les auteurs ont un peu varié sur les *maxima*, mais c'est encore une chose assez peu importante.

Bailly, d'après Capuan, commentateur de Purbach, a donné une figure et une explication à peu près inintelligible de cette hypothèse.

Nonius fait AL = 10° 45′; il suppose aa' perpendiculaire à xy, lorsque $m = $ o ou 180°; il dit que aL sera la plus grande équation de la huitième sphère, et cette équation a lieu 23° 40′ plus loin; la différence au reste n'est pas considérable, et Nonius savait bien qu'il commettait quelques petites inexactitudes. Il a cru pouvoir se les permettre, et ses démonstrations, quoique assez longues, ne sont pas bien rigoureuses. Malgré ces inexactitudes peu importantes, il est encore de tous les commentateurs de Purbach, celui qui était le plus géomètre et le plus soigneux; il est aussi le plus instructif.

Aux points x et y qui sont opposés diamétralement et sur l'équateur même, il ne s'en faut que de quelques secondes que l'obliquité ne soit un *minimum*.

Régiomontan, dans son opuscule *fundamenta operationum* avait déjà remarqué la petite erreur que nous avons relevée ci-dessus, pag. 298, dans les Tables Alphonsines; il avait indiqué des moyens exacts pour calculer dans l'hypothèse de Thébit, l'équation du point équinoxial sur l'écliptique et l'obliquité vraie L. Il y avait employé la Trigonométrie sphérique, mais sa solution était un peu moins complète que celle de Nonius, qui est elle-même fort améliorée dans la Table suivante.

Le mouvement de A′ en a (fig. 56) est direct pour le point équinoxial; mais en faisant avancer l'équinoxe, il diminue les longitudes et fait l'effet d'un mouvement rétrograde; dans la partie inférieure, le mouvement est vraiment rétrograde. Mais l'équinoxe en rétrogradant augmente toutes les longitudes. Alpétrage avait déjà fait cette remarque, mais il ne l'avait pas suffisamment expliquée.

PURBACH ET NONIUS.

TABLE DE TRÉPIDATION.

m	aK latitude bor.	AK équation des solst. et équi.	Angle a oriental.	aL sur l'écliptiq. −	AL sur l'équat. −	L obliquité app.
0° 0′	4° 21′ 30″	0° 0′ 0″ +	90° 0′ 0″	9° 50′ 13″	10° 45′ 3″ 10.36.45	24° 2′ 30″ 24. 5.12
10	4.17.31	0.45.20	100. 1.42	10.25.56		
20	4. 5.42	1.29.35	110. 3.12	10.42. 6	10. 9. 3	24. 6.15
23.40	3.59.28	1.45. 8	113.43.40	10.43.30	9.54.10	24. 6. 7
30	3.46.24	2.10.56	120. 4.19	10.39.49	9.22.37	24. 5.25
40	3.20.14	2.48.17	130. 4.55	18.18.33	8.18.34	24. 2.55
50	2.48. 0	3.20.29	140. 4.54	9.38.44	6.58.46	23.59. 2
60. 0	2.10.39	3.46.34	150. 4.19	8.41.22	5.25.51	23.54.32
70	1.29.21	4. 5.47	160. 3.12	7.28. 0	3.42.44	23.49. 0
80	0.45.22	4.17.32	170. 1.42	6. 0.28	1.52.55	23.44. 6
90. 0	0. 0. 0 australe.	4.21.30	180. 0. 0	4.21.30	0. 0. 0	23.40. 0
100	0.45.22	4.17.32	170. 1.42	2.29.14	1.52.55	23.37.16
110	1.29.31	4. 5.47	160. 3.12	0.41.44 +	3.42.44	23.36.16
113.40	1.44.59	3.59. 5	156.23.39	0. 0. 0	4.21.50	23.36.21
120	2.10.39	3.46.34	150. 4.19	1.11.56	5.25.21	23.37. 3
130	2.48. 0	3.20.29	140. 4.54	3. 3.10	6.58.46	23.39.35
140	3.20.14	2.42.17	130. 4.55	4.28.42	8.18.34	23.43.30
150	3.46.25	2.10.56	120. 4.19	6.24.16	9.22.37	23.48.28
160	4. 5.42	1.29.35	110. 3.12	7.48. 0	10. 9. 3	23.53.37
170	4.17.31	0.45.30	100. 1.42	8.57.17	10.36.45	23.58.28
180. 0	4.21.30	0. 0. 0	90. 0. 0	9.50.13	10.45. 3	24. 2.30
190	4.17.31	0.45.30	79.58.18	10.25.26	10.33.56	24. 5.12
200	4. 5.42	1.29.35	69.56.48	10.42. 6	10. 4. 1	24. 6.15
203.40	3.59.28	1.45. 8	66.16.20	10.43.30	9.48.32	24. 6. 7
210	3.46.24	2.10.56	59.55.41	10.39.49	9.16.19	24. 5.25
220	3.20.14	2.48.17	49.55. 5	10.18.23	8.12.13	24. 2.55
230	2.48. 0	3.20.29	39.55. 6	9.38.44	6.53.25	23.59. 2
240	2.10.39	3.46.34	29.55.41	8.41.22	5.22. 2	23.54.32
250	1.29.21	4. 5.47	19 56.48	7.28. 0	3.40.52	23.49. 0
260	0.45.22	4.17.32	9.58.18	6. 0.28	1.52.25	23.44. 6
270	0. 0. 0 boréale.	4.21.30	0. 0. 0	4.21.30	0. 0. 0	23.40. 0
280	0.45.22	4.17.32	9.58.18	2.29.14	1.52.25	23.37.16
290	1.29.21	4. 5.47	19.56.46	0.41.24	3.42.44	23.36.16
293.40	1.44.59	3.59. 5	23.36.21	0. 0. 0	4.21.50	23.36.21
300	2.10.39	3.46.34	29.55.41	1.11.56	5.25.21	23.37. 3
310	2.48. 0	3.20.29	39 55. 6	3. 3.10	6.58.46	23.39.35
320	3.20.14	2.42.17	49.55. 5	4.48.22	8.18.34	23.43.30
330	3.46.25	2.10.56	59.55.41	6.24.16	9.22.37	23.48.28
340	4. 5.42	1.29.35	69.56.48	7.48. 0	10. 9. 3	23.51.40
350	4.17.31	0.45.30	79.58.18	8.57.17	10.36.45	23.58.28
360	4.21.30	0. 0. 0	90. 0. 0	9.50.13	9.45. 3	24. 2.30

Retournons à Purbach. A la suite des cinq livres des triangles par Régiomontan, on trouve un petit écrit où Purbach commente les propositions de Ptolémée sur les cordes. Il définit les sinus, les sinus verses, la corde, l'arc et le kardaga, arc de 15° ou d'une heure équinoxiale. Il suppose le rapport du diamètre à la circonférence $\frac{120}{377} = \frac{1}{3.141\frac{2}{3}}$, c'est celui que suppose aussi Ptolémée.

Les Indiens disent que si l'on savait tirer la racine des carrés imparfaits, on aurait facilement ce rapport.

Selon eux, si le diamètre est 1, la circonférence sera la racine de 10 ou 3.162205; ce rapport est trop fort. Si le diamètre est 2, la circonférence sera la racine de 40 ou 3.1620, encore trop fort. Les Indiens n'étaient donc pas fort avancés.

Purbach prouve d'abord que le sinus de 30° ou de deux kardagues, est $\frac{1}{2}$; il calcule le sinus de 60°, le sinus de 45°, le sinus verse de 30° et le sinus de 15° $= \frac{1}{4}$ (sin 30° + sin verse de 30);

sin 30° — sin 15° = sin kardague 2e = 2 sin 7°30' cos 22°30' = 2 sin 7°30' sin 67°30'
sin 45 — sin 30 = sin kardague 3^e = 2 sin 7.30 cos 37.30 = 2 sin 7.30 sin 52.30
sin 60 — sin 45 = sin kardague 4e = 2 sin 7.30 cos 52.30 = 2 sin 7.30 sin 37.30
sin 75 — sin 60 = sin kardague 5e = 2 sin 7.30 cos 67.30 = 2 sin 7.30 sin 22.30
sin 90 — sin 75 = sin kardague 6e = 2 sin 7.30 cos 82.30 = 2 sin^2 7.30.

De ces diverses quantités, il déduit les sinus de tout le quart de cercle de 3°45' en 3°45', ce qui ressemble fort aux sinus des Indiens (*voyez les Mémoires de Calcutta*).

Purbach ne dit pas à quoi servent ces sinus des kardagues 1re, 2e, 3e, etc., qui ne sont dans le fait que des différences de sinus. Il nous avertit seulement que tout cela est tiré d'Arzachel.

Purbach avait construit des tables de sinus pour tout le quart de cercle, mais de 10 en 10' seulement. Régiomontan, son disciple, les étendit à toutes les minutes. Leur rayon était de 6000000.

Les théorèmes dont ce dernier fait usage pour cette construction sont

$$\cos^2 A = 1 - \sin^2 A,$$
$$2 \sin^2 \tfrac{1}{2} A = \sin v. A = 1 - \cos A,$$
$$(\sin A - \sin B)^2 + (\cos B - \cos A)^2 = 4 \sin^2 \tfrac{1}{2} (A - B),$$

théorème curieux qui se démontre par le développement

$$[2 \sin \tfrac{1}{2} (A - B) \cos \tfrac{1}{2} (A + B)]^2 + [2 \sin^2 \tfrac{1}{2} (A - B) \sin \tfrac{1}{2} (A + B)]^2$$
$$= 4 \sin^2 \tfrac{1}{2} (A - B) [\cos^2 \tfrac{1}{2} (A + B) + \sin^2 \tfrac{1}{2} (A + B)] = 4 \sin^2 \tfrac{1}{2} (A - B).$$

Il le démontre par une figure très simple et facile à imaginer.

Ainsi, avec sin 36° et sin 54° et sin 30°, qui sont connus, il a les sinus 24°, 12°, 6°, 3°, 1°, 30'; leurs cosinus, les sinus de leurs moitiés, des complémens de ces moitiés et ainsi de suite; il a ainsi tous les sinus de 45 en 45'. Arzachel s'était arrêté, comme les Indiens, au sinus de 3° 45', et s'était contenté d'ajouter qu'on arriverait ainsi jusqu'aux plus petites portions de la circonférence.

Il prouve ensuite ce théorème de Théon, que si les arcs croissent également, les sinus croîtront inégalement et en moindre raison; d'où il conclut que si l'on prend pour le sinus de 1° 30', le double du sinus de 45', on aura un sinus trop grand; mais que si on fait le sin de 1° 30' $\frac{1}{2}$ sin 3°, on aura un sinus trop petit. Mais si ces sinus ne diffèrent que de deux parties, en prenant le milieu arithmétique, on aura un sinus suffisamment exact.

On pourra interpoler ensuite les sinus de 15 en 15', en prenant le tiers de la différence pour 45', et en les faisant un peu décroître. Vous partagerez en trois parties les différences pour 15', et vous aurez tous les sinus de 5 en 5'; enfin en partageant ces différences en cinq parties, vous aurez les sinus de minute en minute.

Dans un écrit de Santbech qui vient ensuite, on voit expliquée par une figure la manière publiée par Erasme Reinhold, pour observer les éclipses de Soleil. Il cite les commentaires de cet astronome sur les théoriques de Purbach. Cette méthode consiste à recevoir l'image du Soleil sur un carton, dans une chambre obscure. On dessine sur ce carton le disque du Soleil avant le commencement de l'éclipse. Au milieu de l'éclipse, on mesure la largeur de la partie qui reste éclairée; il faut observer que le carton soit toujours à même distance du trou rond. C'est ainsi que Gemma Frisius observa l'éclipse du Soleil de janvier 1544, à Louvain, le 9 des calendes, $8^h 53'$ du matin plus ou moins. A la page 126, dans l'explication des ombres droite et verse, Santbech divise un sinus par un cosinus, sans dire que ce rapport soit une tangente. Il n'est pas plus avancé à cet égard que les Grecs, et moins que les Arabes et que Purbach lui-même, dont il va rapporter les idées (fig. 58).

A la page 133, il explique le gnomon de Purbach; c'est un triangle isoscèle rectangle, l'angle A est de 90°; les deux autres de 45°; le côté CA est partagé en 1200 parties, parce que les anciens divisaient leurs gnomons en douze doigts. Soient DA = 600, FA = 400; on demande les angles DBA, FBA. Purbach a donné une table de ces angles pour toutes les longueurs de FA; c'est une table inverse des tangentes; les tangentes croissent également, et l'on trouve, dans la seconde colonne, l'angle auquel elles appartiennent. Ainsi, toutes les fois que vous voudrez connaître l'angle d'un triangle rectangle par ses deux côtés, sans connaître l'hypoténuse, vous direz le grand côté : petit côté :: 1200 : quatrième terme, avec lequel vous trouverez dans la table l'angle cherché. Voilà ce que les Arabes avaient fait long-tems avant Purbach; ils avaient même composé des tables où l'on trouvait la tangente à côté de l'arc qui servait d'argument, et d'autres dans le genre de celle de Purbach. L'idée de ces tables est clairement exprimée dans Albategnius, où Purbach a pu la prendre. En rapportant celle de Purbach, Santbech dit expressément qu'elle est recommandable pour ses usages dans la Trigonométrie, pour la facilité avec laquelle elle fait trouver des angles qu'on trouverait avec beaucoup de peine par les tables ordinaires de sinus.

Régiomontan a depuis, d'après cette même idée, fait une table des tangentes pour tous les degrés du quart de cercle. Il l'appelle Table *féconde;* cependant il n'en fait guère d'autre usage que celui de calculer le sinus de la différence ascensionnelle. Ce sinus = tang déclin. tang hauteur du pôle; il suffisait donc de multiplier l'un par l'autre les deux nombres pris dans la Table *féconde,* pour avoir le sinus de la différence ascensionnelle. Nous avons vu qu'Ebn Jounis faisait usage des tangentes, pour chercher des arcs subsidiaires, et qu'Aboul Wéfa les avait réellement introduites dans les calculs trigonométriques; mais il paraît que leurs ouvrages n'avaient pas pénétré en Europe.

La Table féconde de Régiomontan a été étendue par Reinhold à toutes les minutes du quart de cercle. Rhéticus l'a étendue à toutes les dixaines de secondes; il y a joint la Table des sécantes, imaginée, dit-on, par Maurolycus, et c'est depuis Rheticus que ces Tables ont été véritablement fécondes et très fécondes; car entre les mains de Purbach, elles ne servaient guère que pour la Gnomonique. Régiomontan lui-même paraît n'en avoir pas senti les avantages, puisqu'il n'en fait pas la moindre mention dans sa Trigonométrie. Remarquons encore que le nom de tangentes n'a été employé ni par Purbach, ni par Régiomontan, ni par les Arabes. Ceux-ci, à raison de leur origine, les désignaient par le mot ombres, parce que toute ombre est la tangente de la distance du Soleil au zénit du plan sur lequel on a établi un gnomon perpendiculaire ou style droit.

Il nous reste à parler d'un ouvrage commencé par Purbach, et terminé par son disciple Régiomontan. Il a pour titre :

PURBACH ET RÉGIOMONTAN.

Joannis de Monte Regio et Georgii Purbachii epitome in C. Ptolemæi magnam Compositionem, continens propositiones et annotationes quibus totum Almagestum, quod suâ difficultate etiam doctiorem, ingenioque præstantiore lectorem deterrere consueverat, dilucidâ et brevi doctrinâ, ita declaratur et exponitur, ut mediocri quoque indole et eruditione præditi sine negotio intelligere possint. Basileæ, apud Henricum Petrum, 1543.

L'auteur, dans sa Préface, se plaint du peu d'encouragement que reçoit l'Astronomie, de l'esprit d'avarice qui fait qu'on s'applique à des professions moins ingrates; il avoue cependant que la difficulté d'entendre les auteurs anciens, peut effrayer et écarter les lecteurs rebutés du style barbare des traducteurs. Ptolémée qui, dans la langue, a le mérite de la clarté et de l'élocution, ne se reconnaîtrait pas lui-même dans les traductions latines qu'on a données de sa grande Composition. Il nous apprend que Bessarion en avait commencé une nouvelle version; mais les missions politiques dont il fut chargé l'empêchèrent d'exécuter son projet; il s'était adressé à Purbach pour en donner du moins un extrait plus exact et plus intelligible. Purbach n'en put composer que les six premiers livres; il fut enlevé par une mort prématurée à l'âge de 39 ans. Il chargea en mourant son disciple Régiomontan de terminer l'ouvrage.

Après le commentaire que nous avons donné sur la Syntaxe mathématique, il nous sera permis de glisser légèrement sur l'extrait de Purbach. Nous n'en prendrons que les choses qui pourraient appartenir aux abréviateurs. Ainsi, à l'article de la double obliquité que Ptolémée faisait de $47° 42' 40''$, Purbach dit qu'il n'a trouvé que $65°6' - 18°10' = 46°56'$; d'où il conclut l'obliquité de $23°28'$ *pour son tems*. Il ne dit pas si l'obliquité diminue, ou si Ptolémée s'est trompé dans son observation, qui n'est que celle d'Eratosthène.

Dans ses démonstrations, il substitue les sinus aux cordes.

A la proposition 9ᵉ du second livre, il démontre que si l'on a mesuré l'ombre d'un gnomon, on aura cette proportion

$$\sin \text{hauteur} : \cos \text{hauteur} :: \text{gnomon} : \text{ombre} = \frac{\text{gnom. cos haut.}}{\sin \text{hauteur.}};$$

c'était le cas d'ajouter $=$ gnomon cot hauteur. A cette proposition, il ajoute la définition de l'ombre verse, projetée sur un mur vertical par un gnomon horizontal, et qui serait la tangente de la hauteur.

A la proposition 22, quand il cherche le sinus de la différence ascensionnelle, il emploie encore les sinus et les cosinus; ainsi Régiomontan n'avait pas encore trouvé sa Table *féconde* qui simplifie l'opération et l'abrège de moitié.

On est étonné que des auteurs qui lisaient Ptolémée dans sa langue, écrivent sans cesse Hyparque au lieu d'Hipparque, comme a fait depuis Bailly, qu'ils ont peut-être induit en erreur. A l'occasion de la longueur de l'année, il rapporte l'observation d'Albategni et les conséquences qu'il en a tirées. Il dit aussi un mot de la trépidation de Thébith, et nous apprend que, dans cette hypothèse, il déterminait l'année sidérale de $365^j 6^h 9' 12''$, ce qui est bien plus exact que les calculs de ses prédécesseurs.

A l'article de l'excentricité du Soleil et de son apogée, outre les calculs d'Albategni, il rapporte aussi ceux d'Arzachel qui, sans rien changer à l'excentricité, quoiqu'il eût changé le moyen mouvement, trouvait $12° 10'$ entre le point solstitial et l'apogée, ce qui lui paraît étrange, vu qu'Arzachel est venu 193 ans après Albategni.

Pour expliquer ce mouvement rétrograde de l'apogée, Arzachel le faisait tourner dans un petit cercle. Au lieu d'employer les équinoxes et les solstices, Arzachel imagina d'observer les points intermédiaires. Nous trouverons cette méthode expliquée dans le livre de Nonius. Purbach y substitua l'entrée du Soleil dans les deux signes voisins des équinoxes.

Ensuite résolvant le problème d'un manière plus générale, il suppose 3 lieux quelconques observés avec les intervalles des tems; il en conclut l'excentricité et le lieu de l'apogée; il avertit que la solution est pénible; mais on peut la simplifier, en la ramenant à des formules générales. Soit D la terre, F le centre de l'excentrique, A, B, C, les trois lieux observés. FK = le rayon de l'excentrique (fig. 59).

On connaît les arcs AB, BC, AC, et par conséquent leurs cordes ou les sinus de leurs moitiés; on a l'angle BAC = $\frac{1}{2}$BC, BCA = $\frac{1}{2}$AB, ABC = $180° - \frac{1}{2}$AB $- \frac{1}{2}$BC. Dans le quadrilatère ADCB, on a les deux angles ABC, ADC; on connaît la somme des deux autres, il reste à connaître leur différence.

J'en ai donné le moyen dans la solution du problème d'Hipparque pour l'excentricité de la Lune. Quand on a les angles avec deux côtés AB, BC, et l'une des diagonales du quadrilatère, on a les deux autres côtés DA, DC et l'autre diagonale BD. Dans le triangle isoscèle BFC, vous avez BCF = $90 - \frac{1}{2}$BC; vous aurez FCD = BCD $-$ BCF = BCD $+ \frac{1}{2}$BC $- 90°$; avec les côtés CF et CD et l'angle compris, vous calculerez les deux autres angles CFD = CFN = $180° -$ KFC, le lieu K de l'apogée ou de N périgée, et enfin DF = excentricité.

Au lieu du triangle BCD, vous pouvez faire un usage pareil des triangles NFB ou AFC ; vous aurez trois calculs différens qui doivent donner les mêmes valeurs pour les deux inconnues.

Dans la proposition 20, il résout ce problème : Etant données deux observations entre lesquelles le mouvement vrai se trouve égal au mouvement moyen, trouver l'équation pour les deux instans.

Ces équations seront égales, ce qui est évident, puisque les deux angles sont égaux. Ils seront à la circonférence d'un même cercle dont l'excentricité sera une corde. Décrivez donc sur l'excentricité un cercle qui passe par les deux points de l'excentrique et par les centres du monde et de l'épicycle.

Soit u et u' les deux anomalies vraies, les équations sont égales ; donc $e \sin u = e \sin u'$; donc $u' = 180 - u$, $u' + u = 180$, $u' - u = A$; donc $2u' = 180 + A$ et $u' = 90° + \frac{1}{2} A$, $2u = 180 - A$, $u = 90° - \frac{1}{2} A$; il n'était pour cela besoin d'aucune figure, ni de grandes recherches, ni de raisonnemens pénibles comme ceux de l'auteur ; mais sa solution a pu donner à Nonius l'idée du cercle au moyen duquel il détermine le *maximum* de l'équation de *Prosneuse*.

On peut rapprocher autant qu'on veut les deux intersections, en diminuant A. Si $A = 0$, les deux arcs $90 + 0$ et $90 - 0$ n'en feront qu'un. Plus les points se rapprocheront, plus le cercle diminuera. S'ils se confondent, le cercle sera tangent intérieurement à l'écliptique. Plus le cercle aura diminué, plus l'angle à la circonférence sera grand, puisque la corde sur laquelle il s'appuie est constante ; ainsi le *maximum* aura lieu au point de contact. Ces reflexions viennent naturellement à la vue de la figure de Purbach ou plutôt de Régiomontan.

Connaissant A, u et u', vous aurez l'équation

$$E = e \sin (90 + \tfrac{1}{2} A) = e \sin (90 - \tfrac{1}{2} A) ;$$

cette ligne est plus claire et en dit plus que la démonstration pénible de l'auteur.

Prop. 25. Déterminer l'arc de l'écliptique où la réduction à l'équateur est la plus grande.

Sa solution revient à faire le cosinus de la déclinaison de ce point où

$$\cos D = (\cos \omega)^{\frac{1}{2}}, \quad \cos D = \cos \omega, \quad \sin^2 D = 1 - \cos \omega = 2 \sin^2 \tfrac{1}{2} \omega.$$

Mais soit L la longueur de l'arc de l'écliptique ;

$$\sin D = \sin \omega \sin L, \quad \sin^2 D = \sin^2 \omega \sin^2 L = 4 \sin^2 \tfrac{1}{2} \omega \cos^2 \tfrac{1}{2} \omega \sin^2 L = 2 \sin^2 \tfrac{1}{2} \omega ;$$

donc

$$2\cos^2 \tfrac{1}{2}\omega \sin^2 L = 1, \quad \sin^2 L = \frac{1}{2\cos^2 \tfrac{1}{2}\omega},$$

$$\sin L = \frac{1}{\sqrt{2}\cdot\cos\tfrac{1}{2}\omega} = \frac{\sqrt{\tfrac{1}{2}}}{\cos\tfrac{1}{2}\omega} = \frac{\sin 45°}{\cos\tfrac{1}{2}\omega};$$

c'est la formule à laquelle je suis arrivé par une autre voie, *Astr.*, t. I, p. 25. L'auteur ne dit pas comment il y est parvenu, il démontre seulement que la réduction sera la plus grande au point ainsi déterminé; il le trouve par une construction. Sa solution n'est ni si complète ni si méthodique que la mienne; mais elle est curieuse. Il ajoute, propos. 26, que l'arc L avec l'arc correspondant A de l'équateur, fait une somme de 90°; il trouve la plus grande réduction 2°½. Nous aurons par mon théorème $\sin 2°30' = \tan^2 \tfrac{1}{2}\omega$ et $\tfrac{1}{2}\omega = 11°47'47''$, $\omega = 23°35'34''$; c'est l'obliquité qu'a dû supposer l'auteur, pour avoir 2°30' bien juste. L'obliquité 23°28' qu'il suppose, p. 22, donnerait $\sin$ réduct. $= \tan^2 11°44' = \sin 2°28'20'',5$; mais l'auteur n'a sans doute calculé qu'en minutes, et il n'obtient ce résultat qu'indirectement. Je crois ces 26 propositions de Régiomontan.

De là jusqu'à la fin du sixième livre, je n'ai rien remarqué de nouveau.

Au commencement du livre 9, on voit qu'Alpetragius mettait Vénus entre le Soleil, Mars et Mercure entre le Soleil et la Terre. Régiomontan prouve que Vénus sur le Soleil n'y produirait pas une éclipse sensible. Je n'ai rien vu, dans le reste du commentaire, que des développemens des théories de Ptolémée, qui seraient tout-à-fait superflus, après ceux que nous avons donnés nous-même. Cet extrait, commun aux deux auteurs, fera la transition de l'article de Purbach à celui de Régiomontan.

Régiomontan.

Joannis de Monte Regio, MATHEMATICI CLARISSIMI, *Tabulæ Directionum, Profectionumque* NON TAM ASTROLOGIÆ JUDICIARIÆ *quam Tabulis instrumentisque innumeris fabricandis utiles ac necessariæ. Wittebergæ*, 1584.

Accesserunt his Tabulæ ascensionum obliquarum à 60° gradu elevationis poli usque ad finem quadrantis, per Erasmum Reinholdum supputatæ.

On est bien aise de voir, dans ce titre, que l'éditeur paraît rougir un peu de la faiblesse que Regiomontanus avait eue de travailler pour les astrologues. Il a soin d'annoncer que ces tables sont utiles à bien d'autres usages, et cela peut être vrai pour une partie de ces tables; mais celles de direction et de profection proprement dites, ne sont plus que des

RÉGIOMONTAN.

monumens qui prouvent à quel point ces erreurs étaient accréditées. Les mots soulignés ne sont pas dans les éditions plus anciennes, et notamment dans celle des Giunti, Venise, 1524.

Dans sa préface, l'auteur se nomme *Joannes Germanus* de Regiomonte; il y professe sa confiance dans l'Astrologie. *Quid autem commodi nanciscemur si generalis quædam artis directoriæ promptitudo nobis illata fuerit, ex libris* JUDICUM *abundè colligetur, ubi tempora futurorum accidentium omnium per directiones potissimum investigari solent, tantam igitur utilitatem,* etc. Ces juges sont les auteurs qui ont traité de l'Astrologie judiciaire. Il dédie ces Tables à un archevêque de Strigonie, légat, qui les avait désirées; il le prie d'agréer ces *prémices* de ses travaux; il paraît donc que c'était son premier ouvrage. Il était né en 1436; son nom était Muller; Kœnisberg ou Regius-Mons son pays.

Il suppose l'obliquité 23° 30'; sa raison est que les observations modernes n'en admettent pas une plus grande.

Sa première table est celle des déclinaisons des planètes ou étoiles zodiacales pour tous les degrés de l'écliptique, et pour les huit premiers degrés de latitude, tant australe que septentrionale. Cette table pouvait en effet être fort utile; on en fait encore de ce genre pour abréger le calcul des éphémérides.

Cette table est suivie d'une autre d'un usage général, quelle que soit la latitude de l'astre.

Soit L la latitude de l'étoile, λ celle du point de l'équateur qui a la même longitude; on aura $\sin D = \sin(L+\lambda) \sin$ angle que fait $(L+\lambda)$ avec l'équateur; la table donne le sinus naturel de cet angle. Il ne reste donc qu'une multiplication à faire pour avoir la déclinaison; mais soit A cet angle, $\sin D = \frac{1}{2}\cos(L+\lambda-A) - \frac{1}{2}\cos(L+\lambda+A)$; on aurait donc pu éviter cette multiplication. Régiomontan avait pris l'idée de sa table dans Albategni.

Ensuite on trouve sa Table *féconde* ou des tangentes pour tous les degrés du quart de cercle et pour un rayon de 100000. Cette table n'est pas de la dernière exactitude; dans les 45 premiers degrés, l'erreur ne passe guère deux unités; dans l'autre moitié, elle va jusqu'à 11 parties et même à 90 pour la tangente de 89°. Nous verrons plus loin l'usage que l'auteur faisait de cette table, qui ne méritait guère alors son titre de *féconde*. S'il en avait senti tous les avantages, il l'eût sans doute étendue à toutes les minutes du quart de cercle comme celle des sinus.

Pour trouver l'ascension droite, il donne dans une autre table ce qu'il en appelle la *racine;* c'est l'arc de l'équateur qui a même longitude que l'étoile. A côté de cette racine, on trouve un facteur, qui n'est autre que la cotangente de l'angle A ci-dessus; cette cot. multipliée par la tangente de la déclinaison, donne le sinus de la différence de l'ascension droite de l'astre et l'arc de l'équateur, ou l'arc de l'équateur compris entre $(L+\lambda)$ et le cercle de déclinaison; c'est encore la méthode d'Albategni.

Cette Table générale des *médiations* ou des ascensions droites est précédée d'une table pour les étoiles zodiacales dont la latitude n'excède pas $\pm 8°$.

La Table des points culminans n'a rien de particulier, non plus que la table générale des ascensions obliques. Le sinus de la différence ascensionnelle est égal au produit des tangentes de la déclinaison et de la hauteur du pôle; les deux tangentes se prennent dans la Table *féconde;* on voit que celle-ci n'a été pour lui qu'une table subsidiaire qui abrégeait le calcul des autres tables, et voilà pourquoi il l'a bornée aux simples degrés. Il n'en a jamais fait usage dans la Trigonométrie.

Jusqu'ici tout est véritablement astronomique. L'astrologie judiciaire va l'occuper à son tour.

Il y a trois manières de concevoir et de résoudre le problème de la distribution du ciel en douze maisons. Dans la première, on partage en trois parties égales l'arc de l'équateur qui mesure l'arc semi-diurne ou semi-nocturne du point orient de l'écliptique; par les pôles du monde et les divisions de l'équateur on mène des demi-cercles; mais cette méthode donne des maisons trop inégales.

Campanus opère cette division par des demi-cercles qui, passant par les points nord et sud de l'horizon, partagent le premier vertical en douze parties égales. Par là toutes les maisons sont parfaitement égales, mais les portions de l'écliptique qui s'y trouvent comprises sont inégales.

Regiomontanus trouve que cette manière est contraire aux idées des anciens, et d'ailleurs *très futile* en ce que le *vertical n'a aucune vertu.* il la rejette donc sans plus de détail.

La troisième méthode tient le milieu entre les deux autres; elle partage en trois parties égales chacun des quatre quarts du zodiaque, par des cercles qui vont se réunir aux points nord et sud de l'horizon. Les maisons sont à la vérité inégales, mais chacune d'elle conserve toujours la même valeur.

Il renvoie, pour le développement de ses motifs, au livre deux des problèmes de l'Almageste, où il a exposé toute sa doctrine astrologico-trigonométrique ; il se borne à l'explication de ses tables. Nous n'avons pas encore trouvé le livre auquel il renvoie son lecteur ; mais nous trouverons, à l'article Magini, les moyens trigonométriques par lesquels on calcule ces tables ; pour ne pas nous répéter, nous n'en dirons pas plus pour le présent.

Les astronomes considèrent trois espèces de conjonctions ; l'une sur le même cercle de latitude ; la seconde, sur un même cercle de déclinaison ; la troisième, sur un même cercle de position. On appelle de *position* les cercles qui sont les limites des douze maisons.

Régiomontan se propose ce problème : Deux étoiles données se trouveront-elles dans un même jour naturel en conjonction sur un cercle de position ? (fig. 60).

Soit P le pôle, A, B les deux étoiles ; par les deux étoiles, menez le demi-cercle HO, l'arc perpendiculaire PQ sera la hauteur du pôle sur ce cercle, ou la hauteur du pôle dans le lieu dont le demi-cercle HQO est l'horizon ; on voit que AB ne doit pas surpasser 180°,

$$\frac{\sin PQ}{\sin PO} = \sin POQ ; PQ \text{ doit être plus petit que PO.}$$

$\cos PO \tang POQ = \cot OPQ$, $OPQ - QPB = OPB$, $OPB + BPA = OPA$; les deux étoiles données, on connaît tout le triangle APB ; on connaît PO, PQ ; on peut calculer toutes ces formules. Les Tables de Régiomontan dispensent de ces calculs, mais elles ne donnent qu'une solution indirecte et qui ne peut avoir la même précision que le calcul.

Diriger n'est rien autre chose que tourner la sphère jusqu'à ce que le *lieu* qui était le second vienne occuper la place du premier ; le *second* est celui qu'on fait mouvoir ; le *premier* s'appelle *significateur* ; le *second*, *promisseur*.

La *direction* est donc le mouvement de la sphère ou l'arc de l'équateur qui mesure ce mouvement. La *direction* se fait suivant ou contre l'ordre des signes.

La direction est la différence des deux ascensions obliques comptée sur le premier des deux cercles de position ; le problème considéré trigonométriquement n'est pas difficile.

Au 29ᵉ problème, Regiomontanus s'avoue astrologue, en déclarant qu'il travaille pour les amateurs de son art. *Viris studiosis artis nostræ amatoribus.*

La *profection* est un mouvement égal et régulier du significateur, selon l'ordre des signes. Les aspects ou radiations seront expliqués à l'article Magini qui était aussi un amateur, et qui a développé la doctrine de Régiomontan avec plus de soin que lui-même.

La Table des ascensions obliques pour toutes les latitudes par Régiomontan et Reinhold, peut servir à dresser des tables de climats, de mois, de jours, d'heures et de quarts d'heure si l'on veut. Elle peut n'être pas inutile pour quelques problèmes astronomiques où l'on ne chercherait pas une grande précision.

Dans l'explication de ses tables, il promet un autre ouvrage où il traitera plus à fond des différens problèmes astrologiques; nous ignorons si cet ouvrage a vu le jour.

Dans l'édition de 1524, Gauric a ajouté des Tables de sinus de 10 en 10' pour un rayon de 100000; des Tables astrologiques et des Tables du Soleil d'une forme usuelle et abrégée.

Joannis Regiomontani, mathematici præstantissimi, de Triangulis planis et sphæricis libri quinque, uná cum tabulis sinuum. Basileæ, 1561.

L'éditeur de cette œuvre posthume, Daniel Santbech, nous dit dans sa préface que Purbach et Régiomontan avaient été les restaurateurs de la science astronomique, du moins en Allemagne; qu'ils s'étaient attachés à éclaircir et commenter Ptolémée; qu'aucun auteur n'avait traité la Trigonométrie d'une manière plus complète que Régiomontan; mais qu'une mort prématurée (en 1476) l'avait empêché de mettre la dernière main à son livre des *triangles*, et que Jean Schoner avait terminé ce qui était resté imparfait. On doit croire, d'après ce récit, que Régiomontan a mis dans cet ouvrage toutes ses connaissances et ses dernières idées; on est donc fort surpris de n'y trouver aucune mention des tangentes qu'il a cependant la réputation d'avoir introduites dans le calcul astronomique. Ebn Jounis, long-tems avant lui, avait fait beaucoup davantage, et nous avons vu qu'Aboul Wéfa, vers l'an 1000, avait encore été beaucoup plus loin; nous avons dit quel usage Régiomontan a fait de sa Table *féconde* pour la différence ascensionnelle et le calcul de quelques tables; c'est à cela qu'il s'est borné; Ebn Jounis avait fait précisément les mêmes choses cinq cents ans auparavant, et il avait en outre imaginé des artifices de calcul bien plus remarquables. Dans aucun des problèmes qu'il a résolus dans ses divers ouvrages, Régiomontan n'a fait entrer aucune tangente ni aucune sécante. Il n'emploie, comme ses prédécesseurs, que les sinus et les cosinus. Il s'était borné aux simples degrés dans sa Table féconde, qui ne contient réellement que 89 tangentes; c'était trop peu sans doute pour les calculs les plus ordinaires. Reinhold, qui a étendu cette table à toutes les minutes du quart de cercle, est probablement celui qui a rendu à la Trigonométrie européenne ce service qui a singulièrement abrégé les calculs; mais avait-il trouvé les formules trigonométriques qui dépendent des tangentes, ou s'est-il contenté de les écrire dans les formules où elles se présentaient d'elles-mêmes, à la place des expressions $\left(\frac{\text{sinus}}{\text{cosinus}}\right)$ ou $\left(\frac{\text{cosinus}}{\text{sinus}}\right)$ qui se trouvent partout dans Régiomontan comme dans Ptolémée et Albategnius; c'est ce que nous ne pouvons encore décider.

Dans sa proposition 28, Régiomontan détermine les angles du triangle rectangle, d'après le rapport des côtés; aujourd'hui nous dirions :

$$C : C' :: 1 : \tang A' = \frac{C'}{C};$$

le rapport donné est la tangente de l'un des angles et la cotangente de l'autre. Regiomontanus cherche d'abord l'hypoténuse $C'' = (C^2 + C'^2)^{\frac{1}{2}}$ et $\frac{C'}{C''}$ est le sinus de l'angle A'. Cette méthode est celle des Grecs et des plus anciens Arabes; il ne pouvait choisir un problème qui montrât plus clairement qu'il n'avait une idée bien nette ni des tangentes ni de leur utilité.

Dans sa proposition 30 il établit ce principe, que le rapport des deux côtés est le même que celui du sinus au cosinus; il n'aperçoit pas que ce rapport est la tangente, ou si l'on veut l'ombre de l'angle; et cependant il avait trouvé cette notion dans Albategnius, qu'il avait commenté.

Il dit, propos. 31, que si les deux angles à la base sont de même espèce, la perpendiculaire tombera dans l'intérieur du triangle, et qu'elle tombera dehors dans le cas contraire; ce théorème est implicitement dans Euclide; il n'avait peut-être jamais été si formellement énoncé. Je crois pourtant l'avoir vu chez les Arabes.

Propos. 32. Dans un triangle quelconque, si vous connaissez une des trois perpendiculaires, vous pourrez en conclure les deux autres, et ces trois perpendiculaires se couperont en un même point.

La première partie du théorème n'est au fond que la règle des quatre sinus; il renvoie pour la seconde à l'un de ses autres ouvrages. Mais soit un triangle quelconque ABC (fig. 61); du sommet A abaissez la perpendiculaire AD, elle divisera l'angle au sommet en deux angles,

$$\left.\begin{array}{l} \text{l'un } BAD = 90° - B \\ \text{l'autre } CAD = 90° - C \end{array}\right\}, \text{ d'où } A = 180° - B - C;$$

une seconde perpendiculaire BE menée sur AC fera les deux angles

$$\left.\begin{array}{l} ABE = 90° - A \\ CBE = 90° - C \end{array}\right\}, \text{ d'où } B = 180° - A - C,$$

$$AD = AB \cdot \sin B = AC \sin C, \quad AD : BE :: \sin B : \sin A,$$
$$BE = AB \cdot \sin A = BC \sin C, \quad AD : CF :: \sin C : \sin A,$$
$$CF = BC \cdot \sin B = AC \sin A, \quad BE : CF :: \sin C : \sin B,$$
$$BE = \frac{AD \cdot \sin A}{\sin B} = \frac{AD \cdot BC}{AC}, \quad CF = \frac{AD \cdot \sin A}{\sin C} = \frac{AD \cdot BC}{AB};$$

abaissez les perpendiculaires AD et BE; par le point d'intersection I menez la droite CIF; je dis que CIF sera la 3ᵉ perpendiculaire. En effet,

$$BD = AB \cdot \cos ABC,$$
$$DI = BD \cdot \tan DBI = AB \cos ABC \cdot \tan CBE = AB \cos ABC \cdot \cot ACB,$$
$$CD = AC \cos ACB,$$
$$\tan FCB = \tan ICD = \frac{DI}{DC} = \frac{AB \cdot \cos ABC \cdot \cot ACB}{AC \cos ACB} = \frac{AB}{AC} \cdot \frac{\cos ABC}{\sin ACB}$$
$$= \frac{\sin ACB}{\sin ABC} \cdot \frac{\cos ABC}{\sin ACB} = \cot ACB = \tan (90° - ABC);$$

donc $FCB = 90° - ABC$, $FCB + ABC = 90° = FCB + FBC$; donc $BFC = 90°$, puisque la somme des deux premiers angles est de 90°. Mais du point C, on ne peut mener qu'une perpendiculaire sur AB; donc CF est la troisième perpendiculaire; et par la construction, elle passe par le point I, intersection des deux premières.

On aurait de même

$$AE = AB \cos BAC, \quad IE = AE \tan DAC = AB \cdot \cos BAC \cdot \cot ACB,$$
$$CE = BC \cos ACB;$$
$$\tan FCA = \tan ICE = \frac{IE}{CE} = \frac{AB \cdot \cos BAC \cdot \cot ACB}{BC \cdot \cos ACB} = \frac{\sin ACB}{\sin BAC} \cdot \frac{\cos BAC}{\sin ACB}$$
$$= \cot BAC = \tan (90° - BAC);$$

donc $FCA = 90° - BAC$, $FCA + BAC = 90° = FCA + FAC$; donc $AFC = 90°$; donc CF est la troisième perpendiculaire.

Voilà deux démonstrations bien simples.

Tous les angles autour du point d'intersection sont les angles A, B, C du triangle, et s'y trouvent deux fois; ils alternent autour de chaque perpendiculaire. Ainsi

$A' = FIB = 90° - FBE = BAC$, l'autre $A' = CIE = 90° - ICE = BAC$,

et ainsi des autres.

Voici une troisième démonstration :

$$\sin CIE = \frac{CE}{CI}, \quad \sin CID = \frac{DC}{CI};$$

donc

$$\frac{\sin CIE}{\sin CID} = \frac{CE}{CI} \cdot \frac{CI}{DC} = \frac{CE}{DC} = \frac{BC \cdot \cos C}{AC \cdot \cos C} = \frac{BC}{AC} = \frac{\sin BAC}{\sin ABC},$$

d'où

$$\frac{\tan \frac{1}{2}(CIE - CID)}{\tan \frac{1}{2}(CIE + CID)} = \frac{\tan \frac{1}{2}(BAC - ABC)}{\tan \frac{1}{2}(BAC + ABC)};$$

or, les dénominateurs sont égaux, puisque

$$CIE + CID = A' + B' = BAC + ABC,$$

donc

$\frac{1}{2}(CIE - CID) = \frac{1}{2}(BAC - ABC)$; donc $CIE - CID = BAC - ABC$,

donc $2CIE = 2BAC$ et $CIE = BAC$,
donc $2CID = 2ABC$ et $CID = ABC$,

$$90° - CID = BCI = 90° - ABC;$$

prolongez CI en F,

$$DCI = BCF = 90° - ABC = 90° - FBC;$$

donc $BCF + FBC = 90°$; donc $BFC = 90°$; donc CF est la troisième perpendiculaire.

On peut varier ces démonstrations de plusieurs manières, mais toutes trigonométriques; elles emploient toutes des tangentes. La démonstration de Régiomontan n'était donc aucune des précédentes. En voici une qui n'emploie aucune formule trigonométrique.

La perpendiculaire IF du triangle BIA donne

$$(AF + FB)(AF - FB) = (AI + BI)(AI - BI);$$

c'est un théorème de Ptolémée.

Ou

$$\overline{AF}^2 - \overline{FB}^2 = \overline{AI}^2 - \overline{BI}^2 = (\overline{AE}^2 + \overline{IE}^2) - (\overline{BD}^2 + \overline{DI}^2) = \overline{AE}^2 + \overline{IE}^2 - \overline{BD}^2 - \overline{DI}^2$$
$$= \overline{AE}^2 + \overline{CI}^2 - \overline{CE}^2 - \overline{BD}^2 - \overline{CI}^2 + \overline{CD}^2 = \overline{AE}^2 - \overline{CE}^2 + \overline{CD}^2 - \overline{BD}^2$$
$$= (\overline{CD}^2 - \overline{BD}^2) - (\overline{CE}^2 - \overline{AE}^2) = (\overline{AC}^2 - \overline{AB}^2) - (\overline{BC}^2 - \overline{AB}^2)$$
$$= \overline{AC}^2 - \overline{BC}^2 = (AC + BC)(AC - BC).$$

Donc AF et FB sont les segmens de la base AB, divisée par la perpendiculaire abaissée du point C; donc CIF est perpendiculaire.

La démonstration est toute dans le style de Ptolémée; il se pourrait qu'elle fût celle de Régiomontan, qui au reste n'est pas l'auteur de ce théorème des trois perpendiculaires qui s'entrecoupent au même point, car on le trouve dans Archimède et dans Eutocius.

Nos démonstrations donnent deux théorèmes que n'a pas vus Regiomontanus.

$$BD = AD \cot B, \quad CD = AD \cot C,$$
$$CD + BD = AD (\cot C + \cot B) = \frac{AD \sin (C + B)}{\sin C \sin B},$$
$$CD - BD = \frac{AD \sin (C - B)}{\sin C \sin B}, \quad \frac{CD - BD}{CD + BD} = \frac{\sin (C - B)}{\sin (C + B)},$$
$$AD = \frac{(CD + BD) \sin C \sin B}{\sin (C + B)} = \frac{(CD - BD) \sin C \sin B}{\sin (C - B)},$$
$$\text{perpendiculaire} = \frac{\text{base} \cdot \text{produit des sinus des angles sur la base}}{\text{sinus (somme des angles sur la base)}}$$
$$= \frac{\text{différ. des segmens} \cdot \text{produit des sinus des angles sur la base}}{\sin (\text{différence de ces angles})}.$$

Par la propos. 49, Régiomontan cherche les deux angles à la base par les deux côtés et l'angle compris; il les trouve comme faisaient les anciens; il ignorait la formule plus expéditive

$$\tang \tfrac{1}{2} (A - A') = \left(\frac{C - C'}{C + C'}\right) \cot \tfrac{1}{2} A''.$$

La proposition 54 enseigne à trouver les trois angles, quand on connaît seulement les rapports des côtés. Son procédé revient à prendre l'un des côtés pour unité, alors on a les deux autres en parties de cette unité; on aura donc les trois angles. Hipparque employait un artifice semblable dans la recherche de l'excentricité de la Lune.

La proposition 55 enseigne à trouver les trois angles, quand on en connaît les rapports.

En effet, soit A le premier angle, mA le second, et nA le troisième; on aura $(1 + m + n) A = 180°$ et $A = \frac{180°}{1 + m + n}$, d'où mA et nA, et l'on connaîtra aussi le rapport des trois côtés, mais non leurs valeurs absolues; ces côtés seront exprimés en parties du rayon du cercle circonscrit.

La proposition 56 donne deux angles par un angle connu et le rapport

RÉGIOMONTAN.

des côtés qui le comprennent. Notre formule

$$\tang \tfrac{1}{2}(A - A') = \left(\frac{C - C'}{C + C'}\right) \cot \tfrac{1}{2} A'' = \left(\frac{1 - \dfrac{C'}{C}}{1 + \dfrac{C'}{C}}\right) \cot \tfrac{1}{2} A'',$$

résout le problème d'une manière bien préférable à celle de Régiomontan.

Dans le second livre, propos. 6, de l'analogie

$$\sin A : \sin A' :: C : C',$$

il déduit $\quad \sin A + \sin A' : \sin A :: C + C' : C,$

et trouve ainsi les côtés, par leur somme et par la somme des sinus des angles opposés; il n'était pas à cet égard plus avancé que les Grecs. Nous ferions

$$(C - C') = (C + C') \tang \tfrac{1}{2}(A - A') \cot \tfrac{1}{2}(A + A').$$

Dans la propos. 7, il résout le triangle dont on connaît le périmètre et deux angles. Voici des formules beaucoup plus commodes que celles de l'auteur, qui n'emploie que les règles communes des proportions

$$C : C' :: \sin A : \sin A',$$
$$C : C'' :: \sin A : \sin A'',$$
$$C = C,$$
$$C' = \frac{C \sin A'}{\sin A},$$
$$C'' = \frac{C \sin A''}{\sin A},$$
$$(C + C' + C'') = C \left(1 + \frac{\sin A'}{\sin A} + \frac{\sin A''}{\sin A}\right),$$
$$C = \left(\frac{C + C' + C''}{1 + \dfrac{\sin A'}{\sin A} + \dfrac{\sin A''}{\sin A}}\right) = \frac{(C + C' + C'') \sin A}{\sin A + \sin A' + \sin A''},$$
$$C' = \frac{(C + C' + C'') \sin A'}{\sin A + \sin A' + \sin A''}, \quad C'' = \frac{(C + C' + C'') \sin A''}{\sin A + \sin A' + \sin A''};$$

mais

$$\sin A + \sin A' + \sin A'' = \sin A + \sin A' + \sin(A + A')$$
$$= \sin A + \sin A' + \sin A \cos A' + \cos A \sin A'$$
$$= \sin A (1 + \cos A') + \sin A' (1 + \cos A)$$
$$= 2 \sin A \cos^2 \tfrac{1}{2} A' + 2 \sin A' \cos^2 \tfrac{1}{2} A$$
$$= 4 \sin \tfrac{1}{2} A \cos \tfrac{1}{2} A \cos^2 \tfrac{1}{2} A' + 4 \sin \tfrac{1}{2} A' \cos \tfrac{1}{2} A' \cos^2 \tfrac{1}{2} A$$
$$= 4 \sin \tfrac{1}{2} A \cos \tfrac{1}{2} A' \cdot \cos \tfrac{1}{2} A \cos \tfrac{1}{2} A' + 4 \sin \tfrac{1}{2} A' \cos \tfrac{1}{2} A$$
$$\qquad \times \cos \tfrac{1}{2} A' \cos \tfrac{1}{2} A$$
$$= 4 \cos \tfrac{1}{2} A \cos \tfrac{1}{2} A' (\sin \tfrac{1}{2} A \cos \tfrac{1}{2} A' + \sin \tfrac{1}{2} A' \cos \tfrac{1}{2} A)$$
$$= 4 \cos \tfrac{1}{2} A \cos \tfrac{1}{2} A' \sin \tfrac{1}{2} (A + A');$$

d'où
$$C = \frac{(C+C'+C'')\sin A}{4\cos\frac{1}{2}A\cos\frac{1}{2}A'\sin\frac{1}{2}(A+A')} = \frac{2(C+C'+C'')\sin\frac{1}{2}A\cos\frac{1}{2}A}{4\cos\frac{1}{2}A\cos\frac{1}{2}A'\sin\frac{1}{2}(A+A')} = \frac{(C+C'+C'')\sin\frac{1}{2}A}{2\cos\frac{1}{2}A'\sin\frac{1}{2}(A+A')}$$
$$C' = \frac{(C+C'+C'')\sin A'}{4\cos\frac{1}{2}A\cos\frac{1}{2}A'\sin\frac{1}{2}(A+A')} = \frac{2(C+C'+C'')\sin\frac{1}{2}A'\cos\frac{1}{2}A'}{4\cos\frac{1}{2}A\cos\frac{1}{2}A'\sin\frac{1}{2}(A+A')} = \frac{(C+C'+C'')\sin\frac{1}{2}A'}{2\cos\frac{1}{2}A\sin\frac{1}{2}(A+A')},$$
$$C'' = \frac{(C+C'+C'')\sin(A+A')}{4\cos\frac{1}{2}A\cos\frac{1}{2}A'\sin\frac{1}{2}(A+A')} = \frac{2(C+C'+C'')\sin\frac{1}{2}(A+A')\cos\frac{1}{2}(A+A')}{4\cos\frac{1}{2}A\cos\frac{1}{2}A'\sin\frac{1}{2}(A+A')}$$
$$= \frac{(C+C'+C'')\cos\frac{1}{2}(A+A')}{2\cos\frac{1}{2}A\cos\frac{1}{2}A'}.$$

Dans la proposition 8, connaissant les rapports des trois côtés et la perpendiculaire, il détermine les côtés; il cherche les segmens par les règles précédentes; il détermine les angles par leurs sinus et enfin les côtés; nos formules abrégeraient ces opérations qui sont longues, mais faciles.

Dans les propositions 9 et 10, il cherche les angles par les rapports des côtés, d'où il conclut les côtés, en supposant l'aire du triangle connue.

Dans la 11e, il cherche les côtés par la perpendiculaire et les deux angles.

Dans la 12e, il cherche les deux côtés par leur rapport joint à la base et à la perpendiculaire. Il avertit que ce problème, qui est du second degré, n'a pu encore être résolu par la Géométrie; il y emploie les règles *rei et census*, c'est-à-dire l'Algèbre du tems. Dans la réalité, l'équation est du quatrième degré, mais elle se résout à la manière du second. La formule algébrique n'est pas bien simple; on la rend plus commode en opérant par les nombres.

Soit x un des côtés (fig. 62), l'autre nx, S et S' les deux segmens de la base B, P la perpendiculaire;

$$S - S' = \frac{(x+nx)(x-nx)}{B} = \frac{x^2(1-n^2)}{B} = ax^2, \text{ en faisant}\ldots$$
$$a = \left(\frac{1-n^2}{B}\right) = \frac{(1+n)(1-n)}{B};$$
$$S = \tfrac{1}{2}(S+S') + \tfrac{1}{2}(S-S') = \tfrac{1}{2}B + \tfrac{1}{2}ax^2 = b + cx^2, \text{ en faisant}\ldots$$
$$b = \tfrac{1}{2}B \text{ et } c = \tfrac{1}{2}a = \frac{(1+n)(1-n)}{2B};$$
$$x^2 = P^2 + S^2 = P^2 + b^2 + 2bcx^2 + c^2x^4, \quad c^2x^4 + (2bc-1)x^2 = -P^2 - b^2,$$
$$x^4 + \left(\frac{2bc-1}{c^2}\right)x^2 = -\left(\frac{P^2+b^2}{c^2}\right),$$

équation facile à résoudre numériquement.

Les opérations indiquées par Régiomontan sont beaucoup plus longues;

et il laisse son lecteur à moitié chemin, en disant : *Quod restat præcepta artis edocebunt.*

Le problème 13 est de trouver les côtés par les segmens et la proportion des côtés. Nous aurions

$$(S+S')(S-S') = x^2(1-n^2) \text{ ou } x^2 = \frac{(S+S')(S-S')}{(1+n)(1-n)}, \text{ d'où } x \text{ et } nx.$$

Régiomontan emploie de longs détours pour arriver, par des combinaisons de proportion, à ce que cinq logarithmes nous donnent sans peine.

Le problème 14 est de trouver les deux côtés C et C' par leur somme $(C+C')$ et les deux segmens.

Nous aurions plus aisément $(C-C') = \dfrac{(S+S')(S-S')}{(C+C')}$, d'où C et C'.

Le problème 15 fait trouver les deux angles et les deux côtés opposés, par la base, l'angle au sommet et la somme des deux côtés.

Regiomontanus en donne deux solutions qui ne sont pas très simples. Nous ferions

$$C'' : \sin A'' :: C : \sin A :: C' : \sin A' :: (C+C') : \sin A + \sin A'$$
$$= 2\sin\tfrac{1}{2}(A+A')\cos\tfrac{1}{2}(A-A') = 2\sin\tfrac{1}{2}(180°-A'')\cos\tfrac{1}{2}(A-A')$$
$$= 2\cos\tfrac{1}{2}A''\cos\tfrac{1}{2}(A-A'), \text{ d'où } (C+C')\sin A'' = 2C''\cos\tfrac{1}{2}A''\cos\tfrac{1}{2}(A-A'),$$
$$2(C+C')\sin\tfrac{1}{2}A''\cos\tfrac{1}{2}A'' = 2C''\cos\tfrac{1}{2}A''\cos\tfrac{1}{2}(A-A'),$$

et
$$\cos\tfrac{1}{2}(A-A') = \frac{(C+C')\sin\tfrac{1}{2}A''}{C''}.$$

Cette formule promet souvent peu de précision; on fera donc

$$\frac{1-\tan^2\tfrac{1}{4}(A-A')}{1+\tan^2\tfrac{1}{4}(A-A')} = \frac{(C+C')\sin\tfrac{1}{2}A''}{C''},$$

$$\tan^2\tfrac{1}{4}(A-A') = \frac{1-\left(\frac{C+C'}{C''}\right)\sin\tfrac{1}{2}A''}{1+\left(\frac{C+C'}{C''}\right)\sin\tfrac{1}{2}A} = \frac{1-\tan\varphi}{1+\tan\varphi} = \cot(\varphi+45°),$$

$$\tan\varphi = \left(\frac{C+C'}{C''}\right)\sin\tfrac{1}{2}A'',$$

ou
$$\sin^2\tfrac{1}{4}(A-A') = \tfrac{1}{2} - \frac{\cos\tfrac{1}{2}(A-A')}{2} = \tfrac{1}{2} - \frac{(C+C')\sin\tfrac{1}{2}A''}{2C''}$$
$$= \tfrac{1}{2} - \left(\frac{C+C'}{2C''}\right)\sin\tfrac{1}{2}A'' = \sin 30° - \sin\psi$$
$$= 2\sin\tfrac{1}{2}(30°-\psi)\cos\tfrac{1}{2}(30°+\psi).$$

Problème 16. Étant donnée la base C'', la somme $(C+C')$ des deux autres côtés, et par conséquent $(C+C'+C'')$, avec la perpendiculaire, trouver les côtés.

La solution de Regiomontanus est excessivement compliquée; il imagine le cercle inscrit au triangle; il en détermine le rayon; et, par des calculs fort longs, qui ne supposent que des principes bien connus, il arrive à la solution. On peut en trouver une beaucoup plus courte avec un peu d'Algèbre du second degré.

$$P^2 = C^2 - S^2 = C'^2 - S'^2,$$

d'où

$$C^2 - C'^2 = S^2 - S'^2 = (C+C')(C-C') = (S+S')(S-S') = C''(S-S').$$

Nous connaissons $\left(\dfrac{C+C'}{C''}\right) = \left(\dfrac{S-S'}{C-C'}\right)$, C et C' sont les inconnues; soit

$$x = C, \quad C+C' = x+C', \quad C' = (C+C') - x,$$
$$C-C' = x - (C+C') + x = 2x - (C+C'), \quad y = S,$$
$$y+S' = C'', \quad S' = C'' - y, \quad S-S' = y - C'' + y = 2y - C'';$$

notre équation devient

$$\left(\dfrac{C+C'}{C''}\right) = \dfrac{2y-C''}{2x-(C+C')}, \quad 2\left(\dfrac{C+C'}{C''}\right)x - \dfrac{(C+C')^2}{C''} = 2y - C'',$$
$$2(C+C')x - (C+C')^2 = 2C''y - C''^2,$$
$$2C''y = 2(C+C')x + C''^2 - (C+C')^2$$
$$= 2(C+C')x - (C+C'+C'')(C+C'-C''),$$
$$y = \left(\dfrac{C+C'}{C''}\right)x - \left(\dfrac{C+C'+C''}{2C''}\right)(C+C'-C'') = ax - b,$$
$$y^2 = a^2x^2 - 2abx + b^2,$$

ensuite

$$P^2 = C^2 - S^2 = x^2 - y^2 = x^2 - a^2x^2 + 2abx - b^2,$$
$$P^2 = x^2(1-a^2) + 2abx - b^2, \quad P^2 + b^2 = x^2(1-a^2) + 2abx,$$
$$\left(\dfrac{P^2+b^2}{1-a^2}\right) = x^2 + \left(\dfrac{2ab}{1-a^2}\right)x,$$

équation facile à résoudre, si ce problème se rencontre jamais. Cette équation aura deux racines qui seront les deux côtés cherchés.

Problème 17. Il s'agit de trouver les trois côtés avec un segment et les deux angles sur la base. Rien n'est plus facile, car les deux segmens sont entre eux comme les cotangentes des angles adjacens; on a donc la base et ensuite les deux autres côtés.

RÉGIOMONTAN.

Problème 18. Avec le rapport des deux côtés inconnus et un des angles opposés, trouver les deux autres angles.
$$1 : n :: \sin A : \sin A'.$$

Problème 19. Avec S, S', $(C'-C)$, on aura
$$(C+C') = \frac{(S+S')(S-S')}{(C-C')};$$
on aura donc C et C' et les angles.

Problème 20. Si les données sont $(C-C')$, $(S-S')$ et A'', on aura
$$(C+C') = \frac{(S+S')(S-S')}{(C-C')},$$
d'où
$$\left(\frac{C-C'}{S-S'}\right) = \frac{C''}{C+C'} = \frac{\left(\frac{C''}{C}\right)}{1+\left(\frac{C'}{C}\right)} = \frac{\left(\frac{\sin A''}{\sin A}\right)}{\left(1+\frac{\sin A'}{\sin A}\right)} = \frac{\sin A''}{\sin A + \sin A'}$$
$$= \frac{2\sin\frac{1}{2}(A'')\cos\frac{1}{2}A''}{2\sin\frac{1}{2}(A+A')\cos\frac{1}{2}(A-A')} = \frac{2\sin\frac{1}{2}A''\cos\frac{1}{2}(A+A')}{2\sin\frac{1}{2}(A+A')\cos\frac{1}{2}(A-A')}$$
$$= \frac{\cos\frac{1}{2}(A+A')}{\cos\frac{1}{2}(A-A')} = \frac{\sin\frac{1}{2}A''}{\cos\frac{1}{2}(A-A')};$$
enfin
$$\cos\frac{1}{2}(A-A') = \left(\frac{S-S'}{C-C'}\right)\sin\frac{1}{2}A'',$$
$$\tang\frac{1}{4}(A-A') = \frac{1-\left(\frac{S-S'}{C-C'}\right)\sin\frac{1}{2}A''}{1+\left(\frac{S-S'}{C-C'}\right)\sin\frac{1}{2}A''};$$

on aura donc les trois angles, après quoi
$$(C+C') = (C-C')\tang\frac{1}{2}(A+A')\cot\frac{1}{2}(A-A')$$

de l'équation
$$\cos\frac{1}{2}(A-A') = \left(\frac{S-S'}{C-C'}\right)\sin\frac{1}{2}A'' = \left(\frac{C+C'}{C''}\right)\sin\frac{1}{2}A'',$$
on tire
$$C'' : (C+C') :: \sin\tfrac{1}{2}A'' : \cos\tfrac{1}{2}(A-A') :: \cos\tfrac{1}{2}(A+A') : \cos\tfrac{1}{2}(A-A')$$
$$(C+C'+C'') : (C+C'-C'') :: \cos\tfrac{1}{2}(A-A')+\cos\tfrac{1}{2}(A+A') : \cos\tfrac{1}{2}(A-A')$$
$$-\cos\tfrac{1}{2}(A+A')$$
$$:: 2\cos\tfrac{1}{4}(A+A'+A-A')\cos\tfrac{1}{4}(A-A'-A+A')$$
$$: 2\sin\tfrac{1}{4}(A-A'-A+A')\sin\tfrac{1}{4}(A-A'+A-A')$$
$$:: \cos\tfrac{1}{2}(A)\cos\tfrac{1}{2}A' : \sin\tfrac{1}{2}A\sin\tfrac{1}{2}A'$$
$$:: 1 : \tang\tfrac{1}{2}A\tang\tfrac{1}{2}A'$$
$$\frac{C+C'-C''}{C+C'+C''} = \tang\tfrac{1}{2}A\,\tang\tfrac{1}{2}A'.$$

Connaissant donc un côté et la somme des deux autres avec un des deux angles opposés au côté inconnu, on aura l'autre angle opposé et par conséquent le troisième et les deux côtés.

Remarquez qu'avec ces données le problème n'a qu'une solution, parce que le périmètre est donné.

Problème 21. C et C' étant donnés avec le rapport $\left(\frac{S'}{S}\right)$, trouver C" et les angles.

$$(C+C')(C-C') = (S+S')(S-S') = S^2\left(1+\frac{S'}{S}\right)\left(1-\frac{S'}{S}\right) = S^2(1+n)(1-n),$$

$$S^2 = \frac{(C+C')(C-C')}{(1+n)(1-n)},$$

vous aurez donc S, S'; C" = S + S', et par suite les trois angles.

Problème 22. Connaissant S, S', $n = \frac{C'}{C}$, vous aurez

$$C^2 = \frac{(S+S')(S-S')}{(1+n)(1-n)}.$$

Problème 23. (C − C') et (S − S') donnés avec P, trouver les côtés et les angles. Ce problème est de même genre que le 16e, et se résout d'une manière analogue. Il n'y a que quelques signes à changer. Nous supposerons C = x, y = S, C − (C − C') = x − (C − C'), C + C' = $2x$ − (C − C'), S' = S − (S − S') = y − (S − S'), (S + S') = $2y$ − (S − S');

$$\frac{C+C'}{C''} = \left(\frac{S-S'}{C-C'}\right) = \frac{2x-(C-C')}{2y-(S-S')}.$$

Les quantités entre parenthèses sont les données du problème.

$$2\left(\frac{S-S'}{C-C'}\right)y - \left(\frac{S-S'}{C-C'}\right)(S-S') = 2x - (C-C');$$
$$2(S-S')y - (S-S')^2 = 2(C-C')x - (C-C')^2,$$
$$2(S-S')y = 2(C-C')x - (C-C')^2 + (S-S')^2,$$
$$2ay = 2bx - (b^2 - a^2) = 2bx - (b+a)(b-a);$$
$$y = \frac{2bx - (b+a)(b-a)}{2a} = dx - e;$$
$$P^2 = C^2 - S^2 = x^2 - y^2 = x^2 - d^2x^2 + 2edx - e^2 = x^2(1-d^2) + 2edx - e^2;$$
$$x^2(1-d^2) + 2edx = P^2 + e^2, \quad x^2 + \left(\frac{2ed}{1-d^2}\right)x = \frac{P^2 + e^2}{(1-d^2)}.$$

La solution numérique est encore plus commode; elle épargne la multitude de symboles qui est toujours un peu obscure.

Problème 24. Connaissant les trois côtés du triangle, trouver le rayon du cercle circonscrit. Cherchez les trois angles ou simplement l'un des trois; alors $C = 2r \sin \frac{1}{2} A$, $C' = 2r \sin \frac{1}{2} A'$, $C'' = 2r \sin \frac{1}{2} A''$,

$$r = \frac{C}{2 \sin \frac{1}{2} A} = \frac{C'}{2 \sin \frac{1}{2} A'} = \frac{C''}{2 \sin \frac{1}{2} A''}.$$

Régiomontan cherche les segmens et la perpendiculaire, et fait..... $P : C :: C' : 2r$; sa solution repose sur deux triangles semblables. Les triangles ADB, AEF (fig. 63) sont semblables, car, outre les angles droits en B et en E, on a l'angle $ADB = \frac{1}{2} AE = AFE$; on aura donc

$$P : C' :: C : AF = 2r.$$

Problème 25. Connaissant la base C'' avec la perpendiculaire ou l'aire du triangle $\frac{1}{2} C''.P$ et l'angle A'' opposé à C'', on en conclura les deux côtés; on aura

$$2r = \frac{C''}{\sin \frac{1}{2} A''}, \quad \frac{C''}{P} = \cot A + \cot A' = \frac{\sin(A+A)}{\sin A \sin A'} = \frac{\sin A''}{\sin A \sin A'},$$

$$\sin A \sin A' = \frac{P \sin A''}{C''}, \quad \frac{(\cos A - A') - \cos(A+A')}{2} = \left(\frac{P}{C''}\right) \sin A'',$$

$$\cos(A-A') + \cos A'' = 2\left(\frac{P}{C''}\right) \sin A'', \quad \cos(A-A') = \frac{2P \sin A''}{C''} - \cos A'',$$

$$2 \sin^2 \tfrac{1}{2}(A-A') = 1 + \cos A'' - \left(\frac{2P}{C''}\right) \sin A'' = 2 \cos^2 \tfrac{1}{2} A'' - 2\left(\frac{P}{C''}\right) \sin \tfrac{1}{2} A'',$$

$$\sin^2 \tfrac{1}{2}(A-A') = \cos^2 \tfrac{1}{2} A'' - \left(\frac{P}{C''}\right) \sin \tfrac{1}{2} A'';$$

cette solution est aussi facile que celle de Régiomontan est prolixe et embarrassée.

Si l'angle connu était l'un des deux opposés, on aurait

$$C'' = P(\cot A + \cot A');$$

donc $\quad C'' - P \cot A = P \cot A' \quad$ et $\quad \cot A' = \left(\frac{C''}{P}\right) - \cot A.$

Problème 26. Étant donné l'aire $= \frac{C''P}{2} = a$, avec le produit CC', vous aurez

$$P^2 = CC' \sin A \sin A' = \left(\frac{2a}{C''}\right)^2 = \frac{4a^2}{C''^2},$$

$$\frac{\sin A}{C} = \frac{\sin A'}{C'} = \frac{\sin A''}{C''}; \quad \text{d'où} \quad \frac{\sin A \sin A'}{CC'} = \frac{\sin^2 A''}{C''^2},$$

et $\quad\quad\quad \sin A \sin A' = \frac{CC' \sin^2 A}{C''^2}:$

donc $\quad\quad\quad\quad P^2 = \dfrac{(CC')(CC')\sin^2 A''}{C''^2} = \dfrac{4a^2}{C''^2};$

donc $\quad\quad\quad (CC')^2 \sin^2 A'' = 4a^2 \quad \text{et} \quad \sin A'' = \dfrac{2a}{CC'}.$

Une simple analogie résout ce problème; la solution de Régiomontan exige une figure compliquée; elle est bien moins naturelle, sans nous apprendre rien qui mérite d'être retenu.

Problème 27. Etant donné $x - y = a$ et $xy = b^2$, déterminer x et y.

$x^2 - 2xy + y^2 = a^2$, $x^2 - 2bb + y^2 = a^2$, $x^2 + y^2 = a^2 + 2b^2$,

$y = \dfrac{b^2}{x}$; $y^2 = \dfrac{b^4}{x^2}$, $x^2 + \dfrac{b^4}{x^2} = a^2 + 2b^2$, $x^4 + b^4 = (a^2 + 2b^2)x^2$,

$x^4 - (a^2 + 2b^2)x^2 = -b^4$,

$x^4 - (a^2 + 2b^2)x^2 + (\tfrac{1}{2}a^2 + b^2)^2 = (\tfrac{1}{2}a^2 + b^2)^2 - b^4 = \tfrac{1}{4}a^4 + a^2 b^2$,

$[x^2 - (\tfrac{1}{2}a^2 + b^2)]^2 = (\tfrac{1}{4}a^4 + a^2 b^2)$,

$x = (\tfrac{1}{2}a^2 + b^2) \pm \sqrt{\tfrac{1}{4}a^4 + a^2 b^2} = (\tfrac{1}{2}a^2 + b^2) \pm \tfrac{1}{2}a^2 \sqrt{1 + \dfrac{4b^2}{a^2}}.$

La solution de Régiomontan est purement géométrique; elle ne manque pas d'adresse, mais elle ne nous apprend rien d'utile.

Problème 28. Connaissant l'aire du triangle et l'angle A'' opposé à la base C'' et de plus $(C - C')$; $a = $ aire $= \tfrac{1}{2} CC' \sin A''$, $CC' = \left(\dfrac{2a}{\sin A''}\right)$; on connaît donc $\left(\dfrac{CC'}{C - C'}\right) = m$, $CC' = m(C - C')$;

$m : C :: C' : (C - C')$, $\quad m + C : C :: C' + C - C' : (C - C')$,

$\quad\quad\quad\quad\quad m + C : C :: C : C - C'$,

$C^2 = (m + C)(C - C') = m(C - C') + C(C - C')$; $C^2 - (C + C')C = m(C - C')$,

$C^2 - (C - C')C + \tfrac{1}{4}(C - C')^2 = \tfrac{1}{4}(C - C')^2 + m(C - C')$,

$[C - \tfrac{1}{2}(C - C')]^2 = \tfrac{1}{4}(C - C')^2 + m(C - C')$,

$C = \tfrac{1}{2}(C - C') \pm \sqrt{\tfrac{1}{4}(C - C')^2 + m(C - C')}$

$\quad = \tfrac{1}{2}(C - C') \pm \tfrac{1}{2}(C - C')\sqrt{1 + \dfrac{4m}{C - C'}}$

$\quad = \tfrac{1}{2}(C - C') \pm \tfrac{1}{2}(C - C')\sqrt{1 + \dfrac{4CC'}{(C - C')^2}}$

$\quad = \tfrac{1}{2}(C - C') \pm \tfrac{1}{2}(C - C')\sqrt{1 + \left(\dfrac{2C'}{C - C'}\right)^2}.$

Régiomontan cherche CC', et renvoie ensuite au théorème précédent *cujus gratiâ fatigati sumus*, pour lequel il a pris beaucoup de peine.

RÉGIOMONTAN.

Notre formule n'est rien moins que fatigante, et elle n'emploie que les simples données du problème.

Problème 29. Si de l'angle A'' connu, vous avez une ligne connue $A''M = a$ qui partage en deux le côté connu et opposé C'', vous en déduirez le reste.

Dans le triangle AMA'' (fig. 64), vous avez

$$C'^2 = a^2 + \tfrac{1}{4} C''^2 - 2a \tfrac{1}{2} C'' \cos M$$
$$= a^2 + \tfrac{1}{4} C''^2 - a C'' \cos M,$$
$$C^2 = a^2 + \tfrac{1}{4} C''^2 + a C'' \cos M,$$
$$C^2 + C'^2 = 2a^2 + \tfrac{1}{2} C''^2.$$

Dans le triangle total,

$$C''^2 = C^2 + C'^2 - 2CC' \cos A'' = 2a^2 + \tfrac{1}{2} C''^2 - 2CC' \cos A'',$$

$$2CC' \cos A'' = 2a^2 + \tfrac{1}{2} C''^2 - C''^2 = 2a^2 - \tfrac{1}{2} C''^2 \quad \text{et} \quad CC' = \frac{a^2 - \tfrac{1}{4} C''^2}{\cos A''},$$

$$C^2 + C'^2 + 2CC' = (C + C')^2 = 2a^2 + \tfrac{1}{2} C''^2 + \frac{2a^2 - \tfrac{1}{2} C''^2}{\cos A''}$$
$$= \frac{2a^2 \cos A'' + \tfrac{1}{2} C''^2 \cos A'' + 2a^2 - \tfrac{1}{2} C''^2}{\cos A''}$$
$$= \frac{2a^2 (1 + \cos A'') - \tfrac{1}{2} C''^2 (1 - \cos A'')}{\cos A''}$$
$$= \frac{4a^2 \cos^2 \tfrac{1}{2} A'' - C''^2 \sin^2 \tfrac{1}{2} A''}{\cos A''},$$

$$C^2 + C'^2 - 2CC' = (C - C')^2 = 2a^2 + \tfrac{1}{2} C''^2 - \frac{2a^2 - \tfrac{1}{2} C''^2}{\cos A''}$$
$$= \frac{2a^2 \cos A'' + \tfrac{1}{2} C''^2 \cos A'' - 2a^2 + \tfrac{1}{2} C''^2}{\cos A''}$$
$$= \frac{2a^2 (\cos A'' - 1) + \tfrac{1}{2} C''^2 (1 + \cos A'')}{\cos A''}$$
$$= \frac{C''^2 \cos^2 \tfrac{1}{2} A'' - 4a^2 \sin^2 \tfrac{1}{2} A''}{\cos A''}.$$

Ces formules remplaceront avec avantage les méthodes de Régiomontan.

Problème 30. Si la droite $AN = a$ (fig. 65) partage en deux également l'angle A'', et la base connue C'' en deux parties inégales $AN = T'$ et $A'N = T$, toutes deux connues, trouver le reste.

$$C'^2 = T'^2 + a^2 - 2aT' \cos N,$$
$$C^2 = T^2 + a^2 + 2aT \cos N,$$
$$\frac{T^2}{T'^2} = \frac{C^2}{C'^2} = \frac{T^2 + a^2 + 2aT \cos N}{T'^2 + a^2 - 2aT' \cos N},$$

On sait que $\frac{T}{T'} = \frac{C}{C'}$, quand l'angle est partagé en deux également.

$$\left(\frac{T}{T'}\right)^2 (T'^2 + a^2) - 2\left(\frac{T}{T'}\right)^2 aT' \cos N = (T^2 + a^2) + 2aT \cos N,$$
$$T^2(T'^2 + a^2) - 2T^2T'a\cos N = T'^2(T^2 + a^2) + 2aTT'^2 \cos N,$$
$$2aTT'\cos N(T+T') = T'^2T^2 + a^2T'^2 - T^2T'^2 - a^2T^2 = a^2(T^2 - T'^2),$$
$$\cos N = \frac{a^2(T^2-T'^2)}{2aTT'(T+T')} = \frac{a(T+T')(T-T')}{2TT'(T+T')} = \frac{a(T-T')}{2TT'}$$
$$= \frac{a\left(1-\frac{T'}{T}\right)}{2T'} = \left(\frac{a}{2T'}\right)\left(1 - \frac{T'}{T}\right).$$

La solution de Régiomontan est adroite; il inscrit au cercle un triangle; il ramène le problème au quadrilatère inscrit: Son procédé malheureusement est fort long; il repose sur des théorèmes très connus. Nous trouvons N par une formule très simple; N avec $\frac{1}{2}$ A″ donne tous les angles, et les deux autres côtés se trouvent par la règle des sinus.

Problème 31. Deux triangles ayant même base connue ainsi que les autres côtés, trouver la distance des sommets.

Il abaisse deux perpendiculaires, en prend la différence et la distance horizontale, la distance cherchée est l'hypoténuse d'un triangle dont les deux différences sont les côtés. $n^2 = (x-x')^2 + (y-y')^2$. C'est un moyen bien connu; il n'est pas le seul que donne la Trigonométrie.

Problème 32. Si l'on a sur une même base connue deux triangles, dont l'un soit isocèle et l'autre scalène, que l'on connaisse la distance de leurs sommets et chacun des deux angles A et D au sommet, trouver les côtés. (fig. 66).

Si l'un des triangles est isocèle avec un angle, on les a tous trois; avec la base, on a les deux autres côtés. Dans l'autre on connaît la base et l'angle au sommet; mais si l'on connaît tout dans le premier triangle, comme le suppose l'auteur, il est inutile de supposer le triangle isocèle, on peut tout aussi bien le supposer scalène; dans le triangle ADC, on a AC:sin D :: AD:sin Z; après quoi $x = 180 - D - Z$,

$$\sin D : AC :: \sin x : CD = \frac{AC \sin x}{\sin D} = \frac{AC \sin(D+Z)}{\sin D},$$
$$\overline{BD}^2 = \overline{AB}^2 + \overline{AD}^2 - 2AB \cdot AD \cos(A+x),$$
$$BD:\sin(A+x) :: AD:\sin ABD, \quad ADA = 180° - A - x - ABD,$$
$$BDC = ADC - ADB.$$

Ainsi tout est calculé.

Mais si dans chaque triangle on ne connaît qu'un angle et la base opposée; au lieu de supposer l'égalité des angles et des côtés opposés inconnus, dans le premier, il suffirait plus généralement d'en connaître le rapport, alors tout deviendra aussi connu dans le premier triangle, et la solution continuera comme ci-dessus.

$BC : \sin A :: AB : \sin C$
$ :: CA : \sin B :: (AB + AC) : (\sin C + \sin B)$
$ :: AB(1+n) : 2 \sin \frac{1}{2}(B+C) \cos \frac{1}{2}(B-C),$
$2 BC \sin \frac{1}{2}(B+C) \cos \frac{1}{2}(B-C) = (1+n) AB \sin A = 2(1+n) AB \sin \frac{1}{2} A \cos \frac{1}{2} A,$
$2 BC \cos \frac{1}{2} A \cos \frac{1}{2}(B-C) = 2(1+n) AB \sin \frac{1}{2} A \cos \frac{1}{2} A,$
$2 BC \cos \frac{1}{2}(B-C) = 2(1+n) AB \sin \frac{1}{2} A, \quad AB = \dfrac{BC \cos \frac{1}{2}(B-C)}{(1+n) \sin \frac{1}{2} A};$

voilà un côté connu; si $n = 1$, $1 + n = 2$; c'est le triangle isocèle.

$BC : \sin A :: AB : \sin C$; voilà un angle et l'autre aussi par conséquent.

$\sin A : BC :: \sin ABC : AC$; voilà tout le premier triangle connu, puis vous résolvez le second triangle comme ci-dessus.

Si vous connaissiez le rapport des angles inconnus, vous auriez les trois angles et les trois côtés du premier triangle, et le reste de la solution serait encore le même.

La solution de Regiomontanus est donc particulière au triangle isocèle. Elle est longue et embarrassée, et ne nous fournit que des applications de principes connus depuis long-tems.

Problème 33. Si vous connaissez la ligne $AN = a$ (fig. 67), qui partage en deux également l'angle inconnu A'', et que vous connaissiez de plus les segmens inégaux de la base C'', c'est-à-dire T et T' avec l'angle N que fait AN sur la base, vous aurez

$$C'^2 = a^2 + T'^2 - 2aT' \cos N,$$
$$C^2 = a^2 + T^2 + 2aT \cos N,$$

les deux côtés ainsi connus, vous aurez tous les angles, car vous avez $C'' = T + T'$, il n'y a pas la moindre difficulté; mais on ne voit pas que Régiomontan fasse aucun usage de cette propriété générale des triangles, dont le germe est dans Euclide; les Grecs n'en faisaient pas plus d'usage; ils auraient abaissé la perpendiculaire Ap, calculé Ap, $A''p$, pN, l'hypoténuse C', la perpendiculaire $A'q$, $A''q$, l'hypoténuse C.

Le procédé de Régiomontan est plus compliqué; il circonscrit le cercle, en calcule les cordes et les segmens de ces cordes, et trouve la solution par le quadrilatère inscrit.

Livre III. Trigonométrie sphérique.

Tout ce troisième livre est dans le genre de Théodose ou de Ménélaüs. Il serait difficile de décider, d'après ce livre entier et le commencement du quatrième, si Régiomontan était plus avancé que les Grecs.

Les théorèmes 5, 6, 7, 8, donnent les règles connues pour l'espèce des angles. Ces règles n'ont point été données par les Grecs; elles sont peut-être de Régiomontan.

Théorème 9. *Si un triangle a ses trois angles aigus, il aura les trois côtés de même* :

$$\cos A'' + \cos A \cos A' = \cos C'' \sin A \sin A';$$

cette formule moderne sert à démontrer ce théorème, qu'elle rend à peu près inutile.

Théorème 12. Si un triangle a sur la base deux angles aigus, le côté opposé au petit angle sera aigu. La démonstration de l'auteur est fort simple; sur la base élevez deux arcs perpendiculaires qui se réuniront à son pôle. Ces deux arcs enfermeront le triangle; donc les deux autres côtés formeront une somme moindre que de 180°; ainsi l'un des côtés sera nécessairement au-dessous de 180°.

Dans la formule $\cot C'' = \dfrac{\sin A' \cot A''}{\sin C} + \cos A' \cot C$, le premier terme est nécessairement positif, si $A'' < 90°$; si de plus $A' > A''$, ce terme positif est le plus grand des deux, car $\dfrac{1}{\sin C} > \cot C$ et $\sin A' \cot A'' = \dfrac{\sin A' \cos A''}{\sin A''} > \cos A''$ et $\cos A'' > \cos A'$; ainsi, quel que puisse être C, aigu ou obtus, C'' est aigu.

Théorème 13. Si les deux angles à la base sont obtus, le côté opposé au plus grand angle surpasse 90°. En effet, les deux termes de la formule seront négatifs et C'' obtus, dans le cas où C est aigu. S'il est obtus, nous aurons $\dfrac{\sin A'}{\sin A''} > 1$, car $\sin A'$ sera plus grand que $\sin A''$, $\dfrac{\sin A'}{\sin A'' \sin C} > \cot C$ et $\cos A'' > \cos A'$.

Régiomontan le démontre par les deux perpendiculaires qui, dans ce cas, se réuniront dans l'intérieur du triangle.

Régiomontan demande de l'indulgence pour la longueur et l'obscurité de son 15ᵉ théorème, qui n'est rien au fond que l'expression sin déclin. = sin obliquité . sin longitude.

Le théorème 16 est la formule $\frac{\sin A}{\sin C} = \frac{\sin A'}{\sin C'} = \frac{\sin A''}{\sin C''}$, qui était connue des Grecs; la démonstration tient trois pages et emploie trois figures.

Théorème 18. $\cos A' = \sin A \cos C'$; c'est un des deux théorèmes des triangles rectangles qui étaient inconnus aux Grecs et aux Arabes jusqu'à Géber. La démonstration, quoique très-longue, est cependant curieuse, en ce qu'on y voit les triangles complémentaires qui se trouvent bien au moins implicitement dans les figures de Ptolémée, mais dont il n'avait pas su tirer tout le parti possible.

Le théorème 19, $\cos C'' = \cos C \cos C'$ était connu depuis long-tems. Régiomontan se félicite de sa démonstration qui est simple, au lieu que l'ancienne considérait trois cas différens.

Théorème 20. Dans tout triangle partagé par une perpendiculaire en deux rectangles, les sinus des angles verticaux sont entre eux comme les cosinus des angles à la base. C'est un corollaire fort simple du théorème 18. La démonstration est longue, et l'auteur y emploie deux triangles complémentaires dont on n'a fait depuis aucun usage, et qui étaient inutiles.

Les théorèmes 21, 22, 23, 24, avaient été donnés par Ptolémée, dont les démonstrations étaient même plus simples; Régiomontan a la bonne foi d'en convenir.

Dans ses règles pour les triangles rectangles, il n'emploie que les sinus et les cosinus; il est un peu plus avancé que les Grecs, puisqu'il avait son théorème 18; mais il ignorait toutes les formules dans lesquelles il entre des tangentes; il est souvent obligé de faire deux analogies au lieu d'une qui nous suffit toujours.

Théorème 28. Connaissant deux côtés et l'angle compris, trouver le reste. Il abaisse la perpendiculaire, il la calcule aussi bien que le segment, et trouve le reste par les sinus et les cosinus.

Théorème 29 et 30. Deux côtés et un angle opposé ne suffisent pas pour trouver le reste; il faut de plus savoir si la perpendiculaire tombe en dedans ou en dehors. Il calcule la perpendiculaire et les segmens.

Théorème 31. Deux angles étant donnés sur un côté connu, il calcule de même la perpendiculaire dont nous savons aujourd'hui nous passer, et les segmens qui suffisent toujours.

Théorème 32 : il est pour les angles ce que le 30e est pour les côtés.

Théorème 33. Les trois angles donnés, trouver les trois côtés. Les sinus des angles verticaux sont comme les cosinus des angles à la base;

on a la raison des sinus et la somme des deux angles; on peut donc connaître ces deux angles.

On a beaucoup mieux aujourd'hui.

Théorème 34. Les trois côtés étant connus, trouver les trois angles; la solution emploie six figures et tient trois pages. La démonstration, quoique longue, est facile; il réduit le problème à trouver l'angle au centre de la sphère entre deux lignes dont il donne les expressions; ainsi il substitue un triangle plan à un triangle sphérique; c'est une projection orthographique qui n'est pas l'analemme; sa règle n'est ni celle de Ptolémée, ni celle des Arabes, qui donnaient l'équivalent de la formule moderne...

$$\cos A'' = \frac{\cos C'' - \cos C \cos C'}{\sin C \sin C'}.$$

Ce quatrième livre renferme une Trigonométrie complète en son genre, différente à beaucoup d'égards de celle des Grecs, et plus commode, malgré les simplifications qu'il n'a pas trouvées. L'auteur paraît avoir fait tout ce qui était possible, quand on n'avait aucune idée des tangentes; mais il en avait la table, il l'avait appelée *féconde*, et il n'en a pas vu les usages. On ne peut cependant lui refuser de la sagacité et de l'attention.

Le cinquième livre est le plus court.

Théorème 1. Si deux triangles rectangles ont un angle commun, comme ABC et GBH, menez GN perpendiculaire sur AC (fig. 68);

$$\sin GN = \sin AG \sin A = \sin P \sin PG = \sin HC \cos GH = \sin(BC - BH)\cos GH$$
$$= \sin(BA - BG)\sin A = \sin(BA - BG)\frac{\cos B}{\cos AC};$$

car $\sin A = \frac{\cos B}{\cos AC}$; donc

$$\sin(BA - BG) : \sin(BC - BH) :: \cos GH : \frac{\cos B}{\cos AC} :: \cos GH \cos AC : \cos B;$$

telle est au fond la démonstration de Régiomontan simplifiée.

Nous dirions aujourd'hui

$$\tang BC = \cos B \tang AB,$$
$$\tang BH = \cos B \tang BG,$$
$$\tang BC - \tang BH = \cos B (\tang AB - \tang BG)$$
$$= \frac{\sin(BC - BH)}{\cos BC \cos BH} = \frac{\cos B \sin(AB - BG)}{\cos AB \cos BG},$$

ou

$$\frac{\sin(BC - BH)}{\sin(AB - BG)} = \frac{\cos BC \cos BH \cos B}{\cos AB \cos BG} = \frac{\cos B}{\cos AC \cos GH},$$

$$\frac{\sin(\mathcal{R}' - \mathcal{R})}{\sin(L' - L)} = \frac{\cos \text{obliquité}}{\cos D' \cos D}.$$

Ce théorème paraît appartenir à Régiomontan (*voy.* ci-dessus, p. 288.)

RÉGIOMONTAN.

Théorème 2. Dans tout triangle sphérique

$$\sin v.\ A'' : \sin v.\ C'' - \sin v.\ (C - C') :: 1 : \sin C \sin C';$$

cette proposition est due aux Arabes. Elle se déduit facilement de la formule moderne.

Théorème 3. Les trois côtés étant donnés, trouver les trois angles. Il a résolu ce problème au livre 4; il y revient pour en donner une solution nouvelle.

Soit le triangle scalène ABC (fig. 69) dont les trois côtés sont connus. Prolongez AB et AC jusqu'à 90° en D et E; du pôle A décrivez l'arc DEH, et prolongez BC jusqu'à la rencontre en H.

On demande

$$A = DE = DH - HE, \quad \text{ou} \quad HE = DH - DE.$$

Dans les deux triangles rectangles nous aurons

$$\sin BD : \sin CE :: \sin BH : \sin CH;$$

le premier rapport est connu, le second l'est donc aussi; on connaît BC = BH — HC, on aura donc BH et HC; avec HC et CE, on aura HE; HB et BD donneront HD, et DE = DH — HE; ce qui se réduit, après les développemens, à trois analogies au lieu de deux qui suffisent actuellement.

Sur BC abaissez la perpendiculaire AF, prolongée jusqu'en G; elle y sera perpendiculaire, puisque A est le pôle de DE; les angles F et G sont donc de 90°, H sera le pôle de FG; FH=90°—GH, FC=90°—CH; CH est le complément du premier segment FC; BH=90°+ second segment. L'angle FHG est le complément de la perpendiculaire AF.

Ainsi Régiomontan, par sa construction, cherchait l'équivalent d'un segment de la base; il en concluait l'équivalent de l'autre segment; mais le calcul était plus long, parce qu'il n'avait pas de tangentes.

Mettez AB et AC au lieu de BD et CE dans l'analogie primitive; alors

$$\cos AB : \cos AC :: \sin (BC + CH) : \sin CH$$
$$:: \sin BC \cos CH + \cos BC \sin CH : \sin CH$$
$$:: \sin BC \cot CH + \cos BC : 1,$$
$$\sin BC \cot CH \cos AC + \cos AC \cos BC = \cos AB,$$
$$\sin BC \cos AC \cot CH = \cos AB - \cos AC \cos BC;$$

$$\cot CH = \frac{\cos AB - \cos AC \cos BC}{\sin BC \cos AC},$$

ou (multipliant par $\tang AC$) $= \dfrac{(\cos AB - \cos AC \cos BC)\tang AC}{\sin BC \sin AC}$,

$$\cot CH = \cos C \tang AC = \tang CF;$$

la même construction donnera les trois côtés par les trois angles. On aura

$$DBH = 180° - ABC, \quad ECH = ACB,$$
$$\cos(180° - ABC) = \sin H \cos DH,$$
$$\cos ACB = \sin H \cos EH,$$
$$\frac{\cos(180 - ABC)}{\cos ACB} = \frac{\cos DH}{\cos EH} = \frac{\cos(DE+EH)}{\cos EH} = \frac{\cos(A+EH)}{\cos EH}$$
$$= \frac{\cos A \cos EH - \sin A \sin EH}{\cos EH} = \cos A - \sin A \tang EH;$$

on aura donc EH et DH, $\sin EH = \sin C \sin CH$, $\sin CH = \dfrac{\sin EH}{\sin C}$; on aura CH; $\sin BH = \dfrac{\sin DH}{\sin B}$; on aura BH et $BH - CH = BC$,

$$EH = 90° - GE = 90° - GAE = 90° - FAC;$$

Régiomontan cherchait donc le complément du premier angle vertical; il en concluait le second. Cette construction est abandonnée; nous avons mieux.

On peut simplifier ces solutions en y introduisant les tangentes

$$\sin BD : \sin CE :: \sin BH : \sin CH,$$
$$\tang\tfrac{1}{2}(BD+CE) : \tang\tfrac{1}{2}(BD-CE) :: \tang\tfrac{1}{2}(BH+CH) : \tang\tfrac{1}{2}(BH-CH),$$
$$\tang\tfrac{1}{2}(90° - AB + 90° - AC) : \tang\tfrac{1}{2}(90° - AB - 90 + AC)$$
$$:: \tang\tfrac{1}{2}(BC+CH+CH) : \tang\tfrac{1}{2}BC,$$
$$\tang\left(90° - \frac{AC+AB}{2}\right) : \tang\tfrac{1}{2}(AC-AB) :: \tang(\tfrac{1}{2}BC+CH) : \tang\tfrac{1}{2}BC$$
$$:: \tang(BH - \tfrac{1}{2}BC) : \tang\tfrac{1}{2}BC,$$
$$\cot\tfrac{1}{2}(AC+AB) : \tang\tfrac{1}{2}(AC-AB) :: \tang(BH - \tfrac{1}{2}BC) : \tang\tfrac{1}{2}BC,$$
$$\tang(BH - \tfrac{1}{2}BC) = \tang\tfrac{1}{2}BC \cot\tfrac{1}{2}(AC+AB) \cot\tfrac{1}{2}(AC-AB)$$
$$\cot(BH - \tfrac{1}{2}BC) = \cot\tfrac{1}{2}BC \tang\tfrac{1}{2}(AC+AB) \tang\tfrac{1}{2}(AC-AB)$$
$$= \tang\tfrac{1}{2}(x-y). \; Astr., \text{ tome I, 171}.$$

On connaît BH et CH, BD et CE; on a $\cos DH = \dfrac{\cos BH}{\cos BD} = \dfrac{\cos BH}{\sin AB}$,
$\cos EH = \dfrac{\cos CH}{\cos CE} = \dfrac{\cos CH}{\sin AC}$, $\quad \sin C = \dfrac{\sin EH}{\sin CH}$, $\quad \sin B = \dfrac{\sin DH}{\sin BH}$,
$A = DE = DH - EH$, et les trois angles sont connus par cinq ana-

logies. Pour les côtés par les angles, dans les deux triangles rectangles en D et en E,

$$\sin H \cos DH = \cos DBH = -\cos ABC = -\cos B,$$
$$\sin H \cos HE = \cos C,$$
$$-\cos B : \cos C :: \cos DH : \cos HE,$$
$$-\cos B + \cos C : +\cos B + \cos C :: \cos HE + \cos DH : \cos HE - \cos DH,$$
$$2\sin\tfrac{1}{2}(B-C)\sin\tfrac{1}{2}(B+C) . 2\cos\tfrac{1}{2}(B-C)\cos\tfrac{1}{2}(B+C)$$
$$:: 2\cos\tfrac{1}{2}(DH+HE)\cos\tfrac{1}{2}(HD-HE) : 2\sin\tfrac{1}{2}(DH-HE)\sin\tfrac{1}{2}(DH+HE),$$
$$\cot\tfrac{1}{2}(B+C)\cot\tfrac{1}{2}(B-C) = \tan\tfrac{1}{2}(DH+HE)\tan\tfrac{1}{2}(DH-HE),$$
$$\cot\tfrac{1}{2}(B+C)\cot\tfrac{1}{2}(B-C)\cot\tfrac{1}{2}A = \tan\tfrac{1}{2}(DH+HE)$$
$$= \tan\tfrac{1}{2}(DE+2HE) = \tan(HE+\tfrac{1}{2}A),$$
$$DH = A + HE = A + (HE + \tfrac{1}{2}A) - \tfrac{1}{2}A = \tfrac{1}{2}A + (HE + \tfrac{1}{2}A) \sin BH = \frac{\sin DH}{\sin B},$$
$$\sin CH = \frac{\sin HE}{\sin C}; \ BH - CH = BC, \ \sin BD = \cos AB = \tan DH \cot DBH,$$
$$\sin CE = \cos AC = \cot C \tan EH, \ \cos H = \tan DH \cot BH,$$

ainsi la solution de Régiomontan, sauf quelques modifications introduites par l'usage des tangentes, est la même au fond que la solution des modernes; il est vrai cependant de dire que la formule qui sert de fondement à ces solutions, et qui est de Néper, n'aurait jamais été trouvée, si l'on s'était borné, comme les Grecs et Régiomontan à prendre la somme ou la différence des termes de chaque rapport; il fallait prendre à la fois la somme et la différence.

En prolongeant les côtés, on change le triangle obliquangle en deux triangles rectangles qui ont un angle commun; l'un des angles se change en son supplément, l'autre reste le même; l'autre se change en un arc qui lui sert de mesure; deux côtés se changent en leurs complémens, le troisième est la différence des deux hypoténuses ou des segmens de la base. Les angles verticaux se changent en deux arcs qui les mesurent; la perpendiculaire se change en un angle qui en est le complément. Cette méthode est tombée dans l'oubli, mais elle était ingénieuse.

Problème 5. Étant donné les deux angles et la somme des côtés opposés, trouver le reste,

$$\sin A : \sin A' :: \sin C : \sin C',$$

d'où

$$\tan\tfrac{1}{2}(A+A') : \tan\tfrac{1}{2}(A-A') :: \tan\tfrac{1}{2}(C+C') : \tan\tfrac{1}{2}(C-C').$$

Regiomontanus emploie un principe de Ptolémée qu'il a démontré liv. IV, p. 21.

Problème 6. Etant donnés les deux angles et la différence des deux côtés, on trouvera la somme par la formule précédente. Régiomontan se sert encore d'un théorème de Ptolémée.

Problème 7. Si un arc divise en deux également l'angle au sommet, les sinus des segmens de la base seront entre eux comme les sinus des côtés qui comprennent l'angle. Je ne me souviens pas d'avoir vu cette proposition chez les Grecs, mais ils avaient le théorème analogue pour les triangles rectilignes.

Problème 8. Si vous avez deux triangles rectangles ABC, DEC (fig. 70) qui aient l'angle à la base égal et connu, et que la différence AD des hypoténuses soit égale à la différence BE des bases, vous pourrez en déduire tout le reste, si vous connaissez encore un côté quelconque.

Dans un opuscule intitulé *Fundamenta Operationum quæ per tabulam generalem fiunt*, Régiomontan s'est proposé ce problème, trouver les arcs de l'écliptique qui sont égaux à leurs arcs correspondans sur l'équateur

$$\left.\begin{array}{l}\tan A = \cos \omega \tan L \\ \tan A' = \cos \omega \tan L'\end{array}\right\}, \quad \tan A' - \tan A = \cos \omega (\tan L' - \tan L),$$

$$\frac{\sin(A'-A)}{\sin(L'-L)} = \frac{\cos \omega \cos A \cos A'}{\cos L \cos L'} = \frac{\cos \omega}{\cos D \cos D'},$$

car $\cos L = \cos A \cos D$, et $\cos L' = \cos A' \cos D'$.

Régiomontan, au problème 1 du livre V démontre synthétiquement l'équation $\frac{\sin(A'-A)}{\sin(L'-L)} = \frac{\cos \omega}{\cos D' \cos D}$.

Si $A' - A = L' - L$, on a $\cos D \cos D' = \cos \omega$; ainsi l'un des côtés $D = DE$, $D' = AB$ étant connu, on aura l'autre; avec les deux déclinaisons on aura les deux longitudes et les deux ascensions droites. Si l'une des longitudes est connue, on aura l'une des deux déclinaisons, d'où l'on conclura l'autre, les deux longitudes et les deux ascensions droites. Enfin si l'une des deux ascensions droites est donnée, on aura la déclinaison correspondante, l'autre déclinaison, les deux longitudes et l'autre ascension droite.

Soient R et R' les deux réductions à l'équateur,

$$\left.\begin{array}{l}A = L - R \\ A' = L' - R'\end{array}\right\} (A'-A) = (L'-L) - R' - R, \quad R' - R = (L'-L) - (A'-A) = 0;$$

donc $R' = R$.

$$\tang(L-R) = \cos\omega\,\tang L = \frac{\tang L - \tang R}{1 + \tang L\,\tang R},$$
$$\tang L - \tang R = \cos\omega\,\tang L + \cos\omega\,\tang^2 L\,\tang R,$$
$$\tang L - \cos\omega\,\tang L = \tang R + \cos\omega\,\tang^2 L\,\tang R,$$
$$\tang R = \frac{2\sin^2\tfrac{1}{2}\omega\,\tang L}{1 + \cos\omega\,\tang^2 L} = \frac{2\sin^2\tfrac{1}{2}\omega\,\tang L\cos^2 L}{\cos^2 L + \cos\omega\,\sin^2 L} = \frac{2\sin^2\tfrac{1}{2}\omega\,\sin L\cos L}{\cos^2 L + \sin^2 L - 2\sin^2\tfrac{1}{2}\omega\,\sin^2 L}$$
$$= \frac{\sin^2\tfrac{1}{2}\omega\,\sin 2L}{1 - 2\sin^2\tfrac{1}{2}\omega\left(\dfrac{1-\cos 2L}{2}\right)} = \frac{\sin^2\tfrac{1}{2}\omega\,\sin 2L}{1 - \sin^2\tfrac{1}{2}\omega + \sin^2\tfrac{1}{2}\omega\,\cos 2L}$$
$$= \frac{\tang^2\tfrac{1}{2}\omega\,\sin 2L}{1 + \tang^2\tfrac{1}{2}\omega\,\cos 2L};$$

c'est l'expression générale que j'ai donnée pour la réduction; mais si $R = R'$, on a

$$\frac{\tang^2\tfrac{1}{2}\omega\,\sin 2L'}{1 + \tang^2\tfrac{1}{2}\omega\,\cos 2L'} = \frac{\tang^2\tfrac{1}{2}\omega\,\sin 2L}{1 + \tang^2\tfrac{1}{2}\omega\,\cos 2L},$$

ou
$$\frac{\sin 2L'}{1 + \tang^2\tfrac{1}{2}\omega\,\cos 2L'} = \frac{\sin 2L}{1 + \tang^2\tfrac{1}{2}\omega\,\cos 2L},$$

$$\sin 2L' + \tang^2\tfrac{1}{2}\omega\,\sin 2L'\cos 2L = \sin 2L + \tang^2\tfrac{1}{2}\omega\,\sin 2L\cos 2L',$$
$$\sin 2L' - \sin 2L = -\tang^2\tfrac{1}{2}\omega\,(\sin 2L'\cos 2L - \sin 2L\cos 2L'),$$
$$2\sin(L'-L)\cos(L'+L) = -\tang^2\tfrac{1}{2}\omega\,\sin(2L'-2L)$$
$$= -2\tang^2\tfrac{1}{2}\omega\,\sin(L'-L)\cos(L'-L),$$
et $$\cos(L'+L) = -\tang^2\tfrac{1}{2}\omega\,\cos(L'-L);$$

cette expression nous permet de prendre pour $(L'-L)$ une quantité arbitraire quelconque, et d'en déduire la valeur correspondante $(L'+L)$ et par suite L' et L. $L'-L = 0$ est la limite qu'on ne peut atteindre; car, si $L' = L$, on a de même $D' = D$ et $A' = A$. Les deux points où la réduction est égale n'en font plus qu'un seul; c'est ce qui arrive avec l'obliquité $23°\,28'$, quand

$$\cos(L'+L) = -\tang^2\tfrac{1}{2}\omega = \cos 92°\,28'\,20'',\quad L' = L = 46°\,14'\,10'',$$
$$1 - \cos(L'+L) = 2\sin^2\tfrac{1}{2}(L'+L) = 2\sin^2\tfrac{1}{2}L' = 2\sin^2 L = 1 + \tang^2\tfrac{1}{2}\omega = \sec^2\tfrac{1}{2}\omega,$$
$$\sin L' = \sin L = \frac{\sec\tfrac{1}{2}\omega}{\sqrt{2}} = \frac{\sqrt{\tfrac{1}{2}}}{\cos\tfrac{1}{2}\omega} = \frac{\sin 45°}{\cos\tfrac{1}{2}\omega},$$

$\cos(L'+L)$ sera toujours une petite fraction; car

$$\cos(L'+L) = -\tang^2\tfrac{1}{2}\omega\,\cos(L'-L) = -\sin 2°\,28'\,20''\cos(L'-L),$$

$L'+L$ a pour limites $92°\,28'\,20''$, et $87°\,31'\,40''$; et dans l'autre moitié de l'écliptique, $272°\,28'\,20''$, et $267°\,31'\,40''$. $L'-L$ étant donné, on voit comment on peut calculer une table des valeurs de $(L'+L)$ qui, pour chaque supposition de $(L'-L)$, donnerait les deux valeurs de L et de L', c'est-à-dire quatre nombres pour chaque supposition.

Si $(L'-L)=90°$, $\cos(L'+L)=0=\cos 90°$, $L'=90°$ et $L=0$, $R=R'=0$.

$$-\tan^2 \tfrac{1}{2}\omega = \frac{\cos(L'+L)}{\cos(L'-L)} = \frac{\cos L' \cos L - \sin L' \sin L}{\cos L' \cos L + \sin L' \sin L} = \frac{1-\tan L' \tan L}{1+\tan L' \tan L},$$

d'où $$\tan L' \tan L = \frac{1+\tan^2 \tfrac{1}{2}\omega}{1-\tan^2 \tfrac{1}{2}\omega} = \frac{1}{\cos \omega},$$

et $\cos\omega \tan L' = \cot L = \tan A'$; donc $A'=90°-L$, et $L=90°-A'$,
et $\cos\omega \tan L = \cot L' = \tan A$; donc $A=90°-L'$, et $L'=90°-A$,

$$L'+L = 90°-A+90°-A' = 180°-(A'+A),$$
$$L'-L = 90°-A-90°+A' = \phantom{180°-{}}(A'+A);$$

L étant donné, on aura donc $A'=90°-L$, $\tan L' = \dfrac{\tan A'}{\cos \omega}$, et $A=90°-L'$; on peut donc faire une table qui, pour chaque valeur de L, donnera L', $(L'-L)=(A'-A)$. J'avais calculé cette table, mais je l'ai supprimée comme peu utile. J'en avais fait une autre qui, pour chaque valeur de $(L'-L)=(A'-A)$, donnait les deux valeurs de L' et les deux valeurs de L.

Cette quadruple solution se trouve de même dans la formule de Régiomontan $\cos D' = \dfrac{\cos \omega}{\cos D}$. D étant donné, on en conclut D'; mais D' appartient à L' et à $180-L'$; supposez $-D$, vous aurez $-D'$ qui appartient à $180°+L'$ et $360°-L'$.

Régiomontan, sans tangentes, ne pouvait trouver ces théorèmes qui sont certainement la partie la plus curieuse de son problème. Il s'est borné à l'équation $\cos D' \cos D = \cos \omega$; mais quand $(L'-L)=0$, on a $L'=L$ et $D'=D$, $\cos D \cos D' = \cos^2 D = \cos \omega$; cette formule pourrait n'être pas assez précise dans la pratique. Mais............
$\sin^2 D = 1 - \cos^2 D = 1 - \cos \omega = 2\sin^2 \tfrac{1}{2}\omega$, et $\tan^2 D = \dfrac{2\sin^2 \tfrac{1}{2}\omega}{\cos \omega}$. Ces formules donneront plus d'exactitude.

Quand Régiomontan a calculé la déclinaison D qui a lieu à la plus grande réduction, il décrit du pôle de l'équateur à la distance $90°-D$, le parallèle qui coupe l'écliptique au point de la plus grande réduction. Ce procédé pratique est simple; mais il est encore bien plus court et plus exact de calculer $\cos 2L = -\tan^2 \tfrac{1}{2}\omega$.

Mais $2L = 180° - 2A$, $L - A = R =$ réduction la plus grande, $L = 90° - A = 90° - L + R$, $2L = 90° + R$, $L = 45° + \frac{1}{2}R$; ainsi la longitude L à la plus grande réduction R, est égale à $45° + \frac{1}{2}R$. L'ascension droite qui en est le complément sera donc $= 45° - \frac{1}{2}R$. Ce sont les formules que j'ai données, il y a plus de 30 ans.

— $\tan^2 \frac{1}{2} \omega = \cos 2L = \sin R$; c'est encore la formule que j'ai donnée pour la plus grande réduction; prenez pour ω l'inclinaison d'une planète, et R sera la plus grande réduction à l'écliptique, et ....
$\tan R = \dfrac{\tan^2 \frac{1}{2} \omega \sin 2L}{1 + \tan^2 \frac{1}{2} \omega \cos 2L}$, la réduction à l'écliptique; on aura donc en général

$$R = \frac{\tan^2 \frac{1}{2} \omega \sin 2L}{\sin 1''} - \frac{\tan^4 \frac{1}{2} \omega \sin 4L}{\sin 2''} + \frac{\tan^6 \frac{1}{2} \omega \sin 6L}{\sin 3''}.$$

Le premier terme suffira ordinairement pour les planètes.

Le problème de Régiomontan, considéré plus généralement, peut s'exprimer ainsi : *Trouver la relation entre les côtés d'un triangle sphérique, lorsque le troisième côté est égal à l'angle opposé.*

Dans ce cas, la formule devient $\sin C \sin C' = \cos \omega$; mais dans ce cas aussi $\cos \omega =$ sinus perpendiculaire abaissée sur le troisième côté .... $= \sin P = \sin C \sin C' = \sin C \sin A' = \sin C' \sin A$; A' et A étant alors les deux angles sur la base, $\sin A = \dfrac{\sin P}{\sin C'}$, $\sin A' = \dfrac{\sin P}{\sin C}$; mais l'un des deux angles peut être obtus. La solution est double ou même quadruple. Cette manière de considérer le problème mène exactement aux mêmes formules; il est inutile de la développer davantage.

La table *générale* dont il est question au problème 8, est construite sur la formule $\sin A = \sin B \sin C$; elle est à deux entrées. Deux de ces arcs étant donnés, elle sert à trouver le troisième. L'auteur a donné en 58 articles la solution de plus de 60 problèmes d'Astronomie sphérique, qu'il résout par des opérations plus ou moins nombreuses; c'est une espèce de Trigonométrie par les sinus, sans mélange d'autres lignes. Nous retrouverons ailleurs ce qu'elle renferme de curieux.

Problème 9. Connaissant $(C - C')$, $\sin C \sin C'$, trouver C et C'.

Nous ferions

$$\cos (C - C') = \cos C \cos C' + \sin C \sin C',$$
$$\cos (C - C') - \sin C \sin C' = \cos C \cos C';$$

nous aurons donc $\cos C \cos C'$,

318   ASTRONOMIE DU MOYEN AGE.
$$\cos(C + C') = \cos C \cos C' - \sin C \sin C';$$
nous connaîtrons donc $(C+C')$, C et C'.

On voit par la solution de Régiomontan et par tout le reste de son livre, qu'il ne connaissait aucune des formules
$$\sin(A \pm B) = \sin A \cos B \pm \cos A \sin B,$$
$$\cos(A \pm B) = \cos A \cos B \mp \sin A \sin B,$$
cependant ces formules sont dans Ptolémée. Régiomontan avait étudié et commenté la Syntaxe mathématique; on pourrait soupçonner qu'il veut, dans ces divers problèmes, tirer tout de son propre fonds, et ne rien devoir aux autres. (fig. 70).

Problème 10. Si deux triangles ont un angle commun et connu C, que la différence AD des hypoténuses soit connue ainsi que la différence des bases, on trouvera tous les côtés. Nous aurons par ce qui précède
$$\frac{\sin(CB-CE)}{\cos CB \cos CE} = \frac{\cos C \sin(AC-CD)}{\cos AC \cos CD}, \quad \frac{\sin(CB-CE)}{\sin(AC-CD)\cos C} = \frac{\cos BC \cos CE}{\cos AC \cos CD}.$$

Le premier membre est tout connu, le second est donc une quantité connue, ou pour abréger
$$(a)\ \frac{\sin BE}{\sin AD \cos C} = \frac{\cos BC \cos CE}{\cos AC \cos CD} = \frac{\cos BC \cos CE}{\cos BC \cos AB \cdot \cos CE \cos DE} = \frac{1}{\cos AB \cos DE};$$

de plus
$$\cos AD = \cos P \sin PA \sin PD + \cos PA \cos PD$$
$$= \cos BE \cos AB \cos DE + \sin AB \sin DE$$
par la formule $(a) = \cos BE \frac{\sin AD \cos C}{\sin BE} + \sin AB \sin DE$
$$= \cot BE \sin AD \cos C + \sin AB \sin DE,$$
$$\cos AD - \cot BE \sin AD \cos C = \sin AB \sin DE;$$

ajoutez $\cos AB \cos DE$ d'un côté, et de l'autre sa valeur $\frac{\sin AD \cos C}{\sin BE}$,
$$\cos AD - \frac{\cos BE \sin AD \cos C}{\sin BE} + \frac{\sin AD \cos C}{\sin BE} = \cos AB \cos DE + \sin AB \sin DE$$
$$= \cos(AB - DE),$$
$$\cos AD + \frac{\sin AD \cos C}{\sin BE}(1 - \cos BE) = \cos AD + \frac{2 \sin AD \cos C \sin^2 \frac{1}{2} BE}{2 \sin \frac{1}{2} BE \cos \frac{1}{2} BE}$$
$$= \cos AD + \sin AD \cos C \tang \frac{1}{2} BE$$
$$= \cos(AB - DE);$$

vous aurez donc (AB — DE); mais, par son cosinus, ce qui peut n'être pas assez précis; au lieu de prendre la somme des deux équations, prenez-en la différence

$$\frac{\sin AD \cos C}{\sin BE} + \frac{\sin AD \cos C \cos BE}{\sin BE} - \cos AD = \cos AB \cos DE - \sin AB \sin DE$$
$$= \cos(AB + DE); \qquad \frac{\sin AD \cos C}{\sin BE}(1 + \cos BE) - \cos AD,$$
$$\frac{\sin AD \cos C \cdot 2\cos^2 \frac{1}{2} BE}{2 \sin \frac{1}{2} BE \cos \frac{1}{2} BE} - \cos AD = \sin AD \cos C \cot \frac{1}{2} BE - \cos AD$$
$$= \cos(AB + DE);$$

vous aurez donc pour l'écliptique

$$\cos(D' + D) = \cos\omega \sin(L' - L) \cot \frac{1}{2}(Æ' - Æ) - \cos(L' - L),$$
$$\cos(D' - D) = \cos(L' - L) + \cos\omega \sin(L' - L) \tan \frac{1}{2}(Æ' - Æ);$$

relations générales qui font trouver les déclinaisons par les différences de longitudes et d'ascensions droites, les ascensions droites par les différences de déclinaisons et de longitudes, enfin les longitudes par les différences de déclinaison et d'ascension droite. La somme de ces deux équations donne $\cos D' \cos D = \dfrac{\cos\omega \sin(L' - L)}{\sin(Æ' - Æ)}$, qui se réduit à .... $\cos D' \cos D = \cos\omega$, quand $(L' - L) = (Æ' - Æ)$.

Il serait difficile de tirer ces relations générales de la solution plus embarrassée de Régiomontan.

Problème 11. Soit donné $a = \dfrac{2\sin^2 \frac{1}{2}A}{\sin A} = \dfrac{2\sin^2 \frac{1}{2}A}{2\sin \frac{1}{2}A \cos \frac{1}{2}A} = \tan \frac{1}{2}A$; on aura donc l'arc A par le rapport de son sinus verse à son sinus droit.

Au lieu de cette solution si simple, par les tangentes, ou même au lieu de faire comme les Grecs $a = \dfrac{\sin \frac{1}{2}a}{\cos \frac{1}{2}a}$ et $a^2 = \dfrac{\sin^2 \frac{1}{2}A}{1 - 2\sin^2 \frac{1}{2}A}$, Régiomontan prend de longs détours qui prouvent qu'il n'avait pas senti toute l'utilité des tangentes.

Problème 12. Si dans les équations du problème 10, vous prenez pour inconnue BE, vous la déterminerez en renversant nos formules. Régiomontan, faute de tangentes, y emploie des sinus et des sinus verses et le calcul est bien plus pénible.

Problème 13. Connaissant $(C - C')$ et $(\sin C - \sin C')$, faites

$$a = \sin(C - C') = 2\sin \tfrac{1}{2}(C - C') \cos \tfrac{1}{2}(C - C'),$$
$$b = \sin C - \sin C' = 2\sin \tfrac{1}{2}(C - C') \cos \tfrac{1}{2}(C + C'),$$

vous aurez $\dfrac{a}{b} = \dfrac{\cos\frac{1}{2}(C-C')}{\cos\frac{1}{2}(C+C')}$,

$\cos\frac{1}{2}(C+C') = \left(\dfrac{a}{b}\right)\cos\frac{1}{2}(C-C') = \dfrac{\sin C - \sin C'}{\sin(C-C')}\cos\frac{1}{2}(C-C')$

$= (\sin C - \sin C')\dfrac{\cos\frac{1}{2}(C-C')}{2\sin\frac{1}{2}(C-C')\cos\frac{1}{2}(C-C')} = \dfrac{\frac{1}{2}(\sin C - \sin C')}{\sin\frac{1}{2}(C-C')}.$

Regiomontanus prend de longs détours, mais ici ce n'est pas pour éviter les tangentes.

Problème 14. Il démontre d'une manière nouvelle, et qui n'est pas plus facile, le théorème $\cos A' = \cos C' \sin A$ qu'il a démontré plus haut par les triangles complémentaires. Nous avons vu que Géber est l'auteur de ce théorème très utile et qui manquait aux Grecs.

Problème 15. Circonscrire un cercle à un triangle sphérique donné.

Les trois cordes seront $2\sin\frac{1}{2}C$, $2\sin\frac{1}{2}C'$, $2\sin\frac{1}{2}C''$; cherchez les trois angles, vous aurez $r\sin\frac{1}{2}A = \sin\frac{1}{2}C$, $r\sin\frac{1}{2}A' = \sin\frac{1}{2}C'$, $r\sin\frac{1}{2}A'' = \sin\frac{1}{2}C''$; vous aurez trois formules pour trouver la distance polaire Δ, en faisant

$\sin\Delta = r = \dfrac{\sin\frac{1}{2}C}{\sin\frac{1}{2}A} = \dfrac{\sin\frac{1}{2}C'}{\sin\frac{1}{2}A'} = \dfrac{\sin\frac{1}{2}C''}{\sin\frac{1}{2}A''}.$

La solution de Régiomontan est toute sphérique. Vous connaissez les trois côtés, vous aurez l'angle C (fig. 71); sur le milieu de BC élevez la perpendiculaire FE, vous aurez FE, car $\tang FE = \tang C \sin\frac{1}{2}BC$, $\cos E = \sin C \cos\frac{1}{2}BC$ et $\tang CE = \dfrac{\tang\frac{1}{2}BC}{\cos C}$; prenez $CG = \frac{1}{2}AC$, $GE = CE - CG = CE - \frac{1}{2}AC$, $\tang HG = \tang E \sin GE$, $\cos CH = \cos\frac{1}{2}AC \cos HG$; H est le pôle, HC la distance polaire du cercle à décrire.

Régiomontan commence par abaisser la perpendiculaire AD dont il ne parle plus et qui est inutile; il n'emploie que les sinus, ce qui allonge les calculs.

Cette construction exige cinq analogies assez simples; mais on peut trouver CH par deux analogies connues (fig. 72).

On demande le pôle du triangle $AA'A''$; soit P ce pôle, il sera à égale distance des trois sommets A, A', A''; $PA = PA' = PA''$; les trois triangles APA', $A'PA''$, $A'PA$ seront isoscèles.

Abaissez les trois perpendiculaires Pa, Pa', Pa''; elles partageront en deux également les côtés C, C' et C''.

Vous aurez

$\tang A''a' = \tang PA'' \cos PA''a'$, ou $\tang\frac{1}{2}C' = \tang\Delta \cos y$,

$\tang A'a = \tang PA' \cos PA''a$, ou $\tang\frac{1}{2}C = \tang\Delta \cos x$,

$$\tan \tfrac{1}{2} C' : \tan \tfrac{1}{2} C :: \cos y : \cos x;$$
$$\tan \tfrac{1}{2} C' + \tan \tfrac{1}{2} C : \tan \tfrac{1}{2} C' - \tan C :: \cos y + \cos x : \cos y - \cos x,$$
$$\sin \tfrac{1}{2}(C'+C) : \sin \tfrac{1}{2}(C'-C) :: 2\cos \tfrac{1}{2}(x-y)\cos \tfrac{1}{2}(x+y)$$
$$: 2\sin \tfrac{1}{2}(x-y)\sin \tfrac{1}{2}(x+y) :: 1$$
$$: \tan \tfrac{1}{2}(x-y)\tan \tfrac{1}{2}(x+y) = \frac{\sin \tfrac{1}{2}(C'-C)}{\sin \tfrac{1}{2}(C'+C)},$$
$$\tan \tfrac{1}{2}(x-y) = \frac{\sin \tfrac{1}{2}(C'-C)\cot \tfrac{1}{2}(x+y)}{\sin \tfrac{1}{2}(C'+C)} = \frac{\sin \tfrac{1}{2}(C'-C)}{\sin \tfrac{1}{2}(C'+C)}\cot \tfrac{1}{2} A' = \tan \tfrac{1}{2}(A'-A);$$
ainsi $\tfrac{1}{2}(x-y) = \tfrac{1}{2}(A'-A),$
$$x = \tfrac{1}{2}A'' + \tfrac{1}{2}A' - \tfrac{1}{2}A = \tfrac{1}{2}A'' + \tfrac{1}{2}A' + \tfrac{1}{2}A - A = (\sigma - A),$$
$$y = \tfrac{1}{2}A'' - \tfrac{1}{2}A' + \tfrac{1}{2}A = \tfrac{1}{2}A'' + \tfrac{1}{2}A' + \tfrac{1}{2}A - A' = (\sigma - A'),$$
$$\tan \Delta = \frac{\tan \tfrac{1}{2} C}{\cos x} = \frac{\tan \tfrac{1}{2} C}{\cos(\sigma-A)} = \frac{\tan \tfrac{1}{2} C'}{\cos y} = \frac{\tan \tfrac{1}{2} C'}{\cos(\sigma-A')}.$$

Ces formules sont bien simples, mais on peut éliminer les côtés ou les angles; ainsi (*Astr.*, t. I, p. 175)

$$\tan \Delta = \sqrt{\frac{-\cos\sigma \cos(\sigma-A)}{\cos(\sigma-A')\cos(\sigma-A'')\cos^2(\sigma-A)}} = \sqrt{\frac{-\cos\sigma}{\cos(\sigma-A)\cos(\sigma-A')\cos(\sigma-A'')}}$$
$$= \frac{-\cos\sigma}{(-\cos\sigma)\cos(\sigma-A)\cos(\sigma-A')\cos(\sigma-A'')^{\tfrac{1}{2}}},$$

formule élégante que M. Sorlin m'a communiquée sans démonstration.

$$\tan^2 \Delta = \frac{-\cos\sigma \times -\cos\sigma}{-\cos\sigma \cos(\sigma-A)\cos(\sigma-A')\cos(\sigma-A'')} = \frac{-\cos\sigma \times -\cos\sigma}{\tfrac{1}{4}\sin^2 C'' \sin^2 A \sin^2 A'}$$

(*Astr.*, t. I, p. 175).

$\tfrac{1}{4}\sin^2 A \sin^2 C' \sin^2 C'' = \sin S \sin(S-C)\sin(S-C')\sin(S-C'')$ (*Astr.*, t. I, p. 173),
$\tfrac{1}{4}\sin^2 A' \sin^2 C \sin^2 C' = \sin S \sin(S-C)\sin(S-C')\sin(S-C''),$
$\tfrac{1}{4}\sin^2 A \sin^2 A' \sin^2 C'' \cdot \tfrac{1}{4}\sin^2 C \sin^2 C' \sin^2 C''$
$$= [\sin S \sin(S-C)\sin(S-C')\sin(S-C'')]^2,$$
$\tfrac{1}{4}\sin^2 A \sin^2 A' \sin^2 C'' = \dfrac{[\sin S \sin(S-C)\sin(S-C')\sin(S-C'')]^2}{\tfrac{1}{4}\sin^2 C \sin^2 C' \sin^2 C''}$ (*Astr.*, t. I, p. 232),

$$\tan^2 \Delta = \frac{-\cos\sigma \times -\cos\sigma \times \tfrac{1}{4}\sin^2 C \sin^2 C' \sin^2 C''}{[\sin S \sin(S-C)\sin(S-C')\sin(S-C'')]^2}$$
$$= \frac{\left(\dfrac{\tfrac{1}{4}\sin^2 C \sin^2 C' \sin^2 C'' \sin S \sin(S-C)\sin(S-C')\sin(S-C'')}{4\cos^2 \tfrac{1}{2} C \cos^2 \tfrac{1}{2} C' \cos^2 \tfrac{1}{2} C''}\right)}{[\sin S \sin(S-C)\sin(S-C')\sin(S-C'')]^2}$$
$$= \frac{\left(\dfrac{\sin^2 C \cos^2 \tfrac{1}{2} C \cdot 4\sin^2 \tfrac{1}{2} C' \cos^2 \tfrac{1}{2} C' \cdot 4\sin^2 \tfrac{1}{2} C' \cos^2 \tfrac{1}{2} C''}{4\cos^2 \tfrac{1}{2} C \cos^2 \tfrac{1}{2} C' \cos^2 \tfrac{1}{2} C''}\right)}{[\sin S \sin(S-C)\sin(S-C')\sin(S-C'')]}$$
$$= \frac{4\sin^2 \tfrac{1}{2} C \sin^2 \tfrac{1}{2} C' \sin^2 \tfrac{1}{2} C''}{[\sin S \sin(S-C)\sin(S-C')\sin(S-C'')]},$$

$$\tang \Delta = \frac{2\sin\tfrac{1}{2}C\sin\tfrac{1}{2}C'\sin\tfrac{1}{2}C''}{[\sin S \sin(S-C)\sin(S-C')\sin(S-C'')]^{\tfrac{1}{2}}}, \text{ formule de Lexell.}$$

Voilà donc trois formules directes et faciles pour les cas où l'on connaît deux côtés et l'angle compris, trois angles ou trois côtés.

Pour inscrire un petit cercle au triangle, on partagera les trois angles en deux moitiés, et l'on mènera les trois perpendiculaires Pa, Pa', Pa'' (fig. 72);

$$\tang \mathrm{P}a' = \sin \mathrm{A}''a' \tang\tfrac{1}{2}\mathrm{A}'' = \sin \mathrm{A}a' \tang\tfrac{1}{2}\mathrm{A},$$

$$\sin \mathrm{A}''a' : \sin \mathrm{A}a' :: \tang\tfrac{1}{2}\mathrm{A} : \tang\tfrac{1}{2}\mathrm{A}'',$$

$$\sin \mathrm{A}''a' + \sin \mathrm{A}a' : \sin \mathrm{A}''a' - \sin \mathrm{A}a' :: \tang\tfrac{1}{2}\mathrm{A} + \tang\tfrac{1}{2}\mathrm{A}'' : \tang\tfrac{1}{2}\mathrm{A} - \tang\tfrac{1}{2}\mathrm{A}'',$$

$$\tang\tfrac{1}{2}(\mathrm{A}''a + \mathrm{A}a') : \tang\tfrac{1}{2}(\mathrm{A}''a' - \mathrm{A}a') :: \sin\tfrac{1}{2}(\mathrm{A}+\mathrm{A}'') : \sin\tfrac{1}{2}(\mathrm{A}-\mathrm{A}''),$$

$$\tang\tfrac{1}{2}(\mathrm{A}''a' - \mathrm{A}a') = \frac{\sin\tfrac{1}{2}(\mathrm{A}-\mathrm{A}'')\tang\tfrac{1}{2}(\mathrm{A}''a+\mathrm{A}a')}{\sin\tfrac{1}{2}(\mathrm{A}+\mathrm{A}'')} = \frac{\sin\tfrac{1}{2}(\mathrm{A}-\mathrm{A}'')}{\sin\tfrac{1}{2}(\mathrm{A}+\mathrm{A}'')}\tang\tfrac{1}{2}(\mathrm{C}')$$
$$= \tang\tfrac{1}{2}(\mathrm{C}-\mathrm{C}'),$$

$$\tfrac{1}{2}(\mathrm{A}''a' - \mathrm{A}a') = \tfrac{1}{2}(\mathrm{C}-\mathrm{C}''),$$

$$\mathrm{A}''a' = \tfrac{1}{2}\mathrm{C}' + \tfrac{1}{2}\mathrm{C} - \tfrac{1}{2}\mathrm{C}'' = \tfrac{1}{2}\mathrm{C} + \tfrac{1}{2}\mathrm{C}' + \tfrac{1}{2}\mathrm{C}'' - \mathrm{C}'' = (S - C''),$$

$$\mathrm{A}a' = \tfrac{1}{2}\mathrm{C}' - \tfrac{1}{2}\mathrm{C} + \tfrac{1}{2}\mathrm{C}'' = \tfrac{1}{2}\mathrm{C} + \tfrac{1}{2}\mathrm{C}' + \tfrac{1}{2}\mathrm{C}'' - \mathrm{C} = (S - C),$$

$$\tang \Delta = \sin(S-C'') \tang\tfrac{1}{2}\mathrm{A}'' = \sin(S-C) \tang\tfrac{1}{2}\mathrm{A}'$$
$$= \sin(S-C) \sqrt{\frac{\sin(S-C')\sin(S-C'')}{\sin S \sin(S-C)}}$$
$$= \sqrt{\frac{\sin(S-C)\sin(S-C')\sin(S-C'')}{\sin S}}$$
$$= \sqrt{\frac{\sin S \sin(S-C)\sin(S-C')\sin(S-C'')}{\sin S}},$$

$$\tang^2 \Delta = \frac{\sin S \sin(S-C)\sin(S-C')\sin(S-C'')}{\sin^2 S} = \frac{\tfrac{1}{4}\sin^2 \mathrm{A}'' \sin^2 C \sin^2 C'}{\sin^2 S}, \text{ (p. 152);}$$

mais

$$\tfrac{1}{4}\sin^2 \mathrm{A}'' \sin^2 C \sin^2 C' = \frac{[-\cos\sigma \cos(\sigma-\mathrm{A}'')\cos(\sigma-\mathrm{A}')\cos(\sigma-\mathrm{A}'')]^2}{\tfrac{1}{4}\sin^2 \mathrm{A} \sin^2 \mathrm{A}' \sin^2 \mathrm{A}''};$$

donc

$$\tang \Delta = \frac{-\cos\sigma \cos(\sigma-\mathrm{A})\cos(\sigma-\mathrm{A}')\cos(\sigma-\mathrm{A}'')}{\tfrac{1}{2}\sin \mathrm{A} \sin \mathrm{A}' \sin \mathrm{A}'' \sin S}$$
$$= \frac{-\cos\sigma \cos(\sigma-\mathrm{A})\cos(\sigma-\mathrm{A}')\cos(\sigma-\mathrm{A}'')}{\sin\tfrac{1}{2}\mathrm{A}\cos\tfrac{1}{2}\mathrm{A} \cdot 2\sin\tfrac{1}{2}\mathrm{A}'\cos\tfrac{1}{2}\mathrm{A}' 2\sin\tfrac{1}{2}\mathrm{A}''\cos\tfrac{1}{2}\mathrm{A}''} \cdot \frac{[-\cos\sigma \cos(\sigma-\mathrm{A})\cos(\sigma-\mathrm{A}')\cos(\sigma-\mathrm{A}'')]^{\tfrac{1}{2}}}{2\sin\tfrac{1}{2}\mathrm{A}\sin\tfrac{1}{2}\mathrm{A}'\sin\tfrac{1}{2}\mathrm{A}''}$$
$$= \frac{[-\cos\sigma \cos(\sigma-\mathrm{A})\cos(\sigma-\mathrm{A}')\cos(\sigma-\mathrm{A}'')]^{\tfrac{1}{2}}}{2\cos\tfrac{1}{2}\mathrm{A}\cos\tfrac{1}{2}\mathrm{A}'\cos\tfrac{1}{2}\mathrm{A}''}, \text{ (page 234).}$$

Ces formules sont analogues à celles du cercle circonscrit; elles sont plus curieuses que vraiment utiles. Ce problème est le dernier du livre de Régiomontan sur les triangles. Cet ouvrage doit être un tableau assez complet de ce qu'on savait alors de Trigonométrie rectiligne et sphérique. Les découvertes de l'auteur ne sont pas bien importantes ; elles se bornent à quelques théorèmes de détail que nous avons fait remarquer à mesure qu'ils se sont rencontrés ; il nous reste à extraire quatre ouvrages posthumes, son Calendrier, le Recueil qui contient ses observations, son petit Traité de la Comète, et ses Lettres.

Kalendarium magistri Joannis de Monte-Regio viri peritissimi. Ce même titre est exactement répété à la fin, où de plus on lit : *explicit feliciter Erhardi Ratdolt viri solertis eximiâ industriâ et mirâ imprimendi arte quâ nuper Venetiis nunc Augustæ vindelicorum excellit nominatissimus*, 1499.

Ce calendrier était destiné aux années 1475, 1494 et 1513, dont l'intervalle est de 19 ans ou d'un cycle entier. Dans une seconde édition, on a laissé en blanc la colonne de l'an 1475 devenue inutile. Chaque mois tient deux pages. On y voit les phases de la Lune, les jours du mois, les noms des saints, les longitudes du Soleil, celles de la Lune et de son nœud, la figure des éclipses qui devaient avoir lieu depuis 1483 jusqu'à 1530.

On trouve ensuite une explication succincte des articles de ce calendrier, des tables de la demi-durée du jour pour les latitudes depuis 36 jusqu'à 55°, et pour tous les degrés de la longitude du Soleil, de trois en trois.

A la suite, un procédé graphique pour faciliter la description du cadran horizontal à une hauteur du pôle quelconque ; un autre pour tracer une méridienne.

L'auteur vient ensuite à la description de son carré horaire (*quadratum horarium*), dont voici la traduction littérale.

En quelque habitation que vous soyez, vous trouverez les heures du jour par le carré horaire inséré dans ce livre (fig. 73), si vous commencez par bien examiner l'office de chacune des parties de l'instrument. L'échelle des latitudes est formée de lignes qui se croisent ; celles qui sont parallèles entre elles, font connaître les élévations du pôle par les chiffres qui en sont les plus voisins à droite. Celles qui descendent en convergeant, marquent les signes du zodiaque et leurs degrés de 10 en 10, indiqués par les symboles des signes.

Pour plus de clarté, nommons *zodiaque de l'habitation* chacune des lignes parallèles. Chacun de ces zodiaque est divisé en signes et en degrés par les lignes qui descendent en convergeant. Sous cette échelle des latitudes, on trouve deux suites de nombres horaires. La rangée supérieure sert pour les heures avant midi; la rangée inférieure, pour les heures après midi. Chaque ligne est accompagnée de son numéro. A la dernière de ces heures, c'est-à-dire à celle de midi ou 12^h, on a joint une échelle divisée en certains espaces dont chacun représente 10°. Ces signes et ces degrés sont également accompagnés de leurs symboles. Cette dernière échelle pourrait, sans impropriété, s'appeler le *zodiaque du midi*. Au-dessus de la première est attaché par un bout un bras mobile qui se plie sous tous les angles possibles; appelons *main* l'extrémité de ce bras; cette main porte un fil à plomb; le long de ce fil peut glisser un nœud qui doit servir à montrer les heures. Sur la dernière et la plus élevée des lignes de latitude, ou sur le dernier zodiaque, il faut placer à gauche un corps opaque tel qu'une boule de cire qui puisse jeter un ombre en arrière, quand on le présente au Soleil.

En quelque habitation, c'est-à-dire sur quelque parallèle que vous soyez, choisissez votre zodiaque, conduisez-y la main du bras mobile, arrêtez-la sur le degré que le Soleil occupe pour le moment; et laissant pendre librement le fil à plomb, conduisez ce fil au degré du Soleil sur le zodiaque de midi; amenez le nœud (ou la perle) sur le degré du Soleil. Tout étant ainsi disposé, présentez au Soleil le côté gauche de l'instrument, en sorte que l'ombre de la boule de cire s'étende le long de la dernière ligne de latitude; tout aussitôt la situation du petit nœud, entre les lignes horaires, vous indiquera l'heure que vous cherchez.

Régiomontan n'en dit pas davantage. On voit que son carré horaire est l'analemme rectiligne universel; mais, dans la figure qui est au bout du livre, les latitudes ne passent pas 54°, et les heures voisines de minuit ne passent guère celle de 4^h du matin et de huit heures du soir. Les degrés de latitude ne sont marqués que de trois en trois; les zodiaques sont divisés de 10 en 10°; le bras mobile est composé d'une règle de cuivre coudée qui peut s'allonger et se raccourcir. L'extrémité qu'il appelle *main* est plus étroite; l'extrémité opposée tourne autour d'un boulon qui s'attache au milieu d'une règle de cuivre fixée par trois vis au-dessus de la dernière ligne de latitude. La figure porte pour titre : *Quadratum horarium generale*.

La construction est assez détaillée pour que l'on puisse exactement imiter la figure sur des dimensions plus grandes, pour en mieux concevoir le jeu. Du reste aucun détail sur la manière de placer et d'espacer les lignes horaires; mais c'est encore ce qui était le plus aisé à deviner; l'inspection des deux échelles indique aussitôt deux trigones des signes.

Rien ne montre à quelle distance il faut les placer; on voit que les lignes de chaque latitude doivent être fonctions de cette latitude, mais on ne dit pas quelle fonction. Les zodiaques particuliers doivent dépendre de la latitude et de la déclinaison, mais rien ne dit que leurs points de division doivent se marquer par la formule tang H tang D. Pour tout le reste, il faut absolument deviner. Il n'est donc pas bien étonnant que la démonstration ait été long-tems omise et sans doute ignorée de tous les auteurs de Gnomonique. Régiomontan ne s'attribue pas cette invention; il n'en nomme point l'auteur, mais l'étude particulière qu'il avait faite des livres arabes nous persuade qu'il tenait cette invention d'un auteur de cette nation. En attendant, rien n'empêche qu'on ne la donne à Régiomontan, par qui nous la connaissons, jusqu'à ce que nous la retrouvions dans un livre plus ancien que son Calendrier, dont l'édition que j'ai entre les mains est de 1499; mais il est visible que l'ouvrage devait paraître avant 1475; j'ignore la cause qui l'avait retardée, et à quelle époque précisément il faut rapporter les dernières pages de ce volume où se trouve la description que nous venons de traduire. L'auteur est mort en 1476.

L'auteur parle ensuite des heures temporaires; car son *carré* est pour les heures égales. Pour convertir ces dernières en heures inégales, il donne une figure aisée à imaginer. Elle suppose la connaissance de l'arc semi-diurne, après quoi il ne resterait à faire qu'une règle de trois.

L'arc diurne : 180° :: le nombre des heures égales : celui des heures inégales.

Enfin, comme on lui demande quelquefois les tems les plus favorables à la *saignée*, et que la Lune, suivant qu'elle occupe tel ou tel signe du zodiaque, peut avoir en cela une très grande influence, il expose les qualités diverses de ces signes et les parties du corps humain sur lesquelles ils exercent leur empire; et non content des règles générales qu'il donne en cet endroit, il promet un traité tout exprès sur ce sujet important. Ce n'est pas la première preuve que nous avons de sa crédulité; mais nous croyons devoir rapporter ces traits de faiblesse dont les meilleurs esprits n'étaient pas exempts alors.

L'ouvrage est terminé par des réflexions sur l'anticipation des équinoxes et sur le désordre qui en résulte dans la célébration de la Pâque. Il est tems d'entreprendre une réforme qui nous mette à l'abri des reproches et des plaisanteries des Juifs. Il donne une table qui s'étend de 1477 à 1531, et qui montre en quel jour l'usage romain a fait célébrer la Pâque, et en quel jour on aurait dû la célébrer selon les décrets. Dans ce court intervalle, l'erreur a été sept fois de 35 jours, cinq fois de 28 jours, et le reste du tems, de sept jours dont la Pâque a été retardée.

Aureus hic liber est, c'est ainsi que commence une pièce de vers qui est au verso du frontispice. Il jouit au moins d'un succès qui était alors bien mérité. Il est des premiers tems de l'imprimerie; nous voyons même dans la Bibliographie de Lalande, qu'en 1472 ou 1473, il avait paru une édition du poème de Manilius, *ex officinâ Joannis de Regiomonte habitantis in Nurembergâ*.

Lalande dit encore à l'an 1474, que les éphémérides de Régiomontan sont les premières qui aient été publiées, et pour ainsi dire les premières qui aient été faites, ce qui doit s'entendre de l'Europe.

Bailly dit que chaque exemplaire se vendit douze écus d'or, et que l'empereur, à qui elles étaient dédiées, avait donné 1200 écus d'or à l'auteur.

Nous ne quitterons pas le calendrier de Régiomontan sans avoir donné le mot de l'énigme qu'il a proposée aux auteurs de Gnomonique dans la construction de son carré horaire, plus connu depuis sous le nom d'*analemme rectiligne universel*. En lisant l'ouvrage d'Aboul-Hassan sur la Gnomonique, traduit par M. Sédillot, il m'avait paru que les Arabes avaient des instrumens qui leur donnaient l'heure sans calcul par une seule ombre du Soleil. J'avais cherché quelle pouvait être la construction de l'instrument des Arabes, et comment on pourrait remonter au principe de l'analemme universel, exposé par tous les auteurs sans aucune démonstration.

Le problème général à résoudre pour trouver la construction de cet analemme, se compose de trois parties distinctes.

1°. De tracer et espacer convenablement les lignes horaires.

2°. De trouver le point de suspension, ou le lieu de la main qui porte le fil, pour parler comme Régiomontan. Ce point de suspension doit varier avec la hauteur du pôle du monde et avec la déclinaison du Soleil.

3°. De déterminer pour chaque déclinaison et pour chaque hauteur du pôle, à quelle distance du point de suspension, la perle où le nœud mobile doit être arrêté pour marquer l'heure pendant la journée. A la rigueur, cette distance doit varier à chaque instant avec la déclinaison; mais cette variation est lente; en sorte que le plus souvent on pourrait employer la déclinaison qui a lieu à midi, ou enfin la déclinaison pour l'heure à peu près connue, ce qui suffira toujours. Dans tous les cas, on ferait avec cette déclinaison une première observation pour avoir l'heure à fort peu près, alors on connaîtrait la déclinaison dont on devrait se servir.

Pour observer l'heure, on dirige au Soleil une alidade fixe garnie de deux pinnules; ce qui vaut un peu mieux que la boule de cire de Régiomontan.

A l'instant du lever, l'alidade dirigée au Soleil est horizontale; le fil à plomb, dont la situation est toujours verticale, couvre nécessairement une ligne perpendiculaire à l'alidade. Nommons *ligne de foi* cette ligne verticale. Il est inutile qu'elle soit tracée sur l'instrument, il suffit de l'imaginer.

A mesure que le Soleil s'élève, on est obligé, pour viser à cet astre, d'incliner l'alidade; la *ligne de foi* tourne avec l'alidade à laquelle elle est perpendiculaire; elle s'éloigne du fil à plomb, qui conserve invariablement sa position verticale; l'angle qu'elle fait avec ce fil est égal à la hauteur du Soleil au-dessus de l'horizon.

Soit r la distance de la perle au point de suspension; δ la distance de la perle à la *ligne de foi* et h la hauteur du Soleil; on aura

$$\delta = r \sin h \dots \dots \dots \dots \dots (1).$$

Soit H la hauteur du pôle, D la déclinaison du Soleil, P l'angle horaire compté de midi;

$$\delta = r(\sin H \sin D + \cos H \cos D \cos P) = r \cos H \cos D (\tang H \tang D + \cos P) \dots (2).$$

Soit $r = \sec H \sec D$, en prenant pour unité le rayon des tables,

$$\delta = \sec H \sec D \cos H \cos D (\tang H \tang D + \cos P) = \tang H \tang D + \cos P;$$

mais à l'horizon $\quad \delta = 0 = \tang H \tang D + \cos P,$

ou $\quad \cos P = - \tang H \tang D = \cos$ arc semi-diurne;

à $6^h \cos P = 0$, alors $\quad \delta = + \tang H \tang D = \delta' \dots \dots \dots (3),$

à midi $\cos P = 1, \quad \delta = \tang H \tang D + 1;$

à minuit $\cos P = -1, \quad$ et $\quad \delta = \tang H \tang D - 1,$

d'où résulte cette construction, qui est sans doute celle de Regiomontanus.

D'un rayon arbitraire que vous prendrez pour unité, décrivez un cercle occulte qui représentera l'équateur (fig. 74).

Dans ce cercle, tracez un diamètre horizontal, c'est-à-dire de gauche à droite; aux deux extrémités de ce diamètre, menez deux tangentes indéfinies; marquez 12^h la tangente à droite et minuit, 24^h ou o la tangente à gauche.

Par le centre même menez une perpendiculaire indéfinie qui sera la ligne de 6^h; cette ligne, comme toutes les autres lignes horaires, doit s'étendre au-dessus et au-dessous du diamètre horizontal à des distances faciles à déterminer, d'après ce qui va suivre.

Sur le diamètre horizontal prenez, à partir du centre, tant à gauche qu'à droite, des distances $=\cos P$, d'heure en heure, si le cercle est petit, de 10 en 10′, s'il est assez grand.

Par tous ces points, menez des parallèles aux lignes de midi, de 6^h et de minuit; vous aurez toutes les lignes horaires, et la première partie du problème sera construite.

Pour la seconde, qui doit déterminer les *zodiaques d'habitation*, marquez sur la ligne de 6^h, dans la partie supérieure, et à partir du centre, des distances $=$ tang H autant que vous pourrez.

Mais si $H = 90°$, la tangente est infinie; on ne peut donc en aucun cas marquer cette tangente. Il est même tout-à-fait inutile de passer $H = 66°32′ = 90° - 23°28′ = 90° -$ obliquité $= 90° - \omega$.

En effet, la plus grande valeur de D est ω,................ tang H tang D $=$ tang$(90°-\omega)$ tang $\omega = \cot\omega$ tang $\omega = 1 = \cos 180° = \cos$ arc semi-diurne de 12^h; et quand l'arc semi-diurne est de $180°$, le Soleil cesse de se coucher et de se lever.

Prenez donc sur la ligne de 6^h la distance cot ω, et à cette distance menez à angles droits un diamètre égal à celui du cercle et terminé aux deux lignes de minuit et de midi.

Du centre du cercle menez aux deux extrémités de ce diamètre deux hypoténuses qui seront $\frac{\cot\omega}{\cos\omega} = \frac{1}{\sin\omega} =$ coséc ω; vous aurez un triangle isoscèle, élevé perpendiculairement sur la pointe, et qui sera partagé en deux triangles égaux et rectangles par la ligne de 6^h.

Dans ce triangle, vous formerez le trigone des signes, en prenant sur la base, de part et d'autre de 6^h, tous les points de déclinaison aux distances cot ω tang D.

A tous ces points de déclinaison, vous mènerez des hypoténuses dont l'expression générale sera

$$\frac{\tang H}{\cos D} = \sec D \tang H \ldots \ldots \ldots \ldots (4).$$

Enfin par tous les points tang H de la ligne de 6^h, menez des parallèles au diamètre horizontal; toutes ces parallèles se termineront aux deux hypoténuses extrêmes coséc ω.

Ces parallèles sont les lignes de latitudes, ou, selon Régiomontan, les zodiaques d'habitation. Elles seront les lieux des points de suspension pour l'année.

La seconde partie du problème sera construite; il ne restera plus qu'à trouver la distance de la perle au point de suspension $= r = \sec H \sec D$.

Or $\sec D \sec H = \sec D (1 + \tang^2 H)^{\frac{1}{2}} = (\sec^2 D + \sec^2 D \tang^2 H)^{\frac{1}{2}} =$ hypoténuse d'un triangle rectangle dont les côtés seront séc D et séc D tang H. Nous avons déjà le côté séc D tang H (formule 4), c'est une des hypoténuses du trigone; il reste à trouver séc D, ce qui n'est pas difficile.

Sur le diamètre horizontal, formez un second trigone des signes dont le sommet sera le centre du cercle, et la base 2 tang ω sera prise sur la ligne de midi.

Sur cette base, prenez des distances tang D, tant au-dessus qu'au-dessous du diamètre horizontal; à tous les points ainsi marqués sur la base, menez des hypoténuses qui seront toutes séc D.

Ce second trigone est parfaitement égal à la partie inférieure du premier trigone, à cette partie qui a pour sommet le centre du cercle et pour base la ligne de latitude 45°.

Les hypoténuses correspondantes des deux trigones seront entre elles des angles droits. Cela est évident pour les axes mêmes des deux trigones; cela n'est pas moins clair pour les autres hypoténuses qui forment sur leurs axes et du même côté des angles égaux à la déclinaison.

Chaque couple d'hypoténuses correspondantes, c'est-à-dire appartenant à la même déclinaison, offrira donc les deux côtés d'un triangle rectangle; les deux côtés seront séc D et séc D tang H; l'hypoténuse sera

$$(\sec^2 D + \sec^2 D \tang^2 H)^{\frac{1}{2}} = (\sec^2 D \sec^2 H)^{\frac{1}{2}} = \sec D \sec H = r.$$

Ainsi, quand le fil sera arrêté par un bout au point de suspension, dont la distance à 6^h est tang H tang D, conduisez ce fil au *zodiaque de midi*, au point de la déclinaison D; arrêtez la perle à ce point; l'instrument sera préparé pour l'observation.

Nous avons encore à parler de l'alidade et de ses pinnules. Cette alidade doit être un peu au-dessus de la base $2\cot\omega\tang\omega = 2$ du premier trigone, et lui être parallèle.

Il faut, sur le milieu de cette base et sur la ligne de 6^h, attacher le *bras* au moyen d'un boulon, autour duquel il pourra tourner.

Ainsi nous avons démontré et complété la construction donnée par Régiomontan. Tel est l'analemme rectiligne universel, tel qu'il est décrit par tous les auteurs depuis Munster jusqu'à Ozanam. Il paraît, par un passage d'Oronce-Finée, que Régiomontan l'a fait connaître le premier, du moins en Europe. Il est possible que cette construction vienne des Arabes; c'est du moins une manière de concevoir l'opération qui leur donnait l'heure sans calcul. Mais rien ne nous assure que cet analemme soit en effet le moyen qu'ils mettaient en usage; car notre équation générale est susceptible de plusieurs constructions. Nous en indiquerons bientôt une autre.

Tous les auteurs qui ont parlé de l'analemme universel, tels que Munster, Oronce, plusieurs autres, et Clavius même, lui qui démontre tout si longuement, *tous se sont contentés de donner la description, sans descendre,* dit Ozanam, *jusqu'à la démonstration; de quoi l'on ne doit pas être surpris, vu qu'elle repose sur des principes très cachés d'une théorie très profonde, en sorte qu'il semble qu'il était réservé à notre auteur* (Dechalles) *d'en pouvoir pénétrer l'obscurité.*

Cette démonstration ignorée de tant d'auteurs, semble prouver que l'analemme est une invention étrangère à l'Europe, et nous ne voyons que les Arabes à qui nous puissions en faire honneur.

La démonstration de Dechalles emploie l'analemme ordinaire; elle est longue, pénible et indirecte, en ce qu'elle prouve bien la légitimité de la construction, sans donner la moindre lumière sur la voie par laquelle on a pu y être conduit dans l'origine. Dechalles passe par tous les cas qui peuvent se rencontrer, en allant du plus simple au plus composé; tandis qu'à l'aide d'une formule très connue, nous arrivons tout d'un coup à l'équation générale du problème.

Nous avons dit que cette équation est susceptible de diverses constructions. En voici une seconde, elle est du jésuite St.-Rigaud, qui l'a publiée sous le titre d'*Analemma novum* (fig. 75).

Décrivez comme ci-dessus le cercle occulte avec son diamètre, ses deux tangentes et toutes ses lignes horaires. Sur la ligne de minuit et sur celle de midi, prenez au-dessous du diamètre les distances $\tang H$.

A coté de tous ces points, sur la ligne de midi, marquez les nombres H, et vis-à-vis, sur la ligne de minuit, les nombres 90°—H. Ces nombres se placeront au-dehors de la figure.

Sur les lignes de minuit et de midi, prenez de même, tant en dessus qu'en dessous du diamètre horizontal, des distances tang D, c'est-à-dire construisez deux *zodiaques*, l'un de *midi* et l'autre de *minuit*. Joignez les points correspondans de déclinaison par des parallèles au diamètre horizontal.

Les déclinaisons australes seront dans la partie supérieure, les déclinaisons boréales dans la partie inférieure.

Vous placerez les deux pinnules sur le diamètre horizontal; la pinnule oculaire près de la ligne de midi, la pinnule objective près de la ligne de minuit.

L'instrument sera construit. Voici le moyen de s'en servir.

Étendez le fil en travers du cercle, de manière qu'il le coupe diamétralement, et qu'il passe en même tems sur le point H de la ligne de minuit; on se souvient que ce point H appartient véritablement à $(90°—H)$; le fil fera au centre, au-dessous du diamètre horizontal, un angle $=90°—H$; il fera, avec la ligne de 6^h, un angle $=H$. Dans cette position, il coupera toutes les parallèles horizontales à des distances tang D tang H de la ligne de 6^h; il marquera le point de suspension pour la hauteur du pôle H et la déclinaison D. Le point d'intersection sera à gauche au-dessous du diamètre, si la déclinaison est boréale; il sera au-dessus et à droite, si la déclinaison est australe.

La distance du point de suspension à la ligne de midi sera......
$(1 \pm \tang H \tang D)$; le signe $+$ pour les déclinaisons boréales, le signe $-$ pour les déclinaisons australes.

La partie de la ligne de midi comprise entre le point de latitude H et le point de déclinaison D sera $(\tang H \mp \tang D)$; le signe $\mp$ pour les déclinaisons boréales, le signe $+$ pour les déclinaisons australes.

Ces deux lignes sont réciproquement perpendiculaires; elles seront les côtés d'un triangle rectangle dont l'hypoténuse sera

$$[(1 \pm \tang H \tang D)^2 + (\tang H \pm \tang D)^2]^{\frac{1}{2}},$$

ou

$$(1 \pm 2\tang H \tang D + \tang^2 H \tang^2 D + \tang^2 H \mp 2\tang D \tang H + \tang^2 D)^{\frac{1}{2}}$$
$$= (1 + \tang^2 H + \tang^2 D + \tang^2 H \tang^2 D)^{\frac{1}{2}} = (\séc^2 D + \tang^2 H \séc^2 D)^{\frac{1}{2}}$$
$$= (\séc^2 D \séc^2 H)^{\frac{1}{2}} = \séc H \séc D = r = \text{dist. de la perle au point de suspens.}$$

Ainsi, le fil étant arrêté au point de suspension, amenez-le par l'autre bout sur le point H de la ligne de midi, vous connaîtrez la place de la perle; arrêtez la perle sur ce point, et tout sera préparé pour l'observation.

Comme dans la première construction, vous aurez tang H tang D pour distance du point de suspension à la ligne de 6^h, et $r =$ séc H séc D; et cette construction nouvelle a cet avantage, qu'on épargne les hypoténuses de deux trigones qui se réduisent à un rectangle divisé en plusieurs bandes.

Les symboles des signes pour les déclinaisons ou pour les longitudes du Soleil, se placent intérieurement entre les lignes de 11 et 12^h, d'un côté, et les lignes de 23 et 24^h, de l'autre, en cet ordre :

$$\begin{array}{l} \text{♑} \ldots \ldots \ldots \text{♑} \\ \text{♐} \ldots \ldots \ldots \text{♒} \\ \text{♏} \ldots \ldots \ldots \text{♓} \\ \text{♎} \ldots \ldots \ldots \text{♈} \\ \text{♍} \ldots \ldots \ldots \text{♉} \\ \text{♌} \ldots \ldots \ldots \text{♊} \\ \text{♋} \ldots \ldots \ldots \text{♋} \end{array}$$

Les lignes ♑, ♑, etc., représentent les parallèles qui divisent le rectangle.

Les lignes horaires s'étendent depuis la parallèle ♑♑, au-dessous de l'alidade, jusqu'à une distance $=$ séc H séc D $+$ tang D.

Il est évident que, pour l'usage ordinaire, tant de points différens de latitude sont inutiles; les Arabes pouvaient se borner aux latitudes depuis 15 ou 20° jusqu'à 30 ou 35°, ce qui permettait un plus grand rayon et promettait plus de précision.

On pouvait, pour un observatoire donné, se borner à une latitude unique, ce qui abrégeait encore la construction. On pouvait supprimer les heures qui précèdent le lever, au plus long jour, et ne marquer que celles où le Soleil pouvait être visible au lieu de l'observation.

Dans ce cas, sur la ligne de 6^h prenez en remontant tang H, et du point ainsi trouvé menez à la ligne de midi une droite qui sera séc H.

Faites de séc H l'axe d'un trigone des signes; en divisant la perpendiculaire à séc H, en distances séc H tang D; cette base sera le lieu des points de suspension pendant toute l'année, et le mécanisme de la suspension sera beaucoup simplifié et plus susceptible de précision : vous placerez l'alidade sur cette base (fig. 76).

RÉGIOMONTAN.

Toutes les hypoténuses séc H séc D du trigone se réunissent au sommet du trigone, c'est-à-dire au point de midi, qui sera physiquement le même toute l'année.

Les arcs décrits en un jour par la perle, seront des arcs de cercle qui, partant du point unique de midi, iront se terminer sur la ligne horaire du lever, en toutes saisons.

Vous pourriez supprimer la perle, car le fil marquerait l'heure par son intersection avec l'arc de signe.

Cet analemme particulier est connu sous le nom de *capucin*, parce que les arcs de signes forment ensemble une figure qui ressemble assez à un capuchon. Sur la ligne des levers, dessinez un profil; vous croirez voir une tête qui sort du capuchon. Ce cadran du *capucin* n'est qu'une plaisanterie, quand on le dessine sur une carte à jouer; mais tracez-le sur un plan d'une certaine étendue, supprimez les arcs de signes, qui ne sont bons qu'à créer la confusion; conservez la perle ou le nœud qui glisse le long du fil, et vous aurez l'un des meilleurs moyens que pussent avoir les Arabes, pour trouver l'heure d'un phénomène sans aucun calcul.

Ce moyen, comme tous ceux qui emploient la hauteur du Soleil, sera fort incertain aux environs de midi, parce que la hauteur varie alors fort lentement; mais depuis le lever jusqu'à 10 ou 11^h du matin, et depuis 1 ou 2^h jusqu'au coucher, on aurait l'heure le plus souvent à la minute, ce que n'ont jamais eu les Grecs, ni même les Arabes, au tems d'Ebn Jounis.

Les Arabes avaient l'équivalant de notre formule

$$\sin h = \sin H \sin D + \cos H \cos D \cos P;$$

ils avaient des tangentes et des sécantes, qu'ils avaient introduites non-seulement dans la Gnomonique, mais même dans la Trigonométrie; ils avaient plus de moyens que Régiomontan pour imaginer l'analemme universel; et si Régiomontan est le premier qui l'ait fait connaître aux Européens, il a pu le tenir des Arabes, dont il avait étudié les ouvrages. Il est possible qu'un de ces analemmes lui soit tombé entre les mains, et qu'il l'ait reçu d'Espagne, où les Arabes l'avaient apporté; il en aura donné la figure et les usages, sans peut-être se donner la peine d'en chercher la démonstration.

On trouve encore dans les livres de Gnomonique un cadran portatif décrit dans un quart de cercle. Montucla, tom. III, p. 262 de ses *Ré-*

créations Mathématiques, en donne une description fort claire et fort simple. Ce cadran suppose une latitude déterminée et une table des hauteurs du Soleil, pour toutes les heures ou fractions d'heures, pendant toute l'année. Ce cadran paraît aussi nous venir des Arabes. Tous les arcs des signes sont des arcs de cercle divisés en heures, au moyen de la table des hauteurs. L'ordre de ces cercles est arbitraire; on peut mettre en haut l'arc du Capricorne ou celui du Cancer; mais ces arcs, qui ont tous un même centre, sont nécessairement de grandeur inégale; le cadran ne peut avoir la même précision en hiver et en été. Par tous les points des différens arcs qui répondent à la même heure, on fait passer une courbe qui est la ligne horaire, et qui a la forme d'un *s* à peu près. On ne peut nier que la construction n'en soit extrêmement simple, mais on n'en peut espérer une précision aussi grande (fig. 77).

Pour estimer celle qu'on peut attendre de l'analemme, supposons que le rayon du cercle soit un pied, ou 144 lignes; $144^{li} \cos P$ sera la distance à 6^h; donc, pour l'espace d'une minute,

$$144 \sin P \sin dP = 144 \sin 15' \sin P = 0^{li},63 \sin P.$$

Si le rayon est un mètre, la minute vaudra $4^{mm}.363 \sin P$, ce qui donne la table ci-dessous, où l'on voit que si le rayon est seulement d'un pied, on pourra toujours espérer la précision d'une ou deux minutes, pour peu que l'angle horaire soit de une heure ou deux.

h	h	1 pied.	Mètre.
11	1	$0^{li}16$	$1^{mm},13$
10	2	0,31	2 ,18
9	3	0,44	3 ,09
8	4	0,54	3 ,78
7	5	0,61	4 ,21
6	6	0,63	4 ,36

La formule

$$\sin v. P = \frac{\cos(H-D) - \cos N}{\cos H \cos D} = \frac{\cos(H-D) - \sin h}{\cos H \cos D} = \sec H \sec D \cos(H-D) - \sin h \sec H \sec D$$

pouvait fournir deux tables commodes pour trouver sin verse P en deux parties; une troisième table aurait donné l'heure par sin verse P. Il aurait suffi d'une hauteur du Soleil observée avec un quart de cercle; mais ce serait changer la nature du problème, qui ne veut ni tables, ni calculs.

Cœli et siderum in eo errantium observationes Hassiacæ illustrissimi principis Willhelmi Hassiæ lantgravii auspiciis quondam institutæ et spicilegium biennale, ex observationibus Bohemicis V. N. Tychonis Brahe, nunc primum publicante Willebrordo Snellio, quibus accesserunt Joannis Regiomontani et Bernardi Waltheri observationes Noribergicæ. Lugduni Batavorum, 1618. Ce dernier article, et le Livre de la Comète, qui appartiennent à Régiomontan, nous ont décidé à placer ici l'extrait de cet ouvrage, et nous ne séparerons pas ce qu'il a réuni ; nous suivrons même l'ordre des pages.

Les observations du landgrave commencent au 13 avril 1561. Ce sont des hauteurs du Soleil avec les déclinaisons et les longitudes qui en résultent. L'éditeur ne les donne que comme de premiers essais. Il en conclut l'obliquité 23° 30′, la hauteur 51° 18′ ; on la suppose aujourd'hui de 51° 19′ 20″. Un grand et un petit quart de cercle s'accordent à 2′ près. Rothmann, mathématicien du prince, trouvait 51° 20′ ; Juste Byrge, qui construisait ses instrumens, ne trouvait que 51° 19′ 20″. On remarque l'équinoxe de 1571, arrivé le 10 mars, 23ʰ 31′. Ces observations finissent en 1582.

Rothmann, en 1587, écrit que la veille des ides de juin la hauteur solstitiale était de 62° 11′, d'où résulterait une obliquité de 23° 29′, ou 23° 30′, ou enfin 23° 30′ 40″.

Les observations suivantes sont de Juste Byrge, qui, à la qualité d'artiste, joignait celle de bon observateur et de calculateur. Il avait eu l'idée des logarithmes, et il en avait commencé une table. Il observait des distances d'étoiles et de planètes. Les distances, qui sont à peu près invariables, pourraient se comparer à celles que donnent les catalogues modernes. On verrait quelle confiance on peut accorder aux distances des planètes ; mais on sait d'ailleurs que la réfraction a dû y produire des erreurs de plusieurs minutes. A la page 63, on trouve des distances de la Lune.

Les observations de Tycho commencent à la page 69, année 1599, style grégorien. Nous avions eu d'abord l'idée de les renvoyer à l'article de ce grand astronome ; mais elles ne nous fourniront que quelques lignes, et l'anachronisme sera tout-à-fait sans conséquence.

D'après Tycho, la longitude de la citadelle Bénatique (*Benaticæ arcis in Bohemiâ*), serait de 39° 0′, ou de 39° 50′ ; et de 9′ plus forte que celle d'Uranibourg. La hauteur du pôle 50° 18′, 10″, 15″, 25″, ou 30″. La latitude de Prague serait de 50° 4′ ½ ; d'autres la font de 50° 7′.

A la page 73, on trouve des hauteurs, des distances et des déclinaisons de Mercure, et l'on fait la remarque qu'elles s'accordent mieux avec les tables de Copernic qu'avec celles d'Alphonse ; enfin beaucoup de distances de Vénus.

Le 25 février 1601, Tycho vint à Prague habiter la maison de Curtius, que l'empereur avait achetée pour lui, de la veuve.

Le 13 octobre, Tycho dîna avec M. de Mincowitz, chez M. de Rosenbergh ; on but beaucoup ; *Tycho sentait la tension de sa vessie ; mais il préféra la civilité à la santé.* De retour chez lui, il ne put uriner ; au commencement de sa maladie, la lune était en opposition avec Saturne et en aspect quadrat avec Mars, dans le Taureau, et Mars au même lieu qu'à l'instant de sa naissance. On ne dit pas si ce fut Tycho lui-même qui en fit la remarque. La rétention d'urine continuait et lui causait des douleurs très vives ; de là les insomnies, la fièvre, le délire ; on ne pouvait cependant obtenir de lui qu'il ne mangeât pas ; enfin, le 24 octobre, le délire cessa pendant quelques heures, et Tycho expira doucement, entre les consolations, les prières et les larmes des siens. La nuit précédente, pendant son délire, il répéta plusieurs fois les mots : *ne frustrà vixisse videar.*

Dans un avis au lecteur, page 85, Snellius rapporte que Tycho avait observé la réfraction à 3° de hauteur, de 12′ seulement, quoiqu'il l'ait faite de 17′ dans sa table ; on la suppose aujourd'hui de 14′ 28″. On voit donc que ses observations ne sont pas sûres à 3′ près. Snellius soupçonnait une minute d'incertitude dans la parallaxe du Soleil ; il voulait qu'on allât sous le tropique, observer la plus grande déclinaison. Il fait une dissertation sur l'obliquité de l'écliptique, sur la manière d'observer les équinoxes, et il donne la préférence à celle de Régiomontan, qui consiste à observer plusieurs jours de suite la hauteur méridienne du Soleil, pour en conclure l'instant du passage par l'équateur. Il en donne pour exemple l'équinoxe de 1571, et trouve qu'il arriva le 10 mars à 20ʰ 4′ ½ ; il cherche ensuite l'apogée. Arzachel, 193 ans après Albategnius, l'avait trouvé en 2ˢ 17° 50′ ; nos tables ne donnent que 2ˢ 15° 19′. Tycho, en 1577, trouva 3ˢ 5° 50′. Arzachel avait employé trois longitudes, comme Hipparque avait fait pour la Lune. Nous avons donné des formules générales pour appliquer cette méthode au Soleil. Juste Byrge tirait de ses propres observations 3ˢ 5° 53′ 20″, et l'excentricité 0,0359133, ce qui différait peu des conclusions de Tycho.

RÉGIOMONTAN.

Les observations de Régiomontan commencent à Rome, le 3 janvier 1462, et à Nuremberg, le 6 mars 1472; elles sont données en cordes de la distance zénitale, pour un rayon de 100000, on observait avec les règles parallactiques de Ptolémée; elles finissent au 28 juillet 1475. Celles de Waltherus commencent au 2 août et finissent au 3 juin 1504. On peut remarquer que plusieurs observations sont suivies de cette note : *l'instrument vérifié par le gnomon*. La Caille a fait usage de ces observations pour ses Tables du Soleil.

On trouve ensuite un petit écrit de Schoner, sur le rayon astronomique. Cet auteur, né en 1477, est mort en 1547; il a fait quelques observations de Mercure, que Copernic emprunta de lui, pour composer ses Tables.

Ayez une règle quadrangulaire bien plane, de six coudées environ; vous la diviserez en parties égales; le nombre de ces parties est arbitraire; l'auteur s'arrête à 1300.

Ayez d'autres règles de diverses longueurs, comme de 10, 20, 30, 40,....210 parties de la première; que ces règles soient percées d'un trou carré, pour qu'elles puissent glisser le long de la grande règle, et former toujours des angles droits; à chacun des bouts de la petite règle, plantez une aiguille, et mettez-en une pareille à l'un des bouts de la grande, pour marquer le lieu de l'œil, et l'instrument sera construit.

Adaptez à la grande règle celle d'entre les petites que vous croirez la plus convenable pour la distance que vous voulez mesurer; avancez la petite règle jusqu'à ce que les deux aiguilles extrêmes couvrent les points dont vous prenez la distance; la moitié de la petite règle sera le sinus, et la partie interceptée de la grande sera le cosinus de la demi-distance.

La comparaison vous donnera $\frac{\sin \frac{1}{2} D}{\cos \frac{1}{2} D} = \tang \frac{1}{2} D$; vous aurez donc la tangente de la demi-distance; vous la chercherez dans la Table de Purbach; il ne parle ni de celle de Regiomontanus, ni de celle de Reinhold. Après cet opuscule, on en voit un autre dont voici le titre :

Joannis de Monte-Regio, Georgii Beurbachii, Bernardi Walteri ac aliorum, eclipsium, cometarum, planetarum ac fixarum observationes. Magister G. Beurbachius et J. de Monte-Regio, observaverunt in Mellico Austriæ apud Viennam, anno D. 1457, eclipsin Lunæ universalem; in oppositione verâ septembris. Scilicet die tertio mensis, post occasum Solis. Habuit autem, in principio moræ, penultima ex Pleïadibus altitudinem ante meridianam 22 *graduum et Sol secundum numerationem fuit in* 5^s 20° 48'. *In fine autem moræ altitudo ejusdem stellæ* 36°. *Ex his duabus observationibus eliciam tempus medium eclipsis per numeros subscriptos cum figuratione huic rei opportuna.*

Voici le calcul.

$\quad$ H = 48° 22' haut. du pôle. $\quad$ Déclin. ☉ = 4°3' B; sin ω = 39862.

90° — H = 41.38 haut. de l'équat. Ce sinus suppose le rayon 600000,

D = 23.30 décl. de l'étoile. Comme dans la table de Régiomont.

$\overline{90° — H + D} = 65.\ 8$ hauteur méridienne de l'étoile.....sin... 54437

$\qquad\qquad$ sin haut. observée = 22° = sin h......... 22476

$\quad$ sin(90° — H + D) — sin h = $\overline{\cos(H - D) — \sin h}$... 31961.

Il calcule ensuite $\dfrac{\cos(H - D) - \sin h}{\cos H} = 2\sin^2 \frac{1}{2} P \cos D$, c'est-à-dire le sinus verse de l'angle horaire sur le parallèle de l'étoile; pour le réduire à l'équateur, il reste à diviser par cos D. En effet,
si $h = \cos P \cos H \cos D + \sin H \sin D = \cos(H - D) - 2\sin^2 \frac{1}{2} P \cos H \cos D$,
et

$$2\sin^2 \tfrac{1}{2} P = \frac{\cos(H - D) - \sin h}{\cos H \cos D};$$

c'est la méthode des Arabes. De l'angle de l'étoile il conclut l'asc. dr. du milieu du ciel et l'heure.

En 1460, dans la nuit du 3 au 4 juillet, 7^h 16' après midi, commencement de l'éclipse; fin, 9^h 10'; quantité éclipsée, 2^d 56'. Telle était l'annonce. La hauteur de la Lune, corrigée de la parallaxe, lui donne la hauteur du nadir du Soleil. Le calcul des tables avançait de 1^h 10' sur l'observation.

Le 2 décembre 1461, à Rome, au commencement de la nuit, Régiomontan vit Mars et Saturne, qui, suivant l'almanach, devaient être en conjonction; l'erreur des tables était de 2°.

Le 14 décembre, Vénus et Saturne paraissaient en conjonction, ce qui s'accordait fort bien avec les Tables Alphonsines.

Le 17 décembre, la Lune devait se lever éclipsée de 10 doigts; il n'en trouva que 8. Les tables marquaient la fin 1^h 2' trop tard.

Dans la nuit du 11 au 12 juin, vers 15^h 15', la Lune fut éclipsée de 6^d 34', suivant les tables. On ne put observer ni le commencement, ni la fin, à cause des nuages; le milieu, estimé à 14^h 48'; les tables le mettaient 27' trop tard.

RÉGIOMONTAN.

Au verso de la page 22, on trouve des observations de Mars, qui, comparées aux tables d'Alphonse, montrent des erreurs de $+30'$ et $-86'$, et Régiomontan ajoute ces mots : *Quare vide ne nimium confidas inani calculo et quasi somnio Alphonsino. Alphonsus etiam locis fixarum plus æquo addidit in uno gradu et 55'.*

On voit ensuite deux observations de la comète de 1572, et une observation de l'Ane boréal, qui allait être caché par la Lune.

Puis des distances d'étoiles et de planètes, mesurées avec le rayon astronomique, par Waltherus.

Année 1477. Il a paru que Mars et Saturne allaient être en conjonction avec même latitude ; il en conclut une erreur de $1°36'$ dans les tables. *O quanto affectu eorum vidissem conventum, quia verisimili conjecturâ unus eclipsabat alterum, rarissimus autem eventus ille.*

Le 19 février 1478, conjonction de Jupiter et de Vénus.

En 1481, une conjonction de Mercure et de Saturne, qui ne s'accordait nullement avec les tables.

En 1482, occultation de Saturne par la Lune. Les nuages nuisirent à l'observation.

En 1484, j'ai vu Mercure à l'horizon ; j'ai aussitôt appendu un poids à une roue horaire de 56 dents ; elle fit un tour entier et 35 dents, jusqu'au lever du Soleil. Mercure se levait donc $1^h \frac{35}{56} = 1^h \frac{5}{8} = 1^h 35'$ après le Soleil, ce qui s'accorde assez bien avec le calcul. L'horloge était bien vérifiée, c'est-à-dire qu'elle faisait 24^h juste entre deux passages du Soleil au méridien. Il paraîtrait que c'est à l'horloge subsidiaire, qui était alors immobile, qu'il a attaché le poids qui l'a mise en mouvement.

En 1485, 16 mars, éclipse de Soleil annoncée comme totale ; elle ne fut que de 11 doigts.

En 1489, on trouve l'observation de réfraction la plus ancienne qui existe peut-être. Il est à remarquer, dit Waltherus, que les astres sont vus au-dessus de l'horizon, par des rayons brisés, lorsqu'ils sont encore sous terre. Sextus Empiricus l'avait dit dix siècles plus tôt, mais il ne l'avait pas observé. J'ai souvent remarqué cet effet, ajoute l'auteur, bien avant que d'avoir lu Alhacen et Vitellion, où je l'ai vu clairement exposé. Waltherus cherchait à déterminer la longitude de $\alpha \Omega$ par le Soleil et Vénus.

Pour éviter l'effet de cette réfraction, qui l'aurait empêché d'avoir le vrai lieu de Vénus par le Soleil, il mesure cette distance près du méridien ; ou bien s'il la voulait mesurer à l'horizon, il présentait au Soleil le point de l'écliptique qui marquait le lieu vrai.

Sans la réfraction, l'ombre aurait dû être dans le plan de l'écliptique; mais à cause de la réfraction qui élevait le Soleil, l'ombre était au-dessous du plan. Il tendait un fil à plomb au milieu de l'ouverture; ce fil marquait le vertical du Soleil; il tournait donc l'instrument jusqu'à ce que le rayon solaire traversant la pinnule objective, vînt couper le fil suspendu à la seconde pinnule oculaire. Alors le cercle de latitude, sur lequel tombait le point éclairé du fil, marquait le lieu apparent du Soleil, et le cercle de latitude dirigé à Vénus marquait la distance de Vénus au lieu apparent (fig. 78).

Ce passage, quoique long, n'est pas encore bien clair. Soit SNV l'écliptique, ZOS le vertical du Soleil; le Soleil est en S dans l'écliptique, la réfraction l'élève en O, et la longitude apparente du Soleil est marquée par le cercle de latitude EON; l'ombre solaire, ou l'image qui a traversé le trou de la pinnule, au lieu de tomber en S', à 180° du lieu vrai, tombe en O' au-dessous de l'écliptique; le nadir apparent du Soleil est donc dans le cercle de latitude EN'O, N' marque la longitude apparente du Soleil; mais le fil O'S', qui est dans le vertical, est éclairé en O' et marque en S' le lieu vrai du Soleil; le cercle de latitude EV, mené par le lieu de Vénus, marque la longitude V, et l'arc S'V = 180° — SV donnera la différence de longitude entre Vénus et le Soleil.

Ce moyen est ingénieux, il peut diminuer l'erreur de l'observation, mais je n'oserais en garantir la bonté pratique.

Nous arrivons enfin au dernier ouvrage de Régiomontan, dont au reste ce qu'on vient de lire ne nous a pas long-tems détourné.

J. de Monte-Regio viri undequaque doctissimi de cometæ magnitudine ac de loco ejus vero Problemata XVI.

Le problème I donne l'idée de la parallaxe, d'après Ptolémée. Le second est celui dont nous verrons que Tycho a fait un usage fréquent dans ses recherches sur les comètes.

On a observé les deux hauteurs KO et RM (fig. 79), la première vers l'horizon et l'autre vers le méridien, avec les azimuts HZK et HZR; on connaît donc ZO, ZM et ZH; on calcule HO, ZHO et ZOH, c'est-à-dire le triangle ZHO tout entier.

Du pôle H, avec la distance polaire HO, décrivez le parallèle ON, qui serait celui de l'astre sans la parallaxe.

Par le lieu vrai G, imaginez le parallèle GL.

Dans la seconde observation, au lieu apparent M répond le lieu vrai L ; imaginez HL = HG.

Soit LHN = GHO, HN = HO ; donc LN = GO ; les deux triangles GHO et LHN sont parfaitement égaux. Le mouvement de la comète GHL = OHN ; car GHL = LHN + NHG = NHG + GHO ; ce sera le mouvement de la sphère dans l'intervalle, si le mouvement propre de la comète est nul ; au reste, il est aisé d'en tenir compte. Abaissez ZNP, et menez NM et LN ; ZHN = ZHO — OHN ; on a ZH, et HN = HO ; on en conclura ZN et les angles ZNH et NZH.

La seconde observation donne ZM et BZR, d'où RZH ; RZH — NZH = MZN ; avec cet angle et les côtés ZM et ZN, vous aurez NM, MNZ et NZM ; MNL = MNH — LNH = MNH — ZOH = MNZ + ZNH — ZOH ; avec NM et les deux angles sur ce côté, vous aurez les deux autres côtés ML et NL, qui sont les deux réfractions.

Cette solution est un peu longue, et par suite un peu obscure.

La première observation donne HO et tout le triangle ZHO.

La deuxième donne HM et le triangle MHZ.

Si (HO — HM) est égal au mouvement de la comète en déclinaison pendant l'intervalle, il n'y a point de parallaxe en déclinaison.

Si (ZHO — ZHM) est égal au mouvement du premier mobile, moins le mouvement propre en ascension droite, il n'y a point de parallaxe d'ascension droite.

Le problème III cherche la même chose d'une autre manière.

Observez la hauteur, l'azimut, et notez l'instant de l'observation ; déterminez l'instant du passage de la comète au méridien, ce que vous obtiendrez par une étoile connue ; il ne s'explique pas davantage, mais il n'y a pas grande difficulté.

Soit G le lieu vrai de la comète (fig. 80), O le lieu apparent. Menez les cercles de déclinaison HGK et HOL ; vous connaîtrez l'angle horaire ZHG de la comète. Vous avez observé l'azimut GZH, vous avez deux angles connus sur un côté connu HZ, vous connaîtrez GH et GZ ; vous avez mesuré OZ, vous aurez la différence OG parallaxe de hauteur. Pour bien connaître l'angle horaire GHZ, vous observerez le mouvement de la comète en un tems donné ; vous aurez, par une simple analogie, le mouvement en tout tems.

Ce moyen est celui qu'on a employé pour les réfractions comme pour la parallaxe ; aucun auteur jusqu'ici ne l'avait exposé.

Problème IV. Autres moyens. Le passage de la comète au méridien a lieu souvent pendant le jour. Observez deux hauteurs égales, l'une avant, l'autre après le passage, avec les azimuts correspondans. Soit G le lieu vrai (fig. 81), O le lieu apparent dans le vertical ZGO, M le second lieu vrai; N le lieu apparent; les deux triangles GZK, MZK sont parfaitement égaux, GK = MK. Du pôle H menez les deux cercles de déclinaison HG, HM, ils seront égaux; GHZ = MHZ, le passage au méridien sera au milieu entre ces deux angles; ce tems tiendra le milieu entre ceux des deux observations. Le tems écoulé vous donnera GHZ = ½ GHM. Vous connaissez GZK par l'observation; avec deux angles sur un côté connu, vous aurez HG et GZ.

Vous connaissez ZO, vous aurez OG. Avec l'angle H, vous aurez l'ascension droite de la comète; vous avez sa déclinaison, vous aurez sa longitude et sa latitude.

Voilà le premier germe des hauteurs correspondantes; mais cette solution suppose encore le mouvement insensible; il est vrai que souvent il ne passe guère l'erreur des observations de ce tems; mais la difficulté est d'obtenir ces deux hauteurs correspondantes.

Problème V. Trouver le lieu de la comète dans l'écliptique, au moyen d'un instrument. Observez la comète, quand elle est à 90° du point orient; elle sera au nonagésime, toute la parallaxe sera en latitude; mais, comme il est difficile de faire cette observation, il croit devoir avertir que l'azimut du nonagésime est égal à l'amplitude du point orient. Guettez donc le moment où l'azimut de la comète sera égal à cette amplitude; alors, avec un instrument, vous trouverez, par une étoile quelconque, le lieu vrai de la comète. Il n'en dit pas d'avantage.

Cette solution est fort bonne sur le papier. Hipparque observait la Lune au nonagésime, pour éviter la parallaxe; mais quelques minutes avant ou après, la parallaxe était à peu près nulle, l'astrolabe lui donnait des différences exactes de longitude. Autre chose est de prendre la distance d'une étoile à la comète, qui peut avoir une latitude considérable, et de supposer la comète exactement au nonagésime.

Problème VI. Trouver la parallaxe de longitude. Vous avez, par ce qui précède, la longitude de la comète; observez-la ensuite hors du nonagésime, vous aurez son lieu apparent. La différence d'avec la longitude vraie sera la parallaxe de longitude.

Problème VII. Trouver la latitude apparente. Vous l'obtiendrez par les moyens ordinaires, c'est-à-dire sans doute par les distances à deux étoiles connues qui feront trouver le lieu apparent. Ou bien, dit l'auteur, observez la distance au zénit et l'azimut, et de plus la hauteur d'une étoile connue au même instant. Vous avez ZO, HZO, ZH (fig. 82), vous aurez OH, OHZ, HK = obliquité. Par la hauteur de l'étoile, vous avez son angle horaire, le lieu de l'écliptique qui est au méridien; KH prolongé, passe par la tête 0° ♋; vous aurez l'ascension droite du milieu du ciel, et celle du pôle K de l'écliptique, d'où ZHK, OHK', la longitude et la latitude apparente.

Problème VIII. Trouver autrement la parallaxe de hauteur.

Vous aurez GKO la parallaxe de longitude, ZOH, KOH et ZOK qui en est la différence. Dans le triangle GOK, vous aurez deux angles sur un côté connu, d'où GO parallaxe de hauteur.

Problème IX. Trouver le lieu de la comète, par la distance à deux étoiles; cela se trouve partout.

Problème X. Déterminer la distance de la comète au centre du monde et à l'œil de l'observateur.

Dans le triangle rectiligne entre la Lune, le centre de la terre et l'observateur, on connaît tous les angles et le rayon de la terre. Vous en concluerez les deux distances.

Problème XI. Pour exprimer ces distances en milles, il suffit d'avoir en milles le rayon de la terre.

Problème XII. Mesurer le diamètre de la comète. Régiomontan décrit ici l'instrument dont nous avons parlé ci-dessus d'après une note de Schoner. C'est donc avec le rayon astronomique qu'il mesure le diamètre apparent de la comète.

Problème XIII. Ce diamètre étant connu aussi bien que la distance, vous aurez le diamètre même par cette formule, diam. = 2 dist. sin $\frac{1}{2}$ diam.

Problème XIV. Trouver les volumes. Les sphères sont en raison triplée de leur rayon.

Problème XV. Trouver la longueur de la queue.

Il faut savoir, dit l'auteur, que la queue ne diffère du corps que par la figure, et par le moins de densité, et par la légèreté qui la fait monter; d'où il résulte qu'une ligne menée du centre de la terre au centre de la comète, et prolongée au-delà, serait l'axe de la queue. Il raisonne en supposant que la terre est le centre du monde. Dans la réalité, la queue serait sur le prolongement de la ligne menée du centre du Soleil, ainsi qu'on l'a toujours observé depuis Apian. Mais d'après l'idée de Régiomontan, l'extrémité de la queue serait toujours dans le même vertical que la comète, et un peu plus voisine du zénit. *Voyez* la figure 83, dont le calcul serait extrêmement facile.

Problème XVI. Trouver le volume de la queue. La queue est cylindrique ou conique. Si elle est cylindrique, nous connaissons la base qui est le cercle de la tête, nous connaissons la longueur de l'axe, nous aurons la solidité du cylindre.

Si elle est conique, on sait que le cône est le tiers du cylindre.

L'éditeur remarque ici une faute grave dans le petit écrit de Schoner. nous n'avions pas remarqué cette faute, que nous avions corrigée sans l'apercevoir.

De ces 16 problèmes, il n'y a d'utiles que ceux qui étaient connus, sauf le second, dont nous verrons que Tycho a fait grand usage. Nous en modifierons la solution.

Lettres inédites de Régiomontan.

Ces lettres ont été publiées pour la première fois en 1786, par le célèbre bibliographe Christophe Théopile de Murr, dans le recueil qu'il a intitulé:

Memorabilia Bibliothecarum publicarum Norimbergensium et Universitatis Altfordianæ, pars prima.

La Bibliothèque de Nuremberg possède quelques petits instrumens qui ont appartenu à Régiomontan, et qui ont été achetés des héritiers de **Waltherus**. Ce sont trois astrolabes de 10, de 5 et de 6 pouces de diamètre. Le dernier est arabe; les limbes y sont d'argent; enfin un instrument qu'on désigne sous le nom d'*horoscopium parvum*, sans autres détails.

On trouve dans la même Bibliothèque un globe céleste de 4 pieds, les étoiles y sont réduites à l'an 1550; un globe céleste et un globe terrestre de 11 pouces $\frac{1}{4}$; un *torquetum* d'Apian de $\frac{3}{4}$ de doigt; un astrolabe de Werner de 6 pouces; un autre de 1 pied $3\frac{1}{2}$ pouces; un cadran astronomique de 1 pied $7\frac{1}{2}$ pouces; un cube de $3\frac{1}{2}$ pouces, portant cinq cadrans pour la latitude de Nuremberg; un hémisphère concave de $2\frac{3}{4}$ pouces; une horloge solaire ronde et concave de $2\frac{3}{4}$ pouces, et une autre horloge solaire de Hartmann, de 2 pouces en carré.

Le manuscrit du *Commencement de la Sagesse* d'Abenesra, livre astrologique dont on dit que l'auteur vivait en 908.

Toutes ces curiosités sont assez peu intéressantes pour l'histoire de l'Astronomie, et nous n'en aurions fait aucune mention, sans les lettres de Régiomontan, qui nous offriront quelques problèmes curieux, et nous donneront une idée des différens objets qui se partageaient les goûts et le tems de l'auteur.

La première lettre est adressée à Blanchini, dont il a été question ci-dessus à l'occasion de ses Tables astronomiques. Il lui propose divers problèmes pour essayer sa force et son habileté dans le calcul. Nous allons rapporter ceux qui ont quelque chose d'astronomique et de trigonométrique.

Le 5 avril 1463, $2^h 25'$ après minuit, la longitude du Soleil étant de $24° 14' 8''$, et sa déclinaison $9° 25'$, et l'obliquité $23° 33' 30''$, à Ferrare, latitude $44° 45' 4''$, une étoile était dans le méridien à $39° 16'$ de hauteur, et sa distance au point orient était de $32°$. On demande la longitude et la latitude de l'étoile, sa déclinaison et l'arc semi-diurne. (fig. 84).

L'heure et le lieu du Soleil donnent le milieu du ciel et le point orient de l'écliptique; la hauteur de l'étoile et la distance à l'orient, font que le triangle EHO est connu tout entier. On a même les trois côtés du triangle, car l'azimut du point orient donne HO; reste à savoir si ces données sont cohérentes, si HO et HE s'accorderont avec l'hypoténuse OE de $32°$.

On aura HC = HM — MC = haut. équat. — déclin. du point culminant, CE = $39° 16'$ — HC, sin latit. = sin FE = sin CE sin C, C est l'angle de l'écliptique avec le méridien,

$$\tang FC = \tang CE \cos C; \quad \text{longit.} \, ♎ F = ♎ C - CF;$$

avec la longitude et la latitude, on aura la déclinaison et l'arc semi-diurne.

Ce problème n'offre aucune difficulté; le calcul est un peu long, quand on ignore l'usage des tangentes. On ne voit pas trop comment on a pu obtenir CO, si ce n'est par le calcul.

Le 17 juillet 1463, près de Venise, une étoile s'est levée à $3^h 25'$ après minuit; elle passa ensuite au méridien à $7^h 38'$; son arc semi-diurne était donc de $4^h 13'$; on avait donc sa déclinaison, puisque cos arc semi-diurne. cot hauteur du pôle = tang déclin. On avait son ascension droite par l'heure de son passage. On aura donc la longitude et la latitude de l'étoile.

Le 13 juillet 1463, dans un lieu dont la latitude est inconnue, à 3^h de la nuit, une étoile avait $35°$ de hauteur, 2^h d'angle horaire, et son azimut 37° compté du méridien. On en conclut d'abord la déclinaison de l'étoile, puis la hauteur du pôle, l'ascension droite par l'heure, le milieu du ciel et l'angle horaire; enfin la longitude et la latitude.

Le 9 août, à Venise, $3^h 38'$ après minuit, une étoile avait 40° 19' de hauteur orientale. Sa distance polaire était de 83° 25'. On a les trois côtés; on aura donc l'angle horaire et l'ascension droite; on aura la longitude et la latitude.

Un astronome à qui l'on proposerait aujourd'hui de pareils problèmes, croirait, avec quelque raison, qu'on se moquerait de lui. Mais il paraît qu'en ce tems, la solution d'un triangle dont on a les trois côtés, passait pour une opération difficile. Pour les précédens, dont le calcul est plus long, les Grecs avaient tout ce qui est nécessaire pour les résoudre.

Blanchini, dans sa réponse, en proposa un plus facile encore. Celui de trouver la longitude et l'ascension droite d'une étoile dont on connaît la latitude et la déclinaison avec l'obliquité de l'écliptique.

En voici un plus simple de beaucoup

$$x:y::5:8, \quad x+y=xy, \quad x=\tfrac{13}{8}, \text{ et } y=\tfrac{13}{5}.$$

puis
$$\frac{10-x}{x}+\frac{x}{10-x}=25, \quad \frac{100-20x+x^2+x^2}{10x-x^2}=25,$$
$$100-20x+2x^2=250x-25x^2, \quad 100-270x+27x^2=0,$$
$$x^2-10x=-\tfrac{100}{27}, \quad x^2-10x+25=25-\tfrac{100}{27},$$
$$x=5\pm\sqrt{25-\tfrac{100}{27}}=5\pm 5\sqrt{1-\tfrac{4}{27}}=0{,}38521, \quad 10-x=9{,}61479,$$

somme des quotiens $= 25{,}000065$.

On croit bien que Régiomontan résout ces petits problèmes. Dans sa réponse, il parle de 13 traités qui formeront un volume, qui doit être publié par ordre de son seigneur le cardinal Bessarion, dont il prend le titre de *familiaris*. Les deux premiers traités sont déjà terminés. J'ignore si le nombre 13 a quelque rapport à celui des livres de la *Syntaxe mathématique*, ou si l'auteur avait eu en vue les 13 livres de Diophante, dont il avait retrouvé les six premiers à Venise.

Il donne la construction suivante à Blanchini, qui n'avait pas bien saisi le sens d'un de ses problèmes.

Si vous avez la longitude N et la latitude NO d'une étoile, vous aurez la déclinaison LO, ou la distance polaire PO et l'ascension droite M (fig. 85).

Si vous avez la longitude N et celle du point M qui culmine avec l'étoile et NO, vous aurez $\cos OM = \cos ON \cos MN, \ldots\ldots\ldots\ldots$

LM + MO = déclin. = 90° — PO ; avec PO, OPE et PE, vous aurez le reste.

Il parle ici de son livre des triangles, et une note nous apprend qu'il le termina à Venise en 1463; Schoner publia cet ouvrage posthume sous le titre suivant :

Doctissimi et Mathematicarum disciplinarum eximii professoris Joh. de Regiomonte, de Triangulis omnimodis libri V, quibus explicantur res necessariæ cognitu, volentibus ad scientiarum Astronomicarum perfectionem devenire, quæ cum nusquam alibi hoc tempore expositæ habeantur, frustrà sine harum instructione ad illam quisquam aspirabit. Accesserunt huc in calce D. Cusani de quadraturâ Circuli atque recti ac curvi commensuratione. Itemque Joh. de Monte-Regio eâdem de re ἐλέγχτικα hac tenus à nemine publicata. Omnia recens in lucem edita fide et diligentiâ singulari; Norimbergæ, in œdibus Schoneri, 1533.

On peut être surpris qu'un traité si important alors n'ait été publié que 57 ans après la mort de l'auteur. Santbech en donna une édition nouvelle en 1560, à Bâle; c'est celle que nous avons extraite. On nous apprend encore que Régiomontan est auteur d'un *Algorithme démontré*, publié par Schoner en 1534. On voit, par ses lettres, que son Algèbre a quelque analogie avec celle de Stévin.

On a mesuré les distances d'une étoile à deux étoiles connues qui n'ont aucune latitude; on demande la longitude et la latitude de l'étoile. On a les trois côtés du triangle, il s'agit de trouver la perpendiculaire et l'un des segmens de la base; nous ferions :

$$\cos A'' = \frac{\cos C'' - \cos C \cos C'}{\sin C \sin C'}, \quad \tang C \cos A'' = \tang \text{ segment},$$

et
$$\sin C \sin A'' = \sin \text{ latitude}.$$

On connaît les latitudes et la distance de deux étoiles; on demande la différence en longitude. Il s'agit s'implement de trouver l'angle au pôle entre les deux cercles de latitude.

Dans un cercle d'un rayon donné, est inscrit un quadrilatère dont les quatre côtés ont des rapports connus; on demande la surface du quadrilatère.

Soient a, ma, na et pa les quatre côtés, et A l'angle compris entre a et ma; puisque le quadrilatère est inscrit au cercle, les angles opposés sont supplémens l'un de l'autre, ce qui donne

$$a^2 + m^2 a^2 - 2ma^2 \cos A = n^2 a^2 + p^2 a^2 + 2np a^2 \cos A,$$
$$a^2 + m^2 a^2 - n^2 a^2 - p^2 a^2 = 2(m + pn) a^2 \cos A,$$

$$\cos A = \frac{a^2 + m^2 a^2 - n^2 a^2 - p^2 a^2}{2(m+pn)a^2} = \frac{1 + m^2 - n^2 - p^2}{2(m+pn)}.$$

Connaissant l'angle compris et le rapport des côtés, on aura les deux angles et la perpendiculaire, et le troisième côté; dans chacun des deux triangles, on aura la surface. Il est même inutile de connaître le rayon; on prendra 1 pour le premier côté; on multipliera la surface par a^2.

Dans une sphère d'un rayon donné est inscrite une pyramide à base triangulaire. On a les rapports des six arêtes, on demande la solidité de la pyramide. Autres problèmes :

$x^2(x - \sqrt{5})^2 = 250$. On demande quel est x ?
$x = n.17 + 15 = m.13 + 11 = p.10 + 3.$

Quel est x ? C'est un problème du genre de celui que j'ai résolu pour la période julienne, tome III, p. 704, *Astr.* Ces problèmes ont une infinité de solutions; mais on se borne au nombre le plus petit, qui satisfait aux trois conditions. On a tous les autres, en ajoutant les multiples du produit des trois facteurs connus de m, n et p.

On connaît les latitudes DA et DB de deux étoiles, la longitude ♈L et la latitude LC d'une troisième étoile avec la distance CA à l'une des deux premières (fig. 86).

On cherchera P par les trois côtés dans le triangle APC, P = LD, ♈D = ♈L — LD; on en conclura, si l'on veut, les ascensions droites et les déclinaisons des trois étoiles.

Autre problème. $\quad \frac{100}{x} + \frac{100}{x+8} = 40, \quad x = 3 \pm 4,5;$

l'auteur indique rarement les solutions, à moins que son correspondant n'ait point résolu les questions; et par quelques-unes de ses solutions, il paraît qu'il employait encore la règle des six quantités de Ptolémée; mais c'était pour ne pas révéler ses propres méthodes; il désigne cette règle par le mot *le secteur*.

Le 6 octobre 1463, on a vu à Ferrare une étoile à l'horizon avec 60°30′ d'azimut du midi à l'est, et 3ʰ 36′ avant le lever du Soleil. On demande la longitude et la latitude de l'étoile (fig. 87)?

OH et PH donneront PO et la déclinaison. On aura aussi OPH; on a l'heure, on aura l'ascension droite du milieu du ciel et celle de l'étoile; on aura sa longitude et sa latitude.

Deux cercles se touchent intérieurement, on connaît leurs diamètres;

on demande la partie du plus grand qui se trouve couverte par le plus petit ? C'est le problème des doigts de surface dans les éclipses.

Par les préceptes de Ptolémée, on ne peut arriver à la corde de 1°. Il demande la corde de 20′ qu'on peut calculer. Il reviendra plus loin sur le problème de la trisection de l'angle.

Blanchini avait fait des objections contre le problème des trois étoiles, dont deux n'ont aucune latitude. Il dépend d'un triangle dont on connaît les trois côtés ; il paraît que ce cas était alors considéré comme très-difficile ; cependant la solution était dans l'ouvrage d'Albategni.

Régiomontan l'a résolu dans son livre IV des triangles, mais la solution était très pénible ; il y revient dans son livre V. En attendant que son livre paraisse, il indique à Blanchini une règle qui emploie le *secteur* des Grecs, mais en y faisant entrer les sinus au lieu des cordes.

Ce morceau est curieux, en ce qu'il montre l'état des connaissances trigonométriques en Europe à cette époque ; nous allons le traduire en entier (fig. 88).

Soit XQ une portion de l'écliptique ; soit H le lieu de la première étoile, K celui de la seconde ; que la troisième soit en L, hors de l'écliptique, en sorte que $LH = 6°18'$ et $LK = 20°47'$. De L comme pôle décrivons l'arc de grand cercle NOPQ, qui ira couper l'écliptique. Soit V le pôle de l'écliptique, VLXN sera le cercle de latitude de l'étoile L, et LX sera la latitude. Continuez LH en O et LK en P, vous aurez......
$LN = LO = LP = 90°$, $QN = QX = 90°$. Vous connaîtrez LX et la longitude du point X ; vous aurez $XN = 90° - LX$. Suivant la règle du secteur, vous aurez

$$\frac{\sin LN}{\sin NX} = \frac{\sin LO}{\sin OH} \cdot \frac{\sin HQ}{\sin QX}, \quad \text{ou} \quad \frac{1}{\cos \lambda} = \frac{1}{\cos LH} \cdot \sin HQ,$$

ou
$$\sin HQ = \frac{\cos LH}{\cos \lambda} = \cos HX.$$

Il eût été plus court de dire $\sin HQ = \frac{\sin HO}{\sin Q}$, mais il a voulu que la solution fût toute entière dans le style et la manière des Grecs.... $HX = 90 - HQ$; on aura donc la longitude du point H et celle du point K. On pourrait également se servir du secteur LNQK ; on en tirerait QK et KX.

Si l'on connaît l'une des longitudes H ou K au lieu de X, la solution sera encore la même. On ferait

$$\frac{\sin LN}{\sin NX} = \frac{\sin LO}{\sin OH} \cdot \frac{\sin HQ}{\sin QX}, \quad \text{ou} \quad \frac{1}{\cos \lambda} = \frac{1}{\cos LH} \frac{\sin HQ}{1},$$

et
$$\sin HQ = \frac{\cos LH}{\cos \lambda} = \frac{\sin HO}{\sin Q}.$$

Ici il annonce qu'on trouvera une autre solution dans son livre, alors ils auront, son correspondant et lui, ample matière à de plus longs entretiens.

Jusqu'ici il a supposé la connaissance des longitudes. Si l'on ne connaît ni l'une ni l'autre, voici ce qu'il faudra faire, en supposant qu'on connaisse au moins X.

Dans le triangle LHK, on connaît les trois côtés. Si l'on connaissait seulement l'un des trois angles, on en conclurait les deux autres, d'où l'on déduirait LX et XH, et KX. Il ajoute que dans le troisième livre de ses triangles, il a donné la solution du cas des trois côtés connus. *Mais tous ces moyens nous sont interdits ; voyons ce qui nous reste à faire.*

Il est étonnant que Regiomontanus n'ait pas vu que cette solution était dans le livre d'Albategnius; mais l'auteur arabe fait son calcul en plusieurs parties, et Régiomontan n'a pas eu l'idée de les rassembler. Il paraît qu'il n'avait aucune connaissance des écrits d'Ebn Jounis, ni d'Aboul Wéfa, qui vivaient 450 ans auparavant, et qui étaient bien plus avancés que lui. Il nous dit de considérer LOKQ, qui donne

$$\frac{\sin LO}{\sin OH} = \frac{\sin LP}{\sin PK} \cdot \frac{\sin KQ}{\sin QH}, \quad \text{ou} \quad \frac{1}{\cos LH} = \frac{1}{\cos LK} \frac{\sin KQ}{\sin QH},$$

ou
$$\frac{\cos LK}{\cos LH} = \frac{\sin KQ}{\sin QH} = \frac{\sin PK}{\sin HO};$$

il ne fallait pas tant de détours, puisque

$$\sin PK = \sin Q \sin QK \quad \text{et} \quad \sin HO = \sin Q \sin QH,$$

d'où
$$\frac{\sin PK}{\sin HO} = \frac{\sin QK}{\sin QH},$$

théorème connu des Grecs et des Arabes. On a donc le rapport $\frac{\sin QK}{\sin HQ}$, on a aussi la différence des deux arcs; on aura donc, d'après une règle de Ptolémée, les arcs eux-mêmes. Ou bien

$$\frac{\sin HQ}{\sin QK} = \frac{\sin(QK+a)}{\sin QK} = \cos a + \sin a \cot QK = n,$$

$$\cot QK = \frac{n - \cos a}{\sin a} = n \csc a - \cot a.$$

Mais Régiomontan ne savait pas se servir des tangentes.

Ensuite
$$\frac{\sin LN}{\sin NX} = \frac{\sin LO}{\sin OH} \cdot \frac{\sin HQ}{\sin QX},$$

RÉGIOMONTAN.

ou $$\frac{1}{\sin NX} = \frac{1}{\sin OH} \frac{\sin HQ}{\sin QX}, \quad \sin NX = \frac{\sin OH}{\sin HQ},$$

et le problème est enfin résolu. Mais on voit combien l'opération est longue. La formule d'Albategni était plus courte, et n'exigeait pas une construction particulière.

Au second problème, Regiomontanus avoue qu'il a hasardé une supposition impossible. En effet les deux petits côtés de son triangle $9°26' + 8°45' = 18°11'$, et le troisième est $35°53'$. Il voulait éprouver si son correspondant avait lu le livre de Ménélaüs, qui a démontré que deux côtés quelconques sont toujours plus grands que le troisième, et il avoue qu'il avait eu de la peine à retrouver cette démonstration, parce que tous les manuscrits étaient altérés en cet endroit. On ne voit pas ce que cette démonstration avait de si difficile.

D'abord (fig. 89)

$\cos AB = \cos AD \cos BD$, donc $\cos AB < \cos AD$, donc $AB > AD$;
$\cos BC = \cos DC \cos BD$, donc $\cos BC < \cos DC$, donc $BC > DC$;
$\}$ $AB + BC > AD + DC$, ou $> AC$.

Voilà pour le cas où AB et BC sont aigus, et quand la perpendiculaire tombe dans le triangle.

Mais voici une démonstration générale. Supposons AB et BC constans, AC grandira avec l'angle B (fig. 90),

$$\cos AC = \cos B \sin BC \sin BA + \cos BC \cos BA;$$

soit

$\cos B = \cos 0 = 1; \cos AC = \cos(AB - BC)$, donc $AC = AB - BC$;
$\cos B = \cos 180° = -1; \cos AC = \cos(AB + BC), AC = AB + BC$;

donc AC est toujours plus grand que la différence des deux autres côtés, et plus petit que leur somme, puisqu'il faut que les trois arcs soient dans le même plan pour atteindre l'une ou l'autre limite; et quand on a atteint l'une ou l'autre, il n'y a plus vraiment de triangle.

Regiomontanus démontre ensuite qu'étant données quatre lignes, telles que trois quelconques prises ensemble surpassent la quatrième, il sera toujours possible d'en former un quadrilatère inscriptible à un cercle.

Soient les quatre côtés C, C', C″ et C‴; pour que le quadrilatère soit inscriptible, il faut (fig. 91) que l'on puisse faire $b = 180° - a$. Alors

$$C^2 + C'^2 + 2CC' \cos a = C''^2 + C'''^2 - 2C''C''' \cos a,$$
$$(2CC' + 2C''C''') \cos a = C'''^2 + C''^2 - C'^2 - C^2,$$

et
$$\cos a = \frac{C'''^2 + C''^2 - C'^2 - C^2}{2(CC' + C''C''')} = \frac{(C''' - C')(C''' + C') + (C'' - C)(C'' + C)}{2(CC' + C''C''')};$$

or ce cosinus aura une valeur possible, tant que le numérateur $C'''^2 + C''^2 - C'^2 - C^2$ ne surpassera pas le dénominateur $2(CC' + C''C''')$.

a et b étant connus, on aura toujours les angles x et x', y et y'; on aura donc les arcs soutendus par les quatre cordes; car $C = 2r \sin y'$, $C' = 2r \sin y$, $C'' = 2r \sin x'$ et $C''' = 2r \sin x$.

Enfin $\quad r = \dfrac{C}{2 \sin y'} = \dfrac{C'}{2 \sin y} = \dfrac{C''}{2 \sin x'} = \dfrac{C'''}{2 \sin x}$,

et le problème sera résolu.

Soient $C = 3$, $C' = 4$, $C'' = 5$ et $C''' = 6$;

$$\cos a = \frac{36 + 25 - 16 - 9}{2(12 + 30)} = \frac{36}{84} = \frac{3}{7} = \cos 64° 37' 23'' = a;$$

$$115.22.37 = b,$$

$\tan \frac{1}{2}(x - x') = \left(\dfrac{C''' - C''}{C''' + C''}\right) \cot \frac{1}{2} a = \left(\dfrac{1}{11}\right) \cot 32° 18' 41'' 5 = \dfrac{\tan 57° 41' 18'' 5}{11}$

$\tan \frac{1}{2}(y - y') = \left(\dfrac{C' - C}{C' + C}\right) \cot \frac{1}{2} b = \left(\dfrac{1}{7}\right) \cot 57.41.18,5$

$\frac{1}{2}(x+x') = 57° 41' 18'' 5 \quad \frac{1}{2}(y+y') = 32.18.41,5$

$\frac{1}{2}(x-x') = 8.10.46,5 \quad \frac{1}{2}(y-y') = 5.9.40,5$

$x = 65.52.5,0 \quad\quad y = 37.28.22,0$

$x' = 49.30.32,0 \quad\quad y' = 27.9.1,0$

$a = 64.37.23 \quad\quad\quad b = 115.22.37$

$180.0.0 \quad\quad\quad180.0.0$

$$r = \frac{3}{\sin 65.52.5} = \frac{2.5}{\sin 49.30.32} = \frac{2.0}{\sin 37.28.22} = \frac{1.5}{\sin 27.9.1} = 3{,}2873;$$

$$a + b + x + x' + y + y' = 360$$
$$a + b = 180$$
$$x + x' + y + y' = 180;$$

nous avons donc satisfait à toutes les conditions, et la chose sera toujours possible, quand $\cos a$ ne surpassera pas l'unité qui donnerait $a = b = 180°$, pour ce cas.

Soit $\quad C'''^2 + C''^2 - C'^2 - C^2 = 2C'''C'' + 2C'C$,

ou $\quad C'''^2 - 2C'''C'' + C''^2 - C'^2 - 2C'C - C^2 = 0$, ou $(C'''-C'')^2=(C'+C)^2$, ou $C'''-C''=C'+C$, ou $C'''=C''+C'+C$; le dernier côté sera égal à la somme des trois autres, le quadrilatère se réduit à la diagonale.

Si $C''' > C''+C'+C$, les quatre lignes ne pourront se joindre pour renfermer un espace. Régiomontan, sans indiquer la solution, se contente de dire que le problème sera toujours possible, quand on aura $C''' < C''+C'+C$.

C'est dans cette lettre, page 135, qu'il dit avoir trouvé à Venise le manuscrit non encore traduit ni même connu, des six premiers livres de Diophante. Il ajoute que si l'on pouvait retrouver les sept autres, il s'occuperait à le mettre en latin, malgré la difficulté; il paraît même assez disposé à entreprendre cette version, pour peu qu'on le lui conseille.

Il parle assez brièvement de la méthode d'Albategni (chap. XXV), et c'est pour la trouver défectueuse. Il ajoute pourtant qu'elle ne serait admissible que pour le colure des solstices où la déclinaison et la latitude sont dans un même plan. Alors en effet $\frac{2-\cos A\!R}{2-\cos L'} = \frac{2}{2} = 1$; cependant, à la manière dont il s'exprime, on serait tenté de croire que son manuscrit d'Albategni ne ressemblait guère aux éditions qu'on en a données.

Il propose ensuite ce problème. On a observé trois hauteurs et les deux différences d'azimut, on demande la hauteur du pôle et la déclinaison; il aurait pu ajouter les tems vrais des observations. Ce problème est celui de la rotation, d'après trois observations d'une même tache; nous retrouverons le problème de Régiomontan dans l'ouvrage de Métius, avec la solution que Régiomontan ne donne pas. En général, il ne donne que celles qui n'ont pu être trouvées par son correspondant.

On connaît l'ascension droite du milieu du ciel, l'azimut du Soleil, l'angle de l'écliptique avec le vertical; il demande la hauteur du pôle, celle du Soleil et l'angle horaire.

On connaît l'angle de l'écliptique avec le méridien, l'angle qu'elle fait avec le vertical, l'azimut, c'est-à-dire l'angle du vertical avec le méridien, on a les trois angles du triangle; on aura donc les trois côtés; l'un donnera la hauteur du Soleil, l'autre conduira à la hauteur du pôle; alors on aura l'azimut, la distance zénitale et le complément de latitude; on aura la déclinaison et l'angle horaire. La principale difficulté consistait alors dans les trois angles qui devaient donner les trois côtés.

Pour rencontrer ce cas en Astronomie, il faut imaginer des problèmes tout exprès, et voilà pourquoi sans doute les Grecs et les Arabes ne s'en étaient jamais occupés.

On a l'ascension droite d'une étoile, et l'on sait de plus que.... 90° — latitude + 90° — déclin. = 180°, c'est-à-dire que $D + \lambda = 0$; ainsi la déclinaison et la latitude sont égales, mais de signe contraire. L'étoile est en B (fig. 92) entre l'équateur et l'écliptique; menez ΥB, les triangles $BA\Upsilon$ et $BC\Upsilon$ seront parfaitement égaux et tous deux rectangles; la longitude sera égale à l'ascension droite,

$$\tang D = -\tang \lambda = \sin \text{Æ} \tang \tfrac{1}{2} \omega = \sin L \tang \tfrac{1}{2} \omega :$$

c'est une remarque plus curieuse qu'utile.

On connaît l'ascension droite du milieu du ciel, par conséquent le point culminant, la déclinaison et l'angle de l'écliptique avec le méridien; on connaît de plus l'azimut de l'étoile qui se lève dans l'écliptique ou l'azimut du point orient (fig. 93).

On en conclura

$$\sin HC = \tang HE \cot C = \tang Z \tang \omega \cos \Upsilon C = \tang Z \tang \omega \cos \Upsilon M \cos MC,$$
$$HM = 90° - \text{haut. du pôle} = HC - MC, \qquad \cos CE = \cos HC \cos HE;$$

on aura donc le point orient, l'angle E et même la hauteur du Soleil.

On ne voit pas comment Régiomontan a cru pouvoir proposer ce problème à un professeur d'Astronomie.

Une étoile australe a une longitude $= 0$. L'arc de son parallèle coupe l'écliptique au point dont la longitude est L; sa déclinaison sera donc la même que celle du point L; on aura donc

$$\sin D = \sin \omega \sin L = \cos \omega \sin \lambda, \quad \text{d'où} \quad \sin \lambda = \tang \omega \sin L.$$

Un arc ΥA est de 30°, on demande à la suite de cet arc un arc AC tel, que la différence BD d'ascension soit égale à la différence AC de longitude; c'est un problème qu'il a résolu dans son livre des triangles. *Voy.* ci-dessus page 314.

On connaît $(L + \text{Æ})$, on demande L et Æ;

$$\tang \text{Æ} = \cos \omega \tang L = \left(\frac{1 - \tang^2 \tfrac{1}{2} \omega}{1 + \tang^2 \tfrac{1}{2} \omega} \right) \tang L,$$
$$\tang \text{Æ} + \tang^2 \tfrac{1}{2} \omega \tang \text{Æ} = \tang L - \tang^2 \tfrac{1}{2} \omega \tang L,$$
$$\tang L - \tang \text{Æ} = \tang^2 \tfrac{1}{2} \omega (\tang L + \tang \text{Æ}),$$
$$\tang^2 \tfrac{1}{2} \omega = \frac{\tang L - \tang \text{Æ}}{\tang L + \tang \text{Æ}} = \frac{\sin(L - \text{Æ})}{\sin(L + \text{Æ})},$$
$$\sin(L - \text{Æ}) = \tang^2 \tfrac{1}{2} \omega \sin(L + \text{Æ}),$$
$$L = \tfrac{1}{2}(L + \text{Æ}) + \tfrac{1}{2}(L - \text{Æ}), \quad \text{Æ} = \tfrac{1}{2}(L + \text{Æ}) - \tfrac{1}{2}(L - \text{Æ});$$

sans tangentes, Régiomontan ne pouvait faire ce calcul, mais il aurait pu arriver à la même formule par l'équation d'Albategni

$$\frac{\sin Æ}{\cos Æ} = \cos \omega \, \frac{\sin L}{\cos L},$$

d'où

$$\sin Æ \cos L = \cos \omega \sin L \cos Æ = \sin L \cos Æ - 2\sin^2 \tfrac{1}{2}\omega \sin L \cos Æ,$$
$$\sin L \cos Æ - \sin Æ \cos L = 2\sin^2 \tfrac{1}{2}\omega \sin L \cos Æ$$
$$= 2\sin^2 \tfrac{1}{2}\omega \left(\frac{\sin(L+Æ) + \sin(L-Æ)}{2} \right),$$
$$\sin(L-Æ) = \sin^2 \tfrac{1}{2}\omega \sin(L+Æ) + \sin^2 \tfrac{1}{2}\omega \sin(L-Æ),$$
$$\sin(L-Æ) - \sin^2 \tfrac{1}{2}\omega \sin(L-Æ) = \sin^2 \tfrac{1}{2}\omega \sin(L+Æ),$$

$$\sin(L-Æ) = \frac{\sin^2 \tfrac{1}{2}\omega \sin(L+Æ)}{1 - \sin^2 \tfrac{1}{2}\omega} = \tan^2 \tfrac{1}{2}\omega \sin(L+Æ) =$$ la réduction à l'écliptique qui sera la plus grande, quand on aura $L+Æ = 90°$, ou $Æ = 90° - L$, $\tan Æ = \cos \omega \tan L = \cot L$, et $\tan^2 L = \sec \omega$, ou $\tan L = \sqrt{\sec \omega}$.

Dans une éclipse de Lune, on demande la distance du point de contact aux deux points du disque qui sont dans le même vertical que le centre. Il s'agit de trouver l'angle que la distance fait avec ce vertical.

L'éclipse étant de n doigts, déterminer la partie éclipsée de la surface. *Voyez* tome II, p. 232.

Trouver la prosneuse; *voyez* mon Extrait du Commentaire de Théon, tome II, p. 599. Pour le problème suivant, *voyez* la figure 94.

Deux astronomes ont observé le commencement de la même éclipse; ils ont noté l'heure, la hauteur et l'azimut d'une même étoile. On sait de plus que la distance des deux lieux est d'un certain nombre de milles. On connaît ZE et Z'E par les hauteurs, et ZZ' par la distance, on aura les trois angles; on a PZE, on aura PZZ' = PZE + EZZ'; on a PZ'E, on aura PZ'Z = ZZ'E — PZE; avec ZZ' et les deux angles sur ce côté, on aura PZ et PZ', c'est-à-dire les deux latitudes et la déclinaison par PE, et la différence des méridiens ZPZ'.

C'est un problème de fantaisie, qui ne peut se rencontrer que par un très grand hazard, qui n'offre aucune difficulté, et qui ne saurait être d'une grande précision.

On connaît le point de l'écliptique qui médie avec une étoile, et par conséquent l'ascension droite de cette étoile; on connaît la longitude de l'étoile, et enfin l'angle du cercle de latitude et du cercle de déclinaison, c'est-à-dire que l'on connaît les trois angles du triangle, à l'étoile et aux deux pôles; on connaît même la distance de ces pôles ou l'obliquité, cette dernière donnée est de trop; sans elle, on pourrait calculer la latitude et la déclinaison. Mais, comment avoir l'angle de position, si l'on ne connaît la déclinaison ou la latitude?

On connaît la somme des trois côtés de ce triangle, et de plus l'ascension droite. Soit $A = (90 - D) + (90° - \lambda) + \omega$, $A - \omega = 180° - D - \lambda, \ldots$ $D + \lambda = 180° - A + \omega = B$; on aura donc $(D + \lambda)$ et $\lambda = (B - D)$; alors

$$\sin \lambda = \cos \omega \sin D - \sin \omega \cos D \sin \mathcal{R} = \sin B \cos D - \cos B \sin D,$$
$$\cos \omega \tang D - \sin \omega \sin \mathcal{R} = \sin B - \cos B \tang D,$$

$$\tang D (\cos \omega + \cos B) = \sin B + \sin \omega \sin \mathcal{R}, \quad \tang D = \frac{\sin B + \sin \omega \sin \mathcal{R}}{\cos B + \cos \omega}.$$

Soit un triangle ABC tel, que $AB = 18$, $AC = 25$ et $BC = 29$ (fig. 95). Prenez sur BC la partie BD telle, que menant AD, vous ayez

$$\overline{BD}^2 + AD \cdot AB = \overline{AB}^2,$$

trouvez BD et je vous donnerai la corde de 1°. On voit qu'il s'agit de la trisection de l'angle; l'auteur n'en dit pas davantage, et ne donne pas la solution.

Cherchons d'abord les trois angles par les trois côtés.

$$\sin^2 \tfrac{1}{2} B = \frac{7 \cdot 18}{29 \cdot 18} = \frac{7}{29}; \quad \cos^2 \tfrac{1}{2} B = 1 - \frac{7}{29} = \frac{22}{29};$$

$$\tang^2 \tfrac{1}{2} B = \frac{7}{29} \cdot \frac{29}{22} = \frac{7}{22},$$

$$\cos B = \frac{1 - \tang^2 \tfrac{1}{2} B}{1 + \tang^2 \tfrac{1}{2} B} = \frac{1 - \frac{7}{22}}{1 + \frac{7}{22}} = \frac{22 - 7}{22 + 7} = \frac{15}{29}.$$

On peut remarquer dans tous ces nombres les deux termes du rapport d'Archimède. Soit $\pi = \frac{22}{7}$, $\cos B = \frac{\pi - 1}{\pi + 1}$, $\tang \tfrac{1}{2} B = \frac{1}{\sqrt{\pi}}$; $\cot \tfrac{1}{2} B = \sqrt{\pi}$, et $B = 58° 51' 9''.4$; la vraie valeur de π donne $58° 51' 45''$.

Nous aurons de même

$$\sin^2 \tfrac{1}{2} A = \frac{11 \cdot 18}{25 \cdot 18} = \frac{11}{25}, \quad \cos^2 \tfrac{1}{2} A = \frac{14}{25}, \quad \tang^2 \tfrac{1}{2} A = \frac{11}{14},$$
$$\cos A = \frac{3}{25}, \quad A = 83° 6' 28''.4.$$

RÉGIOMONTAN.

$$\sin^2 \tfrac{1}{2} C = \frac{7 \cdot 11}{29 \cdot 25}, \quad \cos^2 \tfrac{1}{2} C = \frac{725-77}{725} = \frac{648}{725},$$

$$\tan^2 \tfrac{1}{2} C = \frac{77}{648}, \quad C = 38° \, 2' \, 22'',2.$$

$$\begin{aligned} A &= 83° \; 6' \; 28''4 \\ B &= 58.51. \; 9,4 \\ C &= 38. \; 2.22,2 \\ \hline &180. \; 0. \; 0,0. \end{aligned}$$

L'équation $\overline{BD}^2 + AD \cdot AB = \overline{AB}^2$, ou $\overline{BD}^2 = \overline{AB}^2 - AD \cdot AB = AB(AB - AD)$,

donne
$$AB - AD = \frac{\overline{BD}^2}{AB}.$$

Le triangle donne $\overline{AD}^2 = \overline{AB}^2 + \overline{BD}^2 - 2 AB \cdot BD \cos B$,

$$\overline{AB}^2 - \overline{AD}^2 = (AB-AD)(AB+AD) = 2 AB \cdot BD \cos B - \overline{BD}^2 = \tfrac{30}{29} AB \cdot BD - \overline{BD}^2,$$

$$AB - AD = \frac{\tfrac{30}{29} AB \cdot BD - \overline{BD}^2}{AB + BD},$$

$$\frac{\overline{BD}^2}{AB} = \frac{\tfrac{30}{29} AB \cdot BD - \overline{BD}^2}{2AB - \frac{\overline{BD}^2}{AB}} = \frac{\tfrac{30}{29} \overline{AB}^2 \cdot BD - AB \cdot \overline{BD}^2}{2\overline{AB}^2 - \overline{BD}^2},$$

$$\frac{BD}{AB} = \frac{\tfrac{30}{29} \overline{AB}^2 - AB \cdot BD}{2\overline{AB}^2 - \overline{BD}^2},$$

$$\frac{2\overline{AB}^2 \cdot BD - \overline{BD}^3}{AB} = \tfrac{30}{29} \overline{AB}^2 - AB \cdot BD,$$

$$2\overline{AB}^2 \cdot BD - \overline{BD}^3 = \tfrac{30}{29} \overline{AB}^3 - \overline{AB}^2 \cdot BD,$$

$$3\overline{AB}^2 \cdot BD - \overline{BD}^3 = \tfrac{30}{29} \overline{AB}^3$$

$$\overline{BD}^3 - 3\overline{AB}^2 \cdot BD - \tfrac{30}{29} \overline{AB}^3 = 0.$$

Comparons cette formule à celle de Cagnoli pour les équations du troisième degré, nous aurons

$$BD = x, \; p = 3\overline{AB}^2, \; q = \tfrac{30}{29} \overline{AB}^3, \; R^2 = \tfrac{3}{4} p = \tfrac{4}{4} \overline{AB}^2, \text{ et } R = 2AB = 36,$$

$$\sin 3A' = \frac{q}{\tfrac{1}{3}p} \times \frac{1}{R} = \frac{\tfrac{30}{29} \overline{AB}^3}{\overline{AB}^2 \cdot 2AB} = \frac{15}{29} = \cos B\,;$$

donc
$$\begin{aligned} 3A' &= 90 - B = 31° \; 8' \; 50''\, 6, \\ A' &= 10.22.56.87, \end{aligned}$$

$$BD = x = R \sin A' = 36 \sin A' = 6,48785, \; \frac{\overline{BD}^2}{AB} = 2,338458,$$

$$AD = 1{,}5661542, \quad \overline{AB}^2 = 324{,}00000,$$
$$AB \cdot AD + \overline{BD}^2 = 323{,}99993.$$

Par la formule algébrique, la solution serait plus longue et plus pénible.

Il est à regretter que l'auteur n'ait pas donné sa solution, si pourtant il en avait une, ce qui paraît douteux, d'après ces mots : donnez-moi BD, et je vous donnerai la corde de 1° qui dépend en effet de celle de 3° par une équation du troisième degré.

Cherchons les angles du triangle BAD; nous trouverons

$$\sin BAD = \frac{BD \sin B}{DA} = 20° \, 45' \, 54'' = 2A',$$

l'angle D sera 100° 22' 57''.

Ainsi
$$\begin{aligned} B &= 90° - 3A' \quad \text{ci-dessus},\\ A &= \phantom{90° - {}}2A'\\ D &= 90 + A' \end{aligned}$$

somme............ = 180°.

Regiomontanus a donc choisi un triangle dont les trois côtés sont rationnels, et dont un angle a un cosinus rationnel.

$$\cos B = \tfrac{15}{29} = \sin 3A' = \sin(90° - B), \quad A' = 30 - \tfrac{1}{3}B,$$

l'angle qu'il se propose de diviser en trois a un sinus rationnel.

Regiomontanus propose ensuite quelques problèmes dans le genre de Diophante. Étant donné un côté d'un triangle et le rapport des deux autres, il demande les deux autres côtés; il reproche aux astronomes de son tems leur respect superstitieux pour les anciennes déterminations et leur négligence à les vérifier. Il cite la précession, la trépidation et l'obliquité. Il n'a point encore d'opinion arrêtée, si ce n'est que tout était à refaire. Il croit que du tems de Ptolémée, l'apogée du Soleil devait être en 43° 25', ce qui serait le faire trop peu avancé de plus de 22°; il croit cette distance au point équinoxial tout-à-fait invariable, ce qui est une autre erreur, mais beaucoup plus excusable. Les Alphonsins la font de 71° 25'; en sorte que, suivant lui, l'erreur serait de 27° 50', qui produiraient 1° sur l'équation du Soleil; et à cette occasion, il déplore les incertitudes qui devaient en résulter dans les calculs et les prédictions de l'Astrologie judiciaire. Les Tables de Mars ont été trouvées en erreur de 2°; ces erreurs résultent de plusieurs élémens vicieux. Les

RÉGIOMONTAN.

Tables donnent à Vénus des diamètres excessifs; il a vu l'éclipse de Lune de 1461 différer d'une heure entière de l'annonce. Pour bien s'en assurer, il a marqué les tems des différentes phases par les hauteurs observées d'Alhaioth et d'Aldébaran. Si l'hypothèse de Ptolémée était vraie, les diamètres seraient doubles et les surfaces quadruples de ce qu'on observe. On faisait honneur de cette remarque à Copernic, mais on voit que Régiomontan l'avait faite long-tems auparavant; mais il est bien étonnant qu'elle n'ait pas été faite par Ptolémée, qui n'a pas senti quelle était son inconséquence de donner à la parallaxe des variations de plus de 40′, et de n'en donner que de peu de minutes au diamètre.

Dans une lettre à Spira, astronome du comté d'Urbin, il propose quelques problèmes peu intéressans, dont quelques-uns sont purement astrologiques. Mais nous citerons le suivant que Spira crut impossible, ce qui ne donne pas une grande idée de son savoir astronomique.

Le même ascendant peut-il avoir lieu au même instant à Rome et à Oxford? ou en général, en deux lieux dont on connait les latitudes H et H' avec la différence L des méridiens?

Si le même ascendant a lieu, le nonagésime sera le même.

Soient M et M' l'ascension droite du milieu du ciel pour les deux méridiens $M' = M + L$, car $M' - M = L = $ différence des méridiens; on aura donc

$$\tang N = \cos\omega \tang M + \sin\omega \tang H \sec M = \cos\omega \tang M' + \sin\omega \tang H' \sec M',$$

ou

$$\frac{\sin\omega \tang H}{\cos M} - \frac{\sin\omega \tang H'}{\cos M'} = \cos\omega(\tang M' - \tang M) = \frac{\cos\omega \sin(M'-M)}{\cos M \cos M'},$$

$$\frac{\sin\omega \tang H \cos M' - \sin\omega \tang H' \cos M}{\cos M \cos M'} = \frac{\cos\omega \sin(M'-M)}{\cos M \cos M'},$$

$$\sin(M'-M) = \tang\omega(\tang H \cos M' - \tang H' \cos M),$$

$$\sin L \cot\omega = \tang H \cos(M+L) - \tang H' \cos M$$
$$= \tang H \cos M \cos L - \tang H \sin M \sin L - \tang H' \cos M$$
$$= \cos M(\tang H \cos L - \tang H') - \tang H \sin M \sin L;$$

$$\frac{\sin L \cot\omega}{\tang H \cos L - \tang H'} = \cos M - \left(\frac{\tang H \sin L}{\tang H \cos L - \tang H'}\right)\sin M$$
$$= \cos M - \tang\varphi \sin M = \frac{\cos M \cos\varphi - \sin M \sin\varphi}{\cos\varphi},$$

$$\frac{\sin L \cot\omega}{\tang H'' - \tang H'} = \frac{\cos(M+\varphi)}{\cos\varphi},$$

$$\cos(M+\varphi) = \frac{\sin L \cot\omega \cos H' \cos H'' \cos\varphi}{\sin(H''-H')},$$

quand on a fait

$$\tang H'' = \tang H \cos L \quad \text{et} \quad \tang \varphi = \frac{\tang H \sin L \cos H' \cos H''}{\sin (H'' - H')}.$$

Le problème sera donc toujours possible, tant que $\cos(M + \varphi)$ ne sera pas imaginaire, c'est-à-dire plus grand que l'unité. Il aura même deux valeurs, puisque $\cos(M + \varphi)$ est en même tems $\cos - (M + \varphi)$; φ sera négatif, quand $\tang H \cos L < \tang H'$, alors $(M + \varphi)$ deviendra $(M - \varphi)$,

$$M = (M + \varphi) - \varphi, \quad \text{ou} \quad M = (M - \varphi) + \varphi.$$

Régiomontan n'avait pas ces formules, puisqu'il n'avait pas même de tangentes ; mais sans tangentes, on pouvait reconnaître la possibilité du problème, et même s'assurer qu'il avait une infinité de solutions différentes, quand l'un des deux lieux est indéterminé. Nous le montrerons tout à l'heure, mais auparavant donnons un exemple du calcul de nos formules. Remarquons que ce problème pourrait se calculer par les sinus. On ferait

$$a = \frac{\sin L \cos \omega}{\sin \omega}, \quad b = \frac{\cos L \sin H}{\cos H} - \frac{\sin H'}{\cos H'}, \quad c = \frac{\sin L \sin H}{\cos H},$$

$$a = b \cos M - c \sin M = b\left(\cos M - \frac{c}{b} \sin M\right) = \cos M - \frac{\sin \varphi}{\cos \varphi} \sin M$$

$$= b\left(\frac{\cos M \cos \varphi - \sin \varphi \sin M}{\cos \varphi}\right) = \frac{b}{\cos \varphi} \cos(M + \varphi), \quad \cos(M + \varphi) = \frac{a \cos \varphi}{b};$$

c'est ce qu'aurait fait Ebn Jounis.

Soit $H = 50°$, $H'' = 45°$, $M' - M = L = 5°$;

sin L	8,9402960	cos L	9,9983442
cot ω	0,3623894	tang H	0,0761865
cos H'	9,8494850	tang H″ = 49° 53′ 34″	0,0745307
cos H″	9,8090342	H′ = 45	
C.sin(H″−H)	1,0690951		
cos φ	9,9417363	C sin(H″−H) = 4.53.34	1,0690951
cos(M+φ) = 20° 20′ 28″	9,9720360	cos H′ cos H″	9,6585192
φ = 29. 1. 9		sin L	8,9402960
M = − 8.40.41		tang H	0,0761825
L = 5		tang φ = 29° 1′ 9″	9,7440928
M+L = M′ = − 3.40.41			

on voit donc que le problème est possible. Voyons si ces valeurs de M et de M′ satisfont aux deux formules, et donnent le même nonagésime.

RÉGIOMONTAN.

cos ω.	9,9625076	tang H. . . .	0,0761825
tang M. . . . −	9,1836386	sin ω.	9,6001181
		C. cos M.	0,0050006
− 0,140006	9,1461462		
+ 0,480066	. . . .	. . . .	9,6813012
tang N = + 0,340060	9,5315556	N = 18° 46′ 52″ ascend.	108° 46′ 52″
cos ω.	9,9625076	tang H′.	0,0000000
tang M′. . . .	8,8080928	sin ω.	9,6001181
		C. cos M′.	0,0008954
− 0,058966	8,7706004		
+ 0,399037	. . . .	. . . .	9,6010135
tang N = + 0,340071	9,5315696	N = 18° 46′ 54″ O =	108° 46′ 54

Voilà la première solution ; pour la seconde soit (M + φ) = − 20.20.28
φ = 29. 1. 9
M = − 49.21.37
L = + 5
M′ = − 44.21.37

cos ω	9,9625076	sin ω tang H	9,6763006
tang M	−0,0663571	C. cos M′ + 0,1862186	
−1,06872	−0,0288647	+ 0,72865	9,8625192
+0,72865			
tang N = −0,34007	−9,5315696	N = −18.46.54 ou 341° 13′ 6″ N′ = 180 − N. O = 71.13. 6	
cos ω	9,9625076	sin ω tang H′	9,6001181
tang M′	−9,9903076	C. cos M′ + 0,1457198	
−0,897047	−9,9528152		9,7458379
+0,556978			
−0,340069	9,5315670	N = −18.46.54 comme ci-dessus.	

On voit qu'il est inutile de calculer la seconde solution; il n'y a qu'à prendre N′ = 360° − N, et O′ = 180° − O. Il faut onze logarithmes pour (M + φ), et 8 de plus pour avoir N.

Passons à la méthode synthétique, qui est encore plus courte, du moins quand on se borne à connaître N. La méthode analytique fait d'abord trouver M, qui donnerait l'heure des deux lieux, ainsi rien n'est perdu ; ce sont deux routes différentes, à très peu près de longueur égale, si l'on veut avoir toutes les quantités comme les amplitudes, et les hauteurs du pôle de l'écliptique.

Soient PZ et PZ′ (fig. 96) les deux méridiens, ZZ′ l'arc de grand cercle qui joint les deux zénits. Élevez sur ZZ′ les deux arcs perpendi-

46

culaires ZO et Z'O, qui iront se couper au pôle de ZZ' sous un angle
= ZZ'. Les deux horizons qui sont perpendiculaires l'un sur ZO et
l'autre sur Z'O, se couperont aussi en O sous un angle = ZZ'. Si le point
O tombe entre les deux tropiques, ou sur l'un des tropiques, il y aura
deux points de l'écliptique, ou au moins un, dont la déclinaison sera
égale à la latitude géographique du point O du globe terrestre; et quand
l'un de ces points de l'écliptique sera à l'horizon de Z, il sera de même
à l'horizon de Z'. Le point O de l'écliptique sera l'ascendant commun.
Pour que le problème soit possible, il faut donc que l'arc QO ou l'amplitude du pôle O sur l'horizon de Z, ne surpasse pas l'amplitude solstitiale dont le sinus $= \frac{\sin \omega}{\cos H}$.

Soit le cercle vertical ZZ'NTZ''pZ'' qui détermine le nonagésime N.
Le point O sera le pôle de ce vertical; il sera l'ascendant commun de
tous les lieux qui auront leur zénit sur le demi-cercle Z''ZZ'NETZ''', qui
est à l'occident du cercle horaire P'Z'''OPZ''. Car le point O sera à l'horizon oriental de tous ces points. Il sera à l'horizon occidental des points
qui auront leur zénit sur le demi-cercle Z''pZ'^{iv}Z'''.

Pour le point Z'', le point O sera à l'horizon, au méridien sous le
pôle P; pour le point Z''', le point O sera à l'horizon dans le méridien,
dans la partie opposée à celle où se trouve le pôle P'.

L'arc MM' de l'équateur = MPM' = ZPZ' = différence des méridiens
de Z et de Z' = différence d'ascension droite du milieu du ciel pour les
deux méridiens. Le triangle PZZ' donnera ZZ' et les angles PZZ' et PZ'Z;
MZZ' = SZT = ST = 90° — TQ = QO = 90° — OR = amplitude du
point O = 180° — PZZ'; on aura QO et son complément OR. Alors

$$\cos PO = \cos OR \cos PR, \quad \text{ou} \quad \sin D = \sin PZZ' \cos H,$$

et
$$\sin \Upsilon O = \frac{\sin D}{\sin \omega} = \frac{\sin PZZ' \cos H}{\sin \omega}.$$

On aura donc ΥO et $180 - \Upsilon O$ pour les deux ascendans.

Si D surpassait ω, le problème serait impossible; on voit donc, par
l'angle PZZ' si le problème est possible. Il le sera toutes les fois que
$\sin PZZ' = $ ou $< \frac{\sin \omega}{\cos H}$. Il suffit donc de chercher l'angle PZZ'.

cot H'..........	0,0000000		
cos L = 5°	9,9983442	tang P......	8,9419518
tang Px = 44° 53' 27"	9,9983442	sin Px.....	9,8486559
PZ = 40. 0. 0		C.sin Zx.....	1,0692673
Zx = 4.55.27	tang PZZ' = tang MZZ' = 35° 54' 47"		9,8598750

```
sin MZZ'. . . . . . . .  9,6783086
cos H . . . . . . . . . .  9,8080675
                          ─────────
sin D < sin ω . . . . .  9,5763761
  C.sin ω . . . . . . .  0,3998819
   sin O = 71°13′30″     9,9762580
ou        108.46.30.
```
à quelques secondes près, comme par la méthode analytique, onze logarithmes en tout.

Pour résoudre le triangle par les seuls sinus, il faudrait une analogie de plus. On voit que sin D diffère déjà assez peu de sin ω, qu'il ne doit pas surpasser pour que le problème soit possible; pour peu que l'on augmentât L, il le surpasserait. Supposez L = 10°, vous aurez.... log cos (M + φ) = 0,1704593, qui prouvera l'impossibilité.

On peut prendre pour donnée H et l'ascendant ♈O, d'où l'on déduira la déclinaison, l'ascension droite, la différence ascensionnelle, l'ascension oblique et M, l'amplitude QO, le vertical ZN, sur lequel prenant à volonté ZZ′ sur l'arc ZZ″ ou sur l'arc ZZ‴, on aura un nombre infini de solutions. Ces diverses méthodes, qui paraissent les plus naturelles, diffèrent plus ou moins de celle de Régiomontan.

Autour du pôle P, il décrit le cercle polaire à la distance $Pp = \omega$; du zénit Z il mène au petit cercle deux arcs tangens de grand cercle ZL et ZM (fig. 97); ces deux arcs se croisent au zénit sous l'angle LZM = QZR; le second zénit Z′ doit se trouver dans l'un de ces deux angles, ou tout au moins sur l'un des arcs de grand cercle LZR ou MZQ, pour que le problème soit possible. S'il se trouve au point de contact L ou M, le pôle de l'écliptique sera au zénit; l'écliptique se confondra avec l'horizon; il n'y aura pas d'ascendant, ou l'ascendant sera le demi-cercle oriental de l'écliptique tout entier. Si le zénit se trouve sur LV ou MX, au-dessous du point de contact, le point O sera descendant au lieu d'être ascendant.

Du pôle P, menez les arcs PL et PM perpendiculaires au point de contact, vous aurez $\sin PZL = \sin PZM = \frac{\sin PL}{\sin PZ} = \frac{\sin \omega}{\cos H} =$ sin amplitude du point solstitial sur l'horizon de Z. Régiomontan appelle cet angle l'angle de *communication*, parce qu'il décide si l'ascendant peut être commun. LZM est la double amplitude solstitiale; on voit donc pourquoi le second zénit doit être dans cet angle ou dans son opposé au sommet, et en cela nos solutions sont parfaitement d'accord. Mais le calcul de Régiomontan est plus long, en ce qu'il n'emploie que des sinus, et plus obscur, parce qu'il a pris une voie plus détournée qui exige une construction particulière, dont nous ne dirons rien, parce qu'elle ne nous apprendrait rien de nouveau. Il aurait pu, dans le triangle PZZ' (fig. 96), abaisser la perpendiculaire du zénit Z' sur PZ; calculer cette perpendiculaire par son sinus; calculer par son cosinus le segment qui a son origine en P, en conclure pour soustraction le segment qui commence en Z; calculer par son cosinus le côté ZZ' et l'azimut PZZ', par son sinus; après ces trois analogies, il aurait eu $\sin QO = \frac{\sin \text{perpendiculaire}}{\sin ZZ'}$, d'où sin D et sin ♈O par six analogies de sinus.

La solution que Régiomontan ne donne pas dans sa lettre, est avec tous ses détails dans son opuscule *Fundamenta Operationum*, etc., cité déjà plusieurs fois.

Nous ne voyons pas bien l'utilité du problème de l'ascendant commun à plusieurs lieux, si ce n'est peut-être pour l'Astrologie. Nous nous y sommes arrêté, parce que nous ne l'avons vu mentionné dans aucun auteur d'aucun tems, ni d'aucun pays. Si l'ascendant est commun, le nonagésime le sera; la distance de la Lune au nonagésime, les formules de parallaxe pour tous les lieux différens, ne différeront que par le sinus ou le cosinus de la hauteur du pôle de l'écliptique; et si la hauteur de ce pôle n'est pas très différente, les parallaxes et l'éclipse différeront peu. Voilà ce que nous y apercevons de plus remarquable.

Il propose ensuite ce problème : Une étoile connue s'est couchée avec un point donné de l'écliptique; on demande la latitude du lieu de l'observation. On aura les deux ascensions droites, les deux déclinaisons, les ascensions obliques, la différence ascensionnelle et la hauteur du pôle.

En proposant de trouver pour un jour donné la déclinaison du Soleil, il paraît que son but est sur-tout de faire apercevoir l'inexactitude des Tables Alphonsines.

Il demande quatre nombres carrés dont la somme soit un carré; il ne demande pas quatre cubes qui fassent un cube, parce que le problème serait trop difficile. Il ne donne pas même ses carrés.

L'aire d'un triangle est connue, on connaît aussi le rapport des côtés; il demande le rayon du cercle inscrit.

La hauteur du Soleil est de 35°, le point culminant de l'arc-en-ciel est de 7°. La distance de l'observateur au pied de l'arc est de 200 pas; il demande l'amplitude de l'arc visible. Il ne donne pas la solution, qui nous aurait appris ce qu'il connaissait de cette théorie.

Le Soleil est élevé de 37°; sa lumière passe par une fenêtre circulaire dont le diamètre est de 5 pieds, et le centre élevé de 28 pieds; il demande la surface éclairée par le Soleil. Il ne donne pas la solution, dans laquelle il paraît négliger l'épaisseur du mur. Il ajoute quelques problèmes de Statique et de l'écliptique.

Dans une lettre à Christian Réder de Hambourg, il dit qu'il a déjà fait construire en cuivre des rayons à la manière d'Hipparque. Il promet un almanach de 30 ans, s'il parvient à corriger un peu les tables.

Parmi des problèmes que nous avons déjà vus, et qui n'ont aucun intérêt, il propose celui-ci : Trouver vingt nombres carrés dont la somme soit un carré. Il se contente d'avertir que cette somme surpasse 300000.

Cette lettre, qui est la dernière, est du 4 juillet 1471. L'auteur mourut à Rome en juillet 1476, les uns disent de la peste, et les autres par la vengeance des enfans de George de Trébisonde, pour avoir relevé les fautes que leur père avait faites dans sa traduction de Ptolémée. Régiomontan était sans contredit le plus savant astronome qu'eût encore produit l'Europe. Mais si l'on excepte quelques observations et ses travaux pour la Trigonométrie, on peut dire qu'il n'a guère eu le tems que de montrer ses bonnes intentions. Comme observateur, il ne l'emporte certainement pas sur Albategni; comme calculateur, il n'a pas été aussi loin qu'Ebn Jounis, ni surtout qu'Aboul Wéfa. Il a fait une chose utile, en substituant un rayon de 60000 au rayon 60° 0′ 0″; il aurait encore mieux valu en prendre un de 100000. Il est incroyable qu'après avoir reconnu l'utilité des tangentes, comme moyen subsidiaire en certains cas, il n'ait pas senti combien il était avantageux de les introduire dans les calculs usuels. Il avait constaté les erreurs des Tables Alphonsines, et se promettait de les améliorer; mais il se défiait lui-même du succès, et il n'eut pas le tems de s'en occuper efficacement. Bailly le loue de n'avoir pas réclamé pour lui seul l'honneur d'avoir imaginé le moyen de trouver l'heure par la hauteur observée d'un astre. Mais ce moyen était pratiqué par les Arabes; il en avait trouvé la formule dans le livre d'Albategni. Sixte IV, qui projetait dès-lors la réformation du Calendrier, l'avait attiré à Rome par les plus belles promesses; on dit même qu'il fut nommé à l'évêché de Ratisbonne.

CHAPITRE IV.

Digges, Dee et Stoeffler.

Nous avons vu que Régiomontan s'était occupé de la parallaxe des comètes. La ressemblance du sujet nous détermine à placer ici deux écrits, l'un de Digges, et l'autre qui a paru dans le même volume, est de Dee. Ce dernier ne nous apprend rien qui ne soit dans Ptolémée; l'autre au moins donne quelques théorèmes, quelques pratiques utiles pour la détermination des parallaxes. Il les a cherchées à l'occasion de la fameuse étoile de 1572, et pour la plupart elles ne peuvent s'appliquer qu'à un astre circompolaire.

Alæ seu Scalæ Mathematicæ, quibus visibilium remotissima Cœlorum theatra conscendi, et Planetarum omnia itinera novis et inauditis methodis explorari.... Deique stupendum ostentum terricolis expositum cognosci liquidissime possit.

Thoma Diggeseo Cantiensi STEMMATIS GENEROSI *authore. Londini,* 1573.

Cet ouvrage a été composé à l'occasion de l'étoile nouvelle de 1572, et Tycho en a parlé dans ses Progymnases. Digges était, comme on voit, un noble infatué de sa noblesse, et il n'est pas moins admirateur de son savoir. Mais, malgré l'emphase de son titre, sa méthode n'est guère applicable qu'aux astres circompolaires. Il l'a composée pour l'étoile de Cassiopée, parce que les auteurs qui l'avaient précédé n'avaient pas traité convenablement les problèmes de la parallaxe. Il distingue cependant Regiomontanus, mais il lui reproche avec raison d'avoir supposé des observations à peu près impossibles à bien faire; il ne sera pas lui-même tout-à-fait exempt de ce défaut, et, comme Regiomontanus, il donnera des solutions qui feront abstraction de la réfraction et du mouvement propre.

Le livre commence par deux théorèmes fort connus, suivis de plusieurs autres, plus difficiles à comprendre qu'utiles à employer. On peut passer par dessus ce fatras, et commencer la lecture au problème X, qui suppose les distances zénitales de l'astre observées dans ses deux passages au méridien. Voici à quoi il se réduit :

Soit Δ la distance polaire vraie, N et N' les deux distances zénitales observées, Δ' et Δ'' les deux distances déduites de l'observation, ϖ la parallaxe horizontale.

$$\left.\begin{array}{l}\Delta' = \Delta - \varpi \sin N\\ \Delta'' = \Delta + \varpi \sin N'\end{array}\right\} \quad \begin{array}{l}\Delta'' - \Delta' = \varpi(\sin N' + \sin N)\\ = 2\varpi \sin\tfrac{1}{2}(N'+N)\cos\tfrac{1}{2}(N'-N);\end{array}$$

d'où

$$\varpi = \frac{(\Delta''-\Delta)}{2\sin\tfrac{1}{2}(N'+N)\cos\tfrac{1}{2}(N'-N)}.$$

Soit h la hauteur de l'équateur;

$$\left.\begin{array}{l}N = h - \Delta'\\ N' = h + \Delta''\end{array}\right\} \quad N'+N = 2h+(\Delta''-\Delta) \text{ et } \Delta''-\Delta'=N'+N-2h;$$

donc

$$\varpi = \frac{N'+N-2h}{2\sin\tfrac{1}{2}(N'+N)\cos\tfrac{1}{2}(N'-N)}.$$

L'auteur suppose la parallaxe assez petite pour qu'on puisse employer les arcs au lieu des sinus.

J'ignore si cette solution était nouvelle, mais elle est exacte et ne dépend que de la bonté des observations et de la hauteur du pôle. L'auteur ne parle ni des réfractions, ni du mouvement en déclinaison; l'étoile de 1572 n'en avoit aucun.

Il suppose, dans le problème XI, que l'astre ait été observé à deux hauteurs différentes dans un même vertical connu (fig. 98). Soit ZH ce vertical, ZPO le méridien; vous aurez $\tang Zm = \cos Z \tang PZ = \cos Z \tang h = \cos Z \cot H$; vous connaîtrez donc $Zm = \tfrac{1}{2}(ZB+ZA)$. Vous aurez encore $\cos PZ : \cos Zm :: \cos PA : \cos Am$. Vous aurez donc Am, si vous connaissez PA. Mais la parallaxe aura porté l'astre

de A en a, et $\sin Aa = \sin \varpi \sin Za = \varpi \sin N$,
de B en b, et $\sin Bb = \sin \varpi \sin Zb = \varpi \sin N'$,

$$\left.\begin{array}{l}N = Za = Zm - ma = Zm - mA + Aa,\\ N' = Zb = Zm + mb = Zm + mB + Bb,\end{array}\right\} \begin{array}{l}Bb+Aa = (N'+N)-2Zm,\\ Bb-Aa = (N'-N)-2Am.\end{array}$$

L'auteur ne donne que la première formule, qui suppose une donnée de moins; on aura donc ϖ comme ci-dessus. La seconde formule peut n'être affectée que de la différence des erreurs, et si l'erreur est constante, elle disparaîtra dans $(N'-N)$, au lieu qu'elle doublerait dans $(N'+N)$; on fera donc mieux d'employer les deux formules, dont l'accord pourra faire juger de la bonté des observations.

Ces problèmes sont bons, mais ils ne peuvent pas s'appliquer indistinctement à tous les astres.

Dans le problème XII, l'auteur suppose que l'étoile étant au méridien au-dessus du pôle, on ait en même tems mesuré sa distance à deux étoiles connues; on en déduira, par une méthode alors fort usitée, une distance polaire apparente et une ascension droite vraie.

Qu'on fasse de même deux observations de distance à l'instant du passage au-dessous du pôle, on aura de même une distance polaire apparente et une ascension droite vraie. On aura la parallaxe par les formules précédentes (Probl. X).

C'est le même problème; mais les données étant plus indirectes et en plus grand nombre, l'erreur pourra devenir plus considérable, et l'on a de plus un assez long calcul, qui n'est que préparatoire. L'auteur complique encore le calcul, en supposant qu'on ne connaisse les étoiles que par leurs longitudes et leurs latitudes.

On voit que la supposition de deux distances mesurées à l'instant de la médiation, le fait retomber dans le défaut qu'il reproche à Régiomontan, et que, comme lui, il fait abstraction des mouvemens propres; on voit qu'il ne travaille que pour l'étoile de 1572.

Problème XIII. Au lieu d'observer les deux hauteurs de l'astre dans le même azimut connu, observez-les dans deux azimuts également éloignés du méridien, l'un à l'est et l'autre à l'ouest. L'arc Zm sera le même dans les deux observations; vous opérerez comme au problème XI.

Problème XIV. Si l'azimut est le plus grand où l'astre puisse parvenir, les points A et B du problème XI se réuniront; les points a et b se confondront pareillement, $N - Zm$ sera la parallaxe; vous aurez

$$\sin \varpi = \frac{\sin \pi}{\sin N} = \frac{\sin (N - Zm)}{\sin N}.$$

Lemme. La parallaxe de hauteur étant connue, vous en déduirez la parallaxe horizontale, toutes les parallaxes de hauteur possibles et la distance de l'astre au centre de la Terre et à l'observateur, dans un instant quelconque. Ce lemme n'est pas nouveau.

Problème XV. L'astre étant dans un même vertical avec une étoile, vous mesurerez la distance; puis le ciel ayant tourné, l'astre et l'étoile se retrouveront dans un même vertical, mais dans une situation renversée. La distance vraie $D = D' - \pi'$
$= D'' + \pi''$,

$\pi'' + \pi' = (D' - D'')$; vous aurez ainsi la somme des deux parallaxes, et si vous avez mesuré les hauteurs (ou si vous les calculez d'après l'étoile), vous aurez les deux parallaxes et la parallaxe horizontale. C'est encore un problème plus curieux qu'utile.

Problème XVI. Il est plus singulier, mais plus compliqué et moins sûr.

L'astre étant dans un même vertical entre deux étoiles, vous mesurerez au même instant la distance aux deux étoiles. La somme de ces deux distances est la distance apparente des deux étoiles, et cette distance serait constante, en effet, sans les réfractions, que l'auteur néglige partout, parce qu'il ne les connaissait pas. Le ciel tourne, la parallaxe agit obliquement à cette distance. Le lieu vrai de l'astre est en L (fig. 99), mais le lieu apparent est en M. Vous mesurerez de nouveau les deux distances AM et MB, qui ne sont plus en droite ligne. Dans le triangle AMB, vous connaissez les trois côtés, et par conséquent les angles. $\sin L : AM :: \sin A : LM = \frac{AM \sin A}{\sin L}$; c'est la parallaxe pour la seconde observation; mais dans la première, l'astre paraissait en R, et vous avez mesuré AR; vous calculez AL, vous avez l'autre parallaxe LR; vous connaissez donc les deux parallaxes, leur somme et leur différence; il vous faut une distance zénitale au moins, et alors vous aurez la parallaxe horizontale.

L'auteur suppose, comme on voit, l'angle L; on peut le trouver à peu près par le calcul; il y a grande apparence que cette méthode n'a jamais été mise en pratique, pas même par l'auteur.

Problème XVII. Si l'astre qui a été observé dans un même vertical, avec deux étoiles, s'y retrouve encore quand l'arc AB sera retourné du haut en bas, la parallaxe agira en sens contraire, dans le même arc de grand cercle qui passe par les deux étoiles; la comparaison des distances vous donnera la somme des parallaxes, et avec les deux hauteurs observées ou calculées pour le même moment, vous aurez la parallaxe horizontale.

Problème XVIII. Quand l'étoile était au méridien, vous en avez mesuré les distances à deux étoiles connues; vous en avez déduit l'ascension droite vraie et la distance polaire apparente (Probl. XII.); au bout de quelques heures, l'astre est vu en A (fig. 100), à la distance AB de l'étoile B, et AC de l'étoile C. Vous mesurez ces distances et les azimuts de B et de C. Vous connaîtrez tout dans les triangles ZBC, ZPC, ZPB; vous aurez de quoi calculer PA de plusieurs manières, et cela sans employer le tems. Cette distance polaire est augmentée de $Ab = aA \cos ZAP$;

$$PA = \Delta = Pb + Ab = \Delta + \varpi \sin ZA \cos ZAP,$$

la distance méridienne était $\Delta' = \Delta \mp \varpi \sin N$; d'où l'on tire

$$\Delta'' = \Delta' - \varpi (\sin ZA \cos ZAP \pm \sin N) \text{ et } \varpi = \frac{\Delta'' - \Delta'}{\sin ZA \cos ZAP \pm \sin N}.$$

La solution de l'auteur est différente; elle exige une figure plus compliquée; la multitude des données, la longueur des calculs, rendent cette méthode impraticable.

Problème XIX. Vous avez observé les distances apparentes à deux fixes dans un même vertical ; dans une seconde observation, vous avez mesuré les distances aux mêmes étoiles, la hauteur de l'astre et celle de l'une des étoiles. Vous avez, comme dans le problème XVI, AB, AR, AM et BM; LM et LR seront les deux parallaxes. Avec PA, PZ, ZA vous aurez ZAM = ZAP + PAB + BAM; puis ZM et ZMA, MAL = MAB; L, AL, LM et LR.

Ce problème est aussi compliqué, aussi incertain, aussi inutile que les précédens.

Problème XX. Vous avez, à deux instans quelconques, observé les distances de l'astre à deux étoiles, et les trois hauteurs; trouver les parallaxes.

Dans sa complication, ce problème est curieux. Voici la solution de l'auteur (fig. 101).

Soient F et K les deux étoiles, I et H les deux lieux apparens de l'astre. Vous connaissez FK, FI et IK, vous aurez KFI, FKI, FIK ; vous connaissez FK, FH et HK, vous aurez KFH, FKH, FHK ;
vous en conclurez IFH, IKH.

Avec FH, FI, IFH vous aurez IH, FIH et FIH — FIK = KIH;
KH, KI, IKH vous aurez IH, KHI et KHI — FHK= IHF.

Soit G le lieu vrai de l'astre; HG prolongé passera par le lieu Z du zénit,
à la première observation;

IG prolongé passera par le zénit Z' de la seconde observation.

Dans ZFH, les côtés sont connus; vous aurez

FHZ, FHZ + IHF = IHG.

Dans Z'FI, les côtés sont connus; vous aurez

DIGGES.

$$\text{FIZ}', \quad \text{FIH} - \text{FIZ}' = \text{Z'IH} = \text{GIH};$$

IHG, GIH et HI vous donnent IGH, IG et GH.

On peut varier le calcul en employant les deux triangles de l'autre côté de G; c'est un avantage commun à toutes les méthodes qui procèdent par des assemblages de triangles. Ce moyen de faire tourner le zénit et de rendre les astres immobiles, est simple et naturel; je n'en connaissais aucun exemple, quand je m'en suis servi pour le plus court crépuscule. On en pourrait conclure que l'auteur était partisan de Copernic, dont le livre venait de paraître six ans auparavant. On en verra une preuve plus sûre un peu plus loin.

Problème XXI. Connaissant la parallaxe de hauteur, la hauteur, l'azimut et la distance à une étoile donnée de position, etc., trouver la parallaxe.

Ce n'est qu'un problème très compliqué, dont les données sont difficiles, si elles ne sont impossibles, et dont la solution exige 9 triangles sphériques dépendans les uns des autres. L'auteur, homme d'esprit, s'amuse à multiplier les difficultés, pour montrer les ressources de son calcul.

On voit ensuite une application du problème II de Régiomontan.

Après cette théorie des parallaxes, il passe à la pratique. Il ne connaît aucun instrument préférable au rayon astronomique, *pourvu qu'on tienne compte de l'excentricité de l'œil.* Il démontre d'une manière extrêmement longue et obscure la méthode qu'il donne pour calculer la correction d'excentricité. On peut réduire tout à un calcul fort simple (fig. 102). L'instrument donne l'angle CAD, mais l'œil est en B;

$$\text{CE} : \text{NO} :: \text{EB} : \text{NB} :: \text{AE} + x : \text{NA} + x, \quad \text{CE}(\text{NA}+x) = \text{NO}(\text{AE}+x),$$
$$\text{CE}.\text{NA} + \text{CE}.x = \text{NO}.\text{AE} + \text{NO}.x,$$
$$(\text{CE} - \text{NO})x = \text{NO}.\text{AE} - \text{CE}.\text{AN},$$
$$x = \frac{\text{NO}.\text{AE} - \text{CE}.\text{AN}}{\text{CE} - \text{NO}} = \frac{\left(\frac{\text{NO}.\text{AE}}{\text{CE}}\right) - \text{AN}}{1 - \frac{\text{NO}}{\text{CE}}} = \left(\frac{\text{NO}.\text{AE}}{\text{CE}} - \text{AN}\right)\frac{\text{CE}}{\text{CE}-\text{NO}};$$

c'est sous cette dernière forme qu'il présente sa correction. Il fait

$$\text{AE} = 10000, \quad \text{CE} = 2500, \quad x = \frac{4\text{NO} - \text{NA}}{1 - 0{,}0004\text{NO}};$$

en simplifiant sa figure par la suppression d'une ligne on avait

$$CE : NO :: BE : BN :: (AE+AB) : (AN+NB) :: (R+x) : (AN+x)$$
$$:: (R+x) : (r+x),$$
$$CE(r+x) = NO.(R+x), \quad CE.r + CE.x = NO.R + NO.x,$$
$$NO.R - CE.r = CE.x - NO.x,$$

$$x = \frac{NO.R - CE.r}{CE - NO} = \frac{mR - Mr}{M - m} = \frac{\left(\frac{m}{M}\right)R - r}{1 - \frac{m}{M}},$$

$$CE = M, \quad NO = m, \quad BE = R, \quad AN = r :$$

content d'avoir déterminé l'excentricité AB, il se borne à dire que le reste n'est plus qu'un calcul arithmétique. Voici un moyen fort simple pour abréger ce calcul. x est l'excentricité AB.

$$\text{Tang ACB} = \tan(CAE - CBE) = \frac{x\sin CAE}{AC + x\cos CAE} = \frac{x\sin CAE}{\frac{AE}{\cos CAE} + x\cos CAE}$$

$$= \frac{x\sin CAE \cos CAE}{AE + x\cos^2 CAE} = \frac{x\sin CAE \cos CAE}{AE + x - x\sin^2 CAE} = \frac{x\sin CAE \cos CAE}{(AE+x) - x\left(\frac{1-\cos 2CAE}{2}\right)}$$

$$= \frac{\frac{1}{2}x\sin 2CAE}{AE + x - \frac{1}{2}x + \frac{1}{2}x\cos 2CAE} = \frac{\frac{1}{2}x\sin 2CAE}{(AE + \frac{1}{2}x) + \frac{1}{2}x\cos 2CAE}$$

$$= \frac{\left(\frac{\frac{1}{2}x}{AE + \frac{1}{2}x}\right)\sin 2CAE}{1 + \left(\frac{\frac{1}{2}x}{AE + \frac{1}{2}x}\right)\cos 2CAE},$$

$$ACB = \left(\frac{\frac{1}{2}x}{AE + \frac{1}{2}x}\right)\frac{\sin 2CAE}{\sin 1''} - \left(\frac{\frac{1}{2}x}{AE + \frac{1}{2}x}\right)^2\frac{\sin 4CAE}{\sin 2''} + \left(\frac{\frac{1}{2}x}{AE - \frac{1}{4}x}\right)^3\frac{\sin 6CAE}{\sin 3''}$$
$$- \text{etc.}$$

Il donne ensuite des préceptes pour l'usage du rayon astronomique, qu'il divise et sous-divise par le moyen des transversales, dont l'idée lui paraît appartenir à Richard Chansler, artiste de beaucoup de mérite, et déjà mort en 1573.

Il propose ensuite d'employer la parallaxe annuelle de l'étoile de 1572 à reconnaître si la Terre se meut, comme le prétend Copernic. Au reste, il ne propose ce moyen que comme un essai qui pourrait être utile. Tycho a combattu cette idée, qui n'aurait pu conduire à un résultat un peu certain que dans le cas où l'étoile, assez éloignée pour n'avoir aucune parallaxe diurne, le serait assez peu pour avoir une parallaxe annuelle de quelques degrés, comme Uranus et Saturne.

Passons à l'ouvrage de Jean Dee; il a pour titre :

DEE ET STOEFFLER.

Parallacticæ commentationis, Praxeosque Nucleus quidam, authore Joanne Dee Londinensi. Londini, 1573.

La Préface est de Digges. Les deux amis s'étaient occupés de la parallaxe, chacun de son côté, et sans se rien communiquer.

Le théorème 1 est qu'entre deux quantités homogènes A et B il n'y a qu'une seule raison, c'est-à-dire que $\frac{B}{A}$ ne peut avoir qu'une seule valeur.

Théorème 2. Le rapport de deux sinus est indépendant du rayon. Soient A et B les deux arcs, $\frac{R \sin A}{R \sin B} = \frac{\sin A}{\sin B}$. Le rayon n'y fait rien, pourvu que les sinus soient pris dans le même cercle.

Théorème 3. Sin parall. de hauteur = sin parall. horiz. sin dist. zénit. Ce théorème est d'Hipparque. Il rapporte ensuite quelques propositions de Ptolémée, de Regiomontanus et de Purbach.

On a donc
$$\sin \pi : \sin \pi' :: \sin \varpi \sin N : \sin \varpi \sin N',$$
$$\sin \pi + \sin \pi' : \sin \pi :: \sin N + \sin N' : \sin N,$$
ou
$$\pi + \pi' : \pi :: \sin N + \sin N' : \sin N.$$

Ainsi la somme de deux parallaxes étant donnée, et les deux distances au zénit, on aura les parallaxes et la parallaxe horizontale. Voilà le *noyau* des parallaxes; on voit que les découvertes de Jean Dee sont vraiment *renouvelées des Grecs*.

Jean Stoeffler, né en 1472, professeur de Mathématiques à Tubingue, et mort en 1530, a fait des éphémérides pour 50 années, à commencer de 1500. Regiomontanus en avait publié pour 30 années, depuis 1475 jusqu'à 1506. Lalande dit qu'à la Bibliothèque du Roi on en trouve pour 1442. Les livres de cette espèce, où l'on voit jour par jour les longitudes et les latitudes des planètes, leurs aspects, l'annonce des éclipses et les phénomènes à l'observation desquels il est bon qu'on se prépare, n'étaient pas inconnus aux Grecs, et se sont fort multipliés depuis l'invention de l'imprimerie. Les astronomes les publient d'avance pour un certain nombre d'années, et c'est dans leurs recueils que les compilateurs prennent ce qui leur est nécessaire pour les almanachs nombreux qui paraissent au commencement de chaque année, pour les usages civils. Les éphémérides étaient destinées particulièrement aux astronomes et aux astrologues. Utiles à l'époque pour laquelle elles sont calculées, elles sont ensuite ensevelies dans la poussière des bibliothèques, où l'on va rarement les consulter. On les calcule sur les tables qui passent pour les meilleures à chaque époque; elles peuvent encore épargner quelques calculs dans la discussion qu'on pourrait faire des observations de Tycho, de ses contemporains et de ses successeurs. On y trouve aussi quelquefois des Préfaces ou de petits Mémoires qui peuvent n'être pas sans intérêt. C'est ce qu'on peut remarquer dans les éphémérides de Képler et de quelques astronomes plus modernes. Nous ne dirons rien de celles de Stoeffler, que nous n'avons pu nous procurer. Les uns disent qu'elles finissent à 1531, d'autres à 1532. Lalande dit qu'elles ont été étendues depuis jusqu'à 1544. Dans sa Bibliographie, il parle d'un Jean Stoefler et d'un Jean Stoeflerin. Il paraît supposer que c'est le même. A la page 26, il attribue les éphémérides à Stoeflerin; page 27, il annonce des Tables astronomiques de Stoeffler; page 31, il donne, comme de Stoefler, le même ouvrage qu'il attribuait à Stoeflerin, page 26; page 36, il donne à Stoeflerin un Traité de l'Astrolabe, dont nous allons parler.

Elucidatio fabricæ usúsque astrolabii à Joanne Stoeflerino Justingensi, viro germano et totius sphæricæ doctrinæ doctissimo, nuper ingeniose concinnata atque in lucem edita, 1513. (L'édition que je possède est celle de 1594.) *Cui, perbrevis ejusdem astrolabii declaratio à Jac. Kœbellio adjecta est.*

L'auteur ne donne que des constructions graphiques, et ce sont celles de Ptolémée. Il donne aux almicantarats le nom de *cercles de projection*; il place à l'horizon les cercles verticaux, les cercles des heures égales ou équinoxiales. Pour les heures inégales, comme il les suppose des grands cercles de la sphère, elles sont nécessairement des cercles sur la projection; mais on a trois points de chacun de ces cercles, il ne reste plus qu'à en chercher le centre, ce qui est un problème très élémentaire de Géométrie. L'équateur et les deux tropiques sont coupés par l'horizon, en parties dont l'une est l'arc diurne, l'autre l'arc nocturne. Partagez chacun des trois arcs diurnes en deux parties égales, vous aurez sur chaque ligne horaire trois points par lesquels il ne restera plus qu'à faire passer un arc de cercle.

Pour placer les cercles des maisons, il donne la préférence à la méthode qu'on appelle *rationnelle*, et qui est celle de Régiomontan. Ce sont des grands cercles dont la position est déterminée. Il n'y a donc aucune difficulté à le placer sur l'astrolabe par les règles générales; mais comme tous ces cercles passent par un même point de l'horizon, et qu'ils partagent chaque quart de l'équateur en trois parties égales, on a toujours trois points de chaque cercle, il ne s'agit plus que de trouver le centre.

Les lignes crépusculines sont des almicantarats; il a déjà donné d'avance la manière de les placer. Les quatre vents cardinaux sont indiqués naturellement par deux diamètres de l'équateur, qui se coupent à angles droits. La manière dont il place les huit autres, à 24° des principaux, de part et d'autre sur le limbe extérieur, est expéditive, et il serait bien inutile d'y chercher plus d'exactitude.

En parlant de l'Araignée, il nous apprend que les Arabes la nomment *Alancabuth;* il divise le zodiaque au moyen d'une règle qu'il fait passer par le pôle de l'écliptique, et qu'il fait tourner le long des divisions de l'équateur. Dans toutes ces positions, la règle indique les points de l'écliptique qui répondent à l'équateur. Ce moyen ingénieux et simple n'était pas inconnu à Ptolémée, ni très probablement à Hipparque; nous l'avons démontré dans notre Extrait du Planisphère de Ptolémée, ainsi que la manière de placer les étoiles sur l'Araignée.

L'ostenseur, la règle, l'index, l'almuri, tout cela est la même chose; c'est l'alidade. Sur le dos de l'astrolabe, Stoeffler place l'excentrique du Soleil, qu'il divise en mois. Un cercle intérieur marquait les jours de chaque mois; un autre, encore plus petit, marquait les lettres de la semaine; enfin, un dernier marquait les noms des saints et les fêtes principales. Le dos de l'astrolabe marquait encore les ombres verses et droites, et les divisions du quart de cercle servaient à observer les hauteurs et les dépressions; on y marquait aussi quelquefois les heures égales et inégales.

La seconde partie enseigne à se servir de l'astrolabe, et n'est pas susceptible d'extrait. On y voit que les Babyloniens, les premiers, partagèrent le jour et la nuit en heures toujours égales entre elles, et qui variaient continuellement d'un jour à l'autre. Il cite le témoignage d'Hermès-Trismégiste; mais sans avoir lu cet auteur, j'ai pensé que le cadran de Bérose avait pu suggérer l'idée de cette division et la manière de connaître l'heure en tout tems par l'ombre du Soleil. Herman dit que les offices divins étaient assujétis aux heures temporaires.

En terminant cette partie, Stoeffler décrit le cadran à deux limbes, qui montrait l'heure par un fil à plomb sur lequel glissait une perle que l'on plaçait plus haut ou plus bas, selon la déclinaison du Soleil. Deux pinnules servaient à placer l'instrument à la hauteur du Soleil, le fil à plomb était la ligne verticale, la perle marquait l'extrémité de la *tangente* de la hauteur du Soleil et l'heure qui y correspondait.

Cet Ouvrage, et l'Extrait qu'en fait Kœbellius, ne nous apprennent donc rien qui concerne la théorie, mais seulement ce qu'on était alors dans l'usage de marquer sur les astrolabes, et c'est uniquement pour cette raison que nous en avons parlé. On voit à la page 155 une figure qui est remarquable et prouve le goût de l'auteur; elle représente un triangle rectangle, l'œil est à l'angle de la base, un singe est au sommet, relevant la queue pour rendre le point de mire plus visible.

Stoeffler est encore auteur d'un long Commentaire sur la sphère de Proclus. Quoiqu'il y affecte beaucoup d'érudition, son livre ne nous apprend rien, pas même le plagiat impudent de Proclus.

Stoffler se mêlait aussi de prévoir l'avenir. A l'occasion d'une conjonction des planètes supérieures, il prédit pour l'an 1524 un grand déluge, et cette annonce répandit la terreur en Allemagne. La conjonction eut lieu sans aucun accident; il fut obligé de convenir qu'il s'était trompé, mais il n'en demeura pas moins infatué de l'Astrologie. En examinant son thême de nativité, il se persuada qu'il devait périr un certain jour, parce que quelque chose de lourd devait lui tomber sur la tête. Sa maison était solidement bâtie, il résolut de ne point sortir de la journée. Il reçut quelques amis, et pendant qu'ils buvaient avec modération, il s'éleva une dispute sur un point douteux. Pour le décider, Stoffler voulut prendre un livre. La planche sur laquelle était le volume était peu solidement assurée, le clou qui la soutenait se détacha; la planche, avec tous les livres qu'elle portait, lui tomba sur la tête; il en fut si grièvement blessé, qu'il en mourut à Tubingen, le 16 février 1530, suivant Calvisius. Il eut au moins la satisfaction de voir cette fois que son art ne l'avait pas trompé; mais il dut voir en même tems que sans la confiance qu'il eut en sa prédiction, le malheur très probablement ne lui serait pas arrivé.

CHAPITRE VI.

Ricius, Fernel et Fracastor.

*A*UGUSTINI *Ricii, de motu octavæ Sphæræ, opus mathematicâ atque phylosophiâ plenum, ubi tam antiquorum quam juniorum errores, luce clarius demonstrantur : in quo quam plurima Platonicorum et antiquæ magiæ, quam cabalam Hebræi dicunt, dogmata videre licet intellectu suavissima.*

Ejusdem de Astronomiæ autoribus epistola. Paris, 1521. *Perlege priusquam judices.*

L'éditeur est Oronce-Finée. Le but de l'auteur est d'examiner si les étoiles fixes n'ont qu'un simple mouvement, ou si elles en ont plusieurs.

Les Chaldéens ne leur donnaient que le mouvement diurne. C'était l'opinion d'Aristote, d'Averroès et du chaldéen Nembroth. Un seul parmi les anciens, Hermès, au rapport de l'israélite Ishac, dans son livre intitulé *Fondement du Monde,* attribuait aux fixes un second mouvement, mais en termes obscurs et voilés, recommandant à ses disciples de songer au navire suspendu dans les airs, qui monte pendant 400 ans et descend pendant un nombre égal d'années. Ishac croit que, par ce mouvement, Hermès entend celui de trépidation, qu'Averroès attribuait aussi aux Chaldéens.

Les Juifs admettaient le mouvement de précession d'occident en orient; il en est mention dans le Talmud. Là, le rabbin Josué dit que les étoiles montent en 70 ans. Le rabbin Moses et Avenezra ont adopté cette idée.

Hipparque et Ptolémée donnèrent aux étoiles un mouvement d'un degré en cent ans.

Albategni crut que ce mouvement était d'un degré en 66 ans; il a été suivi par le rabbin Levi. C'était aussi l'opinion d'Alphonse, quoique ses astronomes aient gâté ses Tables par des idées dont nous espérons démontrer l'absurdité. Habraham Zacuth, dont Ricius avait reçu les leçons, pensait comme Albategni.

La cinquième opinion est celle d'Arzachel et de Thébit, qui font mouvoir les étoiles, tantôt dans un sens et tantôt dans un autre. Ce mouvement était de 1° en 75 ans, comme on le voit longuement expliqué dans Ishac. La tête d'Ariès s'avance ainsi de 1° et rétrograde d'autant alternativement. Mais Thébit donne au cercle décrit par les têtes d'Ariès et de la Balance 4° 19' seulement. Regiomontanus avait à peu près la même idée, et il faisait le mouvement de 1° en 80 ans, et le mouvement des points équinoxiaux, de 8° de côté et d'autre.

La sixième est des astronomes d'Alphonse, qui, d'après Thébit et Arzachel, attribuent à la huitième sphère le mouvement de trépidation, et le mouvement toujours direct à la neuvième. Le premier s'accomplit dans une période 7000 ans ; celle de l'autre est de 49000 ans. Le mouvement diurne est produit par la dixième sphère.

Le premier sentiment ne peut se soutenir ; on ne peut nier que les fixes n'aient au moins deux mouvemens. Les observations de Timocharis, celles d'Hipparque et de Ptolémée, ont mis la chose hors de doute ; elle a été confirmée par la plupart des astronomes qui leur ont succédé. Alpétrage réduisit ces deux mouvemens à un seul. Alexander Aquilius pensa comme lui ; mais l'explication d'Alpétrage avait été d'avance réfutée par Ptolémée. Ricius reproduit les raisons apportées par l'astronome grec, c'est-à-dire les variations qu'on observe dans les déclinaisons. *Voyez* Alpétrage.

Nous passons beaucoup de raisonnemens purement métaphysiques, pour arriver au passage cité par Bailly, et nous le rapporterons dans les propres termes de l'auteur.

Qui autem hunc solum motum octavæ sphæræ ascripsere, Alzarchel scilicet atque Thebit, hoc moti argumento sunt, quoniam ex antiquis, quosdam invenerunt (quorum præcipuus Hermes fuisse creditur, teste Ishac israelita) qui loca stellarum fixarum, magis ab Arietis capite scripserunt, quam sint à Ptolemæo reperta. Vulturem enim cadentem Ptolemæus in vigesimum minutum 17° gradus Sagittarii collocavit, quem Hermes in eo libro quem de stellis beibenis conscribit, in 24° gradu ejusdem figuræ situm esse ait. Idem in quam plurimis aliis fecisse Hermetem reperitur : stellam enim lucidam Hydræ, quam Alfard Arabes dicant, in septimo gradu Leonis esse dixit, quæ apud Ptolomæum in fine ultimi gradus Cancri inventa est. Idem de caudâ Gallinæ, humero equi, Vulture volante, et aliis videre licet. Ishac quoque eodem loco ait Arzarchelum invenisse scriptum ab Hermete stellam cordis Leonis etiam in majori distantiâ deprehensam fuisse à puncto æquinoxii vernalis, quam fuerit à Ptolomæo inventa. Ideoque motum trepidationis in octavâ sphærâ posuisse. Is autem Hermes Ptolomæo mille nongentis octoginta quinque annis, antiquior fuit, sicuti in epistolâ de Astronomiæ inventoribus declaravimus. Sic itaque opinati sunt eo tempore quod inter Hermetem et Arsatilim, Timocharidemque lapsum fuit, octavam spæram contra signorum seriem decurrisse: postea à Timocharide, vel parum ante, ad usque eorum tempora, conversum esse hoc cœlum ad signa juxta eorum ordinem pertranseunda. Idem aliâ etiam ratione persuasi affirmant præsertim Thebit, qui quum viderit maximam Solis declinationem à diversis diversi mode assignatam fuisse, concludebat eam declinationem semper se similiter habere, cujus rei causam esse voluit hunc trepidationis motum.

Jusqu'ici la citation de Bailly est juste; seulement on ne voit rien qui nous dise de quelle nation était cet Hermès, qui vivait 1985 ans avant Ptolémée, ou 1860 ans avant J.-C.

A l'appui de ce qui vient d'être dit, il rapporte qu'Alphonse avait attiré à Tolède plusieurs astronomes hébreux, et entre autres le rabbin Ishac Hazan, c'est-à-dire le chanteur, qui fut le principal auteur des Tables Alphonsines. Or, voici le système de ce rabbin; Moyses avait établi que toutes les septièmes années seraient des années de repos, pendant lesquelles aucune terre ne serait cultivée. L'année entière était sabbatique; 7 fois 7 années font 49 années; la cinquantième était de même genre et s'appelait *jubilée*. Ils regardèrent ces années comme des espèces de figures de ce qui avait lieu dans le ciel. En conséquence, 7000 années furent assignées aux mouvemens d'accès ou de recès, et la période des 49000 ans fut celle des auges, et au bout de cette époque, tout revenait comme au commencement.

Ce système paraît fort dépourvu de sens et de raison à Ricius, et l'on nous dispensera de rapporter ses réfutations. Quelques-unes de ses raisons nous paraîtraient peut-être aussi fausses que le système des Juifs alphonsins. Mais il y oppose aussi des observations qui prouvent que depuis Albategni jusqu'à lui les étoiles s'étaient avancées régulièrement en longitude. En 1335, le rabbin Levi dit avoir trouvé l'Épi de la Vierge et le Cœur du Lion aux lieux mêmes qu'ils devaient occuper suivant le système d'Albategni. L'intervalle était de 460 ans, la précession d'Albategni de 6° 58'; ajoutez-les à 7^s 17° 50', position de la boréale du front du Scorpion, suivant le Catalogue d'Albategni, vous aurez 7^s 24° 48'; Alphonse l'a trouvée en 7^s 23° 28'; le mouvement est donc de 1° 20'. Les Tables Alphonsines ne donnent que 55' 22''. De plus, en 1474, c'est-à-dire 223 ans après Alphonse, Abraham Zacuth observa à Salamanque une occultation de l'Épi par la Lune, qui n'était pas bien loin du méridien, et calculant la parallaxe et les autres variétés du mouvement lunaire, il trouva l'étoile en 6^s 17° 10′, tandis que, selon les Alphonsins, elle eût été en 6^s 13° 48′; ainsi, du tems d'Alphonse à celui de Zacuth, le mouvement est de 3° 22′, au lieu de 1° 20′ 41″ que donneraient ces Tables.

L'opinion des Maures et d'Alzarchel n'est pas plus juste; il le montre par les mêmes observations, avec lesquelles elle ne s'accorde pas mieux.

Il faut remarquer, ajoute Ricius, que Millæus, géomètre qui demeurait à Rome, avait observé, l'an premier de Trajan, c'est-à-dire l'an 92 de J.-C., 41 ans avant Ptolémée, les lieux de toutes les étoiles; et Ptolémée avait une telle confiance dans les observations de ce Millæus, qu'il les avait adoptées, en y ajoutant 25′; c'est ce qu'atteste Albuhassin, astronome très habile, dans son livre *des Étoiles fixes*. Comparez les étoiles de Millæus à celles d'Albategni, et vous trouverez qu'elles auront avancé d'un degré en 66 ans; car l'intervalle est de 781 à 782 ans, et le mouvement est de 11° 55′; car Millæus plaçait la boréale du front du Scorpion en 7^s 5° 55′, et Albategnius en 7^s 17° 50′; à la vérité, $11 \times 66 = 726$; retranchés de 782, il ne restera que 56 ans, pendant lesquels les étoiles s'avancent de 51′; vous n'aurez donc que 11° 51′; la différence n'est que de 4′, dont on ne peut répondre dans les observations.

Après cette anecdote, Ricius en rapporte une seconde. Le roi Alphonse avait admis le double mouvement des fixes; mais quatre ans après la composition de ses Tables, qui furent achevées en 1256, on lui présenta la traduction du livre composé en arabe par Albuhassin, sur le lieu et le mouvement des étoiles. Alphonse y vit la démonstration du mouvement fixé par Albategni. Il abandonna donc l'hypothèse de ses astronomes pour celle d'Albategni. Les étoiles de son Catalogue doivent, en conséquence, être rapportées à 1256, au lieu de 1252 qu'on voit en tête de son Catalogue. C'est ce que rapporte Abraham Zacuth, dans sa grande composition; il en conclut le mouvement de 1° en 66 ans. C'est l'avis d'Albuhassin et d'Abraham Zacuth.

Ptolémée a déterminé son mouvement de 36″, par les déclinaisons et par les longitudes. Ricius prétend que ces observations ne fournissent aucun argument contre le mouvement d'Albategni. Les déclinaisons sont peu propres à cette recherche, et nous avons prouvé que Ptolémée en avait tiré ce qu'il avait voulu. Il discute ensuite les longitudes; mais cette discussion n'offre rien d'intéressant. Il prétend que Ptolémée s'est trompé sur l'obliquité de l'écliptique, qu'il croit beaucoup moindre et invariable; il croit, d'après le rabbin Lévi, que le mouvement de l'apogée du Soleil est d'un degré en 43 ⅔ années.

Ptolémée a dû commettre sur les étoiles l'erreur qu'il commettait sur la longitude du Soleil. En recommençant le calcul de Ptolémée pour la longitude de Régulus, Ricius trouve le mouvement de 1° en 71 ans; il remarque que Ptolémée était extrêmement léger dans ses observations, et dans les preuves qu'il apportait de ses assertions.

Aven Ezra a composé un livre sur les levers des constellations qui accompagnent ceux de chacun des signes, suivant les idées de Ptolémée et des *Indiens*.

Les Hébreux ne mettaient pas de figure aux constellations; ils les désignaient par les lettres de leur alphabet. Les étoiles de la ceinture d'Orion étaient marquées par la lettre Tau; les Pléiades, par la lettre Zain.

De ce qu'Hermès a placé les étoiles plus loin de l'équinoxe que n'a fait Ptolémée en 1985 plus tard, il ne s'ensuit pas qu'elles aient rétrogradé. Au tems d'Hermès, on rapportait les étoiles *aux signes mobiles, ce que font encore aujourd'hui les Arabes*, tandis que Ptolémée les comptait d'un équinoxe immobile. Cette explication est celle de Bailly, qui a mis les *Indiens* au lieu des *Arabes*; mais il peut être excusé par le témoignage d'Aven Ezra. Ricius cite ensuite le livre du rabbin Benazer, des lieux des étoiles dans *les signes mobiles*.

Il réfute ensuite Thébit et les Juifs alphonsins; mais le genre de ces réfutations n'a plus aucun intérêt.

Alpétrage soupçonnait qu'il restait dans le ciel des mouvemens à découvrir. Abraham Zacuth dit, d'après les Indiens, qu'il y a dans le ciel deux étoiles diamétralement opposées, qui font en 144 ans le tour du zodiaque, *contre l'ordre des signes*. Ce mouvement lui paraît inexplicable. Bailly l'a expliqué, mais en supprimant les mots *contre l'ordre des signes*.

La conclusion est que le mouvement de 1° s'opère en 66 ans au moins, ou 70 ans au plus.

On nous avertit, en finissant, que la lettre sur *les inventeurs de l'Astronomie*, mentionnée au titre de l'Ouvrage, a été perdue par négligence, et qu'il n'y a aucun moyen de la retrouver.

ASTRONOMIE DU MOYEN AGE.

Fernel.

Joannis Fernelii Ambianatis, de Proportionibus libri duo.
Monalosphærium.
Cosmotheoria, libros duos complexa.

Parisiis, ex œdibus Colinæi, 1528, *in-folio.*

Fernel, né à Montdidier, diocèse d'Amiens, en 1485, est connu par la première mesure qui ait donné la véritable grandeur de la Terre. Ses ouvrages ne sont pas purement astronomiques; nous prendrons ce qui sera de notre sujet.

La dédicace du premier est datée du collége de Sainte-Barbe, à Paris. Le second était plus ancien de deux ans, et Fernel demeurait déjà dans le même collége.

Le Monalosphère est la description de la sphère sur une surface unique, αλων, aire. L'astrolabe a deux surfaces; Fernel a voulu tout placer sur la même; après cette annonce, on est surpris de voir le parti qu'il tire de la seconde face, pour résoudre les problèmes du calendrier; plus surpris de voir dans la neuvième proposition le moyen de reconnaître l'instant précis du commencement d'une maladie. Fernel était médecin encore plus qu'astronome. Le commencement d'une maladie n'est pas le moment où on s'est alité, ni celui où l'on a senti de la lassitude dans les membres ou de la pesanteur dans la tête; le malade lui-même peut se tromper dans le jugement qu'il en porterait; mais en calculant dans quelle maison était la Lune vers le tems cherché, on reconnaîtra celle qui a fait commencer la maladie. L'Astrologie est sans doute bien ridicule en toute occasion, mais je ne crois pas qu'elle en ait jamais donné une preuve plus plaisante. Il continue, dans le reste de cette seconde partie, à exposer sa doctrine astrologico-médicale.

Dans la troisième, il ne se fie pas à la polaire pour avoir la véritable hauteur du pôle, parce que ses deux hauteurs méridiennes sont trop inégales. Cette idée est neuve autant que fausse; elle a droit d'étonner, dans un homme qui savait un peu de Géométrie. Il préfère les hauteurs méridiennes du Soleil, les hauteurs des étoiles, et sur-tout celle de l'étoile qui ne fait que raser l'horizon sans jamais se coucher. Dans la proposition 12, il suppose le degré de 60 milles italiques; il n'avait pas encore mesuré celui d'Amiens. Il donne, en conséquence une table des degrés de longitude; à l'aide de cette table, il cherche la distance de deux villes. Il regarde les différences de longitude comme les deux côtés d'un triangle rectiligne rectangle, et la distance cherchée comme l'hypoténuse. N'avait-il aucune idée de la Trigonométrie sphérique ?

Dans les propositions 33 et suivantes, il attaque vivement la méthode donnée par Régiomontan pour déterminer les 12 maisons. Le reste de l'ouvrage donne les moyens connus de mesurer les hauteurs et les distances, soit accessibles, soit inaccessibles.

Au commencement de sa théorie, il examine la question de la grandeur de la Terre. Le degré de 700 stades, d'Eratosthène, serait de $87\frac{1}{2}$ milles italiques; on se souviendra que Fernel, ci-dessus, ne le faisait que de 60. Régiomontan réduisait les 700 stades à 640, c'est-à-dire à 80 milles. Ptolémée ne donnait au degré que 500 stades, ou $62\frac{1}{2}$ milles. Campanus, Thébit, Alméon, Alphragan, $56\frac{2}{3}$ milles. Dans une pareille incertitude, il a cru devoir répéter lui-même la mesure, et il a trouvé qu'un degré de grand cercle, sur terre comme sur mer, était de 68 milles 95 pas et un quart, qui font 544 stades romains et $45\frac{1}{4}$ de pas, ce qui approche beaucoup du degré de Campanus et d'Alméon; car 56 milles font 68000 pas, c'est-à-dire 68 milles italiques; la différence n'est donc que de 95 pas. Il détermine, en conséquence, la circonférence entière de la Terre, qu'il fait de 24514^m et $285\frac{5}{7}$ pas; le degré $68^m 95\frac{1}{4}$ pas; le diamètre................ 7800; le demi-diamètre 3900.

Le grain d'orge est la plus petite mesure; le doigt vaut 4 grains; la palme, 4 doigts; le pied, 4 palmes; la coudée, 6 palmes; le pas simple, 10 palmes; le pas géométrique, 5 pieds; la perche est de 10 pieds; le stade italique, de 25 pas; le mille est de 8 stades; le mille germanique, 4000 pas; le mille de Suède, 5000. Il est singulier qu'il ne donne aucune mesure française; il donnera plus loin la manière dont il a fait sa mesure. Paragraphe 3, il calcule la partie de la surface du globe qui est couverte par les eaux; il estime qu'elle en est à peu près la moitié. Au paragraphe 8, il donne sa manière pour mesurer la Terre. Son instrument était du genre des règles de Ptolémée, mais il était fixe; l'angle CAD (fig. 103) était de 90°; AC=AB=8 pieds. CD, par ses divisions, indiquait les degrés et toutes les minutes (*singulorum minutorum partitiones*); AB est une pinnule mobile; ayant donc choisi un jour serein (c'était le 26 août), la hauteur méridienne à Paris était de 49° 13′. Le Soleil était au 11ᵉ degré de la Vierge; la déclinaison boréale, 7° 51′; la hauteur de l'équateur, 41° 22′; et la latitude de Paris, 48° 38′. S'il a fait l'observation au collége de Sainte-Barbe, qui touche au collége de France, sa latitude devait être de 48° 50′ 58″; supposons 48° 51′. Le lendemain, 26, il calcula que le Soleil, à midi, devait être élevé de 47° 51′, dans un lieu qui serait plus boréal d'un degré; en effet, le changement diurne de déclinaison est de 22′, et la différence devait être 1° 22′. Le 27, la hauteur devait être 47° 26′; le 28, 47° 5′; le 29, 46° 41′; il y a ici quelque petite erreur. Le mouvement diurne est de 22′ et quelques secondes, et il va croissant. Ces calculs faits, il se mit en route, et après un jour et demi de marche il s'arrêta pour mesurer la hauteur du Soleil; il la trouva de 48° 6′; il vit qu'il fallait continuer sa route. Il ne trouva pas encore, le 28, exactement ce qu'il cherchait, mais il vit au moins de combien à peu près il fallait encore s'avancer, et ayant fait le chemin qu'il venait de calculer, il trouva, le 29, 46° 41′. Il reconnut donc qu'il était d'un degré juste au nord de Paris. Dans la route, il s'était servi de son *horaire*, instrument qu'il a décrit ci-dessus, et qui lui donnait l'heure et le midi très exactement. On lui disait, dans le pays, qu'il était à 25 lieues de Paris; mais ne s'en rapportant pas à cette estime grossière, il monta sur une voiture qui partait pour Paris, et compta 17024 tours de roues, à fort peu près, après en avoir déduit comme il put ce qu'il devait pour les différentes élévations du terrain. Le diamètre de la roue était de 6 pieds 6 doigts géométriques et un peu plus. La circonférence était donc de 20 pieds, ou 4 pas. Multipliant donc les roues par 4, il eut 68096, qu'il réduisit à 68095 $\frac{1}{4}$, pour n'avoir point de fraction au diamètre de la Terre. Il en conclut que la lieue de France est plus grande que deux milles italiques, ce qu'il a prouvé d'une autre manière. Du Palais du Roi à l'église de Saint-Denis, il compta 5950 pas, entre les deux villes 4450 de ces pas, qui étaient les siens et ceux d'un homme d'une taille moyenne; il en faut 5 pour faire 6 pas géométriques, et mille font 1200 pas géométriques ou 400 pas. Il a mesuré de même la longueur de Paris, qu'il a trouvée de 2110 pas géométriques; la largeur n'était que de 2030; le circuit, 7650.

Remarquons d'abord que Fernel peut avoir fait toutes ses opérations préparatoires au moyen de son monalosphère; qu'il suppose la longitude du Soleil de 5^s 11° sans fraction, à midi; qu'il en conclut la déclinaison 7° 51′, ce qui supposerait une obliquité de 24° 47′ 50″. Mais heureusement il n'a employé que des différences de hauteur et le mouvement en déclinaison. Dans ces quatre jours, le mouvement en longitude est de 3° 53′ à fort peu près. Avec une obliquité de 23° 30′, il aurait eu pour

$5^s 11°$ la déclinaison $7° 27' 33''$
$5.14.53'$ .... $5.58.8$
mouvement en déclinaison pour 4 jours... $1.29.25$
mouvement diurne................... 22.21

$$49° 13' - 1° - 46' 41'' = 48° 13' - 46° 41' = 1° 32'.$$

L'erreur sur le mouvement en déclinaison est de $2'$, qui doit se porter sur l'arc mesuré; voilà déjà 1900 toises d'incertitude. Ajoutez l'erreur des deux observations méridiennes, qui ont pu ne pas se compenser entièrement, l'incertitude des réductions simplement estimées, le silence que l'auteur garde sur les deux stations extrêmes, la coïncidence de sa mesure avec celle des Arabes, et vous aurez droit de soupçonner que Fernel a vérifié la mesure des Arabes comme ceux-ci avaient vérifié celle de Ptolémée. On a trouvé que le degré de Fernel différait peu du degré de Picard, et guère plus du degré de La Caille. C'est un grand bonheur; c'est la seule réflexion que je me permettrai sur la mesure de mon compatriote. Il est assez remarquable que la Picardie ait donné naissance à quatre astronomes qui ont mesuré des degrés. Fernel était né à Montdidier; La Caille, à Rumigni en Thiérache; Méchain, à Laon; je suis d'Amiens; ces quatre villes étaient de l'ancien gouvernement de Picardie.

Le reste de l'ouvrage donne les dimensions de toutes les sphères et de leurs épicycles; les figures sont grandes, bien tracées et faciles à suivre. Voilà tout l'éloge qu'on peut faire de cette composition, qui est terminée par la description d'un planéthode destiné à rendre sensible la marche des planètes. Il veut qu'on y rassemble tout ce qu'il vient d'expliquer par ses figures; on y verrait les équans, les déférens, les épicycles et toute l'Astronomie du tems.

Fracastor.

Jérôme Fracastor, médecin à Vérone, y mourut d'apoplexie en 1543; il était plus que septuagénaire, ce qui place sa naissance vers 1470. Ses œuvres ont été recueillies en un volume *in-8°*. La première partie contient ses œuvres philosophiques et médicales, dont nous n'avons rien à dire, et son poème de la Syphilis, ou Mal français. La seconde renferme ses œuvres astronomiques et ses autres poésies.

Dans sa préface, il rappelle que les anciens n'étaient pas d'accord sur la manière la meilleure de représenter les mouvemens des planètes. Les uns ne voulaient admettre que des cercles homocentriques; d'autres en voulaient d'excentriques. Ces derniers paraissent en effet mieux représenter les phénomènes; mais les admettre serait une *impiété*, ce serait se faire une fausse idée de ce qui convient aux corps célestes. Eudoxe et Calippe tenaient pour les homocentriques; Hipparque fut un des premiers à préférer les excentriques; Ptolémée l'imita et fut suivi en cela par tous ses successeurs. Fracastor ajoute que Jean-Baptiste Turrius, un de ses concitoyens, avait trouvé dans les sphères deux mouvemens admirables qui doivent rendre les excentriques absolument inutiles; que ce jeune homme, en mourant, lui avait recommandé sa découverte, qu'il n'avait plus le tems d'exposer lui-même. Pour satisfaire au vœu de son ami, Fracastor entreprit l'ouvrage dont nous allons rendre compte, mais sans s'astreindre à suivre la voie qu'avait choisie l'auteur; il en chercha une plus facile, pour démontrer, ainsi qu'il s'en flatte, que tous les mouvemens célestes peuvent s'expliquer par des cercles; il prie le lecteur de ne pas s'effrayer de leur nombre et de se rappeler que Calippe n'employait pas moins de 55 sphères.

Il établit d'abord que les étoiles ne se meuvent pas d'elles-mêmes, et qu'elles sont enchâssées dans des sphères qui les entraînent. Les mouvemens sont variés; on doit donc concevoir autant de sphères que de mouvemens divers. On doit donc admettre d'abord une sphère pour toutes les étoiles fixes, et autant d'autres sphères qu'il y a de planètes; ces sphères, nécessairement, sont emboîtées les unes dans les autres. Fracastor range les planètes dans le même ordre que Ptolémée.

Une sphère ne peut avoir qu'un mouvement unique, uniforme, autour de deux pôles.

Les sphères supérieures communiquent leur mouvement aux inférieures; mais celles-ci n'en produisent aucun dans les sphères supérieures. On peut supposer qu'une sphère est mue par une intelligence; mais la même intelligence ne peut donner le mouvement à plus d'une sphère; une sphère entraînée par une autre ne lui oppose aucune résistance; car les mouvemens ne sont pas contraires, puisqu'ils s'accomplissent sur des axes différens. La sphère des fixes n'a qu'un mouvement simple, parce qu'elle n'est enfermée dans aucune autre sphère. La sphère contenue dans une autre se meut plus rapidement que celle qui la contient; car d'abord elle profite du mouvement de la supérieure, auquel elle ajoute son propre mouvement, si pourtant les deux sont dirigés dans le même sens; si les sens sont contraires, l'inférieure ne se mouvra que de son mouvement relatif; si les mouvemens sont égaux et contraires, le corps reste en repos. En développant cette idée, il fait cette remarque singulière pour le tems, que *les montagnes ont été formées par la mer et couvertes de ses eaux ; que les parties aujourd'hui couvertes par la mer seront un jour habitables, et que tout ce qui est maintenant habité doit être un jour submergé.*

Si les équateurs de deux sphères homocentriques sont à angles droits l'un sur l'autre, ou, ce qui revient au même, si les deux axes sont à angles droits, la plus grande fera tourner la plus petite en tous les sens opposés successivement. Il appelle la première *circumducens*, la seconde *circitor*.

Si le *circiteur* d'un *circonduisant* a lui-même un circiteur, il en résultera le mouvement de trépidation, qu'il qualifie d'admirable. Il développe longuement et d'une manière assez obscure ce mécanisme ; il répond à des observations qui n'ont aucun intérêt, puisque la trépidation est une chimère. Il ajoute à ces premières notions beaucoup de métaphysique sur les mouvemens ; ensuite il établit que jamais les planètes ne sont plus ou moins éloignées de la Terre ; que leur distance est toujours la même, et que les variations qu'on remarque dépendent d'autres causes, telles que l'atmosphère et la différente densité des parties différentes du ciel. Il admet l'inégalité du mouvement de précession ; il convient ensuite que le mouvement uniforme est le plus probable.

Il suppose une première sphère qui entraîne toutes les autres et produit le mouvement diurne, qui est uniforme et le sera toujours, à moins que le Créateur ne veuille le changer.

Sous cette sphère il place un *circonduisant* qui tourne le long du colure, d'abord au sud, en 3600 ans, et qui entraîne tous les orbes inférieurs. Il ajoute ensuite un *circiteur* entraîné en 3600 ans par le *circonduisant*, et qui, pendant ce tems, fait par lui-même 16° dans le même tems, ou 4° en 900 ans ; voilà donc trois mouvemens qui *tous se coupent à angles droits*. Ce n'est pas tout ; il imagine un *contravectus* qui a deux fois le mouvement du *circonduisant*, enfin un *anticirciteur* dont le mouvement est contraire et égal à celui du *circiteur*. Tous les mouvemens des étoiles sont donc représentés par 4 cercles qui modifient le mouvement de la première sphère. Mais quoique l'auteur en dise, tous ces cercles ne sont pas homocentriques, et je ne vois pas en quoi ils sont préférables aux excentriques ou aux épicycles ; car il est obligé de donner 10 orbes à Saturne, 11 à Jupiter, 9 à Mars, 4 au Soleil, 11 à Vénus, 11 à Mercure, enfin 7 à la Lune, ce qui fait en tout 63 orbes.

Il croit que la diminution de l'obliquité de l'écliptique ira toujours en croissant, jusqu'à ce qu'elle se confonde avec l'équateur, *lorsque les dieux voudront;* passant ensuite de l'autre côté, elle ira d'un pôle à l'autre.

Il se livre ensuite à des conjectures sur la manière dont Eudoxe et Calippe expliquaient tous les mouvemens; il distingue tous leurs cercles en *férens* et *restituans*, ou *portans* et *restituans*. En voici la table.

Planètes.	Nombre des Portans.	Nombre des Restituans.
Saturne..	4	....
Jupiter..	4	3
Mars....	5	3
Vénus...	5	4
Mercure.	5	4
Soleil...	5	4
Lune....	5	4
Sommes..	33	22
		33
Total..		55

Il se flatte d'avoir prouvé qu'il est inutile de supposer aucun excentrique, aucun épicycle; il veut prouver aussi qu'ils sont impossibles et sont contraires à divers phénomènes; il trouve inconvenant que les mouvemens soient inégaux. L'Astronomie moderne lui a donné, en quelque sorte, raison sur ce point, et non sur le premier : on peut réduire la formule du lieu d'une planète en une formule dont chaque terme soit ou simplement proportionnel au tems, ou dépendant d'un sinus; ainsi le cours de la Lune peut se représenter par des cercles, par les moyens mouvemens et par des épicycles posés les uns sur les autres, pour les inégalités.

Les auteurs de la Biographie disent que Fracastor *avait entrevu le télescope, en imaginant de placer l'un sur l'autre deux verres à lunettes, pour observer le cours des astres.* Fracastor ne parle pas d'un moyen de perfectionner les instrumens astronomiques; il rapporte tout simplement une remarque qui peut-être était dès-lors vulgaire. Voici le passage, page 62.

Si crassum densumque (medium) majora et propinquiora (videntur), quod in iis patet quæ per aquam et vitrum et crystallum cernuntur undè et specillorum quæ ocularia vocantur usus compertus est. Il n'a pas l'air de se douter que c'est la convexité des verres qui leur donne la faculté de grossir. *Et per duo specilla ocularia si quis perspiciat altero alteri supposito, majora multo et propinquiora videbit omnia hâc de causâ, quœcumque stellarum propè horizontem sunt, majores et propinquiores videntur, in medio cœli minores et remotiores... Propè horizontem per plus illius aëris defertur species, à medio cœli per minus.* Il ne considère que l'épaisseur, et nullement la courbure.

Il montre par une figure, page 64, que le rayon lumineux horizontal décrit dans l'atmosphère une ligne beaucoup plus longue que le rayon vertical. Il y a loin de là au télescope et à l'idée de combiner deux verres de courbure différente, de manière à faire coïncider les deux foyers. On voit tous les jours des personnes qui emploient, sur-tout le soir, deux paires de lunettes pour mieux voir, sans avoir aucune idée du télescope.

A la page 211, il parle de la comète de 1472; mais il se borne à dire qu'elle était du genre des *barbues;* qu'elle était d'abord plus australe que la Balance, et devint ensuite plus boréale que le tropique d'été. Il ajoute qu'il a lui-même observé très soigneusement trois comètes.

La première fut découverte le 8 ou le 9 septembre 1531; on la vit le matin plus boréale que le tropique d'été; le 13 elle se leva le soir près du tropique. Les jours suivans la longitude augmenta peu, on la vit au-dessous de l'équateur, non loin de Jupiter, qui était alors en 13° du Scorpion. Le 18, elle avait disparu.

La seconde parut en 1532, le matin avant le Soleil; elle était trois fois plus grande que Jupiter, la barbe avait deux fois la longueur du bras. Elle fut visible du 22 septembre au 8 décembre. Nous l'observâmes d'abord en 5° de la Vierge, avec 6° 15′ de latit. austr.; les jours suivans,

en 7	....	14. 0 de latit.,	et 3° de déclin. austr.;
ensuite en 11	....	12	1 31′ austr.
12	....		
en 17	....	3	4. 0 boréale;
le 12 octob. 21	..	0	3. 30;
le 24 12 ♎	.....	2 boréale	2 australe;
le 4 nov. 8 ♏	...	6	australe;

elle était faible et près de disparaître; le 3 décembre elle avait disparu.

La troisième est de 1533. Le premier juillet on la vit entre les Pléiades et la Corne du Bélier; nous ne la vîmes que le 7; elle se levait à la deuxième heure de la nuit, un peu plus grande que Jupiter; sa queue avait la longueur d'une pique ; elle était dans la tête de la Gorgone, et faisait *presque un triangle* avec les deux étoiles qui sont au-dessus de la Luisante. La nuit suivante elle en était éloignée de 3° vers le nord. Le 21 à 8ʰ du soir, elle était près de l'étoile de la main droite de Persée. Le mouvement de latitude avait été de 15° environ. Le 27 elle parut près de l'étoile de la chaise d'*Antiope;* elle avait fait vers le nord 30° depuis le 7, et 65 depuis le premier juillet. *Il est à remarquer que la queue de ces trois comètes était dans une direction opposée à celle du Soleil. On dit la même chose de la comète de 1472.* Le Traité des homocentriques avait paru séparément, en 1535, à Venise, in-4°, c'est-à-dire avant l'*Astronomicum* d'Apian, à qui l'on fait ordinairement honneur de cette remarque; mais s'il n'en est pas le premier auteur, il a du moins eu le mérite de la mettre dans un plus grand jour.

Apian. Astronomicum Cæsareum. Ingolstadt, 1540.

Le privilége général de l'empereur Charles-Quint, pour tous les ouvrages qu'Apian se dispose à publier, fait mention d'éphémérides pour les années 1534 — 1570, du livre des Ombres, des cent propositions d'Arithmétique, d'un Traité d'Arithmétique et de Règles cossiques, de la Mesure des Futailles, d'Almanachs contenant des prédictions, d'un livre des Conjonctions, d'une Traduction encore inédite du texte grec de la Syntaxe de Ptolémée, par Willibald Pyrekamètre; d'un livre des Éclipses, du livre d'Azophi, astrologue très ancien; des livres de Geber, de la Perspective de Vitellion, d'un livre des Jours *orétiques*, de l'Iris, de Tables *résolues*, d'un nouveau Rayon astronomique, d'un Miroir, enfin d'une Introduction cosmographique. De tout cela, nous ne connaissons que les livres de Geber, l'Introduction cosmographique, le Rayon astronomique, un instrument du premier mobile et l'*Astronomique,* qui est un des derniers nommés dans cette longue liste.

L'auteur était né en 1495, à Leysnich de Misnie, et mourut en 1551. Son nom allemand était Bienewitz, *Apis filius,* d'où Apianus. Son but, en composant cet ouvrage, a été, comme il le dit lui-même dans son Avis au Lecteur, de rappeler à l'Astronomie tous ceux qu'en écartait l'horreur des calculs; il se proposa donc ce problème : Peut-on, par des instrumens et sans aucun nombre, représenter tous les mouvemens célestes et toutes les théories? La difficulté lui parut d'abord insurmontable, mais à force d'y penser, il en a trouvé les moyens. Sans avoir tout-à-fait obtenu le succès dont il se flatte, il a du moins fait preuve de ressources et d'une industrie qu'on ne peut assez déplorer, dit Képler. Ce n'est donc pas par ces moyens que son Astronomique peut aujourd'hui nous intéresser, mais par des observations, des remarques, des idées, dont nous allons extraire tout ce qui nous paraîtra digne de quelque attention. Cet ouvrage est remarquable par un grand nombre de figures enluminées. La première est un planisphère qui représente toutes les constellations de Ptolémée; on n'y voit d'autre cercle que celui de l'écliptique, qui même n'est pas divisé en degrés; mais ce planisphère, qui est rond, tourne dans un cercle divisé; on l'arrêtera au point où une étoile connue se trouvera répondre au degré qui en marque la véritable longitude pour un instant donné. Un fil attaché au centre, et qui représente un rayon mobile, sert non-seulement à donner cette position au planisphère, mais de plus il donnera la longitude de l'étoile quelconque sur laquelle il sera tendu. C'est déjà une idée assez remarquable; mais de plus on voit au bord du planisphère une figure elliptique qui donne les moyens d'avoir égard à la trépidation; ce qui au reste était assez inutile.

Une échelle sert à trouver les 45° de latitude. Sur l'Éridan et près d'Acharnar, est une femme nue et couchée, dont la main paraît indiquer l'auge commune des planètes, suivant la théorie des Alphonsins. Dans son explication, Apian ne dit rien de cette femme.

Dans la seconde, on voit une table de l'équation du tems. Un cercle extérieur est divisé en mois et en jours; un cercle intérieur donne l'équation; un fil placé au centre, et qu'on tend sur la division du jour, indique l'équation en minutes et sixièmes de minutes.

Une troisième sert à trouver le lieu d'une planète supérieure. Le cercle extérieur représente l'écliptique; un cercle intérieur est divisé en années, et tourne au centre du zodiaque; un troisième, également mobile, sert à marquer le lieu des nœuds et des limites; un quatrième est le déférent, sur la circonférence duquel est un épicycle qui tourne autour de son propre centre. Une table placée en regard de la planète sert à placer ces cercles dans la position respective qu'ils doivent avoir à un instant donné, et trois fils mobiles autour de deux centres différens contribuent à l'exactitude du procédé, qui, comme on le sent bien, ne peut être fort précis.

Une planche particulière donne les latitudes.

Jupiter et Mars ont deux planches pareilles, destinées à résoudre les mêmes problèmes.

Le Soleil a la sienne; Vénus et Mercure, deux chacun, ainsi que la

Lune. On peut remarquer les formes bizarres des lignes de latitude, qui n'ont pu être déterminées que par points.

Quatre autres planches tournantes sont consacrées aux aspects, plusieurs aux éclipses; il en consacre de particulières à certaines éclipses célèbres, dont il se sert pour réformer la chronologie; ainsi il prétend que la défaite de Persée, par Lucius Paulus Æmilius, est de l'an 172 avant J.-C., et non 165, comme le dit Eusèbe. Il réforme aussi un passage de Tite-Live, sur la date de cette éclipse de Lune; il veut que Tite-Live ait compté les heures du coucher du Soleil, ou plutôt de la fin du crépuscule, ce qui est l'usage du vulgaire et celui des soldats. *Quorum observatio potior in cœde quam in cœlo, mens intentior pilo quam polo, contemplatio que absolutior in arcis quam in astris posita est.* En conséquence, il fixe le commencement de l'éclipse à 12^h $29'$. Il rectifie de même la date de la défaite de Nicias, en Sicile, par l'éclipse de Lune qui jeta la frayeur dans son armée.

Plusieurs planches tournantes donnent aussi la solution des divers problèmes que peut présenter le Calendrier ecclésiastique julien.

Il donne les figures ou thèmes célestes par lesquels on peut reconnaître s'il est à propos de se purger. Il dresse le thème astrologique des maladies, et c'est là que se termine la première partie.

La seconde commence par un météoroscope plan, c'est-à-dire un quart de sphère projeté orthographiquement sur un quart de cercle; on y distingue les degrés, tant des cercles de déclinaison, que des parallèles. Il le destine à la solution graphique de tous les triangles rectangles sphériques, et par suite à celle des triangles obliquangles. Toutes ses opérations se font avec la règle, l'équerre et le compas. On en trouverait la démonstration dans la théorie de l'Analemme.

Pour éclaircir sa doctrine, il choisit ses exemples dans cinq comètes qu'il a observées, et qui constituent la partie la plus curieuse de son ouvrage.

La première est celle de 1531, vue depuis le 6 jusqu'au 23 août. Pour en déterminer la position, il la compare à l'étoile du Bouvier, dont la longitude, suivant Alphonse, est 6^s $14°8'$, et la latitude $31°30'$. Il calcule la trépidation, et trouve longit. $= 6^s$ $16°59'$. Il y aura du bonheur si cette longitude est juste à $2°$ près. Il en déduit, par ses moyens graphiques, l'ascension droite et la déclinaison. L'ascension est $208°8'$, la déclinaison $22°22'$; il en déduit la hauteur, l'ascension droite du milieu du ciel, le point culminant, sa déclinaison, l'angle de l'écliptique avec le méridien, le nonagésime, le point couchant, sa déclinaison. On peut juger ce qu'on peut attendre de tant d'opérations à la suite l'une de l'autre. Ce n'est pas tout, il lui faut l'azimut de la comète, sa hauteur, la hauteur et l'azimut de l'extrémité de la queue. Toutes ces opérations sont très-grossières, elles l'ont conduit à sa remarque importante sur la direction de la queue toujours opposée au Soleil. Il a tiré lui-même la conséquence la plus curieuse ; ses observations n'étaient guère bonnes qu'à cela ; ce serait tems perdu que de les calculer rigoureusement, ainsi nous nous dispenserons de les rapporter.

Soit AC (fig. 104) la latitude de la comète, BQ celle de l'extrémité de la queue, AB l'arc de l'écliptique qui est la différence des deux longitudes ; il prolonge QC qui va rencontrer l'écliptique en S, et le point S se trouve toujours celui qu'occupe le Soleil. Voilà qui est simple et lumineux ; il ne consacre pas moins que 28 figures à exposer sa découverte ; elle en valait la peine, et les figures sont curieuses et variées.

Il décrit ensuite avec beaucoup de détails et nombre de planches l'instrument qu'il appelle *torquetum*, c'est-à-dire une espèce d'équatorial composé d'une table horizontale qu'il appelle base d'un cercle équatorial, qui tourne à charnière sur la base, en sorte qu'on peut l'élever à la hauteur convenable, suivant le lieu où l'on observe.

Sur le cercle équinoxial, on en attache un autre incliné de $23°\frac{1}{2}$, et il sera l'écliptique. Ces deux cercles n'ont pas besoin de se croiser comme dans la sphère, il suffit que leurs plans, en les supposant prolongés, fassent un angle de $23°\frac{1}{2}$. Perpendiculairement à cette écliptique, on place un cercle de latitude divisé en ses trois cent soixante degrés, au centre duquel tourne une alidade qu'on dirigera à l'astre qu'on veut observer. L'alidade indiquera donc la latitude, une autre alidade tourne au centre du zodiaque et porte le cercle de latitude, et marque la longitude de l'astre observé.

Ce n'est pas tout ; l'équatorial, qui porte l'écliptique et le cercle de latitude, tourne dans le plan de la tablette inclinée dont nous avons parlé ci-dessus ; il entraîne dans son mouvement l'écliptique comme dans la sphère ou l'astrolabe.

Apian expose ensuite tous les usages de son instrument, qu'il dit être le plus agréable et le plus commode qu'on ait jamais inventé.

Quod instrumentum omnium est et jucundissimum intellectu, usurpatuque facillimum.

La dernière planche nous offre les armoiries d'Apian et ses décorations; car Charles-Quint l'avait fait chevalier de l'Empire germanique, et même lui avait fait présent de trois mille pièces d'or. Pour finir par quelque chose de plus intéressant, citons un passage d'Apian sur la manière d'observer les éclipses de Soleil. Après avoir dit que les éclipses de Soleil fourniront le meilleur moyen de déterminer les différences des méridiens, il ajoute :

Postremùm est et quasi parergum, ut ecleipses quos fusissimè descripsi, oculari quoque observatione contuendas doceam. Cum multi sint, qui variè variis videndi instrumentis utantur, omnibus tamen perperàm. Alii enim in pelvi aqua refertâ. Alii speculis, alii simplici papiro perforatâ. Alii aliter observare ecleipses solent. Tantùm vero abest, ut hii veram defectus magnitudinem discernant, ut insuper hiis rationibus gravissimè visum percellant. Ecleipsim itaque solarem contuiturus, vitrea non ampliùs quam duo fragmenta, qualibus fenestræ muniuntur spissiora. Palmæ latitudinem æquantia, bicoloria tamen, altero rubro, altero viridi, flavo, purpureo, cæleove existente. Colorum differentias ipsa experientia statim docebit. Exindè folium papiri candidioris tenuissimâ acu perforatum, binis vitris inserat, ceráque vel bitumine conglutinet. Tempore deindè ecleipsis oculis prætendat, acieque recta per foramena in Solem delinquentem collimet. Sic enim fiet ut Solem nihilo seciùs quam si Lunam intueatur, innoxiè cernat. Quæ quidem res in dies comprobari potest, maximè autem tunc ubi Solem et Venerem aut Solem et Mercurium conjungi corporaliter, ex superioribus animadvertisti. Nam si eamdem conjonctionem per vitra suo tempore observabis, citrà obstaculum, citraque noxam visûs, planetam sub Solis corpore, quâcumque tandem in parte lateat, manifesto conspicabis.

On voit, dans ce passage la première idée des verres de couleur dont on se sert aujourd'hui pour observer le Soleil. Cette idée cependant fut long-tems à germer, car Tycho, long-tems après, employait dans les éclipses un moyen bien plus imparfait. Au lieu de deux verres colorés, collés ensemble par les bords, on se sert d'un seul verre plus ou moins épais, plus ou moins foncé. On a supprimé le papier blanc et percé d'un trou d'aiguille qui était parfaitement inutile. Apian ne décide pas de la couleur des verres, et s'en remet à l'expérience pour le choix, ce qui ferait croire que c'était une simple idée qu'il mettait en avant, et qu'il n'avait pas éprouvée lui-même. On voit aussi qu'il croyait à la possibilité d'observer Mercure et Vénus sur le Soleil, que cette possibilité résultait de ses constructions; bien des astronomes en doutaient encore, et l'incertitude n'a cessé que par l'observation effective de ces passages annoncés par Képler, et observés par Gassendi et Horox.

APIAN.

Instrumentum primi mobilis à Petro Apiano nunc primum et inventum et in lucem editum. Norimbergœ, apud F. Petreium, 1534.

C'est dans cet ouvrage, ou du moins dans le volume qui le renferme, que se trouve l'Astronomie de Géber, que nous avons extraite ci-dessus à la suite des auteurs arabes (fig. 105).

Décrivez un quart de cercle BHC du centre A et du rayon AB, et divisez-le en ses 90 degrés. Ces degrés ne sont pas marqués sur la figure. Sur AB et AC comme diamètres décrivez les deux demi-cercles BFA et AFC qui se couperont en F.

Joignez la ligne des centres DE, et du milieu G comme centre et du rayon GB = GC, décrivez une portion de cercle qui passe par les points B et C, et même un peu au-delà. Du même centre avec un rayon un peu différent, décrivez un second arc IK, entre ces deux arcs vous pourrez marquer les divisions BC et leurs chiffres.

Appliquez une règle au centre A, et la faisant passer par chacun des points de division du quart de cercle BHC, marquez sur les cercles extérieurs des lignes qui enfermeront les divisions et leurs numéros.

Les demi-cercles BFA, AFC serviront à trouver les sinus; Apian les appelle les *cercles des sinus*. Il faudrait les entourer de deux autres cercles entre lesquels on marquerait les divisions et leurs chiffres.

Divisez AB en 100000 parties égales, AB sera le sinus total. Si vous vous contentez de moindres dimensions, vous pourrez diviser AB en 10000, ou 1000, ou 100 parties.

Du point A comme centre et d'un rayon égal à la distance de ce point à chacune des divisions de AB, décrivez des arcs de cercle tels que aa, bb, cc, jusqu'au cercle AFB. Ces cercles doivent être occultes; on n'a besoin que des divisions des cercles AFB aux points a, b, c, etc.

Cela posé, si vous voulez trouver le sinus verse d'un arc Bx, tendez un fil de A en x; le fil coupera le cercle BFA; la partie du fil comprise entre le demi-cercle BFA et le quart de cercle BHC sera le sinus verse cherché. Connaissant le sinus verse, vous aurez le cosinus. Pour avoir le sinus, cherchez le sinus verse du complément, retranchez-le du rayon, vous aurez le sinus.

Ou transportez tous les points de divisions du cercle AFB sur le cercle AFC, la partie du fil comprise entre AFC et BHC sera le cosinus verse, et la partie intérieure au cercle AFC sera le sinus droit.

Cette construction est suivie d'une table de sinus pour toutes les minutes et pour le rayon 100000, calculée par Apian.

Cette figure est donc véritablement une table de sinus; elle peut servir aux mêmes usages que la table. L'auteur explique ces usages et ceux de la table en cent propositions qui sont un traité d'Astronomie sphérique où il n'y a rien de neuf que son instrument.

Il serait facile de démontrer cette construction; mais la démonstration qui se présente la première n'indiquerait pas assez la route que l'auteur a suivie pour y parvenir. Soit le quart de cercle ABE (fig. 106) et sur cet arc l'arc quelconque AB. BD sera son sinus, CD son cosinus et AD son sinus verse. Menez le rayon CB, l'angle BDC est droit. Un cercle décrit sur BC comme diamètre passera nécessairement par le point D, et coupera le rayon CA en deux parties qui seront le cosinus et le sinus verse de l'arc AB.

Si le rayon CA est divisé en 100, 1000, 10000 parties, on connaîtra donc le cosinus et le sinus verse de l'arc AB, et de plus une ouverture de compas prise de D en B, et portée de C en B' sur le rayon divisé, donnera le sinus de l'arc et même le cosinus verse AB'.

Il n'est pas même besoin de décrire le cercle, car le triangle CMD sera isoscèle. Ainsi tirez le rayon CB, coupez-le en deux en M; de l'ouverture MC et du centre M, marquez le point D sur le rayon divisé CA, vous aurez le cosinus CD, le sinus verse DA = rayon — cosinus. Portez une des pointes du compas en D et l'autre en B; de cette ouverture et du centre C, marquez le point B'; CB' sera le sinus et AB' le cosinus verse : la solution est complète. On connaît la moitié du rayon CM = MD qui sert à marquer D sur CA.

Le cosinus de AB est BF = CD; le cercle qui passe par D passera aussi par F; vous aurez le sinus CF de BE, le cosinus verse EF; BF porté de C en D donnera le cosinus CD et le sinus verse AD.

Le cercle est encore inutile; il suffit de marquer le point F de l'ouverture MC = MD = MF, car le triangle CMF est également isoscèle

Retournant à la figure 105, nous verrons que Ba, perpendiculaire sur le rayon Ax, est le sinus de l'arc Bx, que Aa en est le cosinus, et ax le sinus verse; Ba le sinus; et Ba porté de A en B, donnera le cosinus verse.

Si Cx' est donné, prenez Bx = Cx'; vous aurez son cosinus Aa' = Aa; Ba son sinus = a'C; ax son sinus verse = $a'x'$. Le second demi-cercle AFC' était donc inutile.

En tout, cette construction n'a aucun avantage bien réel.

C'est ici qu'il place l'Astronomie de Géber, après quoi vient une introduction géographique d'Apian aux problèmes géographiques de Werner. Il y ajoute la composition et l'usage du rayon astronomique. Il donne 6 pieds à son rayon, une spithame au marteau. Il expose la manière de diviser l'instrument et celle de s'en servir pour mesurer les angles dans le ciel et sur la Terre.

Il décrit ensuite un quadrant nouveau et universel, c'est-à-dire un quart de cercle avec un nombre considérable d'ordonnées ou sinus, qui est encore une espèce de table de sinus, de cosinus et de sinus verses.

Après quoi vient la traduction du premier livre de la Géographie de Ptolémée avec des notes par Werner. On y trouve une description plus ample du rayon astronomique, avec des tables de sa division. Différens moyens et diverses tables pour la composition des cartes planes.

Une lettre de Régiomontan au cardinal Bessarion, sur la composition du météoroscope de Ptolémée, servant à trouver les longitudes et les latitudes des lieux terrestres.

C'est une sphère armillaire, composée d'un horizon, d'un équateur, d'un méridien, d'un colure et d'un cercle vertical. Le colure et l'équateur sont partagés en parties égales par une règle qui a la figure d'une croix.

Description du Torquetum d'Apian. C'est un équinoxial qu'on peut disposer pour diverses latitudes. L'équateur mobile porte une écliptique qui lui est inclinée convenablement; au centre de l'écliptique s'élève une colonne qui porte un cercle entier de latitude et un demi-cercle de déclinaison.

Horoscopium Apiani generale dignoscendis horis cujuscumque generis aptissimum, neque id ex Sole tantùm interdiù, sed et noctu ex Lunâ aliisque planetis et stellis quibusdam fixis. C'est un instrument dans le genre à peu près du *quadratum horarium* de Régiomontan. Un fil à plomb, avec une perle mobile est porté par un bras qui peut s'allonger où se raccourcir pour arriver au point de suspension marqué par le zodiaque ou trigone des signes, mais les lignes horaires sont des courbes irrégulières.

L'auteur explique longuement les usages divers de son horoscope, et le traité finit par les moyens de trouver l'heure la nuit par les doigts de la main.

CHAPITRE VI.

Nonius.

Petri Nonii Salaciensis Opera. Basileæ, 1592.

L'auteur était né en 1492, il est mort en 1577; il fut précepteur du cardinal prince Henri, fils du roi de Portugal Emmanuel, cosmographe du roi, professeur de Mathématiques à l'Académie de Coïmbre.

Le recueil que nous allons extraire renferme ses principaux ouvrages. Le premier a pour titre *Rerum astronomicarum Problemata communia*. Il commence par une rose des vents avec leurs noms en latin et en espagnol. Les voyages des Portugais ont dû étendre l'art de la navigation, et leur offrir des problèmes nouveaux qu'ils n'étaient pas encore en état de résoudre. La manière dont ils dirigeaient leur course, suivant un angle constant avec tous les méridiens, devait apporter une différence sensible dans la manière d'évaluer le chemin parcouru. Nonius, pour les instruire, leur explique d'abord les méthodes de Ptolémée, pour tracer sur un plan une carte du globe terrestre; mais il fait voir que cette carte ne peut convenir à la navigation. Il faut observer l'angle que la course fait avec le méridien, tracer sur le globe le chemin parcouru, et de plus observer la latitude au point de départ et d'arrivée. Il parle des tables construites par divers mathématiciens pour trouver la distance directe et la différence en longitude de deux lieux placés sur une carte marine où les méridiens sont des lignes droites parallèles, et les différens parallèles des lignes droites perpendiculaires au méridien. Si la route n'est pas trop longue, on peut la considérer comme un arc de grand cercle. Il n'en sera pas de même si la route est longue et l'angle de direction constant.

Au chapitre de la déclinaison du Soleil, il réfute ceux qui prétendaient qu'Alfonse n'avait pas lu Albategnius; il leur prouve qu'il a eu connaissance des livres arabes, qui étaient alors fort communs en Espagne, et qu'il a construit ses Tables Tolédanes avec l'aide de plusieurs Maures; que dans le manuscrit autographe de ces tables on voit aussi celles de Ptolémée et d'Albategnius, afin qu'on pût choisir. Ces faits, dit-il, sont connus de tout le monde, et le manuscrit existe dans la bibliothèque d'Alcala, *in Complutensi bibliothecâ.*

Vient ensuite une longue dissertation sur la manière dont Alphonse et Purbach calculaient la trépidation, et sur les erreurs commises par quelques commentateurs. Peu nous importe aujourd'hui s'ils ont mal calculé une hypothèse inadmissible et compliquée. Nonius prouve que tout est bien d'accord dans le calcul alphonsin, et pour preuve il ajoute que s'étant procuré un astrolabe bien fait, dont le diamètre était de deux palmes, il avait observé le solstice à Coïmbre, et que la distance au zénit avait été de 17° bien juste; et comme la plus grande déclinaison était alors de 23° 30′, il en conclut la latitude de Coïmbre de 40° 30′ presque; on la fait aujourd'hui de 40° 12′ 30″; l'erreur était de 17′ 30″.

Il donne un moyen graphique pour trouver $\sin D = \sin \omega \sin L$, quel que soit ω, ce moyen n'est pas nouveau. Les marins se servaient d'astrolabes suspendus par un anneau; il en propose un où l'angle, au lieu d'être au centre, sera à la circonférence, en sorte que les degrés se changeront en demi-degrés.

En indiquant, page 73, sa division du cercle, au moyen de 44 circonférences, il dit que Ptolémée avait sans doute employé ce moyen, que l'une des circonférences était divisée en 83 parties, et que la double obliquité y occupait 44 parties. Nonius est bien bon, de faire honneur à Ptolémée, ou plutôt à Eratosthène, de cette invention, que personne ne lui dispute à lui-même. D'ailleurs, comme on n'observe pas directement la double obliquité, il aurait fallu que les distances solstitiales eussent été par hasard des arcs de la division de 83, ce qui est peu probable.

Il explique comment, dans la zone torride, l'ombre peut rétrograder sans miracle.

Nous omettons plusieurs pratiques pour trouver la latitude, la déclinaison et la méridienne; la description d'un instrument pour trouver les cordes, les sinus, les sinus verses d'un arc quelconque, au moyen d'un arc divisé en ses 90 degrés et d'un rayon divisé en 60 parties; enfin, des moyens graphiques pour trouver le troisième côté par les deux autres, et l'angle compris.

Il revient au rhumb décrit par le vaisseau. La route n'est ni circulaire, ni même un assemblage de parties circulaires, mais de lignes droites brisées. Il la compose d'arcs de cercle assez petits pour que la différence des angles adjacens soit insensible.

Soit (fig. 107) $AB = c$ le petit arc, a' le rhumb; le triangle PAB donnera

$$\cot a''' = -\cot a'' = \cos c \cot a' - \frac{\sin c \cot c''}{\sin a'}$$
$$= \cot a' - 2\sin^2 \tfrac{1}{2} c \cot a' - \frac{\sin c \cos c''}{\sin a'},$$
$$\cot a' - \cot a''' = \frac{\sin c \cot c'' + 2\sin^2 \tfrac{1}{2} c \cos a'}{\sin a'},$$
$$\sin(a''' - a') = \sin c \cot c'' \sin a''' + 2\sin^2 \tfrac{1}{2} c \cos a' \sin a'''$$
$$= \sin c \tang H \sin a''' + 2\sin^2 \tfrac{1}{2} c \sin a''' \cos a',$$

ou

$$\frac{\sin(a''' - a')}{\sin c} = \tang H \sin a' + \sin 2a' \tang \tfrac{1}{2} c;$$

pour que $a''' - a'$ soit insensible, il faudra donc que le chemin parcouru soit d'autant plus court, que la latitude sera plus haute, et que l'angle de route sera plus ouvert.

Il reste à savoir à quoi l'on évaluera l'angle $(a''' - a')$ qui échappe aux yeux du pilote. Ce n'est pas ainsi que Nonius considère le problème.

$$\sin B : \sin A :: \sin PA : \sin PB :: \sin PB : \sin PD :: \sin PD : \sin PE, \text{etc.};$$

on aura donc toutes les distances polaires PA, PB, PD, etc.; il faudrait aussi connaître les angles au pôle; mais puisqu'on connaît deux angles et deux côtés, on peut calculer le reste.

Le rhumb s'approchera sans cesse du pôle, sans pouvoir jamais y arriver. Il enseigne la manière de décrire ces rhumbs sur le globe; il n'y emploie que des théorèmes bien connus.

Il commente ensuite le problème d'Aristote sur le vaisseau qui va à la rame.

A ce traité succèdent les notes sur Purbach, dont nous avons déjà rendu compte, et la réfutation des erreurs d'Oronce-Finée qui s'imaginait avoir trouvé la quadrature du cercle, la trisection de l'angle, la duplication du cube et les longitudes, ce qui est un peu scandaleux de la part d'un professeur du Collége royal de France : nous ne parlerons que du problème des longitudes. Le titre du livre est *Orontii-Finæi delphinatis, de inveniendâ longitudinis duorum quorumque locorum differentiâ... liber singularis.*

La méthode d'Oronce avait quelque ressemblance avec celle de Werner de Nuremberg et celle d'Apian. Il y employait l'observation de la

Lune, mais un peu différemment; la manière de Werner était plus simple. Oronce faisait prendre dans une éphéméride le passage de la Lune au méridien d'un lieu connu et son lieu vrai. Il fallait de plus avoir les règles parallactiques de Ptolémée, une horloge à roues, un globe céleste ou une sphère armillaire. On devait observer le passage de la Lune au méridien inconnu. L'horloge devait indiquer le tems écoulé depuis midi; on devait faire tourner le globe pour amener le lieu de la Lune au méridien, prendre la hauteur de la Lune avec l'instrument; sur le globe, mener du lieu de la Lune un cercle de latitude qui passait nécessairement par le pôle de l'écliptique; ceci exécuté, il fallait corriger la différence des tems du retard diurne de la Lune, et l'on aurait eu enfin la différence des longitudes.

On peut dire de cette méthode qu'elle a le défaut de demander des observations impossibles à bien faire, des pratiques qui ne promettent aucune précision, qu'elle suppose de bonnes tables lunaires, d'excellentes horloges qu'on n'avait pas encore; à cela près, je ne vois pas d'objection.

Werner proposait les distances de la Lune, mais il négligeait les parallaxes et la réfraction qui était encore inconnue. Nonius lui fait encore d'autres reproches; il paraît qu'il ne haïssait pas la dispute.

Enfin le volume offre le traité des crépuscules et une traduction corrigée d'un ouvrage fort court intitulé *des Causes des Crépuscules*, autrefois traduit de l'arabe d'Alhacen, par Gérard de Crémone. Dans cet écrit, qui est de beaucoup plus ancien, on voit que le crépuscule du soir est le même que celui du matin, à la couleur près; il est blanc le matin et rougeâtre le soir; que les étoiles sont éclairées par le Soleil; peut-être l'auteur ne parlait-il que des planètes. Il suppose l'abaissement crépusculaire de 19°. Le reste ressemble fort aux derniers chapitres de Nonius, qui paraît avoir emprunté de lui quelques figures pour ce qui concerne la hauteur de l'atmosphère. Nonius est plus instructif et plus original.

Nonius prouve que plus le pôle est élevé, et plus la déclinaison boréale est grande, plus longs aussi sont les crépuscules; c'est ce qui résulte évidemment de la formule $\sin \frac{1}{2}(P'-P) = \frac{\sin 2a}{\sin \frac{1}{2}(P'+P)\cos H \cos D}$ qui donne la demi-durée. On voit encore qu'à l'équateur même la durée du crépuscule croît avec la déclinaison, et qu'à déclinaisons égales de part et d'autre de l'équateur, les crépuscules sont égaux. Nonius démontre tout cela fort scrupuleusement, mais fort longuement.

Il établit que l'abaissement du Soleil ne saurait être constant, et qu'il dépend des circonstances du tems et de l'atmosphère.

Dans la proposition 3, il indique la composition d'un instrument propre à mesurer les angles avec une grande précision. Sur un quart de cercle plein, de rayons arbitraires et différens, décrivez 44 arcs de 90° chacun; divisez le plus grand en 90 parties, les suivans en 89, 88, 87, et ainsi de suite, et le dernier en 46; mettez des numéros à toutes ces divisions. Ces 44 arcs rendent inutiles tous les autres, qui en seraient nécessairement des sous-multiples.

Cette construction supposée, l'alidade dirigée à un astre rencontrera presque infailliblement une division juste sur l'un des 44 arcs; on prendra donc le nombre entier marqué par l'alidade, on le multipliera par $\left(\frac{90°}{a}\right)$, a étant le nombre des divisions de l'arc où l'on aura lu l'observation.

Outre l'incommodité de ces 44 circonférences, dont la division ne peut être parfaite, et qu'il serait long de consulter, et entre lesquelles il serait souvent difficile de faire un choix, on peut dire aussi que l'alidade aura besoin d'être une ligne parfaitement droite, et bien dirigée au centre; que le rayon de la 46° division sera nécessairement beaucoup moindre que celui de 90°; que l'instrument devrait être un plan parfait, en sorte que la précision sera plus apparente que réelle.

Supposons, par exemple, que l'arc soit réellement de $37° 8' 45'' = 37° 8' 75 = 37°,145833$, l'arc de 90° n'indiquera que 37°, et si l'on néglige la fraction, on se trompera de $8' 45''$.

L'arc de $\frac{37,145833}{90} = \frac{x}{89} = \frac{x'}{88} = \frac{x''}{87} = \frac{x}{n}$, $x = 37,14583\left(\frac{n}{90}\right)$; l'angle observé pourra se lire de 46 manières, qu'on voit dans la table ci-jointe; mais des 46 nombres différens qui expriment cet arc, il n'y en a pas un seul qui ne soit fractionnaire. En s'arrêtant à ceux où la fraction serait insensible, et qu'on serait dans le cas de prendre pour des entiers, on en trouvera d'abord un sur l'arc de 85, où on ne lira que 35, mais la fraction négligée vaut $5' 13''$.

Sur l'arc de 80, on lira 33 au lieu de 33,018, et l'erreur sera encore de $1' 13''$.

Sur l'arc de 75, on lira 31, et l'erreur sera $3' 14''$,
Sur l'arc de 63, on lira 26,0, et l'erreur sera   10.3,
Sur l'arc de 51, on lira 21,0, et l'erreur sera   5.11,

comment se décider, et quel choix fera-t-on entre 35,082
33,018
50,955
26,002
21,049?

aucune de ces fractions ne vaut $\frac{1}{10}$ de l'intervalle, quatre de ces fractions sont au-dessous de $\frac{1}{20}$; on ne pourra donc, sans un grand hasard, éviter des erreurs de 3′, en se bornant aux nombres qui à l'œil paraîtront des entiers. Veut-on faire concourir quelques fractions simples et d'abord $\frac{1}{2}$, en supposant qu'on puisse l'estimer assez juste, l'arc de 86 donnera une erreur de 19″.

L'arc de 74 donnera une erreur de 3′ 4″
L'arc de 69 donnera une erreur de 1.43
L'arc de 57 donnera une erreur de 2.28
L'arc de 52 donnera une erreur de 3.57.

Veut-on qu'on puisse estimer $\frac{1}{3}$ et $\frac{2}{3}$?

L'arc de 88 donnera une erreur de 0′ 49″
   84.................. 0. 9
   76.................. 2.29
   67.................. 1. 8
   58.................. 1.38.

Choisira-t-on les quarts?

  83 donnera une erreur de 0.19.5
  66.................. 0.34
  60.................. 1.10
  49.................. 1.14.

ASTRONOMIE DU MOYEN AGE.

Arc de	Arc vrai.	Arc lu.	Erreur.	Erreur.	Pour 0.1
90	37,146	37,0	0,1458	8' 45"0	6' 0"0
89	36,733	37,0	0,2667	16.12,0	6. 4,0
88	36,320	36 ⅓	0,0123	0.49,1	6. 8,0
87	35,908	36,0	0,092	5.42,6	6.12,4
86	35,495	35,5	0,005	0.18,9	6.16,7
85	35,082	35,0	0,082	5.13,0	6.21,2
84	34,669	34 ⅔	0,0023	0. 9,0	6.25,7
83	34,257	34 ¼	0,007	0.19,5	6.30,4
82	33,844	33,8	0,044	5.24,0	6.35,1
81	33,431	33,4	0,031	2.24,0	6.40,0
80	33,018	33,0	0,018	1.13,0	6.45,0
79	32,606	32,6	0,006	0.24,6	6.50,0
78	32,193	32,2	0,007	0.29,1	6.55,4
77	31,780	31,8	0,020	1.24,1	7. 0,8
76	31,368	31 ⅓	0,035	2.29,2	7. 6,3
75	30,955	31,0	0,045	3.14,4	7.12,0
74	30,542	30,5	0,042	3. 3,9	7.17,8
73	30,129	29,7	0,017	1.16,5	7.25,8
72	29,717	29.7	0,017	1.16,5	7.30,0
71	29,304	29,3	0,004	0.18,3	7.36,3
70	28,891	29,9	0,009	0.38,9	7.42,9
69	28,478	28,5	0,022	1.43,3	7.49,6
68	28,066	28,1	0,034	2.42,0	7.55,5
67	27,653	27 ⅔	0,014	1. 7,7	8. 3,6
66	27,243	27 ¼	0,007	0.34,4	8.10,9
65	26,828	26,8	0,028	2.19,6	8.18,3
64	26,415	26,4	0,015	1.15,9	8.26,2
63	26,002	26,0	0,002	0.10,3	8.34,3
62	25,589	25,6	0,011	0.57,5	8.42,6
61	25,177	25,2	0,023	2. 2,1	8.51,2
60	24,763	24 ¾	0,013	1.10,2	9. 0,0
59	24,351	24 ⅓	0,018	1.38,8	9. 9,1
58	23,938	23,9	0,038	3.32,0	9.18,6
57	23,526	23,5	0,026	2.27,8	9.28,4
56	23,113	23,1	0,013	1.15,2	9.38,6
55	22,700	22,7	0,000	0,0000	9.49,1
54	22,287	22,3	0,013	1.18,0	10. 0,0
53	21,875	21,9	0,025	2.32,8	10.11,3
52	21,462	21,5	0,038	3.56,8	10.23,1
51	21,049	21,0	0,049	5.11,3	10.35,3
50	20,636	20,6	0,036	3.53,3	10.48,0
49	20,224	20,¼	0,026	2.51,9	11. 1,2
48	19,811	19,8	0,011	1.14,2	11.15,0
47	19,398	19,4	0,002	0.13,8	11.29,3
46	18,986	19,0	0,014	1.38,6	11.44,3

Enfin se croit-on en état d'estimer les dixièmes ? on aura les erreurs suivantes :

85	1′ environ.
82	5.24″
81	2.24
79	0.25
78	0.29
77	1.24
73	1.17
72	1.16
71	0.18
70	0.39
68	2.42
65	2.19
64	1.16
62	0.57
61	2. 2
58	3.32
56	1.15
55	0. 0
54	1.18
53	2.32
50	3.53
48	1.14
47	0.14

Quelle incertitude et quel travail, même en supposant que vous ayez estimé le dixième au plus juste ! Vous trompez-vous d'un dixième de l'intervalle dans votre estime ? la dernière colonne vous montre que l'erreur sera entre 6′ et 12′. Vous trompez-vous de $\frac{1}{20}$ de l'intervalle entre deux divisions ? l'erreur sera entre 3 et 6′.

L'auteur n'a jamais eu la prétention de faire trouver l'angle à la seconde ; mais pour l'avoir en minutes, il faudrait que l'angle exprimé en minutes fût exactement divisible par l'un des quarante-quatre diviseurs ; or, combien d'angles n'auront aucun de ces diviseurs. Il faut convenir que l'idée était ingénieuse, qu'elle équivalait à peu près à une division du degré de 10 en 10′; qu'elle pouvait être pratiquée sur l'astrolabe, et donner les quarts de degré; qu'elle serait excessivement incommode sur un grand quart de cercle, où elle ne donnerait pas même la minute; aussi verrons-nous que Tycho, qui avait fait exécuter ces 44 divisions sur plusieurs quarts de cercle, en fut si mécontent, qu'il y renonça bientôt, ce qu'il n'aurait pas fait, si les erreurs n'eussent été plus grandes que de une ou deux minutes.

L'exemple de Tycho fut suivi, la division de Nonius abandonnée; mais elle a rendu son nom célèbre, et lui a fait attribuer une idée toute différente, bien plus simple et au moins aussi ingénieuse, qui est aujourd'hui d'un usage général, et qui probablement durera toujours.

Bailly dit que son invention a presque entièrement changé de forme entre les mains de Vernier, que le nom de celui-ci n'est presque pas connu (il commence à être fort répandu, grâce à Lalande, qui le premier a réclamé); Bailly ajoute que le vernier n'est qu'un instrument perfectionné, et que le nom de Nonius y reste avec les traces de son génie. Nous dirons avec plus de justesse, que l'invention de Vernier diffère essentiellement de celle de Nonius, qu'elle a été depuis presque entièrement changée de forme sur nos instrumens modernes; que le vernier dont on se sert n'est qu'une invention perfectionnée, et que le nom de VERNIER y reste avec les traces de son génie.

A la division de Nonius, Tycho a substitué la division par transversales, comme beaucoup plus commode et plus sûre; les transversales ont été à leur tour remplacées avec un grand avantage par le vernier. Voilà le fait, et il est incontestable. Le livre de Vernier n'a paru qu'en 1631.

Nonius enseigne à trouver la déclinaison par la longitude et la latitude; et réciproquement de la latitude et de la déclinaison, il tire la longitude et l'ascension droite. Il y emploie la projection orthographique, parce que, nous dit-il, l'opération a toute la simplicité convenable, et que les constructions en sont élégantes. Mais, quoi qu'il en dise, ses constructions sont obscures, ses démonstrations assommantes et conduiraient par une route difficile aux formules analytiques que donne immédiatement le triangle sphérique. Il est vrai que Nonius ne connaissant pas les tangentes; et n'employant que des sinus, il est tout simple que ses démonstrations soient plus longues et ses opérations plus pénibles; enfin il est obligé de passer par la déclinaison pour arriver à l'ascension droite, et par la latitude pour arriver à la longitude. D'ailleurs l'idée d'employer la projection orthographique dans ce problème, est des Arabes.

Dans la proposition 7, il traite enfin des crépuscules, qu'il détermine encore par la même projection.

Soit (fig. 108) ONP l'horizon, QV le cercle crépusculaire, ISTK le parallèle du Soleil, AB l'équateur, NH l'axe du monde; IR = sin haut. méridienne = $\cos(H-D)$, NR = $\sin(H-D)$. H est la hauteur du pôle, D la déclinaison du Soleil = Sy,

$$NS = \text{sin amplitude du Soleil levant} = \frac{Sy}{\sin N} = \frac{\sin D}{\cos H};$$

$$IR = \cos(H-D) = IS \sin S = IS \cos H, \text{ d'où } IS = \frac{\cos(H-D)}{\cos H},$$

$$SR = IS \cos S = \frac{\cos(H-D)}{\cos H} \sin H = \cos(H-D) \tang H,$$

formule arabe.

$$ST \sin T = Sx = \text{sin abaissement crépusculaire} = \sin 2a,$$
$$ST = \frac{\sin 2a}{\cos H}, \quad Nu = ST = \frac{\sin 2a}{\cos H};$$

c'est la mesure du crépuscule au jour de l'équinoxe.

MT est sur le rayon du parallèle la distance du Soleil au cercle de 6^h, quand le crépuscule commence; MT = $\cos D \sin(P'-90°)$, P' étant l'angle horaire au commencement du crépuscule; MS est la distance au cercle de 6^h, quand le Soleil se lève et que le crépuscule finit........
MS = $\cos D \sin(P-90°)$, P étant l'angle horaire du lever.

$$ST = MT - MS = \cos D \sin(P'-90°) - \cos D \sin(P-90°)$$
$$= \cos D [\sin(P'-90°) - \sin(P-90°)]$$
$$= 2 \cos D \sin\tfrac{1}{2}(P'-90°-P+90°) \cos\tfrac{1}{2}(P'-90°+P-90°)$$
$$= 2 \cos D \sin\tfrac{1}{2}(P'-P) \cos\tfrac{1}{2}(P'+P-180°)$$
$$= 2 \cos D \sin\tfrac{1}{2}(P'-P) \cos\left(\frac{P'+P}{2}-90°\right)$$
$$= 2 \cos D \sin\tfrac{1}{2}(P'-P) \sin\tfrac{1}{2}(P'+P),$$

ou
$$\frac{\sin 2a}{\cos H} = 2 \cos D \sin\tfrac{1}{2}(P'-P) \sin\tfrac{1}{2}(P'+P),$$

408   ASTRONOMIE DU MOYEN AGE.

et
$$2 \sin \tfrac{1}{2} (P' - P) = \frac{\sin 2a}{\cos H \cos D \sin \tfrac{1}{2} (P' + P)};$$

c'est la formule que j'ai tirée de la Trigonométrie sphérique (*Astr.*, tome I, p. 340); nous avons abrégé et mis en meilleur ordre la démonstration de Nonius. C'est l'esprit de sa méthode; la formule seule est un peu changée.

Il enseigne ensuite à trouver par observation la durée du crépuscule, et l'abaissement Sx; quand Sx est connu, et qu'on a observé la durée du crépuscule, il s'en sert pour trouver la hauteur du pôle. En effet, on aurait $\cos H = \dfrac{\sin 2a}{2 \sin \tfrac{1}{2} (P' - P) \sin \tfrac{1}{2} (P' + P) \cos D}$; mais si la formule est bonne en elle-même, elle serait fort incertaine dans la pratique. Elle est au moins directe en ce cas, tandis qu'elle est indirecte pour la durée.

Il vient ensuite au problème du plus court crépuscule, dont personne, que je sache, ne s'était encore occupé; il en donne une solution très curieuse.

Les crépuscules vont diminuant depuis le solstice d'hiver jusques et même un peu par-delà un point de l'écliptique, dont la déclinaison se trouve par la formule $\sin D = \dfrac{\sin 2a}{2 \sin H}$. Avant d'arriver à l'équateur, le Soleil se trouvera en un point où le crépuscule est égal au crépuscule des jours équinoxiaux. Le crépuscule diminue encore jusqu'à un point qui précède l'équinoxe de 11 ou 12°, c'est le *minimum*; de ce jour les crépuscules vont ensuite en augmentant jusqu'au solstice d'été. Il démontre ces diverses propositions dont il est l'auteur, et que nous déduirons d'une manière plus simple de la formule générale de la durée. Suivons d'abord Nonius, en l'abrégeant et le rendant plus clair.

Soit (fig. 109) EACF le méridien, EF l'horizon, GH le parallèle crépusculaire, EG = FH l'abaissement du Soleil = $2a$, bd l'équateur, CQ l'axe du monde; par le point où cet axe coupe le cercle crépusculaire menons le parallèle LM et la perpendiculaire TO à l'horizon.

$$TA = \frac{TO}{\sin TAO} = \frac{\sin 2a}{\sin H} = \sin \text{déclin. du point T.}$$

Soit ω l'obliquité de l'écliptique, et supposons

$$\sin \omega = \frac{\sin 2a}{\sin H}, \quad \text{d'où} \quad \sin H = \frac{\sin 2a}{\sin \omega} = \frac{\sin 18°}{\sin 23° 28'} = \sin 50° 53' 46'';$$

NONIUS.

ainsi, pour que le Soleil au solstice d'hiver puisse descendre en T, il faut que la latitude soit de $50°53'46''$; si la hauteur du pôle est moindre, $\frac{\sin 2a}{\sin H}$ sera plus grand; TA sera le sinus d'une déclinaison plus grande que l'obliquité; si $H = 0$, $TA = \infty$; si $H = 90°$, $AT = \sin 2a = \sin 18°$.

Soit

$$AS = \tfrac{1}{2} AT = \frac{\tfrac{1}{2}\sin 2a}{\sin H} = \frac{\sin a \cos a}{\sin H} = \sin \omega; \quad \sin H = \frac{\sin a \cos a}{\sin \omega} = \sin 22°48'29'';$$

pour que le Soleil, au solstice d'hiver, arrive en S, il suffit que la latitude soit de $22°48'30''$; ainsi, pour tous les lieux hors de la zone torride, le Soleil pourra se trouver en S, et ce point partagera le crépuscule en deux également. En effet le crépuscule est mesuré par l'arc dont la projection est $zu = zS + Su = 2Su$; car si vous menez le parallèle $DzSuG$ vous aurez dans les triangles zSA et TSu l'angle commun S, les angles, $z = u$, $T = A$, et de plus, $TS = AS$; donc $Su = zS$ et $zu = 2\cos D \sin \tfrac{1}{2}(P' - P)$ zS et Su seront sur ce parallèle les deux distances au cercle de 6^h. Or,

$$Su = AS \tang H = \left(\frac{\sin a \cos a}{\sin H}\right) \tang H = \frac{\sin a \cos a}{\cos H} = \frac{\tfrac{1}{2} \sin 2a}{\cos H} = \cos D \sin \tfrac{1}{2}(P' - P);$$

$$\sin \tfrac{1}{2}(P' - P) = \frac{\sin 2a}{2 \cos H \cos D}; \quad \text{mais} \quad AS = \sin D = \frac{\tfrac{1}{2} \sin 2a}{\sin H} = \frac{\sin 2a}{2 \sin H}.$$

Nous connaissons $\sin D$, nous aurons $\cos D$ et $(P' - P)$. Nonius suppose $2a = 16°2'$, ce qui est $2°$ de moins qu'on ne suppose communément; il fait $H = 38°40'$, il en résulte $\sin D = \sin 12°46'11''$, $\sin\tfrac{1}{2}(P'-P) = \sin 10°26'55''$; $P' - P = 20°53'50'' = 1^h 23'35''20'''$; on voit donc que la déclinaison est bien moindre qu'au solstice; mais au solstice le Soleil est au-dessus de T puisque la latitude est bien moindre que $50°54'$; donc, au solstice, le Soleil décrirait un parallèle intermédiaire tel que $AxyB$; le crépuscule commencerait en y et finirait en x; et le crépuscule serait plus long que celui du point S; car au solstice d'hiver, par la formule générale

$$\sin \tfrac{1}{2}(P'_{,} - P_{,}) = \frac{\sin 2a}{2\cos H \cos D \sin \tfrac{1}{2}(P' + P)} = \frac{\sin 2a}{2\cos H \cos \omega \sin \tfrac{1}{2}(P' + P)};$$

au point S, nous avons trouvé

$$\sin \tfrac{1}{2}(P' - P) = \frac{\sin 2a}{2\cos H \cos D};$$

donc

$$\frac{\sin\frac{1}{2}(P'_1-P_1)}{\sin\frac{1}{2}(P'-P)} = \frac{\sin 2a}{2\cos H \cos\omega \sin\frac{1}{2}(P'_1+P_1)} \cdot \frac{\cos H \cos D}{\sin 2a} = \frac{\cos H \cos D}{\cos H \cos\omega \sin\frac{1}{2}(P'_1+P_1)}$$

$$= \frac{\cos D \sec\omega}{\sin\frac{1}{2}(P'_1+P_1)} = \frac{\left(\frac{\sec\omega}{\sec D}\right)}{\sin\frac{1}{2}(P'_1+P_1)};$$

or, $\quad\sec\omega > \sec D;\quad$ donc $\quad\dfrac{\sec\omega}{\sec D} > 1;$

donc

$$\frac{\sin\frac{1}{2}(P'_1-P_1)}{\sin\frac{1}{2}(P'-P)} = \frac{1+\varphi}{\sin\frac{1}{2}(P'_1+P_1)} = \frac{1+\varphi}{1-\chi};$$

car $\sin\frac{1}{2}(P'_1+P_1) < 1$,

Donc

$$\frac{\sin\frac{1}{2}(P'_1-P_1)}{\sin\frac{1}{2}(P'-P)} = 1+\varphi+\chi+\text{etc.};$$

donc $\sin\frac{1}{2}(P'_1-P_1) > \sin\frac{1}{2}(P'-P)$, et le crépuscule a diminué depuis le solstice.

En général,

$$\frac{\sin\frac{1}{2}(P'_1-P_1)}{\sin\frac{1}{2}(P'-P)} = \frac{\sin 2a}{2\cos H \cos D' \sin\frac{1}{2}(P'_1+P_1)} \cdot \frac{2\cos H \cos D \sin\frac{1}{2}(P'+P)}{\sin 2a}$$

$$= \frac{\cos D}{\cos D'} \cdot \frac{\sin\frac{1}{2}(P'+P)}{\sin\frac{1}{2}(P'_1+P_1)} = \frac{\sec D'}{\sec D} \cdot \frac{\sin\frac{1}{2}(P'+P)}{\sin\frac{1}{2}(P'_1+P_1)};$$

donc tant que séc D' sera plus grande que séc D, on doit avoir les crépuscules plus longs, parce qu'alors le plus souvent les angles horaires sont plus petits quand la déclinaison est plus grande; mais quand $\frac{1}{2}(P'_1+P_1)$ surpasse 90° les sinus diminuent quand les angles augmentent, ce qui n'a pas lieu vers le solstice d'hiver où $\frac{1}{2}(P'_1+P) < 90°$. Il est donc prouvé que du solstice d'hiver au point S les crépuscules ont diminué.

Quand le Soleil est à l'équateur

$$An = AT \tang H = \frac{\sin 2a \tang H}{\sin H} = \frac{\sin 2a}{\cos H};$$

mais en S, $2\sin\frac{1}{2}(P'-P) = \dfrac{\sin 2a}{\cos H \cos D};$

donc

$$2\sin\tfrac{1}{2}(P'-P)\cos\tfrac{1}{2}(P'-P) = \sin(P'-P) = \frac{\sin 2a \cos\frac{1}{2}(P-P)}{\cos H \cos D} > \frac{\sin 2a}{\cos H};$$

car

$$\cos\tfrac{1}{2}(P'-P) = \cos 10°\,26'\,55'',\quad \text{et}\quad \cos D = \cos 12°\,46'\,11'';$$

donc $$\frac{\cos\frac{1}{2}(P'-P)}{\cos D} < 1;$$

donc le crépuscule qui a diminué depuis le solstice jusqu'en S n'est pas encore aussi court qu'il le sera au jour de l'équinoxe. Nonius cherche quelle déclinaison est nécessaire pour que le crépuscule soit de même durée que si la déclinaison était nulle; il emploie à cette recherche la Trigonométrie sphérique, mais auparavant il remarque, 1°. que si l'on mène une parallèle SO′ à l'horizon OF, elle coupera en deux également $TO = \sin 2a$; ainsi

$$TO' = O'O = \tfrac{1}{2}\sin 2a; \quad \text{d'où} \quad AS = TS = \frac{TO'}{\cos OTS} = \frac{\tfrac{1}{2}\sin 2a}{\sin H},$$

comme ci-dessus.

2°. Que zA est le sinus de l'amplitude ortive du Soleil le jour où la déclinaison a pour sinus, AS; enfin

$$Su = zS = AS \tan H = \frac{\tfrac{1}{2}\sin 2a}{\sin H}\tan H = \frac{\tfrac{1}{2}\sin 2a}{\cos H}.$$

A présent, soit (fig. 110) KDEB l'équateur, DCB l'horizon du lieu, BE l'arc de l'équateur qui mesure la durée du crépuscule au jour de l'équinoxe, $EV = 2a =$ l'arc d'abaissement, OF l'arc du parallèle que décrit le point cherché de l'écliptique; le crépuscule commencera en O et finira en F. Soit OECK un autre horizon qui fasse en E, avec l'équateur, l'angle $CED = CDE$; il en résultera

$$CE = CD \quad \text{et} \quad CB = 180° - CD = 180° - CE \quad \text{et} \quad CBE = CED = 180° - CEB;$$

CB opposé à l'angle obtus CEB, sera plus grand que 90° et CE plus petit que 90°.

Soit
$$CO = CB, \quad OE = CB - CE = 180° - CE - CE = 180° - 2CE,$$
$$EG = OG = \tfrac{1}{2}OE = 90° - CE, \quad CG = 90°.$$

Par le point G et du pôle C décrivez l'arc du grand cercle GH,

$$CH = 90° = CG, \quad BH = CB - CH = CO - 90° = OG = GE;$$

dans les deux triangles rectangles BHZ et EGZ nous avons l'angle commun Z opposé aux côtés égaux BH et EG; les deux triangles sont égaux; l'hypoténuse $BZ =$ l'hypoténuse EZ; les troisièmes côtés BZ et EZ sont pareillement égaux.

$$\sin GZ = \sin EZ \sin E = \sin \tfrac{1}{2} BE \sin . \text{hauteur de l'équateur}$$
$$= \sin \tfrac{1}{2}(P'-P) \cos H = \sin \tfrac{1}{2} BCE,$$
$$GH = 2GZ = \text{angle C des deux horizons}.$$

Nonius n'a pas senti tout le parti qu'on pouvait tirer de cet angle. Le triangle BEV donne

$$\sin EV = \sin 2a = \sin B \sin BE = \sin(P'-P)\cos H$$

et
$$\sin = (P'-P) = \frac{\sin 2a}{\cos H} = \sin x' \ldots (1);$$

$P'-P$ est l'angle qui mesure la durée du crépuscule au jour de l'équinoxe.

Nous venons de trouver

$$\sin GZ = \sin \tfrac{1}{2} BE \cos H = \sin \tfrac{1}{2}(P'-P)\cos H = \sin \tfrac{1}{2} x' \cos H = \sin \tfrac{1}{2} x'' \ldots (2);$$

le triangle CEV donne

$$\sin EV = \sin C \sin CE;$$

$$\sin CE = \cos EG = \cos \tfrac{1}{2} OE = \frac{\sin EV}{\sin C} = \frac{\sin 2a}{\sin x''} = \cos \tfrac{1}{2} x''' \ldots (3);$$

abaissez la perpendiculaire Ox, ce sera la déclinaison du point O, celle qui donnera un crépuscule égal à celui du jour de l'équinoxe. Or,

$$\sin Ox = \sin OE \sin E = \sin 2EG \cos H = \sin 2(90°-CE)\cos H,$$
$$\sin D = \sin(180°-2CE)\cos H = \sin 2CE \cos H = \sin x''' \cos H \ldots (4);$$

enfin
$$\sin \text{long.} \odot = \frac{\sin D}{\sin \omega} \ldots (5).$$

Telles sont les formules auxquelles Nonius parvient par la construction qu'on vient de voir. On ne voit pas trop ce qui lui a fourni l'idée du second horizon CEO, ou de celui qui voit lever le Soleil quand le crépuscule commence pour l'autre horizon; c'est ce que nous montrerons plus loin.

Sur l'horizon du lieu, B est le point du lever équinoxial; sur l'autre horizon O est le point de lever au jour où la déclinaison est D; sur cet autre horizon le Soleil, au jour de l'équinoxe, se levera en E; OE est donc l'amplitude ortive quand la déclinaison est D, EG = OG est la demi-amplitude; l'arc BC = BH + HC = BH + 90° donne le point où les deux horizons se coupent. Ces deux horizons font le même angle avec l'équateur. Nous avons l'arc CE,

$$\tang CE \cos E = \tang CE \sin H = \tang EP = \tang DP = \tang \tfrac{1}{2} DE,$$
$$KD + DE = 180° = DE + BE, \quad KD = BE, \quad KC = 180° - CE,$$

NONIUS.

ainsi nous connaissons tous les arcs, tous les angles de la figure. Il resterait à prouver que OF, qui mesure le crépuscule, est en effet égal à BE. Ainsi cette démonstration, malgré sa longueur, laisse encore quelques nuages, et elle aurait besoin de nouveaux développemens. Nous allons démontrer qu'elle se déduit de la formule générale.

Soit $x = P' - P$ ou $P' = P + x$; la formule de la demi-durée deviendra

$$\sin \tfrac{1}{2} x = \frac{\sin 2a}{2 \sin (P + \tfrac{1}{2} x) \cos H \cos D} = \frac{\sin a \cos a}{\sin (P + \tfrac{1}{2} x) \cos H \cos D};$$

mais soit $P = 90°$, ce qui suppose $D = 0$ et $\cos D = 1$; alors

$$\sin \tfrac{1}{2} x = \frac{\sin 2a}{2 \cos \tfrac{1}{2} x \cos H}; \quad 2\sin \tfrac{1}{2} x \cos \tfrac{1}{2} x = \frac{\sin 2a}{\cos H} = \sin x = \sin x';$$

nous nommons x' cette valeur particulière de x, ou la durée du crépuscule au jour de l'équinoxe; nous aurons

$$\sin x' = \frac{\sin 2a}{\cos H};$$

c'est la première formule de Nonius. On aura donc en général

$$\sin \tfrac{1}{2} x = \frac{\sin x'}{2 \sin (P + \tfrac{1}{2} x) \cos D} = \frac{\sin x' \sec D}{2 \cos \tfrac{1}{2} x \sin P + 2 \sin \tfrac{1}{2} x \cos P};$$

$$2 \sin \tfrac{1}{2} x \cos \tfrac{1}{2} x \sin P + 2 \sin^2 \tfrac{1}{2} x \cos P = \frac{\sin x'}{\cos D} = \frac{2 \sin \tfrac{1}{2} x' \cos \tfrac{1}{2} x'}{\cos D} \quad (X),$$

$$\sin x + 2 \sin^2 \tfrac{1}{2} x \cot P = \frac{\sin x'}{\cos D \sin P} = \frac{\sin x'}{\cos \text{amplitude}} = \frac{\sin x'}{\cos A}.$$

Si nous voulons que $x = x'$ et $2 \sin \tfrac{1}{2} x = 2 \sin \tfrac{1}{2} x'$, l'équation X deviendra

$$\cos \tfrac{1}{2} x \sin P + \sin \tfrac{1}{2} x' \cos P = \frac{\cos \tfrac{1}{2} x'}{\cos D},$$

ou $\quad \sin P + \frac{\sin \tfrac{1}{2} x'}{\cos \tfrac{1}{2} x'} \cos P = \sec D = \sin P + \cos P \tang \tfrac{1}{2} x';$

mais
$$\cos P = - \tang D \tang H \quad \text{et} \quad \sin P = \frac{\cos A}{\cos D};$$

donc
$$\frac{\cos A}{\cos D} - \tang \tfrac{1}{2} x' \tang D \tang H = \frac{1}{\cos D};$$

$\cos A - \tang \tfrac{1}{2} x' \sin D \tang H = 1$,

ou $\quad \cos A - \frac{\sin D}{\cos H} \sin H \tang \tfrac{1}{2} x' = \cos A - \sin A \sin H \tang \tfrac{1}{2} x' = 1$;

$- \sin A \sin H \tang \tfrac{1}{2} x' = 1 - \cos A = 2 \sin^2 \tfrac{1}{2} A$,

$- \sin H \tang \tfrac{1}{2} x' = \frac{2 \sin^2 \tfrac{1}{2} A}{\sin A} = \frac{2 \sin^2 \tfrac{1}{2} A}{2 \sin \tfrac{1}{2} A \cos \tfrac{1}{2} A} = \tang \tfrac{1}{2} A;$

ainsi nous aurons par sa tangente la moitié de l'amplitude A, que Nonius trouve avec bien moins de sûreté par son cosinus.

Connaissant ainsi $\frac{1}{2}$ A, et par conséquent A, $\sin D = \sin A \cos H$ nous donnera la déclinaison; c'est la formule (4) de Nonius. Ainsi, toutes les formules de Nonius sont démontrées indépendamment de sa construction, qui ne se présentait pas d'elle-même et qu'il y a du mérite à avoir imaginée.

Nonius passe au plus court crépuscule (fig. 111). Soit BAG l'équateur, AB l'arc qui mesure le plus court crépuscule, ED l'arc du parallèle décrit par le Soleil pendant la durée de ce crépuscule, l'arc ED du petit cercle est du même nombre de degrés que AB; AC et BC sont les deux horizons de la figure précédente. Nonius prouve que CE = 90°. Pour cela, menez les parallèles ot, ry, PQ; ils seront tous du même nombre de degrés que AB et ED; ils représenteront des temps égaux. C'est ce qui méritait une démonstration que nous donnerons, mais que Nonius suppose. Menez les perpendiculaires Az, om, rn, EK, Pn; les sinus de ces perpendiculaires seront tous proportionnels aux sinus des distances CA, Co, Cr, CE, CP. EK = $2a$ = abaissement crépusculaire, et cette perpendiculaire est la plus grande, car ED = AB est le plus court crépuscule; *donc le crépuscule est plus long*, il est déjà commencé quand le Soleil est en o, en r ou en P, et la distance à l'horizon est moindre que $2a$; mais puisque les perpendiculaires vont décroissant de E vers A, et de E vers P, CE = 90° = CK; donc CEK = CKE = 90°; donc les triangles SEA, SKB sont rectangles l'un en E l'autre en K; ils ont l'angle égal S, l'angle SBK = SAE, les trois côtés sont égaux chacun à chacun.

Si les deux arcs étaient perpendiculaires sur AB comme P″A et P″B (fig. 112), on aurait évidemment

$$AB = ot = ry = ED,$$

on a du moins CAG = CBG, par hypothèse;

$$CAP'' = 90° - CAG = 90° - CBG = P''BC,$$
$$PAP' = CAP'' = P''BC = QBQ',$$
$$Ao = Bt, \text{ angle } o = \text{angle } t = 90°;$$

donc les triangles Aoo' et Btt' se superposeront;

donc
$$tt' = oo',$$
$$o't = o't,$$

donc
$$o't + tt' = \overline{o't = oo'} + o't = ot.$$

On prouvera de même que $r'y' = ry$, E′D′ = ED, P′Q′ = PQ; donc tous les arcs sont en effet d'un même nombre de degrés.

On a vu qu'au-dessous et au-dessus de ED le crépuscule est plus long; le sinus de la demi-durée est $\frac{\sin a}{\cos H}$; plus haut nous avons trouvé qu'il était $\frac{\sin 2a}{2\cos H \cos D} = \frac{\sin a \cos a}{\cos H \cos D}$, et D était $12°\,46'\,11''$ A, tandis que a n'est que de $8°\,1'$; $\frac{\cos a}{\cos D} = \frac{\sin 81°\,59}{\sin 77.13.11} > 1$; donc $\frac{\sin 2a}{2\cos H \cos D} > \frac{\sin a}{\cos H}$; ainsi, depuis cette déclinaison de $12°\,46'$, le crépuscule a été diminuant jusqu'à la déclinaison, que nous trouverons tout-à-l'heure n'être pas de $6°$ A; ensuite le Soleil se rapprochant du pôle boréal, le crépuscule ira sans cesse en augmentant. C'est ce que nous pouvons démontrer sans aucune figure.

L'équation générale $2\sin\frac{1}{2}x\cos\frac{1}{2}x + 2\sin^2\frac{1}{2}x \cot P = \frac{\sin x'}{\cos D \sin P}$, à cause de $\cot P = -\sin H \tang$ amplitude, et de $\cos D \sin P = \cos.$amplit. $= \cos A$, peut s'écrire ainsi, pour les déclinaisons boréales :

$$\sin x = \frac{\sin x'}{\cos A} + 2\sin^2\tfrac{1}{2}x \sin H \tang A$$
$$= \sin x' + \sin x' \tang\tfrac{1}{2}A \tang A + 2\sin^2\tfrac{1}{2}x \sin H \tang A$$
$$= \sin x' + \tang A (\sin x' \tang\tfrac{1}{2}A + 2\sin^2\tfrac{1}{2}x \sin H);$$

mais en hiver $\tang A$ et $\tang\frac{1}{2}A$ changent de signe, ce qui donne pour la partie australe,

$$\sin x = \sin x' + \tang A (\sin x' \tang\tfrac{1}{2}A - 2\sin^2\tfrac{1}{2}x \sin H).$$

L'amplitude négative est la plus grande au solstice d'hiver, le facteur de $\tang A$ est positif; on voit donc que le crépuscule sera long, et qu'il diminuera de jour en jour avec l'amplitude. Mais l'amplitude diminuant sans cesse, il arrivera un instant où l'on aura $\sin x' \tang\frac{1}{2}A = 2\sin^2\frac{1}{2}x \sin H$, alors le second terme sera o, et l'on aura $\sin x = \sin x'$; le crépuscule sera le même qu'aux jours équinoxiaux.

Le terme $\tang A (\sin x' \tang\frac{1}{2}A - 2\sin^2\frac{1}{2}x \sin H)$ deviendra négatif, et le crépuscule un peu moindre, mais de fort peu de chose; peu après le terme négatif diminuera et le crépuscule augmentera jusqu'à l'équinoxe où $\tang A = 0$, et l'on a de nouveau $\sin x = \sin x'$, mais après l'équinoxe, la formule redevient

$$\sin x = \sin x' + \tang A (\sin x' \tang\tfrac{1}{2}A + 2\sin^2\tfrac{1}{2}x \sin H).$$

Tout est positif et croissant, le crépuscule augmente jusqu'au solstice d'été où l'amplitude est la plus grande, et $2\sin^2\frac{1}{2}x \sin H$ au *maximum*.

Cette formule pourrait servir à calculer une table de la durée du crépuscule, en prenant pour donnée la déclinaison D, qui donne $\sin A = \frac{\sin D}{\cos H}$; en commençant la table, on aurait

$$\sin x = \sin x' = \frac{\sin 2a}{\cos H};$$

et comme les crépuscules diminuent ou croissent lentement, on aurait toujours une connaissance de x, suffisante pour le petit terme...... $2\sin^2 \frac{1}{2} x \sin H \tang A$; ainsi l'équation serait directe. Chaque calcul donnerait deux crépuscules par le changement de signes du petit terme : la formule s'écrirait

$$\sin x = \frac{\sin x'}{\cos A} \pm 2\sin H \sin^2 \tfrac{1}{2} x \tang A ;$$

mais on peut la rendre tout-à-fait directe.

Appliquons toutes ces formules à l'exemple choisi par Nonius.

Soit $\quad 2a = 16° 2',\quad a = 8° 1',\quad H = 38° 40'.$

Suivant Nonius.   *Suivant nous.*

C. cos H ... 0,1074635   C. cos H ... 0,1074635
sin 2a ... 9,4412182   sin 2a ... 9,4412182
sin x' = 20° 42′ 58″... 9,5486817   sin x' = 20° 42′ 58″... 9,5486817

ce crépuscule est déjà plus court que celui du point S, pag. 409.

Cette formule nous est commune; nous y arrivons par une voie plus courte.

sin ½x' = 10° 21′ 29″... 9,2547874   tang ½x' ... 9,2719233
cos H ... 9,8925365   sin H ... 9,7957330
sin ½x'' = 8° 4′ 13″... 9,1473239   tang ½A = 6° 30′ 53″... 9,0576563
C. sin x'' = 16° 8′ 26″... 0,5559536   A = 13. 1. 46
sin 2a ... 9,4412182
cos ½A = 6° 31′ 54″... 9,9671718
A = 13. 3. 48...

Au lieu des deux analogies de Nonius qui lui donnent ½A par son cosinus, avec peu d'exactitude, nous arrivons à ½A par sa tangente, qui donne une précision bien plus grande.

NONIUS.

$$\sin A = 13°\,3'\,48''\ldots\ 9{,}3541622 \qquad \sin A = 13°\,1'\,44''\ldots\ 9{,}3530436$$
$$\cos H \ldots\ 9{,}8925365 \qquad\qquad \cos H \ldots\ 9{,}8925365$$
$$\sin D = 10°\,9'\,53''\ldots\ 9{,}2466987 \qquad \sin D = 10°\,8'\,16''\ldots\ 9{,}2455801$$
$$C.\sin\omega\ldots\ 0{,}3993003 \qquad\qquad C.\sin\omega\ldots\ 0{,}3993003$$
$$\sin L = 6°\,26'\,16''8 \ldots\ 9{,}6459990 \qquad \sin L = 6°\,26'\,11''{,}46\ \ 9{,}6448804$$
$$\text{et } 12^s - L = 11.3.43{,}52. \qquad\qquad \text{et } 12^s - L = 11.5.48{,}14.$$

Ces deux dernières analogies nous sont communes; la petite différence sur la déclinaison et la longitude, vient du peu de précision de A dans le calcul de Nonius, et n'empêche pas que le jour du phénomène ne soit bien déterminé.

La durée du crépuscule, au jour de l'équinoxe, sera donc $1^h\,22'\,51''\,52'''$,
Pour le point S nous avons trouvé. . . . . $1.23.35.20.$

Pour le plus court crépuscule.

$$\sin a = 8°\,1'\ \ldots\ 9{,}1444532$$
$$C.\cos H \ldots\ 0{,}1074635$$
$$\sin \tfrac{1}{2}x = 10°\,17'\,20''6 \ldots\ 9{,}2519167$$
$$x = 20.34.41{,}2\ldots = 1^h\,22'\,18''\,44'''.$$

Notre formule est la même que celle de Nonius, qui avait eu le mérite de trouver la solution véritable et complète. Bernoulli n'a donné que la déclinaison. Keill a démontré les analogies de Nonius par la Trigonométrie sphérique, mais sans en citer le premier auteur; il paraît mettre peu d'importance à la durée qu'il ne calcule pas. A certains égards, ses démonstrations peuvent passer pour un commentaire curieux de celles de Nonius.

D'Alembert, dans l'*Encyclopédie méthodique*, résout le problème par une équation du quatrième degré, et disserte longuement pour trouver celle des quatre racines qui résout le problème. La Trigonométrie rend le problème linéaire, et ne laisse aucune incertitude. Tous les analystes qui ont traité le problème, comme l'Hôpital, Mauduit, Maupertuis, se sont arrêtés à la déclinaison, et négligeaient le point principal. Cagnoli ne cite personne; il est à croire qu'il n'avait pas lu Nonius : je ne l'avais pas lu moi-même quand j'ai donné la solution la plus complète que je connaisse.

$\cos \frac{1}{2} x \ldots$	9,9929595	$\tang a \ldots$	9,1487182
C. $\cos a \ldots$	0,0042650	$\tang H \ldots$	9,9031966
$\cos A = 6°28'15''\ldots$	9,9972245	$\sin A = 6°28'15''\ldots$	9,0519148

Encore un cosinus; mais ici par hasard l'angle se trouve juste. Nous l'avons beaucoup mieux par le sinus; d'ailleurs, dans nos formules, l'amplitude n'est que de curiosité; elle est nécessaire à Nonius pour avoir la déclinaison qui, selon nous, ne dépend que des deux constantes.

$\sin A \ldots$	9,0519140	$\tang a \ldots$	9,1487182
$\cos H \ldots$	9,8925365	$\sin H \ldots$	9,7957330
$\sin D = -5°\,2'53''\ldots$	8,9444505	$\sin D = -5°\,2'53''\ldots$	8,9444512
C. $\sin \omega \ldots$	0,3993005	C. $\sin \omega \ldots$	0,3993005
$\sin L = 6^s 12°44'56''\ldots$	9,3437510	$\sin L = 6^s 12°44'56''\ldots$	9,3437517
et $12^s - L = 11.17.15.\,4$		et $12^s - L = 11.17.15.\,4\ldots$	

Le plus court crépuscule arrive donc quatorze jours après le crépuscule égal à celui de l'équinoxe. Notre solution nous donne en outre les deux angles horaires dont Nonius ne parle pas. (*Astron.*, p. 350.)

L'auteur parle ensuite de la partie éclairée d'un corps sphérique; mais il ne donne rien de nouveau ni de bien précis; il se sert de cette théorie pour calculer la hauteur des vapeurs qui produisent le crépuscule; sa solution ressemble beaucoup à celle que j'ai donnée (*Astron.*, p. 337), mais il la complique de plusieurs circonstances inutiles. Cette hauteur était de 2000 stades suivant Proclus, de 360 suivant Macrobe, de 1000 suivant Albert-le-Grand; Nonius la réduit à 381 stades de 700 au degré. Il prouve, en passant, l'erreur de Pline, qui démontrait la grandeur du Soleil par le parallélisme des ombres, qui ne dépend en effet que de la distance et de la petitesse de la parallaxe.

Connaissant la hauteur d'une montagne, il détermine à quelle distance zénitale elle verra lever le Soleil.

Il promet, en finissant, un traité de l'Astrolabe, un des triangles sphériques et du planisphère géométrique, un globe pour l'usage de la navigation, et divers autres ouvrages. La Bibliographie de Lalande ne mentionne que les ouvrages extraits ci-dessus, un traité des climats et des éclipses, une édition de Sacrobosco avec des notes, enfin un livre des comètes, Salamanque, in-4°, 1610.

Nonius est diffus; il n'énonce aucune proposition sans la démontrer, ou sans renvoyer aux ouvrages où elle est démontrée. Ce qu'il y a de plus remarquable dans ses ouvrages, c'est premièrement sa division, qui n'était bonne que pour les astrolabes, et qui lui a fait plus d'honneur qu'il n'en méritait à cet égard; et ensuite sa solution du plus court crépuscule, qui ne mérite pas l'espèce d'oubli où elle était tombée. Il est juste de rendre à Nonius des formules qu'il a trouvées le premier; elles prouvent qu'il avait de la sagacité. Il paraît avoir aimé les questions des plus petites ou plus grandes quantités. Enfin on lui doit les premiers aperçus sur la ligne loxodromique.

Le défaut d'ordre et les longueurs qui blessent dans ses solutions l'ont empêché de voir tout le parti qu'on pouvait tirer de la construction qu'il avait imaginée pour trouver le plus court crépuscule; il aurait pu en tirer des formules générales pour calculer la durée d'un crépuscule quelconque. Au lieu de chercher le *minimum* par les différentes perpendiculaires dont les sinus sont proportionnels à ceux de la distance au nœud de ses deux horizons, il pouvait trouver ce *minimum* par la seule considération de sa formule $\sin \frac{1}{2} C = \sin \frac{1}{2} BE \cos H$; il est bien clair que $\sin \frac{1}{2} BE = \sin \frac{1}{2} C \sec H = \sin \frac{1}{2}$ durée sera le plus petit possible, lorsque $\frac{1}{2} C$ sera un *minimum*. or C est l'angle des deux horizons, et l'expression générale est $\sin C = \frac{\sin EV}{\sin CE} = \frac{\sin 2a}{\sin CE}$ (fig. 110), donc le *minimum* de C est $2a$; celui de $\frac{1}{2} C$ est a. Le *minimum* de $\sin \frac{1}{2}$ durée sera donc....... $\sin \frac{1}{2} BE = \sin a \sec H = \frac{\sin a}{\cos H}$; c'est l'expression que Nonius a trouvée lui-même.

La même construction lui aurait donné les formules générales dont il n'a donné que des cas particuliers, et un moyen direct pour calculer une table des déclinaisons pour toutes les valeurs possibles des crépuscules, problème que personne n'a envisagé, et qu'on ne peut résoudre directement par les formules connues.

C'est ce que nous allons montrer dans le reste de ce chapitre, que nous terminerons par deux tables des crépuscules pour la latitude de Paris : l'une qui aura pour argument la durée, et donnera la déclinaison; l'autre, au contraire, dépendra de la déclinaison, et donnera la durée. Celle-ci peut se calculer directement de plusieurs manières. La première est de chercher

$$\cos P' = -\frac{\sin 2a}{\cos H \cos D} - \tang H \tang D \quad \text{et} \quad \cos P = -\tang H \tang D;$$

on aura la durée $= \frac{4}{60}(P'-P)$. Cette manière n'exige la recherche que de dix nombres ou logarithmes.

On peut faire
$$\cos P' = -(\tang\varphi + \tang\chi) = -\frac{\sin(\varphi+\chi)}{\cos\varphi\cos\chi}$$
en faisant
$$\tang\varphi = \frac{\sin 2a}{\cos H \cos D}, \quad \tang\chi = \tang H \tang D,$$
$$\cos P = -\tang\chi, \quad \text{et la durée} = \frac{4}{60}(P'-P);$$
enfin on peut, comme nous l'avons annoncé, rendre directe la formule
$$\sin x \mp \sin H \tang A . 2\sin^2\tfrac{1}{2}x = \frac{\sin x'}{\cos A},$$
qui peut se transformer comme il suit :
$$\sin x \mp \sin H \tang A (1-\cos x) = \frac{\sin x'}{\cos A} =$$
$$\sin x \pm \sin H \tang A \cos x \mp \sin H \tang A = \frac{\sin x'}{\cos A},$$
$$\sin x \pm \tang\varphi \cos x = \frac{\sin x'}{\cos A} \pm \tang\varphi,$$
$$\sin x \cos\varphi \pm \sin\varphi \cos x = \frac{\sin x' \cos\varphi}{\cos A} \pm \sin\varphi = \tang\chi \cos\varphi \pm \sin\varphi$$
$$= \frac{\sin\chi \cos\varphi \pm \cos\chi \sin\varphi}{\cos\chi},$$
$$\sin(x\pm\varphi) = \frac{\sin(\chi\pm\varphi)}{\cos\chi}, \quad x = (\chi\pm\varphi)\mp\varphi.$$
$$\sin A = \frac{\sin D}{\cos H}, \quad \tang A = \frac{\sin D}{\cos H \cos A}, \quad \tang\varphi = \sin H \tang A, \quad \tang\chi = \frac{\sin x'}{\cos A},$$
$$\sin(x\pm\varphi) = \frac{\sin(\chi\pm\varphi)}{\cos\varphi}.$$

$\sin D = 23°$	9,5918780 (1)		$\sin x'$ 9,6715905 (7) const.
C. cos H	0,1816081 (2) const.		C. cos A 0,0943282
$\sin A = 36°24'43''$	9,7734861 (3)	$\tang\chi = 30°15'23''$	9,7659187 (8)
C. cos A	0,0943282 (4)	$\varphi = 29.\ 2.29$	
$\tang A =$	9,8678143	$\chi+\varphi = 59.17.52$	
$\sin H$	9,8766785 (5) const.	$\chi-\varphi = 1.12.52$	
$\tang\varphi = 29° 2'29''$	9,7444928 (6)		
C. $\cos\chi$	0,0635972		0,0635972 (9)
$\sin(\chi+\varphi)$	9,9344138 (11)	$\sin(\chi-\varphi)$	8,3264211 (10)
$\sin(x+\varphi)$	9,9980110 (12)	$\sin(x-\varphi)$	8,3900183 (13)

NONIUS. 421

$$(x+\varphi) = 84°31'15'' \qquad (x-\varphi) = 1°24'24''$$
$$\varphi = \underline{29.\ 2.29} \qquad\qquad \varphi = \underline{29.\ 2.29} \quad 13\log.-3\log\text{const.}$$
$$x = \overline{55.28.46} \qquad\qquad x = \overline{30.26.53}$$
$$T = 3^h\ 41'55''\ 4'''' \qquad T' = 2^h\ 1'47''32''' \quad 10\log.\text{à chercher.}$$

$$
\begin{array}{ll}
D = 22°\ldots\ 9,5735754 & \sin 2a\ldots\ 9,4899824 \\
\text{C.}\cos H\ldots\ 0,1816081\ldots & \text{C.}\cos H\ldots\ 0,1816081 \\
\sin A = 34°41'13''\ldots\ 9,7551835 & \sin x'\ldots\ 9,6715905 \\
\text{C.}\cos A\ldots\ 0,0849841\ldots & \text{C.}\cos A\ldots\ 0,0849841 \\
\sin H\ldots\ 9,8766785 & \tan g\, x = 29°43'23''\ldots\ 9,7565746 \\
\tan g\,\varphi = 27°31'12''\ldots\ 9,7168461 & \varphi = 27.31.12 \\
& x-\varphi = 2.12.11 \\
& x+\varphi = 57.14.35
\end{array}
$$

$$
\begin{array}{ll}
\text{C.}\cos x\ldots\ 0,0612714\ldots & \ 0,0612714 \\
\sin(x+\varphi)\ldots\ 9,9247823 & \sin(x-\varphi)\ldots\ 8,5847958 \\
\sin(x+\varphi)=75°33'26''\ 9,9860537 & \sin(x-\varphi)=2°32'13''\ldots\ 8,6460672 \\
\varphi = 27.31.22 & \varphi = 27.31,12 \\
x = \overline{48.\ 2.14} & x = \overline{30.\ 3.25} \\
T' = 3^h\ 12'\ 8''56''' & T' = 2^h\ 0'13''40'''.
\end{array}
$$

Formules générales et nouvelles pour les crépuscules.

Soit HOR l'horizon (fig. 113), P le pôle, PA = PB = 90°, AB = APB l'arc de l'équateur qui mesure la durée du crépuscule, EE'GG' le parallèle du Soleil ; prolongez PB et PA en G et en E, l'arc EG du parallèle sera du même nombre de degrés que AB, et il sera aussi la mesure du crépuscule ; mais il ne sera pas réellement l'arc décrit pendant le crépuscule ; car l'arc crépusculaire doit se terminer à l'horizon en G'. Soit G'E' = GE, G'E' sera l'arc crépusculaire ; ôtez la partie commune GE', il restera G'G = E'E ; par le point E' et le point A menez l'arc de grand cercle E'AC qui aille rencontrer l'horizon en un point C, les triangles GBG', EAE', composés de deux arcs de grand cercle et d'un arc du même parallèle seront parfaitement égaux ; car outre l'angle droit G = E, on aura les arcs de déclinaison AE = BG, les arcs du parallèle EE' = GG'. Les triangles pourront donc se superposer ; on aura AE' = BG' = amplitude ortive, car B est le point du lever équinoxial, puisque AB est un arc de l'équateur.

L'angle $EAE' = GBG' = PBO = H =$ hauteur du pôle sur l'horizon $= PAC$, qui est opposé au sommet à EAE'.

Dans le triangle BAC nous aurons

$$BAC = 90° + PAC = 90° + H,$$
$$CBA = 90° - PBC = 90° - H,$$

$$\sin CBA : \sin BAC :: \sin(90°-H) : \sin(90°+H) :: \sin CA : \sin CB;$$

donc $\qquad \sin CA = \sin CB;$

mais ces arcs sont inégaux, car CB est opposé au plus grand angle;

donc $\qquad CB = 180° - CA;$

CA est nécessairement moindre que 90° ou $(90°-m)$ et $CB = (90°+m)$.

Ce triangle donne

$$\cos C = \cos AB \sin CBA \sin CAB - \cos CBA \cos CAB,$$
$$1 - 2\sin^2 \tfrac{1}{2} C = \cos AB \cos^2 H + \sin^2 H = \sin^2 H + \cos^2 H - 2\sin^2 \tfrac{1}{2} AB \cos^2 H$$
$$= 1 - 2\sin^2 \tfrac{1}{2} AB \cos^2 H,$$

d'où $\sin^2 \tfrac{1}{2} C = \sin^2 \tfrac{1}{2} AB \cos^2 H,$

et $\quad \sin \tfrac{1}{2} C = \sin \tfrac{1}{2} AB \cos H = \sin \tfrac{1}{2} S \cos H \ldots (1),$

en nommant S l'arc de l'équateur qui mesure le crépuscule.

Du milieu de l'arc AB, menez l'arc de grand cercle MC; $MA = MB = \tfrac{1}{2} S$.

Le triangle MAC donnera $\quad \sin CM : \sin CAM :: \sin AM : \sin ACM,$

Le triangle MBC . . . . $\sin CM : \sin CBM :: \sin BM : \sin BCM.$

Dans ces deux analogies, les trois premiers termes sont identiques; donc

$$\sin ACM = \sin BCM; \quad \text{donc} \quad ACM = BCM = \tfrac{1}{2} C;$$

ainsi l'arc mené du milieu de AB partage en deux également l'angle au sommet C, comme si le triangle était isocèle; mais les angles M, sur le milieu de la base sont inégaux, au lieu d'être tous deux de 90°: cette égalité aura lieu toutes les fois que la somme des deux côtés sera de 180°.

La première analogie donne

$$\sin CM = \frac{\sin AM . \sin CAM}{\sin ACM} = \frac{\sin \tfrac{1}{2} S \sin(90°+H)}{\sin \tfrac{1}{2} C} = \frac{\sin \tfrac{1}{2} S \cos H}{\sin \tfrac{1}{2} S \cos H} = 1;$$

par la formule (1) ci-dessus. Donc $CM = 90°$. Du pôle C décrivez l'arc de grand cercle aMb, vous aurez $Ca = CM = Cb = 90°$, les angles en a et en b seront droits, et $aM = bM = \frac{1}{2}ab = \frac{1}{2}C$.

Les triangles rectangles BaM, AbM, donneront comme ci-dessus

$$\sin aM = \sin MB \cos H = \sin \tfrac{1}{2} S \cos H = \sin MA \cos H = \sin \tfrac{1}{2} C \ldots (1);$$
$$\operatorname{tang} Ba = \operatorname{tang} Ab = \operatorname{tang} BM \cos MBa = \operatorname{tang} \tfrac{1}{2} S \sin H = \operatorname{tang} m \ldots (2);$$

d'où l'on voit que

$$CA = Cb - Ab = 90° - Ab = 90° - m,$$
$$CB = Ca + aB = 90° + aB = 90° + m,$$

comme nous l'avons trouvé ci-dessus.

Le triangle CBA donne

$$\sin C : \sin AB :: \sin B : \sin CA = \cos m = \frac{\sin AB \sin B}{\sin C} = \frac{\sin S \cos H}{\sin C}$$

$$\cos m = \frac{2 \sin \tfrac{1}{2} S \cos \tfrac{1}{2} S \cos H}{2 \sin \tfrac{1}{2} C \cos \tfrac{1}{2} C} = \frac{\sin \tfrac{1}{2} S \cos \tfrac{1}{2} S \cos H}{\sin \tfrac{1}{2} C \cos H \cos \tfrac{1}{2} C} = \frac{\cos \tfrac{1}{2} S}{\cos \tfrac{1}{2} C}$$

et $\quad \sin m = \operatorname{tang} m \cos m = \dfrac{\operatorname{tang} \tfrac{1}{2} S \sin H \cos \tfrac{1}{2} S}{\cos \tfrac{1}{2} C} = \dfrac{\sin \tfrac{1}{2} S \sin H}{\cos \tfrac{1}{2} C};$

de ces trois manières de calculer m la première est la plus courte et la plus sûre.

Les triangles BMa, AMb donnent encore

$$\cot BMa = \cot AMb = \cos BM \operatorname{tang} MBa = \cos \tfrac{1}{2} S \cot H = \cot q;$$

d'où $\quad CMb = 90° + q,$ et $\quad CMA = 90° - q;$

ces deux angles nous sont inutiles.

B est le point *est* de l'horizon, BC surpasse 90°; donc le point C se trouvera sur l'horizon entre les points nord et ouest.

Si le point A est le commencement du crépuscule au jour de l'équinoxe, la perpendiculaire Ax menée à l'horizon sera l'abaissement crépusculaire, qu'on suppose ordinairement de $18° = 2a = Ax$.

Le triangle rectangle BxA donnera

$$\sin Ax = \sin 2a = \sin AB \sin CBA = \sin S \cos H;$$

ainsi à l'équinoxe on a toujours $\sin S = \dfrac{\sin 2a}{\cos H} \ldots (3).$

C'est une des formules de Nonius. S étant ainsi connu pour le jour de l'équinoxe, on aura pour ce même jour $\operatorname{tang} Bx = \operatorname{tang} S \sin H$; c'est le mouvement azimutal du soleil pendant le crépuscule.

On aurait aussi

$$\cos Bx = \frac{\cos AB}{\cos Ax} = \frac{\cos S}{\cos 2a}; \quad \sin Bx = \cos Bx \, \tang Bx = \frac{\sin S \sin H}{\cos 2a}$$

et $\cot BAx = \cos S \cot H$.

Mais plus généralement c'est en E' que se trouve le Soleil au commencement du crépuscule. Menez E'y perpendiculaire à l'horizon, E'$y = 2a$, vous aurez

$$\sin CE' \sin C = \sin E'y = \sin 2a, \quad \sin C = \frac{\sin 2a}{\sin CE'},$$

qui prouve que $\sin C$ ne peut être moindre que $\sin 2a$ et $\frac{1}{2}C$ moindre que a.

$$\sin CE' = \frac{\sin 2a}{\sin C} = \frac{\sin a \cos a}{\sin \frac{1}{2}C \cos \frac{1}{2}C} = \sin(Cb + bE') = \sin(90° + bE')$$
$$= \cos bE' = \cos n. \ldots (4).$$

Cette formule suppose la déclinaison australe; alors $CE' = 90° + n$; si elle était boréale, on aurait $CE'' = (90° - n)$.

$AE' = Ab + bE' = (m + n)$ pour les déclinaisons australes; mais pour les boréales $AE'' = bE'' - Ab = (n - m)$. Du point E' abaissez sur l'équateur la perpendiculaire E'Z qui sera la déclinaison, vous aurez

$$\sin D = \sin E'z = \sin AE' \sin MAE' = \sin(n + m) \cos H$$
$$= \sin \text{ déclinaison australe},$$
$$\sin D' = \sin E''z' = \sin AE'' \sin E''Az' = \sin(n - m) \cos H$$
$$= \sin \text{ déclinaison boréale dès que } n > m.$$

ainsi, chaque supposition pour S nous donnera deux déclinaisons; et pour trouver ces déclinaisons pour chaque valeur de S, le problème se réduit aux formules suivantes :

$$\sin \tfrac{1}{2} C = \sin \tfrac{1}{2} S \cos H \ldots (A),$$
$$\tang m = \tang \tfrac{1}{2} S \sin H \ldots (B)$$
$$\cos n = \frac{\sin 2a}{\sin C} = \frac{\sin a \cos a}{\sin \tfrac{1}{2} C \cos \tfrac{1}{2} C} \ldots (C),$$
$$\sin D = \sin(n \pm m) \cos H \ldots (D).$$

La déclinaison toujours australe avec $(n + m)$, devient boréale avec $(n - m)$ dès que n surpasse m; il peut arriver que les deux déclinaisons soient australes. Il est aisé de voir que $(n \pm m)$ est l'amplitude ortive du Soleil; car on a généralement $\sin D = \sin \text{amplit.} \cos \text{latitude}$; donc $(n \pm m)$ est l'amplitude,

$$\sin \odot = \frac{\sin D}{\sin \omega} \ldots (E).$$

Cette formule donnera la longitude du Soleil et le jour.

NONIUS.

Vous rejeterez comme inutiles, les déclinaisons qui surpasseront l'obliquité.

Au jour de l'équinoxe $\sin S = \frac{\sin 2a}{\cos H}$, et $D = 0$; c'est l'une des deux déclinaisons. Pour avoir l'autre qui sera australe, on remarquera que $D = 0$ donne $(n-m) = 0$, $n = m$, $n + m = 2n = 2m$ et $\sin D' = \sin 2n \cos H = \sin 2m \cos H$; vous aurez ainsi la déclinaison australe, qui répondra à la durée équinoxiale du crépuscule. Vous aurez donc deux crépuscules de même durée, l'un quand le Soleil sera à l'équateur, l'autre quand il aura la déclinaison australe calculée par cette dernière formule.

La formule (A) prouve que C et S croissent et diminuent ensemble; S ne peut être nul, ni C non plus; dans la sphère droite $C = S$; les pôles P et C se confondent.

m croît et diminue en même tems que S, m ne peut être nul.

$\cos n = \frac{\sin 2a}{\sin C}$ deviendra $\cos n = 1$, si l'on a $C = 2a$, alors $n = 0$. Cos n appartient également à $+ n$ et à $- n$; nous le faisons toujours positif pour simplifier.

Si $n = 0$, $C = 2a$, $\frac{1}{2}C = a$; $\sin \frac{1}{2}C = \sin a = \sin \frac{1}{2}S \cos H$ et $\sin \frac{1}{2}S = \frac{\sin a}{\cos H}$:

c'est la plus petite valeur qu'on puisse donner à C; car si $C < 2a$, $\cos n$ serait imaginaire; mais $\sin \frac{1}{2} S = \frac{\sin \frac{1}{2} C}{\cos H} = \frac{\sin a}{\cos H}$, au moins; telle est donc la valeur la plus petite qu'on puisse donner à $\frac{1}{2} S$; elle donnera le plus court crépuscule; d'ailleurs la perpendiculaire $E'y = 2a$ est une constante; si elle est à 90° de C, C sera $2a$; si elle est plus près ou plus loin, $C > 2a$; ou bien encore formule (A), le *minimum* de C coïncide avec celui de S.

$\sin \frac{1}{2} S = \frac{\sin a}{\cos H}$, est en effet la formule de Nonius, pour le plus court crépuscule; elle est un simple corollaire de nos formules générales; elle s'en déduit sans aucun des embarras qu'on rencontre dans les méthodes analytiques. Puisque $n = 0$, les deux formules de déclinaison.......
$\sin D = \sin(n \pm m) \cos H$ se réduisent à $\sin D = - \sin m \cos H$,

$$\sin^2 D = \sin^2 m \cos^2 H = (1 - \cos^2 m) \cos^2 H = \cos^2 H \left(1 - \frac{\cos^2 \tfrac{1}{2} S}{\cos^2 \tfrac{1}{2} C}\right)$$
$$= \cos^2 H \left(1 - \frac{\cos^2 \tfrac{1}{2} S}{\cos^2 a}\right) = \left(\frac{\cos^2 a - \cos^2 \tfrac{1}{2} S}{\cos^2 a}\right) \cos^2 H$$
$$= \cos^2 H \left(\frac{\sin^2 \tfrac{1}{2} S - \sin^2 a}{\cos^2 a}\right) = \frac{\cos^2 H}{\cos^2 a} \left(\frac{\sin^2 a}{\cos^2 H} - \sin^2 a\right)$$
$$= \tan^2 a - \cos^2 H \tan^2 a = \tan^2 a \sin^2 H, \text{ et } \sin D = \tan a \sin H,$$

et cette déclinaison sera australe.

C'est la formule donnée par Jean-Bernoulli, l'Hôpital et d'Alembert, qui n'ont pas su trouver la formule de la demi-durée, et qui n'ont donné qu'une solution indirecte et incomplète du problème que Nonius avait résolu tout entier.

Dans le cas du plus court crépuscule,

$$\left. \begin{array}{l} \tan m = \tan \tfrac{1}{2} S \sin H \\ \cos m = \dfrac{\cos \tfrac{1}{2} S}{\cos \tfrac{1}{2} C} \end{array} \right\} \sin m = \frac{\sin \tfrac{1}{2} S \sin H}{\cos \tfrac{1}{2} C} = \frac{\sin a \sin H}{\cos H \cos a} = \tan a \tan H;$$

mais $\sin D = \sin m \cos H$ puisque $n = 0$; donc m est l'amplitude au jour du crépuscule équinoxial.

Nous avons trouvé généralement

$$\cos m = \frac{\sin S \cos H}{\sin C} = \frac{\sin S \cos H}{\sin 2a} = \frac{\sin S}{\left(\dfrac{\sin 2a}{\cos H}\right)} = \frac{\sin \text{ arc plus court crépuscule}}{\sin \text{ arc crépuscule équinoxial}}.$$

Voilà donc trois formules pour trouver l'amplitude au jour du plus court crépuscule. Nonius, qui ne connaissait pas les tangentes, fait

$$\cos m = \frac{\cos \tfrac{1}{2} S}{\cos \tfrac{1}{2} C} = \frac{\cos \tfrac{1}{2} S}{\cos a},$$

pour le plus court crépuscule. Cet arc nous est inutile.

Nous avons ci-dessus calculé les formules de Nonius et les nôtres, pour le plus court crépuscule et pour le crépuscule équatorial; il ne reste plus qu'à donner un exemple de nos formules générales pour calculer les déclinaisons par la durée.

On calculera d'abord la plus courte durée et sa déclinaison. On aura ainsi la plus petite valeur que l'on puisse donner à S; on augmentera successivement cette valeur, suivant l'étendue qu'on voudra donner à ses tables, par exemple, de minute en minute de la durée, et l'on calculera les deux déclinaisons, ainsi qu'on va le voir.

Soit donc la durée du crépuscule $T = 2^h 2' 34''$, ce qui est à peu près le crépuscule du solstice d'hiver à Paris;

$$S = \frac{122°2'34''}{4} = 30°38'30'', \quad \tfrac{1}{2}S = 15°19'15'',$$

	$\sin \tfrac{1}{2}S$.. 9,4219718	$\tan \tfrac{1}{2}S$..	9,4376870
	$\cos H$.. 9,8183919	$\sin H$..	9,8766785
$\sin \tfrac{1}{2}C =$	10° 0′59″ 9,2403637	$\tan m = 11°39'11''$	9,3143655
	$C.\sin \tfrac{1}{2}C$.. 0,7596363		
	$C.\cos \tfrac{1}{2}C$.. 0,0066704	$\sin(n+m)$..	9,7816311
	$\tfrac{1}{2}\sin 2a$.. 9,1889524	$\cos H$..	9,8183919
$\cos n =$	25°33′48″ 9,9552591	$\sin D = 23°27'40''$ A..	9,6000230
$m =$	11.39.11		
$n+m =$	37.12.59	$\sin(n-m)$	9,3809349
$n-m =$	13.54.37	$\cos H$..	9,8183919
		$\sin D = 9°6'22''$ B +	9,1993268

Cette déclinaison est boréale, parce que $(n-m)$ est une quantité positive.

La formule générale et naturelle serait

$$\sin D = (-m \pm n) \cos H.$$

La plus grande valeur utile de $(-m \pm n)$ est $\sin \omega \sec H$.

C'est ainsi que j'ai calculé la table suivante pour toutes les durées, de minute en minute; j'y ai joint la table des durées calculées pour toutes les déclinaisons de degré en degré.

Nous avons donc trouvé le plus court crépuscule, la déclinaison qui le donne, l'amplitude, le crépuscule équinoxial qui joue un si grand rôle dans la solution de Nonius, la seconde déclinaison qui donne un crépuscule égal à celui de l'équinoxe. Notre construction plus simple de beaucoup que celle de Nonius, est aussi plus méthodique; on ne fait rien sans motif, on voit d'où l'on vient et où l'on va, au lieu qu'on ne voit pas bien comment il a pu être amené à l'idée du cercle CAE, qu'il appelle un second horizon, également incliné à l'équateur, et qui est celui où se lève le Soleil, à l'instant où le crépuscule commence pour le premier horizon. Puisque ces deux horizons ont même latitude, ils verront le Soleil se lever avec un même angle horaire, et la durée du crépuscule sera la différence des méridiens; ce que ne dit pas Nonius, qui paraît avoir voulu étonner plus qu'instruire, et qui n'aura pas été fâché que l'on crût son problème plus difficile encore qu'il ne l'est en effet.

ASTRONOMIE DU MOYEN AGE.

Durée des crépuscules à Paris.

Déclin.	Été.	Hiver.
0° 0′	1ʰ52′	1ʰ52′
1	1.53	1.51
2	1.53	1.51
3	1.54	1.51
4	1.55	1.50
5	1.56	1.50
6	1.58	1.50
7	1.59	1.50
8	2. 1	1.50
9	2. 2	1.50
10	2. 4	1.50
11	2. 6	1.51
12	2. 9	1.51
13	2.13	1.52
14	2.15	1.52
15	2.19	1.53
16	2.22	1.54
17	2.27	1.55
18	2.32	1.56
19	2.39	1.57
20	2.46	1.58
21	2.57	1.59
22	3.12	2. 0 +
23	3.42	2. 2 —
23.10	4. 0	2. 2 —
23.28	.....	2. 2.35″

Déclin.

La durée du crépuscule retranchée de l'heure du lever vrai donne l'heure du commencement du crépuscule ; ajoutée à l'heure du coucher vrai, elle donne l'heure de la fin du crépuscule du soir. L'arc semi-diurne vrai se trouve par la formule

$$\cos P = -\tang H \tang D;$$

on élude ainsi les variations de la réfraction horizontale.

TABLE des déclinaisons qui répondent aux différentes durées du crépuscule.

Durée.	Déclin.	Déclin.	Durée.	Déclin.	Durée.	Déclin. B	Durée.	Déclin. B
1ʰ49′ 59	6°50′,9 A	6°50′,9 A	2°30′	17°34′,8	3° 3′	22° 2′,8	3°56′	23°9′,0
1.50	7.30,0 A	6.11,8 A	2.31	17.45,7	3.14	22. 5,9	3.57	23.9,3
1.51	11.48,8 A	1.59,1 A	2.32	17.56,3	3.15	22. 8,9	3.58	23.9,5
1.51.59	13.48,5 A	0. 0,0 B	2.33	18. 6,6	3.16	22.11,8	3.59	23.9,7
							4. 0	23.9,8 B
1.52. 0	13.49,0 A	0. 0,5 B	2.34	18.16,4	3.17	22.14,6		
1.53	15.20,3	1.28,5 B	2.35	18.25,9	3.18	22.17,3		
1.54	16.28,9	2.38,4	2.36	18.35,0	3.19	22.19,9		
1.55	17.40,7	3.42,2	2.37	18.43,7	3.20	22.22,5		
1.56	18.41,1	4.39,6	2.38	18.52,3	3.21	22.25,0		
1.57	19.34,4	5.29,8	2.39	19. 0,8	3.22	22.27,4		
1.58	20.23,4	6.15,6	2.40	19. 9,2	3.23	22.29,7		
1.59	21. 8,7	6.57,8	2.41	19.17,3	3.24	22.31,9		
2. 0	21.50,9	7.37,0	2.42	19.25,0	3.25	22.34,0		
2. 1	23.30,3	8.13,5	2.43	19.32,5	3.26	22.36,0		
2. 2	23. 7,5	8.47,8	2.44	19.39,8	3.27	22.38,1		
2. 2.35	23.28,0 A	9. 6,6 B	2.45	19.46,9	3.28	22.40,0		
2. 3		9.20,0 B	2.46	19.53,0	3.29	22.41,8		
2. 4		9.50,5	2.47	20. 0,6	3.30	22.43,5		
2. 5		10.19,4	2.48	20. 7,2	3.31	22.45,3		
2. 6		10.46,7 B	2.49	20.13,6	3.32	22.47,0		
2. 7		11.12,7	2.50	20.19,8	3.33	22.48,6		
2. 8		11.37,5	2.51	20.25,8	3.34	22.50,1		
2. 9		12. 1,3 B	2.52	20.31,6	3.35	22.51,6		
2.10. 1		12.23,8	2.53	20.37,2	3.36	22.53,0		
2.11		12.46,1	2.54	20.42,8	3.37	22.54,3		
2.12		13. 7,5 B	2.55	20.48,2	3.38	22.55,6		
2.13		13.26,5	2.56	20.53,4	3.39	22.56,8		
2.14		13.45,6	2.57	20.58,4	3.40	22.57,9		
2.15		14. 4,1 B	2.58	21. 3,3	3.41	22.59,0		
2.16		14.21,9	2.59	21. 8,1	3.42	23. 0,0		
2.17		14.39,0	3. 0	21.12,9	3.43	23. 1,0		
2.18		14.55,4 B	3. 1	21.17,6	3.44	23. 2,0		
2.19		15.11,3	3. 2	21.22,0	3.45	23. 2,8		
2.20		15.26,7	3. 3	21.26,2	3.46	23. 3,6		
2.21		15.41,5 B	3. 4	21.30,3	3.47	23. 4,4		
2.22		15.55,9	3. 5	21.34,2	3.48	23. 5,1		
2.23		16. 9,8	3. 6	21.38,1	3.49	23. 5,8		
2.24		16.23,2 B	3. 7	21.42,0	3.50	23. 6,4		
2.25		16.36,2	3. 8	21.45,8	3.51	23. 7,0		
2.26		16.48,6	3. 9	21.49,5	3.52	23. 7,5		
2.27		17. 0,8 B	3.10	21.53,1	3.53	23. 7,9		
2.28		17.12,6	3.11	21.56,5	3.54	23. 8,3		
2.29		17.23,9	3.12	21.59,7	3.55	23. 8,7		

NONIUS.

Dans une édition de la Sphère de Sacrobosco, on trouve la traduction qu'Ælias Vinetus a faite d'une note de Nonius, sur les climats. On y voit que la largeur des climats diminue à mesure qu'ils approchent du pôle. Ptolémée en avait fait la remarque sans la démontrer. Il est en effet impossible qu'elle échappe à ceux qui calculent une table des climats. Nonius dit que tous les auteurs ont répété l'assertion de Ptolémée, sans en apporter aucune preuve. La démonstration qu'il en donne est extrêmement prolixe, et n'offre rien qui soit digne d'être conservé. Nous allons en donner une beaucoup plus facile et beaucoup plus courte.

Soit ω l'obliquité de l'écliptique, P l'arc semi-diurne du plus long jour; on a, comme on sait, $-\cos P = \tang \omega \tang H$, ou
$$\tang H = -\cos P \cot \omega.$$

Pour le climat suivant, en allant vers le nord, $\tang H' = -\cos P' \cot \omega$; d'où l'on tire

$$\tang H' - \tang H = \frac{\sin(H'-H)}{\cos H' \cos H} = -\cot\omega(\cos P' - \cos P) = \cot\omega(\cos P - \cos P')$$
$$= 2\sin\tfrac{1}{2}(P'-P)\sin\tfrac{1}{2}(P'+P)\cot\omega$$
$$= 2\cot\omega \sin\tfrac{1}{2}(P'-P)\sin\tfrac{1}{2}(90°+A+90°+B);$$

car les arcs semi-diurnes du plus long jour surpassent tous 90°; ainsi

$$\sin(H'-H) = 2\cot\omega \sin\tfrac{1}{2}(P'-P)\cos H' \cos H \sin\left(90°+\frac{A+B}{2}\right)$$
$$= 2\cot\omega \sin\tfrac{1}{2}(P'-P)\cos H' \cos H \cos\tfrac{1}{2}(A+B).$$

Or, $\sin\tfrac{1}{2}(P'-P)$ est une quantité constante pour une table de climats; $\cot\omega$ est une autre constante, $\cos H' \cos H$ est un produit composé de deux quantités qui vont toujours en diminuant, $\tfrac{1}{2}(A+B)$ va toujours en augmentant, son cosinus va donc toujours en diminuant; ainsi $(H'-H)$, qui est la largeur du climat, diminue sans cesse jusqu'à devenir 0, si l'on pouvait avoir $\tfrac{1}{2}(A+B) = 90°$; mais il en approchera du moins beaucoup, et la largeur $(H'-H)$ du climat sera presque nulle.

Cette démonstration est beaucoup plus directe et plus claire que celle de Nonius, qui emploie deux figures et huit pages de raisonnement.

A la suite de ce fragment de Nonius (édition de Lyon, 1606), on trouve une dissertation sur le lever poétique, c'est-à-dire l'explication de tous les passages des poètes et historiens grecs et latins, qui ont parlé des levers et des couchers des étoiles. On voit enfin un abrégé très court de la sphère, dont l'auteur est nommé *Pierius Valerianus Bellunensis*. Je n'y ai rien trouvé de nouveau, si ce n'est que l'auteur compare l'espèce de spirale que le Soleil décrit par la combinaison du mouvement annuel avec le mouvement diurne, en allant d'un tropique à l'autre, à la ficelle que les enfans roulent autour de leur toupie. L'ouvrage était adressé au cardinal Alexandre de Farnèse, qui sortait à peine de l'enfance.

CHAPITRE VII.

Peucer, Gemma Frison, Royas, Oronce-Finée, Gauricus, Maurólycus, Jordanus et Stadt.

Nous pouvons placer ici, sans le moindre inconvénient, ce que nous nous avons à dire de Peucer, professeur de Mathématiques, né en 1525 et mort en 1602. Son livre a pour titre : *Elementa doctrinæ de circulis cœlestibus, et primo motu, recognita et correcta auctore Casparo Peucero. Wittebergæ*, 1553. La première édition était de 1551.

Dans sa dédicace au duc de Saxe, son souverain, Peucer cite un passage des Argonautiques d'Apollonius de Rhodes, où il voit que les anciens Egyptiens, qui avaient visité les extrémités de la Terre, en avaient dressé des cartes, qu'ils avaient placées dans leurs temples et dans leurs principales forteresses. Il y a quelque exagération dans cette manière de traduire. Voici les vers d'Apollonius, liv. IV, *v.* 279.

Οἱ δήτοι γράπτυς πατέρων ἕθεν εἰρύονται
Κύρβιας, οἷς ἔνι πᾶσαι ὁδοί καὶ πείρατ' ἔασιν
Ὑγρῆς τε τραφερῆς τε πέριξ ἐπινεισομένοισιν.

« Ils conservent avec soin (les peuples de la Colchide) des cartes que
» leurs pères ont tracées, et qui montrent toutes les routes et les limites
» tant de la mer que de la Terre, pour l'usage de ceux qui voudront
» faire à leur tour les mêmes voyages. »

Le poète a dit plus haut que l'Égypte a été gouvernée par un roi qui, avec de fortes armées, avait parcouru toute l'Europe et toute l'Asie, et soumis des milliers de villes, dont les unes sont encore habitées et les autres ne le sont plus ; car depuis la date de cette expédition, il s'est écoulé un nombre d'années très considérable. Colchos était une de ces villes que le conquérant avait fondée pour y établir une portion de ses soldats. On voit donc qu'il s'agit d'itinéraires où l'on avait pu marquer à peu près la longueur et la direction des routes, les limites des états, et les configurations des rivages de la mer. Il y a loin de ces ébauches grossières à de bonnes cartes géographiques et même topographiques, et rien ne nous dit que les Égyptiens les eussent déposées dans tous leurs temples et dans toutes leurs forteresses. Suivant le scholiaste d'Apollonius, ce conquérant égyptien s'appelait Sesonchosis; il paraît que c'est le Sésostris d'Hérodote; mais Hérodote ne dit pas un seul mot des cartes géographiques.

Peucer place en tête de son livre une liste de tous les astronomes depuis Adam jusqu'à Reinhold; il y comprend tous les patriarches, idée puisée dans Josephe et reproduite de nos jours par Bailly. Pour en augmenter le nombre, après Hipparque de Rhodes, il nomme *Abrachis, qui vivait aussi à Rhodes, et qui est plus ancien que Ptolémée.* Comme Ptolémée, il place Vénus et Mercure au-dessous du Soleil; et pour prévenir l'objection qu'on pouvait tirer de ce que jamais on ne les avait vus sur le disque du Soleil, il nous dit qu'étant toujours lumineux, parce qu'ils sont toujours pénétrés de la lumière du Soleil, on n'a aucun moyen pour les distinguer du disque même. En parlant de la Terre, il nous apprend qu'elle n'a ni la figure d'un tambour, comme le voulait Leucippe, ni celle d'une barque, comme le voulait Héraclite, ni celle d'un cylindre, comme le pensait Anaximandre; qu'elle n'est ni creuse, suivant l'idée de Démocrite, ni plane suivant celle d'Empédocle. Ptolémée, en réfutant toutes ces opinions, avait supprimé le nom de leurs auteurs. J'ignore sur quelle autorité s'est fondé Peucerus. Son ouvrage, destiné sans doute à l'instruction de ses élèves, ne peut rien apprendre à l'astronome; avec plus d'étendue et quelques idées plus modernes, il ressemble d'ailleurs entièrement à celui de Sacrobosco : il n'a pas joui de la même célébrité, parce qu'il est venu plus tard.

Gemma Frison.

Renerius Gemma Frisius ou Gemma Frison, est l'auteur d'un petit traité qu'il intitule *Principes d'Astronomie et de Cosmographie, avec l'usage du globe et celui de l'anneau astronomique.* Je ne possède de ce traité qu'une traduction française par Claude Boissière. La lecture de cette traduction m'a fait perdre l'envie de chercher le texte original. Je n'y ai vu que les notions les plus communes et les plus superficielles; mais le chapitre XVIII est très curieux, il a pour titre : *Nouvelle invention pour les longitudes.*

« On commence à se servir de petites horloges, qu'on appelle *montres.*
» Leur légèreté permet de les transporter; leur mouvement dure près
» de vingt-quatre heures, et plus long-temps *pour peu qu'on les aide;*
» elles offrent un moyen bien simple de trouver la longitude. Avant de

» vous mettre en route, mettez soigneusement votre montre à l'heure
» du pays que vous allez quitter; apportez toute votre attention à ce que
» la montre ne s'arrête pas en chemin; quand vous aurez ainsi marché,
» vingt lieues par exemple, prenez l'heure du lieu, avec l'astrolabe, en
» attendant pour cela que l'ombre tombe justement sur une ligne ho-
» raire; comparez cette heure à celle de votre montre, et vous aurez la
» différence de longitude. »

Il prescrit d'observer d'abord la hauteur du pôle dans le lieu où l'on est arrivé : c'est exactement ce que l'on fait aujourd'hui avec un cercle ou un sextant et un chronomètre. L'idée était fort bonne; mais on juge quelle précision l'on pouvait en attendre avec l'astrolabe, et avec une montre qui pouvait varier de plusieurs minutes par jour. Mais ce passage indique à peu près l'époque où les montres furent inventées, car Gemma Frison est mort en 1558; on peut estimer que l'invention remonte au commencement du seizième siècle, vers 1520 ou 1530; mais ces montres étaient encore bien imparfaites, puisque leur mouvement ne pouvait durer vingt-quatre heures sans qu'on les aidât un peu.

L'anneau astronomique de Gemma Frison est composé de quatre cercles; un méridien, un équateur et deux colures, qui ne font véritablement qu'un cercle unique; sur ce colure sont deux pinnules qu'on arrête l'une au point qui marque la déclinaison du Soleil, et l'autre au point diamétralement opposé.

Gemma Frison expose les usages de son anneau pour trouver l'heure et pour résoudre les problèmes d'Altimétrie, qu'on trouve dans tous les traités de l'astrolabe.

On ne conçoit guère comment Gemma Frison a pu passer pour un astronome habile ou même simplement pour un astronome, s'il n'a composé que cet ouvrage, à moins qu'il ne donnât des leçons d'un ordre un peu plus élevé; mais il était médecin, et rien ne nous dit qu'il ait professé l'Astronomie.

Un livre qu'on cite encore quelquefois, quoiqu'il ne le mérite guère, est celui de J. de Roias, imprimé à Paris chez Vascosan, sous ce titre :
Illustris viri Joannis de Roias, Commentariorum in Astrolabium quod Planisphærium vocant, libri sex, nunc primum in lucem editi. Lutetiæ, 1551.

Roias fut le disciple de Gemma Frison; il a copié dans son cinquième livre tout ce que son maître avait écrit sur la Géodésie; mais quoique son traité soit un peu plus étendu et plus complet, nous n'y trouverons rien de plus à extraire. L'un et l'autre ne donnent que des pratiques, sans aucune théorie. On attribue à Roias l'idée d'une projection qui place l'œil à une distance infinie : ce serait l'analemme de Ptolémée. Cette idée ne lui appartiendrait pas plus que celle de l'autre planisphère, et c'est avec peu de justice qu'on a désigné l'une ou l'autre sous le nom de *Projection de Roias*.

Oronce-Finée.

A la suite du traité de Roias, je trouve dans mon exemplaire, la *Sphère du Monde*, imprimée en 1555, par le même libraire, sous ce titre: *Orontii Finœi, Delphinatis, regii Mathematicarum Lutetiœ professoris de mundi sphœrâ, sive Cosmographiâ, libri quinque.*

Les quatre premiers livres ne contiennent que des notions très élémentaires et déjà très répandues; mais au livre V il annonce *une méthode aussi neuve que belle* pour représenter sur un plan un hémisphère tout entier. Ce moyen, prétendu nouveau, n'est, autant que j'ai pu voir, qu'une solution graphique, qui fait trouver en quel point les méridiens et les parallèles doivent couper deux diamètres, dont l'un représente l'équateur et l'autre le 90° méridien. Pour les méridiens, on a déjà deux points, puisque tous les méridiens passent par les deux pôles; pour les parallèles on a également deux points qui sont déterminés par la distance polaire; il ne reste donc qu'à trouver un troisième point de chaque cercle, après quoi le problème dépend de la Géométrie la plus élémentaire.

Un traité des cordes et des sinus du même auteur avait paru en 1550, et ne renferme rien qui ne fût alors très connu. Sa table des sinus est en parties sexagésimales du rayon.

Dans la préface d'un opuscule qui suit cette table, il avance que Géber, arabe d'Hispala, est le premier qui ait substitué les sinus aux cordes, et réduit à une proportion entre quatre sinus la règle des six quantités de Ptolémée et des Grecs. Mais Géber est postérieur de deux cents ans à Albategni, qui, dans tout son ouvrage, emploie les sinus et se déclare formellement le premier auteur de ce changement essentiel, dont, au reste, l'on pourrait dire que le principe était dans l'Analemme de Ptolémée. Quant à la règle des six quantités, qu'on ne trouve pas une seule fois mentionnée dans le livre d'Albategni, on peut dire que jamais elle n'a servi aux Grecs mêmes, que pour leurs démonstrations, puisque, dans le fait, ils la réduisaient eux-mêmes à quatre quantités seulement, par le soin qu'ils prenaient que les deux autres se trouvassent toujours le diamètre du cercle.

Cet opuscule est consacré à la description de *l'instrument des sinus*.

GAURICUS.

C'est un quart de cercle divisé en ses 90 degrés, et dont le rayon est divisé en soixante parties. Il sert à trouver, sans calcul, le sinus, le cosinus et le sinus verse d'un arc quelconque. Oronce enseigne de plus à se servir de son instrument pour trouver la quatrième proportionnelle à trois sinus donnés quelconques.

Tout cela devait être d'une précision et d'une utilité fort médiocres. L'instrument d'Apian avait paru seize ans auparavant; mais il n'est pas impossible qu'Oronce l'ignorât totalement quand il a eu l'idée du sien.

Gauricus.

Lucæ Gaurici super omnibus futuris luminarium deliquiis in finitore Venetiano, anno 1533, examinatæ. Paraphrases et Annotationes in Claudii Ptolemæi libros de apotelesmatibus. Romæ, 1539.

Ces éclipses sont celles des années 1539—1551. L'annonce du phénomène est suivie de la prédiction des malheurs épouvantables que chaque éclipse doit causer. La même doctrine, des effets terribles des éclipses, est développée dans les notes sur l'ouvrage de Ptolémée.

Calendarium ecclesiasticum novum, ex sacris litteris, probatisque sanctorum Patrum synodis excerptum, juxta omnipotentis Dei mandata in veteri Testamento Mosi data. Adsunt fasti J. Cæsaris, et alia quam plurima nova, scitu digna, astronomicam disciplinam profitentibus apprimè utilia. Venetiis, 1552. Per Lucam Gauricum.

L'auteur déplore, dans les termes les plus énergiques, le malheur qui fait que souvent la Pâque est célébrée contre le précepte divin. Il supplie le Pape de ne pas laisser davantage les Chrétiens dans les liens de l'excommunication et de l'anathème, prononcé par Moïse et les Conciles. Il nous apprend que Pétosiris et Nécepsos, qui ont su pénétrer dans les secrets de la Divinité, nous ont transmis l'état du ciel au moment de la création, qui, selon eux, a pour époque le solstice d'été. Le thème, construit d'après cette supposition, est fidèlement rapporté par Gauric.

Mais les Hébreux, les Ismaélites, les Chaldéens et les Arabes affirment que Dieu créa le monde en automne. Gauric rapporte aussi le thème du monde pour cette autre époque.

Suivant Albumazar et Aben Ragel, qui comptent 5492 années solaires et 221 jours depuis la création, l'auge du Soleil était dans la Balance, le mouvement vrai et le mouvement moyen étaient le même.

Les Latins prétendent au contraire que le monde fut créé au printems. C'est l'opinion que Virgile a exprimée dans ses Géorgiques; mais il a le bon esprit de ne la donner que comme une conjecture. Le cardinal d'Ailly la regardait comme très sûre; et, d'après cette idée, il en a dressé le thème qu'on voit de même dans Gauric. Pour lui, il croit que J.-C. est né l'an 5200 depuis la création, et il donne ensuite de deux manières le thème de J.-C.

Il parle de l'éclipse miraculeuse de la Passion. Il fait, comme un auteur grec dont nous avons parlé (*Hist. de l'Astr. anc.*, tome II, p. 432), venir la Lune tout exprès pour cacher le Soleil pendant trois heures, après lesquelles elle est retournée à sa place.

Parmi quelques notions communes sur les cycles, et autres points des divers calendriers, noyées dans une foule de citations assez inutiles, on trouve une roue, c'est-à-dire plusieurs circonférences concentriques, divisées en vingt-huit arcs égaux, qui représentent le cycle solaire; le cercle intérieur indique, par les caractères planétaires, le jour de la semaine où tombe le premier janvier; le cercle suivant montre les lettres dominicales; le troisième cercle donne les numéros de chaque année dans le cycle; et le cercle extérieur porte les noms des années de 1540 à 1567 inclusivement. On trouve ensuite

Une table du cycle solaire avec les lettres dominicales, le nombre d'or et l'épacte, enfin, les années qui appartiennent aux vingt-huit nombres du cycle.

Une table d'épactes, en heures, minutes et secondes, au lieu des épactes ordinaires qui sont exprimées en jours entiers, sans aucune fraction. C'est une invention des Grecs.

Un tableau des dénominations de tous les jours de l'année romaine en ides, nones et calendes; des tableaux des fêtes mobiles et des jours de la semaine, pour un grand nombre d'années; le discours de Grégoire de Nazianze sur la célébration de la Pâque; un calendrier avec le cycle réduit au calendrier ecclésiastique, le calendrier romain de ce tems; une longue table des fêtes mobiles; une table de la fête de Pâques selon les décrets des Pères, jusqu'à l'an 3000; une autre, moins étendue, selon l'usage de l'église; une table des années depuis la création du monde, selon les Hébreux; enfin le calendrier de Jules-César, avec le cycle lunaire.

Cet ouvrage a précédé de 30 ans la réformation; il n'a pas été long-tems utile. On peut encore le consulter aujourd'hui en matière d'érudition.

Lucæ Gaurici Geophonensis, episcopi Civitatensis, Tractatus astrolo-

gicus in quo agitur de præteritis multorum hominum accidentibus per proprias eorum genituras ad unguem examinatis.

C'est une collection de thèmes de nativité, qui prouve que tout ce qui est arrivé aux personnes dont il parle, devait nécessairement avoir lieu d'après l'état du ciel à l'instant de leur naissance. Il néglige de nous dire d'après quelles autorités il a pu fixer bien précisément le moment de la naissance de tant de personnages différens, et l'on peut soupçonner qu'il a pu y faire les modifications convenables pour que l'état du ciel pût se trouver tel à peu près que le demandaient les règles de l'*art,* pour y lire tous les évènemens dont il avait à rendre raison. C'était la matière d'un problème assez compliqué, et nous n'avons pas été tenté de nous assurer s'il l'avait résolu avec beaucoup d'exactitude et de probité, du moins astrologique.

Ce Gauricus, d'abord professeur de Mathématiques, et puis évêque, publia des tables du premier mobile, un calendrier ecclésiastique, un livre des inventeurs de l'Astronomie, une description de la sphère céleste; il y a de lui quelques notes à la suite de la Syntaxe mathématique, publiée à Bâle, en latin. Il rassembla les commentaires faits sur Sacrobosco et Purbach, il corrigea les tables d'Alphonse, de Régiomontan et de Bianchini; il faisait des prédictions à ceux qui venaient lui en demander. C'était un charlatan ou une dupe. On ne peut lui refuser des connaissances et de l'érudition; c'est de lui que Molière aurait pu dire :

<blockquote>Un sot savant est sot plus qu'un sot ignorant.</blockquote>

Maurolycus.

Cet écrivain a laissé une réputation beaucoup meilleure. Il était né à Messine, le 16 septembre 1494, et il est mort le 21 juillet 1575. Riccioli lui donne un peu emphatiquement l'épithète de *clarissimum Siciliæ lumen.* Il est l'auteur d'une cosmographie en trois dialogues. Elle a été plusieurs fois réimprimée. Il y traite de la forme, de la situation, et du nombre des cieux et des élémens; il y parle des principes de la doctrine sphérique. Il se proposait de publier une collection des auteurs anciens qui ont traité de l'Arithmétique, de la Géométrie et de l'Astronomie. Parmi ses opuscules, publiés à Venise en 1585, on trouve ses livres de la sphère, du comput ecclésiastique, des instrumens astronomiques, et en particulier de l'astrolabe, des sections coniques, des lignes horaires et de la Gnomonique.

Dans son Traité de l'astrolabe, il a imité Jordanus, à qui il rend ce témoignage, que de tous les auteurs nombreux qui ont traité ce sujet depuis Ptolémée, il est celui qui l'a le mieux senti et le mieux exposé. A l'exemple de cet auteur, Maurolycus prend pour plan de projection celui d'un cercle tangent à la sphère, et non comme on fait ordinairement, le grand cercle, qui est perpendiculaire au rayon visuel. Son traité est assez clair; d'ailleurs, il n'a rien de remarquable.

Maurolycus décrit ensuite fort succinctement l'instrument armillaire ou l'astrolabe d'Hipparque, et la sphère solide. Il donne aussi la description de la dioptre d'Hipparque, et sa description ne ressemble pas tout-à-fait à l'idée que nous en donnent les vignettes du Ptolémée de M. Halma. Nous avons copié (fig. 114) le dessin qu'en donne Maurolycus.

Son traité des lignes horaires repose en entier sur les propriétés du cône et de ses différentes sections. Il en résulte un peu d'obscurité. C'est un extrait d'un ouvrage en trois livres, qui est imprimé un peu plus loin dans le même volume. Nous reviendrons sur Maurolycus dans l'Astronomie moderne, à la suite de Copernic, et nous aurons beaucoup à rabattre des éloges de Riccioli.

Ce qui a fait vivre le nom de Maurolycus, c'est qu'il passe pour avoir le premier introduit, dans les calculs trigonométriques, l'usage des sécantes, dont il fit imprimer une table dans le volume, dont voici le titre en entier :

Theodosii Sphæricorum elementorum libri III, ex traditione Maurolyci Messanensis; Menelai Sphæricorum libri III, ex traditione ejusdem Maurolyci; Maurolyci Sphæricorum libri II; Autolyci de Sphærâ quæ movetur; Theodosii de Habitationibus; Euclidis Phænomena brevissimè demonstrata; Demonstratio et praxis trium tabellarum, scilicet sinûs recti, fecundæ et beneficæ, ad sphæralia triangula pertinentium; compendium Mathematicæ mirâ brevitate ex clarissimis authoribus; Maurolyci de Sphæra sermo. Messanæ, 1558, in-folio.

Dans une liste d'ouvrages, imprimée en tête du volume, on trouve le titre d'un traité de Ptolémée, sur les *Miroirs brûlans*. On y voit l'énumération complète des ouvrages de *Maurolycus*. Nous avons déjà donné les titres de ceux qui ont quelque rapport avec l'Astronomie.

Le discours sur la sphère, mentionné dans le titre ci-dessus, n'est qu'une préface de sept pages, qui ne renferme que les notions les plus communes.

La traduction de Théodose n'offre aucun commentaire, aucune réflexion du traducteur. Dans sa préface de Ménélaüs, il nous dit que cet astronome, nommé quelquefois Millæus, observait à Rome et à Rhodes cent ans avant Ptolémée.

Les Sphériques de Maurolycus sont, comme il le dit lui-même, un livre de *Paralipomènes*, ou un supplément à ceux de Théodose et de Ménélaüs. On y trouve le théorème des quatre cosinus entre les deux côtés d'un triangle obliquangle, et les deux segmens formés sur la base par un arc perpendiculaire abaissé du sommet, et le théorème des sinus des angles verticaux proportionnels aux cosinus des angles de la base. Ces deux théorèmes ne sont que des corollaires de deux propositions connues depuis long-tems, mais ils dispensent de calculer l'arc perpendiculaire; c'était un moyen d'abréger le calcul; il est adopté généralement aujourd'hui. Les Arabes, qui ne faisaient aucun usage des cosinus, n'avaient pu apercevoir cette simplification; Ebn Jounis calculait toujours l'arc perpendiculaire.

On y voit encore un Commentaire long et obscur des idées de Régiomontan, sur la plus grande réduction, et les arcs de l'écliptique qui sont égaux aux parties de l'équateur qui leur correspondent.

Nous avons remarqué plusieurs fois que, pour calculer l'ascension droite du Soleil, les Grecs et les Arabes, avant Aboul Wéfa, n'avaient que l'expression fort incommode

$$\left(\frac{\sin \!R}{\cos \!R}\right) = \cos \omega \left(\frac{\sin L}{\cos L}\right);$$

en la convertissant en analogie, on a

$$\frac{\sin L}{\cos L} : \frac{\sin \!R}{\cos \!R} :: 1 : \cos \omega, \quad \text{ou} \quad \sin L \cos \!R : \cos L \sin \!R :: 1 : \cos \omega;$$

d'où

$$\sin L \cos \!R + \cos L \sin \!R : \sin L \cos \!R - \cos L \sin \!R :: 1 + \cos \omega : 1 - \cos \omega;$$

ou

$$\sin(L + \!R) : \sin(L - \!R) :: 1 + \cos \omega : 1 - \cos \omega,$$

et

$$\sin(L + \!R) = \left(\frac{1 + \cos \omega}{1 - \cos \omega}\right) \sin(L - \!R);$$

nous ferions aujourd'hui

$$\sin(L + \!R) = \cot^2 \tfrac{1}{2} \omega \sin(L - \!R).$$

Maurolycus se sert de son expression pour trouver $(L + \!R)$, et par conséquent L et $\!R$, quand il connaît $(L - \!R)$.

Plus loin (page 70) il paraît attacher quelque importance aux remarques suivantes, qu'il donne comme de lui.

Soient (fig. 115),
$$AE = AD = AF = FH = FC = FK = 90°;$$
et qu'on ait de plus
$$\cos^2 BC = \cos DAE = \cos LK \cos GH,$$
on aura
$$AB + AC = 90°;$$
si AD est l'équateur et AE l'écliptique, (AB — AC) sera la plus grande réduction, ou, en général, la plus grande différence de l'hypoténuse à la base.
$$BL = BG, \quad CK = CH; \quad \text{donc} \quad GL = HK.$$

Jusqu'ici tout est de Régiomontan; on aura encore

$\cos BC \sin B = \cos DAE = \cos^2 BC$, d'où $\sin B = \cos BC$,
$\cos LK \sin L = \cos DAE = \cos GH \sin G$ et $\cos LK : \cos GH :: \sin G : \sin L$.

Ainsi, au point de la plus grande réduction de l'écliptique à l'équateur, le cosinus de la déclinaison est égal au sinus de l'angle de l'écliptique avec le cercle de déclinaison, l'angle et la déclinaison font une somme de 90°.

Si l'arc GL s'étend à égale distance du point B de plus grande réduction, il sera égal à l'arc HK, ainsi que l'avait dit Régiomontan, et les sinus des angles de position seront réciproquement proportionnels aux cosinus de déclinaison.

Si ces remarques ne sont pas fort utiles, elles sont au moins curieuses. Il aurait pu ajouter que $AG + AK = 90° = AL + AH$. (*Voyez* ci-dessus, page 316).

C'est à la page 62 qu'il nous donne la construction de sa Table *bienfaisante*. Il nous dit lui-même qu'il l'a construite à l'imitation de la Table *féconde* de Régiomontan; il lui a donné ce nom de *benefica*, parce qu'elle apporte quelques facilités dans les calculs. Aboul Wéfa n'avait pas jugé l'avantage assez grand pour valoir la peine qu'on aurait à calculer la table. Voici la construction de Maurolycus:

Soit AB (fig. 116) le rayon et le gnomon, BC l'ombre de l'angle A; avec cet angle A la Table *féconde* donnera l'ombre BC; la Table *bienfaisante* donnera l'hypoténuse AC; abaissez BD perpendiculaire sur AC, les triangles semblables donneront $AC : AB :: AB : AD$, $AC = \dfrac{AB^2}{AD}$; on voit que $\sec A = \dfrac{1}{\cos A}$. Aboul Wéfa avait dit hypoténuse $= \dfrac{\text{rayon carré}}{\text{cosinus}}$;

MAUROLYCUS.

il faisait le rayon = 60. Maurolycus fait le rayon = 100000; il ajoute que $\tang A = \frac{\sin A}{\cos A}$, et $\sec A = \frac{1}{\cos A}$, et qu'ainsi les tables féconde et bienfaisante dérivent l'une et l'autre de la Table des sinus. Il donne ces trois tables en trois pages, et pour les degrés seulement; mais pour le dernier degré, il ajoute les tangentes et les sécantes de 89° 15′, 89° 30′, 89° 45′, 89° 55′, et 89° 59′.

Pour exemples des avantages que l'on peut retirer de sa table, il cite les formules suivantes :
$$\cos \mathcal{R} = \frac{\cos L}{\cos D}, \quad \sin L = \frac{\sin D}{\sin \omega}, \quad \sin \omega = \frac{\sin D}{\sin L},$$
qu'il change en
$$\cos \mathcal{R} = \cos L \sec D, \quad \sin L = \sin D \sec(90°-\omega), \quad \sin \omega = \sin D \sec(90°-L).$$
Pour calculer l'angle horaire par la hauteur h d'un astre, au lieu de faire
$$\cos P = \frac{\sin h - \sin H \sin D}{\cos H \cos D},$$
il écrit
$$\sin h \sec(90°-H) \sec(90°-D) - \tang H \tang D,$$
ou plutôt
$$\sin(90°-P) = \sin h \sec(90°-H) \sec(90°-D) - \sin. \diffé r. \ascensionnelle;$$
ce qui est la même chose. Voilà ce qu'il a su tirer de sa découverte, dont il fixe lui même l'époque au mois d'août 1550. On se doute bien qu'avec des cosinus à cinq décimales, sa formule $\frac{1}{\cos A}$ n'a pu lui donner une précision bien grande. On voit du moins par la table ci-jointe, que les erreurs n'étaient ni bien nombreuses, ni bien nuisibles, car jamais on ne s'avisera de faire entrer dans aucun calcul la sécante de 89° 59′, ni même celle 89° 55′; mais la table était trop peu étendue pour être vraiment bienfaisante : nous ignorons qui l'a calculée pour toutes les minutes.

Arcs	Snellius. séc.	Maurolycus.	Différences.
89° 59′	3437,74682	3437,27560	0,01922
89.55	687,54960	647,54512	0,00448
89.45	229,18384	229,18381	0,00003
89.30	114,59301	114,59309	0,00008
89.15	76,39655	76,39653	0,00002
89. 0	57,29869	57,29868	0,00001

Jordanus.

Puisque l'occasion se présente, nous dirons un mot du planisphère de *Jordanus Nemorarius*, dont la première édition est de 1507. Il a été réimprimé en 1536, à la suite du Planisphère de Ptolémée, et du poëme d'Aratus. L'auteur vivait au commencement du treizième siècle; il avait aussi composé des *Elementa et data arithmetica*.

Son livre de planisphère est fort succinct et n'a que vingt pages. Tout ce que j'y vois de remarquable, c'est le changement du plan de projection, qu'il fait tangent à la sphère, à l'extrémité du diamètre mené de l'œil. Il ne donne guère que des commencemens de démonstration; il suppose partout, après l'avoir énoncé sans le démontrer, que tout cercle a pour projection un autre cercle; il enseigne à trouver le centre et le rayon de chacun de ces cercles, mais toujours par des procédés graphiques; il ne cite personne, pas même Ptolémée. A raison du tems où il vivait, nous aurions dû placer son article le premier de tous, avant la sphère de Sacrobosco; mais comme il ne renferme rien qui ne fût connu long-tems auparavant, je l'avais entièrement oublié, et c'est Maurolycus qui me l'a rappelé, par l'éloge assez peu mérité qu'il fait de cet ouvrage. Ce que j'en ai dit (*Hist. de l'Astr. anc.*, tome II, pag. 456) concerne l'édition que je possède, et la seule que j'aie vue de ce petit traité. On ne sait d'après quel auteur Jordanus l'a composé. Savait-il l'arabe? avait-il lu la traduction de Maslem? avait-il trouvé dans quelques auteurs inconnus une idée vague de cette projection? a-t-il trouvé de lui-même une partie des constructions qu'il donne? C'est ce qu'il est difficile de conjecturer. Cela ne serait pas indifférent pour la gloire de l'auteur, qui pourtant pouvait connaître l'ouvrage de Proclus ou celui d'Ammonius. Au reste, il n'est pas le seul qui, vers cette époque, se soit occupé du planisphère que les Arabes avaient répandu en Espagne.

Weidler nous parle d'un Hermannus Contractus qui, vers l'an 1050, avait composé des opuscules sur l'Astrolabe, les éclipses et le comput; d'un Athélard qui, vers 1130, avoit composé un livre de l'Astrolabe et des sept arts libéraux, et qui avait traduit, de l'arabe en latin, les élémens d'Euclide; d'un *Petrus de Apono* qui, vers l'an 1300, avait décrit un astrolabe plan, avec lequel on pouvait déterminer, pour un instant et un climat quelconque, les douze maisons du ciel; il ajoute que cet ouvrage avait été publié à Venise en 1502. Cinquante ans plus tard, le moine Bysantin Nicéphore Grégoras écrivit son Astrolabe plan, dont nous avons parlé dans l'Astronomie grecque, et qui fut traduit et publié en latin à Venise, en 1498, par George Valla. En 1355, *Nicolaus Linnensis* composa des tables, et écrivit sur les éclipses du Soleil et sur l'astrolabe. Ces derniers sont postérieurs à Jordanus, mais les premiers ont pu même lui être inconnus, puisque les livres étaient excessivement rares avant l'invention de l'imprimerie.

Tandis que nous en sommes à réparer les omissions assez peu importantes que nous nous sommes permises, pour donner toute notre attention aux auteurs qui pouvaient nous promettre une instruction plus réelle, nous reviendrons sur nos pas, et nous citerons d'abord l'astronome anonyme qui, du tems de Charlemagne, avait cru voir Mercure sur le Soleil, pendant huit jours; il avait aussi observé quelques éclipses; il avait de plus prédit et observé une occultation de Jupiter par la Lune. Il est fâcheux qu'on ne nous ait pas conservé la date de cette observation.

En 980, Abbo avait fait un livre des *Mouvemens des étoiles.*

Gerbert, élu pape en 999, s'était distingué par ses connaissances astronomiques; il avait composé un globe céleste.

Joannes Campanus, en 1030, écrivait sur la sphère, sur la composition du quart de cercle, et sur les théoriques des planètes. Il avait imaginé une nouvelle division des maisons célestes, dont nous avons déjà parlé et dont nous donnerons le calcul à l'article de Magini.

Un abbé Guillaume, vers 1080, avait composé des Institutions astronomiques qui parurent à Bâle, en 1531.

La même année vit paraître un abrégé de la sphère, composé en 1140, par Robert, évêque de Lincoln.

Clément de Langton, moine anglais, avait écrit sur les orbes célestes, vers 1170.

Vers 1230, l'empereur Frédéric II fit traduire en latin la Syntaxe de Ptolémée.

Il avait, nous dit-on, un ciel d'or sur lequel les étoiles étaient marquées par des perles, et dans l'intérieur duquel se mouvaient les planètes.

Le moine Isaac Argyre nous a laissé un livre sur les cycles du Soleil et de la Lune; il en avait fait un autre sur l'astrolabe et sur les syzygies de la Lune.

Henri de Hesse, mort en 1397, avait fait des théoriques des planètes; il avait écrit contre l'Astrologie.

George de Trébizonde (Trapezuntius), né en Crète, en 1396, traduisit,

du grec en latin, l'Astronomie de Ptolémée, imprimée à Bâle en 1541;
il commenta le Centiloquium, et fit un traité des Antisciens. Cet ouvrage
n'ayant jamais paru, nous ne pouvons dire ce qu'il contient, mais ce devait être un livre d'Astrologie. On appelait ἀντίσκια καὶ ἰσοδυναμοῦντα,
les signes diamétralement opposés, qu'on disait *égaux en puissance*. Voyez
la note 4 de Scaliger, sur le livre II de Manilius. Vous y trouverez deux
figures où le zodiaque est divisé à la manière des astronomes et à la manière de Manilius ou des Chaldéens, qui mettaient les points cardinaux au
milieu des signes.

Le cardinal de Cusa, vers 1440, écrivit sur la correction du calendrier
et sur celle des Tables Alphonsines; le premier d'entre les modernes, il
se déclara pour le système qui fait mouvoir la Terre.

Georgius Valla écrivit un commentaire encore inédit sur la Syntaxe de
Ptolémée; il traduisit Cléomède et les Hypotyposes de Proclus; il commenta le *Tetrabible* de Ptolémée.

Le cardinal Bessarion avait commencé une traduction latine de Ptolémée; forcé d'abandonner ce travail, il le recommanda à Purbach.

Dominique Maria professa les Mathématiques à Bologne, de 1484
à 1514. Il s'appliqua aux observations, et engagea Copernic à suivre son
exemple. Il trouva l'obliquité de 23° 29'. Il crut que le pôle de la Terre
avait changé de place.

Jovianus Pontanus composa quatorze livres *de Rebus cœlestibus*.

Joannes Angelus fit des Éphémérides et un Traité de l'astrolabe.

Camillus Leonardus publia, en 1496, un opuscule dans lequel, au
moyen de cercles de papier ou de carton, il enseignait à trouver les lieux
des planètes sans aucun calcul.

Jacobus Faber Stapulensis (d'Étaples en Picardie) commenta la sphère
de Sacrobosco, et composa des Théoriques des planètes.

Lucilius Santritter publia des Éphémérides ou un Almanach perpétuel.
Il supposait que les planètes revenaient aux mêmes places après certaines
périodes; il faisait de 4 ans celle du Soleil, de 31 ans celle de la Lune,
de 8 ans celle de Vénus, de 125 ans celle de Mercure, de 79 celle de
Mars, de 83 celle de Jupiter, et enfin, de 59 celle de Saturne.

Jean Werner, né à Nuremberg en 1468, observa une comète au mois
d'avril en 1500; il commenta les méthodes de Ptolémée pour la construction des cartes géographiques; il écrivit sur les cadrans solaires, sur le
mouvement de la huitième sphère; il faisait l'obliquité de 23° 28', et fit

construire un planétaire dans lequel les planètes se mouvaient conformément aux hypothèses de Ptolémée.

A la suite de ces notes peu importantes plaçons celle de quelques ouvrages qui, comme tant d'autres, ont laissé l'Astronomie tout juste au point où elle était avant leurs auteurs. Ces ouvrages sont de Jean Schoner, éditeur des œuvres posthumes de Régiomontan et de Jean Stadt, mathématicien du duc de Savoie. Nous y joindrons la notice de la Table féconde de Reinhold.

Piccolomini.

La Sfera del mondo di Alisandro Piccolomini. Vinegia, 1553, *editione tertia.* L'épître dédicatoire, et la première édition, sont de 1539. L'auteur commence par des notions générales de Cosmographie, dans le système de Ptolémée; il parle de la sphère céleste et terrestre, des éclipses, des volumes et des distances des planètes. Cet ouvrage très superficiel, est suivi d'un autre qui a pour titre : *Delle Stelle fisse, libro uno, dove di tutte le 48 imagini celesti minutissimamente si tratta.* Les constellations y sont dépeintes, mais sans aucune figure d'hommes ni d'animaux; on n'y voit que les étoiles. Les notices de ces constellations sont mythologiques et dans le genre de celles d'Eratosthène et d'Hygin.

Le volume finit par des tables des hauteurs des étoiles principales à toutes les heures du jour, de dix en dix jours pour toute l'année. Rien de plus à citer.

Reinhold. Table des tangentes.

Nous avons déjà parlé de cet auteur à l'occasion de Purbach et de Régiomontan, dont il a commenté ou complété les ouvrages. Il nous reste à dire un mot de sa Table féconde, qu'il a le premier étendue à toutes les minutes du quart de cercle. Cette table a paru en 1554, à Tubingue, dans une collection dont voici le titre :

Primus liber Tabularum directionum, discentibus prima elementa Astronomiæ necessarius et utilissimus. Il eût été plus juste de dire *Astrologiæ,* car les directions sont parfaitement inutiles en Astronomie.

His insertus est Canon fecundus ad singula scrupula quadrantis propagatus. Il aurait pu ajouter que de 89° à 90° la table procède de 10 en 10″.

Item nova Tabula climatum et parallelorum, item umbrarum. Ces deux articles regardent en effet l'Astronomie et la Gnomonique.

Appendix Canonum secundi libri directionum qui in Regiomontani opere desiderantur. Autore Erasmo Reinholdo Salveldensi.

Tout ce que ce volume offre d'intéressant est donc la table des tangentes. L'auteur dit, dans sa préface, qu'après la table des sinus, il ne connaît rien de plus utile. Il est singulier que, la donnant dans une même collection, avec la table des sinus, il n'ait pas imaginé de les réunir toutes deux pour servir aux calculs usuels. Il se borne à nous dire que la nouvelle table sera principalement utile dans les cas où sin A et cosin A se trouvent dans une même règle; il promet à la vérité de revenir sur ce point dans une autre occasion, et de démontrer géométriquement son assertion. Il paraît qu'il s'est borné là, et qu'il n'a pas senti toute l'utilité de son travail. Dans son introduction, si verbeuse et si prolixe, il ne dit pas un mot de ses méthodes pour les triangles sphériques; il ne donne qu'un seul exemple : il s'agit de trouver les deux angles obliques d'un triangle rectiligne rectangle, et c'est alors qu'il fait

$$\tang A = \frac{C}{C'} = \frac{\text{perpendiculaire}}{\text{base}} = \cot A'.$$

Il suppose, avec Copernic, que l'obliquité varie de 23° 28′ à 23° 52′; sa raison est que, depuis cent ans, on la trouve constamment de 23° 28′; il paraît donc qu'elle ne diminuera plus; or, dans les tems anciens, on ne l'a jamais observée que de 23° 51′ 20″. Il suppose qu'elle a pu aller jusqu'à 23° 52′; il aurait dû ajouter au moins que, depuis Eratosthène jusqu'à Ptolémée, elle avait paru également stationnaire, et qu'ainsi elle devait être alors la plus grande possible. Nous avons dit ailleurs ce que nous pensons de ce raisonnement; pour y croire, il faudrait que toutes les observations dont il parle eussent une précision dont elles étaient fort éloignées. Nous savons aujourd'hui à quoi nous en tenir sur ces prétendues limites.

Nous parlerons plus tard des Tables pruténiques, que Reinhold construisit d'après les observations d'Hipparque comparées à celle de Copernic. (Voyez *Astronomie moderne*).

Ajoutons que la table des sinus de Reinhold nous a paru fort exacte; celle des tangentes a toute la précision qu'on a pu obtenir par les sinus et les cosinus calculés à sept décimales seulement. Dans cette dernière, on ne pourra jamais compter sur le dernier chiffre, à 70° l'erreur de la tangente est déjà de trois parties, à 75° elle est de 9, à 80° elle est de 36, à 88° elle est de 35, et va croissant jusqu'à la fin, en sorte qu'à 89° 59′

toutes les décimales sont inexactes. Au reste, on sait qu'on ne doit faire aucun usage en Trigonométrie de ces tangentes dont les variations pour une minute sont énormes et surtout fort irrégulières.

Stadt.

Tabulæ Bergenses æquabilis et adparentis motus orbium cœlestium, per Joannem Stadium, *regium et ducis Sabaudiæ mathematicum, quæ decem Canonibus ad omnium sæculorum memoriam Planetarum et siderum vera loca, ante Christum et retro, cum observationum historiis congruentia suppeditant. Item de Stellis fixis commentarius, quo perpetua loca illarum demonstrantur et oriens et occasus earum ad quod libet clima, tum ex eisdem calamitatis, sterilitatis, valetudinis anniversariæ et geniturarum prænotiones minimè aberrantes edocentur. Coloniæ Agrippinæ,* 1560.

Cet ouvrage commence par une histoire de l'Astronomie, dans laquelle, parmi des notions qui se trouvent partout, on trouve que l'auteur du poème latin *Astronomicón* ou *Astronomicõn*, que tout le monde s'accorde à nommer Manilius, est le même que Marcus Manlius qui, au rapport de Pline, éleva l'obélisque du Champ-de-Mars et le surmonta d'un globe pour avoir une ombre moins incertaine et mieux terminée. Il entreprend de prouver que l'époque de la passion de J.-C. doit être rapportée à la dix-huitième année de Tibère. Toutes les raisons qu'il en donne ne sont pas d'une égale force. Il cite ce mot de Denys l'aréopagite : ἄγνωστος πάσχει Θεός, δι' ὃν τὸ πᾶν ἐξόφωται καὶ σεσάλευται. Ce dernier mot se rapporte aux tremblemens de terre qui accompagnèrent dit-on l'éclipse miraculeuse. Il reproche vertement aux Chrétiens leur négligence à bien placer la fête de Pâques ; il leur oppose le soin que prennent les Juifs pour observer le tems exact d'une solemnité bien moins importante pour eux. Il engage le souverain Pontife à remédier au désordre qui est venu de ce que la véritable longueur de l'année n'était pas bien connue; il en prend occasion de recommander l'étude trop négligée de l'Astronomie. Albategni avait diminué la longueur de l'année ; ses observations, comparées à celles de Ptolémée et d'Hipparque, prouvent que l'apogée a un mouvement ; elles paraissent indiquer une diminution dans l'excentricité. Arzahel, deux siècles plus tard, trouve au contraire l'apogée moins avancé. Les étoiles avançaient-elles d'un mouvement inégal ? Il paraîtrait qu'au tems de Ca-lippe elles avançaient d'un degré en 72 ans, entre Hipparque et Ménélaüs en 100 ans, entre Ménélaüs et Ptolémée en 87 ans, entre Ptolémée et

Albategni d'un degré en 66 ans. Il parle ensuite de la diminution de l'obliquité, de la trépidation de Thébith ben Chora, de l'erreur des Alphonsins, des objections de Ricius. Il entrevoit donc de grandes difficultés et s'écrie : *Quantæ molis erit Nicænum condere Pascha.*

Pour ses tables de moyens mouvemens l'auteur adopte la forme alphonsine.

En 60 j. il fait le mouv. du Soleil..........	59° 8′ 11″ 22‴ 16^{IV} 11^V 14^{VI} 41^{VII}		
Le mouv. d'anom. moy.	59. 8. 7.10.14.14. 8. 2		
La plus gr. équat. du ☉	1.50.41.33.28		
En un jour l'anomalie de la Lune avance de..	13^s 3.53.56.23.57.40.45.54		
Le mouv. de l'arg. moy. de latitude........	13.13.45.39.30.46.34.53. 6		
La correct. de l'anom.	12.27.27.	l'éq. du c. 4°56′	incl. 5°
♄ mouvem. en un jour	2. 0.27.17.53.48.56. 9^{VIII} équat. 6.30		3. 2′
♃............	4.59. 7.34.45.13.58. 2	5.14	2. 4
♂............	31.26.30.58.57.37.39.12	11.6	4.30
♀ commutation.....	36.59.28. 0. 7.18.11.54	2.0	7.22
☿............	3. 6.24.14. 5.35.49.47.59	3.0	4. 5

C'est toujours la théorie de Ptolémée, avec des variations, qui nous importent aujourd'hui fort peu. Des observations médiocres, calculées dans un faux système, n'ont plus rien de curieux à l'instant où vont paraître Tycho et Képler.

Dans ses tables pour les étoiles, il suppose que leur mouvement en longitude est sujet à des inégalités. Il cherche à démontrer que ce mouvement inégal satisfait aux observations de Timocharis, d'Hipparque, de Ménélaüs, de Ptolémée et d'Albategni.

De Timocharis à Hipparque il suppose un mouvement de 40′; d'Hipparque à Ménélaüs, 2° 15′; de Ménélaüs à Ptolémée, 25′; enfin, de Ptolémée à Albategni, 11° 30′.

A la manière dont il s'exprime sur Ménélaüs, il paraît bien persuadé que Ménélaüs a fait un catalogue à Rome, 99 ans après J.-C. *Post natum Christum (uti ex Ptolæmæo colligitur), annos 99, stellas fixas observavit.* Mais Ptolémée ne parle que d'une occultation de l'Épi; il en fait le calcul sans nous dire que Ménélaüs eût tiré lui-même aucune conséquence de son observation.

D'Hipparque à Ménélaüs, le mouvement serait donc de..... 2° 15′
De Ménélaüs à Ptolémée................................. 0.25
Ce qui fait juste ce que suppose Ptolémée depuis Hipparque ou 2.40

On ne voit ni dans Stadius, ni dans Ptolémée, que le catalogue de Ptolémée soit celui de Millæus ou Ménélaüs réduit par l'addition de 25′ à toutes les longitudes. Ricius, qui nous a conté cette anecdote, l'avait prise dans un auteur arabe que je n'ai pu encore me procurer.

Après plusieurs tables pour les levers et les couchers des étoiles en différens climats, et pour d'autres problèmes utiles aux astrologues, il traite des influences de tous les astres, et des pronostics que fournissent les étoiles et les planètes pour les vents et les tempêtes, et finit par un catalogue d'étoiles où l'on trouve les longitudes, les latitudes, les ascensions droites, les déclinaisons, auxquelles il ajoute une colonne pour nous apprendre avec quelles planètes chaque étoile a de l'analogie. Ce catalogue est encore suivi d'une table des levers des principales étoiles, à Alexandrie et à Rome.

Au total, c'est encore un ouvrage devenu complètement inutile.

Bressius.

Mauricii Bressii Gratiopolitani, regii et Ramei mathematicarum Lutetiæ professoris, Metrices Astronomicæ, libri quatuor.

Hæc, maximam partem nova, est rerum Astronomicarum et Geographicarum per plana sphærica que triangula dimensionis ratio, veterique impendio expeditior et compendiosior. Parisiis, 1581.

L'auteur, dans son épître dédicatoire, fait remonter l'origine de l'Astronomie jusqu'aux enfans de Seth, et l'on ne voit pas pourquoi même avant le déluge, on n'aurait pas recueilli quelques notions générales, tirées d'observations faciles; mais il paraît attribuer aux Grecs exclusivement l'application de la Géométrie à l'Astronomie. Il ne s'occupera nullement des hypothèses; il veut simplement perfectionner et abréger les méthodes de calcul; il donne les règles du calcul sexagésimal, telles à peu près que nous les avons trouvées dans Théon; il démontre géométriquement les règles de l'espèce des produits de deux fractions; il donne la table de multiplication dont parlent Théon et Barlaam, et que nous avons mise à la suite de l'Arithmétique des Grecs, mais il en supprime la moitié, en sorte que chaque colonne verticale du nombre de minutes n ne commence qu'au produit n^2. En effet, jusqu'à la case qui contient le produit n^2, la partie supérieure de la colonne verticale est la répétition de la ligne horizontale jusqu'à cette même case. On peut donc supprimer dans la colonne verticale toute la partie qui lui est commune avec la ligne horizontale; il en résulte au haut de la table un vide de forme triangulaire, dans lequel on peut reporter, en les renversant, les trente dernières colonnes, qui vont toujours en diminuant de hauteur. On épargne ainsi deux pages; mais l'usage de la table en est un peu plus embarrassant, et nous avons préféré de donner la table entière. Il montre comment cette table sert à faciliter les divisions; il expose et démontre le précepte pour l'extraction de la racine carrée. Voilà tout ce que contient le premier livre.

Dans le second, il traite des sinus, des tangentes, qu'il nomme *adscriptas*, et des sécantes, qu'il nomme hypoténuses; il emploie pour les sinus les mêmes moyens et les mêmes démonstrations dont Ptolémée s'est servi pour les cordes. Il y ajoute le théorème

$$\sin A + \sin(60° - A) = \sin(60° + A),$$

que ne connaissaient ni les Grecs, ni les Arabes, ni Régiomontan, ni Copernic, et que nous allons trouver pour la première fois dans le *Canon mathematicus ad triangula*, de Viète, qui est antérieur de trois ans.

Il divise le rayon en 60′ 0″ 0‴; tous les sinus de sa table sont en parties ou degrés, minutes et secondes; il les donne ainsi pour toutes les minutes du quart de cercle; les cosinus sont partout à côté des sinus; il prouve que plus les arcs sont grands, plus les différences des sinus sont petites; mais il ne connaît pas la loi de cette diminution.

En parlant des tangentes et des sécantes qui étaient inconnues aux anciens, il aurait l'air de les avoir inventées. Il rapporte les deux théorèmes

$$\sec A = \tang A + \tang(45° - \tfrac{1}{2} A) \quad \text{et} \quad \tang(45° + \tfrac{1}{2} A) = \tang A + \sec A,$$

qui ne sont que deux formules de Viète présentées sous une forme un peu différente; la seconde se déduit de la première par un simple changement de signe :

$$\sec A - \tang A = \tang(45° - \tfrac{1}{2} A) \quad \text{devient} \quad \sec A + \tang A = (45° + \tfrac{1}{2} A).$$

La première donne

$$\frac{1 - \sin A}{1 - 2\sin^2 \tfrac{1}{2} A} = \frac{1 - 2\sin \tfrac{1}{2} A \cos \tfrac{1}{2} A}{\cos^2 \tfrac{1}{2} A - \sin^2 \tfrac{1}{2} A} = \frac{\sec^2 \tfrac{1}{2} A - 2\tang \tfrac{1}{2} A}{1 - \tang^2 \tfrac{1}{2} A} = \frac{1 + \tang^2 \tfrac{1}{2} A - 2\tang \tfrac{1}{2} A}{(1 + \tang \tfrac{1}{2} A)(1 - \tang \tfrac{1}{2} A)}$$
$$= \frac{(1 - \tang \tfrac{1}{2} A)^2}{(1 + \tang \tfrac{1}{2} A)(1 - \tang \tfrac{1}{2} A)} = \frac{1 - \tang \tfrac{1}{2} A}{1 + \tang \tfrac{1}{2} A} = \frac{\tang 45° - \tang \tfrac{1}{2} A}{1 + \tang 45° \tang \tfrac{1}{2} A}$$
$$= \tang(45° - \tfrac{1}{2} A).$$

L'autre se démontrerait par un calcul analytique tout semblable.

Il donne ensuite la table des tangentes et des sécantes pour toutes les minutes du quart de cercle en sexagènes ou soixantaines de degré, degrés, minutes et secondes. On ne voit pas ce qui a pu l'engager à donner cette forme sexagésimale à ses tables, quand on avait les tables de Viète en décimales et avec la même étendue.

Il montre que les différences des tangentes vont toujours en augmentant; mais il ne dit pas suivant quelle loi. $\text{Tang } A' - \text{tang } A = \frac{\sin(A' - A)}{\cos A \cos A'}$; si $(A' - A)$ est une constante, il est sûr que $\text{tang } A' - \text{tang } A$ ira toujours en augmentant, et nous avons la valeur de la différence.

Il fait une remarque pareille sur les sécantes,

$$\text{séc } A' - \text{séc } A = \frac{1}{\cos A'} - \frac{1}{\cos A} = \frac{\cos A - \cos A'}{\cos A \cos A'} = \frac{2\sin\frac{1}{2}(A'-A)\sin\frac{1}{2}(A'+A)}{\cos A' \cos A};$$

il est donc visible que les sécantes augmenteront encore davantage.

$$\text{tang } A' - \text{tang } A = \frac{2\sin\frac{1}{2}(A'-A)\cos\frac{1}{2}(A'-A)}{\cos A' \cos A}.$$

$$\frac{\text{séc } A' - \text{séc } A}{\text{tang } A' - \text{tang } A} = \frac{2\sin\frac{1}{2}(A'-A)\sin\frac{1}{2}(A'+A)}{\cos A' \cos A} \times \frac{\cos A' \cos A}{2\sin\frac{1}{2}(A'-A)\cos\frac{1}{2}(A'-A)}$$

$$= \frac{\sin\frac{1}{2}(A'+A)}{\cos\frac{1}{2}(A'-A)}.$$

Dans la résolution des triangles, il donne tous ses exemples calculés à la manière de Ptolémée, par les cordes, et à la sienne par les sinus.

Dans son livre IV, après plusieurs théorèmes généraux, dans le genre de ceux de Théodose et de Ménélaüs, il démontre les théorèmes fondamentaux de Ptolémée, d'abord avec les mêmes figures et les mêmes raisonnemens que l'auteur grec, puis d'une manière qui lui est propre, mais qui repose sur des principes analogues.

Pour démontrer les analogies des triangles rectangles, qui étaient inconnues aux Grecs, il emploie les trois triangles rectangles complémentaires conjoints.

Il attribue à Géber les théorèmes

$$\cos C'' = \cos C \cos C', \quad \frac{\sin C'}{\sin C} = \frac{\sin A'}{\sin A}, \quad \cos A' = \cos C' \sin A.$$

Ils se trouvent en effet dans Géber; mais les Grecs avaient des expressions équivalentes aux deux premiers. Il donne comme nouveaux et comme lui ayant été indiqués par Jean Savilius, les trois suivans, qui sont aussi de Viète :

$$\tang C' = \tang A' \sin C, \quad \tang C = \cos A' \tang C'', \quad \cot A = \cos C'' \tang A'.$$

Les Grecs avaient encore les équivalans des deux premiers, qui d'ailleurs sont dans Viète.

Il résout les triangles obliquangles en abaissant la perpendiculaire qui les partage en deux rectangles ; mais, pour ces derniers triangles, il ne parle plus des méthodes de Ptolémée.

Ce livre ne contient donc rien de neuf ni de remarquable ; il pouvait servir à donner une idée des calculs des Grecs pour les triangles rectilignes et pour les triangles sphériques rectangles, et montrer comment l'usage des sinus, des tangentes et des sécantes abrège les opérations ; mais cet ouvrage, tout en calcul sexagésimal, venait cent ans trop tard : l'auteur le donne cependant comme utile à l'Astronomie et à la Géographie, et il le termine par cette phrase : *Quæ quidem commentabar dum christianissimi, litterarumque amantissimi, Gallorum regis Henrici III, et Macaritæ P. Rami, professoris quondam regii munificentiâ, fruerer otio. Viri autem et genero et genio nobilis, divinique Francorum poetæ, Petri Ronsardi, uterer hospitio.*

Schoner.

Tabulæ resolutæ astronomicæ Johannis Schoneri, mathematici clarissimi, ex quibus omnium siderum motus facillimè calculari possunt secundum præcepta in planetarum theoricis tradita. Wittebergæ, 1588.

Par l'épître dédicatoire de l'éditeur Hagius, qui est datée de 1587, on trouve que la première avait paru 50 ans auparavant, c'est-à-dire en 1537. Cette première édition n'était elle-même qu'une réimpression des Tables Alphonsines, sous une forme un peu différente. Les Tables Alphonsines n'avaient qu'une seule époque appelée *racine*, des tables de mouvemens pour les soixantaines de jours des différens ordres, et des tables d'équations.

Schoner donne, comme on fait aujourd'hui, les époques pour un certain nombre d'années, comme de vingt en vingt ans ; des mouvemens, pour les années, de une à vingt, pour les mois, pour les jours, les heures, les minutes et les secondes ; après quoi viennent les tables d'équation ; de là le nom de *resolutæ* ou étendues, et *dissoutes* qu'il donne à ses tables ; elles occupent plus d'espace, elles diminuent le travail du calculateur ; du reste, il n'y a rien de changé que la forme, le résultat est le même. L'auteur, grand partisan de l'Astrologie et de son compatriote Régiomontan, prend chaudement sa défense contre ceux qui calculent les maisons célestes d'après un autre système. Ses explications sont claires sans être trop prolixes; on n'y trouve rien qui lui appartienne, rien qui ne se trouve partout.

Globi Stelligeri, sive sphæræ stellarum fixarum usus, et explicationes, quibus quidquid de primo mobili demonstrari solet, id universum prope continetur. Directionum autem ipsarum quas vocant, ratio accuratiss. est exposita autore, Joanne Schonero, Carolo Stadio; atque hæc omnia multo quam antea emendatiora et copiosiora singulari curâ et studio in lucem edita fuere 1551. Parmi douze vers assez médiocres, qui renferment les noms des quarante-huit constellations, on trouve cette variante dans les deux qui parlent du zodiaque.

In quo Aries, Taurus, Gemini, Cancer, Leo, Virgo,
Chelæ, Scorpius, Arcitenens, Caper, Amphora, Pisces.

On y enseigne à résoudre par le globe, les problèmes ordinaires de l'Astronomie et de l'Astrologie; et pour la construction de ce globe, l'auteur donne le catalogue de Ptolémée, réduit à l'an 1550, par l'addition de 20° 55' à toutes les longitudes.

Joannis Schoneri opusculum Geographicum ex diversorum libris ac cartis summâ curâ et diligentiâ collectum, accomodatum ad recenter elaboratum ab eodem globum descriptionis terrenæ. 1553.

Il établit d'abord que la terre est ronde. *Quelques anciens ont imaginé que la Terre tournait comme dans une broche, et que le Soleil était le feu qui la rôtissait, que le Soleil n'avait pas besoin d'être rôti, que le Soleil n'avait aucun besoin de la Terre, laquelle au contraire ne peut se passer du Soleil.*

On sait que notre confrère Mercier n'a jamais pu se familiariser avec l'idée de tourner comme un chapon à la broche; Schoner paraît entièrement de l'avis de Mercier; mais les raisons dont il appuie son opinion ne sont pas d'une grande force. Ce chapitre second porte pour titre : *An Terra moveatur an quiescat, Joannis de Monte Regio disputatio.* Or cette discussion est destinée à prouver l'erreur de *ces anciens,* qui faisaient tourner la Terre. On en conclurait donc, avec beaucoup de vraisemblance, que Régiomontan, auteur de la discussion, était partisan de l'immobilité de la Terre. Bailly en a tiré précisément la conclusion contraire; mais il est à croire qu'il n'avait lu que le titre de ce chapitre extrêmement superficiel, où l'on nous assure que si la Terre se meut il sera impossible *de sauver les conjonctions et les oppositions des planètes et les diversités de leurs mouvemens.* (Voyez page CXXVII, verso.)

Ejusdem in constructionem atque usum rectanguli sive radii Astronomici annotationes, in fabricam et usum magnæ regulæ Ptolemæi annotationes.

Horarii Cylindrini canones, 1515. *Æquatorium astronomicum, ex quo errantium stellarum motus, luminarium configurationes et defectus colliguntur*, etc., 1550. Dans cet ouvrage, publié par le fils de Schoner, on voit que ce professeur, né deux ans après la mort de Régiomontan, avait recueilli et publié les œuvres posthumes qu'une mort prématurée l'avait empêché de donner lui-même.

J. Schoneri planispherium. C'est d'abord l'analemme ordinaire où les verticaux sont représentés par des ellipses, puis une projection stéréographique, où l'on voit les verticaux et l'Araignée.

Organum Uranicum. C'est une machine pour remplacer les Tables astronomiques.

Instrumentum impedimentorum Lunæ. Si la Lune, en syzygie, se rencontre avec Saturne ou Mars en quadrature, on dit que la Lune est *empêchée;* alors il n'est pas bon de se faire saigner; l'instrument est destiné à trouver les empêchemens et le tems qu'ils doivent durer. L'opuscule n'a que deux pages et une figure.

J'ignore si André Schoner, en publiant ces opuscules de son père, s'est flatté d'ajouter beaucoup à la réputation qu'il avait laissée; j'imaginerais plutôt qu'il a voulu faire une spéculation purement mercantile.

CHAPITRE VIII.

Viète et Magini.

Depuis Hipparque et Ptolémée jusqu'au seizième siècle, les théories astronomiques n'ont fait aucun progrès véritable ; quelques points fondamentaux ont été mieux déterminés ; Albategni a mieux connu la longueur de l'année, l'excentricité du Soleil et l'obliquité de l'écliptique ; d'un autre côté, Thébit a fait rétrograder la science par son système de la trépidation des étoiles. La faveur avec laquelle cette idée malheureuse a été reçue par tous les astronomes qui l'ont suivi, est une preuve qu'on observa bien peu, ou qu'on observait bien mal ; le vrai service que les Arabes ont rendu à la science, est la face nouvelle qu'ils ont donnée à la Trigonométrie, et leurs soins continuels pour faciliter les calculs de l'Astronomie sphérique. Leurs découvertes en ce genre, imparfaitement connues, et plus mal appréciées, ont fait que les premiers restaurateurs de l'Astronomie en Europe, se sont traînés long-temps sur les pas des Arabes qu'ils n'ont pas su égaler ; ils ont lentement et péniblement retrouvé ce qui était inventé cinq cents ans auparavant. Le savant dont nous allons extraire les ouvrages, n'était pas astronome, mais il était le plus grand géomètre de son temps ; il a complété enfin le système trigonométrique des Arabes ; il est le premier auteur des formules analytiques, qui servent à la résolution de tous les triangles ; il a mis dans un ordre plus satisfaisant les méthodes que les astronomes ont suivies long-temps de préférence, et qu'on avait successivement étendues et améliorées ; il a donné des règles qui facilitent la construction des tables de sinus, de tangentes et de sécantes ; enfin, on lui doit encore des formules où l'on trouve à peu près tout ce que les modernes connaissent de plus utile, pour les sinus des arcs multiples, en fonctions des sinus de l'arc simple. L'extrait des ouvrages de Viète est donc une partie essentielle de l'histoire de l'Astronomie au moins sphérique. Nous le commencerons par ses tables trigonométriques, dont voici le titre :

Canon mathematicus seu ad triangula cum adpendicibus; avec cette épigraphe : *Dura et quiesce. Lutetiæ, apud Joannem Mettayer, in Mathematicis typographum regium*, 1579.

Nous avons vu que Purbach avait donné des tables de sinus de 10 en 10 minutes, et que Régiomontan les avait étendues à toutes les minutes du quart de cercle; mais, à l'exemple des Grecs et des Arabes, ils faisaient le rayon de 60° 0′ 0″.

Purbach, à l'exemple d'Albategnius, avait indiqué l'usage des tangentes dans la Gnomonique; Régiomontan, ayant senti les inconvéniens du calcul sexagésimal, avait refondu les tables de sinus pour rayon de 60000; il avait fait à part une table des tangentes pour tous les degrés, et pour un rayon de 100000, plus commode pour les usages particuliers auxquels il avait destiné cette table subsidiaire; du reste, il n'en fit aucun usage pour la Trigonométrie. Cependant il avait donné à cette table le titre de *féconde*, qu'à vrai dire elle ne méritait pas encore. Maurolycus avait donné une table de *sécantes*, qui s'appela *très féconde*, quoique réellement beaucoup moins utile que celle des tangentes : Maurolycus, lui-même, ne la nommait que *tabulam beneficam*. Aucun auteur, que nous sachions, n'avait réuni en un seul corps ces trois espèces de tables, lorsque le célèbre Viète publia le livre dont on vient de lire le titre. On y voit donc, pour toutes les minutes du quart de cercle, le *sinus* sous le nom de *perpendiculaire*, la *tangente* sous le nom de *base*, quand on prend la perpendiculaire pour rayon; enfin, la *sécante* sous le nom d'*hypoténuse*. Viète indique au haut et au bas de chaque colonne, que ces quantités sont tirées, les premières, des tables de sinus, et les deux autres des tables *féconde* et *très féconde* de *Rhapsodes*, qu'il ne nomme pas. Ces tables, assez bien imprimées, ont cette obscurité et cette bizarrerie qui sont le cachet de l'auteur. Les différences sont marquées entre lignes en encre rouge; les degrés et les minutes des arcs sont en chiffres romains; le rayon est 100000; mais, dans le premier degré, les tangentes et les sécantes supposent un rayon plus grand.

A la suite de cette grande table on en trouve une autre sous ce titre : *Canonion triangulorum rationalium*. Ces triangles ont leurs côtés exprimés le plus souvent par des fractions si considérables qu'il est assez difficile de voir quelle utilité l'on en pourrait tirer. On voit ensuite une table pour la multiplication des quantités sexagésimales; une autre pour la transformation des fractions; une table des sinus en parties sexagésimales; une table des sinus, des tangentes et des sécantes pour tous les degrés; enfin, un tableau des règles à suivre pour l'usage de la grande table, et qui paraîtrait au contraire imaginé tout exprès pour en augmenter les difficultés.

Cet ouvrage est peu connu, rarement cité; il est probable qu'on n'en a pas fait un fréquent usage. L'auteur n'a pas mis son nom au frontispice, mais seulement en tête d'un opuscule qui vient après les tables, avec ce titre : *Francisci Vietœi, universalium inspectionum ad Canonem mathematicum, liber singularis. Lutetiœ*, 1579. On y lit à la page 2, que l'*hypoténuse* de l'angle droit sera nommée simplement *hypoténuse*, κατ᾽ ἐξοχήν, *ut pote anguli nobilioris*; on y rencontre ensuite un triangle en nombres, un triangle inscrit au cercle, un triangle dont un côté est tangent à un cercle. Il est d'avis de conserver le mot technique *sinus, ad laterum semissium inscriptorum denotationem*. Le côté tangent au cercle n'a pas encore reçu de nom élégant; mais, parce que les *Rhapsodes* ont appelé *fécondes* les tables où ils les ont recueillis, il propose de donner à ces côtés la dénomination de *féconds*, ce qui n'est pourtant pas plus élégant que le mot *tangente* qu'il réprouve; quant aux *sécantes*, il veut qu'on les appelle *hypoténuses des féconds*.

Ces dénominations n'étaient pas faites pour être accueillies; on s'est décidé pour ce qui était plus naturel, plus commode, et même plus élégant, quoiqu'en dise Viète. On ne voit pas d'ailleurs comment les tangentes et les sécantes mériteraient le nom de *féconds* plutôt que les sinus, qui, au fait, sont la source de tout; en effet, les tangentes et les sécantes ne sont que des combinaisons des sinus entre eux ou avec le rayon. Les sinus suffisent tout seuls à la résolution de tous les triangles; long-temps on n'a pas connu d'autres lignes trigonométriques; l'usage en est bien plus fécond et plus universel; cependant ce fut une idée fort heureuse que de leur associer les tangentes et les sécantes, puisqu'elles abrègent nombre d'opérations qui seraient bien plus longues par les sinus.

Viète désigne le cosinus par les mots de *sinus residuœ*. Il paraît partager cette répugnance que les Arabes ont montrée si long-temps pour les cosinus, et qui leur avait fait inventer leurs déclinaisons prime et seconde, afin de chercher toujours l'inconnue par un sinus, se réservant ensuite de prendre le complément de l'arc trouvé pour avoir la véritable inconnue du problème.

Pour faciliter la construction des tables, il donne les formules suivantes :

$$[\text{corde}(A-B)]^2 = (\sin A - \sin B)^2 + (\cos B - \cos A)^2$$
$$= \sin^2 A + \sin^2 B - 2\sin A \sin B + \cos^2 B + \cos^2 A$$
$$- 2\cos B \cos A$$
$$= 2 - 2(\cos B \cos A + \sin A \sin B) = 2 - 2\cos(A - B)$$
$$= 2[1 - \cos(A - B)] = 4\sin^2 \tfrac{1}{2}(A - B);$$

c'est une formule de Régiomontan.

$$\sin(60°+A) - \sin(60°-A) = \sin 60° \cos A + \cos 60° \sin A - \sin 60° \cos A$$
$$+ \cos 60° \sin A$$
$$= 2\cos 60° \sin A = 2\sin 30° \sin A$$
$$= \tfrac{2}{2} \sin A = \sin A,$$

formule neuve et utile.

$$\text{coséc } A + \cot A = \frac{1}{\sin A} + \frac{\cos A}{\sin A} = \frac{2\cos^2 \tfrac{1}{2} A}{2\sin \tfrac{1}{2} A \cos \tfrac{1}{2} A} = \cot \tfrac{1}{2} A,$$
$$\text{coséc } A - \cot A = \frac{1}{\sin A} - \frac{\cos A}{\sin A} = \frac{2\sin^2 \tfrac{1}{2} A}{2\sin \tfrac{1}{2} A \cos \tfrac{1}{2} A} = \tang \tfrac{1}{2} A;$$

d'où l'on déduit

$$2\text{coséc } A = \cot \tfrac{1}{2} A + \tang \tfrac{1}{2} A, \quad \text{et} \quad 2\cot A = \cot \tfrac{1}{2} A - \tang \tfrac{1}{2} A;$$

ainsi, avec les tangentes de 45°, on aura toutes les autres. Il en est de même des sécantes.

$$\frac{2\sin^2 \tfrac{1}{2} A}{\sin A} = \frac{2\sin^2 \tfrac{1}{2} A}{2\sin \tfrac{1}{2} A \cos \tfrac{1}{2} A} = \tang \tfrac{1}{2} A;$$

il démontre cette formule par une figure facile à imaginer,

$$\sin BAC (\text{fig. 117}) = \frac{BC}{AC} = \frac{BF - CF}{2\sin \tfrac{1}{2} AB} = \frac{\cos BG - \cos AG}{2\sin \tfrac{1}{2}(AG - BG)}$$
$$= \frac{2\sin \tfrac{1}{2}(AG - BG)\sin \tfrac{1}{2}(AG + BG)}{2\sin \tfrac{1}{2}(AG - BG)} = \sin \tfrac{1}{2}(AG + BG).$$

L'auteur ordonne autrement son calcul pour arriver à

$$(\cos BG - \cos AG) = 2\sin \tfrac{1}{2}(AG - BG)\sin \tfrac{1}{2}(AG + BG);$$

mais c'était une formule connue dès long-temps :

$$\frac{BC}{AC} = \tang \tfrac{1}{2}(AG + BG) = \frac{\cos BG - \cos AG}{\sin AG - \sin BG}.$$

VIÈTE. 459

Au reste, si ces deux formules ne sont pas neuves, la démonstration n'exige que la peine de jeter les yeux sur la figure.

Que la ligne BM (fig. 118) partage en deux également l'angle B, vous aurez

$$AB : BC :: AM : MC.$$

Archimède a démontré cette proposition, qu'Aristarque avait employée déjà dans son livre *des grandeurs et des distances*. De cette même analogie on tire

$$AB + BC : BC :: AM + MC : MC,$$
$$AB + BC : AB :: AM + MC : AM,$$
$$AB + BC : AC :: AB : AM :: BC : MC;$$

si de plus le triangle est rectangle en C,

$$\overline{AC}^2 = \overline{AB}^2 - \overline{BC}^2 = (AB + BC)(AB - BC);$$

d'où

$$(AB + BC) : AC :: AC : AB - BC;$$

mais en prenant BC pour rayon, AB sera séc 2CBM, BC = 1.

$$AM = AC - CM = \tang 2CBM - \tang CBM;$$

donc

$$\text{séc 2CBM} : 1 :: \tang 2CBM - \tang CBM : \tang CBM,$$

ou généralement

$$\text{séc 2A} \qquad : 1 :: \tang 2A - \tang A : \tang A,$$
$$\text{séc 2A} + 1 : 1 :: \tang 2A : \tang A,$$
$$\text{séc 2A} + 1 : \tang 2A :: \tang 2A : \text{séc 2A} - 1.$$

La manière d'arriver à ces derniers théorèmes est neuve; mais, en eux-mêmes, ils sont peu intéressans. Pour arriver au sinus d'un petit arc, il pose cette analogie, dont la vérité est évidente:

un nomb. un peu trop grand : nomb. exact :: nomb. exact : nomb. trop petit;

d'où

$$(\text{nombre exact}) = (\text{nombre trop grand} \times \text{nombre trop petit})^{\frac{1}{2}}.$$

Vous avez besoin du nombre n, vous avez trouvé $(n + x)$ que vous savez un peu trop fort; l'analogie donnerait

$$(n - y) = \frac{n^2}{n + x};$$

mais vous ne connaissez que $(n + x)$. Cette équation n'apprend donc véritablement rien. Mais

$$\frac{\text{arc de } 90'}{\text{arc de } 60'} > \frac{\sin 90'}{\sin 60'};$$

ainsi l'analogie entre ces quatre termes donnerait pour 60′ un sinus trop petit ; au contraire l'analogie

$$\text{arc } 45' : \text{arc } 60' :: \sin 45' : \sin 60'$$

donnerait un sinus trop grand. Vous aurez donc deux valeurs du sinus de 60′; la première sera trop faible, la seconde sera trop forte; vous prendrez la moyenne et l'erreur sera moindre. Viète se sert de ce moyen pour trouver la valeur approchée d'un petit sinus, et le rapport approché de la circonférence au diamètre.

Il indique ensuite l'erreur où depuis est tombé Rhéticus, et que l'on commettrait si l'on voulait déduire une cosécante ou une cotangente d'un petit sinus, qui ne serait pas calculé avec un nombre suffisant de décimales. On en peut inférer que Rhéticus ne connaissait pas l'ouvrage de Viète, quand il commit cette faute qu'on a depuis réparée.

Après la construction de la table, par les moyens que nous venons d'indiquer, et par les côtés connus de quelques polygones inscrits, il applique aux triangles rectilignes les théorèmes qu'il vient de démontrer.

Dans le triangle ABD abaissez la perpendiculaire AC (fig. 119),

$$\overline{AD}^2 = \overline{AC}^2 + \overline{CD}^2 = (\overline{AB}^2 - \overline{BC}^2) + \overline{CD}^2 = \overline{AB}^2 + \overline{CD}^2 - \overline{BC}^2$$
$$= \overline{AB}^2 + (CD + BC)(CD - BC) = \overline{AB}^2 + BD(BD - 2BC)$$
$$= \overline{AB}^2 + \overline{BD}^2 - 2BD \cdot BC.$$

Ce théorème est déjà dans Euclide ; il en tire

$$BC = \frac{\overline{AB}^2 + \overline{BD}^2 - \overline{AD}^2}{2BD} = \frac{\frac{1}{2}(\overline{AB}^2 + \overline{BD}^2 - AD)}{BD} = \frac{\frac{1}{2}(\frac{1}{2}q^2)}{BD} = \frac{\frac{1}{4}q^2}{BD}.$$

Il désigne $\frac{1}{2}q$ par les mots *dimidia potens* $(AB + BD - AD)$; on dirait qu'il s'étudie à rendre obscures les vérités les plus communes, ou du moins à se faire un langage particulier ; il se plaint que le langage mathématique manque d'élégance; mais celle qu'il affecte ne ressemble pas mal à celle de Ronsard,

> Dont la muse, en français, parlant grec et latin,
> Vit au siècle suivant, par un retour grotesque,
> Tomber de ses grands mots le faste pédantesque.

Cette réflexion n'ôte rien cependant à ses belles formules des tangentes et des sécantes, neuves alors, et qu'on retrouve partout sans savoir à qui l'on en est redevable.

Il démontre ensuite, comme Régiomontan, l'analogie

$$BD : (AD + AB) :: (AD - AB) : (CD - BC),$$

que Théon avait démontrée plus simplement.

Il ajoute, d'après Commandin, que la ligne qui partage en deux l'angle au sommet, est toujours plus courte que la demi-somme des deux côtés. Il eût été mieux encore de donner l'expression de cette ligne.

Soit ADB (fig. 120) un triangle quelconque, dont l'angle est également partagé par DC; à cette ligne menez les deux perpendiculaires AH et BP.

$$DC = DP - CP = DB \cos BDC - BC \cos C = DB \cos \tfrac{1}{2} D - BC \cos C,$$
$$DC = DH + CH = DA \cos ADC + CA \cos C = DA \cos \tfrac{1}{2} D + CA \cos C,$$
$$2DC = (DB + DA) \cos \tfrac{1}{2} D - (BC - CA) \cos C$$
$$= (DB + DA) - 2(DB + DA) \sin^2 \tfrac{1}{4} D - (BC - CA) \cos C,$$
$$DC = \tfrac{1}{2}(DB + DA) - (DB + DA) \sin^2 \tfrac{1}{4} D$$
$$- (DB + DA)\left(\frac{DB - DA}{BA}\right) \cos C;$$

quantité évidemment plus petite que $\tfrac{1}{2}(DB + DA)$, car $DB > DA$ et $\cos C$ est positif.

Après plusieurs théorèmes fort obscurs et de très peu d'utilité, il donne des tableaux peu commodes, où il a rassemblé dix analogies générales, *long-temps désirées et non encore publiées*, qu'il répète six fois, selon le nombre des parties du triangle.

Soit ABC (fig. 121) un triangle sphérique rectangle en C. Ces tableaux peuvent se traduire ainsi :

$\sin BC = \sin A \sin AB$	$\sin BC = \cot B \tang AC$	$\tang BC = \tang AC \sin AC$
$\sin AC = \sin B \sin AB$	$\sin AC = \cot A \tang BC$	$\tang AC = \tang B \sin BC$
$\cos B = \sin A \cos AC$	$\cos B = \cot AB \tang BC$	$\cot B = \tang A \cos AB$
$\cos A = \sin B \cos BC$	$\cos A = \cot AB \tang AC$	$\cot A = \tang B \cos AB$
$\cos AB = \cos AC \cos BC$	$\cos AB = \cot A \cot B$	$\cot AB = \cot BC \cos B$

Ces trois premiers tableaux offrent, avec les formules déjà connues, qui ne renferment que des sinus et des cosinus, les formules qui emploient les tangentes.

coséc BC = coséc A . coséc AB	coséc BC = tang B cot AC	cot BC = cot A coséc AC
coséc AC = coséc B . coséc AB	coséc AC = tang A cot BC	cot AC = cot B coséc BC
séc B = coséc A . séc AC	séc B = tang AB cot BC	tang A = cot A séc AB
séc A = coséc B . séc AB	séc A = tang AB cot AC	tang A = cot B séc AB
séc AB = séc AC . séc BC	séc AB = tang A tang B	tang AB = tang BC séc B

Ces trois tableaux sont la traduction des trois précédens, en substituant les cotangentes aux tangentes, les cosécantes aux sinus, et les sécantes au cosinus.

tang BC = cos B tang AB	séc BC = sin B séc A	séc BC = cos AC séc AB
tang AC = cos A tang AB	séc AC = sin A séc B	séc AC = cos BC séc AB
cot B = sin BC cot AC	coséc B = cos BC séc A	coséc B = sin AB coséc AC
cot A = sin AC cot BC	coséc A = sin B coséc AC	coséc A = séc AB coséc BC
cot AB = cos A cot AC	coséc AB = sin A coséc BC	coséc AB = séc B coséc AC

Ces trois tableaux sont des renversemens des précédens; il en est de même des trois suivans :

cot BC = séc B cot AB	cos BC = cos A coséc B	cos BC = cos AB séc AC
cot AC = séc A cot AB	cos AC = cos B coséc A	cos AC = cos AB séc BC
tang B = coséc BC tang AC	sin B = cos A séc BC	sin B = sin AC coséc AB
tang A = coséc AC tang BC	sin A = cos B séc BC	sin A = sin BC coséc AB
tang AB = séc A tang AC	sin AB = sin BC coséc A	sin AB = sin AC coséc B

Viète a tort de dire que ces six équations générales sont nouvelles; il n'y a de nouvelles que celles qui donnent des tangentes, et parmi celles-là même il y en deux qui étaient connues de tout temps; au lieu de tang A, Albategnius écrivait $\frac{\sin A}{\cos A}$, mais Aboul Wéfa mettait, comme nous, tang A. Des six règles qui composent notre Trigonométrie des triangles rectangles, les Grecs et les Arabes connaissaient les quatre premières; Géber donna la cinquième; la sixième seule est de Viète. Les Grecs avaient donc

$$\cos C'' = \cos C \cos C', \quad \sin C'' \sin A = \sin C, \quad \tang C = \cos A \tang C'',$$
$$\tang C' = \sin C \tang A'.$$

Ils n'avaient pas $\cos A' = \cos C' \sin A$, Géber l'a donné le premier; non plus que $\cot A' = \tang A \cos C''$; c'est la seule que l'on doive à Viète.

VIÈTE.

Toutes ces analogies, car c'est sous la forme d'analogies que Viète les présente, ont le rayon au premier terme; il en ajoute 16 autres, qui n'ont pas cet avantage, et qui sont toujours inutiles. La manière de les obtenir est extrêmement simple, ce qui nous dispensera de les insérer ici.

Dans chacune des six formules fondamentales, l'inconnue se trouve au moyen de deux données; pour chacune de ces données on peut mettre sa valeur, exprimée par deux autres; après l'élimination, la valeur de l'inconnue dépendra de trois données au lieu de deux; ce qui, comme on voit, est moins simple et se trouvera bien rarement utile; mais ce qui paraît plus inutile encore, ce sont dix équations absolument identiques, telles que

$$\text{coséc } AB = \frac{\text{coséc } B \sin B}{\sin AB},$$

qui revient à

$$\text{coséc } AB \sin AB = \text{coséc } B \sin B, \quad \text{ou} \quad 1 = 1.$$

Pour résoudre les triangles obliquangles, Viète les partage en deux rectangles par une perpendiculaire, comme on a fait de tout tems. Il résout en passant ce problème : Connaissant la somme ou la différence de deux arcs, et le rapport des deux sinus, trouver les deux arcs. Ptolémée en avait donné la solution; mais les tangentes rendent l'opération plus facile.

Soit (fig. 122)

$MP = A$, $PN = B$, $MO = \frac{1}{2}(A+B)$, $PO = \frac{1}{2}(A-B)$, $Mb = \sin A$, $Na = \sin B$.

Les triangles semblables donnent

$$Mn : nN :: Mb : Na,$$
$$Mn + nN : Mn :: Mb + Na : Mb,$$
$$MN : Mn :: Mb + Na : Mb,$$
$$2\sin \tfrac{1}{2}(A+B) : Mn :: \sin A + \sin B : \sin A;$$
$$Mn = \frac{2\sin \tfrac{1}{2}(A+B) \sin A}{\sin A + \sin B} = \frac{2\sin \tfrac{1}{2}(A+B)}{1 + \dfrac{\sin B}{\sin A}};$$

Mn sera donc connu.

$$mn = Mn - \sin\tfrac{1}{2}(A+B),$$

$$\tang PO = \tang PCO = \tang\tfrac{1}{2}(A-B) = \frac{mn}{Cm} = \frac{Mn - \sin\tfrac{1}{2}(A+B)}{\cos\tfrac{1}{2}(A+B)}$$

$$= \frac{\dfrac{2\sin\tfrac{1}{2}(A+B)}{1+\dfrac{\sin B}{\sin A}} - \sin\tfrac{1}{2}(A+B)}{\cos\tfrac{1}{2}(A+B)}$$

$$= \frac{2\sin\tfrac{1}{2}(A+B) - \sin\tfrac{1}{2}(A+B) - \dfrac{\sin B}{\sin A}\sin\tfrac{1}{2}(A+B)}{\left(1 + \dfrac{\sin B}{\sin A}\right)\cos\tfrac{1}{2}(A+B)}$$

$$= \tang\tfrac{1}{2}(A+B)\left(\frac{1 - \dfrac{\sin B}{\sin A}}{1 + \dfrac{\sin B}{\sin A}}\right).$$

La solution de Viète est donc au fond identique à celle des modernes ; mais elle est beaucoup plus longue, car il calcule Mn, il en retranche $\sin\tfrac{1}{2}(A+B)$ pour avoir mn et calculer $\tang\tfrac{1}{2}(A-B) = \dfrac{mn}{\cos\tfrac{1}{2}(A+B)}$.

Pour le second cas, il suffit de changer le signe de B et celui de $\sin B$; on aura

$$\tang\tfrac{1}{2}(A+B) = \left(\frac{1 + \dfrac{\sin B}{\sin A}}{1 - \dfrac{\sin B}{\sin A}}\right)\tang\tfrac{1}{2}(A-B),$$

ou mieux encore de renverser la première formule.

Pour trouver les côtés par les angles, il dit :

cos 1er angl. à la base : cos 2e ang. à la b. :: sin 1er angl. vertic. : sin 2e angl. vert.

et renvoie à la démonstration de Regiomontanus. On a donc la raison des sinus des angles verticaux; on a la somme de ces angles ou leur différence; on aura donc les deux angles; dans chacun des deux triangles rectangles on aura tous les angles; il restera à calculer les deux hypoténuses et les deux bases.

La solution est bien longue; elle n'a d'ailleurs rien qui appartienne à Viète, que la manière de calculer $\tang\tfrac{1}{2}(A\pm B)$.

Pour trouver les angles par les côtés, il prolonge deux côtés jusqu'à 90°; du sommet de l'angle compris, comme pôle, il décrit un arc du grand cercle qui coupe le troisième côté prolongé, s'il est nécessaire; les segmens de cet arc, ou du troisième côté, forment deux triangles rectangles, qui ont un angle commun; le rapport des hypoténuses est connu; leur somme ou leur différence est le troisième côté. On a tout le reste comme dans le problème précédent. On a trois analogies à faire avant de pouvoir calculer un seul côté, chacun de ces côtés exige une analogie de plus. La solution d'Albategni était plus courte, plus élégante et plus générale.

Viète donne ensuite, pour le même cas, l'autre solution des Arabes par les sinus verses, et pour la démonstration, il renvoie encore à Régiomontan.

Il n'examine aucun des quatre cas restans, et termine ici la Trigonométrie sphérique.

Pour exprimer les arcs en parties du diamètre supposé de $200,000.\overline{^{000,00}}$; il donne les rapports suivans, où l'on entrevoit l'usage des fractions décimales.

$$10,800,\overline{^{000,00}} : 314,159,\overline{^{165,36}},$$

$$100,000,\overline{^{000,00}} : 2,908,882,\overline{^{086,72}},$$

$$343,774,\overline{^{677,07}} : 10,000,000,\overline{^{000,00}}.$$

Le reste de l'ouvrage contient des propositions de Géométrie, des recherches sur le rapport du diamètre à la circonférence, des vérifications des tangentes et des sinus, les limites du sinus de $1'$; enfin, quelques considérations sur l'usage de la règle de fausse position, des additions et des corrections.

Dans la collection des œuvres de Viète, donnée à Leyde, en 1646, on trouve un huitième livre de problèmes, sous le titre :

Francisci Vietæ variorum de rebus mathematicis responsorum, liber octavus. On ne sait ce que sont devenus les premiers. Le huitième commence par divers théorèmes qui ne sont pas de notre sujet. Au chapitre X, il rappelle la partie analytique du livre qui suit son *canon. Is enim infeliciter editus est anno* 1579. S'il a eu à se plaindre du peu de succès, ce n'est pas sans doute à cause de quelques fautes typographiques aisées à corriger, il n'a dû s'en prendre qu'aux défauts de rédaction, au langage étrange, et à l'obscurité dont il paraît avoir cherché lui-même à s'envelopper. Nous allons voir qu'il n'est pas bien corrigé de ces défauts, qui ont dû effrayer le plus grand nombre de ses lecteurs, et font qu'on ignore les services réels qu'il a rendus à la Trigonométrie. Il passe en revue les différens objets qu'il a traités dans ses *Universelles inspections.* Au chapitre XIX, il arrive à l'usage de sa table; il annonce qu'on ne sera pas accablé par la multitude des préceptes, car toute la pratique se réduit à vingt-un δεδόμενα ou *données*.

Première donnée. Dans un triangle plan rectangle, les angles étant donnés, les côtés se trouvent dans sa table. Pour l'explication de cette table, soit C le côté perpendiculaire, il sera le sinus de l'angle A; le côté C' le cosinus de A ou le sinus du complément de A; C" ou l'hypoténuse sera le sinus total. On aura donc

$$C'' = 1, \quad C = \sin A, \quad C' = \cos A = \sin A'.$$

Autrement. $C = $ prosinus de A, c'est-à-dire $\tang A$;

base $= C' = 1 . C''$ *transsinuose* de A, c'est-à-dire sécante de A.

Enfin,

$$C = 1, \quad C' = \cot A, \quad C'' = \cosec A.$$

Viète n'emploie les mots ni de cosinus, ni de tangente, ni de sécante; il dit toujours sinus, prosinus, transsinuose, soit de l'angle, soit de ce qui reste quand l'angle a été retranché de l'angle droit. *Anguli reliqui à recto*. Nous abrégeons les préceptes.

On peut trouver les mêmes choses dans sa table d'une manière *mêlée* ou *composée*.

Soit

$$C = \sec A - \cos A;$$
$$C'' = \frac{C}{\sin A} = \frac{\sec A - \cos A}{\sin A} = \frac{1 - \cos^2 A}{\sin A \cos A} = \frac{\sin^2 A}{\sin A \cos A} = \tang A,$$
$$C' = (\sec A - \cos A) \cot A = \frac{\cot A}{\cos A} - \cos A \cot A = \frac{\cot A (1 - \cos^2 A)}{\cos A}$$
$$= \frac{1 - \cos^2 A}{\sin A} = \frac{\sin^2 A}{\sin A} = \sin A;$$

formules plus bizarres qu'utiles, et qu'il ne démontre pas.

Soit

$$C = \sec A' - \cos A'; \quad \text{vous aurez} \quad C'' = \tang A' \quad \text{et} \quad C' = \sin A'.$$

La démonstration est la même.

Soit

$$C = \sec A, \quad C' = \sec A \cot A = \frac{\cot A}{\cos A} = \frac{1}{\sin A} = \cosec A,$$
$$C'' = \frac{\sec A}{\sin A} = \frac{1}{\sin A \cos A} = \frac{2}{\sin 2A} = \tang A + \cot A = \frac{\sin A}{\cos A} + \frac{\cos A}{\sin A}$$
$$= \frac{\sin^2 A + \cos^2 A}{\sin A \cos A} = \frac{1}{\sin A \cos A}.$$

VIÈTE.

Écrivez tout cela dans le langage de l'auteur, réduisez les équations en analogies, et vous aurez autant de logogriphes, qui vous donneront plus de peine qu'ils ne valent.

Deuxième donnée. Connaissant l'hypoténuse et un côté, on a les angles.

$$C'' : 1 :: C : \sin A; \quad C = C'' \sin A \quad \text{et} \quad C' = C'' \cos A = C'' \sin A',$$
$$C' : 1 :: C'' : \sec A = \frac{1}{\cos A}, \quad C : C' :: 1 : \cosec A = \frac{1}{\sin A}.$$

Ces formules sont connues de tout tems.

Troisième donnée. Ayant la perpendiculaire avec la base, on aura les angles.

$$C' : C :: 1 : \tang A, \quad C : C' :: 1 : \cot A = \tang A'.$$

Quatrième donnée. Triangles plans quelconques.

Les angles étant connus, on aura les côtés en parties de la table.

$$\sin C : \sin C' : \sin C'' :: \sin A : \sin A' : \sin A''.$$

Autrement. Partagez les angles en deux parties égales, par des droites qui se réuniront en un même point H (fig. 123), de ce point H menez les perpendiculaires HP, HP', HP''; vous aurez

$$C'' = HP'' \cot P''AH + HP'' \cot P''A'H = HP''(\cot \tfrac{1}{2}A + \cot \tfrac{1}{2}A'),$$

car les trois perpendiculaires sont égales.

Autrement. Soit

$$C' = \tang \tfrac{1}{2}A + \tang \tfrac{1}{2}A', \text{ alors } C' = \cot \tfrac{1}{2}A'' - \tang \tfrac{1}{2}A, \quad C = \cot \tfrac{1}{2}A'' - \tang \tfrac{1}{2}A',$$

$$\frac{C'}{C''} = \frac{\cot \tfrac{1}{2}A'' - \tang \tfrac{1}{2}A}{\tang \tfrac{1}{2}A + \tang \tfrac{1}{2}A'} = \frac{\dfrac{\cos \tfrac{1}{2}A''}{\sin \tfrac{1}{2}A''} - \dfrac{\sin \tfrac{1}{2}A}{\cos \tfrac{1}{2}A}}{\dfrac{\sin \tfrac{1}{2}A}{\cos \tfrac{1}{2}A} + \dfrac{\sin \tfrac{1}{2}A'}{\cos \tfrac{1}{2}A'}}$$

$$= \frac{(\cos \tfrac{1}{2}A'' \cos \tfrac{1}{2}A - \sin \tfrac{1}{2}A'' \sin \tfrac{1}{2}A) \cos \tfrac{1}{2}A \cos \tfrac{1}{2}A'}{(\sin \tfrac{1}{2}A \cos \tfrac{1}{2}A' + \cos \tfrac{1}{2}A \sin \tfrac{1}{2}A') \sin \tfrac{1}{2}A'' \cos \tfrac{1}{2}A} = \frac{\cos \tfrac{1}{2}(A'' + A) \cos \tfrac{1}{2}A \cos \tfrac{1}{2}A'}{\sin \tfrac{1}{2}(A + A') \sin \tfrac{1}{2}A'' \cos \tfrac{1}{2}A}$$

$$= \frac{\cos (90° - \tfrac{1}{2}A') \cos \tfrac{1}{2}A \cos \tfrac{1}{2}A'}{\cos \tfrac{1}{2}A'' \sin \tfrac{1}{2}A'' \cos \tfrac{1}{2}A} = \frac{\sin \tfrac{1}{2}A' \cos \tfrac{1}{2}A'}{\sin \tfrac{1}{2}A'' \cos \tfrac{1}{2}A''} = \frac{\sin A'}{\sin A''};$$

la supposition est donc démontrée; mais à quoi peut-elle servir?

Autrement. Soit P la perpendiculaire abaissée de A'' sur C'', V l'angle vertical du côté de A, V' l'angle vertical du côté de A'. $V + V' = A''$.

$$C' = \frac{P}{\cos V} = \frac{P}{\sin A} \quad C = \frac{P}{\sin A'} = \frac{P}{\cos V'},$$
$$C' : C :: \cosec A : \cosec A' :: \sin A' : \sin A;$$
$$C'' = P(\cot A + \cot A');$$

cette manière est au moins un peu plus simple ; on en déduirait

$$C'' = \frac{P \sin (A + A')}{\sin A \sin A'} = \frac{P \sin A''}{\sin A \sin A'}, \quad \text{et} \quad P = \frac{C'' \sin A \sin A'}{\sin A''} = \frac{C'' \sin A \sin A'}{\sin (A + A')}.$$

Cinquième donnée. Les côtés étant connus, on en déduit les angles.

$$\cos A'' = \frac{C^2 + C'^2 - C''^2}{2CC'}, \quad A + A' = 180° - A'',$$

$$A = \tfrac{1}{2}(A + A') - \tfrac{1}{2}(A - A'), \quad \tfrac{1}{2}A' = \tfrac{1}{2}(A + A') - \tfrac{1}{2}(A - A');$$

tout cela était bien connu et n'est pas devenu plus clair entre les mains de Viète.

Sixième donnée. Étant connus C et C' avec A'', on en conclut les angles à la base.

$$\tang \tfrac{1}{2}(A - A') = \left(\frac{C - C'}{C + C'}\right) \cot \tfrac{1}{2} A''.$$

Voilà une formule très utile et qui est restée. Je la crois de Viète, puisqu'il paraît que c'est lui qui, du moins en Europe, a véritablement introduit les tangentes dans le calcul trigonométrique, idée dont on fait honneur à Régiomontan, qui n'y a jamais songé; elle appartient incontestablement à Aboul Wéfa. Elle a été renouvelée par Reinhold.

$$C : C' :: \cosec A'' : x = \frac{C' \cosec A''}{C} = \frac{C'}{C \sin A''}, \quad x + \cos A'' = \cot A ;$$

d'où l'on tire

$$\cot A = \frac{C'}{C \sin A''} + \cot A'' = \frac{C' + C \cos A''}{C \sin A''},$$

et

$$\tang A = \frac{C \sin A''}{C' + C \cos A''} = \frac{\left(\frac{C}{C'}\right) \sin A''}{1 + \left(\frac{C}{C'}\right) \cos A''},$$

ou plus généralement

$$\tang A = \frac{\left(\frac{C}{C'}\right) \sin A''}{1 - \left(\frac{C}{C'}\right) \cos A''},$$

en supposant $A'' < 90°$.

Voici encore une formule très utile qu'on doit à Viète, quoiqu'il ne l'ait pas présentée sous une forme aussi commode.

Septième donnée. Étant connus C et C', avec A ou A', on aura celui de ces deux angles qui sera inconnu ; car

$$C : C' :: \sin A : \sin A' :: \cosec A : \cosec A.$$

VIETE.

Si l'angle est aigu et $C < C'$, l'espèce de l'angle sera douteuse. Cela n'est pas nouveau.

Huitième donnée. Triangles sphériques rectangles.

C'' et A étant connus, on a le reste; car

$$\sin C'' \sin A = \sin C, \quad \tang C'' \cos A = \tang C', \quad \cos C'' \tang A = \cot A'.$$

Ce sont les trois règles actuelles. Regiomontanus ignorait les deux dernières. Aboul Wéfa connaissait la seconde. La troisième est de Viète.

On peut faire

$$\cosec C'' \cosec A = \cosec C, \quad \cot C'' \sec A = \cot C', \quad \sec C'' \cot A = \tang A',$$

corollaires évidens des premières formules.

Neuvième donnée. Triangles sphériques rectangles.

Avec C'' et C on a le reste; car

$$\frac{\cos C''}{\cos C} = \cos C', \quad \text{ou} \quad \cos C'' \sec C = \cos C',$$
$$\cosec C'' \sin C = \sin A, \quad \cot C'' \tang C = \cos A',$$

formule d'Aboul Wéfa, ignorée de Regiomontanus.

$$\sec C'' \cos C = \sec C', \quad \sin C'' \cosec C = \cosec A, \quad \tang C'' \cot C = \sec A'.$$

L'idée des tangentes et des sécantes une fois donnée, il y a nombre de ces formules qui ne coûtent que la peine de les écrire, et qui appartiennent au premier qui y porte son attention, ou plutôt à celui qui le premier a introduit les tangentes, c'est-à-dire à Aboul Wéfa.

Dixième donnée. Triangles sphériques rectangles.

C et C' font trouver le reste; car

$$\cos C \cos C' = \cos C'', \quad \cot C \sin C' = \cot A, \quad \cot C' \sin C = \cot A'$$

et leurs analogues, en substituant les sécantes et les tangentes. Ici rien de neuf.

Onzième donnée. Triangles sphériques rectangles.

C et A donnent le reste,

$$\tang C \cot A = \sin C', \quad \sin C \cosec A = \sin C'', \quad \sec C \cos A = \sin A',$$

et leurs analogues.

Douzième donné. Triangles sphériques rectangles.

C et A' donnent le reste;

$\cot C \cos A' = \cot C''$, $\sin C \tang A' = \tang C'$, $\cos C \sin A' = \cos A$, etc.

Treizième donnée. Triangles sphériques rectangles.

A et A' donnent le reste;

$\cot A \cot A' = \cos C''$, $\cosec A \cos A' = \cos C'$, $\cosec A' \cos A = \cos C$, etc.

Quatorzième donnée. Προθηκίδιον, petite proposition préliminaire.

Viète aime les expressions insolites, car il aurait pu dire *lemme*, λῆμμα ou λημμάτιον.

Soit I l'inclinaison d'un grand cercle sur un autre grand cercle quelconque, R la plus grande différence qu'on puisse avoir entre l'hypoténuse et la base du triangle rectangle formé en abaissant un arc perpendiculaire d'un point quelconque du cercle incliné.

$$1 + \cos I : 1 - \cos I :: 1 : \sin R,$$

ce qui revient à

$$2\cos^2 \tfrac{1}{2} I : 2\sin^2 \tfrac{1}{2} I :: 1 : \sin R = \tang^2 \tfrac{1}{2} I.$$

De l'analogie de Viète, qui est celle de Régiomontan, on tirerait

$$1 + \sin R : 1 - \sin R :: 2 : 2\cos I :: 1 : \cos I = \frac{\sin 90° - \sin R}{\sin 90° + \sin R}$$
$$= \frac{\sin(45° - \tfrac{1}{2}R) \cos(45° + \tfrac{1}{2}R)}{\sin(45° + \tfrac{1}{2}R) \cos(45° - \tfrac{1}{2}R)} = \tang(45° - \tfrac{1}{2}R) \cot(45° + \tfrac{1}{2}R)$$
$$= \tang^2(45° - \tfrac{1}{2}R).$$

J'avais trouvé ces théorèmes, et beaucoup d'autres, long-tems avant d'avoir lu Viète, ni Régiomontan. *Voyez* ci-dessus, p. 314.

Quinzième donnée. Triangles obliquangles.

Avec les trois côtés on a les trois angles.

$$\cos A'' = \frac{\cos C'' - \cos C \cos C'}{\sin C \sin C'}.$$

Règle d'Albategni. Viète n'avait-il jamais lu Albategni, commenté par Régiomontan? Il donne des règles pour connaître l'espèce de l'angle. Il n'avait aucune idée des signes des sinus, ni de ceux des tangentes. Pour donner une idée de son style, rapportons sa règle pour trouver $\cos A''$.

Latus quærendo angulo oppositum esto primum (c'est $\cos C''$); *duo igitur rectangula sigillatim applicabuntur ad sinum totum* (c'est-à-dire seront divisés par le sinus total); *unum quod fit sub sinibus ad complementa laterum secundi et tertii* (c'est $\cos C \cos C'$); *alterum sub sinibus ipsorum late-*

rum secundi et tertii (c'est sin C sin C′) *et erit : ut exiens è secundâ applicatione latitudo* (c'est le dénominateur); *ad aggregatum vel differentiam latitudinis ex primâ applicatione oriundæ*....... [c'est le numérateur (cos C″ — cos C cos C′) et cela n'est pas trop clair]; *ita sinus totus ad complementum anguli quæsiti.*

Il fallait dire au moins *ad sinum complementi anguli quæsiti*. Il faut avouer que des préceptes ainsi présentés ne sont faciles ni à retenir, ni à pratiquer, ni même à comprendre. Jugez quand il y manque plusieurs mots. Par exemple, après le mot *oriundæ*, on avait omis les mots *et sinu complementi lateris primi.*

Seizième donnée. Les trois angles connus, on a les trois côtés.

$$\cos C'' = \frac{\cos A'' + \cos A \cos A'}{\sin A \sin A'},$$

formule inconnue jusqu'alors, ainsi que la suivante.

Dix-septième donnée. C, C′ et A″ connus, on a le reste.

$$\cot A = \frac{\cot C - \cot A'' \cot C'}{\sin A'' \operatorname{coséc} C'}, \quad \text{ou} \quad \frac{\cot C \sin C'}{\sin A''} - \cos C' \cot A'',$$

ce qui est plus simple.

Dix-huitième donnée. Connaissant A, A′ et C′, on a le reste, en retournant la précédente.

$$\cot C = \frac{\cot A + \cos C' \cot A''}{\sin C' \operatorname{coséc} A''}, \quad \text{ou plutôt} \quad \frac{\cot A \sin A''}{\sin C'} + \cos A'' \cot C',$$

ce qui est plus commode.

Dix-neuvième donnée.

$$\cos C'' = \frac{\cos A'' + \cot C \cot C'}{\operatorname{coséc} C \operatorname{coséc} C'} \quad \text{ou plutôt} = \cos A'' \sin C \sin C' + \cos C \cos C'.$$

On ne voit pas pourquoi Viète a préféré une forme si compliquée à la règle d'Albategni.

Vingtième donnée. A, A′ et C″ donneront le troisième angle.

$$\cos A'' = \frac{\cos C'' - \cot A \cot A'}{\operatorname{coséc} A \operatorname{coséc} A'}, \quad \text{ou plutôt} = \cos C'' \sin A \sin A' - \cos A \cos A'.$$

Vingt-unième donnée.

$$\frac{\sin C}{\sin A} = \frac{\sin C'}{\sin A'} = \frac{\sin C''}{\sin A''},$$

règle bien connue.

Σύντομον ou manière abrégée.

Les produits, tels que $\sin C \sin C'$, $\sin A \sin A'$, etc., peuvent s'obtenir par la soustraction.

$$\sin C \sin C' = \tfrac{1}{2}[\cos(C-C') - \cos(C+C')],$$
$$\cos C \cos C' = \tfrac{1}{2}[\cos(C-C') + \cos(C+C')],$$

c'est ce qu'on appelait *prostaphérèse;* elle était connue des Arabes. Viète fait

$$1 : 2\sin C :: \sin C' : \cos(C-C') - \cos(C+C'),$$
$$1 : 2\cos C :: \cos C' : \cos(C-C') + \cos(C+C'),$$

ce qui revient au même. Il donne cette règle sous trois formes, selon l'espèce des angles.

Appendice à la sixième donnée, παραπομπή.

Un triangle sphérique ne peut avoir aucun côté plus grand que 180°, ni même de 180° tout-à-fait.

Si deux sécantes sont en raison donnée, les deux arcs seront connus, pourvu que l'on en connaisse la somme; on pourrait ajouter ou leur différence.

Viète fait

$$\sec A : \sec A' :: \text{coséc}(A+A') : \tang A' + \cot(A+A');$$

d'où

$$\sec A' \text{coséc}(A+A') = \sec A \tang A' + \sec A \cot(A+A');$$

$$\frac{1}{\cos A' \sin(A+A')} = \frac{\tang A'}{\cos A} + \frac{\cos(A+A')}{\cos A},$$

$$\frac{\cos A}{\cos A' \sin(A+A')} = \tang A' + \frac{\cot(A+A')}{\sin(A+A')},$$

$$\frac{\cos A}{\cos A'} = \tang A' \sin(A+A') + \cos(A+A'),$$

$$\cos A = \sin A' \sin(A+A') + \cos A' \cos(A+A') = \cos(A+A'-A') = \cos A.$$

L'analogie de Viète est donc vérifiée; on aura donc

$$1 : \frac{\sec A'}{\sec A} :: 1 : \frac{\tang A' + \cot(A+A')}{\text{coséc}(A+A')} = \tang A' \sin(A+A') + \cos(A+A'),$$

$$\tang A' = \frac{\frac{\sec A'}{\sec A} - \cos(A+A')}{\sin(A+A')} = \frac{\frac{\cos A}{\cos A'} - \cos(A+A')}{\sin(A+A')}.$$

On peut faire

$$\frac{\cos A}{\cos A'} = \cos \varphi;$$

alors
$$\tan A' = \frac{\cos\varphi - \cos(A+A')}{\sin(A+A')} = \frac{2\sin\frac{1}{2}(A+A'-\varphi)\sin\frac{1}{2}(A+A'+\varphi)}{\sin(A+A')}.$$
Or,
$$1+\cos\varphi : 1-\cos\varphi :: \cos A' + \cos A : \cos A' - \cos A,$$
$$1 : \tan\tfrac{1}{2}\varphi :: 1 : \tan\tfrac{1}{2}(A-A')\tan\tfrac{1}{2}(A+A').$$

Ainsi, au lieu de supposer la somme connue, on peut supposer la demi-différence. Cos φ est le rapport connu des cosinus, ou le rapport inverse des sécantes; on a donc $\cos\varphi$ et
$$\tan\varphi = \tan\tfrac{1}{2}(A-A')\tan\tfrac{1}{2}(A+A');$$
ainsi, avec la somme et le rapport on aura la différence, et par conséquent les deux arcs, d'une manière bien plus courte que celle de Viète.

On arriverait plus naturellement à cette solution en faisant

$$\cos A' : \cos A :: 1 : \cos\varphi, \quad \cos A' + \cos A : \cos A' - \cos A :: 1+\cos\varphi : 1-\cos\varphi,$$
$$2\cos\tfrac{1}{2}(A-A')\cos\tfrac{1}{2}(A+A') : 2\sin\tfrac{1}{2}(A-A')\sin\tfrac{1}{2}(A+A') :: 1 : \tan^2\tfrac{1}{2}\varphi,$$
$$\tan^2\tfrac{1}{2}\varphi = \tan\tfrac{1}{2}(A-A')\tan\tfrac{1}{2}(A+A').$$

Mais pour trouver cette formule plus élégante et plus générale, il fallait transformer l'analogie primitive en prenant les sommes et les différences des deux termes de chaque rapport. Nous avons plusieurs fois témoigné notre étonnement de ce que les Grecs, qui ont tourmenté leurs proportions de tant de manières souvent bizarres, ne se soient jamais avisés de cette combinaison. Les Arabes ont eu la même maladresse, et nous voyons avec quelque surprise, qu'une chose si simple n'ait pas été aperçue de Viète. Il donne ensuite une règle particulière pour le cas de la différence. Il en donne encore d'autres pour les cas où c'est la somme ou la différence des arcs qui est donnée; mais notre formule reste toujours aussi simple et aussi générale.

$$\sin A : \sin A' :: 1 : n; \quad \text{donc } \sin A + \sin A' : \sin A - \sin A' :: 1+n : 1-n;$$
donc
$$\frac{\tan\tfrac{1}{2}(A-A')}{\tan\tfrac{1}{2}(A+A')} = \frac{1-n}{1+n} = \frac{1-\cos\varphi}{1+\cos\varphi} = \tan^2\tfrac{1}{2}\varphi;$$
donc
$$\tan\tfrac{1}{2}(A-A') = \tan^2\tfrac{1}{2}\varphi \tan\tfrac{1}{2}(A+A'),$$
et
$$\tan\tfrac{1}{2}(A+A') = \cot^2\tfrac{1}{2}\varphi \tan\tfrac{1}{2}(A-A').$$

Plus loin il donne
$$\cot A + \cot A' : \cot A - \cot A' :: \sin(A+A') : \sin(A-A');$$

en effet,

$$\frac{\cos A}{\sin A} + \frac{\cos A'}{\sin A'} : \frac{\cos A}{\sin A} - \frac{\cos A'}{\sin A'} :: \frac{\sin A' \cos A + \sin A \cos A'}{\sin A \sin A'} : \frac{\sin A' \cos A - \cos A' \sin A}{\sin A \sin A'}$$
$$:: \sin(A'+A) : \sin(A'-A).$$

Il ne démontre aucune de ces formules.

Il revient à l'histoire des Tables de sinus, de tangentes et de sécantes. Il persiste à rejeter les dénominations de sécantes et de tangentes; ses raisons sont que la sécante doit couper le cercle en deux points, et que la tangente n'a par elle-même aucune borne; mais c'est qu'il s'obstine à placer l'origine de la sécante hors du cercle. En plaçant l'origine au centre, elle ne coupera plus le cercle qu'en un seul point, et elle bornera naturellement la tangente. Les dénominations sont une chose arbitraire et qu'on peut changer pour plus de commodité, pourvu qu'on commence par les définir pour éviter toute méprise. Viète lui-même n'a-t-il pas changé la définition du mot hypoténuse, qui, chez les Grecs, signifiait indifféremment l'un des côtés quelconque des triangles. La restriction qu'il proposait était bonne et commode, elle fut généralement adoptée. Les dénominations de tangentes et de sécantes, dans le nouveau sens, avaient les mêmes avantages. Elles ont triomphé des mépris de Viète, et elles méritaient la préférence sur les prosinus et les transsinuoses.

Au lieu de prosinus il proposait encore amsinus, sans en dire la raison; la préposition *am* est peut-être ἅμα des Grecs, ou *cum*; ainsi, amsinus serait le sinus compagnon : ce qui serait le cosinus, à la signification près. Il propose encore de donner aux sécantes le nom de *prosemidiametri*, quasi *protensæ semidiametri*.

Si des trois sommets d'un triangle sphérique, comme pôles, on décrit des arcs de grand cercle, le triangle nouveau qui en résultera sera réciproque au premier triangle, tant pour les angles que pour les côtés. Viète n'en dit pas davantage. On serait tenté de croire, qu'il vient de définir sous le nom de triangle *réciproque*, le triangle polaire ou supplémentaire, dont il est question dans toutes les Trigonométries modernes; mais, dans le vrai triangle polaire, les côtés sont les supplémens des angles du triangle primitif, les angles sont les supplémens des côtés et réciproquement. Viète ne prononce pas le mot de *supplément*. On croirait que les côtés deviennent tout simplement des angles, et que les angles se changent en côtés : ce qui ne serait pas exact. Nous verrons plus loin le mot de cette énigme; en attendant, contentons-nous d'assurer que jusqu'ici rien ne

VIÈTE.

démontre encore que Viète ait eu la première idée du triangle supplémentaire des modernes.

Ce qui paraît démontré, c'est que Viète a le premier complété notre système trigonométrique; qu'il a véritablement enseigné l'usage des tangentes et des sécantes; qu'il a établi les quatre formules générales, desquelles deux seulement étaient connues. Mais ce qui paraîtra singulier aux géomètres, c'est qu'étant auteur des formules que l'on appelle spécialement *formules analytiques,* il ne les regarde que comme des théorèmes purement curieux, et que pour la pratique il préfère de partager le triangle en deux rectangles. Il est certain que le calcul en est toujours plus court, quoique moins précis quelquefois. Il est pourtant des occasions où je préfère les quatre formules analytiques, même comme plus commodes : cela dépend des circonstances. On ne gagne jamais rien à se borner exclusivement à une méthode. Une autre chose presque aussi singulière, c'est que Viète n'ait jamais mis ses règles en équations; il en connaissait l'usage cependant, puisqu'il a composé un traité tout exprès, sous le titre de *Recognitione æquationum,* et un autre *de Emendatione æquationum.* Il est vrai qu'il ne connaissait pas le signe = qui sert à indiquer l'égalité des deux membres, et qu'il s'expliquait de la manière suivante : si *aN æquetur B;* mais ce n'était pas un obstacle; il pouvait écrire, par exemple,

on aura $\cos C''$ égal à $\cos A'' \sin C \sin C' + \cos C \cos C$.

Nous allons voir qu'il est aussi l'auteur de la plupart des solutions qui s'appellent *astronomiques,* pour les distinguer des formules *analytiques.*

Soit (fig. 124) BAD un triangle sphérique quelconque, avec sa perpendiculaire $AC = P$.

$$\sec BAC : \sec DAC :: \tang AB : \tang AD,$$
ou
$$\cos DAC : \cos BAC :: \tang AB : \tang AD,$$
$$\sec CB : \sec CD :: \sec AB : \sec AD,$$
ou
$$\cos AB : \cos AD :: \cos BC : \cos CD,$$
$$\sin CD : \sin BC :: \tang B : \tang B,$$
$$\sin BAC : \sin DAC :: \sec D : \sec B :: \cos B : \cos D.$$

Ce sont, comme on voit, les règles devenues vulgaires. Par là, Viète évite le calcul de la perpendiculaire P, dont on ne pouvait se dispenser avant l'introduction des tangentes. Ici Viète a été plus loin que les Arabes; du moins nous ignorons encore ce qu'avait fait Aboul Wéfa pour les triangles obliquangles et pour les rectangles mêmes ; il ignorait ce théorème de Viète, qui nous a appris que le cosinus de l'hypoténuse est égal au produit des cotangentes des deux angles obliques. Nous pouvons donc réclamer pour Viète le système complet de Trignométrie que suivent aujourd'hui tous les astronomes. Ce système est devenu plus simple et plus facile à retenir, depuis que nous nous bornons aux sinus, aux cosinus, aux tangentes et aux cotangentes ; mais avant l'invention des logarithmes, les sécantes avaient leur utilité pour changer les divisions en multiplications, ce qui n'était pas à dédaigner.

Pour exemple (fig. 125), il donne le triangle rectangle ACB, dont voici les angles et les côtés :

$$C = 90°, \quad A = 41°, \quad B = 53°\ 1'\ 36'', \quad AB = 30°\ 0'\ 0'', \quad AC = 23°\ 30'\ 40'',$$
$$BC = 19°\ 8'\ 58''.$$

Il y ajoute trois *remplissages* (fig. 126), κατ' ἀναπλήρωσιν, c'est-à-dire qu'il prolonge chacun des trois côtés, de part et d'autre, jusqu'à 180° ; ce qui lui donne trois fuseaux, dont le triangle primitif est la partie commune ; dans les trois triangles nouveaux qu'il forme de cette manière, les côtés et les angles sont ou égaux à ceux du triangle primitif, ou leurs supplémens à 180° ; les angles sont égaux quand ils sont opposés au sommet ou aux deux bouts d'un même fuseau ; ils sont supplémentaires quand ils sont des angles de suite ; les côtés sont égaux quand ils sont communs à deux triangles, et supplémens quand ils sont les prolongemens des côtés donnés.

Des trois angles de son triangle rectangle, il fait les trois côtés d'un triangle rectilatère.

Les angles seront 150°...23° 32' 40" et 19° 8' 56,
Viète donne.... 150....23.32.40 et 19.8.58 ;

mais dans la figure, plusieurs de ces nombres sont altérés, et par suite leurs supplémens.

Jusqu'ici l'on ne voit pas trop à quoi servent ces remplissages et ces changemens d'angles en côtés.

Son triangle suivant est obliquangle ; il en suppose les côtés en nombres ronds.

$$AB = 70°, \quad BC = 54°, \quad AC = 120°.$$

J'en conclus les angles

VIÈTE.

C = 24° 49′ 11″,   A = 21° 11′ 9″   et   B = 157° 14′ 26″
Viète fait . . . .   B = 112.45.33
                                 C = 24.49.11
                                 A = 21.11. 9
La somme ne serait que de. . . . = 158.45.53,

et elle doit être plus forte que 180°; le sinus de B est aussi celui de 22° 45′ 33″; au lieu d'en prendre le supplément Viète aura ajouté 90°. La même faute s'est glissée dans les *remplissages*.

Des côtés 70°, 54°, 120°, Viète fait les angles 70° 54° et 60°, dont la somme est 184°. Je trouve les côtés 24° 49′ 11″, 22° 45′ 34″, 21° 11′ 9″. Deux de ces côtés sont les angles du triangle primitif; celui du milieu est le supplément de l'angle primitif. Serait-ce là ce que Viète appelle son triangle réciproque? En prolongeant les côtés jusqu'à 90°, l'arc compris et décrit du sommet comme pôle, sera la mesure de l'angle. Les trois côtés ainsi trouvés, pourront former un triangle, mais ce triangle ne nous apprendra rien.

Sur des côtés donnés on pourra élever des arcs perpendiculaires, les angles au pôle auront la même valeur que les côtés; ces trois angles pourront être ceux d'un triangle, pourvu que leur somme surpasse 180°.

Viète prend un autre triangle dont les côtés sont 70°, 45° et 36°.

Il trouve les angles 123° 36′ 20″,   38° 48′ 30″   et   31° 23′ 49″.
Je trouve . . . . 123.36.21,   38.48.30   et   31.23.44.

Il en donne encore les *remplissages*, qui ne sont pas plus utiles que les précédens.

Des trois côtés, il fait encore trois angles, mais leur somme ne serait que de 151°; il change 36° en son supplément 144°.

Viète trouve pour les angles 148° 36′ 12″,   123° 36′ 20″   et   38° 45′ 30″.
Je trouve . . . .   148.36.12,   123.36.21   et   38.48.30.

Deux de ces angles sont les anciens côtés, l'autre est le supplément de l'ancien angle; il est opposé au côté dont on a pris le supplément.

Voilà tous les exemples numériques de Viète; on n'y voit rien qui ressemble au triangle vraiment supplémentaire. Les triangles dont il a changé les côtés en angles, sont probablement ce qu'il appelle triangles *réciproques*, et ils ne sont qu'une spéculation assez oiseuse. Quand il a prolongé ses côtés jusqu'à 90°, et que des trois sommets comme pôles il a décrit des arcs de grands cercle, il a trois arcs; mais les arcs ne forment point un triangle; on peut en former un triangle, si deux quelconques de ces trois arcs surpassent le troisième; les trois angles ne sont pas assujétis à cette loi; l'un des angles peut surpasser la somme des deux autres, et nous en avons un exemple dans le dernier triangle où l'un des angles était de 144°, et la somme des deux autres n'était que de 115°. On peut supposer sur une base, deux angles aussi petits qu'on voudra, le troisième surpassera le supplément de la somme des deux petits angles, et surpassera de beaucoup leur somme. Il résulte de cet examen, que Viète n'a aucun droit à l'idée d'un triangle supplémentaire; nous verrons que cette idée appartient à Snellius, qui s'est énoncé de manière à ne laisser aucun doute.

La définition du triangle réciproque, donnée par Viète, page 418, n° 10, *si sub apicibus singulis propositi tripleuri sphærici, describantur maximi circuli, tripleurum ita descriptum tripleuri primùm propositi, lateribus et angulis est reciprocum*, est incomplète de toute manière, et le hasard fait qu'elle convient beaucoup mieux à un triangle auquel Viète ne pensait pas, et qui a été imaginé long-tems après. Il aurait dû nous dire en quoi consistait cette réciprocité des angles et des côtés. Le sens le plus naturel à donner à ces mots, était que les angles du premier triangle devenaient les côtés de l'autre, et réciproquement : ce qui n'est pas vrai. Cette réciprocité a lieu dans les échanges pleurogoniques (*Enallage* πλευρογωνικη) dont il nous a donné des exemples numériques; mais dans ces échanges de côtés en angles, il est obligé de substituer le supplément au côté lui-même, pour que le nouveau triangle soit possible. C'est une chose dont il n'avertissait pourtant pas dans sa définition. Heureusement il a donné des exemples sans lesquels on ne l'eût jamais compris; et l'on pourrait, avec quelque vraisemblance, soutenir qu'il a eu l'idée du véritable triangle supplémentaire. Cet exemple doit nous rendre très circonspects dans les interprétations que nous donnons quelquefois à des passages obscurs, pour attribuer à quelque ancien une découverte à laquelle il n'a jamais songé. Si Viète avait eu l'idée de ce triangle supplémentaire, aurait-il négligé d'en expliquer les propriétés et les facilités qu'il offre pour les démonstrations de certains théorèmes? il donne lui-même quelques lumières sur ses veritables intentions, p. 418, n° 12. *Et si quidem in iis rectangulis proponatur angulus aliquis obtusus aliquodve latus majus quadrante, invertitur triangulum* κατ' ἀναπλήρωσιν *et cum idem triangulum quatuor modis variari possit....; eligitur adsequenda ea species quæ angulos, qui acuti sunt, exhibet, et latera quadrante mi-*

nora. Eâ enim adsecutâ, de specie proposita licet judicium facere et ratiocinari. Ainsi, tous ces *remplissages*, et les conversions de triangles, n'ont d'autre objet que d'éviter les angles ou les côtés qui surpassent 90°, pour raisonner plus sûrement sur l'espèce de l'inconnue. Ce sont des préparations dont nous n'avons plus besoin aujourd'hui.

Pour son triangle réciproque voici comment il aura pu y parvenir, et comment il aura senti la nécessité de changer un côté en son supplément avant que d'en faire un angle.

Pour trouver un angle par les trois côtés, il calculait $\frac{\cos C'' - \cos C \cos C'}{\sin C \sin C'}$, et il avait le cosinus de l'angle opposé à C''; en faisant des angles de C, C' et C'', sans en changer les valeurs numériques, l'expression fractionnaire restait la même, mais elle ne donnait pas le cosinus du côté opposé, dont l'expression véritable est $\frac{\cos C'' + \cos C \cos C'}{\sin C \sin C'}$.

Au lieu de C'' mettons $180° - C''$, la première expression deviendra $\frac{-\cos C'' - \cos C \cos C'}{\sin C \sin C'} = -\frac{\cos C'' + \cos C \cos C'}{\sin C \sin C}$; ce sera la valeur du cosinus du côté opposé à $(180° - C'')$; le cosinus sera négatif et le côté plus grand que 90°.

Conservons C'' en le changeant en angle, et mettons $(180° - C)$ ou $(180° - C')$ au lieu de C ou de C', l'expression deviendra $\frac{\cos C'' + \cos C \cos C'}{\sin C \sin C'}$, ce sera celle du cosinus du côté opposé à C'', mais le cosinus sera positif.

Voilà donc sans doute le véritable triangle réciproque de Viète. Ce changement de C ou de C'' en $(180° - C)$ ou $(180° - C'')$ introduisait un angle obtus qu'il changeait en un angle supplémentaire aigu, par l'une de ses quatre *anapléroses*. Cette explication est parfaitement conforme à tous les exemples numériques, et aux passages cités de Viète.

Ailleurs il se propose ce problème, dans le genre à peu près de plusieurs qui ont été résolus par Régiomontan.

Dans le triangle rectiligne ABE (fig. 127), on connaît l'angle au sommet A, le côté opposé BE $= C$ avec ses deux segmens DE $= b$ et BD $= c$, de sorte que $b + c = C$; on connaît de plus la ligne AD $= a$, qui va du sommet au point de section D de la base. On demande les deux autres côtés et les angles opposés.

Tout triangle est inscriptible au cercle; ainsi, la base BE est la corde de l'arc BHE $= 2$A. Soit r le rayon inconnu du cercle

$$FA = FB = FE = r; \quad BG = GE = \tfrac{1}{2}(b+c) = r\sin A; \quad FG = r\cos A$$
$$= \frac{\tfrac{1}{2}(b+c)\cos A}{\sin A} = \tfrac{1}{2}(b+c)\cot A; \quad DG = BG - BD = \tfrac{1}{2}(b+c) - c$$
$$= \tfrac{1}{2}b + \tfrac{1}{2}c - c = \tfrac{1}{2}(b-c); \quad \tang FDG = \frac{FG}{DG} = \frac{\tfrac{1}{2}(b+c)\cot A}{\tfrac{1}{2}(b-c)} = \left(\frac{b+c}{b-c}\right)\cot A,$$
$$DF = \frac{DG}{\cos FDG} = \frac{\tfrac{1}{2}(b-c)}{\cos FDG};$$

dans le triangle ADF, nous avons

$$AF = r = \frac{b+c}{2\sin A}, \quad AD = a, \quad DF = \frac{b-c}{2\cos FDG};$$

nous aurons donc l'angle ADF; nous aurons

$$ADG = ADF + FDG, \quad ADB = 180° - ADF - FDG;$$

avec l'angle ADB et les côtés $BD = c$ et $AD = a$ nous aurons les angles DBA, BAD, et par conséquent DAE et E; mais il suffit de DBA et de BAE pour avoir BEA; nous aurons donc les trois angles; avec le côté BE, nous aurons BA et AE; le problème sera complètement résolu par la recherche de 21 logarithmes.

La solution analytique serait plus longue et moins commode; la solution graphique serait bien simple.

Sur le milieu de BE élevez la perpendiculaire indéfinie GF.

Menez BF, qui fasse $GBF = 90° - BFG = 90° - A$, vous aurez en F le centre du cercle, vous aurez le rayon FA; décrivez le cercle.

Du point D, avec le rayon AD, marquez le point A, tirez AB et AE, le problème sera résolu géométriquement.

Adrien Romain avait proposé aux géomètres de son tems la solution d'un problème du 45e degré. Viète, qui s'était beaucoup occupé des sections angulaires, reconnut en trois heures que l'inconnue x du problème était la corde d'un arc $= \frac{B}{45}$; B étant l'arc dont la corde A serait le terme tout connu de l'équation.

Dans sa réponse, Viète, après avoir plaisanté Adrien Romain, lui corrigea son problème, en expliqua la solution, en donna la construction, à laquelle il ajouta, sans démonstration, plusieurs théorèmes qui conduisent à donner les expressions des cordes des arcs multiples en séries ordonnées selon les puissances de la corde de l'arc simple; il donna quelques exemples de l'usage de ses formules, en y ajoutant quelques *petits théorèmes* pour les sinus des arcs multiples et sous-multiples.

Parmi ces théorèmes, qui ne sont pas tous également utiles, Alexandre Anderson a rassemblé les plus importans, et les a démontrés synthétiquement. En les traduisant en langage moderne, on retrouve ou des propositions connues de tout tems, ou des expressions qu'il est aisé de ramener aux formules plus modernes des puissances des sinus en fonctions des sinus ou cosinus des arcs multiples, ou réciproquement.

Le premier se réduit à

$$\sin A = \sin(2A+B)\cos(A+B) - \cos(2A+B)\sin(A+B),$$
$$\cos A = \cos(2A+B)\cos(A+B) + \sin(2A+B)\sin(A+B).$$

Le second à

$$\sin(2A+B) = \sin(A+B)\cos A + \cos(A+B)\sin A,$$
$$\cos(2A+B) = \cos(A+B)\cos A - \sin(A+B)\sin A.$$

Ce n'était pas trop la peine de travestir ainsi deux théorèmes de Ptolémée; ou du moins, en leur donnant cette forme, il fallait en montrer les usages particuliers.

Dans le troisième, il cherche les expressions de $\sin 2A$, $\sin 3A$, $\sin 4A$, etc.; $\cos 2A$, $\cos 3A$, $\cos 4A$, etc. Tout cela n'offre aujourd'hui rien que de bien connu, et les démonstrations qu'on en donne sont bien plus faciles.

Le théorème quatrième est plus remarquable; mais pour le rendre intelligible je l'ai mis sous la forme suivante :

$$\sin(n+1)A = \sin nA + [\sin nA - \sin(n-1)A] - 4\sin^2\tfrac{1}{2}A \sin nA,$$

qui donne le moyen de calculer la table des sinus par les différences première et seconde, quand on a déterminé directement les sinus de $0.A$ et $1.A$ avec $\sin^2\tfrac{1}{2}A$; formule que j'ai trouvée il y a plus de 25 ans, sans avoir lu Viète, ni aucun des auteurs de ce tems, et que je n'avais pas aperçue d'abord dans le théorème obscur de Viète, qui ne l'a pas vue lui-même, car sans doute il n'aurait pas manqué d'indiquer un usage si remarquable. (*Voyez* tome I, page 458).

Voici, au reste l'énoncé de Viète :

Si à puncto, in peripheriâ circuli, sumantur segmenta quotcumque æqualia, ut minima ad sibi proximam, ita reliquarum quævis à minimâ deinceps ad summam duarum sibi utrinque proximarum.

La démonstration synthétique tient plus d'une demi-page in-folio.

On trouve ensuite ce problème : Prendre, sur une circonférence, deux arcs en raison multiple qui soit aussi celle des carrés de leurs cordes.

Soient A et nA ces deux arcs; on aura A : sin A :: $\sin^2$A : $\sin^2 n$A;

d'où $$\frac{\sin^2 n\mathrm{A}}{\sin^2 \mathrm{A}} = n.$$

Soit $n = 2$. $\quad \dfrac{\sin^2 2\mathrm{A}}{\sin^2 \mathrm{A}} = \dfrac{(2\sin \mathrm{A} \cos \mathrm{A})^2}{\sin^2 \mathrm{A}} = \dfrac{4\sin^2 \mathrm{A} \cos^2 \mathrm{A}}{\sin^2 \mathrm{A}} = 4\cos^2 \mathrm{A}$;

$\cos^2 \mathrm{A} = \frac{2}{4} = \frac{1}{2}$, $\quad \mathrm{A} = 45°$, $\quad 2\mathrm{A} = 90°$, $\quad \sin^2 \mathrm{A} = \frac{1}{2}$, $\quad \sin^2 2\mathrm{A} = 1$.

Le problème, dans ce cas, est bien simple. C'est l'exemple que Viète calcule. Pour toute autre valeur de n, le numérateur $\sin^2 n$A serait bien plus compliqué.

Viète se sert ailleurs de ce problème pour la quadrature des lunules.

Le théorème cinq, en langage moderne, est

$$\sin(n+1)\mathrm{A} + \sin n\mathrm{A} = 2\sin(n+\tfrac{1}{2})\mathrm{A} \cos\tfrac{1}{2}\mathrm{A},$$
$$2\sin\tfrac{1}{2}(n+1+n)\mathrm{A}\cos\tfrac{1}{2}(n+1-n)\mathrm{A} = 2\sin(n+\tfrac{1}{2})\mathrm{A}\cos\tfrac{1}{2}\mathrm{A},$$
$$\sin(n+1)\mathrm{A} - \sin n\mathrm{A} = 2\sin\tfrac{1}{2}(n+1-n)\mathrm{A}\cos\tfrac{1}{2}(n+1+n)\mathrm{A}$$
$$= 2\sin\tfrac{1}{2}\mathrm{A}\cos(n+\tfrac{1}{2}\mathrm{A}).$$

Cette seconde partie du théorème donne la différence première des sinus, comme le théorème quatre en donne les différences secondes.

On trouve les deux parties, en deux lignes de calcul, d'après un principe connu de tout tems; Anderson y emploie une page de démonstration et deux figures. Comme nous le présentons, ce théorème est bien plus concis et plus facile à retenir; mais enfin, voilà deux formules utiles et qui étaient là comme ensevelies, en sorte qu'elles sont restées inconnues pendant plus d'un siècle.

Le théorème six donne les cosinus de 2A, 3A, etc., en fonctions de cos A. Viète indique la loi des séries. Il les destinait à faciliter la construction d'une table de cosinus; mais ce moyen paraît peu commode.

Le théorème sept donne des séries de même genre pour les cordes des arcs multiples. Nous les retrouverons, avec quelques éclaircissemens insuffisans, dans l'ouvrage de Briggs.

Le théorème huit est encore bien plus compliqué et plus difficile à énoncer.

Le théorème neuf donne encore des séries de même genre pour les sinus et les cosinus des multiples d'un angle quelconque.

Le théorème dix servirait à sommer des cordes; problème assez inutile à l'Astronomie. (*Voyez* Montucla, tome I, page 608). Viète ajoute :

Ces mystères, inconnus jusqu'ici, sont dévoilés par l'analyse des sections angulaires. Étant donné en nombre la raison de deux angles, on aura la raison des côtés, *théor.* 3 ; on trouvera des angles qui seront entre eux comme nombre à nombre ; on partagera un angle en 3, 5, 7 parties égales ; des arcs étant donnés en progression arithmétique, on aura les cordes, si l'on connaît la première et la seconde seulement, ou si l'on connaît la première et la dernière. On pourra donc construire et vérifier une table de sinus, et voici la marche qu'il indique :

Vous trouverez le sinus de 18° par la section du rayon en moyenne et extrême raison ; par la quinti-section vous en déduirez le sinus de 3° 36′ ; du sinus de 60°, par la trisection, vous tirerez le sinus de 20°, et par un autre trisection celui de 6° 40′ ; par la bisection, le sinus de 3° 20′ ; des sinus de 3° 36′ et de 3° 20′, vous tirerez le sinus de 16′, puis ceux de 8′, 4′, 2′ et 1′ ; et enfin par les cosinus des arcs multiples, vous acheverez ce qui reste.

Dans tout cela, on ne lui voit faire aucun usage des théorèmes bien plus utiles des différences premières et secondes : utilité qu'il n'a pas bien sentie lui-même.

Ces recherches, bien plus difficiles alors qu'elles ne le sont aujourd'hui, marquent certainement un esprit éminemment analytique ; mais la marche d'Euler, dans sa Théorie des sections angulaires, est aussi claire et aussi facile que celle de Viète est obscure et embarrassée. La notation ajoutait pour Viète, à la difficulté des problèmes ; mais il aurait pu se rendre beaucoup plus accessible, et l'on est en droit de soupçonner qu'il était de son goût de ne parler qu'en énigmes. Il cherchait à étonner beaucoup plus qu'à instruire.

Viète mourut en 1603 ; il était né en 1540, à Fontenai en Poitou. Il fut Maître des Requêtes de la reine Marguerite. Nous parlerons ailleurs de son Calendrier.

Magini.

A la suite de Viète nous pouvons placer Magini (Jean-Antoine), professeur de Mathématiques à Bologne, commentateur de Ptolémée, de Régiomontan et de Viète ; auteur de Tables volumineuses, et qui n'étaient pas alors sans utilité ; il composa des Éphémérides ; il fut laborieux et savant, mais il n'a fait faire aucun progrès à la science. Il était, comme tous ses contemporains, grand admirateur de l'Astrologie judiciaire, ainsi que nous le verrons par ses ouvrages. Né en 1556, il mourut en 1617. Il était en correspondance avec Képler et Tycho, à qui il dédia un de ses nombreux ouvrages. Le plus considérable de tous ceux qu'il a publiés a pour titre :

Primum mobile duodecim libris contentum, in quibus habentur Trigonometria Sphæricorum, et Astronomica, Gnomonica, Geographica que problemata ac præterea magnus trigonometricus canon ac magna primi mobilis tabula. Bononiæ, 1609.

Le grand canon donne, pour toutes les minutes, les sinus, les sinus verses, les tangentes et les sécantes à sept décimales, et à côté des sinus l'arc dont le sinus est un dixième du sinus principal de la table; ainsi, vis-à-vis 2909 sinus de 0° 1′, on trouve l'arc 6″, dont le sinus est 290,9.

La seconde série donne le sinus verse, et ensuite l'arc dont le sinus droit est égal à ce sinus verse; ainsi, le sinus verse de 1° est 1523, et c'est le sinus de 0′ 31″.

La troisième série offre les tangentes pour toutes les minutes; à côté de ces tangentes on voit l'arc dont le sinus est $\frac{1}{10}$ de la tangente; après quoi on trouve les arcs qui ont cette même tangente pour sinus.

La quatrième offre les sécantes pour toutes les minutes, et à côté de chaque sécante l'arc dont le sinus est $\frac{1}{10}$ de cette même sécante.

La table va de 0° à 90°, chaque degré occupant une page; les complémens ne sont pas en regard.

Cette manière d'augmenter l'étendue de la table est simple en théorie, mais elle a dû exiger beaucoup de travail.

Magini appelle sinus second, tangente seconde, sécante seconde, ce qu'on appelle aujourd'hui cosinus, cotangente et cosécante.

Il parle du triangle complémentaire, du complémentaire de ce premier complémentaire, de la continuation des côtés jusqu'à 180°, du changement d'un triangle en un autre dont les deux premiers angles sont égaux à deux côtés du premier, et le troisième angle est le supplément du troisième côté; l'angle opposé au troisième côté se change en un côté qui en est le supplément, et les deux autres angles en deux côtés qui les mesurent. Ce triangle est celui de Pitiscus, dont nous aurons occasion de parler par la suite.

Dans la définition de ce triangle, qu'il appelle *réciproque*, il copie plusieurs expressions de Viète; mais il s'exprime d'une manière plus claire et plus complète; il commence par achever le cercle dont un des côtés fait partie; il prolonge les deux autres côtés, jusqu'à leurs rencontres avec ce cercle entier; alors des trois sommets du triangle donné comme pôle il décrit trois demi-cercles qui, par leurs intersections, forment le triangle *réciproque* où le troisième angle est le supplément du troisième côté, au lieu de lui être égal. Ce commentaire ne laisse plus aucun doute sur le triangle *réciproque de Viète*.

Dans son second livre, il parle de la *prostaphérèse* des tangentes et des sécantes. Quand on a, par exemple, un produit tel que $\sin A \tang B$, on trouve dans sa table $\tang B = 10 \sin B'$; en sorte que $\sin A \tang B = 10 \sin A \sin B'$, qui se change en $\frac{10}{2}[\cos(A-B') - \cos(A+B')]$. Si l'on a $\tang A \tang B$, on le change en

$$10 \sin A' \cdot 10 \sin B' = 100 \sin A' \sin B' = \frac{100}{2}[\cos(A'-B') - \cos(A'+B)],$$

et ainsi des autres. Ainsi, avant l'invention des logarithmes, la table avait une utilité réelle. On a employé des artifices tout pareils dans des tables subsidiaires très modernes.

Pour abréger encore les calculs, il forme des tables à double entrée, où l'on trouve tout faits les produits $\sin A \sin B$, $\sin A \tang B$, $\sin A \sec B$, et autres semblables. Nous avons vu que Régiomontan avait donné, sous le nom de *Table générale*, celle des produits $\sin A \sin B$. Ces tables sont devenues fort inutiles par l'invention des logarithmes.

Dans les huit livres suivans, il se propose la solution de tous les problèmes de l'Astronomie sphérique. Nous ne parlerons que de ceux qui offrent quelque chose de remarquable. Ainsi, au problème VIII, il cherche la longitude et l'ascension droite d'un point de l'écliptique, quand on connaît la somme $(L + \text{Æ})$.

La solution qu'il donne de ce problème revient à faire

$$\sin(L - \text{Æ}) = \tang^2 \tfrac{1}{2}\omega \sin(L + \text{Æ}).$$

Quand j'ai donné cette formule dans la préface de mes Tables du Soleil, je n'imaginais guère qu'elle fût si ancienne. Ces ouvrages, que personne ne lit aujourd'hui, peuvent renfermer des choses dont on pourrait faire un bon usage. Cette formule, au reste, est de celles qu'on trouve à l'instant où l'on en sent le besoin, et dont la découverte exige moins de tems qu'on en mettrait à les chercher dans un livre où l'on se souviendrait de les avoir vues. Il est utile cependant de recueillir ces formules; on en tire des conséquences auxquelles on n'aurait pas songé. Ainsi, il est évident que $\sin(L - \text{Æ})$ est le sinus de la réduction de l'écliptique à l'équateur. $\sin(L - \text{Æ}) = \tang^2\tfrac{1}{2}\omega \sin(L + \text{Æ})$ nous dit que la réduction à l'écliptique est la plus grande, quand $(L + \!A\!R) = 90°$ ou $\!A\!R = 90° — L$, et $\tang \!A\!R = \cos \omega \tang L = \cot L$, et $\cos \omega = \cot^2 L$, ce qui donne L et $\!A\!R$ pour l'instant de la plus grande réduction.

sin. amplit. ortive = tang haut. du pôle sin hauteur ☉ au premier vertical

$$= \tang H \frac{\sin D}{\sin H} = \frac{\sin D}{\cos H}.$$

Magini démontre péniblement ces formules, que les Arabes démontraient si simplement par l'analemme.

Le livre IX traite des *projections des rayons* et des *directions*. Cette théorie est un des moyens de l'Astrologie judiciaire.

Voici la définition qu'il donne du mot *direction* : ce n'est rien autre chose qu'une détermination du tems que doit employer un *significateur* pour venir prendre la place d'un *promisseur*. C'est donc l'arc de l'équateur qui passera par le méridien ou par l'horizon, en vertu du mouvement diurne, et cet arc s'exprime ou en *heures temporaires,* ou par les arcs de position qui passent par les sections de l'horizon et du méridien. Il y a donc deux formes de *direction*. La première, qu'on dit celle de Ptolémée, emploie les heures temporaires; l'autre, qui vient d'Abraham Avenesra, a depuis été renouvelée par Régiomontan, qui lui a donné le nom de *rationnelle*.

Malgré l'obscurité de la définition, on voit qu'il s'agit d'un problème d'Astronomie sphérique, et c'est à ce titre seul qu'elle peut nous intéresser. La suite la développera. (*Voyez* ci-après, problème XVIII).

Pour les radiations. Soit A (fig. 128) une étoile dont la longitude soit ♈L, la latitude AL, l'ascension droite ♈B, et la déclinaison AB; EF étant l'équateur et CD l'écliptique.

Prenez les hypoténuses $AE = AF = 60°$; la radiation sur l'équateur commencera au point E et finira au point F.

Pour la radiation trigone il faut que les hypoténuses soient de... $120° = 180° — 60°$. EA, prolongé jusqu'à 180°, tombera sur l'équateur à 180° de E; FA, prolongé de même, tombera à 180° de F.

La radiation sur l'écliptique se trouvera de même en prenant... $AC = AD = 60°$ pour la radiation sextile, ou de 120° pour la radiation trigone, et toujours on aura

$$\frac{\cos \text{hypoténuse}}{\cos \text{déclinaison}} = \cos EB = \cos BF, \quad \frac{\cos \text{hypoténuse}}{\cos \text{latitude}} = \cos LC = \cos LD.$$

Soit (fig. 129) OAH un cercle de position passant par l'astre connu A.

On demande l'angle du cercle de position avec le méridien ou l'angle PHA.

On connaît PH et PA et l'angle APH, on aura l'angle PHA par sa cotangente.

$$\cot \text{PHA} = \frac{\tang D \sin H}{\sin P} - \cos H \cot P,$$

l'angle P étant compté de minuit.

Connaissant PHA, on aura

$$\sin \text{PR} = \sin \text{PH} \sin \text{PHA} = \sin \text{hauteur du pôle sur le cercle HAO}.$$

Connaissant PR on aurait PHA = PHR en faisant

$$\sin \text{PHR} = \frac{\sin \text{PR}}{\sin \text{PH}} = \frac{\sin H'}{\sin H}.$$

Connaissant PR et PA, on aura

$$\sin \text{PAR} = \sin \text{PAH} = \frac{\sin \text{PR}}{\sin \text{PA}} = \frac{\sin H'}{\cos D}.$$

PAR est ce qu'on appelait alors *angle de position*; aujourd'hui l'angle de position est l'angle du vertical avec le cercle de déclinaison ou TAP.

Connaissant PH et ET, arc de l'équateur entre le méridien et le cercle de position, trouver PR.

L'angle TRS est droit ainsi que TSR; donc T est le pôle de PRS;

donc $\quad T = SR = 90° - PR = 90° - H'.$

$$\tang \text{ET} = \sin \text{EO} \tang \text{EOT} = \cos H \tang \text{PHA}$$

et $\quad \tang \text{PHA} = \frac{\tang \text{ET}}{\cos H};$

$$\tang \text{ETH} = -\tang \text{HTQ} = -\cot \text{PR} = -\tang \text{ETO}$$
$$= -\frac{\tang \text{EO}}{\sin \text{ET}} = \frac{\cot H}{\sin \text{ET}} = -\cot H',$$

et $\quad \tang H' = \sin \text{ET} \tang H, \quad \text{ou} \quad \sin \text{ET} = \tang H' \cot H.$

Connaissant PR, PA et HPA, trouver ET.

$$\text{HPA} = \text{QV}, \quad \sin \text{PAR} = \frac{\sin H'}{\cos D},$$
$$\sin \text{AV} \tang A = \tang \text{TV} = \sin D \tang A, \quad \text{ET} = \text{EV} - \text{TV},$$
$$\tang \text{PR} = \tang \text{PH} \cos \text{HPR},$$
$$\cos \text{QS} = \cos \text{HPR} = \tang \text{PR} \cot \text{PH} = \tang H' \cot H = \sin \text{ET} = \sin(90° - \text{HPR}).$$

Quand l'étoile est en A, sur son cercle de position, elle est à l'horizon d'un lieu dont la hauteur du pôle est PR = H′, et pour ce lieu la différence ascensionnelle est sin $\Delta \text{Æ}'$ = tang D tang H′.

Quand elle est à l'horizon OBH du lieu de l'observateur, sa différence ascensionnelle se trouve

$$\sin \Delta \text{Æ} = \text{tang D tang H};$$

d'où

$$\sin \Delta \text{Æ}' : \sin \Delta \text{Æ} :: \text{tang H}' : \text{tang H}, \quad \text{et} \quad \sin \Delta \text{Æ}' = \sin \Delta \text{Æ} \text{ tang H}' \cot \text{H}.$$

Si ET est connu,

$$\text{tang OTE} = \frac{\text{tang OE}}{\sin \text{ET}} = \frac{\cot \text{H}}{\sin \text{ET}} = \text{tang HTQ} = \text{tang RS} = \cot \text{H}';$$

donc

$$\sin \Delta \text{Æ}' = \sin \Delta \text{Æ} \cot \text{H} \sin \text{ET tang H} = \sin \Delta \text{Æ} \sin \text{ET}$$
$$= \sin \text{différ. asc. du lieu} \cdot \sin \text{arc de position}.$$
$$\text{tang PA cos APR} = \text{tang PR},$$
$$\cos \text{APR} = \text{tang PR cot PA} = \text{tang H}' \text{ tang D} = \sin \Delta \text{Æ}',$$
$$\text{EPA} = \text{angle hor. de l'étoile} = \text{EPV} = \text{EV} = \text{ET} + \text{TV} = \text{ET} + \text{TS} - \text{SV}$$
$$= \text{ET} + 90° - 90° + \Delta \text{Æ}' = \text{ET} + \Delta \text{Æ}'.$$

Pour une étoile australe $\Delta \text{Æ}'$ changerait de signe, alors

$$\text{EPA} = \text{ET} - \Delta \text{Æ}'.$$

Toutes ces formules sont les applications les plus simples de la Trigonométrie sphérique; Magini les démontre péniblement par la Trigonométrie rectiligne. Il se félicite beaucoup d'avoir trouvé ce moyen de construire une table qui pût servir pour tous les climats. Sa table, en effet, ne dépend que de l'arc de position ET et de $\Delta \text{Æ}$, qui lui donne

$$\Delta \text{Æ}' = \sin \Delta \text{Æ} \sin \text{ET} = \text{tang D tang H sin ET}.$$

Il était dispensé par là de calculer des tables semblables pour diverses latitudes; mais il fallait que $\Delta \text{Æ}$ lui fût donnée par une autre table.

Cet arc de position, Magini l'appelle encore *distance du significateur* ou du *promisseur au méridien*.

Dans le problème XIII, il cherche l'arc ET par l'arc semi-diurne et l'angle horaire, qui est ET + $\Delta \text{Æ}'$. Or l'arc semi-diurne = 90° + $\Delta \text{Æ}$ et $\Delta \text{Æ}$ = arc semi-diurne — 90°. On a donc $\Delta \text{Æ}$, et partant $\Delta \text{Æ}'$; d'où ET = angle horaire — $\Delta \text{Æ}$; mais on peut trouver ET directement.

$$\text{tang ET} = \sin \text{OE tang O} = \cos \text{H tang O}, \quad \text{tang O} = \frac{\text{tang ET}}{\cos \text{H}},$$

MAGINI.

et $\quad \cot O = \cos H \cot ET$, et $\cot ET = \dfrac{\cot O}{\cos H}$;

mais le triangle POA donne

$$\cot PA = \tang D = -\cot H \cos P + \dfrac{\sin P \cot D}{\sin H},$$

$$\tang D \tang H = -\cos P + \dfrac{\sin P \cot O \tang H}{\sin H} = -\cos P + \dfrac{\sin P \cot O}{\cos H} = \sin \Delta \mathcal{R},$$

$$\sin \Delta \mathcal{R} + \cos P = \sin P \cot ET, \quad \text{et} \quad \cot ET = \dfrac{\sin \Delta \mathcal{R}}{\sin P} + \cot P.$$

Magini s'arrête à cette formule, qu'il déduit d'une des formules générales de Viète.

$$\cot ET = \dfrac{\sin(\text{arc semi-diurne} - 90°) + \cos P}{\sin P} = \dfrac{\cos P - \cos \text{arc semi-diurne}}{\sin P}$$

$$= \dfrac{\cos P - \cos A}{\sin P} = \dfrac{2\sin\frac{1}{2}(A - P)\sin\frac{1}{2}(A + P)}{\sin P}.$$

Or, ci-dessus, $ET + \Delta\mathcal{R}' = P$; donc $\Delta\mathcal{R}' = P - ET$.

On aura donc $\Delta\mathcal{R}'$ et l'ascension ou la descension oblique, par rapport au cercle de position, sans savoir quelle est la hauteur du pôle sur le cercle de position.

Connaissant l'arc de position ET, et l'arc semi-diurne du *promisseur*, vous aurez $\Delta\mathcal{R} = (\text{arc semi-diur.} - 90°)$; vous ferez $\sin\Delta\mathcal{R} = \sin\Delta\mathcal{R}\sin ET$, d'où vous conclurez l'ascension oblique du promisseur, par rapport au cercle de position.

Le problème XVI donne le moyen de trouver si une étoile est dans un même cercle de position, avec une planète ou un *significateur* quelconque.

Trouvez l'arc de position ET, ce qui suppose l'angle horaire de l'étoile et son arc semi-diurne. Avec ET et H vous aurez l'angle O du cercle de position avec le méridien; vous comparerez ce cercle à celui du significateur, et vous verrez s'il en diffère.

Problème XVII. Le significateur étant placé dans un *angle* quelconque, le diriger ou le *conduire* au promisseur, suivant l'ordre des signes.

Il appelle, suivant l'usage des astrologues, *significateur celui qui tient le premier lieu dans le zodiaque, et promisseur, celui qui tient le second lieu selon l'ordre des signes.*

Diriger signifie chercher l'arc de l'équateur qui, par le mouvement de la sphère, pendant que le *promisseur* sera transféré à la position du premier, c'est-à-dire du *significateur,* passera par le méridien ou par l'horizon, s'il est dans un de ces cercles, ou par le cercle de position du *significateur*, s'il décline de l'un de ces *angles*. Nous avons déjà vu que les astrologues comptaient quatre *angles*; l'angle de l'*orient* et celui de l'*occident*, celui du *méridien supérieur* et celui du *méridien inférieur*; c'est-à-dire les deux points de l'écliptique qui sont à l'horizon et les deux qui sont au méridien. L'angle du méridien supérieur s'appelait aussi *milieu du ciel*, celui du méridien inférieur s'appelait encore *bas du ciel*.

Ce problème, assez compliqué, ne dépend que des règles les plus ordinaires de la Trigonométrie sphérique.

Problème XVIII. En quelque lieu que soit le significateur, hors des angles du méridien et de l'horizon, le conduire à un promisseur quelconque, suivant l'ordre des signes, par la voie rationnelle.

L'opération, dit Magini, est très pénible. Il faut avoir l'ascension droite et la distance au méridien, tant du significateur que du promisseur; leurs déclinaisons et l'arc semi-diurne ou semi-nocturne, selon qu'il sera au-dessus ou au-dessous de l'horizon; il faut chercher l'élévation du pôle sur le cercle de position et l'arc de position. Nous avons rapporté les formules nécessaires pour tous ces calculs. Alors

Soit S le significateur, R le promisseur (fig. 130), RZN la parallèle du promisseur, OK la différence des ascensions droites; R traversera le cercle de position ASC en Z; KV sera le mouvement de l'équateur, qui mènera R au point Z; l'intervalle de tems sera donc mesuré par

$$KV = KO - OT - TV = \text{direction},$$
$$\sin EAT \cos AE = \cos T = \sin \alpha \sin H \ldots (1),$$
$$\tang D = \tang SO = \sin TO \tang T \text{ ou } \sin TO = \tang D \cot T \ldots (2),$$
$$\sin TV = \tang VZ \cot T = \tang D' \cot T \ldots (3).$$

Si la déclinaison TO était boréale, OT changerait de signe; si RK était australe, TV changerait de signe. Ainsi, cette partie du problème n'est pas si effrayante que le dit Maginus; elle se résout par trois formules fort simples, ou quatre au plus, si l'on est obligé de chercher $\alpha = EAT = EAS$ par PEA, PS et l'angle APS.

Problème XIX. Trouver la distance entre deux étoiles qui sont dans un même cercle de position, par exemple en Z et en S.

$$\cos ZS = \cos(\mathcal{R}' - \mathcal{R}) \cos D' \cos D + \sin D' \sin D, \quad \cos T = \cos AE \sin EAS,$$
$$\frac{\sin D}{\sin T} = \sin ST, \quad \frac{\sin D'}{\sin T} = \sin TZ, \quad ZS = ST + TZ.$$

Ce serait la différence si les deux déclinaisons étaient de même nom.

Ces derniers problèmes mettent dans le plus grand jour la Théorie des directions. Cette théorie appartient exclusivement au moyen âge. Nul ne l'a exposée aussi complètement que Magini. C'est ce qui nous a sur-tout déterminé à placer ici cet auteur, qui est postérieur à Copernic, et qui, pour ses systèmes et ses théories astronomiques, paraîtrait d'une époque plus ancienne.

Dans le livre X, parmi beaucoup de problèmes d'Astronomie sphérique qui se trouvent partout, on rencontre celui-ci, qui est moins commun; c'est le huitième

Trouver le tems qu'un arc donné de l'écliptique emploie à traverser le premier vertical.

Soit AB (fig. 131) l'arc de l'écliptique, PA et PB les distances polaires des deux points extrêmes, AVE le parallèle du point A, qui coupe en V le premier vertical; le point A passera donc au premier vertical par le point V; et quand le point B y sera à son tour en B, le point A sera parvenu en A à la distance ZPA du méridien.

$$\tang PZ = \tang PV \cos VPZ,$$

et

$\cos VPZ = \tang PZ \cot PV = \cot H \tang D = \tang D \tang(90° — H) = \sin \Delta \mathcal{R}$,
$\cos BPZ = \cot H \tang D' = \tang D' \tang(90° — H) = \sin \Delta \mathcal{R}$,
$APV = (APB — BPV) = (\mathcal{R}' — \mathcal{R}) — BPV = (\mathcal{R}' — \mathcal{R}) — ZPB — ZPV)$
$= (\mathcal{R}' — \mathcal{R}) — ZPB + ZPV = (\mathcal{R}' — ZPB) — (\mathcal{R} — ZPV)$
$= (\mathcal{R}' — \Delta \mathcal{R}') — (\mathcal{R} — \Delta \mathcal{R})$;

$\Delta \mathcal{R}$ et $\Delta \mathcal{R}'$ sont les différences ascensionnelles calculées pour la hauteur du pôle (90° — H); c'est-à-dire qu'il faut considérer le premier vertical ZVB comme l'horizon d'un lieu où la hauteur du pôle est égale à PZ; VPZ et BPZ sont les arcs semi-nocturnes des points A et B, ou les complémens des différences ascensionnelles; P est le pôle abaissé sous l'horizon; APV mesure le tems du passage par cet horizon substitué au premier vertical.

Le problème XV enseigne à trouver de combien le Soleil se lève plutôt pour le sommet que pour le pied d'une montagne ou d'une tour.

Soit R le rayon de la terre, dR la hauteur de la tour ou de la montagne.

$$\frac{R}{R + dR} = \sin \text{dist.} \odot \text{ au nadir à l'instant du lever pour le haut de la montagne},$$

$$\frac{R}{R + dR} = \cos a = \cos \text{ abaissement du petit cercle où se lève le Soleil};$$

mais a étant un petit angle, son cosinus donnera peu de précision.

$$2\sin^2 \tfrac{1}{2} a = 1 - \cos a = 1 - \frac{R}{R + dR} = \frac{R + dR - R}{R + dR} = \frac{dR}{R + dR},$$

$$\sin^2 \tfrac{1}{2} a = \frac{dR}{2(R + dR)}.$$

Soit

$$R = 3271200$$
$$dR = 2400 \dots\dots\dots\dots\dots\dots 3{,}3802112$$
$$R + dR = 3273600$$
$$2(R + dR) = 6547200 \dots\dots\dots\dots\dots\dots 6{,}8160556$$
$$\sin^2 \tfrac{1}{2} a \dots\dots\dots\dots \overline{6{,}5641556}$$
$$\sin \tfrac{1}{2} a = 1° \; 5' \; 49''{,}3 \quad 8{,}2820778$$
$$a = 2.\,11.\,38{,}6.$$

Calculez l'heure du lever pour 90° et 92° 11′ 38″,6 de distance zénitale ; la différence des deux arcs semi-diurnes sera l'accélération du lever. Magini s'arrête à l'expression de $\cos a$.

Magini emploie ensuite à la détermination de la latitude l'observation de tous les phénomènes dans le calcul desquels la hauteur du pôle doit être l'une des données ; il ne s'agit dans ces formules que de dégager la hauteur du pôle ; mais ces méthodes, bonnes en théorie, ne peuvent donner qu'une précision très médiocre ; et ce serait inutilement grossir le volume que de les passer en revue. Nous n'en donnerons qu'un exemple.

Connaissant $(L' - L)$ différence de longitude de deux points de l'écliptique où l'arc quelconque $(L' - L)$ de l'écliptique, et ayant observé le tems que cet arc met à se lever, c'est-à-dire, connaissant $(\mathcal{R}' - \Delta \mathcal{R}) - (\mathcal{R} - \Delta \mathcal{R})$, trouver H.

Soit donc

$$(\mathcal{R}' - \mathcal{R}) - (\Delta \mathcal{R}' - \Delta \mathcal{R}) = C, \quad (\Delta \mathcal{R}' - \Delta \mathcal{R}) = (\mathcal{R}' - \mathcal{R} - C),$$

$$\frac{\sin \Delta \mathcal{R}'}{\sin \Delta \mathcal{R}} = \frac{\tang H \tang D'}{\tang H \tang D} = \frac{\tang D'}{\tang D},$$

$$\sin \Delta \mathcal{R}' : \sin \Delta \mathcal{R} :: \tang D' : \tang D,$$
$$\sin \Delta \mathcal{R}' + \sin \Delta \mathcal{R} : \sin \Delta \mathcal{R}' - \sin \Delta \mathcal{R} :: \tang D' + \tang D : \tang D' - \tang D,$$
$$\tang \tfrac{1}{2}(\Delta \mathcal{R}' + \Delta \mathcal{R}) : \tang \tfrac{1}{2}(\Delta \mathcal{R}' - \Delta \mathcal{R}) :: \sin(D' + D) : \sin(D' - D),$$
$$\tang \tfrac{1}{2}(\Delta \mathcal{R}' + \Delta \mathcal{R}) = \tang \tfrac{1}{2}(\Delta \mathcal{R}' - \Delta \mathcal{R}) \frac{\sin(D' + D)}{\sin(D' - D)}$$
$$= \frac{\tang \tfrac{1}{2}(\mathcal{R}' - \mathcal{R} - C) \sin(D' + D)}{\sin(D' - D)};$$

on a par observation le lever de deux étoiles dont on connaît les ascensions droites et les déclinaisons, C l'arc de l'équateur qui a passé dans l'intervalle et qui est quinze fois le tems sidéral de cet intervalle; on connaît $(\text{Æ}' - \text{Æ})$ et $(\text{Æ}' - \text{Æ} - C)$ et les deux déclinaisons; on aura la demi-somme des différences ascensionnelles et leur demi-différence; on aura donc les deux différences ascensionnelles, et par conséquent deux équations qui donneront H. Cette solution est bien plus générale que celle de Magini, qui suppose deux points de l'écliptique, comme s'il était possible d'observer les levers des deux points de l'écliptique, au lieu qu'on peut observer les levers de deux étoiles, quoique l'observation soit peu sûre.

Exemple. Soit

Æ' = 68°	D' = 40°	tang H = 49°	0,0608369 0,0608369
Æ = 30	D = 10	tang D'	9,9238135 tang D 9,2463188
Æ' − Æ = 38	D' + D = 50	sin ΔÆ = 74°51'22"	9,9846504 sin ΔÆ 9,3071557
	D' − D = 30	ΔÆ = 11.42.11	

Æ' = 68° ΔÆ' − ΔÆ = 63. 9.11   ΔÆ' + ΔÆ = 86° 33' 33".
ΔÆ = 74.51'22"   Æ' − Æ = 38. 0. 0
Æ' − ΔÆ = −6.51.22   C = 25. 9.11 = (Æ' − Æ) − (ΔÆ' − ΔÆ)
ou 353. 8.38
Æ = 30
ΔÆ = 11.42.11
Æ − ΔÆ = 18.17.49
Æ' − ΔÆ' = 353. 8.38
334.50.49
ou − 25. 9.11

Voilà donc ce qu'on observait.

Supposons l'observation faite et cherchons la latitude.

Æ' − Æ = 38°   C. sin (D' − D) = 30° 0,3010300
C = −25. 9.11   sin (D' + D) = 50 9,8842540
Æ' − Æ − C = 63. 9.11   tang ½(ΔÆ' − ΔÆ) = 31.34.35",5 9,7886205
½(Æ' − Æ − C) = 31.34.35,5   tang ½(ΔÆ' + ΔÆ) = 43.16'47"   9,9739045
                                 dÆ' = 74.51.22,5
                                 dÆ = 11.42.11,5

sin ΔÆ . . . 9,9846488   sin ΔÆ . . . 9,3071577
cot D' . . . 0,0761865   cot D . . . 0,7536812

tang H = 49°0'0" 0,0608353   0,0608389

On voit que la solution serait exacte et facile, si l'on pouvait avoir de bonnes observations, mais on n'en aurait de telles que par un grand hasard et une compensation d'erreurs.

Dans le problème que je viens de généraliser, Magini s'exprime d'une manière si obscure, qu'il m'a fallu le calculer en entier pour m'assurer que j'en avais bien saisi le sens. L'auteur suppose que le Soleil ait été observé à l'horizon avec une déclinaison connue; que quelque tems après on ait encore observé le Soleil levant avec une déclinaison également connue, mais différente, et que l'on connaisse en outre la différence des deux différences ascensionnelles.

Il fait $\sin \varphi = \cos D' \sin(\Delta \mathcal{R}' - \Delta \mathcal{R})$; φ sera l'arc perpendiculaire abaissé du second lieu du Soleil sur le cercle de déclinaison du premier.

$$\cos \psi = \frac{\sin D'}{\cos \varphi};$$

ψ est la distance polaire du pied de la perpendiculaire.

$$\chi = (90° - D - \psi); \quad \cot \xi = \sin \chi \cot \varphi = \cos(D + \psi) \cot \varphi;$$

ξ est l'angle que le cercle de déclinaison du premier jour faisait avec l'horizon.

$$\sin H = \sin \xi \cos D;$$

en effet, le sinus de cet angle ξ, multiplié par le sinus de la distance polaire du Soleil est le sinus de la hauteur du pôle.

Il lui faut donc quatre analogies pour trouver, dans un cas particulier, ce que je trouve, dans tous les cas, avec six logarithmes. Cet exemple serait bon tout au plus pour exercer des élèves au calcul; mais la solution qu'il donne est pénible. J'en donne une plus simple, qui ne sera guère plus utile.

Il cherche encore la hauteur du pôle par l'observation simultanée de deux étoiles connues, dont l'une est à l'horizon, et l'autre au méridien.

La différence des ascensions droites est l'arc semi-diurne de l'étoile qui se lève; vous avez donc

$$\cos(\mathcal{R}' - \mathcal{R}) = -\tan H \tan D \quad \text{et} \quad \tan H = -\cos(\mathcal{R}' - \mathcal{R}) \cot D.$$

On n'a donc besoin que de la différence des ascensions droites, et de la déclinaison de l'étoile qui se lève. Si le problème est assez inutile, la solution du moins en est simple.

MAGINI.

Il cherche ensuite la hauteur du pôle par deux étoiles connues qui se lèvent en même tems.

Le triangle formé par les deux cercles de déclinaison et l'arc de l'horizon est facile à calculer. Cherchez l'un des angles à la base, et vous aurez sin H = sin angle . sin distance polaire adjacente; si vous calculez les deux angles à l'horizon, vous aurez deux formules pareilles pour sin H.

Dans le problème XX, il suppose connues les latitudes de deux lieux qui voient en même tems le même point de l'écliptique à l'horizon. Il demande la différence des longitudes géographiques. C'est une suite du problème de Régiomontan (page 359).

PZ et PZ' (fig. 132) sont les complémens des deux latitudes; on demande ZPZ'; le point E de l'écliptique est à la fois dans les deux horizons. ZE = 90° = Z'E; E est donc le pôle de l'arc ZZ', qui joint les deux zénits, et ZZ' = ZEZ' = angle des deux horizons.

$$\cos ZPE = -\tang D \tang H, \quad \cos Z'PE = -\tang D \tang H';$$

ces angles sont les arcs semi-diurnes.

$$ZPZ' = ZPE - Z'PE, \quad \sin D = \sin \omega \sin \text{longitude } E.$$

Deux analogies fort simples résolvent le problème. Magini cherche les deux points culminans, et leurs ascensions droites, ce qui est beaucoup plus long.

Voilà tout ce que nous avons trouvé à extraire du livre de Magini. Le nombre des problèmes qu'il résout est très grand; il en donne un grand nombre de solutions; mais elles ne diffèrent guère que par la manière d'y employer ses tables, dont les différentes colonnes lui fournissent autant de modifications de la formule qu'il s'agit de calculer.

Le volume est terminé par une table des parties proportionnelles, pour faciliter l'usage des autres tables.

Le tout forme un volume énorme de plus de 1000 pages in-folio, bien imprimé, qui a dû coûter beaucoup de travail, et que l'invention des logarithmes a rendu presque inutile peu d'années plus tard. Cet ouvrage avait été précédé d'un autre de même format, mais de moitié moins gros, portant pour titre:

Jo. Antonii Magini Patavini Tabulæ primi mobilis, quas directionum vulgo dicunt, 1602.

Dans la préface, il avoue qu'il n'est astronome que de cabinet; dans l'avertissement, il raconte toutes les contrariétés qu'il a éprouvées pour ses cartes géographiques, dont il donne la liste en attendant la publication.

Il adopte les hypothèses de Copernic pour l'obliquité; il en donne la table et passe aux problèmes astrologiques, qui sont le but principal de toutes ses recherches et de ses tables volumineuses. Nous allons nous y arrêter encore quelques momens, car Magini, du moins, est le plus clair et le plus intelligible des astrologues.

La manière de construire un thème, empruntée d'Abraham Aben Esra par Regiomontanus, a paru préférable à toutes les autres. On croit qu'elle se rapproche beaucoup de celle de Ptolémée. D'autres croient cependant que la manière de Ptolémée est celle que Stadius a exposée dans la préface de ses Éphémérides; Magini annonce qu'il ne donnera que quatre méthodes différentes; il commence par celle de Regiomontanus.

Les cercles des maisons sont au nombre de six : le *méridien* et l'*horizon*, qui constituent les quatre *angles*; les quatre autres, qu'on appelle cercles de *position*, passent par les intersections de l'horizon et du méridien; l'horizon oriental détermine le commencement de la première maison, qui s'appelle *horoscopante*; le méridien inférieur détermine le commencement de la quatrième; l'horizon occidental détermine la septième maison; le méridien supérieur la dixième; les quatre autres cercles indiquent les huit maisons intermédiaires, qui n'ont d'autre nom que celui de leur numéro d'ordre.

La première chose à faire est donc de déterminer, pour l'instant donné, l'ascension droite du milieu du ciel, ou, si l'on veut, le point de l'équateur qui est à l'horizon oriental; on aura de quoi déterminer les commencemens des maisons dixième et première.

Magini, dans l'exemple qu'il calcule, trouve pour le milieu du ciel, 196° 30'. C'est le point de l'équateur par lequel passe le commencement de la dixième maison.

A l'ascension droite M ajoutez continuellement 30°, vous aurez les points de l'équateur où commencent les onze autres maisons, ainsi que vous le voyez dans le tableau suivant;

Maisons.	Ascensions M + x	Pointes des Maisons.	Magini.
10	196° 30′ 0″	6ˢ 17° 54′ 41″	6ˢ 17° 54′
11	226.30	7.11. 1.15	7.11.10
12	256.30	7.29.51.17	7.29.54
1	286.30	8.21.25. 3	8.21.28
2	316.30	9.24.31.26	9.24.35
3	346.30	11.11.16.27	11.11.17
4	16.30	0.17.54.41	0.17.54
5	46.30	1.11. 1.15	1.11.10
6	76.30	1.29.51.17	1.29.54
7	106.30	2.21.25. 3	2.21.28
8	136. 3	3.24.31.26	3.24.35
9	166.30.0	5.11.16.27	5.11.17

En considérant les douze cercles de position comme douze horizons différens, le premier nombre, ou l'ascension du milieu du ciel, sera l'ascension droite du point de l'écliptique, qui se lève avec 196° 30′ de l'équateur dans la sphère droite. Sur cet horizon la hauteur du pôle est nulle.

Les autres nombres sont les ascensions obliques des points de l'écliptique qui se lèvent sur ces différens horizons. Nous avons montré ci-dessus comment on pouvait trouver les hauteurs du pôle sur ces divers horizons, pour en déduire les points de l'écliptique qui se lèvent avec le degré donné de l'équateur, et comment on pouvait résoudre tous les problèmes de l'Astrologie. Ces méthodes étaient disposées de manière à être mises en tables, en faveur des astrologues, qui n'étaient pas souvent des géomètres tels que Régiomontan et Magini. Mais nous pouvons ramener les méthodes aux règles de notre Trigonométrie.

Soit HOR l'horizon (fig. 133), HER l'équateur, CγL l'écliptique, EB un arc de l'équateur, déterminé comme il vient d'être dit; E est le milieu du ciel.

Soit EB $= x$, γB $=$ M $+ x$, OBF l'arc du grand cercle mené de O, point sud de l'horizon, au point B, et qui coupe l'écliptique en F; le point F sera ce qu'on appelle *cuspis* ou la pointe de la maison.

Le triangle γBF donne

$$\cot \gamma F = \cos \omega \cot(M+x) + \frac{\sin \omega \cot B}{\sin(M+x)};$$

Le triangle EOB rectangle en E donne

$$\tang EBO = \frac{\tang EO}{\sin EB}.$$

$$\cos EBO = \cot B = \sin x \cot EO = \tang H \sin x,$$

d'où
$$\cot \gamma F = \cos \omega \cot(M+x) - \frac{\sin \omega \tang H \sin x}{\sin(M+x)}.$$

Pour la dixième maison $x=0$, la formule se réduit à $\cot \gamma F = \cos \omega \cot M$, et cette valeur est indépendante de la latitude. De γF on déduira, pour la quatrième maison, $\gamma F' = 180° + \gamma F'$.

Nous aurons ainsi,

$$\gamma F = 6^s\, 17° 54' 41'', \quad \text{et} \quad \gamma F' = 0^s\, 17° 54' 41''.$$

Nous supposons $\omega = 23° 35'$, comme Régiomontan. Pour les autres maisons, nous aurons besoin de H, que nous ferons $= 45° 21'$, comme Magini.

Pour la onzième maison $x = 30°$, $M + x = 226° 30'$. En voici le calcul, qui servira en même tems pour la cinquième maison.

```
                                              sin ω. . . . .  9,6021495
1ᵉʳᵉ constante cos ω. . . . . =  23°35'   9,9621226    tang H. . . .  0,0053060
                cot(M + x) = 226.30 +  9,9772500                    ─────────
                              ─────────                2ᵉ constante — 9,6074555
                 + 0,869706             9,9393726   C. sin(M+x) —  0,1394378
                 + 0,279810                           sin x = 30°    9,6989700
                 ─────────                                          ─────────
                 + 1,149516 . . . . . . . . . . 0,0605151 + 0,279810 + 9,4458633
                 cot γF  = 221°1'15"   11ᵉ maison.
                         — 180
                         ─────────
                           41.1.15    5ᵉ maison.
```

Douzième maison. $x = 60°$, $M + x = 256° 30'$.

```
              1ᵉʳᵉ const.  + 9,9621226    2ᵉ constante . . — 9,6074555
              cot(M + x)  + 9,3803537    C. sin(M + x)  —  0,0121685
              + 0,220027    9,3424763    sin x = 60°. . .
              + 0,360708                                     9,9375306
                                                           + 9,5571546
        cot γF + 0,580735 . . . 9,7639781   γF = 239°51' 17"  12ᵉ maison.
                                            — 180
                                           ─────────
                                             59.51.17   6ᵉ maison.
```

MAGINI.

Première maison. $x = 90°$, $M + x = 286° 30'$.

1ere const.	$+ 9,9621226$	2e constante	$- 9,6074555$
$\cot(M + x)$	$- 9,4716048$	coséc $(M + x)$	$- 0,0182630$
	$- 0,271474$ $9,4337274$	$\sin x$	$0,0000000$
	$+ 0,422395$		$9,6257185$
	$+ 0,150921$ . . . . $9,1787497$	$\cot \Upsilon F = 261°25''3'$	1ere maison.
		180	
		$81°25'3''$	7e maison.

Deuxième maison. $x = 120°$, $M + x = 316°30'$.

1ere const.	$+ 9,9621226$	2e constante	$- 9,6074555$
$\cot(M + x)$	$- 0,0227509$	coséc $(M + x)$	$- 0,1621878$
	$- 0,965767$ $- 9,9848726$	$\sin x$	$9,9375306$
	$+ 0,509535$		$+ 7,7071739$
	$- 0,456232$ . . . . $9,6591857$	$\cot \Upsilon F = 9^s 24° 31' 26''$	2e maison.
		$- 6^s$ . . . $3.24.31.26$	8e maison.

Troisième maison. $x = 150°$, $M + x = 346° 30'$.

	$+ 9,9621226$	2e constante	$- 9,6774555$
$\cot(M + x)$	$- 0,6196473$	coséc $(M + x)$	$- 0,6318147$
	$- 3,817411$ $0,5817689$	$\sin x$	$9,6080700$
	$+ 0,867442$		$+ 9,9382402$
	$- 2,949969$ $- 0,4698216$	$\cot \Upsilon F = 11^s 11° 16' 27''$	3e maison.
		$- 6^s$ . . . $5.11.16.22$	9e maison.

Voilà donc les pointes des douze maisons, c'est-à-dire leurs commencemens sur l'écliptique, déterminés sans le secours d'aucune table subsidiaire, sans plus d'embarras et avec plus de précision. Je diffère quelquefois de Magini de quelques minutes, ce qui peut venir d'une obliquité plus forte de quelques minutes, et sur-tout de ce que Magini a fait ses calculs sur ses tables qui ne sont calculées qu'en minutes, et qui exigent des parties proportionnelles ; au reste, les astrologues n'ont jamais mis plus de prétention dans leurs calculs.

Après avoir ainsi déterminé les douze maisons, vous cherchez par les tables ou par les Éphémérides, les lieux des planètes et les nœuds de la Lune, et vous placez chacune de ces quantités dans la maison à laquelle elle appartient.

Vous partagez un carré en douze triangles isoscèles et rectangles, qui représentent les douze maisons ; il reste au milieu un carré équivalent à quatre de ces triangles (fig. 134), vous y placez l'année, le mois, le jour et l'heure, avec la hauteur du pôle.

Cette manière de diviser l'équateur de 30 en 30°, par les cercles de position, est extrêmement simple, et nous a fourni une formule commode. Campanus et Gazulus proposèrent de porter l'égalité des divisions sur le premier vertical. Par là toutes les maisons devenaient des fuseaux d'égale grandeur, et cette idée paraîtrait encore assez *raisonnable*, si la raison pouvait être un titre de préférence dans les moyens de l'Astrologie. Les cercles de position forment entre eux des angles égaux aux points nord et sud de l'horizon ; ce sont les x qui deviennent variables, tandis que, suivant Régiomontan, x avait toujours les valeurs 0, 30, 60, 90, etc. Dans ce nouveau système, il faut déterminer x, et ensuite B, et la longitude des pointes de chaque maison.

Soit O l'angle du cercle de position, c'est O qui sera successivement 0, 30, 60, 90, etc.

Faites $\tang x = \cos H \tang O$, et vous aurez

$$\cot \gamma F = \cos \omega \cot(M + x) - \frac{\sin \omega \tang H \sin x}{\sin(M + x)}.$$

Le calcul est un peu plus long, il exige un calcul préliminaire, au reste bien simple, mais les x ne sont plus des nombres aussi ronds.

J'ai calculé le même exemple suivant cette seconde méthode : on trouvera les résultats dans le tableau suivant. Je m'accorde toujours avec Magini, à 1′ près, sur x et $(M + x)$, et nous différons encore de quelques minutes sur les pointes des maisons. On ne peut attendre plus de précision avec des tables calculées pour les divers climats, entre lesquelles il faut prendre de doubles ou triples parties proportionnelles, d'où il résulte que nos formules sont à tous égards préférables aux tables, soit pour la commodité, soit pour l'exactitude.

MAGINI.

Maisons.	x	M+x	Pointes des Maisons.	Pointes suivant Régiomontan.	Différences.
10	0° 0′ 0″	196°30′ 0″	6ˢ 17°54′41″	6ˢ 17°54′41″	0ˢ 0° 0′ 0″
11	22. 5. 5	218.35. 5	7. 5.40.39	7.11. 1.15	0. 5.20.36
12	50.35.45	247. 5.45	7.23.59. 7	7.29.51.17	0. 5.52.10
01	90. 0. 0	286.30. 0	8.21.25. 3	8.21.25. 3	0. 0. 0. 0
2	129.24.15	325.54.15	10. 8.30.21	9.24.31.26	0.13.58.55
3	157.54.55	354.24.55	11.23.31.14	11.11.16.27	0.12.14.47
4			0.17.54.41	0.17.54.41	0. 0. 0. 0
5			1. 5.40.39	1.11. 1.15	0. 5.20.36
6			1.23.59. 7	1.29.51.17	0. 5.52.10
7			2.21.25. 3	2.21.25. 3	0. 0. 0. 0
8			4. 8.30.21	3.24.31.26	0.13.58.55
9			5.23.31.14	5.11.16.27	0.12.14.47

On voit qu'il suffit toujours de calculer les six premières pointes, les autres s'en déduisent en ajoutant ou retranchant 6ˢ.

La comparaison des deux méthodes suffirait pour montrer la vanité, ou tout au moins l'incertitude de l'Astrologie; ou cette division en maisons est absolument inutile, ou des différences de près de 14° dans des maisons qui n'ont l'une portant l'autre que 30° de largeur, ne peut être une chose indifférente.

Alcabith et son commentateur Jean de Saxe, avaient proposé une autre méthode qu'ils disaient être celle de Ptolémée. Il est d'abord assez singulier que Ptolémée, dans son Tetrabible, n'ait donné aucun renseignement à cet égard et pas la moindre règle de calcul. Croyait-il à la vertu des douze maisons? Cette division suivant les règles de la Trigométrie serait-elle une invention des Arabes?

Au lieu de partager l'équateur de 30 en 30°, comme Régiomontan, ils divisaient l'arc de l'équateur, qui est entre le méridien et l'horizon oriental, en parties de deux heures temporaires de l'arc semi-diurne, et le quart suivant en parties de deux heures de l'arc semi-nocturne. C'était mettre les heures temporaires à la place des heures équinoxiales; et ce procédé, en effet, est assez dans la manière des anciens. Ainsi, dans l'exemple précédent, Maginus trouve que le tiers de l'arc semi-diurne est de

21° 24' au lieu de 30° qu'on aurait par les heures égales ; on avait donc pour les douze maisons, toujours dans le même exemple, les quantités suivantes : le tiers de l'arc-semi nocturne est de 38° 36' = 60° — 21° 24'.

Maisons.	M + x	Pointes des Maisons.	Régiomontan.	Différences.
10	196° 30	6ˢ 17° 54' 41"	6ˢ 17° 54' 41"	0° 0' 0"
11	217.54	7.10.20.43	7.11. 1.15	0.40.32
12	239.18	8. 1.33.28	7.29.51.17	1.42.11
1	260.42	8.21.27.54	8.21.25. 3	0. 2.51
2	299.18	9.27.13. 3	9.24.31.26	2.41.37
3	337.54	11. 6. 6. 6	11.11.16.27	5.10.21
4	16.30	0.17.54.51	0.17.54.41	0. 0. 0
5	37.54	1.10.20.43	1.11. 1.15	0.40.32
6	59.18	2. 1.33.28	1.29.51.17	1.42.11
7	80.42	2.21.27.54	2.21.25. 3	0. 2.51
8	119.18	3.27.13. 3	3.24.31.26	2.41.37
9	157.54	5. 6. 6. 6	5.11.16.27	5.10.21

Les x, dans cette méthode, sont variables dans les différentes saisons. Dans notre exemple, ils sont 21° 24', 42° 48', 64° 12', 102° 48', 141° 24'.

Les six maisons dernières sont toujours diamétralement opposées aux six premières ; il en résulte cependant une espèce d'absurdité. Le quart de l'équateur, entre le méridien et l'horizon occidental, se trouve divisé suivant les arcs nocturnes, quoiqu'il appartienne au jour ; le quart entre l'horizon occidental et le méridien inférieur, est divisé suivant les heures du jour, quoiqu'il appartienne à la nuit.

Au reste, le calcul de cette méthode est extrêmement simple, et c'est peut-être ce qui a fait passer sur l'absurdité que nous venons de remarquer. Les ascensions, ainsi déterminées, étaient considérées comme de simples ascensions droites, et l'on cherchait la longitude γF par la formule $\cot \gamma F = \cos \omega \cot (M + x)$.

Ainsi l'on divisait l'équateur par les angles de deux heures temporaires ; à tous les points ainsi déterminés, on élevait les arcs de déclinaisons, et l'on faisait passer les cercles des maisons par les points où les arcs de déclinaison coupaient l'écliptique. C'est ce que Maginus ne dit pas du tout, ou qu'il ne dit pas assez expressément. Et pour retrouver les nombres qu'il donne, j'ai été obligé de faire plusieurs essais. J'en ai enfin tiré les longitudes qu'on voit dans le tableau ci-dessus; elles s'accordent très bien avec celles de Maginus; ce qui ne laisse aucun doute sur cette méthode qui, par sa simplicité, a dû être la première inventée; elle n'exigeait qu'une table des arcs semi-diurnes et semi-nocturnes, et une table du point culminant pour tous les degrés de l'équateur.

On attribuait cependant une autre méthode à Ptolémée. La pointe de chaque maison était encore déterminée par l'arc de l'heure temporaire; mais avec cette différence que l'heure temporaire était celle qui convenait à la déclinaison de la pointe de la maison. Cette condition assez bizarre, fait que le problème ne peut plus avoir de solution directe.

Soit L la longitude de la pointe de la maison; $Æ = M + x$ l'ascension droite du point L.

$$\operatorname{tang}(M+x) = \cos \omega \operatorname{tang} L, \quad \operatorname{tang} D = \operatorname{tang} \omega \sin(M+x),$$
$$\cos P = \operatorname{tang} H \operatorname{tang} D = \operatorname{tang} \omega \operatorname{tang} H \sin(M+x).$$

P est un multiple de x, et $\cos nx = \operatorname{tang} H \operatorname{tang} \omega \sin(M+x)$.

n a successivement les valeurs $\frac{3}{1}, \frac{3}{2}, \frac{3}{3}$ et 0.

Il n'y a de commode que le cas où $x = 0$, qui donne $\operatorname{tang} L = \frac{\operatorname{tang} M}{\cos \omega}$ et le cas où $n = 1$, car alors l'équation devient

$$\cos x = \operatorname{tang} H \operatorname{tang} \omega \sin M \cos x + \operatorname{tang} H \operatorname{tang} \omega \cos M \sin x,$$
$$1 = \operatorname{tang} H \operatorname{tang} \omega \sin M + \operatorname{tang} H \operatorname{tang} \omega \cos M \operatorname{tang} x,$$
$$\operatorname{tang} x = \frac{1 - \operatorname{tang} H \operatorname{tang} \omega \sin M}{\operatorname{tang} H \operatorname{tang} \omega \cos M} = \frac{\cot H \cot \omega}{\cos M} - \operatorname{tang} M,$$
$$\sin n = \frac{3}{1} = 3.$$

On aura

$$\cos 3x = \operatorname{tang} H \operatorname{tang} \omega \sin M \cos x + \operatorname{tang} H \operatorname{tang} \omega \cos M \sin x,$$
$$\cos 2x \cos x - \sin 2x \sin x = \operatorname{tang} H \operatorname{tang} \omega \sin M \cos x + \operatorname{tang} H \operatorname{tang} \omega \cos M \sin x,$$
$$\cos 2x - \sin 2x \operatorname{tang} x = \operatorname{tang} H \operatorname{tang} \omega \sin M + \operatorname{tang} H \operatorname{tang} \omega \cos M \operatorname{tang} x,$$
$$\frac{1 - \operatorname{tang}^2 x}{1 + \operatorname{tang}^2 x} - \frac{2 \operatorname{tang}^2 x}{1 + \operatorname{tang}^2 x} = a + b \operatorname{tang} x,$$
$$1 - \operatorname{tang}^2 x = a + a \operatorname{tang}^2 x\, b \operatorname{tang} x + b \operatorname{tang}^3 x,$$
$$1 - a = b \operatorname{tang}^3 x + (3 + a) \operatorname{tang}^2 x + b \operatorname{tang} x,$$

équation qui pourrait encore se résoudre. Pour le cas $n = \frac{3}{2}$,

$$\cos \tfrac{3}{2} x = a \cos x + b \sin x = \cos x \cos \tfrac{1}{2} x - \sin x \sin \tfrac{1}{2} x = a \cos x + b \sin x,$$

serait encore plus difficile à réduire; il sera toujours plus simple de s'en tenir aux essais successifs.

Soit L la longitude de la pointe,
$$\cos\omega\ \tang L = \tang \mathcal{R} = \tang(M+x) = \tang\left(M+n.30°+\frac{n}{m}d\mathcal{R}\right)$$
$$= \tang\left(M'+\frac{n}{m}d\mathcal{R}\right);$$

puis $\quad \cos nx = \sin\Delta\mathcal{R} = \tang\omega\ \tang H \sin M'$,
par approximation.

Ainsi, dans notre exemple,

M =	196° 30′	tang H...	0,0053060
n.30° = 30°	30. 0	tang ω...	9,6400269
M′ =	226.30	l. constant.	9,6453329
		sin M′...	— 9,8605622
sin $d\mathcal{R}'$ = —	18° 41′ 50″.........		— 9,5058951
$\frac{n}{m}\Delta\mathcal{R}$ = —	6.13.57		
M′ =	226.30	l. constant	9,6453329
sin$\left(M'+\frac{n}{m}d\mathcal{R}\right)$ =	220.16. 3	....	— 9,8104725
sin $d\mathcal{R}''$ = —	16.35.46	....	9,4558054
$\frac{n}{m}d\mathcal{R}$ = —	5.31.55		
M′ =	226.30	....	9,6453329
sin$\left(M'+\frac{n}{m}d\mathcal{R}\right)$ =	220.58. 5	....	— 9,8166642
sin $\Delta\mathcal{R}'''$ = —	16.50.31	....	— 9,4619971
$\frac{n}{m}\Delta\mathcal{R}'''$ = —	5.36.50		
	226.30	....	9,6453329
	220.53.10	....	— 9,8159479
$\Delta\mathcal{R}^{\text{IV}}$ = —	16.48.48	....	— 9,4612808
	— 5.36.16		
	226.30	....	9,6453329
	220.53.44	....	— 9,8160305
$\Delta\mathcal{R}^{\text{V}}$ = —	16.49. 0	....	— 9,4613634
	— 5.36.20		
	226.30	....	9,6453329
	220.53.40	....	— 9,8160208
$\Delta\mathcal{R}^{\text{VI}}$ = —	16.48.59	....	9,4613537
	— 5.36.20		

MAGINI.

On voit qu'il serait inutile de continuer.

```
                                    séc ω .....   0,0378774   4241
            tang 220° 53′ 40″      .........    −9,9375467   3944
   5ᵉ maison......  1ˢ 13.22.47    .........     9,9754241    297
  11ᵉ maison......  7. 13.22.47
  Magini..........  7. 13.22
```

Par des calculs semblables j'ai trouvé les quantités qu'on voit dans le tableau suivant, où j'ai mis aussi les nombres de Magini et ceux des trois autres hypothèses.

Maisons.	Pointes des Maisons	Magini.	Régiomontan.	Campanus.	Alcabith.
10	6ˢ17°54′41″	6ˢ17°54″	6ˢ17°54′41″	6ˢ17°54′41″	6ˢ17°54′41″
11	7.13.21.47	7.13.22	7.11. 1.15	7. 5.40.39	7.10.20.43
12	8. 3.21. 3	8. 3.24	7.29.51.17	7.23.59. 7	8. 1.33.38
1	8.21.25. 3	8.21.28	8.21.25. 3	8.21.25. 3	8.21.27.54
2	9.29.36.10	9.29.40	9.24.31.26	10. 8.30.21	9.27.13. 3
3	11.12.50. 5	11.12.53	11.11.16.27	11.23.31.14	11. 6. 6. 6
4	0.17.54.41	0.17.54	0.17.54.41	0.17.54.41	0.17.54.41
5	1.13.21.47	1.13.22	1.11. 1.15	1. 5.40.39	1.18.20.43
6	2. 3.21. 3	2. 3.24	1.29.51.17	1.23.59. 7	2. 1.33.28
7	2.21.25. 3	2.21.18	2.21.25. 3	2.21.25. 3	2.21.27.54
8	3.29.36.10	3.29.40	3.24.31.26	4. 8.30.21	3.27.13. 3
9	5.12.50. 5	11.12.53	5.11.16.27	5.33.31.14	5. 6. 6. 6

Pour résoudre ce problème, Magini l'a mis en tables dont l'argument paraît la longitude de la maison. Avec cette longitude, la table donnerait $(M + x) = (M + n.30 + \frac{n}{m} \Delta \mathcal{R})$; mais, dans la table, il a supprimé le terme $\frac{n}{m} \Delta \mathcal{R}$, qui est toujours connu quand on prend L pour argument; on connaît toujours $(M + n.30°)$; c'est ce que donne l'aire de la table. On cherche donc $(M + n.30°)$ dans la table, et l'on trouve dans la colonne verticale à gauche, la longitude à laquelle ce nombre répond; mais comme $\frac{n}{m} \Delta \mathcal{R}$ a deux valeurs, la table a deux colonnes.

On peut remarquer aussi que ces deux valeurs sont toujours $\frac{1}{3}\Delta\mathcal{R}$ et $\frac{2}{3}\Delta\mathcal{R}$; donc la différence est toujours $\frac{1}{3}\Delta\mathcal{R}$. C'est ce que Magini n'explique pas; il s'étend plus sur l'usage de sa table, que sur la construction, qui est ingénieuse, et que je n'ai comprise qu'après avoir résolu moi-même le problème.

Outre les quatre méthodes expliquées par Magini, j'en avais essayé une autre encore plus courte que toutes les autres, et qui divise en trois parties égales les arcs de l'écliptique compris entre le méridien et l'horizon.

Nous ne suivrons pas Magini dans l'explication des tables pour la résolution des problèmes, dont nous avons donné ci-dessus les formules.

Nous avons expliqué (problèmes 17 et 18) ce qu'on entend par *significateur*, *promisseur* et *direction*. La direction est un arc de l'équateur qui ne peut jamais valoir que quelques heures; mais les évènemens qu'on voulait prédire par les règles de l'Astrologie, ne pouvaient être bornés à une révolution diurne; ainsi, les astrologues prirent les degrés pour des années; d'autres pensèrent qu'une année devait être représentée par 59′ 8″, mouvement diurne du Soleil. Dee, dont nous avons extrait l'écrit sur les parallaxes, voulait qu'on prît pour une année le mouvement diurne vrai, et qu'on prît pour des jours les arcs de direction, divisés par le mouvement vrai diurne, au lieu de diviser ces arcs par 1° ou 59′ 8″. Voilà donc trois manières d'évaluer les tems, et cinq ou six de dresser le même thème. Ptolémée prenait un degré tout simplement; Cardan supposait 59′ 8″; mais Tycho, *d'après son expérience*, prétendit qu'il fallait employer le mouvement vrai. Le calcul était le plus simple dans le système de Ptolémée, et le plus compliqué dans celui de Tycho; pour le faciliter, Magini donne une table du mouvement vrai pour tous les degrés de l'écliptique.

La *profection* ou la *progression* était la marche régulière du *significateur* suivant l'ordre des signes; il y en avait de trois espèces, l'*annuelle*, la *mensuelle* et la *diurne*. Magini en donne des tables auxquelles nous renverrons. Si l'on se donne la peine assez inutile d'étudier les traités d'Astrologie de Régiomontan et de quelques autres, sur-tout de Magini, on verra que cette prétendue science n'était pas sans quelque difficulté dans la pratique; et de là, sans doute, cette multitude de tables sans cesse reproduites et modifiées, pour abréger les calculs et les mettre à la portée de ceux qui n'étaient pas d'habiles mathématiciens. Celles de Magini sont jusqu'à présent les plus étendues et les mieux entendues que je connaisse ; j'en ai suffisamment expliqué la construction ; mais dans l'usage, j'eusse préféré de beaucoup les formules trigonométriques démontrées ci-dessus.

Magini est encore auteur d'un gros volume in-4° de près de 1500 pages, qui a pour titre : *Tabulæ secundorum mobilium cœlestium in quibus omnium siderum æquabiles et apparentes motus ad quævis tempora præterita, præsentia et futura, mirâ promptitudine colliguntur, congruentes cum observationibus Copernici et Canonibus prutenicis secundum longitudinem Venetiarum urbis. Venetiis,* 1585.

Cet ouvrage est dédié à Grégoire XIII, qui venait de réformer le calendrier. L'auteur, dans sa préface, annonce qu'il a voulu donner une forme plus commode aux Tables pruténiques, en exposer les usages ainsi que les fondemens. Il a pu mériter par là quelque reconnaissance de la part des calculateurs de son tems.

A l'occasion des différences des méridiens, il nous apprend que Dominique Maria, maître de Copernic, ayant examiné les latitudes de Ptolémée, les avait trouvées, en général, plus faibles de 1° 10' que suivant les observations des modernes. Il pensait qu'une erreur constante ne peut s'attribuer à des fautes de copie, mais bien plutôt à un *mouvement du pôle vers le zénit*; c'est-à-dire un changement dans l'axe de rotation. On sait aujourd'hui que cet axe n'est sujet à aucune variation sensible, et d'ailleurs la latitude d'Alexandrie, qui sans doute a été directement observée, ne donnerait pas un quart de degré de changement depuis Ptolémée jusqu'à nous, et quant à l'erreur constante, elle s'explique naturellement par une erreur commise sur la latitude d'un lieu principal, de laquelle on aura déduit celles de tous les lieux voisins par des itinéraires.

Parmi ces tables volumineuses on trouve celle de la différence des styles julien et grégorien, pour 6000 ans; une autre table pour changer les dates juliennes en égyptiennes, ou réciproquement; enfin, une table des intervalles entre les époques les plus célèbres.

Les tables des planètes sont, en général, construites d'après les principes de Ptolémée. Parmi celles des éclipses on en trouve une des couleurs de la Lune et du Soleil dans leurs éclipses; on y remarque aussi une table des mouvemens diurnes géocentriques de toutes les planètes.

Dans un ouvrage posthume, Magini a expliqué les méthodes astrologiques de Ticho et construit un assez grand nombre de tables propres à faciliter ces calculs. Mais c'est assez d'Astrologie.

Nous ne parlerons donc ni du Commentaire sur les *Décrétoires* de Galien, ni du *légitime usage de l'Astrologie en Médecine*, imprimé en 1607, quoique l'auteur appuie tous ses préceptes d'exemples tirés de maladies d'hommes plus ou moins connus. Il rapporte ensuite un commentaire de Naibode sur le troisième livre des *Apotélesmatiques* de Ptolémée. Nous passerons à son Supplément aux Éphémérides, et à ses Tables des seconds mobiles, imprimées en 1615. On y voit qu'en attendant les Tables Rudolphines de Képler, il avait essayé d'en faire d'après les écrits de Tycho et de celles des observations de ce grand astronome, qu'il avait pu se procurer. Son but était de composer des tables plus exactes, en se conformant aux hypothèses de Copernic, c'est-à-dire en employant les excentricités et les différens épicycles que Copernic avait substitués à ceux de Ptolémée, et qui s'adaptent également aux deux systèmes opposés, car on sent bien que Magini, professeur à Padoue, devait rejeter avec horreur le mouvement de la Terre. Il ne fait que peu ou point d'usage des théories de Képler; cependant il donne un équant au Soleil, et partage en deux l'excentricité qu'il fait ainsi de 1792 ou 1800.

Pour la Lune il suit encore Tycho, mais il donne aux tables une forme plus commode; pour Mars, quoiqu'il ne le fasse pas mouvoir dans une ellipse, il croit ses tables plus exactes que celles de Képler, et cherche à le prouver par deux exemples où les tables de Képler s'écartent de 4' des observations de Tycho. Mais qui sait si l'erreur n'est pas en grande partie celle des observations; et d'ailleurs, quelles sont les mauvaises tables qui, en certains cas, n'approchent un peu plus des observations que des tables beaucoup meilleures !

A la suite de ses tables on lit une longue lettre de Képler à Magini. On y voit que, dès l'an 1594, Képler s'était adonné aux Mathématiques avec beaucoup d'ardeur; qu'en 1595, il avait publié son *Mysterium Cosmographicum*; qu'il avait demandé, sur cet ouvrage, le jugement de Tycho qui, pour réponse, l'avait engagé à venir auprès de lui. Il se rendit à cette invitation, lorsque Tycho fut arrivé en Bohême; il s'attacha à lui par le motif suivant. Il méditait son livre de l'*Harmonie du Monde*; pour l'achever il avait besoin d'observations. Tycho tenait les siennes renfermées. Képler lui demanda ses excentricités, les proportions des orbites; il obtint la faveur de voir quelques observations, mais en présence de l'auteur, et sans avoir la permission d'en prendre copie. *Travaille toi-même de ton côté*, lui disait Tycho. Képler soupçonne qu'ayant cherché à établir un nouveau système, il voulait examiner un homme qui, en sa qualité de sectateur de Copernic, lui inspirait quelque défiance. Képler se récrie contre cette réserve, qui fait qu'on tient secrètes ses recherches et ses découvertes. *Quid hoc mali dicam esse in arte nostrâ, quæ omnis justitiæ fideique norma est et origo; quod in eam fraudes irreperunt; quibus decepti retinentur viri summi quo minus, ut par erat, quidquid profecere, in commune referentes, in publicum edant, petentibus communicant? Admiranda tu quoque commemoras*, dit-il à Magini, *simul que premere illa et ipse profiteris. O rem indignam, adeo perdita esse tempora ut viris doctis quoque in metu sit versandum.* Il désirait obtenir de Magini quelques procédés qui auraient pu abréger ses calculs. Pour lui inspirer de la confiance, il promet sur son honneur de garder inviolablement le secret, et il lui communique une partie des méthodes qu'on voit mieux expliquées dans le livre *de Stellâ Martis*, qui ne parut qu'en 1609. En 1610, Magini écrit à Képler, qu'en parcourant rapidement cet ouvrage, il a vu une faute dans le calcul par lequel il veut prouver que la bissection d'excentricité ne change pas sensiblement la table d'équation du Soleil, de Tycho.

Nous avons démontré ailleurs qu'en effet la différence n'est jamais que de quelques secondes. Képler se justifie, et montre à Magini qu'il n'a pas bien saisi sa manière de calculer l'équation. Magini voulait engager Képler à se joindre à lui dans sa querelle avec Origan, dont il avait lui-même à se plaindre. Képler s'y refuse, et conseille à Magini plus de modération.

Magini donne ensuite ses règles pour calculer les éclipses d'après les Tables corrigées de Tycho.

Théoriques de Magini.

Magini, tout en professant une haute estime pour Copernic, tout en convenant qu'il a rendu des services essentiels à l'Astronomie, par ses observations, et que ses hypothèses sont encore les plus simples qu'on ait imaginées pour expliquer et calculer les phénomènes célestes, se croit pourtant obligé de rejeter ces mêmes hypothèses comme *absurdes*. On conçoit que, professeur dans une université italienne, il ait craint les persécutions des théologiens, quoique Rome n'eût encore rien prononcé sur le nouveau système. Il se peut même qu'il fût de bonne foi, en le regardant comme contraire à l'Écriture; mais il aurait dû nous dire au moins quelles absurdités il trouvait dans une hypothèse qu'il dit lui-même être la plus simple de toutes. Il est vrai que Tycho, vers le même tems, en portait un jugement tout pareil, et ne l'appuyait pas davantage. Nous verrons en son tems ce que Tycho voulut mettre à la place. Voyons comment Magini s'y prendra pour renverser le système de Copernic, en se servant des observations et des idées qu'il emprunte à ce réformateur de l'Astronomie. Son livre porte la date de 1589, mais il l'avait commencé plusieurs années auparavant, et peu de tems sans doute après la publication du livre des *Révolutions célestes*.

Il lui faut onze sphères principales ; la plus grande de toutes, ou la onzième, est celle du premier mobile ; elle contient toutes les autres, les entraîne avec elle, et produit le mouvement diurne ; l'écliptique de cette sphère s'appellera l'*écliptique moyenne;* car Magini croit à la trépidation, comme Copernic.

La dixième sphère a aussi son écliptique, dont les pôles ont un mouvement de libration qui les approche ou les éloigne, en ligne droite, des pôles de l'écliptique moyenne, ou pour parler plus exactement, cette libration a lieu selon un petit arc du colure des solstices. Elle s'opère au moyen de quatre petits cercles, dont deux sont des *déférens,* et les deux autres des *épicycles*. Les déférens ont pour pôles les pôles de l'écliptique ; l'un est à six minutes du pôle septentrional, l'autre à égale distance du pôle austral. Les deux épicycles sont pareillement à 6' de leurs pôles ; les pôles de l'écliptique mobile tournent sur ces épicycles avec un mouvement double et en sens contraire. Il résulte de cette combinaison, que l'obliquité de l'écliptique varie de $23°28'$ à $23°52'$, au lieu que l'écliptique fixe est inclinée à l'équateur de $23°40'$ invariablement. Le déférent, dans son mouvement, entraîne le centre de l'épicycle, et l'épicycle entraîne le pôle de l'écliptique. Toute cette théorie appartient à Copernic, et ce n'est pas ce qu'il fallait lui emprunter de préférence.

La neuvième sphère, enfermée dans la dixième, produit une libration en longitude. Elle s'opère de même par quatre autres petits cercles, dont les deux déférens sont placés aux points équinoxiaux vrais ; leur distance polaire est de $35'\,41''\,15'''$, ainsi que celle des épicycles ; en sorte que la somme des deux diamètres est de $2°\,22'\,45''$. Magini change ici quelque chose aux quantités assignées par Copernic. Ces derniers cercles expliquent les inégalités de la longitude, comme les premiers expliquent les variations de l'obliquité.

La huitième sphère est enfermée dans la neuvième, et son mouvement propre produit la précession moyenne en longitude, qu'il suppose de $50''\,12'''\,5^{\mathrm{iv}}$ par an.

L'inégalité des points équinoxiaux produit celle de l'année solaire. Les sphères de Saturne, Jupiter et Mars sont, comme les précédentes, concentriques à la Terre.

L'épicycle tourne entre deux murs circulaires d'inégale épaisseur; en sorte que le centre de cet épicycle change continuellement sa distance au centre du monde. Ces orbes ont un mouvement très lent qui explique celui de l'apogée; leurs plans sont inclinés pour expliquer les changemens de latitude; mais comme l'intersection, avec le plan de l'écliptique, passe par le centre du monde, il s'ensuit que ces cercles sont divisés en deux segmens inégaux, dont l'un est boréal et l'autre austral. Le plus grand contient l'apogée; le périgée est dans le plus petit.

Cette complication ne suffit pas encore, il faut un autre excentrique, qui est l'équant ou le cercle des mouvemens moyens, et il faut que l'épicycle soit incliné à l'excentrique pour les inégalités de la latitude.

Tous ces détails peu amusans, ont au moins l'avantage de nous faire mieux sentir les obligations que nous avons à Copernic, Képler et Newton.

Il ne faut pas moins que cinq orbes à la sphère du Soleil pour expliquer les changemens de l'apogée et de l'excentricité, et le centre de l'excentrique tourne lui-même sur un petit cercle.

La sphère de Vénus a quatre orbes, comme chacune de celles des planètes supérieures; les apsides sont immobiles en $1^s\ 18°\ 21'$ et $7^s\ 18°\ 21'$; les pôles de son excentrique ne sont pas toujours à la même distance des pôles de son zodiaque.

La sphère de Mercure a cinq orbes, comme celle du Soleil, et même un sixième qui est son épicycle. On peut voir, à la page 151 de l'ouvrage, la figure bizarre qui résulte de tous ces cercles et de leurs mouvemens.

Pour la Lune, Magini commence par exposer en détail la théorie de Copernic. Il y trouve un défaut. Si la Lune avait un double épicycle, ses taches visibles dans le périgée devraient disparaître dans l'apogée. Cette raison ne paraît pas bien solide; car on peut supposer que la Lune tourne sur elle-même, de manière à présenter toujours une même face à la Terre. En outre, il croit que les luminaires doivent avoir cette ressemblance, que tous leurs mouvemens puissent s'expliquer par des excentriques et non par des épicycles, qu'il faut réserver aux planètes à cause de leurs rétrogradations. Au reste, il assure que, par son nouvel arrangement, il ne change rien aux mouvemens apparens.

En conséquence, il donne six orbes à la sphère de la Lune. Nous ne donnons aucun détail sur ces six orbes, qui ne peuvent avoir aucune utilité, s'ils ne sont solides, et qui par là même deviennent inadmissibles.

Le second livre offre la théorie des latitudes et des autres phénomènes des planètes en général. Pour les latitudes, c'est toujours la théorie de Ptolémée avec de légères variations. Il est à remarquer que dans cette partie l'auteur ne donne aucune figure, quoiqu'il en soit prodigue partout ailleurs.

Il explique, dans son système, les stations, les rétrogradations, les apparitions, les disparitions, les aspects et les configurations, et enfin les éclipses.

Dans tout cet ouvrage l'auteur se borne à des considérations générales ; il ne donne aucune règle de calcul, aucune preuve que ses hypothèses s'accordent en effet avec les observations. Cet examen l'aurait mené trop loin. Copernic, après avoir changé le système du Monde, s'était contenté de montrer comment son hypothèse pouvait se prêter à toutes les méthodes reçues. Magini veut montrer, à son tour, comment on peut, en laissant la Terre en repos, introduire dans l'Astronomie ancienne toutes les améliorations de Copernic. Mais il n'en vient à bout que par une complication qui mérite à bien plus juste titre la qualification d'absurde, qu'il donne si gratuitement au système de Copernic. Cet ouvrage est assurément le plus inutile de tous ceux de Magini, à qui cependant il a dû donner plus de peine qu'aucun autre ; on en peut juger par le tems qu'il a mis à le composer, et par celui qui lui aurait été nécessaire pour en démontrer l'exactitude ou plutôt à en découvrir l'insuffisance.

Ce dernier article ne devait venir qu'après celui de Copernic ; mais comme le système de Magini ne porte sur aucun fondement réel, qu'il n'est pas digne d'un examen sérieux, et que d'ailleurs il n'est qu'un mélange des hypothèses de Ptolémée, des rêveries de quelques Arabes et de quelques idées de Copernic, qui ne tiennent pas au système général du monde, nous n'avons pas cru devoir le séparer des autres ouvrages du même auteur.

LIVRE TROISIÈME.

GNOMONIQUE.

Nous avons, à l'article Analemme (*Astr. anc.*, tome II), donné un traité complet de Gnomonique grecque, et nous avons décrit les cadrans d'Athènes; à l'article Vitruve, nous avons donné une notice succincte des cadrans anciens, dont les noms nous ont été conservés; nous avons montré comment l'hémisphère de Bérose pouvait avoir donné l'idée des heures temporaires, et fourni un moyen fort simple pour trouver ces heures en tout tems. Montucla, dans un supplément au livre IV de son Histoire des Mathématiques, tome I, page 714, conjecture que le cadran solaire de Bérose était tracé dans un demi-cylindre creux, dont l'axe était incliné à l'horizon d'un angle égal à la hauteur du pôle; au fond de cette cavité il imagine un style parallèle à la méridienne d'un cadran équinoxial; l'ombre de ce style, au jour de l'équinoxe, décrira une demi-circonférence, qui sera l'image fidèle du mouvement diurne du Soleil; chaque jour elle décrira *un arc semblable à celui que décrit le Soleil. Si donc on divise chacun de ces arcs en douze parties égales, et qu'on mène dans la cavité du cylindre des lignes, par les divisions semblables de chaque arc, on aura les douze lignes horaires.* Mais d'abord ce cadran n'aurait pu, dans une partie considérable de l'année, montrer les heures voisines du lever et du coucher, la marche de l'ombre eût été sensiblement inégale, et la division en heures temporaires à peu près impossible.

Toute cette hypothèse, au moins fort invraisemblable, de Montucla, n'est imaginée que pour conserver à Aristarque de Samos, l'invention de l'hémisphère connu sous le nom de *Scaphé*, que Vitruve seul attribue à ce géomètre; il convient lui-même que l'hémi-cylindre qu'il imagine, est beaucoup moins simple que celui qu'il veut laisser à Aristarque; il prétend que rarement le génie prend le chemin le plus court. Cela n'est que trop vrai; mais il faudrait d'autres raisons pour appuyer une conjecture aussi étrange : j'aime mieux croire que Vitruve a pu se tromper en assignant deux inventeurs au même cadran, qu'il décrit d'abord d'une manière fort équivoque, en parlant de Bérose, et qu'il ne fait que nommer en l'attribuant à Aristarque, à qui personne, que je sache, ne l'a jamais donné. Vitruve nomme aussi Aristarque comme l'inventeur du disque. Montucla pense, je ne sais sur quelle autorité, que ce devait être la projection des lignes horaires sur un plan tangent à la sphère. Sa raison est que ce problème n'excédait pas la capacité des géomètres de ce tems. En effet, on décrirait ce cadran par les méthodes de l'analemme, sur un plan horizontal ou sur tout autre; mais ce n'est pas encore là une preuve bien sûre; je serais fort tenté de croire que ce *disque* est le même qu'un cadran que nous trouverons chez les Arabes, qui lui donnaient le nom de *sabot*. C'était un cadran décrit dans un cercle, et qui donnait l'heure par la longueur des ombres; le cercle était divisé en arcs égaux, par trente-six rayons sur lesquels on marquait ces ombres pour toutes les heures.

Il conjecture encore que l'Araignée d'Eudoxe était un cadran azimutal, qui montrait l'heure par l'ombre d'un style droit, sur un grand nombre de cercles décrits du pied du style, et entrecoupés par des lignes qui n'auraient pu être que des courbes. Mais je ne vois pas la nécessité de ces cercles. Il suffit de calculer, pour toutes les heures et un certain nombre de déclinaisons, les distances zénitales N, et les azimuts Z du centre du Soleil; alors, en prenant le rayon pour style et la méridienne pour axe des x, on aura

$$x = \operatorname{tang} N \cos Z, \quad \text{et} \quad y = \operatorname{tang} N \sin Z,$$

et l'on pourra décrire les lignes horaires inégales. Nous trouverons, en effet, des cadrans de ce genre chez les Arabes; mais il n'y a pas grande apparence que les Grecs, qui n'avaient ni tangentes, ni sinus, aient procédé de cette manière. Les longueurs des ombres et les angles avec la méridienne, leur présentaient une construction plus facile, décrite par Ptolémée; un cercle unique et occulte leur donnait la direction des ombres dont ils faisaient la longueur $= \dfrac{\sin N}{\cos N}$ ou $= \dfrac{\text{corde } ZN}{\text{corde } (180° - ZN)}$, à défaut de sinus et de tangentes.

D'après Gabriel Siméoni, Montucla nous parle encore d'un cadran tracé dans une surface cylindrique concave, accompagnée de deux cadrans latéraux, décrits sur des surfaces planes. Il nous renvoie au t. III des *Mémoires de l'Académie de Tortone*, pour un cadran de ce genre, déterré en 1730 ou 1740, dans l'Etat ecclésiastique. Nous trouverons, chez les Arabes, ces cylindres creux, et des cadrans décrits sur des plans joints entre eux comme les feuilles d'un paravent.

CHAPITRE PREMIER.

Arabes.

Nous avons vu par plusieurs chapitres d'Albategnius et d'Ebn Jounis, que leur système gnomonique était le même que celui des Grecs, sans aucune altération qui soit de la moindre importance. Nous verrons, dans Aboul-Hhasan, ce qui est dû plus spécialement aux Arabes. La Trigonométrie étant entièrement transformée par les sinus d'Albategnius et les tangentes d'Aboul Wéfa, il est tout simple que les opérations numériques ne soient pas tout-à-fait les mêmes; mais elles conduisent aux mêmes résultats, et la description du cadran n'a pas changé. Les Arabes, en étudiant l'Analemme de Ptolémée, y ont trouvé des moyens de simplifier encore et de diversifier les solutions. Jamais peuple, sans aucun doute, n'a mis plus d'importance à la Gnomonique. Quand on n'avait guère d'autre moyen de savoir l'heure, les cadrans devaient être en grand honneur. Cette vogue a beaucoup diminué, ce qui était assez naturel, sur-tout dans les climats septentrionaux, où l'on a si rarement la faculté de consulter un cadran; ce qui les a fait passer de mode presque entièrement, c'est la multiplication des horloges publiques et particulières, qui font que jamais on n'a su l'heure aussi bien, ni si commodément, et l'on est devenu tout-à-fait indifférent sur la théorie qui la fait connaître. Cette théorie est tout-à-fait moderne. Nous avons rejeté les heures temporaires si peu commodes d'une part, et qu'il est si difficile de faire marquer à nos horloges, qu'en aucun tems on ne l'a même tenté. Depuis l'invention du pendule, la difficulté ne serait pas insurmontable; mais il faut avouer qu'on se donnerait une peine assez inutile. Nous avons dit, en parlant des Grecs, comment on aurait pu joindre les heures égales aux heures temporaires sur le même cadran; aucun auteur n'en fait la moindre mention; cependant nous verrons qu'Aboul-Hhasan introduisit le premier les heures égales chez les Arabes; il indique en passant la manière de les tracer sur ses cadrans, mais il n'en fait que peu d'usage, et il ne dit pas que son invention ait été accueillie; il est encore l'auteur d'une manière nouvelle de tracer les arcs des parallèles : ce n'est ni celle des

Grecs, ni celle des modernes. Cet auteur, venu 300 ans après Ebn Jounis et Aboul Wéfa, va nous apprendre quels changemens s'étaient opérés dans l'intervalle; il est un des écrivains les plus modernes de cette nation. Nous verrons dans son ouvrage tous les progrès que la science avait faits chez les Arabes.

Nous avons extrait ci-dessus son livre premier, qui traite uniquement des calculs. Il commence le second par la construction du *khaphir*, pour une latitude donnée. Le mot khaphir signifie le *sabot* d'un cheval. Nous en avons déjà dit un mot ci-dessus.

La latitude doit être moindre que le complément de l'obliquité, c'est-à-dire que le lieu ne doit pas être dans la zone glaciale. Cette restriction n'était pas indispensable.

On calcule les ombres horizontales, c'est-à-dire les tangentes des distances zénitales, pour toutes les heures et pour tous les degrés de l'écliptique, de 10 en 10. On fait une table de ces ombres pour un gnomon donné.

On décrit un cercle que l'on divise en trente-six arcs égaux; à tous les points de division on mène des rayons, sur lesquels on marque la longueur des ombres pour chacune des six heures temporaires.

Par tous les points d'une même heure, on fait passer une courbe qui sera la ligne horaire; à l'ombre méridienne on ajoute la longueur du gnomon; la ligne courbe, qui joindra tous ces nouveaux points, sera la ligne horaire du commencement de l'*ashre*; ajoutez une seconde longueur, et vous aurez la ligne de la fin de l'ashre.

Au centre ou à l'origine de toutes les ombres, on plante le style droit pour lequel on a fait des calculs; les lignes horaires et celles de l'ashre seront des espèces d'ovales ou courbes alongées; de là sans doute la dénomination de *sabot*.

Chacun des rayons sert pendant dix jours environ, et la différence des ombres variant peu dans l'intervalle, l'erreur n'est pas sensible; mais il serait possible de diviser le cercle en 360° ou même en 365, et l'on aurait encore plus d'exactitude.

On voit que ce *sabot* aurait pu tout aussi bien s'appeler le *disque*, à cause des cercles extérieurs sur lesquels étaient marqués les jours de l'année ou les degrés de la longitude du Soleil.

On ne voit rien de semblable chez les Grecs, du moins on est réduit aux conjectures; mais les Grecs avaient toutes les connaissances nécessaires pour cette facile construction.

GNOMONIQUE.

Au lieu de diviser le cercle en trente-six décans on le divise en dix-huit parties seulement, et chaque ligne sert pour deux degrés correspondans ou également éloignés du solstice; alors, au lieu d'être ovales, les lignes horaires sont des hélices.

On peut faire des sabots ou des hélices pour les heures égales plus aisément encore que pour les heures temporaires.

Au lieu de la table des ombres horizontales, qui sont les tangentes des distances au zénit, calculez les ombres verticales, qui sont les tangentes des hauteurs pour un gnomon horizontal; divisez en trente-six décans les circonférences des deux bases d'un cylindre; joignez les points correspondans de division, par des lignes droites verticales; sur ces lignes marquez, en partant du sommet, les longueurs des ombres à toutes les heures, vous aurez le cadran cylindrique; le gnomon sera horizontal et attaché à un chapiteau, qui sera mobile sur la base supérieure, pour qu'il puisse être amené à la ligne du degré de l'écliptique occupé par le Soleil.

L'auteur nous dit qu'il faut aussi marquer l'ashre sur le cadran cylindrique; le moyen n'est pas difficile à trouver. En général,

$$\text{ombre verticale} = \frac{\text{carré du gnomon}}{\text{ombre horizontale}} = \frac{(12)^2}{\text{ombre horizontale}};$$

donc

$$\text{ombre verticale de l'ashre} = \frac{(12)^2}{\text{ombre horiz.} + 12} = \frac{144^d}{12.\tang N + 12}$$

$$= \left(\frac{12^d}{\tang N + 1}\right) = \frac{12^d}{\tang \varphi} = 12 \cotang \varphi.$$

J'ai vérifié par ces formules plusieurs termes de la table des ombres de l'ashre, et je les ai trouvés fort exacts.

Cadran cylindrique propre à toutes les latitudes. L'auteur prend pour argument la hauteur méridienne; mais il ne paraît guère possible de ramener la longueur des ombres à ne dépendre que de la hauteur méridienne. En effet,

$$\sin h = \cos(H-D) - 2\sin^2\tfrac{1}{2}P.\cos H \cos D$$
$$= \cos(H-D) - \cos(H-D)\sin^2\tfrac{1}{2}P - \cos(H+D)\sin^2\tfrac{1}{2}P$$
$$= \cos(H-D)\cos^2\tfrac{1}{2}P - \cos(H+D)\sin^2\tfrac{1}{2}P.$$

Il y a donc toujours un terme qui dépend de $\cos(H+D)$, c'est-à-dire de la hauteur méridienne de la saison opposée, et si vous supposez donnés $(H+D)$ et $(H-D)$; H et D sont dès-lors déterminés, et le calcul ne conviendra qu'à une seule latitude.

Soit $H' = H + n$ et $D' = D + n$; nous aurons

$$H' - D' = H + n - D - n = (H - D).$$

Tout va bien jusqu'ici; mais

$$H' + D' = H + n + D + n = (H + D) + 2n.$$

D'ailleurs les heures temporaires n'auront pas les mêmes valeurs sur les parallèles H et $H + n$; les $\cos\frac{1}{2}P$ et $\sin\frac{1}{2}P$ seront différens pour les deux lieux. Il est donc clair que la solution ne peut être qu'approximative, et ne sera passablement exacte que dans le cas où les différences n de latitude seront peu de chose. Cependant Aboul-Hhasan donne sans restriction la solution pratique du problème. Dans la suite de son Traité, il convient lui-même que cette solution n'est pas rigoureusement exacte; mais il aurait dû en avertir plutôt ou ne faire aucune mention d'un procédé qui n'était pas digne de figurer dans son ouvrage.

Quoique la démonstration ne laisse rien à désirer, j'ai été curieux de chercher par le fait quelle serait l'erreur de l'hypothèse, en passant d'une latitude à une autre; j'ai fait les suppositions suivantes, en portant tout à l'extrême.

Le cadran étant calculé pour la latitude 19° 30′, la hauteur de l'équateur sera 70° 30′; au solstice d'hiver, la hauteur méridienne sera 70° 30′ —23° 30′ = 47°; au solstice d'hiver, l'heure temporaire sera de 13° 31′ 25″ en degrés; au cercle polaire, la hauteur de l'équateur étant de 23° 30′, la hauteur, au solstice d'été, sera de 47° 0′, et l'heure temporaire vaudra 30°, parce que le Soleil, à minuit, ne fait que raser l'horizon.

La hauteur méridienne sera donc la même; nous trouverons cependant des différences très sensibles dans les ombres verticales. Voici les résultats du calcul:

GNOMONIQUE.

Première supposition.	Deuxième supposition.	
H = 66° 0′ 30″	H = 19° 30′ 0″	
D = 23. 0.30	D = —23.30. 0	
haut. mérid. = 47. 0. 0	haut. mérid. = 47. 0	
angle de 1ʰ 30. 0. 0	angle de 1ʰ 13°31′25″	
gnomon... 12	gnomon...12. 0. 0	

Heures temp.	Ombres.	Ombres.	Différence.
6ʰ	12°52′ 2″	12°52′ 2″	0° 0′ 0″
5	11.12. 9	12. 0.35	0.48.26
4	7.52.20	9.54.45	2. 2.25
3	4.43. 1	7.22.27	2.39.26
2	2.13.50	4.50.13	2.36.23
1	0.35.20	2.23.57	1.48.37
0	0. 0. 0	0. 0. 0	0. 0. 0

H = 50° 0′ 30″	H = 3°30′ 0″	
D = 23. 0.30	D = — 3.30. 0	
haut. mérid. = 63. 0. 0	63. 0. 0	
angle de 1ʰ 20.18.30	14.44.45	

Heures temp.	Ombres.	Ombres.	Différence.
6	23°33′ 3″	23°33′ 3″	0° 0′ 0″
5	19.46.42	20.40.32	0.53.50
4	13.31.18	15.21.18	1.50. 0
3	8.49.49	10.43. 1	1.53.12
2	5.13.53	7. 3. 1	1.49. 8
1	2.22.50	4. 3.14	1.40.24
0	0. 0. 0	0. 0. 0	0. 0. 0

On voit par cette double épreuve que les différences des ombres passent $\frac{1}{6}$ de la grandeur du gnomon, et qu'elles ne sont nulles qu'au méridien où $\sin^2 \frac{1}{2} P = 0$, ou à l'horizon, où l'ombre verticale est nulle partout. On se tromperait donc d'une heure si l'on portait au cercle polaire le cadran construit pour 19° 30′ de latitude, ou d'une demi-heure, si l'on portait à 50° $\frac{1}{2}$ de latitude le cadran pour 3° $\frac{1}{2}$ de latitude.

On peut estimer que dans les pays voisins de l'Arabie, l'erreur ne passait pas un quart d'heure, ce qui, dans ces tems, pouvait paraître une exactitude suffisante pour les usages civils.

Sakke al Jeradah ou *la jambe de la Sauterelle*, pour une latitude déterminée.

Imaginez le cadran cylindrique développé sur un plan et que le pied du gnomon puisse glisser pour être amené sur la ligne verticale du jour; alors vous aurez la *jambe de Sauterelle* de la première espèce. Voulez-vous que le gnomon soit fixe? la *jambe de Sauterelle* sera le cadran connu sous le nom du *Jambon*, à la réserve qu'au lieu de joindre tous les points d'une même ligne horaire par des lignes brisées, Aboul-Hhasan les joint par une courbe; ce qui est en effet plus exact, comme nous l'avons déjà remarqué en parlant de la théorie du *Jambon*, tome II, page 514.

Dans cette seconde construction le gnomon réel n'est pas le gnomon matériel qu'on voit aux angles du quadrilatère, mais bien l'hypoténuse d'un triangle qui a pour côtés le gnomon matériel et la distance horizontale du pied de ce gnomon au sommet de la verticale du jour. L'ombre verticale, donnée pour cette hypoténuse, est ce que l'auteur appelle *ombre employée*. On a donc

$$\text{ombre employée} = (G^2 + D^2)^{\frac{1}{2}} \tang h = G\left(1 + \frac{D^2}{G^2}\right)^{\frac{1}{2}} \tang h$$
$$= G(1 + \tang^2 \varphi)^{\frac{1}{2}} \tang h = \left(\frac{G}{\cos \varphi}\right) \tang h;$$

D étant la distance du pied à la verticale du jour, h la hauteur du Soleil à l'heure supposée, et φ étant déterminée par la formule $\tang \varphi = \left(\frac{D}{G}\right)$.

On voit ce qu'il faudrait faire pour avoir l'ombre de l'ashre. Le *gnomon matériel*, qui produit l'ombre, s'appelle de même *gnomon employé* ou *corps de l'ombre employée*; car le gnomon s'appelle en général *corps de l'ombre*.

L'auteur construit ensuite une *jambe de Sauterelle* pour toutes les latitudes, ce qui donne lieu aux mêmes objections que nous avons faites à son cadran cylindrique.

Cadran conique pour une latitude déterminée. Soit aA l'axe du cône (fig. 135), AB le rayon de la base, ab le rayon de la base supérieure du cône tronqué; ce rayon sera aussi le rayon de la base du tronc ou du chapiteau, qui pourra tourner autour de l'axe Aa, et portera un gnomon horizontal saillant. Soit bh ce gnomon, SO le rayon solaire, l'ombre serait donc bO, sur la surface du cylindre AabB'; elle sera bL sur la surface conique. Il s'agit de calculer bL.

GNOMONIQUE.

$$\sin L : bh :: \sin h : bL = \frac{bh \sin h}{\sin L} = \frac{G \sin h}{\sin(Lhb + Lbh)} = \frac{G \sin h}{\sin(h + 90° - B\flat B')}$$
$$= \frac{G \sin h}{\cos(h - B\flat B')} = \frac{G \sin h}{\cos(h - I)} = \frac{G \sin h}{(\cos h \cos I + \sin h \sin I)}$$
$$= \frac{G \tang h}{\cos I + \sin I \tang h} = \frac{G \séc I \tang h}{1 + \tang I \tang h} = \frac{bO \séc I}{1 + \tang I \tang h};$$

h est la hauteur du Soleil, et I l'inclinaison du côté du cône sur la verticale bB'.

A cela près, le cadran sur un cône sera le même que le cadran cylindrique, mais les ombres seront plus courtes; et telle est, fort probablement, la cause qui l'a fait imaginer.

L'ombre bL s'appelle *ombre employée*.

Balance Khorarie ou *Fézarie*. Prenez un solide d'un bois dur ou de métal, dont la longueur soit de sept fois environ son épaisseur; que les quatre faces les plus longues de ce parallélépipède soient planes et rectangulaires.

Sur la première face décrivez un rectangle, en laissant aux deux bouts la place nécessaire pour y marquer les signes de l'écliptique ou autres symboles de ce genre; dans ce rectangle, menez parallèlement aux grands côtés des lignes droites, pour tous les commencemens des signes; divisez ces lignes en doigts, c'est-à-dire en douzièmes du gnomon; sur ces lignes, cherchez les longueurs des ombres des différentes heures, selon la déclinaison du signe; marquez par des points les extrémités de ces ombres horizontales, et par tous les points d'une même heure, tracez une ligne qui sera presque droite, vu la petitesse de l'échelle; plantez le gnomon à l'une des extrémités du quadrilatère, et quand vous voudrez savoir l'heure, placez la règle dans l'azimut du Soleil; en sorte que l'ombre soit parallèle aux côtés de la règle, l'extrémité de cette ombre, prise sur la ligne du signe, vous donnera l'heure comme par les cadrans précédens. Pour cette observation, on soutient la *règle* par un fil qui passe par son centre de gravité; il paraîtrait plus sûr de la placer sur un plan bien horizontal, car le moindre vent ferait osciller la machine et rendrait l'observation fort douteuse. C'est apparemment ce genre de suspension qui a fait donner à l'instrument le nom de *Balance*, d'autant plus que l'on s'assure de l'horizontalité de la règle par le même moyen qui indique celle du bras d'une balance.

Mais comme l'ombre horizontale pourrait être incommode par sa longueur, en face du gnomon et à l'autre extrémité de la règle, on place, dans une autre aïnure, un plan vertical, qui reçoit l'ombre verticale du gnomon, laquelle sera d'autant plus petite que l'ombre horizontale sera plus longue.

La théorie de cette balance est la même, au fond, que celle de tous les cadrans qui marquent les heures par la seule longueur de l'ombre; on y marque aussi les lignes de l'ashre. Ce cadran est sans contredit un des plus bizarres et des moins sûrs qu'on ait jamais imaginés. On avait sans doute voulu le rendre portatif, mais on aurait aussi bien fait de le tracer sur une longue canne qu'un fil-à-plomb aurait fait placer verticalement; le gnomon aurait pu se fermer comme un couteau, et se replier dans l'épaisseur de la canne.

Les trois autres faces portent aussi leurs divisions, que l'auteur expose fort longuement sans parvenir à les rendre fort claires. Il annonce qu'on trouvera, dans la suite de l'ouvrage, l'explication des usages nombreux de cette balance en cinquante articles, que nous n'avons pas vus et qui ne pourraient nous intéresser qu'en raison de la singularité. Cette méthode d'accabler le lecteur de détails obscurs, et de garder le plus profond silence sur le fond des choses, serait bonne tout au plus pour des ouvriers chargés d'exécuter l'instrument, sans être en état d'y rien comprendre, et trop souvent l'ouvrage paraît destiné à cette sorte de lecteurs. Nous avons fait la même réflexion aux articles de Théon, d'Albategnius et d'Ebn-Jounis, qui, le plus souvent, paraissent avoir rédigé leurs notices pour des astrologues ignorans; peut-être aussi n'a-t-il pas voulu tout dire pour qu'on fût obligé d'aller à ses leçons; et c'est une précaution qui paraît avoir été prise par beaucoup d'astronomes connus principalement comme professeurs.

Le premier chapitre du livre III prouve, un peu longuement, que la marche de l'ombre doit être une ligne droite aux équinoxes, une hyperbole toutes les fois que le Soleil peut se coucher, une parabole quand il ne fait que raser l'horizon, une ellipse en été dans la zône glaciale, ou enfin un cercle quand l'observateur est au pôle. Je n'ai vu cette doctrine dans aucun auteur plus ancien; il est à croire cependant qu'elle n'est pas d'Aboul-Hhasan, puisqu'il ne dit pas comme il fait en plusieurs endroits, que personne encore n'en a parlé et qu'il en a eu la première idée.

Chapitre II. On peut tracer la marche de l'ombre sur des surfaces planes, cylindriques, coniques ou sphériques. Aboul-Hhasan ajoute que personne avant lui n'avait employé d'autre surface que la plane; il est

GNOMONIQUE.

donc bien mal informé, ou il ne parle que des Arabes; car, sans parler de Bérose, ni d'Aristarque de Samos, nous avons dans Vitruve et Stuart, la preuve qu'on avait fait des cadrans sur des surfaces coniques. Il va donc donner des pratiques pour les cadrans de toute espèce. Je dis des pratiques, car il nous a donné déjà ses idées théoriques, il est vrai que c'est sans les démontrer.

Chapitre III. *Cadran horizontal.* Il suppose qu'on a des tables des hauteurs et des azimuts, et ne donne ses instructions qu'à des manœuvres; sa théorie est celle de Ptolémée; il n'y ajoute que l'ashre; cependant, au lieu d'employer directement l'azimut, il multiplie l'ombre par le sinus de cet azimut; il a de cette manière l'ordonnée de la courbe : il en a de même l'abscisse en multipliant l'ombre par le cosinus. Je n'ai vu jusqu'ici ce précepte dans aucun auteur plus ancien. Ce qu'il y a de particulier dans ses constructions, c'est qu'il suppose données les dimensions du plan; qu'il y assujétit l'ombre la plus longue, et calcule le reste en conséquence. Il serait plus court de calculer tout avec un gnomon pris pour unité, et quand on aurait toutes ses lignes, on pourrait chercher, pour la hauteur du gnomon, le nombre qui renfermerait l'ombre la plus grande dans les dimensions données. Sa manière inverse d'attaquer le problème augmente la difficulté, soit pour exécuter, soit pour comprendre.

Après avoir tracé les heures temporaires, il dit brièvement ce qu'il faut faire pour avoir les heures égales. Il parlera plus loin de la propriété qu'a le pôle, qui est de fournir un point commun à toutes ces lignes, en sorte qu'il suffit de trouver un second point, soit sur un tropique, soit sur l'équinoxiale. Il paraît donc que ce centre est une invention qui appartient aux Arabes et probablement à Aboul-Hhasan. Nous verrons que les plus anciens d'entre nos gnomonistes en parlent comme d'une chose vulgaire, et qui n'a pas besoin d'être prouvée. Ce centre n'existe pas pour les heures temporaires, qui même ne sont pas rectilignes; au reste, sans rien prononcer sur la nature de ces lignes, Aboul-Hhasan, qui les décrit par points, recommande souvent de déterminer un point pour chaque signe pour plus d'exactitude.

Pour la hauteur du pôle, qui serait le complément de l'obliquité, il trouve que le cadran est impossible à décrire complètement. Il s'arrête au point où l'ombre est la plus longue que l'on puisse construire; il ne calcule qu'une partie de l'arc solstitial d'été, et trace d'autres parallèles en nombre suffisant pour avoir des lignes horaires les plus exactes. On peut voir ce que nous avons dit de ce cadran du cercle polaire, tome II, pages 479 et vij, avant que M. Sédillot nous eût confié sa traduction d'Aboul-Hhasan.

Au total rien de vraiment neuf sur les cadrans horizontaux, si ce n'est la mention des heures égales, et du point où toutes les lignes se réunissent.

Cadrans oriental et occidental sur le plan du méridien. Il emploie encore la méthode grecque; mais il ajoute qu'elle est peu connue; il calcule les abscisses et les ordonnées de ses lignes; il donne aux abscisses le nom d'*ombres employées.* Ainsi, la théorie est toujours la même, et l'on n'y voit qu'une modification très légère.

Cadrans sur le plan du premier vertical. Ce sont les cadrans verticaux du midi et du nord. Aux azimuts et aux longueurs des ombres, il substitue les ordonnées, qu'il appelle *ombres employées,* et les abscisses qu'il nomme *distances;* pour le cadran du nord, qu'il juge plus difficile, il calcule un plus grand nombre de points sur chaque ligne.

Cadran vertical déclinant et cadran incliné. C'est là qu'il nous apprend que tout plan quelconque peut être considéré comme l'horizon d'un lieu dont on peut déterminer la longitude et la latitude.

Cadrans dont le gnomon au lieu d'être perpendiculaire au plan, est parallèle à l'horizon. Il suffit d'abaisser du sommet une perpendiculaire sur le plan : cette perpendiculaire sera le véritable gnomon, et les ombres commenceront du pied de cette perpendiculaire. C'est en effet le précepte de l'auteur, qui se livre à son ordinaire à des détails qui ne sont bons que pour des ouvriers qui n'ont aucune théorie.

Cadrans parallèles à des horizons quelconques.

Cadran horizontal des heures égales, sans employer aucun azimut et sans autre parallèle que celui du Bélier. L'auteur nous dit ici que personne avant lui ne s'était occupé de ces heures, et que cette invention est le résultat de ses méditations et de ses réflexions; il ajoute que les cercles de ces heures passent par les pôles du monde, que leurs intersections avec des plans quelconques ne peuvent être que des lignes droites, qui *passent par le point du pôle, et par les points des heures égales sur le parallèle du Bélier.* Cette remarque a dû lui suggérer le moyen de simplifier la construction. Voici celle qu'il emploie : l'ombre méridienne de l'équinoxe lui donne un point de l'équinoxiale, et ce point suffit; car l'équinoxiale coupe la méridienne à angles droits; les ombres du matin ont leurs correspondantes parmi celles du soir; elles sont des obliques égales deux à deux; il en calcule les longueurs, et prenant le pied du style pour centre, avec les longueurs pour rayons, il divise son équinoxiale par des points d'intersection. On voit qu'il ne connaît pas l'expression de la tangente de l'angle au centre du cadran; il sait seulement que la ligne de six heures est parallèle à l'équinoxiale.

Pour les autres parallèles il calcule la longueur des ombres; et comme il a, par ce qui précède, les lignes horaires données de position, il suffit d'un point d'intersection sur chaque ligne, pour avoir successivement douze points du même arc.

Quand les arcs des parallèles sont tracés, on peut, par la même méthode, y marquer les points des heures inégales. On voit bien là un commencement de théorie, mais elle est loin d'être achevée.

Il suit la même méthode pour les cadrans verticaux.

Il fait

sin haut. du pôle sur le plan $=\sin h=\cos$ haut. du pôle $\cos$ déclin. du plan;

alors $\cot h$ est la distance du pôle au pied du gnomon.

Autre manière. Prenez la distance de la méridienne au pied du gnomon, multipliez-la par elle-même; ajoutez à ce carré celui du gnomon; prenez la racine de la somme et multipliez-la par l'ombre verticale de la hauteur du pôle sur l'horizon du lieu, divisez le produit par 12, le quotient sera la distance verticale du pôle à l'horizontale; ce qui revient à faire $\frac{G \tang H}{\cos D}$. C'est la règle qu'on suit encore aujourd'hui : elle nous vient donc des Arabes, suivant toute apparence.

Pour les cadrans du nord, qui n'ont pas d'équinoxiale, il dit qu'on peut toujours déterminer cette ligne par les points de lever ou de coucher, et par celui de plus grande dépression, ce qui est évident, ajoute-t-il, sans en donner d'autre explication. La chose, en effet, est incontestable. Il n'a pas vu qu'on pouvait toujours déterminer cette ligne par les ombres. Il n'est aucun besoin que le Soleil éclaire effectivement cette face du mur. L'équinoxiale est la même pour le cadran du nord que pour celui du midi.

Limites des heures égales sur les plans inclinés non déclinans.

Heures égales sur les plans inclinés déclinans. Rien à extraire.

Chapitre XXVI. Ce chapitre et les suivans, vont nous offrir une théorie qui ne se rencontre ni dans la Gnomonique des Grecs, ni dans celle des modernes, ni même dans aucun des auteurs arabes que nous connaissons. Aboul-Hhasan se sert des propriétés des sections coniques pour décrire les arcs des signes. A la vérité, Commandin et Clavius ont aussi tracé leurs arcs des signes par des moyens tirés de la théorie de ces courbes; mais leurs procédés, assez obscurs d'ailleurs, ne sont pas ceux de notre auteur. Les équations modernes des sections coniques ne nous fournissent que des secours indirects; elles sont des fonctions des axes, du paramètre, de l'excentricité; on n'y voit aucune quantité angulaire; la Gnomonique, au contraire, n'emploie guère que des angles, et laisse indéterminé le lieu du foyer. On pense bien qu'Aboul-Hhasan n'avait aucune connaissance de nos formules; mais il avait lu Apollonius, et pour trouver les démonstrations qu'il ne donne pas, c'est Apollonius que j'ai dû consulter. J'y ai trouvé la note suivante, que j'avais autrefois rédigée sans penser que jamais elle pût m'être utile; et j'y ai rencontré la solution du problème dans une formule générale que je n'ai vue nulle part; elle démontrera les pratiques d'Aboul-Hhasan et les remplacera par une opération incomparablement plus simple et plus expéditive. Voici la note sur les constructions d'Apollonius.

Rien de moins naturel et de plus arbitraire en apparence que la manière dont Apollonius amène ce *côté droit* ('Ορθία, *latus rectum*), qui doit jouer un si grand rôle dans tout l'ouvrage, et qui cependant reste toujours en dehors de la section conique à laquelle il paraît étranger. Il était pourtant facile de montrer que cette ligne a une place marquée dans la section, d'indiquer quelle est cette place, et comment on a pu la découvrir.

Soit (fig. 136), dans un cône quelconque, le triangle BAG qui le coupe suivant l'axe.

BDGE l'un des cercles parallèles à la base du cône, que nous supposons scalène pour plus de généralité.

DZE la section du cône par un plan quelconque, mais perpendiculaire au plan du triangle.

Par le sommet Z de la courbe menons la droite ZY parallèle à BG.

Menons DHE, ordonnée commune au cercle et à la courbe.

Prolongeons indéfiniment l'axe ZH, et sur cet axe abaissons, du sommet du cône, la perpendiculaire AP.

$$AP = AZ\sin AZP = AZ\sin(BZ\omega) = AZ\sin(BA\omega + A\omega Z)$$
$$= a\sin(A + \omega) = (A\omega\sin\omega)\ldots(1).$$

a sera donc la distance du sommet de la courbe au sommet du triangle et du cône.

Les angles BZω et ω seront les inclinaisons de l'axe de la courbe sur les deux côtés du triangle.

GNOMONIQUE.

$Z = (A+\omega)$, ou $A = Z-\omega$, et $(A+\omega) = 180° - AZ\omega$....(2).

Cette construction va nous donner l'équation générale des sections coniques, et cette équation s'appliquera naturellement aux problèmes de la Gnomonique, qui nous fournira les valeurs des angles Z, ω, a, etc.

$x = ZH =$ abscisse de la courbe comptée du sommet.......(3),
$y = DH =$ ordonnée de la courbe.....................(4),
$BG = \delta =$ diamètre du cercle........................(5).

Le cercle donne

$$y^2 = \overline{DH}^2 = BH \cdot HG = BH(BG - BH) = u(\delta - u) = \delta u - u^2 \ldots (6).$$

Le triangle BZH donne

$$\sin B : \sin BZH :: ZH : BH = u = \frac{ZH \sin BZH}{\sin B} = \frac{x \sin(A+\omega)}{\sin A'} = \left(\frac{\sin(A+\omega)}{\sin A'}\right) x \ldots (7).$$

$$y^2 = \frac{\sin(A+\omega)}{\sin A'} \cdot \delta x - \left(\frac{\sin^2(A+\omega)}{\sin^2 A'}\right) x^2 \ldots (8).$$

Le triangle AZY donne

$$\sin A'' : \sin A :: AZ : ZY = \frac{AZ \sin A}{\sin A''} = \frac{a \sin A}{\sin A''} \ldots (9).$$

Les parallèles donnent

$$AZ : ZY :: AB : BG = \delta = \frac{AB \cdot ZY}{AZ} = \left(\frac{AZ + ZB}{AZ}\right) ZY = \left(1 + \frac{ZB}{a}\right) ZY$$

$$= \left(1 + \frac{ZB}{a}\right) \frac{a \sin A}{\sin A''} = \frac{a \sin A}{\sin A''} + \left(\frac{\sin A}{\sin A''}\right) ZB \ldots (10);$$

d'où

$$y^2 = \frac{\sin(A+\omega)}{\sin A'} \left[\frac{a \sin A}{\sin A''} + \left(\frac{\sin A}{\sin A''}\right) ZB\right] x - \left(\frac{\sin^2(A+\omega)}{\sin^2 A'}\right) x^2$$

$$= \left(\frac{a \sin A \sin(A+\omega)}{\sin A' \sin A''}\right) x + \left(\frac{\sin A \cdot \sin(A+\omega)}{\sin A' \sin A''}\right) ZB \cdot x - \left(\frac{\sin^2(A+\omega)}{\sin^2 A'}\right) x^2 \ldots (11);$$

or,

$$\sin B : \sin H :: ZH : ZB = \frac{ZH \sin H}{\sin B} = \left(\frac{\sin H}{\sin B}\right) x = \frac{\sin(B+Z)}{\sin A'} x$$

$$= \left(\frac{\sin(A'+A+\omega)}{\sin A'}\right) x \ldots (12),$$

et

$$= \left(\frac{a \sin A \sin(A+\omega)}{\sin A' \sin A''}\right) x + \left(\frac{\sin A \sin(A+\omega)}{\sin A' \sin A''}\right) \frac{\sin(A'+A+\omega)}{\sin A'} x \cdot x - \left(\frac{\sin^2(A+\omega)}{\sin^2 A'}\right) x^2$$

$$= \left(\frac{a \sin A \sin(A+\omega)}{\sin A' \sin A''}\right) x$$

$$+ \left(\frac{\sin(A+\omega)}{\sin^2 A' \sin A''}\right) [\sin A \sin(A'+A+\omega) - \sin A'' \sin(A+\omega)] x^2 \ldots (13);$$

or, à cause de $\sin A'' = \sin(A+A')$,

le facteur de $x^2 = \sin A \sin A' \cos(A+\omega) + \sin A \cos A' \sin(A+\omega)$
$\qquad - \sin A \cos A' \sin(A+\omega) - \cos A \sin A' \sin(A+\omega)$
$\qquad = \sin A \sin A' \cos(A+\omega) - \cos A \sin A' \sin(A+\omega)$
$\qquad = \sin A \sin A' \cos A \cos \omega - \sin A \sin A' \sin A \sin \omega$
$\qquad - \cos A \sin A' \sin A \cos \omega - \cos A \sin A' \cos A \sin \omega$
$\qquad = -\sin^2 A \sin A' \sin \omega - \cos^2 A \sin A' \sin \omega$
$\qquad = -\sin \omega \sin A';$

d'où

$$y^2 = \left(\frac{a \sin A \sin(A+\omega)}{\sin A' \sin A''}\right) x - \left(\frac{\sin \omega \sin(A+\omega)}{\sin A' \sin A''}\right) x^2$$
$$= \left(\frac{a \sin A \sin Z}{\sin A' \sin A''}\right) x - \left(\frac{\sin \omega \sin Z}{\sin A \sin A''}\right) x^2 \dots \dots (14);$$

or, $AP = a \sin Z = G =$ perpendiculaire abaissée du sommet du cône sur le plan; donc

$$y^2 = \left(\frac{G \sin A}{\sin A' \sin A''}\right) x - \left(\frac{\sin \omega \sin Z}{\sin A' \sin A''}\right)^2 x^2 \dots \dots (15).$$

L'équation (14) est donc l'équation générale des sections coniques, et elle ne dépend que des angles du triangle, des angles que le plan fait avec les deux côtés, et enfin de la distance des sommets de la courbe et du cône; et pour la Gnomonique, l'équation (15) ne dépendra que du gnomon et des angles.

On voit déjà que le facteur de x ne dépend que du gnomon et des trois angles du triangle.

Il est évident que dans notre construction, la courbe est une ellipse, puisque l'axe ZH coupe les deux côtés du triangle et du cône au-dessous du sommet.

Plus le point ω s'éloignera, plus l'angle ω sera petit; car il s'appuiera toujours sur ZY, et les deux autres côtés iront en augmentant.

Cet angle s'évanouira quand l'axe ZH sera parallèle au côté AG; la courbe sera une parabole.

Soit donc $\omega = 0$; l'équation de la parabole sera

$$y^2 = \left(\frac{G \sin A}{\sin A' \sin A''}\right) x = \left(\frac{a \sin Z \sin A}{\sin A' \sin A''}\right) x = \left(\frac{a \sin A}{\sin A'}\right) x \dots (16);$$

car en ce cas, $\sin A' = \sin Z = \sin(180° - A) = \sin A$.

Si l'angle BZH continue à diminuer, l'angle ω qui vient de passer par 0 sera négatif, l'axe HZ prolongé ira couper le côté GA prolongé

GNOMONIQUE.

au-delà du sommet, il entrera dans le cône opposé; ainsi en faisant ω négatif, on aura pour l'hyperbole

$$y^2 = \left(\frac{a\sin A\sin(A-\omega)}{\sin A'\sin A''}\right)x + \left(\frac{\sin\omega\sin(A-\omega)}{\sin A'\sin A''}\right)x^2 \ldots\ldots (17);$$

$a\sin(A-\omega) = A\sin Z = AP = G$ sera toujours le gnomon. La Gnomonique nous fournira les angles; nous pourrons décrire la section d'après les données naturelles du problème.

Dans l'équation à l'ellipse, soit $x = 0$, nous aurons $y = 0$.

Soit ensuite $y^2 = 0$; nous aurons

$$\left(\frac{a\sin A\sin(A+\omega)}{\sin A'\sin A''}\right)x = \left(\frac{\sin\omega\sin(A+\omega)}{\sin A'\sin A''}\right)x^2,$$

d'où

$$a\sin A = x\sin\omega, \text{ et } x = \frac{a\sin A}{\sin\omega} = \text{grand axe} = 2m\ldots\ldots(18).$$

Soit $x = m = \frac{1}{2}\frac{a\sin A}{\sin\omega}$,

$$y^2 = \left(\frac{a\sin A\sin(A+\omega)}{\sin A'\sin A''}\right)\left(\frac{\frac{1}{2}a\sin A}{\sin\omega}\right) - \left(\frac{\sin\omega\sin(A+\omega)}{\sin A'\sin A''}\right)\frac{\frac{1}{4}a^2\sin^2 A}{\sin^2\omega}$$
$$= \frac{\frac{1}{2}a^2\sin^2 A\sin(A+\omega)}{\sin A'\sin A''\sin\omega} - \frac{\frac{1}{4}a^2\sin^2 A\sin(A+\omega)}{\sin A'\sin A''\sin\omega} = \frac{\frac{1}{4}a^2\sin^2 A\sin(A+\omega)}{\sin A'\sin A''\sin\omega} = n^2\ldots(19);$$

$y = n = \frac{1}{2}$ ordonnée au milieu du grand axe $= \frac{1}{2}$ petit axe.

$$n^2 = \frac{\frac{1}{4}a^2\sin^2 A}{\sin^2\omega}\cdot\frac{\sin\omega\sin(A+\omega)}{\sin A'\sin A''} = \frac{m^2\sin\omega\sin(A+\omega)}{\sin A'\sin A''}\ldots\ldots(20);$$

$$\frac{n^2}{m^2} = \frac{\sin\omega\sin(A+\omega)}{\sin A'\sin A''}\ldots\ldots\ldots\ldots\ldots\ldots(21).$$

Portons ces valeurs dans l'équation

$$y^2 = \left(\frac{a.\sin A}{\sin\omega}\cdot\frac{\sin\omega\sin(A+\omega)}{\sin A'\sin A''}\right)x - \left(\frac{n^2}{m^2}\right)x^2 = \left(2m\frac{n^2}{m^2}\right)x - \left(\frac{n^2}{m^2}\right)x^2\ldots(22).$$

Soit $p = 2m\frac{n^2}{m^2}$, ou $\frac{p}{2m} = \frac{n^2}{m^2}$, alors

$$y^2 = px - \left(\frac{n^2}{m^2}\right)x^2\ldots\ldots\ldots\ldots\ldots(23);$$

comparons cette équation aux équations (14) et (15), nous aurons

$$p = \frac{a\sin A\sin(A+\omega)}{\sin A'\sin A''} = \frac{AP\sin A}{\sin A'\sin A''} = \frac{G\sin A}{\sin A'\sin A''},\ldots\ldots(24),$$

valeurs tout-à-fait indépendantes de la hauteur du pôle, puisqu'il n'y entre que les trois angles du triangle ABG, ou AZY.

La Gnomonique ne considère que des cônes droits, dont l'axe commun est l'axe de l'équateur, et dont les bases sont les cercles parallèles que décrit le Soleil; en ce cas, $A' = A'' = (90° - \frac{1}{2}A)$; ainsi, pour la Gnomonique,

$$p = \frac{G \sin A}{\sin^2(90° - \frac{1}{2}A)} = \frac{2G \sin \frac{1}{2} A \cos \frac{1}{2} A}{\cos^2 \frac{1}{2} A} = 2G \tang \frac{1}{2} A = 2G \tang \frac{1}{2}(180° - 2D)$$
$$= 2G \cot D \ldots \ldots (25),$$

et cette valeur est la même pour les trois courbes et pour toutes les latitudes.

Dans l'équation générale, mettez les rapports des côtés à la place des rapports des sinus des angles opposés, et vous retrouverez les expressions d'Apollonius pour les trois paramètres.

Dans la parabole, le grand axe $= \frac{a \sin A}{\sin \omega} = \frac{a \sin A}{0} = \infty \ldots \ldots (26)$; il est infini.

Dans l'hyperbole, le grand axe $= \frac{a \sin A}{\sin \omega} \ldots \ldots \ldots \ldots (27)$; il est négatif; il est en dehors de la courbe.

On trouverait directement cette expression du grand axe par un calcul tout semblable à celui que nous avons fait pour l'ellipse, et l'on prouverait que les ordonnées de l'hyperbole sont imaginaires dans toute l'étendue du grand axe.

Dans l'équation générale, $y^2 = px \mp \left(\frac{p}{2m}\right) x^2$; supposons $y^2 = \frac{1}{4} p^2$, nous aurons

$$\frac{1}{4} p^2 = px - \left(\frac{p}{2m}\right) x^2, \quad \text{ou} \quad \frac{1}{4} p = x - \frac{x^2}{2m}, \quad \frac{1}{2} mp = 2mx - x^2,$$
$$x^2 - 2mx + m^2 = m^2 - \frac{1}{2} mp = (x - m)^2,$$
$$x = m \pm \sqrt{m^2 - \frac{1}{2} mp} = m \pm m \sqrt{1 - \frac{p}{2m}} = m \pm m \sqrt{1 - \frac{n^2}{m^2}}$$
$$= m \pm m \sqrt{1 - \cos^2 \varepsilon} = m \pm m \sin \varepsilon \ldots \ldots \ldots \ldots (28);$$

$\sin \varepsilon =$ excentricité de l'ellipse. Ainsi, x est l'abscisse qui aboutit à l'un ou l'autre foyer, et le demi-paramètre est l'ordonnée au foyer.

Dans la parabole, soit $x = \frac{1}{4} p$, $y^2 = \frac{1}{4} p^2$, $y = \frac{1}{2} p$; c'est encore l'ordonnée au foyer.

GNOMONIQUE.

Dans l'hyperbole, $x = -m \pm m\left(1 + \frac{n^2}{m^2}\right)^{\frac{1}{2}} = -m \pm m(1 + \tang^2\varphi)^{\frac{1}{2}}$,
$= -m + m\sec\varphi = -m(\sec\varphi - 1)$
$= -m\tang\varphi\tang\tfrac{1}{2}\varphi$.

Ainsi le paramètre n'est rien moins qu'étranger à la courbe, ainsi qu'on le croirait en lisant Apollonius, car il en est une des ordonnées les plus remarquables; mais les anciens ont fait peu d'attention à ces foyers, auxquels ils n'ont pas même donné de nom.

Appliquons nos formules à la Gnomonique.

$$y^2 = \left(\frac{G\sin A}{\cos^2\tfrac{1}{2}A}\right)x - \left(\frac{\sin\omega\sin Z}{\cos^2\tfrac{1}{2}A}\right)x^2 = \left(\frac{2G\sin\tfrac{1}{2}A\cos\tfrac{1}{2}A}{\cos^2\tfrac{1}{2}A}\right)x - \left(\frac{\sin\omega\sin Z}{\cos^2\tfrac{1}{2}Z}\right)x^2$$
$$= (2G\cot D)x - \left(\frac{\sin\omega\sin Z}{\sin^2 D}\right)x^2 \dots\dots\dots\dots\dots\dots\dots\dots(29);$$

or, $\sin Z$ est le sinus de la hauteur méridienne du Soleil sur le plan de la courbe ou du cadran $= \cos(H - D)$.

$\sin\omega$ est le sinus de la hauteur du Soleil, à minuit, sur le plan du cadran $= \cos(H + D)\dots\dots\dots\dots\dots\dots\dots\dots\dots\dots\dots\dots(30)$;
donc

$$y^2 = (2G\cot D)x - \left(\frac{\cos(H+D)\cos(H-D)}{\sin^2 D}\right)x^2$$
$$= (2G\cot D)x - \left(\frac{2G\cot D \cdot \cos(H+D)\cos(H-D)}{2G\cot D\sin^2 D}\right)x^2$$
$$= (2G\cot D)x - \left(\frac{2G\cot D}{\frac{2G\cot D\sin^2 D}{\cos(H+D)\cos(H-D)}}\right)x^2 = px - \left(\frac{p}{2m}\right)x^2,$$

d'où il est aisé de conclure que $p = (2G\cot D)$, et

$$2m = \frac{2G\cot D\sin^2 D}{\cos(H+D)\cos(H-D)} = \frac{2G\sin D\cos D}{\cos(H+D)\cos(H-D)};$$

en effet, la Gnomonique nous donne

$$2m = G[\tang(H+D) - \tang(H-D)] = \frac{G\sin 2D}{\cos(H+D)\cos(H-D)}$$
$$= \frac{2G\sin D\cos D}{\cos(H+D)\cos(H-D)}.$$

Quand la courbe est une ellipse, le Soleil est visible toute la journée.
Quand la courbe est une parabole, la plus petite hauteur $= 0$, $\cos(H + D) = \cos 90° = 0$, $2m = \infty$.

Quand la courbe est une hyperbole, la plus petite hauteur est négative $(H+D) > 90°$; le cosinus est négatif, ainsi que le grand axe.

La formule est donc générale pour les trois courbes; mais elle dépend de la latitude

$$\frac{n^2}{m^2} = \frac{p}{2m}, \quad n^2 = \frac{pm^2}{2m} = \frac{pm}{2} = \frac{2G\cot D}{2} \cdot \frac{G\sin D\cos D}{\cos(H+D)\cos(H-D)}$$
$$= \frac{G^2\cos^2 D}{\cos(H+D)\cos(H-D)} \quad \ldots \ldots \ldots \ldots (31),$$
$$n = \frac{G\cos D}{\sqrt{\cos(H+D)\cos(H-D)}};$$

n sera infini pour la parabole; il est utile pour l'ellipse, mais absolument inutile dans l'hyperbole, puisque l'axe n'a aucune ordonnée.

L'ellipse et la parabole, qui n'ont lieu que dans les zones glaciales, sont pour nous de simples objets de curiosité. L'hyperbole nous intéresse davantage; les formules sont

$$y^2 = (2G\cot D)x + \left(\frac{\sin\omega\sin(A-\omega)}{\sin^2 D}\right)x^2$$
$$= (2G\cot D)x + \left(\frac{\cos(H+D)\cos(H-D)}{\sin^2 D}\right)x^2 \ldots \ldots (32),$$
$$m = \frac{G\sin D\cos D}{\cos(H+D)\cos(H-D)}, \quad n = \frac{G\cos D}{\sqrt{\cos(H+D)\cos(H-D)}}, \quad p = 2G\cot D \ldots (33).$$

On pourra donc tracer les hyperboles indépendamment des lignes horaires, et en multipliant les points autant qu'on le jugera nécessaire. Alors, pour les heures, il suffira des ombres ou des tangentes des distances zénitales, qui, partant du pied du style, vont couper les arcs des signes à des points qu'on déterminera par des intersections, en prenant pour centre le pied du style, et pour rayon la tangente de la distance zénitale. A tous ces points d'intersection on mènera, du centre du cadran, des droites qui seront les lignes horaires.

Les géomètres ont donné, pour les sections coniques, des équations où n'entrent que des lignes. Les astronomes en ont donné qui sont fonctions des anomalies vraies et des rayons vecteurs; en voilà pour la Gnomonique, qui ne dépendent que du gnomon, qu'on fera bien de prendre pour unité, de la déclinaison, qui est la même pour tous les cadrans, et enfin de la latitude, c'est-à-dire de la hauteur du pôle sur le plan du cadran.

Si $H = 90°$,

GNOMONIQUE.

$$y^2 = (2G\cot D)x - \left(\frac{\cos(90°+D)\cos(90°-D)}{\sin^2 D}\right)x^2 = (2G\cot D)x - x^2$$
$$= (2G\cot D - x)x = (\delta - x)x,$$

équation au cercle;

$$m = \frac{G\sin D\cos D}{\sin^2 D} = G\cot D, \quad n = \frac{G\cos D}{\sqrt{\sin^2 D}} = G\cot D;$$

la courbe est un cercle;

$$p = 2G\cot D = \text{diamètre du cercle};$$

il n'est pas besoin d'autre chose que de la formule du rayon.

Aboul Hhasan nous donne des préceptes fort longs pour trouver ce paramètre, selon que la courbe est une parabole, une hyperbole ou une ellipse; et comme il suppose toujours la même déclinaison, il arrive toujours au même paramètre, malgré la diversité de ses pratiques. Cette remarque, qu'il n'a pas faite, aurait suffi pour prouver l'existence d'une formule générale. Au reste, en rassemblant les règles données par l'auteur, en les mettant en équations, et en substituant d'une formule à la suivante, on arrive au résultat $2G\cot D = 24\cot D$, que m'a donné ma formule pour le cône droit.

Voyons maintenant la méthode d'Aboul Hhasan. Il s'agit de tracer le parallèle du solstice d'été pour un lieu placé sur le cercle polaire, à 66° 25' de latitude, et pour cela il faut trouver le paramètre de la courbe, qui est une parabole, puisque le côté inférieur du cône est parallèle à l'horizon.

Prenez le cosinus de la déclinaison, ou $\cos D = \cos 23° 35'$;

Doublez ce cosinus ou prenez $2\cos D$;

Multipliez ce produit par lui-même, vous aurez $4\cos^2 D$;

Multipliez ce carré par le *diamètre de l'ombre*, c'est-à-dire par notre a;

or $$a = \frac{12}{\cos(H-D)} = \frac{12}{\cos(66°25' - 23°35')} = \frac{12}{\cos 42°50'} = \frac{12}{\sin 47°10'},$$

vous aurez

$$p = \frac{4\cos^2 D \cdot 12}{\cos(90° - D - D)} = \frac{48\cos^2 D}{\cos(90° - 2D)} = \frac{48\cos^2 D}{\sin 2D} = \frac{48\cos^2 D}{2\sin D\cos D} = 24\cot D.$$

Ce procédé n'est pas très long, celui de l'hyperbole le sera beaucoup plus; il est un peu plus long dans Aboul Hhasan qui, faisant véritablement $\frac{4(60)^2\cos^2 D}{\cos(H-D)}$, est obligé de diviser par 3600 pour détruire l'effet du facteur 60, rayon qui multiplait $\cos D$. Nous simplifions en faisant le rayon $= 1$.

Passons à l'hyperbole. Il suppose $H = 30$ et $D = 23°35' = \omega$. Voici les règles qu'il nous prescrit.

1°. Équation $= e = \dfrac{\sin D \sin H}{\cos H}$ ou $e = \sin D \tang H$; multipliez par 60 pour avoir e en parties sexagésimales. L'auteur trouve $e = 13°51'$. Nous trouverons $33'',36$ de plus.

2°. Cherchons $\cos D$, c'est-à-dire $60 \cos D$; nous trouvons........ $54,987 = 54°59'19''32$. Aboul Hhasan dit 55^p. Il met moins de scrupule dans ses évaluations.

3°. Faites $(\cos D + e)(\cos D - e) = 283^p 17 = 169902$ (Aboul Hhasan dit 169991), et conservez le premier produit.

4°. Cherchez le grand axe des deux hyperboles opposées, en calculant l'ombre méridienne aux deux solstices, et prenant la somme ou la différence suivant les occasions. Nous aurons plutôt fait par la formule

$$G[\tang(H+D) - \tang(H-D)] = \dfrac{G \sin(H+D-H+D)}{\cos(H+D)\cos(H-D)}$$
$$= \dfrac{G \sin 2D}{\cos(H-D)\cos(H+D)} = \dfrac{12\sin 47°10'}{\cos 53°35' \cos 6°25'}$$
$$= 14^p 917 = 14^p 55',02.$$

L'auteur trouve...... 14.55

5°. Faites
$$\dfrac{e}{\sin H} = \dfrac{\sin D \tang H}{\sin H} = \dfrac{\sin D}{\cos H} = 27,71852 = 27^p 43'6'',6.$$

Aboul Hhasan donne.......... 27.42.

Élevez ce nombre au carré, il sera $768^p 32 = 46099',2$;

Aboul Hhasan trouve..... 46037.

Conservez ce second produit.

6°. Divisez le premier produit par le second, vous aurez au quotient $3,6856$.

7°. Multipliez l'axe par ce nombre et vous aurez

$$p = 54,9773 = 54^p 58'38'',28,$$

à une fraction près comme dans la parabole, pour la même déclinaison, $23°35'$.

Nous ferions $24 \cot D$, et nous obtiendrions le même résultat par trois

GNOMONIQUE.

logarithmes; il en faut vingt-cinq pour la méthode arabe, quoique nous ayons supprimé le rayon 60.

L'identité des résultats prouve déjà que les deux méthodes conduisent au même but. Mais rassemblons les méthodes de l'auteur.

$e = \sin D \tang H =$ partie du diamètre du parallèle entre le plan de l'horizon et l'axe du monde.

$$(\cos D + \sin D \tang H)(\cos D - \sin D \tang H =$$
$$\left(\frac{\cos D \cos H + \sin D \sin H}{\cos H}\right)\left(\frac{\cos D \cos H - \sin D \tang H}{\cos H}\right) = \frac{\cos(H-D)\cos(H+D)}{\cos^2 H}.$$

C'est le premier produit; le second produit sera

$$\left(\frac{\sin D \tang H}{\sin H}\right)^2 = \left(\frac{\sin D}{\cos H}\right)^2 = \frac{\sin^2 D}{\cos^2 H},$$

$$\frac{1^{er} \text{produit}}{2^e \text{produit}} = \frac{\cos(H-D)\cos(H+D)}{\cos^2 H} \cdot \frac{\cos^2 H}{\sin^2 D} = \frac{\cos(H-D)\cos(H+D)}{\sin^2 D} = \frac{n^2}{m^2}.$$

C'est le facteur de x^2, dans la formule de l'hyperbole.

$$\text{axe} = \frac{2\sin D \cos D}{\cos(H-D)\cos(H+D)}.$$

C'est notre expression trigonométrique.

$$\text{axe}\left(\frac{1^{er} \text{produit}}{2^e \text{produit}}\right) = \frac{2\sin D \cos D}{\cos(H-D)\cos(H+D)} = \frac{\cos(H-D)\cos(H+D)}{\sin^2 D}$$
$$= \frac{2\sin D \cos D}{\sin^2 D} = 2\cot D.$$

Multipliez par la hauteur du style $= 12$, et vous aurez $24\cot D$.

Ainsi, tous les facteurs étrangers introduits par l'auteur se sont effacés et n'ont laissé que notre formule générale $2G\cot D$, comme il était arrivé pour la parabole. Passons à l'ellipse; et pour que le Soleil ne se couche pas, soit $H = 78° 28'$ et conservons, $D = 23° 35'$; les distances zénitales méridiennes seront $35° 27'$ et $77° 57'$; le Soleil ne fera que tourner autour de l'horizon, sans jamais en être moins éloigné que de $35°27'$. C'est le cas de l'ellipse. Les préceptes de l'auteur sont à peu près les mêmes que pour l'hyperbole; pour nous, il est bien sûr que nous aurons encore

$$24\cot D = 54^p,9774.$$

Suivons Aboul Hhasan, comme ci-dessus;

$$e = \sin D \tang H = 117,632,$$

$$(\sin D \tang H - \cos D)(\sin D \tang H + \cos D) = 10815^p = 648700'$$
$$= \text{premier produit},$$
$$\left(\frac{e}{\sin H'}\right)^2 = 14415^p,0 = \text{deuxième produit}, \quad \text{quotient} = 0,75043.$$

Ici l'auteur prend la somme des deux hauteurs méridiennes, parce que l'une est au nord et l'autre au sud; mais notre formule est générale; elle donne la somme des deux tangentes et le résultat est le même pour le grand axe; ce grand axe, multiplié par le quotient, ou par le rapport des deux produits, est $54,9778 = 54° 58' 40'',08$.

On voit que c'est toujours le même paramètre, malgré la différence des courbes et celle des latitudes, parce que c'est toujours la même déclinaison; il en résulte que la formule du paramètre ne doit pas renfermer la latitude; c'est ce qu'on voit par la formule $p = 2G \cot D$.

Aboul Hhasan n'a pas vu cette simplification de ses règles; il n'a pas vu qu'une seule formule donnait le paramètre dans tous les cas; et que pour une même déclinaison et un même gnomon, le paramètre est invariable; ce qui dispense de tout calcul, quand ce paramètre est déterminé une fois pour toutes. C'est en effet un théorème assez remarquable, et qu'il était assez difficile de prévoir, aussi ne l'ai-je vu dans aucun auteur ancien ou moderne, et il était assez important pour n'être pas négligé par les auteurs qui nous ont donné des méthodes si compliquées pour tracer les arcs des signes, d'après les propriétés des sections coniques.

Si la déclinaison $= 0$, le paramètre $2G \cot D = \infty$, ce qui prouve que la courbe devient une ligne droite, ce qui est connu d'ailleurs.

$$PZ = G \tang (H - D) = G \tang \text{ distance zénitale méridienne},$$
$$AZ = \frac{G}{\cos (H - D)} = G \sec \text{ distance zénitale méridienne}.$$

On voit que ZH est la méridienne qui passe par le pied du style, ou la méridienne du plan, et non celle du lieu.

AP est la perpendiculaire abaissée du sommet du cône sur le plan du cadran; AP est donc le style, car toujours les sommets des cônes opposés sont au sommet du style.

Pour construire la parabole, Aboul Hhasan emploie la méthode des moyennes proportionnelles: $y^2 = px$, $y = \sqrt{px}$; d'un rayon $= \frac{1}{2}(p + x)$ il décrit un demi-cercle, dont il partage le diamètre en deux segmens p et x; la perpendiculaire au point de section est y.

GNOMONIQUE.

Pour l'hyperbole $y^2 = px + \left(\frac{n^2}{m^2}\right)x^2 = px + qx^2 = (p+qx)x$, $y = \sqrt{(p+qx)x}$; ainsi pour trouver le diamètre du cercle, il faut augmenter le paramètre d'une quantité qx; pour l'ellipse il faudrait prendre $(p-qx)x$.

Quand il a le paramètre, Aboul-Hhasan construit des tables ou des échelles qui lui donnent, pour chacune de ces abscisses x, les valeurs $(p+qx)$ et le rayon $\frac{1}{2}(x+p+qx)$. Il serait encore plus court de faire une table $y = (px+qx^2)^{\frac{1}{2}}$.

Ici se termine la partie vraiment intéressante de sa Gnomonique; il ne traite, dans tout le reste, que des cadrans de fantaisie, dont il a parlé précédemment, tels que les cadrans cylindriques, perpendiculaires à l'horizon, à un vertical ou à un plan quelconque; les cadrans dans un hémisphère creux, horizontal ou vertical, et les cadrans sur des feuilles de paravent, comme ceux que lord Elgin a rapportés d'Athènes. (*Voyez* tome II, p. 504).

Au chapitre XLII il détermine la latitude du lieu pour lequel un cadran a été construit; il en retrouve le gnomon perdu. Pour ce gnomon, les cadrans arabes offrent un moyen particulier; ce gnomon est l'excès de l'ombre de l'ashre sur l'ombre méridienne. Ses méthodes n'ont d'ailleurs rien de nouveau.

Il se propose ensuite ce problème : Tracer le parallèle du plus long jour d'après celui du jour le plus court; et, sans connaître la latitude, notre formule

$$y^2 = (2G \cot D)x + \left(\frac{\cos(H-D)\cos(H+D)}{\sin^2 D}\right)x^2$$
$$= (2G \cot D)x + \left(\frac{(\cos H \cos D + \sin H \sin D)(\cos H \cos D - \sin H \sin D)}{\sin^2 D}\right)x^2$$
$$= (2G \cot D)x + \left(\frac{\cos^2 H \cos^2 D - \sin^2 H \sin^2 D}{\sin^2 D}\right)x^2$$
$$= (2G \cot D)x + \left(\frac{\cos^2 H - \cos^2 H \sin^2 D - \sin^2 H \sin^2 D}{\sin^2 D}\right)x^2$$
$$= (2G \cot D)x + \left(\frac{\cos^2 H - \sin^2 D}{\sin^2 D}\right)x^2$$

nous donne

$$\frac{y^2}{x^2} = \frac{2G \cot D}{x} + \frac{\cos^2 H}{\sin^2 D} - 1.$$

Quand on a l'arc du jour le plus court tout est connu dans cette formule, à l'exception de H; on tirera donc la valeur de

$$\cos^2 H = \left(\frac{y^2}{x^2}\right)\sin^2 D + \frac{2G \sin D \cos D}{x} + \sin^2 D$$
$$= \frac{2G \sin D \cos D}{x} + \sin^2 D \left(1 + \frac{y^2}{x^2}\right).$$

Connaissant H on pourra calculer l'autre hyperbole à l'ordinaire.

Les deux hyperboles opposées sont toujours égales; car supposez que D change de signe, $\sin^2 D$ n'en changera pas, $\cos(H-D)$ deviendra $\cos(H+D)$; $\cos(H+D)$ deviendra $\cos(H-D)$; le produit ne changera pas.

Le grand axe $2m = \dfrac{G \sin 2D}{\cos(H-D)\cos(H+D)}$ et sa moitié $m = \dfrac{G \sin D \cos D}{\cos(H-D)\cos(H+D)}$

ne changeront pas de valeur, ils ne changeront que de signe, parce que d'une hyperbole à l'autre on change le point de départ.

Le paramètre change de signe avec cot D; mais x en change également, parce que les x ont une direction contraire; ainsi la formule est la même pour les deux hyperboles opposées. Déterminez donc le grand axe Aa (fig. 137), prenez-en le milieu en α; à partir de ce milieu prenez, αA $= \alpha a$, vous aurez les sommets des deux hyperboles; menez la ligne $\gamma \alpha \gamma'$ du second axe, de tous les points de l'hyperbole tracée CAC', abaissez des perpendiculaires sur $\gamma\gamma'$ telles que Cγ, Bβ, B'β', C'γ'; continuez ces perpendiculaires, en sorte que $\gamma c = \gamma$C, $b\beta = \beta$B, etc., et vous aurez autant de points que vous voudrez de l'hyperbole cac', ou, pour abréger, ployez le papier selon $\gamma \alpha \gamma'$, en sorte que αA se superpose sur αa, et calquez cac' sur CAC' en transparent.

Mais pour déterminer le grand axe il faut avoir la hauteur du pôle.

On a, au jour le plus court,

$$\text{ombre méridienne} = G \tang(H+D) = G \tang(H+\omega);$$

on aura donc H, si l'on a le pied du style. Si on n'a que l'hyperbole et la hauteur du style, il faudra recourir au moyen exposé ci-dessus, qui donne $\cos$H par x, y et D.

Soit $\dfrac{y}{x} = \tang \varphi$, φ sera l'angle que la corde hyperbolique, menée du sommet du grand axe au sommet de l'ordonnée, fera avec le grand axe. Or

$$\left(\frac{y}{x}\right)^2 = \frac{2G \cot D}{x} + \frac{\cos^2 H}{\sin^2 D} - 1 = \tang^2 \varphi,$$

GNOMONIQUE.

et
$$\frac{2G\cot D}{x}+\frac{\cos^2 H}{\sin^2 D}=1+\tan g^2\varphi=\sec^2\varphi=\frac{2G\sin^2 D\cot D+x\cos^2 H}{x\sin^2 D},$$
$$\cos^2\varphi=\frac{x\sin^2 D}{2G\sin D\cos D+x\cos^2 H}.$$

Soit K la corde hyperbolique
$$K=\frac{x}{\cos\varphi}=\left(2G\cot D\cdot x+\frac{\cos^2 H}{\sin^2 D}x^2\right)^{\frac{1}{2}}=x\left(\frac{2G\cot D}{x}+\frac{\cos^2 H}{\sin^2 D}\right)^{\frac{1}{2}};$$

on aura donc x, y et K ou les trois côtés du triangle rectangle.

Avant de quitter les Arabes, voyons les usages de ces formules, qu'ils ne connaissaient pas, mais dont l'idée m'est venue à la lecture d'Aboul Hhasan.

Faisons-en l'application au cadran d'Athènes, que nous avons calculé tome II, page 493. Ce cadran est un vertical du midi; nous pouvons le considérer comme un horizontal pour un lieu qui serait sur le même méridien, mais à 90° d'Athènes; la latitude 37°30′ deviendra..... 37°30′−90°=−52°30′; à la vérité ce lieu n'aurait pas les mêmes heures temporaires, mais l'angle horaire n'entre pas dans nos formules nouvelles.

Nous aurons donc

$$H=-52°30', \quad -H+D=-H+23°51'=-28°39' \text{ et } -H-D=-76°21';$$

nous aurons toujours
$$p=2G\cot D=2\times 10^p 55'\cot D=21^p,10\cot D=21^p,1\cot 23°51'=47^p,727,$$
$$\text{grand axe}=\frac{2G\sin D\cos D}{\cos(H-D)\cos(H+D)}=37^p,67855,$$
$$\text{demi-grand axe}=18,839275,$$
$$\frac{n^2}{m^2}=\frac{\cos(H-D)\cos(H+D)}{\sin^2 D}=1,2667,$$
$$y^2=47,727x+1,2667x^2=47,727x\left(1+\frac{1,2667}{47,727}x\right)$$
$$=47,727x(1+0,0265403\,x).$$

Le plus simple serait de donner à x les valeurs 1, 2, 3 et successivement; mais pour nos vérifications il faut calculer les x et les y d'après les ombres et les angles de notre cadran, tome II, page 493, ce qui doublera la longueur de l'opération.

$$x=PZ\pm PH'=G\tan(H-D)\pm\text{ombre}\cos\text{angle},$$
$$y=\text{ombre}\sin\text{angle}.$$

540   ASTRONOMIE DU MOYEN AGE.

Ainsi, à deux heures du méridien

	Hiver.		*Été.*	
cos angle	 9,8787656	cos angle =	 9,9218770	
ombre = 7.04	 0,8475727	ombre = 83,02	 1,9191827	
sin angle = 40.51	 9,8156315	sin angle = 33,21	 9,7401668	
y = 4,6047	.. 0,6632042	y = 45,641	 1,6593495	
PH = 5,3252	.. 0,7263383	PH = 69,349	 1,8410597	
PZ = 5,7640	p 1,6789665	PZ = 43,443	p 1,6787655	
x = 0,4388	.. 9,6422666	x = 25,906	 1,4134004	
px = 20,943	.. 1,3212331	px = 1236,4	 3,0921659	
	x^2 9,2845332	....x^2	 2,8268008	
1,2667	.. 0,1026730	......	 0,1026720	
$\frac{n^2}{m^2}x^2$ = 0,244	.. 9,3872062	$\frac{n^2}{m^2}x^2$ = 850,0	.. 2,9294728	
y^2 = 21,187	.. 1,3258644	 2086,4	.. 3,3193976	
y = 4,602	.. 0,6629322	y = 45,677	.. 1,6596988	
ci-dessus = 4,6047	....	ci-dessus = 45,641		
différence = 0,0027	....	différ. = 0,036		

On ne peut désirer plus d'accord avec des ombres qui ne sont calculées qu'en centièmes de pouces, et des angles qui ne sont calculés qu'en minutes.

Un avantage de ces formules, c'est qu'elles servent à calculer les deux hyperboles à la fois, sans rien connaître que le grand axe et ses deux extrémités. Le grand axe est toujours sur la méridienne du plan.

Supposons x = 10,	x ... 1,0000000
	0,0265403 ... 8,4239055
	0,2654030 ... 9,4239055
1	
	1,265403 ... 0,1022730
	$10p = px$ ... 2,6787665
	y^2 ... 2,7810395
	y = 24,576 ... 1,3905198.

$2y$ = 49,152 est la largeur de l'hyperbole pour x = 10; la double abscisse surpasse déjà le paramètre qui n'est que de 47,727.

GNOMONIQUE.

C'est par des calculs semblables que j'ai formé la table suivante :

x	y	Diff. 1res.	Diff. 2es.
0	0,000	7,000	3,974
1	7,000	3,026	0,619
2	10,026	2,407	0,312
3	12,433	2,095	0,182
4	14,528	1,913	0,134
5	16,441	1,779	0,095
6	18,220	1,684	0,078
7	19,904	1,606	0,052
8	21,510	1,554	0,043
9	23,054	1,511	
10	24,575		

De 8 à 10 les différences secondes sont si petites que les différences premières sont presque constantes; en les supposant nulles, on pourra continuer la courbe en ligne droite.

En tout, le calcul est très facile et assez court pour qu'on puisse multiplier les déterminations autant qu'on le jugera à propos.

Les deux hyperboles opposées étant égales, puisqu'elles ont même grand axe et même paramètre, il suffit d'en calculer une pour chacune des déclinaisons dont on voudra l'hyperbole.

Ce moyen, pour calculer les arcs des signes, nous paraît préférable à tout ce que nous avons lu en ce genre, à tout ce que nous avons donné, et à tout ce que nous pourrons donner par la suite.

Pour diviser les courbes en heures, il suffit d'avoir la longueur des ombres comptées du pied du style, ou la longueur des lignes horaires comptées du centre.

Dans ce dernier cas, il suffira d'une seule longueur pour chaque heure; avec cette longueur, et du centre du cadran, on marquera sur un arc hyperbolique un point de section; ce point et le centre donneront la ligne horaire, qui divisera toutes les hyperboles.

Dans le premier cas, il faudra deux longueurs d'ombre et deux points d'intersection pour avoir la ligne horaire.

Il est étonnant sans doute qu'aucun auteur n'ait encore songé à disposer l'équation aux sections coniques pour l'usage de la Gnomonique; il est vrai qu'il était difficile de prévoir que l'expression du paramètre et celle de y seraient d'une simplicité si remarquable.

Voulons-nous savoir, dans notre hyperbole, à quelle abscisse répondra $y = \frac{1}{2} p = 23,8635$. La simple inspection du tableau nous montre que x différera peu de 9,5.

$$\log \frac{n^2}{m^2} = 0,1026720, \quad \log \frac{n}{m} = 0,0513360 = \log \tang \varepsilon' = 48° 22' 42'',$$

$$x = m \sec \varepsilon' - m = m(\sec \varepsilon' - 1) = m \tang \varepsilon' \tang \tfrac{1}{2} \varepsilon'.$$

$\log \cos \varepsilon'$	9,8223048	$\log m$	1,2750642
$\log \sec \varepsilon'$	0,1776952	$\tang \varepsilon' = 48° 22' 42''$	0,0513360
$\log m = 11,8392755$	1,2750642	$\tang \tfrac{1}{2} \varepsilon' = 24.11.21$	9,6524306
$m \sec \varepsilon' = 28,3635$	2,4527694	$x = 9,52420$	0,9788308
$m = 18,8393$	....	0,0265403.....	8,4239055
$x = 9,5242$	....	1,0265403.....	0,0978732
		x	0,9788308
		p	1,6787665
		y^2	2,7554705
		$y = 23,8656$	1,3777352
		$p = 23,8635$	

C'est donc à une distance du centre $m \sec \varepsilon'$ que l'ordonnée $y = \tfrac{1}{2} p$, ou, à une distance du sommet, $= m \tang \varepsilon' \tang \tfrac{1}{2} \varepsilon' =$ abscisse.

Dans l'ellipse

$$\frac{n}{m} = \cos \varepsilon, \quad 1 - \frac{n^2}{m^2} = \sin^2 \varepsilon, \quad \sin \varepsilon = e = \text{excentricité de l'ellipse}.$$

Le demi-paramètre de l'ellipse est l'ordonnée qui répond à la distance $\sin \varepsilon$ du centre.

Le demi-paramètre de l'hyperbole est l'ordonnée qui répond à.... $x = \tang \varepsilon' \tang \tfrac{1}{2} \varepsilon'$ ou à la distance $\sec \varepsilon'$ du centre.

Nous supposons ici $m = 1$.

Dans la parabole nous avons vu que le paramètre répond à l'abscisse $x = \tfrac{1}{4} p$.

Le paramètre est donc une ordonnée très remarquable de la courbe, et non pas une quantité étrangère comme on le croirait en lisant Apollonius.

La formule $p = 2 G \cot D = 2 \cot D$, quand on prend le style pour unité, fait qu'on peut calculer une table de tous les paramètres qui serviront pour tous les cadrans et à toutes les latitudes. Les gnomonistes, qui ont donné tant de tables subsidiaires pour la construction des cadrans, auraient sûrement calculé cette table des paramètres, s'ils en eussent connu la formule.

GNOMONIQUE.

D	Paramètres.	D	Paramètres.
0°	∞	15	7,464102
1	114,579924	16	6,974889
2	57,272506	17	6,541705
3	38,162297	18	6,155367
4	28,601332	19	5,808421
5	22,860104	20	5,494955
6	19,028729	21	5,210178
7	16,288693	22	4,950174
8	14,230739	23	4,711705
9	12,627503	23°28'	4,607013
10	11,342564		
11	10,289108		
12	9,409260		
13	8,662952		
14	8,021562		

On voit que le plus petit de tous les paramètres est encore égal à 4,6 fois la hauteur du style.

On voit que quand la déclinaison est très petite les hyperboles sont fort aplaties.

m diminue avec la déclinaison, il est nul à l'équateur.

$\left(\frac{n}{m}\right) = \tang \epsilon'$ augmente avec la déclinaison.

$m \sec \epsilon'$ diminue, quoique $\sec \epsilon'$ augmente.

Le centre de l'hyperbole se rapproche du pied du style jusqu'à ce que $D = 0$, alors le centre est sur l'équinoxiale.

Formules usuelles pour l'hyperbole.

$p = 2 \cot D$, en supposant $G = 1$.

Grande ombre $= \tang(H+D)$,

Petite ombre $= \tang(H-D)$,

Demi-axe $= \frac{1}{2}[\tang(H+D) - \tang(H-D)] = \dfrac{\sin D \cos D}{\cos(H+D)\cos(H-D)} = m$,

$\tang \epsilon' = \dfrac{[\cos(H+D)\cos(H-D)]^{\frac{1}{2}}}{\sin D}$; $e = m \sec \epsilon'$,

$y^2 = (2 \cot D) x + (\tang \epsilon' . x)^2$.

On multipliera tout par G, si l'on ne fait pas $G = 1$, ce qui serait le plus commode.

Revenons aux Arabes.

Voici en dernier résultat ce que leur doit la Gnomonique.

Le pied du style est la projection du zénit du plan; les Grecs le savaient déjà. Les Arabes ont imaginé de placer sur leurs cadrans le zénit de la Mecque; ils ont imaginé les lignes du commencement et de la fin de l'ashre, dont nous n'avons aucun besoin; ils ont des cadrans cylindriques qu'on ne voit pas chez les Grecs, et qui ne sont pas d'un usage bien sûr; ils ont, comme les Grecs, des cadrans coniques qui doivent être un peu moins mauvais; ils ont des cadrans sphériques. Aboul Hhasan se faisait un honneur de toutes ces inventions, et les Grecs, qui avaient la plus passable de toutes, pouvaient avoir également toutes les autres : je ne parle pas de la balance horaire, qui me paraît une invention plus bizarre qu'utile. Ils ont eu la première idée des cadrans qui marquent les heures équinoxiales, les seules dont les modernes font usage; ils ont connu la projection du pôle, qui est le centre du cadran et le point commun des intersections des lignes horaires équinoxiales; mais ils n'ont pas su tirer un parti bien avantageux de cette remarque heureuse; ils n'ont connu ni les rayons, ni les centres diviseurs des différentes lignes horaires; ils ont imaginé de décrire les arcs des signes d'après les propriétés générales des sections coniques. Ils ont donné des règles générales pour calculer le paramètre des trois sections; leurs règles ne dépendent que de la hauteur du pôle, de la déclinaison et de la hauteur du gnomon. Ces règles étaient beaucoup trop longues à calculer : il est inutile d'y faire entrer la hauteur du pôle. Ces règles ne se déduisent pas immédiatement des théorèmes d'Apollonius. Elle appartiennent donc aux Arabes, qui n'ont pas su les simplifier.

Nous n'avons trouvé chez eux aucun vestige du cadran universel de Régiomontan, non plus que des cadrans analemmatiques qui donnent l'heure par la hauteur du Soleil; ils n'avaient aucune idée des angles au centre des divers cadrans.

Nous trouverons ces angles et diverses autres nouveautés, dans les premiers auteurs européens qui ont écrit sur la Gnomonique; mais ces géomètres ne se donnent pas pour les inventeurs de ces innovations heureuses. Il y a donc dans l'histoire de la Gnomonique une lacune qu'il nous a été impossible de remplir. Nous voyons des progrès marqués, sans savoir précisément à qui nous en avons obligation. Ces découvertes ont précédé probablement l'invention de l'Imprimerie. Les ouvrages originaux se seront perdus; la tradition nous a transmis ce qu'ils renfermaient de plus utile. Les plus anciens d'entre ces auteurs, Munster et Schoner ont affecté d'imiter les Arabes, en supprimant toutes les dé-

GNOMONIQUE.

monstrations; comme Albategnius et Ebn-Jounis, ils se sont bornés à donner des constructions reposant sur des principes qui n'ont été exposés nulle part; il en résulte une obscurité qu'il n'est pas aisé de dissiper.

Pour trouver le mot de toutes ces énigmes, il nous a donc paru convenable de placer ici les principes généraux de notre Gnomonique; ils serviront à démontrer les pratiques obscures de nos premiers auteurs.

Note sur les arcs des signes.

Nous avons donné, page 537, l'idée d'une Table des ordonnées pour les arcs des signes, dont la formule serait $y = x \left(\dfrac{p}{x} + q\right)^{\frac{1}{2}}$; elle aurait cet avantage, qu'en un très petit nombre de pages, on y trouverait à vue, pour tous les lieux et pour tous les cadrans possibles, les ordonnées qui n'excèdent pas les limites du plan; en sorte que la description des arcs des signes, si longue et si compliquée chez tous les auteurs, deviendrait la partie la plus aisée de la Gnomonique.

Après avoir marqué sur la soustylaire les sommets des hyperboles opposées, par les longueurs $\tang(h \mp D)$, on prendrait sur cette même ligne et en partant de ces sommets, les abscisses aliquotes décimales du gnomon, et aux extrémités de ces abscisses on éleverait des perpendiculaires égales aux y de la table. On obtiendrait aussi, par une seule opération, les deux branches de la première hyperbole, et l'hyperbole conjuguée s'en déduirait par la simple superposition.

J'ai calculé cette table pour toutes les valeurs de h, de degré en degré, depuis 0 jusqu'à 90°, et je me suis assuré que cette étendue était suffisante, parce qu'un degré de plus ou de moins sur la hauteur du pôle ne produit dans l'ordonnée que des variations très légères. Quelle que soit la courbe, l'opération est toujours la même, si ce n'est que pour le cercle il suffit du rayon, qui est aussi le demi-paramètre.

On aura donc les arcs des signes, sans avoir encore les lignes horaires; pour celles-ci, voyez page 541. Si pourtant l'on est curieux de savoir à quelle heure appartiennent les sommets des y, on songera que

$$y = [\cot h + \tang(h \mp D) \mp x] \tang A = [\cot h + \tang(h \mp D) \mp x] \sin h \tang P,$$

A étant l'angle au centre du cadran, entre la soustylaire et une ligne horaire quelconque, h la hauteur du pôle sur le plan, et P l'angle au pôle pour l'heure du plan; d'où

$$\tang P = \frac{y \cosec h}{\cot h + \tang(h \mp D) \mp x}.$$

Nos x et nos y supposent le gnomon $= 1$; s'il avait une valeur quelconque G, on commencerait par prendre dans la table les x et les y tels qu'elle les donne, après quoi on les multiplierait par G; l'abscisse serait $G.x$, et l'ordonnée serait $G.y$,

CHAPITRE II.

Principes généraux de la Gnomonique.

Soit MN un plan quelconque, et PS un style ou gnomon élevé perpendiculairement sur ce plan. PS, prolongé jusqu'à la sphère céleste, y marquera un point Z qui sera le zénit de ce plan. Soit CZAB un grand cercle qui passe par le zénit Z; ce cercle sera perpendiculaire au plan *mn*, et par conséquent à MN; il sera un vertical de *mn*.

Ce cercle sera vu du point S, sommet du style, comme la droite *cZab* tangente au point Z; l'arc ZA sera vu comme sa tangente Z*a*, ZB comme sa tangente Z*b*, ZC comme Z*c*. Tous ces arcs seront vus comme leurs tangentes, et l'arc entier comme une ligne droite.

Menez ZSP, *a*S*a'*, *b*S*b'*, *c*S*c'*, etc.; *a'*P sera la projection de l'arc ZA, *b'*P celle de l'arc ZB, *c'*P celle de l'arc ZC; et ainsi de tout autre.

Le point P, ou le pied du style, sera la projection du zénit ou de l'arc o.

Les triangles ZS*a* et PS*a'* seront semblables; leurs côtés homologues seront proportionnels.

Vous aurez

$$a'P = PS \tang ZA, \quad b'P = PS \tang ZB, \quad c'P = PS \tang ZC.$$

(1) Vous remarquerez d'abord que toutes ces projections seront renversées, et que les arcs qui sont à droite ont leurs projections à gauche, et réciproquement.

(2) Que tout arc ayant son origine au zénit du plan, a pour projection PS.tangente de l'arc.

Supposons maintenant un grand cercle qui ne passe pas par le zénit, et qui, par conséquent, ne sera pas un vertical du plan; on pourra toujours concevoir un vertical qui lui soit perpendiculaire.

(3) Imaginons par exemple un cercle dont le rayon soit SA, et qui soit perpendiculaire au plan de la figure, c'est-à-dire perpendiculaire au vertical ZA*n*; réciproquement le vertical ZA*n* sera perpendiculaire au cercle SA; le point A sera le point culminant de ce cercle, c'est-à-dire le point le plus voisin du zénit Z du plan.

GNOMONIQUE.

(4) Le point culminant A aura sa projection en a' et $a'\text{P} = \text{PS tang ZA} = \text{PS tang N} = \text{tang N}$.

(5) Du rayon Sa' et du centre S imaginez un cercle perpendiculaire en a' au plan du papier; les arcs du cercle SA auront leurs projections sur une droite perpendiculaire en a' au plan de la figure et à la droite MN.

Le rayon $Sa' = \text{séc ZA} = \text{séc du point culminant du cercle SA}$.

(6) Soit n un arc quelconque commençant au point A; sa projection sera Sa' tang $n = \text{séc N tang} n = $ séc distance zénitale du point culminant tang de l'arc dont l'origine est au point culminant.

Cette expression est générale et sans aucune exception.

Imaginez encore que le plan cZBS tourne autour de la verticale ZSP; les points a, A et a' décriront simultanément des arcs semblables; il en sera de même de b, B et b', c, C et c', etc.

(7) Il en résulte que les angles autour de P, sur la projection, sont les mêmes que les angles, dans le ciel, autour de Z; ainsi, deux arcs qui s'entrecoupent au zénith sous un angle quelconque X, auront pour projections des droites qui s'entrecoupent pareillement sous l'angle X.

(8) Si l'on connaît sur la projection une ombre ou $\text{P}a' = \text{PS tang N}$, on en conclura $\text{tang N} = \dfrac{\text{P}a'}{\text{PS}}$.

On connaît toujours le style PS que l'on prend pour unité; $\text{P}a'$ exprimé en parties décimales de cette unité sera donc la tangente de l'arc... $\text{N} = \text{ZA} = $ distance zénitale du point qui a sa projection en a'.

(9) Une ligne quelconque étant donnée sur la projection, on pourra toujours y conduire une perpendiculaire du pied du style. Cette perpendiculaire sera la tangente de la distance zénitale du point culminant; elle déterminera, sur la ligne donnée, le zéro ou la projection du point culminant; les parties de cette ligne, commençant au point zéro, seront séc N tang n. Soit p une de ces projections; on aura

$$p = \text{séc N tang} n, \quad \text{et} \quad \text{tang} n = p \cos \text{N}.$$

On connaît N par sa tangente ou par la perpendiculaire; on aura donc tang n et l'arc dont cette droite est la projection.

Une ligne quelconque étant donnée, on aura donc toujours facilement la distance zénitale N du cercle dont elle est la projection, et la sécante de cette distance N, qui est le rayon diviseur de cette ligne; c'est ainsi qu'on appelle Sa' rayon du cercle, dont les tangentes sont les parties de la droite donnée. On connaîtra le zéro ou la projection du point culminant, les tangentes qui y prennent leur origine, et les arcs qu'elles représentent.

Les formules (8) et (9) renferment toute la théorie des centres et des rayons diviseurs, dont tous les gnomonistes font un usage fréquent et par fois assez obscur.

Naturellement le centre diviseur est au sommet du style; mais, pour plus de commodité, on fait tourner le rayon diviseur autour de la ligne à laquelle il est perpendiculaire, jusqu'à ce qu'il soit couché sur le plan du cadran.

(10) Dans cette projection, les triangles sphériques sont représentés par des triangles rectilignes dont les trois angles font constamment une somme de 180°; la somme des trois angles sphériques est variable et toujours plus grande que 180°. Les angles sphériques sont donc altérés sur la projection, à moins qu'ils n'aient leur sommet au zénit du plan et au pied du style (7).

Il y a une autre exception; elle a lieu pour le point culminant, où la projection est perpendiculaire au rayon diviseur et à la ligne menée du pied du style, c'est-à-dire que les projections des arcs n sont perpendiculaires à la tang N et à la sécante N. De là ce principe, qu'on lit dans toutes les Gnomoniques : *quand deux cercles sont perpendiculaires entre eux, et que l'un d'eux est perpendiculaire au plan de la projection, les projections des deux cercles sont perpendiculaires entre elles.*

(11) Dans ce cas, il suffit de connaître l'un des deux angles obliques rectilignes; l'angle oblique qui a son sommet au zénit, n'est pas dénaturé sur la projection; l'autre y est diminué de manière à devenir le complément du premier.

Après avoir exposé les principes fondamentaux, voyons le parti qu'on en peut tirer pour résoudre les problèmes particuliers, et construire tous les cadrans qu'on peut décrire sur des plans. Nous établirons nos formules pour le cas le plus général et le plus compliqué que présente la Gnomonique; tous les autres cas s'en déduiront par des réductions faciles.

Soit RZPR' (fig. 139) le méridien, Z le zénit, P le pôle élevé, EQ l'équateur, PQ le cercle de 6^h, RR' l'horizon, ZQ le premier vertical, Mx un grand cercle quelconque, représentant le plan sur lequel on veut tracer un cadran.

(12) ZAO le vertical perpendiculaire au plan Mx, Za sera la plus

GNOMONIQUE.

courte distance du plan au zénit, Z*a* marquera de combien le plan s'est écarté du zénit pour arriver à la position M*x*, Z*a* mesurera l'inclinaison. Nous ferons Z*a* = I.

(13) Q*x* sera l'amplitude du plan M*x*, ou la quantité dont il décline, ou s'est éloigné du premier vertical. Nous ferons

$$Qx = RA = D = \text{déclinaison du plan.}$$

Les angles *a* et A sont droits, *x* est le pôle de Z*a*AO,

$$Ax = 90° = QR, \quad \text{d'où} \quad Qx = RA.$$

(14) PR' = hauteur du pôle = H.

H, D, I sont les trois données du problème ; ce sont elles qui déterminent la position du cercle M*x*.

Soit *a*O = 90°; nous aurons AO = Z*a* = I ; O sera le pôle du cadran et du cercle M*x*.

$$Oe = OM = Oa = OL = OK = Or = 90°.$$

Tous ces arcs sont perpendiculaires à M*x*.

Soit PK perpendiculaire sur M*x*;

$$PK = h = \text{hauteur du pôle sur le plan.}$$

PK prolongé passera par les pôles O et O' de M*x*;

OGZO' = 180° = OKO';
OK = 90° = OF + FK = FK + PK ; donc OF = PK = *h*.

O est le point du ciel où aboutirait un style droit planté au centre de M*x* ; car ce style ferait partie de l'axe OO'.

L'azimut du pôle O du cadran = RZO = RA = Q*x* = D.

L'intersection commune des plans M*x* et Z*a*O sera la verticale du plan ; cette verticale passe par le point *a*. L'intersection commune des plans M*x* et OPO' sera la méridienne du plan ; le cercle OPO', qui passe par les pôles du plan et par ceux du monde, sera le méridien du plan, comme le cercle RZR', qui passe par les pôles de l'horizon et par ceux du monde, est le méridien de l'horizon RQR'.

L'intersection de RZR' avec le plan M*x* sera la méridienne du lieu ; elle passera par le point M.

L'angle MPK sera la différence des méridiens. MPK = δ.

Cela posé, le reste n'est plus qu'un problème de Trigonométrie sphérique. Nos trois données vont nous fournir des moyens pour calculer tous les arcs et tous les angles de la figure, et pour les représenter ensuite sur le cadran, par la projection dont nous avons exposé les règles.

On peut se représenter Mx par un cercle décrit d'un rayon arbitraire autour du pied du style pris pour centre.

(15) Le triangle rectangle ZMA donne

$$\tang M a = \sin Za \tang MZa = \sin I \tang D = \tang MOZ.$$

Cette formule donne l'angle que forment, au pied du style, la verticale et une parallèle à la méridienne; en effet, la projection de l'arc OM sera cette parallèle, et celle de l'arc Oa sera la verticale; l'arc Ma mesurera l'inclinaison de ces lignes. Cette formule est d'un grand usage.

La tangente de OM et celle de Oa sont infinies, puisque les arcs sont de 90°; on ne peut qu'en tracer la direction sur le plan; rien ne les borne; mais la projection de OZ = tang OZ = tang (90° + I) = — cot I.

Le point Z se projettera donc sur la verticale, à une distance cot I, au-dessus du pied du style, puisque la cotangente est négative, car si elle était positive elle serait au-dessous, puisque la projection renverse.

Mx = Ma + ax = Ma + 90°; car x est le pôle de ZaAO.

(16) Le même triangle donne

$$\tang ZM = \frac{\tang Za}{\cos MZa} = \frac{\tang I}{\cos D} = \tang I \sec D.$$

ZM est l'arc du méridien compris entre le plan M et le zénit Z. MP = MZ + PZ est l'arc du méridien entre le plan et le pôle.

(17) $\tang MP = (PZ + ZM) = \dfrac{\tang PZ + \tang ZM}{1 - \tang PZ \tang ZM}$

$\qquad = \dfrac{\cot H + \tang I \sec D}{1 - \tang I \sec D \cot H}$,

(18) $\quad ME = ZE - ZM, \quad \tang ME = \dfrac{\tang ZE - \tang ZM}{1 + \tang ZE \tang ZM}$

$\qquad = \dfrac{\tang H - \tang I \sec D}{1 + \tang I \sec D \tang H}.$

(19) Enfin le même triangle donne

$$\cos M = \cos Za \sin Z = \cos I \sin D = \cos PK \sin MPK = \cos h \sin \delta.$$
ZMO = M + 90°, et TMO = 90° — M.

GNOMONIQUE.

Soit OT perpendiculaire abaissée sur le méridien,

$\sin OT = \sin Z \sin ZO = \sin D \sin(90° + I) = \sin D \cos I = \cos M = \cos OQ$,
$OQ = M = rs$, $TO = Qr$, $sR' = RT = ZM$,
$OT = 90° - M = TMO$; d'où $MT = MO = 90°$, et $RT = ZM$.

OT est la plus courte distance du méridien au pôle du plan; tang OT sera la projection de cet arc, et la plus courte distance du pied du style à la méridienne; séc OT sera le rayon diviseur de la méridienne; le point T sera le point culminant ou le zéro des arcs du méridien.

$$MT = 90°, \quad ZT = 90° + ZM.$$

Il suffit donc d'ajouter 90° à ZM trouvé ci-dessus, pour avoir le zéro T.

(20) $\tang ZT = \cos Z \tang OZ = \cos D \tang(90 + I) = -\cos D \cot I$
$\qquad = -\cot ZM$,

(21) $\cot TOZ = \tang Z \cos ZO = \tang D \cos(90° + I) = -\sin I \tang D$
$\qquad = -\tang Ma$, $\quad TOZ = 90° + Ma$.

TOZ est l'angle entre la verticale et la plus courte distance du pied du style à la méridienne. Ce triangle pouvait se conclure du triangle MZa, dont il est un complémentaire.

Tang TO . tang TOZ $= \cot M \cot Ma$ sera la projection de la partie TZ du méridien.

C'est ainsi qu'on pourra déterminer par le calcul, tout ce que les gnomonistes déterminent par des opérations graphiques, moins susceptibles de précision.

Le triangle EeM rectangle en e donne

$\sin Ee = \sin ME \sin M = \cos EO = \sin M \sin(H - ZM)$.

(22) Mais le triangle ZEO donne

$\cos EO = \cos Z \sin ZO \sin ZE + \cos ZO \cos ZE$
$\qquad = \cos D \sin(90° + I) \sin H + \cos(90° + I) \cos H$,

ou $\qquad \cos OE = \sin H \cos D \cos I - \cos H \sin I = \cos h \cos \delta$,

par le triangle POE.

(23) $\cot ZOE = \dfrac{\cot H \sin(90° + I)}{\sin D} - \cos(90° + I) \cot D$
$\qquad = \cos I \cosec D \cot H + \sin I \cot D$.

ZOE est l'angle au pied du style, entre la verticale et la droite menée au point équinoxial de la méridienne.

Tang OE sera cette ligne ; elle nous donnera un point qui appartient à la méridienne et à l'équinoxiale ; prolongez PQ jusqu'en t à la rencontre de OE ; EQ $= 90°$, EQ$t = 90°$, donc EtQ $= 90°$, donc E est le pôle de Qt ou de PQt cercle de 6^h ; donc E$t = 90°$; donc O$t = 90° -$ OE ; tang Ot sera la plus courte distance à la ligne de 6^h, et séc Ot le rayon diviseur de cette ligne.

OT $= 90° -$ OQ ; tang OQ $=$ cot OT nous donnera donc un autre point de l'équinoxiale ; c'est celui qui appartient aussi à l'horizon.

$$\cot ZEO = \frac{\sin H \cot(90° + I)}{\sin D} - \cos H \cot D$$
$$= -\tang I \sin H \cosec D - \cos H \cot D.$$
(24) $\cot TEO = \tang OEQ = +\tang I \cosec D \sin H + \cos H \cot D,$
$\cos EQ = 0 = \cos OE \cos OQ + \sin OE \sin OQ \cos EOQ ;$
(25) $\cos EOQ = -\cot OE \cot OQ = -\tang O t \cdot \tang OT.$

EOQ est l'angle au pied du style entre les points de l'équinoxiale sur la méridienne et sur la ligne de 6^h.

(26) $\quad\quad \tang ZOQ = \tang AOQ = \frac{\tang AQ}{\sin AO} = \frac{\cot D}{\sin I},$

$\cot ZOQ = \sin I \tang D = \tang Ma = \cot ZOr;$

donc $\quad\quad Ma + ar = 90° = Mr = ar + rx,$

donc $\quad\quad rx = Ma.$

$$EOQ = EOZ + ZOQ,$$
$$\cot EOQ = \frac{1 - \tang EOZ \cdot \tang ZOQ}{\tang EOZ + \tang ZOQ} = \frac{\cot ZOQ - \tang EOZ}{\tang EOZ \cot ZOQ + 1}$$
$$= \frac{\cot ZOQ \cot EOZ - 1}{\cot ZOQ + \cot EOZ} = \cot eOr = \cot er$$
$$= \frac{\sin I \tang D (\cos I \cosec D \cot H + \sin I \cot D) - 1}{\sin I \tang D + \cos I \cosec D \cot H + \sin I \cot D} \quad (26 \text{ et } 23),$$
$$\cot er = \cot(eM + 90°) = \frac{\sin I \cos I \sec D \cot H + \sin^2 I - 1}{\sin I \tang D + \cos I \cosec D \cot H + \sin I \cot D}$$
$$= \frac{\sin I \cos I \sec D \cot H - \cos^2 I}{\sin I (\tang D + \cot D) + \cos I \cosec D \cot H} = \frac{\sin I \sec D \cot H - \cos I}{\tang I \sec D \cosec D + \cosec D \cot H}$$
$$= \frac{\sin I \tang D \cot H - \cos I \sin D}{\tang I \sec D + \cot H} = \frac{\sin I \tang D - \cos I \sin D \tang H}{1 + \tang I \sec D \tang H} ;$$

O étant le pôle de eMr, il est visible que
$$EOQ = eOr = er = eM + Mr = eM + 90°.$$

GNOMONIQUE.

ainsi $\quad\tang(\text{EOQ} - 90°) = \dfrac{\sin D \cos I \tang H - \sin I \tang D}{1 + \tang I \sec D \tang H}.$

Cette expression nous sera très utile par la suite.

(28) Le triangle ARO donne

$$\cos OR = \cos AO \cos AR = \cos I \cos D.$$

Le triangle OPR,

$$\cos OR = \cos ZPO \sin PR \sin PO + \cos PR \cos PO$$
$$= \cos \delta \sin H \cos h + \cos H \sin h = \cos I \cos D,$$
$$\cos \delta \cos h + \sin h \cot H = \cos I \cos D \csc H.$$

Tang OR sera la distance du pied du style au point horizontal de la méridienne.

(29) $\tang ARO = \dfrac{\tang AO}{\sin AR} = \dfrac{\tang I}{\sin D} = \csc D \tang I = \cot ORT,$

car $\quad\quad\quad\quad\quad ART = 90°.$

(30) $\tang AOR = \dfrac{\tang AR}{\sin AO} = \dfrac{\tang D}{\sin I} = \csc I \tang D.$

(31) $\tang TOR = \dfrac{\tang RT}{\sin OT} = \dfrac{\tang ZM}{\sin OT} = \dfrac{\tang I \sec D}{\sin D \cos I}$
$\quad\quad = \tang I \sec I \sec D \csc D.$

(32) $\cos ORT = \cos OR \tang TOR = \cos I \cos D \tang I \sec D \sec I \csc D$
$\quad\quad = \tang I \csc D = \tang ARO;$
$\quad MO = 90°, \quad MT = 90°, \quad MTO = MOT = 90°.$

Projection de $TR = \tang OT \tang TOR = \dfrac{\sin OT}{\cos OT} \cdot \tang TOR$
$\quad\quad = \dfrac{\sin D \cos I \tang I \sec I \sec D \csc D}{\cos OT} = \dfrac{\tang I \sec D}{\sin M}.$

Projection de $TE = \tang OT \cdot \tang TOE = \tang OT \cot EOM$
$\quad\quad = \tang OT \cot eM.$

Projection de TM est infinie comme $\tang OM$.

Projection de $TZ = \tang OT \tang TOZ = \tang OT \tang(90° + MOZ)$
$\quad\quad = \tang OT \tang(90° + Mx).$

Projection de $TP = \tang OT \tang TOP = \tang OT \tang(TOM + MOP)$
$\quad\quad = \tang OT \tang(90 + MK).$

Le triangle PZO donne

$$\cos PO = \cos PZO \sin ZO \sin ZP + \cos ZO \cos ZP$$
$$= -\cos D \sin(90°+I) \cos H + \cos(90°+I) \sin H,$$
$$\cos(90°+h) = -\cos D \cos I \cos H - \sin I \sin H,$$

(33) et $\quad \sin h = +\cos D \cos I \cos H + \sin I \sin H;$

formule importante.

h est la hauteur du pôle sur la surface supérieure, ou son abaissement sous la face inférieure du plan.

(34) Le même triangle donne

$$\cot ZPO = \sin H \cot D - \tang I \cosec D \cos H = \cot \mathcal{S}$$
$$= \cot \text{différ. des méridiens.}$$

(35) $\cot ZOP = \tang H \cos I \cosec D - \sin I \cot D = \cot GOF = \cot a K$
$\quad = \cot$ angle de la verticale et de la soustylaire ;

c'est ainsi qu'on appelle la méridienne du plan, parce qu'elle passe toujours par le pied du style.

L'angle GOF n'est pas altéré sur la projection, non plus que GFO; OGF devient le complément de GOF, et ce complément est l'angle de la verticale et de l'équinoxiale.

$$MK = Ma + aK, \quad \tang MK = \frac{\tang Ma + \tang aK}{1 - \tang Ma \tang aK},$$

ou bien

$$\tang MK = \sin PK \tang ZPK = \sin h \tang \mathcal{S}$$
$$= \sin I \sin H + \cos I \cos H \cos D \left(\frac{\sin D}{\sin H \cos D - \tang I \cos H} \right).$$

(36) $\tang MK = \dfrac{\sin I \sin H \sin D + \cos I \cos H \sin D \cos D}{\sin H \cos D - \tang I \cos H} = \dfrac{\sin I \tang D + \cos I \sin D \cot H}{1 - \tang I \sec D \cot H}.$

On aurait trouvé la même chose en mettant, dans la valeur ci-dessus, les expressions de Ma et aK.

Les projections de OM et de TM sont toutes deux infinies, toutes deux perpendiculaires à la projection de OT; elles sont donc parallèles et font le même angle avec la soustylaire. MOK est donc l'angle au pied du style entre la soustylaire et une parallèle à la méridienne, et par conséquent aussi l'angle au centre du cadran entre la soustylaire et la méridienne.

(37) $\quad \tang EOF = \dfrac{\tang EF}{\sin OF} = \dfrac{\tang \mathcal{S}}{\sin h} = \cosec h \cdot \tang \mathcal{S};$

on peut remplacer $\sin h$ et $\tang \mathcal{S}$ par leurs valeurs ci-dessus.

$$\tang FOQ = \frac{\tang FQ}{\sin OF} = \frac{\cos \mathcal{S}}{\sin h}.$$

GNOMONIQUE.

$$(38)\ \operatorname{tang} EOQ = \operatorname{tang}(EOF + FOQ) = \frac{\operatorname{tang} EOF + \operatorname{tang} FOQ}{1 - \operatorname{tang} EOF \operatorname{tang} FOF} = \frac{\frac{\operatorname{tang}\delta}{\sin h} + \frac{\cot\delta}{\sin h}}{1 - \frac{\operatorname{tang}\delta \cot\delta}{\sin^2 h}}$$

$$= \frac{\operatorname{coséc} h\,(\operatorname{tang}\delta + \cot\delta)}{1 - \operatorname{coséc}^2 h} = -\frac{\operatorname{coséc} h\left(\frac{\sin\delta}{\cos\delta} + \frac{\cos\delta}{\sin\delta}\right)}{\operatorname{coséc}^2 h - 1}$$

$$= -\frac{\operatorname{coséc} h\left(\frac{\sin^2\delta + \cos^2\delta}{\sin\delta\cos\delta}\right)}{\cot^2 h} = -\frac{\operatorname{coséc} h\,\operatorname{tang}^2 h}{\sin\delta\cos\delta} = -\frac{\operatorname{tang} h\,\operatorname{séc} h}{\sin\delta\cos\delta}.$$

(*Voyez* 27).

(39) $\operatorname{tang} AG = \sin AQ \operatorname{tang} AQG = \cos D \cot H.$

(40) $\operatorname{tang} OG = \operatorname{tang}(OA + AG) = \dfrac{\operatorname{tang} I + \cos D \cot H}{1 - \operatorname{tang} I \cos D \cot H};$

OG est la partie de la verticale entre le pied du style et l'équinoxiale.

Projection de $FG = \operatorname{tang} OF \operatorname{tang} FOG = \operatorname{tang} h . \operatorname{tang} aK.$
Projection de $FE = \operatorname{tang} OF \operatorname{tang} FOE = \operatorname{tang} h \operatorname{coséc} h \operatorname{tang}\delta = \operatorname{séc} h \operatorname{tang}\delta.$
Projection de $FQ = \operatorname{tang} OF \operatorname{tang} FOQ = \operatorname{tang} h \cot\delta \operatorname{coséc} h = \operatorname{séc} h \cot\delta.$

On aura ainsi les parties de l'équinoxiale comprises entre la méridienne et la ligne de 6^h.

(41) $\operatorname{tang} QG = \dfrac{\operatorname{tang} AQ}{\cos AQG} = \dfrac{\cot D}{\sin H} = \operatorname{coséc} H \cot D.$

(42) $\cos AGQ = \cos H \sin D.$

(43) $\operatorname{tang} aL = \sin I \cot D.$

(44) $\cos L = \cos I \cos D.$

(45) $\operatorname{tang} ZL = \dfrac{\operatorname{tang} ZA}{\cos AZL} = \dfrac{\operatorname{tang} I}{\sin D} = \operatorname{tang} I \operatorname{coséc} D.$

(46) $\cot Md = \left(\dfrac{\cos M \cos PM}{\sin PM}\right) + \left(\dfrac{\sin M}{\sin PM}\right) \cot MPd.$

On voit d'abord que pour un même cadran, cette formule n'a d'autre variable que $\cot MPd$, ou l'angle horaire; elle fait voir aussi que Mx peut être considéré comme un cadran vertical, pour le lieu dont le zénit serait en M, ou la latitude $EM = (H - ZM)$, et dont la déclinaison serait PMx; que, dans ce cas, Md serait l'angle de la ligne horaire avec la méridienne. C'est ainsi que, dans mon Astronomie, j'ai considéré le cadran incliné déclinant, pour en faire un cadran déclinant non incliné, et simplifier les solutions.

L'angle MOd au pied du style, sera donc le même que l'angle au centre du cadran; ainsi, nous aurons tous les angles au centre, en calculant ceux qui ont lieu autour du style; les lignes menées du centre, et celles qui sont menées du pied du style, ne devant se rencontrer qu'à des distances infinies en M, a, K, d, elles seront nécessairement parallèles et formeront les mêmes angles, soit qu'on les tire du centre ou du pied du style. (*Voyez* d'ailleurs page 554, article 36).

Nous avons déterminé ci-dessus M et PM; le calcul de la formule serait donc bien facile; mais on peut éliminer ces deux constantes.

$$\cos M \cot PM = \cos I \sin D \cot(PZ + ZM) = \frac{\cos I \sin D (1 - \tang PZ \tang ZM)}{\tang PZ + \tang ZM}$$
$$= \cos I \sin D \left(\frac{1 - \cot H \tang I \sec D}{\cot H + \tang I \sec D}\right) = \frac{\cos I \sin D - \sin I \tang D \cot H}{\cot H + \tang I \sec D}$$
$$= \frac{\cos I \sin D \tang H - \sin I \tang D}{1 + \tang I \sec D \tang H}.$$

C'est la première constante; c'est aussi la valeur de $\cot M d$ pour la ligne de 6^h; car à $6^h \cot P = 0$; c'est la cotangente de Mq. En effet,

$$\tang PM = \tang Mq \cos M \quad \text{et} \quad \cot Mq = \cos M \cot PM,$$
$$Mq = 90° - qr = 90° - Me.$$

Le triangle Oeq est tri-rectangle et tri-rectilatère,

$$eq = 90°, \quad er > 90°, \quad Mq < 90°.$$

$$\frac{\sin M}{\sin PM} = \frac{\sin I}{\sin ZM \sin(PZ + ZM)} = \frac{\sin I}{\sin ZM (\sin PZ \cos ZM + \cos PZ \sin ZM)}$$
$$= \frac{\sin I}{\cos H \sin ZM \cos ZM + \sin H \sin^2 ZM} = \frac{\sin I}{\cos^2 ZM (\cos H \tang ZM + \sin H \tang^2 ZM)}$$
$$= \frac{\sin I (1 + \tang^2 ZM)}{\cos H \tang ZM + \sin H \tang^2 ZM} = \frac{\sin I + \sin I \tang^2 I \sec^2 D}{\tang I \sec D \cos H + \sin H \tang^2 I \sec^2 D}$$
$$= \frac{\sin I \cos^2 D + \sin I \tang^2 I}{\tang I \cos D \cos H + \sin H \tang^2 I} = \frac{\sin I (1 - \sin^2 D + \tang^2 I)}{\tang I \cos D \cos H + \sin H \tang^2 I}$$
$$= \frac{\sin I (\sec^2 I - \sin^2 D)}{\tang I \cos D \cos H + \sin H \tang^2 I} = \frac{\sin I (1 - \sin^2 D \cos^2 I)}{\sin I \cos I \cos D \cos H + \sin H \sin^2 I}$$
$$= \frac{1 - \sin^2 D \cos^2 I}{\cos I \cos D \cos H + \sin I \sin H} = \left(\frac{\sin^2 M}{\sin h}\right).$$

(46) Ainsi

$$\cot M d = \left(\frac{\cos I \sin D \tang H - \sin I \tang D}{1 + \tang I \sec D \tang H}\right) + \left(\frac{1 - \sin^2 D \cos^2 I}{\cos I \sin D \cos H + \sin I \sin H}\right) \cot P.$$

Supposez P = 90°, ce qui arrive à 6^h; le premier terme restera seul et sera la cotangente de l'angle horaire de 6^h.

Cette formule générale donnera l'inclinaison d'une ligne horaire quel-

GNOMONIQUE.

conque sur la méridienne, dans les cadrans inclinés déclinans, et, par suite, dans tous les cadrans, en mettant pour I et D leurs valeurs, ainsi que nous verrons plus loin.

Sur le cercle horaire quelconque P$d\theta$ abaissez l'arc perpendiculaire Oθ.

(47) $\sin O\theta = \sin PO \sin OP\theta = \sin(90° + h) \sin(P - \delta)$
$= \cos h \sin(P - \delta) = \cos h \cos \delta \sin P - \cos h \sin \delta \cos P$
$= (\sin H \cos D \cos I - \cos H \sin I) \sin P - \cos M \cos P$ (22 et 19)
$= (\sin H \cos D \cos I) \sin P - \cos I \sin D \cos P = A \sin P - B \cos P$.

(48) $\cot PO\theta = \cos PO \tang OP\theta = -\cos h \tang(P - \delta)$
$= -\cos h \left(\dfrac{\tang P - \tang \delta}{1 + \tang P \tang \delta} \right)$.

On pourrait éliminer tang δ au moyen de la formule (34); mais en éliminant ensuite h par la formule (19) ou (22), on ferait rentrer δ et l'on ne gagnerait rien. Le plus court sera donc de s'en tenir à ... $-\cos h \tang(P - \delta)$. Nous indiquerons plus loin un moyen fort simple pour obtenir POθ.

Avec tang Oθ et tang POθ, on pourrait tracer une ligne horaire quelconque sans connaître le centre, qui se déterminerait par l'intersection de deux lignes horaires.

Il nous reste encore à marquer les arcs des signes. Le plus court serait d'y employer l'hyperbole, par les moyens indiqués page 545.

Soit Pn la distance polaire du Soleil et d sa déclinaison.

$$P n = 90° - d = 90° - \text{déclin. boréale}.$$

(49) $\cos O n = \cos OPn \sin PO \sin Pn + \cos PO \cos Pn$
$= \cos(P - \delta) \sin(90° + h) \cos d + \cos(90° + h) \sin d$
$= \cos(P - \delta) \cos h \cos d - \sin h \sin d$
$= \cos h \cos d \cos \delta \cos P + \cos h \cos d \sin \delta \sin P - \sin h \sin d$
$= \cos d \cos P (\sin H \cos D \cos I - \cos H \sin I)$ (22)
$\quad + \cos d \sin P \cos I \sin D - \sin h \sin d$ (19)
$= \sin H \cos D \cos I \cos d \cos P - \cos H \sin I \cos d \cos P$
$\quad + \cos I \sin D \cos d \sin P - (\cos I \cos D \cos H + \sin I \sin H) \sin d$.

Lorsque le Soleil est dans le plan, l'angle horaire se trouve par la formule générale des levers $\cos(P - \delta) = -\tang h \tang d$. Connaissant ainsi $(P - \delta)$, on en déduira P, c'est-à-dire l'heure à laquelle le Soleil se levera sur le plan.

(50) Tang On sera la distance du pied du style à l'intersection de la ligne horaire et de l'arc du signe.

Ces deux formules renferment toute la théorie des arcs des signes pour toutes sortes de cadrans plans; elles supposent seulement que les lignes horaires sont décrites, ou que l'angle POθ est calculé; avec POθ et Oθ, on aurait la ligne horaire qui est toujours perpendiculaire à Oθ, et l'on marquerait les points des arcs des signes par de simples intersections.

Il n'est pas besoin d'un aussi grand nombre de formules pour tracer un cadran. Nous allons indiquer l'usage des plus importantes. Les autres nous donneront quelques lumières sur les pratiques obscures et non démontrées des gnomonistes du XVI° siècle.

Construction du cadran.

Prenez une droite arbitraire pour méridienne, et sur cette droite un point arbitraire C pour le centre du cadran et la projection du pôle.

Voyez avant tout quel sera le pôle élevé sur le plan; si la valeur de $\sin h$ est positive, le pôle austral se projettera au-dessus du style au point le plus haut du cadran.

Si l'expression de $\sin h$ est négative, le pôle boréal se projettera au point le plus bas (33).

En conséquence, vous placerez le centre C ou tout en haut ou tout en bas de la méridienne; autour de ce centre et d'un rayon arbitraire, mais le plus grand que vous pourrez, décrivez un cercle occulte.

Sur la circonférence de ce cercle portez, en partant du point où elle coupe la méridienne, la corde de l'angle formé par la verticale ou la corde de l'arc Ma; par le centre et le point ainsi déterminé, menez une droite, qui sera la verticale (formule 15).

Dans la figure, Ma est en haut, à la droite de la méridienne M; dans la projection qui renverse, a sera en bas et à la gauche; si Ma était négative, il faudrait faire tout le contraire. Cette ligne est nécessaire pour placer exactement le cadran sur le mur destiné à le recevoir.

Prenez de même la corde de MK (35); la ligne menée du centre au point K sera la soustylaire; faites attention de même au signe de tang M.

La hauteur du style étant prise pour unité, ce style sera placé sur la soustylaire, à une distance du centre $= \cot h$; c'est-à-dire en descendant si le centre est en haut, et en montant s'il est en bas.

L'équinoxiale, qui est toujours perpendiculaire à la soustylaire, la coupe en un point qui est à une distance $\tang h$ du pied du style, mais de l'autre côté; en sorte que le pied du style est toujours entre le centre et l'équinoxiale.

Par le point trouvé par $\tang h$, menez une perpendiculaire, ce sera l'équinoxiale.

GNOMONIQUE.

La distance $\cot h$, le style 1, et l'axe $\cosec h$, forment toujours un triangle rectangle. Vous aurez donc l'axe qui doit être dans un plan perpendiculaire à la soustylaire, et formant avec elle, au centre du cadran, l'angle h de la hauteur du pôle.

On peut garder cette opération pour la dernière.

Le rayon diviseur de l'équinoxiale est $\sec h$. Nous pourrions donc diviser l'équinoxiale, comme tous les gnomonistes, et tirer du centre aux points de divisions, toutes les lignes horaires; mais l'exactitude de l'opération dépendrait trop du soin avec lequel on aurait mené la perpendiculaire qui est l'équinoxiale; d'ailleurs cette ligne s'étend toujours de part ou d'autre à une distance incommode.

Calculez les angles horaires par la formule (46); portez les cordes de ces angles sur votre cercle, en partant toujours de la méridienne, et par les extrémités de ces cordes menez, du centre, des lignes droites qui seront les lignes horaires.

Aucune de ces lignes ne doit faire, avec la verticale, un angle de plus de 90°. Les lignes qui donneraient des angles obtus sont inutiles à tracer; l'angle obtus indique que le Soleil sera au-dessous de l'horizon. Voilà le cadran construit, à la réserve des arcs des signes.

Cette dernière opération n'est pas plus difficile que les précédentes; on se servira des formules (49) et (50), et, pour plus de brièveté, vous déterminerez ♐ (34).

Nous n'aurons employé pour tout que les formules 15, 33, 34, 35, 46, 49 et 50.

On peut varier cette construction de bien des manières.

On peut tracer à l'extrémité de la méridienne, une perpendiculaire et prendre dessus les longueurs $m.\tang Md$, m étant la longueur de la méridienne.

On peut prendre les longueurs $l \cot Md$ sur deux parallèles à la méridienne menées à une distance l.

On ferait la même chose pour la verticale et la soustylaire; on éviterait le cercle et ses cordes, sans alonger le calcul, sur-tout si l'on prenait pour m et l, des multiples exacts du rayon ou du style.

On peut projeter sur la figure tous les triangles rectangles qui ont leur sommet au pied du style; c'est-à-dire TOR, TOE, TOZ, TOP; FOE, FOG, FOQ, AOR, AOQ, dont on peut calculer tous les côtés; on peut calculer les triangles AOm, ou les intersections des lignes horaires, avec l'horizontale RAOR'; mais cette ligne serait souvent plus incommode encore que l'équinoxiale.

(51) Le triangle rectangle R′Pm donnera les arcs R′m, par la formule

$$\sin H \tang P = \tang R'm.$$

(52) P étant compté de minuit,

$$Am = (R'A - R'm) = (180° - D - R'm).$$

(53) $\cos Om = \cos AO \cos Am$, et $\tang Om$ sera la distance du pied du style au point m de l'horizontale.

Toutes nos formules sont pour le cas où le plan Mx est descendu du zénit vers le sud-est; l'inclinaison $I = Za$ y est supposée positive; la déclinaison positive D se compte en allant du midi à l'est pour le pôle O du plan, et de l'est au nord pour l'intersection x (fig. 139).

Si l'inclinaison était du zénit vers le nord-ouest, I serait négatif; il faudrait changer les signes de sin I, tang I, cot I, coséc I, dans toutes nos formules.

Si D surpassait 90°, il faudrait changer les signes des cos D, des tangentes, cotangentes et des sécantes.

Si D était du sud à l'ouest, on ferait D négatif, et l'on changerait les signes de sin D, etc.

Notre figure 140 représente I négatif et $>90°-$H, en sorte que le plan Mx coupe le méridien au-dessous du pôle; on voit que Ma, MK ont changé de position; les signes des formules en avertiraient; mais il n'est pas inutile, pour se guider, de tracer grossièrement la figure d'après les données.

Le plan pourrait passer entre le zénit et le pôle I; I serait négatif, mais $< 90° -$ H; M serait sur PZ, et Ma changerait de signe.

Dans la figure 139, le centre du cadran serait en haut, parce que le pôle austral est élevé sur le plan; il en serait de même si l'intersection M était sur PZ.

Dans la figure 140, c'est le pôle boréal qui est élevé sur le plan, le centre est au bas de la méridienne; la valeur et le signe de ZM ne laissent jamais là-dessus aucun doute; mais il ne sera pas inutile de donner des exemples de ces constructions dont personne n'a encore parlé.

Comme Ma change de signe quand le plan passe par le zénit, MK en change quand il passe par le pôle.

GNOMONIQUE.

Supposons d'abord H=48°, D=40°, et I = 10° (fig. 139); nous aurons

(15)	Ma =	8°17′24″		arc TZ =	102°57′46
(16)	ZM =	12.57.46		TP =	− 0,99305
	ZE =	48. 0. 0	(33)	h =	39°20′ 0″
	EM =	35. 2.14		tang h =	0,81947
	RM =	77. 2.14		cot h =	1,22028
	PZ =	42. 0. 0	(34)	δ =	54°55′38″
	PM =	54.57.46	(35)	aK =	33.47.10
(19)	M =	50.43.34	(36)	MK =	42. 4.33
	OQ = M			Ma =	8.17.23
90 − M =	OT =	39.16.26	(37)	EOF =	66. 0.37
(22)	OE =	65.31.20		FOQ =	47.55.32
	Ot =	24.28.40		EOQ =	113.56. 9
(23)	ZOE =	32.13.29		AG =	34.35.45
(24)	TEO =	44.57.32		OG =	44.35.45
(27)	eOr =	13.56. 5		tang OG =	0,98599
	C′ = +	0,44386		FG =	0,54829
(28)	OR =	41° 1′40″		FE =	1,8415
(29)	ARO =	15.20.24		FQ =	0,90773
	ORT =	74.39.36		EQ =	2,74923
(31)	TOR =	19.58.58		C′ = +	0,44386
	TR =	0,29731		C″ = +	0,945465
	TE =	1,8420		cot Md = + C′ + C″ cot P.	
	TZ = −	5,6115			

Heures.	Angles.	♋ ♌	♊ ♍	♉ ♎	♈ ♏	♓ ♏	♒ ♐	♑
IV matin.	+95°49′17″	21,323	11,352	5,678	2,8970	2,0710	1,6220	1,5112
V.	79.14.30	4,8169	3,9071	2,5847	1,7465	1,2886	1,0637	0,9964
VI.	66.40. 0	2,8776	2,4627	1,7565	1,2210	0,8924	0,7154	0,6627
VII.	55. 5.40	2,1953	1,9090	1,3812	0,9441	0,6492	0,4800	0,4272
VIII.	45.17.48	1,9578	1,7076	1,2341	0,8256	0,5346	0,3549	0,2918
soustylaire.	42. 4.34	1,9453	1,6977	1,2268	0,8195	0,5284	0,3281	0,2843
IX.	35.44.20	2,0011	1,7444	1,2617	0,8483	0,5573	0,3813	0,3212
X.	25.39.38	2,3533	2,0416	1,474×	1,0162	0,7148	0,5481	0,4962
XI.	14. 7.48	3,2782	2,7823	1,9566	1,3574	0,9991	0,8147	0,7593
verticale.	8.17.24	3,0015	2,4574	1,6092	1,0142	0,6411	0,4295	0,3489
0	0. 0. 0	6,3356	4,9188	3,0672	2,0123	1,4706	1,2121	1,1365
I.	17.57.43	113,39	32,601	7,3969	3,6318	2,3875	1,8897	1,7513
II.	39.57.12				14,574	5,0763	3,3919	3,0115
III.	63.21.40						10,724	7,5730
IV.	84.10.43							
V.	100.45.30							
VI.	113.56. 0							
VII.	124.52.20							
VIII.	134.42. 2							

Les vides dans les colonnes des signes font voir que le Soleil est derrière le plan; la verticale est divisée par les arcs des signes, d'une manière qui n'est pas en progression avec celle des lignes horaires.

Formules pour trouver sur la verticale les distances du pied du style aux arcs des signes.

$d =$ déclinaison du Soleil.

$$\tang Z\omega = \cos D \cot H, \quad \cos n\omega = \left(\frac{\sin d}{\sin H}\right) \cos Z\omega,$$
$$On = (90° + I + Z\omega) - n\omega = 90° + I - (n\omega - Z\omega),$$
$$\tang On = \text{distance cherchée.}$$

Ces formules ne dépendent nullement des angles horaires.

La verticale sur laquelle se comptent les distances est celle qui passe par le pied du style; elle coupe donc toujours la soustylaire, et ne coupe pas ordinairement la moitié des lignes horaires. Les intersections des arcs des signes fournissent une vérification des autres calculs.

C'est d'après ces calculs que nous avons formé la figure 141, en commençant par la méridienne et les lignes horaires; après quoi nous avons placé la soustylaire, dont l'angle ayant le même signe que ceux des lignes du matin, nous prouve qu'elle est une de ces lignes. En effet, quand la déclinaison est orientale, le Soleil arrive au méridien du cadran avant d'arriver au méridien du lieu. Jusqu'ici rien ne détermine l'échelle du cadran, puisque nous n'avons employé que des angles. Choisissez arbitrairement un style, que vous prendrez pour unité; le pied du style sera à une distance du centre $\cot h$, et l'équinoxiale plus éloignée encore de la longueur $\tang h$, en sorte que du centre à l'équinoxiale la distance est toujours $=$ style $(\cot h + \tang h)$; l'équinoxiale est perpendiculaire à la soustylaire; tracez-la avec soin, et vous devrez retrouver, pour chaque heure, les distances à l'équinoxiale qui sont dans le tableau ci-dessus, colonne ♈︎♎︎. Cette conformité sera une bonne preuve de l'exactitude et de la cohérence des calculs. Si le rayon des calculs, et sur-tout celui du cercle qui vous a donné les angles, se trouve trop considérable pour les arcs des signes, prenez-en un qui en soit la moitié, le tiers ou le quart, et prenez la moitié, le tiers ou le quart des nombres du tableau ci-dessus.

Ainsi, dans la formation de la figure 141, j'ai pris un style ST qui n'était que le quart de mon cercle occulte.

Dans cette construction, la verticale et l'horizontale sont inutiles, si ce n'est pour donner au cadran sa vraie position sur le mur; on doit donc

GNOMONIQUE.

garder ces lignes pour les dernières. Quand les arcs des signes sont tracés on voit quelle est la portion utile du cadran, on supprime le reste; la zone utile est assez étroite, et il est assez superflu de donner à l'axe une longueur démesurée, dont l'ombre sortirait presque toujours du plan.

Donnons maintenant un exemple d'une inclinaison négative assez grande pour que le pôle boréal soit élevé sur le plan, ce qui renversera le cadran, et portera le centre dans la partie inférieure. Pour ne pas compliquer conservons la déclinaison orientale. Le cadran que nous allons calculer se trouve dans Schoner, le plus ancien auteur qui ait parlé des cadrans inclinés inclinans.

Soit $I = -70°$, $D = 45°$ vers l'est, et $H = 50°$; nous aurons

(15) $\quad Ma = -43° 13' 10''.$

Cependant la verticale tirée du centre, sera encore parmi les heures du matin dont le signe est positif. Il est bien vrai que Ma (fig. 140) est de l'autre côté du méridien, parmi les lignes du soir; mais le Soleil se mouvant toujours dans le voisinage de l'équateur, passera d'abord par la verticale OA, puis par la soustylaire OF, et enfin par le méridien EZ. Ci-devant la verticale était à gauche, mais au-dessous du centre; ici elle sera à gauche, mais au-dessus du centre; elle serait à droite si on la prolongeait au-dessous; elle eût été à droite (fig. 141), si on l'eût prolongée au-dessus.

(16) $\quad ZM = -75° 34' 2'';$

d'où il résulte que ZM est par delà le zénit. La distance du pôle au zénit n'est que de 40°; ainsi le plan coupera le méridien 35° 34' 2'' au-dessous du pôle; le pôle boréal sera élevé sur le plan, et se projettera dans la partie inférieure du cadran, dont il occupera le point le plus bas.

(19) $\quad M = 76° 0' 18;$

M est aigu comme ci-dessus; mais il est ouvert vers l'ouest; il était ouvert vers l'est.

$\quad OT = 90° - M = 13° 59' 42''$, $\quad \tang OT = 0,24924$,
séc $OT = 1,0306$.

(18) $\quad ME = 125° 34' 2'' = H + ZM$, parce que ZM a changé de signe.

(20) $\quad ZT = 14° 25' 58''$, d'où $ET = 36° 34' 2'' = H - ZT = H - PM.$

(22) $\quad OE = 37° 52' 50''$, $\quad \tang OE = 0,77792$, $\quad Ot = 52° 7' 10'',$
$\quad TOZ = 90 + Ma = 46° 46' 50''.$

(33) $\quad h = -34° 21' 40''$, signifie que le pôle austral est abaissé

au-dessous du plan, et que le pôle boréal est élevé d'autant,

$$\tan h = 0{,}68372, \quad \cot h = 1{,}4606, \quad \sec h = 1{,}2114.$$

(36) $\quad$ MK $= -\ 9° 48' 42''$
(35) $\quad ak = +\ 33.24.28$ $\Big\}$ MK $- aK = -43° 13' 10'' =$ Ma,

comme ci-dessus.

$$\text{OR} = \text{M}.$$

(34) $\quad \delta = 17° 2' 7''$,

qu'il faut ajouter aux heures du lieu pour avoir celles du plan; la sous-stylaire sera parmi les lignes du matin, comme dans l'exemple précédent; le cadran étant renversé, les angles négatifs qui étaient à la droite se trouvent ici à la gauche.

(46) $\quad \cot \text{M}d = -\ 0{,}33120 - 1{,}6682 \cot \text{P}.$

		♑	♒ ♓	♓ ♍	♈ ♎	♉ ♏	♊ ♌	♋
IV.	−122° 0′							
V.	96.13							
VI.	71.19	−350,080	+30,840	+ 7,9598	+ 4,3952	+2,6821	2,1508	2,0037
VII.	51.51	+ 5,5610	4,5101	2,9943	2,0530	1,5527	1,3138	1,2445
VIII.	37.32	2,8660	2,4917	1,8284	1,3192	1,0078	0,8507	0,8053
IX.	26.30	2,0172	1,7798	1,3257	0,9386	0,6801	0,5424	0,5024
X.	17.13	2,6721	1,4774	1,0901	0,7384	0,4823	0,3296	0,2812
XI.	− 8.40	1,5912	1,4051	1,0313	0,6850	0,4235	0,2549	0,1951
XII.	0. 0	1,7351	1,5332	1,1348	0,7780	0,5238	0,3777	0,3331
I.	+ 9.38	2,1781	1,9186	1,4286	1,0208	0,7548	0,6158	0,5757
II.	21.24	3,2826	2,8266	2,0467	1,4674	1,1270	0,9573	0,9067
III.	36.56	7,6022	5,8331	3,6092	2,3818	1,7709	1,4873	1,4051
IV.	58. 0	− 18,2212	−48,186	+14,4260	5,3179	3,2528	2,3231	2,3386
V.	83.47	− 3,8288	− 4,3663	− 6,9597	−32,7515	12,0880	−5,3832	4,9966
VI.	108.41							
VII.	128. 9							
VIII.	142.28							
soustyl.	− 9.48	1,5893	1,4035	1,0299	0,6837	0,4220	0,2529	0,1926
verticale.	− 43.13	2,2321	1,8870	1,2907	0,8190	0,4965	0,2971	0,2266

Le cadran étant renversé, les ombres les plus longues auront lieu en hiver, parce que le Soleil sera plus éloigné du pôle du cadran; c'était le contraire dans l'exemple précédent, où le centre était en haut. L'inspection de ce tableau prouve qu'il faudra diminuer les dimensions et les réduire à moitié. C'est ainsi que j'ai tracé la figure 142.

Il n'y a jamais qu'un point de l'axe qui puisse envoyer son ombre sur l'arc du signe, et cet arc change chaque jour; le point qui marque les signes est le sommet du style, on est maître du style; mais quand sa longueur est déterminée sa place est marquée; et réciproquement.

GNOMONIQUE.

On peut vérifier tous ces calculs, en considérant le cadran incliné déclinant comme un cadran horizontal qui conviendrait au parallèle dont la hauteur du pôle serait $h = 34° 21' 40''$, et la différence du méridien serait $\delta = 17° 2' 7''$, afin de faire marquer au cadran les heures du lieu véritable au lieu de celles du lieu fictif.

Pour le cadran horizontal, la formule des angles au centre se trouve en faisant $\tang C = \sin h \tang P$, et cela quelque soit P; ainsi, pour avoir les heures du lieu, nous ferons $P' = (P + \delta)$ pour le soir, et $(P - \delta)$ pour le matin : nous aurons ainsi

Soir.	Angles soustylaires.	Angles méridiens.	Matin.	Soustylaire.	Méridien.
0	9°48'40"	0° 0' 0"	0	9°48'40"	0° 0' 0"
1	19.26.43	9.38. 3	11	1. 8.57	8.29.43
2	31.12.57	21.24.17	10	7.24.15	17.12.55
3	46.45.15	36.56.15	9	16.40.51	36.29.31
4	67.48.35	57.59.55	8	27.43.26	37.32.36
5	93.36.10	83.47.30	7	42. 3. 2	51.51.42
6	118.29.27	108.41.17	6	61.30.19	71.18.58
7	137.56.56	128. 8.16	5	86.33.57	96.12.37
8	152.16.16	142.27.36	4	112.10.25	121.59. 5

Ici nous avons calculé en secondes que nous avions négligées par l'autre méthode. Nous retrouvons tous nos angles.

J'ai recalculé de même les points des hyperboles des signes, et je les ai retrouvées les mêmes.

Tant que l'ombre On n'est pas négative, le Soleil éclaire le plan, mais il faut voir s'il n'en éclaire pas la partie qui est sous l'horizon.

$\cos On = 0$ marque le passage du Soleil par le plan. Il en résulte $\cos(P - \delta) = \tang h \tang d =$ arc semi-nocturne, pour le matin, et $\cos(-P - \delta) = \tang h \tang d$, pour l'autre arc semi-nocturne. En général, $\cos(P \pm \delta) = \tang h \tang d$.

$\tang d$ est négative pour une déclinaison australe.

Par cette formule, qui est générale, on a les arcs semi-diurnes du plan, d'où l'on conclut les momens où il commence ou cesse d'être éclairé. Si l'angle P qu'on en déduit est plus petit que l'arc semi-nocturne du lieu, le cadran ne saurait marquer l'heure indiquée par P. Il faut pour que le cadran marque la réunion de ces deux conditions, que le Soleil soit élevé sur ce plan, et qu'il soit élevé sur l'horizon du lieu.

$\cos On$ positif prouve que ce plan est éclairé; mais si à cette heure le

Soleil est couché, le cadran ne marque rien. Mais on a une règle plus simple. Dans la construction, on rejette les angles qui donnent à l'ombre une direction qui passe au-dessus de l'horizontale, menée par le pied du style. On ne tracera donc aucune ligne inutile.

Nos formules sont générales; elles se simplifient considérablement pour les cadrans plus ordinaires.

Cadran équinoxial.

Ainsi pour le cadran équinoxial, le plus régulier de tous, il faudra supposer $I = H$, parce que le plan de l'équateur est éloigné du zénit d'un angle égal à la latitude. Il faut faire $D = 0$, parce que le plan du cadran coupe l'horizon aux points est et ouest.

L'équation $\sin I \tang D = \tang Ma = 0$ nous montre que la verticale se confond avec la méridienne.

$\tang I \séc D$ devient $\tang H$; le plan du cadran est le plan de l'équateur.

$\cos I \sin D = 0$ nous fait voir que le plan du cadran coupe le méridien à angles droits.

$OT = 90° - M = 90° - 90° = 0$ nous dit que le pied du style est sur la méridienne.

$-\cos D \cot I = -\cot H = 0$ nous montre que le style fait un angle $90° - H$ avec l'horizon, et qu'il est perpendiculaire au plan.

$\Cot eOr = 0$ fait voir que la ligne de 6^h est à angles droits sur la méridienne.

$\Sin h = \cos^2 H + \sin^2 H = 1$ dit que le pôle est élevé de $90°$ sur le plan.

$\Sin D \cos I = 0$, que la différence des méridiens est nulle.

$\Cot Md$ se réduit à $\cot P$; les angles des lignes horaires avec la méridienne sont les angles au pôle et des multiples exacts de $15°$.

$\Cos On = \sin d$; $\tang On = \cot d$.

Les arcs des signes sont des cercles dont le rayon $= \cot d$; le cadran consistera donc en un certain nombre de cercles concentriques; le style sera planté au centre, les cercles divisés en arcs de $15°$, le zéro étant sur la méridienne.

Le Soleil est moitié de l'année au-dessus et l'autre moitié au-dessous du plan; le cadran aura deux faces, dont l'une servira pour les signes septentrionaux, et l'autre pour les signes méridionaux.

Cadran horizontal.

Pour le cadran horizontal, D sera 0, puisque le plan se confondant avec l'horizon, ne pourra le couper en aucun point; ainsi point d'intersection, point de déclinaison; $I = 90°$.

$M = 90°$; le méridien est perpendiculaire au plan; la méridienne, la verticale et la soustylaire se confondent.

Le pied du style est sur la méridienne, à une distance $\cot H$ de l'équinoxiale, et $\tang H$ du centre du cadran.

La hauteur du style $= \sin H = \sin h$. La ligne de 6^h est perpendiculaire à la méridienne,

$$\cot Md = \frac{\cot P}{\sin H}, \qquad \tang Md = \sin H \tang P.$$

$\Cos On = \cos H \cos d \cos P + \sin H \sin d$, et $\tang On$ la distance du pied du style aux arcs des signes sur les lignes horaires.

Soit $\cos On = 0$; vous aurez $\cos P = -\tang H \tang d$, c'est-à-dire que le cadran est toujours éclairé, depuis le lever jusqu'au coucher du Soleil.

Cadran vertical non déclinant.

Pour le cadran vertical non déclinant, $I = 0$, $D = 0$.

La verticale, la soustylaire et la méridienne se confondent; la distance du pied du style à l'équinoxiale est $\tang H$; la distance au centre du cadran est $\cot H$; la hauteur du pôle sur le plan est $90° - H$.

Tang angles des lignes hor. avec la mérid. $= \cos H \tang P$.

$\Cos On = \sin H \cos d \cos P - \cos H \sin d$, et $\tang On$ la distance aux arcs des signes.

$\Cos On = 0$ donne $\cos P = + \cot H \tang d$; le cadran est éclairé pendant 12^h tout au plus.

Cadran vertical déclinant.

Si le cadran décline, D conserve une valeur positive, si la déclinaison est du midi vers l'est; négative, si la déclinaison est vers l'ouest.

$\Sin I \tang D = 0$ nous dit que la méridienne est verticale; l'angle du plan avec le méridien est $90° - D$; la distance du pied du style à la méridienne est $\tang D$.

$\Cos OE = \cos D \sin H$; $\tang OE$ sera la distance du pied du style à l'équinoxiale.

$-\sin D \tang H = \cot$ angle entre la méridienne et la ligne de $6^h =$ première constante des angles horaires.

Cos OR $=$ cos D, tang OR $=$ tang D, et le style sera sur l'horizontale.
Sin $h =$ cos D cos H $=$ sin haut. du pôle sur le plan.
Cot $\delta =$ sin H cot D donnera la différence des méridiens.

Tang H cosec D, la tangente de l'angle entre la verticale et la sous-stylaire.

Sin D cot H, la tangente de l'angle de la soustylaire avec la méridienne.

Cot M$d =$ sin D tang H $+ \left(\frac{\cos D}{\cos H}\right)$ cot P.

Cos O$n =$ cos D sin H cos d cos P $+$ sin D cos d sin P $-$ cos H cos D sin d, tang On à l'ordinaire.

Cos O$n = 0$ donne

$$\cos P + \left(\frac{\tang D}{\sin H}\right) \sin P = \cot H \tang d,$$

$$\cos P \cos \varphi + \sin \varphi \sin P = \cos(P - \varphi) = \cos \varphi \cot H \tang d.$$

Cadran oriental.

Pour le cadran vertical oriental, I $= 0$, D $= 90°$.

Tang M$a = 0. \infty$. L'expression ne signifie rien, parce que dans ce cadran la méridienne change tous les jours.

Tang ZM $= 0. \infty$ présente la même indécision. Le plan ne coupe nulle part le méridien, avec lequel il se confond.

Aussi M $= 0$; sin OT $= 1 =$ sin OE $=$ sin OZ $=$ sin OP nous montre que le style est planté au milieu du cadran.

OQ $= 0$ nous dit, de plus, qu'il est sur l'équinoxiale.

Cos OE $= 0 =$ cos h cos δ nous dit que la différence des méridiens est de 6^h, que la méridienne du plan ou la soustylaire est la ligne de 6^h.

Cot ZOE $=$ cot H, ou ZOE $=$ H, que l'équinoxiale fait avec la verticale un angle H.

Sin $h = 0$; le pôle est dans le plan; cot $\delta = 0$.

Cot ZOP $=$ tang H, tang ZOP $=$ cot H; la soustylaire fait avec la verticale un angle $= 90° - $H.

Cot Md est à peu près inintelligible; mais puisque le centre du cadran est à une distance infinie, toutes les lignes sont parallèles à la méridienne.

Sin O$\theta =$ cos P, et tang O$\theta =$ cot P sera, sur l'équinoxiale, la distance des lignes horaires au pied du style.

Car $PO\theta = 90°$, $\cos On = \sin P \cos d$; $\tang On$ est à l'ordinaire la distance du pied du style à l'intersection de l'arc du signe et de la ligne horaire

$\Cos On = 0$ donne $\sin P = 0$; c'est à midi que le plan cesse d'être éclairé.

A midi, le Soleil est dans le plan; les ombres sont infinies et font avec la verticale un angle (H—D). Voilà pourquoi j'ai dit, en commençant, que la méridienne est variable; mais elle passe toujours par le pied du style.

Cadran occidental.

Le cadran occidental est le même que le cadran oriental, vu en transparent.

Cadran polaire.

Le cadran polaire est celui dont le plan se confond avec le cercle de 6^h. Il en résulte qu'il n'est autre chose que le cadran oriental, auquel on a fait faire un quart de révolution autour de sa méridienne, qui était la ligne de 6^h et qui devient celle de midi. La forme n'a éprouvé dans ce mouvement aucune variation; il n'y a rien à changer que les chiffres horaires.

Dans ce cadran $D = 0$ et $I = -(90° - H)$, ce qui est évident.

$Ma = 0$; la verticale et la méridienne se confondent.

$ME = 90°$, $M = 90°$, $OT = 0$; le style est sur la méridienne, et son pôle est dans le plan de l'équateur et du méridien; $h = 0$, $\delta = 0$, $\cot Md = 0 + (\frac{1}{0}) \cot P$, expression qui n'apprend rien; mais le pôle est dans le plan, le cadran n'a pas de centre, toutes les lignes horaires sont parallèles, leur distance au pied du style est $\sin O\theta = \cos h \sin(P - \delta) = \sin(P - 0) = \sin P$, et $\tang P$ sera la distance de la ligne à la méridienne. Dans le cadran oriental, $\cot P = $ dist. à la ligne de 6^h. Ces distances, dans l'un et l'autre cadran, sont les tangentes de $15°$, $30°$, etc.; c'est la même chose, mais 15 répond à une heure et 11^h, au lieu de 7 ou 5; $\cos On = \cos P \cos d$, au lieu de $\sin P \cos d$ pour la même raison.

$\Cos On = 0$ donne $\cos P = 0$ et $P = 90°$. C'est à 6^h que le Soleil passe par le plan du cadran polaire.

On voit donc l'exactitude et la généralité de nos formules.

On ne fait plus guère que des cadrans horizontaux ou verticaux, mais déclinans, parce qu'il est rare de trouver un mur exactement tourné au nord ou à l'orient; mais il est rare aussi que les murs soient véritablement verticaux ; ils ont toujours une légère inclinaison ; on la néglige le plus souvent ; mais nos formules permettent qu'on en tienne compte.

Quand on a tracé toutes les lignes horaires, et que l'on connaît le pied et la hauteur du style, on peut, sans calcul, déterminer sur chaque ligne horaire les points où passent les arcs des signes, par une opération graphique d'une grande simplicité.

Soit CO la soustylaire, O le pied du style et CSθ une ligne horaire quelconque (fig. 143). Abaissez sur cette ligne la perpendiculaire Oθ, qui déterminera le zéro ou le point culminant. Du point θ prenez sur la ligne horaire la hauteur du style θS ; prenez avec un compas l'ouverture SO, qui sera le rayon diviseur de cette ligne ; portez SO de θ en T, sur la perpendiculaire ; T sera le centre diviseur. Menez T♈ à l'intersection équinoxiale.

Faites les angles ♈T♑, ♈T♒, ♈T♓, ♈T♉, ♈T♊ et ♈T♋ égaux aux déclinaisons des signes ; menez les droites occultes T♑, T♒, etc., et vous aurez le point de chaque signe sur la ligne horaire.

La raison de cette construction est évidente. Au point O concevez le style G relevé perpendiculairement au plan de la figure, et du sommet de ce style l'hypoténuse v menée au point θ ; nous aurons

$$v^2 = \overline{O\theta}^2 + \overline{G}^2 = \overline{O\theta}^2 + \overline{\theta S}^2 = \overline{SO}^2 = \overline{\theta T}^2;$$

donc

$$\theta T = SO = v = \text{hypoténuse} = \text{distance du sommet au point } \theta.$$

Concevez maintenant que le plan du triangle Tθ♋ soit incliné au plan de la figure, en sorte que le point T coïncide avec le sommet du style ; aucune des lignes T , T♒, T♓, etc., n'éprouvera d'altération, non plus qu'aucun des angles en T ; le plan Tθ♋, ou, ce qui est la même chose, le plan TC☉ sera celui du cercle horaire représenté par C☉, puisqu'il passe par cette ligne et par le sommet du style, qui est censé le centre de la sphère.

La droite T♈ sera toute entière dans le plan de l'équateur, puisqu'elle va de T, centre de la sphère, au point ♈ de l'équinoxiale ; T♈ marquera la direction du rayon solaire aux jours des équinoxes ; les autres hypoténuses T♑, T♒, etc., marqueront de même les directions des rayons solaires aux jours où le Soleil entre dans ces signes, puisqu'elles font avec T♈, dans le plan du cercle horaire, des angles égaux aux déclinaisons

GNOMONIQUE.

de ces différens signes; les points ♑, ♒, etc., seront donc les points d'ombre de ces signes sur la ligne C☉. Ce que nous disons de cette ligne doit s'entendre en général d'une ligne horaire quelconque.

On peut étendre cette construction. Quand l'intervalle entre deux lignes horaires est considérable et qu'on éprouve quelque difficulté à mener la courbe hyperbolique de l'arc du signe, on peut mener, dans l'intervalle des deux lignes, une droite Cθ', qui sera aussi une ligne horaire, peu importe à quelle heure elle appartienne. Abaissez la perpendiculaire Oϑ', prenez-y $\theta'S' = \theta S$, $\theta'OT' = S'O$; menez la droite occulte T'♈', et déterminez comme ci-dessus les points des signes sur la ligne C♈'; vous aurez ainsi autant de points que vous voudrez de l'arc hyperbolique, et vous remplirez les intervalles avec plus d'exactitude et plus de facilité.

Aucun gnomoniste, que je sache, n'a indiqué ce moyen si simple de multiplier les points des arcs.

L'angle COϑ au pied du style est le même que dans le ciel, l'angle θ est droit comme dans le ciel; mais l'angle OCθ est diminué sur la projection; il est le complément de COθ, et réciproquement COθ est le complément de l'angle OCθ, connu par les calculs précédens.

Nous connaissons, par ce qui précède, CO et OCθ; nous aurons

$$O\theta = CO \sin OC\theta, \quad \text{et} \quad C\theta = CO \cos OC\theta;$$

on peut donc, pour chaque ligne, calculer les trois côtés du triangle COθ, et déterminer la ligne avec plus d'exactitude et de sûreté, et trouver une précision impossible suivant toute autre méthode, où l'on est sans cesse exposé à conclure des lignes très longues, d'après d'autres très courtes, ce qui grossit les erreurs en raison de la grandeur du cadran.

Les intersections en θ se faisant toujours sous des angles droits, se feront aussi avec plus de netteté. Dans le ciel OC$\theta = (P-\delta)$ ou $(\delta-P)$, suivant la position de la ligne horaire, par rapport à la soustylaire.

La figure ♑T♋ est ce qu'on appelle le *trigone des signes*; pour qu'il puisse servir à toutes les lignes horaires, on lui donnera une longueur indéterminée. Pour ce trigone, *voyez* page 580.

CHAPITRE III.

Stoffler et Munster.

Parmi les modernes qui ont traité de la Gnomonique, les premiers, suivant Montucla, furent Jean Stabius, André Striborius et Jean Werner, astronomes du quinzième siècle, dont les ouvrages n'ont pas vu le jour; il ajoute que Jean Schoner fit paraître, en 1515, un livre intitulé : *Horarii cylindri canones*, où il enseignait la construction des cadrans cylindriques; et que son fils André publia, depuis, ses propres ouvrages gnomoniques, à Nuremberg, en 1562; mais Lalande a dit que Sébastien Munster avait été le premier. Les dates prouvent que Lalande avait raison, du moins contre Montucla.

Cependant on trouve quelques idées de Gnomonique moderne dans un Traité de Stoffler, sur le Calendrier romain, imprimé en 1518, c'est-à-dire treize ans avant la première édition du livre de Munster. On y voit la description du carré horaire général, d'après Régiomontan. Ce carré suppose déjà les heures égales; elles étaient donc établies dès le milieu du quinzième siècle, et peut-être plus anciennement.

Stoffler, prop. 21, enseigne la construction d'un *quadrant* propre à faciliter la description des cadrans horizontaux.

Soit (fig. 144) le quart de cercle CB, divisé en ses 90° de C en B. Tirez les rayons AC, AB; divisez AB et AC en trois parties égales, et tracez les quarts de cercle DF et EH, du même centre A. Le cercle CB servira, par exemple, pour la hauteur du pôle 36°; le cercle DF pour la latitude 49°, et EH pour 62°. Ces nombres sont arbitraires; on peut les resserrer ou les étendre.

D'après une table des angles horaires du cadran horizontal, pour 36° marquez sur BC les points des six heures égales; avec la table de 49°, marquez-les de même sur DF; et avec celle de 62°, marquez-les sur EH.

Par les trois points correspondans d'une même heure, comme 1, 1, 1, ou 2, 2, 2, etc., faites passer un arc de cercle.

Par le centre A, faites passer un fil très fin, le long duquel glissera une perle. Divisez les parties CD et DE chacune en treize parties égales ; la droite CD indiquera tous les degrés de latitude de 36 à 62°. Arrêtez la perle au point qui marque la latitude; alors faites mouvoir le fil autour du centre A, le long de CB; dans ce mouvement, la perle indiquera sur les courbes horaires le point qui convient à la latitude.

Quand la perle couvrira une des courbes, le fil formera au centre A, avec le rayon AC, l'angle horaire de l'heure et du lieu. Cet angle vous servira à tracer votre cadran horizontal. Il ne restera plus qu'à placer l'axe qui doit faire, sur la méridienne AC, l'angle égal à la hauteur du pôle sur le plan du cadran.

On voit que la méthode n'est qu'approximative ; elle n'est rigoureuse que pour les trois latitudes primitives.

Stoffler nous dit qu'on peut calculer les angles horaires par les *vieilles tables du premier mobile*, et notamment par celles de Régiomontan. On devait connaître la formule $\left(\frac{\sin A}{\cos A}\right) = \sin H \left(\frac{\sin P}{\cos P}\right)$. Stoffler ne parle pas de cette formule; il nous dit seulement que par ses tables du premier mobile, l'opération est laborieuse, mais parfaite.

Stoffler nous dit encore qu'il pourrait nous enseigner à décrire le cadran oriental et occidental; il donne des tables des angles horaires du cadran horizontal et du vertical non déclinant, pour nombre de latitudes, et ces tables sont exactes. On connaissait donc la règle qui sert à calculer ces angles, quoique Stoffler n'en fasse aucune mention expresse. Les cadrans avaient un centre; ils marquaient l'heure par l'ombre d'un axe. Voilà tout ce que nous apprend Stoffler, et probablement tout ce que l'on connaissait avant Munster; il en résulte évidemment qu'une Gnomonique nouvelle s'était formée, dont on ne peut assigner le premier auteur. Voyons du moins quels accroissemens elle aura reçus entre les mains des auteurs qui ont succédé à Stoffler.

Munster.

Cet écrivain, né à Ingelheim en 1489, se fit cordelier. Mais ayant embrassé les opinions de Luther, il se maria, se retira d'abord à Heidelberg, et puis à Bâle, où il professa la Géographie, les Mathématiques et l'hébreu avec tant de succès, qu'on lui donna les surnoms de l'*Esdras* et du *Strabon* de l'Allemagne. « La candeur de son carac-
» tère, la pureté de ses mœurs, sa probité et son désintéressement,
» le firent autant estimer que son érudition. Il mourut de la peste, à

» Bâle, en 1532. (*Nouv. Dictionn. hist.*, Caen, 1783.) » Voici le titre de son ouvrage :

Compositio Horologiorum, in plano muro, truncis, anulo concavo, cylindro et variis quadrantibus, cum signorum zodiaci et diversarum horarum inscriptionibus, autore Sebast. Munstero. Basileæ, 1531. Ce livre fut réimprimé deux ans après, sous ce nouveau titre :

Horologiographia, post priorem editionem, per Sebast. Munsterum, recognita et plurimum aucta adjectis multis novis descriptionibus, etc. Basileæ, 1533.

Dans son Épître dédicatoire à un ami, il déclare avoir écrit ce qu'il a pensé lui-même, et ce qu'il a pu apprendre des autres, s'appliquant particulièrement à se rendre clair et intelligible. Dans sa Préface, après avoir exposé la division du jour chez les Romains, il nous dit qu'au tems du déluge, les hommes, dont la vie était alors fort longue, et qui sentaient peu le besoin de mettre les heures à profit, ne s'embarrassaient guère de ces minuties, auxquelles la brièveté de notre vie nous force d'attacher plus d'importance; que le monde avait duré deux mille ans et plus, avant même qu'on eût trouvé la culture du vin. *Jugez quel devait être l'état des autres arts, puisqu'on n'avait pas encore planté la vigne, sans laquelle la vie ne saurait être un peu supportable.*

Il ne fait usage que des heures équinoxiales. Du pôle du monde, il conçoit des cercles perpendiculaires à l'équateur, qu'ils divisent en 24 parties égales, et dont les plans forment entre eux des angles de 15°. Un plan qui coupera tous ces cercles montrera les heures par ses intersections avec ces différens plans. Ainsi voilà le système entièrement changé, et sans doute la révolution était déjà faite depuis quelque tems, car il parle avec mépris de ces constructeurs vulgaires qu'on rencontre à chaque pas, et qui, sans s'occuper de la théorie, suivent en aveugles les règles et les tables qu'on leur a données.

Au lieu du style droit ou gnomon employé par les anciens, qui voulaient les heures temporaires, Munster nous parle d'un axe parallèle à l'axe du monde. Pour en déterminer la position, il construit un triangle rectangle dont un côté représente le plan horizontal, et l'autre le plan vertical. L'hypoténuse est l'axe cherché, et la perpendiculaire abaissée de l'angle droit sur l'hypoténuse représente le plan de l'équateur. Avec ces trois lignes, il décrit les trois cadrans principaux, l'*équinoxial*, l'*horizontal* et le *vertical non déclinant*. La tangente commune aux trois cercles s'appelait *ligne de contingence*.

MUNSTER.

Cette construction graphique, ou son équivalent, se retrouve aujourd'hui partout. Quoique cette pratique soit de la plus grande simplicité, pour la faciliter encore, il décrit un quart de cercle au moyen duquel on pourra construire les cadrans horizontaux pour toutes les latitudes, depuis 36° jusqu'à 62. C'est ce que nous venons de voir dans Stoffler.

Il enseigne à décrire le *quadratum horarium*, que nous avons démontré à l'article de Régiomontan; il n'en donne pas la théorie et n'en nomme pas l'inventeur; mais plus loin, dans son chapitre XL, il avoue l'avoir trouvé dans l'ouvrage de Régiomontan. Il donne à ce cadran le nom de *horologium quadrangulum generale*. Tout ce que j'y vois de particulier, c'est que, pour le parallèle que vous habitez, il vous conseille de placer sur la ligne de latitude une tringle de fer le long de laquelle le fil pourra glisser. Régiomontan s'était arrêté à la latitude de 54°; Munster va jusqu'à 64°. Nous avons montré qu'on peut aller à 66°.

Il montre à tracer le vertical du midi et celui du nord, toujours par le moyen de l'équinoxiale; il varie ensuite la construction, mais au fond, c'est toujours le même principe.

Pour les habitans de l'équateur il décrit trois cadrans; l'un dans un demi-cylindre creux, dont l'axe est horizontal. Ici la chose est possible, parce qu'à l'équateur le jour n'est jamais que de 12 heures, ce qui n'aurait pas lieu pour le cylindre attribué à Bérose par Montucla, et qui deviendrait insuffisant dans les signes septentrionaux. Le second cadran est vertical, et le troisième horizontal.

Il résout le même problème pour l'habitant du pôle.

Il en était là de l'impression de son livre, quand un certain *Hiérôme* lui apporta la figure d'un cadran tel qu'il n'en avait jamais vu, et dont il donne la description suivante, sans aucune démonstration; mais cette démonstration saute au yeux (fig. 145).

Tracez le cercle ABCD; que le diamètre AC représente l'horizon, BD le premier vertical, KM l'axe du monde, CM étant la latitude du lieu, enfin NF l'équateur.

Par le point F menez l'horizontale indéfinie EO, et la verticale indéfinie GP; prolongez KHM, en sorte que ce diamètre aille couper FG en G et FE en E; portez le rayon FH de F en O sur l'horizontale, et de F en P sur la verticale; du point O décrivez le quart de cercle F*a*6, et du point P le quart du cercle F*b*6; ces deux quarts se couperont au point 6; divisez chacun de ces quarts en six arcs de 15°; du centre P, et par tous les points de division de F*bb*, marquez sur l'horizontale, par des sécantes, les points 11, 10, 9, 8, 7.

Du centre O marquez de même, sur la verticale PG, les points 11, 10, 9, 8 et 7.

Menez les lignes horaires G11, G10, G9, G8, G7; le cadran vertical sera tracé.

Menez les lignes horaires E11, E10, etc.; vous aurez le cadran horizontal.

En effet, HG = tang latitude, FG = séc latitude. FG est donc la méridienne verticale, et G le centre du cadran.

HE = cotang latitude, FE = coséc latitude; FE est donc la méridienne horizontale, E le centre du cadran; les deux quarts de cercle, décrits du rayon HF, sont des quarts de l'équateur; GFP, EFO des lignes de contingence; c'est-à-dire des horizontales divisées en tangentes des angles horaires.

Munster nous enseigne plusieurs autres moyens pour déterminer les sécant. et coséc. latitude, et par conséquent ceux de décrire les deux cadrans pour une latitude quelconque; il donne des tables des angles horaires pour diverses inclinaisons de la sphère; il passe ensuite aux cadrans déclinans.

Soit D la déclinaison, H la hauteur du pôle; sa méthode revient à ceci (fig. 146).

Tracez l'horizontale VX et la verticale SAT; le rayon étant pris pour unité, prenez AD = sin D et AB = tang H, et tracez la soustylaire BD; par le point D menez la perpendiculaire EQ, qui sera l'équinoxiale; sur DQ prenez DG = cos D, ce sera la hauteur du style; menez BG qui sera l'axe. Il faut se figurer le triangle BDG relevé perpendiculairement sur le plan du papier.

Menez DH perpendiculaire sur BG et prenez DI = DH.

Du centre I et du rayon ID décrivez un cercle que vous partagerez en arcs de 15°, en commençant au point où il coupe la méridienne.

De ce même centre, et par tous les points de division, menez des sécantes occultes qui diviseront l'équinoxiale; enfin, du point B à tous les points de division de l'équinoxiale, tirez des lignes qui seront les lignes horaires. Munster ne démontre rien, mais on peut s'assurer que le procédé est exact.

$$AB = \tang H, \quad AD = \sin D, \quad \overline{BD}^2 = \overline{AB}^2 + \overline{AD}^2 = \tang^2 H + \sin^2 D;$$

$$\overline{BG}^2 = \overline{BD}^2 + \overline{DG}^2 = \operatorname{tang}^2 H + \sin^2 D + \cos^2 D = 1 + \operatorname{tang}^2 H$$
$$= \sec^2 H = \frac{1}{\cos^2 H}, \quad BG = \frac{1}{\cos H};$$

$\sin DBG = \dfrac{DG}{BG} = \dfrac{\cos D}{\sec H} = \cos D \cos H = \sin$ haut. du pôle sur le plan.

$\operatorname{tang} ABD = \dfrac{AD}{AB} = \dfrac{\sin D}{\operatorname{tang} H} = \sin D \cot H = \operatorname{tang}$ angle de la soustylaire et de l'horizontale.

Donc BD est la soustylaire, BG l'axe, et GD la hauteur du style.

$\dfrac{AD}{DG} = \dfrac{\sin D}{\cos D} = \operatorname{tang} D =$ distance du pied du style à la méridienne, en prenant le style pour unité;

$ADn = ABD = \alpha, \quad Dn = \dfrac{AD}{\cos \alpha} = \dfrac{\sin D}{\cos \alpha},$

$DI = DH = DB \sin DBH = \dfrac{\operatorname{tang} H \cos H \cos D}{\cos \alpha} = \dfrac{\sin H \cos D}{\cos \alpha},$

$\dfrac{Dn}{DI} = \dfrac{\sin D}{\cos \alpha} \cdot \dfrac{\cos \alpha}{\sin H \cos D} = \dfrac{\operatorname{tang} D}{\sin H} = \operatorname{tang}$ angle de la méridienne avec la soustylaire.

Cette construction est donc parfaitement d'accord avec nos formules modernes; on peut donc la regarder comme démontrée.

Tout cela est exact; mais comment y était-on parvenu? A-t-on employé la Trigonométrie sphérique? s'est-on contenté de la Trigonométrie rectiligne? Essayons ce dernier moyen comme plus naturel.

Quand un plan est tourné directement vers le midi, l'ombre du style droit, à l'instant du midi, est toute entière sur la méridienne; la distance du sommet du style à la méridienne est égale à la longueur du style, et la partie de la méridienne comprise entre l'horizontale et le centre du cadran, est égale à la tangente de la hauteur du pôle (fig. 147).

Supposons que le plan AB vienne à tourner d'un angle $ATa = D$; le style TS tournera de la même quantité et deviendra TS'.

L'ombre de S', à midi, tombera en m, S'm étant parallèle à ST; elle tombera sur la verticale qui passe par le point m, et non plus sur celle qui passe par le pied T du style; la verticale qui passe par m est la méridienne, car à midi l'ombre tombe sur m, et la méridienne des cadrans verticaux est toujours verticale; S'T ne sera plus la distance à la méridienne, ce sera S'm; on aura

$$mT = S'm \sin mS'T = S'm \cos TmS' = S'm \sin mTA = S'm \sin D,$$

$$S'T = S'm \cos mS'T = S'm \cos D,$$
$$\frac{mT}{S'T} = \frac{S'm \sin D}{S'm \cos D} = \tang D.$$

Ainsi, quand on aura mesuré la distance horizontale des deux verticales du pied du style et de midi, on connaîtra la déclinaison D, dont la tangente $= \dfrac{\text{distance mesurée}}{\text{longueur du style droit}}$.

Plus l'angle D augmentera, plus mT sera grand; il en sera de même de $S'm$.

Si $D = 0$, $mT = 0$, $S'T = S'm = ST$; c'est ce qui a lieu quand le plan regarde exactement le midi.

Quand D sera $= 90°$, $S'm$ sera parallèle à mT; $S'm = mT = \infty$, l'ombre à midi est infinie; c'est ce qui a lieu pour le cadran oriental et pour le cadran occidental.

Si l'on prend $S'm$ pour unité, on aura

$$mT = \sin D, \quad \text{et} \quad TS' = \cos D.$$

La ligne $S'm$ étant toujours horizontale et dans le plan du méridien, la hauteur du centre, au-dessus de m, sera toujours $\tang H$; car H est l'angle que fait l'axe avec le plan de l'horizon.

Ainsi, en prenant $S'm$ pour rayon, on aura toujours, $TS' = \cos D$, et ensuite (fig. 146),

$$AD = \sin D, \quad GD = \cos D = TS',$$

$\tang ABD = \dfrac{AD}{AB} = \dfrac{\sin D}{\tang H} = \sin D \cot H = \tang$ angle de la méridienne avec la ligne horaire qui passe par le pied du style.

On connaîtra donc l'équinoxiale EQ, qui doit toujours être perpendiculaire à la soustylaire; on peut la faire passer par le point D, on peut la faire passer plus haut ou plus bas; mais son rayon diviseur sera d'autant moindre qu'on la portera plus haut.

Connaissant le pied D du style, et sa hauteur $\cos D$, on aura la position de l'axe.

Du pied du style abaissez la perpendiculaire DH, H sera le centre de l'équateur; car ce centre est nécessairement dans l'axe, et l'équateur est perpendiculaire à l'axe; DH sera le rayon de l'équateur; HDG sera l'inclinaison de l'équateur sur l'horizon du plan, car le style DG est horizontal ; HGD = 90° — HDG sera l'élévation du pôle sur cet horizon, et GBD la hauteur du pôle austral sur le plan.

Pour diviser l'équinoxiale il faut que le rayon DH soit perpendiculaire en D sur cette ligne ; le plus simple est de le porter de D en I.

En prenant DH pour rayon de l'équateur, nous transportons réellement le pied du style en T ; mais peu nous importe, puisque c'est l'axe qui nous donnera l'ombre et non le style. Ordinairement on ne fait pas passer l'équinoxiale par le pied du style ; mais on la détermine par la perpendiculaire HD menée à l'axe, du sommet du style à la soustylaire. Après avoir pris DG = cos D = style, il aurait dû, pour ne rien confondre, mener la perpendiculaire GV à la soustylaire, faire passer l'équinoxiale par le point V, et prendre VG pour rayon diviseur.

Mais de cette manière d'opérer il ne résulte aucun inconvénient réel ; et seulement un peu d'obscurité.

Cette démonstration du procédé de Munster me paraît très simple ; elle ne suppose que des principes connus long-tems auparavant. Je ne répondrais pourtant pas qu'elle nous montrât bien sûrement la marche de l'inventeur. Cet inventeur n'est pas Munster ; car il cite une construction qui est au fond la même, qui n'en diffère que par quelques modifications très peu importantes, et qui se démontrerait absolument de même.

Il est singulier qu'un changement total se soit opéré dans la Gnomonique sans qu'on en puisse indiquer l'auteur, et tout aussi singulier que le premier auteur, qui imprime une Gnomonique, donne toutes ces pratiques sans aucune démonstration.

On a substitué les heures équinoxiales aux heures temporaires, on a donné un centre aux cadrans, on a substitué l'axe au style droit, on a imaginé les centres et les rayons diviseurs ; tous ces changemens n'ont pu être faits que par un géomètre habile : aussi voyons nous que Montucla nous dit que ceux qui se sont occupés de la Gnomonique, en ces premiers tems, étaient des astronomes habiles et considérés, qui, sans doute, auront bien voulu donner quelques leçons et quelques avis, et qui peut-être ont dédaigné d'écrire pour l'instruction de ceux qui font métier de construire des cadrans.

Nous avons vu comment l'on pouvait tirer des méthodes de Ptolémée, la détermination du centre et celle des heures équinoxiales ; et c'était en supposant l'équateur divisé par les méthodes de l'analemme ; mais il n'était pas difficile de trouver un autre mode de division. Ce qui rendait la chose un peu plus longue, c'est qu'on ignorait l'usage des tangentes; nous ne les avons pas supposées dans la démonstration précédente; car à tang H on pourrait substituer $\frac{\sin H}{\cos H}$; et quant à la déclinaison du plan, on pouvait la trouver par son sinus, en faisant $\sin D = \frac{mT}{mS'}$.

Munster nous avertit que ce qu'il appelle déclinaison du mur, d'autres l'appelaient inclinaison; aujourd'hui ce dernier mot signifie l'angle que le mur fait avec l'horizon, ou avec un vertical qui aurait même base. Munster ne fait aucune mention des cadrans qu'on appelle *inclinés*; il suppose tous les murs verticaux, c'est-à-dire formant des angles droits avec l'horizon.

Dans le chapitre suivant, qui est le dix-septième de la seconde édition, il nous dit qu'on peut toujours mettre le pied du style sur la méridienne, à moins que la déclinaison ne soit très grande; on en était quitte pour le rendre oblique au plan, au lieu de l'y planter perpendiculairement, et pour le soutenir par des supports; dans ce cas, il n'y avait pas de sous-stylaire; on pliait le style jusqu'à ce que son ombre, à midi, tombât sur la méridienne. Il fallait, nous dit-il encore, qu'il fût éloigné de la méridienne autant que l'équinoxiale s'élève au-dessus de l'horizon; mais sa première construction était bien plus sûre et bien plus commode.

Il enseigne à diviser l'équinoxiale au moyen d'un cercle partagé en heures de 15°, dont on place le centre au sommet du style perpendiculairement à l'axe; de ce centre on tendait un fil qui, passant par les divisions horaires, allait aboutir successivement aux divers points horaires de l'équinoxiale.

Pour les arcs des signes, il se sert du trigone; sa méthode est purement graphique; mais cette méthode, malgré sa longueur et sa complication, mérite d'être connue; car, si elle est prolixe, elle est ingénieuse, et peut se renfermer dans des formules assez simples.

Soit un cercle décrit autour du centre C (fig. 148); du centre C menez le rayon vertical CF; prenez de part et d'autre les arcs FA = FB = ω; menez la corde AB = 2DA = 2DB = $2\sin\omega$.

Sur cette corde décrivez le cercle AGB, divisez ce cercle en douze arcs égaux, qui seront de 30° chacun; par les points de division correspondans menez des parallèles occultes au rayon CF; elles diviseront en sinus le diamètre ADB; ainsi DE, par exemple, sera le sinus de 30° dans le petit cercle AGB; nous aurons ainsi DE = DB sin 30° = sin ω sin 30° = sin déclinaison à 30°; et ainsi des autres.

Ces mêmes parallèles diviseront l'arc AFB en arcs inégalement croissans, qui seront les déclinaisons des points de l'écliptique à 30, 60 et 90° du point équinoxial.

Par l'un de ces points comme e, correspondant à E, menez sur CF la perpendiculaire ea; vous aurez $ea = e'a' =$ DE $= \sin$ D, donc l'arc eF $=$ D; menez la sécante indéfinie Ce, vous aurez FC$e =$ F$e =$ D.

Soit CM $=$ tang H, et menez la perpendiculaire NMQO.

MQ $=$ CM tang D $=$ tang H tang D $=$ cos arc semi-diurne.

Nous avons fait usage de cette formule, en démontrant le *quadratum horarium* de Régiomontan. Cette construction est plus ancienne que Munster. Abaissez QR perpendiculaire sur TV, CR $=$ MQ $=$ cos P, l'arc Vu sera l'arc semi-diurne, si la déclinaison est australe; ce sera Tu si elle est boréale.

Prenez CS $=$ MO $=$ tang H tang ω, menez OxS; Vx sera l'arc semi-nocturne, et Tx l'arc semi-diurne au solstice d'été.

Quand le calcul trigonométrique, par les sinus naturels était si long, on aimait beaucoup ces constructions, qu'on indique presque toujours sans les démontrer. Il y a toute apparence qu'on les devait aux Arabes; le germe en était dans la méthode d'Hipparque et de Ptolémée, pour calculer la différence ascensionnelle.

Munster nous donne tout cela d'une manière assez obscure. Il n'inscrit les arcs semi-diurnes que d'une manière approximative. Il aurait pu être plus clair et plus exact, et tout démontrer sans être plus long. Cette figure est communément appelée *trigone*; il l'appelle aussi *déclinatoire*, parce qu'elle donne les déclinaisons du Soleil; il l'emploie pour marquer sur chacune des lignes horaires, le point de chaque signe, ainsi qu'on le voit dans toutes les Gnomoniques plus modernes, et il joint tous ces points par des courbes.

Suivons l'opération graphique de Munster, pour mieux saisir l'esprit des méthodes de ces premiers tems.

Soit AB la méridienne (fig. 149), A le centre du cadran; menez AX, en sorte que BAX soit la hauteur de l'équateur; sur cette dernière ligne prenez un point C, et menez la perpendiculaire BC qui coupera la méridienne en B; B sera le point de l'équinoxiale. Le cadran n'a pas de déclinaison. L'équinoxiale sera la perpendiculaire ♈BX, BXA sera la hauteur du pôle, et AX sera l'axe; en C placez le centre du trigone des signes, de manière que le rayon équatorial CD prolongé arrive en B; par les points de divisions du trigone, tirez du centre C des lignes occultes, ou tendez des fils, qui rencontreront la méridienne aux points F, G, H, I, K, L, et la méridienne sera divisée en signes. La raison en est évidente.

Prenez BE = BC = rayon diviseur de l'équinoxiale; du point E décrivez un cercle occulte Bx, partagez-le, non pas seulement en arcs de 15°, mais en arcs de 5°, pour avoir un plus grand nombre d'heures et de points des arcs des différens signes; par tous ces points divisez l'équinoxiale, et tracez ensuite toutes les lignes horaires de 20 en 20′ d'heures. Il ne manquera plus que les signes à ce cadran.

Prenez la plus courte distance de F à l'axe, ou la perpendiculaire FV, et portez-la de F en M.

Portez de même les perpendiculaires des autres points, de G en N, de H en O, de I en P, de K en Q, de L en R; du rayon FM décrivez un cercle occulte FT, que vous diviserez de même en arcs de 5°.

Placez une règle sur le centre E d'une part, et de l'autre, sur les divisions du cercle occulte, menez de E une ligne occulte à chacune des divisions du cercle, et prolongez ces lignes jusqu'à la ligne horaire voisine; le point où cette ligne coupera la ligne horaire sera le point du signe.

Vous ferez une opération semblable pour chaque ligne horaire, et vous aurez tous les points de l'arc du Capricorne; vous les joindrez par une courbe, qui sera d'autant plus facile à tracer que vous aurez un nombre de points triple de celui qu'on prend ordinairement.

Ce que vous avez fait pour FM, répétez-le pour GN, HO, IP, KQ et LR, et vous aurez tous les arcs des signes.

L'opération est extrêmement longue, mais facile; il est même assez aisé d'en sentir la raison; cependant Munster aurait mieux fait de ne pas la supprimer.

Pour ne pas compliquer inutilement l'explication, nous ne parlerons que de FM = FV et de l'arc du Capricorne; ce que nous aurons démontré pour cet arc s'appliquera naturellement à tous les autres.

Imaginons le triangle LAX relevé perpendiculairement sur la figure et sur la méridienne; le plan de ce triangle tout entier, et par conséquent le trigone C♑♋ et le quadrilatère CBFV, tout sera dans le plan du méridien; on voit que le trigone divisera la méridienne en signes.

Imaginons maintenant que le quadrilatère BFVC, entraînant avec lui le trigone, vienne à tourner autour de l'axe, de manière à passer successivement par tous les cercles horaires; le trigone et ses fils tendus diviseront chacune des lignes en signes, comme ils ont divisé la méridienne, et l'opération serait achevée; mais cette manière d'opérer en l'air aurait trop d'inconvénient et trop peu de sûreté; il suffit qu'on l'ait bien conçue pour entendre ce que l'auteur y substitue.

Dans ce mouvement du trigone entraînant le quadrilatère BCVF, les points B, F, et tous les autres qui touchaient le plan à midi, s'élèveront au-dessus du plan, et s'en écarteront de plus en plus en décrivant des cercles; le point B décrira autour de C le cercle dont le rayon est CB; le point F décrira simultanément le cercle dont le rayon est VF, et ainsi de tous les autres : il faudra allonger ces rayons par des fils tendus pour aller rencontrer et diviser les lignes horaires.

L'auteur prend le parti de coucher sur le plan tous ces cercles parallèles et également inclinés au plan de la figure.

Il porte BC en BE, et du centre E il décrit le cercle Bx.

Il porte FV en FM, et décrit de M le cercle FZT; et ainsi des autres successivement.

Ne considérons que le cercle FZT.

Ce cercle, dont le rayon est FV, est réellement un parallèle à l'équateur, et, comme l'équateur, il est divisé de 15 en 15° par les cercles horaires; ainsi, à cinq heures, le rayon VF se sera avancé de 75° de F en Z, le rayon CF du trigone se sera avancé en Z avec le point F, mais le point Z est au-dessus du plan; pour atteindre la ligne de cinq heures sur le plan, il faudra prolonger ce rayon CF ou CZ jusqu'en ω, qui marquera le point du Capricorne.

Imaginez la droite Bω, elle sera toute dans le plan du cadran; à présent couchez l'équateur et le parallèle sur le plan; Bω n'éprouvera aucun déplacement, les deux rayons qui se croisent en Z arriveront ensemble sur le plan, le point C tombera en E, le point V en M, la droite EZω sera la projection du rayon CF prolongé jusqu'au plan.

Ainsi, pour obtenir le point ω du Capricorne, sur la ligne de cinq heures, il faut coucher FV sur FM, décrire un cercle du rayon MF=VF, prendre sur ce cercle un arc de 75°, coucher BC en BE, et, par le point Z de l'arc de 75°, mener EZω jusqu'à la ligne de cinq heures.

Appliquons le calcul à cette construction un peu obscure.

$$FM = FV = BC - By = BC - BF\cos FBC = 1 - BF\cos H = 1 - \frac{\sin D \cos H}{\sin(H+D)},$$

en prenant pour unité CB, rayon diviseur de l'équateur; car le triangle BFC donne

$$\sin BFC : BC :: \sin FCB : BF = \frac{BC.\sin D}{\sin(H+D)} = \frac{\sin D}{\sin(H+D)};$$
$$FM = 1 - \frac{\sin D \cos H}{\sin(H+D)} = \frac{\sin H \cos D + \cos H \sin D - \sin D \cos H}{\sin(H+D)} = \frac{\sin H \cos D}{\sin(H+D)},$$

en supposant la déclinaison australe.

$$CV = F\gamma = BF \sin H = \frac{\sin D \sin H}{\sin(H+D)},$$
$$EM = BM - BE = BF + FM - 1 = BF + FV - 1 = BF + 1 - BF \cos H - 1$$
$$= BF(1 - \cos H) = 2BF \sin^2 \tfrac{1}{2} H = \frac{2\sin D \sin^2 \tfrac{1}{2} H}{\sin(H+D)},$$
$$\frac{EM}{CV} = \frac{2\sin D \sin^2 \tfrac{1}{2} H}{\sin(H+D)} \cdot \frac{\sin(H+D)}{\sin D \sin H} = \frac{2\sin^2 \tfrac{1}{2} H}{\sin H} = \frac{2\sin^2 \tfrac{1}{2} H}{2\sin \tfrac{1}{2} H \cos \tfrac{1}{2} H} = \tan \tfrac{1}{2} H.$$

Dans le triangle MEZ nous connaissons l'angle $EMZ = P = n.15°$. Nous avons

$$MZ = FV = \frac{\sin H \cos D}{\sin(H+D)};$$

nous avons

$$EM = \frac{2\sin^2 \tfrac{1}{2} H \sin D}{\sin(H+D)};$$

nous aurons

$$\tan Z = \frac{EM \sin M}{MZ - EM \cos M} = \frac{\left(\frac{ME}{MZ}\right) \sin M}{1 - \left(\frac{EM}{MZ}\right) \cos M} \quad \text{et} \quad \frac{EM}{MZ} = \frac{2\sin^2 \tfrac{1}{2} H \sin D}{\sin(H+D)} \cdot \frac{\sin(H+D)}{\sin H \cos D}$$
$$= \frac{2\sin^2 \tfrac{1}{2} H \tan D}{\sin H} = \frac{2\sin^2 \tfrac{1}{2} H \tan D}{2\sin \tfrac{1}{2} H \cos \tfrac{1}{2} H} = \tan \tfrac{1}{2} H \tan D;$$

donc

$$\tan Z = \frac{\tan \tfrac{1}{2} H \tan D \sin P}{1 - \tan \tfrac{1}{2} H \tan D \cos P},$$
$$AE\omega = AMZ - Z = 180° - ZME - Z = (180° - P - Z),$$
$$A\omega E = 180° - MA\omega - AE\omega = 180° - A - 180° + P + Z = (P + Z - A);$$

enfin, ce triangle nous donne

$$\sin \omega : AE :: \sin AE\omega : A\omega = \frac{AE \sin AE\omega}{\sin A\omega E} = \frac{(\sec H - 1) \sin(P+Z)}{\sin(P+Z-A)}$$
$$= \frac{\tan H \tan \tfrac{1}{2} H \sin(P+Z)}{\sin(P+Z-A)}.$$

La solution de Munster revient donc aux formules

$$\tan A = \cos H \tan P, \quad \tan Z = \frac{\tan \tfrac{1}{2} H \tan D \sin P}{1 - \tan \tfrac{1}{2} H \tan D \cos P},$$

et

$$A\omega = \frac{\tan H \tan \tfrac{1}{2} H \sin(P+Z)}{\sin(P+Z-A)};$$

Pour une déclinaison boréale on changerait le signe de tang D, Z changerait de signe, et l'on aurait

$$\tang A = \cos H \tang P; \quad \tang Z = -\frac{\tang \tfrac{1}{2} H \tang D \sin P}{1 + \tang \tfrac{1}{2} H \tang D \cos D},$$

et
$$A\omega = \frac{\tang H \tang \tfrac{1}{2} H \sin (P - Z)}{\sin (P - Z - A)}.$$

Le calcul de ces formules serait bien plus court que l'opération graphique, laquelle exige qu'on décrive subsidiairement autant de cercles qu'on veut tracer d'hyperboles, qu'on divise tous ces cercles au moins de 15 en 15°, et qu'on tire les lignes EZω.

Pour vérifier cette solution, cherchons-en une autre à laquelle nous puissions la comparer.

Soit AB la méridienne, Aω la ligne horaire, AX l'axe, et supposons le triangle BAX relevé perpendiculairement sur la figure.

Autour du point A, comme centre, formons un triangle sphérique rectangle.

L'arc opposé à l'angle BAX = 90° — H; l'arc opposé à l'angle A vaudra cet angle.

Nous aurons les deux côtés qui comprendront l'angle droit. Nous trouverons l'hypoténuse en faisant

$$\cos A' = \cos \text{hypotén.} = \cos (90° - H) \cos A = \sin H \cos A;$$

cette hypoténuse mesurera l'angle entre AC et Aω. Alors, dans le triangle ACω, nous aurons

$$\sin AC\omega : AC :: \sin C : A\omega = \frac{AC \sin C}{\sin A\omega C} = \frac{\tang H \sin (90° - D)}{\sin (A' + C)}$$
$$= \frac{\tang H \cos D}{\sin (A' + 90 - D)} = \frac{\tang H \cos D}{\cos (D - A')}.$$

On aura donc les trois formules

$$\tang A = \cos H \tang P, \quad \cos A' = \sin H \cos A, \quad \text{et} \quad A\omega = \frac{\tang H \cos D}{\cos (A' - D)};$$

on changerait le signe de D pour une déclinaison boréale, et

$$A\omega' = \frac{\tang H \cos D}{\cos (A' + D)}.$$

Il est aisé de prouver que les deux solutions sont identiques.

$$A\omega = \frac{\tang H \tang \tfrac{1}{2} H \sin(P+Z)}{\sin(P-A+Z)} = \frac{\tang H \tang \tfrac{1}{2} H (\sin P \cos Z + \cos P \sin Z)}{\sin(P-A)\cos Z + \cos(P-A)\sin Z}$$

$$= \frac{\tang H \tang \tfrac{1}{2} H (\sin P + \cos P \tang Z)}{\sin(P-A) + \cos(P-A)\tang Z}$$

$$= \frac{\tang H \tang \tfrac{1}{2} H \left(\sin P + \cos P \dfrac{\tang \tfrac{1}{2} H \tang D \sin P}{1 - \tang \tfrac{1}{2} H \tang D \cos P}\right)}{\sin(P-A) + \cos(P-A)\left(\dfrac{\tang \tfrac{1}{2} H \tang D \sin P}{1 - \tang \tfrac{1}{2} H \tang D \cos P}\right)}$$

$$= \frac{\tang H \tang \tfrac{1}{2} H (\sin P - \tang \tfrac{1}{2} H \tang D \cos P \sin P + \tang \tfrac{1}{2} H \tang D \sin P \cos P)}{\sin(P-A) - \tang \tfrac{1}{2} H \tang D \cos P \sin(P-A) + \tang \tfrac{1}{2} H \tang D \sin P \cos(P-A)}$$

$$= \frac{\tang H \tang \tfrac{1}{2} H \sin P}{\sin(P-A) + \tang \tfrac{1}{2} H \tang D \sin A} = \frac{\tang H \tang \tfrac{1}{2} H \sin P}{\sin P \cos A - \cos P \sin A + \tang \tfrac{1}{2} H \tang D \sin A}$$

$$= \frac{\tang H \tang \tfrac{1}{2} H \séc A \sin P}{\sin P - \cos P \tang A + \tang \tfrac{1}{2} H \tang D \tang A}$$

$$= \frac{\tang H \tang \tfrac{1}{2} H \séc A}{1 - \cot P \tang A + \tang \tfrac{1}{2} H \tang D \coséc P \tang A}$$

$$= \frac{\tang H \tang \tfrac{1}{2} H \séc A}{1 - \cot P \cos H \tang P + \tang \tfrac{1}{2} H \tang D \coséc P \cos H \tang P}$$

$$= \frac{\tang H \tang \tfrac{1}{2} H \séc A}{1 - \cos H + \tang \tfrac{1}{2} H \cos H \tang D \séc P} = \frac{\left(\dfrac{\tang H \tang \tfrac{1}{2} H}{2\sin^2 \tfrac{1}{2} H}\right)\séc A}{1 + \left(\dfrac{\tang \tfrac{1}{2} H \cos H}{2\sin^2 \tfrac{1}{2} H}\right)\tang D \séc P}$$

$$= \frac{\left(\dfrac{2\sin \tfrac{1}{2} H \cos \tfrac{1}{2} H \tang \tfrac{1}{2} H}{2\sin^2 \tfrac{1}{2} H \cos H}\right)\séc A}{1 + \left(\dfrac{\sin \tfrac{1}{2} H \cos H}{2\sin^2 \tfrac{1}{2} H \cos \tfrac{1}{2} H}\right)\tang D \séc P} = \frac{\séc H \séc A}{1 + \cot H \séc P \tang D}.$$

Ainsi développée, la solution de Munster devient plus simple que la méthode trigonométrique, qui va elle-même nous conduire à la même formule.

$$A\omega = \frac{\tang H \cos D}{\cos D \cos A' + \sin D \sin A'} = \frac{\tang H}{\cos A' + \tang D \sin A'}$$
$$= \frac{\tang H}{\cos A'(1 + \tang D \tang A')} = \frac{\tang H}{\cos A \sin H (1 + \tang D \tang A')} = \frac{\séc H \séc A}{1 + \tang D \tang A'}.$$

Or,

$$\cos A' = \cos A \sin H, \quad \cos^2 A' = \cos^2 A \sin^2 H,$$
$$\séc^2 A' = \séc^2 A \coséc^2 H = 1 + \tang^2 A', \quad \tang^2 A' = \séc^2 A \coséc^2 H - 1;$$
$$\tang^2 A' = \coséc^2 H (1 + \tang^2 A) - 1 = \coséc^2 H - 1 + \coséc^2 H \tang^2 A$$
$$= \cot^2 H + \coséc^2 H \cos^2 H \tang^2 P = \cot^2 H + \cot^2 H \tang^2 P$$
$$= \cot^2 H \séc^2 P,$$

$\tang A' = \cot H \séc P, \quad A\omega = \dfrac{\séc H \séc A}{1 + \tang D \cot H \séc P},$

comme ci-dessus.

MUNSTER.

Les deux solutions sont donc identiques, puisqu'elles conduisent à une même expression. Pour rendre cette expression plus générale, supposons la déclinaison boréale, et nous aurons

$$A\omega' = \frac{\sec H \sec A}{1 - \cot H \tang D \sec P} = \frac{1}{\cos H \cos A - \cos H \cot H \tang D \cos A \sec P}.$$

Tout est connu dans cette expression quand les lignes horaires sont tracées ; on n'a plus de préparation, de combinaisons d'angles à faire : le double signe du dénominateur donne deux points à chaque calcul. Ainsi, le problème est réduit à ses moindres termes, et voilà une obligation que nous aurons à Munster, qui pourtant ne s'en est jamais douté.

Ces formules se transporteraient aux cadrans horizontaux, en mettant coséc H et tang H au lieu de séc H et de cot H.

On les transporterait au cadran déclinant et au cadran incliné déclinant, en prenant pour A l'angle entre la soustylaire et la ligne horaire, et pour P l'angle horaire, corrigé de la différence des méridiens.

Donnons un exemple de ces diverses formules, pour qu'on en voie encore mieux l'exactitude et l'identité.

Soit $H = 49°$, $\frac{1}{2}H = 24° 30'$, $P = 60°$ et $D = \pm 23°$.

cos H	9,81694
tang P	0,23856
tang A = 48° 39′ 5″	0,05550
cos A	9,81996
tang D	9,62785
tang ½ H .... —	9,65870
tang D tang ½ H	9,28655
cos P	9,69897
± 0,096721	8,98552

$$ 1,0$$
$$0,903279 = \text{dénominateur austral.}$$
$$1,096721 = \text{dénominateur boréal.}$$

tang D tang ½ H	9,28655
sin P	9,95753
C. 0,903279	0,04418
tang Z = 10° 30′ 25″	9,26826
P = 60	
70° 30′ 26 = P + Z	
48. 39. 5 = A	
21° 51′ 20 = P + Z — A	

$$\begin{aligned}
\text{tang } H &\ldots\ldots\ldots & 0{,}06084 \\
\text{tang } \tfrac{1}{2} H &\ldots\ldots\ldots & 0{,}65870 \\
\text{tang } H \text{ tang } \tfrac{1}{2} H &\ldots\ldots\ldots & 9{,}71954 \\
\sin(P+Z) &\ldots\ldots\ldots & 9{,}97437 \\
\text{C.}\sin(P+Z-A) &\ldots\ldots\ldots & 0{,}42914 \\
A\omega = 1{,}32755 & & 0{,}12305 \\
\text{tang } D \text{ tang } \tfrac{1}{2} H \sin P &\ldots\ldots\ldots & 9{,}22408 \\
\text{C. } 1{,}096271 & & 9{,}95991 \\
\text{tang } Z = -\ 8°\,41'\,6 & & 9{,}18399 \\
P = \ \ 60 & & \\
\end{aligned}$$

$$\begin{aligned}
51°\,18'\,54'' &= P - Z \\
48.39.\ 5 &= A \\
2°\,39'\,49'' &= P - Z - A
\end{aligned}$$

$$\begin{aligned}
\text{tang } H \text{ tang } \tfrac{1}{2} H &\ldots\ldots\ldots & 9{,}71934 \\
\sin(P-Z) &\ldots\ldots\ldots & 9{,}89242 \\
\text{C.}\sin(P-Z-A) &\ldots\ldots\ldots & 1{,}33281 \\
A\omega' = 8{,}8058 & & 0{,}94477 \\
\text{tang } H \text{ tang } \tfrac{1}{2} H &\ldots\ldots\ldots & 9{,}71959 \\
\sin P &\ldots\ldots\ldots & 9{,}93753 \\
\text{C.}\sin(P-A) &\ldots\ldots\ldots & 0{,}70603 \\
A\omega'' = 2{,}3073 & & 0{,}36315
\end{aligned}$$

L'angle A est nécessaire dans les trois méthodes, il ne doit pas compter dans la comparaison.

Le calcul est double dans toutes les méthodes, suivant que la déclinaison est australe ou boréale.

Dans le premier cas, nous trouvons $A\omega = 1{,}32755$,

Dans le second...................... $8{,}8058$.

$$\text{Si } D = 0,\ Z = 0,\ A\omega'' = \frac{\text{tang } H \text{ tang } \tfrac{1}{2} H \sin P}{\sin(P-A)} = 2{,}3073$$

$$\begin{aligned}
A\omega &= 1{,}32755 \\
A\omega'' - A\omega &= 0{,}97975 \\
A\omega' &= 8{,}8058 \\
A\omega' - A\omega'' &= 6{,}4985.
\end{aligned}$$

Voilà donc trois points trouvés sans peine.

MUNSTER.
Méthode trigonométrique.

cos A..........	9,81996	tang H....	0,06084
sin H..........	9,87778	C. cos A'...	0,30226
cos A' = 60° 5' 36"	9,69774	Aω" = 2,3073	0,36310
D = 23		Aω' = 1,3244	
$\overline{36° 54' 24"}$ = A' − D		Aω = 8,8064	
83. 5.36 = A' + D		$\overline{0,9829}$ = Aω' − Aω	
		6,4991 = Aω' − Aω"	

tang H..........	0,06084		
cos D..........	9,96403		
tang H cos D.....	$\overline{0,02487}$		0,02487
C. cos(A'−D)...	0,09712	C. cos(A'+D)	0,91993
Aω = 1,3244	$\overline{1,12199}$	Aω' = 8,8064	$\overline{0,94480}$

La formule trigonométrique est plus courte sans contredit.

Formule analytique.

séc H..........	0,18306	tang D..	9,62785
séc A..........	0,18004	cot H...	9,93916
séc H séc A.....	$\overline{0,36310}$	séc P...	0,30103
Aω" = 2,3073			$\overline{0,73797}$ 9,86804
		1	
		1,73797 = dénominateur austral.	
		0,26203 = dénominateur boréal.	

séc H séc A.....	0,36310			0,36310
C. 1,73797	9,75995	C. 0,26203		0,58165
Aω = 1,3276	$\overline{0,12305}$	Aω' = 8,8054		$\overline{0,94475}$
Aω" = 2,3073		Aω" = 2,3073		
$\overline{0,9797}$ = Aω" − Aω,		6,4981 = Aω' − Aω".		

La méthode est encore plus courte et plus directe, et n'a pas besoin de A'.

Supposons que le centre soit hors du cadran, et cherchons les distances à l'équinoxiale.

$$A\omega' - A\omega'' = \frac{\sec H \sec A}{1 - \cot H \tang D \sec P} - \sec H \sec A = \frac{+\sec H \cot H \tang D \sec A \sec P}{1 - \cot H \tang D \sec P}$$

$$= \frac{1}{\cos H \tang H \cot D \cos A \cos P - \cos H \cot H \tang H \cot D \tang D \cos A \cos P \sec P}$$

$$= \frac{1}{\sin H \cot D \cos A \cos P - \cos H \cos A}.$$

formule à la fois plus simple et plus commode dans la pratique.

$$
\begin{array}{llll}
\sin H \ldots\ldots & 9{,}87778 & \cos A \ldots & 9{,}81996 \\
\cos P \ldots\ldots & 9{,}69897 & -\cos H & -9{,}81694 \\
\cos A \ldots\ldots & 9{,}81996 & -0{,}43341 & -9{,}63690 \\
\cot D \pm \ldots & 0{,}37215 & \pm 0{,}58750 & \text{Compl. log. Nombres.} \\
& & -1{,}02071 & 9{,}99110 \quad 0{,}9797 \\
\pm 0{,}58730 & 9{,}76886 & +0{,}15389 & 0{,}81279 \quad 6{,}4982 \\
A\omega'' - A\omega' = 0{,}9797; & & A\omega - A\omega' = 6{,}4982.
\end{array}
$$

Nous retrouvons nos distances à l'équateur telles que par les méthodes précédentes; on a toujours l'équinoxiale et son intersection avec toutes les lignes; d'ailleurs on aurait $A\omega'' = \sec H \sec A$, et le point ω'' étant trouvé, on aurait $\omega''\omega$ et $\omega''\omega'$ par la dernière formule; il suffit de prendre la somme et la différence des deux termes du dénominateur, et de chercher le complément arithmétique de la somme et de la différence; on a les logarithmes des deux distances à l'équinoxiale. Cette méthode, que je n'ai vue nulle part, me paraît la plus simple que l'on puisse imaginer; mais il faut se souvenir qu'on y prend pour unité le rayon diviseur de l'équateur, dont la valeur est $\coséc H$; ainsi, quand on voudra, comme à l'ordinaire, le style pour unité, on fera

$$A\omega' - A\omega'' = \frac{\coséc H}{\sin H \cot D \cos A \cos P - \cos H \cos A}$$
$$= \frac{1}{\sin^2 H \cot D \cos A \cos P - \sin H \cos H \cos A}.$$

Pour le cadran horizontal on mettrait $\cos^2 H$ au premier terme, il n'y aurait rien à changer au second; on aurait donc

$$A\omega' - A\omega'' = \frac{1}{\cos^2 H \cot D \cos A \cos P - \sin H \cos H \cos A}.$$

Nous avons vu que le cadran incliné déclinant pouvait être traité comme un cadran horizontal pour la hauteur du pôle h, pourvu que tous les angles fussent rapportés à la méridienne du plan, c'est-à-dire à la soustylaire; on aura donc ainsi pour tous les cadrans

$$A\omega' - A\omega'' = \frac{1}{\cos^2 h \cot d \cos A \cos P - \sin h \cos h \cos A}.$$

Je mets ici d pour distinguer la déclinaison du Soleil de la déclinaison du plan, que j'ai nommée D, dans mes formules générales.

Non content de cette solution, Munster en donne une seconde, complètement oubliée aujourd'hui, mais qui se trouve répétée et modifiée par les auteurs qui l'ont suivi plus immédiatement; nous ignorons si Munster en est le premier auteur (fig. 150).

Faites un cercle d'une grandeur passable, que vous diviserez en quatre arcs égaux par les diamètres BT et AQ; de part et d'autre de BT prenez quatre arcs de 15°, MT, TL, BN, BK; menez les parallèles MN, LK, divisez le quart AT en ses 90° de A en T, menez CD, qui fasse l'angle FCD=90°—H et ACE=H; prenez, sur le diamètre BT de C vers T et vers B, les tangentes de 15, 30, 45, 60 et 75°; par les extrémités de ces tangentes menez des perpendiculaires de la ligne MN à la ligne LK; décrivez le cercle du rayon CF = CH.

Si vous prenez CF pour unité, vous aurez

$$FE = \tang H, \quad CF = \text{séc } H, \quad FD = \cot H \quad \text{et} \quad CD = \text{coséc } H.$$

Portez CE de H en I et CD de F en G, des centres I et G menez des sécantes à toutes les divisions de MN et de LK; vous aurez le cadran vertical et le cadran horizontal; les lignes de VI heures seront parallèles à BT.

Munster donne toutes ces pratiques sans nous dire ce qu'elles font trouver. Il appelle cette figure *le fondement des cadrans*. On pourrait dire que ce sont les cadrans eux-mêmes; il n'y manque que le style et les arcs des signes.

Sur la ligne AG (fig. 151) décrivez le trigone des signes, en sorte que son axe couvre la droite AG; sur AG menez la perpendiculaire ABH.

Prenez sur la figure 150 l'intervalle DF, et portez-le de A en B sur AH; prenez de même l'intervalle CF, et faites-en AC (fig. 151); l'hypoténuse BC sera la méridienne du cadran horizontal.

EA sera le style et BA l'axe. Ainsi l'on voit que le sommet du trigone est au sommet du style.

Prenez (fig. 150)

la sécante de 1^h, en partant de C, et portez-la sur AG de A en C′,
la sécante de 2^h.. de A en C″,
la sécante de 3^h.. de A en C‴,
la sécante de 4^h.. de A en C^{iv},
la sécante de 5^h.. de A en C^{v},
la sécante de 6^h sera parallèle à AG.

(Le peu d'espace entre les lignes m'a empêché de placer les lettres C′ et C″.)

Pour les lignes suivantes vous prendrez les complémens à 12^h, et vous porterez leurs sécantes sur le prolongement de GA au-dessus de A.

A tous les points ainsi trouvés, vous menerez de B des droites qui seront les lignes horaires.

Venons aux signes. Le point C de la ligne AG est le point équinoxial de la méridienne; Cd et C12 les distances des tropiques; les lignes intermédiaires du trigone indiquent les points des autres signes; les lignes du trigone indiqueront de même les signes sur les autres lignes horaires.

Une perpendiculaire menée sur AG, par le point C, sera l'équinoxiale, ce qui nous fait voir que le plan BAC, qui est aussi celui du trigone, est censé perpendiculaire sur le plan du papier, au lieu qu'il paraît couché dessus.

Si au lieu de faire AB = cot H vous le faisiez = tang H, le cadran serait vertical, BC serait de même la méridienne, EA le style, et le trigone serait accroché au sommet du style.

Pour le cadran vertical vous aurez pour construction,

$$\operatorname{tang} ACB = \frac{AB}{AC} = \frac{\operatorname{tang} H}{1} = \operatorname{tang} H, \quad \operatorname{tang} CBA = \cot H.$$

BA est donc l'axe du cadran vertical, BEC la méridienne, et C le point équinoxial; une perpendiculaire en C sera l'équinoxiale, et le trigone divisera la méridienne en signes; tout cela est clair. Voyons ce qu'il en peut être pour les autres lignes.

Prenons au hazard la ligne de 8^h, dont l'angle horaire P est de 60°, et considérons le triangle BC8 ou BAx, en nous représentant la ligne Ax qui manque sur la figure.

L'angle ABx sera l'angle A′ au centre du cadran, en faisant.... $\cos A′ = \cos A \sin H$, comme ci-dessus.

L'angle BAx sera (90° + D), la déclinaison étant boréale.

L'angle $x = 180° - A' - 90° - D = 90° - A' - D$.

$$\sin x : AB :: \sin A : Bx = \frac{AB \sin A}{\sin x} = \frac{\tang H \cos D}{\cos(A' + D)},$$

comme ci-dessus.

Cette seconde méthode de Munster est donc celle qu'on trouve dans les livres de Gnomonique; mais au lieu d'une construction mécanique on y applique aujourd'hui le calcul, ce qui est beaucoup plus clair et plus facile. Pour comprendre Munster on est obligé de se représenter que le plan du trigone, perpendiculaire à midi sur le plan, s'incline successivement de manière à passer par le plan de tous les cercles horaires, en tournant autour de l'axe. Il est certain que le sommet du trigone restant fixé au sommet du style, ses différens rayons ne peuvent arriver tous à la fois sur une même ligne horaire, le rayon du milieu étant sur l'équinoxiale, sans que les autres rayons marquent sur la ligne les intersections des arcs des signes. La plus grande difficulté de ces sortes de solutions consiste à savoir se représenter clairement ce qui n'est montré par la figure que d'une manière très imparfaite, et qui trompe le plus souvent; mais ayez un cadran véritable, un trigone réel, toutes les obscurités se dissiperont, et vous serez étonné de voir qu'il n'y a plus véritablement de problème; mais si le procédé devient plus intelligible on voit en même tems qu'il n'est que d'une précision bien médiocre dans la pratique, et la formule définitive que nous aurons tirée des deux constructions différentes, pour avoir les distances à l'équinoxiale sur chacune des lignes, est bien plus expéditive et bien plus sûre.

On voit que dans cette seconde construction l'unité est toujours le rayon diviseur de l'équateur, ce qui n'a aucun inconvénient quand on en est averti.

L'auteur applique la même méthode au triangle oriental et occidental. Nous ne le suivrons pas dans des détails qui ne nous apprendraient rien de nouveau.

Il marque sur ses cadrans, à chacun des arcs des signes, la durée du jour, et nous avons vu comment il la trouvait sans calcul, par son trigone prolongé.

Nous passerons sous silence les additions très peu intéressantes pour la plupart, dont il a grossi sa seconde édition. Nous ne dirons que quelques mots de son cadran cylindrique.

Ayez une colonne bien travaillée au tour, dont la hauteur soit triple du diamètre; sur cette colonne placez un chapiteau, qui puisse tourner et présenter directement au Soleil un index, dont la saillie soit d'un diamètre; développez la surface du cylindre, c'est-à-dire étendez une toile qui puisse le couvrir tout entier fort exactement; partagez le côté supérieur en six parties, qui seront affectées aux divers signes du zodiaque; par les points de divisions laissez tomber des perpendiculaires sur lesquelles vous marquerez les tangentes des distances zénitales du Soleil aux différentes heures; on joint par des courbes les extrémités des ombres ou des tangentes; après quoi on colle la toile ainsi divisée sur le cylindre. On voit que le cadran nommé *le Jambon*, n'est qu'une plaisanterie, dont l'idée a été fournie par le cadran cylindrique.

Il décrit ensuite un cadran sur la convexité d'une sphère; il y trace l'horizon et le méridien, l'équateur et les deux tropiques, et autant de parallèles qu'on le jugera convenable; il les divise en heures égales et inégales, qu'il marque de différentes couleurs; pour les divisions, il se sert d'une lame flexible qui puisse s'appliquer à la surface sphérique; il place le style au zénit, et le fait d'une longueur arbitraire. On conçoit que l'ombre marquera toujours l'azimut du Soleil, et que l'endroit où elle traversera le parallèle du jour indiquera l'heure.

Immédiatement après on trouve le *nocturnal*, qui sert à connaître l'heure par les étoiles; il est composé d'un zodiaque divisé en ses 360°, d'un cercle des jours des douze mois; un autre cercle est divisé en douze heures; l'instrument est armé d'un manche pour le soutenir, et d'une alidade; au centre est un trou par lequel on vise à l'étoile polaire, et en même temps on dirige l'alidade sur une des gardes de la petite Ourse.

Pour se servir de cet instrument, on fait tourner la roue dentée jusqu'à ce que la dent de douze heures coïncide avec le jour de l'observation, ou avec le degré qu'occupe le Soleil; on regarde l'étoile polaire par le centre, et l'on dirige l'alidade à l'autre étoile; la situation où elle arrivera montrera l'heure la nuit. Ces deux étoiles étaient alors en conjonction avec le Soleil au jour de Saint Simon et Saint Jude, le 27 octobre.

On peut voir la figure et les usages du nocturnal dans les *Récréations mathématiques* de Montucla, et dans nombre de Gnomoniques. Munster donne aussi un instrument pour trouver l'heure par l'ombre de la Lune. C'est un cadran solaire universel, c'est-à-dire un équatorial, qu'on peut incliner selon le climat qu'on habite; un cercle intérieur porte le mois lunaire divisé en ses $29\frac{1}{2}$ jours, un autre offre les 24 heures du jour. Il faut donc connaître l'âge de la Lune. On amène 12 heures vis-à-vis le jour de l'observation; on oriente l'instrument avec une boussole ou au moyen d'une méridienne, on élève l'équateur à la hauteur convenable, et l'ombre d'un style droit placé au centre indique l'heure à peu près.

Quand la lune est pleine elle passe au méridien à minuit; ainsi son ombre marque aussi à peu près les heures; on ne pourrait pas se tromper d'une demi-heure.

Jacques Kobel avait publié, en 1530, une description d'une horloge naturelle, où il montrait à se servir des doigts de la main, et il avait mis en vers les usages de cette horloge. Sa poésie valait son instrument. Munster nous donne le commentaire de ces vers barbares, qui sont plus propres à rappeler ce qu'on a su qu'à expliquer clairement ce qui est à faire. Pour l'usage de cette horloge voyez Montucla, *Récréations mathématiques*.

L'ouvrage est terminé par des préceptes fort vulgaires sur la division du cercle en signes et en degrés, et sur la division d'une ligne donnée en certain nombre de parties égales qu'il donne comme un moyen connu alors de très peu de personnes, et faiblement des plus habiles mathématiciens; il forme un carré qu'il divise par des parallèles en vingt rectangles égaux. Cela posé, voulez-vous diviser une ligne donnée en treize parties, par exemple, couchez-la obliquement sur le carré, de manière que l'une de ses extrémités étant placée à l'un des angles, l'autre aboutisse à la ligne 13; votre ligne se trouvera divisée, par les parallèles, en treize parties égales. Il en sera de même si vous voulez la diviser en dix-sept ou dix-neuf parties. Ce moyen n'était pas difficile à imaginer, mais il peut être utile. Le compas de proportion de Galilée résout le problème d'une manière plus générale, mais plus longue, et quelquefois moins commode. Munster se croyait d'abord le premier inventeur de cette pratique. Grynæus la lui montra dans le livre *de Mathematicis supplementis* de Charles Bovillus, qui dit l'avoir imaginée; mais Munster paraît avoir un peu étendu l'idée de Bovillus, comme il serait aisé d'étendre celle de Munster, qui s'arrête au nombre 20; le principe est toujours le même. A propos d'un grand cadran qu'il avait composé, et sur lequel il avait marqué une multitude de choses, il exprime le désir de voir réformer le calendrier pour rendre l'équinoxe immobile; dans cette vue, il propose divers moyens d'intercalation qui rendent les bissextiles plus rares et approchent plus ou moins du but.

Au premier coup-d'œil on jugera ce traité de Munster assez médiocre et assez obscur, malgré le soin qu'il dit s'être donné pour être partout clair et intelligible; mais en se reportant au tems où il l'a composé, et en se démontrant, comme nous l'avons fait, toutes ses pratiques, on voit des choses remarquables et qui ont enrichi la science gnomonique. Tel est l'emploi qu'il fait du trigone des signes pour trouver les arcs semi-diurnes, sa construction du cadran vertical, enfin, sa manière de tracer les arcs des signes. Rien ne nous prouve bien incontestablement que ces inventions lui soient dues; mais il est le premier auteur qui les ait publiées; c'est donc à lui que nous les donnons, sauf à les restituer au véritable père si nous acquerrons d'autres lumières par la suite.

Terminons cet article par quelques formules, qu'on ne trouve dans aucune gnomonique, et dont l'idée m'est venue en commentant Munster.

Dans l'hyperbole, la distance du centre au foyer $= m$ séc ϵ', p. 542.

La distance du sommet au foyer $= m$ séc $\epsilon' - m = m$ tang ϵ' tang $\frac{1}{2}\epsilon'$.

La puissance de l'hyperbole (fig. 152)

$$\overline{AD}^2 = \tfrac{1}{4} m^2 \text{ séc } \epsilon' = \left(\frac{\cos H \cos D}{2 \cos(H+D)\cos(H-D)}\right)^2 = a^2 = ut,$$

u sera l'abscisse comptée du centre, le long de l'asymptote $u = CF$; t sera l'ordonnée parallèle à l'autre asymptote; $t = FG$.

Supposez une valeur à u, vous en conclurez t, et vous aurez deux points de la courbe. t fera sur u l'angle $2\epsilon'$ des asymptotes, cet angle est souvent obtus. Vous observerez la règle des signes pour $\cos 2\epsilon'$.

Soit

$Ca = u' = u + t \cos 2\epsilon' =$ abscisse corrigée.
$Ga = t' = t \sin 2\epsilon' =$ ordonnée orthogonale de l'abscisse u',
$m + x = (u + t) \cos \epsilon' = CP$; $y = (u - t) \sin \epsilon' = PG$.
$(m + x) =$ abscisse comptée du centre; $y =$ ordonnée ordinaire.

Soit $\qquad \tang \psi = \frac{y}{n}$ ou $y = n \tang \psi = m \tang \epsilon' \tang \psi$.

En prenant arbitrairement ψ ou y, vous aurez

$$m + x = m \text{ séc } \psi, \text{ et } x = m \tang \psi \tang \tfrac{1}{2}\psi,$$

ou bien enfin sur la base $2m$ séc $\epsilon' =$ distance entre les deux foyers; formez un triangle avec les deux côtés (m séc $\epsilon' + m + z$), et (m séc $\epsilon' - m + z$), le sommet de ce triangle sera un point de la courbe.

Chaque supposition pour z, depuis $z = 0$ jusqu'à $z = \infty$, donnera deux points de chacune des deux hyperboles opposées.

Cette cinquième méthode est la meilleure de toutes; elle n'exige aucun calcul. *Voyez* un de ces triangles en fHf' fig. 152.

CHAPITRE IV.

Schoner.

Gnomonice Andreæ Schoneri Noribergensis, hoc est de descriptionibus horologiorum sciotericorum omnis generis, projectionibus circulorum sphæricorum ad superficies cum planas, tum convexas, concavasque, sphæricas, cylindricas ac conicas : item delineationibus quadrantum, annulorum, etc., libri tres. OMNIA RECENS NATA ET EDITA. *Noribergæ*, 1562.

Par les derniers mots de ce titre, l'auteur à l'air de se donner pour l'inventeur de tout ce qu'on trouvera dans son livre; il atteste au moins *la nouveauté* de ses pratiques; mais son livre est de vingt-neuf et trente-un ans postérieur aux deux éditions du livre de Munster. Nous sommes donc autorisés à rendre au professeur de Bâle tout ce que nous avons analysé et démontré dans le chapitre précédent. Schoner avoue lui-même, dans son épître dédicatoire, que plusieurs savans s'étaient occupés avant lui de gnomonique; il regrette que leurs productions soient ignorées; il cite Régiomontan, Kunhofer, Stiborius, Stabius, Apian, Hartman, Brunster et Humelius. Quelques-uns n'ont rien écrit, d'autres n'ont rien terminé, d'autres n'ont rien publié ou *leurs ouvrages se sont perdus*. Il est singulier qu'il ne dise rien de Munster. Serait-ce pour s'attribuer ce que cet auteur avait imaginé ou publié le premier? Dans son enthousiasme pour son art, il va jusqu'à dire qu'il n'est pas plus possible de se passer de cadrans que de se passer de manger et de boire. Il commence par les notions les plus communes, et il n'a pas l'art de les rendre plus simples et plus claires; il décrit le cadran équinoxial, le polaire, l'oriental et l'occidental, les cadrans sur des croix, sur des étoiles à cinq ou six pointes et sur des fleurs de lis; il parle des cadrans inclinés à l'horizon, mais qui n'ont aucune déclinaison, et des déclinans qui n'ont aucune inclinaison; de l'horizontal et du vertical. Dans ses explications obscures et sans ordre, dans ses figures surchargées de lignes superflues, il est difficile de voir ce qu'il a voulu dire; mais on n'y entrevoit rien de neuf, si ce n'est quand il arrive aux cadrans inclinés déclinans, dont Munster n'avait rien dit, et dont on ne trouve aucune mention chez les anciens. La figure qu'il trace, et sur laquelle il expose sa doctrine, est horriblement compliquée; il faut quelque courage pour l'étudier; mais en la refaisant, et sur-tout en supprimant une multitude de lignes dont l'utilité n'est pas évidente, nous parviendrons à suivre sa marche, et nous pourrons la comparer à nos formules. C'est un soin trop souvent nécessaire quand on veut lire les ouvrages des XVe et XVIe siècles.

Pour mieux le comprendre, s'il est possible, nous avons commencé par calculer rigoureusement le cadran dont il donne la figure. Il y suppose la hauteur du pôle, la déclinaison vers l'est et l'inclinaison, de 50°, toutes trois; c'est une supposition assez bizarre qui nous laisse dans l'incertitude si la construction qu'il a donnée pour ce cas unique, s'appliquerait aussi heureusement à un cadran dont les trois élémens n'auraient pas cette uniformité qui jamais ne doit se rencontrer dans la pratique. Quoiqu'il en soit, le cadran tracé d'après nos formules s'est trouvé tout semblable à la figure tracée par Schoner. Ainsi, sa construction doit être bonne, au moins pour l'exemple qu'il a choisi.

Nous nous sommes assuré par ce moyen, que toutes ses lignes horaires ont bien réellement la position qui résulte des méthodes exactes. Nous pouvons donc entreprendre l'étude de sa méthode particulière. Il faut avertir qu'il appelle inclinaison l'angle que le plan fait avec l'horizon, et qu'ainsi son inclinaison est le complément de la nôtre. Il fait $I = 40°$, nous devons le faire de 50°; il fait l'angle $CAI = 40°$, nous ferons $DAI = 50°$, et nous aurons de même la droite AI, qu'il prend pour rayon. (*Voyez* la figure 153 qui est un extrait de celle de Schoner).

Au point I il élève une perpendiculaire IN qui va couper en N la verticale DA.

Nous aurons

$$AI = \text{rayon} = 1, \quad IN = \tang I, \quad \text{et} \quad AN = \séc I.$$

Sur IN il forme l'angle NIO de la déclinaison; c'est-à-dire de 50° = D. Nous aurons

$$NO = \tang I . \tang D, \quad \text{et} \quad OI = \tang I \séc D.$$

Au point N il mène la perpendiculaire $NP = NO = \tang I \tang D$; il trace la ligne AP, qu'il prolonge indéfiniment de part et d'autre, et nous avertit que AP sera la méridienne.

Nous aurons donc

$$\operatorname{tang} \mathrm{NAP} = \frac{\mathrm{NP}}{\mathrm{AN}} = \frac{\operatorname{tang} \mathrm{I} \operatorname{tang} \mathrm{D}}{\operatorname{séc} \mathrm{I}} = \operatorname{tang} \mathrm{I} \cos \mathrm{I} \operatorname{tang} \mathrm{D} = \sin \mathrm{I} \operatorname{tang} \mathrm{D}.$$

Nous avons vu (p. 550, form. 15) que $\sin \mathrm{I} \operatorname{tang} \mathrm{D}$ est la tangente de l'angle que fait la méridienne avec la verticale ; AP sera donc ou la méridienne elle-même ou une parallèle à la méridienne ; rien n'indique encore où il place son style. Nous pouvons supposer avec lui, qu'en effet AP est la méridienne, et DA la verticale.

Jusqu'ici la construction est facile et claire ; seulement elle est un peu longue ; mais il semble que Schoner aurait pu donner quelques explications ; elles n'auraient pas été inutiles à ses lecteurs, auxquels il ne pouvait supposer la connaissance d'une théorie alors fort peu répandue.

Du centre A, avec le rayon AI, il décrit un cercle occulte.

Du centre C, avec le rayon $\mathrm{PQ} = \mathrm{OI} = \operatorname{tang} \mathrm{I} \operatorname{séc} \mathrm{D}$ (qui est notre ZM), il décrit un arc qui va couper le cercle occulte au point Q, à la gauche, parce que la déclinaison est orientale.

Il tire AP et PQ.

Nous connaissons les trois côtés AP, PQ et PA, nous pouvons calculer les angles.

$$\cos \mathrm{Q} = \frac{\overline{\mathrm{AQ}}^2 + \overline{\mathrm{PQ}}^2 - \overline{\mathrm{PA}}^2}{2 \mathrm{AQ} \cdot \mathrm{PQ}} = \frac{\overline{\mathrm{AI}}^2 + \overline{\mathrm{OI}}^2 - (\overline{\mathrm{AN}}^2 + \overline{\mathrm{PN}}^2)}{2 \mathrm{AI} \cdot \mathrm{OI}}$$

$$= \frac{1 + \operatorname{tang}^2 \mathrm{I} \operatorname{séc}^2 \mathrm{D} - \operatorname{séc}^2 \mathrm{I} - \operatorname{tang}^2 \mathrm{I} \operatorname{tang}^2 \mathrm{D}}{2 \operatorname{tang} \mathrm{I} \operatorname{séc} \mathrm{D}}$$

$$= \frac{1 + \operatorname{tang}^2 \mathrm{I} + \operatorname{tang}^2 \mathrm{I} \operatorname{tang}^2 \mathrm{D} - \operatorname{séc}^2 \mathrm{I} - \operatorname{tang}^2 \mathrm{I} \operatorname{tang}^2 \mathrm{D}}{2 \operatorname{tang} \mathrm{I} \operatorname{séc} \mathrm{D}} = \frac{\operatorname{séc}^2 \mathrm{I} - \operatorname{séc}^2 \mathrm{I}}{2 \operatorname{tang} \mathrm{I} \operatorname{séc} \mathrm{D}} = 0;$$

donc $\mathrm{Q} = 90°.$

Cette démonstration est indépendante des valeurs particulières de I et de D ; mais Schoner ne juge pas à propos de nous dire que son triangle AQP est rectangle, ni que PQ est tangente à son cercle occulte.

Nous aurons donc

$$\operatorname{tang} \mathrm{QAP} = \frac{\mathrm{QP}}{\mathrm{AQ}} = \frac{\operatorname{tang} \mathrm{I} \operatorname{séc} \mathrm{D}}{1} = \frac{\operatorname{tang} \mathrm{I}}{\cos \mathrm{D}}.$$

C'est encore une de nos formules générales. QAP est l'arc du méridien entre le zénit et le point où le plan du cadran traverse le méridien ; pour un œil placé en A, Q pourrait être le zénit et P un point de la méridienne. *Voyez* page 550, formule 16.

D'après les données nous avons trouvé QAP = 61° 39′ 34″ vers le nord;
La distance du pôle au zénit
= (90° — H) = 90° — 50°......... = 40
Nous en conclurons la distance polaire du plan au-dessous du pôle...... PM = 21° 39′ 34″.

Le pôle élevé sur l'horizon sera le pôle élevé sur le plan du cadran; d'où il suit que le centre du cadran doit être au-dessous de l'horizontale. Schoner ne nous dit rien de tout cela.

Du point Q, comme centre, il décrit un cercle occulte du rayon AQ=AI=1, et au moyen de ce cercle, il fait l'angle AQL=90°—H=40°; d'où

ALQ = QAP — (90 — H) = 61° 39′ 34″ — 40° = 21° 39′ 34″ = PM.

Schoner ne fait aucune de ces remarques.

Il nous avertit que L, ainsi déterminé, sera le centre du cadran; et, en effet, l'angle ALQ est la hauteur du pôle au-dessus de la méridienne; la perpendiculaire Qφ, qu'il n'abaisse pas, doit indiquer le zéro de la méridienne, Q sera le centre de la sphère, φ le point culminant, L le pôle, A le zénit et P le point de la méridienne à l'horizon sud.

Toutes ces explications si nécessaires sont supprimées par l'auteur, qui a l'air de chercher à embarrasser son lecteur plutôt qu'à l'instruire; il ne lui donne que des pratiques qu'il devra suivre en aveugle. Chaque ligne est une énigme, et ces énigmes ne sont pas toujours faciles à deviner; car sans mes formules générales, je ne sais si j'en aurais pu trouver le mot. Je sais du moins que Clavius dit, en plus d'un endroit, qu'il n'a pu se démontrer les préceptes de Schoner; mais qu'en les comparant à d'autres méthodes, il les a trouvés fort justes.

Nos formules nous disent que la distance zénitale du point culminant du méridien, a pour sinus $\cos I \sin D$ (form. 19, p. 551); son cosinus sera

$$(1 - \cos^2 I \sin^2 D)^{\frac{1}{2}} = (1 - \cos^2 I + \cos^2 I \cos^2 D)^{\frac{1}{2}}$$
$$= (\sin^2 I + \cos^2 I \cos^2 D)^{\frac{1}{2}} = \sin I (1 + \cot^2 I \cos^2 D)^{\frac{1}{2}}$$
$$= \sin I \left(1 + \frac{\cos^2 D}{\tan^2 I}\right)^{\frac{1}{2}} = \sin I (1 + \cot^2 QAP)^{\frac{1}{2}}$$
$$= \sin I (\csc^2 QAP)^{\frac{1}{2}} = \frac{\sin I}{\sin QAP}.$$

Sa sécante $= \dfrac{1}{\text{cosinus}} = \dfrac{\sin QAP}{\sin I}$ formule 16, p. 550;

mais $\qquad Q\varphi = AI \sin QAP = \sin QAP,$

au lieu de $\sin QAP \cosec I$.

Pour avoir la vraie valeur du rayon diviseur de la méridienne, il faudrait donc prendre $Q\varphi \cosec I$; mais comme il n'a déterminé jusqu'ici que la direction de la méridienne, il est évident qu'en prenant un rayon diviseur trop petit, il n'a fait que diminuer les dimensions de son cadran, qu'il a rendu plus petites, dans le rapport de 1 à $\sin I$. Augmentez AQ jusqu'à en faire $\cosec 50°$ ou $\cosec I$, et vous aurez, au lieu de QL et QP, deux lignes qui leur seront parallèles; le centre descendra un peu plus bas, la méridienne sera plus longue. La construction peut donc passer pour démontrée jusqu'ici.

Il nous dit ensuite de mener AK perpendiculaire sur QA; ce qui nous donne
$$AK = \cot H, \quad QK = \cosec H;$$
d'abaisser sur QK la perpendiculaire $AM = \cos H$; nous aurons
$$QM = \sin H.$$
$$KM = AM \tang MAK = \cos H \cot H = \frac{\cos^2 H}{\sin H},$$
$$AK = AM \sec MAK = \cos H \cosec H = \frac{\cos H}{\sin H} = \cot H;$$

ce qui est visible d'ailleurs puisque AK est la tangente de l'angle AQL.

$$\sin QLA : QA :: \sin AQL : AL$$
$$= \frac{\sin AQL}{\sin QLA} = \frac{\cos H}{\sin(QAP - AQL)} = \frac{\cos H}{\sin QAP \cos AQL - \cos QAP \sin AQL}$$
$$= \frac{\cos H}{\sin QAP \sin H - \cos QAP \cos H} = \frac{\cos H}{\cos QAP (\sin H \tang QAP - \cos H)}$$
$$= \frac{1}{\cos QAP (\tang H \tang QAP - 1)} = \frac{1}{\cos QAP (\tang H \tang I \sec D - 1)}$$
$$= -\frac{1}{\cos QAP (1 - \tang I \sec D \tang H)} = \frac{\sec QAP}{1 - \tang I \sec D \tang H}.$$

Nous avons ici un dénominateur qui est celui d'une de nos formules.

Formez l'angle $EAF = D = 50°$, à gauche, parce que la déclinaison est orientale.

Sur l'indéfinie AF prenez $AF = AK = \cot H$.

En F menez la perpendiculaire FG, qui sera $\cot H \cot D$; AG sera $\cot H \cosec D$.

Dans le triangle GAL, nous aurons

$$AG, \quad AL, \quad \text{et} \quad GAL = 90° - NAP,$$

et
$$\cot GLA = \frac{AL}{AG \sin GAL} - \cot GAL = \frac{AL}{AG \cos NAP} - \tang NAP$$
$$= \frac{AL \cdot \tang H \sin D}{\cos NAP} - \tang NAP.$$

$$\cot GLA = \frac{AL \cdot \sin D \tang H}{\sin APN} - \sin I \tang D$$

$$= \frac{\sin D \tang H}{(1 - \tang I \sec D \tang H) \cos QAP \sin APN} - \sin I \tang D,$$

$$-\cot GLA = +\frac{\sin D \tang H}{(1 - \tang I \sec D \tang H) \sec APQ \sin APN} + \sin I \tang D;$$

$$\sin APN = \frac{AN}{AP}, \quad \sin APQ = \frac{AQ}{AP},$$

$$\sin APN \cdot \sin APQ = \frac{AN \cdot AQ}{(AP)^2} = \frac{AN}{(AP)^2} = \frac{\sec I}{1 + \tang^2 I \sec^2 D} = \frac{1}{\cos I (1 + \tang^2 I \sec^2 D)};$$

$$-\cot GLA = \frac{\sin D \tang H \cos I (1 + \tang^2 I \sec^2 D)}{1 - D \tang H} + \sin I \tang D$$

$$= \frac{\sin D \cos I \tang H + \tang D \sec D \sin I \tang I \tang H + \sin I \tang D - \sin I \tang I \sec D \tang D \tang H}{1 - \tang I \sec D \tang H}$$

$$= \frac{\sin D \cos I \tang H + \sin I \tang D}{1 - \tang I \sec D \tang H}.$$

Cette équation suppose I négatif; on aura donc généralement

$$-\cot GLA = \frac{\sin D \cos I \tang H - \sin I \tang D}{1 + \tang I \sec D \tang H}.$$

C'est notre formule (27) pour l'angle de VI^h avec la méridienne.

Schoner a donc raison de nous dire que LG est la ligne de 6^h. Nous en donnerons plus loin une démonstration plus directe. Remarquez, en attendant, que nos formules algébriques, où D, I et H n'ont aucune valeur particulière, ont une généralité qu'on ne pourrait conclure de l'exemple choisi par Schoner.

Il nous reste à trouver la soustylaire.

Il abaisse sur QA la perpendiculaire M*r*, qu'il prolonge en R jusqu'à la méridienne. J'avais mis en formules toute cette partie de la construction, je déterminais algébriquement les trois angles et les trois côtés du triangle QAR; mais quand j'ai voulu éliminer, pour ramener tout aux trois données I, D et H, j'ai vu les expressions analytiques se compliquer de manière à n'être d'aucune utilité.

Par le point R, ainsi déterminé, il mène l'horizontale RS, et par le point où elle coupe la ligne de 6ʰ, il mène SA, dont il va faire son équinoxiale.

Nous avons vu que P est le point sud de l'horizon; ainsi PN est la vraie horizontale qui résulte de la construction; en la transportant en AG parallèle à PN, il ne fait que diminuer les dimensions de la figure et celles du cadran; en menant PS′ parallèle à AS, nous aurions eu PS′, la véritable horizontale qui conserverait au cadran ses dimensions primitives. Au reste, les calculs que nous ferons pour avoir l'angle SAG que doit faire l'équinoxiale avec l'horizontale, nous donneront à la fois........
SAG = ASR = SRS′ = PS′R, car tous les angles sont égaux à cause des parallèles.

$$SGA = GAL + GLA,$$
$$\sin GLA : AG :: \sin AGL : AL$$
$$= \frac{AG \cdot \sin AGL}{\sin GLA} = \frac{AG \sin(GAL + GLA)}{\sin GLA} = AG\left(\frac{\sin GAL \cos GLA + \cos GAL \sin GLA}{\sin GLA}\right)$$
$$= AG(\cos GAL + \sin GAL \cot GLA)$$
$$= \cot H \csc D \left[\cos GAL + \sin GAL \left(\frac{\sin D \cos I \tan H - \sin I \tan D}{1 - \tan I \sec D \tan H}\right)\right]$$
$$= \cot H \csc D \cos GAL + \left(\frac{\cos I - \sin I \sec D \tan H}{1 - \tan I \sec D \tan H}\right) \sin GAL;$$

$$\sin GLA : AG :: \sin GAL : LG = \frac{AG \sin GAL}{\sin GLA},$$
$$LA : LR :: GA : RS = \frac{AG \cdot LR}{AL} = \left(\frac{AG}{AL}\right)(LA + RA) = AG + \frac{AG \cdot RA}{AL};$$
$$\overline{AS}^2 = \overline{AR}^2 + \overline{RS}^2 - 2 AR \cdot RS \cos SRA,$$
$$AS : \sin ARS :: AR : \sin ASR = \sin SAG.$$

On peut varier les calculs de bien des manières.

Sur AS, comme diamètre, Schoner décrit un cercle; il y porte AM = cos H, qui se terminera en un point V; $\frac{AV}{AS} = \sin ASV = \cos VAS$; il mène LV soustylaire. Il nous dit qu'on pourrait se contenter de mener LV perpendiculairement sur l'équinoxiale AS, ce qui est certain; mais le point V lui donne le centre et le rayon diviseur de son équinoxiale AS, qu'il a transportée, sans en rien dire, de RS′ en AS.

J'ai calculé toutes ces lignes et j'ai trouvé, pour l'angle de la soustylaire avec la méridienne, la même quantité que par mes formules.

Ce qu'il dit pour trouver le pied du style est à peu près inintelligible; on ne voit pas sur la figure un caractère 9 qui dans le texte paraît désigner le pied du style.

Ou l'auteur n'a pas su ou il n'a pas voulu être plus clair; il semble qu'il ait voulu dénaturer la solution, pour qu'elle fût plus difficile à comprendre. En effet, on peut reprendre sa construction, la dégager des superfluités et la rendre sensible.

Sa ligne DE (fig. 153) est la verticale, son angle DAI est l'inclinaison; abaissez IP' sur la verticale, vous aurez le pied du style et le style IP'; menez IN perpendiculaire sur AI, vous aurez le point N de l'horizontale, et la perpendiculaire PNS' sera l'horizontale vraie; IN sera le rayon diviseur; portez ce rayon sur la verticale de N en i, vous aurez le centre diviseur; formez l'angle NiP = D, vous aurez un point de la méridienne; le zénit A en est un autre point, la méridienne sera PAL; menez iS' perpendiculaire à Pi, S' sera le point horizontal de la ligne de 6^h et de l'équinoxiale.

AI = AQ sera le rayon de la sphère; vu du sommet Q de ce rayon, AP doit soutendre un angle de 90° = arc entre le zénit A et l'horizon P; faites le triangle rectangle AQP, et prenez AQL = 90° — H = arc entre le zénit et le pôle; L sera le pôle et le centre du cadran, LS' la ligne de 6^h.

La soustylaire doit passer par le pied du style; elle sera donc la droite LP'Y; la perpendiculaire S'QR sera l'équinoxiale.

En P' élevez P'I' = P'I = rayon diviseur de la soustylaire = rayon diviseur de la verticale, LI' sera l'axe.

I'y le rayon diviseur de l'équinoxiale; portez I'y sur la soustylaire de y en C', vous aurez le centre diviseur de l'équinoxiale S'R; du centre C' et du rayon C'y décrivez un cercle.

Divisez ce cercle en arcs de 15°, à compter du point où il traverse la méridienne; par les extrémités de ces arcs menez de C' des sécantes occultes, qui diviseront cette équinoxiale; par tous ces points de divisions menez de L des droites qui seront les lignes horaires; relevez le triangle P'LI' perpendiculairement sur la figure, et le cadran sera construit d'une manière plus claire et plus précise.

A son triangle NOI nous avons substitué le triangle égal iNP; nous avons évité de porter NO en NP; une simple perpendiculaire nous a donné S', point de 6^h.

Nous avons formé avec lui le triangle rectangle AQP par l'intersection des rayons AI = AQ et PQ = Pi; nous déterminons comme lui le centre L, nous avons aussitôt la soustylaire LP', l'équinoxiale S'yR, qui lui est perpendiculaire.

Le style doit être perpendiculaire à la soustylaire; comme à la verticale nous lui avons donné la position P'I', I'γ est donc le rayon diviseur de l'équinoxiale. Voilà le cadran construit ; LI' en est l'axe, LS' la ligne de 6^h.

Schoner paraîtrait avoir supprimé le pied P' de style et le style P'I pour dépayser le lecteur et rendre son énigme plus difficile à deviner. Il a transporté l'équinoxiale de P' en A, qui était d'abord le zénit ; il a diminué les dimensions, ce qui devait rendre les opérations plus incertaines ; il a donné une construction pénible pour trouver le centre et le rayon diviseur de son équinoxiale ; il ne définit rien, ne parle ni de centre, ni de rayon diviseur ; il vous dit tirez telle ligne, décrivez un cercle, prenez-y tel arc, et pour ajouter à l'obscurité, il surcharge la figure d'une multitude de lignes et d'arcs dont il ne dit pas un mot. Un pareil ouvrage était bien peu propre à avancer l'art, il était entièrement à refaire, ou il avait besoin d'un commentaire plus long que le texte, et dont l'effet immanquable eût été de montrer à quel point l'ouvrage était mal conçu et mal rédigé.

Je suis persuadé que Schoner a construit son cadran comme je viens de le dire ; mais cette méthode était trop simple et trop claire. Pour la rendre plus mystérieuse et plus savante en apparence, il a supprimé le style, le pied, et par conséquent la soustylaire ; il a supprimé l'horizontale PNS' qu'il a remplacée par la parallèle RS, QP est remplacé par MR ; pour déterminer le point R, il a remarqué que PQ étant perpendiculaire à AQ, il fallait que MR fût aussi perpendiculaire à AQ ; c'est en effet le précepte qu'il nous donne. Il nous dit ensuite de mener RS parallèle à BC et par conséquent horizontale.

P est donc transporté en R, S' en S, a en A ; A qui était le zénit devient un point de l'équinoxiale, γ est porté en H, QR est devenu MA, Qφ est devenu Mn, P' est devenu u, Mn est la distance à la méridienne, MA la distance au point équinoxial de la méridienne ; vu de M, L est toujours le pôle, comme du point Q ; LMA = 90°, A appartient à l'équateur, AMR = MQA = 90° — H, R est le point sud de l'horizon, LGSS' reste la ligne de 6^h, LuV la soustylaire, mais elle a disparu. Pour la retrouver il nous dit : « Sur AS décrivez un cercle occulte, portez-y la ligne AM en AV, comme corde. (AQP est un angle droit, AQS sera droit puisqu'il est appuyé sur le diamètre ; PQS est une ligne droite.) » Menez LV, elle coupera AS perpendiculairement en H, HV sera le rayon diviseur de l'équinoxiale SA, V sera le centre diviseur, le pied du style sera à l'intersection u de Mn avec BC. Il ne prouve aucune de ces assertions, mais nous savons que u est le pied du style sur la soustylaire diminuée de longueur.

Soit a la hauteur du style,

$$a^2 + \overline{uH}^2 = \overline{VH}^2 = \overline{AV}^2 - \overline{AH}^2 = \overline{AM}^2 - \overline{AH}^2,$$
ou
$$a^2 = \overline{AM}^2 - \overline{AH}^2 - \overline{uH}^2 = \overline{AM}^2 - \overline{Au}^2.$$

En effet, faites tourner le cercle AVS sur son diamètre, le sommet de HV viendra toucher le sommet du style, et AV = AM sera la distance du sommet du style au point équinoxial de la méridienne.

M représente le centre de la sphère et le sommet du style, puisqu'il est le centre diviseur de la méridienne; mais le véritable centre n'est pas dans le plan du cadran; du véritable centre, l'arc AS de l'équateur doit soutendre un angle de 90°; le point V, sans être plus que M le centre véritable, satisfait du moins à ces deux conditions; AVS est un angle droit, et AV = AM; V sera donc le centre diviseur de l'équinoxiale, et par conséquent HV le rayon diviseur; la perpendiculaire HV sera la distance la plus courte à l'équinoxiale; VH prolongé doit passer par le pied du style et par le centre du cadran; VHL sera la soustylaire.

RS était l'horizontale qui passait par le pied P' du style primitif; ce point est porté en u; AG sera l'horizontale qui passe par le nouveau style; ce style est plus petit : nous en avons ci-dessus la valeur. Élevez la droite uM' perpendiculaire à Au, et coupez-la par un arc décrit de A comme centre avec le rayon AM en un point M', uM' sera le style. Mais tout cela, quoique très vrai, était tout-à-fait inintelligible; et pour ajouter à l'obscurité, on a omis sur la figure les caractères 9 et t, par lesquels il indique le pied et le sommet du style. Il supprime l'expression...
$a^2 = \overline{AV}^2 - \overline{AH}^2 - \overline{uH}^2 = \overline{HV}^2 - \overline{uH}^2$, et nous laisse tout à deviner. Il n'est pas bien étonnant que Clavius n'y ait rien compris. Avant d'apercevoir cette explication, et tous ces déplacemens, j'avais appliqué le calcul trigonométrique à cette construction; j'avais trouvé que l'angle AVL est en effet la différence des méridiens, ALV l'angle entre la soustylaire et la méridienne, HV le rayon diviseur de l'équinoxiale SA; enfin, que les perpendiculaires abaissées de L et de V sur l'équinoxiale, tombent exactement au même point H. C'est après cette vérification numérique que je me suis senti le courage d'étudier un construction trop pénible pour être imitée, et que l'auteur a fort inutilement compliquée en rejetant à la fin la recherche du style, qui est la première donnée de l'observation et du calcul.

Schoner indique ensuite une seconde construction qui ne paraît pas plus commode et que nous allons examiner. Il suppose pour I, D et H, les quantités d'après lesquelles nous avons ci-dessus calculé le cadran tout entier, d'après nos formules. (*Voyez* page 563).

Il mène comme ci-dessus la verticale DE et l'horizontale BC (fig. 154).

Il fait l'angle $EAF = 45°$, $AF = $ rayon $= 1$; il abaisse $FI = \sin D$; ainsi $AI = \cos D$.

Il fait $EAK = IAK = 90° - I$;

d'où $\quad IK = AI \cdot \tan IAK = \cos D \cot I$ et $AK = \cos D \csc I$.

Il mène parallèlement à IF la droite $LM = FI = \sin D$.

Il tire MAS, qu'il prolonge indéfiniment de part et d'autre, et nous dit que c'est la méridienne. En effet, $\tan MAL = \dfrac{ML}{AL} = \dfrac{FI}{AK} = \dfrac{\sin D}{\cos D \csc I}$
$= \sin I \tan D = \tan$. angle de la verticale avec la méridienne (form. 15).

Sur AF il élève la perpendiculaire $FG = AF \tan GAF = AF \cot FAI$
$= \cot D$; nous aurons
$$AG = \csc D.$$

Il mène MFH perpendiculaire sur AG; $MH = AL$ sera une autre verticale; $AH = ML = FI$.

$\overline{AM}^2 = \overline{AL}^2 + \overline{ML}^2 = \overline{AK}^2 + \overline{FI}^2 = \cos^2 D \csc^2 I + \sin^2 D$
$= \cos^2 D + \cos^2 D \cot^2 I + \sin^2 D = 1 + \cos^2 D \cot^2 I = 1 + \tan^2 IAK$
$= \sec^2 IAK = \csc^2 I, \quad AM = \csc I$.

Il fait un triangle de AM, $AO = AF$, et de $MO = IK$, sans nous avertir qu'il sera rectangle; mais

$$\cos O = \dfrac{\overline{AO}^2 + \overline{MO}^2 - \overline{AM}^2}{2 \cdot AO \cdot MO} = \dfrac{1 + \cos^2 D \cot^2 I - 1 - \cos^2 D \cot^2 I}{2 MO} = 0,$$

$\tan MAO = \dfrac{MO}{AO} = MO = IK = \cos D \cot I$.

Cet angle est la distance méridienne du plan au zénith, AMO est la distance du plan à l'horizon; ces deux distances sont prises dans le méridien.

$MOA = 90°$ sera la distance entre le zénith M, déterminé par la verticale HM et le point A, qui sera le point sud de l'horizon.

Faites $AOQ = H$, vous aurez

$$MOQ = 90° + H = \text{distance du zénith au pôle sud,}$$

et $\quad\quad\quad\quad \text{MON} = 90° - H = $ distance du zénith au pôle élevé;

N sera donc le pôle boréal et le centre du cadran.

Cette seconde construction n'est qu'une variante de la première; il n'est encore question ni du style, ni de la soustylaire.

$$\text{MNO} = \text{ANO} = \text{AOQ} - \text{MAO}.$$

Abaissez la perpendiculaire AR, vous aurez

$$\text{NAR} = 90° - \text{ANO} = 90° - \text{AOR} + \text{MAO} = 90° - H + \text{MAO},$$
$$\text{AM} = \sec \text{MAO},\ \text{AN} = \text{AR} \sec \text{NAR},\ \text{GF} = \cot D,\ \text{AG} = \text{coséc} D.$$
$$\tang \text{ANR} = \tang \text{MNO} = \tang(\text{AOQ} - \text{MAO}) = \frac{\tang \text{AOQ} - \tang \text{MAO}}{1 + \tang \text{AOQ}\, \tang \text{MAO}}$$
$$= \frac{\tang H - \cos D \cot I}{1 + \cos D \cot I \tang H},$$
$$\cot \text{ANR} = \tang \text{NAR} = \frac{1 + \tang H \cos D \cot I}{\tang H - \cos D \cot I} = \frac{\cot H + \cos D \cot I}{1 - \cos D \cot I \cot H}.$$

Le triangle GAN donne

$$\cot \text{GNA} = \frac{\text{AN}}{\text{AG} \sin \text{GAN}} - \cot \text{GAN} = \frac{\text{AN}}{\text{AG} \cos \text{MAL}} - \tang \text{MAL}$$
$$= \frac{\sin D \sin H}{\cos \text{NAR} \cos \text{MAL}} - \tang \text{MAL} = \frac{\sin D \sin H}{\sin \text{ANR} \sin \text{AML}} - \sin I \tang D$$
$$= \left(\frac{\sin D \sin H}{\frac{\text{AR}}{\text{AN}} \cdot \frac{\text{AL}}{\text{AM}}} \right) - \sin I \tang D = \left(\frac{\text{AM}.\text{AN}}{\text{AR}.\text{AL}} \right) \sin D \sin H - \sin I \tang D$$
$$= \left(\frac{\text{AM}.\text{AN}}{\text{AL}} \right) \sin D - \sin I \tang D,$$

car $\text{AR} = \sin H$ et $\text{AL} = \text{AK}$; donc

$$\cot \text{GNA} = \frac{\text{AM}.\text{AN}}{\text{AK}} \sin D - \sin I \tang D = (\text{AM}.\text{AN}) \sin I \tang D - \sin I \tang D;$$

puisque $\quad\quad\quad\quad \text{AK} = \dfrac{\cos D}{\sin I}.$

Mais $\quad\quad\quad \text{AN} : \text{AO} :: \sin \text{AON} : \sin \text{ANO};$

$$\text{AN} = \frac{\text{AO}.\sin \text{AON}}{\sin \text{ANO}} = \frac{\sin H}{\sin(H - \text{MAO})} = \frac{\sin H}{\sin H \cos \text{MAO} - \cos H \sin \text{MAO}}$$
$$= \frac{1}{\cos \text{MAO} - \cot H \sin \text{MAO}} = \frac{\sec \text{MAO}}{1 - \cot H \tang \text{MAO}} = \frac{\sec \text{MAO}}{1 - \cot H \cos D \cot I}$$
$$= \frac{(1 + \cos^2 D \cot^2 I)^{\frac{1}{2}}}{1 - \cot H \cos D \cos I},$$
$$\text{AM}.\text{AN} = \frac{\sec \text{MAO}.\sec \text{MAO}}{1 - \cos D \cot I \cot H} = \frac{1 + \cos^2 D \cot^2 I}{1 - \cos D \cot I \cot H},$$

$$\cot \text{GNA} = \left(\frac{1 + \cos^2 D \cot^2 I}{1 - \cos D \cot I \cot H}\right) \sin I \tang D - \sin I \tang D$$

$$= \frac{\sin I \tang D + \cos I \cot I \sin D \cos D}{1 - \cos D \cot I \cot H} - \sin I \tang D$$

$$= \frac{\sin I \tang D + \cos I \cot I \sin D \cos D - \sin I \tang D + \sin I \sin D \cot I \cot H}{1 - \cos D \cot I \cot H}$$

$$= \frac{\cos I \cot I \sin D \cos D + \sin I \cot I \sin D \cot H}{1 - \cos D \cot I \cot H} = \frac{\cos I \sin D \tang H + \sin I \tang D}{1 - \tang I \sec D \tang H};$$

formule qui suppose I négatif; ainsi, en le rendant positif

$$\cot \text{GNA} = \frac{\cos I \sin D \tang H - \sin I \tang D}{1 + \tang I \sec D \tang H},$$

comme par l'autre méthode et par nos formules; ainsi Gn sera la ligne de VI^h, comme le dit Schoner. Ici nous avons pu ramener l'expression à n'avoir plus que des tangentes dont nous connaissions la valeur trigonométrique, ce qui était dû à séc MAO, qui se trouvait au carré. Les constructions suivantes n'offrent plus le même avantage, et les expressions algébriques paraissent irréductibles. Il faut nous contenter de la démonstration géométrique, qui d'ailleurs est la plus courte.

Il abaisse sur QA la perpendiculaire Rr, qu'il prolonge jusqu'à la méridienne en S. On voit qu'il mène la droite RS parallèle à AO, qu'en portant de O en R le lieu de l'œil ou le sommet du style, il substitue au point A de l'horizontale BC, le point S de l'horizontale ST, et qu'il augmente ici les dimensions au lieu de les diminuer; mais c'est toujours le même principe et la même adresse, j'ai presque dit la même supercherie : le point A devient un point de l'équateur, S le point sud de l'horizon, T le point de VI^h, TS l'horizontale, et TA l'équinoxiale.

Pour retrouver la soustylaire, il décrit encore un cercle sur AT, il y porte AR en AX; R étant le lieu de l'œil ou le sommet du style, RA est la distance de ce sommet à l'équateur, AX sera cette même distance, et l'arc AT de 90° de l'équateur sera vu sous un angle de 90°, la distance perpendiculaire sera VX et sera le rayon diviseur, X le centre diviseur, et VX prolongé passera par le pied du style et sera la soustylaire. Remarquons que AR est ici sin H, et que dans la construction précédente il était cos H. Schoner ne nous avertit pas de cette différence, et il ajoute simplement qu'on trouvera, comme ci-dessus, le pied et la hauteur du style, et que NX sera la soustylaire.

Cette solution paraît encore moins bonne que la précédente; les lignes y sont tellement serrées dans le quadrilatère AGNR, qu'il était grand besoin d'écarter l'horizontale au lieu de la rapprocher ; mais les petites erreurs des opérations qui ont donné O, M, N, F et G, grandiront avec l'échelle, et le cadran n'aura qu'une exactitude médiocre. Au surplus, elle est également géométrique et démontrée, mais également bizarre, obscure et compliquée ; il y ajoute des variantes qui ne la rendent pas meilleure ; ensuite, comme si le problème n'était pas assez obscur, il supprime encore la ligne de VI^h.

C'est après ces additions peu heureuses qu'il s'avise, pour la première fois, de définir les cercles horaires et leurs intersections avec le plan du cadran, qui sont les lignes horaires.

Il passe aux arcs des signes, il en donne très en abrégé la description selon les pratiques que nous avons démontrées à l'article de Munster. Il en fait usage pour tous les cadrans dont il a parlé précédemment ; il traite des cercles de longitude des lieux divers ; ce sont des cercles horaires, et la description, qui en est abandonnée depuis long-tems, n'exige de plus que la connaissance de la différence des méridiens ; il parle en deux lignes des cercles de latitude, qui sont des parallèles à l'équateur comme les arcs des signes, et se tracent de même.

Pour les almicantarats et les verticaux, il nous enseigne à trouver d'abord le point du zénit, qui aurait été si utile pour les cadrans inclinés ; et il termine son premier livre par un long chapitre sur les heures temporaires et la manière de les décrire ; mais après ce que nous en avons dit au sujet de l'Analemme, nous sommes dispensé même de lire ce qu'il expose avec son obscurité accoutumée.

Le second traite des cadrans sphériques, et il convient qu'ils ne peuvent avoir aucune exactitude. Nous n'avons pas une confiance beaucoup plus grande en ses cadrans cylindriques, convexe et concave ; et le seul aspect de ses figures illisibles suffirait pour effrayer le lecteur le plus déterminé. On y voit pourtant avec plaisir les figures bizarres des arcs des signes.

Le cadran cylindrique de la feuille 66 a quelque ressemblance avec un cadran antique dont Lambecius nous a transmis la figure copiée par Martini. Ce cadran est le πέλεκυς de Patrocle ; il serait cylindrique, les lignes horaires seraient des ellipses ; on aurait découpé le cylindre pour ne conserver que la partie utile, qui aurait quelque ressemblance avec une hache. Dans la figure de Martini, il manquerait quelques lignes horaires. (*Voyez l'Hist. de l'Astr. anc.*, tome II, page 517.)

Le troisième livre est consacré tout entier aux cadrans portatifs; il décrit le cadran sur un quart de cercle dont nous avons parlé (p. 571), le *quadratum horarium* de Régiomontan, singulièrement compliqué depuis par Apian ; il y apporte lui-même des modifications dont nous ne dirons rien, parce que ces cadrans sont oubliés, et qu'il faudrait pour celui-ci une figure assez difficile à copier.

A l'article de la lame annulaire, il nomme *Oronce-Finée* et *Munster*, qui en ont traité avant lui.

Il nous donne l'extrait d'une *Gnomonique pratique*, qu'il avait publiée en allemand. Il enseigne à tracer la méridienne par des ombres correspondantes ; mais comme l'extrémité de l'ombre est incertaine, il recommande le procédé de Baudoin, mécanicien du Landgrave de Hesse, qui marquait les directions des ombres aux instans où son quart de cercle lui indiquait des hauteurs égales. Pour corriger l'erreur produite par le changement de déclinaison dans l'intervalle des observations, il nous dit qu'il a calculé une table des hauteurs et des azimuts, où l'on pouvait voir de combien la hauteur et l'azimut changent en une ou plusieurs minutes de tems, et pour un changement donné dans la déclinaison ; en sorte qu'on en pouvait déduire l'erreur et la correction. Picard a fait depuis quelque chose de semblable avant de trouver la correction qu'on emploie aujourd'hui. (*Voyez* mon Astronomie, tome I, page 569 et suiv.) Enfin il décrit une espèce de règle et de niveau, dont l'usage paraît plus embarrassant qu'exact.

Le volume est terminé par un traité assez court de la composition de l'*Astrolabe*, et dans lequel je n'ai rien vu de remarquable, d'autant plus que l'auteur ne démontrant rien, il est plus difficile de voir si la théorie avait gagné quelque chose. Il décrit en deux pages un *directoire*, espèce d'astrolabe servant à l'Astrologie. Enfin, il trace un astrolabe *colomnaire*. Voici sa dernière phrase : Si les amateurs accueillent cet ouvrage, nous donnerons incessamment les projections de l'astrolabe et de toutes les horloges solaires sur des surfaces quelconques, *quoquo modo contortas et intortas; interim hæc boni consulant*. Nous ignorons s'il a rempli cette espèce de promesse, mais les subtilités de ce genre n'entrent pas dans notre plan. La Gnomonique est une application assez curieuse de l'Astronomie, et dont l'importance a duré assez long-tems pour que nous ayons cru devoir en parler, mais en nous bornant à ce qu'elle a de plus simple et de vraiment utile. Voilà pourquoi, dans ce qui concerne les cadrans cylindriques, nous nous sommes borné au peu qu'en a dit Munster.

CHAPITRE V.

Bénédict, Jean de Padoue, etc.

Joannis-Baptistæ Benedicti, patritii Veneti, philosophi, de gnomonum umbrarum que solarium usu liber nunc primum in lucem editus, etc. Turin, 1574.

Voici encore un auteur enthousiaste de son art, mais qui choisit un peu mieux ses motifs pour l'exalter. On ne peut lui reprocher qu'un peu d'exagération dans la manière dont il les fait valoir. Comme Schoner, il se donne pour inventeur. Il déclare qu'il ne connaît aucun livre de Gnomonique; il convient pourtant que Ptolémée, dans son Analemme, a traité de trois principales espèces de cadrans. Il a lu Commandin; mais il lui reproche la difficulté de ses méthodes et leur insuffisance, puisqu'il est rare de trouver un mur qui n'ait aucune *inclinaison*.

Il reproche à Nonius d'avoir prétendu qu'avec l'heure, la déclinaison et une hauteur du Soleil, on ne pouvait connaître la hauteur du pôle. La prétention, à la vérité, paraîtrait un peu étrange; il est vrai que la formule fondamentale, si souvent employée par les Arabes, ou

$$\sin h = \cos P \cos D \cos H + \sin D \sin H = \sin D (\cos P \cot D \cos H + \sin H)$$
$$= \sin D (\cos H \tang \varphi + \sin H) = \frac{\sin D}{\cos \varphi} (\sin \varphi \cos H + \cos \varphi \sin H)$$
$$= \frac{\sin D \sin (\varphi + H)}{\cos \varphi},$$

ou $\sin (\varphi + H) = \frac{\sin h \cos \varphi}{\sin D}$, quand on a fait $\tang \varphi = \cos P \cot D$,

exige un artifice de calcul qui n'était pas alors très connu; on pouvait encore moins faire

$$\sin h = \cos P \cos D \frac{1 - \tang^2 \tfrac{1}{2} H}{1 + \tang^2 \tfrac{1}{2} H} + \frac{2 \sin D \tang \tfrac{1}{2} H}{1 + \tang^2 \tfrac{1}{2} H},$$

qui conduisait à une équation du second degré.

$$\sin h + \sin h \tang^2 \tfrac{1}{2}H = \cos P \cos D - \cos P \cos D \tang^2 \tfrac{1}{2}H + 2\sin D \tang \tfrac{1}{2}H,$$
$$\sin h \tang^2 \tfrac{1}{2}H + \cos P \cos D \tang^2 \tfrac{1}{2}H - 2\sin D \tang \tfrac{1}{2}H = \cos P \cos D - \sin h,$$
$$\tang^2 \tfrac{1}{2}H - 2\left(\frac{\sin D}{\cos P \cos D + \sin h}\right) \tang \tfrac{1}{2}H = \frac{\cos P \cos D - \sin h}{\cos P \cos D + \sin h},$$
$$\tang^2 \tfrac{1}{2}H - 2a \tang \tfrac{1}{2}H + a^2 = a^2 + b,$$
$$\tang \tfrac{1}{2}H = + a \pm (a^2 + b)^{\tfrac{1}{2}} = + a \pm a\left(1 + \frac{b}{a^2}\right)^{\tfrac{1}{2}}$$
$$= \frac{\sin D}{\cos P \cos D + \sin h} \pm \frac{\sin D}{\cos P \cos D + \sin h}$$
$$\times \left[1 + \frac{\cos P \cos D - \sin h}{\cos P \cos D + \sin h}\left(\frac{\cos P \cos D + \sin h}{\sin D}\right)^2\right]^{\tfrac{1}{2}}$$
$$= \frac{\sin D}{\cos P + \cos D \sin h} \pm \frac{\sin D}{\cos P \cos D + \sin h}$$
$$\times \left[\frac{1 + (\cos P \cos D - \sin h)(\cos P \cos D + \sin h)}{\sin^2 D}\right]^{\tfrac{1}{2}}$$
$$= \frac{\sin D}{\cos P \cos D + \sin h} \pm \frac{\sin D}{\cos P \cos D + \sin h}\left(\frac{\sin^2 D + \cos^2 P \cos^2 D - \sin^2 h}{\sin^2 D}\right)^{\tfrac{1}{2}}$$
$$= \frac{\sin D}{\cos P \cos D + \sin h} \pm \frac{(\sin^2 D + \cos^2 D - \cos^2 D \sin^2 P - \sin^2 h)^{\tfrac{1}{2}}}{\cos P \cos D + \sin h}$$
$$= \frac{\sin D \pm (1 - \sin^2 h - \cos^2 D \sin^2 P)^{\tfrac{1}{2}}}{\cos P \cos D + \sin h} = \frac{\sin D \pm (\cos^2 h - \cos^2 D \sin^2 P)^{\tfrac{1}{2}}}{\cos P \cos D + \sin h}$$
$$= \frac{\sin D \pm (\cos^2 h - \cos^2 \varphi)^{\tfrac{1}{2}}}{\cos P \cos D + \sin h} = \frac{\sin D \pm (\sin^2 \varphi - \sin^2 h)^{\tfrac{1}{2}}}{\cos P \cos D + \sin h}$$
$$= \frac{\sin D \pm \sin^{\tfrac{1}{2}}(\varphi - h) \sin^{\tfrac{1}{2}}(\varphi + h)}{\cos P \cos D + \sin h} \quad (\text{fig. 155}).$$

Le radical se réduit à zéro quand on a $\cos h = \cos D \sin P = \sin Sx$; ou quand $ZS = Sx$, ce qui a lieu au premier vertical; et en effet alors, on a quatre données dans le triangle, l'angle droit Z, l'angle horaire, la distance polaire et la distance zénitale observée; il n'y a plus qu'une solution possible.

Mais aux environs du premier vertical le radical doit être peu de chose, les deux solutions diffèrent très peu, et c'est alors que le problème peut être insoluble, parce que les deux solutions différeront trop peu pour qu'on puisse reconnaître la bonne.

Si $\cos h < \sin Sx$, le radical est imaginaire; $90 - h < Sx$ ou $ZS < Sx$, ce qui est impossible.

Dans notre première solution

$$\tang \varphi = \cos P \cot D = \tang Px, \quad Px + H = Ox > 90°;$$

ainsi $\sin(\varphi + H)$ est nécessairement le sinus d'un arc obtus, cet arc n'a donc qu'une valeur possible.

La solution de l'auteur est tout-à-fait dans le style arabe.

OL est le sinus de la déclinaison, GL la partie du parallèle décrite depuis six heures; $GL = \cos D \cos P$.

Il en conclut

$$\overline{OG}^2 = \sin^2 D + \cos^2 D \cos^2 P = \sin^2 D + \cos^2 D - \cos^2 P \sin^2 P$$
$$= 1 - \cos^2 D \sin^2 P = 1 - \sin^2 \text{haut. } \odot \text{ sur le plan.}$$

Il pouvait en tirer

$$\tang GOL = \frac{\cos D \cos P}{\sin D} = \cos P \cot D, \quad \sin GOM = \frac{GM}{OG} = \frac{\sin h}{OG}.$$
$$GOL + GOM = MOP = 180° - H.$$

OG est le bahad, et GOM est le complément de l'inhiraf d'Ebn Jounis; la solution trigonométrique serait

$$\tang Px = \cos P \cot D = \tang GOL,$$
$$\cos PS : \cos Px :: \cos ZS : Zx = \frac{\sin h \cos Px}{\sin D}, \quad Px - Zx = PZ = 90° - H.$$

Bénédict se contente d'indiquer la solution. On ne voit pas s'il faisait usage des tangentes. Il cite Régiomontan qui n'en a su tirer aucun parti dans sa Trigonométrie.

Soit $H = 48°$, $D = 20°$, $P = 60°$; d'où $h = 34°39'$.

Les solutions sont $\quad H = 24°\,6'\,20''$,
et $\qquad\qquad\qquad\qquad H = 48.0.00$.

On n'a jamais 24° d'incertitude sur la latitude; il est donc bien évident que $H = 48°$; d'ailleurs nous avons dit que $H + Px = Ox > 90°$; ainsi nous n'avions pas le choix.

La seconde solution confirme le résultat de la première, et donne de même une différence de 23°53' entre les deux, en sorte que l'une des deux latitudes est presque double de l'autre.

Nonius n'avait pas nié la possibilité de la solution, il en avait seulement remarqué l'ambiguité sans dire comment on la lèverait; mais ni l'un ni l'autre n'a vu que les deux solutions ne seraient possibles que dans le cas où $H + Px$ pourrait être moindre que de 90°; ce qui n'a lieu que dans des parallèles assez voisins de l'équateur.

Bénédict avoue cependant que la solution est ambiguë quand $H > D$; or, c'est ce qui a lieu dans notre exemple, et cependant l'incertitude n'est que géométrique et nullement astronomique. Et voici réellement de quoi elle dépend : si la distance perpendiculaire Sx ne se confond pas avec la distance zénitale SZ, ce qui n'a lieu qu'au premier vertical, vous aurez toujours des deux côtés de la perpendiculaire Sx, deux obliques égales, SZ et SZ'; les deux zénits seront sous le même méridien, compteront la même heure, verront le Soleil à même distance.

Ici

$$\varphi = 53°\,56'\,50'' = Px, \quad PZ = 42°, \quad \varphi - PZ = Zx = 11°\,56'\,50'' = ZZ'x,$$
$$ZZ' = 23°\,53'\,40''.$$

Quand la différence sera si grande vous n'aurez aucune incertitude; mais, plus elle sera petite, et moins vous serez sûr de votre latitude. Mais, dans ce cas, observez une seconde hauteur. Plus le Soleil approchera du méridien, plus Zx et $ZZ' = 2Zx$ sera sensible; le zénit Z restera le même, le zénit Z' changera à chaque moment; chaque observation vous donnera deux latitudes différentes; mais l'une de ces deux latitudes sera constamment la même, et ce sera la bonne; la seconde latitude changera à chaque fois, et vous la rejeterez. M. Burgade a fait une remarque toute semblable à propos d'un autre problème. (Voyez *la Connaissance des Tems* de 1817). Bénédict, qui voulait réformer Nonius, n'a ni senti ni levé la difficulté.

Il détermine ensuite la hauteur du pôle par une hauteur et un azimut observés.

Il a, dans la figure 156,

$$\cos h \cos Z = GN = MO, \quad \frac{GM}{MO} = \frac{\sin h}{\cos h \cos Z} = \frac{\tang h}{\cos Z} = \tang GOM,$$

$$OG = \frac{ON}{\cos NOG} = \frac{\sin h}{\sin GOM}, \quad \sin OGL = \cos GOL = \frac{OL}{OG} = \frac{\sin D}{OG};$$

enfin,

$$MOG + GOL = 180° - H.$$

Il paraît encore qu'il fait usage uniquement des sinus.

Soit l'horizon CBGD (fig. 157), BD la méridienne, CG la ligne est-ouest, QH et QK deux ombres, QI et QP les cosinus de deux hauteurs observées, ou $QI = \cos h'$ et $QP = \cos h''$;

$$Hu = \sin HD = \sin Z', \quad KS = \sin DK = \sin Z''.$$

$$Qu : QO :: QH : QI, \quad QO = \frac{QI.Qu}{QH} = \frac{\cos h' \cos Z'}{1} = \cos h' \cos Z',$$

$$QS : QR :: QK : QP, \quad QR = \frac{QP.QS}{QH} = \cos h'' \cos Z'',$$

$$OR = QR - QO = \cos h'' \cos Z'' - \cos h' \cos Z'.$$

C'est le problème du chapitre XXIII d'Ebn Jounis; mais l'auteur arabe ne demande que la différence des deux azimuts et non leur valeur absolue, pour en déduire ces mêmes azimuts; après quoi on peut calculer la hauteur du pôle, la déclinaison et l'heure, en supposant la déclinaison constante. Bénédict est moins clair et beaucoup plus long, parce qu'au lieu de donner les règles du calcul il fait beaucoup de phrases pour vous indiquer où vous les pourrez trouver; au lieu de cosinus il emploie les sinus verses; on aurait plus simplement

$$\tang H = \frac{\cos h'' \cos Z'' - \cos h' \cos Z'}{\sin h' - \sin h''},$$

$$\sin D = \cos Z' \cos H' \cos H + \sin h' \sin H = \cos Z'' \cos h'' \cos H + \sin h'' \sin H.$$

Il détermine ensuite la méridienne par une seule ombre, qui lui donne la hauteur et l'almicantarat, la déclinaison lui donne le parallèle, et l'intersection de ces deux diamètres lui fait trouver l'azimut et par conséquent la méridienne.

Pour trouver la méridienne, il nous conseille de décrire l'hyperbole de l'arc diurne. Présentez cette hyperbole au Soleil; si le sommet de l'ombre suit exactement la courbe, l'axe sera bien placé, et vous connaîtrez la méridienne. Il reconnaît cependant qu'il serait plus commode de choisir le jour de l'équinoxe où l'ombre est une ligne droite.

Nous venons de quitter un auteur qui s'est rendu obscur à plaisir, en supprimant les renseignemens les plus essentiels; nous tombons ici sur un auteur qui nous assomme de détails fatigans et nous laisse tout à faire. Ce qu'ils ont de commun, c'est que les lettres de leurs figures sont illisibles; c'était alors un défaut général, et nous l'avons déjà remarqué dans les éditions des Aldes.

Après avoir indiqué, pour trouver la déclinaison d'un mur, plusieurs moyens qu'il n'expose que pour nous prouver sa fécondité, il s'arrête à ce dernier, qu'il qualifie de *perquam pulcherrimus*.

Soit O (fig. 158) le pied du gnomon et son horizontale BD; vous avez marqué une ombre quelconque et vous en avez déduit la hauteur AOu au-dessus de l'horizon vertical. AO$u = h =$ KOD; l'horizontale KSX sera l'almicantarat du Soleil; menez le parallèle HGI du Soleil, l'intersection G vous donnera le lieu du Soleil sur son parallèle.

Décrivez ce demi-parallèle GLI, et menez la perpendiculaire GL, LH sera la distance au méridien, et vous aurez l'heure de l'observation; GS sera $\cos h \cos z = $ SK $\cos z$; vous aurez donc z, c'est-à-dire l'azimut et la méridienne.

Mais relevez le parallèle HLI du Soleil, LG sera perpendiculaire sur KSX, le triangle LGS sera rectangle en G, l'angle GSL sera l'azimut du Soleil compté du méridien; son complément GLS sera la distance du Soleil au premier vertical; sur votre ombre Ou (fig. 159), formez l'angle uOQ = GLS, vous aurez le premier vertical OQ et la méridienne OM qui lui est perpendiculaire; comparez la direction OM ou OQ à celle du mur, vous aurez la déclinaison.

Nous aurons la même chose, d'une manière plus claire, par notre méthode.

L'ombre mesurée sera tang OS, O étant le zénith du plan vertical déclinant Zx (fig. 160).

Nous connaîtrons donc OS $= 90° - $ Sy; Sy est la hauteur du Soleil sur le plan.

Nous avons l'angle O, qui n'est pas défiguré sur la projection,

$$\sin \text{SO} \sin \text{O} = \sin \text{SL} = \sin h = \cos \text{ZS}.$$

Le triangle SyZ rectangle en y donne

$$\frac{\sin \text{S}y}{\sin \text{ZS}} = \frac{\cos \text{CS}}{\cos h} = \sin \text{SZ}y = \sin \text{L}x = \cos \text{OL}.$$

Le triangle PZS, dont nous aurons les trois côtés, nous donnera

$$\text{PZS} \quad \text{et} \quad \text{PZS} - \text{SZ}x = \text{PZ}x = 180° - \text{MZ}x, \quad \text{MZ}x - 90° = \text{D},$$

ou bien

$$\text{tang OL} = \cos \text{O} \text{ tang OS} = \cot \text{L}x = \cot \text{SZ}y;$$

le triangle PZS donnera comme ci-dessus

$$\text{MZS} = \text{ML}, \quad \text{ML} - \text{OL} = \text{MO} = \text{D}.$$

L'analemme substitue une opération graphique au calcul du triangle.

Je passe sous silence sa manière de déterminer le tems où un cadran commence ou finit d'être éclairé; ses méthodes diverses pour calculer les crépuscules, ses dissertations sur les inconvéniens et les avantages des différentes sortes d'heures, et même sa construction des cadrans horizontaux et verticaux non déclinans, quoique la forme en soit un peu différente; mais on y reconnaît les principes communs, et ce qu'il y a de plus remarquable c'est la prolixité du style. Nous rapporterons cependant sa construction du cadran vertical déclinant. Il prétend l'avoir trouvée avant d'avoir lu aucun livre de Gnomonique, et il n'a voulu rien y changer. Il compte la déclinaison du plan du midi à l'est, de sorte que la déclinaison serait de 90° pour le cadran méridional, et nulle pour le cadran oriental. Il fait là-dessus une petite chicane aux anciens, à Munster et Oronce-Finée, qu'il taxe d'erreur pour avoir fait zéro la déclinaison du cadran méridional, et 90° celle du cadran oriental. A ses expressions on dirait que tous les cadrans faits avant lui étaient défectueux, tandis que c'est une pure chicane de mots. Et quoique nous suivions la définition ancienne de la déclinaison, nous allons voir que sa construction est parfaitement d'accord avec nos formules comme celle de Munster.

Il prend pour méridienne la verticale arbitraire BP (fig. 161).

Du point arbitraire il mène la perpendiculaire AD d'une longueur arbitraire, il décrit le quart de cercle DFP, il fait $DF = $ haut. du pôle $= H$, il mène $AF = 1$, $FG = \sin H$; d'où $AG = \cos H$.

Il prend $PT = $ déclinaison à sa manière; mais, suivant les anciens, nous aurons $DT = D$; il fait $AH = AG = \cos H$.

Il abaisse la perpendiculaire

$$HI = AH \cos D = \cos H \cos D, \quad AI = AH \sin D = \cos H \sin D.$$

Il prend $BA = FG = \sin H$ au-dessus de A, pour les cadrans du midi; et au-dessous pour la face tournée vers le nord, il fait

$$AK = AI = \cos H \sin D.$$

Nous aurons ainsi

$$\overline{BK}^2 = \overline{AB}^2 + \overline{AK}^2 = \sin^2 H + \cos^2 H \sin^2 D = \sin^2 H + \cos^2 H - \cos^2 H \cos^2 D$$
$$= 1 - \cos^2 H \cos^2 D = \cos^2 h.$$

Par le point K il mène la perpendiculaire indéfinie LKO, sur laquelle il prend $KL = HI = \cos H \cos D = \sin h$.

Nous aurons

$$\overline{BL}^2 = \overline{KL}^2 + \overline{BK}^2 = \cos^2 H \cos^2 D + 1 - \cos^2 H \cos^2 D = 1;$$

ainsi

$$BL = 1 = AD = AF = AT.$$

Remarquons que

$$\sin LBK = \frac{KL}{BL} = \frac{\cos H \cos D}{1} = \cos H \cos D = \sin h;$$

ainsi BL sera l'axe, KL le style, B le centre, BK la soustylaire. En effet,

$$\tang ABK = \frac{AK}{AB} = \frac{\cos H \sin D}{\sin H} = \sin D \cot H = \tang \text{ angle soustylaire et mérid.}$$

Il mène KM perpendiculaire sur l'axe, et Mu perpendiculaire sur BK; il prend Mu pour style, alors MK détermine, sur la soustylaire, le point où passe l'équinoxiale.

LKO est donc cette équinoxiale, MK en sera le rayon diviseur; il porte KM sur la soustylaire en KN; N sera donc le centre diviseur.

Cette construction est d'une simplicité assez remarquable. Elle est bien plus heureuse que celle de Schoner. C'est une chose adroite que de retrouver ainsi BL = AD. On ne peut construire d'une manière plus courte $\sin H$, $\cos H$, $\cos H \cos I$, $\cos H \sin I$. Rien de plus simple que AH = AG, AK = AI, AB = AG, KL = HI. Après quoi trois perpendiculaires donnent l'équinoxiale, la soustylaire, le style et le rayon diviseur.

Comme Schoner, il a l'air de supprimer le style; mais, dans le fait, il prend l'axe pour unité sans en rien dire. Il a sans doute connu l'équation $\sin h = \cos H \cos D$, que fournit au premier coup-d'œil la Trigonométrie sphérique; il a, de cette manière, KL = $\sin h$ et BK = $\cos h$, KM = $\sin h \cos h$ et LM = $\sin^2 h$, Mu = KM $\cos h$ = $\sin h \cos^2 h$.

Il ne lui manque plus que la méridienne; car il a pris arbitrairement le centre B.

Or, le même triangle qui lui a fourni $\sin h$ lui donne

$$\tang KBO = \sin D \cot H = \frac{\sin D \cos H}{\sin H} = \frac{AI}{FG}.$$

Ainsi, pour trouver la méridienne, il faut sur BK former un triangle avec les côtés AI et FG; l'intersection de ses côtés en A sera un point de la méridienne, l'angle en B, sur la base $\sin H$ = AB, sera celui de la méridienne avec la soustylaire.

On aura

$$\overline{BK}^2 = \overline{AB}^2 + \overline{AK}^2 = \sin^2 H + \cos^2 H \sin^2 D = \sin^2 H + \cos^2 H - \cos^2 H \cos^2 D$$
$$= 1 - \cos^2 H \cos^2 D = \overline{BL}^2 - \overline{KL}^2.$$

KA ou DK devait donc se trouver perpendiculaire sur la méridienne; il a pris pour donnée la méridienne, il a élevé la perpendiculaire... AD = 1 = BL; il a décrit un quart de cercle sur AD, et lié ainsi fort adroitement les constructions subsidiaires qui devaient donner $\sin H$, $\cos H \cos D$, $\cos H \sin D$. Je ne sais pas s'il a eu intention de déguiser sa marche, mais en le faisant il a trouvé le moyen d'abréger; ce qu'on ne saurait dire de Schoner.

Il est étonnant qu'aucun gnomoniste n'ait parlé de cette construction; mais l'auteur en a donné une explication si longue et si obscure, que tous les lecteurs auront fait ce que j'avais été tenté d'abord de faire, ils l'auront laissée pour ne pas se donner la peine de l'étudier. Il faut dire pourtant que la construction qui a prévalu est encore un peu plus simple, ou du moins que la marche en paraît plus naturelle.

L'auteur nous assure qu'il s'était fait son système de gnomonique avant la publication de l'Analemme de Ptolémée, qui n'a paru qu'en 1562; c'est-à-dire vingt-un ans avant qu'il ne publiât son ouvrage. Il avait été contraint d'imaginer un analemme qu'il a disposé pour les heures italiques. La description qu'il en donne emplit sept pages in-folio, sans compter quatre pages de planches; en sorte que je n'ai pas eu le courage de la lire, quoique l'auteur ait pris soin de nous dire que son invention était *egregia et ingenii plena*. Il avoue qu'en plusieurs choses il s'est rencontré avec Ptolémée.

Le problème des heures italiques, que Bénédict expose ensuite plus longuement encore, n'en est pas un véritablement; ce n'est qu'un cas particulier du problème des heures antiques, qui commencent aussi à l'horizon; toute la différence tient à ce que les heures italiques étant égales, c'est-à-dire des heures de 15°, cette égalité simplifie les calculs; les angles horaires se forment d'une manière plus uniforme; du reste les formules sont les mêmes; en effet, les cadrans italiques ne peuvent avoir ni centre ni axe; c'est l'ombre d'un style droit qui marque les heures. Ainsi, pour chaque angle horaire on cherchera la distance du Soleil au zénith du plan pour avoir la longueur de l'ombre, et le même triangle donnera l'angle que fait l'ombre avec la verticale ou avec l'horizontale, et l'on construira le cadran par points comme celui des heures antiques.

Il suffira même d'avoir deux points de chaque ligne, puisque toutes ces lignes sont droites et le sont rigoureusement, au lieu que les lignes des heures antiques ne sont droites qu'approximativement.

Soient E, R et H les points de lever de l'été, du printems et de l'hiver;

$$PE = 90° - \omega, \quad PR = 90°, \quad PH = 90° + \omega.$$

Les angles semi-diurnes sont ZPE, ZPR, ZPH; les points H, R, E et tous les points de lever des déclinaisons intermédiaires, sont tous sur l'arc EH, qui fait partie d'un grand cercle, donc tous les points de lever sur la projection seront dans une même droite.

Faites tourner la sphère de 15°, tous les arcs semi-diurnes seront également diminués de 15°, tous les cercles horaires PE, etc., auront conservé la même position relative sur l'arc HE, leurs projections seront toujours sur une même ligne droite; cette droite sera la ligne 1^h pour toute l'année. Il en sera de même pour la ligne de 2^h, pour celle de 3^h, et ainsi de toutes les autres. Ainsi, toutes les lignes horaires du cadran babylonique seront des droites dont il suffira de déterminer les deux points extrêmes.

Soit A l'arc semi-diurne, pour une ligne horaire quelconque, l'angle au pôle sera $(P - n \times 15°)$, n étant le nombre des heures égales écoulées depuis le lever.

Pour les heures italiques qui commencent et finissent au coucher, la formule de l'angle horaire sera de même $(P - n.15°)$, n étant le nombre d'heures qui devront s'écouler avant le coucher. Du reste, le calcul est absolument le même.

Ces notions me paraissent plus claires et plus satisfaisantes que tout ce qu'on lit dans tant de Gnomoniques; mais pour ne laisser aucun nuage, nous allons calculer un cadran italique pour la latitude 48° 50′, et l'obliquité 23° 27′ 40″, et tel qu'on le ferait aujourd'hui pour Paris.

La formule $\cos A = \mp \tang H \tang \omega$, nous donnera d'abord,

$$\text{pour le solstice d'été...} \quad A = 119° 45′ 33″,$$
$$\text{pour l'équinoxe........} \quad A = 90°,$$
$$\text{pour le solstice d'hiver,} \quad A = 60° 14′ 27″.$$
$$P = (119° 45′ 33″ - n.15°),$$
$$P = (90° - n.15°) \quad \text{et} \quad P = (60° 14′ 27″ - n.15°).$$

Nous aurons dans le cadran horizontal, Z = angle entre la méridienne et l'ombre, la distance zénitale N et la longueur de l'ombre O par les trois formules

$$\cot Z = \sin H \cot P - \tang D \cos H \cosec P,$$
$$\sin N = \frac{\cos D \sin P}{\sin Z} \quad \text{et} \quad O = \tang N;$$

les angles Z sont pris extérieurement au triangle sphérique; nous prenons pour unité la hauteur du style.

Nous calculerons d'abord les différens points de l'hyperbole d'été, parce qu'elle nous donnera un point de chacune des lignes que nous aurons à placer sur le cadran.

Nous calculerons ensuite la ligne équinoxiale, qui nous fournira un nombre moindre de points.

Enfin, nous calculerons l'arc d'hiver, qui nous en donnera moins encore, et nous dirons ensuite comment on pourra compléter le cadran.

Heures.	SOLSTICE D'ÉTÉ.		ÉQUINOXE.		SOLSTICE D'HIVER.	
	Ombres.	Angles.	Ombres.	Angles.	Ombres.	Angles.
24	∞	127° 13′ 0″	∞	90° 0′ 0″	∞	52° 47′ 0″
23	6,7835	116.16.40	5,7827	78.35.54	7,9055	41. 2.18
22	3,1540	105.46.18	2,8690	66.30.32	4,3927	28.17. 0
21	1,9402	95.18. 3	1,9013	53. 1.40	3,3910	14.33.40
20	1,3202	85.49.35	1,4412	37.29.10	3,1272	0.13.55
19	0,9404	70.32. 0	1,2141	19.35.32	3,3905	14. 6.28
18	0,6652	53.27.35	1,1436	0. 0. 0	4,3430	27.51.20
17	0,5299	29.56.38	1,2141	19.35.32	7,6907	40.38.40
16	0,4743	−0.30.56	1,4412	37.29.10	......	52.25.10
15	0,5335	30.48.55	1,9013	53. 1.40		
14	0,6946	54. 5.10	2,8690	66.30.32		
13	0,9503	71. 0.31	5,7827	78.35.54		
12	1,3355	84.12.50	∞	90. 0. 0		
11	1,9652	95.32.48				
10	3,2210	106. 6.40				
9	7,0312	116.37.15				

On ne peut marquer aucun point de la ligne de 24^h ou du coucher, parce qu'à 24^h les ombres en tout tems sont infinies; on ne peut avoir que la direction, et cette direction change tous les jours.

Les lignes de 23, 22, 21, 20, 19, 18 et 17, nous fournissent trois points, et la figure construite sur ces nombres nous fait voir que ces trois points sont en ligne droite. Cette vérification du principe et des calculs nous manque pour les autres lignes; mais on peut se contenter de deux points pour les lignes 16, 15, 14 et 13; l'ombre équinoxiale de 12^h est infinie à l'équinoxe, et elle fait un angle droit avec la méridienne; la ligne menée du pied du style perpendiculairement à la méridienne, n'atteindra la ligne de 12^h, commençant au tropique d'été, qu'à une distance infinie; la ligne de 12^h est donc parallèle à l'équinoxiale.

Il ne reste donc plus à déterminer, au moyen d'un second point, que les lignes de 11, 10 et 9^h; car pour celle de 8^h elle n'a pas lieu, puisqu'à

8^h, ou 16^h avant le coucher, le Soleil n'est pas encore levé; et, en effet, l'arc semi-diurne est de $7^h 59' 2'' 12'''$, l'arc diurne n'est que de $15^h 58' 4'' 24'''$; ainsi, à 8^h le Soleil n'est pas encore levé, il s'en faut de $1' 55'' 36'''$; il est vrai que la réfraction avance le lever de $4'$ environ, mais on n'en tient aucun compte dans la construction des cadrans.

Pour trouver un second point de la ligne de $11^h = 24^h - 13^h = P - 13.15°$. $= P - 195°$, cherchons la déclinaison qui nous donnera

$$A = 105° = 7^h, \quad A - 195° = 105° - 195° = -90° = P,$$
$$\cos 105° \cot H = \tang D = \tang 12° 45' 8'',$$
$$\cot Z = \sin H \cot P - \frac{\tang D \cos H}{\sin P} = 0 - \frac{\tang 12° 45' 8'' \cos H}{\sin 90°} = 98° 28' 24'',$$
$$N = 81° 26' 7'', \quad O = \tang N = 5,9346.$$

Nous avons fait ce choix pour abréger le calcul, en supposant $P = 90°$. Il fallait changer de déclinaison pour avoir un point qui ne fût pas sur le tropique; il fallait que la hauteur du Soleil fût sensible pour n'avoir pas une ombre qui excédât les limites du plan.

Nous ne pouvons pas conserver l'arc semi-diurne $105°$ pour la ligne de 10^h; car $10^h = 24^h - 14^h$, et $P = A - 210° = 105° - 210° = -105°$, et nous aurions eu le Soleil à l'horizon, et l'ombre infinie.

Il faut donc une déclinaison plus forte pour que le Soleil ait quelque hauteur.

Il faut que l'arc semi-diurne soit entre $105°$ et $120°$; prenons le milieu $112° 30'$.

$$112° 30' - 210° = -97° 30' = P.$$

Les formules ordinaires nous donnent

$$Z = 107° 48' 39'', \quad N = 80° 56' 30'', \quad \text{et} \quad O = 6,2723.$$

Il reste encore la ligne de 9^h; mais elle a son origine à l'extrémité du cadran, elle ne pourrait que s'éloigner encore plus; elle est donc assez inutile.

Nous ne pouvons conserver l'arc semi-diurne 112.30; car

$$112.30 - 15^h = 112° 30' - 225° = -112° 30',$$

et le Soleil serait à l'horizon; il faut donc prendre un arc semi-diurne entre 120 et $112° 30'$.

Le calcul donne une ombre 13.545 avec un angle $117° 41' 29''$, qui diffère d'un degré seulement de l'angle du point de 9^h sur le tropique;

il prouve que sur la ligne de 9^h l'ombre est presque stationnaire de position, et variable seulement de longueur. Aucun auteur n'a cherché à compléter ainsi le cadran; quand les heures deviennent trop longues, ils les négligent et ferment le cadran des deux côtés par des lignes latérales.

Rien de si rare que d'avoir des arcs diurnes d'un nombre rond de degrés. Les angles horaires sont donc fractionnaires le plus souvent, et l'on ne peut, dans les cadrans italiques, arriver à l'heure du lever, qui n'est pas sur une même droite, au lieu que l'heure du coucher aurait cet avantage si cette droite n'était infiniment éloignée. Au reste, par la méthode que nous venons d'exposer, on n'aura jamais le moindre embarras.

Les heures babyloniques, au contraire, seraient régulières au lever et irrégulières au coucher. Pour les calculer, on commence par les heures du matin, au lieu que dans le cadran italique on commence par celles du soir, d'où l'on revient, en rétrogradant, aux premières heures du matin.

Pour une même latitude le même calcul donnera les deux cadrans; il ne s'agit que de mettre à l'orient les ombres et les angles qu'on avait mis à l'occident, et réciproquement.

Dans l'un et l'autre cadran l'heure de midi sera très rarement déterminée par les opérations précédentes; on n'en aura qu'un point, et ce sera celui de l'équinoxiale; mais ce point suffit, puisque la ligne de midi, dans le cadran horizontal et dans le vertical non déclinant, est perpendiculaire à l'équinoxiale.

On aura toujours l'heure de midi parce qu'à l'équinoxe le Soleil est censé se lever et se coucher à six heures.

La ligne de 6^h babyloniques ou de 18^h italiques partage donc le jour équinoxial en deux parties égales; mais c'est la seule qui soit dans ce cas; et quand le Soleil a une déclinaison, l'instant du milieu du jour ne se voit qu'à peu près sur le cadran; mais il faudra toujours tracer la méridienne, ne fût-ce que pour orienter le cadran.

La méthode que nous avons indiquée pour ces deux espèces de cadran est générale, quelle que soit la déclinaison ou l'inclinaison du plan. Les auteurs supposent ordinairement les arcs des signes décrits ainsi que la méridienne; quelques-uns même toutes les lignes horaires astronomiques. Il s'agit alors de diviser les tropiques en heures de 15°, en commençant du lever ou du coucher; au lieu de prendre la méridienne pour point du départ, ils divisent l'équinoxiale, ce qui est plus aisé; alors du centre du cadran ils mènent, par les divisions de l'équinoxiale, des lignes qui diviseront de même les arcs des deux tropiques; il ne reste qu'à

BÉNÉDICT.

mener des droites qui joignent les heures à même distance du lever et du coucher, ils négligent même, pour la plupart, la différence qu'il y a entre les angles horaires du matin et du soir, et qui, dans notre exemple, était de $\pm\, 0°\, 14'\, 27'' = 0^h\, 0'\, 57''\, 48'''$.

Le reste du livre est employé à expliquer plusieurs manières différentes de tracer les cadrans solaires italiques, ou à quelques petits problèmes gnomoniques de peu d'intérêt. L'auteur avertit qu'il n'écrit pas pour les commençans, et il n'y aurait aucun profit aujourd'hui à tirer de ses longues explications. Il aime à chercher querelle à ses devanciers. Nous avons parlé de quelques-unes des chicanes qu'il leur fait. En voici une dernière :

Soit D et d deux déclinaisons boréales du Soleil avec les deux déclinaisons australes correspondantes; les ombres méridiennes seront

$$\tang(H+D), \quad \tang(H+d), \quad \tang(H-d), \quad \tang(H-D).$$

Munster avait dit que jamais ces quatre termes n'étaient en proportion géométrique; mais soit $H = 45°$, nous aurons

$$\tang(45+D) : \tang(45+d) :: \tang(45-d) : \tang(45-D),$$
$$\tang(45+D)\cot(45+D) = \tang(45+d)\cot(45+d) = 1.$$

Bénédict aurait donc raison s'il n'existait ni réfraction ni parallaxe; on savait au tems de Bénédict qu'il y avait une parallaxe; on la croyait même beaucoup plus forte qu'elle n'est réellement; on ne parlait pas encore beaucoup de réfraction.

Elie Vinet.

La manière de fere les solaires, que communément on appelle QUADRANS, *par Elie Vinet.* Poitiers, 1564.

C'est un petit Traité destiné aux maçons et autres personnes qui n'ont aucune instruction. L'auteur leur enseigne à trouver la méridienne, à décrire le cadran horizontal et le cadran vertical. Cet opuscule n'offre rien que de très élémentaire, et il finit par ces mots : « Fait en Bourdelois, l'an 1530, lorsque les cloches abattues audit pays et ne sonnant plus d'horloges par les villes, plusieurs, pour récompenser partie de la faute que faisaient là les horloges et cloches, se voulurent mêler d'eu fere à Soleil, sans en savoir le moyen. »

Nous avons aussi vu abattre les cloches, mais on respecta du moins celles des horloges.

Jean de Padoue.

Joannis Paduani Veronensis, de compositione et usu multiformium horologiorum solarium. Venetiis, 1582.

L'auteur nous promet des inventions nouvelles, et qu'il n'aurait pu sans crime exposer au risque de mourir avec lui. Jamais production plus médiocre n'a été plus emphatiquement annoncée. Toutes les inventions de l'auteur se bornent à réduire en tables les hauteurs du Soleil, les longueurs des ombres, et les angles que ces ombres font avec la méridienne ou l'horizontale. Ses méthodes de calcul n'emploient que des sinus, et sont d'une prolixité et même d'une obscurité qui devaient effrayer bien des lecteurs. Ce qui lui appartient, c'est la description d'un demi-cercle pour trouver la hauteur du pôle sur un plan quelconque. Cet instrument n'offre ni facilité ni précision. Il le place sur la méridienne et dans le plan du méridien; un fil-à-plomb lui marque la hauteur. Il aurait bien dû le placer sur la méridienne du plan, où la soustylaire, perpendiculairement au plan, et l'usage en eût été bien plus facile et bien plus sûr. La méridienne du plan se détermine, comme celle du lieu, par des ombres égales. Pour tracer la méridienne horizontale, outre le précepte ordinaire, l'auteur nous apprend qu'aux jours des équinoxes il suffit de deux points d'ombres quelconques que l'on joint par une droite, sur laquelle on mène un perpendiculaire du pied du style droit. Ce qui n'est pas une idée plus neuve que tout le reste.

Valentin Pini

Fabrica de gl' horologi solari, Valentino Pini. In Venetia, 1598.

Le discours préliminaire est une histoire de la mesure du tems, où l'on ne voit rien de remarquable que ce passage, en parlant des horloges à poids et à roues : *Per che più giusti e meglio fatti, siano li Francesi, li quali sono fabricati con tanta diligenza e temperatura che poco variano.* Après avoir décrit l'Analemme de Ptolémée et ses différens usages, il construit un instrument qu'il appelle son analemme, qui n'est qu'une sphère armillaire composée d'un méridien, du cercle de 6 heures, de l'équateur et des deux tropiques; il adapte cet instrument au style, en sorte que le centre soit au sommet du style, et que l'axe du monde ait la position convenable et déterminée par la latitude du lieu. Il ne reste plus qu'à conduire un fil du centre de l'instrument au plan du cadran;

on aura les lignes horaires, et, si l'on veut, les arcs des signes. Il construit ainsi le cadran italique et babylonique.

Il décrit ensuite sur une lame de métal, un cadran horizontal, pour un lieu donné, et l'emploie à décrire un cadran sur un plan quelconque. C'est par des moyens analogues et qui n'ont rien de neuf, qu'il fait de chaque espèce de cadran un instrument qui sert à en décrire d'autres. Il construit un équinoxial universel, qui est formé d'un méridien et d'un équinoxial portés sur un pied. L'axe du méridien montre les heures, sauf celle de midi que marque le méridien.

Il décrit un cadran à placer sur la couverture intérieure d'un breviaire. Il est formé des arcs des signes divisés en heures par la table des hauteurs. L'heure est marquée par le point où l'ombre coupe le signe de la saison. Un cadran sur une croix, un clou planté à l'un des bras marque l'heure.

Il trace deux cadrans différens dans l'intérieur d'un anneau qu'on puisse porter au doigt. Il suit, dans la double division qui appartient aux deux hauteurs du pôle, la méthode d'Oronce-Finée.

La Hire et Ozanam.

La Gnomonique, ou méthodes universelles pour tracer des horloges solaires ou cadrans sur toutes sortes de surfaces ; par M. La Hire. Paris 1698.

La première édition est de 1682. Nous finirons notre Gnomonique par l'extrait de cet ouvrage unique en son genre, et qui paraît fort peu connu. Montucla, lui-même, en parle sans avoir pris la peine de le lire. Il lui reproche son obscurité, et il pourrait bien avoir raison ; car La Hire ne fait qu'indiquer ses démonstrations ; et les pratiques qu'il enseigne sont tellement compliquées, qu'on a quelque peine à les bien comprendre. Il lui reproche encore de supposer une grande habitude du calcul astronomique, et sur ce point il a le plus grand tort ; car La Hire n'emploie le calcul dans aucun endroit de son livre, si ce n'est dans un appendice, qui n'est qu'un hors d'œuvre, sans lequel l'ouvrage ne serait pas moins complet. On peut exécuter toutes les opérations de cette Gnomonique sans avoir aucune idée même de Trigonométrie rectiligne. L'auteur n'emploie que le compas, la règle et le fil-à-plomb. On trace le cadran sans savoir s'il est horizontal, vertical, oriental, occidental, déclinant ou incliné. Il n'est pas même besoin le plus souvent de connaître la déclinaison du Soleil, ni la hauteur du pôle. Ce plan n'est sûrement pas le meilleur pour la pratique ; mais sa nouveauté et sa singularité méritaient qu'on en fît mention, et Montucla n'en dit pas un seul mot.

Les constructions de La Hire sont souvent ingénieuses; mais elles ont toutes le défaut essentiel de n'être susceptible que d'une précision fort médiocre, ce qui nous dispensera de les exposer ici. Nous les remplacerons par une méthode tout aussi générale, mais qui supposera le calcul trigonométrique, la déclinaison du Soleil, qu'il est toujours facile de connaître à quelques secondes près, enfin, la connaissance du tems vrai pour l'un des deux instans où l'on marquera sur le plan deux points d'ombre ou de lumière, qui suffiront pour trouver tout le reste.

Soit un plan quelconque, avec un style droit dont on connaisse bien la hauteur et le pied; sur ce plan marquez un point d'ombre, environ trois heures avant ou après midi, selon que le plan sera tourné vers l'orient ou vers l'occident; marquez un autre point d'ombre à midi juste si vous pouvez, ou le plus près de midi qu'il sera possible.

Vous pouvez avoir le midi par une méridienne voisine, ou par une ombre horizontale mesurée avec soin, ou, ce qui vaut beaucoup mieux, par des hauteurs du Soleil, observées au cercle répétiteur ou avec un sextant.

Mesurez exactement, avec un compas à verge, la distance de vos deux points de lumière au pied du style. J'appelle O et O' ces deux distances. Mesurez de même la distance réciproque de vos deux points de lumière; nommez N cette distance, et G la hauteur du style.

Faites
$$\tang OS = \frac{O}{G}; \quad \tang OS' = \frac{O'}{G} \quad \ldots\ldots\ldots\ldots (1 \text{ et } 2).$$

Vous aurez l'angle au pied du style, ou l'angle au zénit du plan, entre les deux verticaux du Soleil, par la formule

$$\sin^2 \tfrac{1}{2} SOS' = \frac{\left(\frac{O+O'+N}{2}-O\right)\left(\frac{O+O'+N}{2}-O'\right)}{O.O'} \ldots (3);$$

c'est l'équation fournie par le triangle rectiligne mesuré sur le plan.

Soit (fig. 164) P le pôle, Z le zénit du lieu, PZS' le méridien du lieu, Mx le plan quelconque, O le pôle de ce plan; vous avez, par ce qui précède, OS, OS' et l'angle SOS'. Vous aurez

$$\cos SS' = \cos SOS' \sin OS \sin OS' + \cos OS \cos OS'$$
$$= \cos(OS' - OS) - 2\sin OS \sin OS' \sin^2 \tfrac{1}{2} SOS' \ldots (4);$$

vous auriez

$$\sin OS'S = \frac{\sin OS \sin SOS'}{\sin SS'};$$

mais pour éviter toute ambiguïté sur l'espèce de cet angle, soit

$$A = \tfrac{1}{2}(OS + OS' + SS');$$
$$\sin^2 \tfrac{1}{2}(OS'S) = \frac{\sin(A - SS')\sin(A - OS')}{\sin SS' \cdot \sin OS'} \ldots \ldots \ldots \ldots (5).$$

Dans le triangle SPS' vous connaissez SS', PS et PS'; soit

$$B = \tfrac{1}{2}(PS + PS' + SS');$$
$$\sin^2 \tfrac{1}{2}(SPS') = \frac{\sin(B - PS)\sin(B - PS')}{\sin PS \sin PS'} \ldots \ldots \ldots \ldots (6).$$

PS et PS' sont les complémens des deux déclinaisons du Soleil, qui différeront peu, mais qu'il n'est pas nécessaire de supposer égales. Cet angle SPS' doit être égal à quinze fois l'intervalle de vos deux observations; il sera une vérification des opérations précédentes; mais on peut se dispenser d'en faire le calcul. Faites ensuite

$$\sin^2 \tfrac{1}{2} PS'S = \frac{\sin(B - PS')\sin(B - SS')}{\sin PS' \sin SS'} \ldots \ldots \ldots \ldots (7);$$

et vous aurez

$$OS'P = OSS' + PSS' \ldots \ldots \ldots \ldots \ldots \ldots \ldots (8).$$

Dans le triangle OPS' vous avez OS' et PS'; avec l'angle OS'P, vous aurez

$$\cos OP = \cos OS'P \sin PS' \sin OS' + \cos PS' \cos OS$$
$$= \cos(PS' - OS') - 2\sin PS' \sin OS \cdot \sin^2 \tfrac{1}{2} OS'P \ldots (9).$$

Si OP surpasse 90°, c'est-à-dire si cos OP est négatif, vous aurez PK = OP — 90°, et le pôle boréal P sera au-dessous du plan; le pôle austral sera élevé au-dessus du plan, et le centre sera au haut du cadran.

Si OP < 90°, vous aurez

$$PK = 90° - OP = \text{hauteur du pôle boréal sur le plan},$$

et alors le centre sera au bas du cadran. Soit h la hauteur du pôle,

$$h = OP - 90°, \quad \text{ou} \quad h = 90° - OP.$$

Cette dernière formule suffira; h sera négatif si OP surpasse 90°.

Dans le triangle PS'O, soit $C = \tfrac{1}{2}(PO + PS' + OS')$; alors

$$\sin^2 \tfrac{1}{2}(OPS') = \frac{\sin(C - PO)\sin(C - PS')}{\sin PO \sin PS'} \ldots \ldots \ldots \ldots (10);$$

OPS' sera la différence des méridiens, si le point S' est vraiment dans le méridien.

$$\sin^2 \tfrac{1}{2}(\text{POS}') = \frac{\sin(\text{C}-\text{PO})\sin(\text{C}-\text{OS}')}{\sin \text{PO} \sin \text{OS}'} \ldots\ldots\ldots\ldots (11).$$

POS sera l'angle au pied du style, entre la soustylaire et l'ombre O' du point S'. Dans tous les cas, vous aurez ainsi la direction de la soustylaire, dont vous avez déjà un point qui est le pied du style; vous auriez de même

$$\sin \tfrac{1}{2}(\text{POS}) = \frac{\sin(\text{C}-\text{PO})\sin(\text{C}-\text{OS})}{\sin \text{PO} \sin \text{OS}} \ldots\ldots\ldots\ldots (12),$$

et POS serait l'angle entre la soustylaire et l'ombre OS; ce qui fournirait une vérification de la bonté du calcul.

Avec h et $\delta =$ OPS' vous aurez tout ce qui est nécessaire pour décrire le cadran; mais si le point S' n'est pas vraiment dans le méridien, et que vous sachiez que le point d'ombre a été pris une minute avant midi, vous auriez OPS' $+ 15' = \delta$; et, en général, $\delta =$ OPS' ± 15 fois le nombre de minutes dont le point d'ombre S' a précédé ou suivi le midi vrai.

G cot h sera la distance du centre au pied du style sur la soustylaire;

G tang h sera la distance du pied du style à l'équinoxiale.

Le pied du style est toujours entre le centre et l'équinoxiale.

G séc h sera le rayon diviseur de l'équinoxiale.

Le cadran sera construit sans connnaître ni la déclinaison, ni l'inclinaison; l'exactitude dépendra entièrement de la précision avec laquelle on aura marqué les deux points de la lumière, et mesuré les trois distances O, O' et N, et la hauteur du style G.

On peut varier le calcul de bien des manières. Nous avons choisi la plus uniforme, et celle qui n'offre aucune ambiguité sur l'espèce des angles et des côtés.

La réfraction, qu'on néglige communément en Gnomonique, altère fort peu les résultats. Au méridien elle est peu de chose, et se porte toute entière sur PS', qu'elle diminue de quelques secondes; à trois heures du méridien elle est un peu plus forte, mais ne se porte qu'en partie sur PS, qu'elle diminue à peu près de la même quantité; elle doit changer un peu l'angle SOS' des deux ombres, et la distance N des deux points O et O', mais de quantités qui échappent à l'observation. On ne doit pas s'attendre à trouver h ni δ à la minute. Bédos dit, page 149, que quinze minutes d'erreur sur la déclinaison pourraient produire sur quelques lignes horaires des erreurs de sept à huit minutes de tems. J'ai fait varier les trois élémens H, I et D tous à la fois, en les augmentant de quinze minutes chacun ; l'erreur la plus grande n'a pas été de deux minutes, et le plus souvent elle était de quelques secondes. Il est donc inutile de s'appliquer à trouver une précision toujours impossible.

Si l'on voulait connaître l'inclinaison et la déclinaison du plan, on les calculerait par les quatre formules

$$\cos h \sin \delta = \cos M, \quad \tan h \sec \delta = \tan PM, \quad ZM = PZ - PM,$$
$$\cos ZM \tan M = \cot D, \quad \sin ZM \sin M = \sin I.$$

Pour essayer toutes ces formules, j'ai supposé $D = 30°$ et $I = 10°$; j'ai calculé, pour midi et neuf heures du matin, les ombres que j'ai trouvées, $O = 0{,}6313$ et $O' = 0{,}9070$, pour un gnomon $G = 0{,}48$; j'en ai conclu $M = 0{,}6896$. Prenant ces quantités pour des observations, j'ai trouvé les quantités ci-jointes :

OS =	52° 45′ 12″	POS′ =	38° 7′ 20″
OS′ =	62. 6.42	M =	60.29.38
SS′ =	42.10.10	PM =	37.29.20
SOS′ =	49.23. 0	PZ =	49. 0. 0
OS′S =	64. 9.54	ZM =	11.30.40
SS′P =	81.58.10	D =	30. 0.30
OS′P =	146. 8. 4	I =	10. 0. 2
OP =	121.59. 0		
h =	— 31.59. 0		
OPS′ =	35.29.50 = δ		
OPS =	9.31.26		
S′PS =	45° 1′ 16″.		

D n'est en erreur que de 30″, I de 2″, SPS′ de 0° 1′ 16″ = 0ʰ 0′ 5″ 4‴. On ne doit pas s'attendre à cette exactitude dans la pratique, où l'on aura de plus l'effet des réfractions et l'incertitude des mesures. On pourra donc avoir quelques petites erreurs qui n'empêcheront pas le cadran d'être fort passable.

De toutes les opérations qu'exige cette méthode, la plus difficile est celle qui détermine le pied du style, sa hauteur et son sommet, que je suppose le centre d'un trou circulaire percé au milieu d'une plaque ronde. Pour marquer les points de lumière, on fera passer le rayon solaire par une carte percée d'un trou d'aiguille, autour duquel on aura tracé deux cercles concentriques; on tiendra la carte perpendiculaire au rayon solaire, pour que le point de lumière soit rond sur la carte et petit sur le plan du cadran. Pour ces attentions pratiques, *voyez* Bedos.

Au reste, ces opérations bien plus faciles et moins nombreuses que celles qui sont prescrites par La Hire, promettent une précision beaucoup plus grande. L'équation des sections coniques nous donnera les arcs des signes avec une grande facilité; mais si l'on veut une opération graphique, nous conseillerons d'abord celles que nous avons exposées pages 570 et 600, et ensuite celle de La Hire, comme la plus simple de toutes celles qu'on a substituées à la méthode de Munster, dont elle conserve le principe fondamental; elle exige qu'on ait tracé l'équinoxiale du cadran. Nous en avons indiqué les moyens.

Cela posé, soit (fig. 165) TAB un trigone de signes tracé sur une grande échelle; du sommet T prenez sur l'équinoxiale de ce trigone une longueur TE égale à la distance du sommet du style au point où l'équinoxiale du cadran est traversée par la ligne que vous voulez diviser en signes; de ce point d'intersection, prenez sur la même ligne une longueur arbitraire EF vers le haut ou le bas du cadran, je suppose que ce soit vers le haut; du centre E avec le rayon EF, tracez un arc occulte *aFb*; mesurez la distance du sommet du style au point F du cadran, enfin du centre T, avec cette distance pour rayon, tracez l'arc occulte *dFe* qui coupe *aFb* au point F. La ligne EF sur le trigone sera parfaitement égale à celle du cadran, et se trouvera divisée en signes par les rayons du trigone; il ne restera plus qu'à porter sur le cadran les distances EI, EK, EL, ES, E*u*, E*x*.

En conservant le centre T, placez de même sur la figure toutes les lignes horaires du cadran, telles que MQN, OVR, etc.; elles se trouveront toutes divisées sans calcul; ce qui revient à faire sur le plan du trigone et du sommet T, autant de triangles parfaitement égaux à ceux que l'on conçoit dans le plan du cercle horaire, entre une partie arbitraire d'une ligne horaire quelconque et les deux distances des extrémités de cette ligne au sommet du style. Il faut se souvenir que l'une de ces extrémités doit être sur l'équinoxiale.

Ce procédé porte avec lui sa démonstration; il est étonnant qu'aucun gnomoniste n'en ait parlé. Ce qui me fait soupçonner que depuis longtems cette gnomonique n'a pas eu beaucoup de lecteurs.

LA HIRE.

Voici encore une pratique de La Hire, qui mérite d'être connue. Celle-ci est répétée par tous les gnomonistes, qui n'en donnent pas de démonstration bien satisfaisante. Nous allons la démontrer de la manière la plus générale et la plus rigoureuse.

Si vous avez tracé sept lignes horaires consécutives, telles que X, XI, O, I, II, III et IV (fig. 166), pour avoir toutes les autres, qu'on peut d'avance concevoir sur la figure, il suffira de mener par le point O de la méridienne, une parallèle à la première des sept lignes tracées. Ici, par exemple, la droite indéfinie LOI sera parallèle à la ligne de X heures; cette parallèle sera coupée symétriquement par toutes les lignes horaires de part et d'autre de la dernière ligne qui est ici celle de IV heures; en sorte que l'on aura

DE = DC, DF = DB, DG = DA, DH = DO, DI = DL,

et par conséquent,

DE = DC, EF = CB, FG = BA, GH = AO, HI = OL.

On aura donc toutes les lignes du cadran.

Au lieu de prendre pour lignes extrêmes X et IV, nous aurions pu prendre XI et V, IX et III, VIII et II; il suffit que l'intervalle total soit de six heures ou de 90° au pôle.

Par la formule générale, quel que soit le cadran, nous aurons

$$\tang OKD = m \tang \Pi;$$

Π étant l'angle au pôle pour l'heure KD et m étant un coefficient constant pour chaque cadran, mais qui varie suivant l'espèce du cadran.

$$\tang KOD = \tang OKD' = m \tang(90° - \Pi) = m \cot \Pi.$$

Pour deux lignes également éloignées de D, l'angle au pôle sera $(\Pi + a)$ et $(\Pi - a)$; ainsi, pour les points C et E nous aurons

$$\tang OKC = m \tang(\Pi - a) = m \tang(\Pi - 15°) = \tang P,$$
$$\tang OKE = m \tang(\Pi + a) = m \tang(\Pi + 15°) = \tang P';$$

$a = 15$, parce que la distance à D n'est que d'une heure; a serait de 30° pour B et pour F, etc.; le triangle KDC donne

$$\sin C : KD :: \sin CKD : DC,$$

le triangle KDE

$$\frac{KD : \sin E :: DE : \sin EKD}{\sin C : \sin E :: DE \sin CKD : DC \sin EKD};$$

d'où
$$DC \sin C \sin EKD = DE \sin E \sin CKD;$$

$$\frac{DC}{DE} = \frac{\sin E \sin CKD}{\sin C \sin EKD} = \frac{\sin(OKE + KOD)\sin(OKD - OKC)}{\sin(OCK + KOD)\sin(OKE - OKD)}$$

$$= \frac{(\sin OKE \cos KOD + \cos OKE \sin KOD)(\sin OKD \cos OKC - \cos OKD \sin OKC)}{(\sin OCK \cos KOD + \cos OCK \sin KOD)(\sin OKE \cos OKD - \cos OKE \sin OKD)}.$$

Divisez par $\cos OKE \cdot \cos KOD \cdot \cos OKC \cdot \cos OKD$, tous les cosinus disparaîtront, les sinus se changeront en tangentes, et vous aurez

$$\frac{DC}{DE} = \frac{(\tang OKE + \tang KOD)(\tang OKD - \tang OKC)}{(\tang OCK + \tang KOD)(\tang OKE - \tang OKD)}$$

$$= \frac{[m \tang(\Pi + a) + m \cot \Pi][m \tang \Pi - m \tang(\Pi - a)]}{[m \tang(\Pi - a) + m \cot \Pi][m \tang(\Pi + a) - m \tang \Pi]};$$

les m disparaissent et vous avez

$$\frac{DC}{DE} = \frac{[\tang(\Pi + a) + \cot \Pi][\tang \Pi - \tang(\Pi - a)]}{[\tang(\Pi - a) + \cot \Pi][\tang(\Pi + a) - \tang \Pi]}$$

$$= \frac{\left(\frac{\tang \Pi + \tang a}{1 - \tang a \tang \Pi} + \cot \Pi\right)\left(\tang \Pi - \frac{\tang \Pi - \tang a}{1 + \tang a \tang \Pi}\right)}{\left(\frac{\tang \Pi - \tang a}{1 + \tang a \tang \Pi} + \cot \Pi\right)\left(\frac{\tang \Pi + \tang a}{1 - \tang a \tang \Pi} - \tang \Pi\right)}$$

$$= \frac{(\tang \Pi + \tang a + \cot \Pi - \tang a)(\tang \Pi + \tang a \tang^2 \Pi - \tang \Pi + \tang a)}{(\tang \Pi - \tang a + \cot \Pi + \tang a)(\tang \Pi + \tang a - \tang \Pi + \tang a \tang^2 \Pi)}$$

$$= \frac{(\tang \Pi + \cot \Pi)(\tang a + \tang a \tang^2 \Pi)}{(\tang \Pi + \cot \Pi)(\tang a + \tang a \tang^2 \Pi)} = 1.$$

Donc $DC = DE$ quelles que soient les valeurs de Π et de a.

Nous aurions pu terminer notre calcul algébrique de cette autre manière :

$$\frac{DC}{DE} = \frac{[\tang(\Pi + a) + \cot \Pi][\tang \Pi - \tang(\Pi - a)]}{[\tang(\Pi - a) + \cot \Pi][\tang(\Pi + a) - \tang \Pi]}$$

$$= \frac{\left[\frac{\sin(\Pi + a + 90° - \Pi)\sin(\Pi - \Pi + a)}{\cos(\Pi + a)\sin \Pi \cos \Pi \cos(\Pi - a)}\right]}{\left[\frac{\sin(\Pi - a + 90° - \Pi)\sin(\Pi + a - \Pi)}{\cos(\Pi - a)\sin \Pi \cos \Pi \cos(\Pi + a)}\right]} = \frac{\sin(90° + a)\sin a}{\sin(90° - a)\sin a}$$

$$= \frac{\sin(90° + a)}{\sin(90° - a)} = 1.$$

La pratique est utile et curieuse, elle méritait une démonstration en forme. La Hire la démontre par un cadran polaire; il ne dit pas qu'il en soit l'auteur. Je la vois aussi dans la Gnomonique d'Ozanam, édition de 1720; j'ignore si elle était dans l'édition de 1673. La Hire en ajoute deux autres qui ne sont que curieuses, et dont la démonstration serait trop longue.

Si vous avez quatre heures consécutives, vous pourrez avoir la cinquième par de simples intersections; il faut en outre avoir l'équinoxiale du cadran.

Si vous avez de plus l'horizontale, il suffira de trois lignes horaires pour avoir la quatrième, au moyen de quoi vous aurez la cinquième, la sixième et la septième, en partant toujours des quatre dernières, et enfin toutes les autres. On sent que la précision doit diminuer à mesure qu'on augmente le nombre de ces intersections, dont chacune a son erreur; et, quoique géométriquement vraie, la méthode pourrait conduire à faire un cadran très défectueux; mais ces deux dernières règles sont fondées sur un principe qu'il est bon de connaître.

Soit (fig. 167) le pôle P de l'équateur EQVA, *trop.* le tropique, PE, PQ, PV, PA, PT, PU, PR autant de cercles horaires également espacés. Menez les arcs de grand cercle uT, iR, qui se croiseront en a, Up et qA qui se croiseront en b, etc. Il est aisé de prouver que tous les points d'intersection $abcde$ appartiendront à un même parallèle; il en sera de même des points $h, i, k, l, m, n, o, p, q, r$, et de tous les points qui se trouveront sur le cercle Sx.

Sur le cadran, les arcs de grand cercle deviendront des lignes droites; les arcs des parallèles deviendront des hyperboles; tous les angles et toutes les longueurs seront altérés, mais les intersections subsisteront. La Hire emploie cette considération pour tracer les heures italiques et babyloniques. Avec l'équinoxiale et les lignes horaires, on a sur le cadran les points T et u, R et i; on peut donc tracer les droites Tu et Ri, et avoir le point a, et ainsi des autres. On peut donc avoir u, i, o, t du tropique; on peut avoir les points a, c, e du parallèle ae; on peut avoir un certain nombre de points des parallèles gr et Sx; sur un cadran qui serait beaucoup plus grand, on pourrait avoir quatre parallèles de plus, en partageant chaque angle horaire EPQ de 15° en quatre angles de 3° 45′ chacun.

Il est évident que

$$\tan \text{TR}i = \tan \text{AUP} = \tan \text{VT}o = \tan \text{QA}r = \tan \text{EV}t$$
$$= \frac{\tan \text{A}p}{\sin 30°} = \frac{\tan 23° 28'}{\sin 30°};$$

on aurait donc

$$\tan n\omega = \sin \text{A}\omega \tan \text{QAR} = \frac{\tan 7° 30' \tan 23° 28'}{\sin 30°},$$

tang $Ac=$ sin AT tang $QAr=$ sin $15°$ tang QAr, tang $Ay=$ sin $22°30'$ tang QAr.

En allant de 3°45' en 3°45', on aurait les parallèles suivans, beaucoup plus régulièrement espacés que ceux que l'on met sur les cadrans, et tous se décriraient par de simples transversales. La Hire n'indique pas cet usage de sa construction; nous avons vu le moyen qu'il emploie pour tracer les arcs de signe selon l'usage commun.

Angle hor.	Déclinaison.	Longitude ☉.	Longitude ☉.
0° 0″	0° 0′	0^s 0° 0′	6^s 0° 0′
3.45	3.15	0. 8. 6	5.21.54
7.30	6.28	0.16.26	5.13.34
11.15	9.37	0.24.48	5. 5.12
15. 0	12.40	1. 3.24	4.26.36
18.45	15.36	1.12.27	4.17.33
22.30	18.23	1.22.21	4. 7.39
26.15	21. 0	2. 4.11	3.25.49
30. 0	23.28	3. 0. 0	3. 0. 0

La table ne donne que les parallèles septentrionaux; on aurait les méridionaux par des transversales tirées de même; seulement elles seraient d'une longueur différente; vers les équinoxes on aurait les parallèles de huit jours en huit jours environ; vers les solstices, l'intervalle est d'environ vingt-six jours.

Puisque nous avons mentionné Ozanam et sa Gnomonique, qui est un ouvrage fort clair et bien préférable, pour la pratique, à celui de La Hire, nous y prendrons un théorème qui n'est pas bien utile, mais qui m'était inconnu et qui me semble curieux.

Soit ACB (fig. 168) un triangle quelconque avec sa perpendiculaire CD; par un point quelconque E de cette perpendiculaire menez les droites AF et BG; joignez DF et DG, vous aurez CDG = CDF.

Pour le prouver, abaissez les perpendiculaires FI et GH, et menez MEN parallèle à la base AB; les triangles semblables donneront

CE:CD :: FL:FI :: GK:GH,
EL:FL :: GE:GK,
$\dfrac{\text{EN}:\text{EL} :: \text{EM}:\text{GE}}{\text{EN}:\text{FI} :: \text{EM}:\text{GH}}$,   Nous avons refondu la démonstration en conservant la figure.
DI:FI :: DH:GH,

$\dfrac{DI}{FI} = \dfrac{DH}{GH} =$ tang DFI $=$ tang DGH $=$ tang CDF $=$ tang CDG.

Ozanam n'emploie ce théorème que pour trouver la ligne de cinq heures par celle de quatre, quand l'équinoxiale est d'une longueur incommode; mais, pour ce cas, il nous fournit lui-même la pratique suivante, dont la démonstration est bien facile :

Tracez une parallèle à l'équinoxiale, aussi près du centre que l'exigera la petitesse du plan; sur cette parallèle prenez l'intervalle entre les lignes de neuf heures et de trois heures; portez cette longueur sur la même ligne, à la suite du point de quatre heures, vous aurez celui de cinq heures. En effet,

$$m \tang \text{angle de } 5^h - m \tang. \text{angle de } 4^h$$
$$= m \sin H \tang 75° - m \sin H \tang 60° = \frac{m \sin H \sin 15°}{\cos 75° \cos 60°} = \frac{m \sin H \sin 15}{\sin 15° \sin 30°}$$
$$= 2m \sin H = 2m \sin H \tang 45° = \text{deux fois la distance de la ligne de trois heures à la méridienne.}$$

m est la partie de la méridienne comprise entre le centre et la nouvelle équinoxiale.

Nouvelle méthode pour calculer la méridienne du tems moyen, et les cadrans sans centre.

La méridienne du tems moyen, imaginée par Grandjean de Fouchi, appartient à la Gnomonique moderne; mais pour ne pas revenir sur un sujet presque entièrement épuisé, nous allons montrer comment on peut la calculer d'une manière exacte et commode, par notre formule de la page 591.

Soit (fig. 169) AS la soustylaire, A le centre du cadran, Sa l'équinoxiale, Aω' une ligne horaire quelconque de tems vrai, correspondant à une heure de tems moyen, h la hauteur du pôle sur le plan, δ la différence des méridiens, d la déclinaison du Soleil, et P l'angle horaire du plan corrigé de l'équation du tems, G la hauteur du style. La formule de la page 591 nous donne,

$$\omega'\omega'' = \frac{G}{\cos A (\cos^2 h \cot d \cos P - \sin h \cos h)} \dots \dots (1).$$

Soit $\omega'a$ perpendiculaire à l'équinoxiale et par conséquent parallèle à la soustylaire.

$$y = \omega'a = \omega'\omega'' \sin \omega'' = \omega'\omega'' \cos A = \frac{G}{\cos^2 h \cot d \cos P - \sin h \cos h} \dots (2),$$
$$\omega''a = \omega'a \tang \omega' = \omega'a \tang A = \omega'a \sin h \tang P$$
$$= \frac{G \sin \tang P}{\cos^2 h \cot d \cos P - \sin h \cos h} \dots \dots (3);$$

$$S\omega' = AS \tang A = G (\cot h + \tang h) \sin h \tang P$$
$$= \frac{G \sin h \tang P}{\sin h \cos h} = G \sec h \tang P \dots \dots (4),$$
$$S\omega'' + \omega''a = Sa = x \dots \dots \dots \dots \dots \dots \dots \dots (5).$$

x sera l'abscisse de la courbe, comptée de la soustylaire sur l'équinoxiale.
y sera l'ordonnée perpendiculaire à l'équinoxiale.

Ces formules sont pour le cadran vertical, en supposant la déclinaison boréale; si elle était australe, $\cot d$ serait négative, le dénominateur serait tout entier négatif, ω' deviendrait ω, $\omega'a$ serait ωb, $\omega''a$ deviendrait $\omega''b$, les deux coordonnées changeraient de signe, y serait au-dessus de l'équinoxiale au lieu d'être au-dessous, Sb serait plus courte que $S\omega''$.

Nous avons donc éliminé $\cos A$ et même le centre A, ce qui était à désirer, puisque le centre est toujours hors du plan, dans les grands cadrans, tels que ceux où l'on trace la méridienne du tems moyen.

Il reste à déterminer P, angle horaire du plan. Soit Q l'équation du tems prise dans une Éphéméride ou dans les Tables astronomiques, et convertie en degrés, δ la différence des méridiens, que nous supposerons entre les lignes du matin; nous aurons

$$P = \delta - Q = \delta - 15 \text{ équat. du tems} = \delta - \frac{60}{4} \text{ équat. du tems (6)}.$$

Si δ était parmi les lignes du soir, nous aurions $P = -\delta - Q$.

On commencera donc par faire une table de l'angle P pour tous les degrés de la longitude du Soleil de 3 en 3°, ou de 5 en 5°, ou, si l'on veut, de degré en degré.

Dans la colonne suivante, on mettra $\log \cot d$ avec le signe $+$ pour la partie boréale et $-$ pour l'australe.

Dans les deux colonnes suivantes, on mettra $\log \cos P$ et $\log \tang P$.

Cela posé, le calcul est extrêmement facile.

Exemple pris dans Bédos. Soit $\delta = 52° 31' 15''$ parmi les lignes du matin; hauteur du pôle, $44° 50'$; hauteur du pôle sur le plan, $31° 28' 4'' = h$, et $G = 2069,8$.

A 0^s 0° de longitude
$$d = 0, \quad \cot d = \infty, \quad \omega'a \text{ et } \omega''a = 0, \quad y = 0,$$
$$x = S\omega' = G \sec h \tang P = G \sec h \tang 50° 37' 15'' = 2956;$$

car l'équation du tems $= +7' 36''$,
$$Q = \frac{60}{4}(7' 36'') = \frac{7° 36'}{4} = 1° 54' 0''$$
$$\delta = 52.31.15$$
$$P = \delta - Q = \overline{50° 37' 15''}.$$

$\odot =$ 0ˢ 5°	cos²h..	9,86184	$\odot =$ 0ˢ 6°	cos²h..	9,86184
$d =$ 1° 12′ 0″	cot d..	1,67888	$d =$ 2° 23′ 0″	cot d..	1,38069
P = 50.51.15	cos P..	9,80023	P = 51. 5.30	cos P..	9,79801
21,9256	......	1,34095	10,9885	......	1,04054
— 4453	.... G	3,51593	— 4453	G ...	3,51593
compl. log 21,4803	......	8,65995	C. log 10,5432	......	8,97703
$y =$ 95	......	1,97588	$y =$ 196	......	2,29296
	sin h..	9,71769		sin h..	9,71769
	tang P..	0,08937		tang P..	0,09305
$\omega''a =$ + 61	....	1,78294	$\omega''a =$ 127	....	2,10370
	G séc h..	3,38501		G séc h..	3,38501
	tang P..	0,08937		tang P	0,09305
S$\omega''=$ 2981	....	3,47438	S$\omega''=$ 3006	....	3,47806
$x =$ 3042			$x =$ 3133		

Moyennant la table préparatoire, qui donne cot d, cos P et tang P, on n'a que cinq logarithmes à chercher pour chaque point de la courbe.

Pour les degrés suivans, le calcul est tout pareil; à VIˢ la déclinaison redevient o. ainsi que y et $\omega''a$, $x =$ Sω''; après quoi d, y et $\omega''a$ deviennent négatifs.

La courbe a deux branches qui se croisent vers Iˢ et Vˢ 4°; la déclinaison et l'équation se trouvant les mêmes pour ces deux longitudes, la courbe ne peut avoir qu'un seul point.

Pour le cadran horizontal la courbe est renversée, les y sont au-dessus de l'équinoxiale en été, et au-dessous en hiver.

$x =$ S$\omega'' - \omega''a$ en été, et S$\omega'' + \omega''a$ en hiver.

h est toujours la hauteur du pôle sur le plan; $\delta =$ o parce que la différence des méridiens est nulle; P = — $\left(\frac{60}{4}\right)$ équation du tems; l'origine des abscisses est sur la méridienne, S$\omega'' =$ o, $x = \omega''a$; x a le même signe que tang P; il va à l'orient quand l'équation est positive, à l'occident si elle est négative.

La méthode vulgaire consiste à tracer les arcs des signes depuis les lignes de 11ʰ ¾ jusqu'à 0ʰ ¼; ce qui est une opération longue et fastidieuse, dans laquelle on se servirait avec avantage de notre cinquième méthode, page 600; sur ces arcs de signes on prend, de part et d'autre de la méridienne, des parties proportionnelles à l'équation du tems, ce qui est encore une opération très minutieuse, qui même n'est pas rigoureusement exacte; car elle suppose la marche du point de lumière proportionnelle au tems pendant plus d'une demi-heure, ce qui s'écarte de la vérité, sur-tout dans les cadrans verticaux dont la déclinaison est considérable. (*Voyez* Rivard et Bédos.) Notre calcul n'est pas court, vu le grand nombre de points qu'il faut déterminer; mais il a toute la simplicité dont le problème est susceptible, et chaque point se détermine par l'intersection des deux coordonnées qui se coupent à angles droits, c'est-à-dire avec toute la netteté possible.

La nouvelle méthode me paraît donc plus courte et moins minutieuse, elle est rigoureusement exacte. Au reste, les méridiennes du tems moyen ne peuvent jamais être d'une grande précision, sur-tout si l'on substitue le jour du mois à la longitude du Soleil; l'erreur peut aller à 15″, si l'équation a été prise, pour l'année moyenne, entre deux bissextiles; d'ailleurs l'équation varie avec l'excentricité du Soleil et l'obliquité de l'écliptique, ce qui peut encore causer une erreur de 14″ au bout de cent ans. On est forcé de négliger les perturbations planétaires, qui font encore de 2 à 3″. Au reste, les cadrans solaires n'ont jamais eu la destination de donner l'heure à la seconde; l'inconvénient le plus réel est que la courbe embarrasse le milieu du cadran, et rend plus difficile l'observation, soit du midi vrai, soit du midi moyen. Au total, ces courbes donnent plus de peine qu'elles ne valent. Il est bien plus simple d'observer le midi vrai et de prendre le midi moyen dans un almanach.

La même méthode, qui donne la méridienne du tems moyen, donnera celle du tems vrai, dont il suffira de déterminer les deux points solstitiaux, puisqu'elle est une ligne droite; à l'angle P de la formule il suffira de substituer l'angle δ de la différences des méridiens.

On aurait de même une ligne horaire quelconque de tems vrai par les deux points solstitiaux, c'est-à-dire le cadran tout entier, indépendamment du centre qui est hors du plan. Il suffirait de faire $P = (\delta \mp n.15°)$, sur quoi il est bon de remarquer que si la formule (1) donne un résultat négatif pour une déclinaison boréale, ou un résultat positif pour une déclinaison australe, c'est que le Soleil sera derrière le plan.

En effet, avant de changer de signe, $\omega' \omega''$ doit avoir été infini. Or,

$$\omega' \omega'' = \frac{G \sec A \sec^2 d}{\cot d \cos P - \tang h} = \frac{G \sec A \sec^2 d \tang d}{\cos P - \tang h \tang d} = \frac{G \sec A \sec^2 d \tang d}{\cos P - \cos P = 0} = \infty$$

si
$$\cos P = \tang h \tang d;$$

car, pour le lever sur le plan du cadran, $\cos P = \tang h \tang d$, par la formule commune à tous les astres à l'horizon.

FIN.

$90.00